조경

실기

기사·산업기사

한권으로 끝내기

SD에듀
(주)시대고시기획

조경기사·산업기사 실기
한권으로 끝내기

Always with you

사람이 길에서 우연하게 만나거나 함께 살아가는 것만이
인연은 아니라고 생각합니다.
책을 펴내는 출판사와 그 책을 읽는 독자의 만남도 소중한 인연입니다.
SD에듀는 항상 독자의 마음을 헤아리기 위해 노력하고 있습니다.
늘 독자와 함께하겠습니다.

머리말

조경은 살아 있는 종합예술입니다. 집 주변에 수목을 가꾸고 정원을 꾸미는 일은 개인의 삶에 활력을 주고, 잘 가꾸어진 녹지와 공원들은 도시를 숨 쉬게 합니다. 자연에 대한 현대인의 욕구는 우리가 사는 도시 곳곳에 영감을 불러오고, 새로 짓는 아파트 단지들은 수목을 가꾸는 공간을 늘려 자연과 환경이라는 이미지를 강조하며, 고층건물에서도 정원을 가꾸는 일이 많아졌습니다. 조경과 관련한 산업들이 발전하면서 조경설계와 시공, 관리 업무를 전문적으로 할 수 있는 인력의 필요성도 점차 증대되고 있습니다.

한국산업인력공단에서는 조경전문인력 양성을 위해 조경기사·산업기사 자격시험을 시행하고 있습니다. 자격 취득 후 다양한 조경분야로 진출이 가능하며, 최근 대학졸업을 앞둔 젊고 유능한 신세대 전문인들이 조경분야로의 진출을 위해 조경기사·산업기사 취득을 선호하고 있습니다.

이 책은 조경설계의 순서, 방법, 시험에 꼭 필요한 요령이 친절하게 설명되어 있습니다. 조경기사·산업기사 실기시험을 준비하기 위해서는 기본적인 지식이 우선되어야 하며, 제도설계능력이 있어야 합니다. 실제 조경설계의 방법을 몰라 시간만 소비하는 경우가 많은데, 이를 방지하기 위해 정해진 시간에 주어진 과제를 완성하는 노력과 반복연습이 필요합니다. 뿐만이 아니라 시공실무분야에 대한 이해가 필요합니다. 공정계획, 공종별 적산, 시방서 등을 암기해야 하고, 역시나 많은 노력이 필요한 분야입니다.

아무쪼록 이 책과 함께 조경기사·산업기사 실기시험을 준비하는 여러분들이 모두 합격의 기쁨을 누릴 수 있기를 기원하며, 나무를 사랑하고 가꾸기를 희망하는 모든 이에게 조경가로서의 입문을 하는 데 도움이 되는 교재가 되기를 바랍니다. 또한 본서를 집필하는 데 참고한 저서의 저자께 심심한 감사의 말씀을 드리며, 그동안 여러 가지로 도움을 주신 만수회 회원 여러분과 삼 년여 동안 집필하는 데 뒷바라지하느라 고생한 만수산 조경 사장님께 깊은 감사를 드립니다.

雪山 이우설 올림

시험안내

시험일정

구 분	필기원서접수 (인터넷)	필기시험	필기 합격자 (예정자)발표	실기원서접수	실기시험	최종 합격자 발표일
제1회	1.23~1.26	2.15~3.7	3.13	3.26~3.29	4.27~5.17	6.18
제2회	4.16~4.19	5.9~5.28	6.5	6.25~6.28	7.28~8.14	9.10
제4회	6.18~6.21	7.5~7.27	8.7	9.10~9.13	10.19~11.8	12.11

※ 상기 시험일정은 시행처의 사정에 따라 변경될 수 있으니 한국산업인력공단(www.q-net.or.kr)에서 확인하시기 바랍니다.

시험요강

❶ 시행처 : 한국산업인력공단(www.q-net.or.kr)

❷ 관련 학과 : 대학 및 전문대학의 조경학, 원예조경학, 환경조경학, 녹지조경학 관련 학과

❸ 시험과목

㉠ 조경기사

- 필기 : 조경사, 조경계획, 조경설계, 조경식재, 조경시공구조학, 조경관리론
- 실기 : 조경설계 및 시공실무

㉡ 조경산업기사

- 필기 : 조경계획 및 설계, 조경식재시공, 조경시설물시공, 조경관리
- 실기 : 조경작업 실무

❹ 검정방법

㉠ 필기 : 객관식 4지 택일형, 과목당 20문항(기사 3시간, 산업기사 2시간)

㉡ 실기 : 필답형(기사 1시간 30분, 산업기사 1시간) 40점 + 작업형(기사 3시간 정도, 산업기사 2시간 정도) 도면작업 60점

❺ 합격기준

㉠ 필기 : 100점을 만점으로 하여 과목당 40점 이상, 전 과목 평균 60점 이상

㉡ 실기 : 100점을 만점으로 하여 60점 이상

자격취득자 혜택

- 공무원시험 가산점 인정 및 일부 특채 지원자격 획득
- 학점인정 등에 관한 법률에 따라 20학점(기사) 인정
- 관련 기업 취업이나 승진 시 인사고과 혜택
- 각종 법률에 따른 우대조건 적용

출제기준(실기)

구분	실기과목명	주요항목
조경기사	조경설계 및 시공실무	• 조경기본계획 • 조경기초설계 • 조경양식 • 정원설계 • 조경기반설계 • 조경식재설계 • 조경적산 • 일반식재공사 • 조경시설물공사 • 조경공사 준공 전 관리 • 비배관리 • 조경시설물관리 • 입체조경공사
조경산업기사	조경작업 실무	• 조경기초설계 • 조경설계 • 조경기반설계 • 조경식재설계 • 조경적산 • 기초식재공사 • 조경시설물공사 • 조경공사 준공 전 관리 • 비배관리 • 조경시설물관리 • 입체조경공사 • 조경기본계획

구성 및 특징

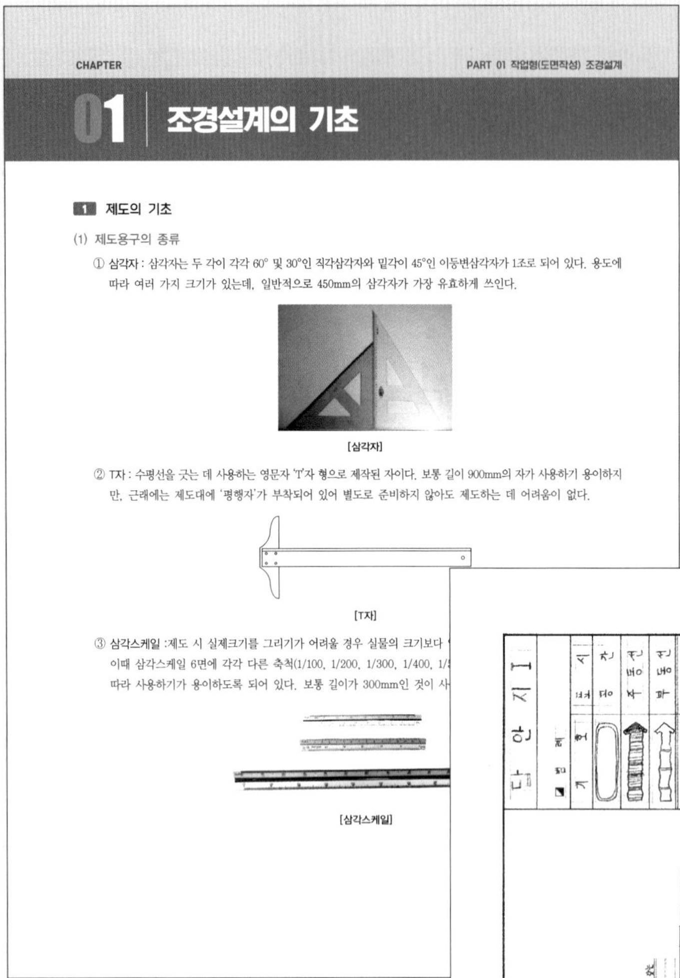
CHAPTER
PART 01 작업형(도면작성) 조경설계

01 조경설계의 기초

1 제도의 기초

(1) 제도용구의 종류

① 삼각자 : 삼각자는 두 각이 각각 60° 및 30°인 직각삼각자와 밑각이 45°인 이등변삼각자가 1조로 되어 있다. 용도에 따라 여러 가지 크기가 있는데, 일반적으로 450mm의 삼각자가 가장 유효하게 쓰인다.

[삼각자]

② T자 : 수평선을 긋는 데 사용하는 영문자 'T'자 형으로 제작된 자이다. 보통 길이 900mm의 자가 사용하기 용이하지만, 근래에는 제도대에 '평행자'가 부착되어 있어 별도로 준비하지 않아도 제도하는 데 어려움이 없다.

[T자]

③ 삼각스케일 :제도 시 실제크기를 그리기가 어려울 경우 실물의 크기보다 ...
이때 삼각스케일 6면에 각각 다른 축척(1/100, 1/200, 1/300, 1/400, 1/...
따라 사용하기가 용이하도록 되어 있다. 보통 길이가 300mm인 것이 사...

[삼각스케일]

핵심이론

필수적으로 학습해야 하는 핵심이론을 정리하였습니다. 중요한 내용은 그림 및 도표를 통해 좀 더 쉽게 이해할 수 있도록 하였습니다.

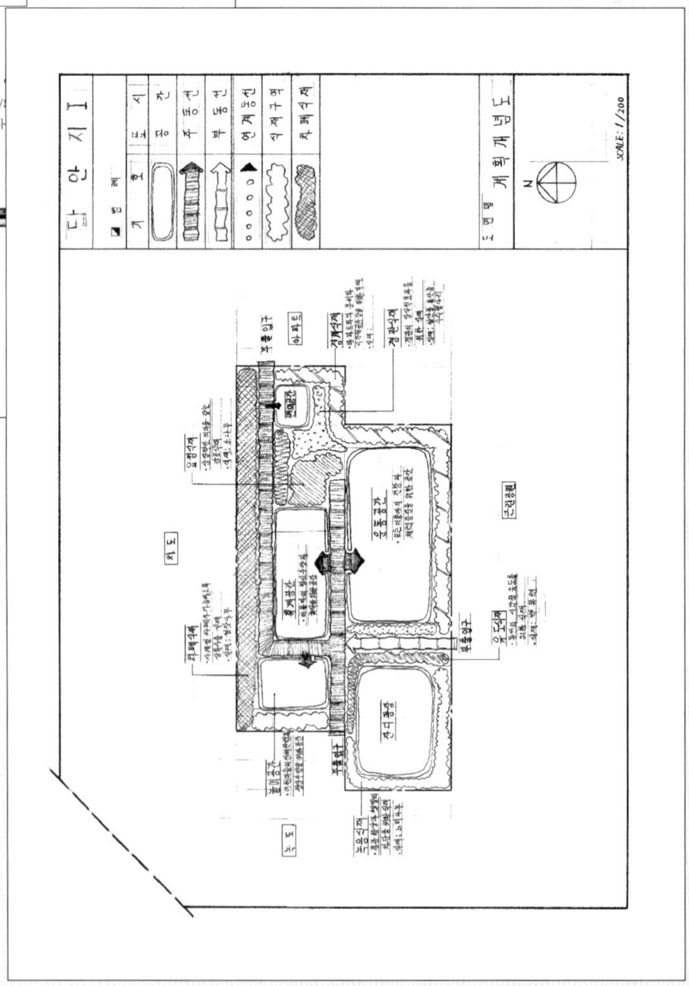

도면작성 연습문제

실기시험에서 중요한 것은 시간 내에 정확한 설계도면을 그려내는 것입니다. 수험생 여러분들이 연습하면서 참고할 수 있도록 저자가 직접 손으로 작도한 모범 답안과 함께 수록하였습니다.

필답형 출제예상문제

꼭 풀어봐야 할 핵심문제만을 엄선하여 수록하였습니다. 출제예상문제를 통해 핵심이론에서 학습한 중요개념과 내용을 한 번 더 확인할 수 있습니다.

출제예상문제

01 다음은 조경시공과 타 시공과의 차이점이다. (   ) 안에 알맞은 내용을 쓰시오.

- 타 시공에서 사용되고 있는 규격성을 갖는 시설물이나 구조물은 설계도면과 시방서에 의거하여 (①)을 하게 되면 목적하는 품질 확보가 가능하다.
- 조경시공에 주재료로 사용되는 식물과 돌, 물, 흙 등을 이용한 비규격적인 부분은 설계도면이나 시방서만으로 (②)을 상세하게 표현하기가 힘들다.
- 조경소재 자체의 생김새가 다양하고, 대상지에 따라 (③)에도 변화의 여지가 있기 때문이다.
- 조경공간의 품질 여부는 설계내용에 비중이 실리는 경우보다 숙련된 (④)의 기술, 즉 솜씨에 달려 있는 경우가 많다.

정답 ① 정밀시공, ② 시공내용, ③ 조합배치, ④ 시공자

02 조경소재의 대상을 크게 3가지로 나누어 쓰시오.

정답 생물소재, 건설재료, 기반소재

03 공사규모가 상대적으로 작고 다양하며, 연속적이면서도 반복적으로 진
설명하시오.

정답 시공지역이 넓게 산재되어 시공관리에 어려움이 있다.

04 조경공사의 개요와 향후 방향에서 식재시공과 시설물시공을 시행할 때
요인은 무엇인지 쓰시오.

정답 계절별 기상요인

CHAPTER PART 03 기출복원문제

02 도면작성 기출복원문제

2016년 1회 국가기술자격 검정 실기시험문제					
시험시간	3시간	자격종목	조경기사	작품명	근린공원

※ 설계현황 및 계획의도

현황도에 제시된 설계대상지는 우리나라 중부지방의 도보권 근린공원(A, B구역)으로 총면적 47,000m^2 중 'A' 구역이 우선 시험설계대상지이다. 설계대상지 주변으로는 차로와 보행로가 계획되어 있고 '동쪽–아파트, 서쪽– 주택가, 북쪽–상가'가 인접하여 있으며, 차로와 주변 보행로의 설계 시 레벨은 같은 높이로 적용한다.

※ 설계공통사항

대상지의 지반고는 현황도의 지반고를 설계에 적용하여 지반고에 따라 법면을 설정하도록 하고, 보행자 진입구와 차량 진입구를 설계하시오.

문제 01

다음 요구사항에 따라 개념도(S=1/300)를 작성하시오.[답안지 Ⅰ]

※ 설계요구사항

① 각 공간의 영역은 다이어그램을 이용하여 표현하고, 각 공간의 공간명과 적정개념을 설명하시오.
② 식재개념을 표현하고 약식 서술하시오.
③ [문제 2]에서 요구한 [문 1], [문 2], [문 3]을 다음 표와 같이 개념도 상단에 작성하시오.

문 제	[문 1]	[문 2]	[문 3]
답			

문제 02

다음 요구사항에 따라 조경계획 평면도(S=1/300)를 작성하시오.[답안지 Ⅱ]

※ 설계요구사항

① 법면구간 계획 시 다음 사항을 적용하여 설계하시오.
  ㉠ 법면 : 경사(1 : 1.8)를 적용, 절토, 법면 폭을 표시하시오. 예 W=1.08
  ㉡ 식재 : '조경설계기준'에서 제시한 '식재비탈면의 기울기' 중 해당 '식재가능식물'에 따른다.
  ㉢ [문 1] 개념도에 해당 내용(식재가능식물)을 답하시오.

CHAPTER 02 도면작성 기출복원문제 869

기출복원문제

최근의 출제경향을 파악할 수 있도록 기출복원문제를 수록하였습니다. 핵심이론만으로는 아쉬운 내용을 보충학습하고 출제유형을 익힐 수 있습니다.

※ 기출복원문제는 수험자의 기억에 의해 문제를 복원하였습니다. 일부 회차만 복원되었거나 실제 시행 문제와 상이할 수 있음을 알려드립니다.

목 차

PART 1

작업형(도면작성) 조경설계

01 조경설계의 기초

1 제도의 기초

(1) 제도용구의 종류

① **삼각자** : 삼각자는 두 각이 각각 60° 및 30°인 직각삼각자와 밑각이 45°인 이등변삼각자가 1조로 되어 있다. 용도에 따라 여러 가지 크기가 있는데, 일반적으로 450mm의 삼각자가 가장 유효하게 쓰인다.

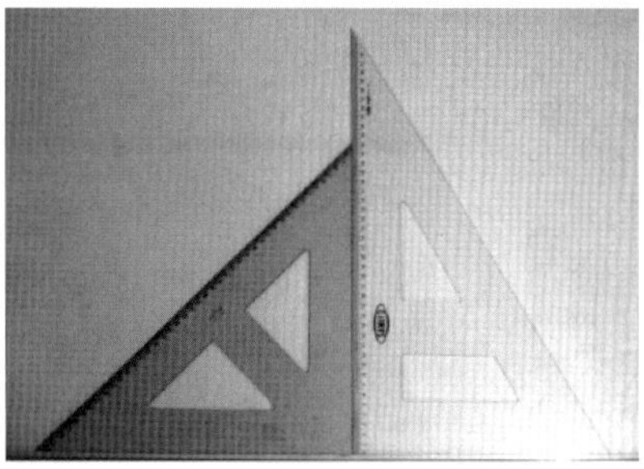

[삼각자]

② **T자** : 수평선을 긋는 데 사용하는 영문자 'T'자 형으로 제작된 자이다. 보통 길이 900mm의 자가 사용하기 용이하지만, 근래에는 제도대에 '평행자'가 부착되어 있어 별도로 준비하지 않아도 제도하는 데 어려움이 없다.

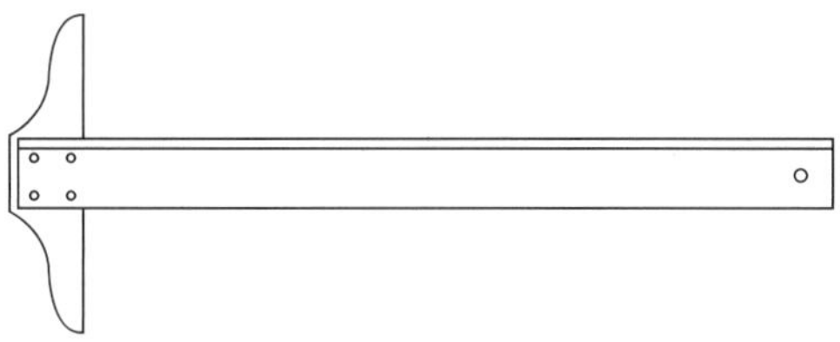

[T자]

③ **삼각스케일** :제도 시 실제크기를 그리기가 어려울 경우 실물의 크기보다 일정한 크기로 축소하여 그리게 된다. 이때 삼각스케일 6면에 각각 다른 축척(1/100, 1/200, 1/300, 1/400, 1/500, 1/600)의 눈금이 있어서 축척에 따라 사용하기가 용이하도록 되어 있다. 보통 길이가 300mm인 것이 사용된다.

[삼각스케일]

④ 연필, 샤프

㉠ 샤프나 연필은 심의 성질에 따라 진하고 연한 정도가 달라지는데 'H'는 굳기를, 'B'는 무르기를 나타내며, 'HB'를 기준으로 'H'가 많으면 굳고, 'B'가 많으면 무르다.

㉡ 연필 대신 샤프는 0.3, 0.5, 0.7, 0.9mm 굵기의 것이 사용되며 굳기와 무르기를 잘 구분하여 사용하면 효과적으로 제도를 할 수 있다.

㉢ 선긋기나 제도 시에는 샤프를 사용하지만, 스케치를 하거나 프리핸드로 개념도를 작도할 때는 연필심의 굵기가 2.0mm인 홀더를 사용하거나 미술용 연필을 사용하는 것이 효과적이다.

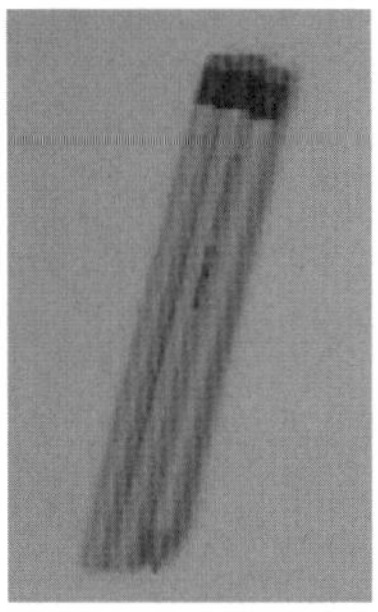
[연필]

[샤프펜]

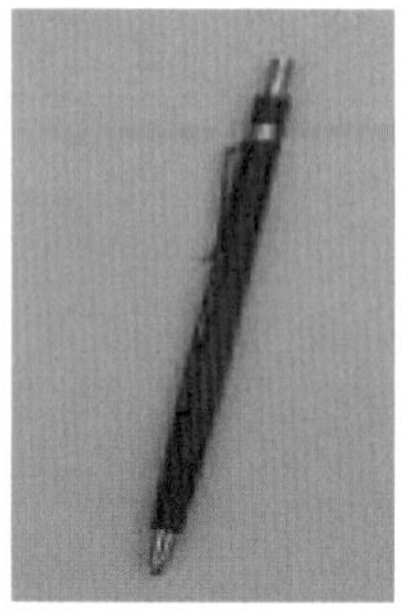
[홀더]

⑤ 지우개판, 지우개, 제도비

㉠ 지우개판 : 얇은 강철판으로 되어 있고, 작은 부분을 지울 때 효과적으로 지울 수 있어 사용하기가 용이하다.

㉡ 지우개 : 고무가 부드럽고 깨끗이 지워지는 것을 사용하여 주위가 더럽혀지지 않도록 하는 것이 좋다.

㉢ 제도비 : 지우개로 지우고 난 후 지우개가루와 연필가루를 아무 생각 없이 입으로 부는 경우가 있다. 이때 침이 튀어 도면을 더럽히는 것을 방지하기 위하여 제도비를 사용하면 깨끗한 도면을 작도할 수 있게 된다.

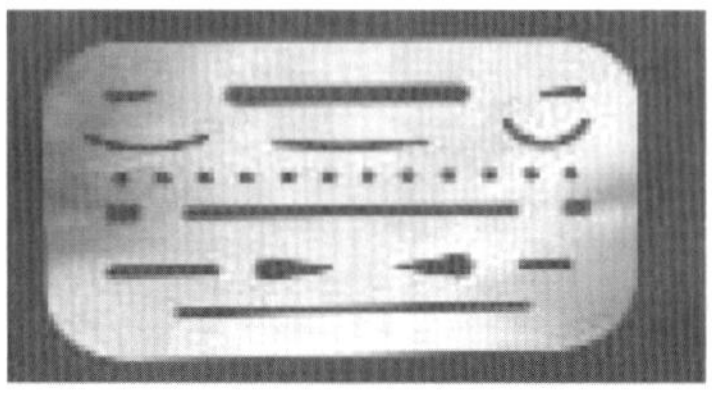
[지우개판]

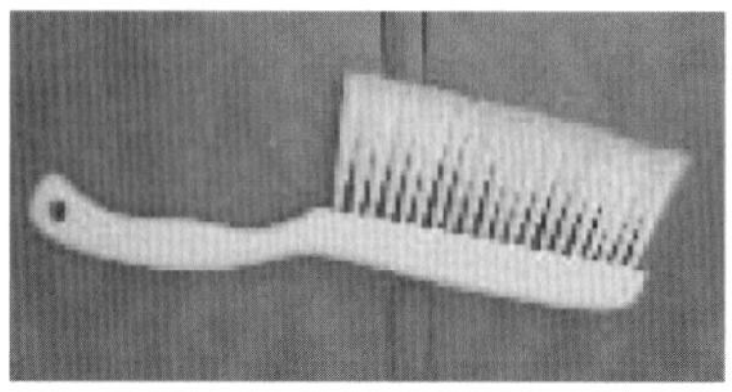
[제도비]

⑥ 템플릿 : 아크릴로 만든 얇은 판에 다양한 모양과 형태를 가공한 것으로, 제도 시 유용하고 편리하게 사용할 수 있다. 수작업 설계에서는 필수품이며 효과적으로 사용하는 법을 익혀두는 것이 필요하다.

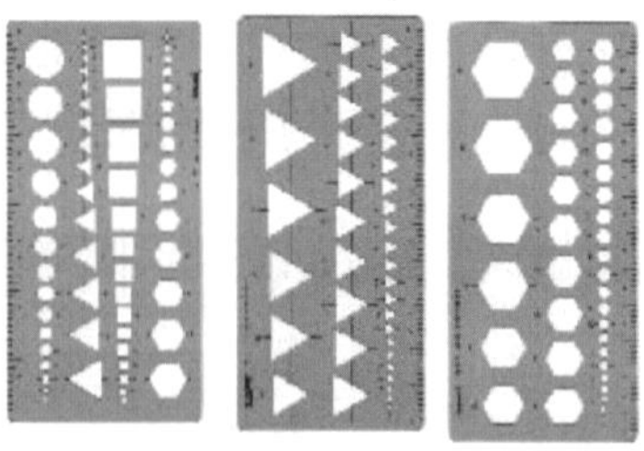
[템플릿 세트]

⑦ **제도판** : 제도판은 크기에 따라서 구분되며, 보통 가로×세로 900×600mm의 제도판이 사용된다. 평행자가 부착되어 있는 것이 사용에 편리하고, 만능제도판은 수평자와 수직자가 부착되어 있으며, 다양한 각도의 선을 자유롭게 그릴 수 있어 더욱 편리하다.

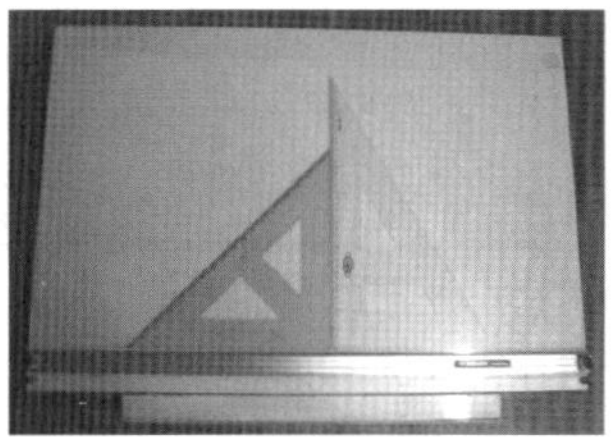

[제도판]

⑧ **기타 용품** : 그 외에도 제도용지를 제도판에 부착할 때 쓰는 종이테이프(마스킹테이프), 운형자, 자유곡선자, 컴퍼스와 디바이더, 로트링펜, 도면보관함, 도면보관통 등이 있다.

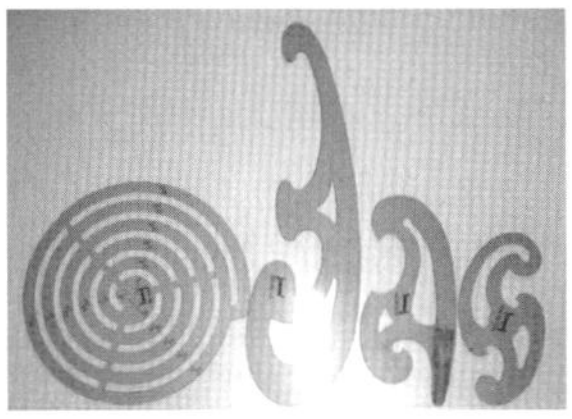

[운형자 세트]

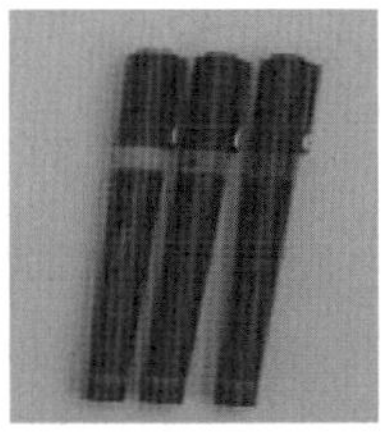

[로트링펜]

[마스킹테이프]

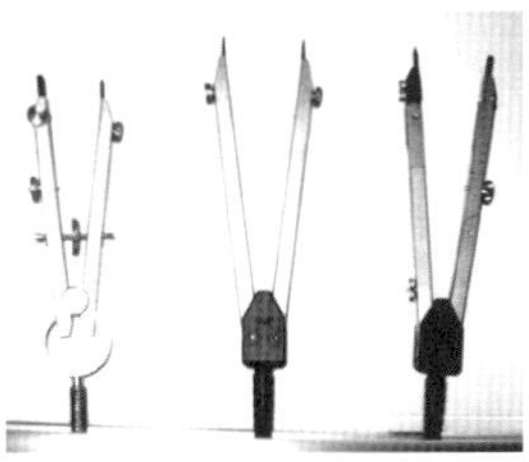

[컴퍼스 & 디바이더]

[자유곡선자]

(2) 제도용구의 효과적인 사용법

① 연필의 사용법

㉠ 수평선은 좌에서 우로, 수직선은 아래에서 위로 긋는다.

㉡ 수평선, 수직선, 인출선, 보조선 등을 그을 때에는 자에 수직으로 대고 긋는다.

㉢ 정밀도가 요구되는 선을 그을 때는 자에 연필을 수직보다 더 기울여 연필심과 자가 밀착되도록 하여 그린다.

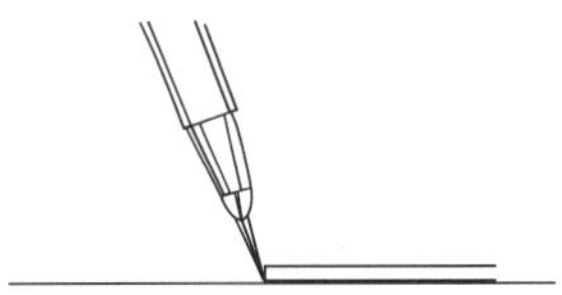

날 끝에 바짝 대어서 그으면 제도용구를 더럽히며, 선이 번진다.

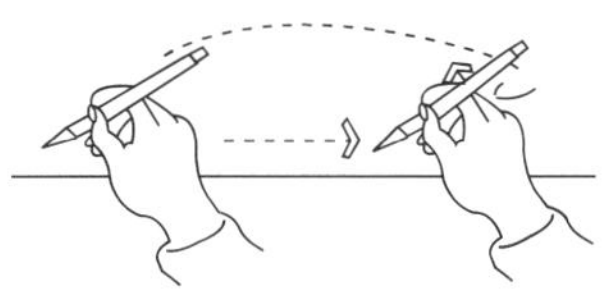

연필심이 고르게 묻도록 연필을 돌리면서 빠르고 강하게 긋는다.

② 평행자(T자)의 올바른 사용법

㉠ 평행자를 이동 시에는 왼손으로 가볍게 들어서 이동시킨다.

㉡ 수평선을 그을 때에는 평행자가 아래, 위로 이동하지 않도록 왼손으로 누르고 손목의 움직임이 아닌 어깨와 팔꿈치를 이용하여 긋는다.

㉢ 수직선을 그릴 때에는 평행자와 삼각자를 함께 왼손으로 고정하고, 특히 삼각자의 한쪽이 평행자에서 떨어지지 않도록 하여 아래에서 위로 어깨와 팔꿈치를 이용하여 긋는다.

㉣ 평행자를 무심코 위, 아래로 밀거나 잡아당기게 되면 도면을 손상시킬 우려가 있으므로 다루는 법을 숙달하여야 깨끗하고 정확한 도면을 그릴 수 있다.

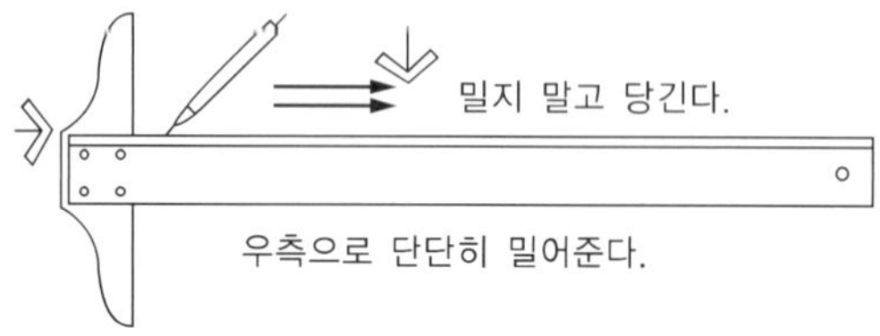
위에서 아래로 긋는다.
밀지 말고 당긴다.
우측으로 단단히 밀어준다.

③ 삼각자의 사용법

㉠ 만능제도기를 사용하면 다양한 각도의 선을 그릴 수 있어 편리하지만, 평행자가 부착된 제도판에서는 1조의 삼각자를 활용하여 여러 가지의 각도의 선을 그릴 수 있다.

㉡ 평행자를 고정해 놓고 두 개의 삼각자를 활용하여 빗금과 해칭선을 그리는 연습이 필요하다.

㉢ 때때로 크기가 작은 삼각자의 활용이 용이할 때가 있으므로 준비하는 것이 바람직하다.

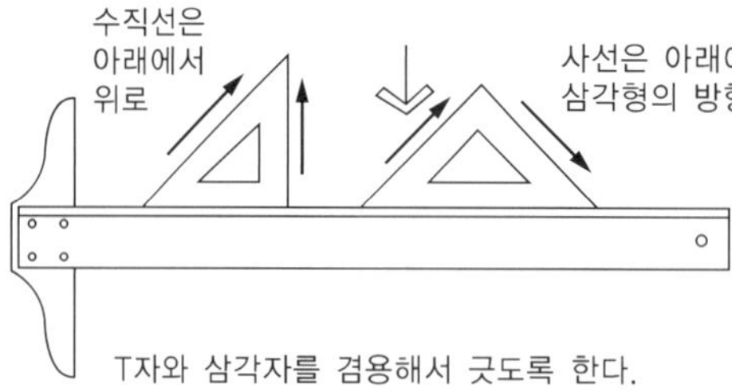
수직선은
아래에서
위로
사선은 아래에서 위로, 위에서 아래로
삼각형의 방향을 따라 긋는다.
T자와 삼각자를 겸용해서 긋도록 한다.
자 하나로 선을 긋지 않도록 한다.

④ 템플릿, 운형자, 자유곡선자의 사용법

㉠ 두께가 얇아서 제도용지 위에 있을 때 잡기가 곤란하다.

㉡ 템플릿 사용 시 부러질 것을 염려하지 않는다. 항시 왼손의 손가락 중 하나는 템플릿과 제도용지 사이에 넣고 엄지와 검지로 템플릿을 고정하고 그릴 수 있도록 하면 언제든지 템플릿을 자유롭게 이동시킬 수 있다.

㉢ 템플릿이나 운형자는 형상이나 규격에 따라 다양한 형태의 같은 모양을 반복하여 그릴 수 있으므로 정확하고 신속하게 사용하는 법을 손에 익혀두어야 한다.

㉣ 자유곡선자는 본인이 원하는 대로 곡선을 만들어서 사용할 수 있으므로 대단히 편리하다.

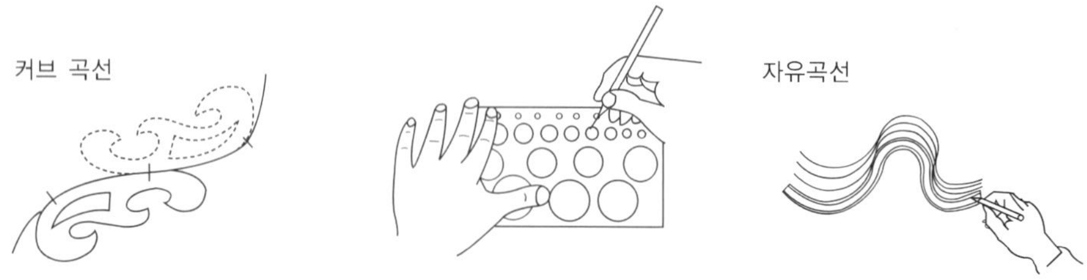
커브 곡선
자유곡선
곡선과 곡선이 합치되는 부분을 그릴 때는 운형자를 충분히 겹쳐지게 한 후 교차점을 그리면 된다.
템플릿 : 시계방향으로 그린다.

2 조경제도의 기초

(1) 선

① 선의 종류와 용도

㉠ 실선 : 물체의 보이는 부분을 나타내는 선 또는 절단면의 윤곽선을 나타낸다(굵은선은 외형선과 단면선, 가는선은 치수선과 치수보조선, 지시선, 해칭선).

㉡ 파선(점선) : 물체의 보이지 않는 모양을 표시한다.

㉢ 1점쇄선 : 물체의 중심축이나 대칭축 또는 물체의 절단 위치 및 경계를 표시한다.

㉣ 2점쇄선 : 물체가 있을 것으로 예상되는 가상선, 대지의 경계 등을 표시한다.

㉤ 절단선 : 긴 선에 지그재그 형태가 합쳐진 형태로 도면의 잘린 부분을 표현한다.

② 선의 명칭 및 용도

명칭		종류	선의 굵기	용도에 의한 명칭
실선		굵은선	0.5~0.8mm	단면선, 중요 시설물, 도면의 중요 요소, 식생 표현
실선		중간선	0.3~0.5mm	입면선, 외형선 등 나타내는 대부분의 외형의 표현
실선		가는선	0.2mm 이하	지시선, 해칭선, 보조선, 인출선 등 형태 외에 내용 표기시 사용
허선	파선	중간선	굵은 선의 1/2	숨은선(보이지 않는 부분)
허선	1점쇄선	가는선	중간 선의 1/2	중심선, 대칭선
허선	1점쇄선	중간선	굵은 실선의 1/2	절단선, 부지경계선, 기준선
허선	2점쇄선	중간선	굵은 실선의 1/2	가상선, 부지경계선

③ 선 긋기 요령

㉠ 손을 깨끗하게 하고 제도용구를 깨끗이 준비한다.

㉡ 제도판 위와 평행자를 깨끗하게 청소한다.

㉢ 평행자와 제도용지의 수평을 맞추어 제도용지를 마스킹테이프로 부착한다.

㉣ 평행자(T자)와 삼각자를 항상 밀착시켜서 수직선, 사선을 긋는다.

㉤ 선의 굵기, 농도가 처음부터 끝까지 일정하게 유지되도록 하는 요령이 중요하다.

㉥ 너무 무리하게 힘을 주지 말고 팔 전체의 수평 혹은 수직이동으로 단숨에 긋는다.

㉦ 같은 굵기의 선을 그을 수 있도록 한 바퀴 정도를 돌리면서 긋는다.

㉧ 선과 선이 만나는 부분은 천천히 정확하게 연결하도록 한다.

㉨ 길고 짧은 선 긋기를 반복 연습하고 선의 종류에 따라서 연습한다.

㉩ 선 긋기는 제도의 중요한 요소이므로 반복 숙달이 필요하다.

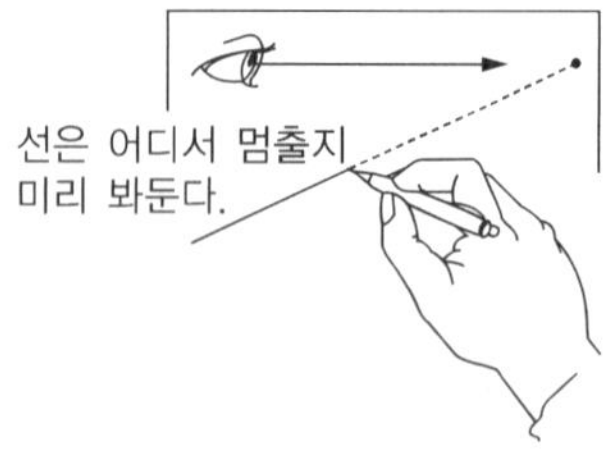

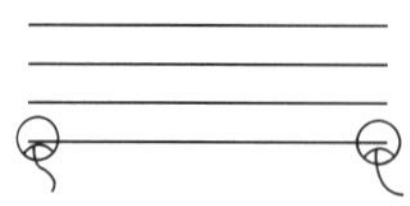

힘을 주어서 시작하고, 힘을 주면서 마친다(힘 있고 명확한 선이 된다).

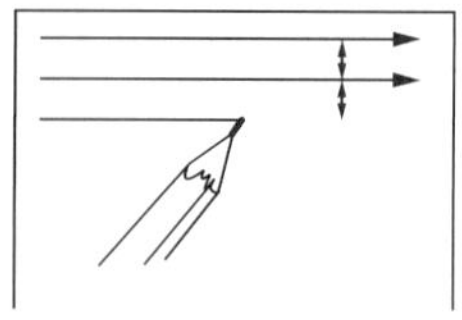

간격을 주시한다.

④ **직선 긋기 연습** : 보기 좋은 선은 반복연습을 통해서 숙련되어야만 그을 수 있다. 선의 굵기와 선의 농도, 선의 모양은 제도에서 가장 기본이므로 바른 자세로 다음과 같이 연습한다.

㉠ 제도판의 중앙에 받침용 켄트지를 수평자에 수평으로 맞추어 붙인다.

㉡ 켄트지 위에 트레싱지를 붙인다.

㉢ 테두리선을 긋고 공간을 4등분(긴 선 긋기) 또는 16등분(짧은 선 긋기)한다.

㉣ 등분한 공간에 다음의 요령으로 3~5mm 정도 간격으로 연습한다.

- 가는 실선 : 연필에 기울기(약 60° 정도)를 주어 힘을 약하게 주고 신속히 긋는다.
- 중간 실선 : 연필에 기울기(약 60° 정도)를 주어 고른 힘을 주고 한 번에 긋는다.
- 굵은 실선 : 연필을 세우고 손에 힘을 주고 엇나가지 않게 2~3회 반복하여 긋는다.
- 중간 파선 : 중간 실선과 같이 힘의 강약을 반복하여 길이가 일정하고 분명하게 긋는다.
- 1점(2점)쇄선 : 굵기에 따라 실선과 같고, 중간의 점은 짧고 명확하게 긋는다.

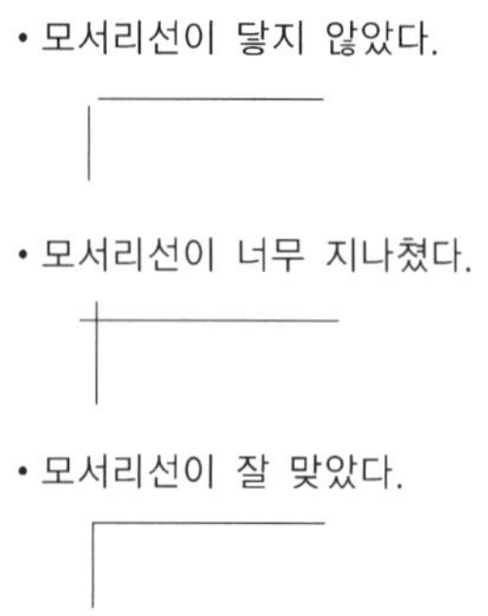

[직선과 직선의 연결]

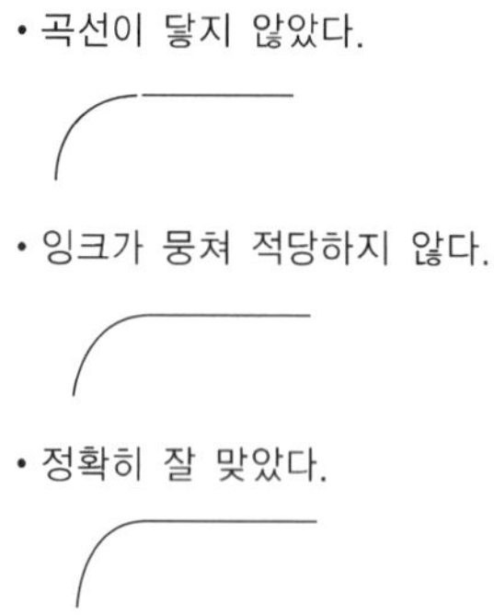

[직선과 곡선의 연결]

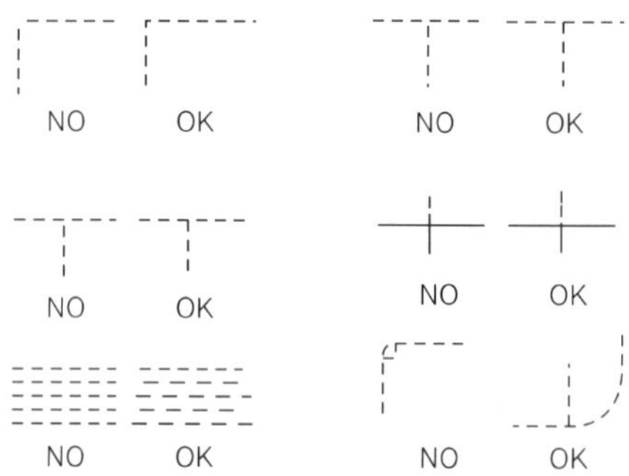

[파선의 경우]

(2) 글씨

① **글씨의 중요성** : 도면에 있어서 글씨는 대단히 중요하다. 글씨는 도면의 전체적인 내용을 전달하는 핵심적인 역할을 하고, 도면의 생명을 불어 넣는 척도가 되므로 부단히 연습해야 한다.

② **글씨의 형태와 크기**

㉠ 고딕체로 명확하게 쓴다.

㉡ 도면에 가는 선으로 보조선을 잡고 글씨를 쓴다.

㉢ 큰 글씨는 높이를 5~6mm, 작은 글씨는 3~4mm 정도로 하지만, 도면의 축척과 공간에 맞춰 조절하여 쓴다.

㉣ 가로쓰기가 원칙이며 가로쓰기로 익혀야 한다.

㉤ 가로와 세로의 크기는 1 : 1 또는 1 : 1.5 등으로 자신의 글씨를 완성하고 흘림체는 쓰지 않는다.

③ 글씨연습

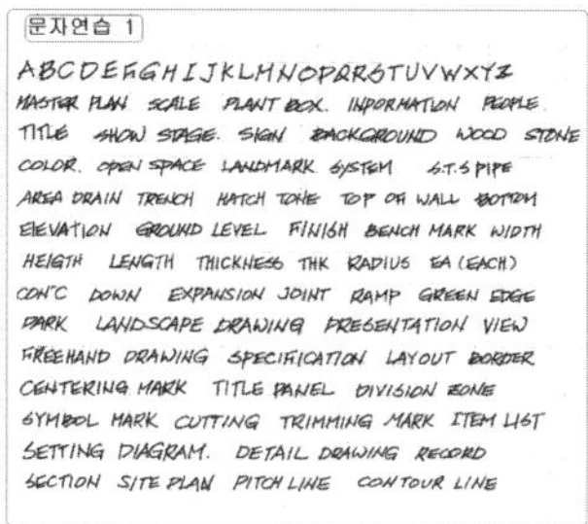

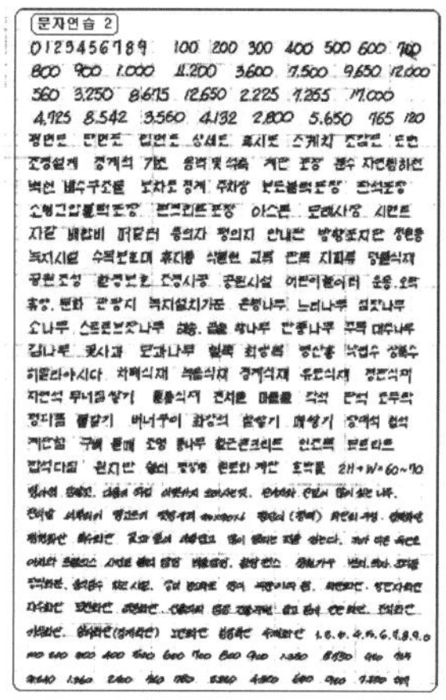

(3) 도면작성의 기본사항

① **도면의 구성 및 배치** : 도면의 구성은 설계도면 영역과 표제란 영역으로 구분된다. 두 영역을 적절히 배분하여 안정감이 있도록 구성하는 것이 채점 시 유리하다.

※ 도면 답안지의 크기 : 기사·산업기사 A2, 기능사 A3

㉠ 테두리선 그리기 : 테두리선을 그리기에 앞서 좌측 상단에 수평 길이 105mm, 45°로 수험번호와 이름 쓰는 칸을 작성한 후 상·하 10mm, 좌철인 경우 좌측 25mm, 우측 10mm로 테두리선을 긋는다.

㉡ 표제란선 그리기 : 우측 테두리선 안쪽으로 100~120mm 폭으로 수직선을 긋는다.

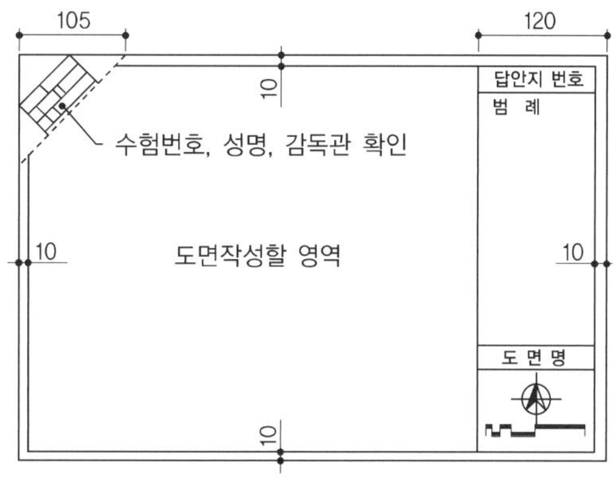

㉢ 도면의 중심잡기 : 도면 영역에 중심선을 그어 중심을 잡는다.

㉣ 도면의 배치 영역 표시하기 : 도면의 중심을 기준으로 도면 배치 영역을 크기에 맞추어 표시한다.

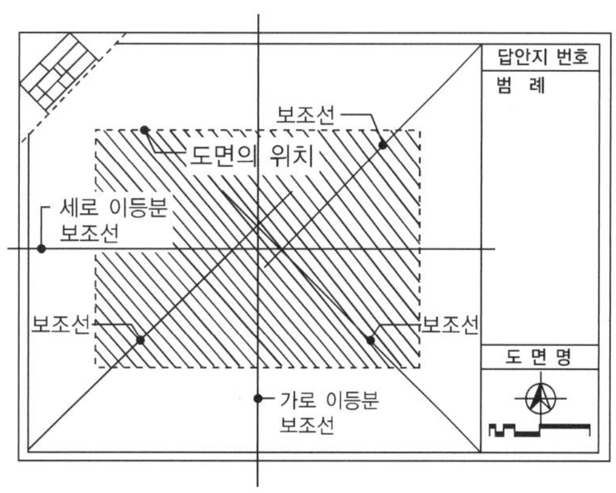

② 표제란 작성요령

㉠ 개념도 표제란 : 답안지 번호, 범례, 도면명, 방위표, 막대축척표, 축척 등을 간격을 배분하여 긋는다.

㉡ 설계도 표제란 : 답안지 번호, 시설물 수량표, 수목 수량표, 도면명, 방위표, 막대 축척표, 축척 등을 간격을 배분하여 긋는다.

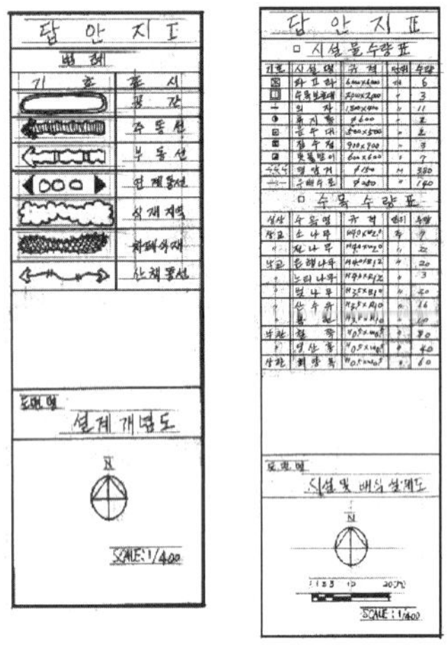

③ 치수와 치수선 도시법

[간격이 넓을 때]

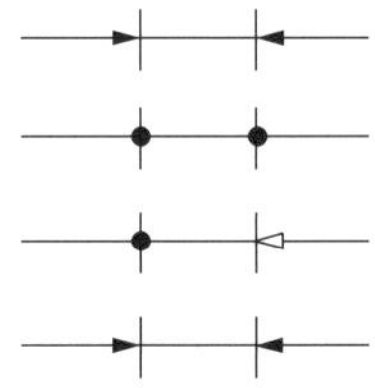

[간격이 좁을 때]

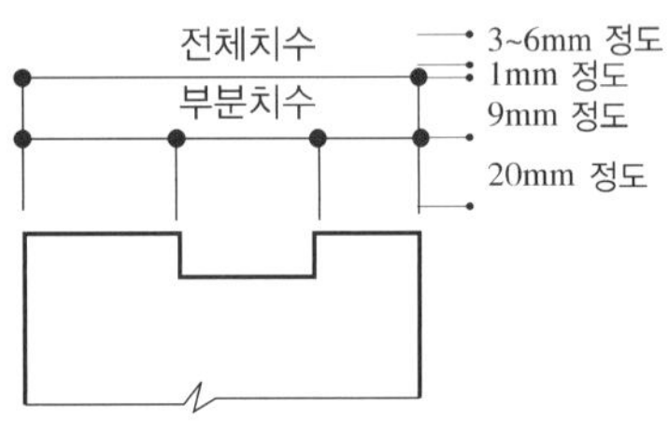

[치수표시법]

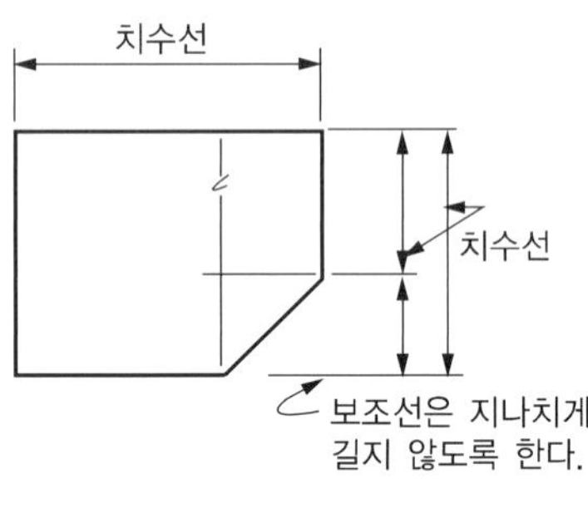

[치수선 표시법]

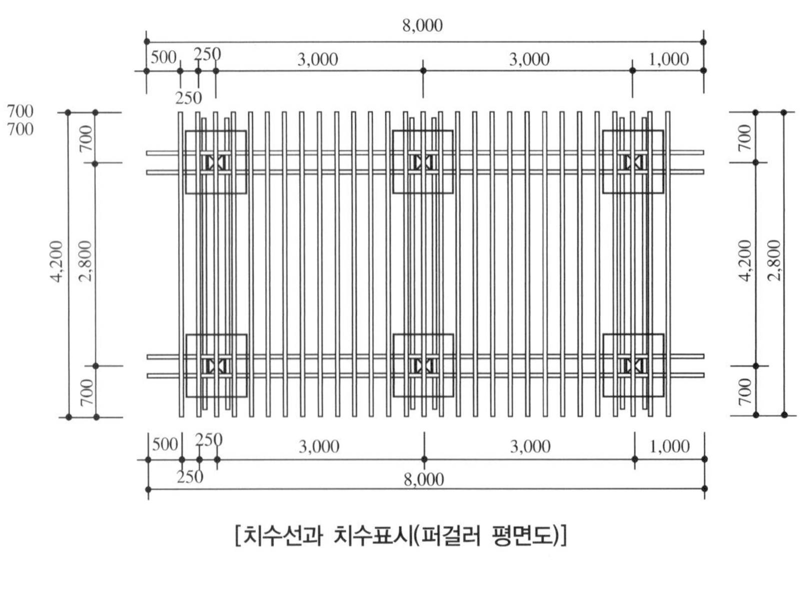

[치수선과 치수표시(퍼걸러 평면도)]

④ 단면선 도시법

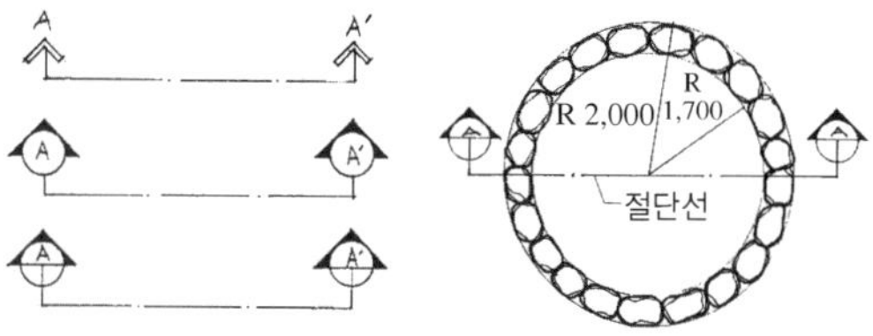

⑤ 인출선 작성요령

㉠ 한 도면에서의 인출선의 기울기는 가능하면 한 방향으로 하는 것이 좋다.

㉡ 여러 그루의 수목 인출선은 처음이나 마지막 수목에서 인출선을 긋는다.

㉢ 멀리 떨어진 수목은 연결하지 않고 따로 인출한다.

㉣ 인출선이 교차하는 경우에는 점프선을 사용하여 인출한다.

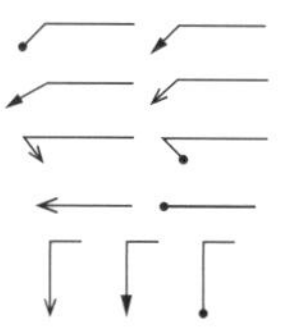

[인출선의 종류]

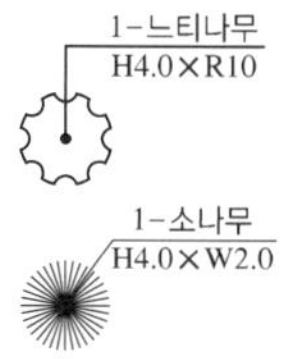

[인출선의 예]

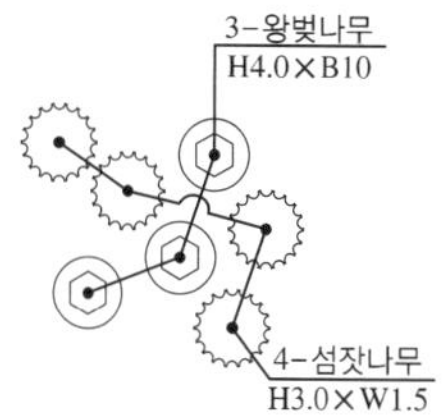

[인출선 교차요령]

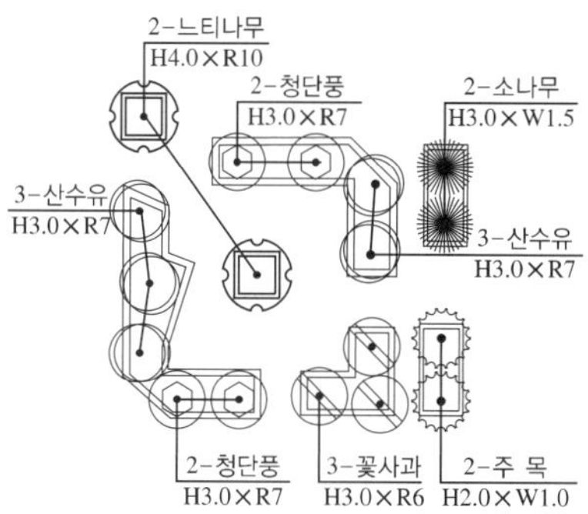

같은 수종 인출선도 교차하지 않도록
상·하·좌·우로 나누어 표기한다.

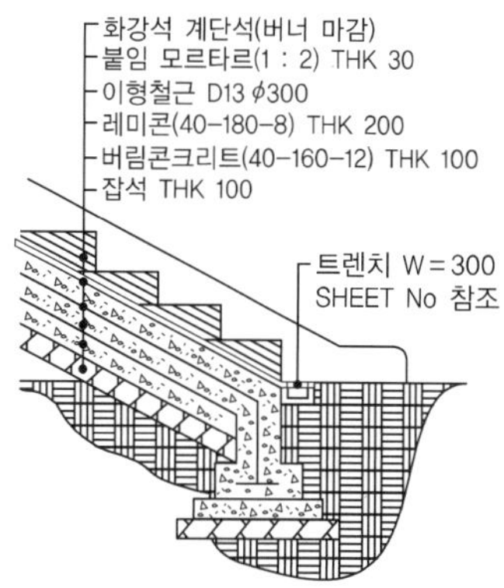

단면의 인출선은 아래의 재료 규격부터 표기

⑥ 도면의 내부사항 표기법

㉠ 도면명 표기법

[도면명의 구조 및 적정크기]

㉡ 공간명, 출입구 표기법

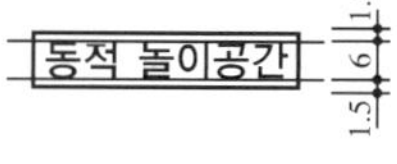

[공간명의 크기 및 출입구 표시방법]

ⓒ 단면의 표시법

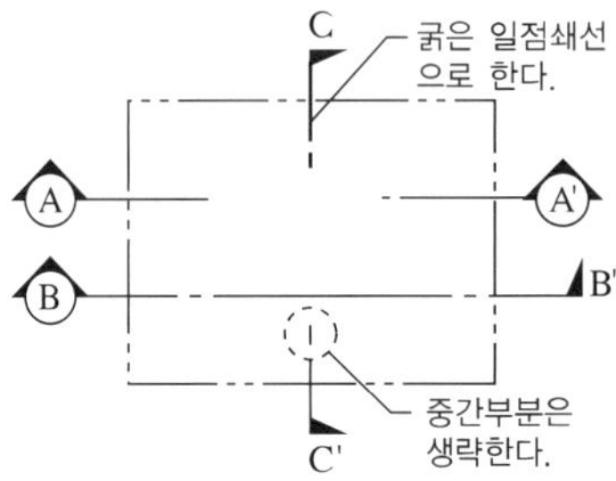

[여러 가지 절단선 표시법]

ⓡ 포장재료 및 시실명 표기법

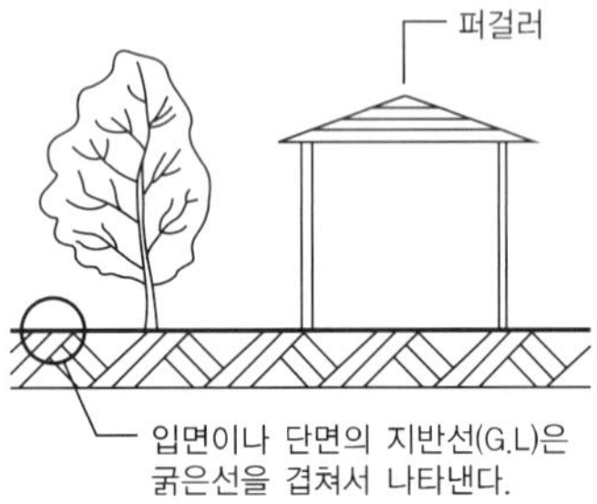

[지반선, 시설명 표기법]

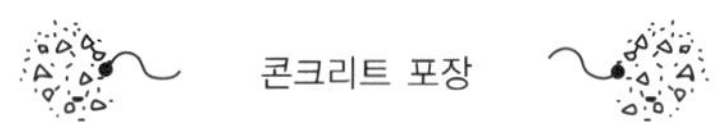

[포장재료 표기법]

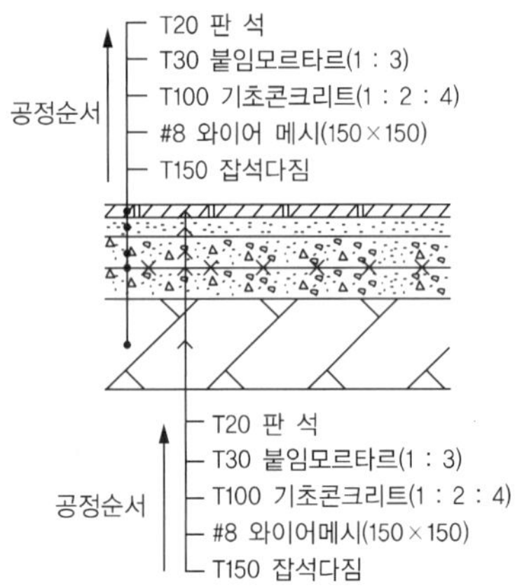

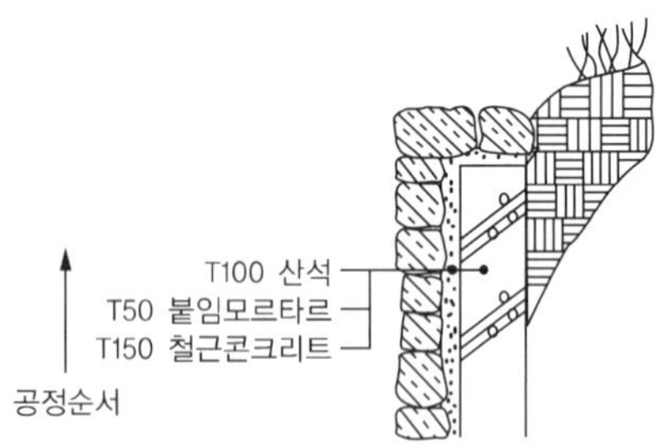

[단면상의 포장재료 표기법]

ⓜ 단차, 레벨 표기법

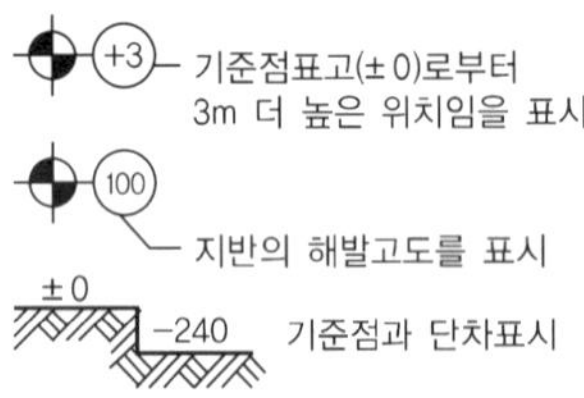

[단차의 평면표기법]

[단차의 단면, 입면표기법]

㉥ 방위표, 바 스케일 표기법

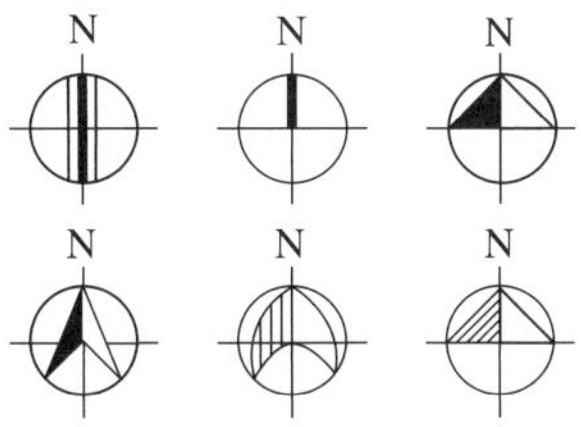

[여러 가지 방위표기법]

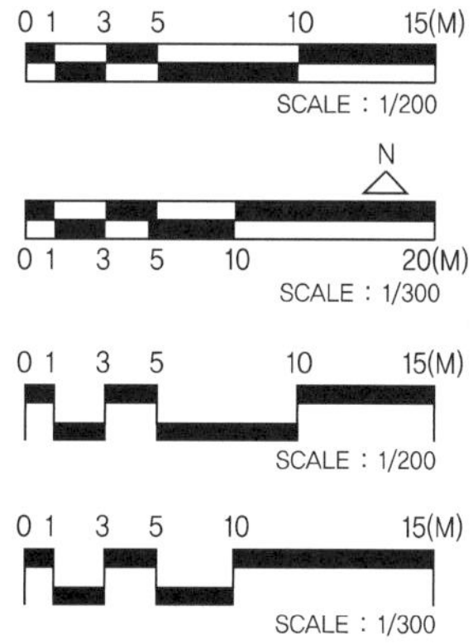

[바 스케일 표기법]

㉦ 인출선 표기법

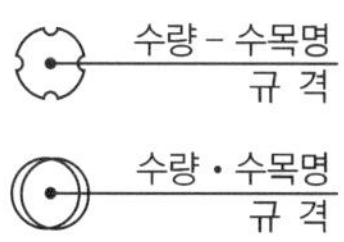

[수목의 인출선]

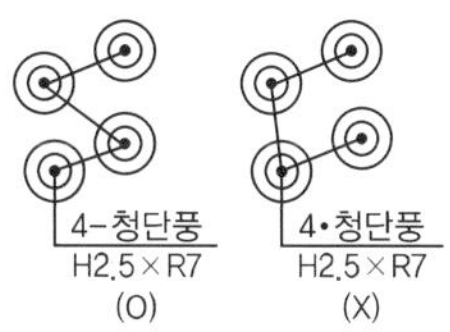

[교목의 인출선 표기법]

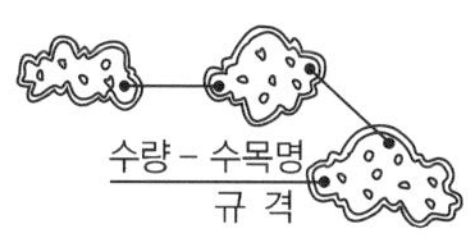

[관목의 인출선]

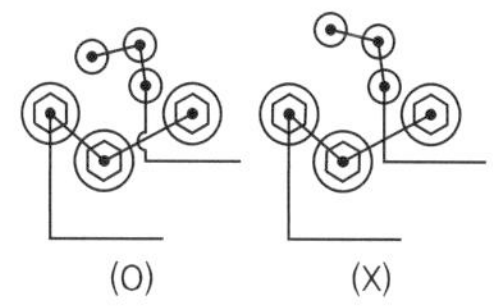

⑦ 포장재료 표기법

현장시공형	아스팔트포장	아스팔트포장
		투수아스팔트포장
	콘크리트포장	포장용 콘크리트포장
		투수콘크리트포장
	흙다짐포장	모래포장
		마사토포장
		황토포장
		흙시멘트포장
2차제품형	석재 및 타일포장	판석포장
		호박돌포장
		자연석판석포장
		석재타일포장
	목재포장	나무벽돌포장
	점토벽돌포장	
	호박돌포장	
	자연석판석포장	
	석재타일포장	
	기타	콩자갈포장
		인조석포장
식생 및 시트공법	포장	잔디식재블록
		인조잔디포장

㉠ 노상과 노반의 조성

- 노상 : 현장의 토질에 적합한 다짐기계로 소정의 밀도가 얻어질 수 있도록 고르게 다진다. 균일한 지지력을 얻을 수 있도록 마감
- 노반 : 균일한 두께로 고르게 깔고, 1층의 다짐두께가 15cm(다진 후의 두께)를 넘지 않도록 하며, 고른 지지력과 평탄성이 얻어질 수 있도록 마감

㉡ 아스팔트콘크리트(아스콘)포장

- 용도 : 차량이동통로와 주차장에 쓰임
- 단면상세도 및 평면표기법 & 현장사진

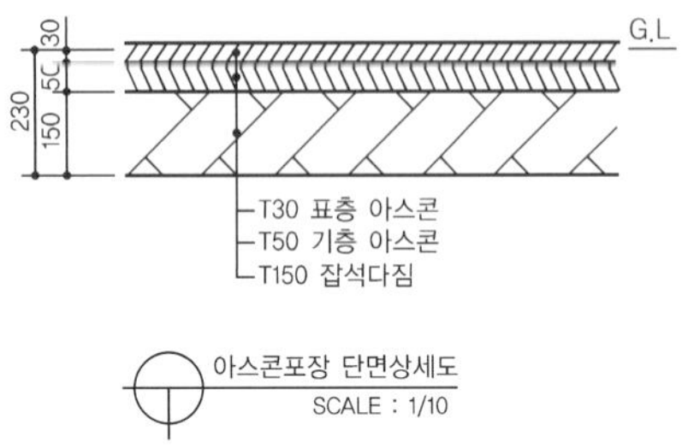

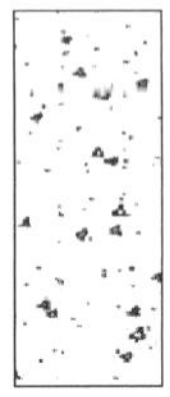
평면표기법

㉢ 콘크리트포장

- 용도 : 아름답지는 못하나 저렴하고 내구성이 높아 주차장, 관리동선 등에 쓰임
- 단면상세도 및 평면표기법 & 현장사진

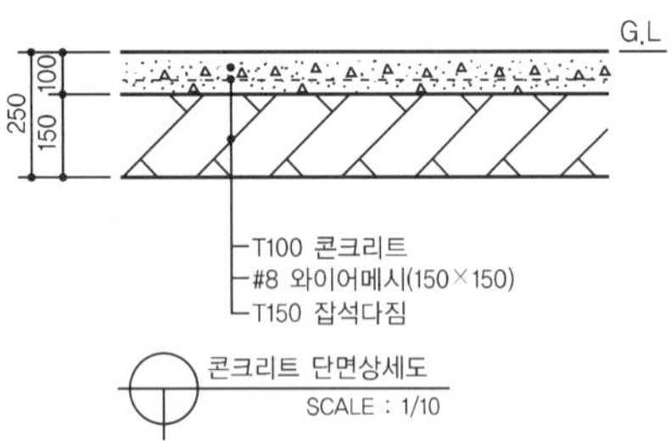

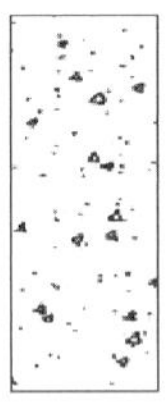
평면표기법

㉣ 투수콘크리트포장

- 용도 : 투수성이 있어 우천 시에도 노면이 양호하여 자전거도로, 산책로, 연못 주변에 쓰임
- 단면상세도 및 평면표기법 & 현장사진

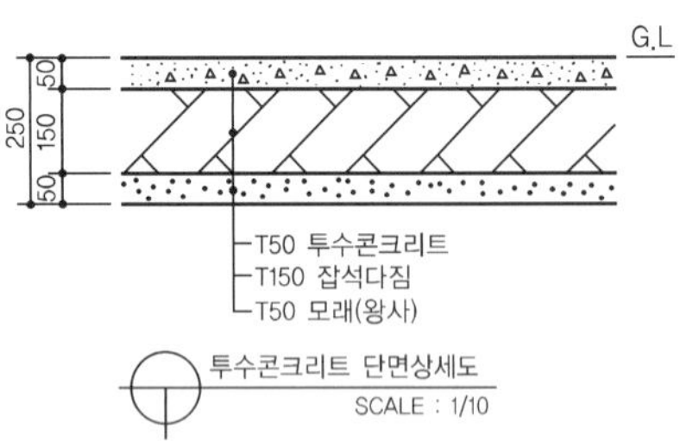

평면표기법

㉤ 소형고압블록포장

- 특성 : 모양과 색채가 다양하고 내구성이 있어 용도가 넓음
- 용도 : 원로, 주차장, 건물주변, 광장, 진입구 등 어느 곳에서나 사용이 가능
- 단면상세도 및 평면표기법 & 현장사진

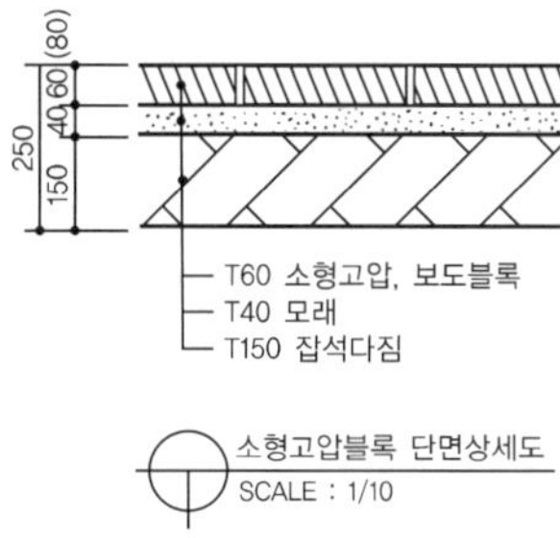

평면표기법

㉥ 점토벽돌포장

- 용도 : 질감이 좋고, 색채가 다양하여 원로, 광장, 건물주변, 휴게공간 등에 쓰임
- 단면상세도 및 평면표기법 & 현장사진

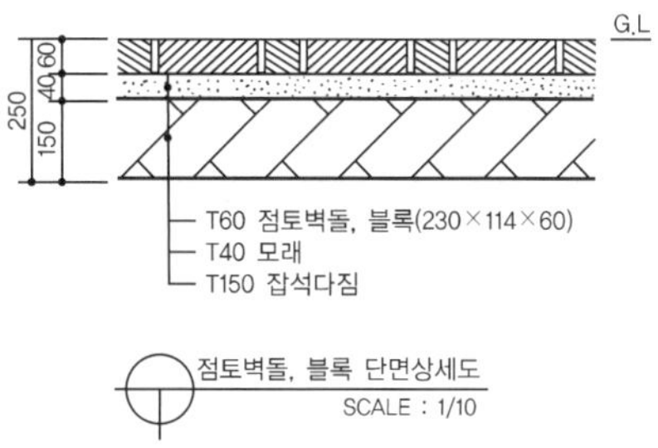

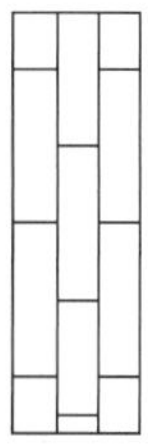

평면표기법

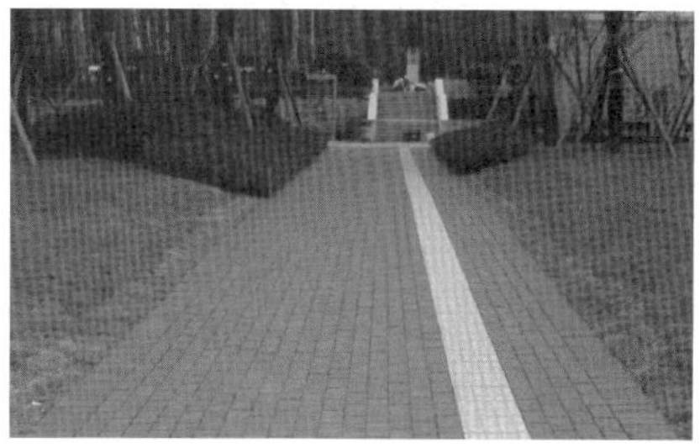

㉦ 화강석판석포장

- 용도 : 원로, 광장, 건물주변, 진입광장, 휴게공간 등에 쓰임
- 단면상세도 및 평면표기법 & 현장사진

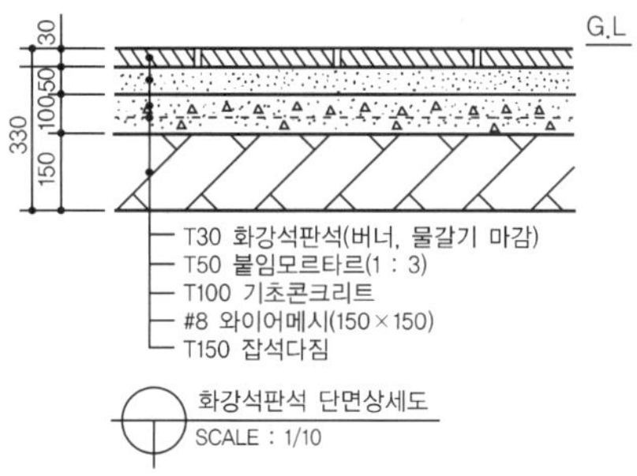

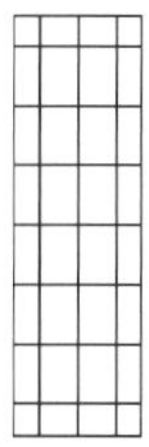

평면표기법

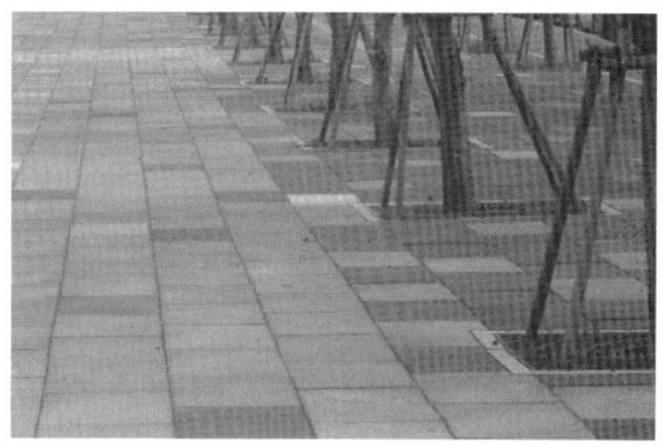

㉧ 자연석판석포장

- 용도 : 휴게공간, 산책로, 수경공간 주변 등 친환경적이면서 아늑하고 편안한 느낌을 주는 곳에 쓰임
- 단면상세도 및 평면표기법 & 현장사진

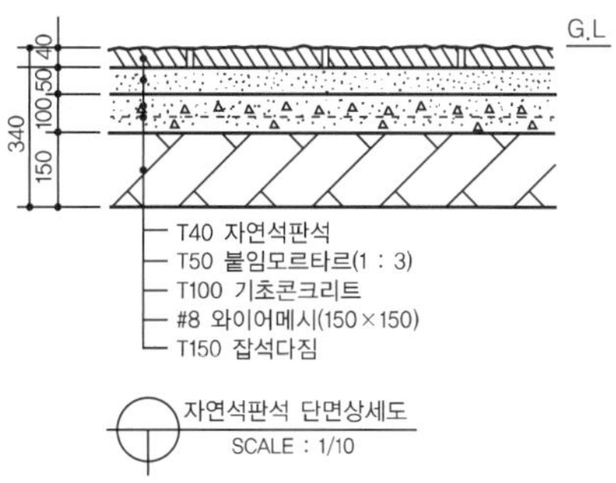

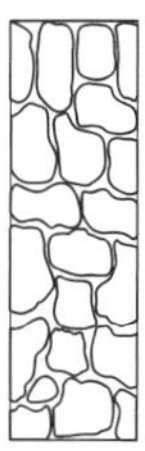

평면표기법

㉧ 마사토포장

- 용도 : 원로, 운동공간, 학교 운동장, 산책로 등에 쓰임
- 단면상세도 및 평면표기법 & 현장사진

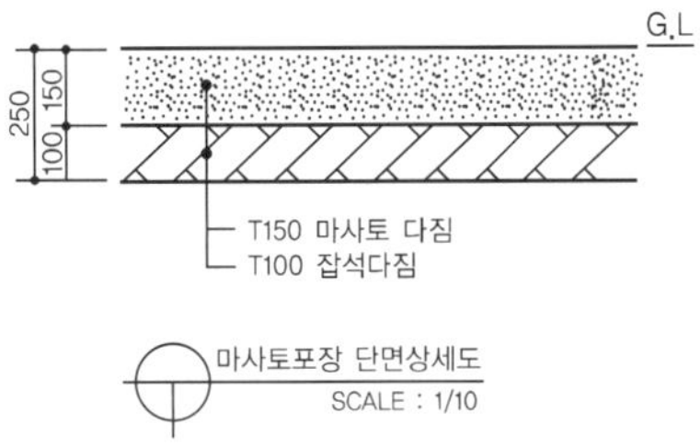

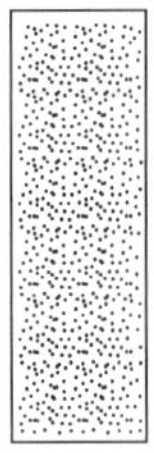

평면표기법

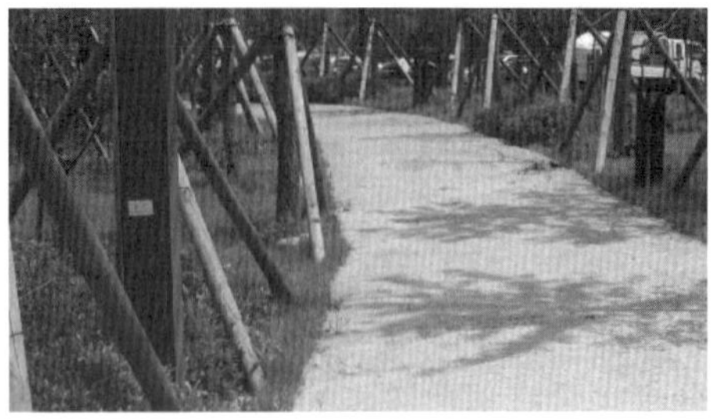

㉨ 콩자갈포장

- 용도 : 발의 지압과 건강을 위한 공간, 수공간 주변의 일부 공간 등에 쓰임
- 단면상세도 및 평면표기법&현장사진(자갈박기와 자갈깔기)

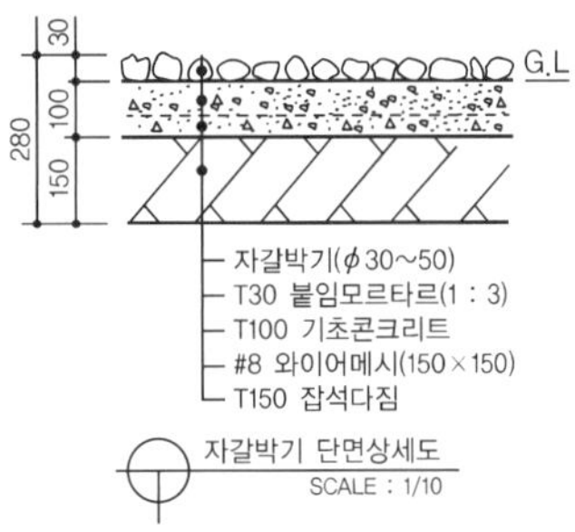

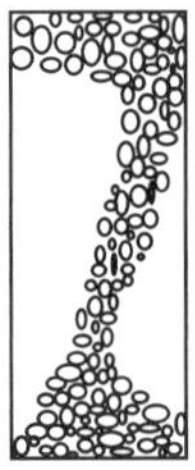

평면표기법

㉩ 모래포장(포설, 깔기)

- 용도 : 어린이 놀이공간 등에 쓰임
- 단면상세도 및 평면표기법 & 현장사진

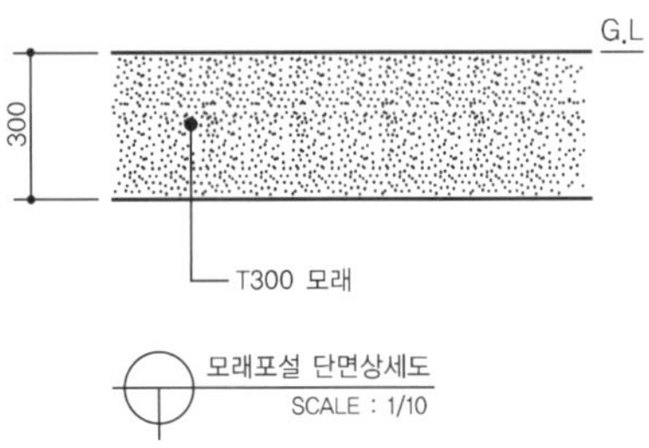

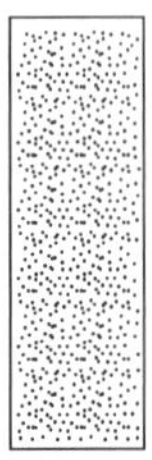

평면표기법

㉪ 사괴석포장

- 용도 : 휴게공간, 전통광장, 광장, 진입광장, 원로 등에 쓰임
- 단면상세도 및 평면표기법 & 현장사진

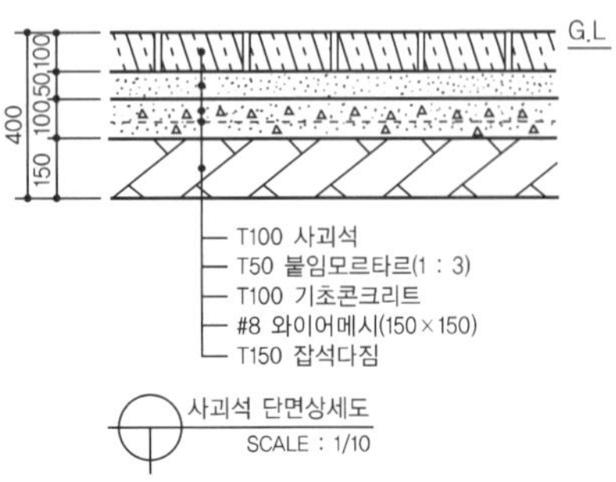

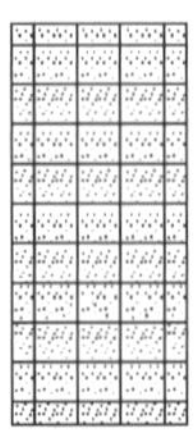

평면표기법

㉤ 통나무원목포장

• 용도 : 생태공원 광장, 휴게공간, 자연친화적 공간, 공간연결부 등에 쓰임

• 단면상세도 및 평면표기법 & 현장사진

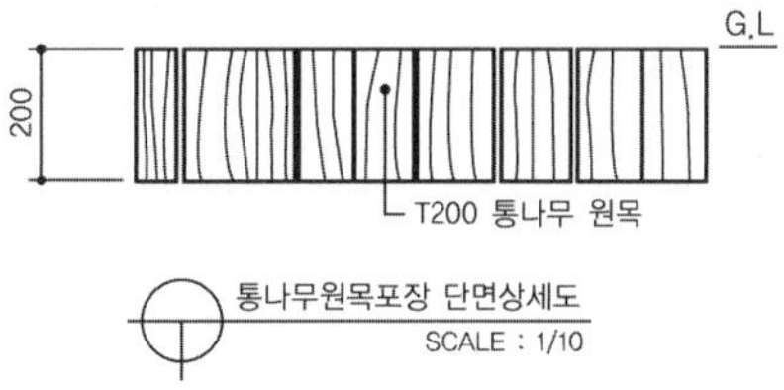

평면표기법

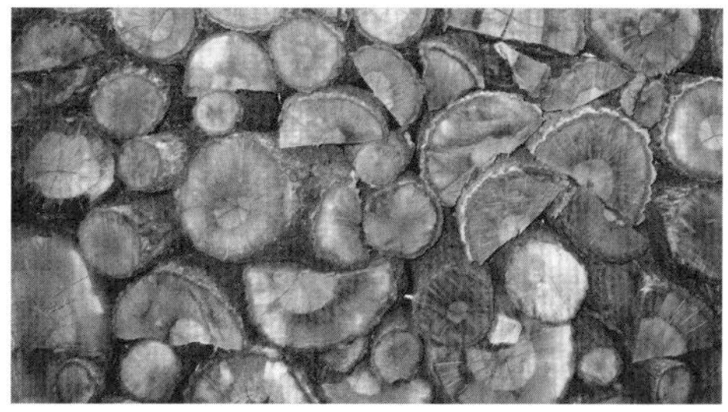

• 원목포장 재료사진

㉥ 고무블록(매트)포장

• 용도 : 유아·어린이 놀이공간, 휴게공간, 운동공간, 이동공간 등에 쓰임

• 단면상세도 및 평면표기법 & 현장사진

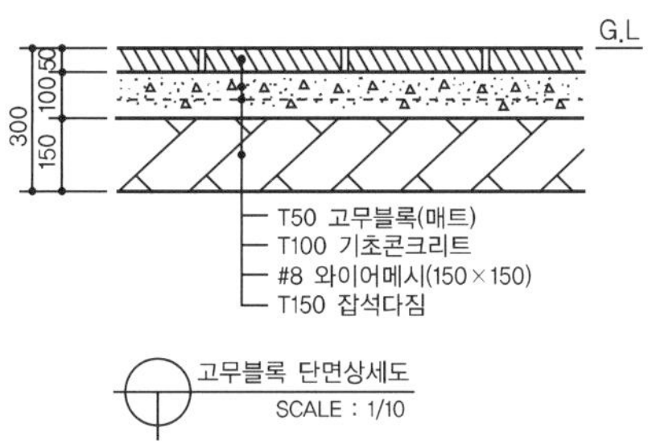

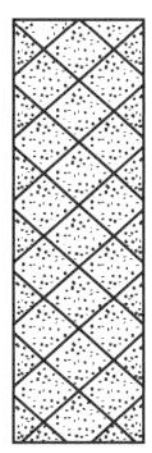

평면표기법

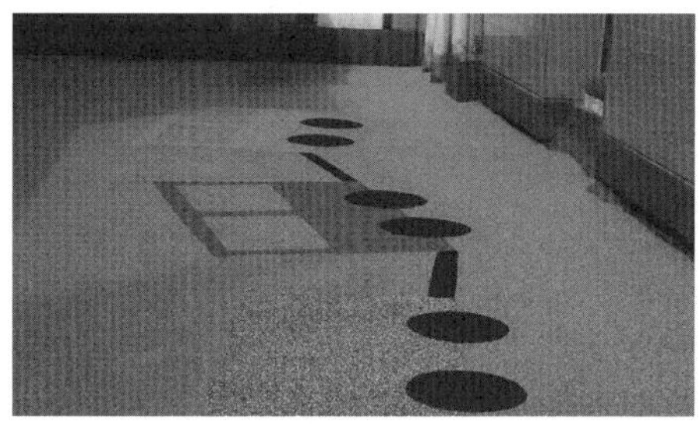

㉦ 잔디블록포장

• 용도 : 투수성이 양호하여 원로와 잔디광장주변, 친환경적인 공간 등에 쓰임

• 단면상세도 및 평면표기법 & 현장사진

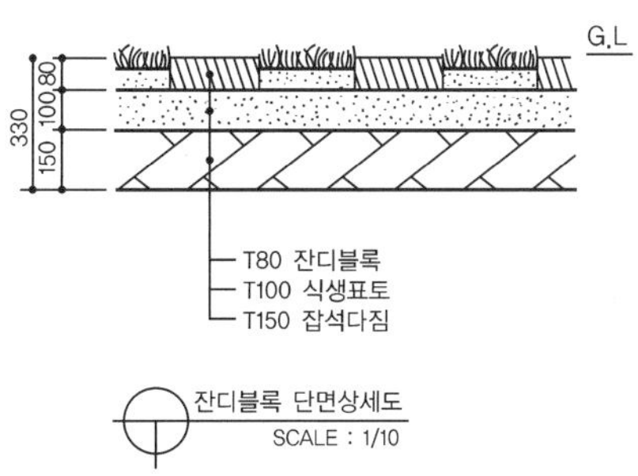

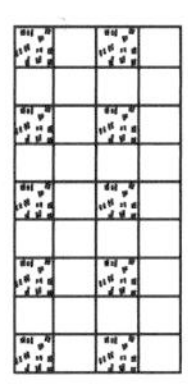

평면표기법

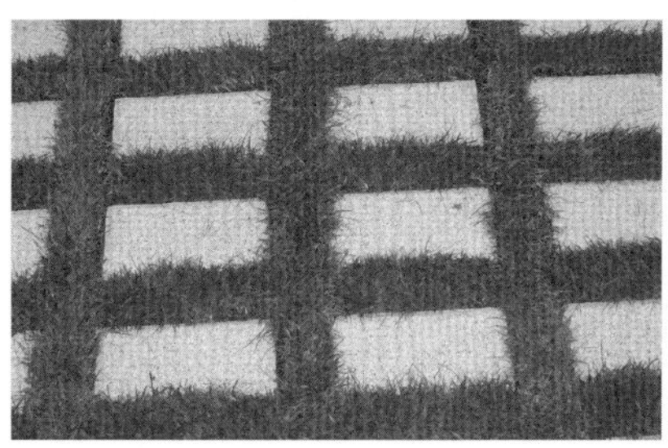

㉯ 목재데크포장

• 용도 : 생태공원의 원로, 휴게공간, 수공간 주변 등에 쓰임

• 단면상세도 및 평면표기법 & 현장사진

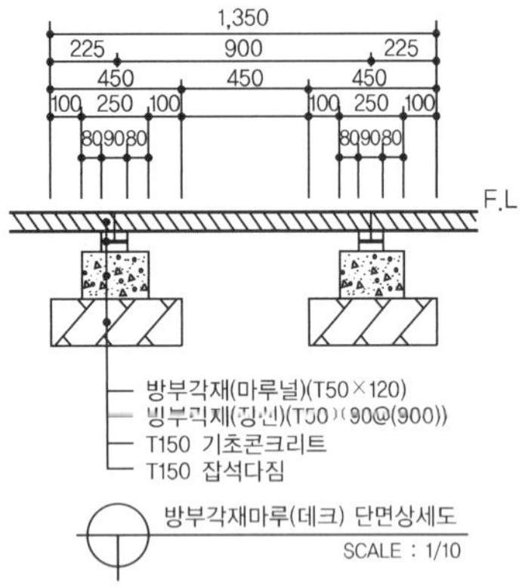

평면표기법

㉰ 고무칩포장

• 용도 : 어린이 놀이공간, 산책로 등에 쓰임

• 단면상세도 및 평면표기법 & 현장사진

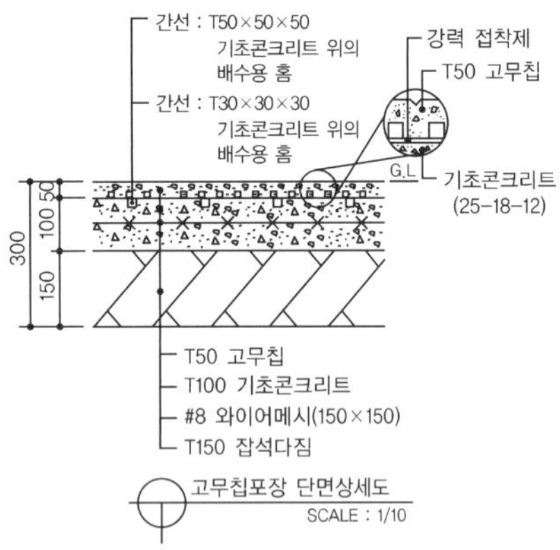

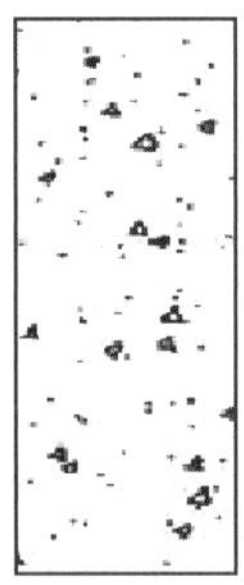

평면표기법

㉱ 경계석 설치

• 녹지구분 경계석

– 녹지와 원로의 사이에 설치하는 경계석으로 원로는 낮고, 녹지는 높게 하여 높이차가 나게 됨

– 단면상세도 & 현장사진

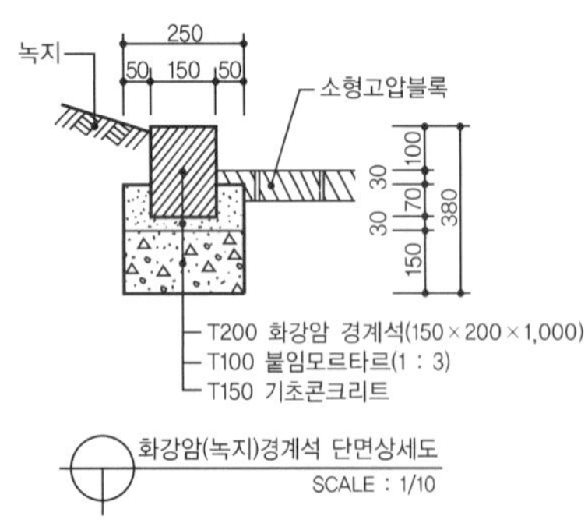

• 포장구분 경계석
- 포장재료가 서로 다른 부분의 경계면에 설치하며, 포장면과 높이가 같도록 설치함
- 단면상세도 & 현장사진

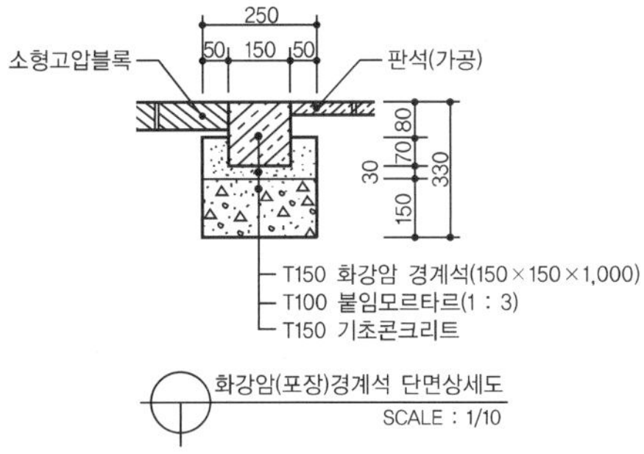

(4) 기본도형 작도 요령

① 작도 시 유의사항

㉠ 제도의 기본은 정확성이므로 KS 제도 통칙에 맞아야 한다.

㉡ 형태와 치수가 정확해야 하며 치수기입법에 따라야 한다.

㉢ 도면축척에 정확히 맞아야 하므로 삼각스케일의 눈금을 확인하고 그려야 한다.

㉣ 선의 굵기와 연결이 정확해야 한다.

㉤ 설계는 만인의 언어이므로 누구나 같은 내용으로 전달되어야 한다.

㉥ 한 줄, 한 점, 한 형태에 정성을 들여서 제도하여야 한다.

② 선의 연결

㉠ 직선과 직선의 연결 요령

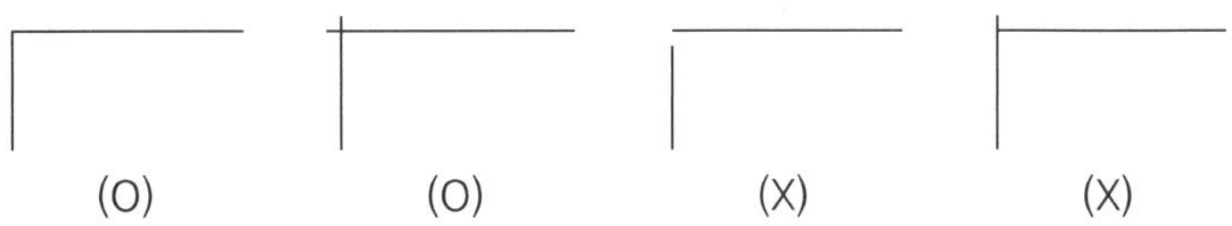

㉡ 직선과 곡선의 연결 요령

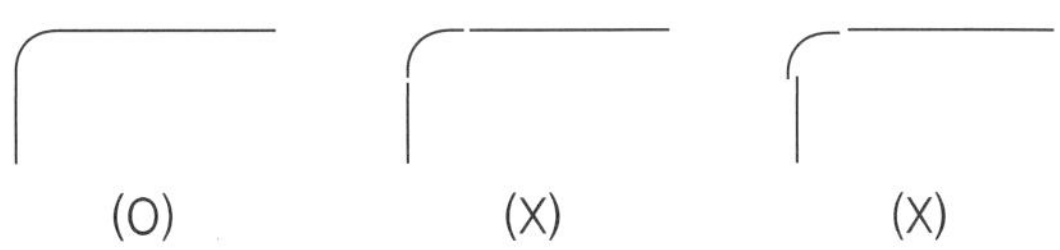

㉢ 파선과 파선의 연결 요령

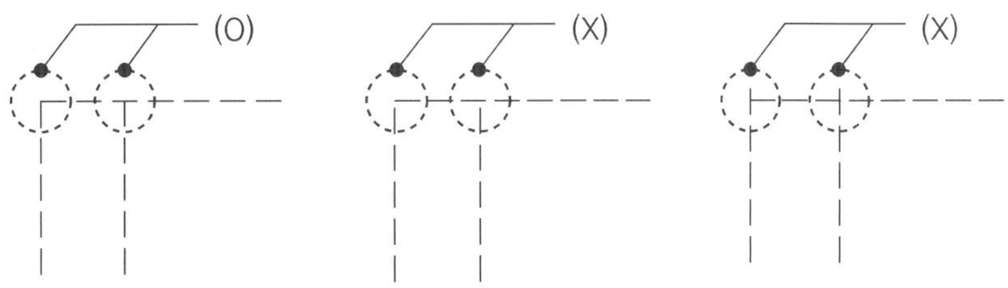

③ 기본도형의 작도 요령

㉠ 직사각형 그리기

㉡ 정사각형 그리기

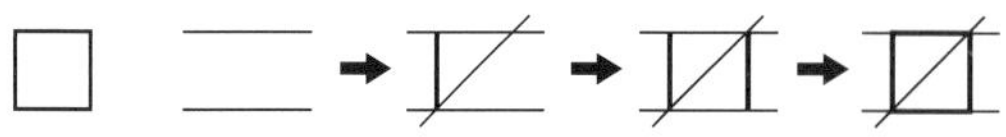

㉢ 정삼각형 그리기

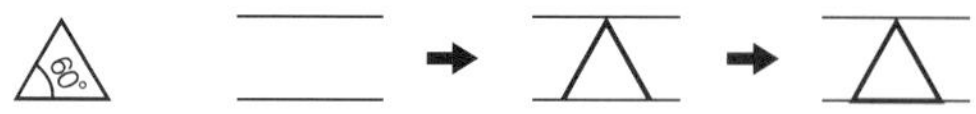

㉣ 이등변삼각형 그리기

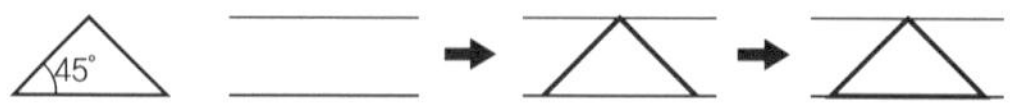

④ 벽의 작도(정확한 치수가 아닌 축척비율로 작도)

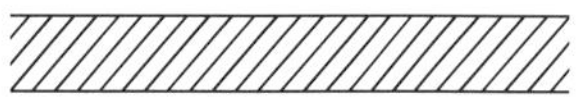

[벽일반]

[목조벽]

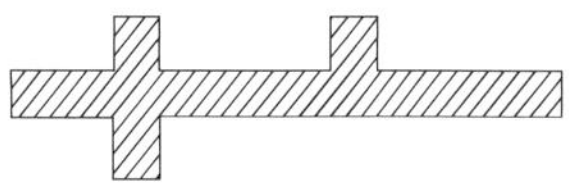

[벽돌벽]

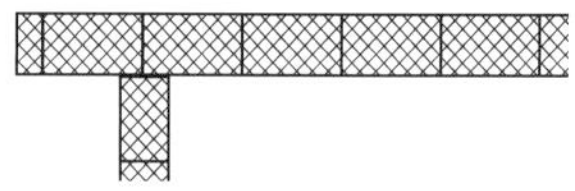

[블록벽]

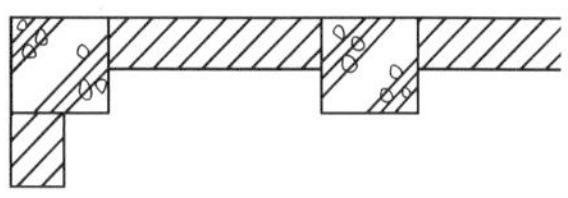

[철근콘크리트기둥 및 장막벽]

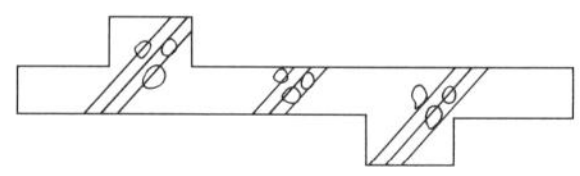

[철근콘크리트기둥 및 벽]

⑤ 기본축척을 적용한 도형작도 연습과제

㉠ 과제 1 : 다음은 None Scale 그림으로, 삼각스케일을 이용하여 축척(1/100~1/600)을 3개 이상 적용하여 작도 후 치수기입을 해 본다.

㉡ 과제 2 : 다음은 축척 1/200 그림으로, 삼각스케일을 이용하여 축척(1/100)을 적용하여 작도 후 치수기입을 해 본다.

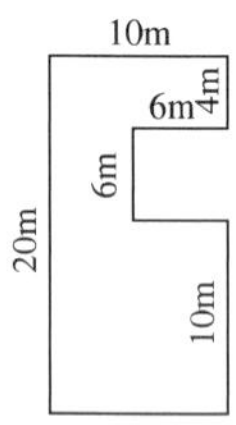

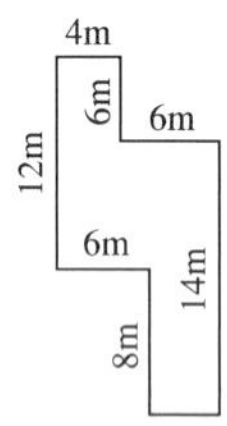

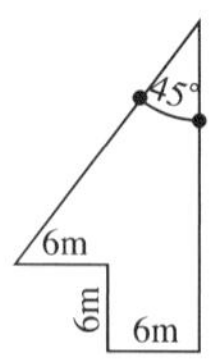

(5) **개념도 기법** : 프리핸드(Freehand)로 도시한다.

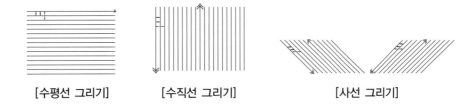

① 직선 표현

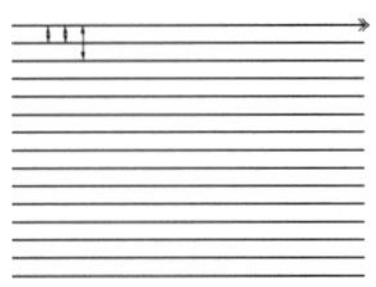

[수평선 그리기]

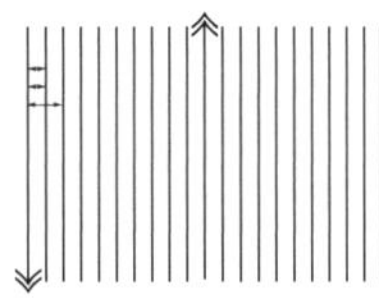

[수직선 그리기]

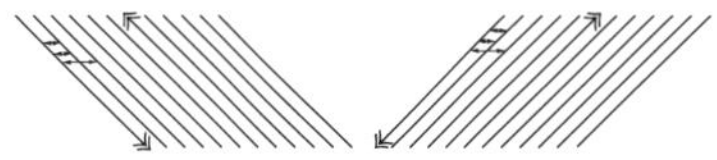

[사선 그리기]

② 곡선 표현

[자유곡선]

③ 조경공간의 프리핸드(Freehand) 기법

㉠ 넓은 공간의 외주부는 부드럽고 자연스러운 곡선으로 표현한다.

㉡ 삼각, 사각공간의 모서리 부분은 곡선으로 처리한다.

㉢ 건축물이나 구조물은 형태대로 나타내는 것이 좋다.

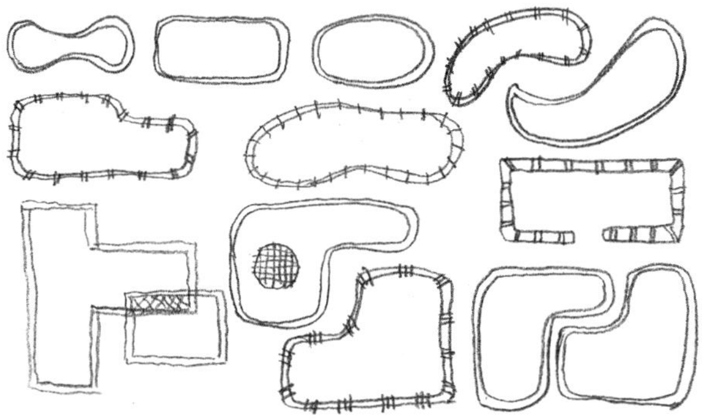

[공간의 표현]

④ 동선의 프리핸드 기법

㉠ 동선은 위계별로 등급을 구분하여 나타낸다.
동선의 위계 : 차량동선 → 주동선 → 부동선 → 연계동선

㉡ 동선의 방향은 화살표로 방향을 제시한다.

㉢ 넓이나 크기가 같은 동선일 경우 상위 등급의 동선은 중량감을 주어서 나타낸다.

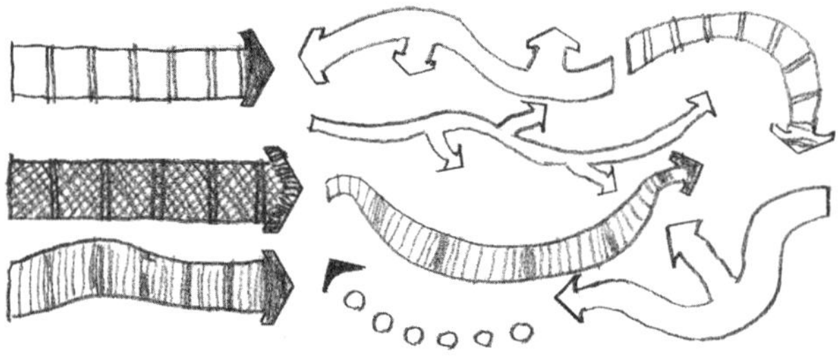

[동선의 표현방식]

⑤ 식재공간의 프리핸드 기법

㉠ 식재공간의 크기는 영역의 크기로 나타낸다.

㉡ 식재의 기능적 역할을 공간의 형상으로 구분하여 나타낸다.

㉢ 활엽수와 침엽수의 구분을 형상으로 나타낸다.

㉣ 다양한 형태의 공간도시법을 익혀서 숙달하도록 한다.

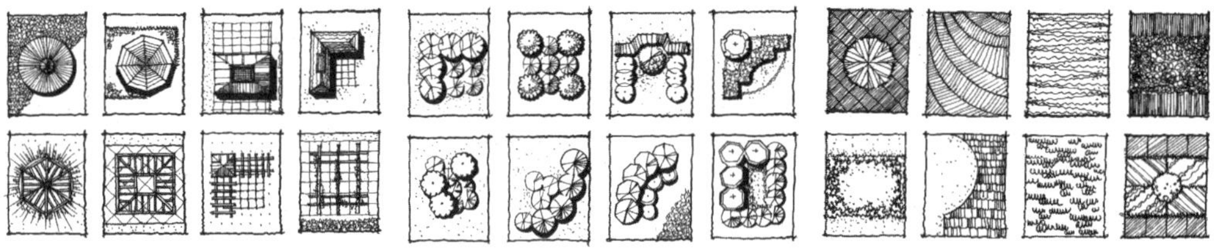

⑥ 점의 프리핸드 기법 : 강조요소, 결절점, 요점식재, 환경조형물, 외딴집 등의 표현

⑦ 그 밖의 프리핸드 기법 : 복합적 요소(시각, 바람, 소음 등의 표현) 표현

(6) 표현 기법 : Freehand & Sketch

① 수목의 평면 표현

[침엽수]　　　　[활엽수]

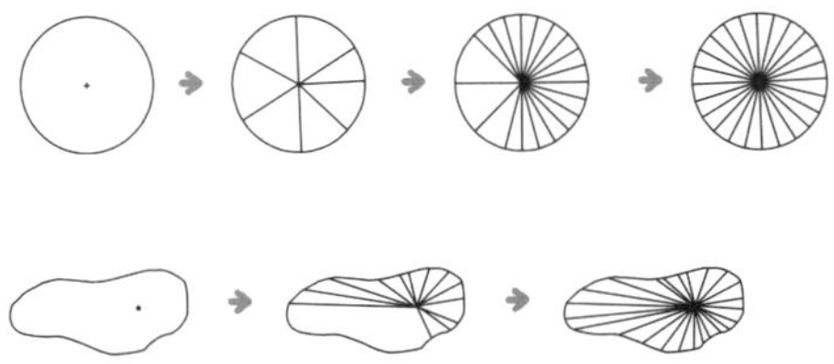

[침엽수 평면 표현]

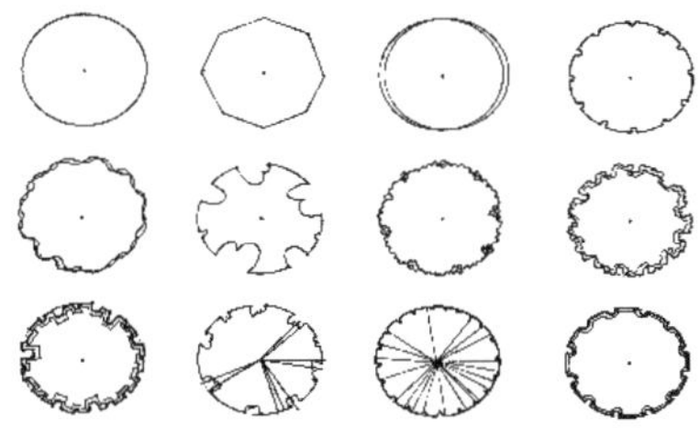

[활엽수 평면 표현]

② 수목의 입면 표현

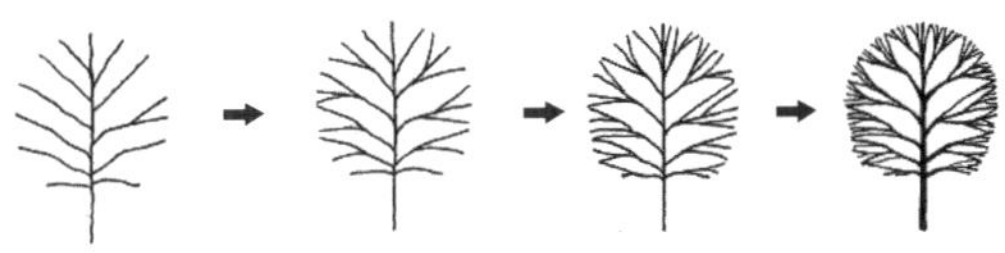

[수간의 표현]

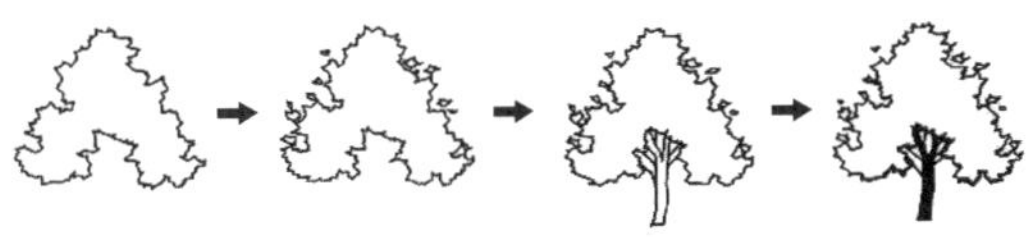

[수관의 표현]

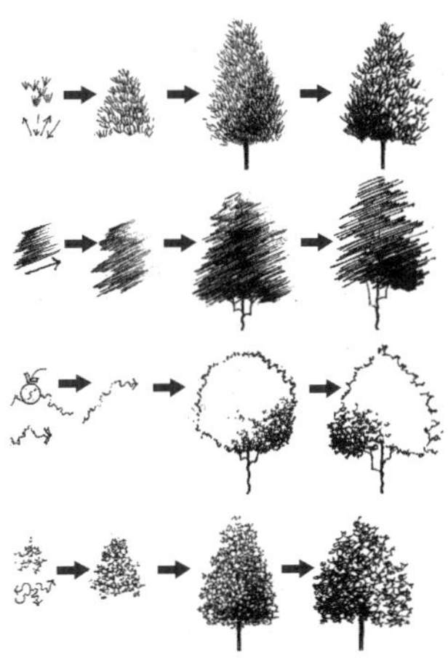

③ 사람(人)의 표현

㉠ 도면을 보는 사람은 도면에 그려진 사람과 자신을 연관시킨다.
㉡ 도면에 사람을 그려 넣는 것은 스케일을 표현하기 위함이다.
㉢ 사람의 수, 위치, 옷은 공간의 용도를 나타낸다.
㉣ 사람은 팔등신을 기준으로 한다.
㉤ 머리를 1로 할 때 인간의 각 부위별 크기를 분석하면 목 0.5, 팔 3.0, 몸통 3.5, 다리 4.0이 된다.
㉥ 도면에서는 특징만 파악하여 우화적으로 그리는 방법을 많이 쓴다.
㉦ 머리는 작게, 다리도 한쪽을 위로하면 걷고 있는 느낌이 난다.
㉧ 어깨의 선을 그리고, 몸체와 다리를 한꺼번에 그린다.
㉨ 사람의 표현(자세)

④ 입면도 그리는 법

㉠ 평면도의 바로 앞부분에서부터 주된 대상물이 통과하도록 절단선을 설정한다.
㉡ 그리고자 하는 위치에 지면(G.L)의 선을 긋는다.
㉢ G.L선상에 평면도와 동일한 축척으로 정면 폭 양단의 간격을 취한다.
㉣ 주된 대상물의 정확한 위치를 정하여 표시한다.
㉤ 평면도의 앞에서부터 대상물의 높이를 축척에 따라 가는선으로 긋는다.
㉥ 강한선(굵은선)으로 대상물을 마무리하여 완성한다.

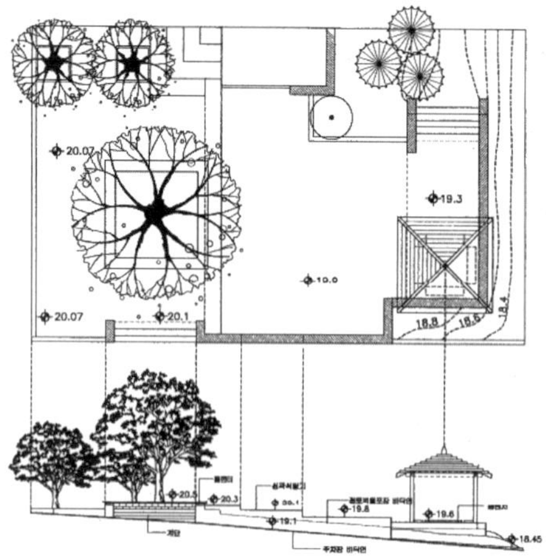

정 면 도
SCALE=1/80

⑤ 평면도와 단면도 복합 표현(마운딩 단면도)

㉠ 단면도를 나타낼 지역을 지나는 절단선을 긋는다.

㉡ 등고선의 콘타를 이용하여 1m 간격으로 높이 기준선을 긋는다.

㉢ 기준선의 아래에서 위로 연속적인 수평선을 긋는다.

㉣ 기준선 위의 각 표시에서 수직으로 보조선을 긋고, 단면의 표고점을 찍은 후 그 점을 연결시킨다.

㉤ 수간 위치에 수목의 입면도를 스케치하고 단면선을 굵게 그린다.

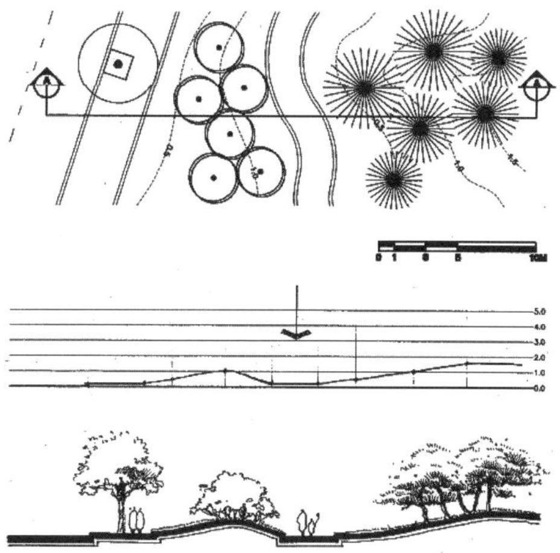

⑥ 입 · 단면도 표현의 유의사항

㉠ 가까운 대상물은 상세하게 굵은선으로 나타내고, 먼 곳의 대상물은 가는 외형선으로 대략적으로 나타낸다.

㉡ 조경 도면에서 특히, 절단선은 굵게 그려야 한다.

㉢ 절단면 뒤의 요소들은 계획내용을 설명하는 데 중요한 요소까지만 그리도록 한다.

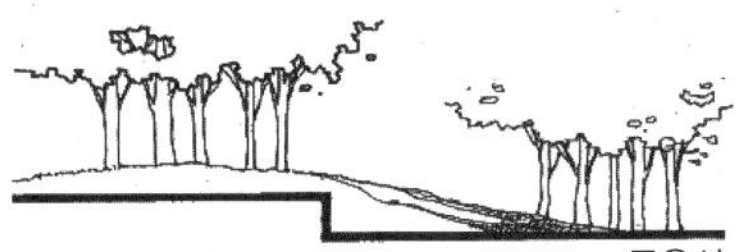

단면도

입 · 단면도

스크린톤

투시단면도

⑦ 평면도와 입면도 및 단면도의 관계

㉠ 조경도면의 이해를 돕기 위해서는 평면도와 단면도, 평면도와 입면도를 한 장에 배치하도록 한다.

㉡ 때로는 단면도와 입면도를 평면도와 다른 용지에 그릴 수도 있다.

㉢ 평면도상의 입 · 단면의 위치를 설정하는 것이 도면을 이해하는 데 중요하다.

㉣ 단면도의 위치 설정 시 그 도면의 전체적인 지표면의 고저차를 한눈에 볼 수 있도록 한다.

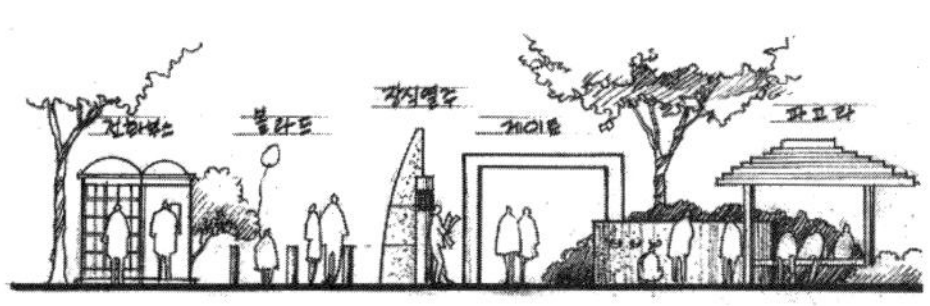

입면도 사례 1

입면도 사례 2

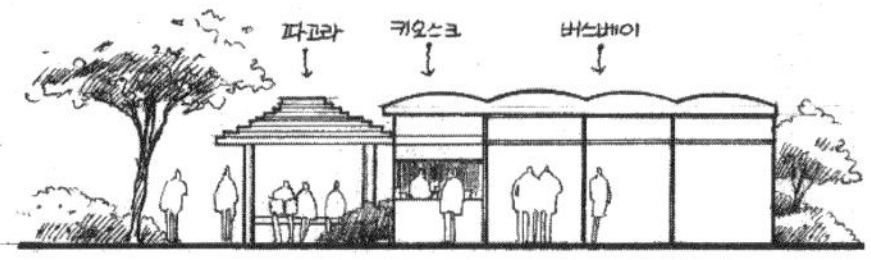

입면도 사례 3

입면도 사례 4

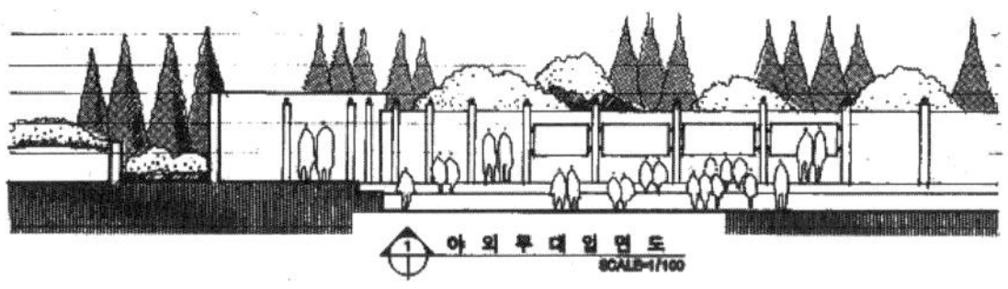

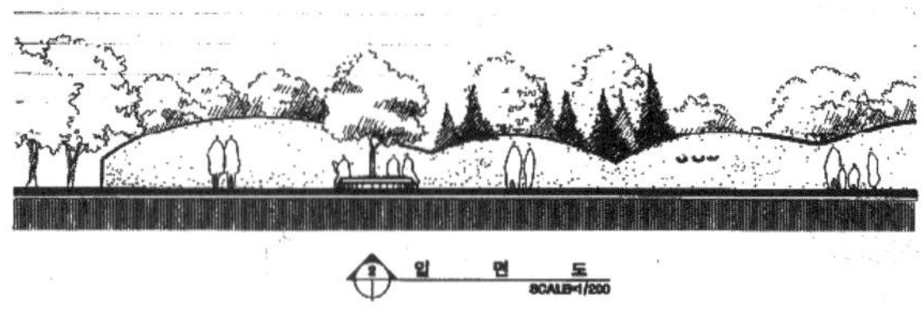

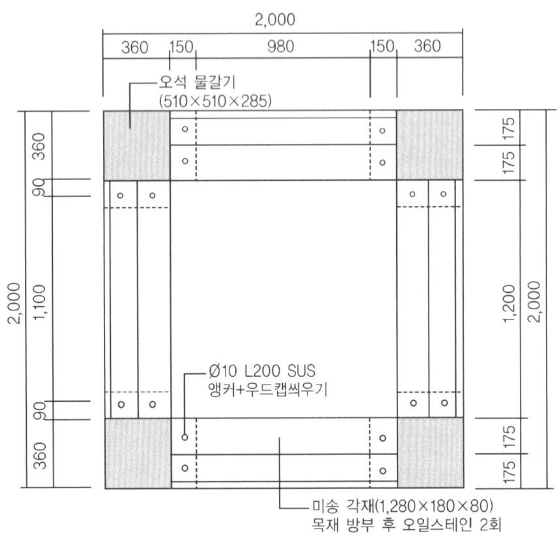

1 수목보호겸용벤치 평면도
SCALE=1/20

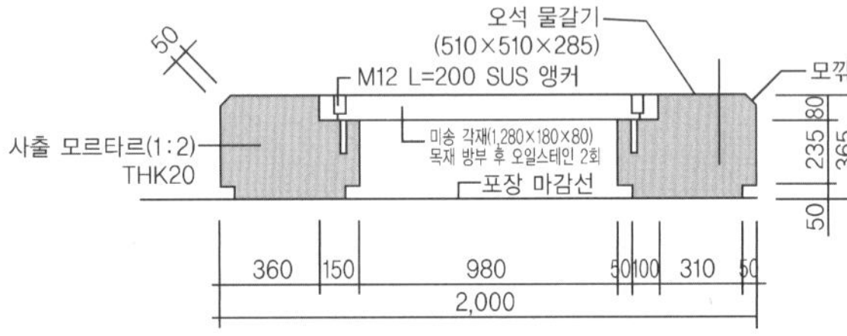

2 수목보호벤치겸용 입면도
SCALE=1/20

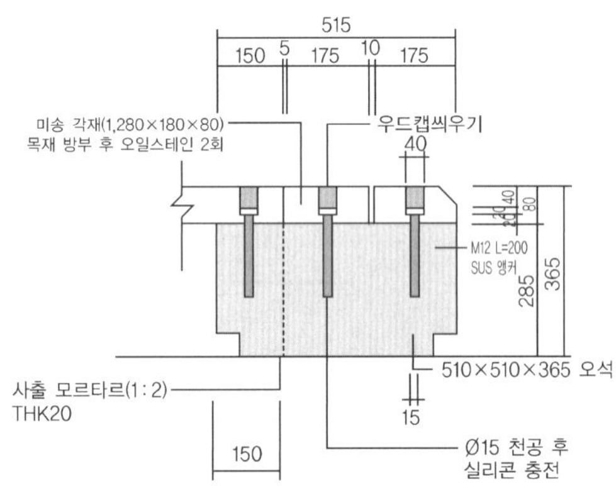

4 수목보호겸용벤치 단면상세도
SCALE=1/10

⑧ 설계에 사용되는 약어

표기	내용	표기	내용
ELE(ELEV.)	표고(Elevation)	B.C	커브시점(Beginning of Curve)
G.L	지반고(Ground Level)	E.C	커브종점(End of Curve)
F.L	계획고(Finish Level)	DN	내려감(Down)
W.L	수면 높이(Water Level)	UP	올라감(Up)
F.H	마감 높이(Finish Height)	D10	지름(내경, 이형) 이형철근/원목 등의 직경
B.M	표고 기준점(Bench Mark)		
W=1.2m	너비, 폭(Width)	@100	간격(재료, 거리, 배열) 10cm 간격
H=1.0m	높이(Height)		
L=1,000	길이(Length)	CONC.	콘크리트

표기	내용	표기	내용
ϕ300	지름(외경, 둥근형)	STL, ST	철재(Steel)
T.THK 50	재료 두께(Thickness)	P.C	Precast Concrete
r = 800	반지름(Radius)	EXP.JT	신축줄눈(Expansion Joint)
EA	개수(Each)		
TYP.	표준형(Typical)	MH	맨홀

⑨ **도면 이해 및 재료 표시** : 설계를 하려면 도면을 보고 그 내용을 이해할 수 있고 다른 사람에게 자기의 설계내용을 전할 수 있어야 한다. 다음은 설계 시 필요한 한국제도통칙의 내용을 간단하게 정리한 것이다.

재료 표기법	내용	재료 표기법	내용
	자반(흙)	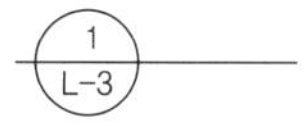	평면도
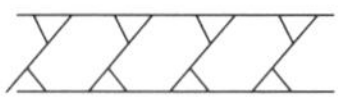	잡석다짐	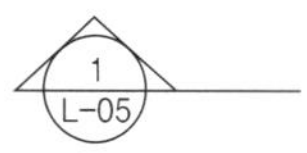	입면도
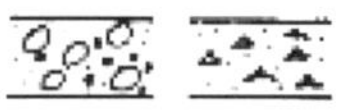	콘크리트(무근)	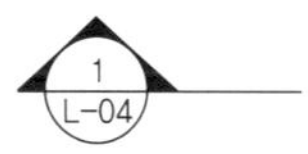	단면도
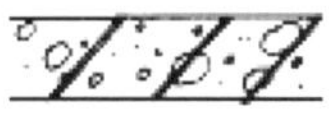	콘크리트	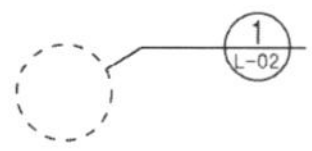	상세 인출
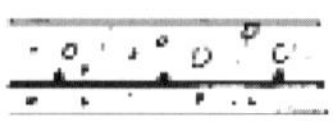	콘크리트(철근, 대규모)	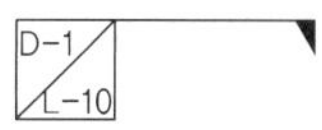	표준단면 축선
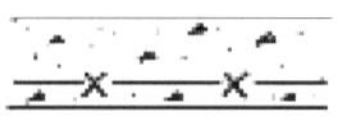	콘크리트(와이어메시)	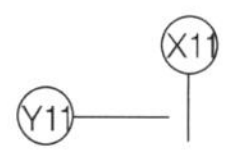	평면배치 축선
	자갈	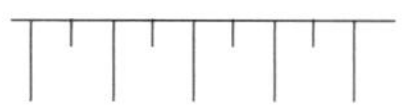	법면 표시 1
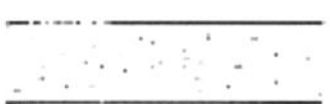	모래		법면 표시 2
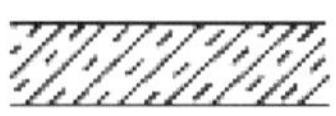	석재	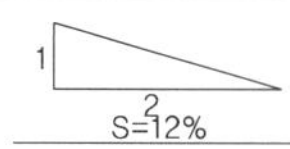	경사도
	벽돌	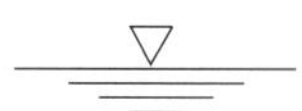	수위
 대규모 소규모 형강	금속		입·단면 높이
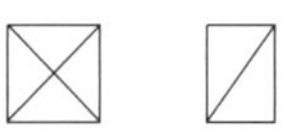	목재(구조재)	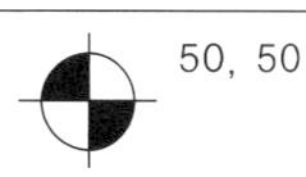	지반고
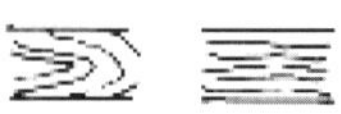	목재(치장재)	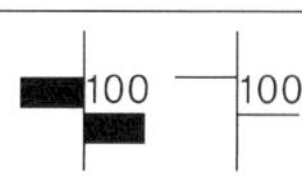	평면단차 표기

02 조경설계

1 조경설계기준

(1) 설계원칙

설계자는 별도의 기준이 제시되지 않았더라도 환경적으로 건전하고 지속가능한(친환경적) 설계를 목표로 하며, 다음의 설계 기본원칙을 준수하여야 한다.

① 수목과 지피식물 등의 기존 식생과 기존 지형, 문화경관, 역사경관 등을 최대한 보전한다.

② 주요 생물 서식처, 철새도래지, 수계, 야생동물 이동로 등의 기존 생태계를 최대한 보전해야 한다.

③ 배치, 재료, 공법 등 제반 설계요소를 적용함에 있어 설계지역의 '기후와 에너지 절약'을 근거로 한다.

④ 모든 옥외공간 계획과 설계에서 "장애인을 고려하는 설계"가 되도록 노력한다.

⑤ 모든 옥외공간 계획과 설계에서 유지관리 노력과 비용을 최소화할 수 있도록 설계한다.

※ 조경설계기준(건설기술진흥법 제44조) : 건설공사 또는 이에 준하는 공사의 조경설계를 수행함에 있어서 형태, 규격, 품질, 성능 등의 설계요소에 대하여 표준적이고도 기본적인 최소한의 기준을 제시함으로써 조경설계의 일관성, 객관성, 합리성 및 효율성을 도모하고, 개발과 보존의 조화를 이룰 수 있는 건설환경 조성과 환경친화적 건설을 위한 설계에 목적을 둔다.

(2) 설계대상

조경의 영역은 한계가 없다고 볼 수 있지만, 주설계대상은 공원이나 건축물 조경이다. 현대인은 도시에서 안락하고 편안한 삶을 영위하고자 한다. 따라서 도시공원녹지의 확충, 관리, 이용 및 도시녹화 등에 관하여 필요한 사항을 규정하는 내용이 법률로 지정되어 있다.

① 도시공원의 설치기준

㉠ 생활권 공원

공원구분	설치기준	유치거리	규모	시설부지면적	시설설치기준
소공원	제한 없음	제한 없음	제한 없음	20% 이하	조경시설·휴양시설 중 긴 의자, 유희시설·운동시설 중 철봉, 평행봉 등 체력단련시설, 교양시설 중 도서관(높이 1층, 면적 $33m^2$ 이하만 해당한다), 편익시설 중 음수장·공중전화실에 한정할 것
어린이 공원		250m 이하, 도보로 2~3분	$1{,}500m^2$ 이상	60% 이하	조경시설·휴양시설(경로당 및 노인복지회관을 제외한다)·유희시설·운동시설·교양시설 중 도서관(높이 1층, 면적 $33m^2$ 이하만 해당한다), 편익시설 중 화장실·음수장·공중전화실로 하되 휴양시설을 제외하고는 원칙적으로 어린이의 전용시설에 한할 것

㉡ 근린공원

공원구분	설치기준	유치거리	규모	시설부지면적	시설설치기준
근린생활권 근린공원	제한 없음	500m 이하, 7~8분 거리	$10{,}000m^2$ 이상	40% 이하	일상의 옥외 휴양·오락·학습 또는 체험활동 등에 적합한 조경시설·휴양시설·유희시설·운동시설·교양시설 및 편익시설·도시농업시설로 하며, 원칙적으로 연령과 성별의 구분 없이 이용할 수 있도록 할 것
도보권 근린공원		1,000m 이하, 15분 거리	$30{,}000m^2$ 이상		
도시 지역권 근린공원	해당 도시공원의 기능을 충분히 발휘할 수 있는 장소	제한 없음	$100{,}000m^2$ 이상		주말의 옥외 휴양·오락·학습 또는 체험활동에 적합한 조경시설·휴양시설·유희시설·운동시설·교양시설 및 편익시설·도시농업시설 등 전체 주민의 종합적인 이용에 제공할 수 있는 공원시설로 하며, 원칙적으로 연령과 성별의 구분 없이 이용할 수 있도록 할 것
광역권 근린공원		제한 없음	$1{,}000{,}000m^2$ 이상		

② 주제공원 설치기준

공원구분	설치기준	유치거리	규모	시설부지면적	시설설치기준
역사공원	제한 없음	제한 없음	제한 없음	제한 없음	역사자원의 보호·관람·안내를 위한 시설로서 조경시설, 휴양시설(경로당 및 노인복지회관을 제외한다)·운동시설·교양시설 및 편익시설로 할 것
문화공원	제한 없음	제한 없음	제한 없음	제한 없음	문화자원의 보호·관람·이용·안내를 위한 시설로서 조경시설·휴양시설(경로당 및 노인복지회관을 제외한다)·운동시설·교양시설 및 편익시설로 할 것
수변공원	하천, 호수 등의 수변과 접하고 있는 친수공원	제한 없음	제한 없음	40% 이하	수변공간과 조화를 이룰 수 있는 시설로서 조경시설·휴양시설(경로당 및 노인복지회관을 제외한다)·운동시설, 편익시설(일반음식점을 제외한다) 및 도시농업시설로 하며, 수변공간의 오염을 초래하지 아니하는 범위 안에서 설치할 것
묘지공원	정숙한 장소로 장래 시가화가 예상되지 아니하는 자연녹지지역	제한 없음	$100,000m^2$	20% 이상	주로 묘지 이용자를 위하여 필요한 조경시설·휴양시설·편익시설과 그 밖의 시설 중 묘지·화장시설·봉안시설·자연장지 등의 장사시설로 하며, 정숙한 분위기를 저해하지 아니하는 범위 안에서 설치할 것
체육공원	해당 도시공원의 기능을 충분히 발휘할 수 있는 장소	제한 없음	$10,000m^2$ 이상	50% 이하	조경시설, 휴양시설(경로당 및 노인복지회관을 제외한다·유희시설·운동시설·교양시설(고분, 성터, 고옥 그 밖의 유적 등을 복원한 것으로서 역사적, 학술적 가치가 높은 시설, 공연장, 과학관, 미술관, 박물관 및 문화예술회관으로 한한다) 및 편익시설로 하되 원칙적으로 연령과 성별의 구분 없이 이용할 수 있도록 할 것. 이 경우 운동시설에는 체력단련시설을 포함한 3종목 이상의 시설 등 필수적으로 설치하여야 함
도시농업 공원	제한 없음	제한 없음	$10,000m^2$ 이상	40% 이하	도시농업공간과 조화를 이룰 수 있는 시설로서 조경시설·휴양시설(경로당 및 노인복지관은 제외한다)·운동시설·교양시설·편익시설 및 도시농업시설로 할 것
기타 조례로 정한 공원	생태공원: 생태 학습장 등 놀이공원: 놀이 동산 등	제한 없음	제한 없음	제한 없음	조경시설·휴양시설·교양시설 및 편익시설의 범위 안에서 설치할 것

※ 건폐율 : 대지면적에 대한 건축면적(건축물의 수평투영면적)의 비율을 말한다.

예 주거지역 내의 대지면적이 $1,000m^2$이고, 건축면적이 $500m^2$인 경우의 건폐율은 얼마인가?

$500/1,000 \times 100\% = 50\%$

③ 대지의 조경(건축물 조경)

㉠ 최소면적

- 대지의 조경은 건축법 제42조(대지의 조경)과 건축법 시행령 제27조(대지의 조경)에 의거하여 서울시 건축조례 제24조(대지 안의 조경)에 정의되어 있다.
- 건축면적이 최소 $200m^2$ 이상인 경우 지자체 조례에 의해 일정 면적의 조경면적을 조성해야 한다.

㉡ 조경면적 확보기준(서울시 건축조례 제24조)

구분	조경면적
연면적 합계 $2,000m^2$ 이상	대지면적의 15% 이상
연면적의 합계가 $1,000m^2$ 이상 $2,000m^2$ 미만	대지면적의 10% 이상
연면적의 합계가 $1,000m^2$ 미만	대지면적의 5% 이상
학교이적지 안의 건축물	대지면적의 30% 이상

㉢ 교목 및 관목의 식재기준(조경면적 $1m^2$) 비교

구분	국토교통부 조경기준		서울시 조례		수원시 조례	
	교목(R6 이상)	관목	교목	관목	교목	관목
상업지역	0.1	1.0	0.1	1.0	0.3 (R15 이상, 상록 50% 이상)	5.0 (H0.4×W0.4 이상)
공업지역	0.3	1.0	0.3	1.0		
주거지역	0.2	1.0	0.2	1.0		
녹지지역	0.2	1.0	0.2	1.0		
식재토심(교목)	70cm 이상		120cm 이상			

㉣ 식재하여야 할 교목은 R6 이상이거나 B6 이상 또는 W0.8 이상으로 H1.5 이상이어야 한다.

㉤ 상록수 및 지역수종 비율

- 상록수 식재비율 : 교목 및 관목 중 규정 수량의 20% 이상
- 지역에 따른 특성수종 식재비율 : 규정 식재수량 중 교목의 10% 이상

참고

연면적 : 각 층 바닥면적의 합계를 말한다.

예 주거지역 내의 대지면적이 $800m^2$이고, 각 1층의 바닥면적이 $450m^2$인 5층 건물의 조경면적 및 식재수량을 구하시오.

- 조경면적
  - 연면적 : $450 \times 5 = 2{,}250m^2$ → 연면적 합계 $2{,}000m^2$ 이상 → 대지면적의 15% 이상의 조경면적이 필요함
  - $800 \times 0.15 = 120m^2$
- 조경수목
  - 교목 : 120×0.2=24주(상록수 : 24×0.2=4.8주)
  - 관목 : 120×1=120주(상록수 : 120×0.2=24주)

④ 공원시설의 종류(도시공원 및 녹지 등에 관한 법률 시행규칙 [별표 1])

공원시설	종류
조경시설	관상용 식수대·잔디밭·산울타리·그늘시렁·못 및 폭포 그 밖에 이와 유사한 시설로서 공원경관을 아름답게 꾸미기 위한 시설
휴양시설	• 야유회장 및 야영장(바베큐시설 및 급수시설을 포함) 그 밖에 유사한 시설로서 자연공간과 어울려 도시민에게 휴식공간을 제공하기 위한 시설 • 경로당, 노인복지회관 • 수목원
유희시설	시소, 정글짐, 사다리, 순환회전차, 궤도, 모험놀이장, 유원시설, 발물놀이터, 뱃놀이터 및 낚시터 그 밖에 이와 유사한 시설로서 도시민의 여가선용을 위한 놀이시설
운동시설	• 체육시설의 설치·이용에 관한 법률 시행령에서 정하는 운동종목을 위한 운동시설. 다만, 무도학원·무도장 및 자동차경주장은 제외하고, 사격장은 실내사격장에 한하며, 골프장은 6홀 이하의 규모에 한함 • 자연체험장
교양시설	• 도서관 및 독서실 • 온실 • 야외극장, 문화예술회관, 미술관 및 과학관 • 장애인복지관, 사회복지관 및 건강생활지원센터 • 청소년수련시설 및 학생기숙사 • 어린이집(국공립어린이집, 직장어린이집) • 국립유치원 및 공립유치원 • 천체 또는 기상관측시설 • 기념비, 옛무덤, 성터, 옛집, 그 밖의 유적 등을 복원한 것으로서 역사적·학술적 가치가 높은 시설 • 공연장 및 전시장 • 어린이교통안전교육장, 재난·재해 안전체험장 및 생태학습원(유아숲체험원 및 산림교육센터 포함) • 민속놀이마당 및 정원 • 그 밖에 위와 유사한 시설로서 도시민의 교양함양을 위한 시설

공원시설	종류
편익시설	• 우체통 · 공중전화실 · 휴게음식점(음식판매자동차를 사용한 휴게음식점을 포함) · 일반음식점 · 약국 · 수화물예치소 · 전망대 · 시계탑 · 음수장 · 제과점(음식판매자동차를 사용한 제과점을 포함) 및 사진관 그 밖에 이와 유사한 시설로서 공원이용객에게 편리함을 제공하는 시설 • 유스호스텔 • 선수 전용 숙소, 운동시설 관련 사무실, 대형마트 및 쇼핑센터, 농산물 직매장
공원관리시설	창고 · 차고 · 게시판 · 표지 · 조명시설 · 폐쇄회로 텔레비전(CCTV) · 쓰레기처리장 · 쓰레기통 · 수도, 우물, 태양에너지설비(건축물 및 주차장에 설치하는 것으로 한정), 그 밖에 이와 유사한 시설로서 공원관리에 필요한 시설
도시농업시설	도시텃밭, 도시농업용 온실 · 온상 · 퇴비장, 관수 및 급수시설, 세면장, 농기구 세척장, 그 밖에 이와 유사한 시설로서 도시농업을 위한 시설
그 밖의 시설	• 장사시설 • 특별시 · 광역시 · 특별자치시 · 특별자치도 · 시 또는 군(광역시의 관할 구역에 있는 군은 제외)의 조례로 정하는 역사 관련 시설 • 동물놀이터 • 보훈단체가 입주하는 보훈회관 • 무인동력비행장치(연료의 중량을 제외한 자체중량이 12kg 이하인 무인헬리콥터 또는 무인멀티콥터) 조종연습장 • 국제경기장을 활용하는 공익목적 시설로서 특별시 · 광역시 · 특별자치시 · 특별자치도 · 시 또는 군(광역시의 관할 구역에 있는 군은 제외)의 조례로 정하는 시설

2 조경공간 & 시설물 설계

참고

설계 시 유의사항

- 조경설계를 하기 위한 기본사항인 공간 및 시설물의 배치와 도면작성에 관한 것이다.
- 시설물의 표현은 절대적이지 않으며, 여러 가지 형태와 크기를 가지고 있다.
- 한 가지만으로 생각하지 말고 조금 더 확대하여 다양성을 가질 수 있도록 한다.
- 식재의 기능은 '기능별 식재에 따른 분류'를 참고하여 수종을 선택한다.
- 조경공간에 맞는 필수시설물의 종류와 규격을 알고 설계해야 한다.
- 시설물을 설계할 때 템플릿을 잘 활용하여야 한다.

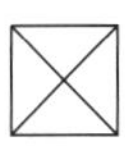	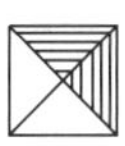					
파고라	사각정자	육각정자	평의자	등의자	야외탁자	평상
4,500×4,500	4,500×4,500	D=4,500	1,800×400	1,800×650	1,800×1,800	2,100×1,500

수목보호대	음수대	휴지통	집수정	빗물받이	조명등	볼라드
2,000×2,000	500×500	ϕ600	900×900	600×600	H=4,500	ϕ450
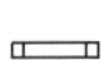	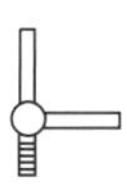				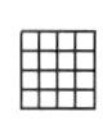	
안내판	미끄럼대	그네	회전무대	철봉	정글짐	사다리
H=2,100	이방식	3연식	D=2,400	L=4,500(3단)	2,400×2,400	3,000×1,000
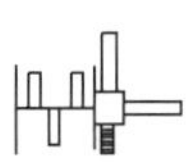	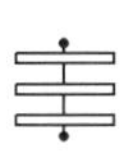			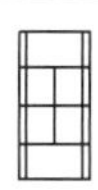	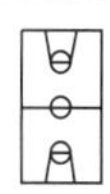	
조합놀이대	시소	배드민턴장	배구장	테니스장	농구장	연못
	3연식	6M×13M	9M×18M	11M×24M	15M×28M	

				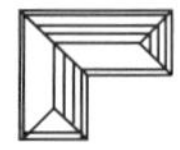	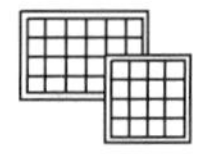	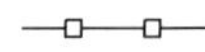
분수	도섭지	벽천	화장실	매점 및 식당	관리사무소	담장 및 펜스
						H = 1,800
	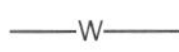	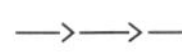	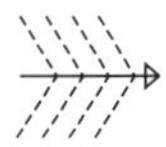	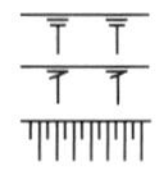	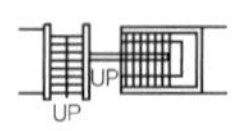	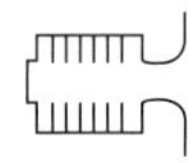
전기배선	급수관	우배수관	맹암거	법면	계단 및 램프	주차장
	ϕ25	ϕ300	ϕ200			

참고

시설물의 표현방법

설계 시 도면 작성에 필요한 것을 선택적으로 사용함이 효율을 높이는 방법이며, 공간이나 시설물은 평면도 작성 시 표현되는 것을 준비하는 과정이므로 여러 가지의 표현법을 연습한 후 자기에게 적당한 것을 선택한다. 또한 여러 가지의 방법이나 표기를 연습함으로써 표현기법, 표현시간이 단축되고, 표기가 명확하고 단순한 형태의 것을 사용하는 것이 설계의 좋은 방법이고 '조경시설물 알람표'에 제시되는 것들은 도면에 사용되는 실제 크기의 표현법이므로 반복해서 숙련될 때까지 작도연습을 하는 것이 설계를 잘 할 수 있는 지름길이다.

(1) 휴게공간 및 시설물

이용자의 편안하고 안락한 만남, 휴식, 대화를 목적으로 설치하는 시설공간이다.

① 공간의 특성

㉠ 공원의 필수적인 공간이며 정적 공간이다.

㉡ 기능면에서는 만남과 대화, 휴식, 대기, 감시 등의 기능을 갖는다.

㉢ 경관이 좋은 곳에 우선 배치하고, 보행동선을 고려하여 결절점에 배치한다.

㉣ 현장의 조건 및 설계대상 규모 등을 고려하여 공간의 크기를 정한다.

㉤ 편안한 휴식을 위하여 3면이 식재지에 접하는 것이 좋다.

㉥ 주변에 녹음식재, 완충식재, 차폐식재, 경계식재를 도입하며, 울타리식재는 휴게공간의 성격에 따라 설치한다.

㉦ 소형의 휴게공간은 광장, 진입광장, 운동공간, 수변공간, 놀이공간, 원로 등에 설치하여 부수적 기능을 갖도록 한다.

㉧ 공간의 성격에 맞추어 정방형, 장방형, 원형, 타원형 등 여러 가지 형태로 설계할 수 있다.

㉨ 주변 환경에 잘 어울리게 해야 하고, 좁고 긴 형태는 바람직하지 않다.

② 시설물

㉠ 퍼걸러, 정자, 셸터 등 그늘을 이용할 수 있는 시설과 의자, 앉음벽, 평상, 야외탁자 등 휴식에 필요한 시설을 도입한다.

㉡ 휴지통, 음수대, 수목보호대, 조명등 등의 시설도 함께 설치한다.

㉢ 바닥은 벽돌포장, 자연석판석포장, 황토, 통나무 등 편안한 느낌의 재료를 사용한다.

③ 시설물 표기법

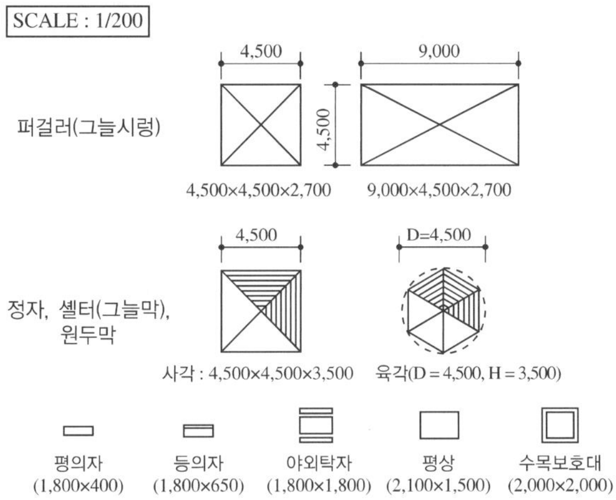
SCALE : 1/200
4,500
9,000
퍼걸러(그늘시렁)
4,500
4,500×4,500×2,700
9,000×4,500×2,700
4,500
D=4,500
정자, 셸터(그늘막), 원두막
사각 : 4,500×4,500×3,500
육각(D = 4,500, H = 3,500)
평의자 (1,800×400)
등의자 (1,800×650)
야외탁자 (1,800×1,800)
평상 (2,100×1,500)
수목보호대 (2,000×2,000)

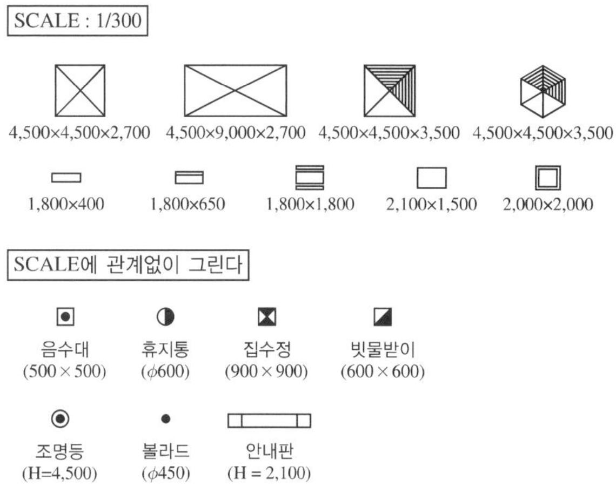
SCALE : 1/300
4,500×4,500×2,700
4,500×9,000×2,700
4,500×4,500×3,500
4,500×4,500×3,500
1,800×400
1,800×650
1,800×1,800
2,100×1,500
2,000×2,000
SCALE에 관계없이 그린다
음수대 (500 × 500)
휴지통 (ϕ600)
집수정 (900 × 900)
빗물받이 (600 × 600)
조명등 (H=4,500)
볼라드 (ϕ450)
안내판 (H = 2,100)

④ 시설물 사진

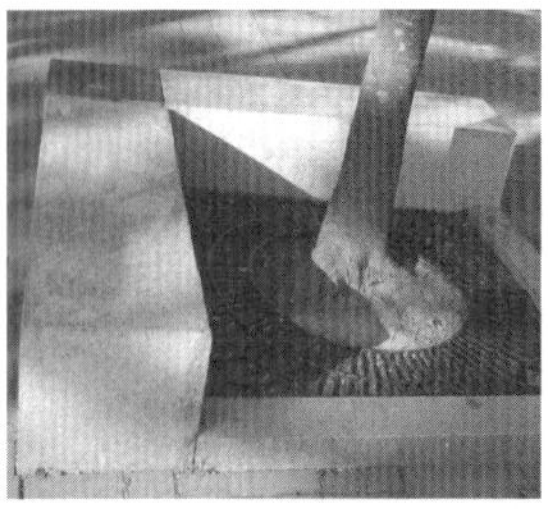

⑤ 기본설계

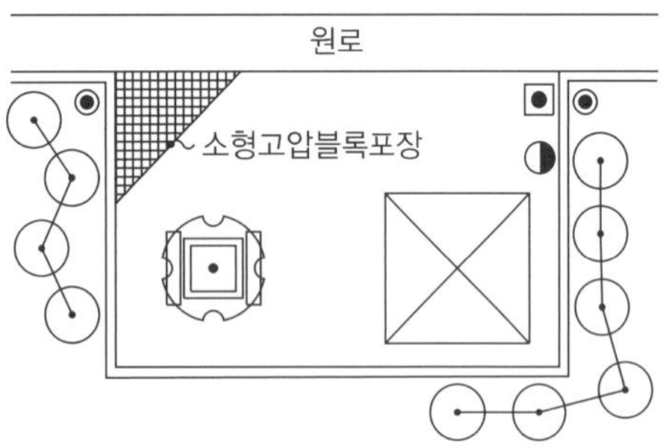

휴게공간 기본설계 01
휴게공간에는 퍼걸러, 벤치가 필수이고 휴지통, 음수대, 조명등과 같은 시설을 추가로 계획한다.

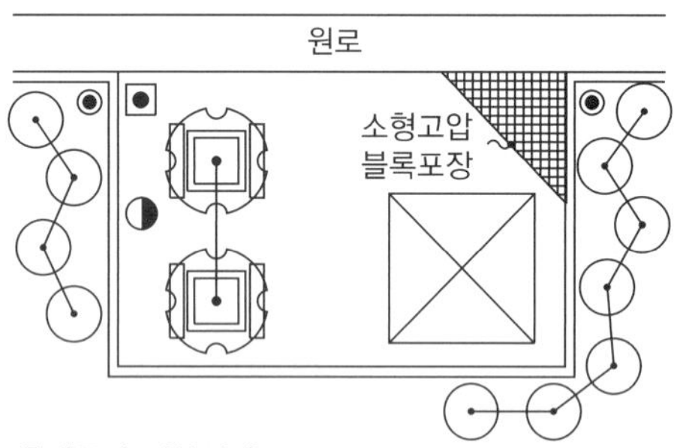

휴게공간 기본설계 02
휴게공간 내에 퍼걸러 1개소, 그늘아래에 평벤치, 등벤치를 설치하여도 좁아보이지 않아야 한다.

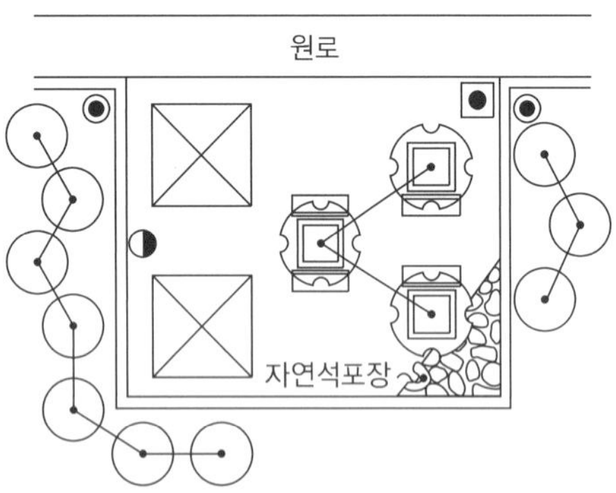

휴게공간 기본설계 03
정적 휴게공간으로 쉴 수 있는 시설과 녹음수가 있다.

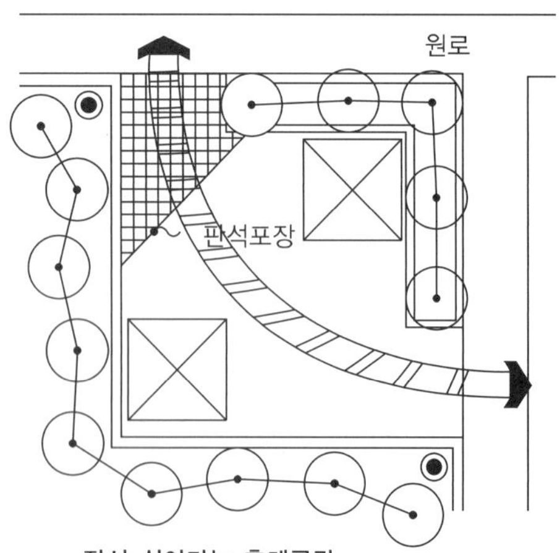

잠시 쉬어가는 휴게공간
원로가 만나는 지점의 공간에 이용자가 쉬었다 가도록 한다.

(2) 놀이공간 및 시설

어린이의 놀이를 목적으로 설치하는 시설공간이다.

① 공간의 특성

㉠ 놀이공간은 일반적인 공원에는 필수공간이다.

㉡ 공원 내 구석진 곳은 피하고 휴게공간 근처가 적당하다.

㉢ 공간의 조건 및 필요한 놀이기구 등을 고려하여 공간의 크기를 정하며, 좁고 긴 형태를 피한다.

㉣ 이용자의 연령대가 다양한 경우에는 유아와 유년놀이공간으로 구분하여 설치할 것을 고려한다.

㉤ 유아와 유년놀이공간은 완충식재로 분리하고, 정적인 놀이공간과 동적인 놀이공간은 차폐식재로 구분하며, 주변에 녹음식재를 도입하여 그늘을 제공할 수 있도록 한다.

㉥ 놀이공간의 주변에 반드시 감시·감독을 위한 휴게공간을 설치하며, 그에 따른 시설물을 도입한다.

② 시설물

㉠ 대표적인 동적 공간으로 공원의 필수적인 공간이다.

㉡ 미끄럼대, 그네, 시소, 정글짐, 회전무대, 사다리, 조합놀이대 등의 놀이시설과 철봉, 평행봉 등의 운동시설도 설치한다.

㉢ 그네, 회전무대 등의 요동시설은 구석 쪽으로 배치하고 미끄럼대와 그네는 북향이나 동향으로 배치하여 햇빛에 의한 눈부심을 적게 한다.

㉣ 도섭지는 휴게공간 근처나 수경시설과 연계하여 설치한다.

㉤ 바닥은 두께 30cm 이상의 모래깔기 또는 고무칩, 고무매트 등을 깔아서 안전에 유의하고, 모래깔기를 하지 않을 시에는 별도로 $30m^2$ 정도의 모래터를 만들어 준다.

㉥ 모래깔기를 할 경우에는 빗물의 배수를 위하여 맹암거(지하배수시설)를 설치하는 것이 좋다.

㉦ 고무칩과 같은 불투수층을 깔 때에는 경사를 완만하게 주어서 빗물이 빠르게 배수가 되도록 한다.

③ 시설물 표기법

SCALE : 1/200

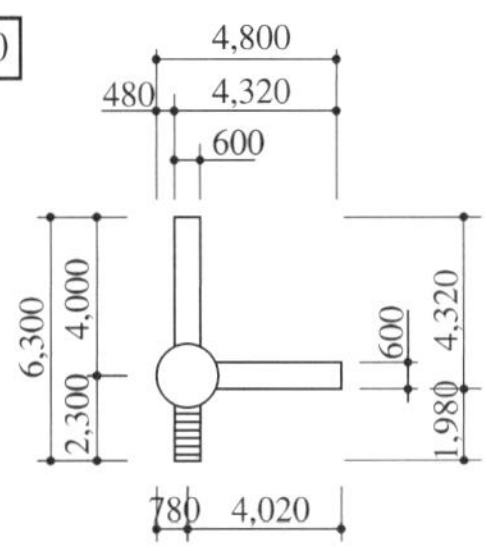

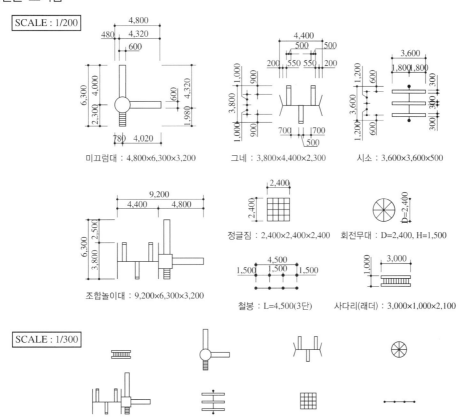

미끄럼대 : 4,800×6,300×3,200

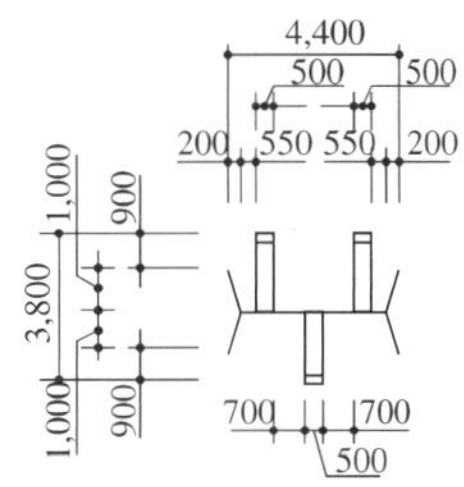

그네 : 3,800×4,400×2,300

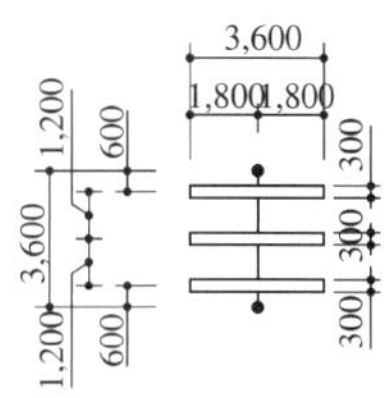

시소 : 3,600×3,600×500

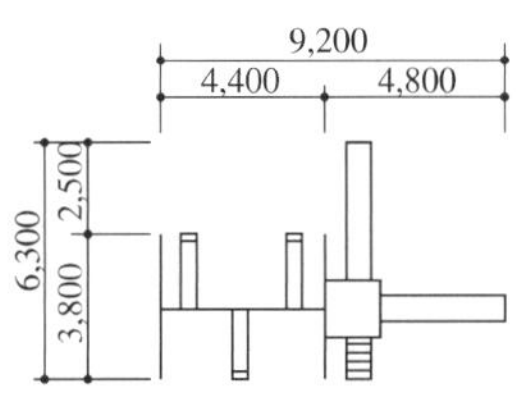

조합놀이대 : 9,200×6,300×3,200

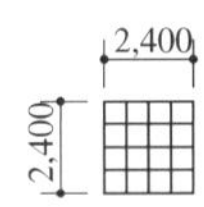

정글짐 : 2,400×2,400×2,400

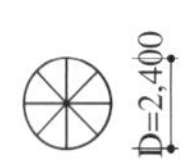

회전무대 : D=2,400, H=1,500

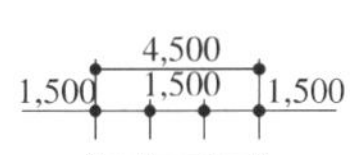

철봉 : L=4,500(3단)

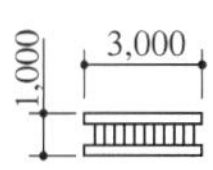

사다리(래더) : 3,000×1,000×2,100

SCALE : 1/300

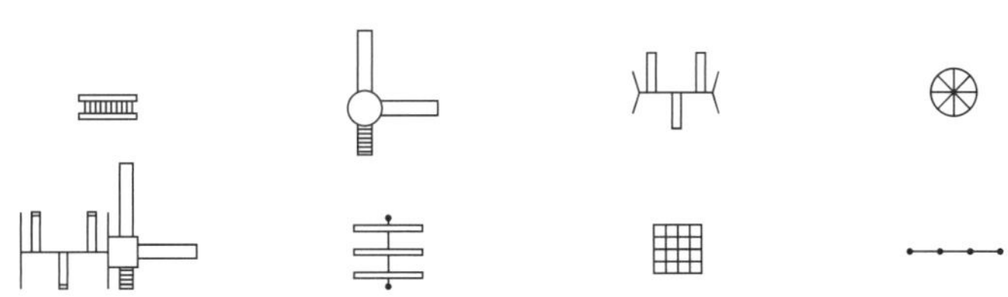

④ 시설물 사진

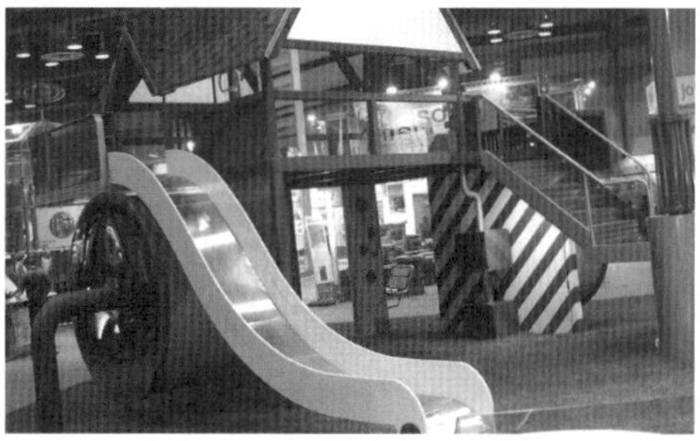

⑤ 설계예시

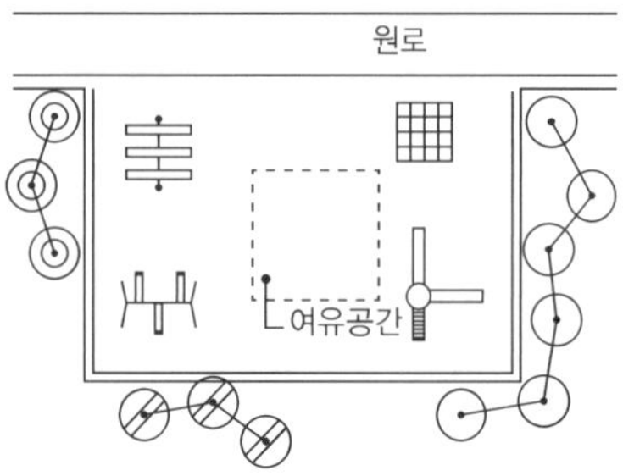

놀이공간 시설배치요령

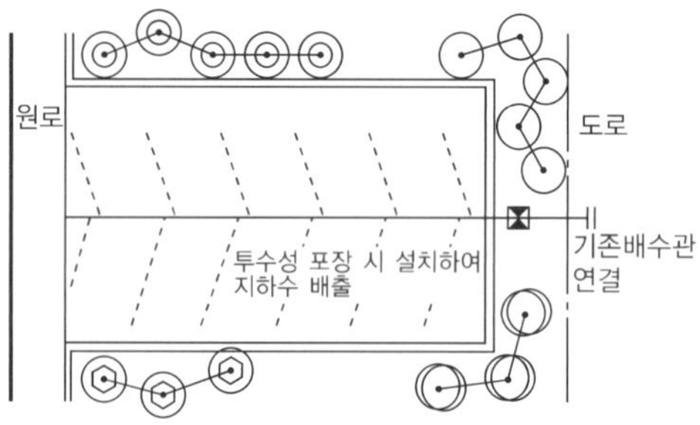

맹암거 설치방법

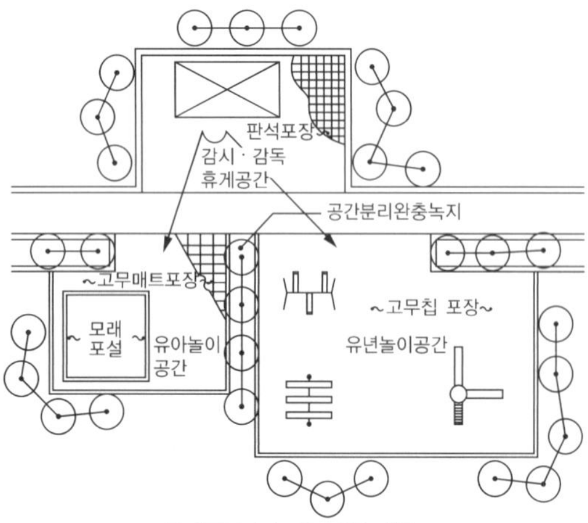

휴게공간과 놀이공간의 배치

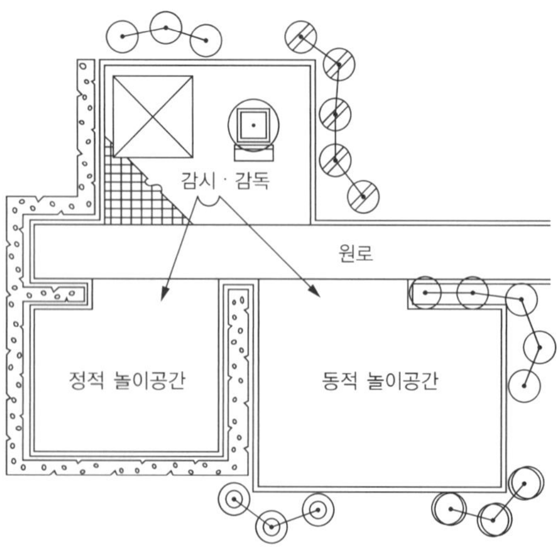

놀이, 휴게공간 배치요령

(3) 운동공간 및 시설물

이용자들의 심신을 단련하고 건강한 체력을 유지하기 위한 시설공간이다.

① 공간의 특성

㉠ 놀이공간과 운동공간은 근린공원에서 필수공간에 해당한다.

㉡ 설계조건과 대상공간의 규모를 고려하여 위치와 면적을 설정한다(설계공간 중에 가장 큰 공간이다).

㉢ 공간의 배치는 공원의 외곽부에 하고, 원로와 근접한 경우는 산울타리로 구분한다.

㉣ 공간의 배치방향은 눈부심을 최소화하도록 장축은 남-북 또는 북서-남동 방향으로 향하도록 배치하며, 관람석은 서쪽에 배치한다.

㉤ 다른 공간과의 상관관계를 고려하여 공간의 주변에는 완충식재를 한다.

㉥ 주변 여유공간에 관람시설, 휴게시설 및 편익시설을 설치하여 접근성을 높인다.

㉦ 주차장과 인접하게 배치하여 이용자의 편의를 제공한다.

② 시설물 설치 시 고려사항

㉠ 체력단련시설은 놀이공간, 운동공간의 가장자리에 설치하여 운동과 체력단련을 연계할 수 있도록 한다.

㉡ 시설의 배치순서에 기준은 없으나 일반적으로 준비운동 → 턱걸이 → 매달려 건너기 → 타이어타기 → 팔굽혀펴기 → 윗몸일으키기 → 평행봉발차기 → 평균대 → 허리 돌리기 → 마감체조의 순서로 한다.

㉢ 배구장, 농구장, 축구장, 테니스장, 배드민턴장, 야구장, 롤러스케이트장, 게이트볼장 등과 같은 경기장은 방향과 여유공간(3m)을 고려하여 설치한다.

㉣ 바닥포장은 마사토포장을 하되 유공관암거, 맹암거 등의 지하배수시설을 설치하여 운동에 편의를 제공한다.

③ 도면표기법(운동장)

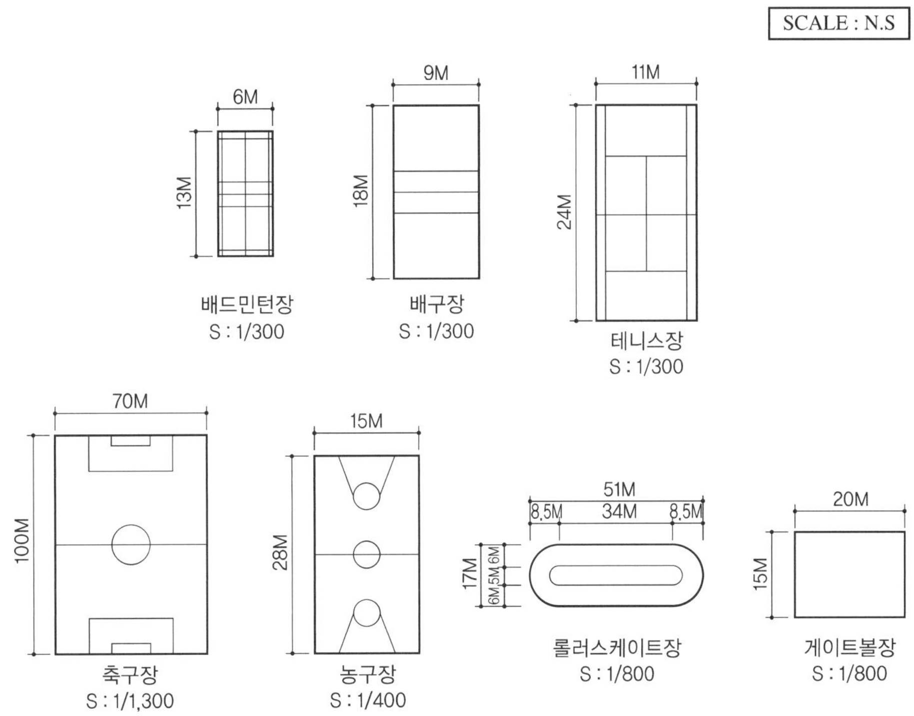

④ 시설물 사진

㉠ 운동기구

㉡ 운동시설

⑤ 설계예시

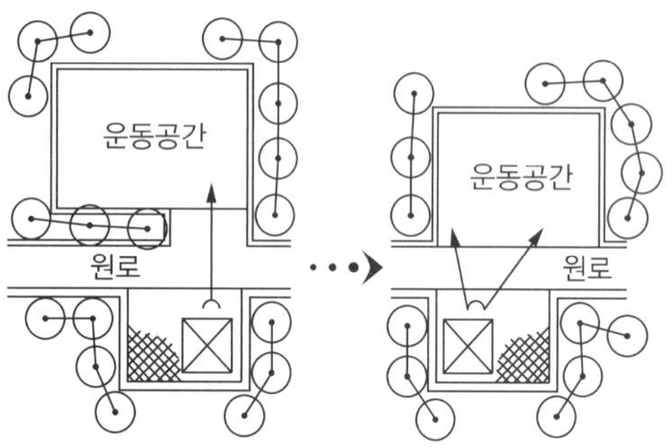

[운동공간 배치]

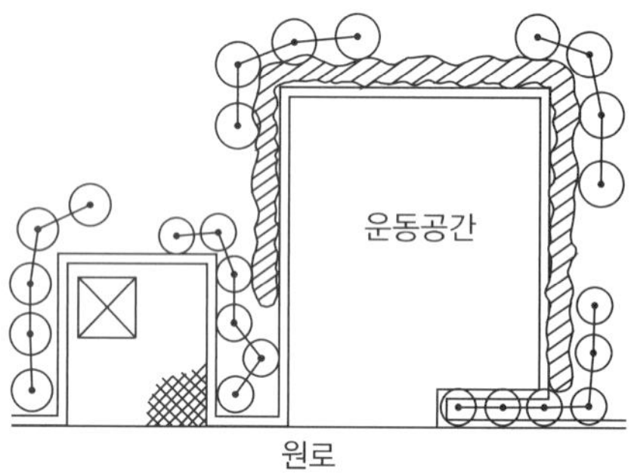

[운동공간의 식재]

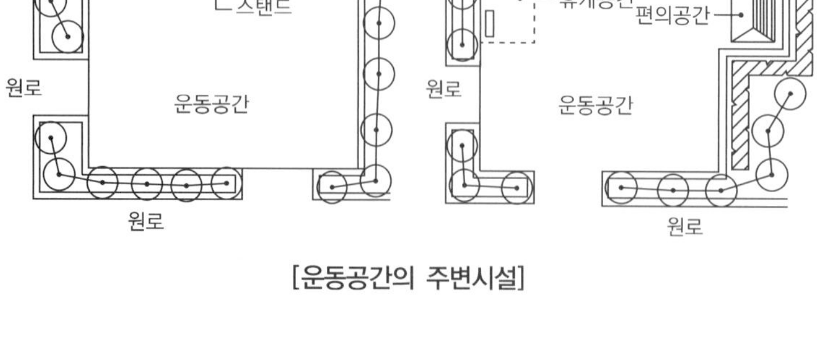

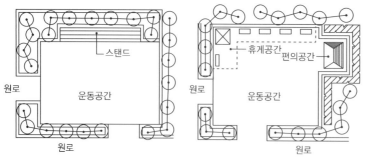

[운동공간의 주변시설]

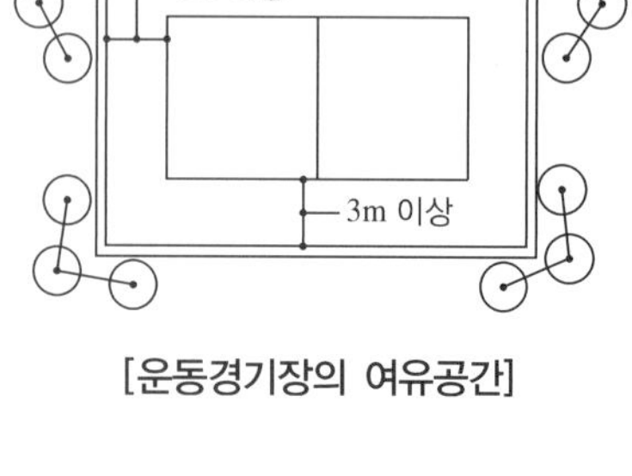

[운동경기장의 여유공간]

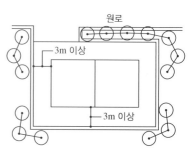

(4) 수경(水景)공간 및 시설물

공원, 광장, 공동주택단지, 위락단지, 체육시설단지, 골프장, 문화재지역, 관공서, 대형건물 등의 실내 및 외부 공간에 물을 이용하여 수경관을 연출하기 위한 제반시설이다.

① 수경(水景)공간의 특성

㉠ 공간으로의 기능보다는 조경시설의 기능이 강하다.

㉡ 경관기능과 수경공간의 복합기능을 부여하기 위하여 광장, 녹지공간, 휴게공간 등에 인접하여 설치한다.

㉢ 분수 및 벽천은 물의 유동적 특성을 적극 활용하여 극적인 효과를 높이도록 한다.

㉣ 생태연못은 친수기능보다는 교육적인 특성과 생태학습공간으로 조성한다.

㉤ 수경(水景)시설은 공간시설 전체가 복합시스템으로 이루어지므로 2개 이상의 시설을 연계하여야 이용자의 관심을 끌 수 있다.

㉥ 주변의 수목식재는 경관식재를 위주로 한 식재개념으로 식재한다.

㉦ 수경(水景)공간의 보조시설로는 전기시설, 배관시설, 조명시설 등을 설계조건에 맞도록 설치한다.

㉧ 분수 및 벽천은 시각구도상의 결절점으로서 경관상 효과가 큰 곳에 우선적으로 배치한다.

㉨ 수로 설치 시 정형적 공간에는 직선형・계단형으로 하고, 자연형 공간이나 녹지 내에 유입되는 수로는 자연미를 강조하는 자유곡선형으로 하며, 마감재는 목재・자연석・식물 등을 사용한다.

② 시설물 설치 시 고려사항

㉠ 인공연못, 생태연못, 폭포, 벽천, 도섭지, 분수(일반분수, 조형분수, 프로그램분수, 음악분수), 캐스케이드, 인공개울, 낚시터, 보트장, 저수지 등이 있다.

㉡ 수경시설 중 인공분수, 벽천, 도섭지, 인공개울 등은 이용자가 물을 직접 접촉할 수 있도록 보행로와 인접하여 배치한다.

㉢ 인공폭포, 생태연못 등과 같이 경관감상, 생태교육기능의 시설은 보행로와 약간의 이격이 되도록 한다.

㉣ 최근에 설치되는 분수(조형분수, 프로그램분수, 음악분수)는 휴식과 경관감상을 겸한 시설이며, 생태연못의 도섭지는 수경시설과 생태학습장으로 볼 수 있다.

③ 도면표기법

[연못]

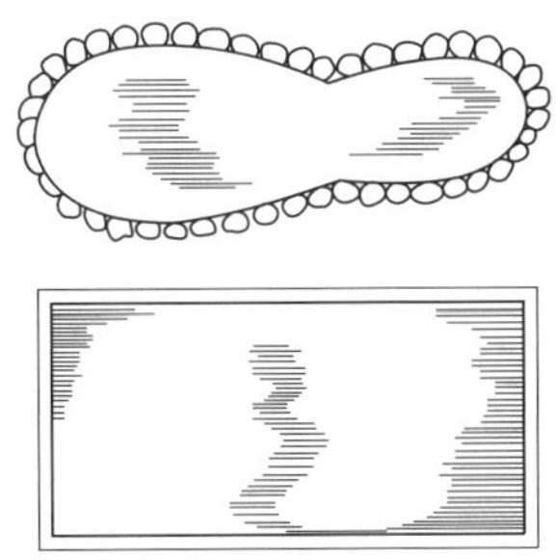
[도섭지]

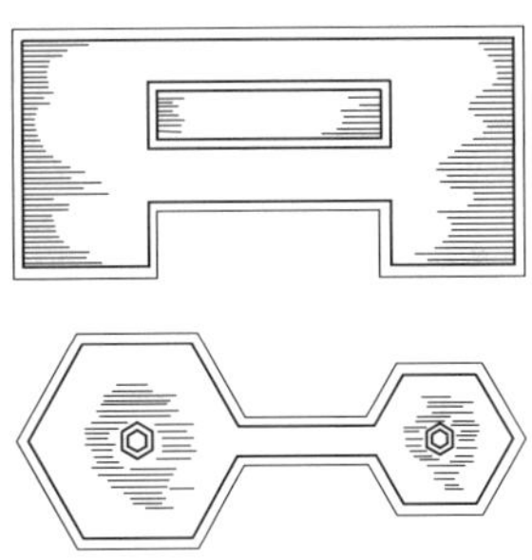
[분수 및 낙수]

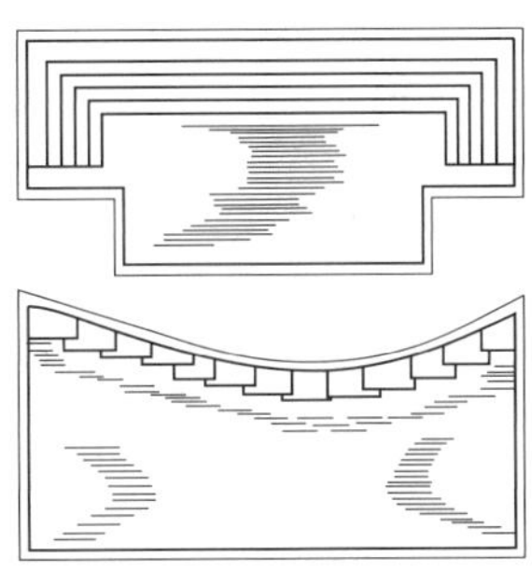
[벽천]

④ 시설물사진

[징검다리]

[분수]

[소하천]

[연못]

[도섭지 1]

[도섭지 2]

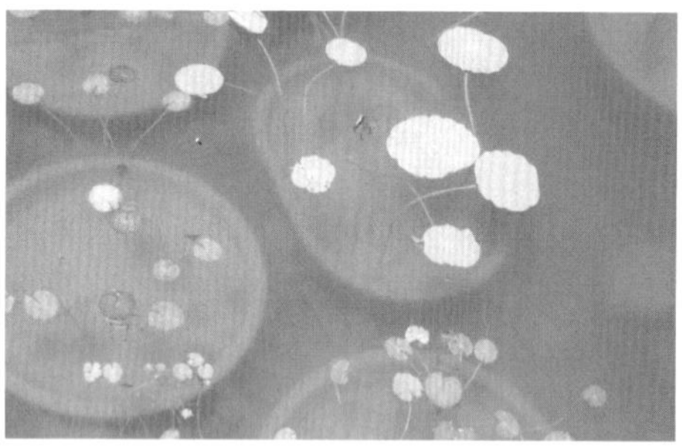
[생태연못 1]

[생태연못 2]

[벽천]

[연못 & 수로]

⑤ 설계예시

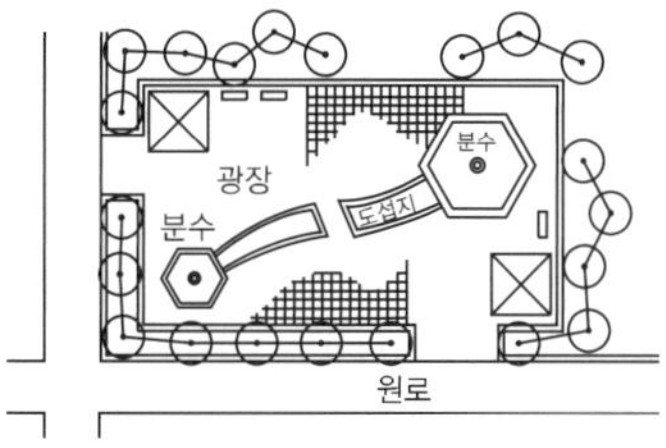

[분수&도섭지 광장]

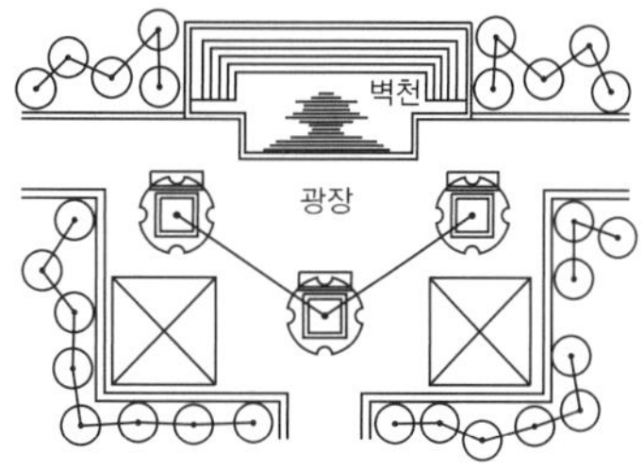

[벽천을 설치한 광장]

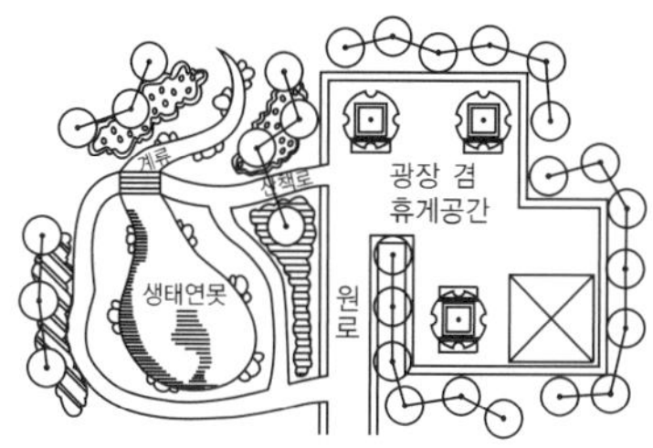

[생태연못주변 시설배치]

⑥ 상세도면

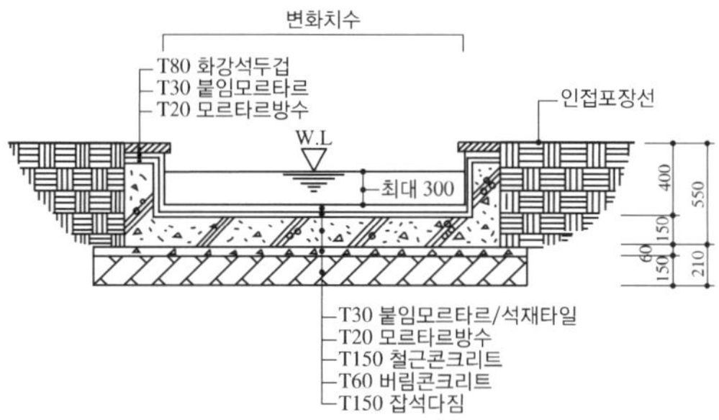

[도섭지(정형식) 단면상세도]

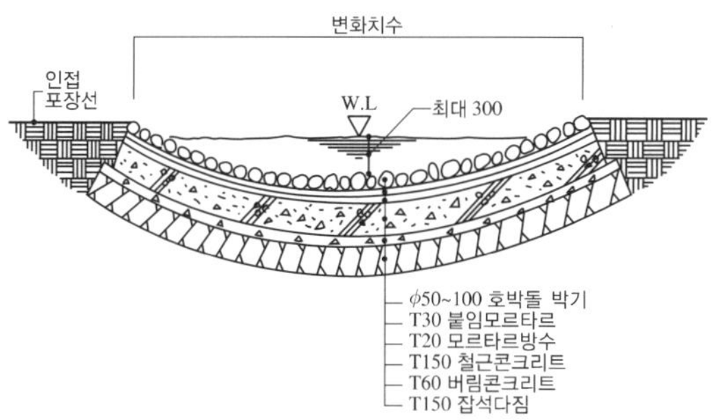

[도섭지(자연식) 단면상세도]

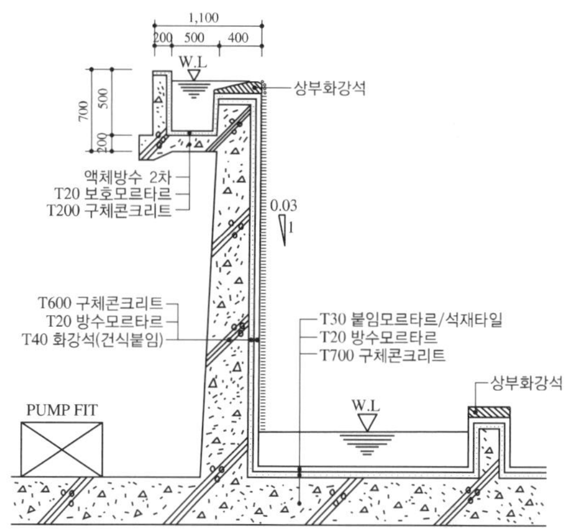

[벽천 단면상세도]

(5) 편익 및 관리공간시설물

옥외공간에서 공공의 편의를 제공하기 위해 설치하고 안전성, 내구성, 기능성을 유지할 수 있도록 관리를 목적으로 설치하는 공간 및 시설이다.

① 공간의 특성

㉠ 편익시설에는 공중전화부스, 음수대, 화분대, 수목보호대, 시계탑, 자전거 보관대 등이 있다.

㉡ 공원시설에는 화장실, 관리사무소 등의 건축시설물을 포함하여 편익시설에 적용할 수 있다.

㉢ 화장실은 다른 공간과 분리시켜 배치하며, 주변은 상록수로 산울타리를 겸한 차폐식재를 하여 이용자에게 편의를 제공한다.

㉣ 공원의 규모에 여유 있을 시에는 관리사무소와 화장실을 설치하지만, 공원의 공간이 협소해서 설치하기가 어려운 경우에는 요구조건에 따라서 주진입부에 관리사무소와 같이 화장실을 배치한다.

㉤ 관리사무소와 화장실은 특별한 경우를 제외하고는 각각 1개소를 설치하도록 한다.

㉥ 편익시설은 휴게시설과 같이 인간 척도와 신체적 접촉을 감안하여 재료, 제작, 조립, 설치 시 이용자의 안전성과 내구성, 기능성을 충분히 고려하여 설치한다.

ⓢ 최근에는 다양한 형태와 새로운 재료의 편익시설물이 계속 개발되고 있어 설계하기 전에 재료와 시공법에 대하여 충분한 검토가 필요하다.

② 시설물 설치 시 고려사항

㉠ 관리사무소, 화장실, 전망대와 같이 인간 척도와 관련이 있는 시설물은 공간의 크기에 따라 적절한 규격으로 도면의 축척에 맞추어서 정확하게 설계한다.

㉡ 휴지통은 통행에 지장이 없는 장소, 음수대는 배수가 용이한 장소, 수목보호대는 이용자의 통행에 지장을 주지 않는 포장공간에 설치한다.

㉢ 음수대, 휴지통, 집수정, 빗물받이, 조명등, 볼라드, 안내판 등은 비축척(Non Scale)으로 도시한다.

㉣ 조명등은 6~12m 간격으로 공간의 상황에 맞게 설치한다.

㉤ 빗물받이는 포장된 원로의 한편에 설치하고, 마지막 빗물받이는 집수정과 연결하여 설치한다.

㉥ 투수가 양호해야 하는 포장공간(운동공간, 놀이공간)에는 맹암거 또는 유공관암거를 설치하여 지표면 배수가 용이하게 설치한다.

㉦ 공원의 공간에 차량의 진입을 통제해야 할 곳에는 볼라드를 설치한다.

㉧ 석축, 옹벽, 담장, 펜스 등은 요구사항에 맞도록 설치한다.

㉨ 수목보호대와 플랜트 박스(Plant Box)는 축척에 맞게 설치한다.

③ 도면표기 및 시설물

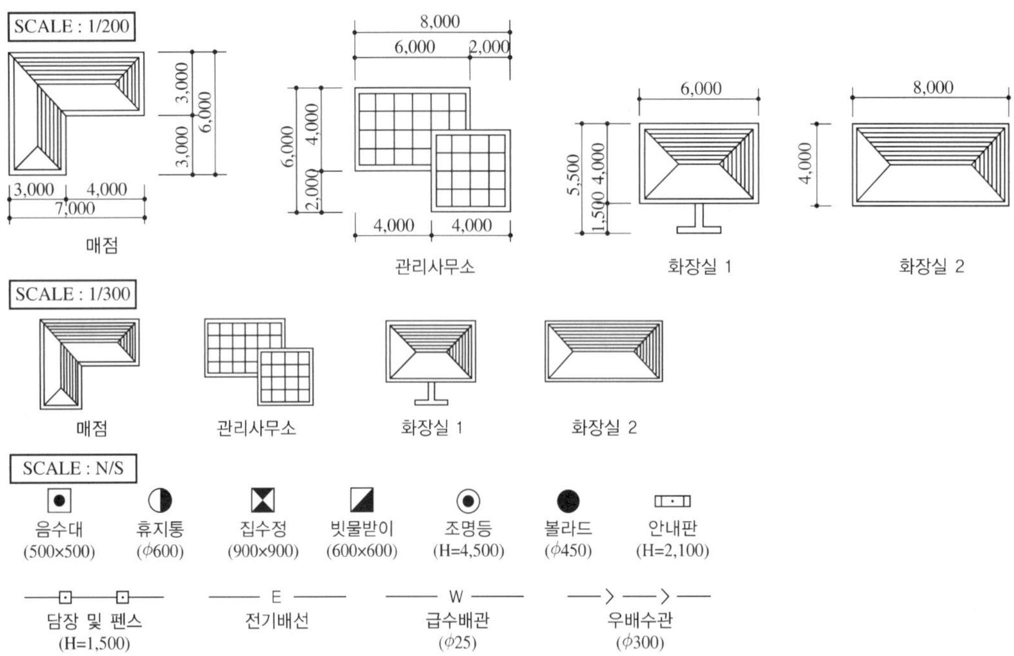

④ 시설물 사진

[음수대]

[볼라드]

[수목조명]

[관리사무소]

⑤ 설계예시

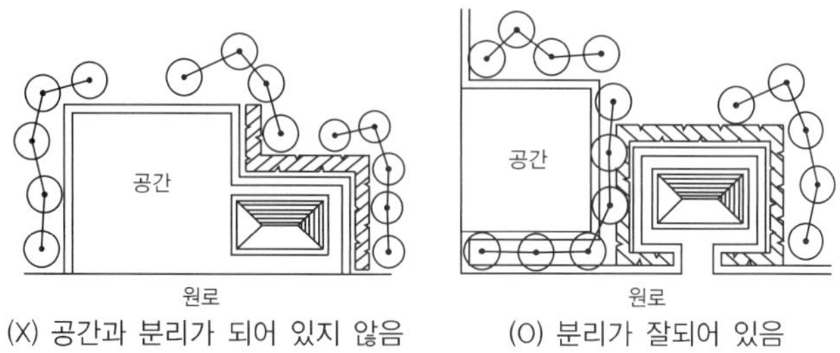

[화장실과 공간배치방법]

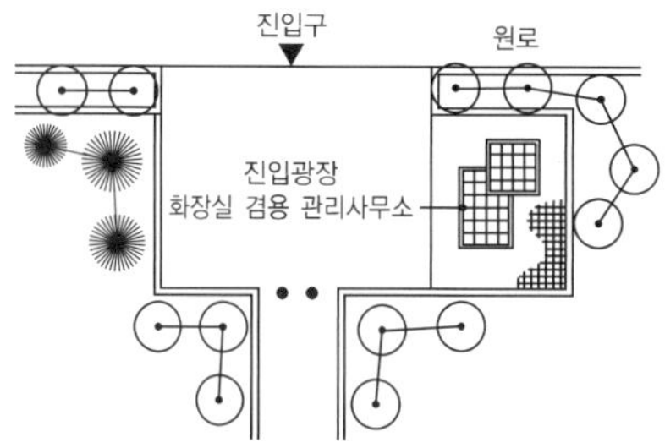

[관리사무소 위치선정]

⑥ 시설물 상세도(단면, 입면)

㉠ 석축 사진과 단면상세도

㉡ 옹벽 단면상세도

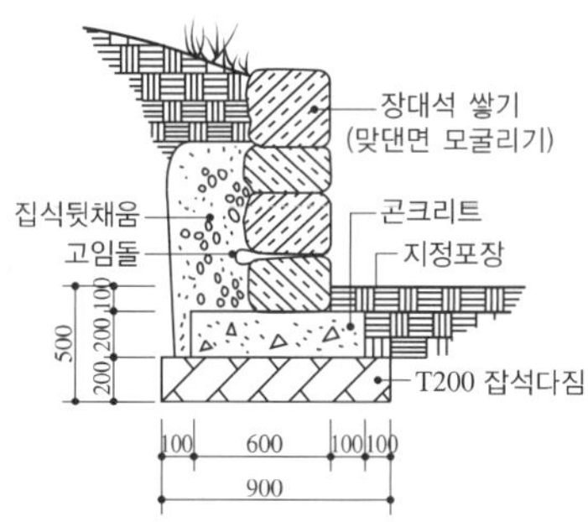

[장대석 석축 단면도]

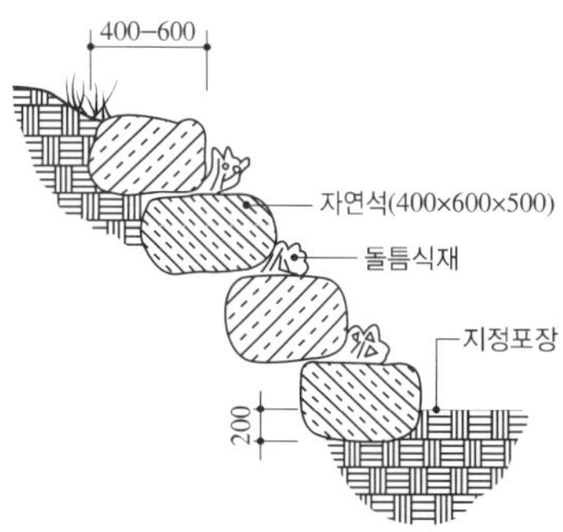

[자연석 석축 단면도]

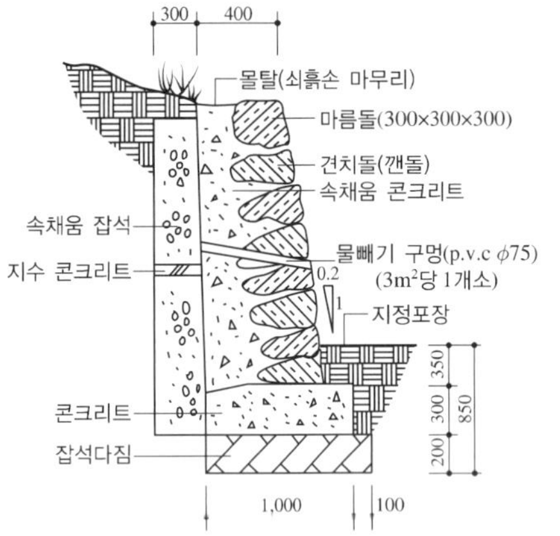

[찰쌓기 단면도]

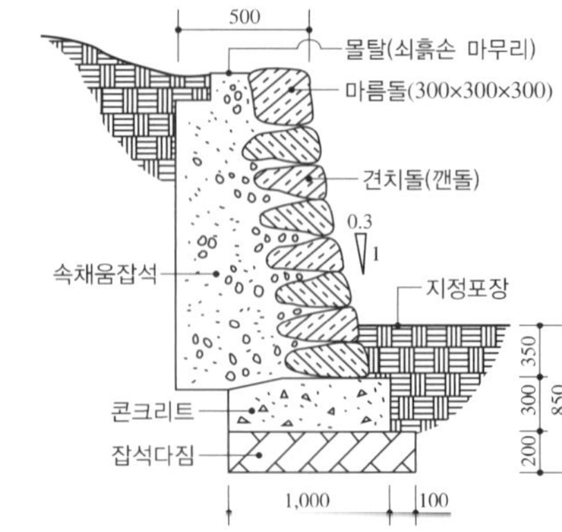

[메쌓기 단면도]

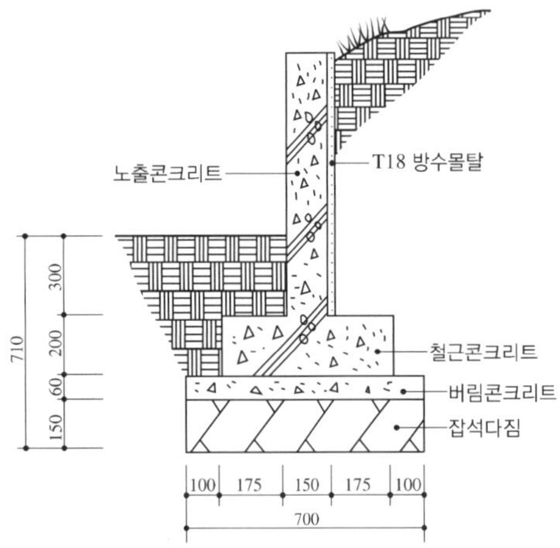

[콘크리트 옹벽 단면도]

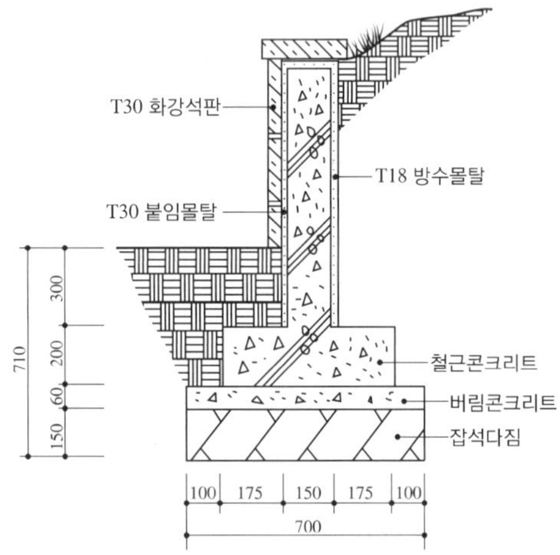

[화강석붙임 옹벽 단면도]

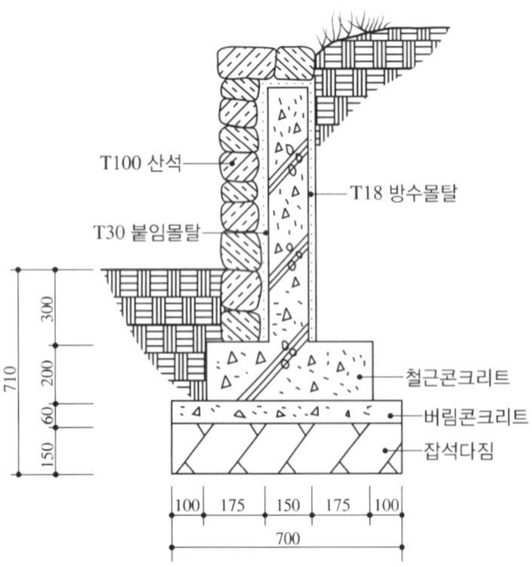

[산석붙임 옹벽 단면도]

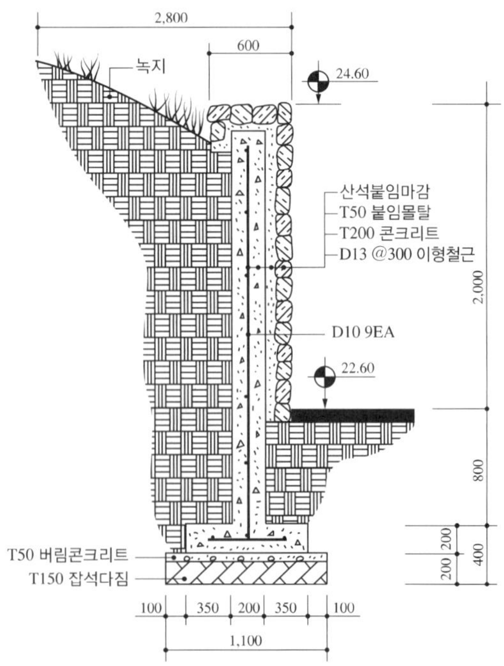

[옹벽 단면상세도]

㉢ 배수시설 단면도 & 사진

[배수로]

[트렌치(배수로)]

[집수정]

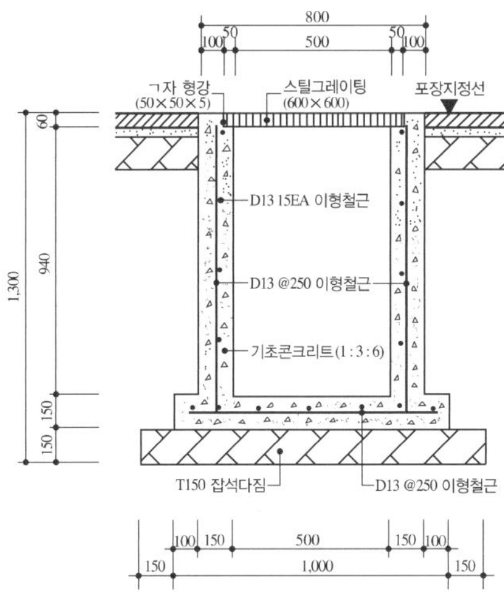

[집수정 단면상세도]

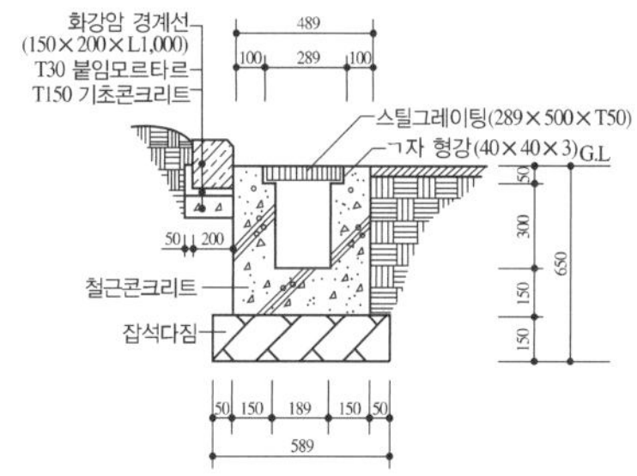

[트렌치 단면도]

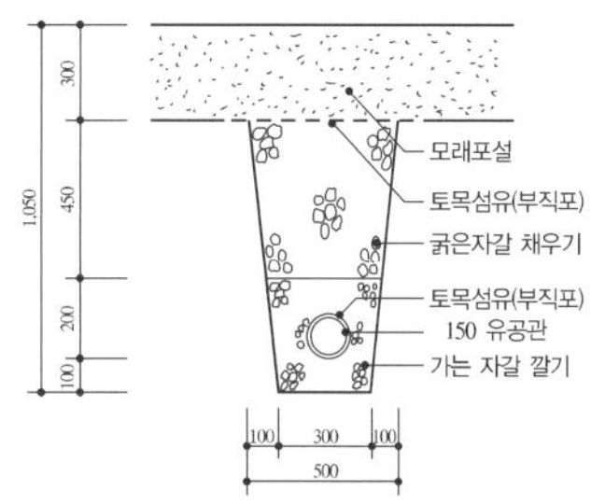

[유공관암거 단면도]

㉣ 펜스(담장) 입・단면도와 사진

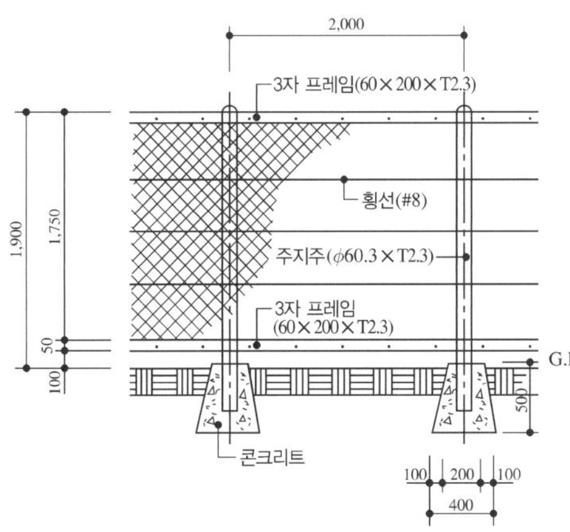

[펜스 입면도]

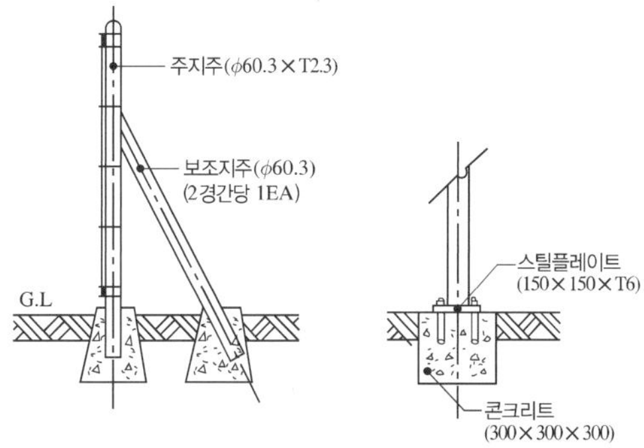

[펜스 단면도]

(6) 지형변경 공간설치

기존의 지형을 변경하여 새로운 공간을 설치하여 경관적 가치를 높이고, 이용자의 안전을 도모하기 위하여 등고선으로 마운딩(Mounding)을 표시하고, 점표고(Spot Elevation)로 비탈면(법면)의 고저차를 표시하여 설치한다.

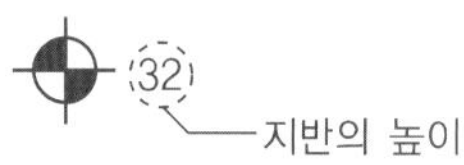

[점표고]

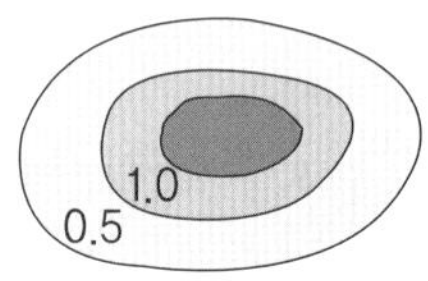

[등고선]

① 마운딩(Mounding)

㉠ 마운딩의 설치 시 경관조성, 방음, 차폐, 지형변화, 토심확보, 배수 등 다양한 기능을 향상시킨다.

㉡ 방음, 차폐 목적의 마운딩은 눈높이보다 높게 조성하고, 좁은 공간이나 지형변경을 위주로 하는 마운딩은 눈높이 이하로 조성한다.

㉢ 마운딩의 평균경사는 30° 이하로 하여 자연스러운 곡선을 이루도록 한다.

㉣ 마운딩 조성위치는 요구사항에 맞추어서 지정된 위치에 전체 식재공간의 여유를 두고 계획하고 설치하여야 한다.

㉤ 마운딩 조성 시 마운딩으로 인한 유수의 흐름을 막지 않도록 하여야 하며, 건물 쪽으로 유수가 흐를 수 있는 경우에는 떼수로를 형성하여 빗물받이로 흐르게 한다.

㉥ 등고선 작도 시 자유곡선으로 보조선을 연하게 그리고, 다시 짙은 파선으로 도시한다.

[등고선 작도법]

㉦ 평면도에서의 등고선 간격은 너무 좁을 경우 경사가 급해질 우려가 있으므로 등고선의 높이는 0.5m의 간격으로 하고 등고선 간격을 여유롭게 설치한다.

[평면도]

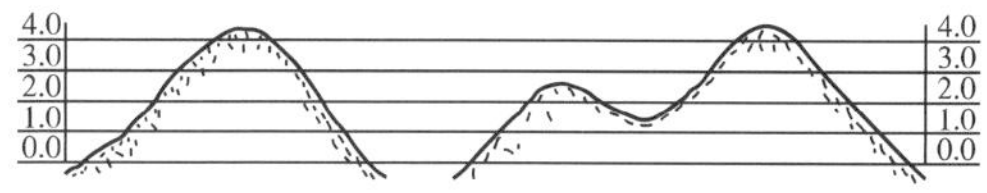

[단면도]

② 마운딩 설계예시

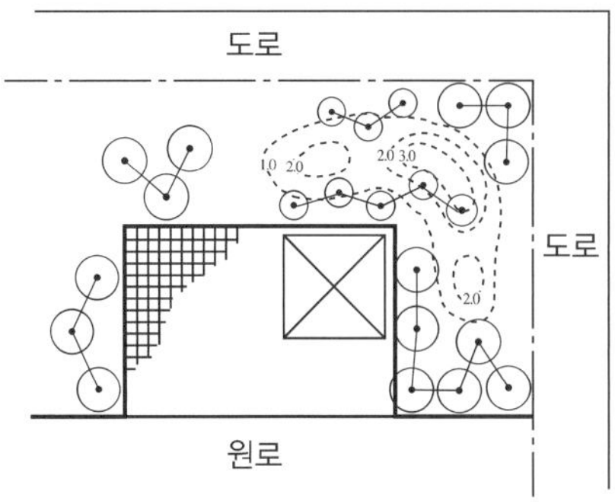

[도로변 마운딩 식재]

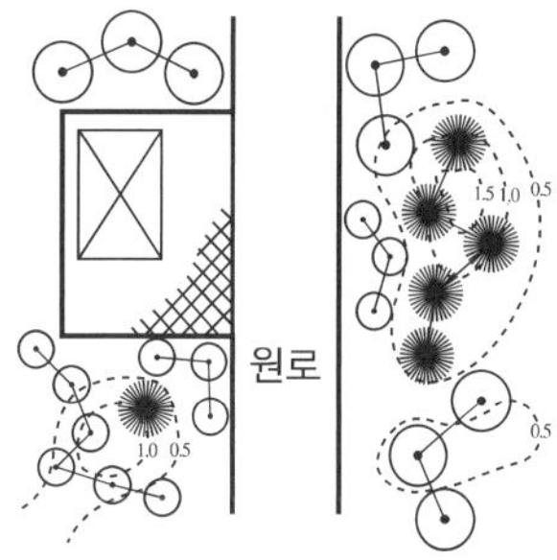

[원로변 경관식재(마운딩 식재)]

③ 마운딩 사진자료

④ 법면(비탈면)

㉠ 토양의 안식각(30~35°)을 고려한 경사를 주어 단차에 안전성을 확보하는 설치방법이다. 법면의 경사비가 1 : 1.5(33~34°), 1 : 2(27°)인 기울기를 많이 사용한다.

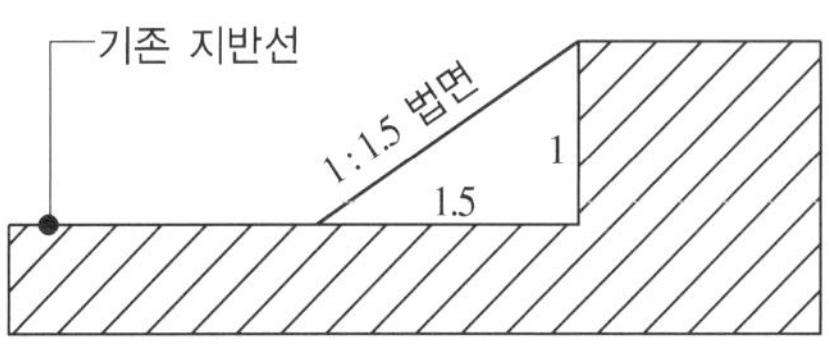

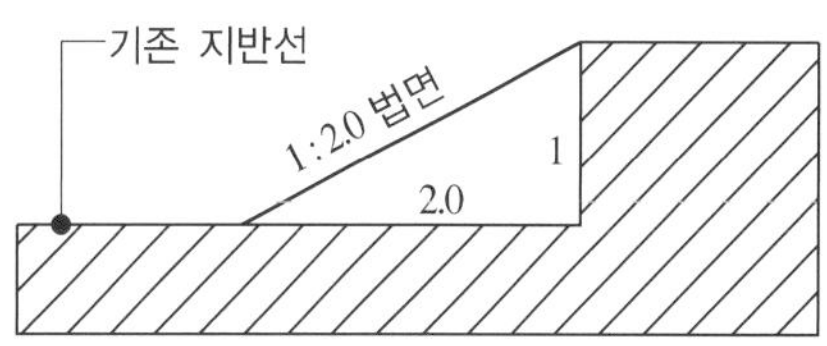

[법면의 기울기]

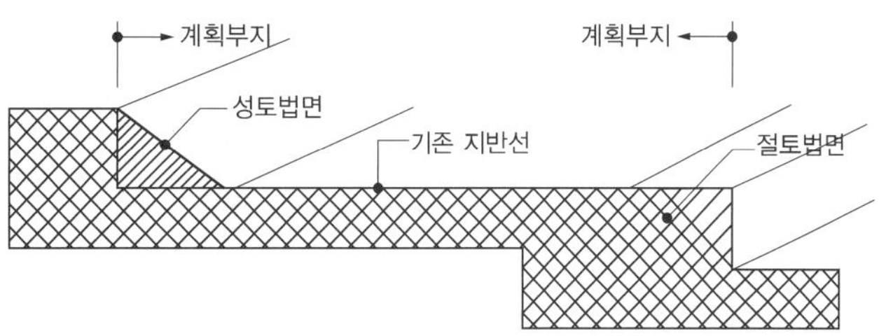

[법면의 조성]

㉡ 법면 기호의 넓은 쪽(머리쪽)을 높은 면에 붙여서 법면에 수직으로 긴 쪽(꼬리쪽)이 낮은 면을 향하여 도시한다.

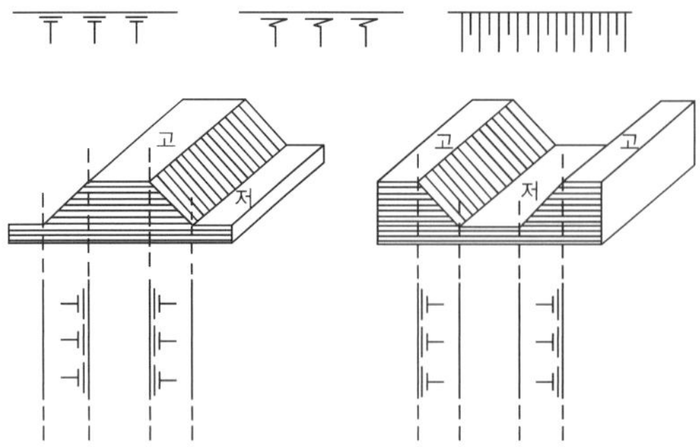

[법면의 표시기호]

㉢ 법면의 조성방법

- 법면의 조성은 설계 대상공간 안에서 실시한다.
- 입체적 생각을 하지 말고, 기계적으로 한다.
- 점표고와 점표고 사이에는 경사가 존재한다고 가정한다.
- 한 방향 이외에는 점표고의 높이만 적용한다.
- 점표고가 없는 경우나 멀리 있는 경우에는 그 전의 기울기가 계속된다고 생각한다.
- 점표고가 부지를 벗어난 곳에 있어도 그 곳에서 경사도를 구한다.
- 부지의 모서리 부분에서는 45°(모서리각의 1/2) 선을 긋고 방향을 변경한다.
- 내부 법면조성 시 절토와 성토를 생각하지 말고 평면배치가 좋은 쪽으로 조성한다.

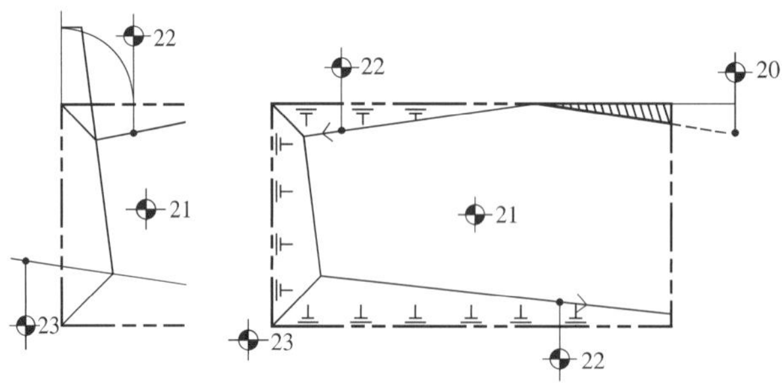

[법면의 표시법]

㉣ 사진자료

(7) 이동공간

이용자들이 편안하고 안락하게 공원의 시설과 공간을 활용하고 녹음 및 경관을 감상할 수 있도록 설치한 이동통로이다. 이동공간에는 차량동선과 보행자동선(원로, 산책로, 몰), 자전거전용 동선 등이 있다.

① 이동공간의 설계

㉠ 동선(원로)의 기능 및 구조

- 동선은 이동공간이며, 공간을 분할 또는 연결하는 기능을 갖는다.
- 동선 중 차량동선은 직선도로가 좋고, 보행로는 다소 우회하더라도 쾌적하고 전망이 좋으며 그늘진 곳 또는 물가가 좋다.
- 동선의 설치 시 이동동선은 단순한 직선으로 하고, 감상이나 사색동선은 불규칙한 곡선으로 설치하는 것이 좋다.
- 동선은 그 역할과 용도, 기능을 고려하여 적정한 폭의 크기로 설치한다.

㉡ 동선(원로)의 종류

<table>
<tr><th colspan="4">원로등급</th><th>설계기준</th><th>폭원</th><th>비고</th></tr>
<tr><td rowspan="6">대
공
원</td><td colspan="3">특급</td><td>광장 취급</td><td>15m 이상</td><td>대공원 광장 겸 차량통행로</td></tr>
<tr><td rowspan="5">중
공
원</td><td colspan="2">1급</td><td>보행자와 트럭 2대 함께 통행 가능</td><td>10~12m</td><td>주출입동선 겸 차량통행로</td></tr>
<tr><td colspan="2">2급</td><td>보행자와 트럭 1대 함께 통행 가능</td><td>5~6m</td><td>주출입동선 겸 관리용 트럭 통행</td></tr>
<tr><td rowspan="3">소
공
원</td><td>3급</td><td>관리용 트럭 통행 가능</td><td>3m</td><td>주출입동선</td></tr>
<tr><td>4급</td><td>보행자 2인이 나란히 통행 가능</td><td>1.5~2m</td><td>휠체어 2대 교차통행 가능</td></tr>
<tr><td>5급</td><td>보행자 한 사람이 통행 가능</td><td>0.8~1m</td><td>산책로</td></tr>
</table>

㉢ 동선(원로)의 중요성

- 공원부지 전체의 계획방향이 정해진다.
- 동선의 선정은 설계자의 가장 중요한 과제이다.
- 동선의 결정은 부지공간설계의 성패를 좌우한다.
- 진입부가 결정되면 동선은 직선으로 긋는다.
- 각 진입부에서의 동선은 상호간의 관계를 파악하여 자연스럽게 연결한다.
- 동선을 결정하여야 다음 단계로 나아갈 수 있다.

② 동선의 적용

㉠ 진입구가 주어진 경우 : 진입구에서부터 부지의 안으로 향하여 보조선을 긋고, 보조선에 따라 대상부지의 공간을 분할한 후 공간의 크기를 고려하여 공간배치를 한다.

- 진입구가 2개인 경우
  - 두 개의 진입구가 자연스럽게 만나도록 연결하고, 적정한 폭을 결정한다.

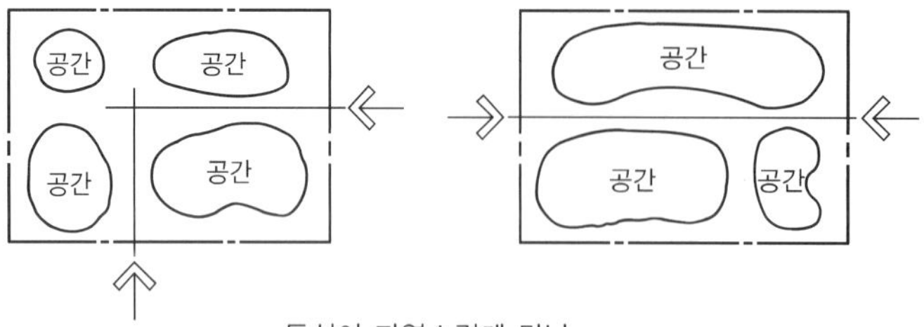

동선이 자연스럽게 만남

  - 동선이 어긋날 경우 공간의 크기를 고려하여 두 동선의 연결 보조선을 긋고, 적정한 폭을 결정한다.

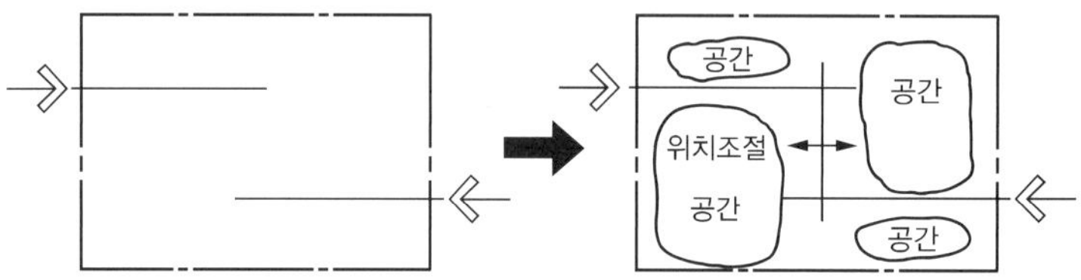

동선이 만나지 않는 경우

  - 동선의 만남이 한쪽으로 치우친 경우 보조선을 굴절시켜 공간을 배분하고, 적정한 폭을 결정한다.

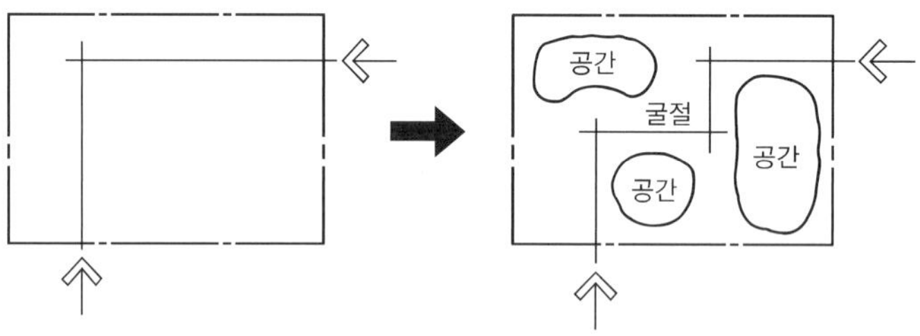

동선이 한쪽으로 있는 경우

  - 두 동선이 한쪽으로 진입하는 경우는 보조선으로 연결하여 공간을 적정하게 배분하고, 적정한 폭을 결정한다.

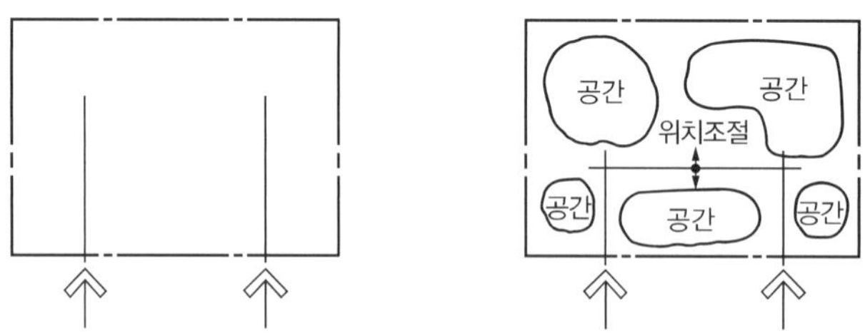

진입이 한방향인 경우

• 진입구가 3개인 경우

– 3개의 동선이 자연스럽게 만나도록 보조선을 긋고, 적정한 폭을 결정한다.

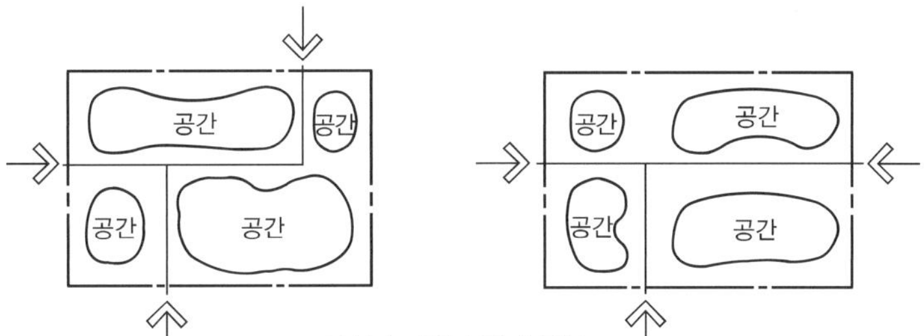

동선이 자연스럽게 만남

– 3개의 동선이 만나지 않을 경우는 보조선으로 공간간격을 조절하여 연결하고, 적정한 폭을 결정한다.

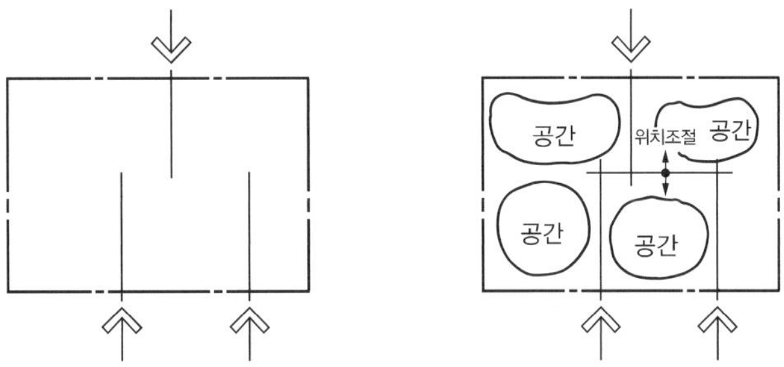

동선이 만나지 않는 경우

• 진입구가 4개인 경우 : 동선이 4개인 경우에는 자연스럽게 보조선으로 공간이 나누어지므로 적정한 폭을 결정하면 된다.

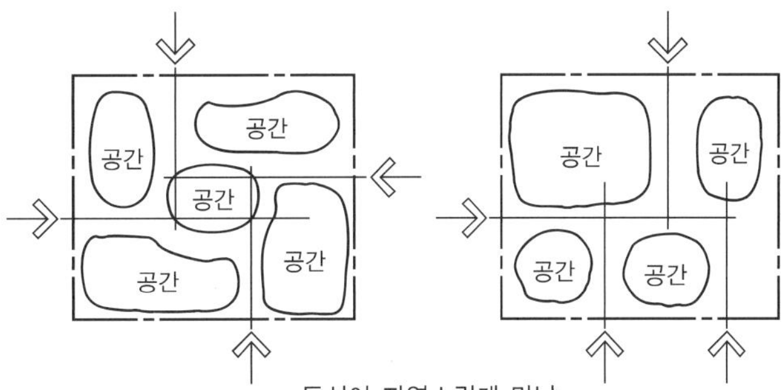

동선이 자연스럽게 만남

㉡ 진입구가 주어지지 않은 경우

• 진입구 설치 조건

– 진입구는 어떤 경우라도 도로에 접해야 한다.

– 도로 이외의 구역에는 진입구를 설치하지 않는다.

• 진입구 설치 제한구역

– 인접한 지역에 건물, 주택, 하천, 공작물, 구조물, 옹벽, 펜스, 급경사지역 등과 같이 진출입이 제한되는 시설, 구조물, 자연적 조건이 있는 구역

– 주변도로의 단차가 커서 경사로의 설치마저 어려운 구역

– 공원부지가 대, 중, 소로에 인접하여 있어 진입구 설치가 용이한 경우 대로는 피하고, 교통흐름이 적은 중로에 주진입구, 소로에 부진입구를 설치

– 진입구를 설치할 때에 공간의 배분을 염두에 두고 위치를 잡아야 공간을 배분하는 데 어려움이 없음

• 진입구 설치구역을 정한 후 진입구의 위치를 결정한 후 동선(원로)을 보조선으로 연결하여 적정한 폭을 결정한다.

• 진입구 설정 예시

– 좌, 우에 건물이 있어 상, 하로 진입구를 설정하고 보조선으로 연결하여 노폭을 정한다.

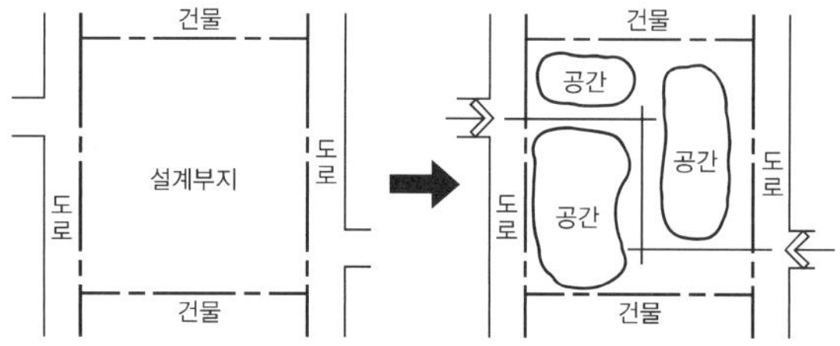

상, 하 진입불가인 경우

– 좌부에 하천, 하부에 옹벽이 있어 상부와 우부에 진입구를 설정하고, 보조선으로 연결하여 노폭을 정한다.

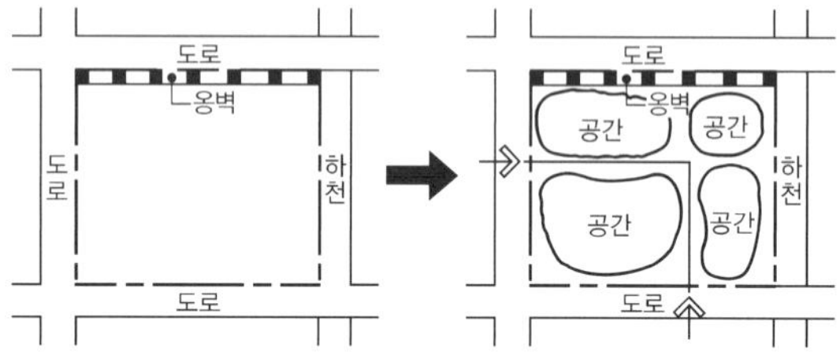

하천, 옹벽에서 진입불가인 경우

– 간선도로와 중·소도로가 동시에 접할 경우에는 간선도로는 피하여 중·소도로에 진입구를 설정하고 보조선으로 연결하여 노폭을 정한다.

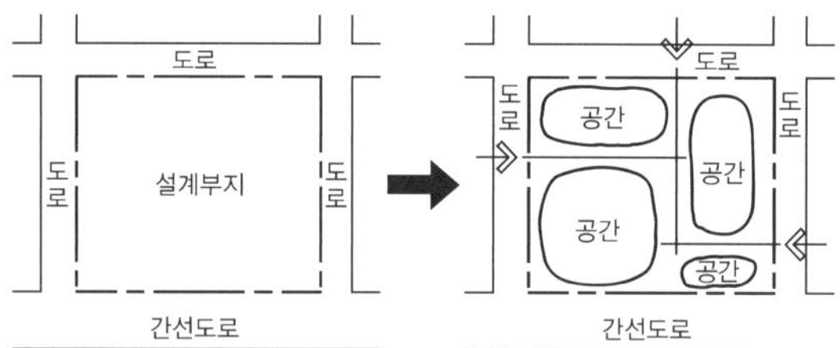

넓은 도로에서 진입하지 말 것

③ **동선의 시설** : 주동선, 보조동선의 노폭에 따라 시설물 배치가 적절해야 통행에 지장을 초래하지 않는다.

㉠ 2급(노폭 5~6m) : 동선의 폭이 비교적 넓으므로 동선 중앙에 수목보호대를 설치하거나 양쪽 옆에 의자나 음수대, 빗물받이, 휴지통 등의 시설물을 설치하여도 그다지 통행에 지장을 주지 않는다.

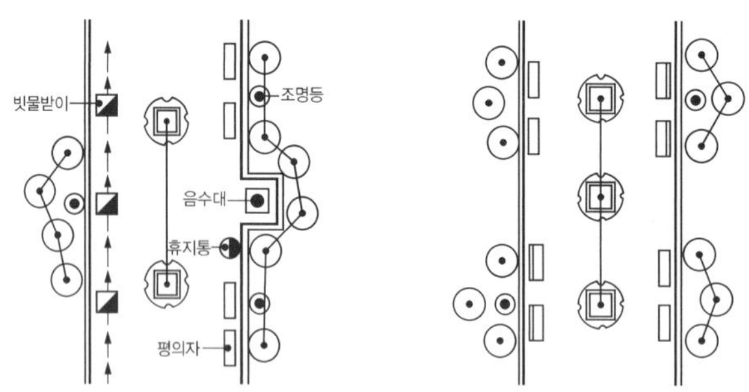

동선의 시설 배치도 1 동선의 시설 배치도 2

㉡ 3급(노폭 3m) : 동선의 폭이 여유롭지 않으므로 동선의 한쪽에만 시설물을 설치하는 것이 바람직하며, 식재공간에 여유 있는 공간(포켓쉼터)을 확보하여 시설물을 배치하면 동선의 양쪽에 공간의 여유가 있어 통행과 휴식을 병행할 수 있는 공간을 설치할 수 있다.

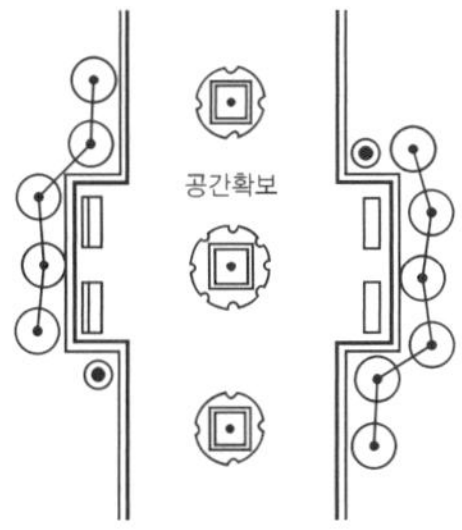

동선 좌, 우에 휴게공간 설치

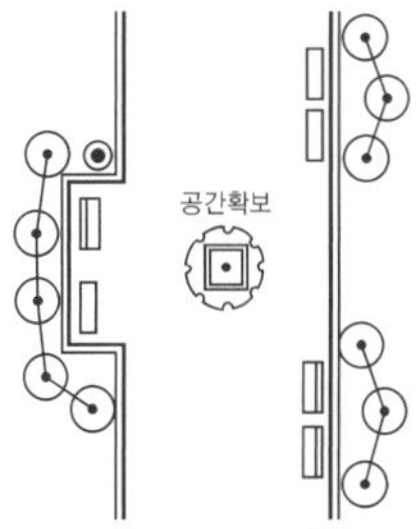

포켓쉼터 & 벤치 설치 1

㉢ 4급(노폭 1.5~2m) : 동선의 폭이 여유가 없으므로 동선의 어느 쪽에도 시설물을 설치하는 것이 쉽지 않으므로 식재공간에 공간(포켓쉼터)을 확보하여 시설물을 배치할 수 밖에 없다. 동선 양쪽에 공간 확보가 어려우므로 한쪽에 공간(포켓쉼터)을 확보하여 휴식공간을 활용하고 동선은 통행을 위한 공간으로 활용할 수 있다.

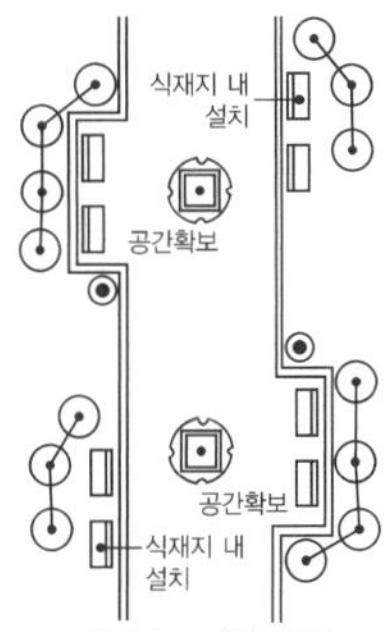

포켓쉼터 & 벤치 설치 2

산책로에 벤치 설치

※ **포켓쉼터** : 작은 공원으로 담장을 허물거나 공원의 자투리공간에 소규모로 미니 쉼터를 만들어 지나가는 행인의 휴식과 담소를 위한 공간을 말한다.

④ 사진자료

(8) 열린공간(광장, 진입구)의 설계

공원에 있어서 광장은 공간을 연결하는 여러 개의 동선이 만나 넓은 공간의 기능을 하는 것이며, 주진입구를 들어서면 광장으로 이어지고 광장을 지나서 본인이 원하는 공간으로의 이동을 쉽게 할 수 있는 공간이다.

① 광장의 특성

㉠ 공원설계대상지의 면적에 따라서 공원이용자의 편의를 위해서 광장의 유・무와 규모가 결정되며, 대공원이나 중공원에서는 대단히 중요한 공간이다.

㉡ 규모가 큰 공원의 경우에는 동선의 결절점에 자연스럽게 광장이 만들어진다.

㉢ 여러 공간의 연결공간으로 이용자들의 만남과 헤어짐의 장소로서 활용된다.

㉣ 공원의 규모에 따라서 적절한 규모의 광장을 조성하여 공원의 전체 균형을 이루게 한다.

㉤ 대・중규모 광장에는 부대시설(휴게시설, 관리시설, 수경시설 등)을 설치하여 이용자의 휴식과 만남, 친목을 위한 공간으로 활용할 수 있다.

㉥ 광장의 바닥은 반드시 포장하여야 하며, 포장재료의 특성에 따라서 공원의 전체 분위기를 좌우할 수 있으므로 별도의 포장으로 공원의 특성을 나타내거나 동선과 같은 포장으로 공원 전체가 함께 어울리도록 할 수 있다.

㉦ 광장은 공원의 랜드마크이며 동선의 결절점이므로 경관식재, 요점식재, 지표식재, 유도식재 등으로 조성하며, 시설 부근에는 용도에 알맞은 식재개념으로 조화로운 공간을 조성한다.

㉧ 특히 광장의 공간은 배수가 용이하도록 빗물받이, 암거를 설치하고 조명등을 설치하여 랜드마크의 역할을 할 수 있도록 한다.

② 다양한 광장의 설계예시

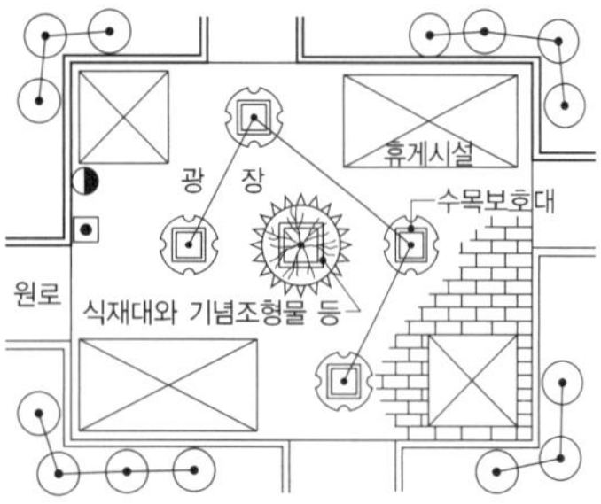

[광장의 주요기능]

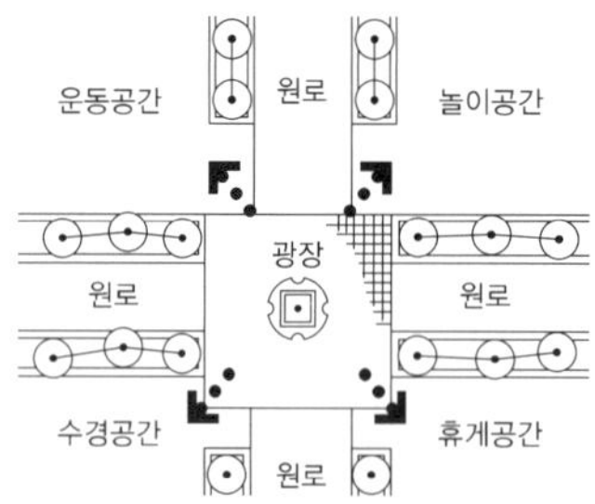

[소규모 광장]

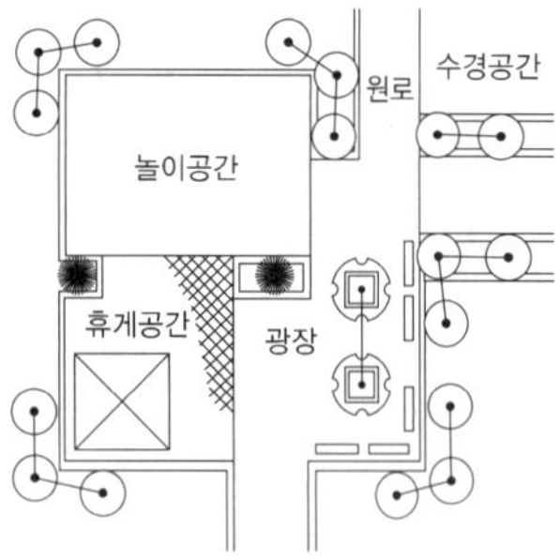

[벽천이 설치된 중광장]

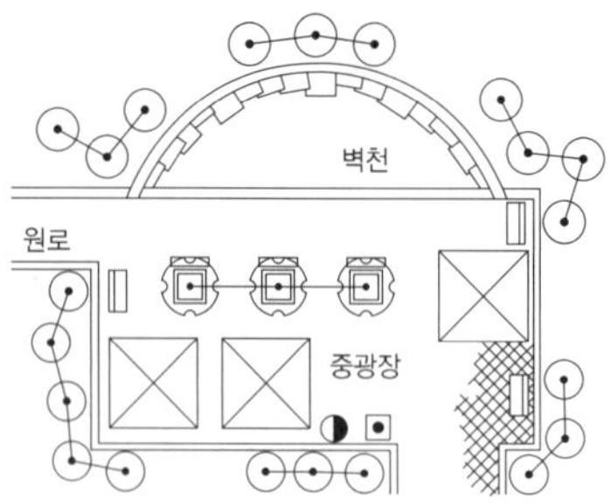

[휴게공간 겸 대광장]

③ 진입광장의 특징

㉠ 소공원, 중공원에서는 광장과 진입부가 하나로 조성되는 진입광장을 조성한다.

㉡ 공원의 얼굴이므로 요점식재로 인지성을 높여 이용자들이 쉽게 진입구를 인지할 수 있도록 한다.

㉢ 광장의 규모는 동선의 2~3배 정도 크기로 한다.

㉣ 진입광장의 규모에 따라 소규모 휴게시설을 설치한다.

㉤ 출입구가 경사지인 경우에는 계단, 경사로 등을 설치한다.

ⓑ 공간의 필요시 주진입구에 진입광장을 설치하고, 부진입구에도 소규모의 진입광장을 설치할 수 있다.

ⓢ 광장바닥은 동선과 동일한 포장재료로 포장하거나 별도의 포장공간으로 구분하여 공간감을 줄 수 있다.

④ **진입광장 설계예시** : 진입광장에 수목보호대, 퍼걸러, 음수대, 휴지통 등의 시설물을 설치하여 소규모의 만남과 대화의 광장으로 활용하도록 하고, 이용자의 안전을 위해서 볼라드로 차량출입을 막아 개방된 광장으로 구성하였다.

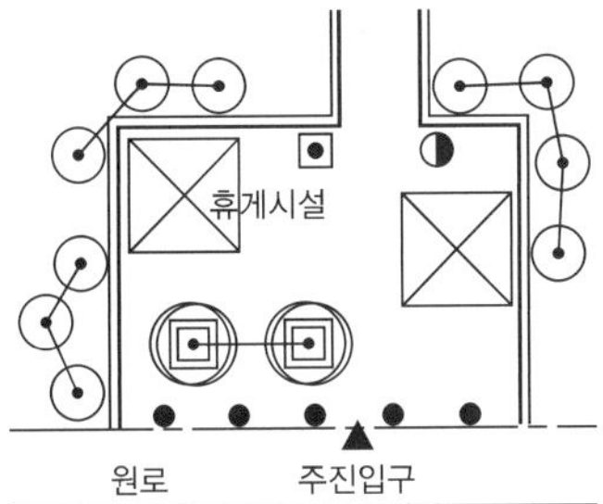

[진입 대광장]

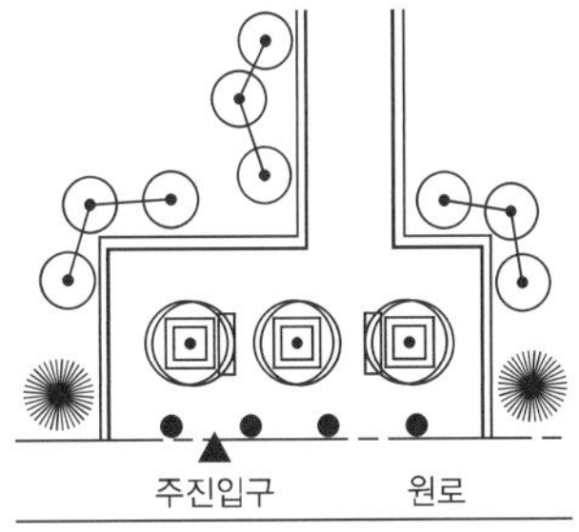

[진입 소광장]

⑤ 사진자료

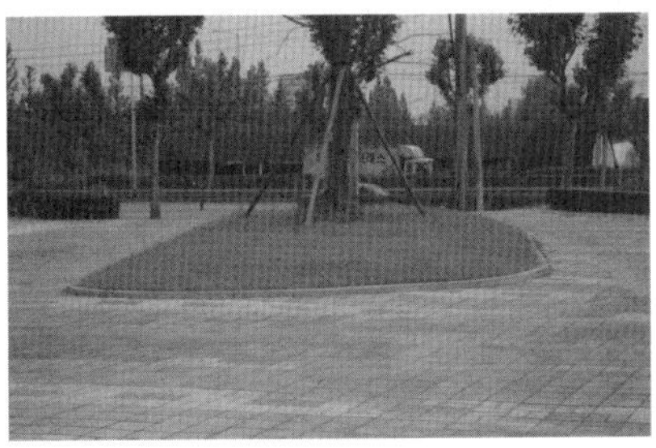

(9) 단차공간의 시설물

① **계단** : 단차가 심하여 경사도(30~35°)가 급한 경우 보행자의 안전과 원활한 이동을 위하여 설치한다. 계단을 설치하는 것은 여러 개의 수직면과 수평면을 만들어야 하므로 조경공사에서 가장 어려운 작업 중 하나이며, 다른 시설보다 먼저 설치되어 독립적으로 시공되는 독립형 계단과 옹벽이나 건물벽과 같은 다른 시설에 접속되어 설치되는 부속형 계단으로 구분한다.

㉠ 답면과 단의 계산 요령

- 법면의 높이($\overline{AB}$)와 길이($\overline{AC}$)를 산출한다.
- 사용될 재료를 고려하여 원하는 단의 높이를 결정하고, 전체 높이를 단의 높이로 나누어 답면의 수를 산출한다.
- 법면의 수평길이를 답면의 수로 나누어 답면의 폭을 산출하고, 이 값이 계단의 답면과 단의 크기가 적합한지를 검토한다.

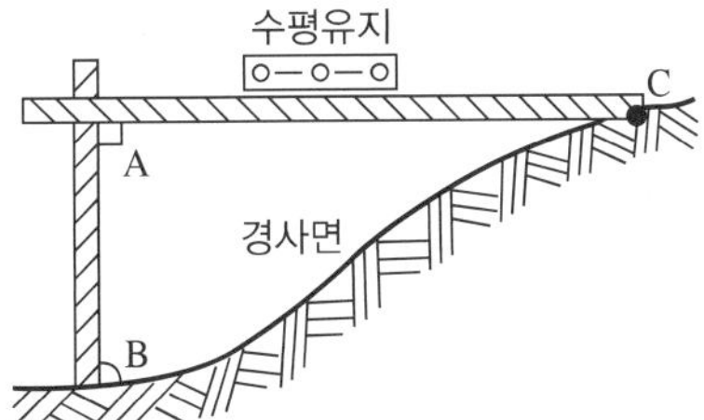

답면과 단의 계산

- 답면의 폭이 26~43cm, 단의 높이가 11~18cm의 범위를 벗어날 경우 경사의 길이와 높이를 변경하거나 계단의 위치 또는 방향을 바꾸어 적정한 기준에 맞도록 해야 한다.

ⓛ 구조, 규격 및 재료

- 공원의 계단폭은 1인용 90~110cm, 2인용 130~150cm가 적당하나 원로의 폭과 같게 하거나 약간 큰 폭으로 한다.
- 단 너비는 26~37cm(30cm 내외), 단 높이는 11~18cm(15cm 내외)로 하는 것이 보통이다. 이때 단 높이를 h, 단 너비를 b로 할 때 $2h+b$=(60~65)cm가 규정된 높이와 너비의 비율이며, 계단의 설계기준이 된다.
- 높이 3m가 넘는 계단에는 중간에 계단참을 반드시 설치하는데, 계단참은 10단마다 설치하는 것이 최적이며 최대 20단 이하에는 반드시 설치해야 한다. 계단참의 너비는 1인용일 때 90~110cm, 2인용일 때 130cm가 적당하다. 단, 정원에 설치하는 계단은 3~5단마다 2~3단 너비의 참을 설치하면 미관이 아름답고 한결 이용하기가 쉽다.
- 공원의 계단수는 최소 3계단 이상이어야 하며 그 이하는 식별성이 낮아 위험하다. 높이 1m를 넘는 계단은 양쪽에 난간을 두고, 계단바닥의 미끄러움을 방지하여야 한다.
- 계단의 포장재료는 콘크리트, 벽돌, 화강석이 일반적이지만, 자연스러운 것은 자연석, 목재로 계단을 설치하는 것이다.

ⓒ 계단의 설치요령 : 계단의 시작지점에 따라서 계단과 법면의 상관관계가 다르게 된다.

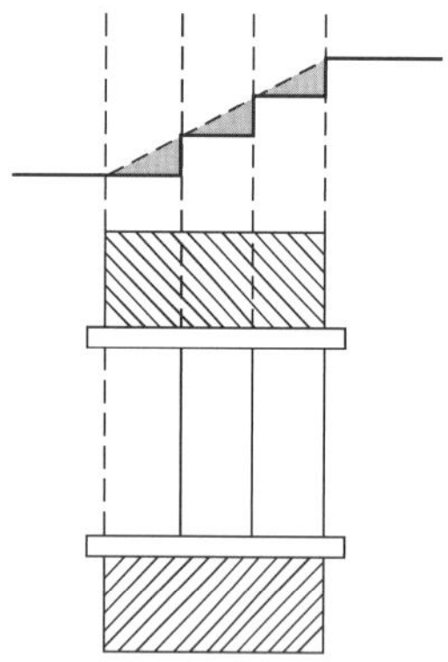
계단의 위쪽 끝을 법면에 맞춘 경우

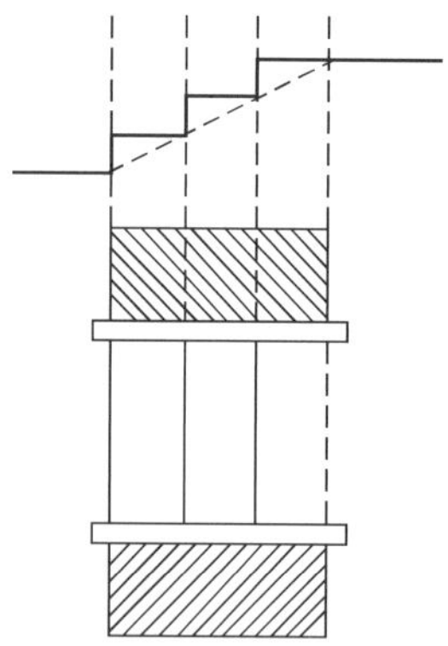
계단의 아래쪽 끝을 법면에 맞춘 경우

ⓔ 계단의 표준치수

쾌적성	단 높이/답면 너비(cm)	경사도(%)
대단히 쾌적함	14.55/33	44
쾌적함	15/32	47
비교적 기분이 좋음	15.5/31	50
한계치	16.5/30	55

ⓜ 계단 단면상세도

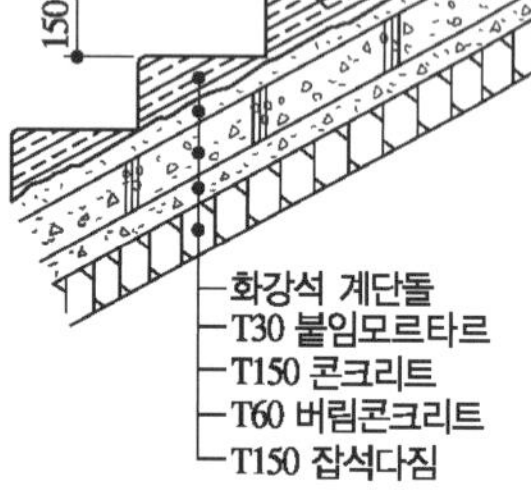

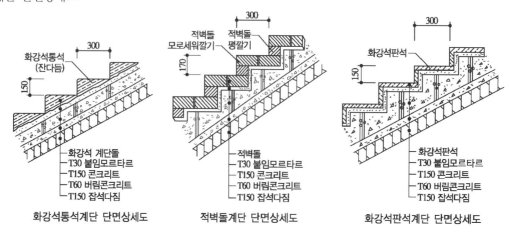

화강석통석계단 단면상세도

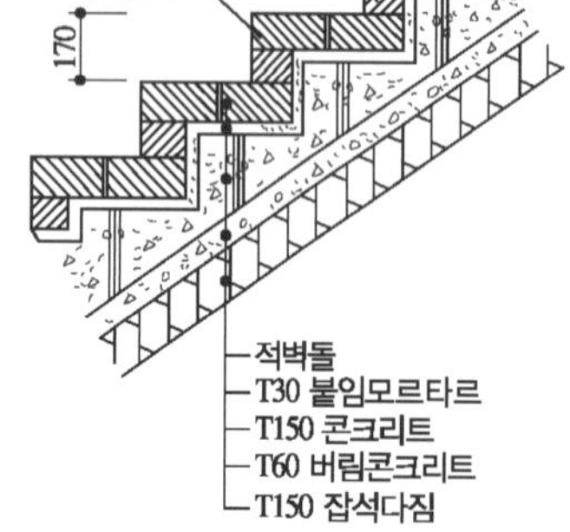

적벽돌계단 단면상세도

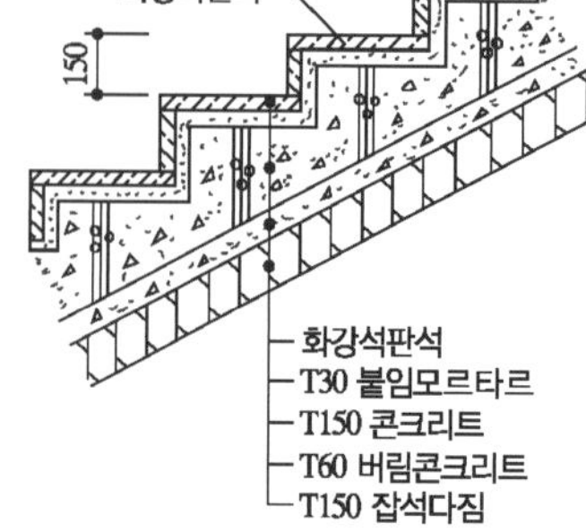

화강석판석계단 단면상세도

ⓑ 사진자료

② 경사로(RAMP)

㉠ 설계기준

- 경사로(RAMP)의 경사(물매)는 장애자용 휠체어가 오를 수 있는 한계로 8% 이하이며, 예외적인 경우에 한하여 최대 10% 이하까지 허용되나 이때는 난간을 설치하여야 한다.
- 장애인용 경사로(RAMP)의 최소폭은 1.2m 이상이며, 적정 너비는 1.8m이다.
- 이동거리는 최대 9m 이하가 적당하며, 이를 초과하는 경우는 1.5m 너비의 참이 필요하다.
- 짧은 거리에 한하여 2개의 난간(핸드레일)을 설치하였을 경우 경사(물매) 14%까지도 허용된다.
- 계단이 여러 곳이 있을 경우 경사로는 단차가 있는 곳 1개소만 설치한다.

㉡ 경사로(RAMP)의 경사율, 수평거리

- 경사율(G)=D/L×100(%)(D : 수직거리, L : 수평거리)
- 수평거리(L)=D/G(G : 8% 사용)

㉢ 적정 경사로(RAMP)의 유효폭 : 1.2~2.0m

- 폭 1.2m : 장애용 휠체어 1대가 통과할 수 있는 유효폭
- 폭 1.5m : 장애용 휠체어 1대와 보행자 1인이 통과할 수 있는 유효폭
- 폭 2.0m : 장애용 휠체어 2대가 통과할 수 있는 유효폭

㉣ 출입구 & 참의 폭 : 경사로의 유효폭과 같거나 약간 넓게 하는 것이 좋다.

㉤ 경사로의 설치 위치 : 가능하면 계단에 가까이 붙여서 설치하며, 부득이한 상황일 경우는 가장 짧은 거리로 설치한다.

ⓑ 경사로(RAMP) 평면도

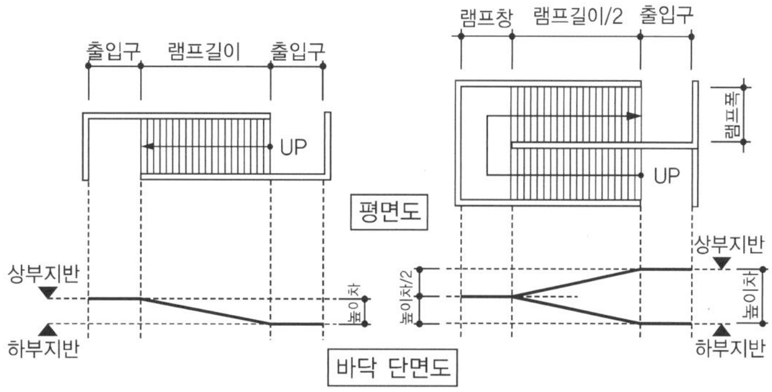

높이차 0.6m 이하인 경우 사용　　높이차 0.6m를 넘는 경우 사용

ⓢ 경사로(RAMP)와 계단의 설치 예시

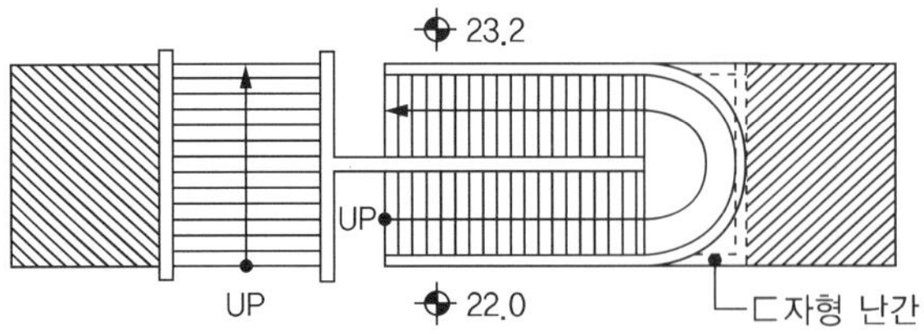

계단과 램프의 결합

ⓞ 경사로(RAMP)의 설계치수

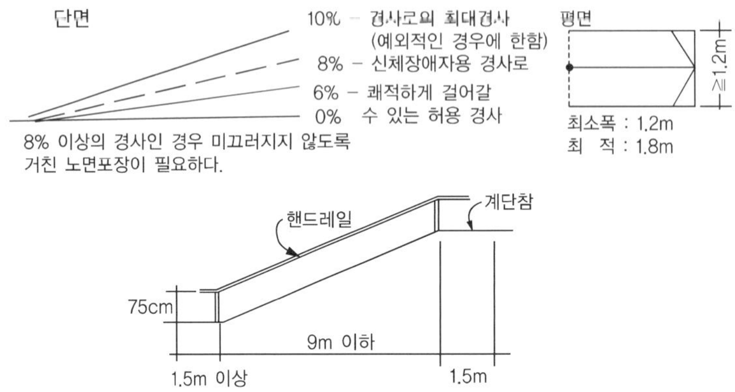

(10) 주차공간

이용자에게 편익을 제공하고, 안전하고 편안한 교통을 위하여 설치되는 시설이다.

① 주차공간의 위치설정

㉠ 자동차를 이용하여 방문하는 이용자들의 편익을 위해서 하차 후 각각의 공간과 인접한 위치를 선정한다.

㉡ 진입도로에서 주차장, 주차장에서 진입도로로의 원활한 출입이 가능하도록 한다.

㉢ 지형적인 조건이 비교적 평탄하여 배기가스가 자연환경에 미치는 영향이 적으며, 토공량을 최소화 할 수 있는 곳을 선정한다.

㉣ 보행인의 안전을 위하여 보행동선과 교차되지 않도록 주차장 둘레에 폭 1.5~2.0m의 보도를 설치하는 것이 바람직하다.

㉤ 공원 내 차량동선을 짧게 하기 위해서 진입광장 또는 관리소와 인접하여 배치한다.

㉥ 차량통행을 막아야 하는 장소는 Bollard(단주)를 설치하여 안전에 유의한다.

② 주차장의 설계기준 : 설계 시 설계요소는 주차각도, 기준치수, 주차면적의 길이와 너비, 회전반지름, 보행자와 차의 통로, 바닥포장, 배수시설 등이다.

㉠ 구조 및 규격

• 직각주차

– 주차공간의 폭이 넓어 충분한 여유(양면주차 : 폭 16.5m 이상)가 있을 때 설치 가능하다.

– 같은 면적 내에서 가장 많은 주차가 가능하고 일반적으로 직각주차를 한다.

– 중앙통로를 2차선으로 사용이 가능하므로 양방향 통행이 가능하다.

– 주차와 출차가 비교적 어려워 교통량이 많을 시에 불편하며, 중앙 차도폭이 최소 5.5m 이상의 공간이 확보되어야 한다.

• 사각주차
  - 경사진 각도로 주차하게 되어서 직각주차보다 더 많은 면적이 필요하지만, 폭이 좁은 공간에서 유용하게 주차시킬 수 있다.
  - 종류에는 주차각도에 따라 60°, 45°, 30°의 주차방법이 있으며, 60° 주차가 주차하기 쉽고 주차공간의 폭과 길이의 비례가 좋아 가장 많이 설치된다.
  - 45°, 30°의 주차방법은 주차공간의 겹치는 부분이 많아 비교적 많은 공간을 요하고 있으나 폭이 좁은 공간의 주차장 활용이 가능하다.
  - 사각주차방법은 입·출구가 구분되어야 하며, 일방통행이 되어 설치에 제한을 받는다.
  - 양방향주차를 요할 시에는 주차장의 양쪽에 주차 스페이스를 마련하여 대향주차하면 가능하다.
• 평행주차
  - 주차장 폭이 협소한 경우에 설치가 가능하며, 차량의 진행방향과 나란히 주차한다.
  - 직각, 사각주차가 어려운 경우에 설치하며, 진행방향의 우측에 설치한다.
  - 출입구가 2개 이상일 때 주차장 통로의 폭이 가장 작아도 된다.
• 기준치수

종별	너비(m) × 길이(m)	비고
소형차(승용차)	2.3 × 5.0(6.0)	• 수직주차 시 주차면의 폭원 : 0.25m 증가 • 수직주차 시 도로의 폭 : 6m
소형차(장애인)	3.3 × 5.0(6.0)	
중형차(승합차)	3.25 × 7.5	
대형차(버스)	3.25 × 13.0	
특수대형차	3.5 × 18.0	

참고

주차형식 및 차로의 너비

주차형식		차로의 너비(m)	
		출입구 2개 이상	출입구 1개
평행주차	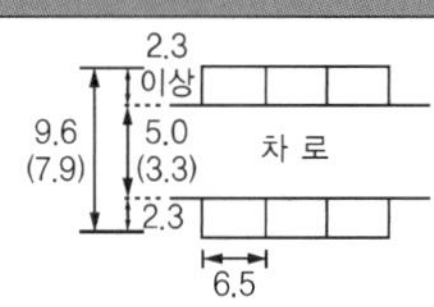	3.3	5.0
직각주차	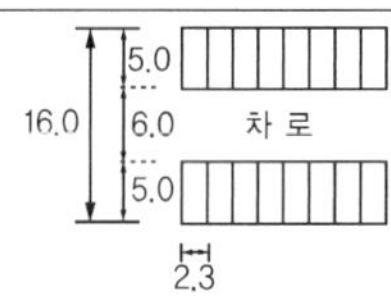	6.0	6.0
60° 대향주차	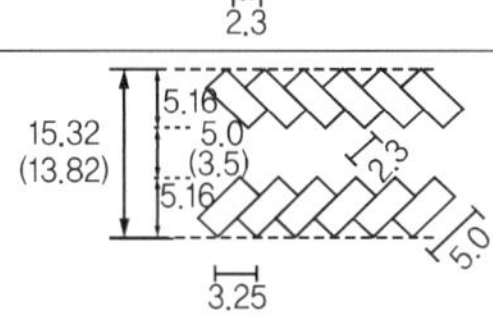	4.5	5.5
45° 대향주차	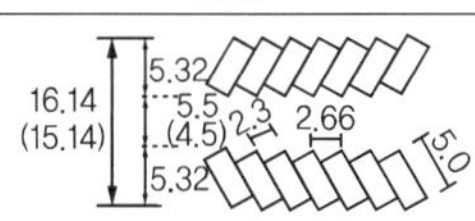	3.5	5.0
교차주차	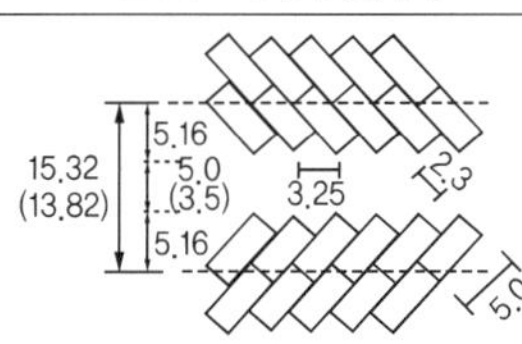	3.5	5.0

③ 주차장 설계

㉠ 주차로의 설계

- 주차장 부지의 너비와 길이, 형태, 진입통로를 고려하여 적합한 주차형식을 결정하여야 한다.
- 단위 주차면적의 너비와 길이 및 통로의 치수를 결정하고, 이 치수를 적용시켜 전체 공간을 주차공간, 통로 및 주변 녹지대로 구분한다.
- 주차로 폭은 일방향 통과의 경우는 3.5m 이상, 양방향 교차통과의 경우는 6.0m 이상으로 한다.
- 각각의 단위 주차면적을 나누어 주차대수를 결정하고, 세부적으로 설계한다.
- 주차장의 회전부 반경은 주차로의 경우는 3m, 주차구획 부분의 경우는 1.5m로 하여 원형 탬플릿으로 곡선부를 완성한다.
- 주차장의 형태가 완성된 후 녹지대에 배식 설계한다.

참고

옥외주차장의 주차배치법과 치수 예시

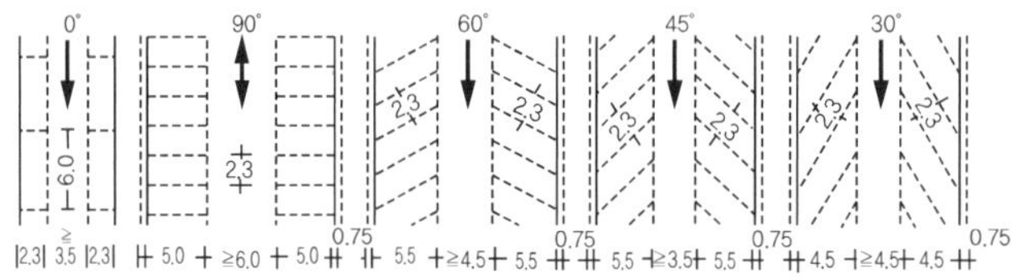

회전부 반경과 주차구획부의 치수 예시

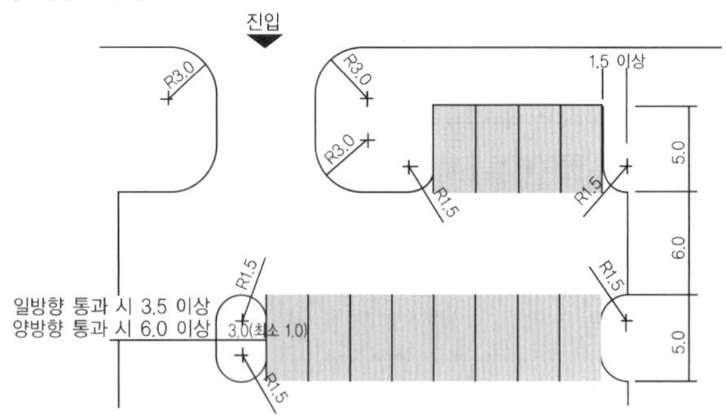

회전부 반경 및 차로의 너비(단위 : M)

㉡ 주차배치 요령

- 진입방향에 따른 주차배치의 형태를 능숙하게 작도하여야 한다.
- 설치 예정인 주차대수가 짝수일 경우에는 양쪽으로 나누어 주차배치한다.
- 설치 예정인 주차대수가 홀수일 경우에는 장애인주차를 넣거나 한 줄로 배치한다.
- 장애인주차 구획의 폭이 일반보다 1m 넓게 배치해야 하므로 폭을 조절한다.
- 설계기준 너비와 길이를 기준으로 전체 대수를 계산하여 설치하되 약간의 치수는 조절하여 전체 대수를 맞춘다.
- 1대의 주차면적(20~25m^2)을 기준으로 설치예정 주차면적이나 주차대수를 산정할 수 있다.

참고

직각주차 시 주차배치 예시

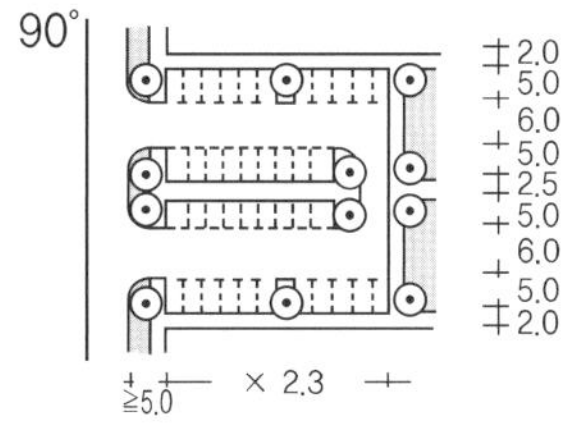

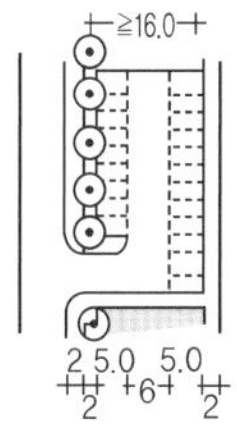

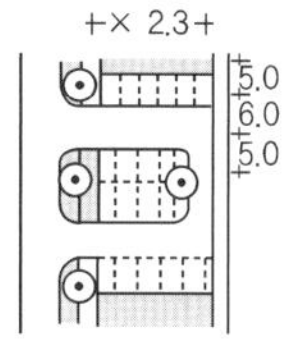

대향주차 시 주차배치 예시

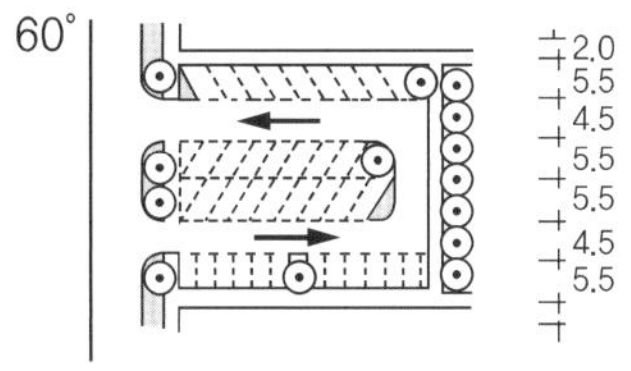

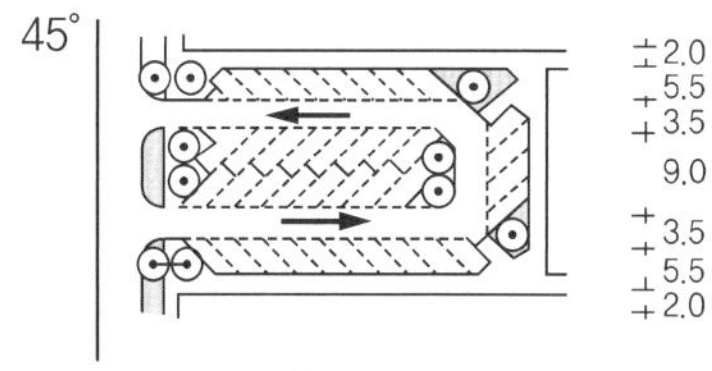

직각주차 시 주차배치 예시

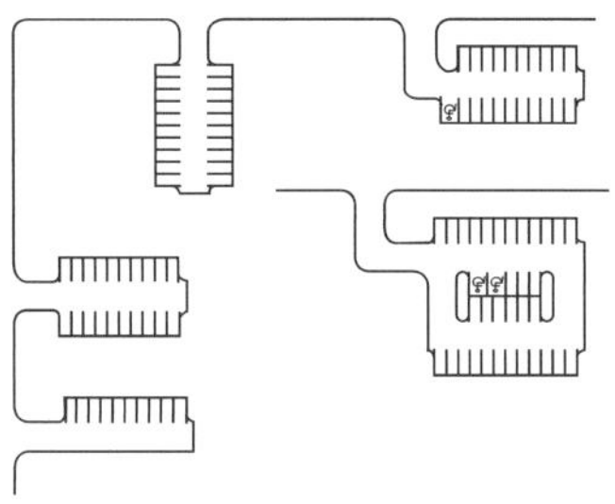

주차배치의 형태

㉢ 사진자료

(11) 옥상조경 및 벽면녹화

① **옥상조경의 기능과 효과** : 옥상조경은 도시경관의 향상, 새로운 공간의 창출, 생태적 복원, 생물서식공간의 조성, 도시열섬현상 완화, 미기후 조절, 에너지절약, 소음저감효과, 건축물의 내구성 향상 및 도시홍수 예방효과 등 많은 장점을 가지고 있다.

② **옥상조경의 종류**

㉠ 경량형(Extensive Roof Planting)

- 토심 20cm 이하, 주로 인공경량토양 사용
- 관수, 예초, 시비 등 관리요구를 최소화
- 지피식물 위주로 식재
- 구조적 제약이 있는 곳, 유지관리가 어려운 기존 건축물의 옥상이나 지붕에 주로 활용

㉡ 중량형(Intensive Roof Planting)
- 토심 20cm 이상, 주로 60~90cm
- 지피식물, 관목, 교목으로 구성된 다층구조 식재
- 관수, 시비, 전정 등 관리 필요

㉢ 혼합형
- 토심 30cm 내외
- 지피식물과 키가 작은 관목 위주로 식재
- 경량형 지향
- 중량형을 단순화시킨 것

③ 옥상조경의 적용방식(면적) 구분

㉠ 전면녹화
- 옥상이나 지붕 전체를 녹화하는 방식
- 옥상녹화효과를 극대화 할 수 있는 장점이 있음
- 녹화의 효율성과 경제성을 고려할 때 부분녹화보다 전면녹화가 바람직함

㉡ 부분녹화
- 옥상의 일부를 녹화
- 기존의 플랜트박스형이 대표적인 예
- 적용 대상공간이 구조적 한계를 가지고 있거나 방수, 배수 등의 문제로 전면녹화가 불가능한 경우에 적용
- 경계부의 처리 상세 및 소재 선택에 유의

④ 벽면녹화의 종류

㉠ 녹화형태에 따른 분류
- 흡착등반형 녹화 : 녹화대상 건축물 또는 구조물 벽면의 표면에 흡착형의 덩굴식물을 이용하여 벽면을 흡착등반시키는 방법이다.
- 권만등반형 녹화 : 건축물 또는 구조물의 벽면에 네트나 울타리, 격자 등을 설치하고 덩굴을 감아올리는 방법이다.
- 하직형 녹화 : 건축물 또는 구조물 벽면의 옥상부 또는 베란다에 식재공간을 만들어 덩굴식물을 심고, 생장에 따라 덩굴을 밑으로 늘어뜨려 벽면을 녹화하는 방법이다.
- 컨테이너형 녹화 : 건축물 또는 구조물의 벽면에 덩굴식물을 식재한 컨테이너를 부착시켜 녹화하는 방법이다.

㉡ 녹화수법에 따른 분류
- 벽면에 기반을 설치하는 경우 : 어떤 크기의 패널형상을 배지 기반을 조성하여 식물을 식재하고, 양생기간이 경과한 후에 설치하는 수법(예 플랜터 설치형, 배토 접착형)이다.
- 벽면이 기반이 되는 경우 : 포러스한 콘크리트를 직접 배지로 하고, 그곳에 식물을 식재하는 수법(예 콘크리트형)이다.

㉢ 관리 정도에 따른 분류
- 경관대응형 : 식재수종에 화훼류를 포함하여 경관성을 높이기 위한 벽면을 대상으로 자동관수, 시비장치가 겸비된 녹화장치이다.
- 조방형 : 덩굴식물에 의한 벽면녹화로 경관성을 배제하고 관리의 최소화를 필요로 하는 벽면을 대상으로 하는 벽면녹화장치이다.

⑤ 옥상녹화시스템의 구성

㉠ 방수층 : 수분이 건물로 전파되는 것을 차단하는 건축물 보호층

㉡ 방근층 : 방수층과 건물을 식물의 뿌리로부터 보호하는 기능층

㉢ 배수층 : 식물의 생장과 건축물의 안전을 위하여 효과적으로 물을 배출하기 위한 기능층

㉣ 토양여과층 : 육성층의 세립토양입자가 빗물에 씻겨 내리는 것을 막는 기능층

㉤ 육성토양층 : 옥상녹화시스템의 유형을 결정하는 층으로, 식물의 지속적 성장을 좌우하는 가장 중요한 층이며 층의 토심이 낮을 경우는 인공토를, 깊은 경우는 자연토 및 혼합토를 사용하여 조성하는 토심 형성층

㉥ 식생층 : 최상부층으로 녹화시스템을 피복하는 기능층

⑥ 옥상녹화시스템 조성 시 중점사항

㉠ 건물의 안전성 확보

- 옥상녹화대상 건축물 선정 시 최우선적인 사항이 건물의 안전성 여부이다.
- 안전성 여부의 중점사항은 하중과 배수관계이다.
- 안전적재하중 이내에서 녹화계획과 설계가 되어야 하며, 적재하중과 관리조건에 따라서 옥상녹화 유형을 선정한다.
- 녹화설계 시 가장 중요한 문제인 하중을 낮추기 위해서 인공경량토를 사용하며, 하중의 문제가 없을 시는 자연토양을 사용하면 유기물의 증가로 식생에 도움이 된다.
- 습지, 수생식물의 서식을 위한 수공간 조성을 위해서 물의 중량과 급·배수시설의 설치를 충분히 검토하여야 한다.

㉡ 풍해의 예방성 확보

- 옥상은 풍해를 입을 수 있으므로 철저한 예방이 필요하다.
- 식재된 수목이 부러지거나 뿌리가 흔들려 죽을 수 있고, 수목이 넘어지면 이용자에게 피해를 줄 수 있다.
- 바람은 수분을 빠르게 증발시켜 수목에 피해를 준다.

㉢ 배수에 대한 안전성 확보

- 하중문제 다음으로 중요한 부분이 배수로 인한 누수현상이다.
- 배수불량으로 인한 식생의 파괴와 중량의 증가는 식물생육과 건물안전에 큰 문제를 야기한다.
- 일반적인 옥상방수법 : 아스팔트열방수 적층공법, 개량아스팔트 시트방수, 폴리우레탄 도막방수, FRP 도막방수, 우레탄·FRP 복합방수, 염화비닐계 시트방수 등이 있다.

⑦ 식물과 식재기반의 두께 및 하중계산

식생식물	식재기반	자연토양공법	개량토양공법	경량토양공법
잔디 및 초화 (풀, 꽃, 허브 등)	토양 두께(cm)	30	20	15
	배수층 두께(cm)	8	7	5
	하중(kg/m^2)	528	302	150
철쭉 등의 관목	토양 두께(cm)	40	30	20
	배수층 두께(cm)	10	10	10
	하중(kg/m^2)	700	450	220
H2.0 전후의 중간크기의 교목	토양 두께(cm)	50	45	30
	배수층 두께(cm)	15	12	10
	하중(kg/m^2)	890	675	300
H4.0 전후의 키가 큰 교목	토양 두께(cm)	70	60	50
	배수층 두께(cm)	20	15	15
	하중(kg/m^2)	1,240	870	490

주) 자연토양의 비중 1.6, 개량토양(30% 혼입)의 비중 1.3, 인공경량토양의 비중 0.8, 배수층의 비중 0.6으로 계산

⑧ 옥상녹화시스템 상세도

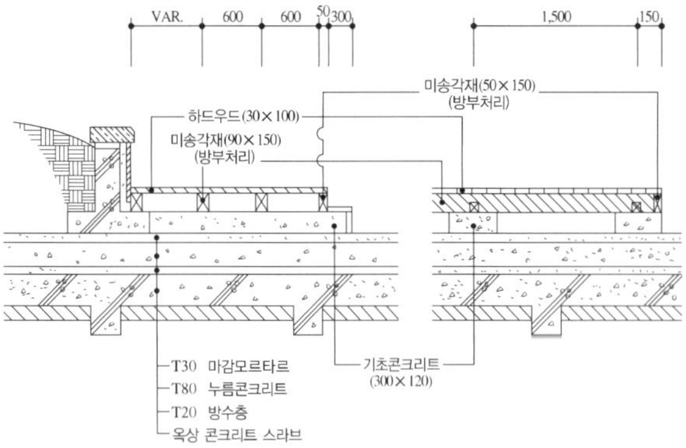

[옥상녹화 데크 상세도]

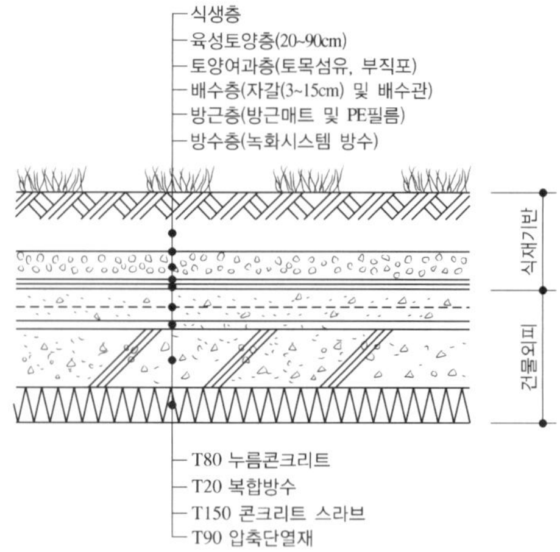

[내단열 녹화시스템]

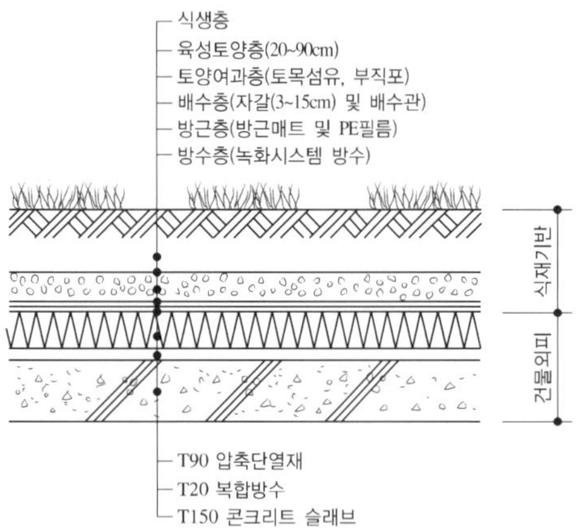

[외단열 녹화시스템]

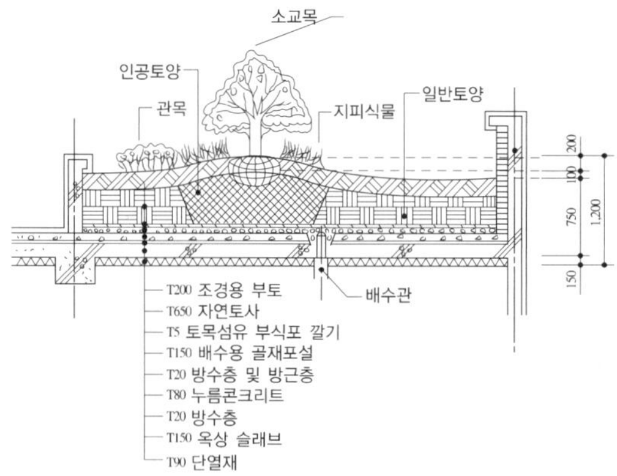

[옥상 및 인공지반 식재 상세도]

⑨ 시설물 사진

[옥상조경]

(12) 생태(복원)공원의 공간 및 시설물

① 개요 : 생태(복원)공원이란 자연적, 인위적인 원인으로 훼손되거나 파괴된 중요한 생물의 서식처나 생물의 종을 훼손 이전 상태로 복원하여 자연관찰 및 학습을 위한 일정한 지역을 이용자들에게 동물·식물·곤충들의 자연환경 속 생장활동을 관찰하거나 학습할 수 있도록 한 공원을 말한다. 시설공간은 보통의 공원시설과 같고 특이하게 조성된 것은 습지, 저수연못 등 수생생물의 서식공간과 관찰을 위한 관찰로 및 관찰데크, 전망대 등이 있다.

② 생태복원유형

㉠ 생태복원의 기술적 단계 : 구조적 안전성 확보 → 복원기반 조성 → 식생도입 및 생태계 복원 → 생물서식처 조성

㉡ 생태계 복원기술 적용범위 및 대상 : 도시차원의 생태도시, 생태주거단지, 생태마을 및 퍼머컬처(Permaculture), 생태산업단지, 생태공원, 생태주택, 하천 및 호수, 인공습지 및 서식처 등으로 구분할 수 있다.

㉢ 생태계 복원기술에 따른 분류 : 자연형 하천(생태하천), 인공지반, 비탈면, 생태통로, 야생동물 서식처, 생태연못, 우수침수저류시스템 등으로 구분할 수 있다.

③ 생태복원기술 및 공법

㉠ 자연형 하천(생태하천) 및 생태수로(계류) : 도시하천은 방재 위주의 수리·수문적 측면에서 표준단면으로 조성되는 데 비해 자연형 하천은 하천 서식처의 물리적 기반을 복원하여 생물서식처 기반을 조성하고 친수성을 제고하며, 나아가 치수능력도 유지·보전하기 위한 대안적 하천 정비기술이다.

[일반적인 자연하천]

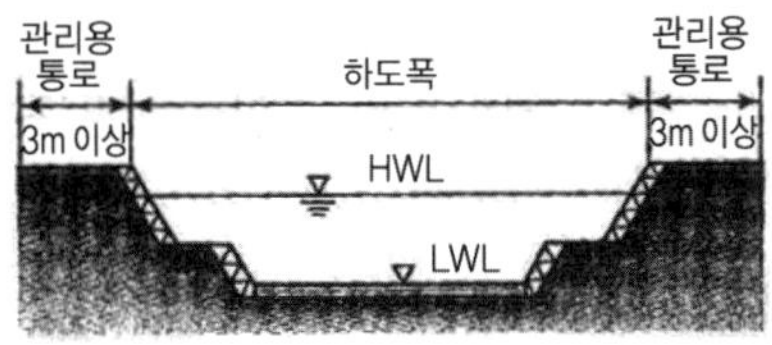

[대부분의 도시하천]

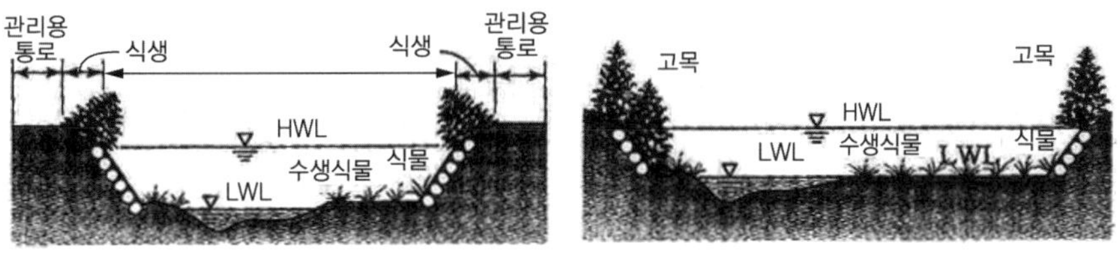

[도시하천의 자연하천 형태 복원]

㉡ 인공습지 및 생태연못 : 다양한 생물(습지식물, 수서곤충, 어류, 양서류, 조류 등)이 보유, 서식할 수 있는 기회를 제공하고 수질정화, 생태교육의 장으로 유용한 공간이다.

㉢ 우수재활용시스템 : 생태연못의 한 유형으로 우수를 여과 및 침투시켜 도시의 홍수를 억제하고, 도시 내 생물서식공간의 조성과 부족한 물의 확보·이용을 도모하기 위한 기술이다.

㉣ 인공지반 : 건물의 옥상과 지하주차장이 있는 녹지공간은 도시자연의 보존 및 생물서식지로서 빼놓을 수 없는 중요한 곳인 만큼 건물을 짓기 위해서 손실된 자연을 복원시킨다는 의미로서 현대인의 관심사가 되고 있는 실정이다. 이를 위해서 인공지반의 조성이 필수적인 요소이므로 이와 같은 문제를 해결하는 구심점이 되고 있는 것이 인공지반을 새롭게 개선하여 옥상공원 및 벽면녹화를 지속적으로 조성해 나가는 것이다.

㉤ 생태통로 및 어도 : 현대사의 발전 과정에서 도로, 댐, 수중보, 하구언 등으로 인하여 야생동물의 서식지가 단절되거나 훼손되는 일이 비일비재하게 나타나고 있는 실정이다. 이를 해결하고 야생동물의 생태를 보존하기 위한 것이 생태통로와 어도를 만들어 주는 일이 될 것이다.

㉥ 훼손지 복구 : 건설사업과 관련된 채석장, 법면, 사토장, 폐광지, 기타 자연적이거나 인위적인 원인에 의해서 훼손된 생태계를 생태적, 경관적으로 복원하는 것이 매우 중요한 일이 되었다. 이를 위해서 복원이 필요한 등산로, 채석장, 폐광지, 토양오염지, 임야 등의 지반안정화, 식생복원, 인공숲 복원을 필요로 한다.

㉦ 생물서식공간 조성 : 식생이행대(Ecotone), 생태통로(Eco-corridor), 생태다리(Eco-bridge), 생태공원(Eco-park), 자연형 하천, 자연환경림, 습지 및 호수 등의 생물서식공간의 조성이 무엇보다도 중요하게 되었다.

④ 공간의 특성

㉠ 생물서식공간기능 : 다양한 생물서식공간을 형성하고, 서식공간별 이동통로를 형성하여 생태적으로 건강하고 활발한 서식환경을 만드는 역할을 한다.

㉡ 생태관찰 및 교육적 기능 : 생태적으로 안정된 서식처를 생물에게 제공하여 친환경적이고 자연적으로 생물을 배려하는 공간으로 구성하므로써 어린이의 생태관찰을 통한 생태교육의 장이 되어야 한다.

㉢ 효과적인 정보제공 및 편리한 관찰 기능 : 지속적인 모니터링에 의한 관찰결과를 제공하고, 생태공원에 서식하는 생물의 생태관찰과 정확한 정보 전달에 효과적인 공간 및 시설을 갖추고 있어야 할 필요성이 있다.

㉣ 토양의 조건에 알맞은 식물 배식 기능 : 쾌적하고 성숙된 생태환경이 조성되기 위해서는 공간의 주변환경과 토양의 조건에 알맞은 식물의 배식이 고려되어야 한다.

㉤ 안전하고 편리한 학습기능 : 생물관찰과 수생식물을 학습하기에 효과적인 이동로를 설치하여 어린이의 안전과 편리한 생태교육장이 되어야 한다.

⑤ 시설물 설치 요령

㉠ 관찰로, 관찰데크, 간이학습장, 조류관찰소, 전망대 등의 크기는 이용자의 학습활동에 알맞게 계획하여 설계하고 설치한다.

㉡ 공원의 안내판, 해설판 등은 이용자가 관찰하기에 불편함이 없도록 설치한다.

㉢ 관찰로에는 이용자의 이동에 불편함이 없도록 계단을 설치하지 않는다.

㉣ 관찰데크, 간이학습장은 관찰로의 중간에 설치하여 쉬면서 학습할 수 있도록 한다.

㉤ 조류관찰소는 수공간 주변에 설치하여 물 위의 조류관찰에 용이하게 한다.

㉥ 저습지, 연못, 하천과 숲, 초지 등은 자연적인 소재로 자연적인 형태를 나타내도록 하여 인공미를 최소화한다.

㉦ 시설물의 주재료는 목재를 사용하여 친환경적이고, 자연미를 느낄 수 있도록 한다.

⑥ 자연재료 선정 기준

㉠ 자연경관과 조화되고, 척박한 환경에 잘 적응할 것

㉡ 적용 대상지의 식생복구 목표에 적합한 식물일 것

㉢ 대상지의 환경조건에 잘 적응하는 지역 내에 자생하는 식물일 것

㉣ 정착되기까지의 기간이 짧은 식물일 것

㉤ 과습과 건조에 강하고 온도변화에 순응하는 식물일 것

㉥ 자생능력이 강하고 해마다 자연적인 번식이 되는 식물일 것

㉦ 노출과 침수에 견디며 반영구적으로 고착화되는 식물일 것

㉧ 근계가 치밀하여 뿌리의 빠른 신장으로 토양안정효과와 토양 내 유기물 형성을 촉진하는 식물일 것

㉨ 발아율이 높아 번식이 용이하고 유묘의 대량생산이 가능한 식물일 것

㉩ 수위의 변동에도 땅속의 뿌리로 생육하며, 다양한 하천생태계 구성요소의 발생을 촉진하는 식물일 것

⑦ 시설물 사진

⑧ 생태연못의 배치도 및 상세도

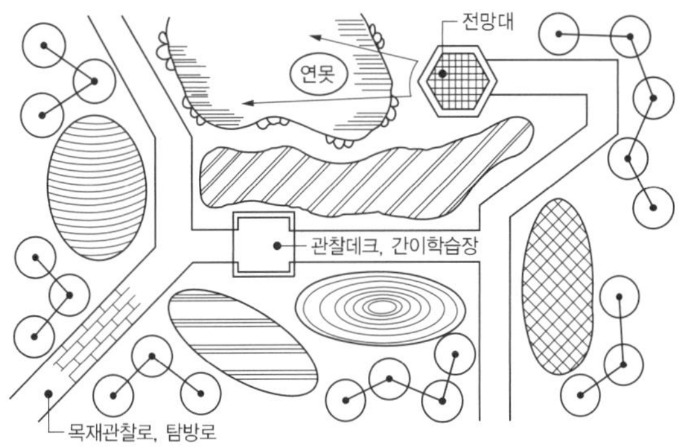

[생태연못의 시설배치도]

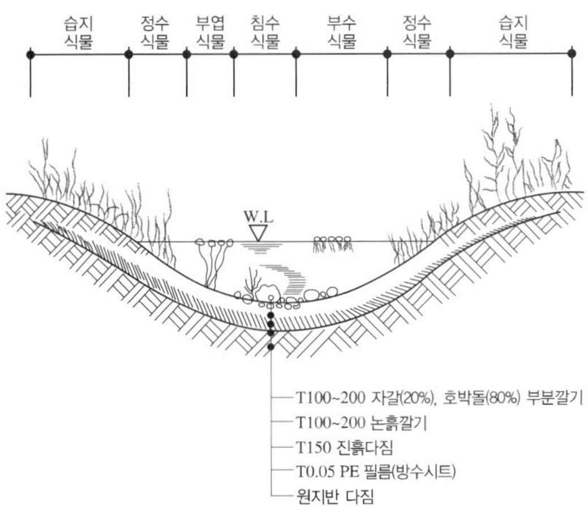

[생태연못의 단면상세도(비닐시트 방수)]

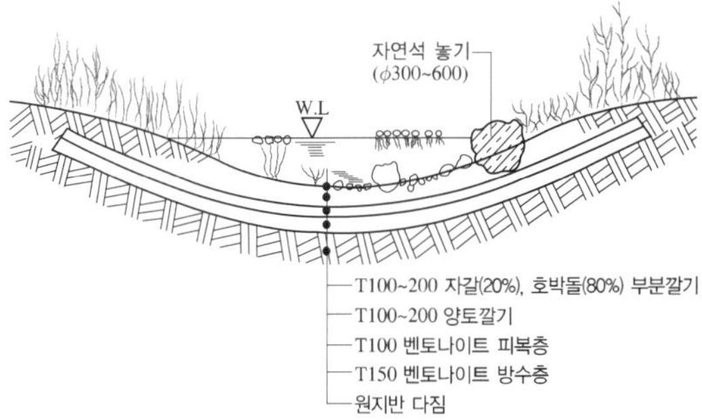

[생태연못의 단면상세도(벤토나이트 방수)]

⑨ 생태공간 사진

3 식재설계

(1) 수목의 선정 및 배식 기준

① 수목의 선정

㉠ 설계부지의 지리적 환경요인과 토양적 환경요인, 환경적응성, 경제성, 유지관리성 및 그 밖에 수목의 여러 가지 기능적 가치를 종합적으로 고려하여 선정되어야 한다.

㉡ 조경 실무현장에서 식재되고 있는 조경 수목의 종류가 백여 가지가 훨씬 넘기 때문에 식재설계에서 이를 모두 고려하여 식재하기란 결코 쉬운 일이 아니다.

㉢ 설계요구사항으로 20~30여 가지의 수목이 주어지며, 이들 중에서 선택하여 식재 수종을 선정하게 되므로 수목 선정이 그다지 복잡하고 어려운 과제는 아니라 생각한다.

㉣ 수종 선정 시 필수사항으로 지역적인 분포를 이해하고 수종을 알아 두는 것이다.

㉤ 수종 선정 시 고려할 사항

- 온도분포에 따른 수종별, 지역적 분포를 고려하여 수종을 선정한다. → 중부, 남부 수종판별
- 자생 수종의 토성, 수분, 양분, 심도 등의 특성을 고려한다. → 심근성, 천근성, 내염성, 내습성, 내건성 등
- 공간별, 기능별에 따른 수목의 생태적 특성과 적용대상을 고려한다. → 차폐식재, 녹음식재, 경계식재, 경관식재, 유도식재, 요점식재, 지표식재 등
- 대상공간의 위치적 특성을 고려한다. → 광장, 휴게공간, 주차장, 산책로, 공장지대, 임해매립지, 놀이공간 등
- 수목의 성상, 형태, 관상별로 선정 수종을 고려한다. → 교목, 관목, 수형, 꽃의 색상 등

㉥ 설계 시의 수목 식재 요구사항에서 예시되는 수목의 수종이 항상 같은 수종이 아니기 때문에 수목별 특성과 적용수종에 대해서는 차분한 준비가 요구된다.

② **수목의 성상에 따른 분류** : 수목의 성상에 따른 구분이 가능해야 설계요소에 적합한 수목의 선택이 가능하며, 남부 수종은 중부지방에 거주하는 경우 실물을 보기가 어려워서 구별이 쉽지 않다.

성상		수종	
		중부 이북	남부
교목	상록침엽수	소나무, 곰솔(해송), 백송, 리기다소나무, 방크스소나무, 스트로브잣나무, 측백, 서양측백, 향나무, 가이즈까향나무, 연필향나무, 반송, 화백, 구상나무, 독일가문비나무, 잣나무, 섬잣나무, 젓나무, 주목, 편백, 솔송나무	삼나무, 소철, 히말라야시다(개잎갈나무), 나한백, 비자나무
	낙엽침엽수	은행나무, 메타세쿼이아, 낙우송, 일본잎갈나무(낙엽송)	금송
	상록활엽수	-	귤나무, 비파나무, 황칠나무, 후피향나무, 감탕나무, 녹나무, 동백나무, 비쭈기나무, 태산목, 후박나무, 가시나무, 굴거리나무, 담팔수, 센달나무, 아왜나무, 참식나무
	낙엽활엽수	꽃사과나무, 느티나무, 다릅나무, 단풍나무(네군도단풍나무, 은단풍, 청단풍, 홍단풍), 때죽나무, 말채나무, 모감주나무, 모과나무, 버드나무, 버즘나무(플라타너스), 벚나무, 붉나무, 산벚나무, 산수유, 살구나무, 상수리나무, 수양버들, 쉬나무, 아그배나무, 아까시나무, 야광나무, 오리나무, 위성류, 이팝나무, 일본목련, 자귀나무, 자두나무, 자작나무, 중국단풍나무, 쪽동백나무, 참나무류(갈참나무, 굴참나무, 졸참나무, 떡갈나무, 신갈나무), 채진목, 칠엽수, 튤립나무(백합목), 호두나무, 황벽나무, 회화나무, 미루나무, 박달나무, 밤나무, 은백양, 참중나무, 현사시나무(은사시), 왕벚나무, 가중나무, 계수나무, 고로쇠나무, 느릅나무, 단풍나무, 대추나무, 말채나무, 물푸레나무, 목련, 백목련, 참빗살나무, 층층나무, 칠엽수, 팽나무, 피나무, 푸조나무, 귀룽나무, 너도밤나무, 노박나무, 마가목, 서어나무, 팥배나무, 신나무, 함박꽃나무(산목련)	매화나무, 배롱나무(백일홍), 석류, 이나무, 남천, 멀구슬나무, 벽오동, 탱자나무, 까마귀 쪽나무
관목	상록침엽수	눈향나무, 개비자나무, 눈주목	-
	상록활엽수	회양목, 좀회양목, 사철나무	다정큼나무, 돈나무, 사스레피나무, 우묵사스레피나무, 오죽, 호랑가시나무, 꽝꽝나무, 목서, 피라칸타, 백량금, 서향, 식나무, 자금우, 팔손이나무
	낙엽활엽수	고광나무, 나무수국, 모란, 무궁화, 박태기나무, 복자기, 붉은병꽃나무, 수수꽃다리, 장미, 정향나무, 해당화, 골담초, 순비기나무, 족제비 싸리, 팥꽃나무, 개나리, 개쉬땅나무, 명자나무, 미선나무, 병아리꽃나무, 보리수나무, 앵두나무, 조팝나무, 좀작살나무, 쥐똥나무, 진달래, 찔레, 황매화, 국수나무, 산수국, 생강나무, 철쭉, 화살나무, 조록싸리	영산홍, 중대가리나무, 협죽도, 무화과나무, 수국, 천선과나무, 코토네아스타, 말발도리, 삼지닥나무, 중국남천
만경류	상록덩굴	인동덩굴, 줄사철나무	마삭줄, 멀꿀
	낙엽덩굴	다래, 담쟁이덩굴, 등나무, 칡, 크레마티스, 노박덩굴, 포도, 오미자, 으름덩굴	능소화, 머루나무, 송악

③ **식재기능별 수종 선정 :** 어떤 수목의 기능이나 특징은 한 가지로 명확하게 구분하기는 어렵지만 다음의 내용은 대체적인 특징을 가지고 분류한 것이므로 실기시험이나 개념의 이해에 필요하다.

기능		식재 위치	수종의 특성	수종	
				중부	남부
공간 조절	경계 식재	부지 외주부, 공간 외주부, 원로변	• 지엽이 치밀하고 전정에 강한 수종 • 가지가 잘 말라 죽지 않는 상록수 • 생장이 빠르며 용이한 유지관리	잣나무, 연필향나무, 독일가문비나무, 서양측백, 화백, 해당화, 명자나무, 무궁화, 붉은병꽃나무, 박태기나무, 보리수나무, 사철나무, 으름덩굴, 담쟁이덩굴, 클레마티스, 스트로브잣나무, 감나무, 대추나무, 자작나무, 참나무, 살구나무, 가중나무, 상수리나무, 버즘나무, 사시나무류, 개나리, 쥐똥나무	탱자나무, 호랑가시나무, 광나무, 아왜나무, 꽝꽝나무, 편백
	유도 식재	보행로변, 산책로변	• 수형이 단정하고 아름다운 수종 • 가지가 잘 말라 죽지 않는 수종	회화나무, 은행나무, 가중나무, 잣나무, 연필향나무, 독일가문비나무, 서양측백, 화백, 미선나무, 보리수나무, 박태기나무, 사철나무, 회양목, 철쭉, 개나리, 진달래, 산수유, 명자나무, 눈향, 수수꽃다리, 조팝나무	광나무, 말발도리, 이왜나무, 꽝꽝나무
경관 조절	경관 식재	상징적 가로부, 개방식재 시 산책로	• 아름다운 꽃, 열매, 단풍 등이 특징적인 수종 • 수형이 단정하고 아름다운 수종	회화나무, 피나무, 계수나무, 은행나무, 물푸레나무, 칠엽수, 모감주나무, 붉나무, 쉬나무, 구상나무, 소나무, 주목, 솔송나무, 미선나무, 해당화, 황매화, 명자나무, 무궁화, 부용, 이대, 사철나무, 인동덩굴, 클레마티스, 담쟁이덩굴, 등나무, 천일홍, 모과나무, 적송, 자귀나무, 감나무, 단풍나무, 산수유, 목련, 벚나무, 백목련, 홍단풍, 자작나무, 수수꽃다리	곰솔, 후박나무, 조릿대, 사스레피나무, 호랑가시나무, 벽오동, 식나무
	지표 식재	진입부, 주요 결절부, 상징적 위치	• 꽃, 열매 단풍 등이 특징적인 수종 • 상징적 의미가 있는 수종 • 높은 식별성을 가진 수종 • 수형이 단정하고 아름다운 수종	회화나무, 피나무, 계수나무, 주목, 구상나무, 소나무, 금송, 독일가문비나무, 메타세쿼이아, 솔송나무, 수양버들, 은행나무, 느티나무, 섬잣나무, 모과나무, 적송, 느티나무, 감나무, 산벚나무, 칠엽수, 목련, 단풍나무, 자작나무	배롱나무, 금송
	요점 식재	지표식재 동일	• 지표식재와 동일한 특성 • 강조(Accent)요소	소나무, 반송, 섬잣나무, 주목, 향나무, 모과나무, 단풍나무, 독일가문비나무	배롱나무, 금송
	차폐 식재	부지 외주부, 공간 분리대, 화장실	• 지하고가 낮고 지엽이 치밀한 수종 • 전정에 강하고 아래가지가 말라죽지 않는 수종	주목, 독일가문비, 솔송나무, 잣나무, 서양측백, 화백, 보리수나무, 황매화, 사철나무, 호랑가시나무, 인동덩굴, 으름덩굴, 담쟁이덩굴, 등나무, 클레마티스, 자작나무, 측백, 스트로브잣나무, 참나무, 쥐똥나무, 눈향나무, 목향, 개나리, 살구나무, 산벚나무, 무궁화, 명자나무, 조팝나무, 네군도단풍	광나무, 사스레피나무, 아왜나무, 가시나무, 꽝꽝나무, 식나무, 말발도리, 편백
환경 조절	녹음 식재	휴게공간, 휴게시설, 보행로, 주차장	• 지하고가 높고 수관폭이 큰 낙엽활엽수 • 답압, 병충해 등에 강한 수종	회화나무, 피나무, 계수나무, 은행나무, 물푸레나무, 칠엽수, 가중나무, 느릅나무, 이나무, 모감주나무, 참중나무, 느티나무, 버즘나무, 참나무, 중국단풍, 팽나무, 오동나무, 클레마티스, 칡, 으름덩굴, 고로쇠나무, 백합목, 이팝나무, 오동나무, 벚나무, 미루나무, 쪽동백, 층층나무	벽오동, 멀구슬나무, 녹나무
	가로 식재	도로변, 완충공간	• 공해 및 답압에 강하고 유해요소가 없는 수종 • 지하고가 높고 수형이 아름다운 수종	은행나무, 느티나무, 중국단풍, 버즘나무, 메타세쿼이아, 튤립나무	녹나무, 벽오동

④ **공간별 식재기능의 적용방법** : 중부지방과 남부지방의 기후조건의 차이로 인해 공간별 식재기능을 적용할 수 있는 수종이 다르다는 것을 알고 식재수종을 선별하여야 한다. 다음은 중부지방 공간별 공원녹지에 식재기능을 적용한 사례이다.

식재기능	적용 대상공간	생태적 요구사항	식재방법	주요수종
가로식재	도로변	• 공해 · 답압 · 병충해 등에 강한 수종 • 악취 · 솜털 등의 영향이 없는 수종	• 정형식, 비정형적 열식 • 교목류의 수관으로 Canopy(커튼) 및 Vista(전망)적 분위기 조성 • 원로별로 특성을 부여함	은행나무, 중국단풍, 느티나무, 백합나무, 메타세쿼이아 등 향토 수종
경계식재	부지 외주부, 공간 외주부, 원로 주변	• 지엽이 치밀하고 전정에 강한 수종 • 생장이 빠르고 가지가 잘 말라죽지 않는 상록수	• 한 줄로 열식하여 편리한 이동성 부여 • 원로의 좌우에 동일 수종을 식재 • 넓은 공간에는 교호식재	잣나무, 연필향나무, 서양측백, 스트로브잣나무, 박태기나무, 독일가문비나무
경관식재	진입부, 주요결절부, 상징가로수, 꽃길	• 수형 · 꽃 · 열매 등이 아름다운 화목류 • 자연스러운 수형의 관상 가치가 큰 수종	• 정형식재를 지양하고 자연스러운 형태로 식재 • 가급적 기존의 자연수형을 그대로 유지하도록 식재	주목, 모과나무, 감나무, 칠엽수, 적송, 자귀나무, 단풍나무, 목련, 산수유
녹음식재	휴게공간, 보행로변	• 답압 등 식재환경에 강한 수종 • 지하고가 높고 수형이 정연한 낙엽교목 • 악취 · 솜털 등의 영향이 없는 수종	• 수관층이 충분한 크기를 가지도록 할 것 • 장소에 따라 단식 또는 군식하며, 수관층의 크기, 형태, 질감 등이 주변 환경과 잘 조화되도록 식재	느티나무, 회화나무, 은행나무, 칠엽수, 백합나무, 벚나무, 층층나무, 계수나무, 쪽동백나무
유도식재	산책로변, 보행로변	• 상록소교목, 관목으로 형태, 질감이 좋은 것 • 수형이 정연한 수종	• 의도하는 방향으로 이용자의 동선을 유도 • 수열이 연속된 선형을 유지하도록 식재	회양목, 철쭉류, 산수유, 사철나무, 명자나무, 눈향나무
지표식재	진입부, 주요결절부	• 수형, 색채, 질감 등이 매우 양호한 수종 • 시각적으로 유인성을 갖는 수종	주목으로 경관수 위주의 독립수 또는 집단식재를 하고 하목으로 관목을 식재하며, 지피식물로 피복	적송, 은행나무, 금송, 느티나무, 섬잣나무, 배롱나무, 모과나무, 구상나무, 계수나무
지피식재	잔디밭, 기타 녹지	• 생장력, 번식력 등이 강한 다년생 상록식물 • 답압에 강하고 유지관리가 용이한 것	지표를 치밀하게 피복하여 나지를 남기지 않도록 하고 양지성 식물과 음지성 식물을 조건에 맞추어 식재	철쭉, 자산홍, 화살나무, 잔디, 맥문동, 눈향나무, 회양목, 옥향
차폐식재	부지 외주부, 화장실, 기능상충	• 수관이 크고 기책이 밀생한 상록활엽수 • 전정에 강하고 아랫가지가 잘 죽지 않는 수종	• 상록교목과 관목의 혼식 • 교목을 교호식재하고, 그 앞에 관목을 식재 • 좁은 곳에는 키가 큰 산울타리 식재	잣나무, 자작나무, 측백, 스트로브잣나무, 참나무, 쥐똥나무, 독일가문비

⑤ **공간기능에 따른 성상별, 수고별 분류** : 수목의 선정 시 공간위치에 따라 주어진 수목을 선정하여 식재위치를 정하는 것이 결코 쉬운 일이 아니므로 다음과 같이 수목의 성상별, 수고별, 지역별로 식재 위치를 정리하였다.

성상	수고(m)	공간	수종	
			중부 이북	남부
대교목	3.5~4.0	부지 외주부	소나무, 은행나무, 메타세쿼이아, 느티나무, 버즘나무, 중국단풍, 튤립나무, 가중나무, 물푸레나무, 참나무류, 층층나무, 칠엽수, 피나무, 회화나무	가시나무, 개잎갈나무, 구실잣밤나무, 녹나무, 벽오동, 태산목, 후박나무
중교목	3.0~3.5	부지 내부	구상나무, 독일가문비나무, 잣나무류, 주목, 측백, 화백, 향나무류, 일본목련, 자작나무, 감나무, 꽃산딸나무, 단풍나무류, 대추나무, 때죽나무, 말채나무, 먼나무, 목련, 버드나무, 벚나무류, 뽕나무, 참빗살나무, 자두나무, 쪽동백나무, 함박꽃나무, 호두나무, 복자기	굴거리나무, 동백나무, 매화나무, 아왜나무, 석류나무, 배롱나무, 편백
소교목	2.5~3.0	부지 내부	향나무류, 꽃사과나무, 마가목, 배나무, 복숭아나무, 붉나무, 산사나무, 산수유, 살구나무, 아그배나무, 야광나무, 위성류, 자귀나무, 채진목	귤매화나무, 무화과나무, 석류나무, 황칠나무, 후피향나무, 배롱나무
교목(차폐용)	2.5~3.5	부지 외주부, 화장실	구상나무, 독일가문비나무, 잣나무류, 주목, 측백, 화백, 향나무류	아왜나무, 녹나무, 가시나무, 동백나무, 편백
대관목	1.5~2.0	공간경계부, 식재지 내부	무궁화, 보리수, 수수꽃다리, 쥐똥나무, 생강나무, 사철나무, 앵두나무	광나무, 돈나무, 목서, 치자나무, 합죽도
중관목	0.8~1.5	경관식재부, 부지 내부, 혼합식재부, 건물 주변	회개나리, 말발도리, 명자나무, 박태기나무, 병꽃나무, 미선나무, 개비자나무, 고광나무, 낙상홍, 덜꿩나무, 덩굴장미, 만리화, 불두화, 붉은병꽃나무, 정향나무, 좀작살나무, 찔레, 화살나무, 황매화, 흰말채나무	꽝꽝나무, 남천, 다정큼나무, 우묵사스레피, 식나무, 영산홍, 팔손이나무
소관목	0.3~0.8	경관식재부, 부지 내부, 혼합식재부, 건물 주변	눈향, 조팝나무, 진달래, 철쭉류, 회양목, 개야광나무, 매자나무, 모란, 산수국, 옥향, 자산홍, 장미	수국, 피라칸타, 서향
관목(차폐용)	0.3~1.5	공간 경계부, 차폐식재부, 혼합식재부	쥐똥나무, 사철나무, 개나리, 회양목, 개야광나무, 매자나무, 모란, 산수국, 옥향, 자산홍, 장미	광나무, 꽝꽝나무, 피라칸타, 목서

(2) 수목의 규격

① 수목의 규격 표시와 측정단위

㉠ 수목의 규격은 수고(H ; Hight, 단위 m), 수관폭(W ; Width, 단위 m), 흉고직경(B ; Breast, 단위 cm), 근원직경(R ; Root, 단위 cm), 수관길이(L ; Length, 단위 m), 지하고(C ; Canopy, 단위 m), 주립(가지)수(S ; Stock, 단위 가지) 등으로 나타낸다.

㉡ 식재설계 시에 적용되는 수목의 규격은 각 수종별 형태별 특성에 따라 H×B, H×W, H×R, H×W×R, H×W×L, H×L×R, H×W×S 등으로 표시한다.

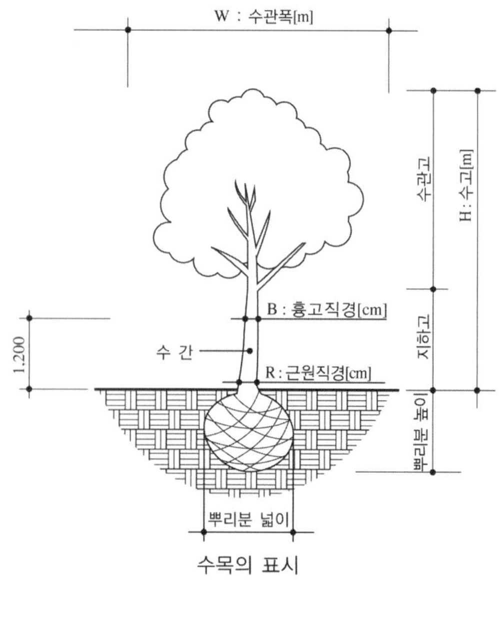

수목의 표시

② 수목 규격표

성상	수목명	규격	성상	수목명	규격	성상	수목명	규격
낙교	은행나무	H4.0×10	낙교	꽃사과나무	H3.0×8	낙관	생강나무	H2.0×3
낙교	메타세쿼이아	H4.0×8	낙교	산딸나무	H3.0×8	낙관	무궁화	H1.5×0.4
낙교	느티나무	H4.0×15	낙교	다릅나무	H3.0×6	낙관	보리수	H1.5×2
낙교	버즘나무	H4.0×10	낙교	마가목	H3.0×8	낙관	쥐똥나무	H1.5×0.4
낙교	튤립나무	H4.0×10	낙교	말채나무	H3.0×8	낙관	덜꿩나무	H1.5×0.6
낙교	자작나무	H4.0×10	낙교	먼나무	H3.0×10	낙관	박태기나무	H1.5×0.6
낙교	계수나무	H4.0×10	낙교	모감주나무	H3.0×8	낙관	말발도리	H1.5×0.6
낙교	고로쇠나무	H4.0×10	낙교	수양버들	H3.0×8	낙관	낙상홍	H1.5×0.6
낙교	아카시아	H4.0×10	낙교	쉬나무	H3.0×8	낙관	앵두나무	H1.5×0.8
낙교	가중나무	H3.5×6	낙교	자귀나무	H3.0×8	낙관	좀작살나무	H1.5×0.6
낙교	물푸레나무	H3.5×8	낙교	자두나무	H3.0×10	낙관	불두화	H1.5×1.0
낙교	참나무	H3.5×15	낙교	함박꽃나무	H3.0×1.2	낙관	덩굴장미	H1.5×5가지
낙교	층층나무	H3.5×8	낙교	팥배나무	H3.0×6	낙관	찔레	H1.5×5가지
낙교	칠엽수	H3.5×12	낙교	팽나무	H3.0×8	낙관	고광나무	H1.2×5가지
낙교	피나무	H3.5×8	낙교	복자기	H3.0×6	낙관	붉은병꽃나무	H1.2×0.6
낙교	회화나무	H3.5×8	낙교	채진목	H2.5×6	낙관	해당화	H1.2×4가지
낙교	중국단풍	H4.0×10	낙교	붉나무	H2.0×4	낙관	화살나무	H1.2×0.8
낙교	일본목련	H4.0×8	상교	가시나무	H4.0×10	낙관	황매화	H1.2×0.8
낙교	모과나무	H4.0×15	상교	개잎갈나무	H4.0×2.0×10	낙관	흰말채나무	H1.2×0.6
낙교	목련	H4.0×10	상교	금송	H4.0×2.0	낙관	병꽃나무	H1.2×0.6
낙교	때죽나무	H4.0×10	상교	소나무	H4.0×2.0×15	낙관	미선나무	H1.2×4가지
낙교	서어나무	H4.0×10	상교	후박나무	H3.5×2.0	낙관	개나리	H1.2×5가지
낙교	아그배나무	H4.0×10	상교	동백나무	H3.5×1.0	낙관	누리장나무	H1.2×0.6
낙교	오리나무	H4.0×10	상교	구실잣밤나무	H3.5×12	낙관	명자나무	H1.2×0.6
낙교	이팝나무	H4.0×10	상교	녹나무	H3.5×8	낙관	만리화	H1.0×0.3×3가지
낙교	쪽동백나무	H4.0×10	상교	독일가문비	H3.5×1.8	낙관	진달래	H0.6×0.5
낙교	팽나무	H4.0×10	상교	잣나무	H3.5×1.8	낙관	매자나무	H0.6×0.4
낙교	호두나무	H4.0×10	상교	젓나무	H3.5×1.8	낙관	모란	H0.6×5가지
낙교	벽오동	H4.0×10	상교	태산목	H3.0×1.5	낙관	영산홍	H0.6×0.8
낙교	대추나무	H4.0×10	상교	후피향나무	H3.0×2.0	낙관	철쭉	H0.5×0.6
낙교	벚나무	H4.0×10	상교	구상나무	H3.0×1.5	낙관	조팝나무	H0.4×0.4
낙교	사시나무	H4.0×10	상교	굴거리나무	H3.0×1.5	낙관	개야광나무	H0.4×0.8
낙교	산수유	H4.0×10	상교	주목	H3.0×2.0	낙관	장미	5년생×4가지
낙교	살구나무	H4.0×10	상교	편백	H3.0×1.5	상관	반송	H1.5×1.8
낙교	감나무	H4.0×10	상교	향나무	H3.0×1.0	상관	사철나무	H1.5×0.5
낙교	단풍나무	H4.0×10	상교	월계수	H3.0×8	상관	협죽도	H1.2×0.5
낙교	배롱나무	H4.0×10	상교	목서	H3.0×1.5	상관	팔손이나무	H1.5×1.0
낙교	아왜나무	H4.0×10	상교	황칠나무	H2.0×0.8	상관	회양목	H0.5×0.8
낙교	매화나무	H4.0×10	상교	비자나무	H2.0×4	상관	눈향	H0.4×0.8×1.0
낙교	석류나무	H4.0×10	낙관	수수꽃다리	H2.0×1.5	상관	눈주목	H0.3×0.3

(3) 수목의 표현

기본, 배식, 식재설계도에서는 수고에 맞춰서 간략 표현으로 평면을 나타내고, 단면도와 입면도에서는 수목의 수고와 수관 폭에 맞춰서 수목이 서 있는 형태의 입면으로 나타낸다. 또한 수목의 명칭, 규격, 수량은 인출선을 이용하여 나타내며, 수종이 적을 경우에는 수종별로 표현 기호를 다르게 하여 나타내고 인출선을 사용하여 명칭, 규격, 수량을 나타내는 방법이 있다.

① 수목의 평면 표현

㉠ 교목평면의 표현

- 템플릿을 효과적으로 이용하는 요령이 가장 중요하므로 익숙하도록 해야 한다.
- 템플릿을 사용하여 적당한 크기의 원을 그린 후 프리핸드로 완성한다.
- 템플릿을 지면에서 떼지 않고 수목표현을 완성하는 요령을 습득하면 효과적이다.

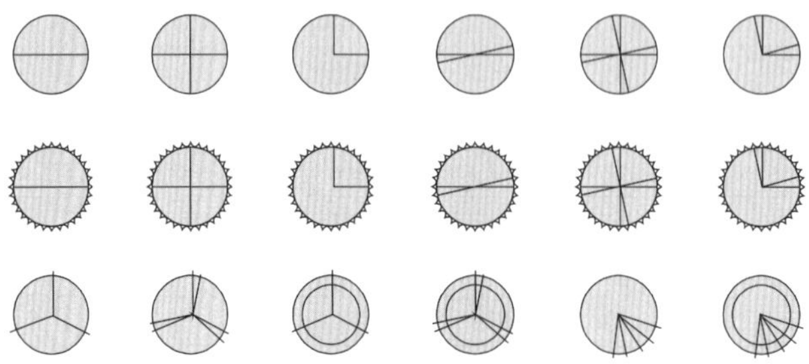

[교목의 간략표현]

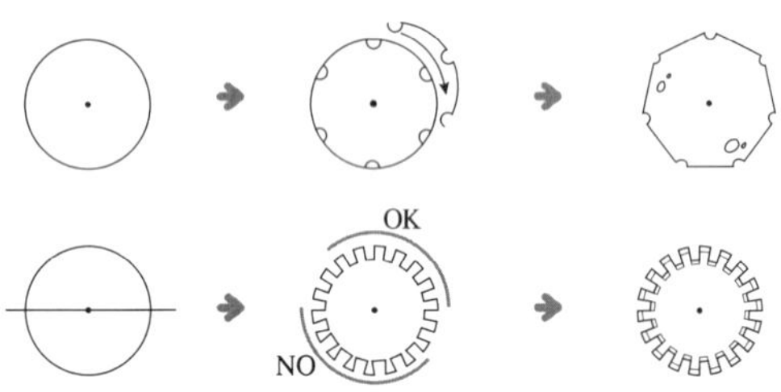

[그리는 순서]

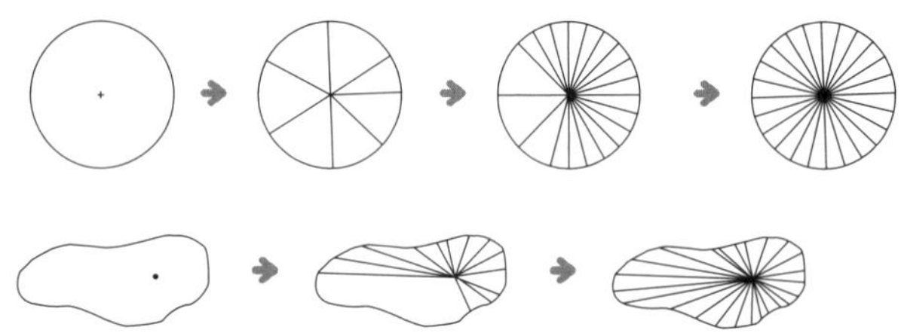

[그리는 방법]

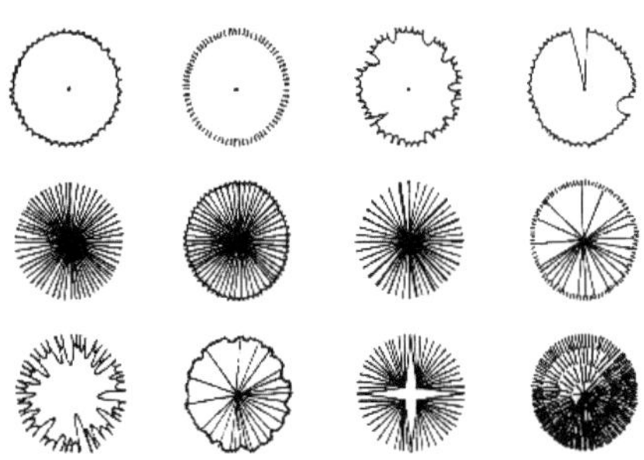

[침엽교목의 표현]

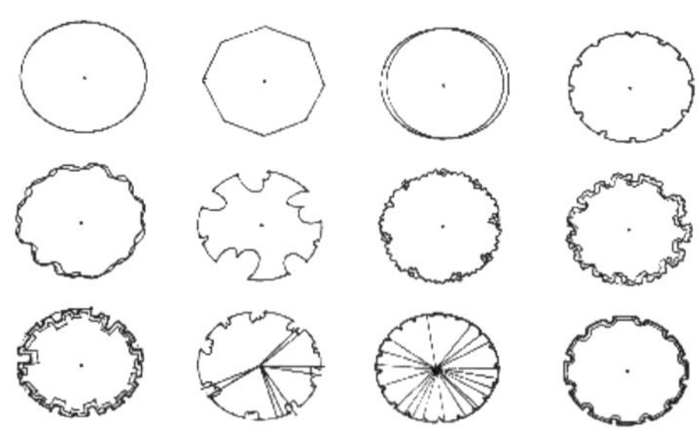

[활엽교목의 표현]

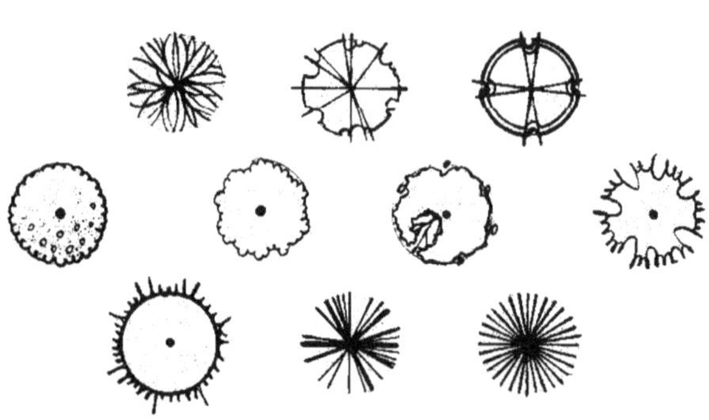

[교목의 여러 가지 상세표현]

ⓛ 관목의 표현

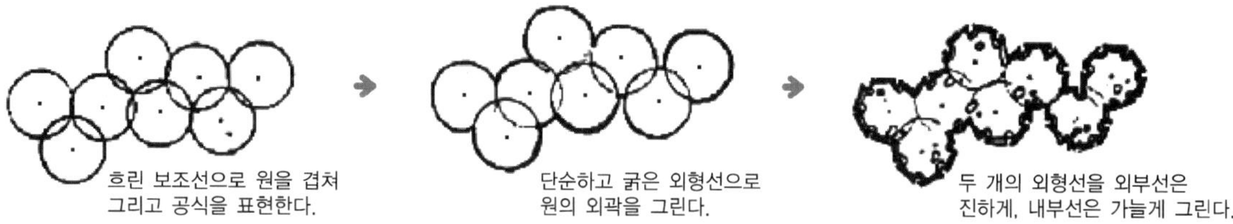

흐린 보조선으로 원을 겹쳐
그리고 공식을 표현한다.
단순하고 굵은 외형선으로
원의 외곽을 그린다.
두 개의 외형선을 외부선은
진하게, 내부선은 가늘게 그린다.

[그리는 순서]

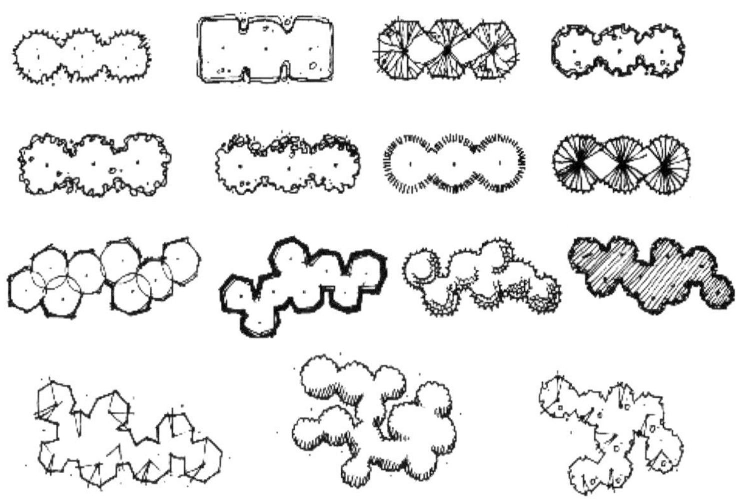

[관목의 군식 표현]

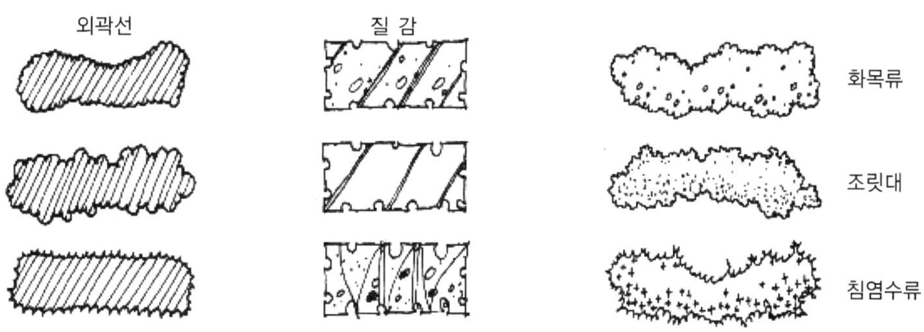

[관목의 여러 가지 표현]

ⓒ 지피식물의 표현

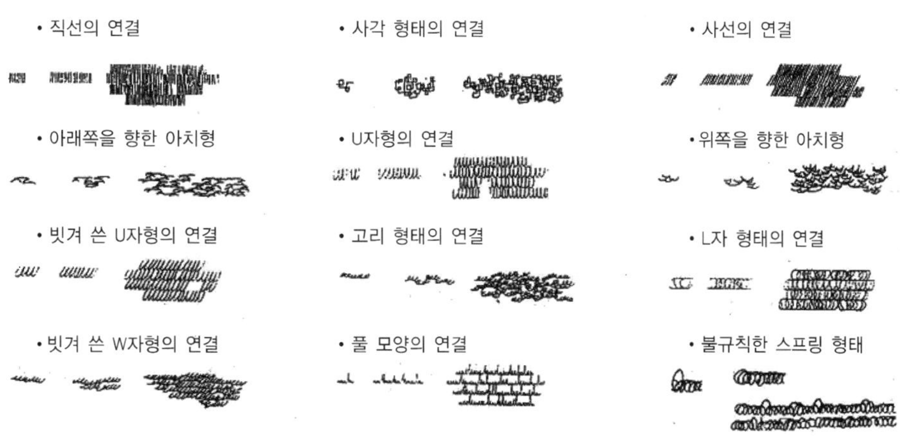

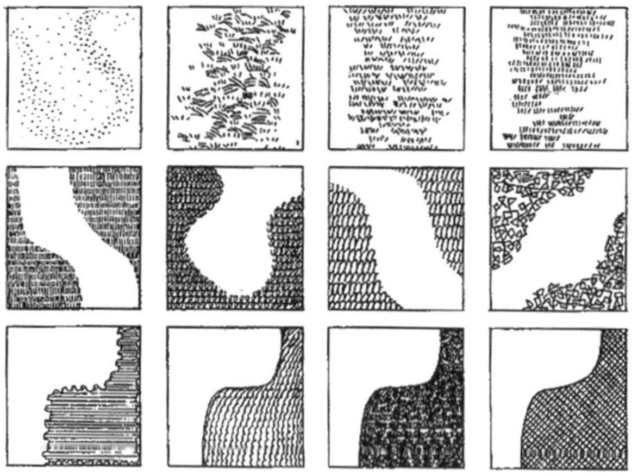

[다양한 지피류의 표현]

㉣ 교목과 관목의 표현

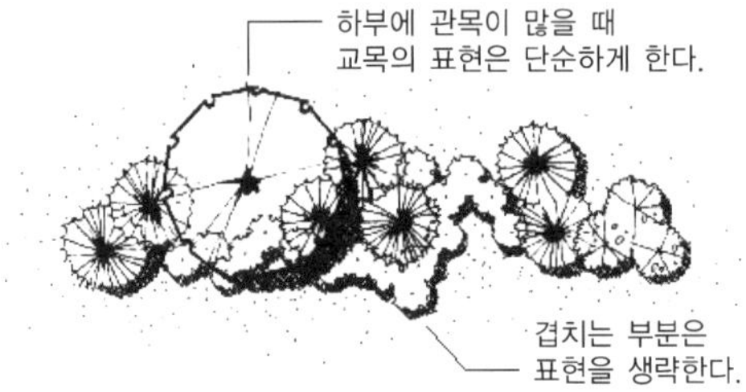
하부에 관목이 많을 때
교목의 표현은 단순하게 한다.
겹치는 부분은
표현을 생략한다.

㉤ 교목, 관목의 겹침 표현

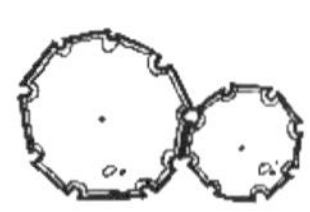

경계를 겹치지 않는다.

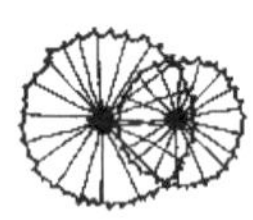

지나친 겹침은 피한다.

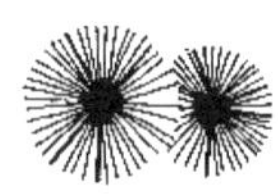

아랫수목은 생략해도 좋다.

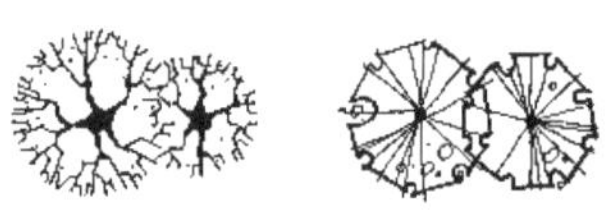

겹치는 부분의 가지표현을 적게 한다.

겹치는 부분의 표현을 생략하고, 외곽선만 강조한다.

㉥ 종합표현

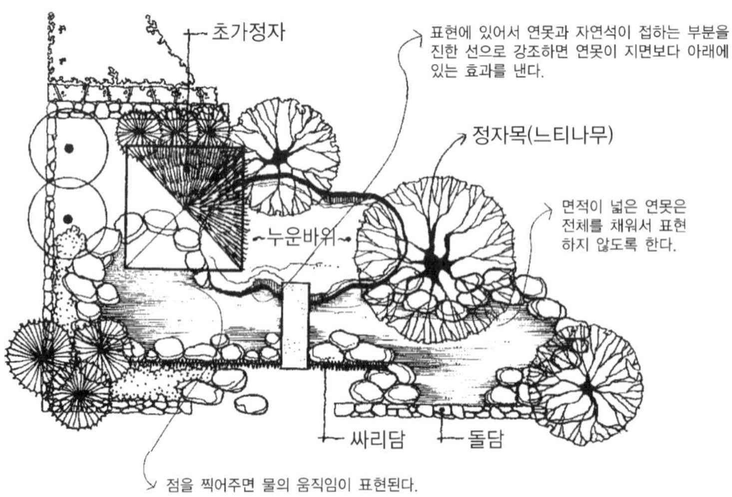
초가정자
표현에 있어서 연못과 자연석이 접하는 부분을
진한 선으로 강조하면 연못이 지면보다 아래에
있는 효과를 낸다.
정자목(느티나무)
면적이 넓은 연못은
전체를 채워서 표현
하지 않도록 한다.
누운바위
싸리담
돌담
점을 찍어주면 물의 움직임이 표현된다.

[수목과 연못의 표현]

② 수목의 입면 표현

㉠ 교목의 입면 표현

- 침엽수와 활엽수를 성상에 맞게 간략하게 그린다.
- 수고, 수관폭을 맞춰 우선 간략하게 도시한 후 상세하게 그린다.
- 흉고지름 또는 근원지름에 맞게 수간경을 결정하여 도시하고, 잔여 줄기와 가지를 그린다.
- 군식과 단식을 연습하는 것이 중요하다.

[침엽수의 입면 표현]

[활엽수의 입면 표현]

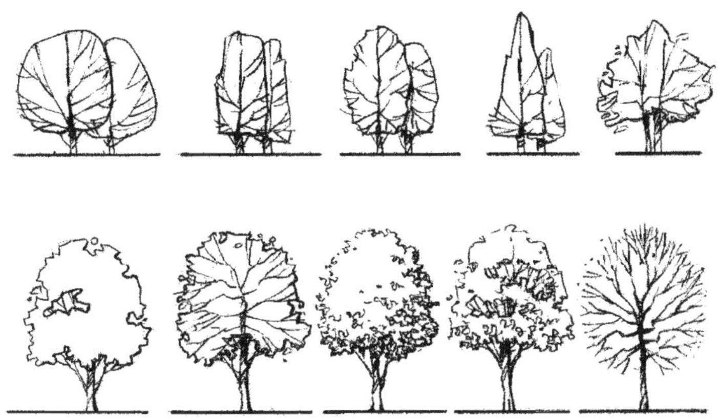

[활엽수의 여러 가지 표현방식]

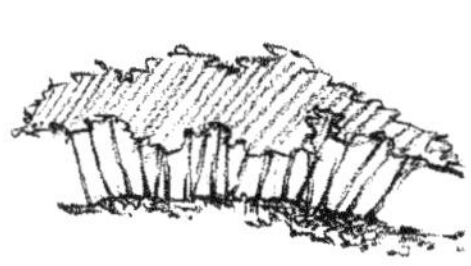

외곽선에 사선을 전체적으로 그려 덩어리를 형성한다.

줄기는 중심을 향하여 모이듯이 그려준다.

어두운 부분만 질감을 표현해도 명암의 대조로 입체적으로 보인다.

짧은 사선으로 스피드 있게 그린다. 짧은 사선을 강약을 넣어 그리면 스피드하게 표현할 수 있다.

[수목의 사실적 표현방식]

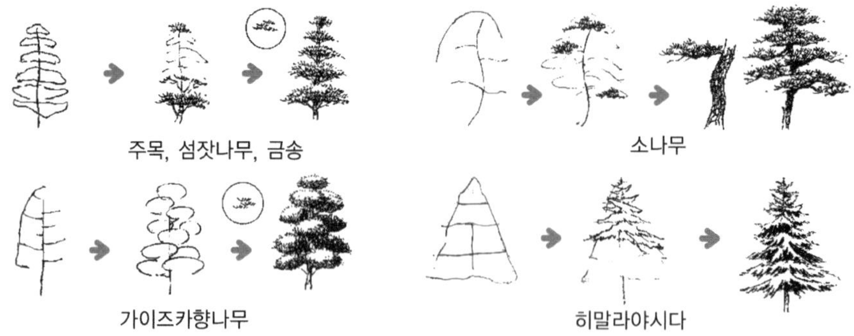

㉡ 관목의 입면 표현

- 관목은 주로 군식으로 식재되므로 전체 외형선을 그린다.
- 관목군식은 식재공간을 전체 수관폭으로 하고, 수고에 맞추어 활엽과 침엽을 구분한다.
- 관목의 수간은 대체로 가늘어서 펜의 굵기로 수간을 나타내면 된다.
- 수간은 다간의 표시로 하고, 가는 줄기를 표시한다.

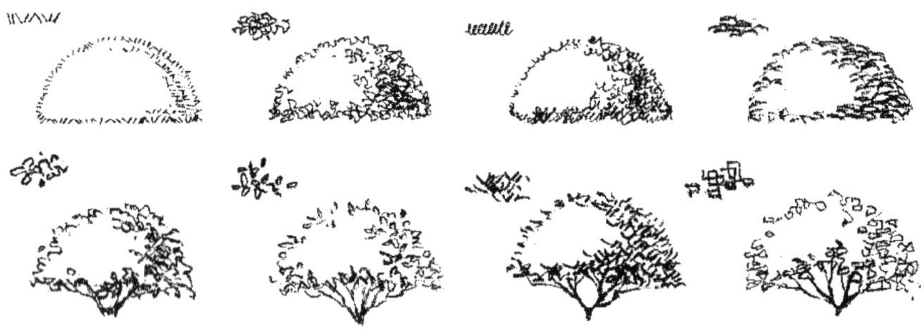

[잎의 질감에 따른 표현]

관목 그리는 순서

① 템플릿을 이용해서 반원을 그린다.
② 잎을 반복적으로 그려간다.
③ 명암을 생각하고 어두운 부분에 질감표현을 많이 한다.

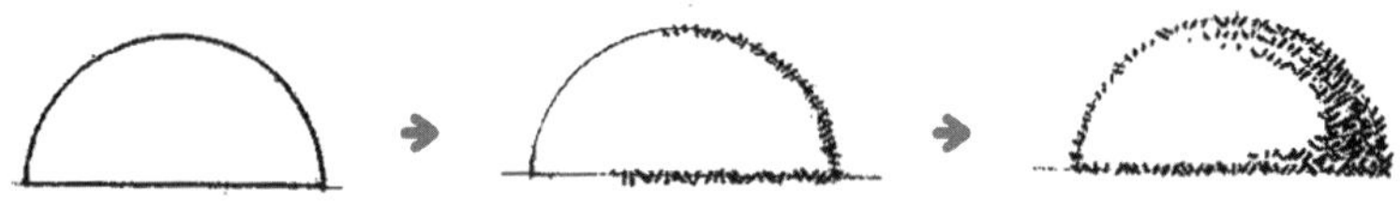

군식의 표현

① 흐린 외형선을 그린다.
② 잎의 질감을 반복적으로 그린다.
③ 관목의 아랫부분과 겹치는 부분에는 어둡게 표현한다.

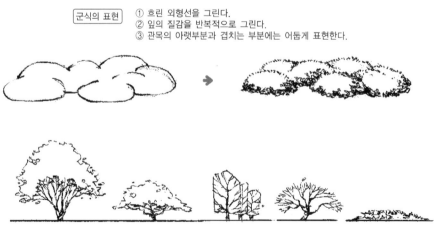

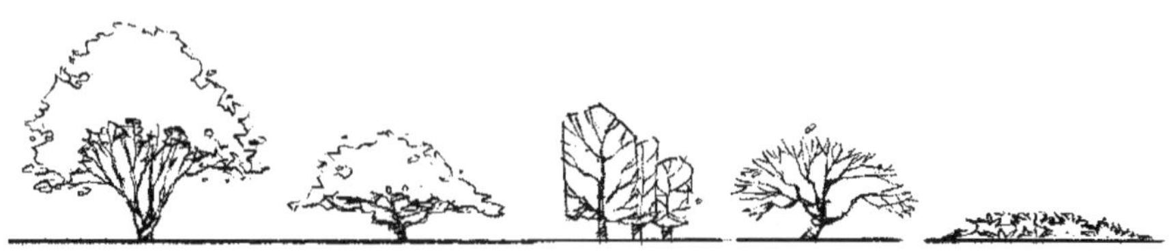

[관목의 종류]

[관목의 표현]

[관목의 빠른 표현]

(4) 수목의 배식기법

① **정형식 식재** : 시선의 축을 중심으로 공간의 균형, 대칭, 통일, 연속, 강조, 분배, 완충 등의 기능을 나타내는 식재방법으로, 조경의 설계에서는 공간 경계부, 부지 외주부, 건물 출입구, 공원의 진입구 등에 공간을 구분하는 선적인 요소와 부분을 강조하는 면적인 요소, 점을 강조하는 점적인 요소로 쓰인다.

㉠ 단식 : 중요한 요점, 즉 현관 앞이나 시선의 종점에 시각적인 강조, 건물의 시각적 요점(요점식재), 식재의 인지성 등을 나타낼 수 있는 지점(강조식재)에 수형이 잘 다듬어진 정형수를 식재하는 수법이다.

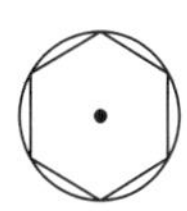

㉡ 대식 : 시선의 축을 중심으로 좌, 우에 같은 종류의 수목 한 쌍을 대칭식재하는 수법으로, 진입구에 요점 식재로 인지성을 높이고 좌우대칭으로 정연한 질서감을 표현한다.

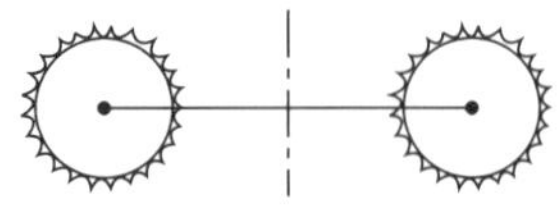

㉢ 열식 : 성상, 수종, 수고 등이 같은 수목을 일직선으로 식재하는 수법으로 비스타경관을 표현할 수 있고, 좁은 간격으로 연속식재하여 경계 및 차폐효과를 높일 수 있다.

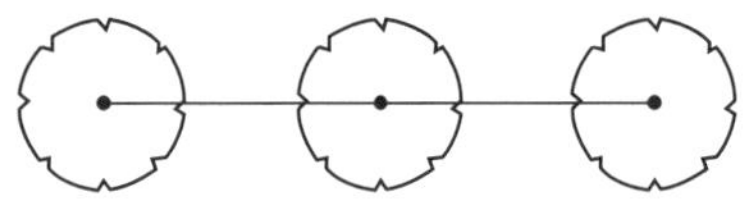

㉣ 교호식재 : 두 줄의 열식을 서로 어긋나게 식재하는 수법으로 식재열의 폭을 늘이는 효과가 있고, 여러 줄로 식재하여 완충, 차폐의 역할을 하는 식재수법이다.

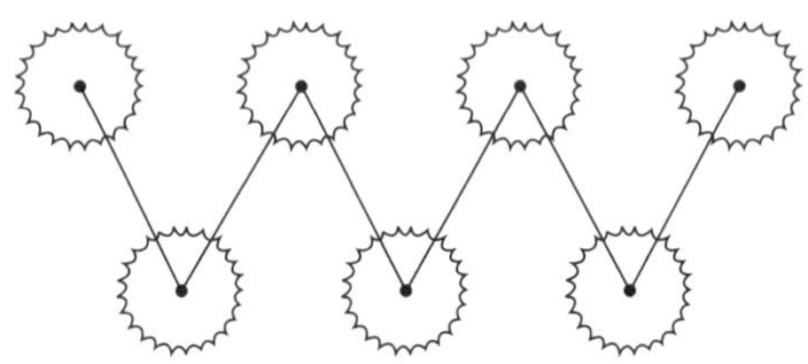

㉤ 집단식재 : 같은 수종의 수목을 일정한 간격으로 무리지어 식재하는 수법으로 식재공간에 무게가 있고, 수형이 조금 약한 수목을 서로 보완하여 전체적인 수형을 갖추고자 할 때 사용하는 수법이다.

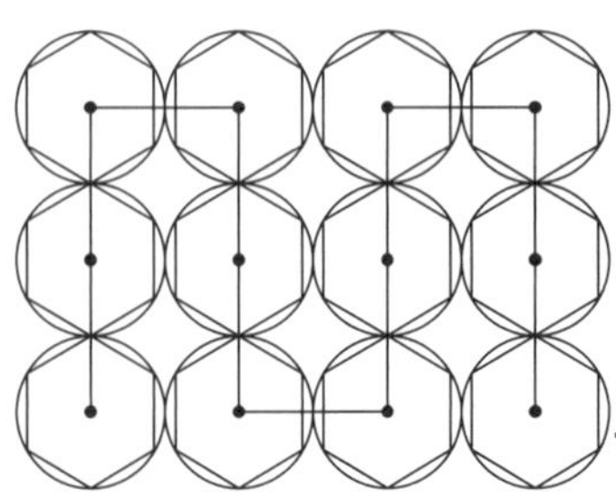

② **자연풍경식 배식기법** : 대자연의 풍경에서와 같은 식재 형태로 "자연은 직선을 싫어한다."는 개념으로 천연으로 조성된 자연경관을 조경식재 형식으로 도입하여 녹지를 조성하는 배식기법으로 자연수림과 인접한 지역, 개방된 공간, 정형식 식재공간의 사이, 산책로 주변, 위요공간의 수목식재 등에 배식하며, 수목을 홀수(3, 5, 7, 9 등)로 배식하는 기법으로 자연스러운 경관을 조성하여 인위적인 느낌을 배제한다.

㉠ 부등변삼각형 식재(3점식재) : 크기나 종류가 다른 3그루의 수목을 세 변의 길이가 다른 삼각형의 꼭짓점에 식재하는 기법으로, 자연스러운 풍경을 연출하기에 가장 알맞은 배식기법이다.

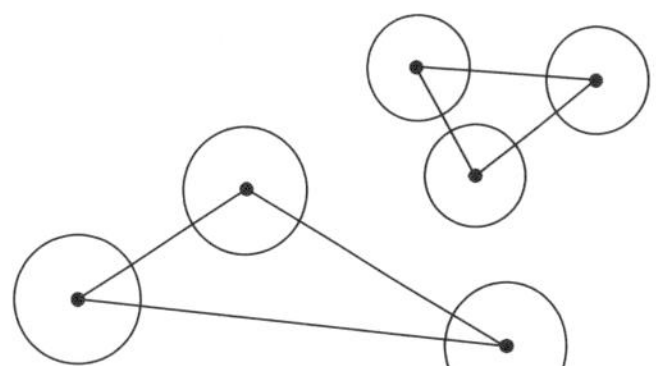

㉡ 임의 식재 : 규모가 큰 공간에 수목을 배식할 때 부등변삼각형 식재(3점 식재)를 계속 연결시켜 배식(5점, 7점, 9점...)하는 기법으로 위요공간 식재, 공원의 녹지공간, 자연풍경식 소나무군식, 활엽수 경관식재 등에 알맞은 배식기법이다.

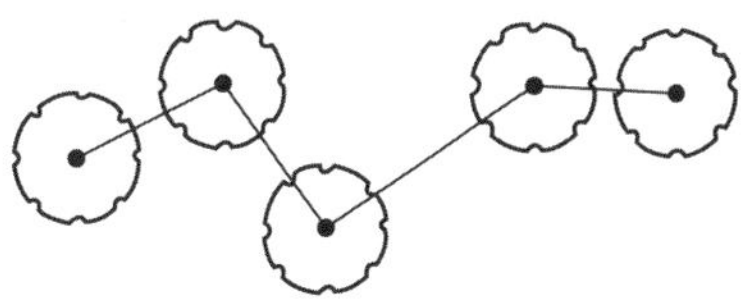

5점 식재

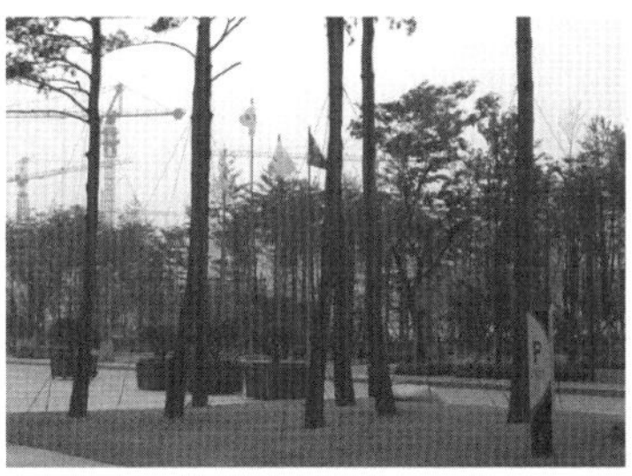

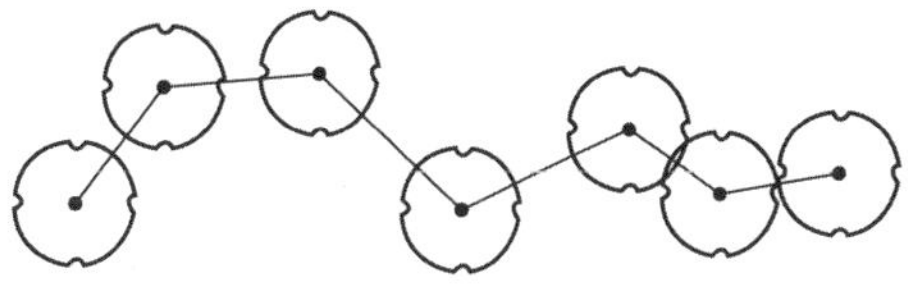

7점 식재

㉢ 모아심기(군식)

- 자연상태의 숲과 같이 동일한 수목을 자연스러운 배식으로 군식을 하거나, 서로 다른 두 가지 이상의 수목을 자연스럽게 씨가 발아되어 조성된 숲과 같이 형식에 얽매지 않고 부정형으로 배식하는 기법이다.
- 상부에는 키가 큰 교목류로 경관을 조성하고 하부에는 키가 작고 아담한 관목류를 조성하여 보는 이로 하여금 깊은 산속을 연상케 하는 배식기법이다.
- 조경공간 수목식재에서 교목과 관목의 식재는 대체로 모아심기기법으로 식재한다.

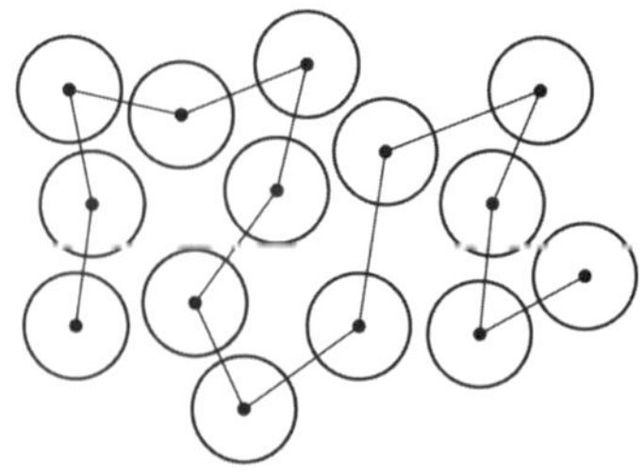

모아심기(군식)

③ 배식기준 및 수량산출

㉠ 조경면적 및 식재수량의 산정

- 조경실무에 있어서 조경면적 및 식재수량의 산정은 건축법 시행령 제27조(대지의 조경)과 국토교통부고시 조경기준 제2장 대지안의 식재기준에 따른다.
- 조경면적은 식재된 부분의 면적과 조경시설공간의 면적을 합한 면적으로 산정하며, 다음의 기준에 적합하게 배치하여야 한다.
  - 식재면적은 당해 지방자치단체의 조례에서 정하는 조경면적의 100분의 50 이상이어야 한다.
  - 하나의 식재면적은 한 변의 길이가 1m 이상으로서 $1m^2$ 이상이어야 한다.
  - 하나의 조경시설공간의 면적은 $10m^2$ 이상이어야 한다.
- 조경면적에는 다음의 기준에 적합하게 식재하여야 한다.
  - 조경면적 $1m^2$마다 교목과 관목의 수량은 다음의 기준에 적합하게 식재하여야 한다. 다만, 의무면적을 초과하여 설치한 부분에는 그러하지 아니하다.
    ⓐ 상업지역 : 교목 0.1주 이상, 관목 1.0주 이상
    ⓑ 공업지역 : 교목 0.3주 이상, 관목 1.0주 이상
    ⓒ 주거지역 : 교목 0.2주 이상, 관목 1.0주 이상
    ⓓ 녹지지역 : 교목 0.2주 이상, 관목 1.0주 이상
  - 식재하여야 할 교목은 흉고직경 5cm 이상이거나 근원직경 6cm 이상 또는 수관폭 0.8m 이상으로서 수고 1.5m 이상이어야 한다.
  - 상록수 및 지역특성에 맞는 수종 등의 식재비율은 다음 기준에 적합하여야 한다.
    ⓐ 상록수 식재비율 : 교목 및 관목 중 규정 수량의 20% 이상
    ⓑ 지역에 따른 특성수종 식재비율 : 규정 식재수량 중 교목의 10% 이상
  - 뿌리의 생육이 왕성한 수목(느티나무, 메타세쿼이아)의 식재로 인해 건물 외벽 또는 지하시설물에 대한 피해가 예상되는 경우는 다음의 조치를 시행한다.
    ⓐ 외벽과 지하시설물 주위에 방근조치를 실시하여 식물뿌리의 침투를 방지한다.
    ⓑ 방근조치가 어려울 경우 뿌리가 강한 수종의 식재를 피하고, 식물과 건물외벽 또는 지하시설물과의 간격을 최소 5m 이상으로 하여 뿌리로 인한 피해를 예방한다.

㉡ 식재간격

- 속성수나 원개형 수목 : 수종, 규격에 따라 다를 수 있지만, 4~6m가 적당하다.
- 일반 낙엽교목 : 단풍나무, 매실나무, 살구나무 등과 같은 일반 낙엽교목은 2~4m 간격으로 식재하는 것이 적당하다.
- 독립수로 식재하는 관목 : 반송, 화살나무, 수국, 옥향 등과 같이 수형이 정리된 관목은 수관폭의 2배 정도 이격하여 식재하는 것이 적당하다.
- 관목의 군식 : 무리를 지어 모아심기를 하는 관목은 가지가 맞닿을 정도로 간격이 없이 식재하는 것이 적당하다.
- 원통형, 원주형 상록수 : 측백나무류, 주목, 섬잣나무, 구상나무 등과 같이 수고에 비해 수관폭이 좁게 형성되는 원통형 또는 원주형 상록수는 일반 교목보다 좁게 1~3m 간격으로 식재하는 것이 좋다.

㉢ 관목, 초화류의 식재간격 기준

구분	식재간격(m)	식재밀도	비고
작고 성장이 느린 관목	0.45~0.60	3~5본/m^2	단식 또는 군식
크고 성장이 보통인 관목	1.0~1.2	1본/m^2	
성장이 빠른 관목	1.5~1.8	2~3m^2당 1본	
산울타리용 관목	0.25~0.75	1.5~4본/m^2	밀식
지피, 초화류	0.20~0.30	11~25본/m^2	군식
	0.14~0.20	25~49본/m^2	

㉣ 수량산출 : 식재밀도(단위면적당 식재되는 그루 수)를 식재면적에 곱하여 수량을 산출한다.

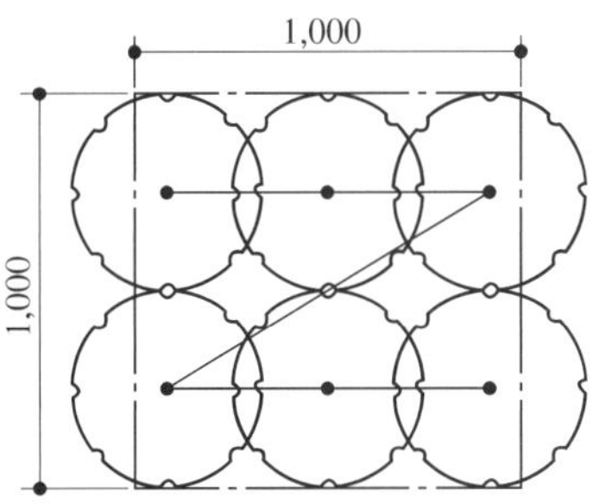

관목식재(M^2) : W0.5(5주)

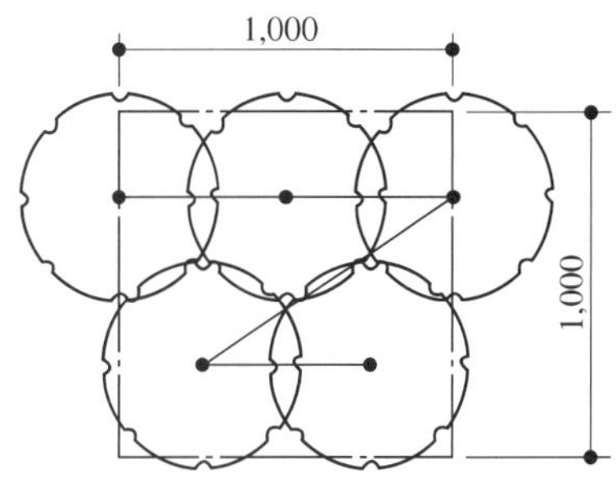

관목식재(M^2) : W0.6(4주)

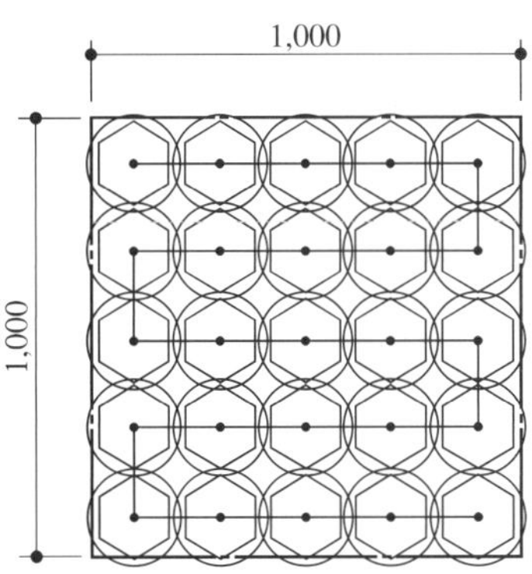

초화류식재(M^2) : 25본

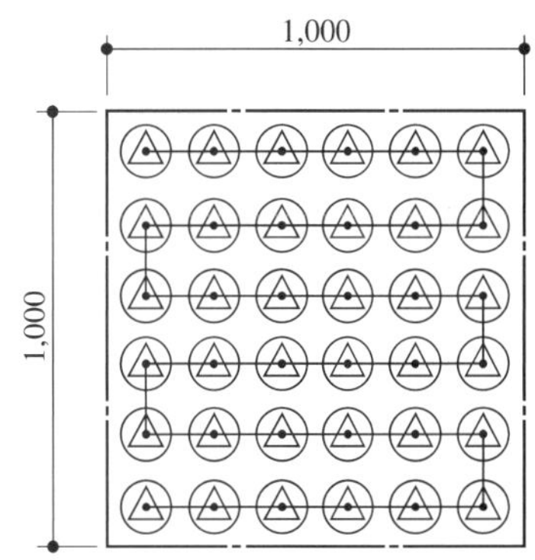

초화류식재(M^2) : 36POT

④ 식재방법

㉠ 수목 식재 시 인공지반의 경우에는 수목의 특성에 맞게 적정한 토심을 확보해야 한다.

㉡ 자연지반도 토양의 형질을 변경하여 식재하는 경우에는 적정한 토심을 확보해야 한다.

㉢ 수목의 식재를 위한 구덩이 파기는 뿌리분의 크기, 수목의 특성, 토양의 성질에 따라 적절히 가감한다.

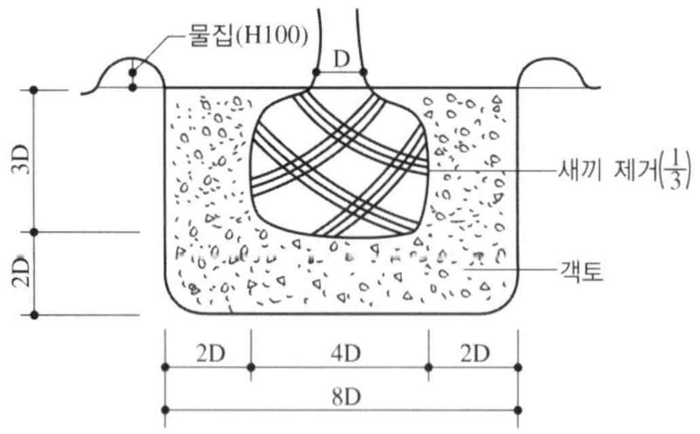

교목식재 상세도
SCALE : N.S

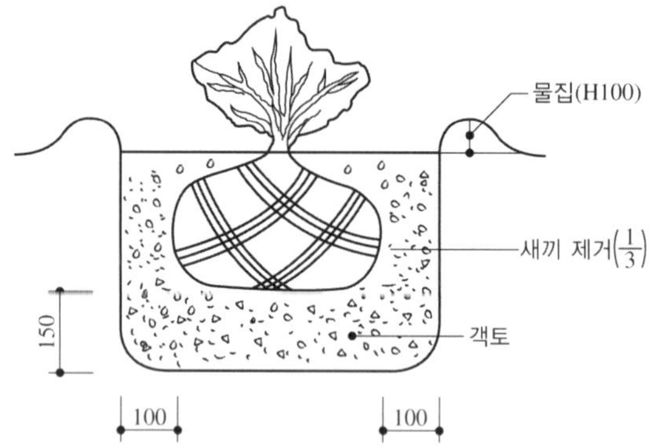

관목식재 상세도
SCALE : N.S

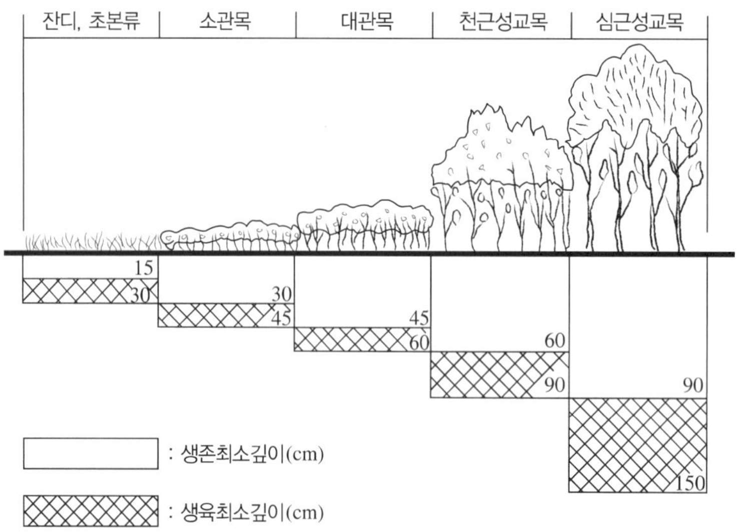

수목생존, 생육 토심도
SCALE : 1/30

⑤ 지주목 설치

㉠ 지주목은 수고 2.0m 이상의 교목류에 수목뿌리의 활착을 돕기 위하여 바람에 수목의 뿌리분이 흔들리지 않도록 하기 위하여 설치하는 것이다.

㉡ 2m 미만의 교목이나 관목도 뿌리의 활착을 위해서 상황에 따라 적당한 조치를 취해야 한다.

㉢ 이식한 수목의 보호조치(지주목 설치) 방법에는 단각지주, 이각지주, 삼각지주, 사각지주, 삼발이지주, 연결형(연계형) 지주, 매몰형 지주, 당김줄형 지주 등이 있다.

㉣ 수목의 보호조치(지주목 설치) 방법은 주변상황과 수목의 상황에 따라서 두 가지 이상을 병행할 수 있다.

㉤ 조경설계 시 지주목 설치 상세도를 작도해야 하므로 상황에 따라 설치 형태나 세부사항이 달라지는 것을 염두에 두어야 한다.

참고

지주목의 종류

• 이각지주 : 좁은 도로변, 경사진 비탈면 등과 같이 삼각, 사각지주나 삼발이지주를 설치하기가 어려운 경우에 수고 1.2~2.5m의 소형 수목에 설치한다.

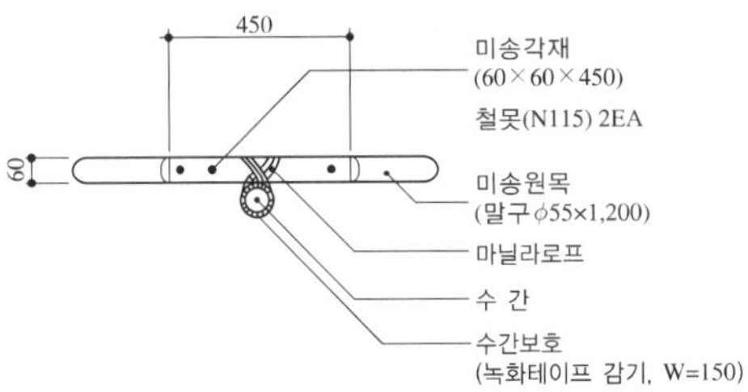

[이각지주 평면도]

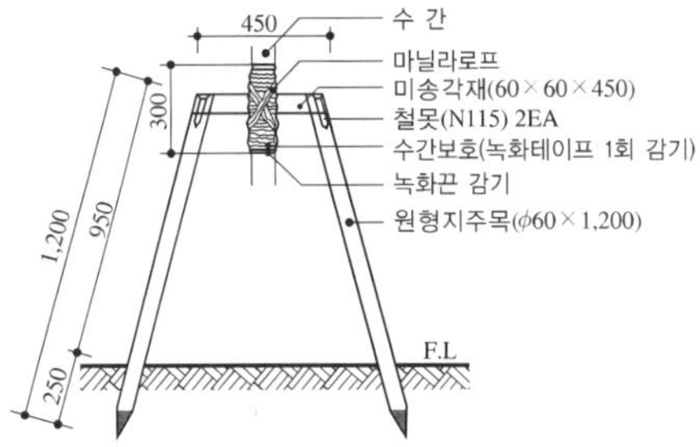

[이각지주 입면도]

• 삼발이지주 : 조형수, 독립수, 식재공간의 여유가 있을 경우 견고하게 지지를 요하는 수목 등에 설치하며 수고 5m 이상, 근원직경(R) 20 이상의 수목에는 연결형 지주와 병행하여 설치하기도 한다.

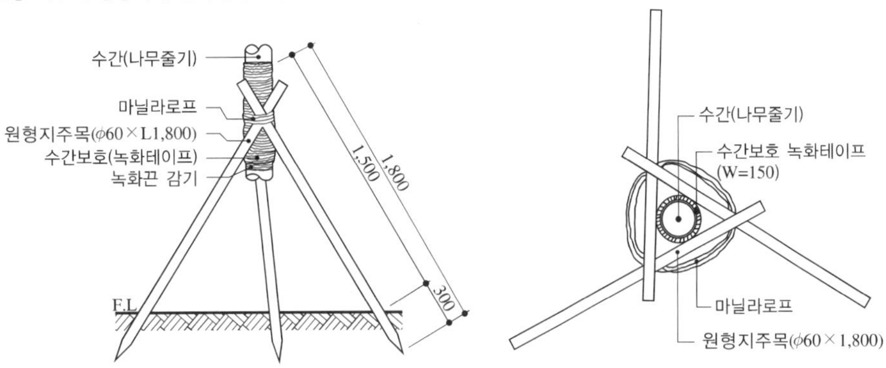

[삼발이 지주목 설치 상세도]

• 삼각지주 : 수고 1.2~4.5m의 수목을 도로변 가로수, 광장의 녹음수 등 지주목이 차지하는 면적이 협소한 장소의 수목에 설치한다.

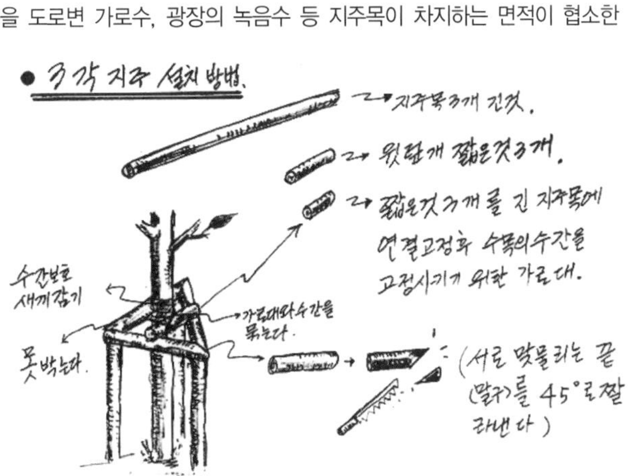

• 사각지주 : 삼각지주와 용도가 같으며, 보통은 삼각보다는 사각지주를 많이 설치한다.

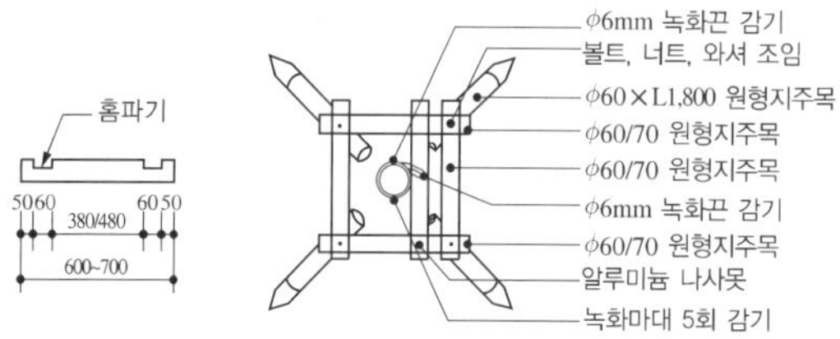

사각지주목설치(평면도)
SCALE : N.S

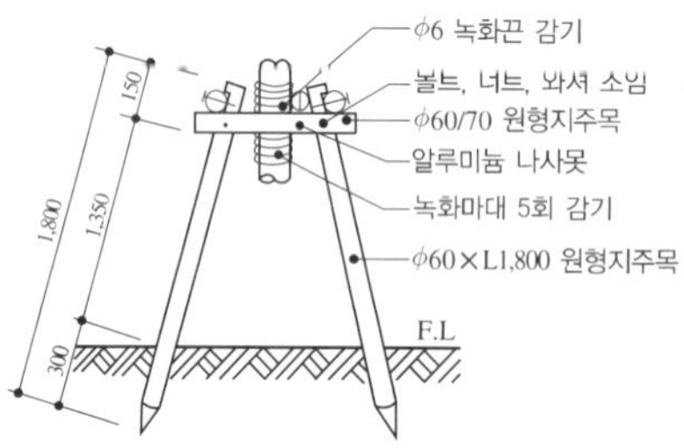

사각지주목설치(정면도)
SCALE : N.S

[사각지주 설치 상세도]

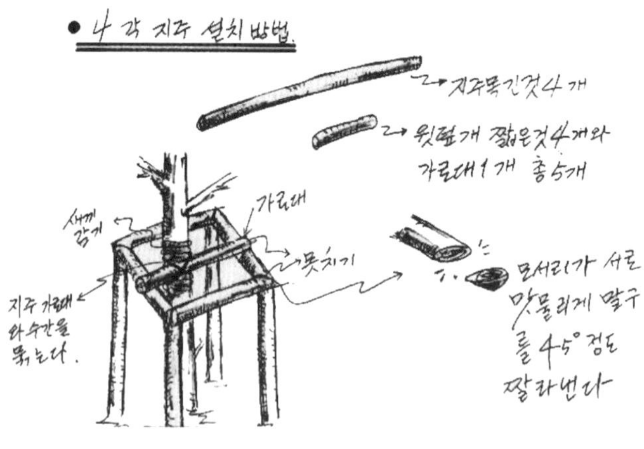

• 연결형(일체형) 지주 : 교목을 군식할 때에 적용하며, 주변 수목끼리 일체형으로 연결시켜서 지지하므로 견고하다.

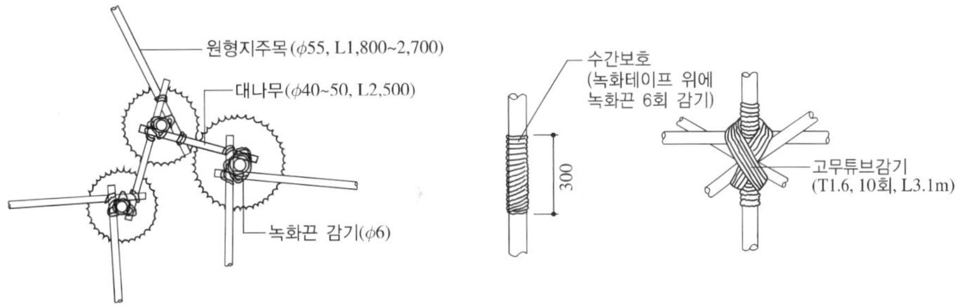

[연결부의 결속 요령 상세도]

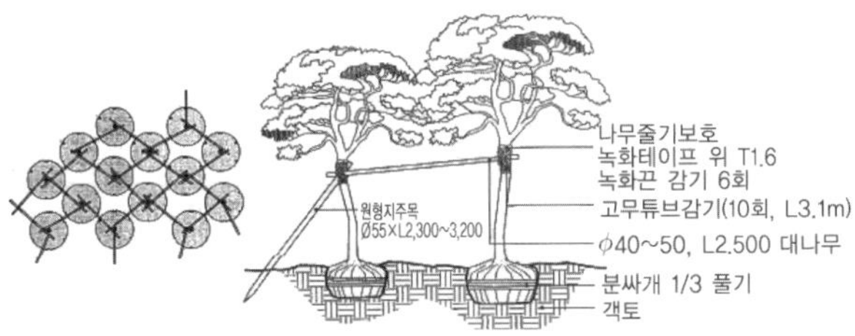

[연결형 지주 설치 상세도]

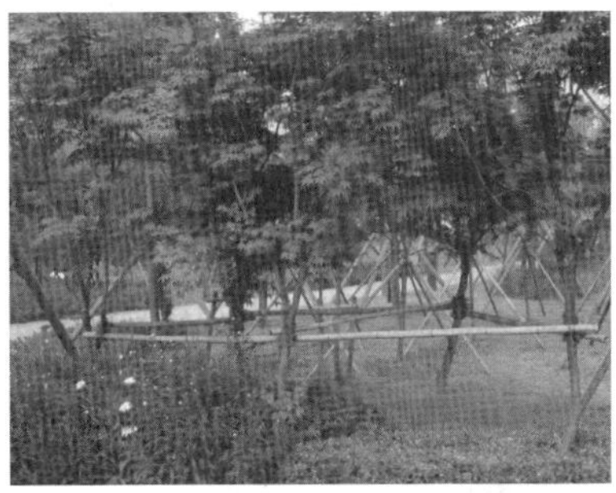

• 당김줄(로프)형 지주 : 수고 10m 이상의 대형목 혹은 수관폭이 넓고 가지가 많은 독립수, 조형수 등을 안전하고 튼튼하게 지지하는 지주이다.

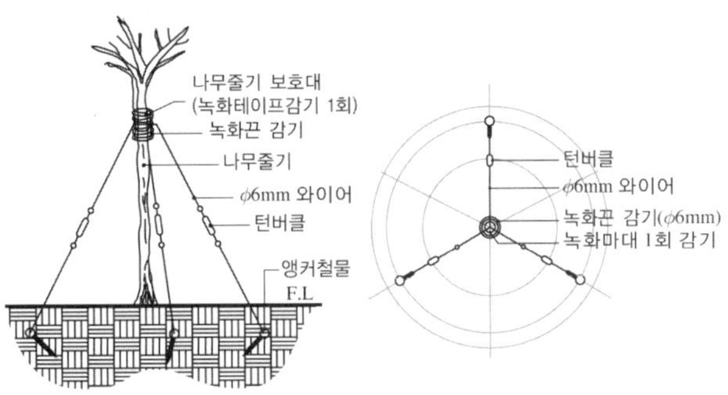

[당김줄형 지주 상세도]

⑥ 인공지반 조성 시 수목의 보호조치 요령

㉠ 기존 수목은 이식이나 보존 시 보호조치가 필요하다.

㉡ 절토 시 절토면을 무너지지 않게 해야 한다.

㉢ 성토 시 수분이 고이지 않게 해 주어야 한다.

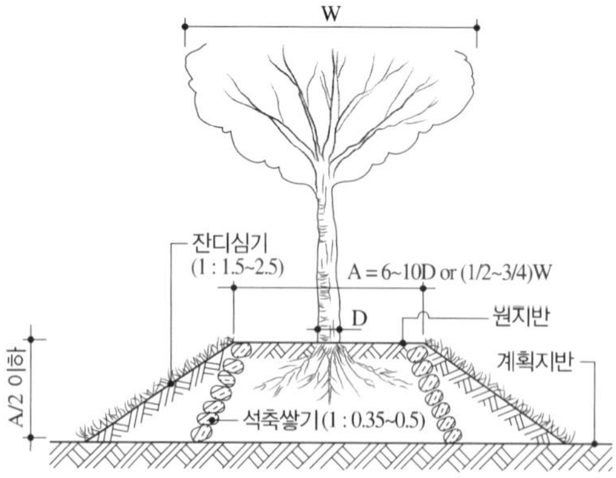

[절토 시 수목보호방법]

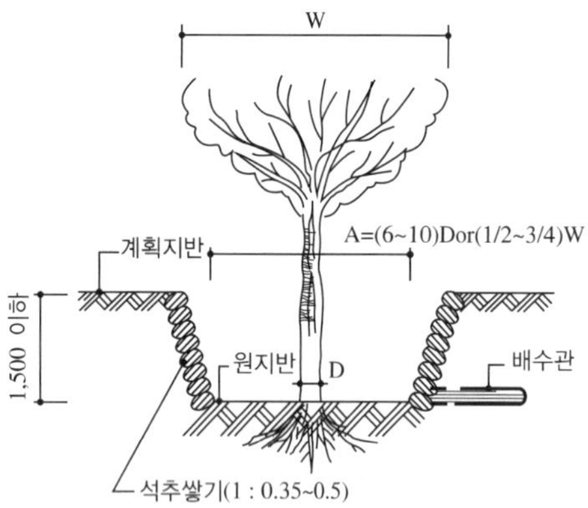

[성토 시 수목보호방법 1]

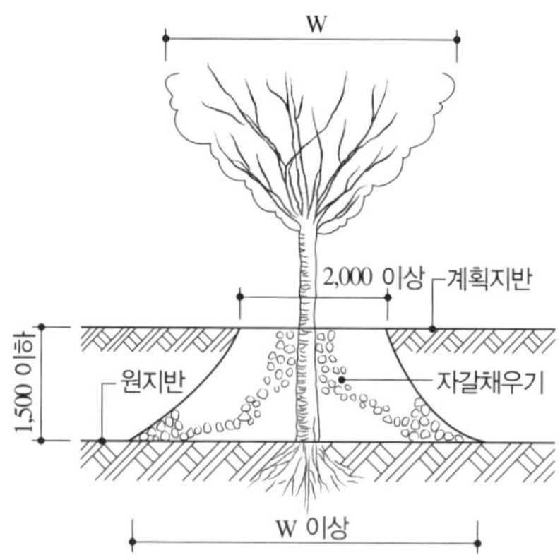

[성토 시 수목보호방법 2]

(5) 식재기능별 배식기법

식재는 기능별로 수종과 배식기법을 선택하여야 하며, 공간과 위치에 따라서 수종과 배식기법을 선택하여야 한다. 또한 예상 이용자의 편의를 고려하여 수종과 배식기법을 선택하여야 한다.

① **요점식재・지표식재** : 상징성, 시각적 유인성, 경관향상성 등을 갖추고 있고, 형상이 아름답고 사계절 변화가 있는 수종을 선택한다. 진입부, 결절부에 식재하여 공간기능을 향상시킬 수 있는 수목을 식재하여야 하며, 요점식재는 3그루 이하로 하여 시각을 유인하고 지표식재는 군식하여 전체적인 경관을 향상시키도록 한다.

㉠ 수종 : 소나무, 느티나무, 은행나무, 회화나무, 계수나무, 독일가문비나무, 메타세쿼이아, 주목, 칠엽수 등

㉡ 식재장소 : 출입구, 진입광장, 중앙광장, 동선의 결절점, 개방식재지, 마운딩 공간 등

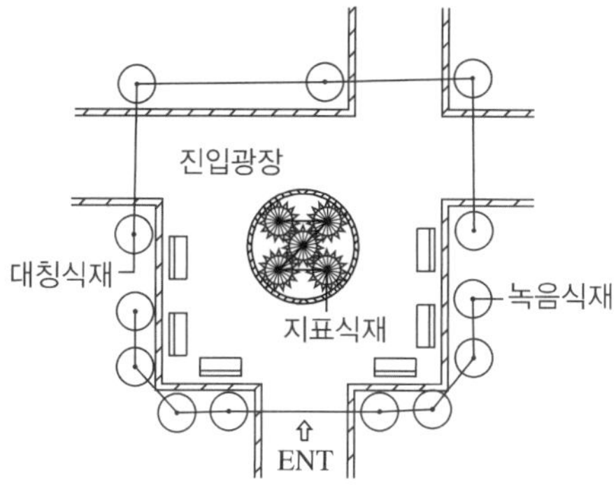

[진입광장(지표, 녹음, 대칭)식재]

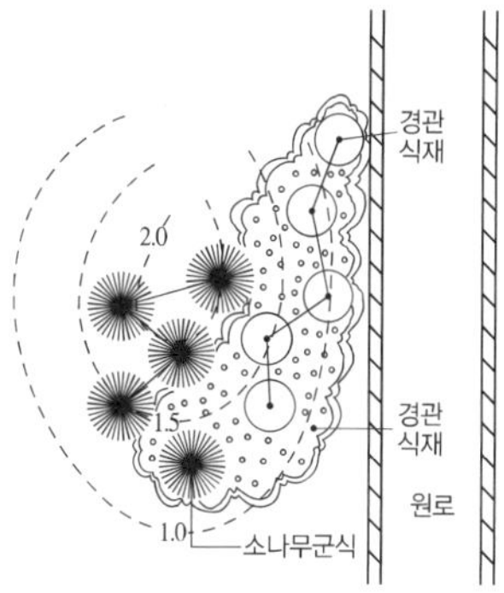

[마운딩공간(소나무군식, 경관식재)]

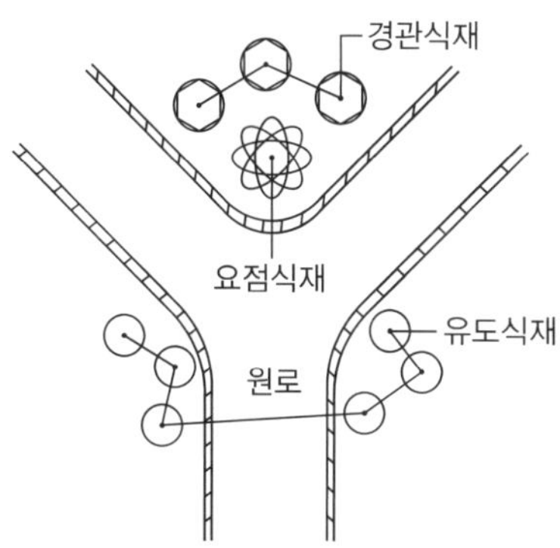

[동선결절부(요점, 경관, 유도)식재]

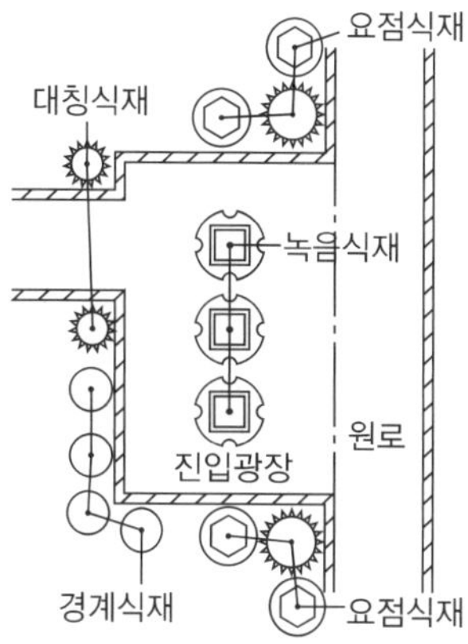

[진입부(요점, 녹음, 경계, 대칭)식재]

② **녹음식재** : 휴게공간, 원로, 광장, 산책로, 운동공간 주변, 놀이공간 주변, 주차장 등 그늘을 필요로 하는 곳에 지하고가 높고, 수관폭이 넓고, 잎이 크고 넓은 낙엽활엽수를 식재한다.

㉠ 수종 : 은행나무, 느티나무, 버즘나무, 튤립나무, 칠엽수, 대왕참나무 등

㉡ 식재장소 : 휴게공간, 원로, 광장, 산책로, 운동공간 주변, 놀이공간 주변, 주차장 등

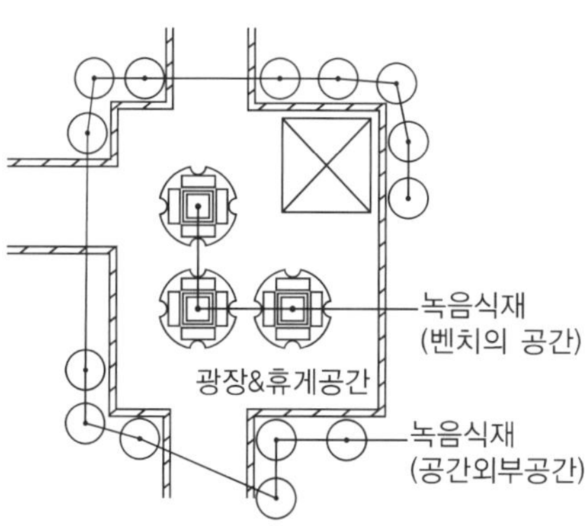

[휴게공간&광장(벤치주변, 공간외부) 녹음식재]

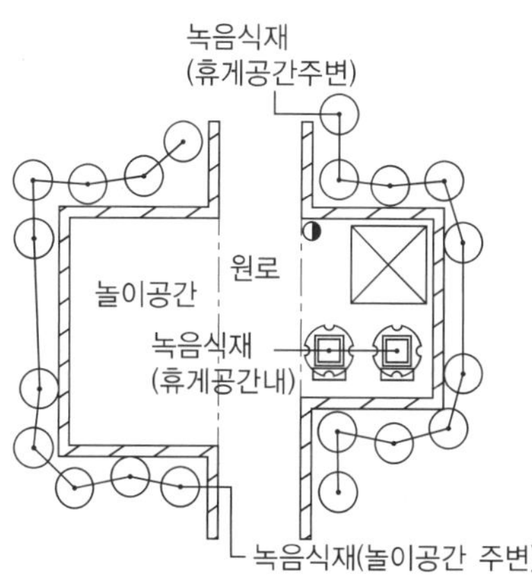

[휴게공간&놀이공간(녹음식재&상호시야 개방)]

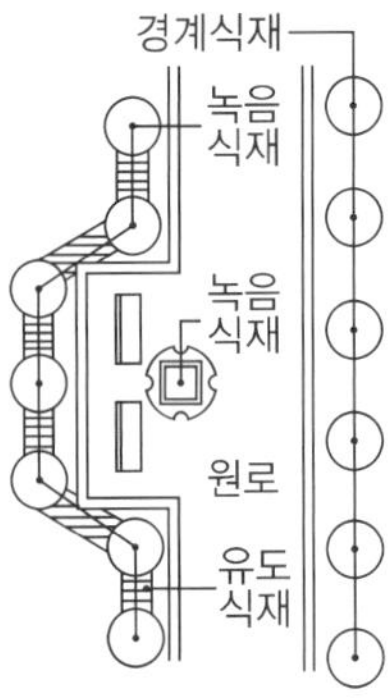

[휴게공간&광장(벤치주변, 공간외부) 녹음식재]

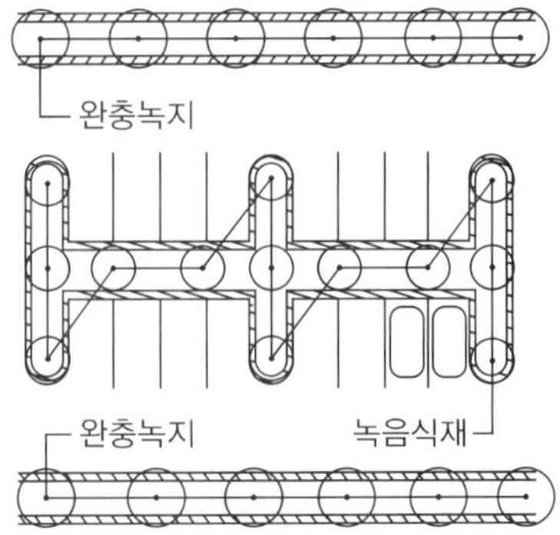

[휴게공간&놀이공간(녹음식재&상호시야 개방)]

[휴게광장 녹음식재]

[휴게공간 녹음식재]

[주차공간 녹음식재]

[소로변 녹음식재]

[운동공간 녹음식재]

[놀이공간 녹음식재]

③ **차폐식재 · 완충식재** : 공간 외주부에 교호식재하여 경계식재기능을 겸할 수 있고 특별한 기능을 갖게 하고, 혐오시설의 가림막 기능과 공간분리기능, 방풍 · 방음기능 등 복합기능을 갖는다. 차폐와 완충기능의 완급으로 차폐와 완충의 정도를 시각, 감각적으로 구분되도록 수목은 지하고가 낮고 지엽이 치밀하며, 맹아력이 강한 수종을 선정하며, 차폐식재에는 주로 상록수종을 4~5m 간격으로 교호식재하고, 완충식재는 활엽수를 사용하여 5~6m 정도의 간격, 10~20m의 폭으로 식재하는 것이 적당하다. 교목과 관목을 혼식하여 관목은 하부를, 교목은 상부를 차폐 · 완충하도록 하여 공간 내 · 외부에서 기능을 할 수 있는데, 벽면의 차폐 · 완충을 위해서 벽면녹화로 그 기능을 향상시킬 수 있다.

㉠ 수종 : 구상나무, 독일가문비나무, 잣나무, 주목, 편백, 향나무, 스트로브잣나무 등의 상록수, 쥐똥나무, 명자나무, 무궁화, 개나리 등의 관목과 담쟁이덩굴, 칡, 등나무 등의 덩굴식물

㉡ 식재공간 : 화장실, 오수정화조, 휴게공간, 단지 내 주진입 도로변, 주요지점에 노출된 옹벽, 설계대상공간의 외주부, 위요식재를 요하는 곳, 동적 공간과 정적 공간의 분리 및 완충식재, 북향에 면한 곳 등

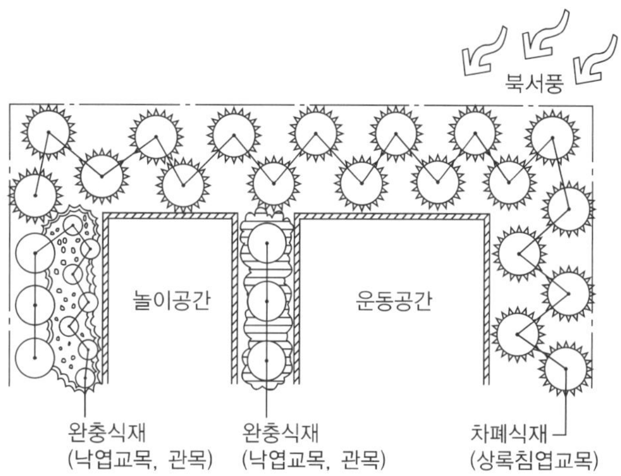

놀이, 운동공간(차폐, 완충)식재

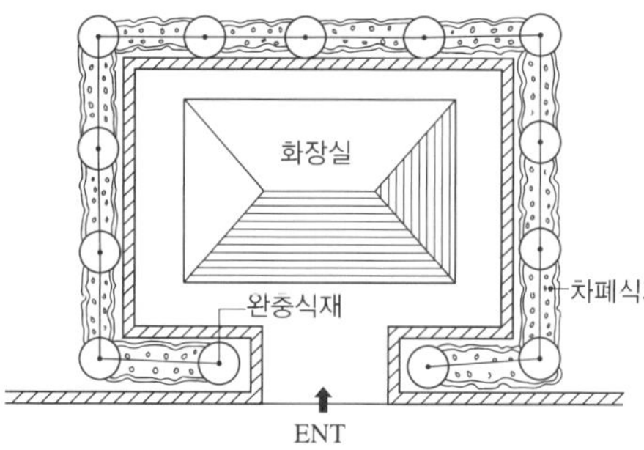

화장실주변(차폐, 완충)식재

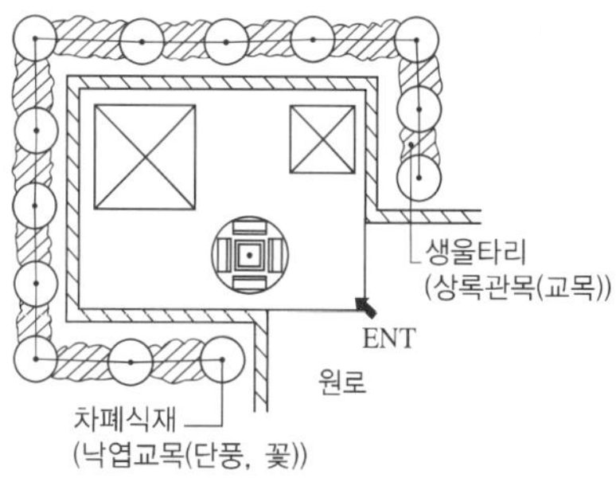

휴게공간 주변(생울타리&차폐식재)

[화장실차폐 경관식재]

④ **경관식재** : 공간의 경관향상을 위한 식재로 사계절의 변화가 뚜렷이 나타나도록 하며 지표식재, 요점식재, 녹음식재 등도 경관식재의 부분으로 보고 조화를 이루어야 한다. 경관향상기능 이외의 부분을 포함하여 전체 식재공간 중 그 역할이 가장 크므로 3차원식재로 생각하고 식재공간을 구상한다.

㉠ 수종 : 소나무, 구상나무, 독일가문비나무, 목련, 산딸나무, 메타세쿼이아, 계수나무, 은행나무, 단풍나무 등의 교목과 수수꽃다리, 철쭉, 영산홍, 진달래 등의 관목

㉡ 식재공간 : 광장주변, 원로변, 개방식재지, 산책로변, 수공간 주변, 분수·폭포주변 등

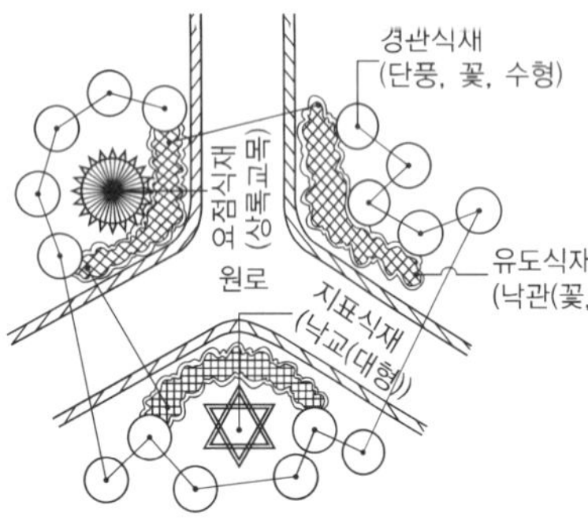

원로주변식재(기능(요점, 유도, 지표)식재와
경관식재의 조화가 요구됨)

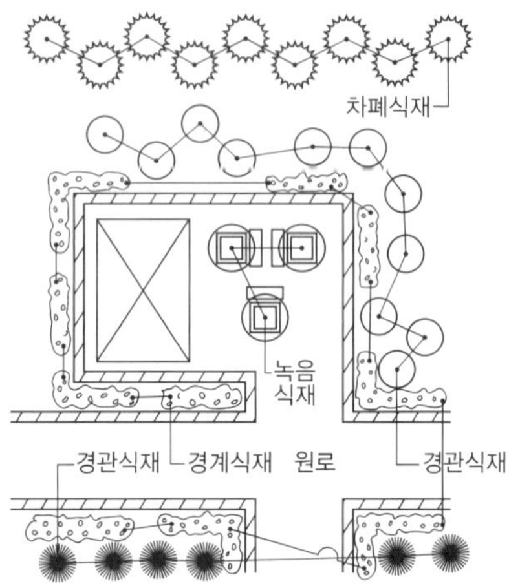

휴게공간(경관, 경계, 녹음, 차폐)복합식재

[소광장 주변 경관식재]

[광장 주변 경관식재]

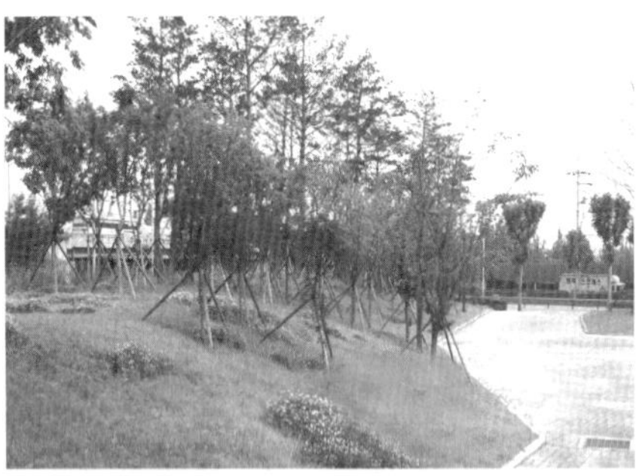
[원로 주변 경관식재]

[갈림길 경관식재]

⑤ **경계식재** : 공간 구분을 위하여 경계를 명확히 하는 식재를 말하며, 공간을 분할하는 차폐 및 완충식재도 경계식재의 일종이다. 공간의 분할뿐만 아니라 원로와 공간의 경계를 분명하게 하여 원로의 기능을 향상하고, 공간과 공간의 경계부에 식재하여 이용자의 이동을 유도하는 식재의 기능을 하기도 한다. 경계부에 교목은 열식하고, 관목은 교호식재나 산울타리식재를 한다.

㉠ 수종 : 은행나무, 느티나무, 메타세쿼이아, 벚나무, 단풍나무, 구상나무, 독일가문비나무, 잣나무 등의 교목과 명자나무, 쥐똥나무, 수수꽃다리, 매자나무, 조팝나무, 흰말채나무 등의 관목

㉡ 식재공간 : 공간의 외주부, 원로주변, 화단주변, 공간의 경계부 등

- 원로변의 경계식재 : 경계식재는 교목을 열식하거나 관목의 울타리 식재로 형성하고 운동・놀이공간에서 교목의 식재는 녹음식재를 겸할 수 있도록 한다.
- 광장주변의 경계식재 : 개방적 공간이 연계된 광장의 경우 교목의 식재보다는 낮은 관목의 울타리식재가 적당하다.

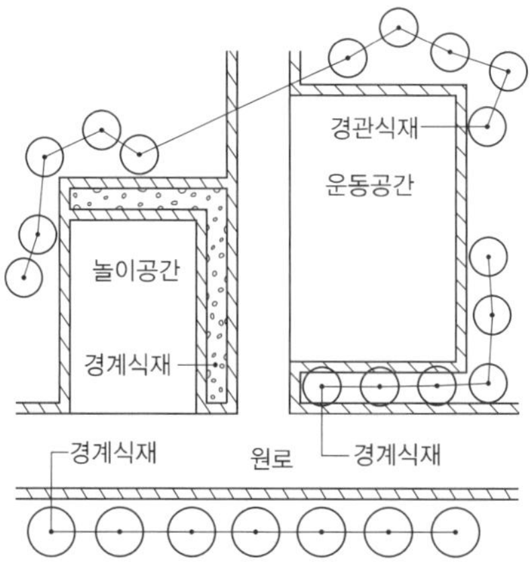

[놀이&운동공간식재(경계, 경관식재)]

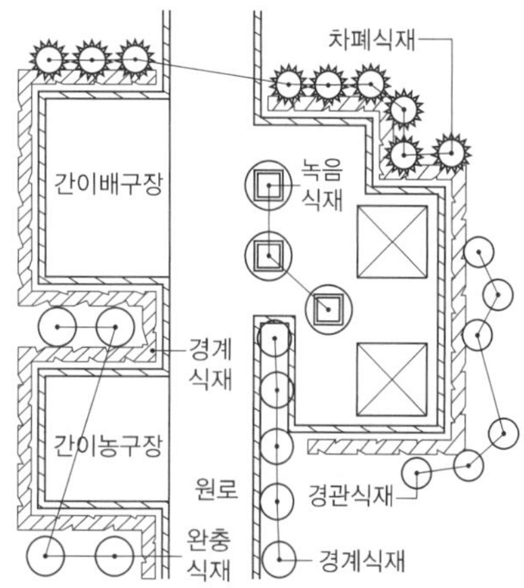

[광장주변(경계, 차폐, 녹음, 경관, 완충)식재]

⑥ **유도식재** : 보행자의 이동을 유도하여 혼란을 예방하고, 원활한 소통과 안락한 휴식을 위한 효과적인 만남을 안내하고자 식재하는 것으로 울타리(경계)식재를 겸하며, 보행자나 차량을 위한 것이 있으나 공원 내에서는 보행자를 위해 설치한다. 원로의 굴절부분이나 교차 · 분리되는 곳에 식재하며, 관목군식으로 식재하거나 산울타리식재로 구성하되 시야가 확보되지 않아도 좋은 곳의 식재는 교목식재로 기능의 효과를 향상시킨다.

㉠ 수종 : 스트로브잣나무, 향나무, 단풍나무, 미선나무, 사철나무, 회양목, 쥐똥나무, 개나리, 철쭉, 화살나무 등

㉡ 식재공간 : 보행동선(원로) 주변

㉢ 설계예시

- 유도식재 : 시각적으로 한눈에 보이는 관목으로서 경계를 만들어준다.
- 열식 : 낮은 상록수의 식재로 시각적인 방향성을 갖게 한다.

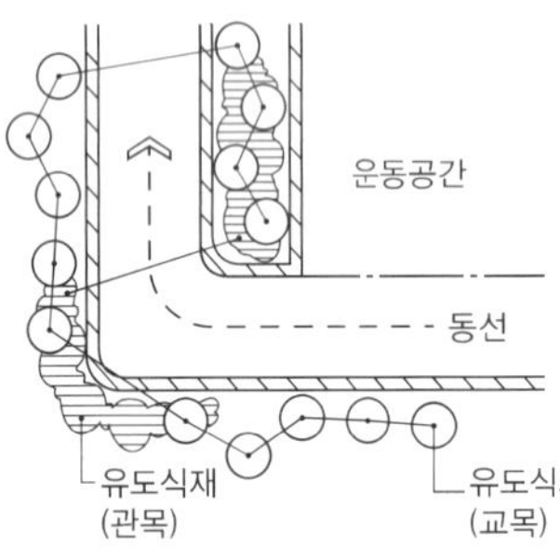

[원로가각부(유도식재)로 이동성 확보]

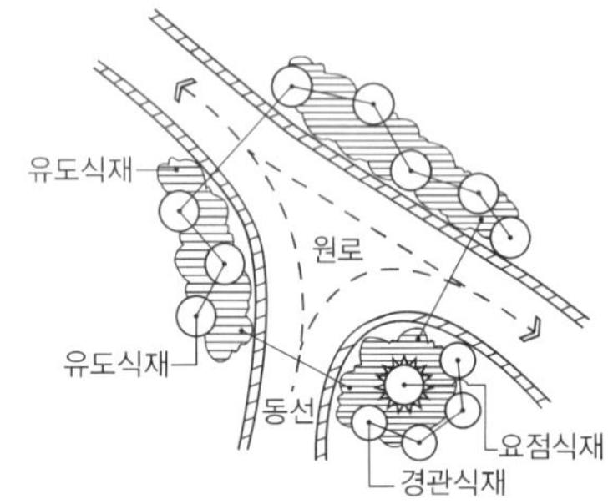

[원로결절부(유도, 경관, 요점)식재]

(6) 공간별 식재설계

① **진입부** : 시각적으로 중요한 요점식재나 지표식재를 적용하며 시설물에 따른 녹음식재와 경관식재 등을 고려한다.

㉠ 설계예시

- 진입광장 식재 : 주출입구 양쪽에 요점식재, 휴게시설 주변과 이동통로에 녹음식재, 이동로 주변에 경계식재를 한다.

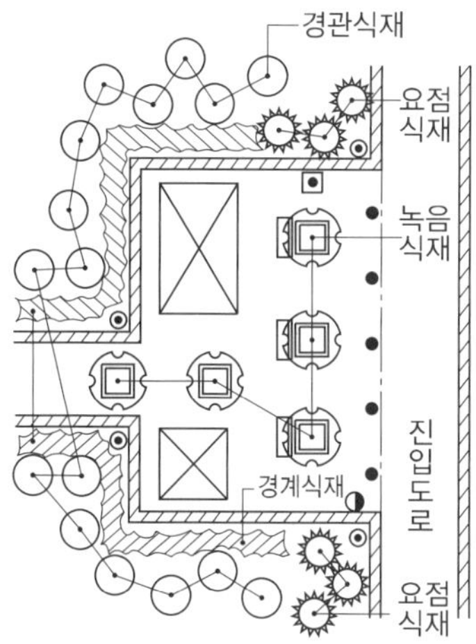

[진입광장 요소별(요점, 녹음, 경계, 경관) 식재]

- 진입구 식재 : 진입구 양쪽에 요점식재, 유도식재, 경관식재, 경계식재로 이용자를 편리하게 한다.

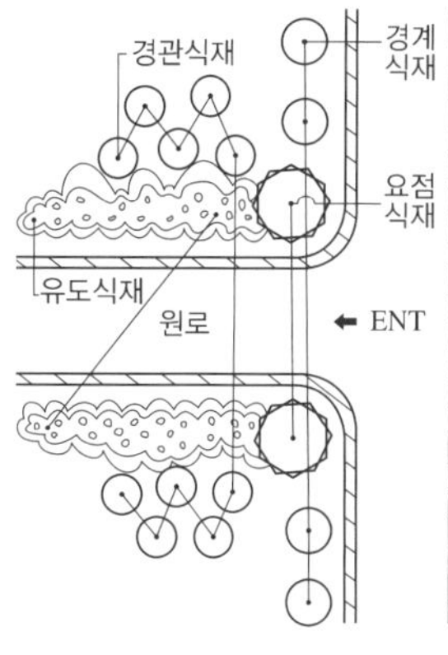

[진입구 주변(광장이 없어 협소) 요점, 경관, 경계, 유도식재]

② **광장** : 동선의 결절부에 위치하므로 요점식재, 지표식재로 인지도를 높여 준다. 개방적인 공간이 되도록 주변에 대형목을 지양하고, 중앙에 녹음수를 식재하여 녹음을 조성한다. 휴게공간으로 활용되도록 벤치나 수목보호대 겸 벤치 및 수목보호대 겸 플랜트 박스를 설치하며, 공간으로 이동을 돕기 위해서 유도식재, 경계식재를 한다.

㉠ 수목보호대와 벤치광장 : 중앙에 수목보호대와 벤치를 설치하여 이동의 혼선을 막고, 휴식을 위해 수목보호대 옆에 벤치를 설치하여 이용자의 휴식과 대화의 장소로 활용할 수 있도록 한다.

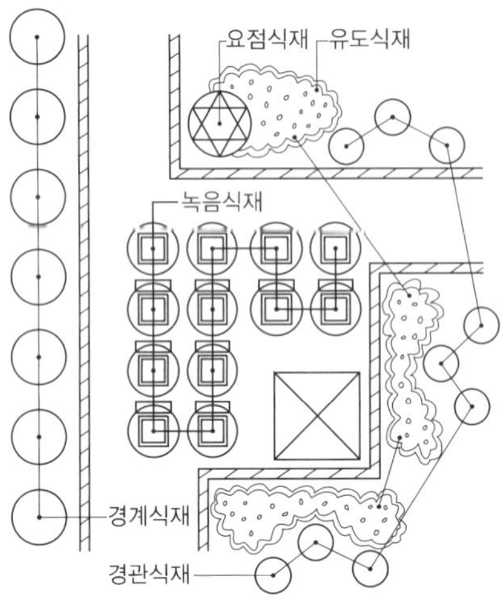

[광장식재(수목보호대 이용)녹음식재]

㉡ 녹음식재를 이용한 광장 : 중앙에 수목보호대 겸 벤치를 설치하고 유도와 녹음기능을 겸한 녹음수를 식재한다. 광장 주변에 퍼걸러를 설치하여 휴식과 만남의 장소로 활용할 수 있도록 한다.

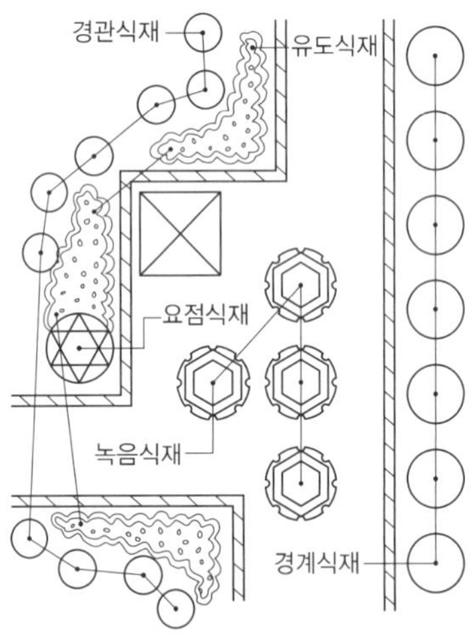

[광장식재(수목보호대 겸 벤치 이용)녹음식재]

③ **휴게공간** : 휴게와 대화를 위한 그늘을 제공해야 하며, 앉아서 쉴 수 있는 벤치, 평상, 벤치 겸용 식재대 등이 필요하다. 공간 외부나 내부에는 녹음식재가 필요하며, 낙엽활엽수로 식재한다.

㉠ 공간의 특성상 울타리식재(차폐)가 필수이며 그늘을 위한 녹음식재, 경관식재, 경계식재 등이 요구된다.

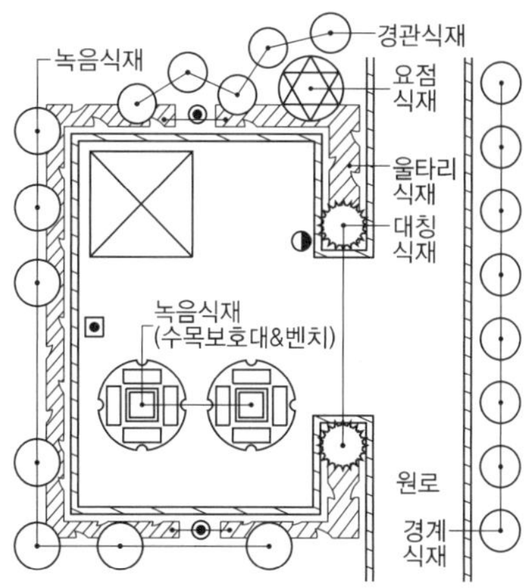

[휴게공간(벤치&수목보호대를 활용한 평상적인 공간)]

㉡ 경관식재와 휴게를 겸한 식재대(Plant Box)를 도입하고, 주변에 휴게시설을 추가하여 준다.

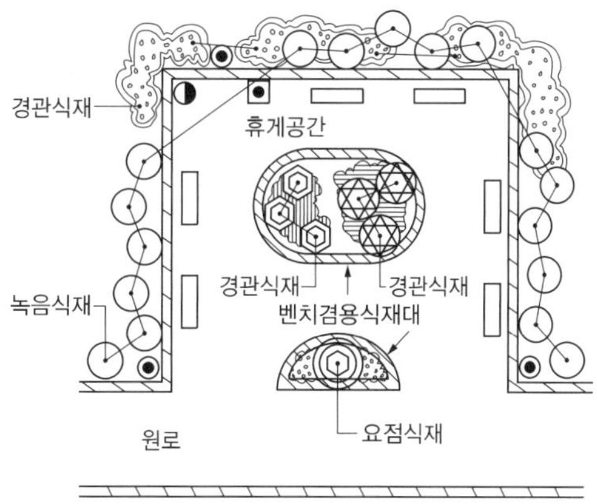

[휴게공간(경관, 녹음, 요점)식재]

④ **놀이공간 및 운동공간** : 동적 활동공간에 해당하므로 주변에는 녹음식재로 그늘을 만들어 주어야 하며, 주변의 공간과 기능을 고려하여 공간 외곽을 차폐·완충을 고려하고, 공간기능상 수목선정에 유의하여 식재한다.

㉠ 운동과 놀이공간 : 공간보호를 위해 울타리를 만들고, 휴식을 위한 녹음식재를 병행하여 식재한다.

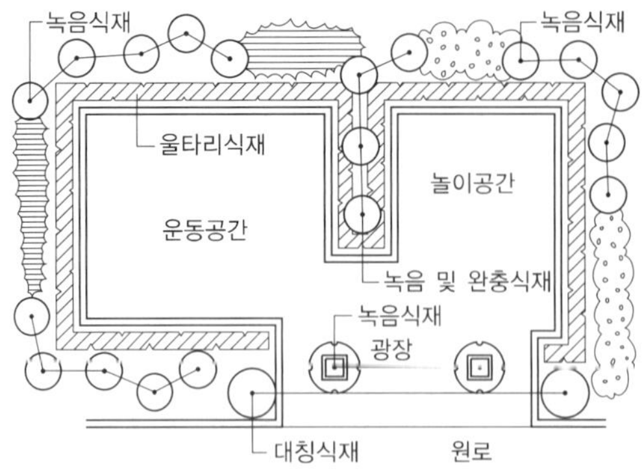

[운동공간&놀이공간 식재]

㉡ 성격이 다른 운동공간 식재 : 중간은 완충식재로 분리한다.

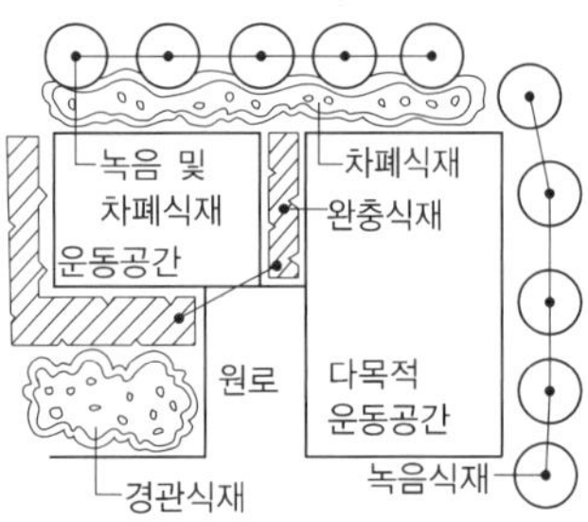

㉢ 정적 공간과 동적 공간의 식재 : 완충 및 차폐식재로 차단한다.

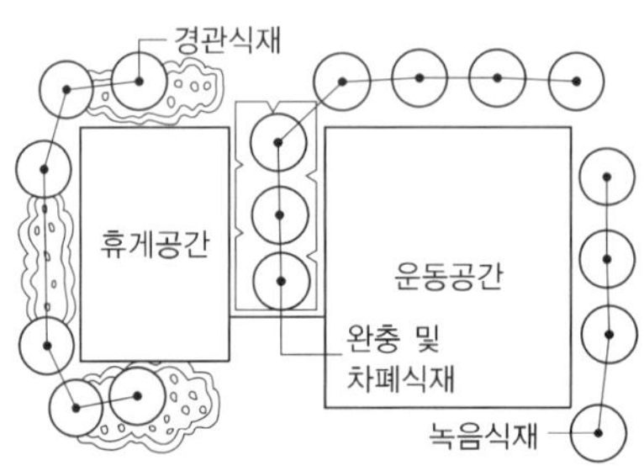

⑤ **수경공간** : 공원의 필수적인 요소로 자리 잡고 있는 공간으로, 학습과 관찰을 요하는 공간이므로 시설물이 주를 이룬다. 수변과 시설물이 조화를 이루도록 해야 하며, 키가 큰 수목은 피한다.

㉠ 공간설계 시 유의사항

- 물가의 낙엽수는 그늘로 인한 수온저하와 수질오염을 낮추기 위해 북쪽에 위치한다.
- 수생식물과 습생식물의 식재주변에는 초화, 관목으로 덤불숲을 이루게 한다.
- 생태를 보호하고 생태를 관찰할 수 있도록 친환경적인 소재를 사용한다.

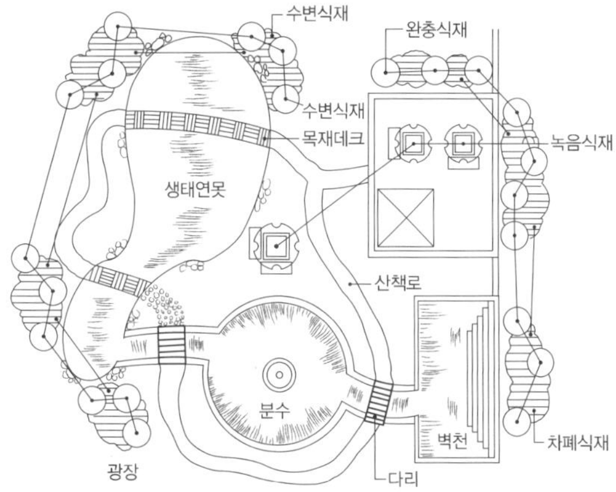

[수경공간주변(수변, 녹음, 완충, 차폐)식재]

⑥ 건물주변

㉠ 식재요소

• 건물의 용도에 알맞은 식재요소가 주를 이룬다.

• 공원의 건물에는 관리사무소, 화장실, 공연장 등이 있다.

㉡ 관리사무소 주변 식재 : 개방된 공간으로 요점식재, 경계식재 등이 필요하다.

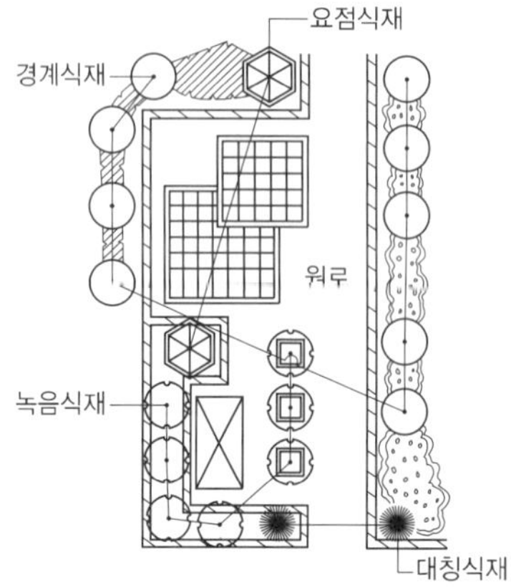

[사무소건물(경계, 녹음, 요점)식재]

㉢ 화장실 주변 식재로 : 차폐식재가 중요하고 인지도를 높이는 요점, 경관식재가 필요하다.

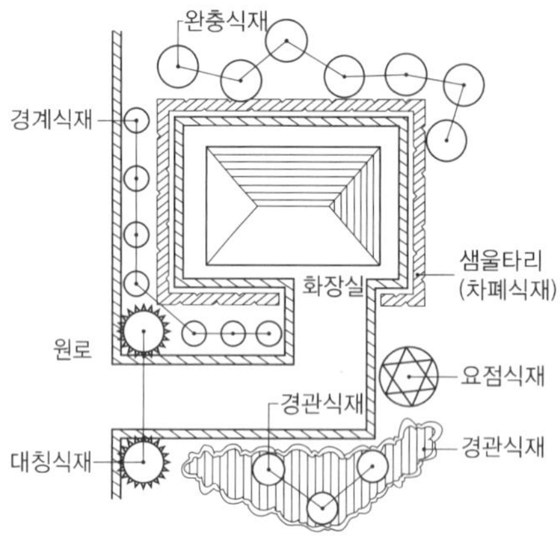

[화장실(차폐, 완충, 요점, 대칭, 경계, 경관)식재]

⑦ 원로주변

㉠ 식재요소

- 원로의 폭에 따라서 식재요소가 달라진다.
- 원로변의 휴게시설과 원로 중앙부에 수목보호대에는 녹음식재를 한다.
- 원로 주변이 단조롭지 않도록 유도식재, 경계식재를 한다.
- 원로변의 가로에는 6m 간격으로 녹음식재를 하고, 사이에는 경계식재를 겸한 관목을 식재한다.

㉡ 설계

- 동선의 휴게시설의 식재 : 경계식재, 녹음식재를 하여 아늑한 공간이 되도록 한다.
- 산책로의 식재는 교목열식으로 편안하고 아늑한 분위기를 연출한다.
- 동선의 주변과 곡선구간의 식재는 유도식재, 경계식재, 경관식재 패턴을 이용한다.

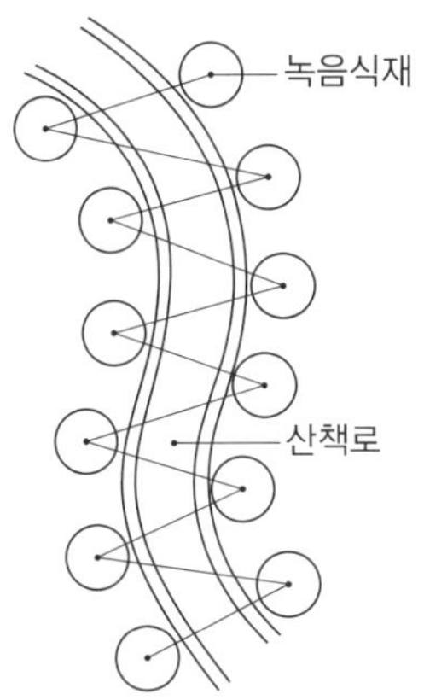

[산책로(녹음식재)]

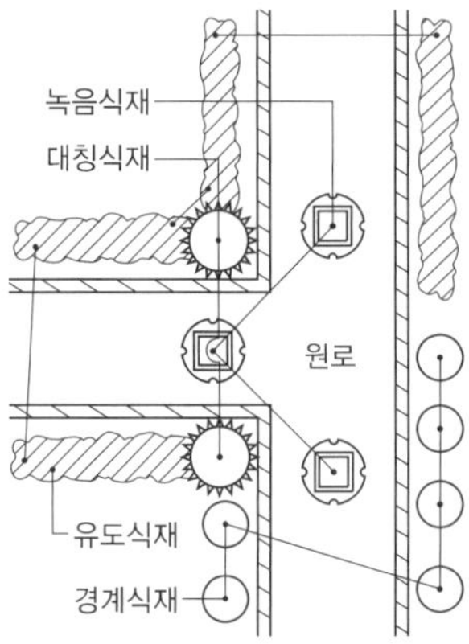

[직선원로주변(유도, 경계, 대칭, 녹음)식재]

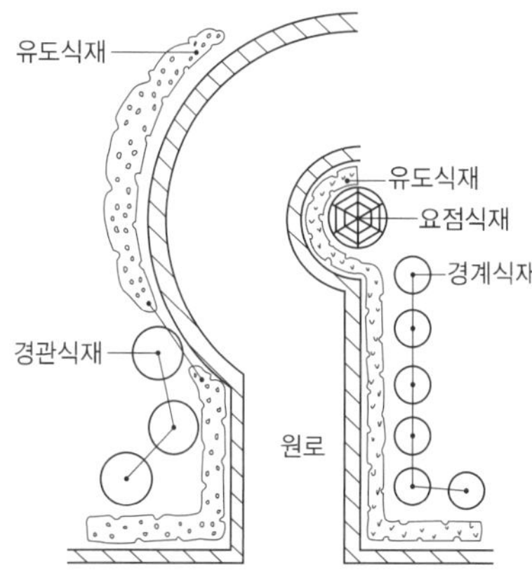

[곡선원로(유도, 경계, 요점, 경관)식재]

⑧ 부지의 경계부

㉠ 설계요소

- 공간의 외주부로서 조경공간의 틀을 이루는 공간이다.
- 전체 공간의 성격을 고려하여 특성화된 식재요소가 필요한 공간이다.
- 사적인 공간이 많은 경우에는 완충·차폐식재 위주로 식재한다.
- 공공성이 주된 공원인 경우에는 산울타리 식재 개념으로 낮게 하여 개방적 공간을 연출한다.

㉡ 설계

- 공간과 경계부가 가까운 경우는 열식·경계식재 패턴으로 단순하게 한다.
- 공간과 경계부가 여유로운 경우에는 2차 식재, 3차 식재를 하여 변화를 준다.
- 공간과 경계부가 넓은 경우에는 교호식재, 열식, 중앙부 자연식재 패턴으로 조화롭게 한다.
- 조금 높게 스카이라인을 형성하도록 위요공간을 형성하여 경관을 아름답게 연출한다.

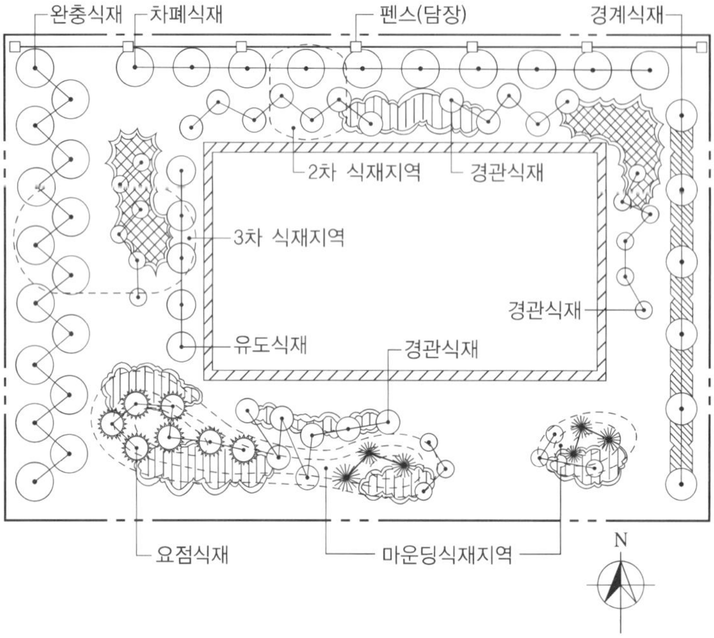

⑨ 주차장

㉠ 설계요소

- 주차장은 진입부와 주차부로 나뉘며, 타 공간과 인접하여 있다.
- 진입부에는 유도식재가 바람직하다.
- 주차부에는 녹음식재를 하여 그늘을 제공한다.
- 타 공간과의 인접부에는 완충식재로 공간과 공간을 구분해 준다.
- 옥외주차장인 경우 차량 5대마다 녹음수 1주의 비율로 분산하여 식재한다.

㉡ 설계

- 진입구 가까이에는 식재하지 않는다.
- 차량의 편리한 이동을 위해서 유도식재를 한다.
- 인접공간과의 경계부에는 완충식재로 경계를 고려해야 한다.
- 주차구획의 대·소에 따라 녹음식재가 이루어지므로, 구획이 큰 경우에는 녹음수 식재가 어렵다.
- 도로와 인접한 경계부에는 차폐식재로 막아 줄 필요가 있다.

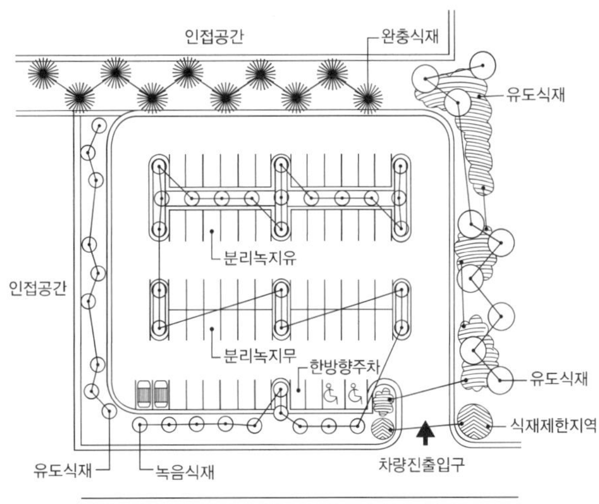

주차장(녹음, 유도, 완충)식재&식재제한구역

⑩ 옥상조경

㉠ 설계요소

- 기능적 식재보다는 옥상녹화시스템에 맞는 수목을 선정하는 것이 무엇보다 중요하다.
- 열악한 환경에서도 잘 견딜 수 있는 수목을 선택한다.
- 외곽지에는 수고가 낮게 크는 교목으로 하고, 안쪽에는 소교목, 관목, 초화류로 식재한다.

㉡ 수목의 선정 시 고려사항

- 키가 작고, 전지 · 전정이 필요 없이 관리가 용이한 수종을 선택한다.
- 피복식생은 일사의 차단과 토양 표면의 보호를 위해 견고한 피복 상태를 보이는 초본류를 선택한다.
- 심근성 수종보다는 천근성 수종으로 선정한다.
- 이식 후 활착이 빠르고 생장이 지나치게 왕성하지 않은 수종을 선택한다.
- 내건성, 내한성, 내습성, 내광성 등에 고루 강한 수종을 선택한다.

㉢ 옥상녹화시스템에 적합한 수종

- 초화류 : 바위연꽃, 민들레, 난장이붓꽃, 한라구절초, 애기원추리, 섬기린초, 두메부추, 벌개미취, 제주양지꽃, 사철채송화 등
- 관목류 : 철쭉류, 회양목, 사철나무, 무궁화, 정향나무, 조팝나무, 눈향
- 교목류 : 단풍나무, 향나무, 섬잣나무, 비자나무
- 옥상조경 및 인공지반 조경의 식재 토심 : 일반식재의 토심보다는 완화된 기준이 정해져 있다. 토심은 배수층을 제외한 두께로 한다.

(국토교통부고시 제2021-1778호)

성상	토심	인공토양 사용 시 토성
초화류 및 지피식물	15cm 이상	10cm 이상
소관목	30cm 이상	20cm 이상
대관목	45cm 이상	30cm 이상
교목	70cm 이상	60cm 이상

㉣ 설계

- 외곽부의 수목은 천근성 교목으로 선정한다.
- 중간지역은 소교목이나 관목으로 선정하여 높이를 조절한다.
- 내부는 초화류 등으로 배식하여 경관을 조성한다.
- 내부에서의 시각이 넓고 안정되도록 하여 심리적 안정감을 주도록 한다.

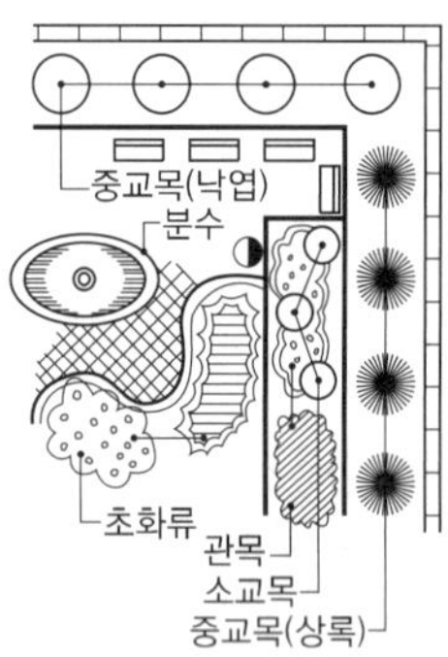

[옥상조경 설계평면도(일부)]

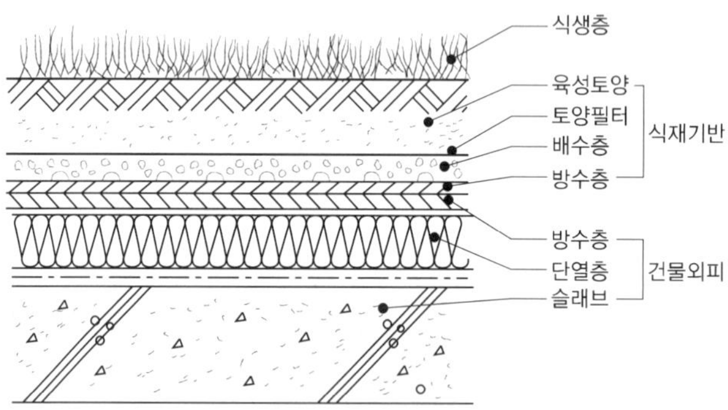

[옥상조경 식생기반 단면상세도]

⑪ 생태공간

㉠ 설계요소

- 연못이나 습지 등 수공간을 위주로 이루어진다.
- 수생식물과 습생식물로 구분하여 알아둘 필요가 있다.
- 생태공간은 주로 호안이나 연못의 단면을 그리는 것이 보통이다.
- 식물의 식재상태를 그려야 한다.

㉡ 수생식물과 습생식물

- 수생식물 : 생육기의 일정 기간에 식물체의 전체 혹은 일부분이 물속에서 생육하는 식물
- 습생식물 : 습한 토양에서 생육하는 식물

㉢ 생태공간의 식물

생활형	적절한 수심	특징	식물명
습생식물 (습지식물)	0cm 이하	물기에 접한 습지보다 육지 쪽으로 위쪽에 서식	갈풀, 달뿌리풀, 여뀌류, 고마리, 물억새, 갯버들, 버드나무, 오리나무
정수식물 (추수식물)	0~30cm	뿌리를 토양에 내리고 줄기를 물 위로 내놓아 대기 중에 잎을 펼치는 수생식물	택사, 물옥잠, 미나리 등(수심 20cm 미만), 갈대, 애기부들, 고랭이, 창포, 줄 등
부엽식물	30~60cm	뿌리를 토양에 내리고 잎을 수면에 띄우는 수생식물	수련, 어리연꽃, 노랑어리연꽃, 마름, 자라풀, 가래 등
침수식물	45~190cm	뿌리를 토양에 내리고 물속에서 생육하는 수생식물	말즘, 검정말, 물수세미 등
수생식물 없음	200cm 이상	식물생육에 부적합한 깊이	-
부수식물 (부유식물)	수면	물 위에 자유롭게 떠서 사는 수생식물	개구리밥, 생이가래, 부레옥잠 등

㉣ 생태연못의 식물군락 식생분포 및 설계예시

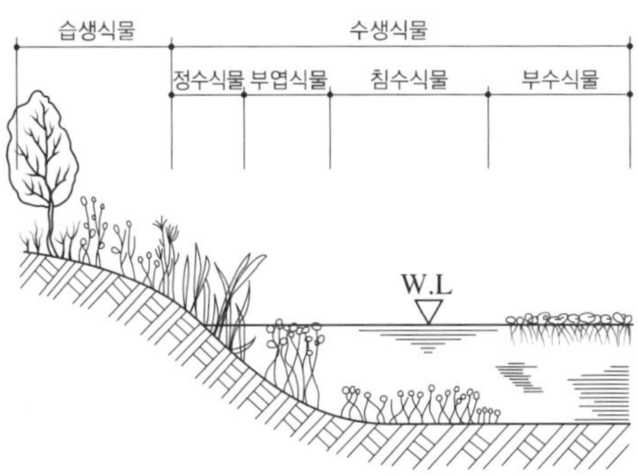

[생태연못 식물 모식도]

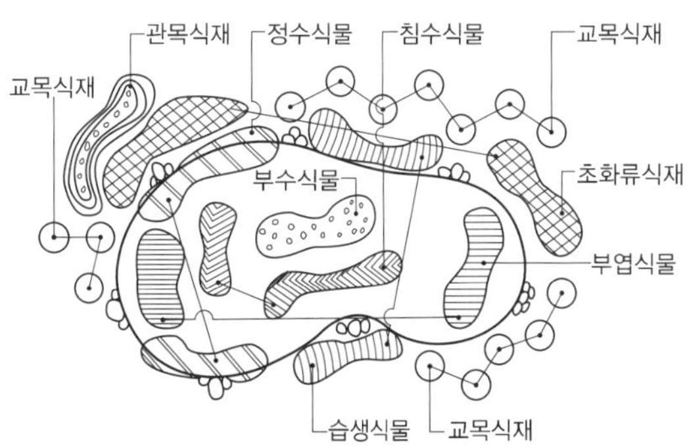

[생태연못주변식생 평면도]

4 도면작성법

(1) 도면의 종류

도면은 3차원의 입체적인 대상을 2차원의 평면에 기호와 문자로 나타낸 것이다. 3차원의 입체적인 대상을 2차원의 평면에 나타내므로 한 종류의 도면만으로는 완벽하게 나타낼 수가 없으며, 필요에 따라서 여러 방향과 높이에서 투시한 모양을 표현한다.

① **평면도**

㉠ 대상물을 위에서 아래로 수직으로 내려다 본 것을 그린 그림으로 지면의 위에 있는 것들을 모두 나타낸다.

㉡ 대상지의 전체 설계내용이 포함되어 있는 기본도면이며, 이를 기준으로 다른 모든 도면이 작성된다.

㉢ 조경에서는 배치도라는 용어가 평면도와 같이 인식된다.

② **입면도** : 대상물의 한 면에서 정면으로 바라본 대상물의 외형을 그린 것으로, 시설물의 형태나 수목의 식재형태 등을 보여줄 때 쓰인다.

③ **단면도**

㉠ 대상물을 수직으로 절단한 후 그 절단면을 정면으로 바라본 것을 그린 것이며, 조경설계도의 단면도는 시설물보다는 부지 지하층의 구조를 정확히 나타내고자 한다.

㉡ 단면을 그리기 위한 시선에 보이는 입면을 그리는 입단면도의 형태로 그리는 것이 좋다.

④ **상세도**

㉠ 도면의 전체 축척으로 작도하였으나 크기가 작아서 미세한 부분을 도시하지 못할 경우에 일부분의 축척을 확대하여 그 부분을 전체 도면보다는 상세하게 그리는 도면으로, 일명 부분상세도라고 한다.

㉡ 조경설계에서는 단면상세도가 많으며, 평면상세도 및 입면상세도를 도시하기도 한다.

(2) 도면의 작성

① 개념도(설계개념도, 평면구상도, 기본구상개념도)

㉠ 조경설계에서 요구하는 개념도는 설계안을 작성하기 위하여 구상된 내용을 자유스럽게 도면으로 표기한 것이다.

㉡ 구상 단계에 따라 축척과는 상관없이 그리는 개념적 구상도와 축척의 개념을 가지고 부지의 조건에 맞춘 부지상 기능구상도, 설계개념이 모두 포함된 개념도로 나눌 수 있다.

㉢ 조경설계에서의 개념도는 설계시간의 제약이 따르므로 부지상 기능구상도에 설계개념을 가미한 개념도로 충분하다.

② 개념도 작성 순서

㉠ 축척에 맞추어 자를 사용하여 부지경계선을 긋는다.

㉡ 진입구에 따른 동선을 설정한다.

㉢ 동선으로 구획된 공간에 시설공간을 배치한다.

㉣ 동선과 시설공간의 관계를 설정한다.

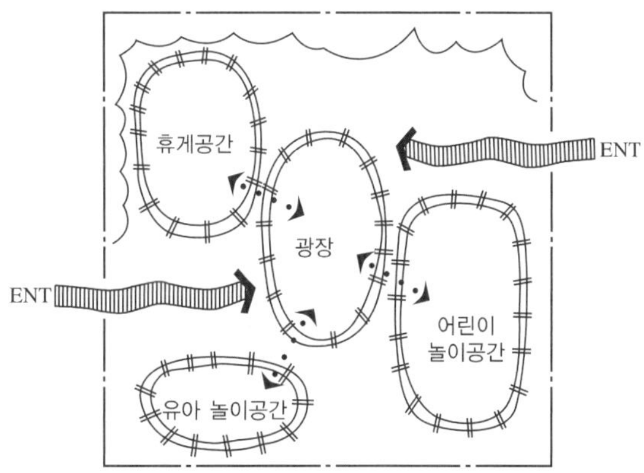

[기본개념도]

㉤ 동선을 결정한 후 시설공간과 동선을 그린다.

㉥ 동선과 시설공간을 제외한 곳은 식재지로 하며, 기능별로 구분하여 식재지역을 그린다.

㉦ 시설공간 및 식재지역의 설계개념을 서술하고 시설물, 포장, 수목 등의 보조적 내용도 기입한다. 도면명인 타이틀을 작성하여 완성한다.

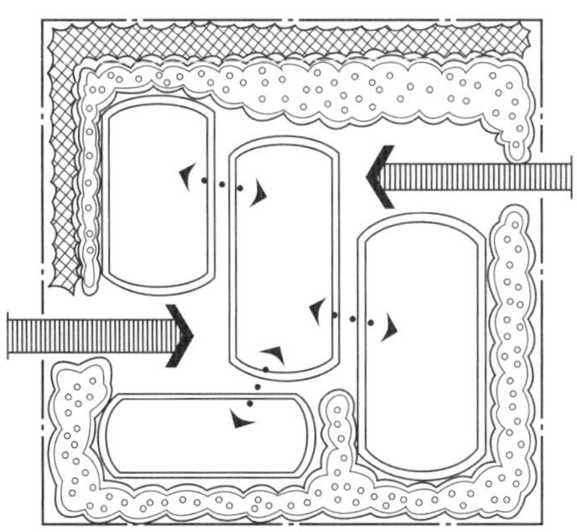

[식재개념도]

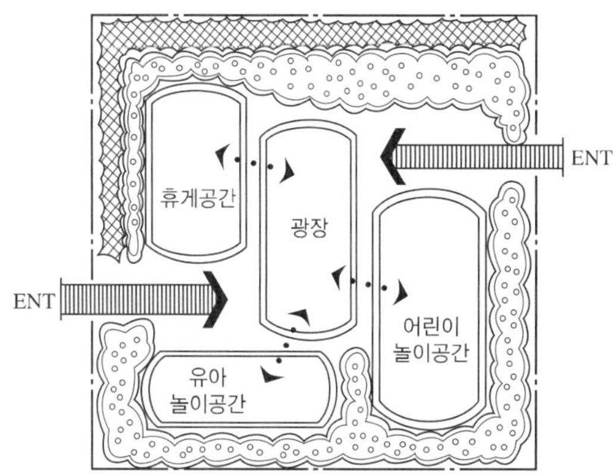

[설계개념도]

③ 기본설계도(시설물평면도, 시설물배치도, 계획평면도)

설계개념이 정립된 후 실제 설계과정에서 그려지는 도면이다. 설계도면 작성 시 꼭 필요한 도면으로 동선과 시설공간을 그린 후 시설물 배치로 완료한다.

㉠ 기본설계도 작성 순서

- 축척에 맞춰 부지경계선을 긋는다.
- 동선을 용도에 맞게 그린 후 시설공간을 그려 식재지와 구분한다.

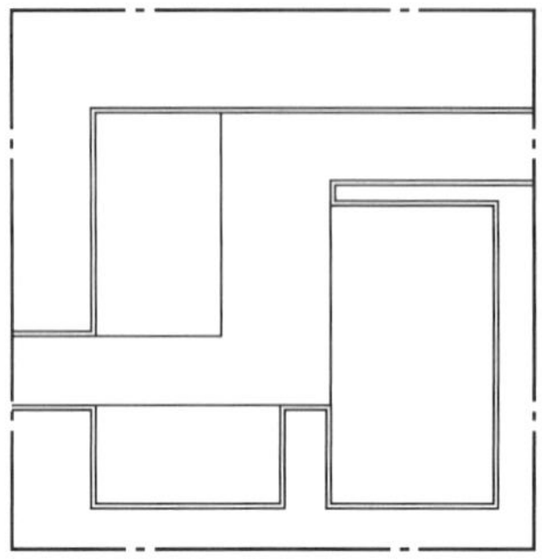

[식재공간 및 이동공간]

- 동선 및 시설공간에 시설물을 넣고 공간명을 기입한다.

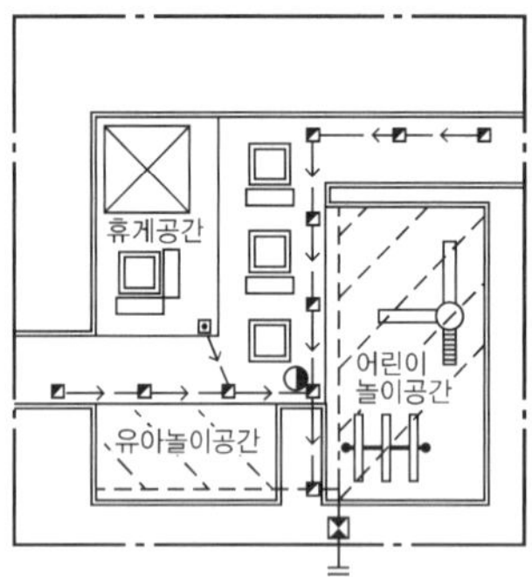

[공간별 시설물 배치도]

- 마감재질과 해칭표시 등을 기입한 후 타이틀을 작성하여 완성한다.

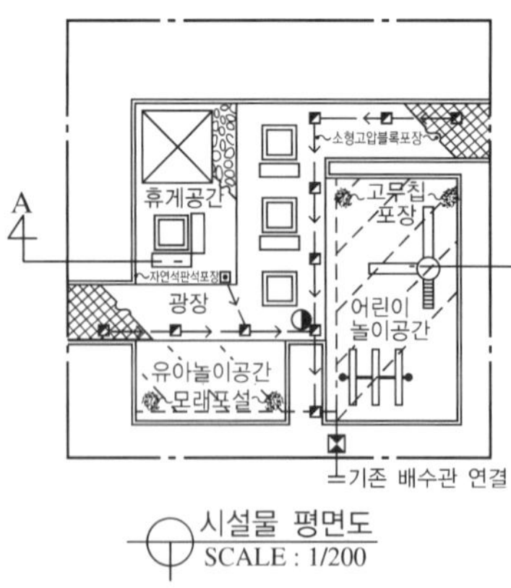

④ **식재설계도(식재평면도, 배식설계도, 식재배치도)** : 기본설계도를 기준으로 식재공간에 배식한다. 수목의 식재 시에는 수목의 규격, 성상 등에 차등을 두어 표기하는 것이 좋다.

㉠ 기본설계도와 같은 평면을 작성하여 식재공간을 확보한다.

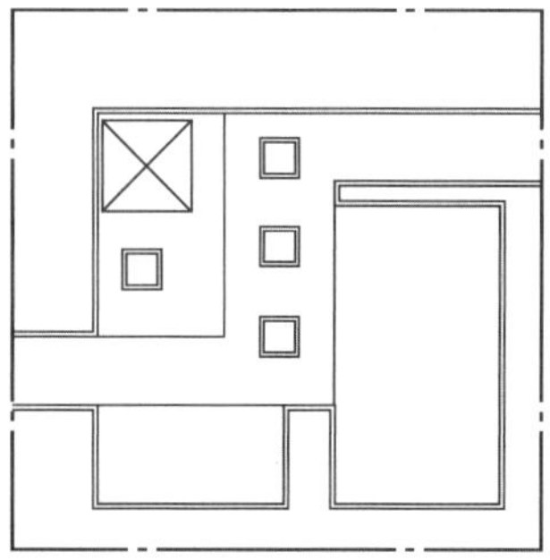

[식재공간 배치]

㉡ 외주부의 차폐식재 및 완충식재와 원로변, 시설공간 등의 녹음식재와 경계식재 등 기능적 식재를 먼저 한다.

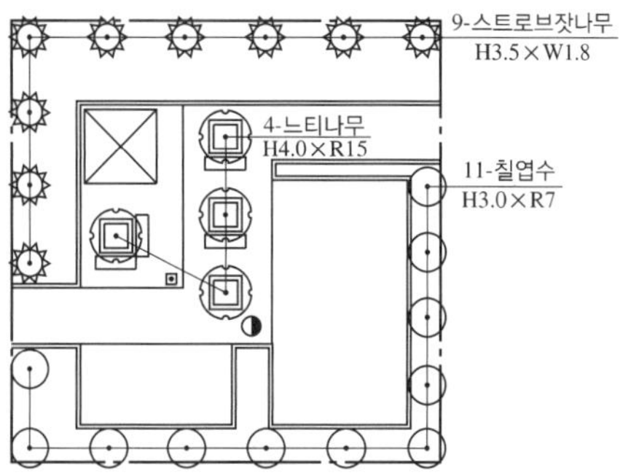

[외곽녹지수목식재]

㉢ 나머지 공간에 유도식재, 경관식재 등을 적절히 식재하고, 인출선 기입을 확인한다. 도면명인 타이틀을 작성하여 완성한다.

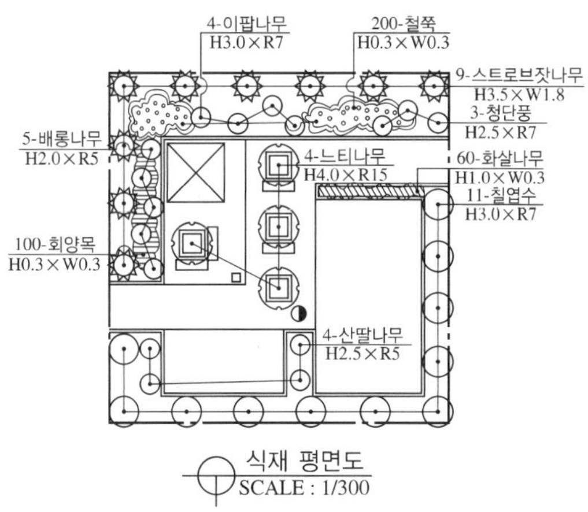

⑤ **단면도** : 단면도는 부지 전체를 절단해서 그리는 부지단면도의 성격이 크다. 주어진 부지에 절단위치가 표시되어 있거나 설계자 스스로가 절단위치를 선정하여 그리도록 요구하는 경우도 있으므로 절단선 위치의 적정성을 고려하며, 대지의 고저차가 있는 경우에는 고저차의 해결방안이 보이도록 절단선의 위치를 정하는 것이 좋다.

⑥ 단면도 작성 순서

㉠ 기본설계도(시설물 평면도, 식재평면도)상의 절단위치에 단면표기를 한다.

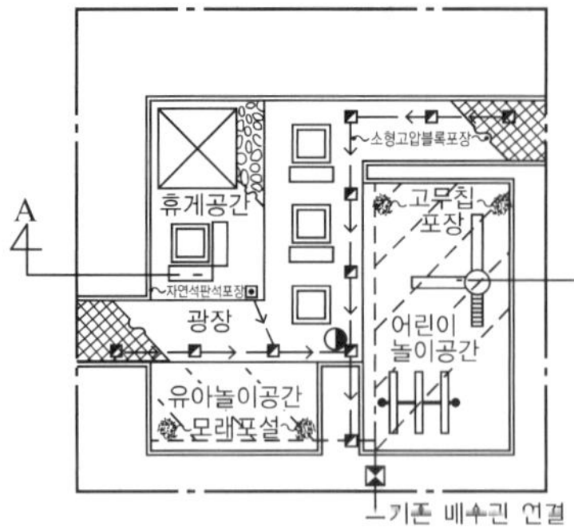

시설물 평면도
SCALE : 1/200

㉡ 단면의 폭과 지반면의 위치를 정하고 위쪽으로 1m 간격의 보조선을 긋는다.

㉢ 지반의 고저에 맞추어 지반면을 그린 후 시설물과 수목의 입면을 그린다.

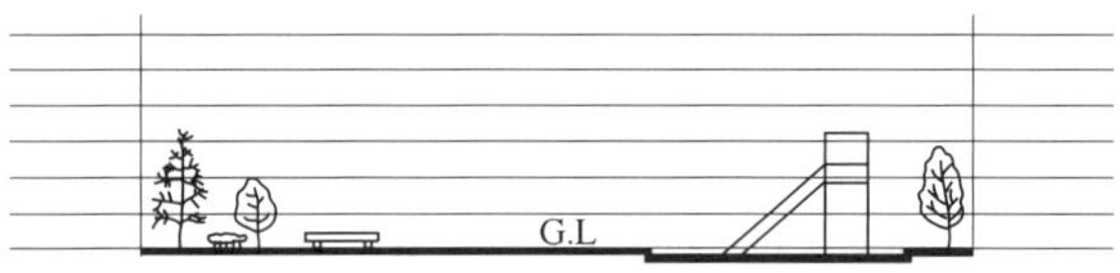

[지상단면도 기본배치도]

㉣ 인출선이나 공간구획선, 레벨표시 등을 그린 후 특징이나 명칭을 기입한다.

㉤ 글씨를 모두 기입하고 지반면의 선을 넓게 표시한 후 타이틀을 작성하여 완성한다.

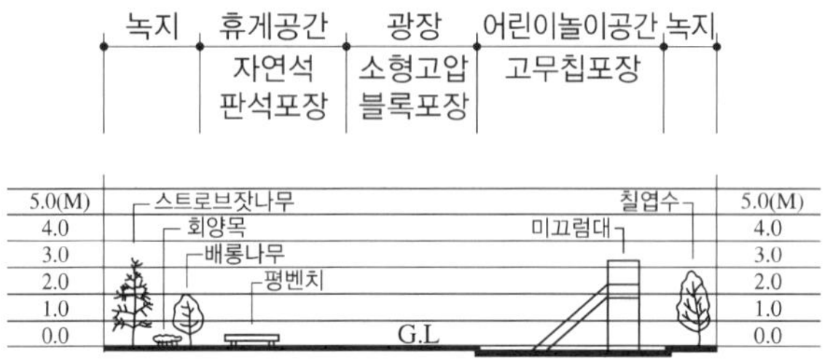

A-A′ 단면도
SCALE : 1/200

03 작품유형별 설계

1 어린이공원

(1) 어린이공원의 개념

어린이들의 정서적 안정과 건강향상에 도움을 주고 협력과 공동체의식을 심어주기 위한 목적으로 설치된 공원을 말한다.

(2) 어린이공원의 특징

① 접근성 용이
② 주민과 어린이들의 휴식과 놀이를 위한 장소
③ 안전성 확보
④ 외부 여가활동 증대
⑤ 오픈스페이스로 쾌적한 주거환경 형성
⑥ 주민들의 사회적 교류 및 활동성 증대
⑦ 정체성을 가진 주거지로서의 기능 확대

(3) 어린이공원의 유형

공간유형	입지조건	유치거리	면적	시설물내용
유아공원 (5세 미만)	• 안전성 쾌적성을 갖춘 위치 • 주거지 내, 상위공원 내 • 평탄한 위치	150~250m	1인당 3~4m^2	• 유아용 놀이기구 • 보호자를 위한 휴게시설물 • 모래밭
유년공원(11세 미만)/ 소년공원(12세 이상)	• 안전성, 편익성, 쾌적성을 충족하는 위치 • 기복, 경사, 지표면의 다양화를 갖춘 위치	800m 한계	1인당 9~14m^2	• 동적 놀이기구 • 정적 놀이기구 • 다목적운동장 • 휴식을 위한 휴게시설물

(4) 어린이공원 유형에 따른 공간구성

① 유아공원
㉠ 유아원 등 옥내 유아시설에서 직접 놀이터로 이동할 수 있는 짧은 동선과 출입구를 설계한다.
㉡ 유아들의 안전성 확보를 위하여 울타리나 펜스 등의 관리시설을 계획한다.
㉢ 유아 보호자의 휴식과 관찰을 위한 휴게공간을 주변에 설계한다.

② 유·소년공원
㉠ 적극적인 활동을 요하는 다양한 놀이시설을 기준으로 설계한다.
㉡ 연령, 성별, 동적·정적 놀이에 따라 적절한 공간을 구획한다.
㉢ 놀이시설 설치공간과 이용공간의 공간 사이에 완충공간을 두어 안전하게 구획한다.

(5) 어린이공원의 수목 선정

① 교육적 가치가 있는 수종
② 훼손이나 꺾음, 밟음에 잘 견디는 수종
③ 병충해에 강하고 잘 자라는 수종
④ 가시나 유독성이 없는 수종
⑤ 수형, 꽃, 과실이 아름다운 수종
⑥ 유지관리가 쉬운 수종
⑦ 대기, 수질, 환경오염에 강한 수종
⑧ 자연 향기가 있고, 단풍이 아름다운 수종

연습문제 어린이공원설계 1

※ 설계요구사항

중부지방의 아파트단지 내에 위치한 1,500m^2의 어린이공원 부지이다. 주어진 현황도와 설계조건을 참고로 하여 설계요구조건에 따라 설계도를 작성하시오.

문제 01

다음의 설계조건에 의한 평면기본구상도(계획평면도)를 설계요구조건에 따라 작성하시오.[답안지 Ⅰ]

※ 설계요구조건

① 현황도를 축척 1/200로 확대하여 작성할 것

② 주동선(폭원 2m), 부동선(폭원 1.5m)으로 동선을 구분하여 동선계획을 하시오.

③ 각 공간을 휴게공간, 놀이공간, 운동공간, 잔디공간, 녹지로 구분하고 각 공간의 배치 위치와 규모는 다음 기준을 고려하여 배분할 것

④ 공간의 성격, 개념과 [문제 2]에서 요구된 시설 등을 간략히 기술하시오.

㉠ 휴게공간 : 부지중앙에 위치시키고 소형고압블록으로 바닥을 포장한다. 규모는 100m^2 이상

㉡ 놀이공간 : 서측 녹도와 북측 차도에 접한 위치에 배치하고 바닥은 모래를 깐다. 규모는 50m^2 이상

㉢ 운동공간 : 남측 근린공원과 동측 아파트에 접하여 배치하고 마사토로 포장한다. 규모는 다목적 운동장으로 24×12m

㉣ 잔디공간 : 남측 근린공원과 서측 녹도에 접하여 배치하고 가장자리를 따라 경계, 녹음 등의 식재를 한다. 규모는 250m^2 이상

㉤ 녹지 : 나머지 공간으로 식재개념을 경계·녹음·차폐·요점식재 등으로 구분하여 표현하시오.

문제 02

[문제 1]의 평면기본구상도(계획개념도)에 부합되도록 다음 사항을 참조하여 기본설계도(시설물 배치도 및 배식설계)를 작성하시오.[답안지 Ⅱ]

※ 설계요구조건

① 현황도를 축척 1/200로 확대하여 작성할 것

② 수용해야 할 시설물은 다음과 같다.

㉠ 수목보호대(2×2m) : 1개소

㉡ 화장실(3×4m) : 1개소

㉢ 퍼걸러(5×5m) : 2개소

㉣ 음수대 : 1개소

㉤ 휴지통 : 3개 이상

㉥ 벤치 : 5개 이상(퍼걸러 안의 벤치는 제외)

㉦ 미끄럼대·그네·정글짐 : 각 1대

③ 설계 시 수용시설물의 크기와 기호는 다음 그림으로 한다.

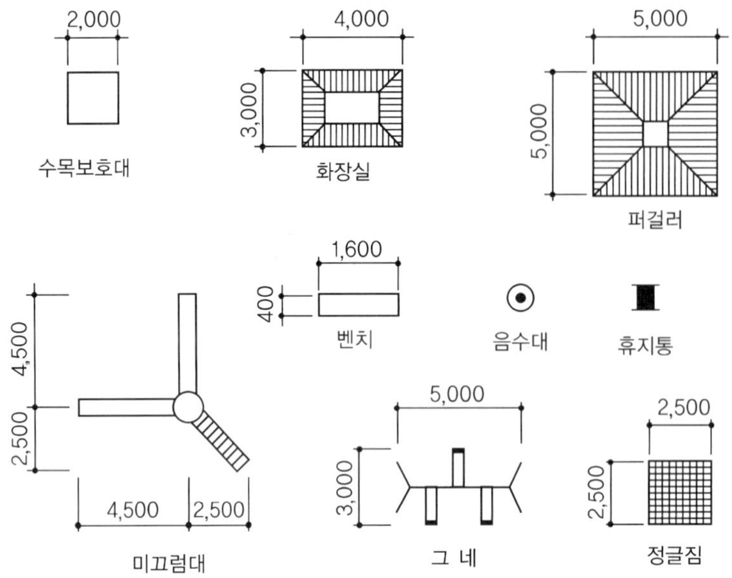

④ 공간유형에 주어진 포장재료를 선택하여 표현하고 그 재료를 명시할 것

⑤ 식재수종은 〈보기〉에서 선택하여 사용하되 계절의 변화 등을 고려하여 10종 이상을 사용할 것

> **보기**
> 소나무, 잣나무, 히말라야시다, 섬잣나무, 동백나무, 청단풍, 홍단풍, 사철나무, 회양목, 후박나무, 느티나무, 쥐똥나무, 향나무, 산철쭉, 피라칸사스, 팔손이나무, 산수유, 백목련, 왕벚나무, 수수꽃다리, 자산홍

⑥ 수목의 명칭·규격·수량은 인출선을 사용하여 표기할 것

⑦ 도면의 우측 여백에 시설물과 식재수목의 수량표를 표기하시오.

⑧ 배식평면의 작성은 식재개념과 부합되어야 하며, 대지 경계에 위치하는 경계식재의 폭은 2m 이상 확보하여야 한다.

<u>현 황 도</u>

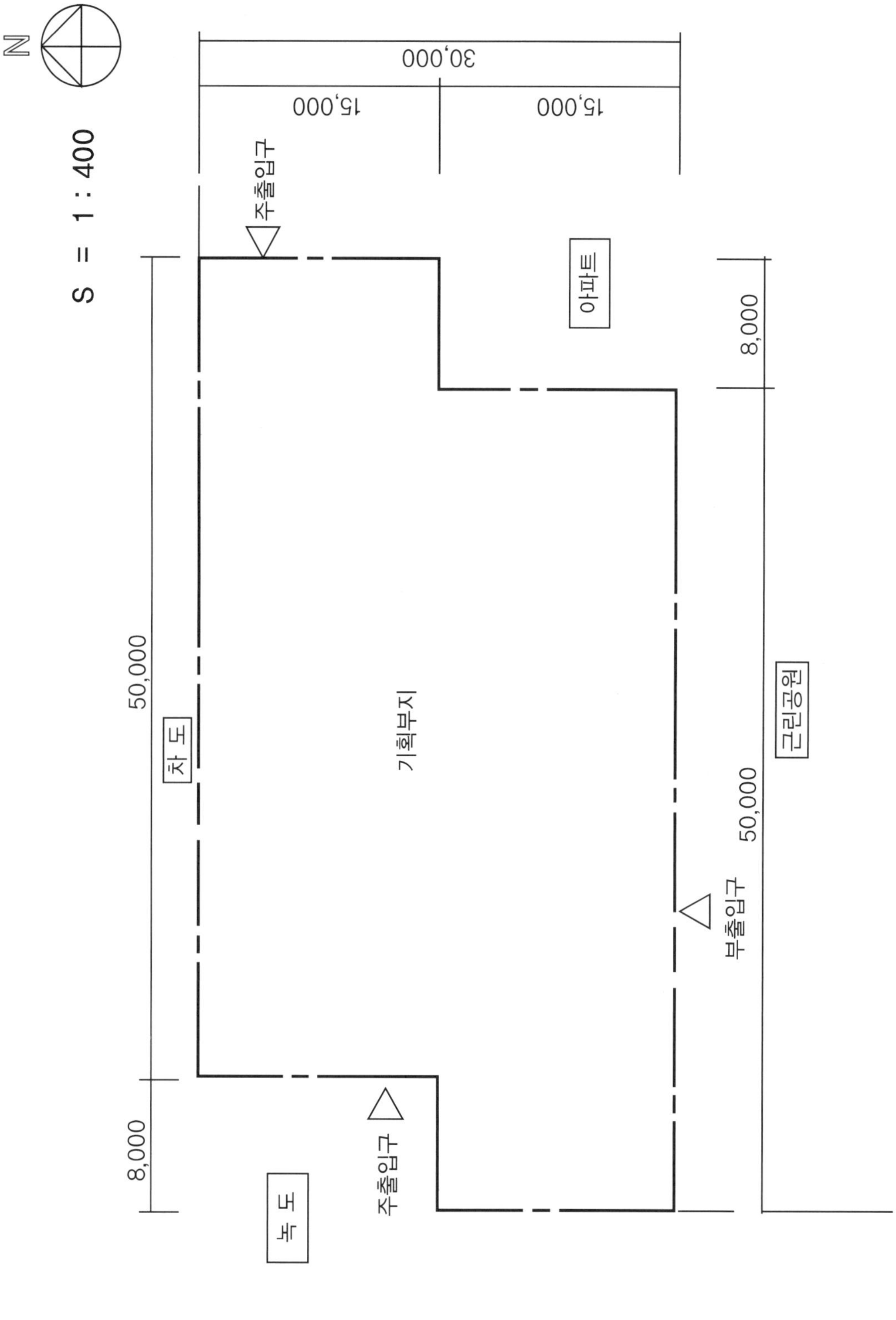

N
S = 1 : 400
30,000
15,000
15,000
주출입구
아파트
8,000
50,000
차 도
기획부지
근린공원
50,000
부출입구
8,000
주출입구
보 도

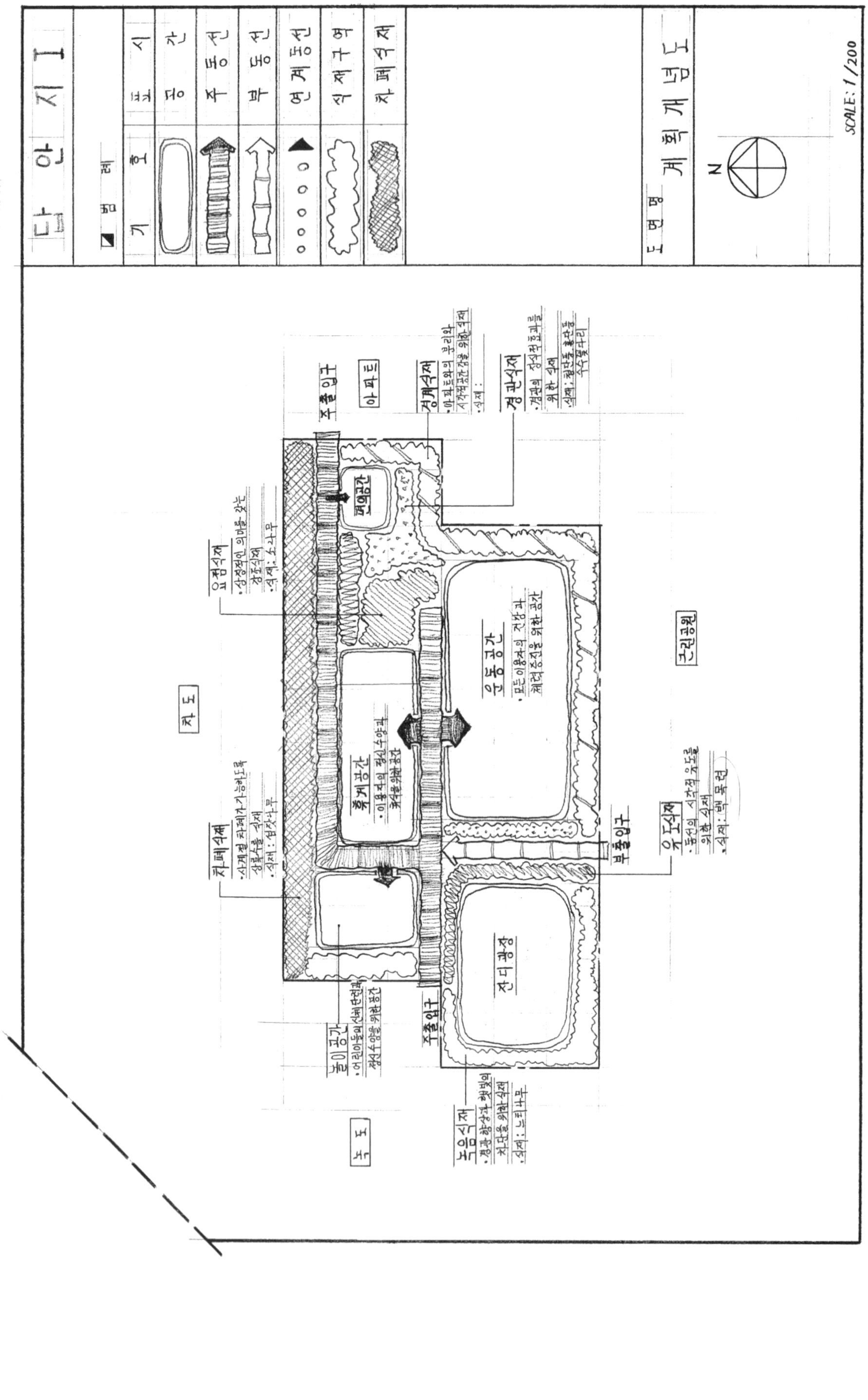

답안지 I
범례
기호
표시
공간
주동선
부동선
연계동선
식재구역
차폐식재
도면명
계획개념도
N
SCALE: 1/200
주출입구
아파트
경계식재
경관식재
휴식공간
운동공간
그린공원
차도
차폐식재
요점식재
놀이공간
잔디광장
부출입구
유도식재
녹음식재
보도

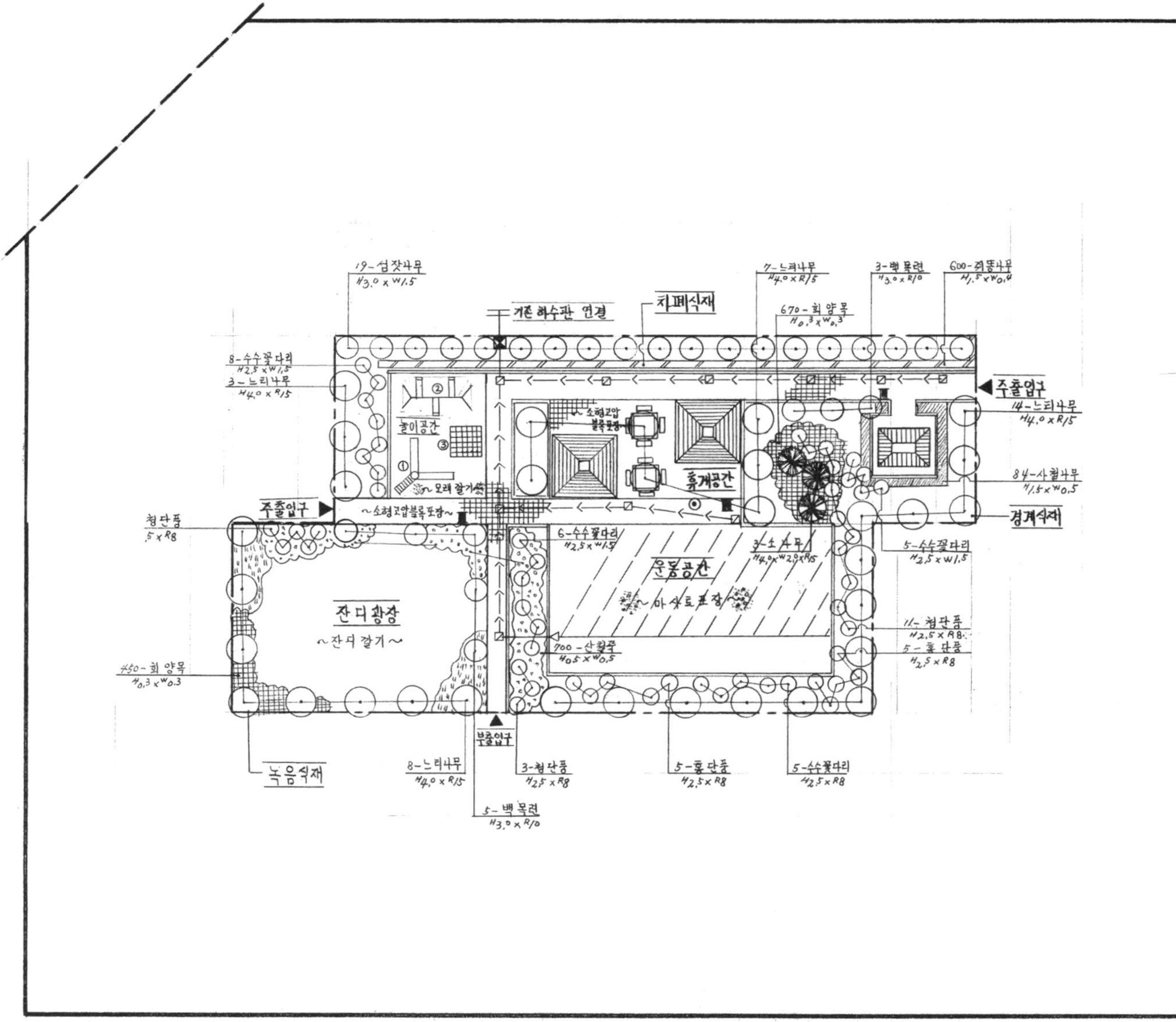

답안지 II

■ 시설물수량표

기호	시설명	규격	단위	수량
	파고라	5,000x5,000	개소	2
	벤치	1,600x400	〃	8
	집수정	900x900	개	1
	빗물받이	600x600	〃	10
	음수대	∅600	〃	1
	휴지통	500x500	〃	3
	수목보호대	2,000x2,000	〃	2
	맹암거	∅150	M	—
①	미끄럼틀	2방식	개	1
②	그네	3연식	〃	1
③	정글짐	2,500x2,500	〃	1

■ 수목수량표

성상	수목명	규격	단위	수량
상교	섬잣나무	H3.0xW1.5	주	19
〃	소나무	H4.0xW2.0xR15	〃	3
낙교	느티나무	H4.0xR15	〃	32
〃	백목련	H3.0xR10	〃	8
〃	홍단풍	H2.5xR8	〃	10
〃	청단풍	H2.5xR8	〃	19
낙관	수수꽃다리	H2.5xW1.5	〃	24
상관	사철나무	H1.5xW0.5	〃	84
낙관	쥐똥나무	H1.5xW0.4	〃	600
상관	회양목	H0.3xW0.3	〃	1120
낙관	산철쭉	H0.5xW0.5	〃	700

도면명: 시설배치도 및 배식설계도

N

0 1 3 5 10 20 (M)

SCALE: 1/200

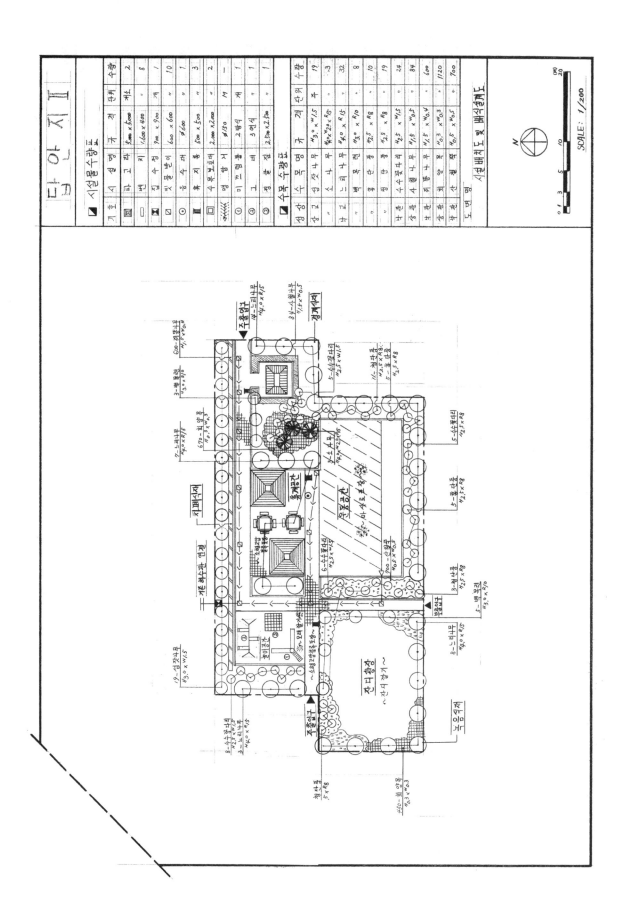

연습문제 어린이공원설계 2

※ 설계요구사항

중부지방 도시주택가의 어린이공원 부지이다. 주변 환경과 지형은 현황도와 같으며, 지표면은 나지이고 토양상태는 양호하다.

문제 01

축척 1/200로 확대하여 어린이공원의 기능에 맞는 토지이용계획, 동선계획, 시설물계획을 나타내는 기본구상 개념도를 작성하고, 구성 방안을 간단히 기술하시오.[답안지 Ⅰ]

문제 02

축척 1/200로 확대하여 시설물 배치 및 식재설계도를 작성하시오. 단, 시설물은 도시공원 및 녹지 등에 관한 법률 시행규칙 제9조에 있는 필수적인 시설물을 반드시 배치하고, 적당한 곳에 도섭지(Wading Pool)를 설치하시오.[답안지 Ⅱ]

문제 03

도면상에 설계된 내용을 가장 잘 나타낼 수 있는 A–A′의 단면절단선을 표시하고, [답안지 Ⅲ]에 축척 1/200로 A–A′의 단면도를 작성하시오.

문제 04

[답안지 Ⅲ]의 여백에 다음의 단면상세도를 그리시오.

① 도섭지의 단면상세도(축척 1/30로 작성)

② Paving의 단면상세도(축척 1/10로 작성)

도시공원 및 녹지 등에 관한 법률 시행규칙 제9조(공원시설의 설치 · 관리기준)

어린이공원에 설치할 수 있는 공원시설은 조경시설 • 휴양시설(경로당 및 노인복지회관은 제외한다) • 유희시설 • 운동시설 • 편익시설 중 화장실 • 음수장 • 공중전화실로 하며, 어린이의 이용을 고려할 것. 다만, 휴양시설 중 경로당으로서 건설교통부령 제488호 도시공원법 시행규칙 전부개정령의 시행일(2005년 12월 30일) 당시 설치 중이었거나 설치가 완료된 경로당은 증축(증축되는 면적은 2005년 12월 30일 당시 설치 중이었거나 설치가 완료된 연면적 이하이어야 한다) • 재축 • 개축 및 대수선을 할 수 있다.

현 황 도

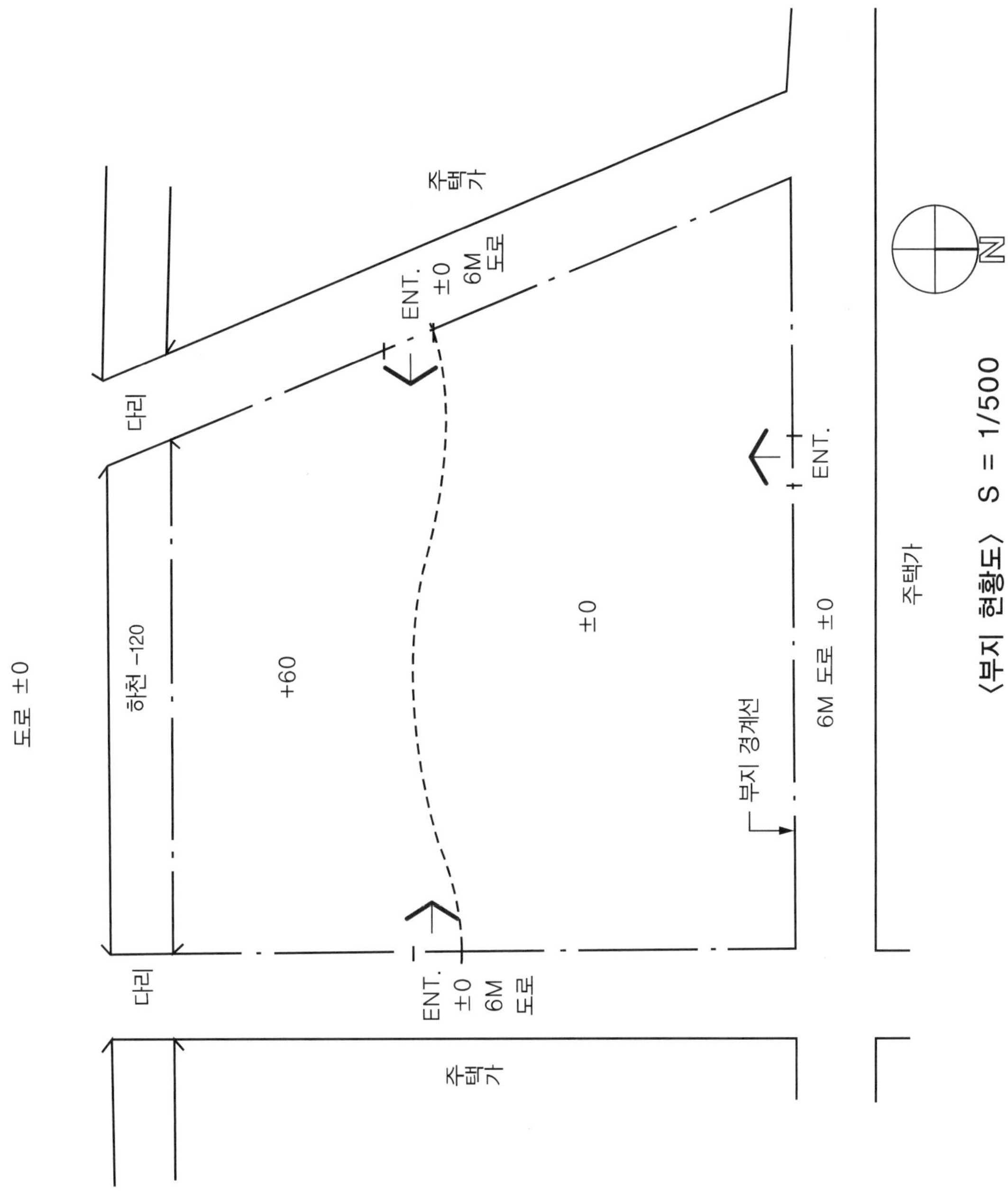

〈부지 현황도〉 S = 1/500

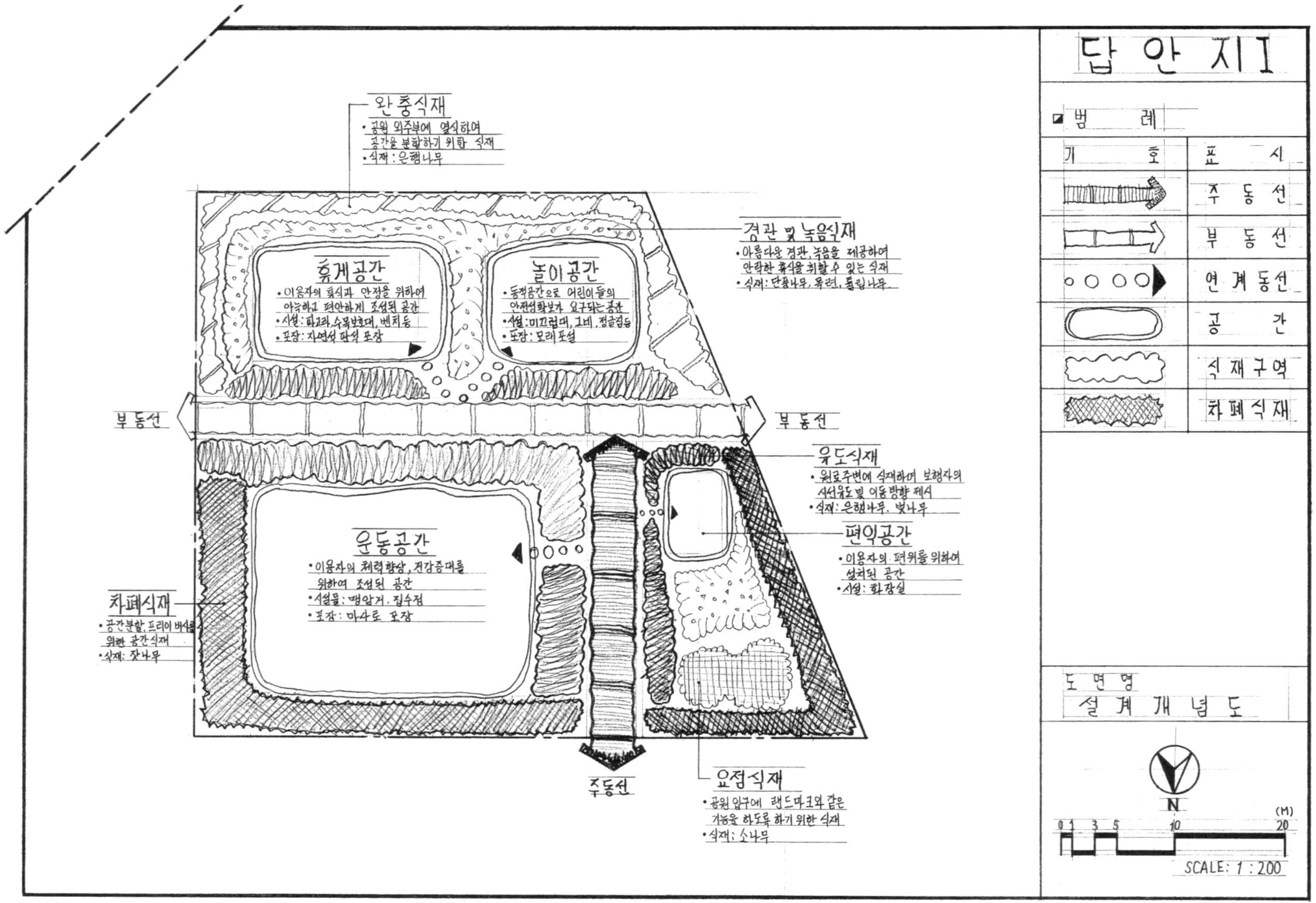

답안지 I
범례
기호
표시
주동선
부동선
연계동선
공간
식재구역
차폐식재
도면명
설계개념도
N
(M)
0 1 3 5 10 20
SCALE: 1 : 200
완충식재
• 공원 외주부에 열식하여 공간을 분할하기 위한 식재
• 식재 : 은행나무
경관 및 녹음식재
• 아름다운 경관, 녹음을 제공하여 안락한 휴식을 취할 수 있는 식재
• 식재 : 단풍나무, 목련, 튤립나무
휴게공간
• 이용자의 휴식과 안정을 위하여 아늑하고 편안하게 조성된 공간
• 시설 : 파고라, 수목보호대, 벤치 등
• 포장 : 자연석 판석 포장
놀이공간
• 동적공간으로 어린이들의 안전성확보가 요구되는 공간
• 시설 : 미끄럼대, 그네, 정글짐 등
• 포장 : 모래 포설
부동선
부동선
유도식재
• 원로주변에 식재하여 보행자의 시선유도 및 이동방향 제시
• 식재 : 은행나무, 벚나무
편익공간
• 이용자의 편의를 위하여 설치된 공간
• 시설 : 화장실
운동공간
• 이용자의 체력향상, 건강증대를 위하여 조성된 공간
• 시설물 : 평의자, 집수정
• 포장 : 마사토 포장
차폐식재
• 공간분할, 드라이 버시를 위한 공간 식재
• 식재 : 잣나무
주동선
요점식재
• 공원 입구에 랜드마크와 같은 기능을 하도록 하기 위한 식재
• 식재 : 소나무

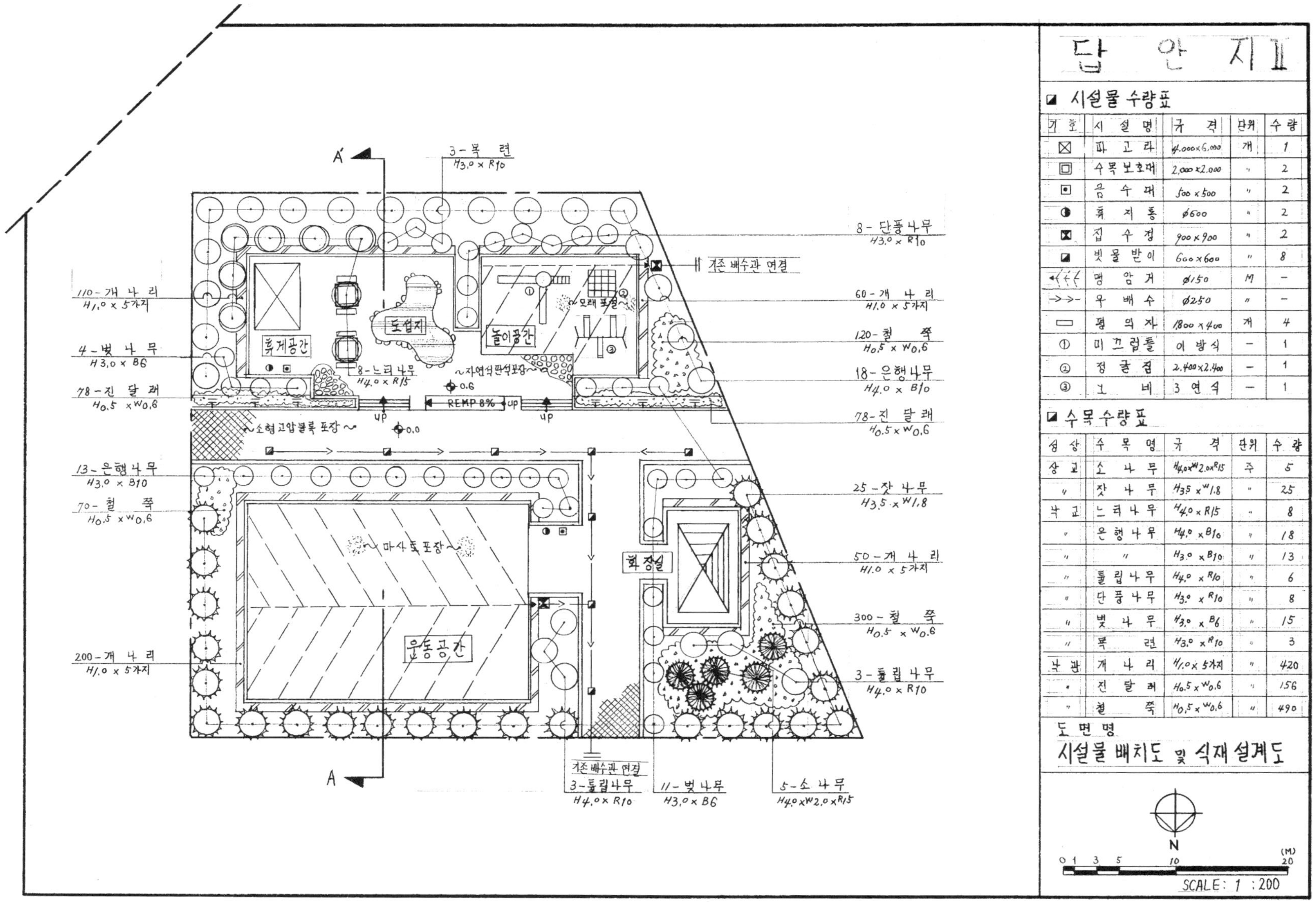
답 안 지 Ⅱ
시설물 수량표
기호 | 시설명 | 규격 | 단위 | 수량
파고라 | 4,000×6,000 | 개 | 1
수목보호대 | 2,000×2,000 | 〃 | 2
음수대 | 500×500 | 〃 | 2
휴지통 | φ600 | 〃 | 2
집수정 | 900×900 | 〃 | 2
빗물받이 | 600×600 | 〃 | 8
맹암거 | φ150 | M | –
우배수 | φ250 | 〃 | –
평의자 | 1800×400 | 개 | 4
① 미끄럼틀 | 이방식 | – | 1
② 정글짐 | 2,400×2,400 | – | 1
③ 그네 | 3연식 | – | 1
수목수량표
성상 | 수목명 | 규격 | 단위 | 수량
상교 | 소나무 | H4.0×W2.0×R15 | 주 | 5
〃 | 잣나무 | H3.5×W1.8 | 〃 | 25
낙교 | 느티나무 | H4.0×R15 | 〃 | 8
〃 | 은행나무 | H4.0×B10 | 〃 | 18
〃 | 〃 | H3.0×B10 | 〃 | 13
〃 | 튤립나무 | H4.0×R10 | 〃 | 6
〃 | 단풍나무 | H3.0×R10 | 〃 | 8
〃 | 벚나무 | H3.0×B6 | 〃 | 15
〃 | 목련 | H3.0×R10 | 〃 | 3
낙관 | 개나리 | H1.0×5가지 | 〃 | 420
〃 | 진달래 | H0.5×W0.6 | 〃 | 156
〃 | 철쭉 | H0.5×W0.6 | 〃 | 490
도면명
시설물 배치도 및 식재설계도
N
0 1 3 5 10 20 (M)
SCALE: 1 : 200
3-목련 H3.0×R10
8-단풍나무 H3.0×R10
기존 배수관 연결
60-개나리 H1.0×5가지
120-철쭉 H0.5×W0.6
18-은행나무 H4.0×B10
78-진달래 H0.5×W0.6
25-잣나무 H3.5×W1.8
50-개나리 H1.0×5가지
300-철쭉 H0.5×W0.6
3-튤립나무 H4.0×R10
110-개나리 H1.0×5가지
4-벚나무 H3.0×B6
78-진달래 H0.5×W0.6
13-은행나무 H3.0×B10
70-철쭉 H0.5×W0.6
200-개나리 H1.0×5가지
휴게공간
도섭지
놀이공간
모래포장
8-느티나무 H4.0×R15
자연석판석포장
0.6
REMP 8%
up
0.0
소형고압블록포장
마사토포장
운동공간
화장실
기존 배수관 연결
3-튤립나무 H4.0×R10
11-벚나무 H3.0×B6
5-소나무 H4.0×W2.0×R15
A'
A

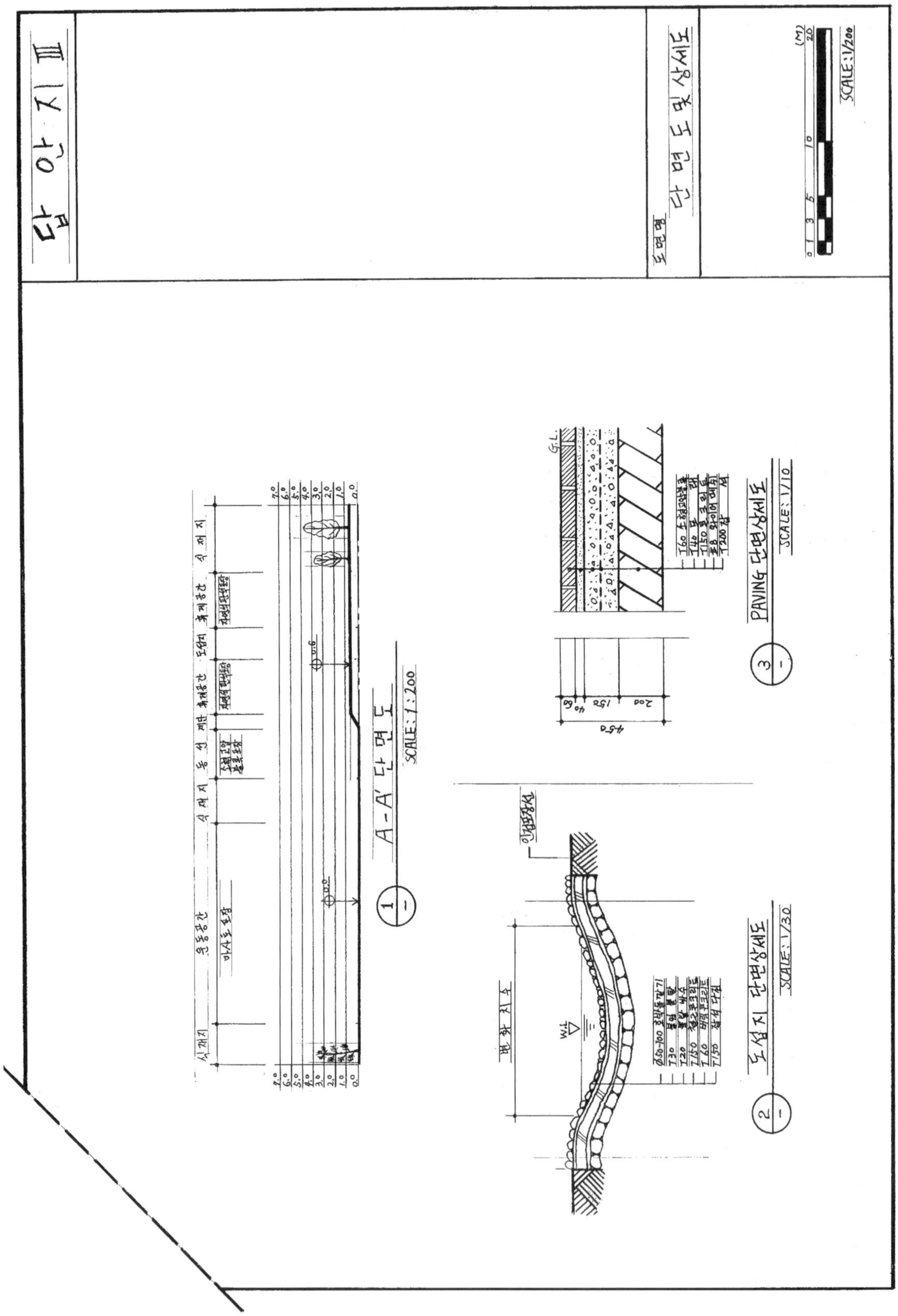
답안지 Ⅲ
도면명
단면도 및 상세도
SCALE: 1/200
A-A' 단면도
SCALE: 1:200
도섭지 단면상세도
SCALE: 1/30
PAVING 단면상세도
SCALE: 1/10

연습문제 어린이공원설계 3

※ 설계요구사항

중부지방의 도시 내에 위치한 어린이공원의 부지 현황도이다. 물음에 따라 도면을 작성하시오.

문제 01

축척 1/200로 현황도를 확대하고, 다음의 요구조건을 참조하여 설계개념도를 작성하시오.[답안지 Ⅰ]

※ 설계요구조건

① 어린이공원 내의 진출입은 반드시 현황도의 지정된 곳(2개소)에 한정된다.

② 적당한 위치에 운동·놀이·휴게·녹지공간 등을 조성한다.

③ 녹지의 비율은 40% 정도로 조성한다.

④ 적당한 위치에 차폐녹지, 녹음 겸 환충녹지, 수경녹지공간 등을 조성한다.

⑤ 주동선과 부동선, 진입관계, 공간배치, 식재개념배치 등을 개념도에 표현기법을 사용하여 나타내고, 각 공간의 명칭, 성격, 기능을 약술하시오.

⑥ 빈 공간에 범례를 작성하시오.

문제 02

[문제 1]의 조건으로 시설물 배치도를 작성하고, 다음의 시설을 배치하시오.[답안지 Ⅱ]

다목적운동장(14×16m), 화장실(4×5m), 모래사장(10×8m), 퍼걸러 2개소, 벤치 10개, 미끄럼대, 그네를 포함한 놀이시설물 3종 이상, 수목보호대(1.5×1.5m) 등

현 황 도

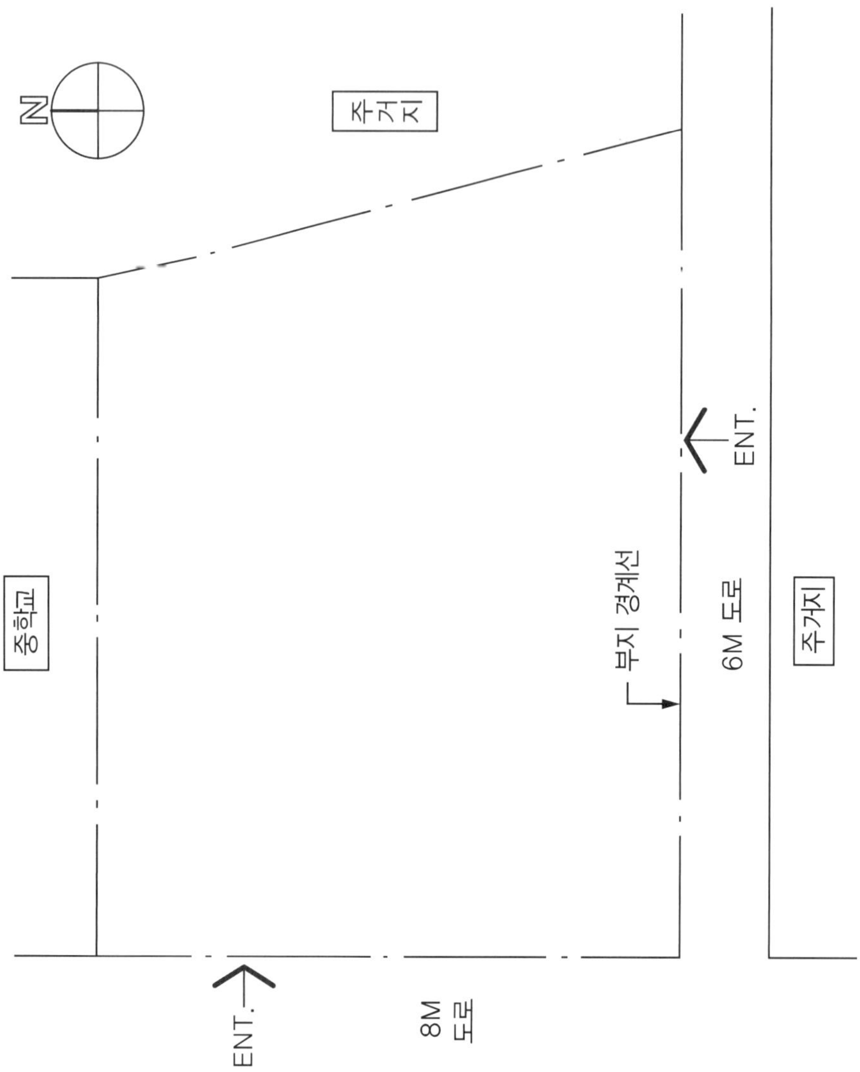

〈부지 현황도〉 S = 1/500

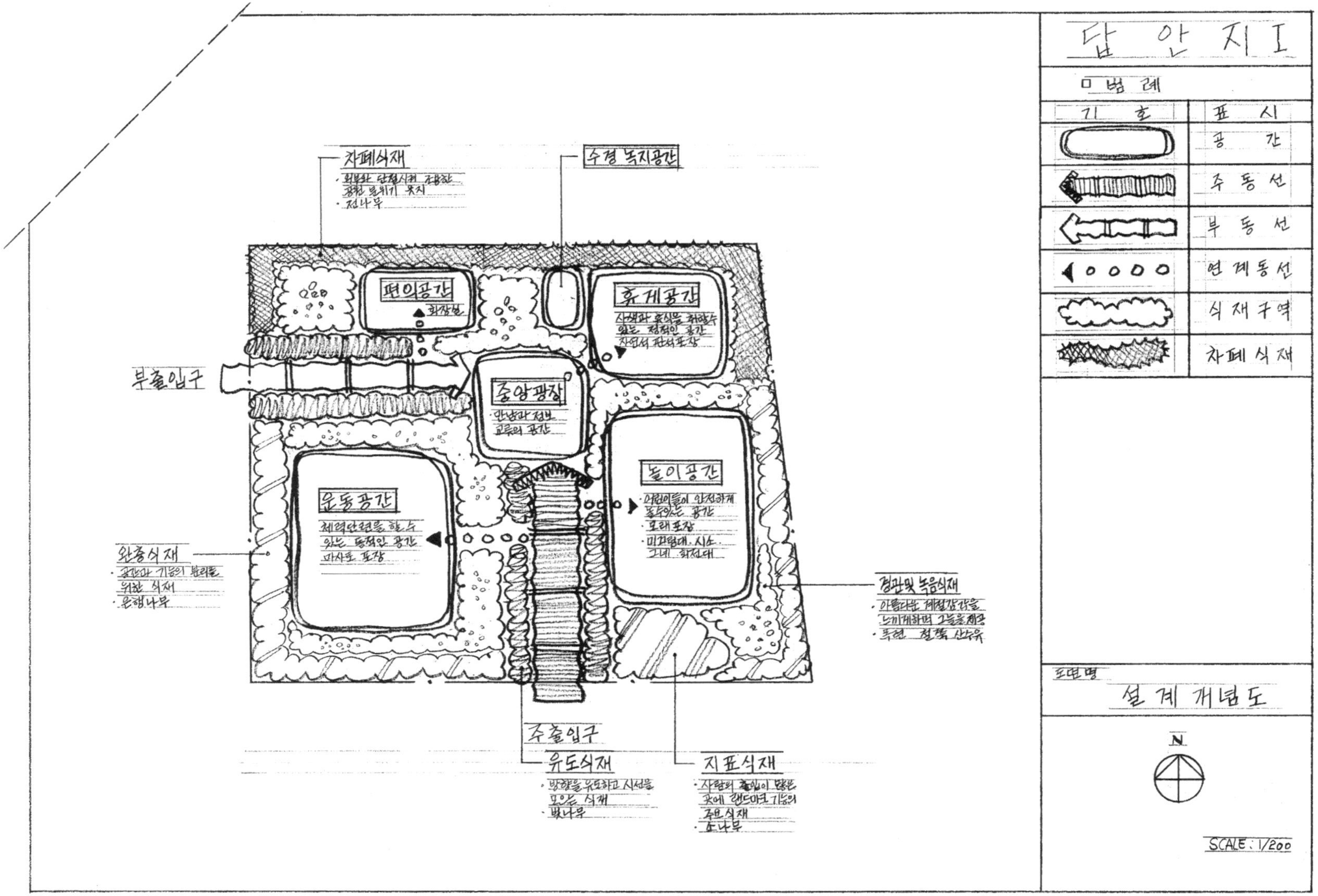

답 안 지 I
ㅁ 범 례
기 호
표 시
공 간
주 동 선
부 동 선
연 계 동 선
식 재 구 역
차 폐 식 재
도면명
설 계 개 념 도
N
SCALE : 1/200
차폐식재
수경 녹지공간
편의공간
휴게공간
부출입구
중앙광장
놀이공간
운동공간
완충식재
경관및 녹음식재
주출입구
유도식재
지표식재

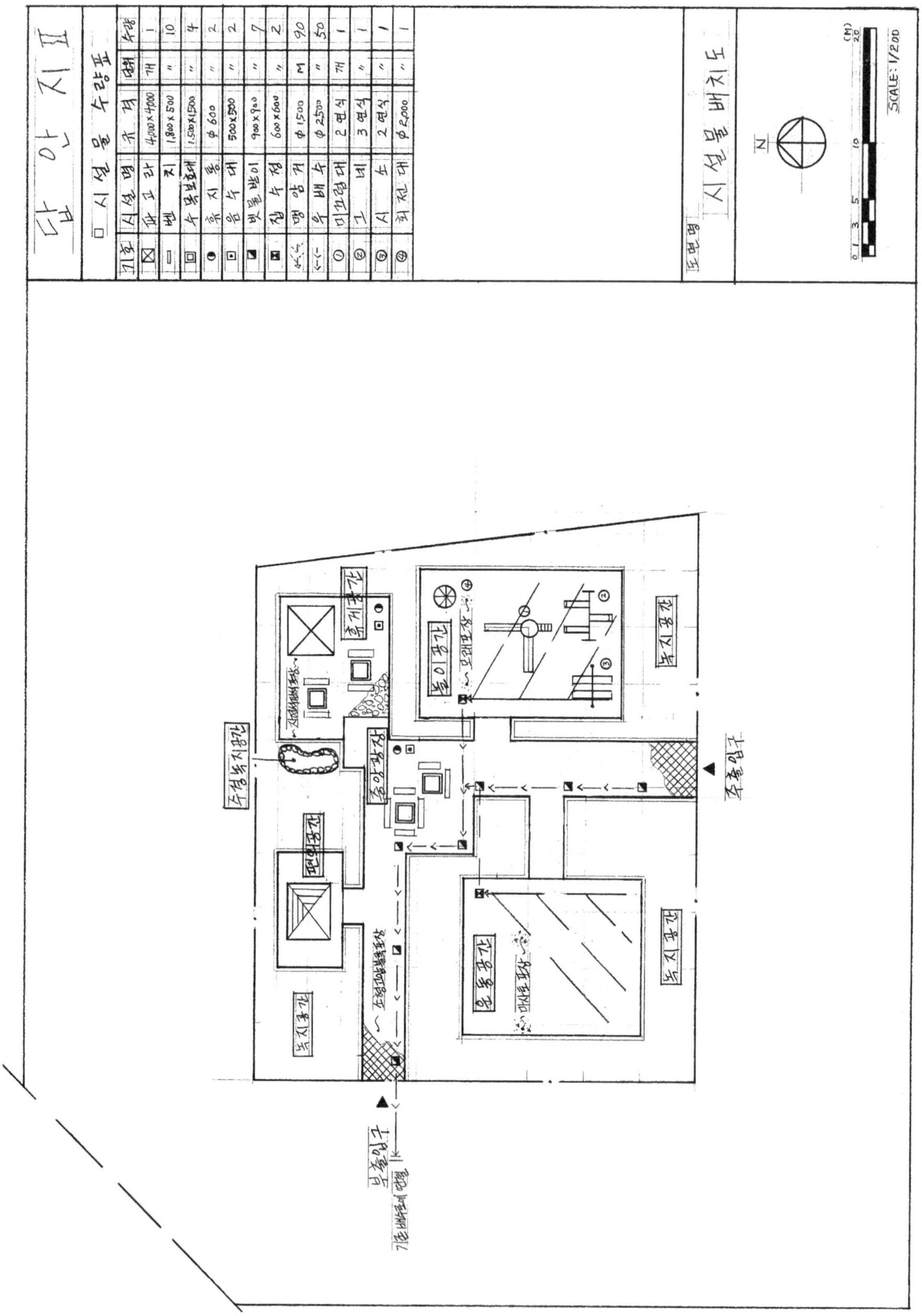

답안지Ⅱ
□ 시설물 수량표
기호 | 시설명 | 규격 | 단위 | 수량
파고라 | 4,000×4000 | 개 | 1
벤치 | 1,800×500 | " | 10
수목보호대 | 1,500×1500 | " | 4
휴지통 | φ600 | " | 2
음수대 | 500×500 | " | 2
빗물받이 | 900×900 | " | 7
집수정 | 600×600 | " | 2
맹암거 | φ1500 | M | 90
우배수 | φ250 | " | 50
① 미끄럼대 | 2연식 | 개 | 1
② 그네 | 3연식 | " | 1
③ 시소 | 2연식 | " | 1
④ 회전대 | φ2,000 | " | 1
도면명
시설물 배치도
N
SCALE: 1/200
휴게공간
놀이공간
모래포장
주경녹지공간
중앙광장
편의공간
운동공간
마사토포장
녹지공간
주출입구
부출입구

연습문제 어린이공원설계 4

※ 설계요구사항

중부지방에 위치하고 있는 어린이공원의 설계부지이다. 주어진 현황 도면과 설계조건을 고려하여 문제 1, 2에서 요구하는 설계도면을 작성하시오.

문제 01

축척 1/200로 확대하여 Base Map을 그리고, 다음에서 요구한 설계요구조건을 고려하여 시설물 배치도와 배식설계도를 작성하시오.[답안지 Ⅰ]

※ 설계요구조건

① 다음의 설계개념도를 설계에 적용시킬 것

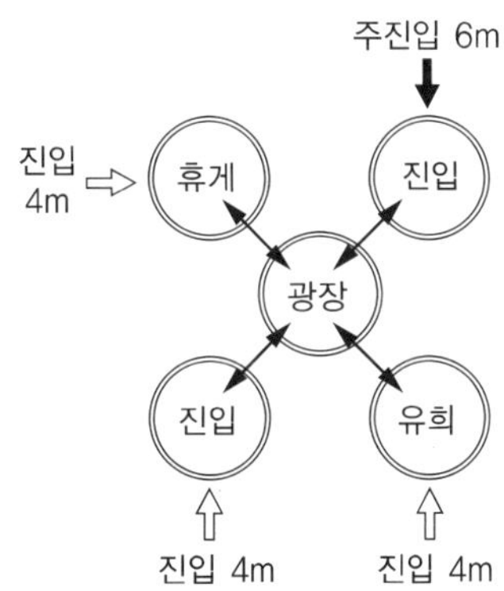

② 시설물은 화장실(6×4m) 1개소, 벤치(180×45cm) 6개소, 유희시설로 그네, 미끄럼틀, 철봉 각 1조 설치

③ 현황도의 원형 퍼걸러와 원형 플랜트는 현 위치에 고정시켜 배치할 것

④ 포장은 2종류 이상 적용하고, 포장 재료명을 표기할 것

⑤ 수종은 10종 이상 사용하여 배식설계를 하고, 인출선을 사용하여 수종명 · 수량 · 규격을 표기하고, 수목 수량표를 작성할 것

문제 02

원형 플랜트 박스의 A-A′부분의 단면도, 입면도를 [답안지 Ⅱ]에 작성하시오(단, 플랜트의 구조는 적벽돌 1.0B 쌓기로 하고, 높이는 설계자가 임의로 설계하되 최상단은 마구리쌓기로 할 것).

현 황 도

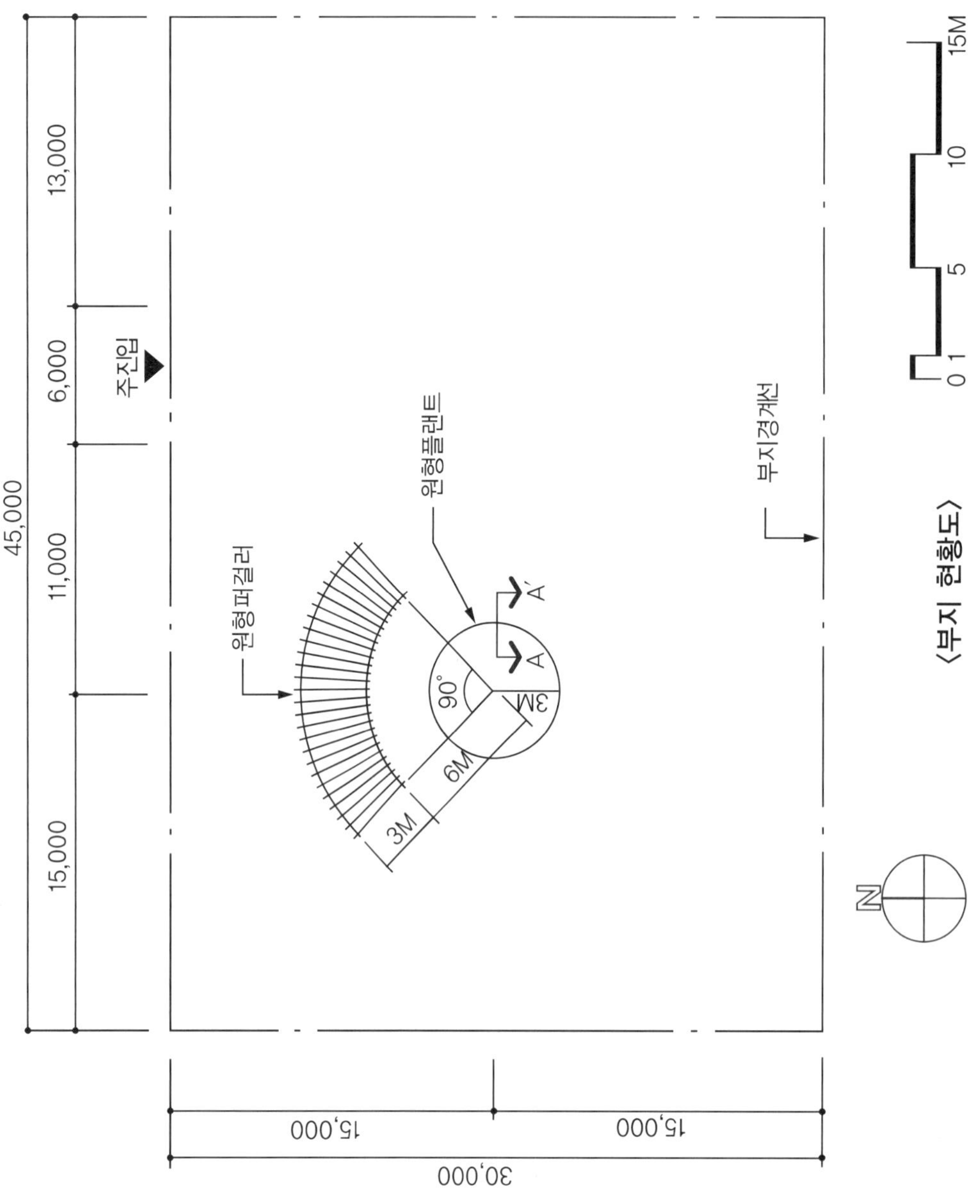
45,000
13,000
6,000
11,000
15,000
주진입
원형퍼걸러
원형플랜트
90°
3M
6M
3M
A
A´
부지경계선
15,000
15,000
30,000
0 1 5 10 15M
N

〈부지 현황도〉

답안지

■ 시설물 수량표

기호	시설명	규격	단위	수량
	파고라	원형	개	1
	벤치	1,800×400	"	6
	수목보호대	1,500×1,500	"	3
	음수대	500×500	"	1
	휴지통	ϕ600	"	2
	안내판	1,500×2,000	"	1
	집수정	900×900	"	1
	빗물받이	600×600	"	7
	맹암거	ϕ150	M	−
→→→	우배수관	ϕ200	"	−
①	미끄럼대	활주판2개	개	1
②	그네	3연식	"	1
③	철봉	3단	"	1

■ 수목 수량표

성상	수목명	규격	단위	수량
상교	소나무	$H4.0 \times W2.0 \times R15$	주	5
"	잣나무	$H3.5 \times W1.8$	"	17
낙교	느티나무	$H4.0 \times R15$	"	13
"	은행나무	$H4.0 \times B10$	"	14
"	목련	$H3.0 \times R10$	"	9
"	단풍나무	$H3.0 \times R10$	"	9
상관	사철나무	$H1.5 \times W0.5$	"	550
낙관	진달래	$H0.6 \times W0.5$	"	670
"	철쭉	$H0.5 \times W0.6$	"	430

도면명

시설물배치도 및 배식설계도

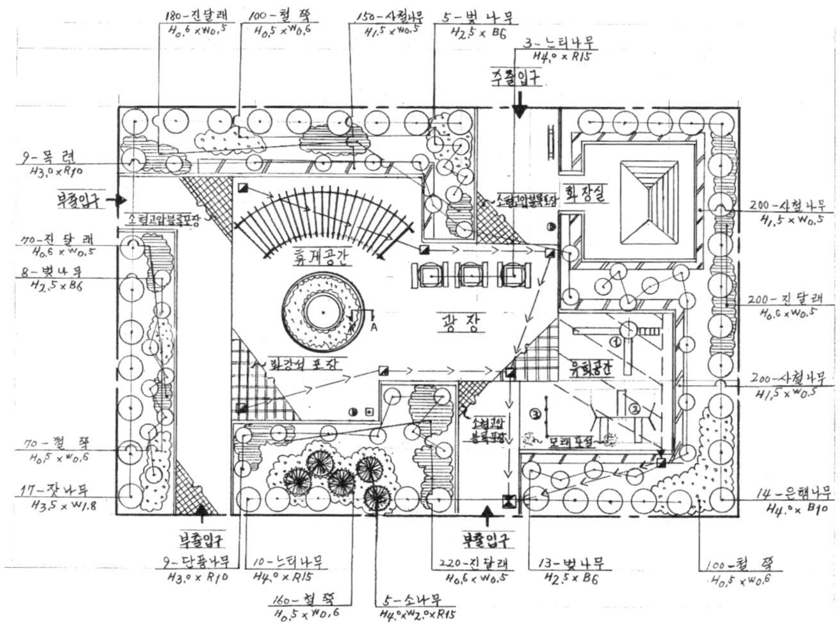

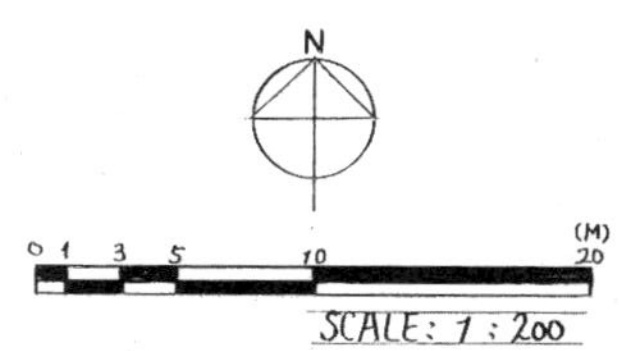

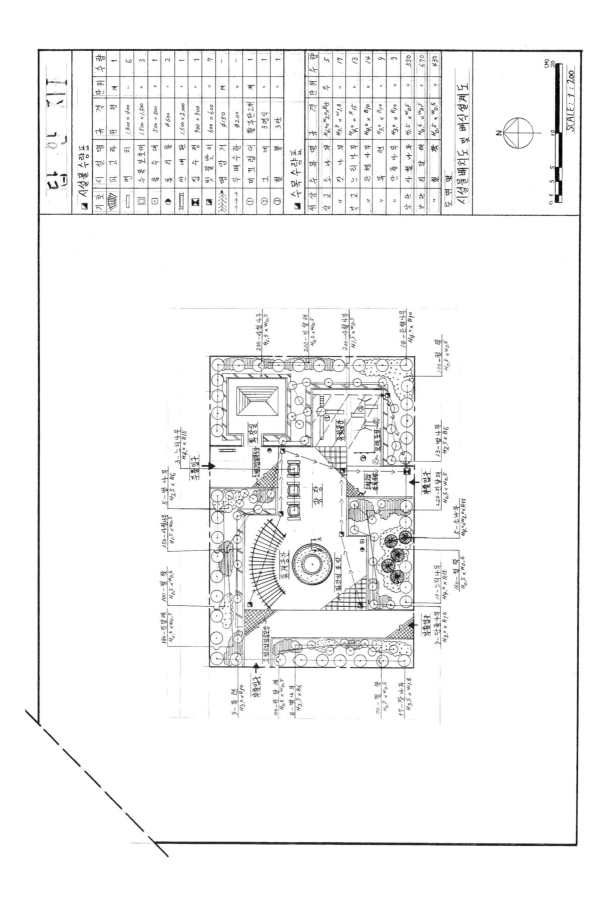

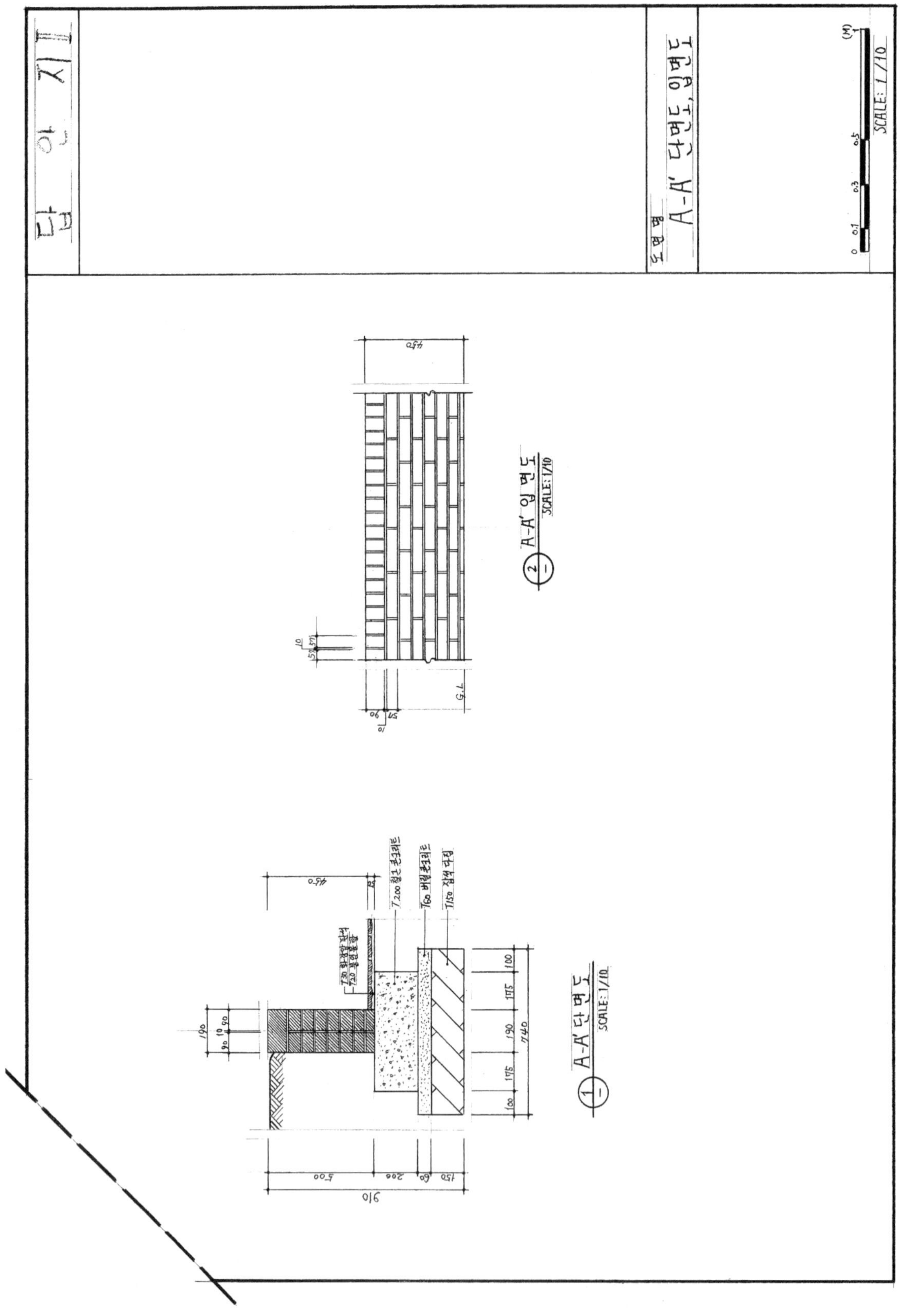
답안지
도면명
A-A' 단면도, 입면도
SCALE: 1/10
A-A' 단면도
SCALE: 1/10
A-A' 입면도
SCALE: 1/10
G.L

연습문제 어린이공원설계 5, 사적지 주변공원 1

문제 01

중부지방의 주택지 내에 있는 어린이공원에 대한 조경시설물 배치 및 배식설계를 현황 및 계획개념도, 정지계획도를 참고로 하여 설계요구사항에 맞게 축척 1/300로 작성하시오.[답안지 Ⅰ]

※ 설계요구사항

① 계획개념도상의 공간별 설계

㉠ 자유놀이공간 20×25m 크기, 포장은 마사토포장, 계획고는 +2.30

㉡ 휴게공간은 15×8m 크기, 퍼걸러 10×5m 1개소, 계획고는 +2.20

㉢ 어린이 놀이시설 공간은 16×12m 크기, 포장은 모래포장, 조합놀이시설 1개소, 계획고는 +2.10

② 출입구는 동선의 흐름에 지장이 없도록 하며, A는 3m, B는 5m, C는 3m 폭으로 하고, 램프의 경사는 보행자 전용도로 경계선으로부터 20%로 하고, 광장으로부터 자유놀이공간 진입부는 계단폭(답면의 너비) 30m, 높이(답면의 높이) 15cm로 함

③ 등고선과 계획고에 따라 각 공간을 배치하고, 녹지부분 경사는 1 : 2로 하고 경사는 각 공간의 경계부분에 시작할 것

④ 자유놀이공간과 놀이시설공간에는 맹암거를 설치하고, 기존 배수시설에 연결할 것

⑤ 수목배식은 중부지방에 맞는 수종을 선정하여 상록교목 2종, 낙엽교목 5종, 관목 2종 내에서 선정하고, 인출선을 이용하여 표기할 것

문제 02

■ **중부지방의 어느 사적지 주변의 조경설계를 하고자 한다. 주어진 현황도와 조건을 참고하여 작성하시오.**

※ 설계공통사항

사적지 탐방은 3계절형(최대일률 1/60)이고, 연간 이용객수는 120,000명이다. 이용자 수의 65%는 관광버스를 이용하고, 10%는 승용차, 나머지 25%는 영업용택시, 노선버스 및 기타 이용이라 할 때 관광버스 및 승용차 주차장을 계획하려고 한다(단, 체재시간은 2시간으로 회전율은 1/2.5).

■ **공통사항과 다음의 조건을 참고하여 지급된 용지 1매에 현황도를 축척 1/300로 확대하여 설계개념도를 작성하시오.**

① 공간구성개념은 경외지역에 주차공간, 진입 및 휴게공간, 경내지역에는 보존공간, 경관녹지공간으로 구분하여 구성할 것

② 경계지역에는 시선차단과 완충식재 개념을 도입할 것

③ 각 공간은 기능배분을 합리적으로 구분하고, 공간의 성격 및 도입시설 등을 간략히 기술할 것

④ 공간배치계획 · 동선계획 · 식재계획의 개념을 포함할 것

현황도

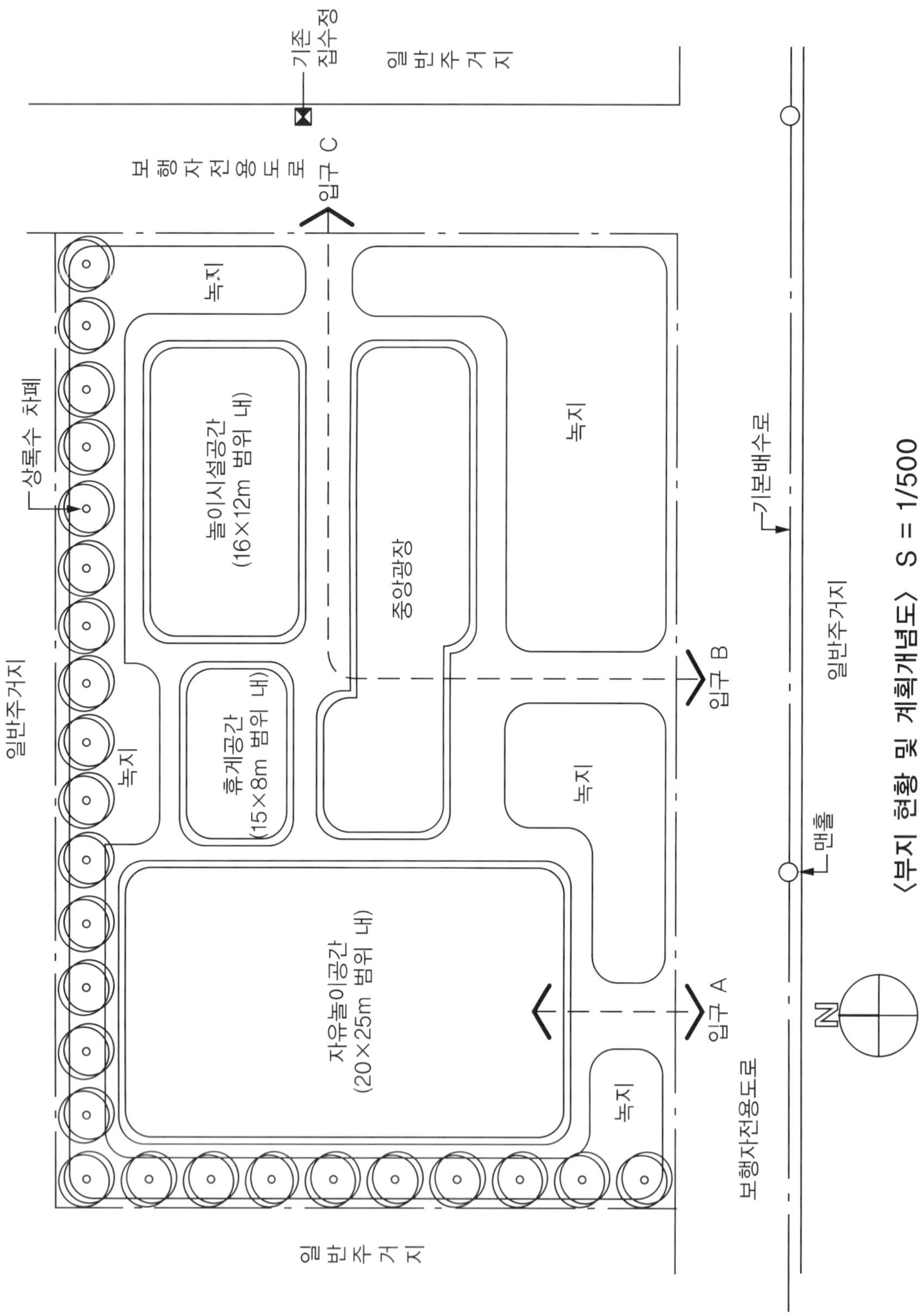

〈부지 현황 및 계획개념도〉 S = 1/500

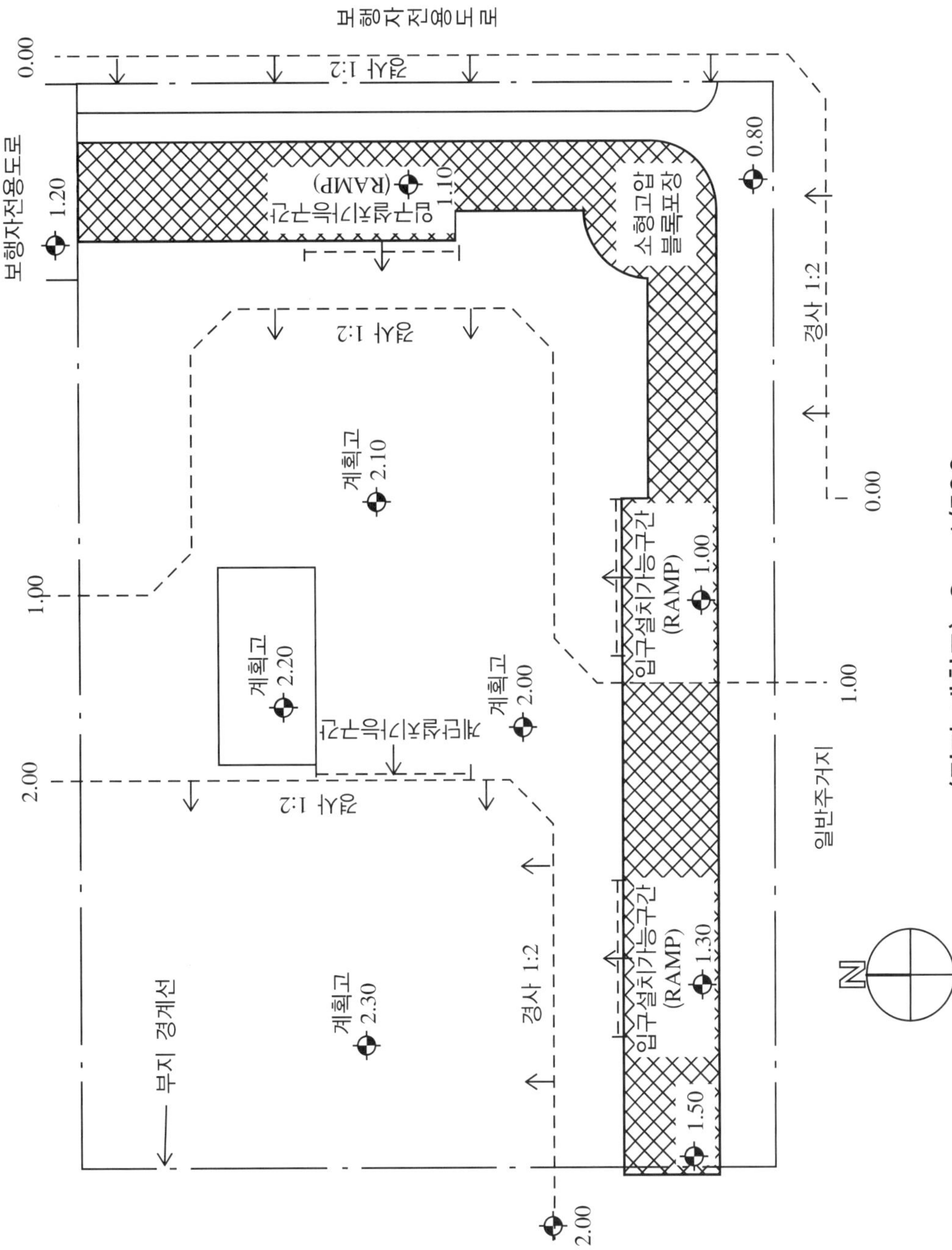
보행자전용도로
0.00
경사 1:2
1.20
입구설치가능구간
(RAMP)
1.10
소형고압
블록포장
0.80
경사 1:2
0.00
계획고
2.10
계획고
2.20
계획고
2.00
입구설치가능구간
(RAMP)
1.00
1.00
2.00
일반주거지
계획고
2.30
부지 경계선
입구설치가능구간
(RAMP)
1.30
1.50
2.00
N

〈정지 계획도〉 S = 1/500

답안지 I

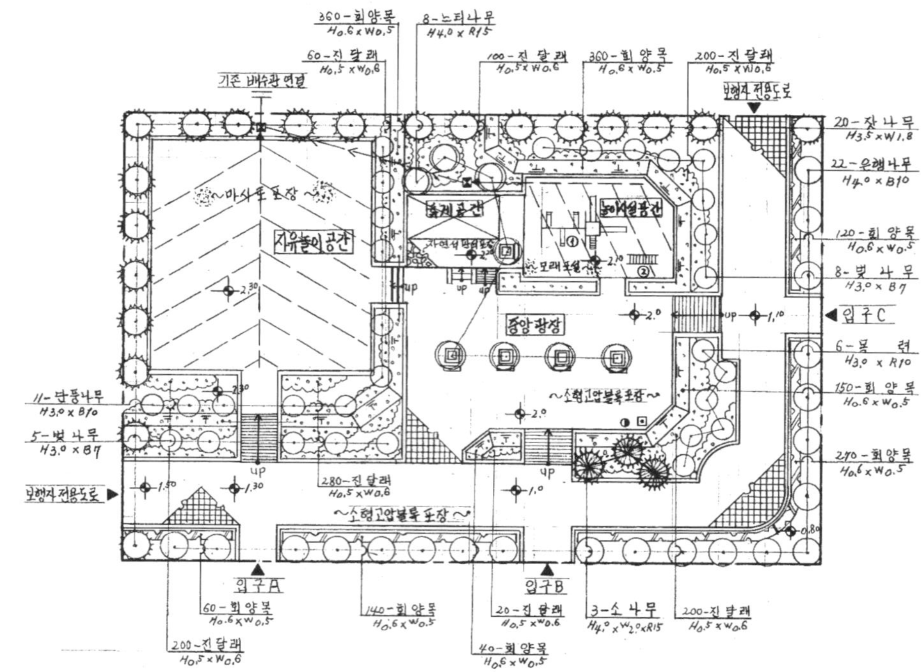

시설물수량표

기호	시설명	규격	단위	수량
⊠	파고라	10,000×5,000	개	1
▭	긴의자	1,800×400	〃	5
⊡	수목보호대	1,500×1500	〃	5
◑	휴지통	Ø600	〃	1
⊡	음수대	500×500	〃	1
■	집수정	600×600	〃	2
	맹암거	Ø150	M	—
	유배수	Ø200	M	—
①	조합놀이대	9,200×6,200	개	1
②	래더	H.2100	〃	1

수목수량표

성상	수목명	규격	단위	수량
상교	소나무	H4.0×W2.0×R15	주	3
〃	잣나무	H3.5×W1.8	〃	20
낙교	은행나무	H4.0×B10	〃	22
〃	느티나무	H4.0×R15	〃	8
〃	벚나무	H3.0×B7	〃	13
〃	단풍나무	H3.0×B10	〃	11
〃	목련	H3.0×R10	〃	6
상관	회양목	H0.6×W0.5	〃	1500
낙관	진달래	H0.5×W0.6	〃	780

도면명

시설물 배치도 및 배식설계도

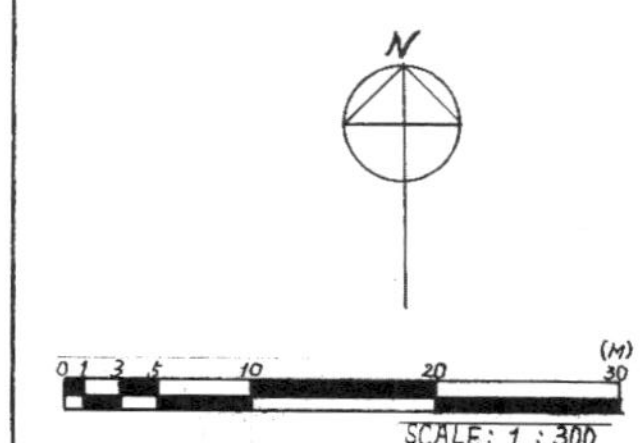

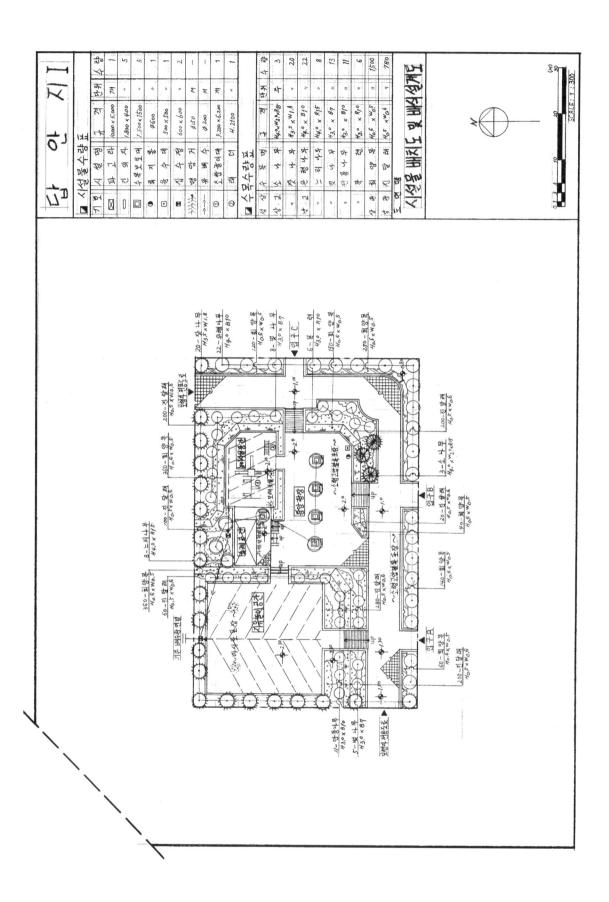

현 황 도

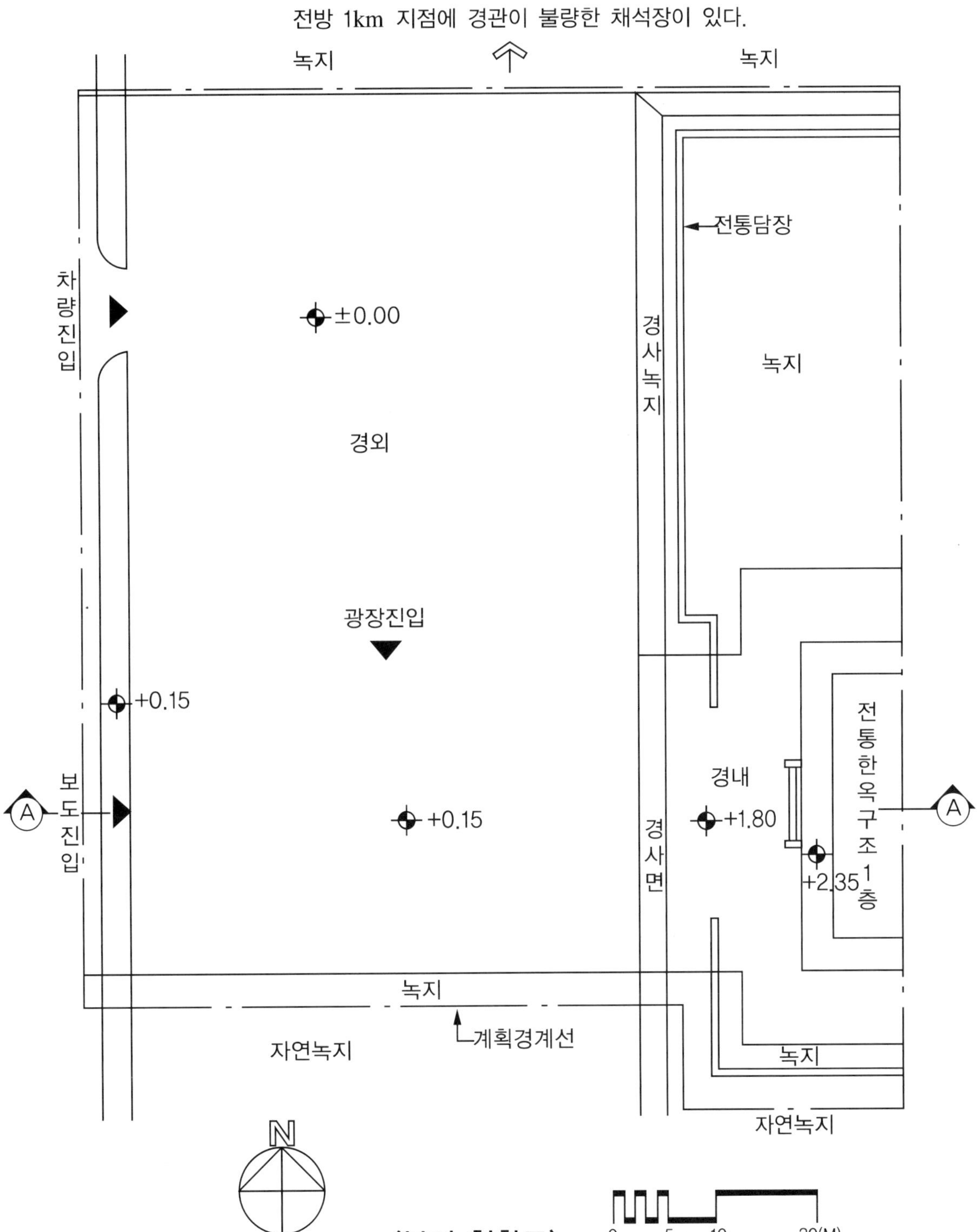

전방 1km 지점에 경관이 불량한 채석장이 있다.
녹지
녹지
전통담장
차량진입
±0.00
경사녹지
녹지
경외
광장진입
+0.15
전통한옥구조 1층
경내
보도진입
A
+0.15
경사면
+1.80
A
+2.35
녹지
자연녹지
계획경계선
녹지
자연녹지
N
0
5
10
20(M)

〈부지 현황도〉

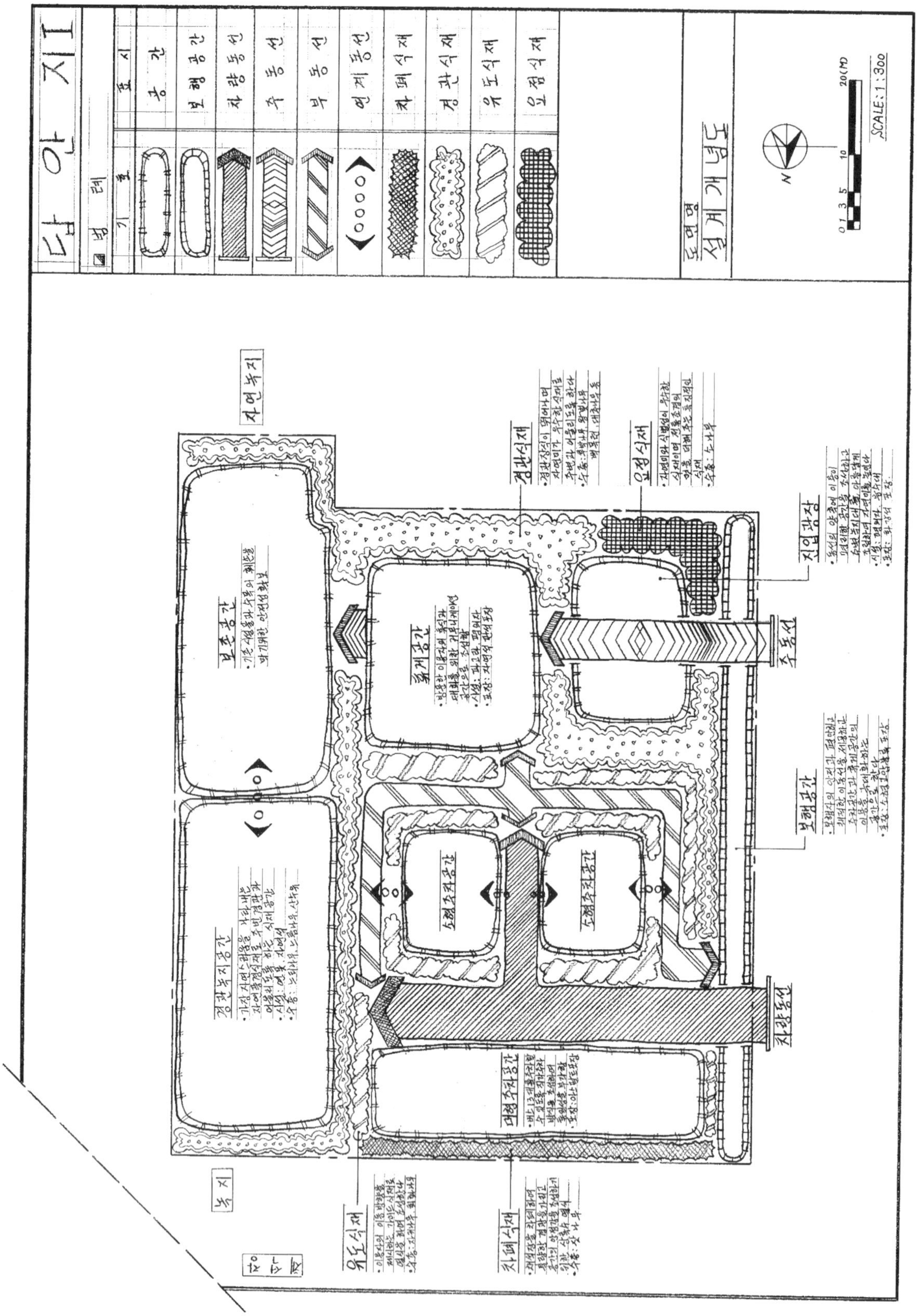
답안지
범례
기호
표시
공간
보행공간
차량동선
주동선
부동선
연계동선
차폐식재
경관식재
유도식재
요점식재
도면명
설계개념도
SCALE : 1 : 300

연습문제 어린이공원설계 6

※ 설계요구사항

중부 이북지방의 어린이공원(50×30m) 부지이다. 다음의 문제에서 요구하는 조건들을 충족시키는 기본구상개념도와 시설물 배치도를 작성하시오.

문제 01

현황도면을 축척 1/200로 확대하여 다음의 설계요구조건을 충족하는 기본구상개념도를 작성하시오.[답안지 Ⅰ]

※ 설계요구조건

① 공간배치계획, 동선계획, 식재계획 개념이 포함될 것

② 동선계획은 주동선, 보조동선으로 동선을 구분할 것

③ 공간 및 기능배분은 녹지공간, 휴게공간, 놀이공간, 운동공간으로 구분하고, 공간성격 및 요구시설 등을 간략히 기술할 것

④ 경계식재, 녹음식재, 경관식재, 요점식재 등의 식재개념을 표시할 것

⑤ 시설물배치 시에 고려될 수 있도록 각종 시설을 참고하여 설계개념도를 작성할 것

문제 02

다음의 조건을 참고하여 축척 1/200로 시설물 배치도를 작성하시오.[답안지 Ⅱ]

※ 설계요구조건

① 휴게공간 : 퍼걸러(5×5m) 2개소 설치

② 놀이공간 : 정글짐, 미끄럼대, 시소, 철봉, 그네 설치

③ 모래터(11×6m) 설치

④ 운동공간 : 다목적운동장(14×16m) 설치

⑤ 적당한 곳에 화장실 1개소, 음수대 2개소, 휴지통 5개 이상, 평의자 10개 이상 설치

⑥ 빈 여백에 시설물 범례를 작성할 것

현 황 도

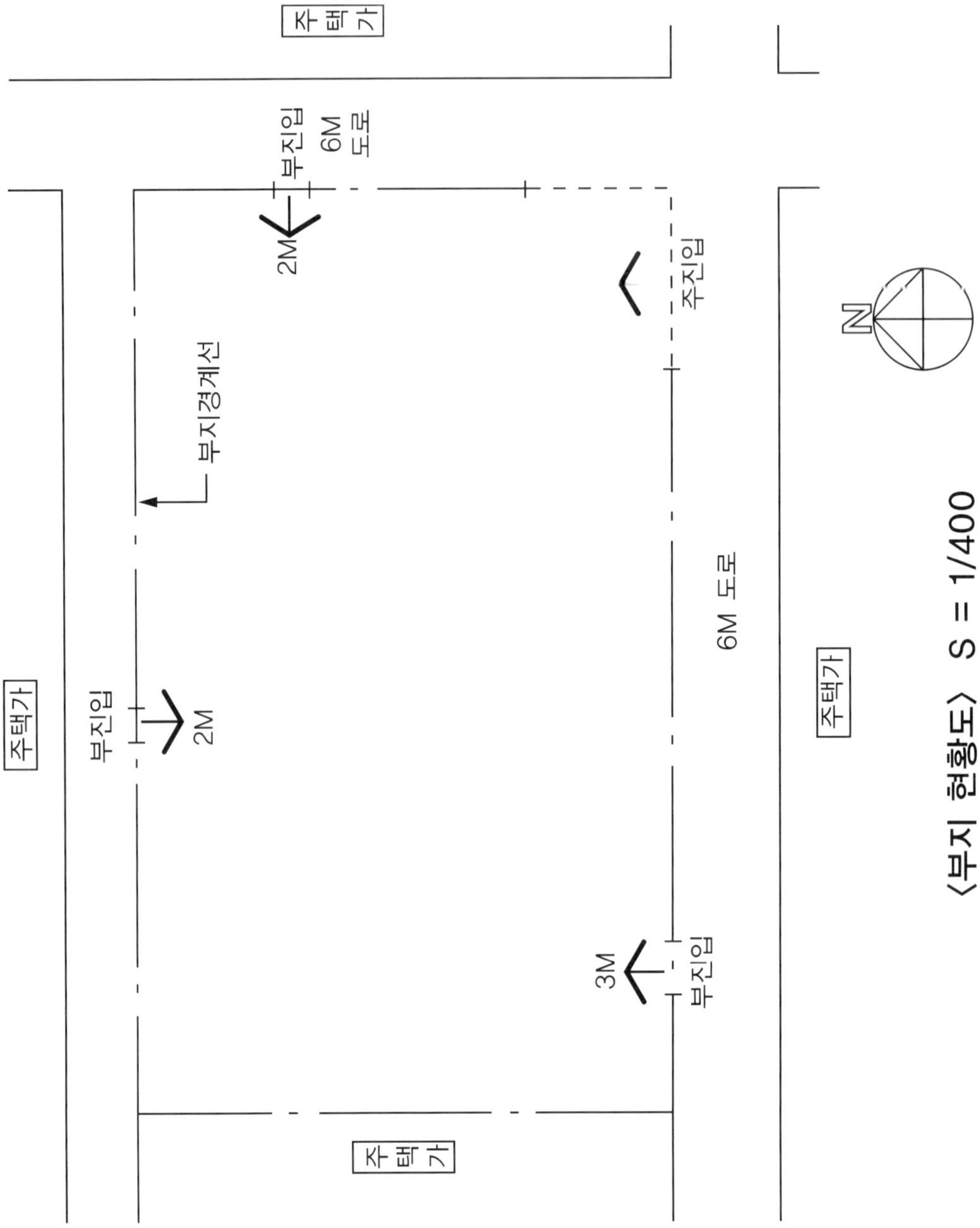

〈부지 현황도〉 S = 1/400

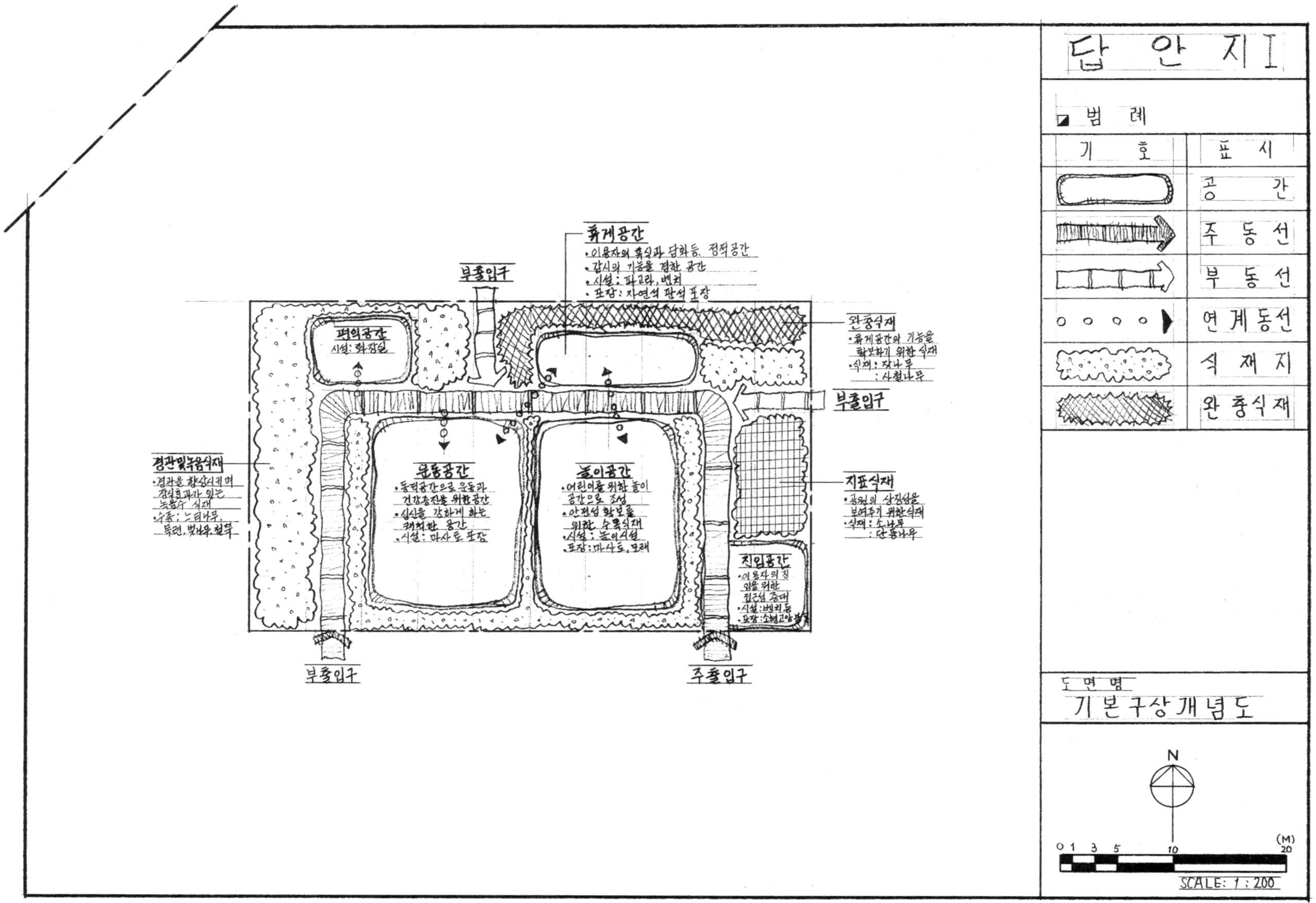
답안지 I
범례
기호
표시
공간
주동선
부동선
연계동선
식재지
완충식재
도면명
기본구상개념도
N
0 1 3 5 10 20 (M)
SCALE: 1 : 200
휴게공간
•이용자의 휴식과 담화 등 정적공간
•감시의 기능을 겸한 공간
•시설: 파고라, 벤치
•포장: 자연석 판석 포장
부출입구
편의공간
시설: 화장실
완충식재
•휴게공간의 기능을 확보하기 위한 식재
•식재: 잣나무, 사철나무
부출입구
경관및녹음식재
운동공간
놀이공간
지표식재
진입공간
부출입구
주출입구

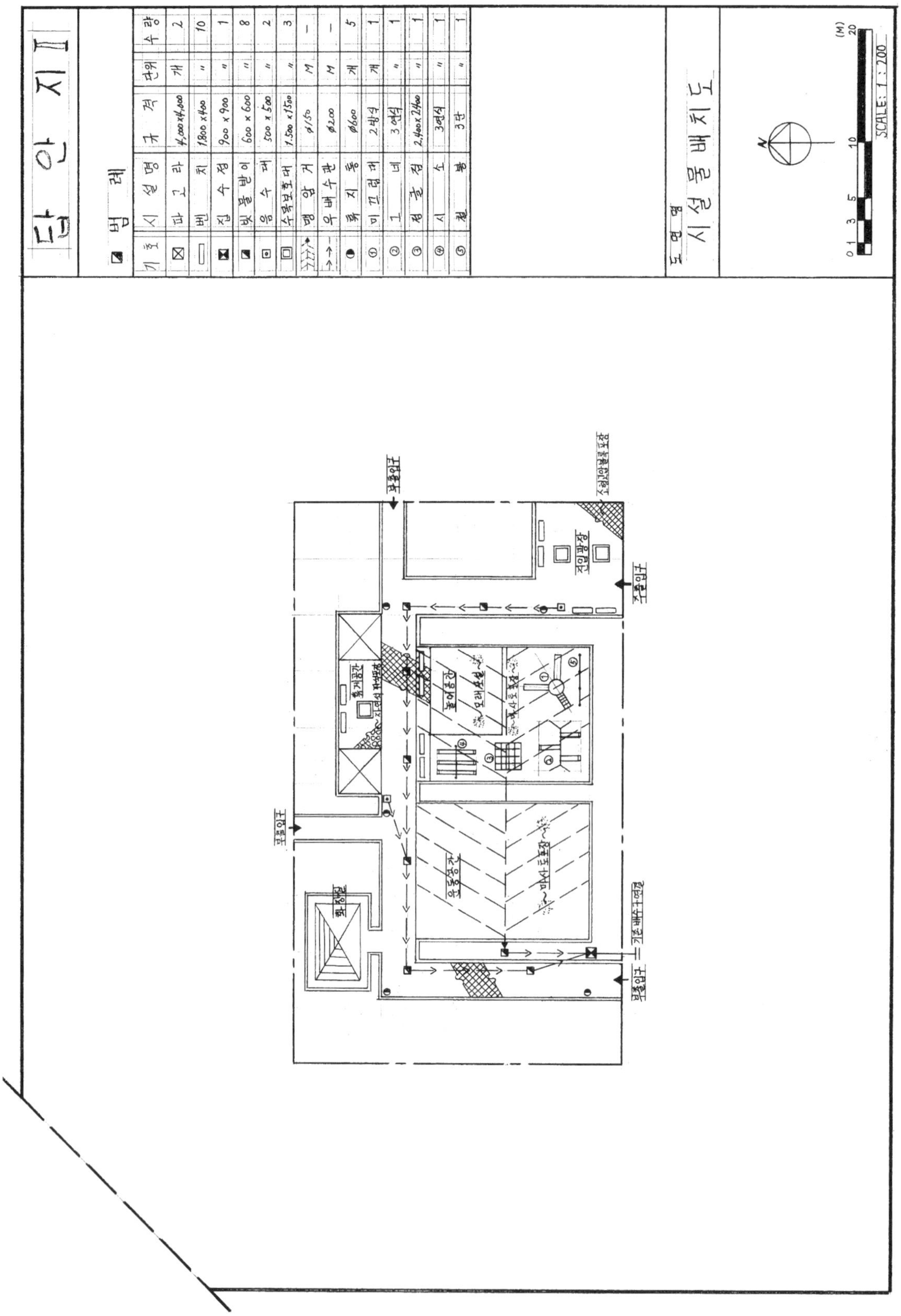
답안지 II
범례
기호 | 시설명 | 규격 | 단위 | 수량
파고라 | 4,000x4,000 | 개 | 2
벤치 | 1,800x400 | 〃 | 10
집수정 | 900x900 | 〃 | 1
빗물받이 | 600x600 | 〃 | 8
음수대 | 500x500 | 〃 | 2
수목보호대 | 1,500x1,500 | 〃 | 3
맹암거 | ø150 | M | –
우배수관 | ø200 | M | –
휴지통 | ø600 | 개 | 5
① 미끄럼대 | 2방식 | 개 | 1
② 그네 | 3연식 | 〃 | 1
③ 정글짐 | 2,400x2,400 | 〃 | 1
④ 시소 | 3연식 | 〃 | 1
⑤ 철봉 | 3단 | 〃 | 1
도면명
시설물배치도
N
SCALE: 1 : 200
화장실
휴게공간
운동공간
~마사토포장~
놀이공간
~모래포설~
진입광장
소형고압블록포장
부출입구
주출입구
기존 배수구 연결

연습문제 어린이공원설계 7

※ 설계요구사항

중부지방의 도시 내 주택가에 위치한 어린이공원 부지 현황도이다. 부지 내는 남북으로 1%의 경사가 있고, 부지 밖으로는 5%의 경사가 있다. 축척 1/200로 확대하여 주어진 설계조건을 고려하여 기본계획도 및 단면도와 식재평면도를 작성하시오.

※ 설계요구조건

① 기존의 옹벽을 제거하고, 여러 방면에서 접근이 용이하도록 출입구 5개를 만든다.
② 위의 조건을 만족하려면 남북 방향으로 2~3단을 만들어야 한다.
③ 간이 농구대와 롤러스케이트장을 설치한다.
④ 소규모 광장이나 운동장, 휴게공간과 휴게시설을 설치한다.
⑤ 기존의 소나무와 느티나무, 조합놀이대(이동 가능)를 설치한다.
⑥ 화장실(4×5m) 1개소, 휴지통, 가로등, 음료수대를 설치한다.
⑦ 주택지역과 인접한 곳은 차폐식재를 한다.
⑧ 각 공간의 기능에 알맞은 바닥포장을 한다.

문제 01

기본설계도 및 단면도를 작성하시오.[답안지 Ⅰ]

※ 설계요구조건

① 부지 내 변경된 지형을 점표고로 나타낼 것
② 기존 부지와 변경된 부지의 단면도를 그릴 것
③ 시설물 및 바닥포장의 범례를 만들 것

문제 02

식재 평면도를 작성하시오.[답안지 Ⅱ]

※ 설계요구조건

① 수목의 성상별로 구분하고, 가나다 순으로 정렬하여 수량집계표를 완성한다.
② 수목의 명칭, 규격, 수량은 인출선을 사용하여 표기한다.
③ 수목의 생육에 지장이 없는 수종을 〈보기〉에서 선택하여 15종 이상 식재한다.

보기

소나무, 잣나무, 히말라야시다, 섬잣나무, 동백나무, 청단풍, 홍단풍, 사철나무, 회양목, 후박나무, 느티나무, 감나무, 서양측백, 산수유, 왕벚나무, 영산홍, 백철쭉, 수수꽃다리, 태산목

현 황 도

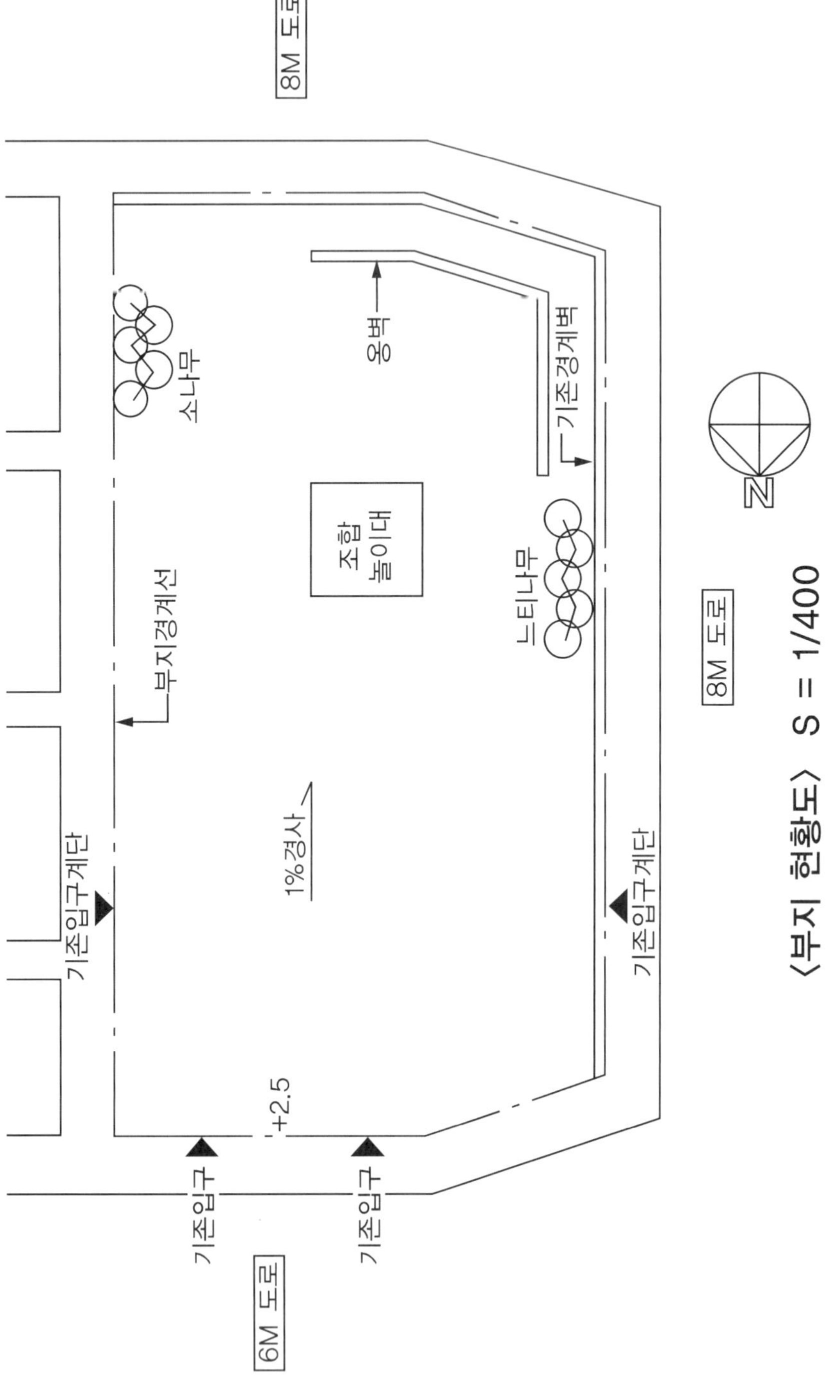
8M 도로
주택가
소나무
옹벽
기존경계벽
조합 놀이대
부지경계선
느티나무
8M 도로
1%경사
기존입구계단
기존입구계단
+2.5
기존입구
기존입구
6M 도로
N
〈부지 현황도〉 S = 1/400

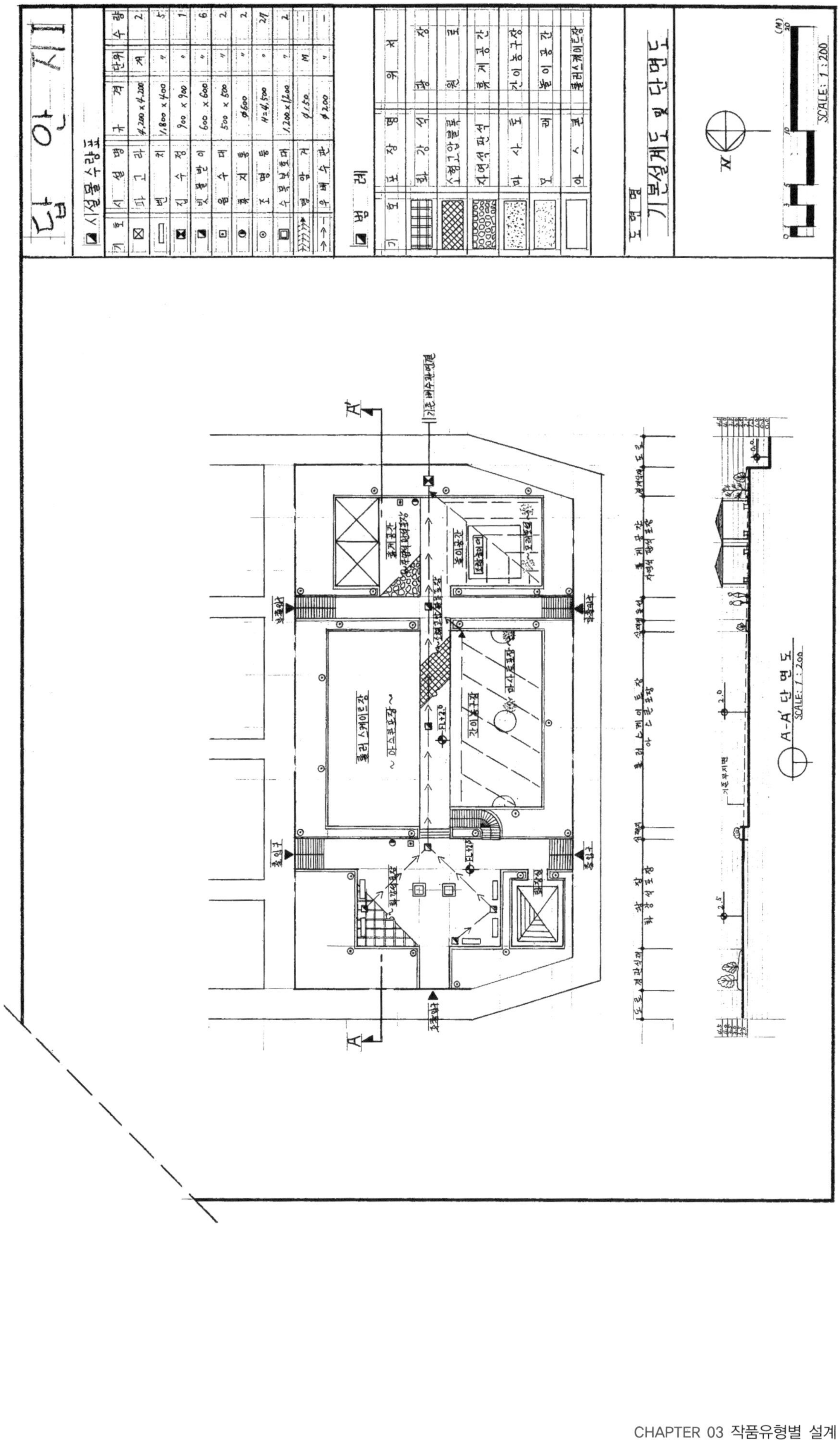
답 안 지
시설물수량표
범 례
도면명
기본설계도 및 단면도
SCALE : 1 : 200
A-A' 단면도
SCALE : 1 : 200

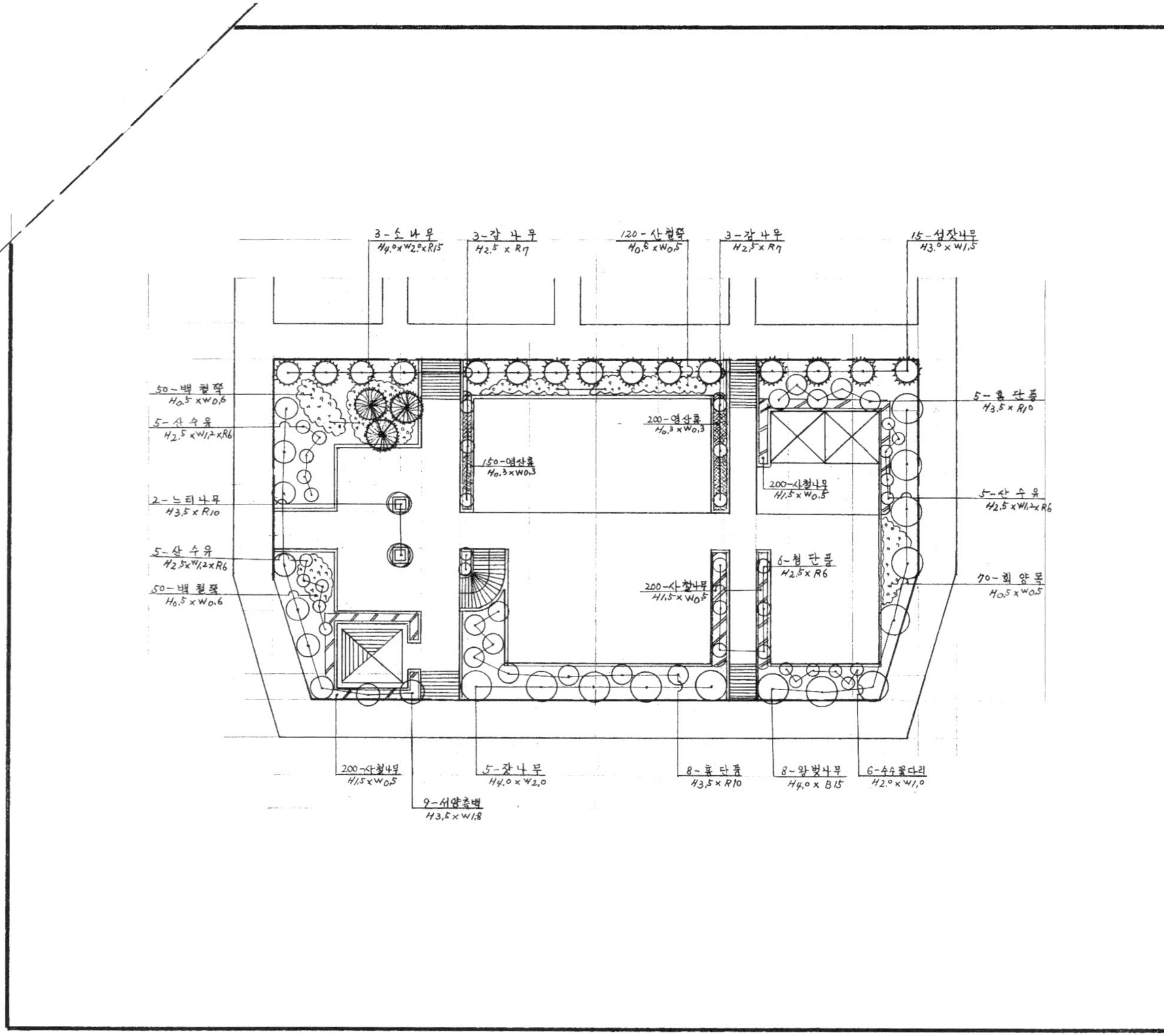

답 안 지 Ⅱ

■ 수목수량표

성상	수목명	규격	단위	수량
상교	소나무	H4.0×W2.0×R15	주	3
〃	잣나무	H4.0×W2.0	〃	5
〃	서양측백	H3.5×W1.8	〃	9
〃	섬잣나무	H3.0×W1.5	〃	15
낙교	왕벚나무	H4.0×B15	〃	8
〃	느티나무	H3.5×R10	〃	2
〃	홍단풍	H3.5×R10	〃	13
〃	산수유	H2.5×W1.2×R6	〃	15
〃	청단풍	H2.5×R6	〃	6
〃	감나무	H2.5×R7	〃	6
낙관	수수꽃다리	H2.0×W1.0	〃	6
〃	백철쭉	H0.5×W0.6	〃	100
〃	영산홍	H0.3×W0.3	〃	350
〃	산철쭉	H0.5×W0.5	〃	120
상관	사철나무	H1.5×W0.5	〃	600
〃	회양목	H0.5×W0.5	〃	70

도면명

식재평면도

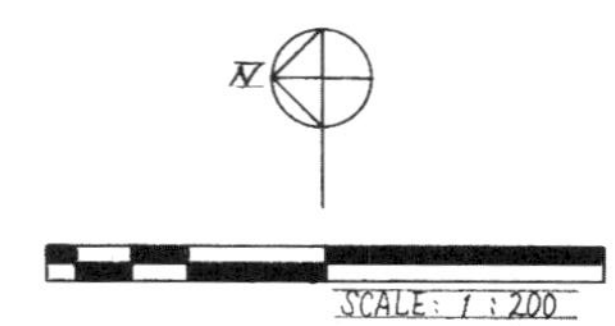

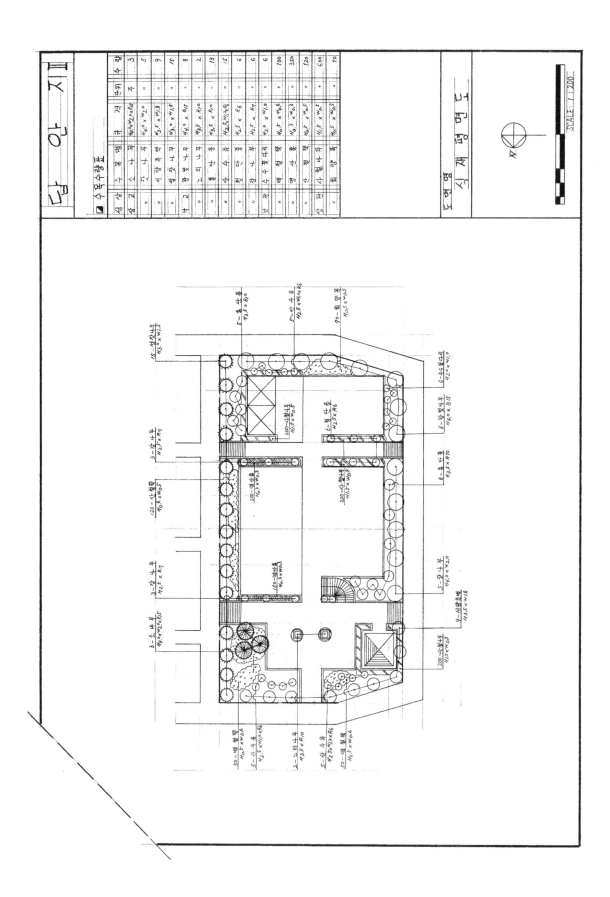

연습문제 어린이공원설계 8

※ 설계요구사항

주어진 환경조건과 현황도를 참고하여 문제 순서에 따라 조경계획 및 설계를 하시오.

※ 설계현황조건

① 중부지방의 주거지역 내에 위치한 2,300m^2의 어린이공원 부지이다.

② 환경

㉠ 위치 : 중부지방의 대도시

㉡ 토양 : 사질양토

㉢ 토심 : 1.5m 이상 확보

㉣ 지형 : 평지

문제 01

다음 설계요구조건을 참고하여 설계개념도를 작성하시오.[답안지 Ⅰ]

※ 설계요구조건

① 현황도를 축척 1/200로 확대하여 공간 및 동선계획개념, 식재계획개념을 나타내시오.

② 각 공간의 성격과 개념, 기능, 도입 시설 등을 인출선을 사용하거나 또는 도면 여백에 간략히 기술하시오.

③ 공간구성은 중심광장, 진입광장, 놀이공간, 휴게공간, 녹지공간, 편익 및 관리시설공간 등으로 한다.

④ 출입구는 주어진 현황을 고려하여 주출입구와 부출입구로 나누어 배치하되 3개소 설치하시오.

⑤ 놀이공간은 유아놀이공간과 유년놀이공간으로 나누어 배치하고 녹지공간은 완충녹지, 차폐 및 경관녹지로 나누어 나타내시오.

⑥ 전체 시설면적(놀이 및 운동시설, 휴게시설 등)이 부지면적의 60%를 넘지 않도록 하고 나머지 공간은 녹지시설 및 동선을 배치하시오.

문제 02

다음 설계요구조건을 참고하여 기본설계도(시설물 배치 및 배식설계도)를 작성하시오.[답안지 Ⅱ]

※ 설계요구조건

① 현황도를 축척 1/200로 확대하여 작성하시오.

② 놀이시설물은 유아 및 유년놀이공간에 맞는 적당한 놀이시설을 설치하되 유아놀이공간의 한쪽에 모래사장을 설치하시오.

③ 퍼걸러(4×4m, 2개 이상), 벤치(6개 이상), 휴지통(3개 이상), 음수대(1개소), 조명등 등의 시설물을 설치하시오.

④ 휴게공간 또는 포장지역의 수목보호와 벤치를 겸한 플랜트 박스(Plant Box, 2×2m)를 4개 이상 설치하시오.

⑤ 공간 및 동선 유형에 따라 적당한 포장재료를 선정하여 표현하고, 재료를 명기하시오.

⑥ 식재수종은 계절의 변화감과 지역조건을 고려하여 15종 이상을 선정하되 교목 식재 시 상록수의 비율이 40%를 넘지 않도록 하시오.

⑦ 수목의 명칭, 규격, 수량은 인출선을 사용하여 표시하시오.

⑧ 설계 시 도입된 전체 시설면적과 시설물 및 수목의 수량표를 도면 우측에 작성하시오(단, 수목의 수량표는 상록수, 낙엽수로 구분하여 작성).

문제 03

앞에서 작성한 사례 안에서 중요한 내용이 내포되는 전체 부지의 종단 또는 횡단의 단면도를 지급된 트레이싱지에 1/200으로 작성하시오. 단, 평면도상에 종단(또는 횡단)되는 부분을 A–A′로 표시하되 반드시 진입광장 부분이 포함되어야 한다.

① 단면도에 재료명, 치수, 표고, 기타 중요사항 등을 나타낸다.

문제 04

앞에서 작성한 단면도 하단에 다음의 내용으로 3연식 철제 그네의 평면도와 입면도를 축척 1/40로 작성하고 정확한 치수와 재료명을 기재하시오.

※ 설계요구조건

① 보와 기둥은 탄소강관 8cm인 것을 설치한다.

② 보를 지탱하는 기둥은 보의 양단(兩端)에만 설치한다.

③ 양단의 기둥은 보를 중심으로 하여 각각 2개의 기둥을 설치하는데, 지면에서 2개의 기둥 사이는 1.2m이다. 그리고 각 기둥의 하단부(지면에 접하는 곳)는 기둥 상단부(보와 연결되는 곳)보다 바깥쪽으로 20cm 벌려서 안전성을 갖게 한다.

④ 기둥의 최하단부는 지하의 콘크리트(1 : 3 : 6)에 고정한다. 이때 콘크리트의 크기는 사방 40cm, 높이 60cm로 하고, 잡석다짐은 사방 60cm, 높이 20cm로 한다.

⑤ 그넷줄은 직경 1cm의 쇠사슬로 하며, 앉음판은 두꺼운 목재판(두께 3cm, 길이 52cm, 폭 30cm)을 사용한다.

⑥ 그넷줄은 보의 양단에서 60cm 떨어져 위치하도록 한다.

⑦ 보와 연결되는 1개(조)의 그넷줄 너비는 50cm이며, 다음 그넷줄과의 사이는 80cm로 한다.

⑧ 그넷줄의 길이는 2.3m로 하고, 지면과는 30cm 떨어져 앉음판이 위치하도록 한다.

⑨ 그넷줄과 보와의 연결은 탄소강판(두께 1mm) 속에 베어링을 감싸서 보와 용접하고 줄과 연결한다.

현 황 도

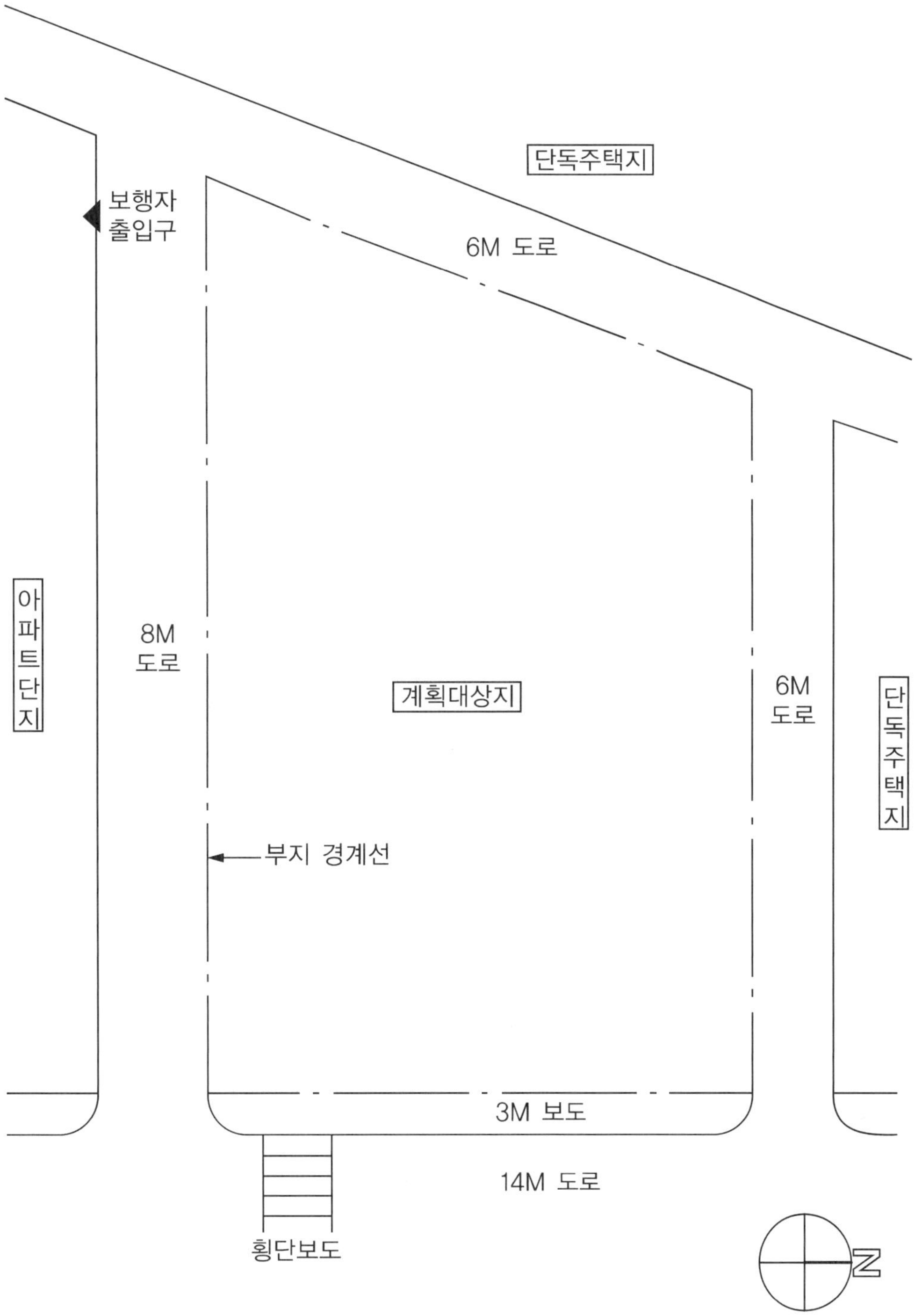

〈부지 현황도〉 S = 1/500

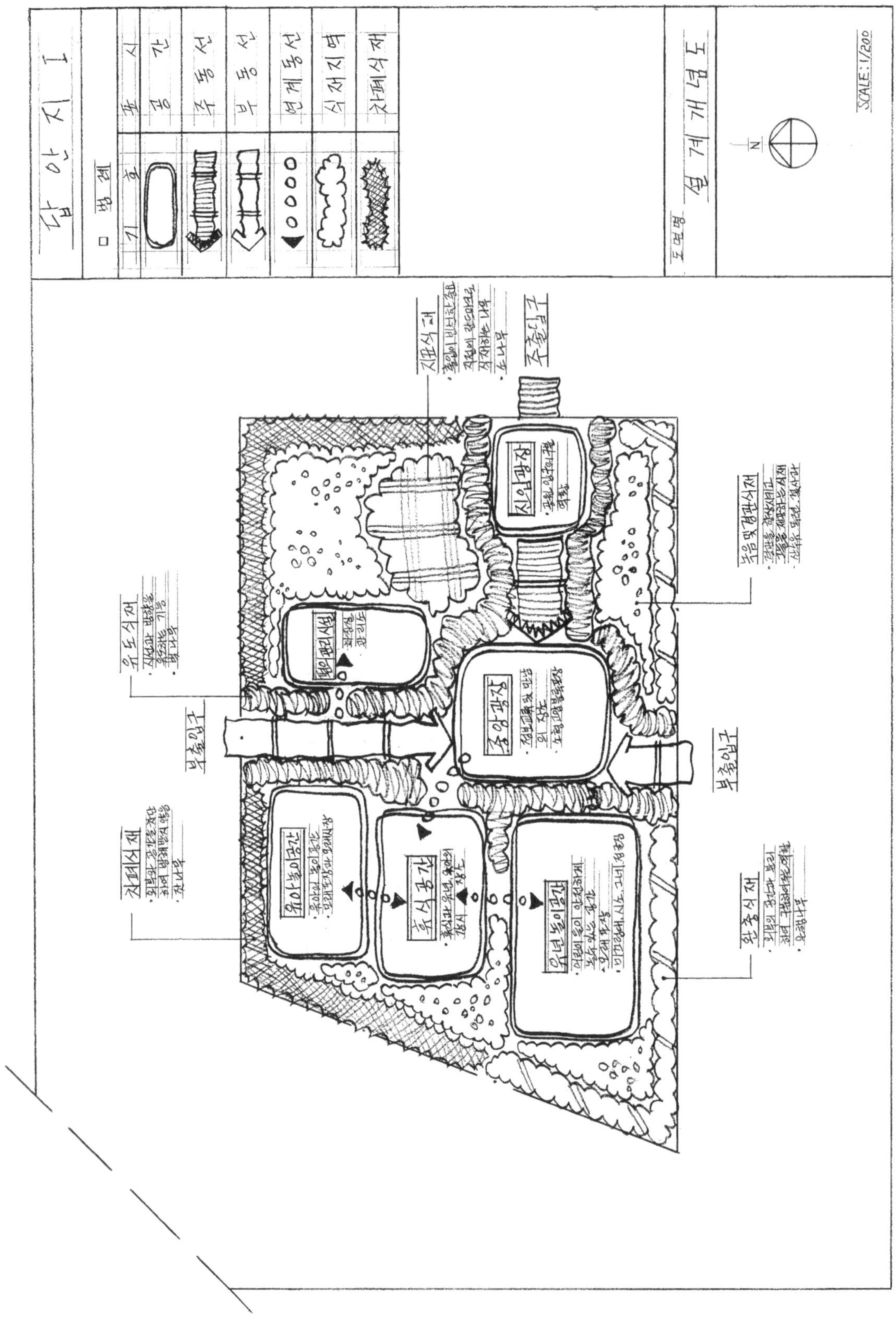
답안지 I
범례
기호
표시
공간
주동선
부동선
연계동선
식재지역
차폐식재
도면명
설계개념도
SCALE: 1/200
N
지표식재
주출입구
부출입구
유도식재
차폐식재
완충식재
녹음 및 경관식재
중앙광장
휴식공간
유아놀이공간
유년놀이공간
관리시설

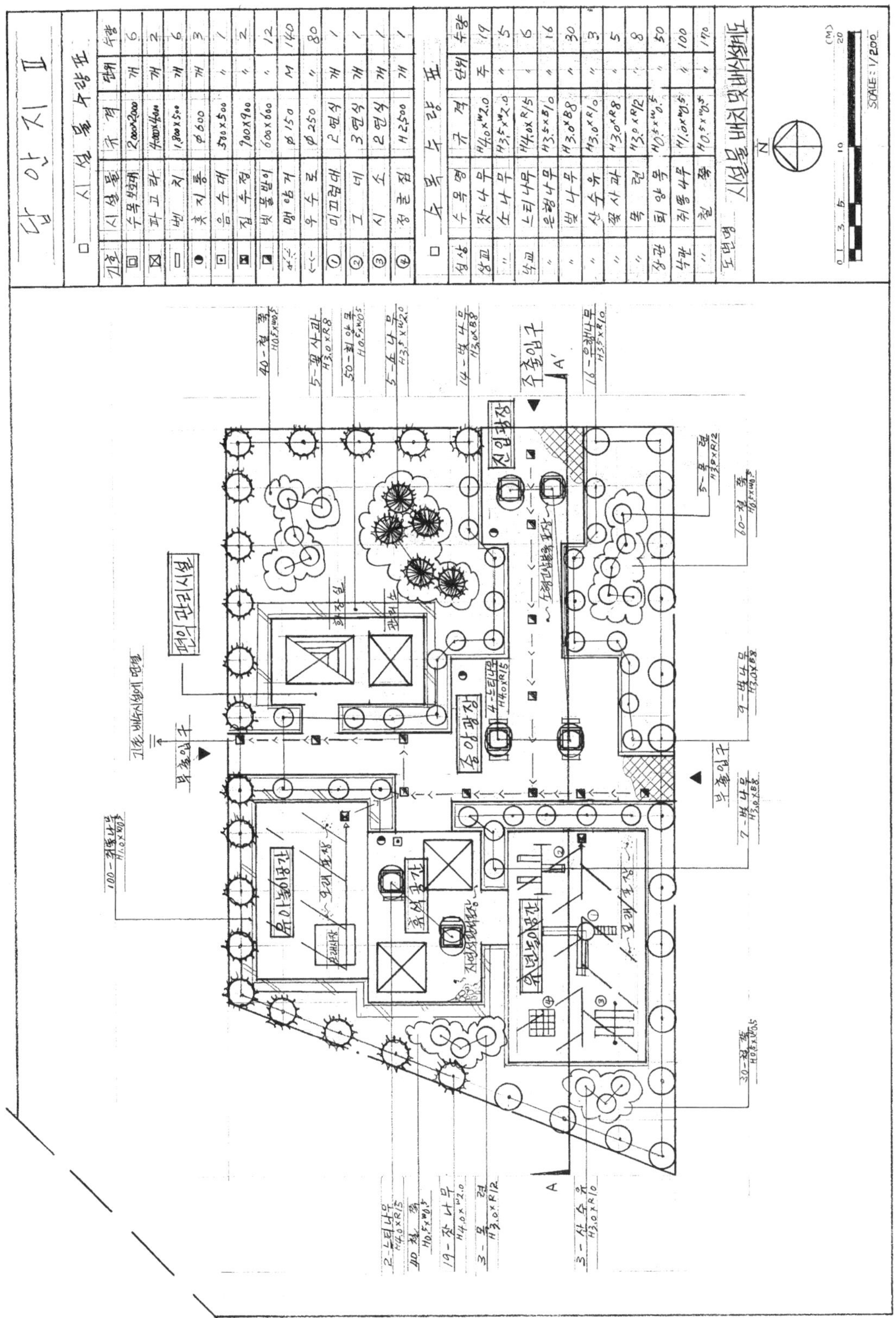

단양지 II
시설물 수량표
기호 | 시설물 | 규격 | 단위 | 수량
수목보호대 2000x2000 개 6
파고라 4000x4000 개 2
벤치 1,800x500 개 6
휴지통 ø600 개 3
음수대 500x500 〃 1
집수정 900x900 〃 2
빗물받이 600x600 〃 12
맹암거 ø150 M 140
우수관 ø250 〃 80
미끄럼대 2연식 개 1
그네 3연식 개 1
시소 2연식 개 1
정글짐 H2500 개 1
수목수량표
성상 | 수목명 | 규격 | 단위 | 수량
상교 잣나무 H4.0xW2.0 주 19
소나무 H3.5xW2.0 5
낙교 느티나무 H4.0xR15 6
은행나무 H3.5xB10 16
벚나무 H3.0xB8 30
산수유 H3.0xR10 3
꽃사과 H3.0xR8 5
목련 H3.0xR12 8
상관 회양목 H0.5xW0.5 50
낙관 쥐똥나무 H1.0xW0.5 100
철쭉 H0.5xW0.5 190
도면명 시설물 배치 및 배식설계도
SCALE : 1/200
중앙광장
진입광장
주출입구
부출입구
편의관리시설
유아놀이공간
유년놀이공간
휴식공간

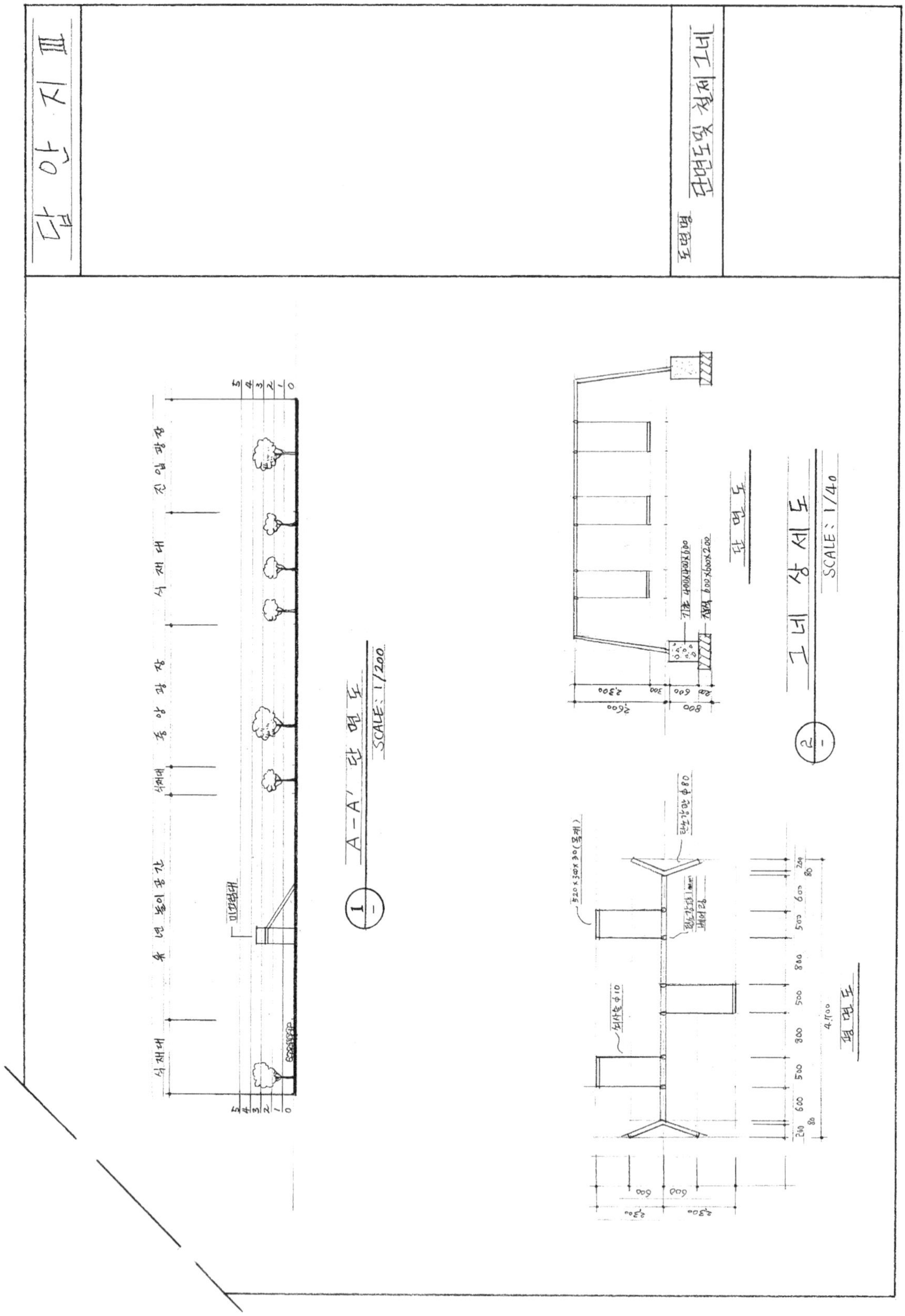

답안지 Ⅲ
도면명 단면도 및 설계 그네
식재대
유년 놀이 공간
식재대
중앙 광장
식재대
진입 광장
A-A' 단면도
SCALE : 1/200
단면도
평면도
그네 상세도
SCALE : 1/40

2 근린공원

(1) 근린공원의 개념

① 기능 : 근린거주자 또는 도보권 안에 거주하는 주민과 도시지역 근린생활권으로 구성된 지역 또는 광역생활권 안에 거주하는 모든 주민의 보건, 휴양 및 휴식, 정서생활의 향상에 기여함을 목적으로 설치된 공원

② 근린공원의 설치기준

공원구분	설치기준	유치거리	규모	시설면적	시설설치기준
근린생활권 근린공원	제한 없음	500m 이하	10,000m² 이상	40% 이하	일상의 옥외휴양, 오락·학습 또는 체험활동 등에 적합한 조경시설, 휴양시설, 유희시설, 운동시설, 교양시설 및 편익시설·도시농업시설로 하며, 원칙적으로 연령과 성별의 구분 없이 이용할 수 있도록 할 것
도보권 근린공원		1,000m 이하	30,000m² 이상		
도시지역권 근린공원	해당 도시공원의 기능을 충분히 발휘할 수 있는 장소	제한 없음	100,000m² 이상		주말의 옥외휴양, 오락·학습 또는 체험활동 등에 적합한 조경시설, 휴양시설, 유희시설, 운동시설, 교양시설 및 편익시설·도시농업시설 등 전체 주민의 종합적인 이용에 제공할 수 있는 공원시설로 하며, 원칙적으로 연령과 성별의 구분 없이 이용할 수 있도록 할 것
광역권 근린공원		제한 없음	1,000,000m² 이상		

(2) 근린공원의 기본설계기준(조경설계기준, 국토교통부 승인)

① 생물서식공간으로서의 생태적 기능은 공원 내 녹지조성에 있어 우선 고려하고, 근린지역의 공간요구를 고려한다.

② 수목 식재 시 지역의 특색을 살려 수종을 선택하도록 한다.

③ 공원의 구성요소에 비오톱 조성을 고려하여 구역을 설정하도록 한다.

④ 도시 내 생태계 네트워크상의 단위생태계로서 생태적 기법을 적용하며, 공간기능상 필요한 부분은 정형적 기법으로 조성한다.

⑤ 장애인 및 노약자를 고려한 디자인을 한다.

⑥ 공원의 입지적 여건을 충분히 고려하여 주변의 좋은 경관을 배경으로 활용하고, 근린주거 주민의 요구를 반영한다.

⑦ 토지이용은 가족단위 혹은 집단의 이용단위와 전 연령층의 다양한 이용특성을 고려하고 기존의 자연조건을 충분히 활용한다.

⑧ 휴게공간은 사용자 1인당 25m²의 면적을 표준으로 하며, 특히 운동장이나 구기장과 같은 동적 휴게공간을 적극 배치한다.

⑨ 안전하고 효율적인 동선계획으로 통과교통의 배제와 보행자전용도로와의 연계를 적극 도모하며 사고의 위험성, 교통시설, 주변건축물, 토지이용 등을 고려하여 출입구는 2개소 이상 설치한다.

⑩ 환경정화, 도시경관조성 및 완충녹지로서의 기능과 문화재 혹은 사적의 보존기능 및 장래의 시설확장 후보지로서의 활용까지도 겸할 수 있는 환경보존공간을 배치한다.

⑪ 놀이기구 및 기타 시설의 수는 공간의 크기를 고려하여 정한다.

⑫ 대규모의 개방공간(잔디밭 등), 즉 오픈스페이스의 공간적인 감각을 최대한 살리도록 한다.

⑬ 근린공원의 성격, 입지조건, 면적 등을 고려하여 녹지율 및 유치시설을 결정한다.

⑭ 조속한 녹화와 충분한 녹음, 계절감, 교육·정서적인 측면, 도시미관적 측면, 유지관리 등을 고려한 수종을 선택하고, 공간의 기능과 시설물의 속성을 반영하는 다양한 식재기법을 적용한다.

⑮ 각 근린생활권을 중심으로 배치하며 「초등학교+근린공원」, 「근린공원+유아공원, 어린이공원」 등의 조합형태로 설치하는 것도 고려한다.

⑯ 도시공원 및 녹지 등에 관한 법률상 근린생활권, 도보권, 도시계획권, 광역권의 근린공원으로 구분하고 있으나 설계자의 창의력을 발휘해야 한다.

(3) 공간별 시설물 및 식재계획

공간유형	시설물	식재
휴게공간	퍼걸러, 정자, 셸터, (평/등)의자, 앉음벽, 평상·야외탁자, 휴지통, 음수대, 수목보호대, 조명 등의 휴게시설	녹음식재, 차폐식재, 완충식재
운동공간	배드민턴장, 배구장, 테니스장, 농구장, 축구장, 롤러스케이트장, 게이트볼장, 팔굽혀펴기, 윗몸일으키기, 허리돌리기, 철봉, 평행봉 등의 운동시설	녹음식재, 완충식재, 차폐식재, 경계식재, 유도식재
놀이공간	미끄럼대, 그네, 시소, 정글짐, 회전무대, 사다리, 조합놀이대 등의 놀이시설	녹음식재, 완충식재, 차폐식재, 경계식재, 유도식재
수경공간	분수, 시냇물, 폭포, 벽천, 도섭지 등의 수경시설	경관식재, 요점식재
문화공간	식물원, 동물원, 박물관, 전시장, 공연장, 자연학습장, 음악당, 도서관 등의 문화시설	경관식재, 녹음식재, 경계식재, 유도식재
관리·편의공간	화장실, 매점, 관리사무소, 전망대 등의 편의 및 관리시설	요점식재, 차폐식재, 경계식재, 유도식재
진입·중심공간	광장, 휴게공간, 관리공간, 수경공간, 편의공간 등의 다양한 모든 시설물	요점식재, 지표식재, 유도식재, 경관식재

연습문제 근린공원 및 어린이공원설계 1

※ 설계요구사항

우리나라 중부지방의 학교 주변, 기존수림대 주변, 도심지 주거지역 중심공간의 부지이다. 이곳에 어린이, 학생, 주민들을 위한 근린공원을 만들고자 한다. 주어진 각각의 부지현황도 및 설계조건을 참고하여 조경설계도면을 작성하시오.

문제 01

학교 주변의 근린공원 부지에서 조건에 부합되는 기본설계도(개념도)를 작성하시오.[답안지 Ⅰ]

※ 설계요구조건

① 축척은 1/300로 할 것

② 보도와 연계된 동선을 계획할 것

③ 학교 쪽으로 부진입할 수 있도록 할 것

④ 녹음, 차폐, 완충, 경관 등의 식재개념을 도입해서 계획할 것

⑤ 중앙에 원형광장을 만들 것

⑥ 원형광장에 인접하여 야외공연장을 설계할 것

⑦ 주거지 쪽으로 운동공간 및 놀이공간을 배치할 것

⑧ 보도 쪽에는 진입공간 또는 휴게공간을 배치할 것

현 황 도

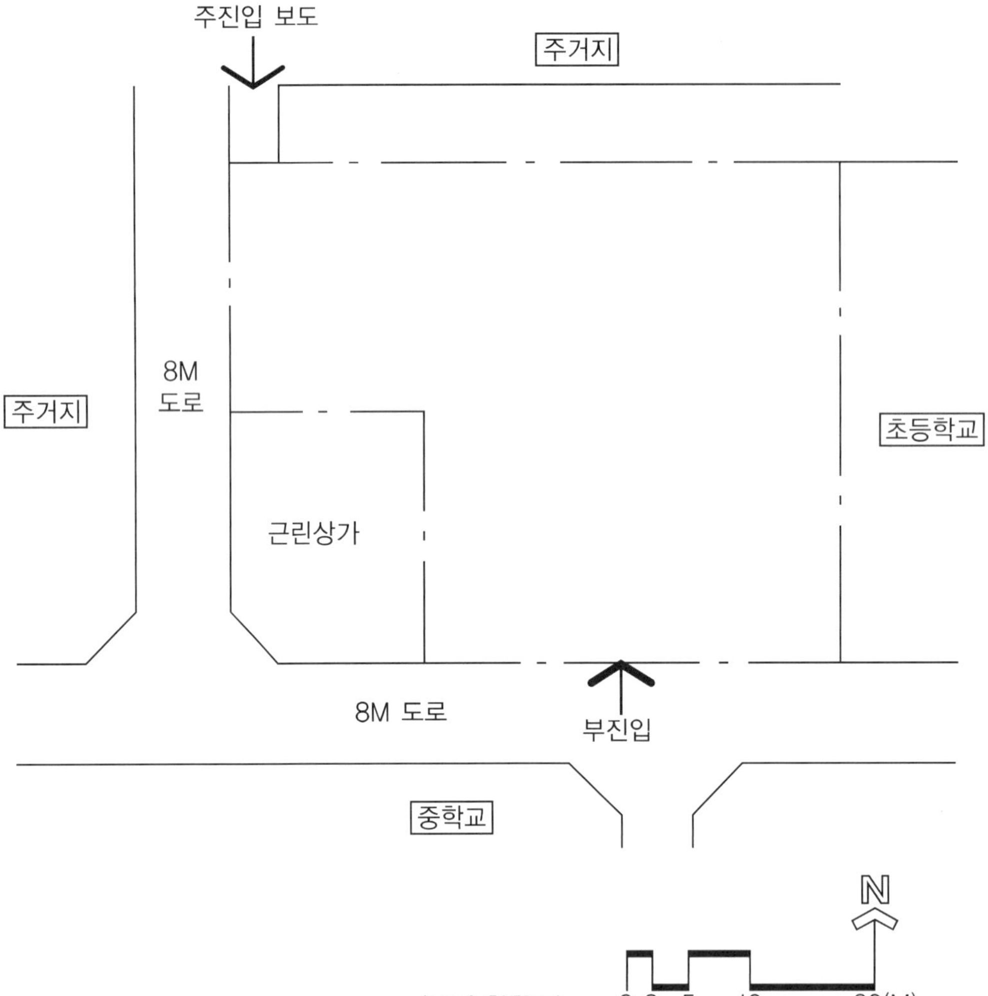

주진입 보도
주거지
8M
도로
주거지
초등학교
근린상가
8M 도로
부진입
중학교
N
0 2 5 10 20(M)

〈부지 현황도〉

문제 02

기존수림대 주변 근린공원 부지에 다음 조건에 부합되는 식재설계도를 작성하시오.[답안지 Ⅱ]

※ 설계요구조건

① 축척은 1/300로 할 것

② A 지역은 북서쪽의 겨울바람을 차단할 수 있도록 할 것

③ B 지역은 입구 주변으로 요점식재를 할 것

④ C 지역은 수목보호대를 사용한 식재를 할 것

⑤ D, E 지역은 잔디광장 성격에 적합하도록 할 것

⑥ 나머지는 설계자가 임의로 할 것

⑦ 배식도에는 등고선 표기를 생략할 것

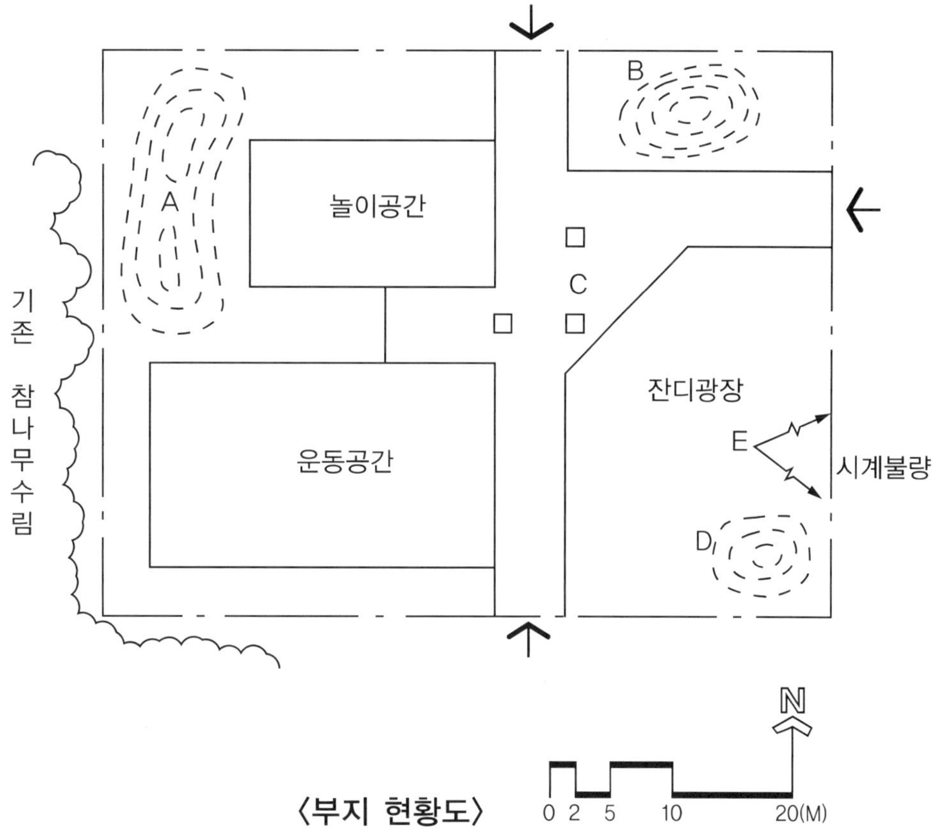

〈부지 현황도〉

문제 03

도심지 주거지역 중심공간의 어린이공원 현황도와 조건을 참고하여 조경시설물 평면도를 작성하시오.[답안지 Ⅲ]

※ 설계요구조건

① 1/300로 확대할 것

② 레벨 차이가 있는 주진입구의 진입공간에는 폭이 3m인 계단(H20×W30cm)을 설치하고, 계단에 면하여 폭이 2m인 램프를 설치할 것

③ 부진입로의 폭원은 2m로 설계할 것

④ 휴게 및 광장에는 4×8m의 퍼걸러 설치, 평의자 6개 이상, 휴지통 2개, 바닥포장은 임의대로 설계할 것

⑤ ~~운동공간에는 다목적 운동공간을 만들고, 맹암거와 집수정을 설치할 것~~

⑥ 어린이놀이터에는 조합놀이대 1개 이상을 설치하고, 맹암거와 집수정을 설치할 것

⑦ 휴게공간에는 4×4m 퍼걸러 1개소를 설치할 것

⑧ 법면구배는 1 : 2로 할 것

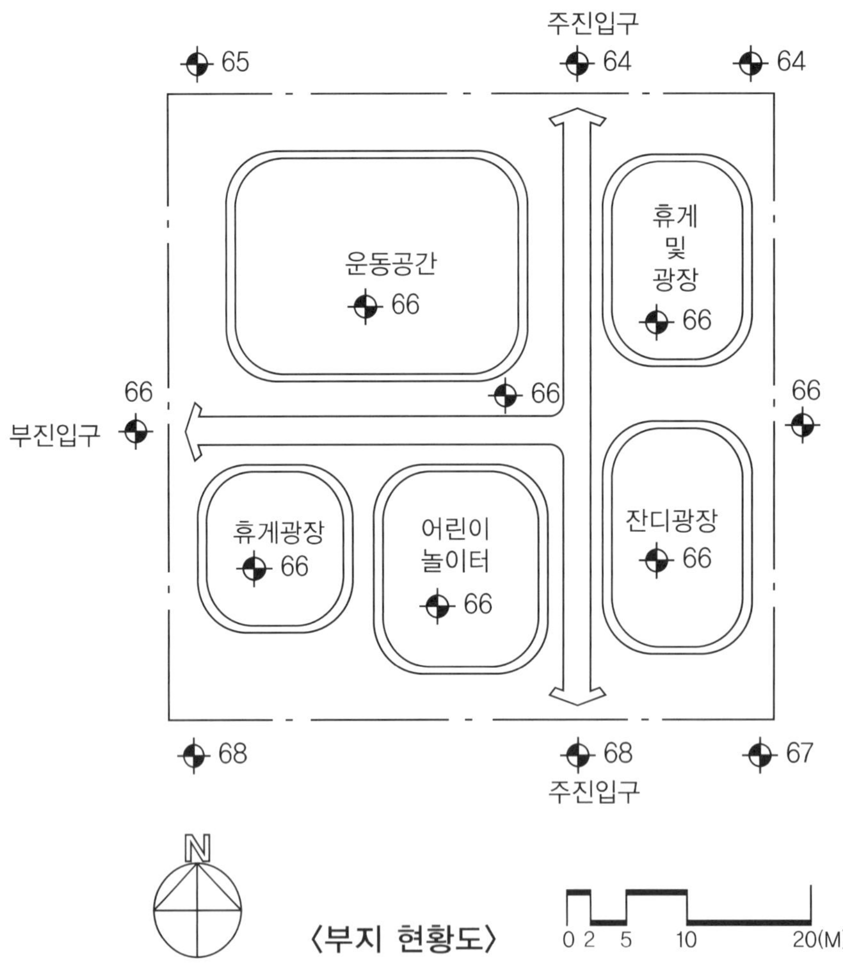

〈부지 현황도〉

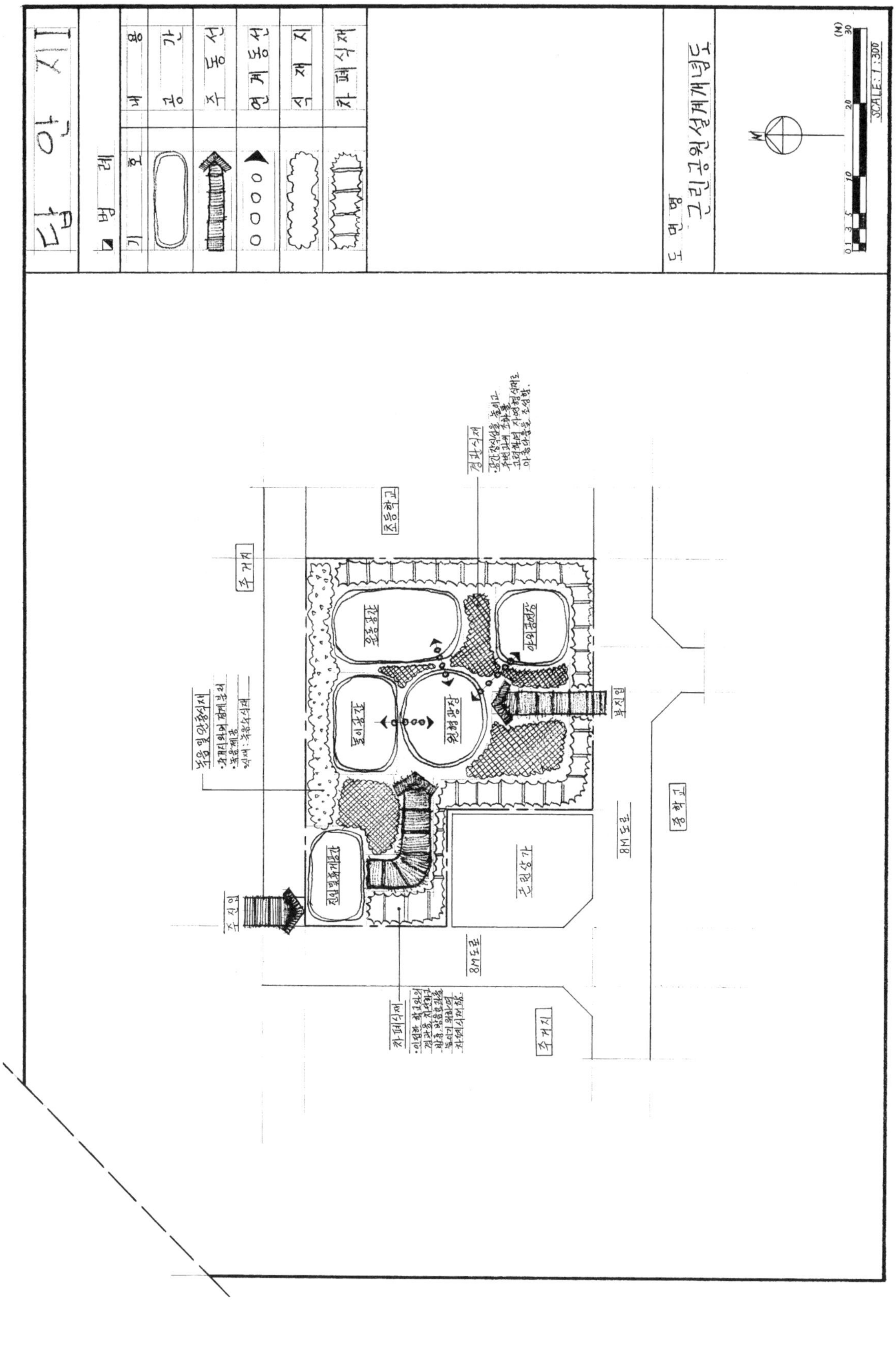

답안지
범례
기호
내용
공간
주동선
연계동선
식재지
차폐식재
도면명
그린공원설계개념도
SCALE : 1:300
초등학교
중학교
근린상가
8M도로
주거지

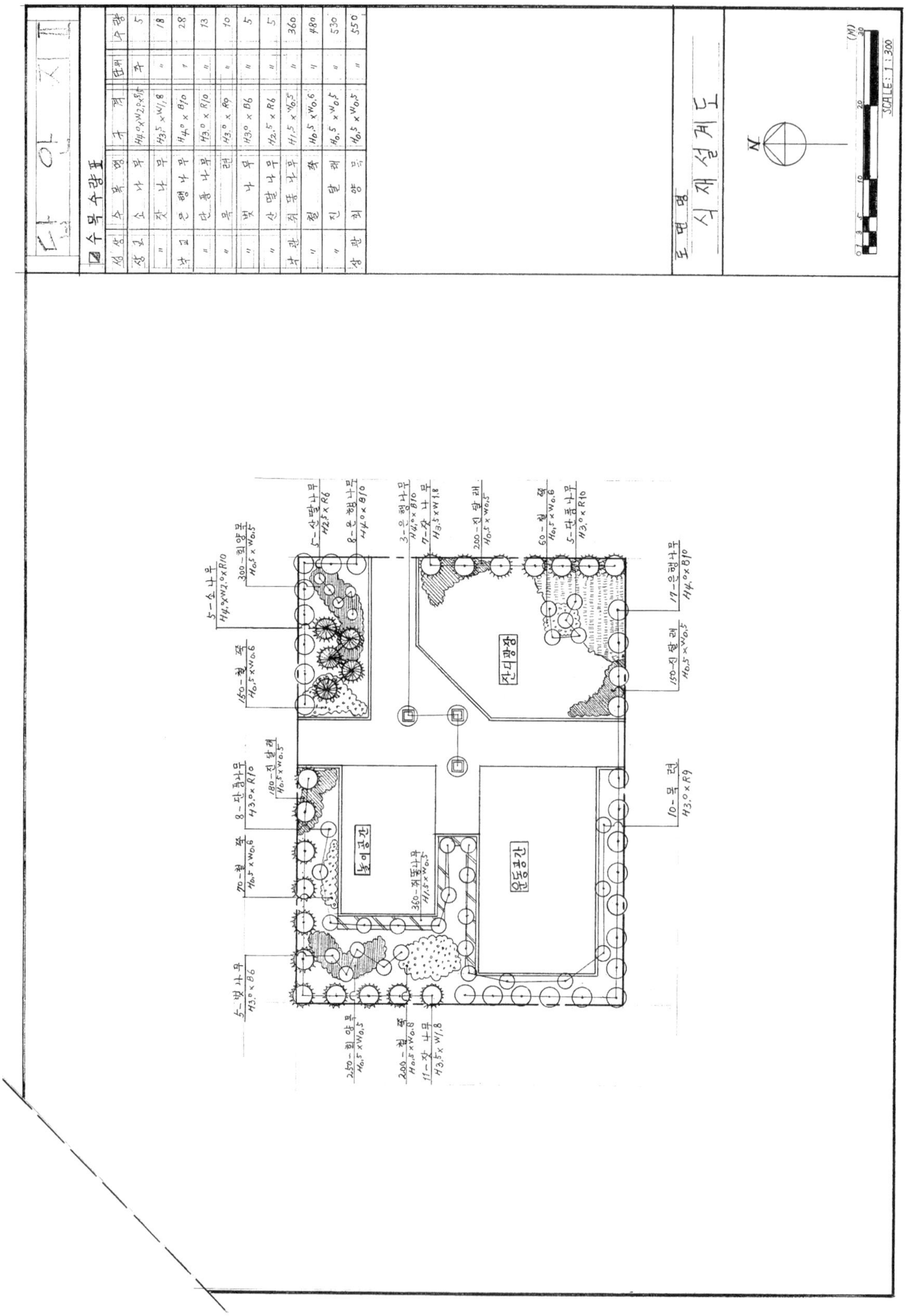
수목수량표
잔디광장
놀이공간
운동공간
식재설계도
SCALE : 1 : 300

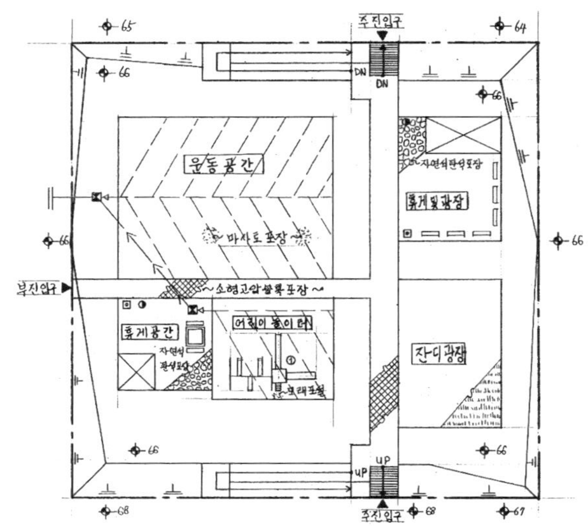

답 안 지 Ⅲ

■ 시설물 수량표

기호	시설명	규격	단위	수량
⊠	파고라	4,000×4,000	개	1
⊠	파고라	4,000×8,000	〃	1
▭	평의자	1,800×400	〃	8
◻	수목보호대	2,000×2,000	〃	1
◑	휴지통	ϕ600	〃	
⊡	음수대	500×500	〃	2
⊠	집수정	900×900	〃	2
⟶	맹암거	ϕ150	M	—
⟶	우배수	ϕ250	〃	—
①	조합놀이대	—	개	1

도면명

시설물배치도

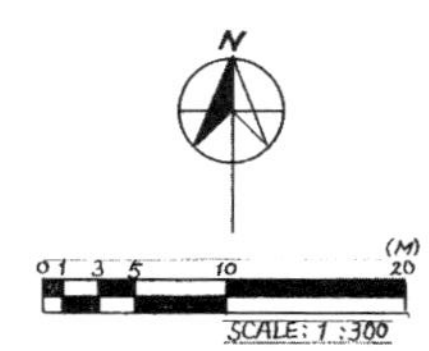

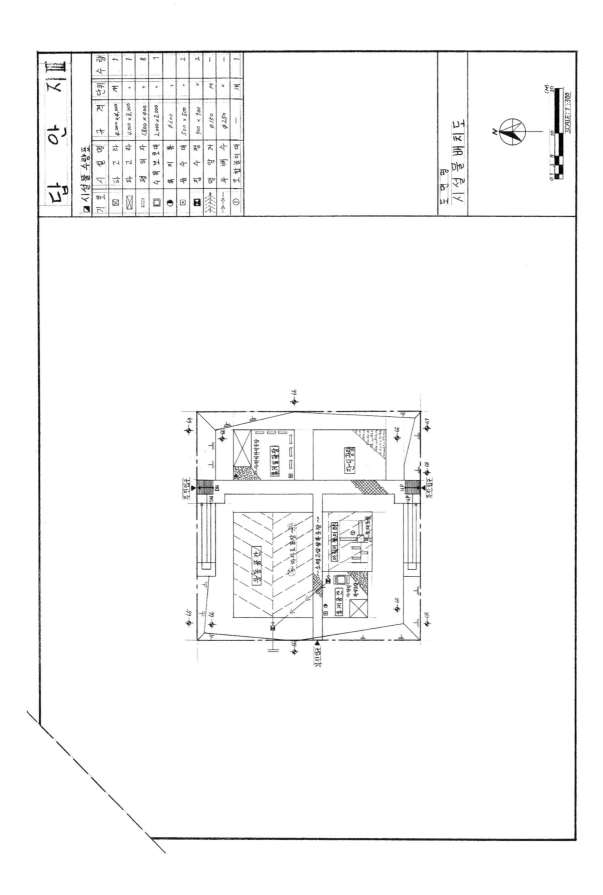

연습문제 근린공원설계 2

※ 설계요구사항

우리나라 중부지방에 위치하고 있는 4면이 도로로 둘러싸인 근린공원 부지 현황도이다. 주어진 요구조건을 참조하여 설계도면을 작성하시오.

문제 01

※ 설계요구조건

① 부지 북동측 중앙부에 60×45m 규모의 다목적 운동장, 남서측 중앙부에는 30×30m 규모의 잔디광장을 배치할 것

② 남측 중앙에 주진입로(폭 12m), 동/서측 중앙에 부진입로(폭 6m), 부지 경계주변을 따라 산책로(폭 2m)를 배치할 것

③ 부지의 외곽 경계부는 경계 및 화훼녹지대를 설치하고, 마운딩 설계를 적용할 것(마운딩 등고선의 간격은 1m로 설계하고, 최고 높이 3m 이내로 배치할 것)

④ 적당한 곳에 휴게공간 2개소를 배치하고, 휴게공간 내에 퍼걸러(6×6m) 7개를 설치할 것

⑤ 주진입로 중앙부에 6m 간격으로 수목보호대(2×2m)를 배치하고 녹음수를 식재할 것

⑥ 포장재료는 2가지 이상을 사용하여 설계하고, 도면상에 표기할 것

⑦ 식재수종은 다음에서 10종 이상을 선정하고, 도면 여백에 수목수량표를 작성할 것

보기

잣나무, 소나무, 측백나무, 녹나무, 후박나무, 은행나무, 자작나무, 왕벚나무, 꽝꽝나무, 동백나무, 배롱나무, 홍단풍, 느티나무, 산철쭉, 영산홍, 회양목, 쥐똥나무, 눈주목, 개나리, 잔디

문제 02

설계요구조건을 고려하여 [답안지 Ⅰ]에 축척 1/500로 설계개념도를 작성하시오.

문제 03

설계요구조건을 고려하여 [답안지 Ⅱ]에 축척 1/500로 기본설계 및 배식설계도를 작성하시오.

현 황 도

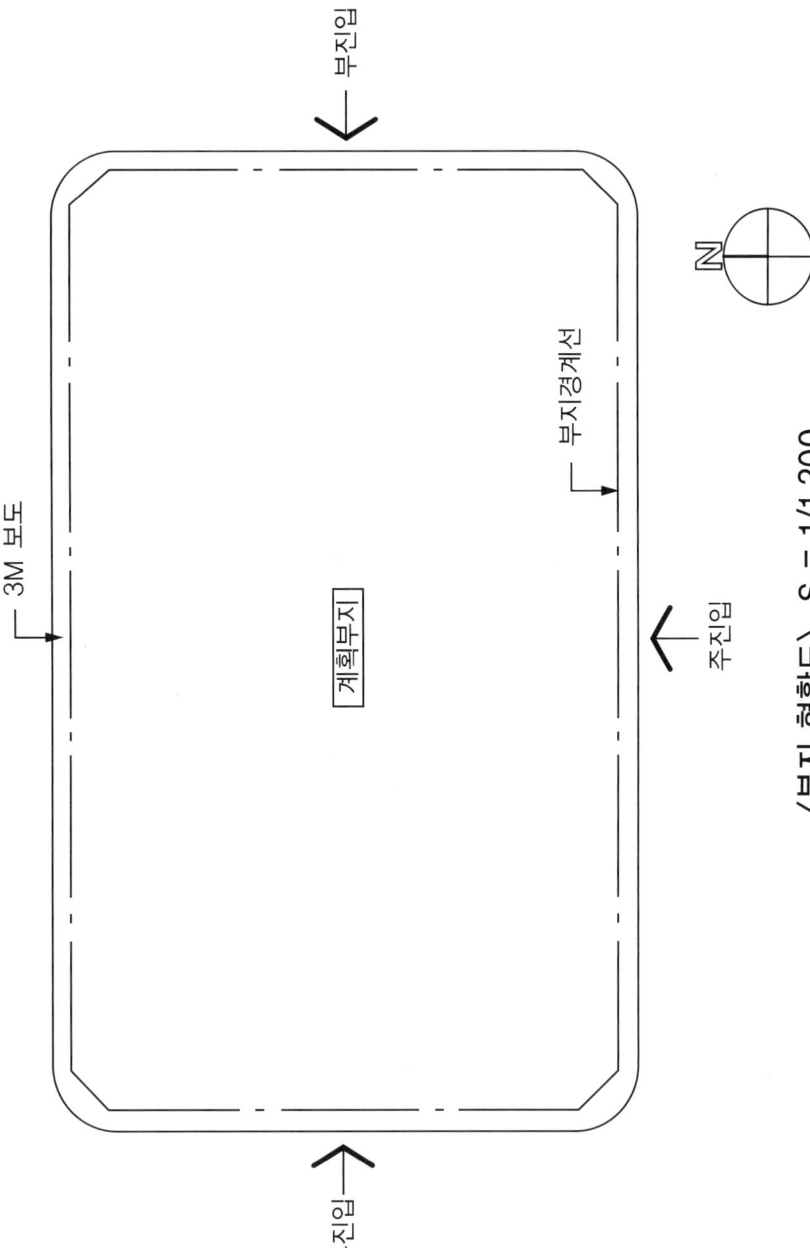

〈부지 현황도〉 S = 1/1,200

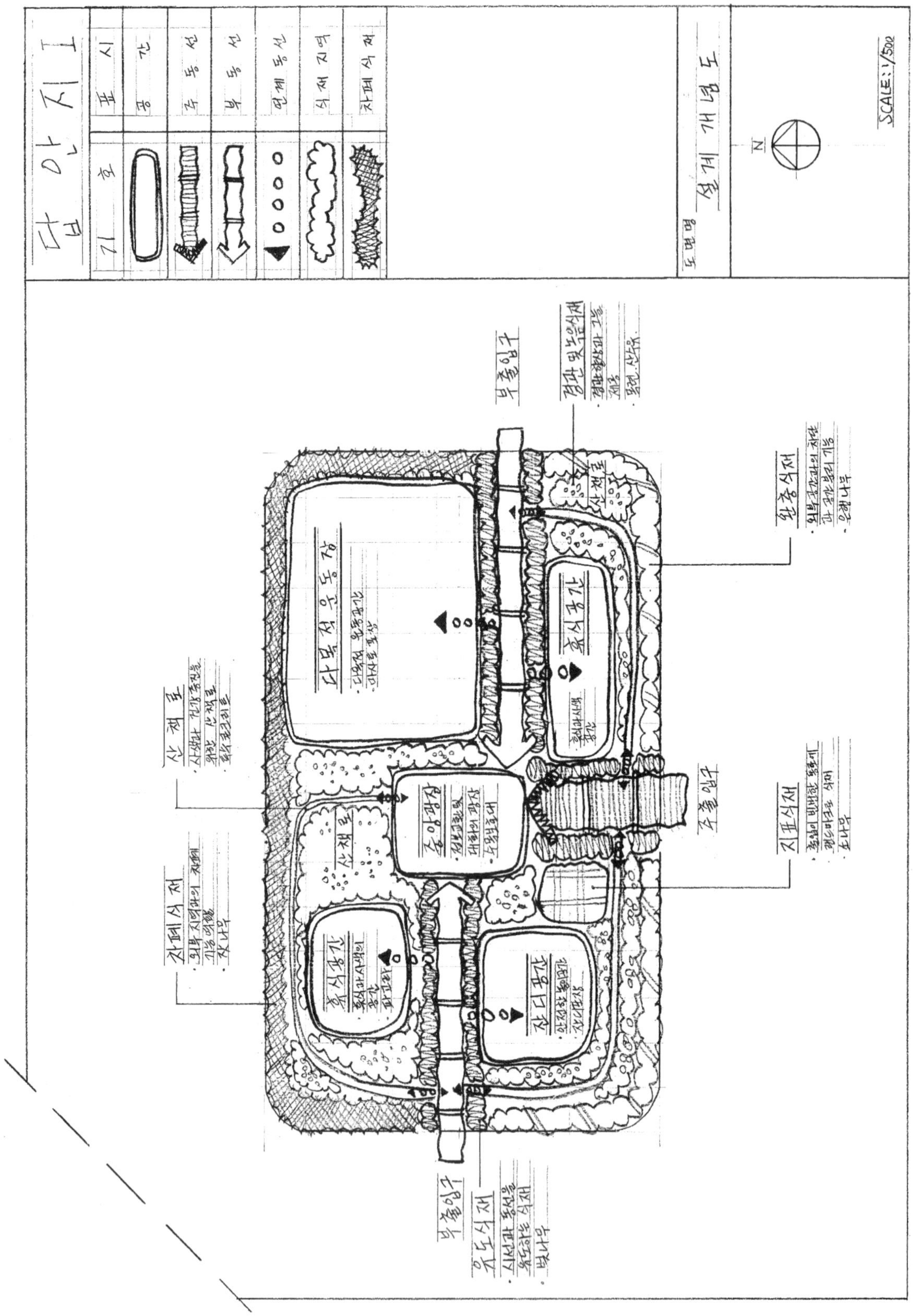
범례
기호
표시
공간
주동선
부동선
연계동선
식재지역
차폐식재
도면명
설계개념도
SCALE:1/500
N
다목적운동장
휴식공간
중앙광장
잔디광장
산책로
주출입구
부출입구
차폐식재
완충식재
지표식재
유도식재
경관및녹음식재

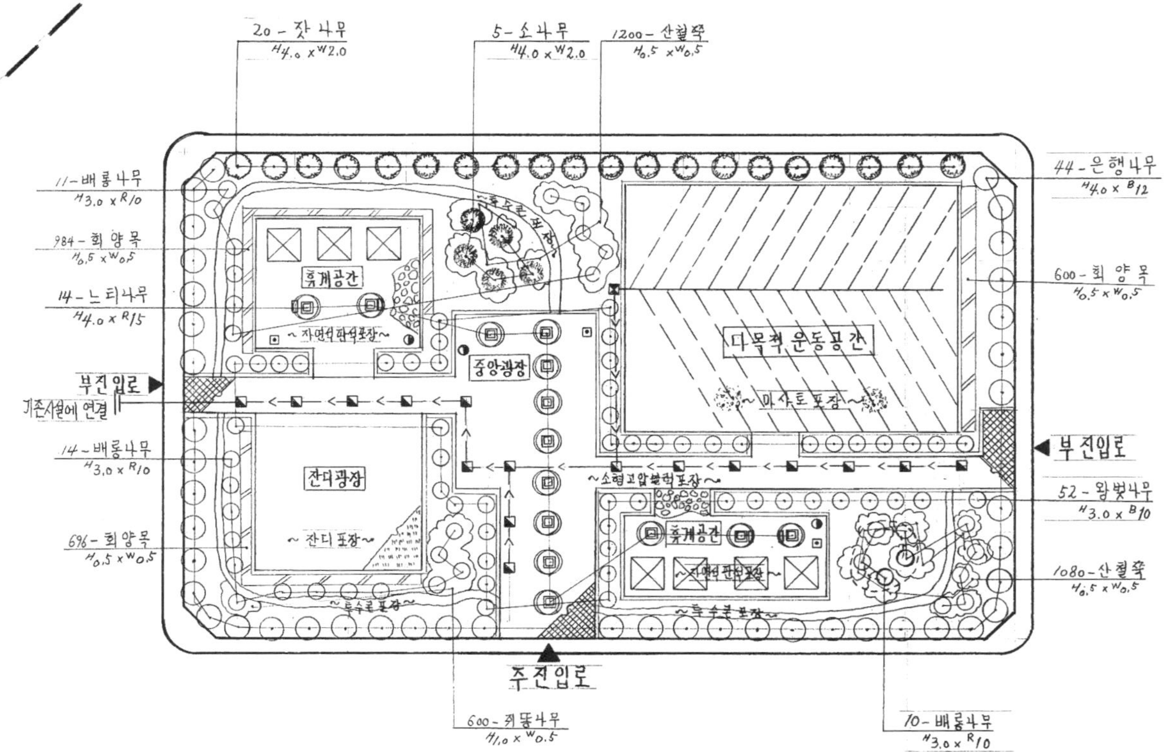

답안지 II

시설물 수량표

기호	시설명	규격	단위	수량
⊠	파고라	6,000 x 6,000	개	7
▣	수목보호대	2,000 x 2,000	〃	14
▭	평의자	1,800 x 500	〃	4
◑	휴지통	ø600 x 600	〃	3
⊡	음수대	500 x 500	〃	3
⧗	집수정	900 x 900	〃	1
◪	빗물받이	600 x 600	〃	16
⫽	맹암거	ø150	M	—
—<—	우배수	ø250	〃	—

수목수량표

성상	수목명	규격	단위	수량
상교	잣나무	H4.0 x W2.0	주	20
〃	소나무	H4.0 x W2.0	〃	5
낙교	느티나무	H4.0 x R15	〃	14
〃	은행나무	H4.0 x B12	〃	44
〃	왕벚나무	H3.0 x B10	〃	52
〃	배롱나무	H3.0 x R10	〃	35
상관	회양목	H0.5 x W0.5	〃	2,380
낙관	쥐똥나무	H1.0 x W0.5	〃	600
〃	산철쭉	H0.5 x W0.5	〃	2,280
지피	잔디	300 x 300 x 30	매	9,900

도면명
기본설계 및 배식설계도

N

0 1 3 5 25 50 (M)

SCALE: 1/500

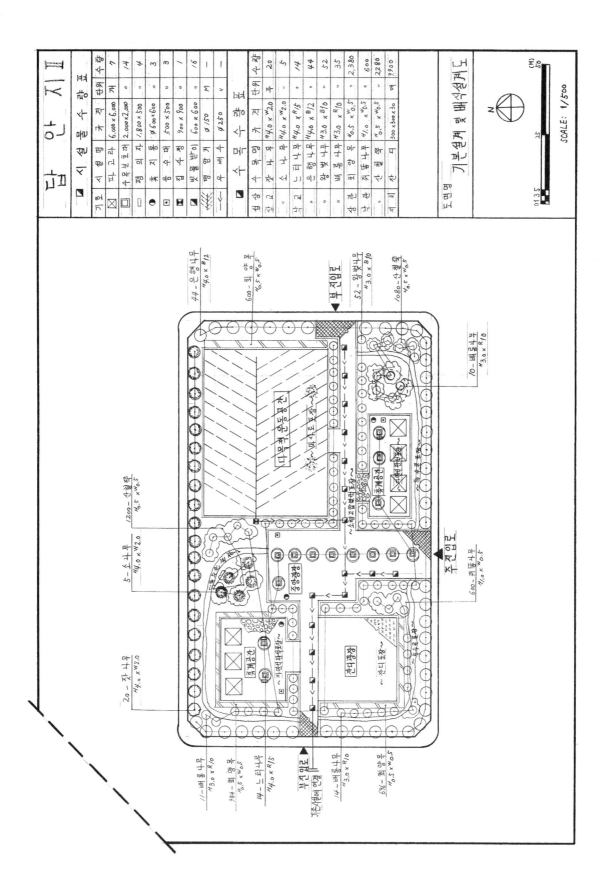

연습문제 | 근린공원설계 3

※ 설계요구사항

중부지방의 도심지에 위치한 아파트 주변 근린공원의 부지 현황도이다. 주어진 현황도를 축척 1/400로 확대하여 설계요구조건을 참고하여 설계개념도와 시설물 배치도 및 배식설계도를 작성하시오.

※ 설계요구조건

① 근린공원 내의 진・출입은 반드시 현황도에 지정된 곳(6곳)에 한정된다.

② 적당한 곳에 운동공간, 놀이공간, 휴게공간, 진입광장, 녹지공간 등을 조성한다.

③ 적당한 곳에 차폐녹지, 녹음 겸 완충녹지, 수경녹지공간 등을 조성한다.

④ 주동선과 부동선, 진입관계, 공간배치, 식재개념배치 등을 개념도의 표현기법을 사용하여 나타내고 각 공간의 명칭, 성격, 기능을 약술하시오.

⑤ 빈 공간에 범례를 작성하시오.

⑥ 공간별 요구시설은 다음과 같다.

구분	배치위치	시설명, 규격 및 배치수량
운동공간	북서방향	다목적 운동장(30×50m)
놀이공간	남동방향	30×17m 규모이고, 놀이시설 종류는 4연식 그네 1조, 2방식 미끄럼대 1조를 포함한 놀이시설물 3종 이상 등
휴게공간	북동방향	퍼걸러(4×8m) 2개소, 벤치 10개, 휴지통, 음수전 등
진입광장	남서방향	화장실(5×10m), 수목보호대(1.5×1.5m) 등
녹지공간	부지 경계부 주변부분	완충녹지, 경계녹지가 필요한 곳에 7m 폭으로 설계

※ 식재설계요구조건

① 각 공간의 경관과 기능을 고려하여 10종 이상의 수종을 〈보기〉에서 선택하여 식재설계를 하시오.

보기

소나무, 은행나무, 느티나무, 메타세쿼이아, 낙우송, 산벚나무, 층층나무, 꽃사과, 생강나무, 단풍나무, 붉나무, 자귀나무, 함박꽃나무, 말발도리, 화살나무, 감탕나무, 병꽃나무

② 식재한 수량을 집계하여 수목수량표를 도면 우측에 작성하시오.

현황도

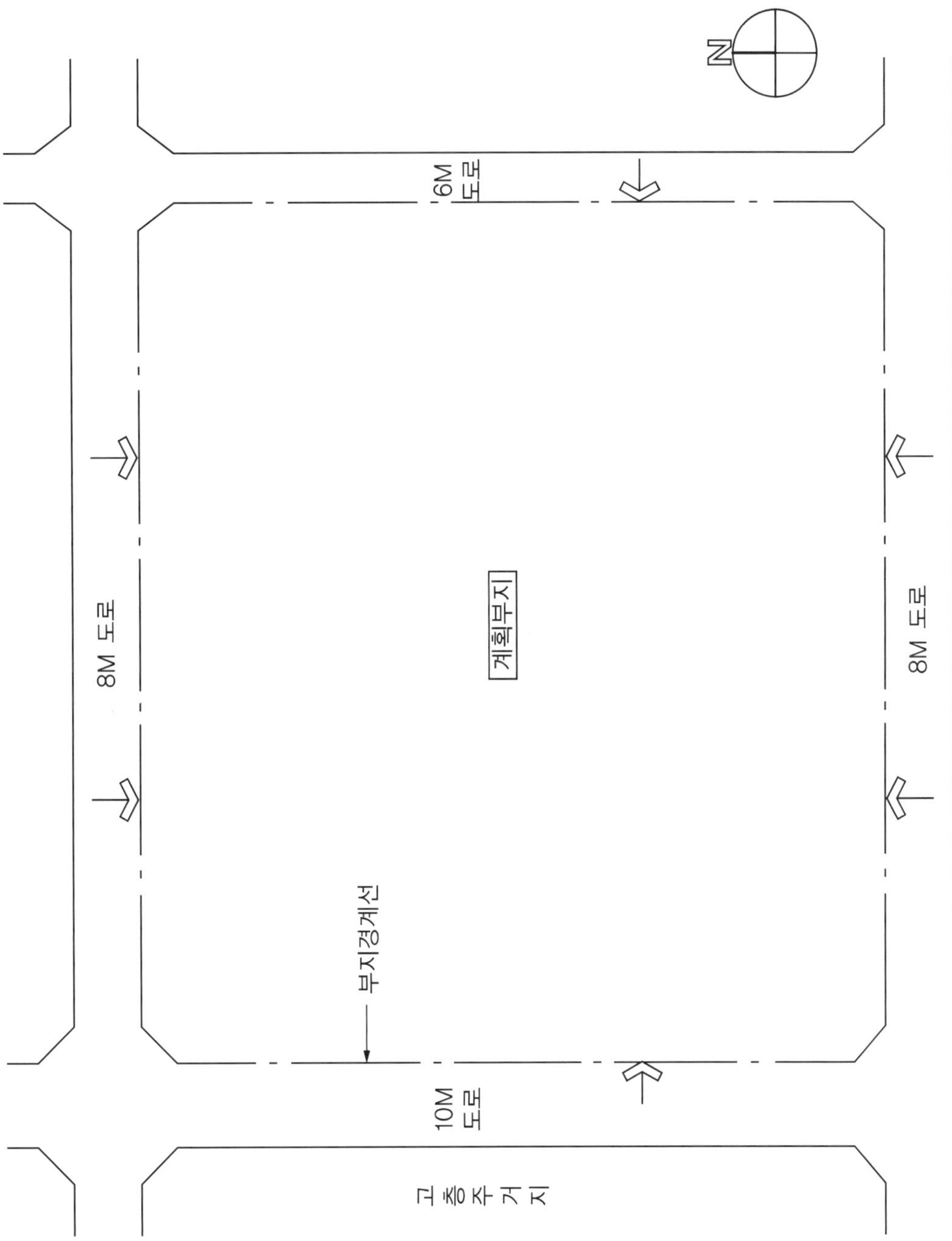

〈부지 현황도〉 S = 1/800

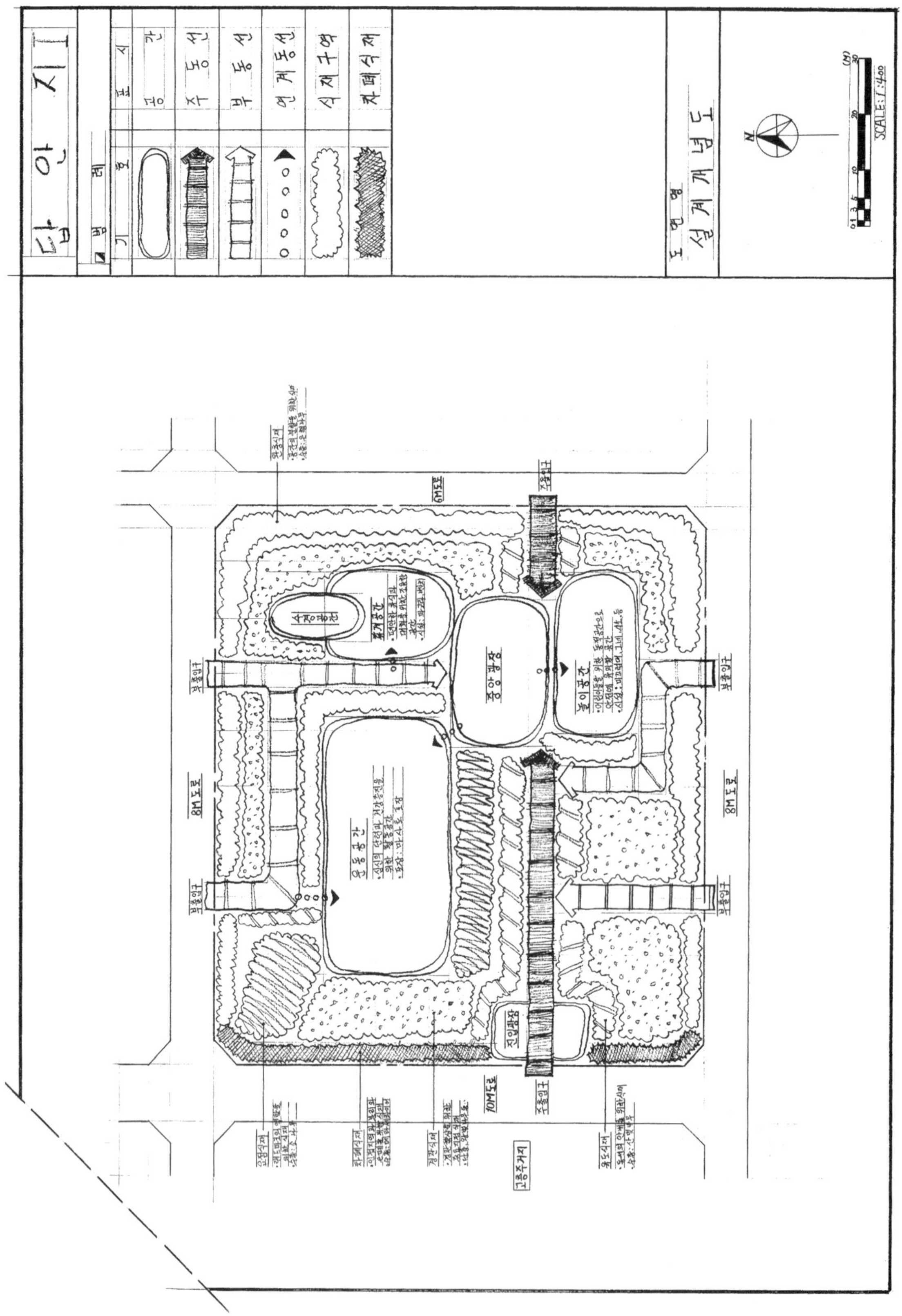
답안지
범례
기호
표시
공간
주동선
부동선
연계동선
식재구역
차폐식재
도면명
설계개념도
SCALE : 1/400
6M도로
8M도로
10M도로
중앙광장
운동공간
놀이공간
휴게공간
진입광장
주출입구
보행입구
고층주거

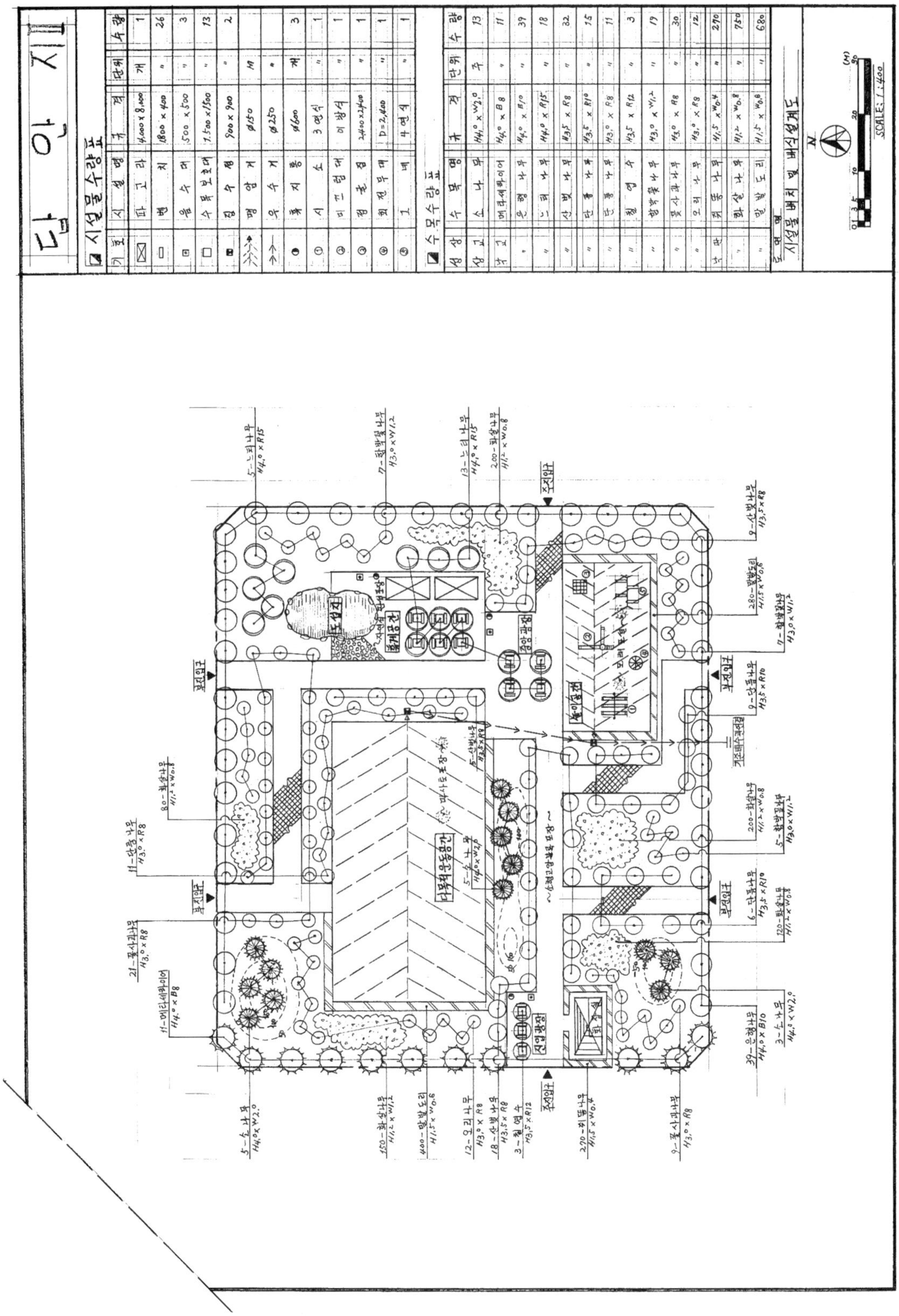
시설물수량표
수목수량표
시설물 배치 및 배식설계도
SCALE: 1:400

연습문제 | 근린공원설계 4

※ 설계요구사항

중부지방의 도심지 중앙의 주거지역에 위치한 근린공원의 부지 현황도이다. 주어진 현황도를 축척 1/400로 확대하여 설계요구조건을 참조하여 설계개념도와 기본설계도 및 식재설계도를 작성하시오.

※ 설계요구조건

① 근린공원 내의 진출입은 반드시 배치도에 지정된 주진입(6m)과 보조진입(4m, 3m)에 한정된다.

② 적당한 곳에 정적 휴게공간, 다목적 운동공간, 운동공간, 어린이 놀이공간, 녹지공간, 편의시설 등을 배치한다.

③ 필요한 지역에 경계식재, 차폐식재를 한다.

④ 주동선과 부동선, 진입관계, 공간배치, 식재개념 등을 개념도의 표현기법을 사용하여 나타내고, 각 공간의 명칭, 성격, 기능 등을 약술하시오.

⑤ 포장재료는 지정된 재료를 선정하여 설계하고, 재료명을 표기하시오.

⑥ 도면 우측에 표제란을 작성하시오.

⑦ 공간별 요구시설은 아래의 시설 목록표를 참조하시오.

구분	면적	포장재료	시설명, 규격 및 배치 수량
다목적 운동공간	약 1,000m^2	마사토	매점 및 화장실(5×10m) 1개소
운동공간	–	보도블록	배드민턴장 2면(20×20m)
정적 휴게공간	약 900m^2	잔디	퍼걸러(5×10m) 2개소, 퍼걸러(5×5m) 4개소, 벤치 10개, 휴지통 6개, 음수전 2개 등
어린이 놀이공간	약 300m^2	모래깔기	그네, 미끄럼대 등 3종 이상
녹지공간	–	–	부지 주변부에 3m 이상 경계식재

※ 식재설계요구조건

① 〈보기〉의 수종 중에서 총 13수종 이상을 선정하여 식재설계를 하시오.

보기

소나무, 은행나무, 잣나무, 왕벚나무, 섬잣나무, 측백나무, 후박나무, 자작나무, 계수나무, 단풍나무, 느티나무, 겹벚나무, 주목, 산수유, 황매화, 꽝꽝나무, 산철쭉, 회양목, 굴거리나무, 아왜나무, 구실잣밤나무, 쥐똥나무, 눈주목, 녹나무, 동백나무, 등나무, 잔디

② 식재한 수량을 집계하여 범례란에 수목수량표를 도면 우측에 작성하시오.

현 황 도

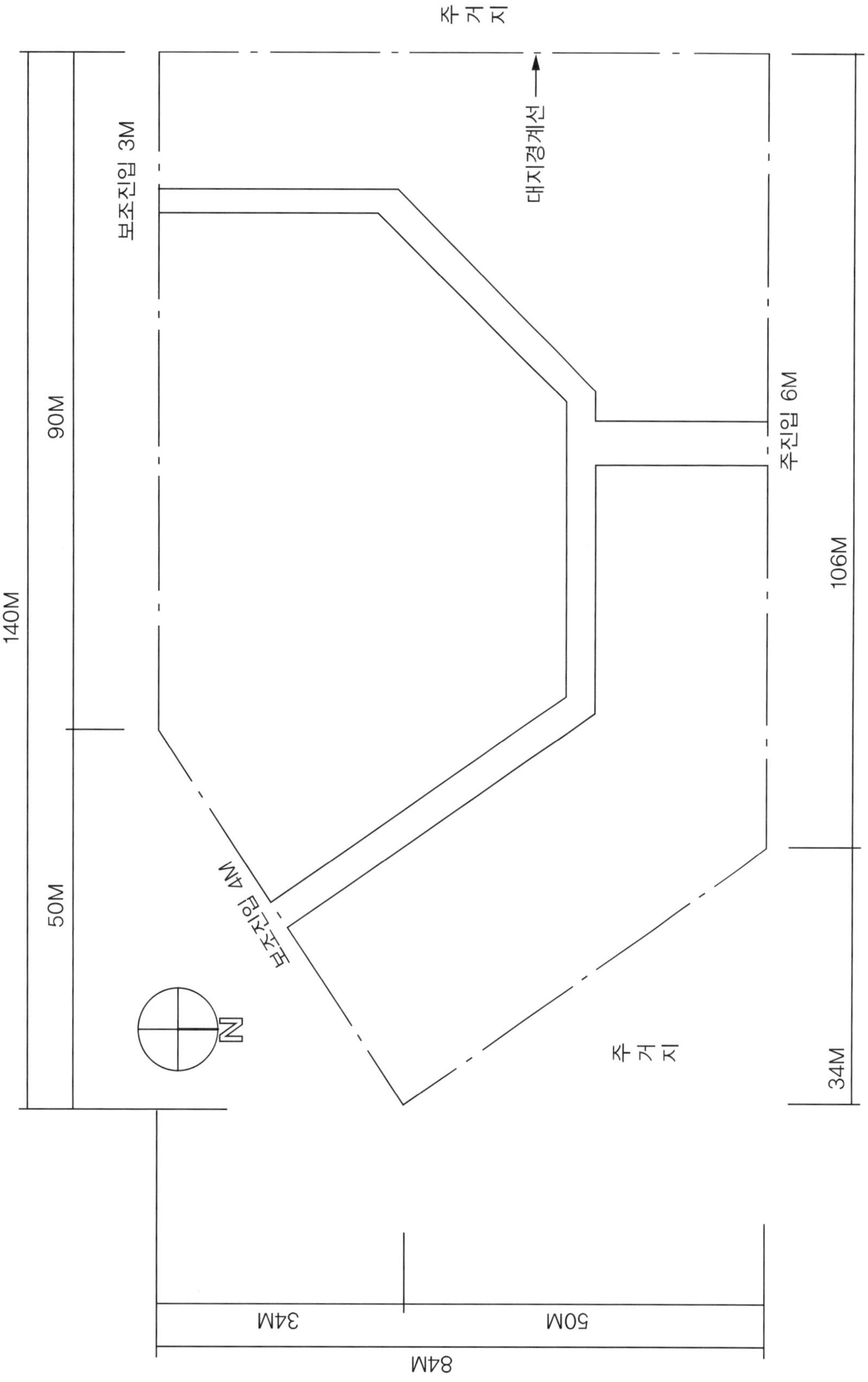

〈부지 현황도〉 S = 1/800

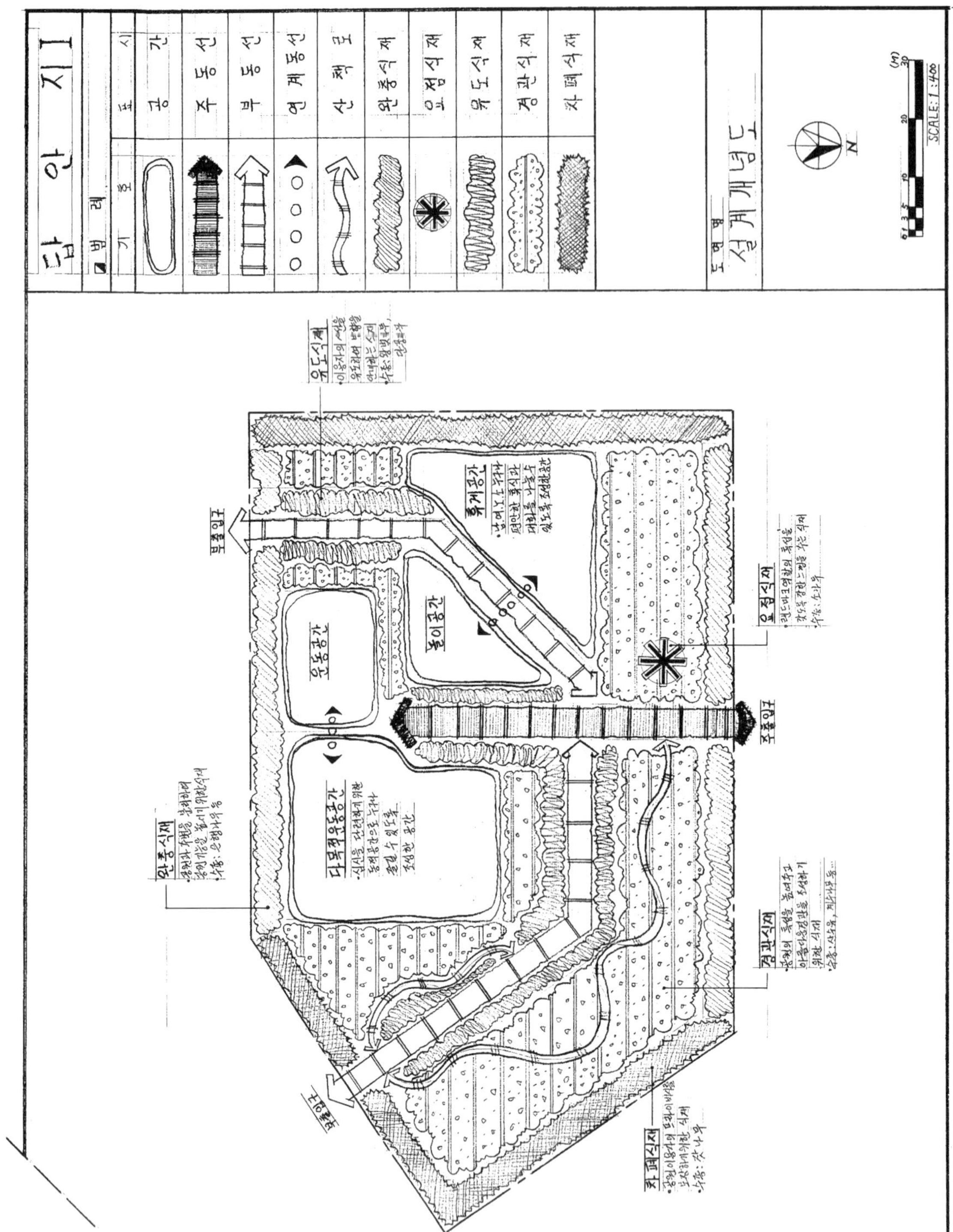
답안지
범례
기호
표시
공간
주동선
부동선
연계동선
산책로
완충식재
요점식재
유도식재
경관식재
차폐식재
도면명
설계개념도
N
SCALE: 1:400
휴게공간
놀이공간
운동공간
다목적운동공간
주출입구
부출입구

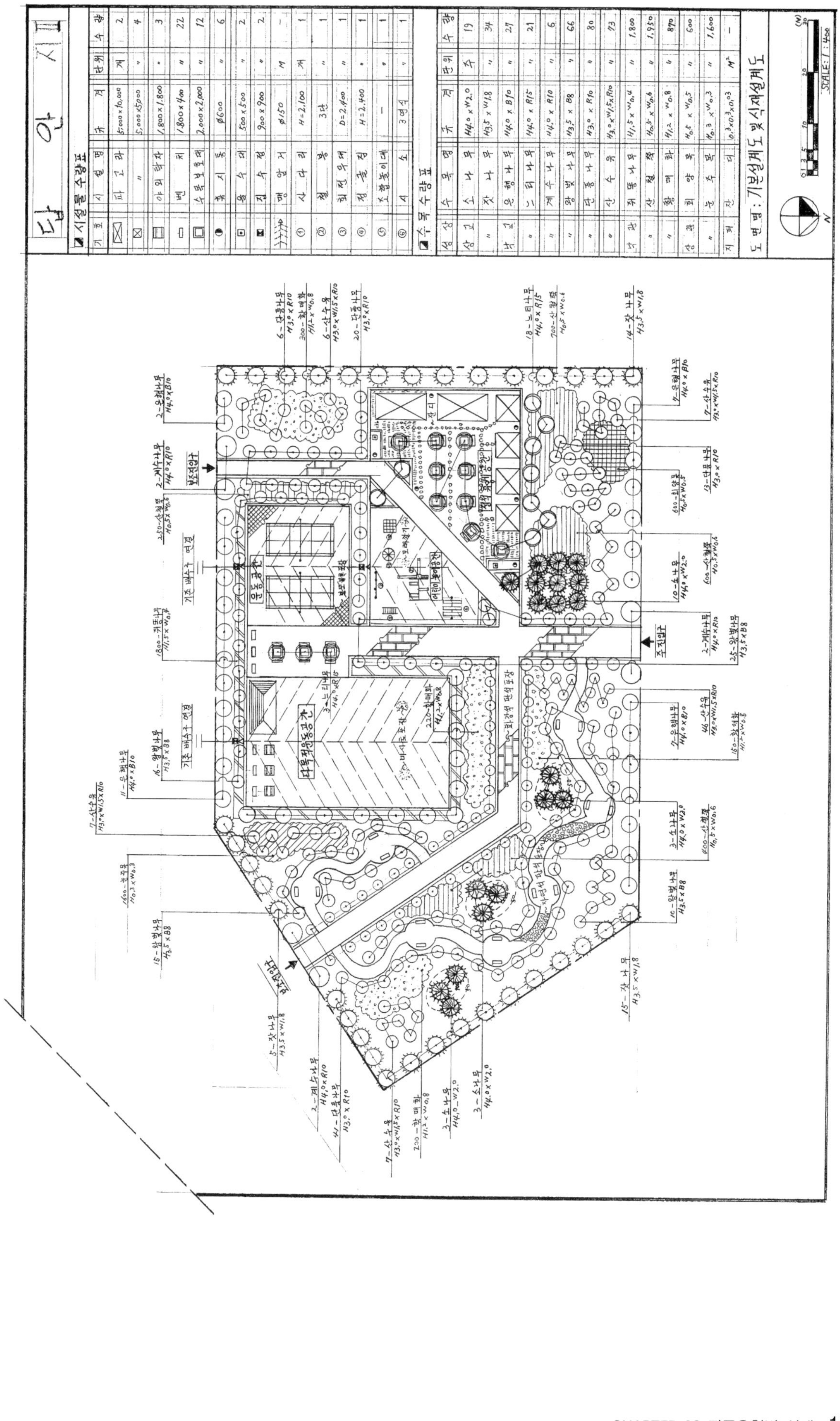
도면명: 기본설계도 및 식재설계도
SCALE: 1:400

3 소공원

(1) 소공원의 개념

소규모 토지를 이용하여 도시민의 휴식 및 정서함양을 도모하기 위하여 설치하는 공원

(2) 소공원의 기능

① 휴식 및 위락의 기능
② 사회심리적 기능
③ 생태적 환경보존의 기능
④ 안전유지 및 방제적 기능
⑤ 중심적 기능

(3) 적용법규

도시계획시설로 지정된 공원으로 국토의 계획 및 이용에 관한 법률 및 도시공원 및 녹지 등에 관한 법률의 설치기준을 만족해야 한다.

설치기준	유치거리	규모	시설면적
제한 없음	제한 없음	제한 없음	20% 이하

(4) 설치위치 및 성격에 따른 분류

근린소공원	근린생활권 안에 거주하는 주민들에 의해 공유되는 정원의 개념이며, 소규모 휴식공간과 어린이들의 놀이공간을 설치한다.
도심소공원	도심지역 거주자, 주변 지역의 불특정 다수의 이용을 위한 광장형 도심공원 또는 녹지형 도심공원으로 분류한다.

(5) 소공원 공간 구성 및 설계 방향

① 휴게공간
㉠ 설계대상의 성격, 규모, 이용권, 보행동선 등을 고려하여 균형 있게 배열
㉡ 시설공간 · 보행공간 · 녹지공간으로 나누어 설계하되 설계대상 공간 전체의 보행동선체계에 어울리도록 계획
㉢ 대화와 휴식 및 경관감상이 쉽고, 개방성이 확보된 곳에 배치
㉣ 휴게공간 내부의 주보행동선에는 보행과 충돌이 생기지 않도록 시설물(퍼걸러, 벤치, 휴지통)을 배치

② 놀이공간
㉠ 어린이의 이용에 편리하고 햇빛이 잘 드는 곳에 배치
㉡ 이용자의 연령별 놀이특성을 고려하여 어린이놀이터와 유아놀이터로 구분
㉢ 유아놀이터에 보호자가 가까이 관찰할 수 있는 휴게와 관리시설 등을 배치
㉣ 안전성을 고려한 놀이시설물(모래터, 그네, 미끄럼대, 시소 등) 배치, 높이가 급격하게 변하지 않도록 설계

③ 운동공간(다목적 운동공간)
㉠ 이용자들의 나이, 성별, 이용시간대와 선호도 등을 고려하여 도입할 시설의 종류 결정
㉡ 햇빛이 잘 들고 바람이 강하지 않으며, 매연의 영향을 받지 않는 장소로서 배수와 급수가 용이한 부지에 설계
㉢ 운동공간의 어귀는 보행로에 연결시켜 보행동선에 적합하게 설계
㉣ 편익공간(공중전화, 화장실 등)을 배치하여 이용자에게 편익을 제공한다.

연습문제 소공원설계 1

※ 설계요구사항

중부지방의 고층 아파트 단지 내에 위치하고 있는 소공원 부지 현황도이다. 현황도와 설계요구조건을 참고하여 설계도면을 작성하시오.

문제 01

현황도에 주어진 부지를 축척 1/200로 확대하여 다음의 요구조건을 반영하여 설계개념도를 작성하시오.[답안지 Ⅰ]

※ 설계요구조건

① 동선개념은 주동선, 부동선을 구분할 것

② 공간개념은 운동공간, 유희(유년, 유아)공간, 중심광장, 휴게공간, 녹지로 구분할 것

㉠ 운동공간 : 동북방향(좌상)

㉡ 유희공간 : 유년 유희공간 - 동남방향(우상), 유아 유희공간 - 서남방향(우하)

㉢ 휴게공간 : 서북방향(좌하)

㉣ 중앙광장 : 부지의 중앙부에 동선이 교차하는 지역

㉤ 녹지 : 경관식재, 녹음식재, 경계식재, 차폐식재, 완충식재, 유도식재 등으로 조성하시오.

③ 휴게공간과 유아 유희공간의 외곽부에는 마운딩(Mounding)처리할 것

④ 공원 외곽부에는 산울타리를 조성하고, 위의 공간을 제외한 나머지 녹지공간에는 완충・녹음・요점・유도・차폐 등의 식재개념을 구분하여 표현할 것

문제 02

축척 1/200로 확대하고, 설계조건을 반영하여 기본설계도를 작성하시오.[답안지 Ⅱ]

※ 설계요구조건

① **운동공간** : 배구장 1면(9×18m), 배드민턴장 1면(6×14m), 평의자 10개소

② **유년 유희공간** : 철봉(3단), 정글짐(4각), 그네(4연식), 미끄럼대(활주판 2개), 시소(2연식) 각 1조

③ **유아 유희공간** : 미끄럼대(활주판 1개), 유아용 그네(3연식), 유아용 시소(2연식) 각 1조, 퍼걸러 1개소, 평의자 4개, 음수대 1개소

④ **중심광장** : 평의자 16개, 녹음수를 식재할 수 있는 수목보호대

⑤ **휴게공간** : 퍼걸러 1개소, 평의자 6개를 설치

⑥ 포장재료는 2종류 이상 사용하되 재료명을 표기할 것

⑦ 휴지통, 조명등 등은 필요한 곳에 적절하게 배치할 것

⑧ 마운딩의 정상부는 1.5m 이하로 하고, 등고선의 높이를 표기할 것

⑨ 도면 우측의 범례란에 시설물 범례표를 작성하고, 수량을 명기할 것

문제 03

설계개념과 기본설계도의 내용에 적합하고, 요구조건을 반영한 식재설계도를 축척 1/200로 작성하시오.[답안지 Ⅲ]

※ 식재설계요구조건

① 수종은 10수종 이상 설계자가 임의로 선정할 것

② 부지 외곽지역에는 산울타리를 조성하고, 상록교목으로 차폐식재 녹지대를 조성할 것

③ 동선 주변은 낙엽교목을 식재하고, 출입구 주변은 요점, 유도식재 및 관목군식으로 계절감 있는 경관을 조성할 것

④ 인출선을 사용하여 수종명, 규격, 수량을 표기할 것

⑤ 도면 우측에 수목수량표를 집계할 것

현 황 도

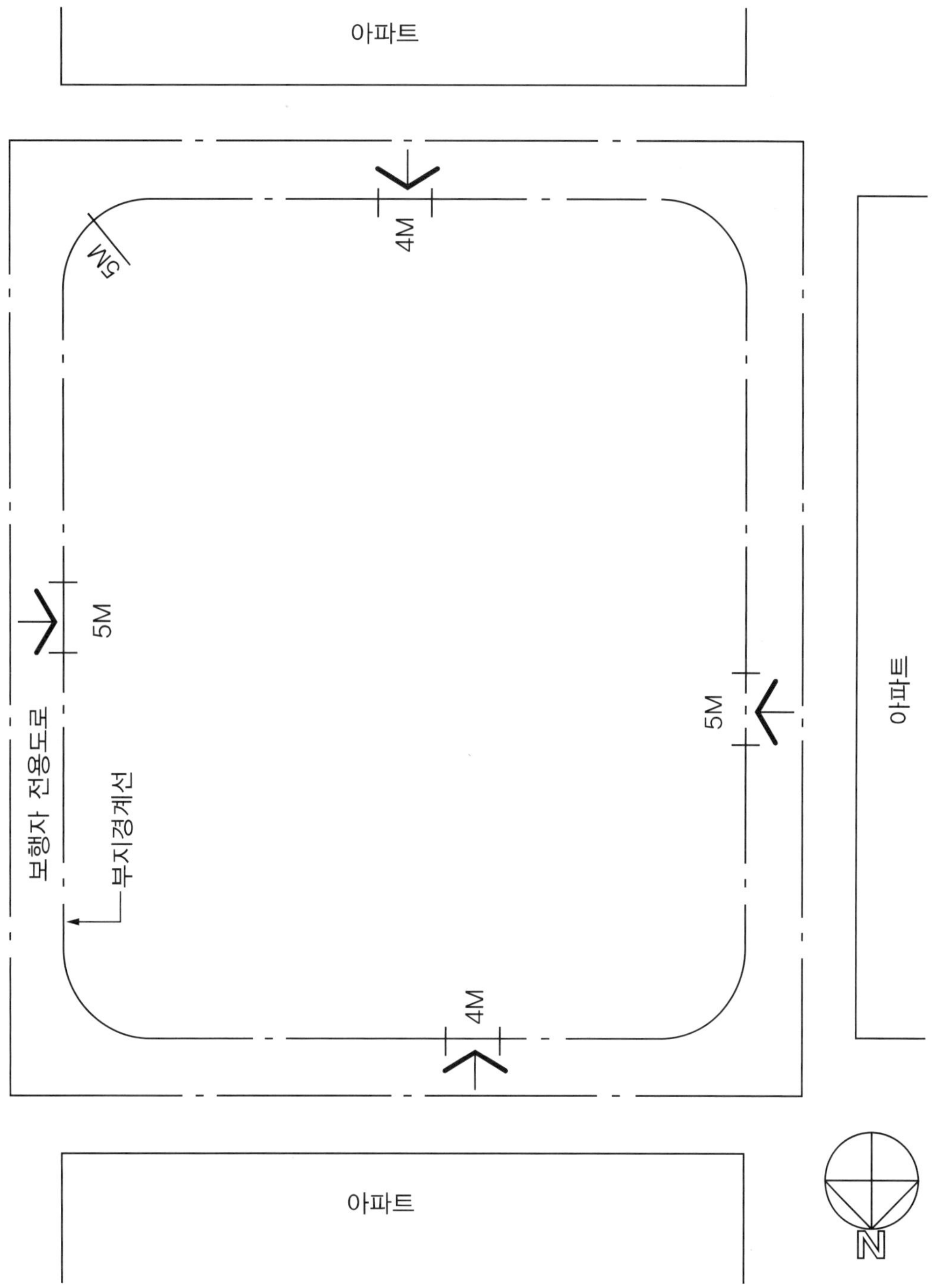

〈부지 현황도〉 S = 1/500

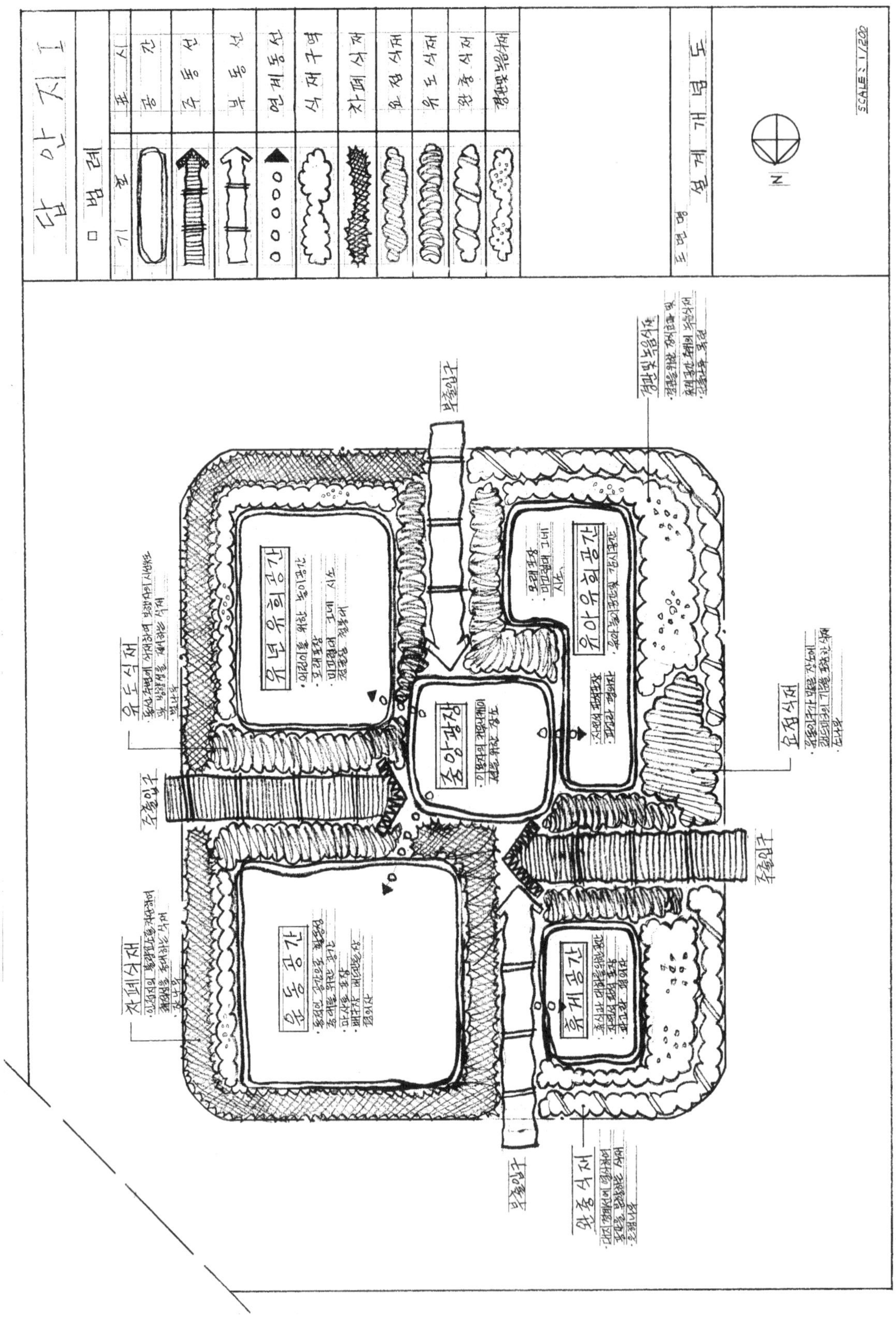
답안지 I
범례
기호
표시
공간
주동선
부동선
연계동선
식재구역
차폐식재
요점식재
유도식재
완충식재
경관및녹음식재
도면명
설계개념도
SCALE : 1/200
유년유희공간
중앙광장
유아유희공간
운동공간
휴게공간
주출입구
부출입구
유도식재
차폐식재
요점식재
완충식재
경관및녹음식재

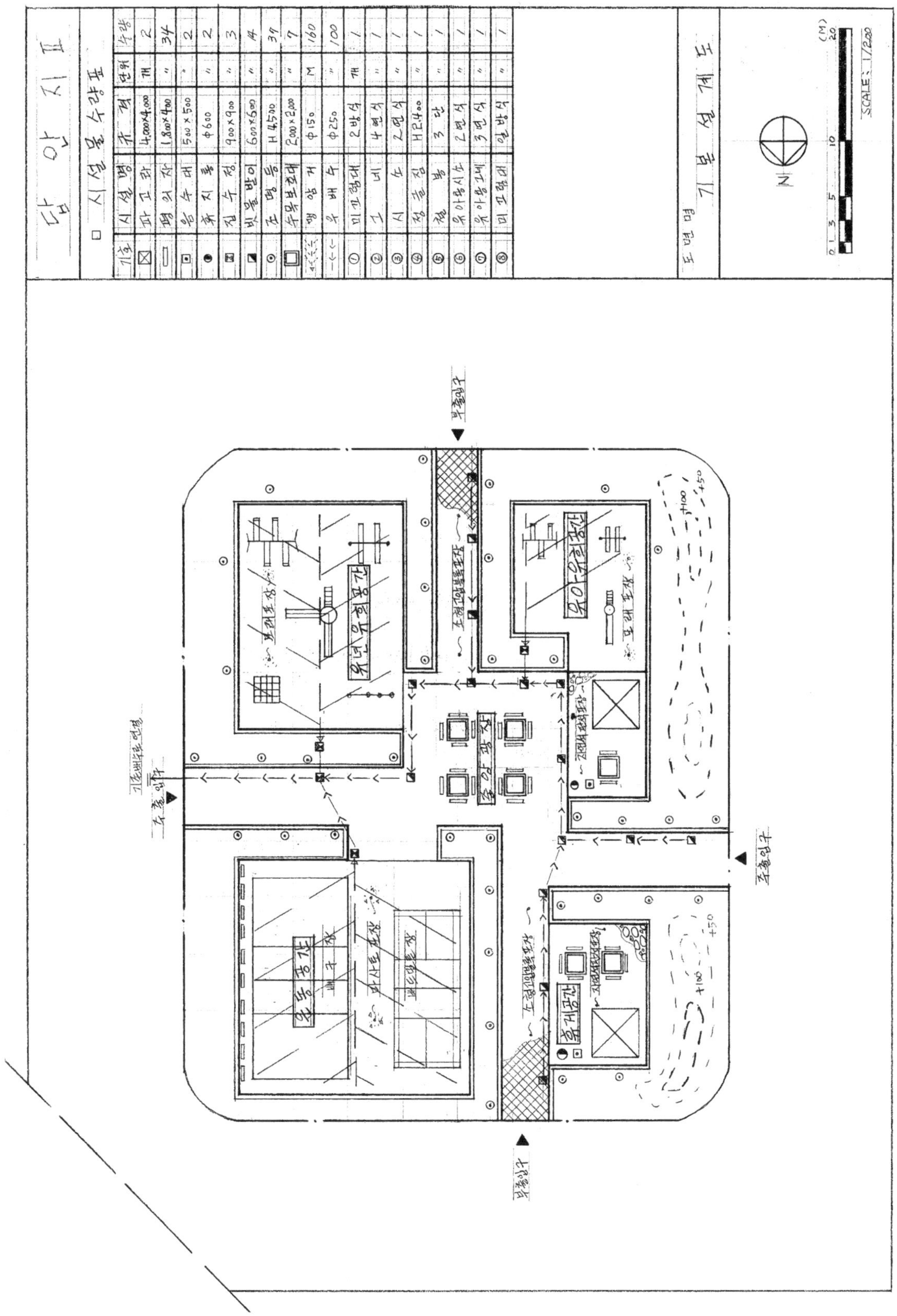

시설물수량표
도면명
기본설계도
SCALE : 1/200
주출입구
부출입구

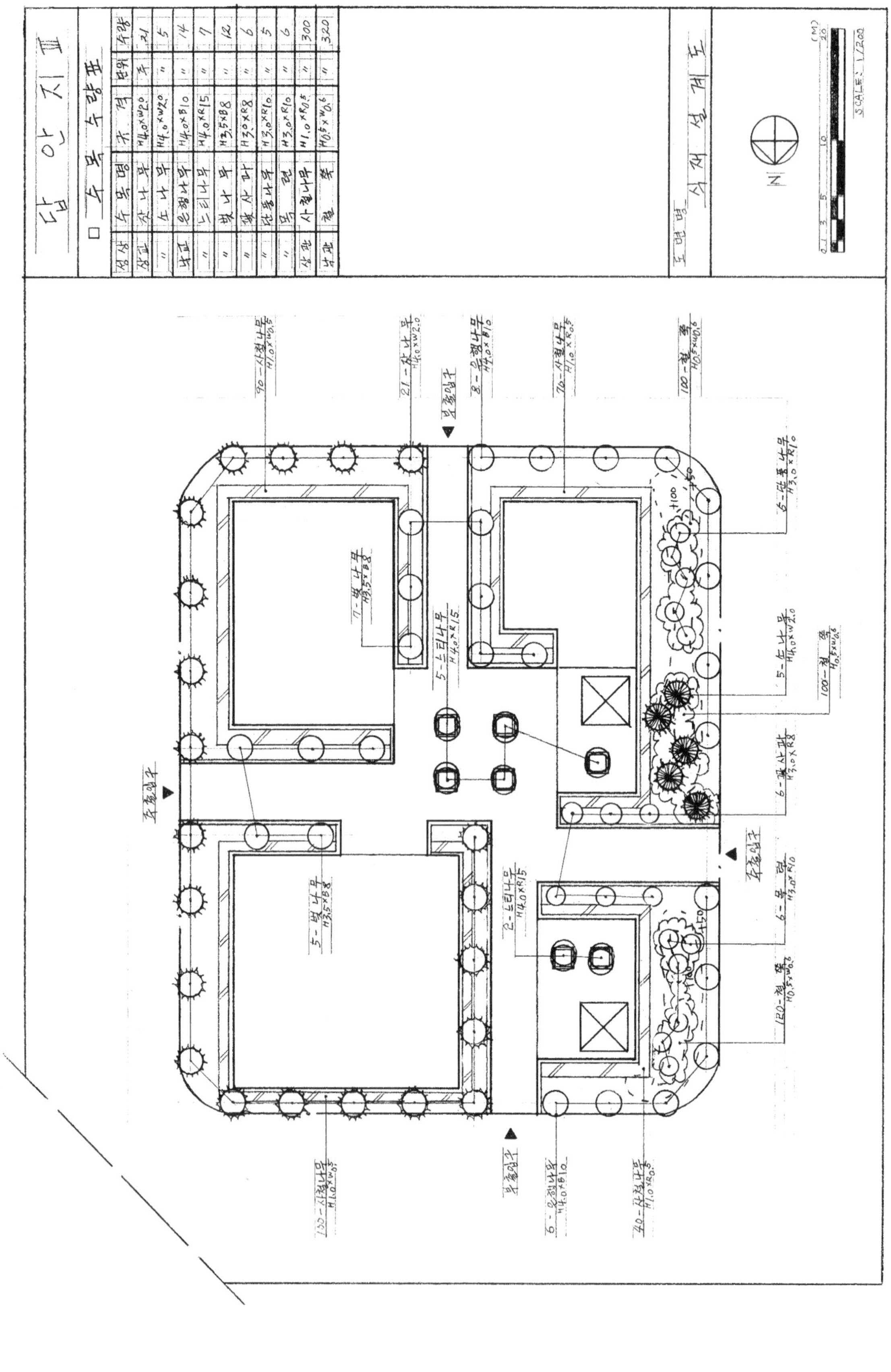
단 안 지 Ⅲ
□ 수목수량표
성상 | 수목명 | 규격 | 단위 | 수량
상교 | 잣나무 | H4.0×W2.0 | 주 | 21
〃 | 소나무 | H4.0×W2.0 | 〃 | 5
낙교 | 은행나무 | H4.0×B10 | 〃 | 14
〃 | 느티나무 | H4.0×R15 | 〃 | 7
〃 | 벚나무 | H3.5×B8 | 〃 | 12
〃 | 꽃사과 | H3.0×R8 | 〃 | 6
〃 | 단풍나무 | H3.0×R10 | 〃 | 5
〃 | 목련 | H3.0×R10 | 〃 | 6
상관 | 사철나무 | H1.0×R0.5 | 〃 | 300
낙관 | 철쭉 | H0.5×W0.6 | 〃 | 320
도면명 식재설계도
SCALE: 1/200

연습문제 소공원설계 2

※ 설계요구사항

중부지방의 도심지의 변두리 지역에 위치한 주거지의 빈 공간을 활용한 소공원의 부지 현황도이다. 요구조건을 참조하여 설계도를 완성하시오.

문제 01

주어진 부지 현황도를 축척 1/200로 설계개념도를 다음의 요구조건을 참조하여 도면 윗부분에 작성하고, [문제 2]에서 작성한 기본설계도 [답안지 Ⅱ]에 표시된 A–A′ 단면도를 도면 아랫부분에 축척 1/100로 작성하시오.[답안지 Ⅰ]

문제 02

주어진 부지현황도에 축척 1/100로 다음 요구조건을 반영하여 기본설계도를 작성하시오.[답안지 Ⅱ]

※ 식재설계요구조건

① 녹지를 제외한 나머지 공간에는 각기 다른 공간 성격에 맞는 각기 다른 바닥포장 재료를 선택하여 설계하시오.

② 배식설계 후 인출선에 의한 수법으로 수목설계 내용을 표기하여 도면을 완성하고, 도면의 우측 여백에 시설물과 식재수목의 수목수량표를 작성하시오.

③ 수목수량표는 성상별 ‘가, 나, 다’ 순으로 작성하시오.

④ 수종 선택 시 중부 이북에 생육이 가능한 향토수종을 선택하고 교목과 관목을 합쳐 10종 이상 식재하시오(단, 부지에 두 줄로 표시된 곳은 통행이 가능한 곳임).

※ 공간설계요구조건

① 놀이공간 : 부지 내 북동 방향 위치에 80m² 이상으로 설계하고 정글짐, 철봉, 시소, 그네, 벤치, 미끄럼대, 회전무대, 놀이집 등을 설치하시오.

② 휴게공간 : 부지 내 동남 방향 위치에 70m² 이상으로 설계하고 퍼걸러, 휴지통 등을 설치하시오.

③ 광장 : 부지 내 서쪽 방향 위치에 중앙의 분수대를 중심으로 아늑한 분위기를 자아낼 수 있도록 설계하고 음수대, 문주, 볼라드 등을 설치한다. 수목은 지하고가 높은 수종을 선택하여 녹음식재하시오.

④ 녹지 : 부지 주변부의 150m² 이상 되는 공간에 아늑한 분위기를 나타낼 수 있도록 녹음식재를 하고, 중부이북 수종 10종 이상을 선정하여 설계하시오.

현 황 도

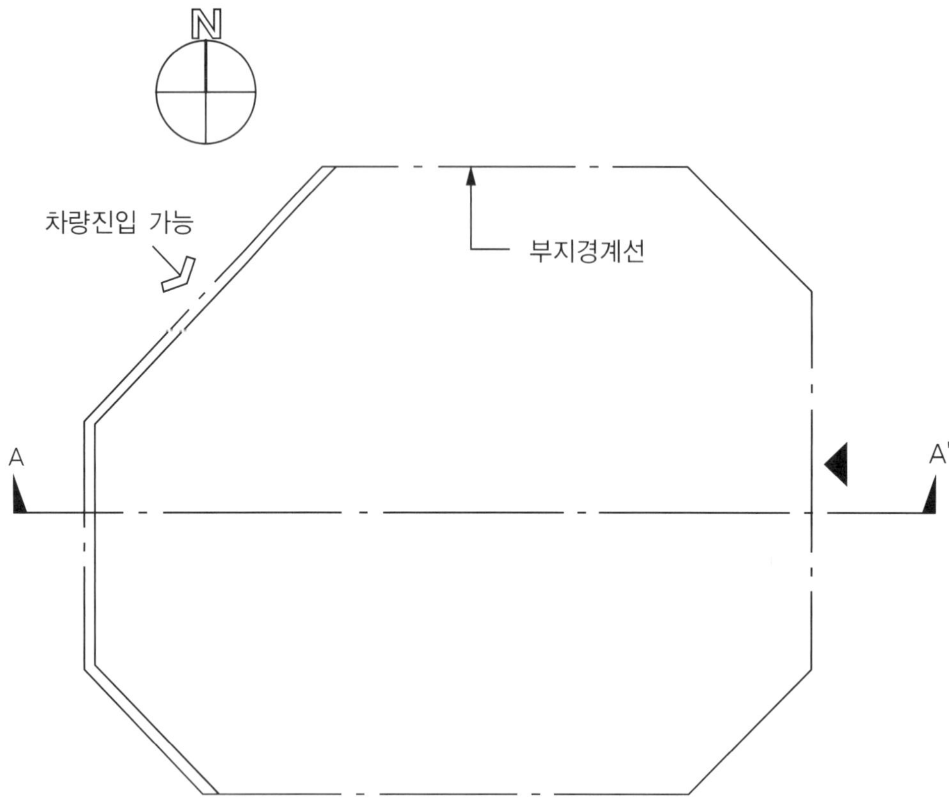

〈부지 현황도〉 S = 1/300

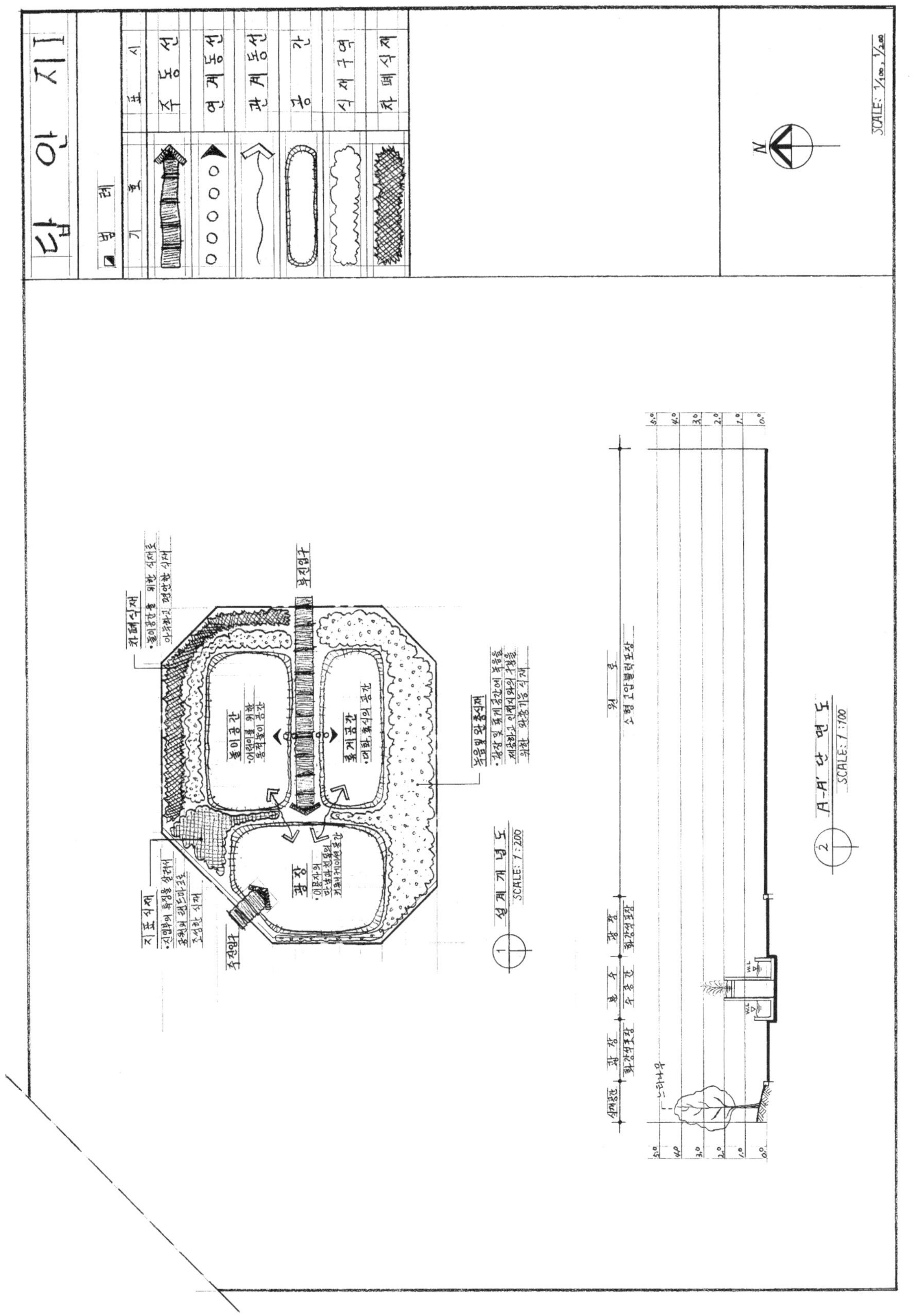
답안지
범례
기호
표시
주동선
연계동선
관계동선
공간
식재구역
차폐식재
설계개념도
SCALE: 1/200
A-A' 단면도
SCALE: 1/100
SCALE: 1/100, 1/200

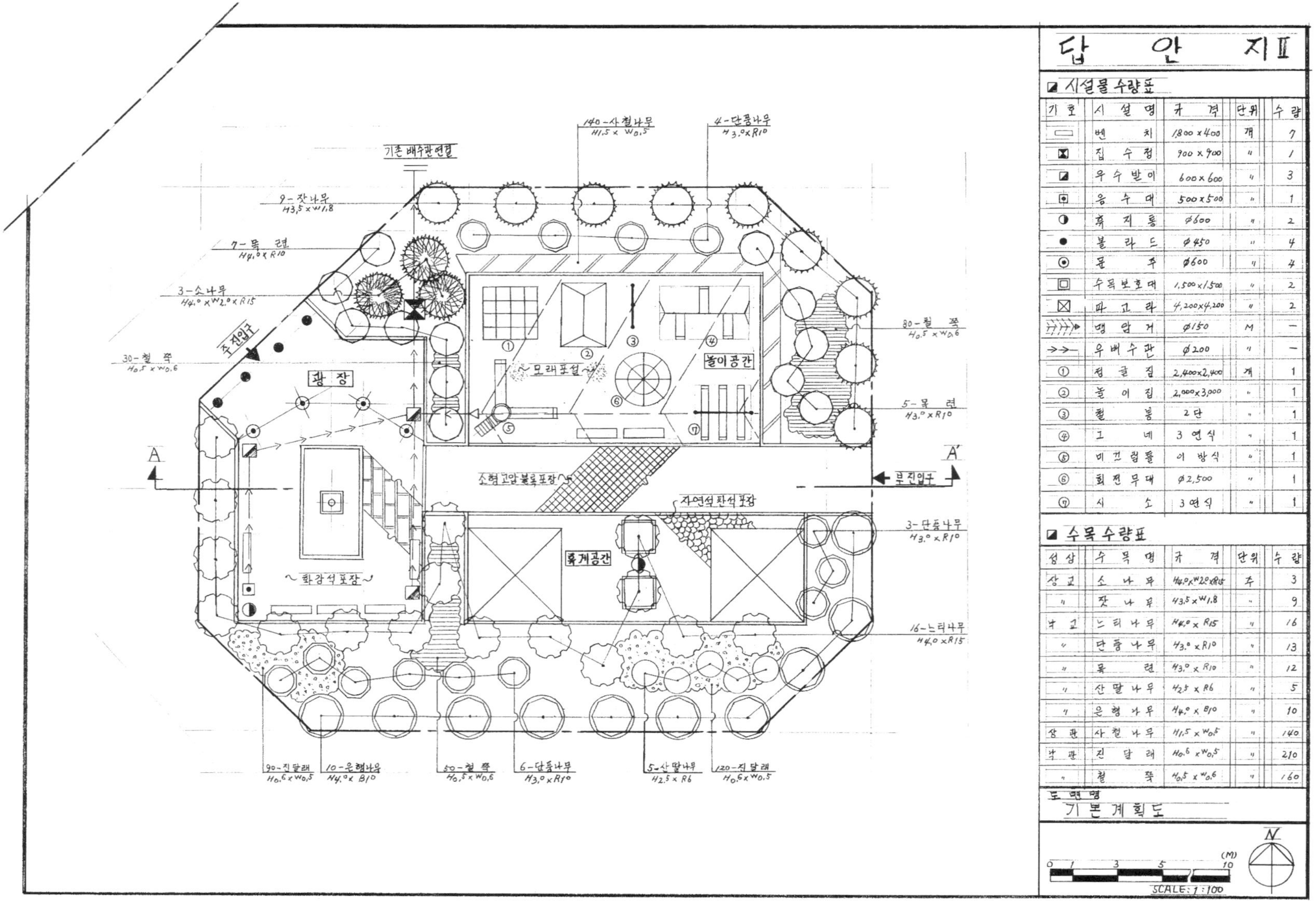
답 안 지 II
시설물 수량표
기호 | 시설명 | 규격 | 단위 | 수량
벤치 | 1800×400 | 개 | 7
집수정 | 900×900 | 〃 | 1
우수받이 | 600×600 | 〃 | 3
음수대 | 500×500 | 〃 | 1
휴지통 | ∅600 | 〃 | 2
볼라드 | ∅450 | 〃 | 4
분수 | ∅600 | 〃 | 4
수목보호대 | 1,500×1,500 | 〃 | 2
파고라 | 4,200×4,200 | 〃 | 2
맹암거 | ∅150 | M | —
우배수관 | ∅200 | 〃 | —
① 정글짐 | 2,400×2,400 | 개 | 1
② 놀이집 | 2,000×3,000 | 〃 | 1
③ 철봉 | 2단 | 〃 | 1
④ 그네 | 3연식 | 〃 | 1
⑤ 미끄럼틀 | 이방식 | 〃 | 1
⑥ 회전무대 | ∅2,500 | 〃 | 1
⑦ 시소 | 3연식 | 〃 | 1
수목 수량표
성상 | 수목명 | 규격 | 단위 | 수량
상교 | 소나무 | H4.0×W2.0×R15 | 주 | 3
〃 | 잣나무 | H3.5×W1.8 | 〃 | 9
낙교 | 느티나무 | H4.0×R15 | 〃 | 16
〃 | 단풍나무 | H3.0×R10 | 〃 | 13
〃 | 목련 | H3.0×R10 | 〃 | 12
〃 | 산딸나무 | H2.5×R6 | 〃 | 5
〃 | 은행나무 | H4.0×B10 | 〃 | 10
상관 | 사철나무 | H1.5×W0.5 | 〃 | 140
낙관 | 진달래 | H0.6×W0.5 | 〃 | 210
〃 | 철쭉 | H0.5×W0.6 | 〃 | 160
도면명
기본계획도
N
SCALE: 1:100
기존 배수관 연결
140-사철나무 H1.5×W0.5
4-단풍나무 H3.0×R10
9-잣나무 H3.5×W1.8
7-목련 H4.0×R10
3-소나무 H4.0×W2.0×R15
30-철쭉 H0.5×W0.6
주진입구
광장
모래포설
놀이공간
80-철쭉 H0.5×W0.6
5-목련 H3.0×R10
A
A'
소형고압블록포장
부진입구
자연석판석포장
3-단풍나무 H3.0×R10
휴게공간
화강석포장
16-느티나무 H4.0×R15
90-진달래 H0.6×W0.5
10-은행나무 H4.0×B10
50-철쭉 H0.5×W0.6
6-단풍나무 H3.0×R10
5-산딸나무 H2.5×R6
120-진달래 H0.6×W0.5

연습문제 소공원설계 3

※ 설계요구사항

우리나라 중부 지방의 중소도시에 위치한 부지 현황도를 참조하여 설계도를 작성하시오. 단, 부지의 남서쪽은 보도, 북쪽은 도시림과 고물수집상, 동쪽은 학교 운동장으로 둘러 싸여 있으며, 주어진 트레이싱지와 요구조건에 따라 부지 현황도를 축척 1/200으로 확대하여 도면 Ⅰ(공간개념도), 도면 Ⅱ(시설물 배치도 및 단면도), 도면 Ⅲ(식재설계평면도)을 작성하시오.

※ 설계공통사항

대상지의 현 지반고는 5.0m로서 균일하며 계획지반고는 '나' 지역을 현 지반고대로 하고, '가' 지역은 이보다 1.0m 높게, '다' 지역의 주차구역은 0.3m 낮게, '라' 지역은 3.0m 낮게 설정하시오.

문제 01

다음 요구조건을 참조하여 공간개념도를 작성하시오.[도면 Ⅰ]

※ 설계요구조건

부지 내에 보행자 휴식공간・주차장・침상공간・경관식재공간을 설치하고, 필요한 곳에 경관・완충・차폐 녹지를 설치하여 공간별 특성과 식재개념을 설명하시오. 또한 현황도상에 제시한 차량 진입, 보행자 진입, 보행자 동선을 고려하여 동선체계 구상을 표현하시오.

문제 02

다음 요구조건을 참조하여 시설물 배치도 및 단면도를 작성하시오.[도면 Ⅱ]

※ 설계요구조건

각 공간의 시설물 배치 시에는 도면의 여백에 시설물 수량표를 작성할 것

① '가' 지역 : 경관식재공간
- ㉠ 잔디 및 관목을 식재한다.
- ㉡ '나' 지역과 연계하여 가장 적절한 곳에 8각형 정자(한 변 길이 2m) 1개소를 설치한다.

② '나' 지역 : 보행자 휴식공간
- ㉠ '가' 지역과 연결되는 동선은 계단을 설치하고, 경사면은 기초식재 처리한다.
- ㉡ 바닥포장은 화강석포장으로 한다.
- ㉢ 화장실 1개소, 퍼걸러(4×5m) 3개소, 음수대 1개소, 벤치 6개소, 조명등 4개소를 설치한다.

③ '다' 지역 : 주차공간
- ㉠ 소형 10대분(3×5m/대)의 주차공간으로 폭 5m의 진입로를 계획하고, 바닥은 아스콘포장을 한다.
- ㉡ 주차공간과 초등학교 운동장 사이는 높이 2m 이하의 자연스런 형태로 마운딩 설계를 한 후 식재 처리한다.

④ '라' 지역 : 침상공간(Sunken Space)
- ㉠ '라' 지역의 서쪽면(W1과 W2를 연결하는 공간)은 폭 2m의 연못을 만들고, 서쪽벽은 벽천을 만든다.
- ㉡ 연못과 연결하여 폭 1.5m, 바닥높이 2.3m의 녹지대를 만들고 식재한다.

㉢ S1 부분에 침상공간으로 진입하는 반경 3.5m, 폭 2m의 라운드형 계단을 벽천방향으로 진입하도록 설치한다.

㉣ S2 부분에 직선형 계단(수평거리 10m, 폭 임의)을 설치하되 신체장애자의 접근도 고려할 것

㉤ S1과 S2 사이의 벽면(북측과 동측 벽면)은 폭 1m, 높이 1m의 계단식 녹지대 2개를 설치하고 식재한다.

㉥ 중앙부분에 직경 5m의 원형 플랜터를 설치한다.

㉦ 바닥포장은 적색과 회색의 타일 포장을 한다.

㉧ 벽천과 연못, 녹지대가 나타나는 단면도를 축척 1/60로 그리시오(도면 2에 작성할 것).

㉨ 계단식 녹지대의 단면도를 축척 1/60로 그리시오(도면 2에 작성할 것).

문제 03

다음 요구조건을 참조하여 식재설계도를 작성하시오.[도면 Ⅲ]

※ 설계요구조건

① 도로변에는 완충식재를 하되, 50m 광로 쪽은 수고 3m 이상, 24m 도로 쪽은 수고 2m 이상의 교목을 사용할 것

② 고물수집상 경계부분은 식재처리하고, 도시림 경계부분은 식재를 생략할 것

③ 식재설계는 〈보기〉의 수종 중 적합한 식물을 10종 이상 선택하며, 인출선을 사용하여 수량, 식물명, 규격을 표시하고, 도면 우측에 식물수량표(교목 · 관목 등 구분)를 작성할 것(단, 식물수량표의 수종명에는 학명란을 추가하고 학명 1개만 예시, 표기할 것)

보기

소나무, 느티나무, 배롱나무, 가중나무, 쥐똥나무, 철쭉, 회양목, 주목, 향나무, 사철나무, 은행나무, 꽝꽝나무, 동백나무, 수수꽃다리, 목련, 잣나무, 개나리, 장미, 황매화, 잔디, 맥문동

④ 각 공간의 기능과 시각적 측면을 고려한다.

현 황 도

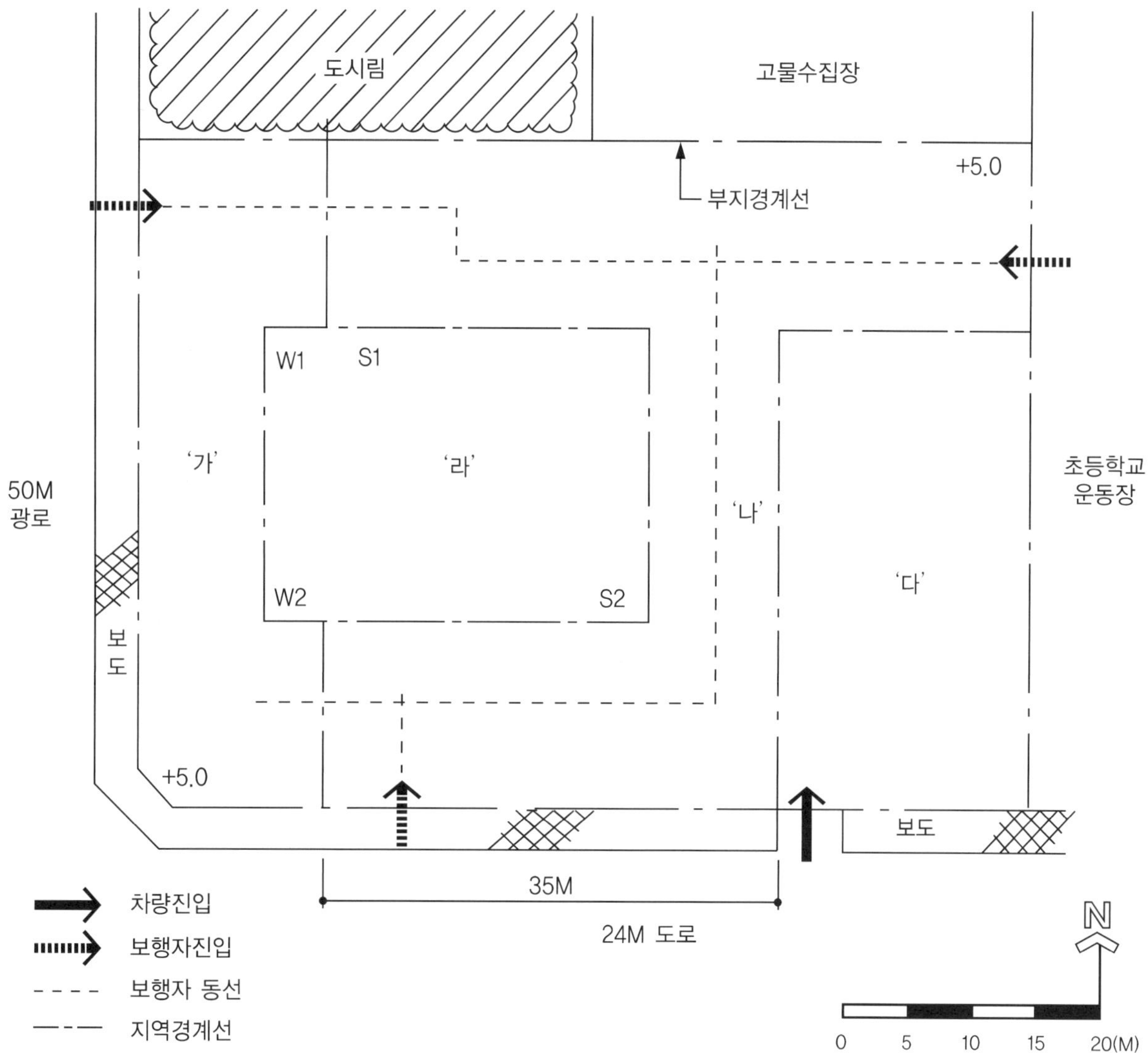

〈부지 현황도〉 S = 1/500

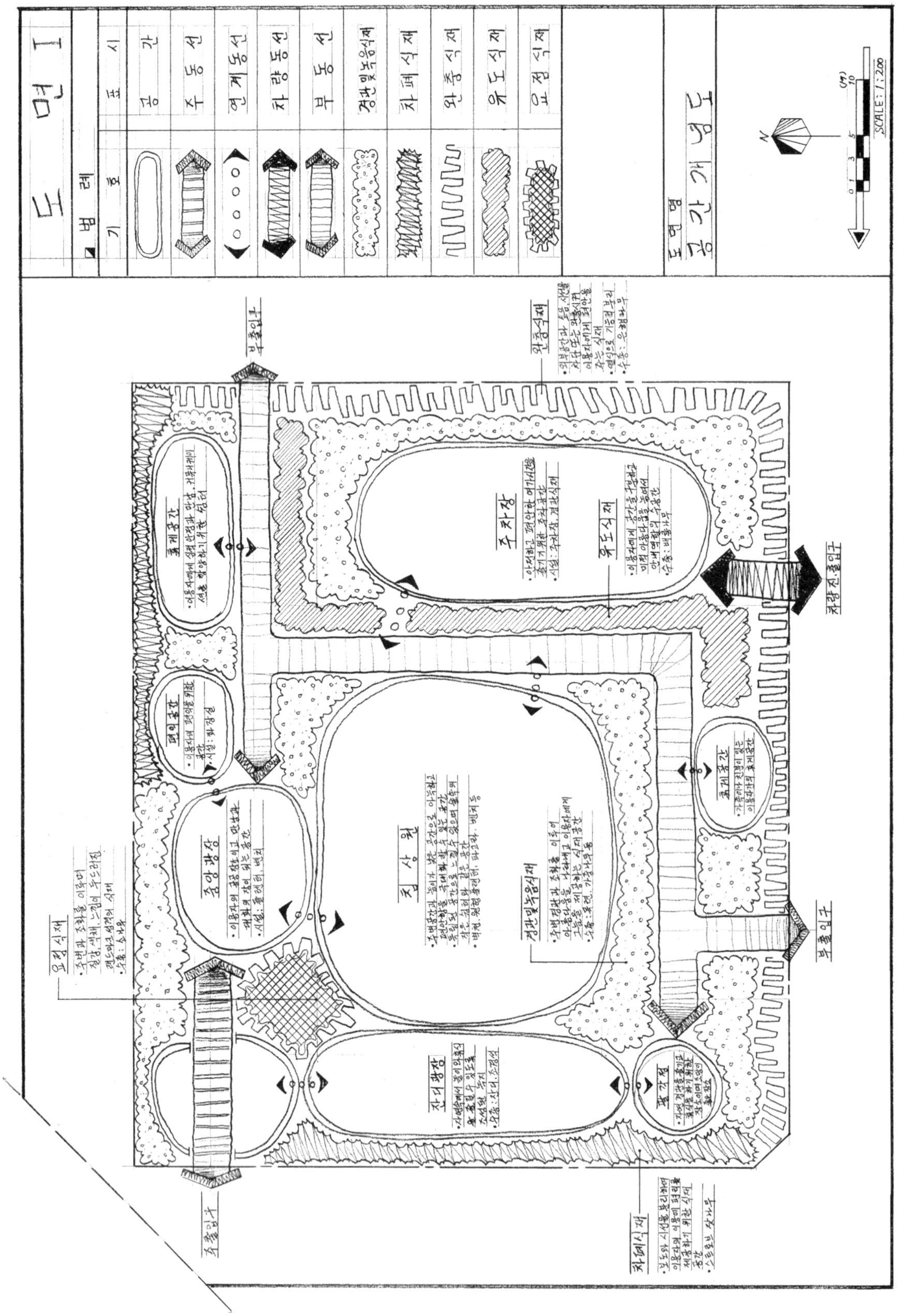
도면 I
범례
기호
표시
공간
주동선
연계동선
차량동선
부동선
경관및녹음식재
차폐식재
완충식재
유도식재
요점식재
도면명
공간개념도
SCALE : 1/200
주차장
잔디광장
중앙광장
휴게공간
편의공간
주출입구
부출입구
차량진출입구
완충식재
유도식재
요점식재
차폐식재
경관및녹음식재

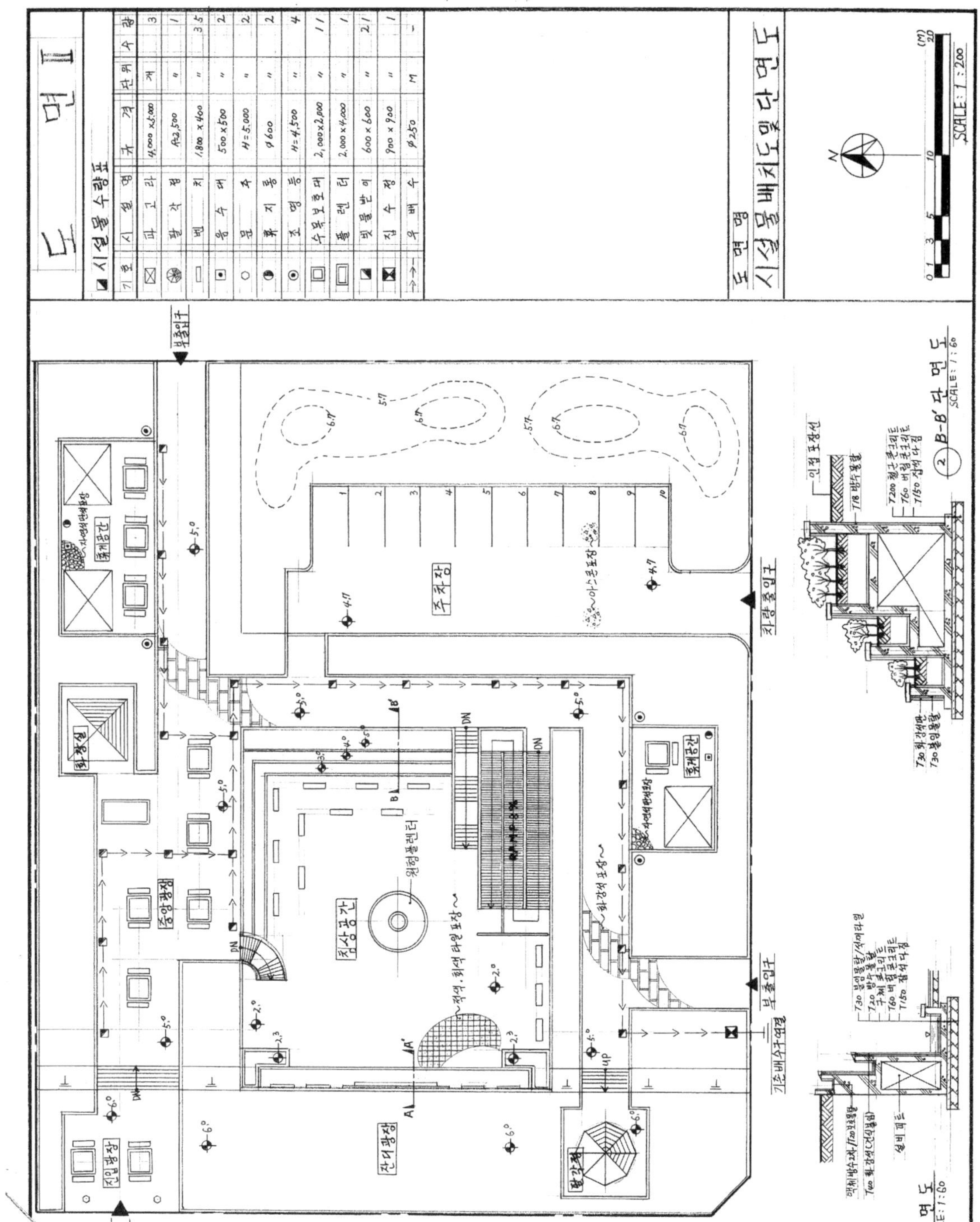

기호	시설명	규격	단위	수량
	파고라	4,000×5,000	개	3
	팔각정	Ø2,500	〃	1
	벤치	1,800×400	〃	35
	음수대	500×500	〃	2
	분수	H=5,000	〃	2
	휴지통	Ø600	〃	2
	조명등	H=4,500	〃	4
	수목보호대	2,000×2,000	〃	11
	플랜터	2,000×4,000	〃	1
	빗물받이	600×600	〃	21
	집수정	900×900	〃	1
	우배수	Ø250	M	-

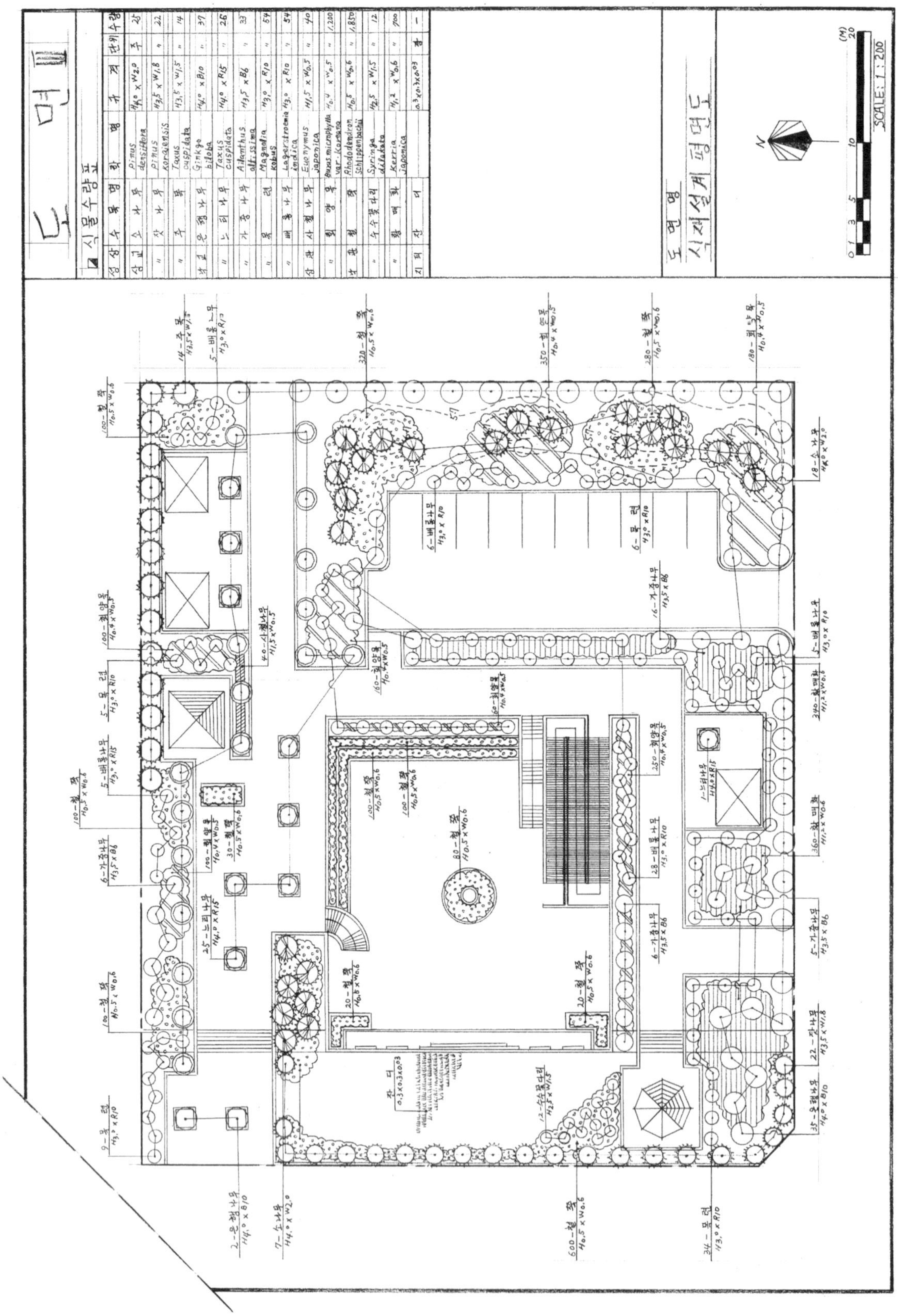
도 면
식물수량표
도면명
식재설계평면도
SCALE : 1 : 200
N

4 생태공원

(1) 생태공원의 개념

① 생태적 요소를 주제로 한 관찰·학습공원

② 자연 관찰 및 학습을 위해 일정 지역을 생태적으로 복원·보전하며, 이용자들에게 동물·식물 및 곤충들이 주어진 자연환경 속에서 성장하고 활동하는 모습을 쉽게 접근하여 경험할 수 있도록 제공된 공원

(2) 생태공원의 이용목적

① **생태계 복원 및 보존** : 생태질서 등에 의해서 스스로 생태환경이 유지되도록 훼손된 환경을 복원하고, 보전하기 위해 조성된 장소

② **관찰학습** : 녹지생태축으로 복원·보전된 생태환경을 이용자들에게 관찰과 학습을 할 수 있도록 제공

(3) 생태공원의 구성

종류	개념	생물요소	시설물
저수지구	전체 공원지구에 사용되는 물을 확보하기 위한 저수시설이며, 생물들의 생태적 안정과 활동을 위한 서식환경을 조성하여 조성 저수지 내 생물서식처를 제공한다.	어류 및 자라, 남생이, 민물새우, 플랑크톤 등 어류 먹이생물과 물총새, 왜가리, 중대백로, 원앙, 흰뺨검둥오리 등	저수지, 수중성 횃대, 조류관찰대, 안내판
습지지구	습지와 관련된 생물들의 생태적인 안정과 생활을 돕기 위해 서식환경 조성	수서곤충, 습지, 개구리, 잠자리, 소금쟁이, 물매암이, 물방개, 게아제비, 물자라 등	데크, 강의장, 개울, 물고기 피난처, 수목표찰

(4) 생태공원 식재

① **식물생육지의 토양수분과 수심에 따라서 습생식물과 수생식물로 구분**

㉠ 습생식물 : 습한 토양에서 생육하는 식물로, 통기조직이 미발달하여 장시간 침수에 견디지 못하는 초본 및 목본 식물

㉡ 수생식물 : 생육기의 일정 기간에 식물체의 전체 혹은 일부분이 물에 잠기어 생육하는 식물로, 식물체 내에 공기를 전달 혹은 저장할 수 있는 통기조직이 발달

② **야생 초본류** : 붓꽃, 원추리, 부처꽃, 금불초, 쑥부쟁이, 구절초, 패랭이, 층꽃, 큰꿩의비름 등

(5) 수생식물의 분류

생활형	적절한 수심	특징	식물명
습생식물 (습지식물)	0cm 이하	물가에 접한 습지보다 육지 쪽으로 위쪽에 서식	갈풀, 달뿌리풀, 여뀌류, 고마리, 물억새, 갯버들, 버드나무, 오리나무
정수식물 (추수식물)	0~30cm	뿌리를 토양에 내리고 줄기를 물 위로 내놓아 대기 중에 잎을 펼치는 수생식물	택사, 물옥잠, 미나리, 갈대, 애기부들, 고랭이, 창포, 줄 등
부엽식물	30~60cm	뿌리를 토양에 내리고 잎을 수면에 띄우는 수생식물	수련, 어리연꽃, 노랑어리연꽃, 마름, 자라풀, 가래 등
침수식물	45~200cm	뿌리를 토양에 내리고 물속에서 생육하는 수생식물	붕어마름, 검정말, 물수세미
부수식물 (부유식물)	수 면	물 위에서 자유롭게 떠서 사는 수생식물	개구리밥, 생이가래, 부레옥잠

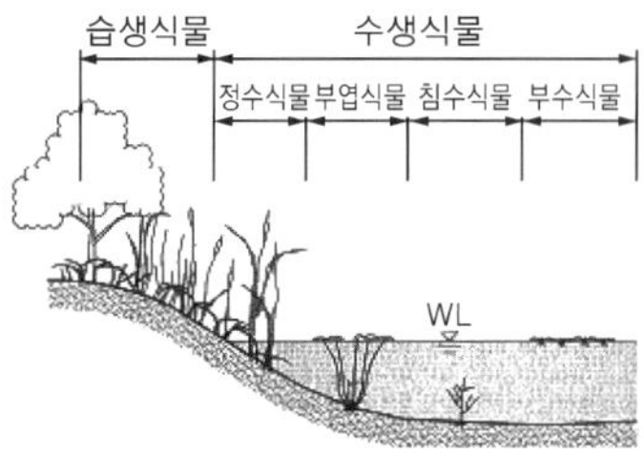

생태연못 식물의 유형구분 모식도

(6) 생태연못의 호안 유형 및 조성기법

유형(기법)	기능	모식도
야생초화류로 조성된 호안	다양한 곤충의 서식처	
다양한 수초로 조성된 호안	어류의 은신처와 곤충의 서식처	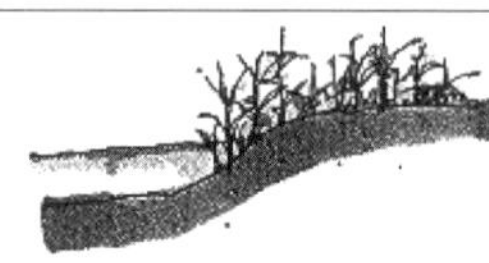
관목류로 조성된 호안	관목을 이용한 조류의 서식처	
교목류로 조성된 호안	몇몇 종에게는 양호한 서식환경이지만, 습지 내 그늘이 많이 들게 되면 수생식물의 성장에 좋지 않음	
모래로 조성된 호안	모래를 선호하는 조류의 서식처	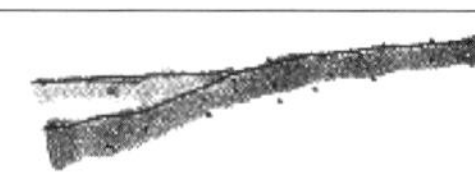
자갈로 조성된 호안	자갈을 선호하는 조류의 서식처	
나뭇가지를 이용한 호안	약간의 그늘을 조성하여 수온상승을 억제하고, 물고기의 서식처 제공	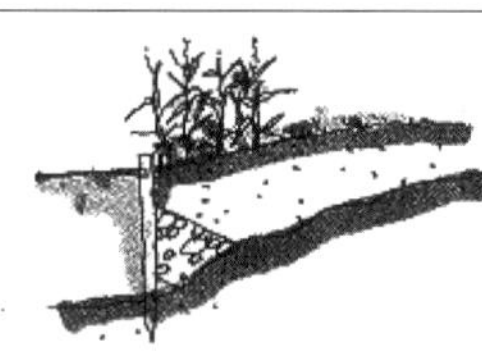
견고한 재료를 이용한 호안	경사가 급한 호안을 견고하게 안정시킴	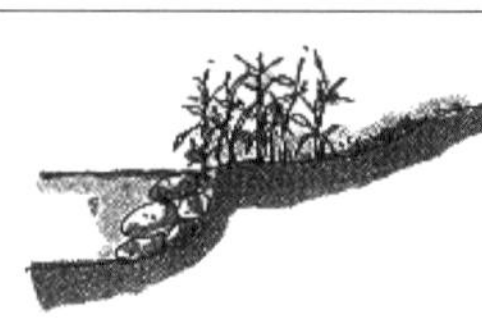

(7) 산림지구

① **조성개념**

㉠ 인공식재에 의한 인위적 산림지역 내에서의 자연 산림으로의 천이과정에 있는 기존 삼림 내 생물서식환경의 전시, 관찰과 식생훼손지의 인위적인 복원

㉡ 기존의 식생환경과 외래종을 제거하고, 자연 식생만을 유지하는 지역

② **공간구성요소**

㉠ 기존 식생지역 : 자연 상태에서의 천이과정 도입

㉡ 인위적 관리지역 : 외래수종을 제거하여 인위적 천이유도

㉢ 교목층 존재지역 : 음지성 초본류 조성

㉣ 교목층 훼손지역 : 양지성 야생초화권류

㉤ 버섯 및 산림 곤충원 : 산림을 보전하여 곤충과 버섯의 식생유도

③ **필요 시설물** : 자연관찰로, 버섯재배대, 새집, 조류먹이 공급대, 인공수맥공급대, 수목표찰

④ **식재 요령** : 우리나라의 일반 산림수종과 비슷한 수목을 식재함

(8) 하천 호안

① **조성개념** : 인공적 하천벽을 자연형 재료와 자연형태의 하천으로 만드는 것

② **자연형 하천공법에 적합한 재료**

㉠ 야자섬유두루마리(C.R ; Coir Roll)

㉡ 야자섬유망(C.N ; Coir Net)

㉢ 황마망(J.N ; Jute Net)

㉣ 돌망태, 사각돌바구니(Gabion)

㉤ 통나무, 자연석, 나뭇가지 등

연습문제 생태공원 및 어린이공원설계 1

문제 01

[현황도 Ⅰ]은 중부지방에 위치한 생태공원 부지의 일부이다. A, B, C 각 지역의 현황조건과 주어진 설계조건을 참고하여 축척 1/200로 기본설계도를 작성하시오.[답안지 Ⅰ]

※ 지역설계요구조건

① A 지역은 물이 고여 있거나 때때로 물에 잠기는 지역이다.

② B 지역은 매우 습한 과습지역이다.

③ C 지역은 척박하고 건조한 지역이다.

④ A, B, C 지역의 진입은 C 지역 남쪽에서만 가능하다.

⑤ C 지역에 진입광장과 휴게공간을 조성하고 적당한 시설을 설치한다.

⑥ A, B, C 지역을 관찰할 수 있는 관찰동선을 설치한다.

⑦ A, B 지역에 관찰동선과 연결된 관찰장소를 각각 2개소씩 설치한다(단, 진입광장, 휴게공간, 관찰동선, 관찰장소 등의 설치에 필요한 재료의 선정과 시공은 자연친화적인 방법으로 한다).

※ 식재설계요구조건

① A, B, C 지역의 환경조건에 맞는 식물들을 〈보기〉에서 선택하여 각 지역마다 5종씩 식재설계를 하시오(단, 이미 한 지역에 식재된 수종은 다른 지역에는 중복되게 식재할 수 없다).

보기
소나무, 물푸레나무, 가시나무, 메타세쿼이아, 낙우송, 담팔수, 부들, 여뀌, 붉나무, 갯버들, 갈대, 물억새, 굴참나무, 물봉선, 오리나무, 찔레, 자귀나무, 함박꽃나무, 말발도리, 다정큼나무, 화살나무, 감탕나무, 돈나무, 붉은병꽃나무, 매자기, 골풀

② 식재수량표를 도면 우측에 작성하시오.

- A 지역 식재수종 : 낙우송, 오리나무, 부들, 여뀌, 물봉선, 갯버들, 갈대, 물억새, 골풀, 매자기
- B 지역 식재수종 : 낙우송, 메타세쿼이아, 오리나무, 물푸레나무, 부들, 여뀌, 갯버들, 갈대, 물억새
- C 지역 식재수종 : 소나무, 오리나무, 붉나무, 굴참나무, 찔레, 자귀나무, 함박꽃나무, 말발도리, 화살나무, 붉은병꽃나무

문제 02

[현황도 Ⅱ]는 중부지방의 도시 내 주택가에 위치한 어린이공원의 부지 현황도이다. 축척 1/200로 확대하여 주어진 설계조건을 반영시켜 계획개념도를 작성하시오.[답안지 Ⅱ]

※ 설계요구조건

① 어린이공원 내의 진입은 반드시 현황도에 지정된 곳에 반영한다.

② 적당한 곳에 각종 행사 등을 수용할 수 있는 집합공간(광장)을 1개소 조성한다.

③ 적당한 곳에 놀이공간 2개소를 조성한다.

④ 적당한 곳에 운동공간 2개소를 조성한다.

⑤ 적당한 곳에 휴게공간 2개소를 조성한다.

⑥ 운동공간과 휴게공간의 외곽 주변은 1m 이하의 적당한 높이로 마운딩을 조성한다(마운딩의 표현은 등고선으로 나타내며, 등고선의 간격은 40cm로 한다).
⑦ 적당한 곳에 차폐녹지, 녹음 겸 완충녹지, 수경녹지공간 등을 조성한다.
⑧ 주동선과 부동선, 진입관계, 공간배치, 식재개념배치 등을 나타낸다.

현황도 I

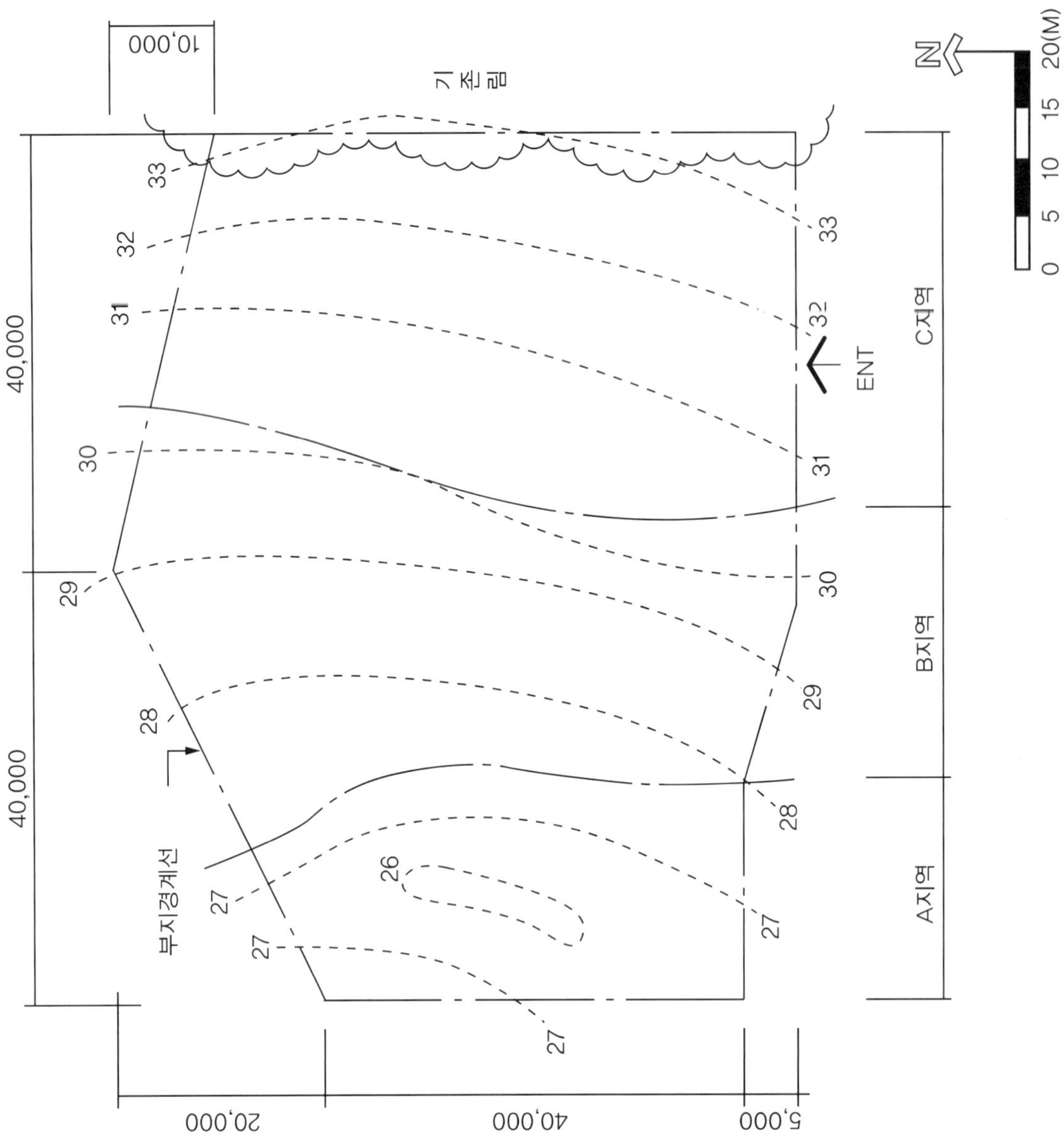

10,000
기존림
40,000
40,000
20,000
40,000
5,000
C지역
B지역
A지역
ENT
부지경계선
N
0 5 10 15 20(M)
33
32
31
30
29
28
27
26

〈부지 현황도〉

<u>현 황 도 Ⅱ</u>

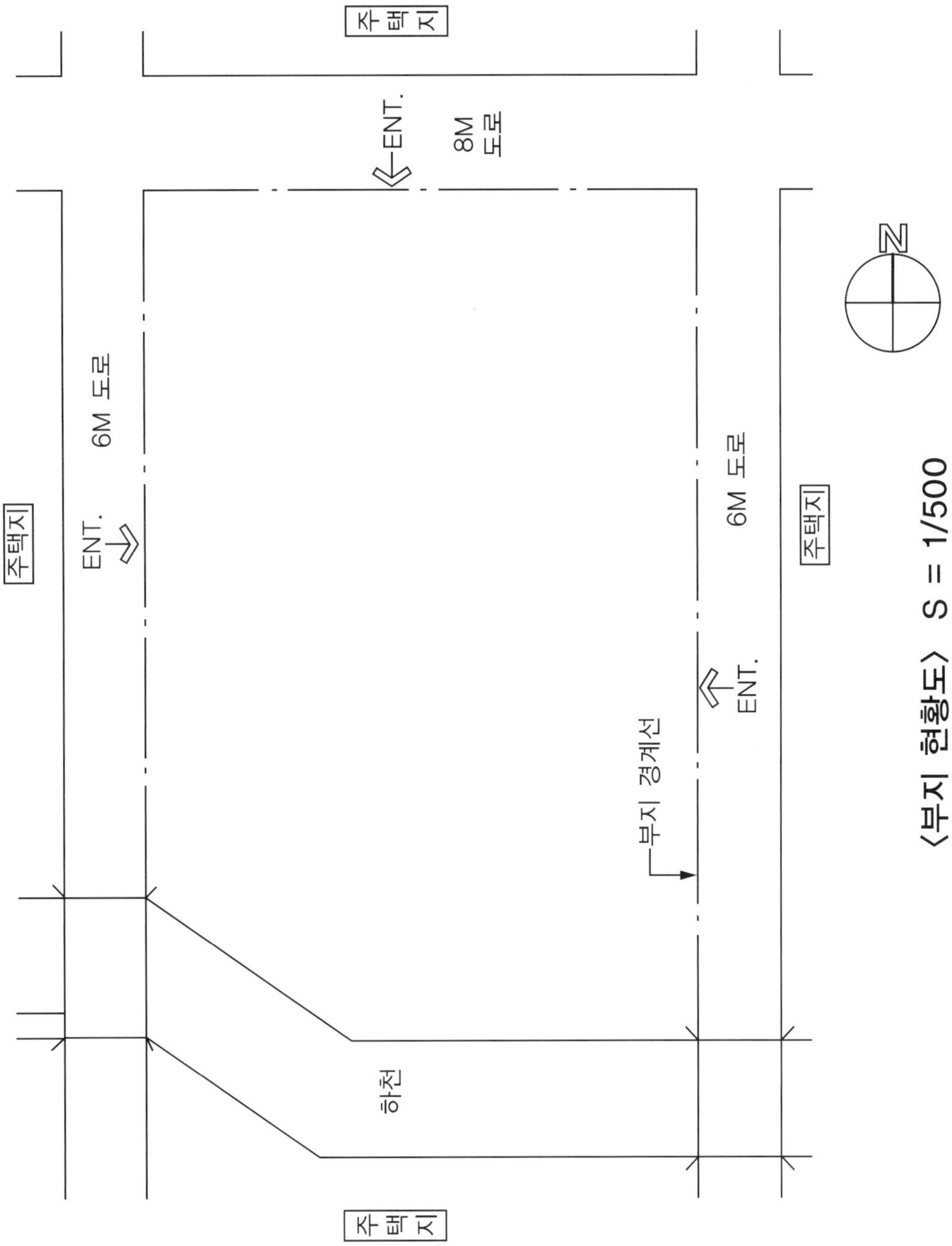
주택지
8M 도로
ENT.
6M 도로
ENT.
주택지
6M 도로
ENT.
주택지
부지 경계선
하천
주택지
N
〈부지 현황도〉 S = 1/500

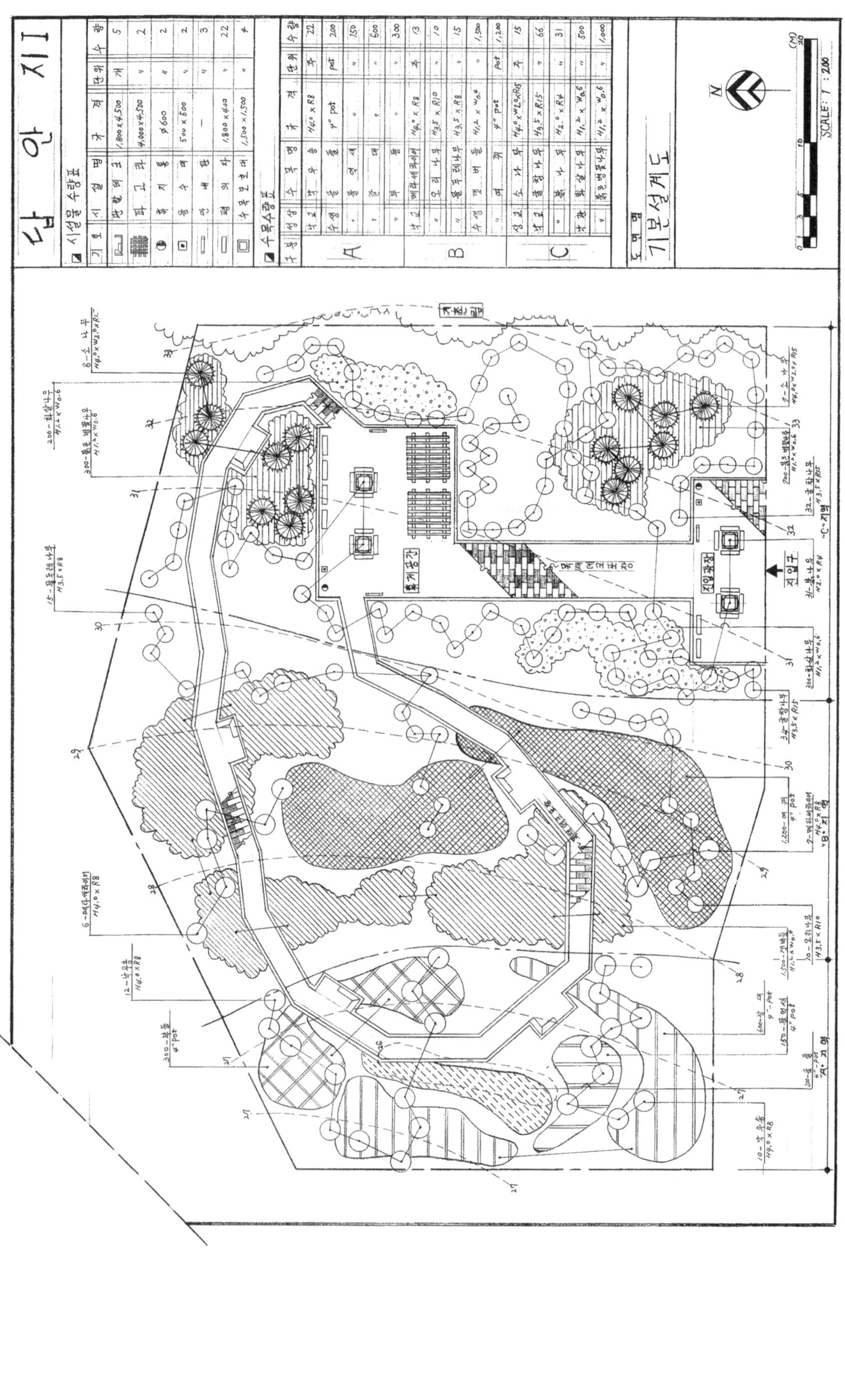
답 안 지 I
시설물 수량표
기호 | 시설명 | 규격 | 단위 | 수량
판 할 데 크 | 1,800×4,500 | 개 | 5
파 고 라 | 4,000×4,500 | 〃 | 2
휴 지 통 | φ600 | 〃 | 2
음 수 대 | 500×500 | 〃 | 2
안 내 판 | — | 〃 | 3
평 의 자 | 1,800×400 | 〃 | 22
수 목 보 호 대 | 1,500×1,500 | 〃 | 4
수목수량표
구분 | 성상 | 수목명 | 규격 | 단위 | 수량
A | 낙교 | 낙 우 송 | H4.0×R8 | 주 | 22
수생 | 골 풀 | 4" pot | pot | 200
〃 | 물 억 새 | 〃 | 〃 | 150
〃 | 갈 대 | 〃 | 〃 | 600
〃 | 부 들 | 〃 | 〃 | 300
B | 낙교 | 메타세콰이어 | H4.0×R8 | 주 | 13
〃 | 오 리 나 무 | H3.5×R10 | 〃 | 10
〃 | 물푸레나무 | H3.5×R8 | 〃 | 15
수생 | 갯 버 들 | H1.2×W0.4 | 〃 | 1,500
〃 | 여 뀌 | 4" pot | pot | 1,200
C | 상교 | 소 나 무 | H4.0×W2.0×R15 | 주 | 15
낙교 | 굴참나무 | H3.5×R15 | 〃 | 66
〃 | 붉 나 무 | H2.0×R4 | 〃 | 31
낙관 | 화살나무 | H1.2×W0.6 | 〃 | 500
〃 | 붉은병꽃나무 | H1.2×W0.6 | 〃 | 1,000
도면명
기본설계도
N
SCALE : 1 : 200
휴게공간
진입광장
진입구
목재데크포장
"A" 지역
"B" 지역
"C" 지역

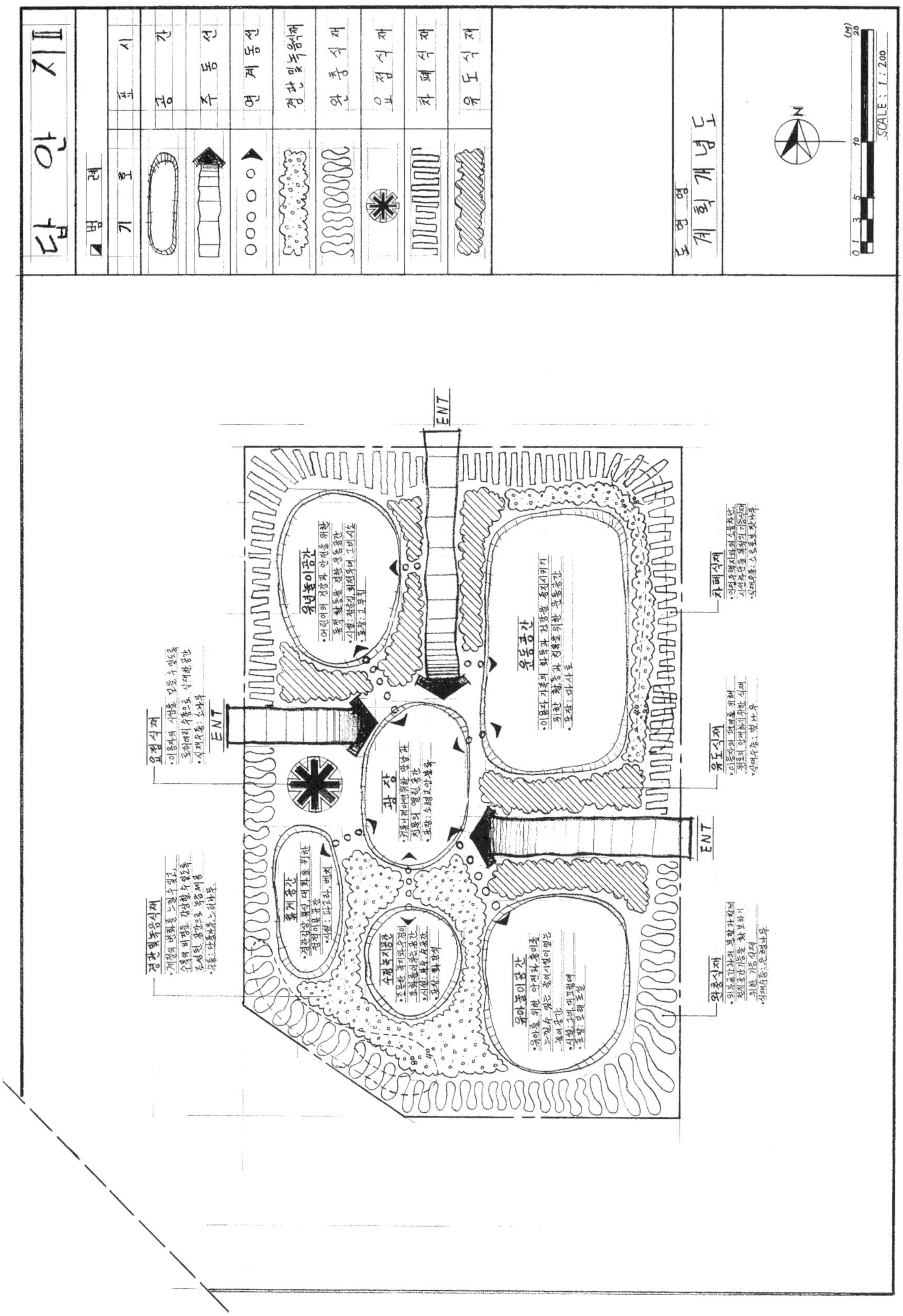
답안지
범례
기호
표시
공간
주동선
연계동선
경관및녹음식재
완충식재
요점식재
차폐식재
유도식재
도면명
계획개념도
SCALE 1:200
ENT
ENT
ENT
광장
유아놀이공간
유년놀이공간
운동공간
휴게공간
수경녹지공간

연습문제 생태하천변설계 2

※ 설계요구사항

남부지방 어느 소하천 주변의 하천변 주차공원 부지이다. 기존 하천에는 블록제방이 조성되어 있으며, 이를 이용한 사주부(Point Bar) 호안 및 고수부지 주변의 식생공법을 시행하려고 한다. Unit 2를 중심으로 우측에 자전거도로를 설치하며 조각공원, 휴식공간 및 주차장 등의 조경시설지를 설계하시오. 단, 하천은 최대수위를 넘지 않는 것으로 한다.

※ 설계요구조건

① Unit 1 부분 : 평면도와 단면도 작성 시 사주부 호안공법으로 시행하며, 다음 조건을 참조하여 하천선으로부터 설계하시오.

㉠ 기존 호안블록(30× 30cm), 폭 2m로 설계한다.

㉡ 나무말뚝박기 : 원재(120×L1,000mm)를 호안블록을 따라 1m 간격으로 1열을 박는다.

㉢ 야자섬유두루말이(2열) : 300×L4,000mm의 원통형으로 길게 배치하고, 두루마리를 고정시키기 위해 나무말뚝(15mm, 길이 60cm)을 1m 간격으로 설치한다.

㉣ 갈대심기 : 갈대뗏장은 9매/m^2 정도로 자유롭게 점떼붙이기로 심고, 전체 폭은 1m로 피복하며 비탈면 바닥공의 설치를 위해 퇴적물을 제거한 후 갈대뗏장(20×20cm)을 구덩이에 배치한다. 또한 돌로 가볍게 눌러 준다.

㉤ 갯버들 꺾꽂이(L=60cm) : 나머지 상단부 1m의 폭에 갯버들 그루터기를 16주/m^2 정도로 심는다.

㉥ 도면상에 표현이 불가능한 사항은 인출선을 사용하여 설계하시오.

㉦ 사주부 호안공법에 적용되는 나무말뚝박기, 야자섬유두루말이, 갈대심기, 갯버들 꺾꽂이의 수량은 시설물과 수목수량표에 포함하지 않는다.

② Unit 2 부분 : 제방지역으로 좌우측 공간보다 1m 높게 성토한다. 단, 하천식생에 적합한 수종을 선별하여 식재한다.

③ Unit 3 부분 : 휴식공간, 조각공간, 잔디공간으로 분리하되 조각공원을 중심으로 상하로 휴식공간과 잔디공간으로 분리하여 설계한다.

㉠ 자전거도로는 제방하단 우측에 설계하며, 폭 2m로 투수콘을 포장한다.

㉡ 자전거도로 우측에는 2.5m의 보행로를 설계한다.

㉢ 조각공원의 면적은 160m^2 이상으로 하고, 중앙엔 원형연못(직경 4m)을 두며 그 주위로 2m 폭의 원형 동선(포장 - 투수콘)을 계획한다. 조각을 전시하는 공간은 잔디를 식재하며, 다수의 조각물을 배치한다.

㉣ 휴식공간의 면적은 120m^2 이상으로 하고, 이동식 셸터(4×4m) 2개소, 이동식 벤치(1.8×0.4m) 6개, 휴지통(직경 70cm) 2개를 설치하며, 포장은 투수콘으로 한다.

㉤ 잔디공간의 면적은 150m^2 이상으로 하고, 원형 셸터(직경 3m) 4개를 설치하며, 잔디공간 주변부에는 회양목을 식재한다.

④ Unit 4 부분 : 주차장 설계구역으로서 주차배치는 직각주차방식(일방통행)을 사용하여 10대분의 소형주차 공간(5×2.5m)을 확보한다. 포장은 아스콘포장이며 보행자의 안전을 위하여 Unit 3과 주차장 사이에 폭 3m 이상의 보행자용 완충공간을 확보한다. 차도와 접한 부분은 완충녹지대를 설치한다.

⑤ 기타 시설물은 적절한 위치에 설치하되, 배수시설은 도로 쪽으로 출수한다.

⑥ 따로 지정하지 않은 공간은 주변 지역과의 조화를 고려하여 식재한다.

※ 식재설계요구조건

식재 시 다음 사항을 참고하여 적절한 수종과 식물을 선정하고 교목 2종 이상, 하층식물 5종 이상을 식재하시오.

① 저수호안 수종으로 갈대, 부들, 부처꽃, 금불초, 꽃창포, 꼬리조팝, 붓꽃(7~10분얼) 등이 있다.

② 고수호안 수종으로는 질경이, 민들레, 쑥부쟁이, 구절초, 패랭이, 층꽃, 유채 등이 있다.

③ 교목으로는 낙우송, 물푸레나무, 왕버들, 후박나무 등이 기본적으로 사용되며, 그 외 수종을 사용할 수 있다.

④ 하층식물 도입 시 규격은 3~4인치 포트(Pot)로 한다.

⑤ 교목은 제방 상층부에만 식재한다.

문제 01

공간구상 및 도입요소를 설명한 공간개념도를 축척 1/200로 작성하시오.[도면 Ⅰ]

문제 02

시설물 배치도 및 배식평면도가 포함된 종합계획도를 축척 1/200로 작성하시오.[도면 Ⅱ]

문제 03

사주부 호안공법 평면도(폭 2m, 길이 12m 이상 표현)와 C-C′단면상세도를 축척 1/50로 작성하시오.[도면 Ⅲ]

KEY MAP

KEY MAP

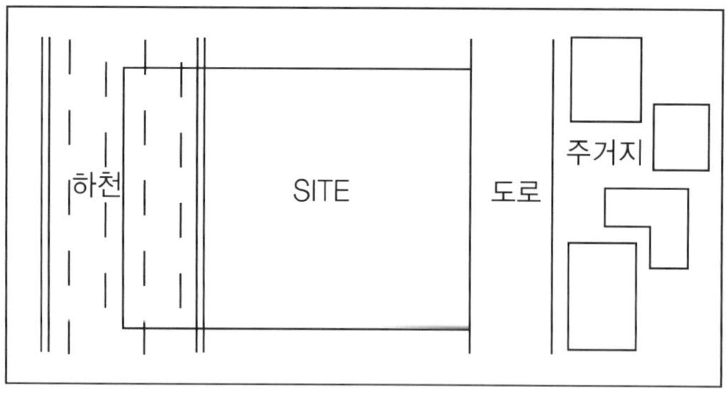

현 황 도 (S:1/400)

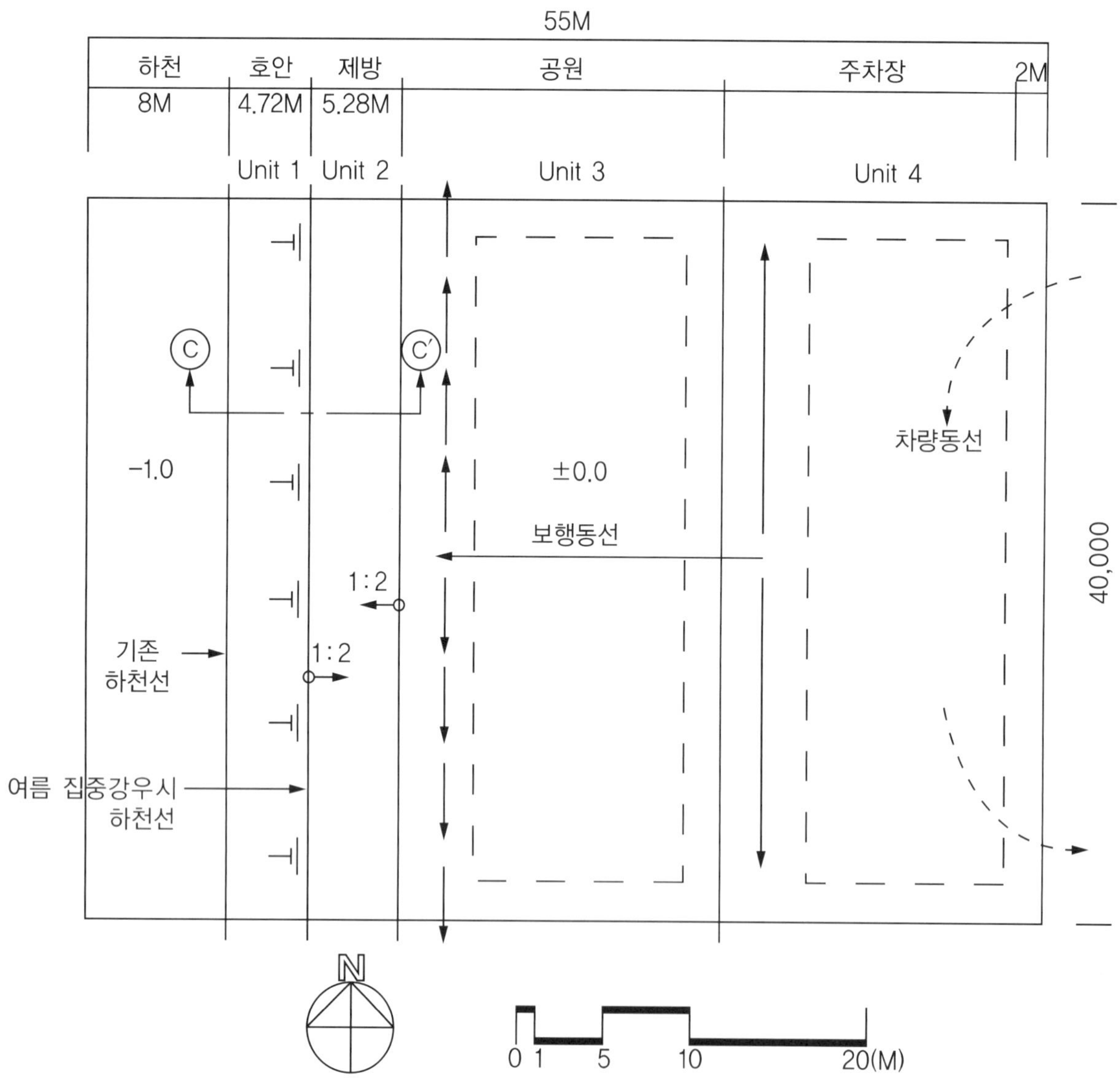

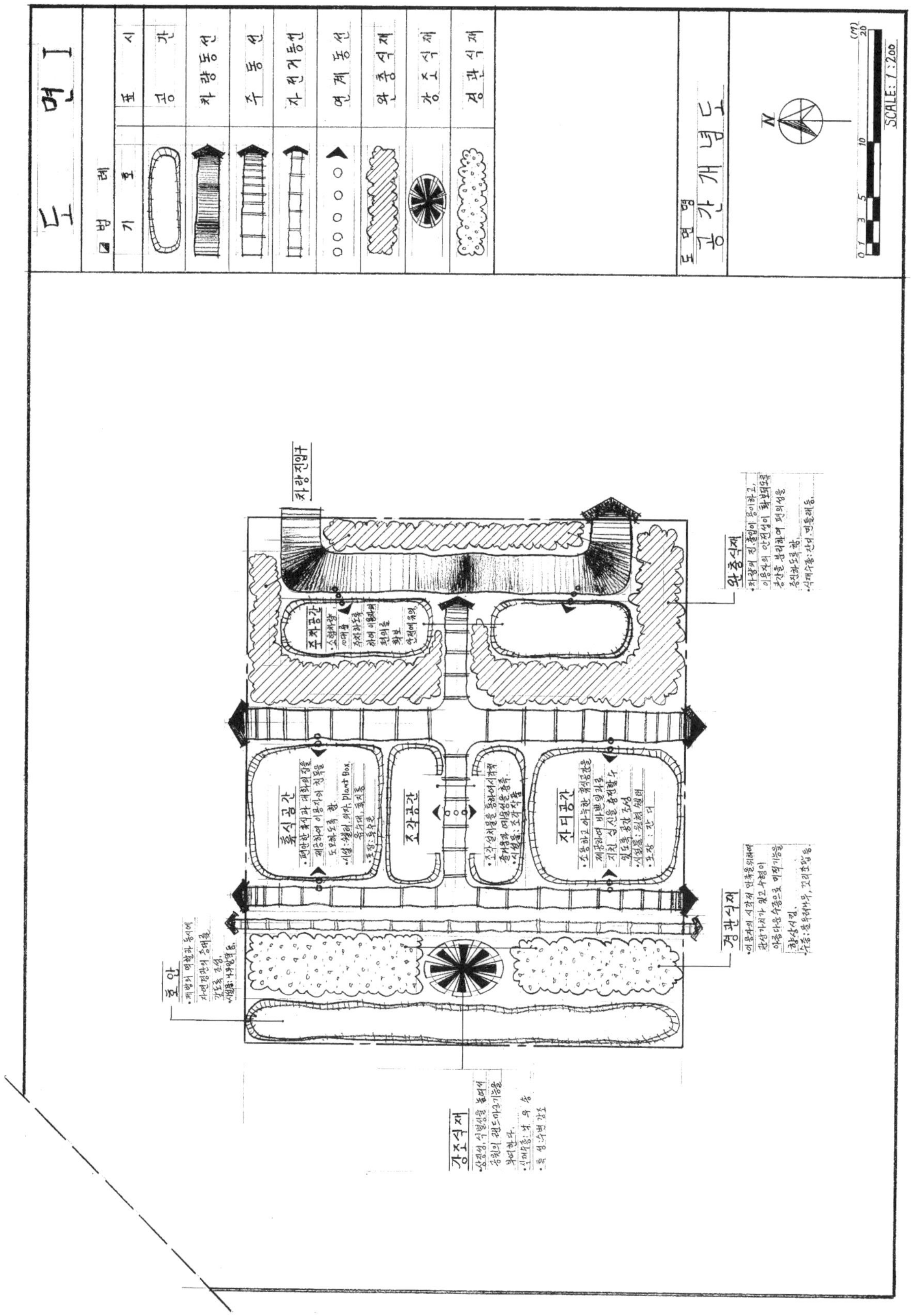

도면 I
범례
기호
표시
공간
차량동선
주동선
자전거동선
연계동선
완충식재
강조식재
경관식재
도면명
공간개념도
N
SCALE: 1:200
차량진입구
휴식공간
조각공간
잔디공간

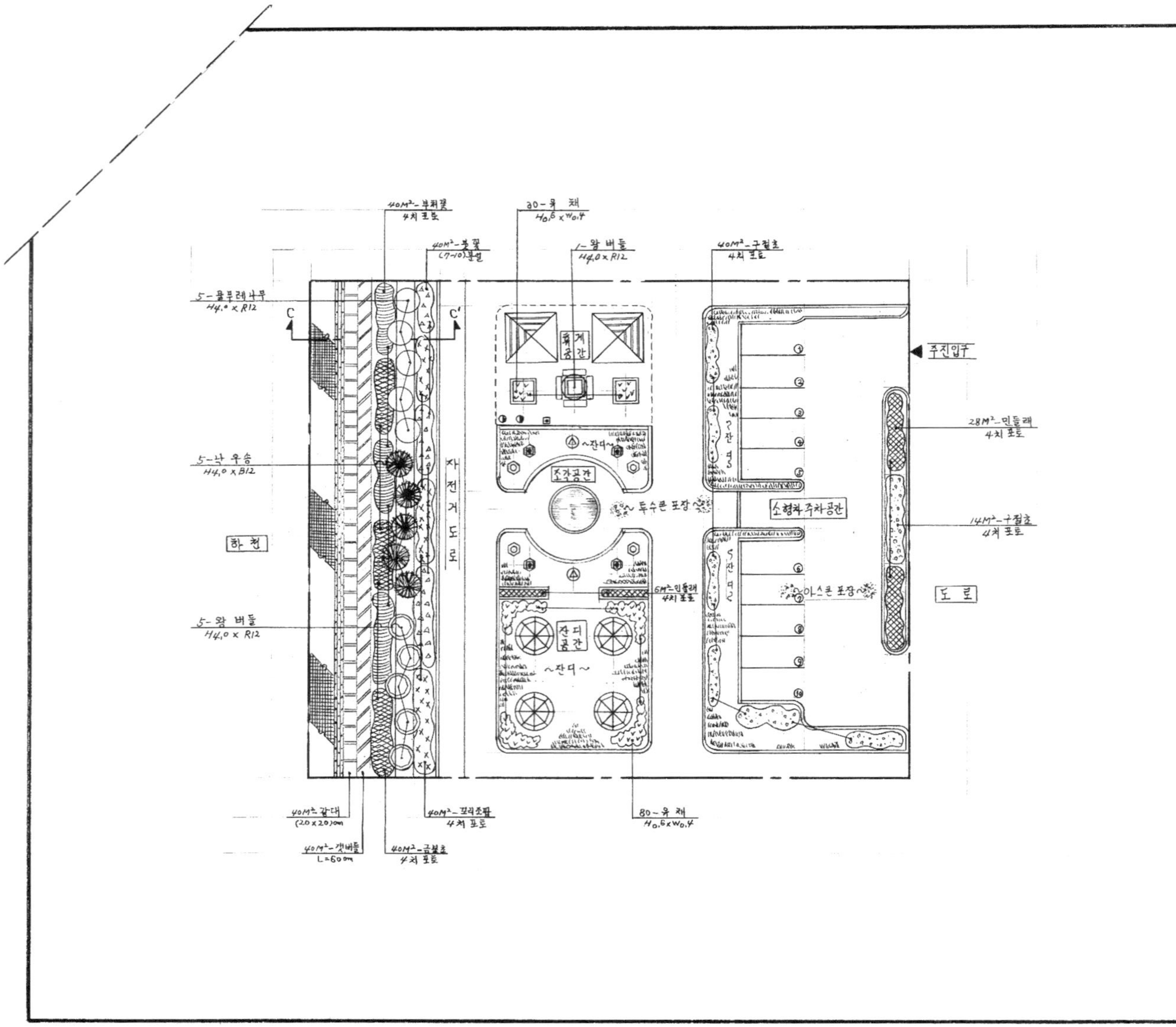

도면 Ⅱ

시설물수량표

기호	시설명	규격	단위	수량
	쉘터	4,000×4,000	개	2
	원형쉘터	∅3,000	〃	4
	플랜트박스	2,000×2,000	〃	2
	수목보호대	1,500×1,500	〃	1
	평의자	1,800×400	〃	4
	음수대	500×500	〃	1
	휴지통	∅600	〃	2
	조각물	–	〃	2
	조각물	–	〃	4
	조각물	–	〃	4

수목수량표

성상	수목명	규격	단위	수량
낙교	낙우송	H4.0×B12	주	5
〃	물푸레나무	H4.0×R12	〃	5
〃	왕버들	H4.0×R12	〃	6
낙관	갯버들	L=60cm	M²	40
〃	유채	H0.6×W0.4	주	110
초화	부처꽃	4치포트	M²	40
〃	금불초	〃	〃	40
〃	꼬리조팝	〃	〃	40
〃	붓꽃	〃	〃	40
〃	민들레	〃	〃	34
〃	구절초	〃	〃	54
지피	잔디	0.3×0.3×0.03	〃	–

도면명

종합계획도

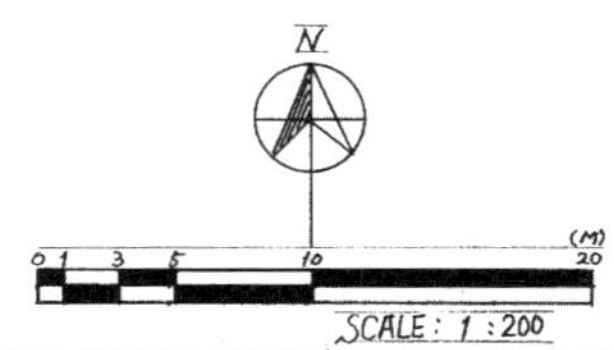

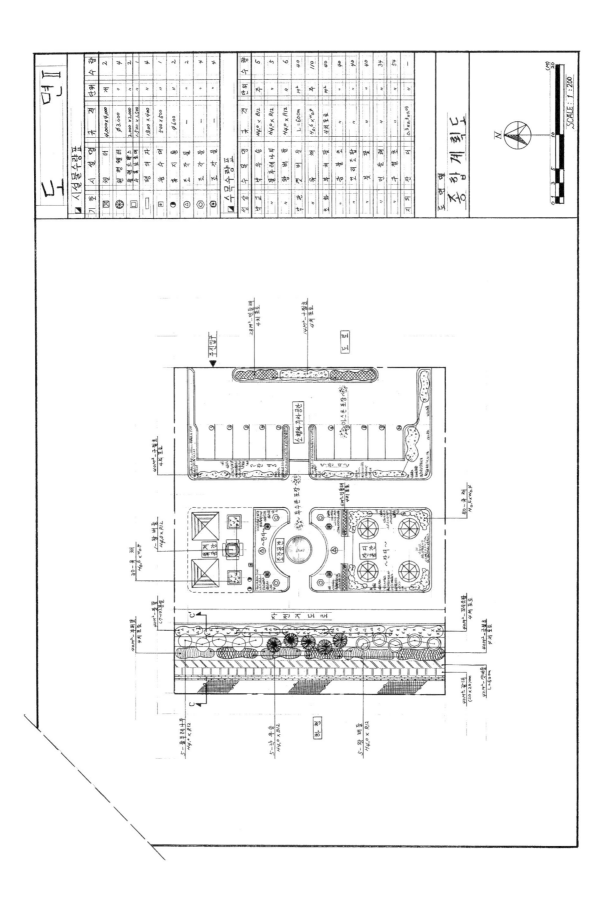

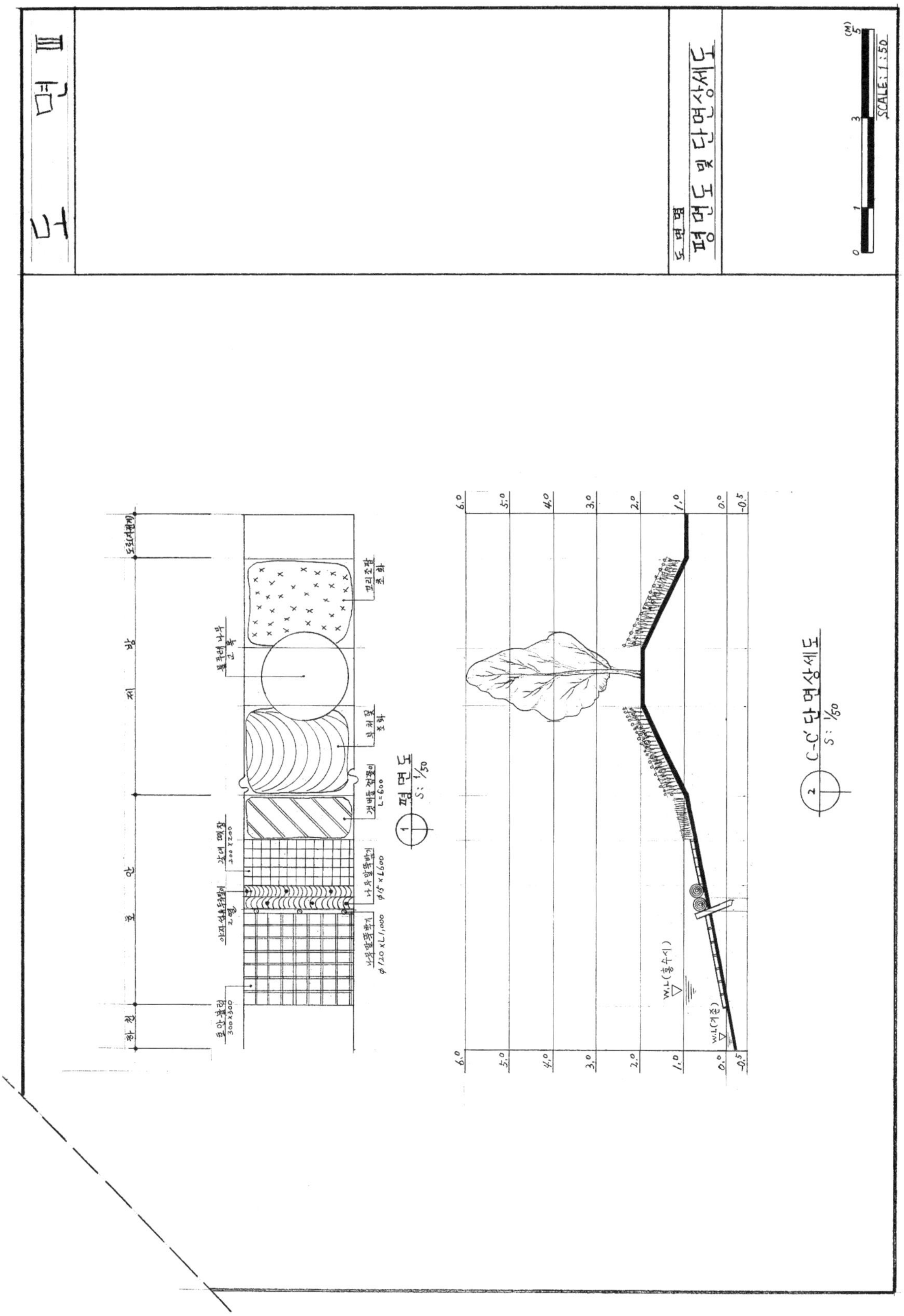
도면 III
도면명
평면도 및 단면상세도
SCALE : 1:50
평면도
S : 1/50
C-C' 단면상세도
S : 1/50

5 건축물조경

(1) 식재 등 조경기준

① 식재면적은 조경면적의 60/100 이상으로 한다.

② 옥상조경을 제외한 인공지반조경의 식재토심은 1.2m 이상으로 한다.

③ 지장물은 가급적 돌출되지 않아야 한다.

(2) 대지 안의 식재기준

① 조경면적=(식재면적+조경시설공간)의 면적으로 한다.

② 식재면적은 당해 지방자치단체의 조례에서 정하는 조경면적의 100분의 50 이상이어야 한다.

③ 하나의 식재면적은 한 변의 길이가 1m 이상으로서 $1m^2$ 이상이어야 한다.

④ 하나의 조경시설공간의 면적은 $10m^2$ 이상이어야 한다.

(3) 조경면적의 배치

① 대지면적 중 조경 의무면적의 10% 이상에 해당하는 면적은 자연지반이어야 한다.

② 조경면적의 표면을 토양이나 식재된 토양 또는 투수성 포장구조로 하여야 한다.

③ 인근에 보행자전용도로, 광장, 공원 등의 시설이 있는 경우에는 이러한 시설과 연계되도록 배치하여야 한다.

④ 너비 20m 이상의 도로에 접하고 $2,000m^2$ 이상인 대지 안에 설치하는 조경은 조경 의무면적의 20% 이상을 가로변에 연접하게 설치하여야 한다.

(4) 식재수량 및 규격

① 조경면적 $1m^2$당 식재기준(의무면적에 한함)

㉠ 상업지역 : 교목 0.1주 이상, 관목 1.0주 이상

㉡ 공업지역 : 교목 0.3주 이상, 관목 1.0주 이상

㉢ 주거지역 : 교목 0.2주 이상, 관목 1.0주 이상

㉣ 녹지지역 : 교목 0.2주 이상, 관목 1.0주 이상

② 식재교목의 최소 규격

㉠ 흉고직경 5cm 이상

㉡ 근원직경 6cm 이상

㉢ 수관폭 0.8m 이상

㉣ 수고 1.5m 이상

③ 식재수종 및 식재비율

㉠ 상록수 식재비율 : 교목 또는 관목 중 규정 수량의 20% 이상을 식재한다.

㉡ 지역에 따른 특성수종 식재비율 : 규정 식재수량 중 교목의 10% 이상을 식재한다.

㉢ 수종은 향토종, 자연조건에 적합한 수종, 대기오염에 강한 수종을 식재하도록 한다.

㉣ 허가권자가 식재비율에 따라 식재하기 곤란하다고 인정하는 경우에는 식재비율을 적용하지 않을 수 있다.

㉤ 뿌리의 생육이 왕성한 수목(메타세쿼이아, 느티나무)의 식재(건물 주변) 요령

- 외벽과 지하시설물 주위에 방근 조치를 한다.
- 방근 조치가 어려운 경우 뿌리가 강한 수종의 식재를 피하거나 건물 외벽과 최소 5m 이상 이격하여 식재한다.

(5) 건물과 관련된 식재설계의 유형

① 기초식재

㉠ 건축물의 기초부분 가까운 지면에 식물을 식재한다.

㉡ 건축물의 인공적인 건축선을 완화하도록 식재한다.

㉢ 개방적인 잔디공간을 확보하여 휴식과 여유로움을 준다.

② 초점식재

㉠ 관찰자의 시선을 현관 쪽으로 집중시키지 말아야 한다.

㉡ 수관선, 수목의 질감, 색채, 형태 등이 일정하고, 크기가 같은 수종을 식재하여 시각적 접점을 이루도록 식재한다.

③ 모서리 식재

㉠ 건축물의 뾰족한 모서리나 꺾어지는 구석진 부분에 식재하여 모서리를 완화시킨다.

㉡ 건물의 날카로운 수직선이나 각이 진 곳을 완화하여 부드러운 분위기를 연출한다.

④ 배경식재

㉠ 자연경관이 우세한 지역에서 건물과 주변경관을 조화시키기 위한 식재를 한다.

㉡ 건축물보다 높게 자라는 대교목 위주로 식재하여 그림 같은 분위기를 조성한다.

㉢ 경관조성 및 방풍림 역할, 차폐기능, 녹음과 습도조절 작용을 하도록 식재한다.

⑤ 가리기 식재(차폐식재)

㉠ 경관이 불량한 곳, 주변 환경과 조화되지 않는 곳 등에 식재하여 시선을 차단한다.

㉡ 식물의 형태, 질감, 색채 등의 다양성이 있어, 자연친화적인 이점을 살려서 경관의 아름다움이 시각적으로 두드러지게 한다.

연습문제 오피스텔주변 조경설계 1

※ 설계요구사항

중부지방에 있는 대도시 상업지역 중심부에 있는 오피스텔빌딩 주변 조경계획을 주어진 부지 현황도 및 각각의 설계조건을 참고하여 문제의 순서대로 설계도면을 작성하시오.

문제 01

대지면적 3,030m^2 건축연면적 13,224m^{2}일 때 건축법 시행령 제27조(대지의 조경)에 의한 법상의 최소면적을 산정하여 [답안지 Ⅱ] 우측 상단의 답란에 써 넣으시오(단, 옥상조경은 없는 것으로 하고, 연면적 2,000m^2 이상일 때는 대지면적의 10%를 조경면적으로 정함).

문제 02

주어진 설계조건과 대지현황에 따라 설계구상도(계획개념도)를 작성하시오.[답안지 Ⅰ]

※ 설계요구조건

① 동선의 흐름을 굵은선(3mm 내외)으로 표시하고 각 공간의 계획 개념을 구분하여 나타낸다.

② 공간구성, 동선, 배식개념 등은 인출선을 사용하여 도면 내외의 여백에 표시한다.

③ 조경면적은 [문제 1]에서 산정된 건축법상의 최소 조경면적 이상 되도록 한다(단, 계산치는 소수점 이하 2자리까지로 한다).

④ A부분에는 승용차 10대분 이상의 옥외주차장을 확보하고 출구와 입구를 분리 계획한다.

⑤ B부분에는 보도와 인접된 150m^2 이상의 시민 휴식공간을 조성한다.

⑥ 오피스텔빌딩의 후면에는 완충식재를 한다.

문제 03

주어진 설계조건과 대지현황을 참고하여 시설물 배치와 배식 설계가 포함된 조경설계도를 작성하시오.[답안지 Ⅱ]

※ 설계요구조건

① 시설물은 벽천, 연못, 분수, 벤치, 퍼걸러, 플랜터, 환경조각, 볼라드, 수목보호대, 조명등 등에서 5가지 선택하여 배치하고 수량표를 작성한다.

② 시민 휴식공간 주변에는 환경조형물을 설치한다.

③ 포장부분은 그 재료를 명시한다.

④ 식재수종 및 수량표시는 인출선을 이용하여 표시하고 단위, 규격, 수량이 표시된 수량표를 작성한다.

⑤ 수종은 〈보기〉의 수종 중에서 10종 이상을 선택하여 식재공간에 조화롭게 식재한다.

보기
은행나무, 소나무, 왕벚나무, 느티나무, 목련, 독일가문비나무, 히말라야시다, 플라타너스, 측백나무, 광나무, 동백나무, 아왜나무, 꽃사과, 철쭉, 수수꽃다리, 향나무, 홍단풍, 섬잣나무, 자산홍, 회양목, 영산홍, 눈주목, 피라칸사스, 꽝꽝나무

현 황 도

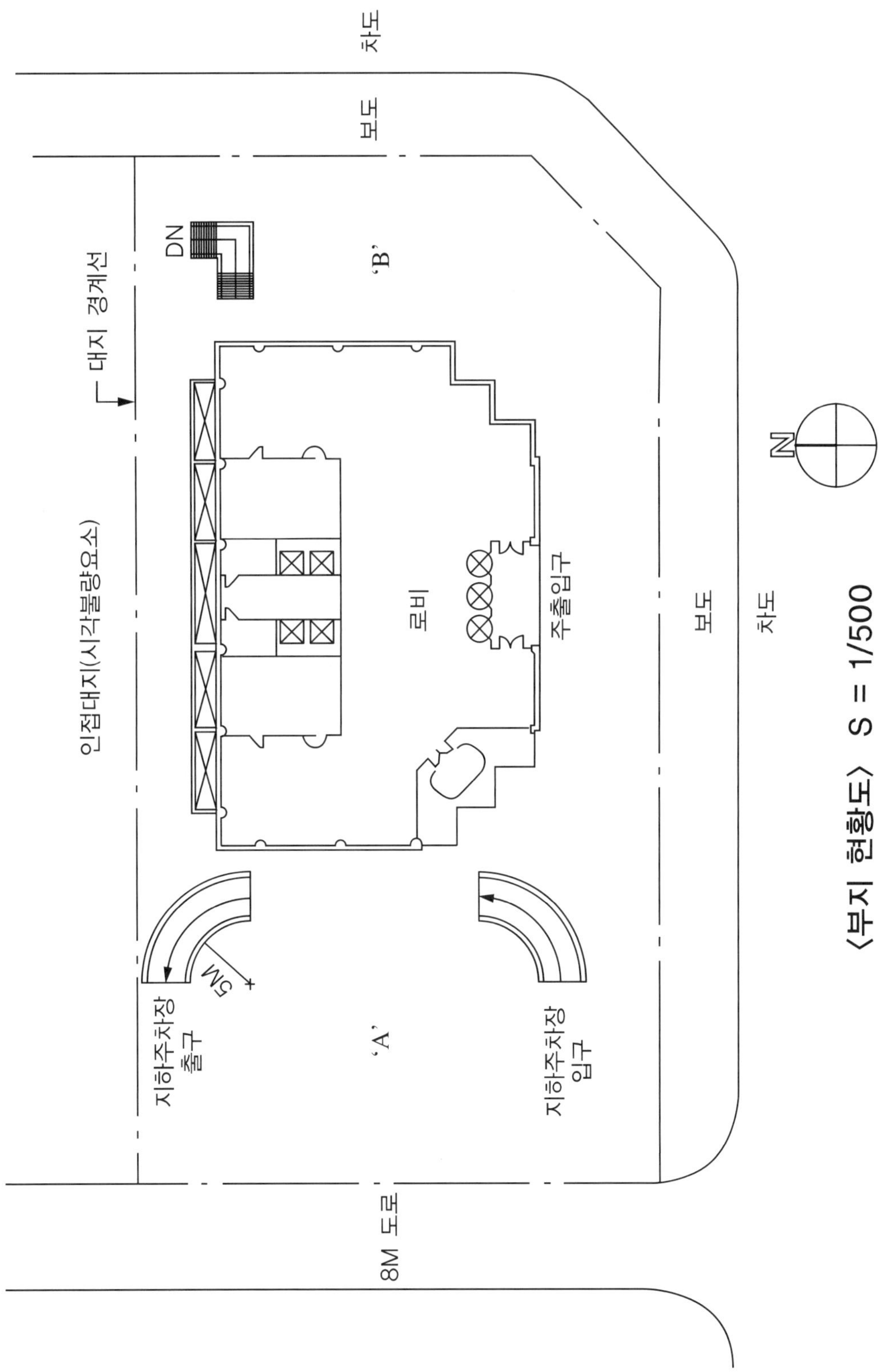

〈부지 현황도〉 S = 1/500

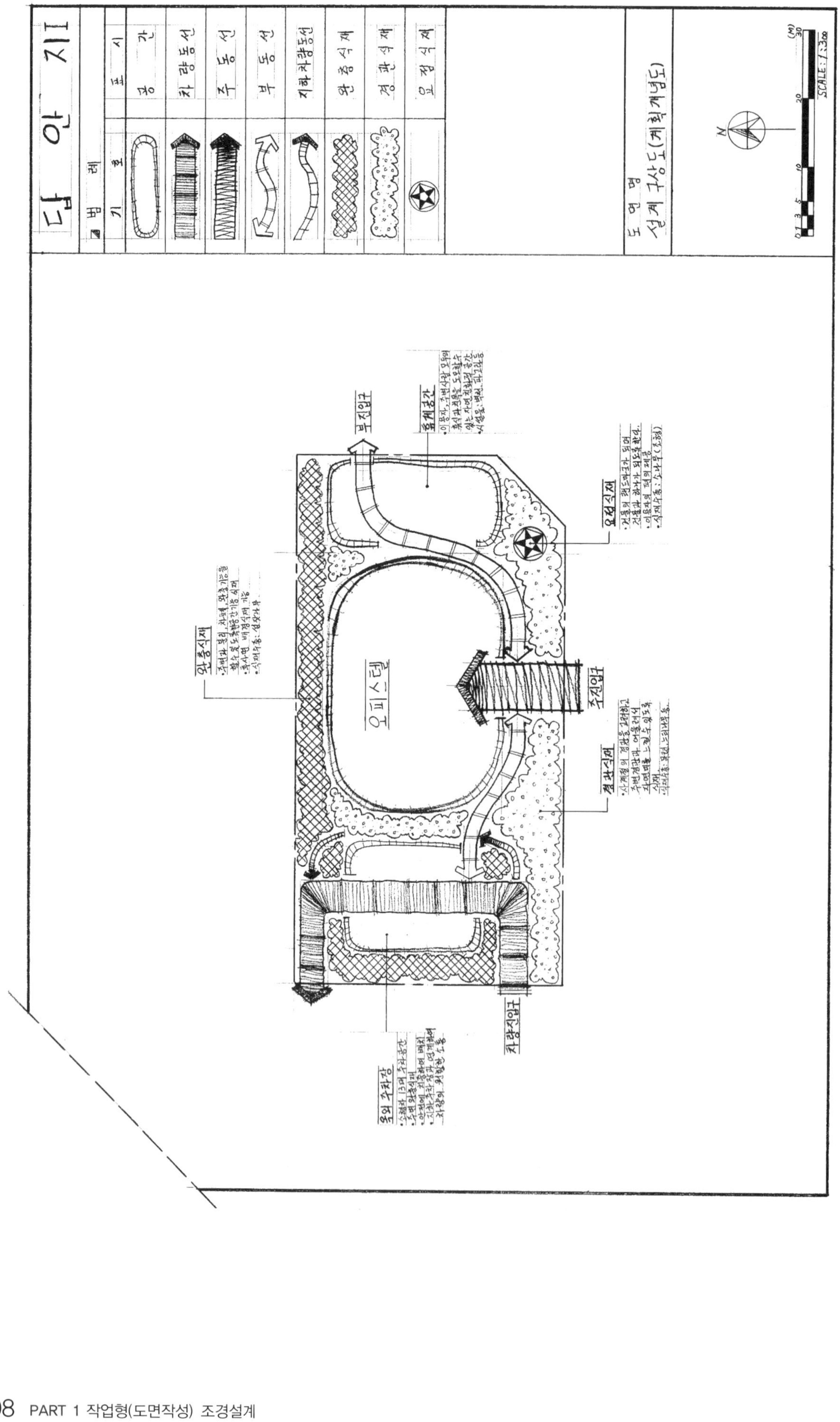

답 안 지
범례
기호
표시
공간
차량동선
주동선
부동선
지하차량동선
완충식재
경관식재
요점식재
도면명
설계구상도(계획개념도)
N
SCALE : 1/300
오피스텔
주진입구
부진입구
차량진입구
휴게공간
옥외주차장
완충식재
경관식재
요점식재

답 안 지 Ⅱ

◪ 시설물 수량표

기호	시설명	규격	단위	수량
(파고라 기호)	파고라	4,000×6,000	개	1
(벽천 기호)	벽천	3,000×7,000	〃	1
(평의자 기호)	평의자	1,800×400	〃	12
(수목보호대 기호)	수목보호대	2,000×2,000	〃	4
(환경조각 기호)	환경조각	Ø550	〃	1

◪ 수목수량표

성상	수목명	규격	단위	수량
상교	소나무	H4.0×W2.0	주	5
〃	섬잣나무	H3.5×W1.0	〃	16
낙교	느티나무	H4.0×R15	〃	9
〃	은행나무	H4.0×B10	〃	13
〃	목련	H3.5×B10	〃	10
〃	왕벚나무	H3.5×B8	〃	10
〃	꽃사과	H3.0×R8	〃	10
〃	홍단풍	H3.0×R10	〃	16
낙관	철쭉	H0.5×W0.6	〃	620
〃	영산홍	H0.5×W0.6	〃	300
상관	눈주목	H0.3×W0.3	〃	200

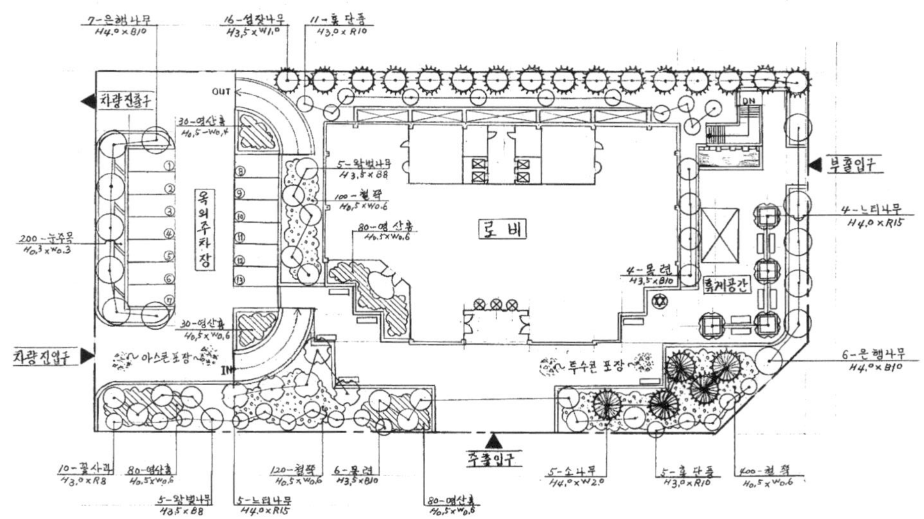

조경면적 = 3,030 × 0.1 = 303m²

도면명

시설물배치 및 배식설계도

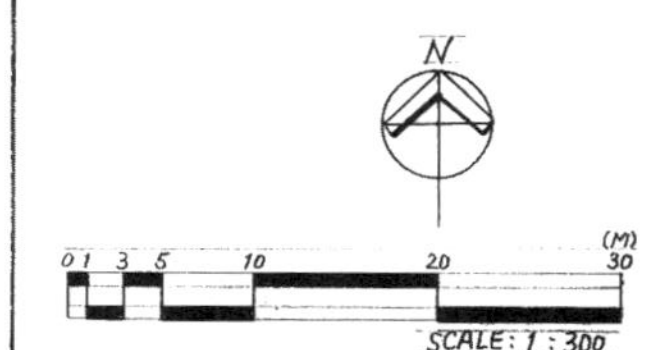

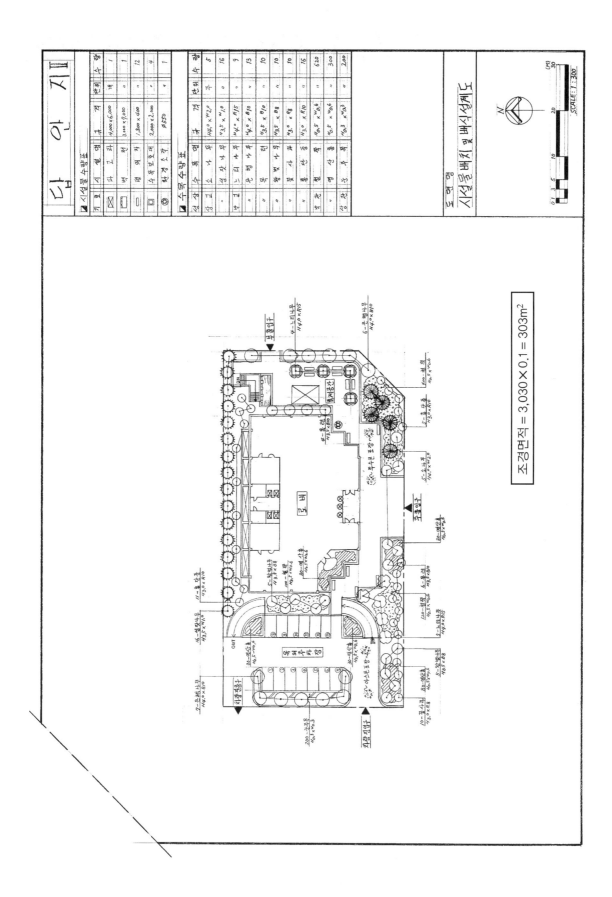

연습문제 유치원설계 2

※ 설계요구사항

우리나라 중부지방에 위치하고 있는 주거지 주변에 대지 면적이 1,050m²(35×30m)인 유치원을 설계하고자 한다. 주어진 현황도면을 고려하여 문제 1, 2에서 요구한 계산문제를 계산식과 답으로 구분하여 산출하고, 설계조건을 고려하여 기본구상개념도와 설계도를 작성하시오.

문제 01

건폐율을 산정하여 [답안지 Ⅰ]의 하단에 기입하시오(단, 소수 2자리까지만 취하고 소수 3자리 이하는 버릴 것).

문제 02

부지의 좌측 도로에 인접한 두 등고선 간격인 A, B 두 점 사이의 지형경사도를 산정하여 [답안지 Ⅰ]의 하단에 기입하시오 (소수 2자리까지만 취하고 소수 3자리 이하는 버릴 것).

문제 03

축척 1/200로 Base Map을 그리고, 기본구상개념도를 작성하시오.[답안지 Ⅰ]

※ 설계요구조건

① 공간의 구성은 휴식공간, 놀이공간, 주차공간, 전정, 후정 등으로 기능을 분할하고, 동선계획은 어린이들의 안전을 고려하여 보행동선과 차량동선을 분리시켜 구상하시오.

② 보행동선은 대문의 위치를 선정하고 대문으로부터 건물의 현관 진입구까지 2m 폭원으로 하며, 차량동선은 대문으로부터 주차공간까지는 4m 폭원으로 구상하시오.

③ 다이어그램 표현기법을 사용하여 설계 개념도를 작성하고 각 공간의 기능, 성격, 시설 등을 약술하시오.

문제 04

축척 1/100로 확대(등고선 생략)하여 Base Map을 그리고, 기본구상도와 설계조건을 참조하여 기본설계도 및 배식설계도를 작성하시오.[답안지 Ⅱ]

※ 설계요구조건

① 시설물은 벤치(W0.4×L1.2m) 5개, 모래밭(5×5m)은 반드시 설치하시오.

② 소형차 2대가 주차할 수 있는 주차장(2.3×5m)을 확보하시오.

③ 보행동선의 폭원은 2m, 차량동선의 폭원은 4m로 설계하시오.

④ 포장재료는 2가지 이상 선정하여 명기하시오.

⑤ 놀이공간에 3종 이상의 놀이시설을 설치하시오.

⑥ 수종은 10가지 이상 식재하고, 수목수량표를 작성하시오.

보기

측백, 배롱나무, 후박나무, 잣나무, 향나무, 백목련, 벽오동, 자귀나무, 느티나무, 자작나무, 녹나무, 수수꽃다리, 꽝꽝나무, 홍단풍, 개나리, 회양목, 쥐똥나무, 잔디, 철쭉, 눈향, 주목, 동백

⑦ 인출선을 사용하여 수종, 수량, 규격을 표기하고 수목수량표를 우측 여백에 표시하시오.

현 황 도

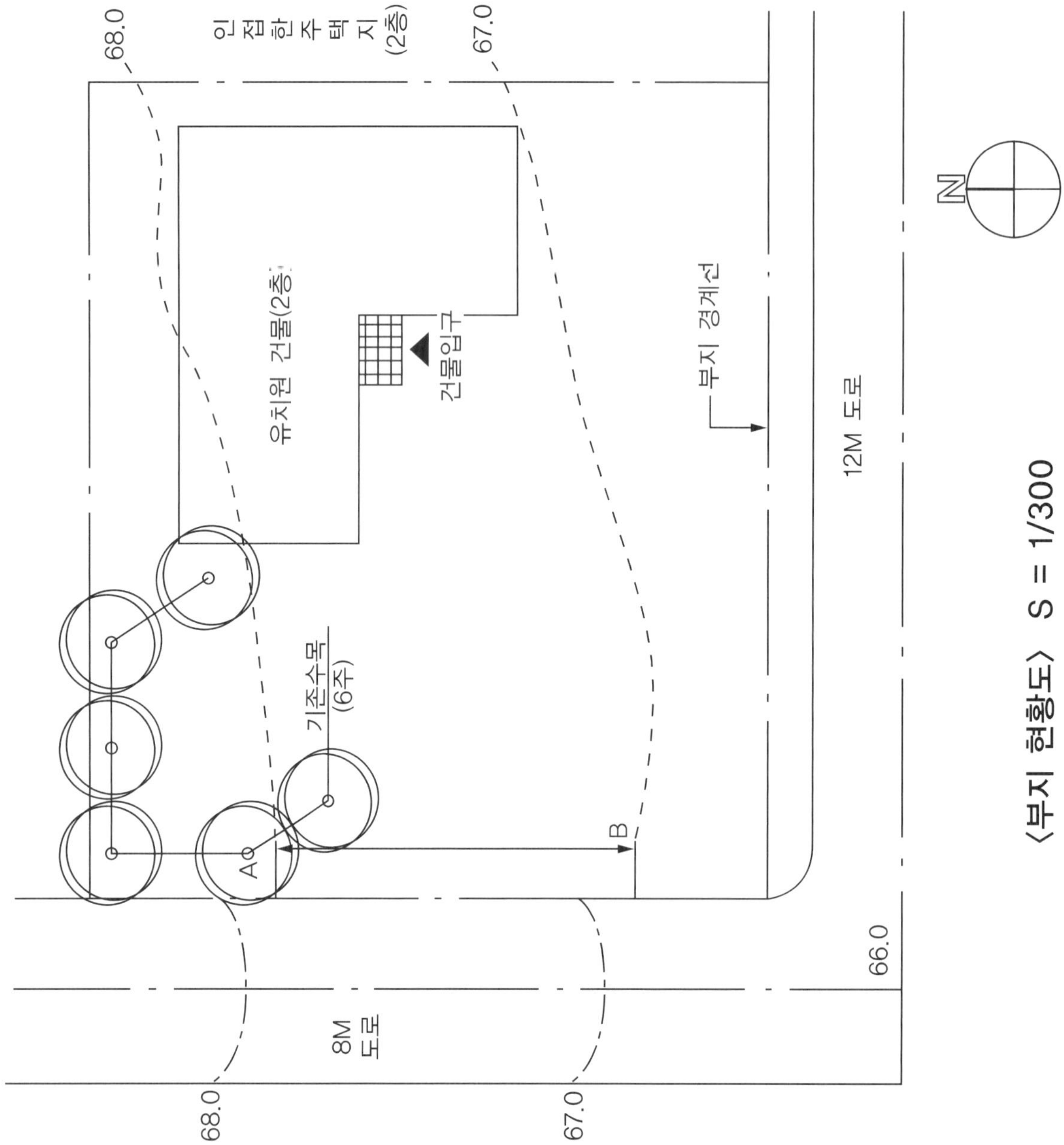

〈부지 현황도〉 S = 1/300

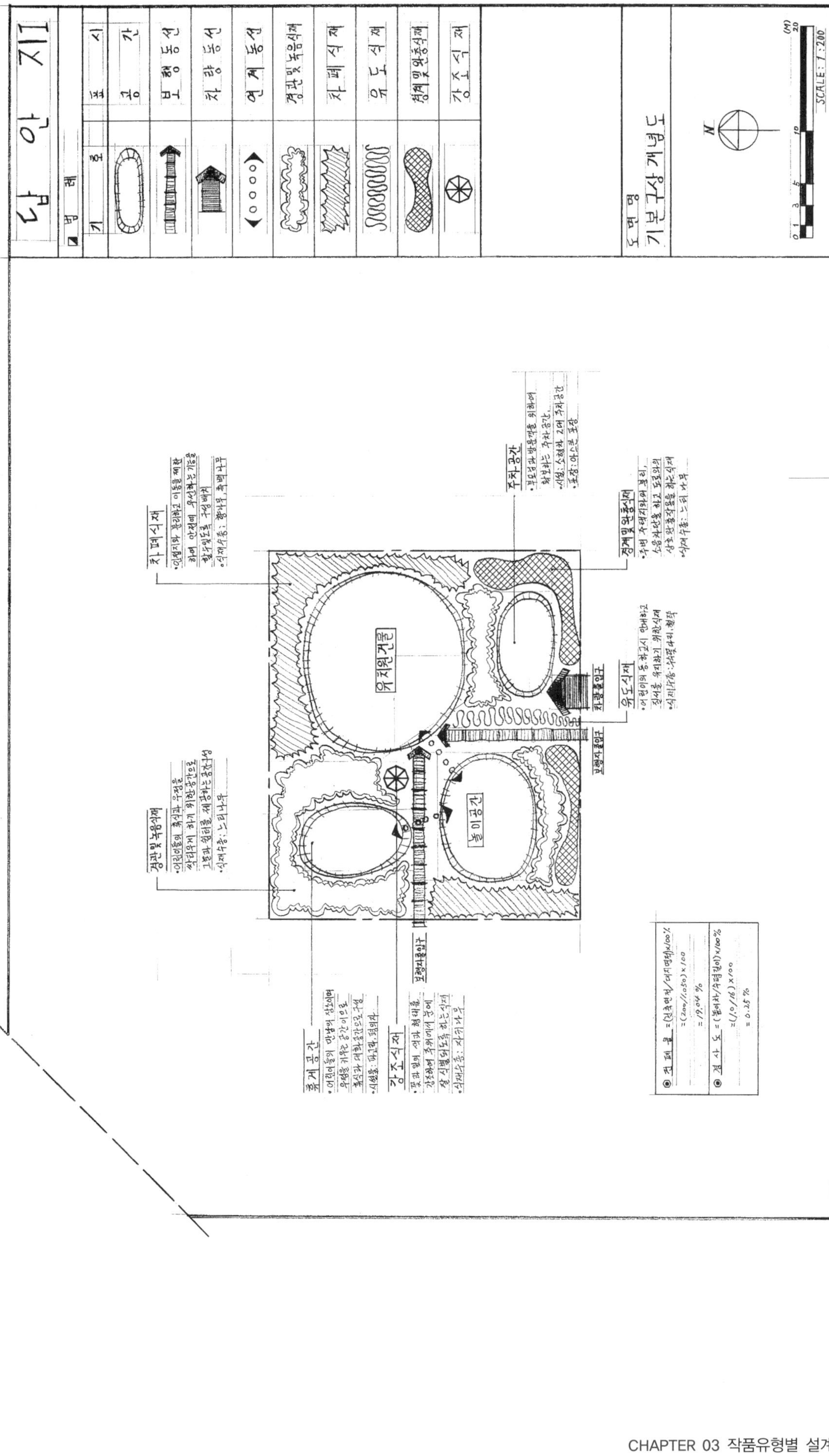

답안지
범례
기호
표시
공간
보행동선
차량동선
연계동선
경관및녹음식재
차폐식재
유도식재
점계및완충식재
강조식재
도면명
기본구상개념도
N
SCALE : 1:200
유치원건물
놀이공간
보행자출입구
차량출입구
휴게공간
강조식재
경관및녹음식재
차폐식재
주차공간
유도식재
경계및완충식재
건폐율 =(건축면적/대지면적)x100%
=(200/1,050)x100
=19.04%
경사도 =(높이차/수평길이)x100%
=(1.0/16)x100
=0.25%

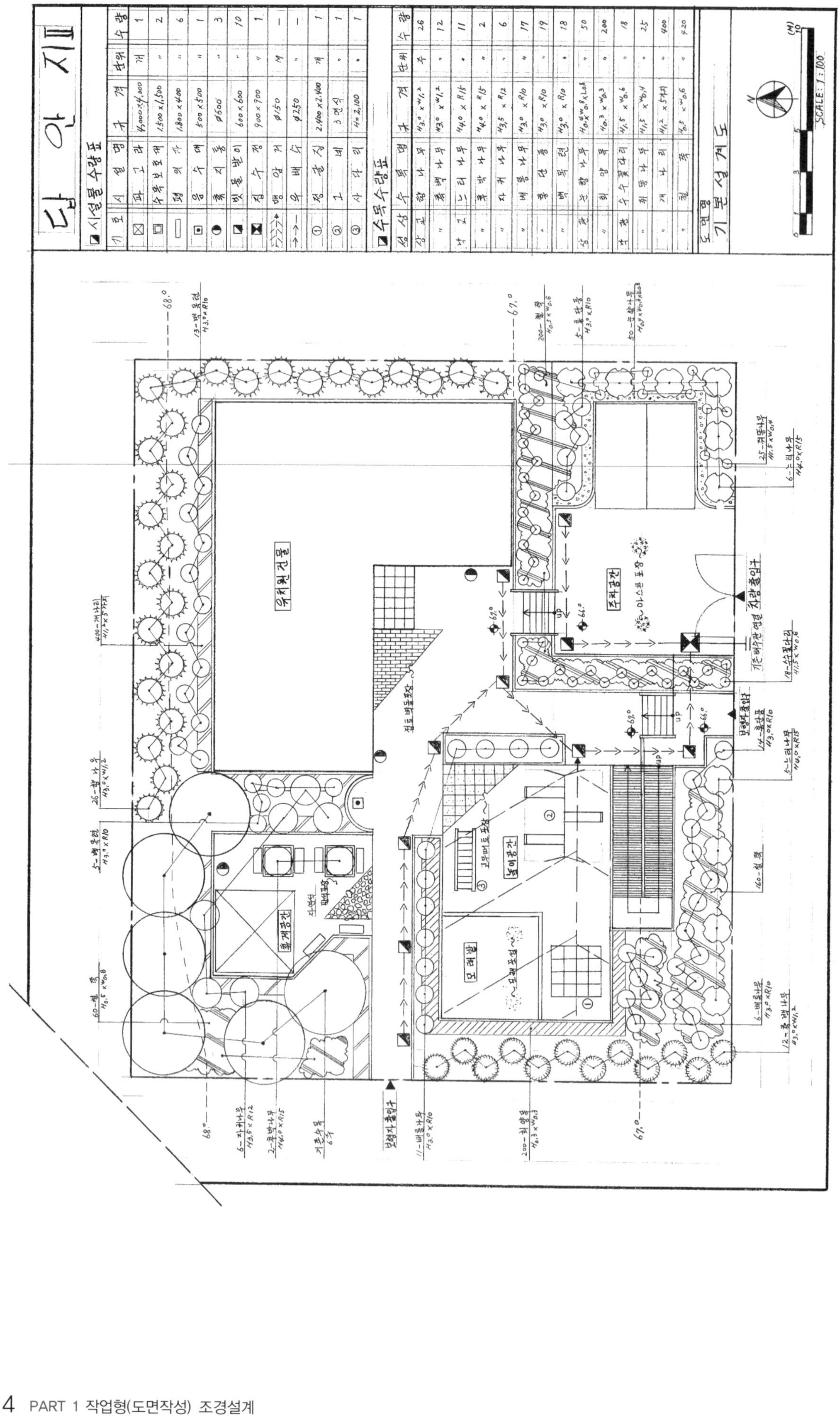

답안지Ⅲ
시설물수량표
기호 | 시설명 | 규격 | 단위 | 수량
파고라 | 4,000×4,000 | 개 | 1
수목보호대 | 1,500×1,500 | 〃 | 2
평의자 | 1,800×400 | 〃 | 6
음수대 | 500×500 | 〃 | 1
휴지통 | Ø600 | 〃 | 3
빗물받이 | 600×600 | 〃 | 10
집수정 | 900×900 | 〃 | 1
맹암거 | Ø150 | M | —
우배수 | Ø250 | 〃 | —
① 정글짐 | 2,400×2,400 | 개 | 1
② 그네 | 3연식 | 〃 | 1
③ 사다리 | H=2,100 | 〃 | 1
수목수량표
성상 | 수목명 | 규격 | 단위 | 수량
상교 | 향나무 | H3.0×W1.2 | 주 | 26
〃 | 측백나무 | H3.0×W1.2 | 〃 | 12
낙교 | 느티나무 | H4.0×R15 | 〃 | 11
〃 | 후박나무 | H4.0×R15 | 〃 | 2
〃 | 자귀나무 | H3.5×R12 | 〃 | 6
〃 | 배롱나무 | H3.0×R10 | 〃 | 17
〃 | 홍단풍 | H3.0×R10 | 〃 | 19
〃 | 백목련 | H3.0×R10 | 〃 | 18
상관 | 눈향나무 | H0.4×W0.8×L0.8 | 〃 | 50
〃 | 회양목 | H0.3×W0.3 | 〃 | 200
낙관 | 수수꽃다리 | H1.5×W0.6 | 〃 | 18
〃 | 쥐똥나무 | H1.5×W0.4 | 〃 | 25
〃 | 개나리 | H1.2×5가지 | 〃 | 400
〃 | 철쭉 | H0.5×W0.6 | 〃 | 420
도면명
기본설계도
N
SCALE: 1:100
유치원건물
휴게공간
놀이공간
모래밭
주차공간
아스콘포장
점토벽돌포장
고무매트포장
보행자 출입구
차량출입구
68.0
67.0

연습문제 사무용 건축물 조경설계 3

※ 설계요구사항

서울특별시에 있는 사무용 건축물에 조경설계를 하고자 한다. 주어진 부지 현황도와 요구조건을 참조하여 설계도를 작성하시오.

문제 01

다음에 주어진 건축법 관계조항을 참조하여 최소한의 법정 조경면적을 산출하고, 주어진 건축조례상의 기준에 의거하여 산출한 수목수량 산출내용을 [답안지 Ⅰ]의 우측 상단에 작성하시오.

※ 조경면적 & 수목수량 산출 요구조건

① 건축법 제42조(대지의 조경)

면적 200m^2 이상인 대지에 건축을 하는 건축주는 용도지역 및 건축물의 규모에 따라 해당 지방 자치단체의 조례로 정하는 기준에 따라 대지에 조경이나 그 밖에 필요한 조치를 하여야 한다.

② 서울특별시의 건축조례

㉠ 최소면적 : 200m^2 이상의 대지

㉡ 조경면적 확보기준

- 연면적의 합계가 2,000m^2 이상인 건축물 : 대지면적의 15% 이상
- 연면적의 합계가 1,000~2,000m^2 미만인 건축물 : 대지면적의 10% 이상
- 연면적의 합계가 1,000m^2 미만인 건축물 : 대지면적의 5% 이상

③ 대지 안의 식수 등 조경은 다음 표에 정하는 기준에 적합하여야 한다.

구분	식재밀도	상록비율	비고
교목	0.2본 이상/m^2	상록 50% : 낙엽 50%	교목 중 수고 2m 이상의 교목 60% 이상 식재
관목	0.4본 이상/m^2		

문제 02

다음의 조건을 참고하여 주어진 시설물과 건물 내의 공간기능과 진·출입문의 위치를 고려하여 건물주변의 순환동선을 배치한 포장과 시설물 배치도를 축척 1/300로 작성하시오.[답안지 Ⅰ]

※ 설계요구조건

① 옥상조경은 설치하지 않는다.

② 설치하고자 하는 시설물은 건물 남서쪽 공간에 4×7m의 퍼걸러 하부와 주변에 휴지통 3개소, 보행 주진입로 주변에 가로 2m×세로 2m×높이 3m의 환경조각물 1개소이다.

③ 동선의 배치는 다음과 같이 한다.
  ㉠ 보행 주동선의 폭은 6m로 하고, 포장을 구분할 것
  ㉡ 건물주변 순환동선의 폭은 2m 이상으로 하여 포장을 구분할 것
  ㉢ 대지 경계선 주변은 식재대를 두르며, 식재대의 최소폭은 1m로 할 것
  ㉣ 퍼걸러 벤치 주변은 휴게공간을 확보하여 포장을 구분할 것
  ㉤ 포장은 적벽돌, 소형고압블록, 자연석, 콘크리트, 화강석 포장 등에서 선택하여 반드시 재료를 명시할 것
④ 설치 시설물에 대한 범례표와 수량표는 도면 우측 여백에 작성할 것

문제 03

다음의 조건을 참고하여 식재 기본설계도를 축척 1/300로 작성하시오.[답안지 Ⅱ]

※ 설계요구조건

① 대지의 서측 경계 및 북측 경계에는 차폐식재, 주차장 주변에는 녹음식재, 플랜트 박스에는 상록성 관목식재를 할 것(단, [문제 1]의 법정 조경수목 수량을 고려하여 식재할 것)

② 〈보기〉의 수종 중에서 적합한 상록교목 5종, 낙엽교목 5종, 관목 4종을 선택할 것

보기

섬잣나무(H2.0m×W1.2m)	스트로브잣나무(H2.0m×W1.0m)
향나무(H3.0m×W1.2m)	향나무(H1.2m×W0.3m)
독일가문비(H1.5m×W0.8m)	아왜나무(H2.0m×W1.0m)
동백나무(H1.5m×W0.8m)	주목(H0.5m×W0.4m)
회양목(H0.3m×W0.3m)	광나무(H0.4m×W0.5m)
주목(H1.5m×W1.0m)	느티나무(H3.5m×R10cm)
플라타너스(H3.5m×B10cm)	청단풍(H2.0m×R5cm)
목련(H2.5m×R5cm)	꽃사과(H1.55m×R4cm)
산수유(H1.5m×R5cm)	자산홍(H0.4m×W0.5m)
수수꽃다리(H1.5m×W0.8m)	영산홍(H0.4m×W0.5m)

③ 수목의 명칭, 규격, 수량은 인출선을 사용하여 표기할 것

④ 수종의 선택은 지역적인 조건을 최대한 고려하여 선택할 것

⑤ 식재수종의 수량표를 도면 여백(도면 우측)에 작성할 것

현 황 도

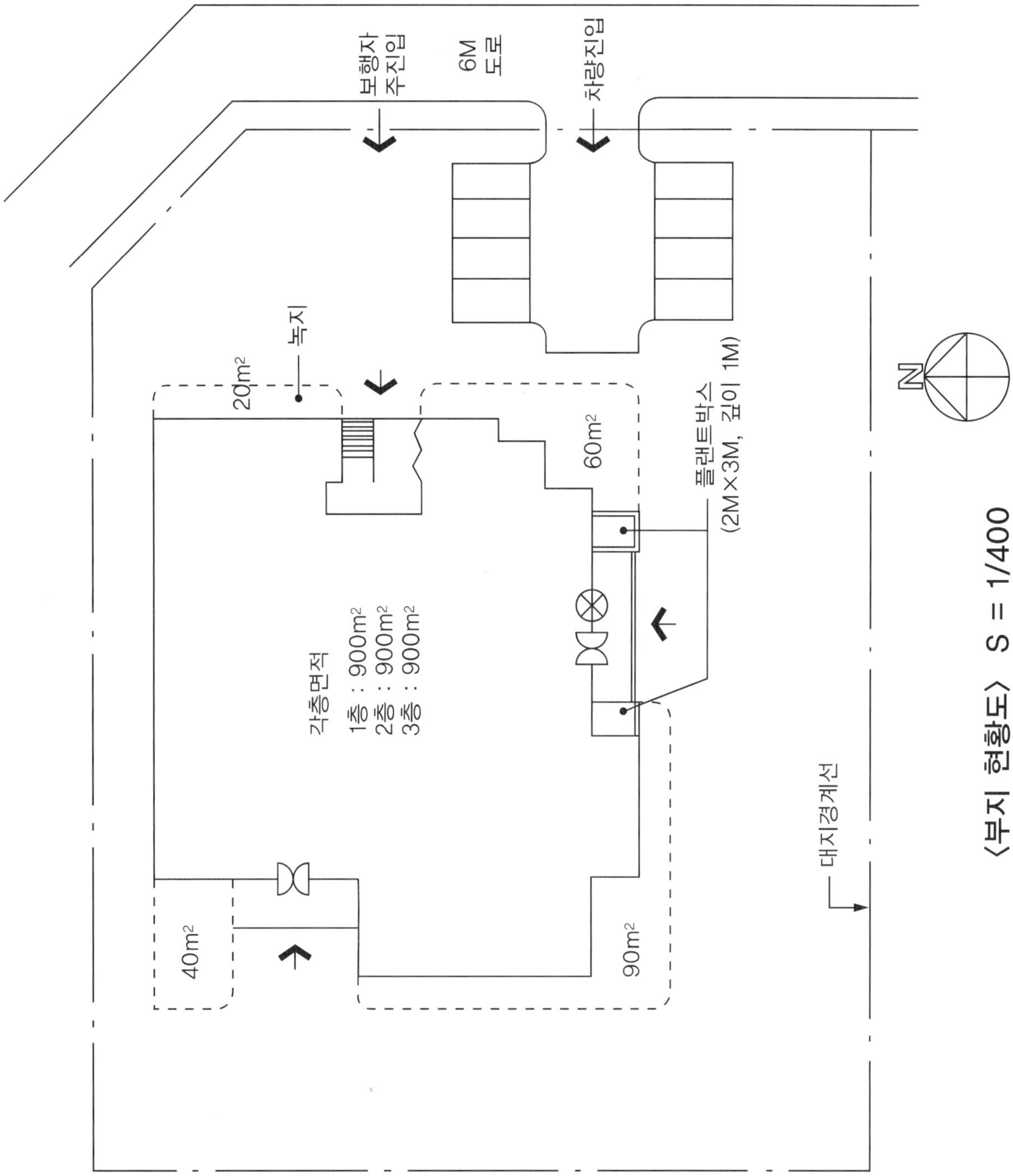

〈부지 현황도〉 S = 1/400

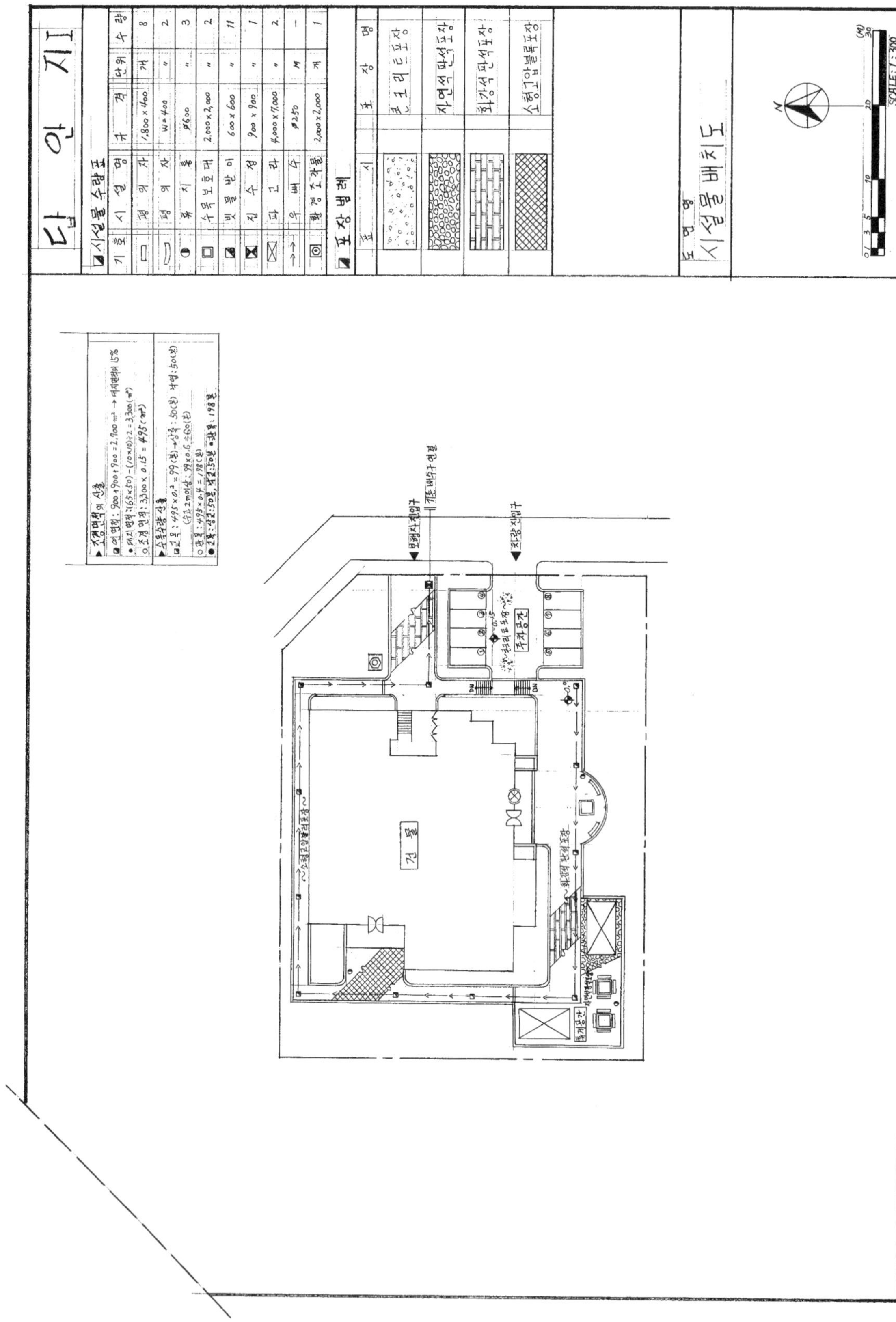

답 안 지 I
시설물 수량표
기호 | 시설명 | 규격 | 단위 | 수량
평의자 | 1,800×400 | 개 | 8
평의자 | W=400 | 〃 | 2
휴지통 | Ø600 | 〃 | 3
수목보호대 | 2,000×2,000 | 〃 | 2
빗물받이 | 600×600 | 〃 | 11
집수정 | 900×900 | 〃 | 1
파고라 | 4,000×7,000 | 〃 | 2
우배수 | Ø250 | M | –
환경조각물 | 2,000×2,000 | 개 | 1
포장범례
표시 | 포장명
콘크리트포장
자연석판석포장
화강석판석포장
소형고압블록포장
도면명
시설물배치도
SCALE : 1 : 300
조경면적의 산출
건물 : 495×0.2 = 99(본) → 상록 : 50(본) 낙엽 : 50(본)
관목 : 495×0.4 = 198(본)
건물
보행자 진입구
차량 진입구
주차공간
콘크리트포장
화강석 판석포장
소형고압블록포장
휴게공간

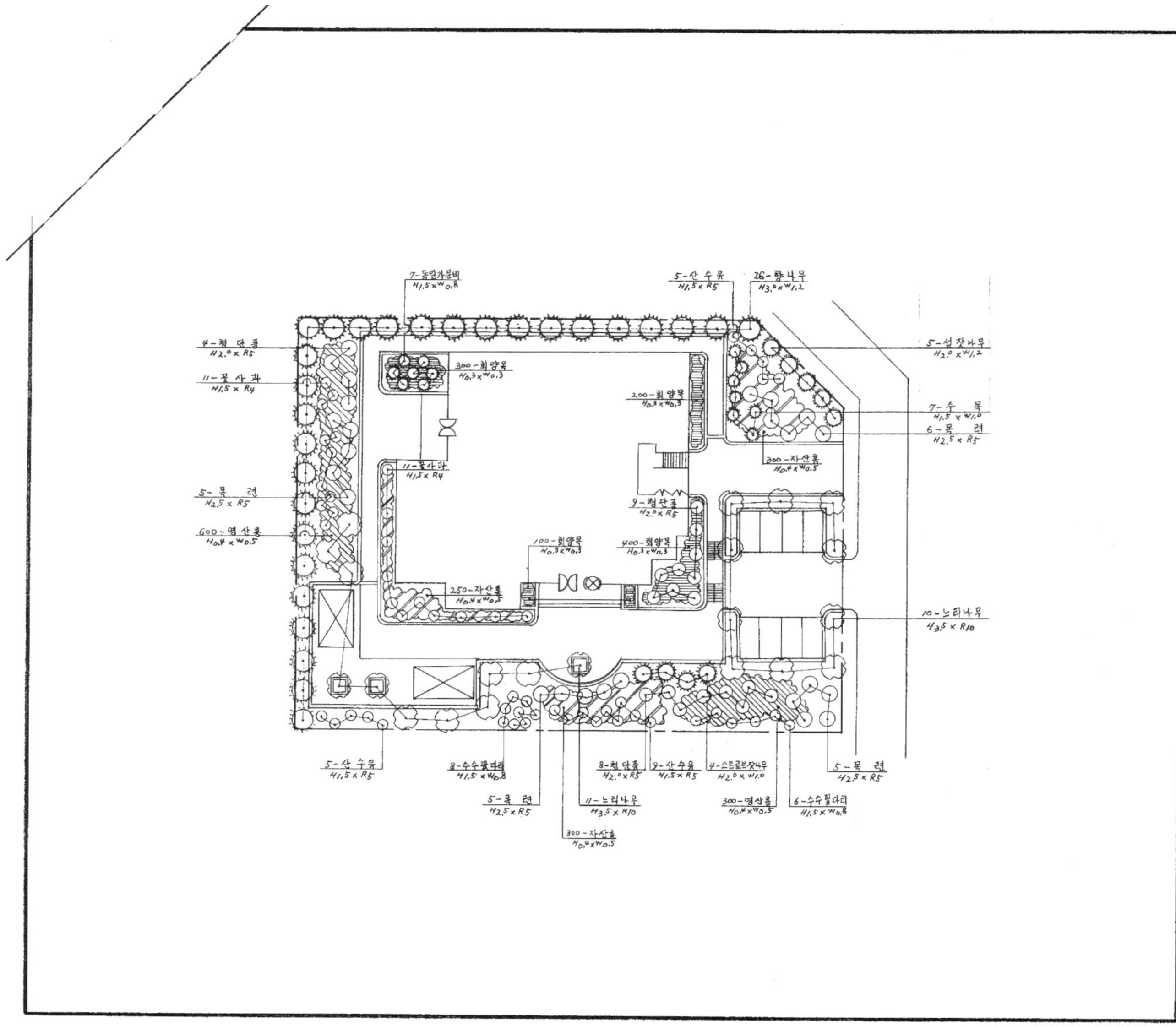

답안지 Ⅱ

■ 수목수량표

성상	수목명	규격	단위	수량
상교	향나무	$H3.0 \times W1.2$	주	26
〃	섬잣나무	$H2.0 \times W1.2$	〃	5
〃	스트로브잣나무	$H2.0 \times W1.0$	〃	4
〃	독일가문비	$H1.5 \times W0.8$	〃	7
〃	주목	$H1.5 \times W1.0$	〃	7
낙교	느티나무	$H3.5 \times R10$	〃	21
〃	목련	$H2.5 \times R5$	〃	21
〃	청단풍	$H2.0 \times R5$	〃	21
〃	꽃사과	$H1.5 \times R4$	〃	22
〃	산수유	$H1.5 \times R5$	〃	19
상관	회양목	$H0.3 \times W0.3$	〃	1,000
낙관	수수꽃다리	$H1.5 \times W0.8$	〃	14
〃	영산홍	$H0.4 \times W0.5$	〃	900
〃	자산홍	$H0.4 \times W0.5$	〃	850

도면명

조경설계도

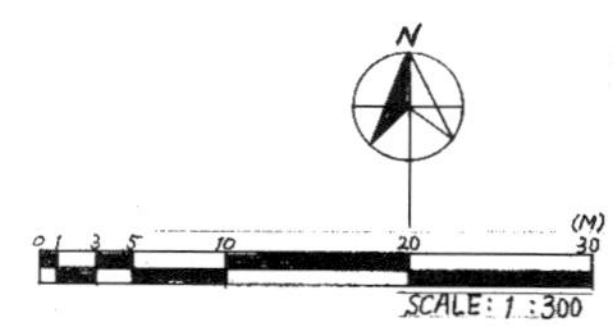

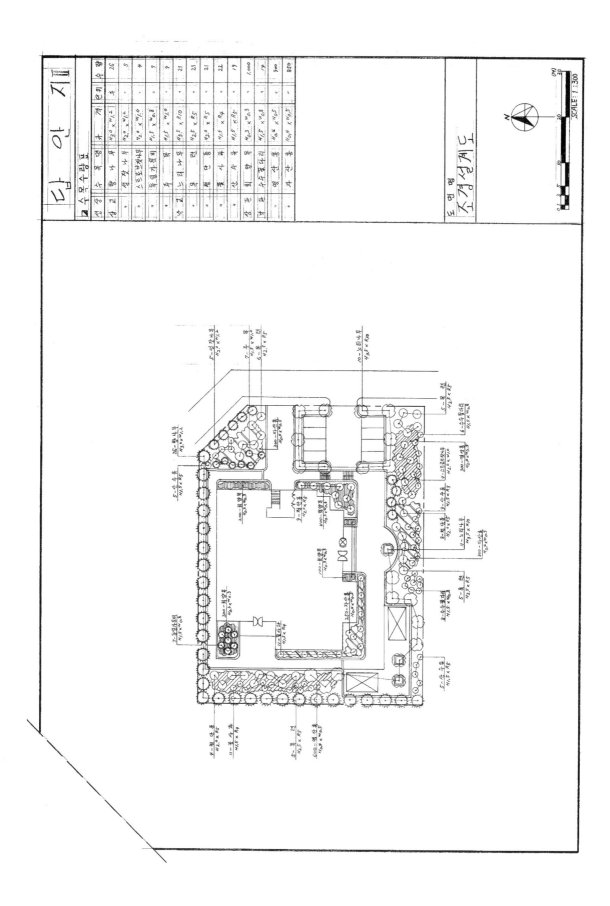

연습문제 연구소 내 중앙광장설계 4

※ 설계요구사항

우리나라 중부지방에 위치한 학술연구소이다. 이 학술연구소 건물들의 중앙에 광장을 설치하고, 건물 주변에 조경설계를 하고자 한다. 주어진 환경과 요구조건을 참조하여 계획개념도와 식재설계도, 시설물 설계도를 각각 축척 1/300로 지급된 용지에 각각 작성하시오.

문제 01 계획개념도

※ 설계요구조건

① 공간은 모임광장 1개소, 휴게공간 1개소, 진입공간 2개소, 녹지공간으로 구분하고, 각 공간의 범위를 적절한 표현기법을 사용하여 나타내고 공간의 명칭과 특성, 식재 및 시설 배치개념을 설명하시오.

② 모임광장은 중심이 되는 곳에 설치하고, 휴게공간은 기존 녹지와 인접하여 배치하며, 부지 현황을 참조하여 진입공간을 조성한다.

③ 진입로에서 모임광장까지 주동선을 설치(1개는 차량 접근가능)하고, 다시 각 건물로 접근이 가능한 보행동선을 설치한다.

문제 02 시설물 설계도

※ 설계요구조건

① 주어진 지형과 F.L을 보고 성격이 다른 공간은 계단을 설치하여 분리하시오.

② 모임광장은 30×30m로 하고 연못은 광장의 1/30~1/20 범위의 크기로 설치하시오.

③ 모임광장 내의 중심이 되는 곳에 단순한 기하학적 형태의 연못을 조성하고, 그 중앙에 조형물을 배치하시오.

④ 휴게공간 및 모임광장에는 다른 포장재료를 사용하도록 하는데 시각적 효과를 고려하여 정형적 패턴을 연출하도록 하시오.

⑤ 연못 주변은 대형 조명등 4개, 모임광장 및 휴게공간의 주변에 정원등 16개를 설치하시오.

⑥ 진입로 입구에는 볼라드를 설치하여 차량의 진입을 제한하도록 하시오.

⑦ 휴게공간에는 퍼걸러(3×5m)를 2개소, 평의자(3인용) 3개소를 설치하시오.

문제 03 식재설계도

※ 설계요구조건

① 각 공간의 성격과 기능에 맞는 식재 패턴과 식물을 15종 이상 선정하여 식재하시오.

② 모임광장은 기하학적 패턴으로 조형수목을 식재하시오.

③ 휴게공간에는 녹음수를 식재하고 충분한 녹음이 제공되도록 하시오.

④ 진입 및 모임광장은 정형적인 배식을 하되 건물과 접하고 있는 녹지는 자연형의 배식을 하도록 하시오.

⑤ 식재된 식물의 명칭, 규격, 수량은 인출선을 사용하여 표기하고, 도면의 우측에 식물수량표를 작성하시오.

현 황 도

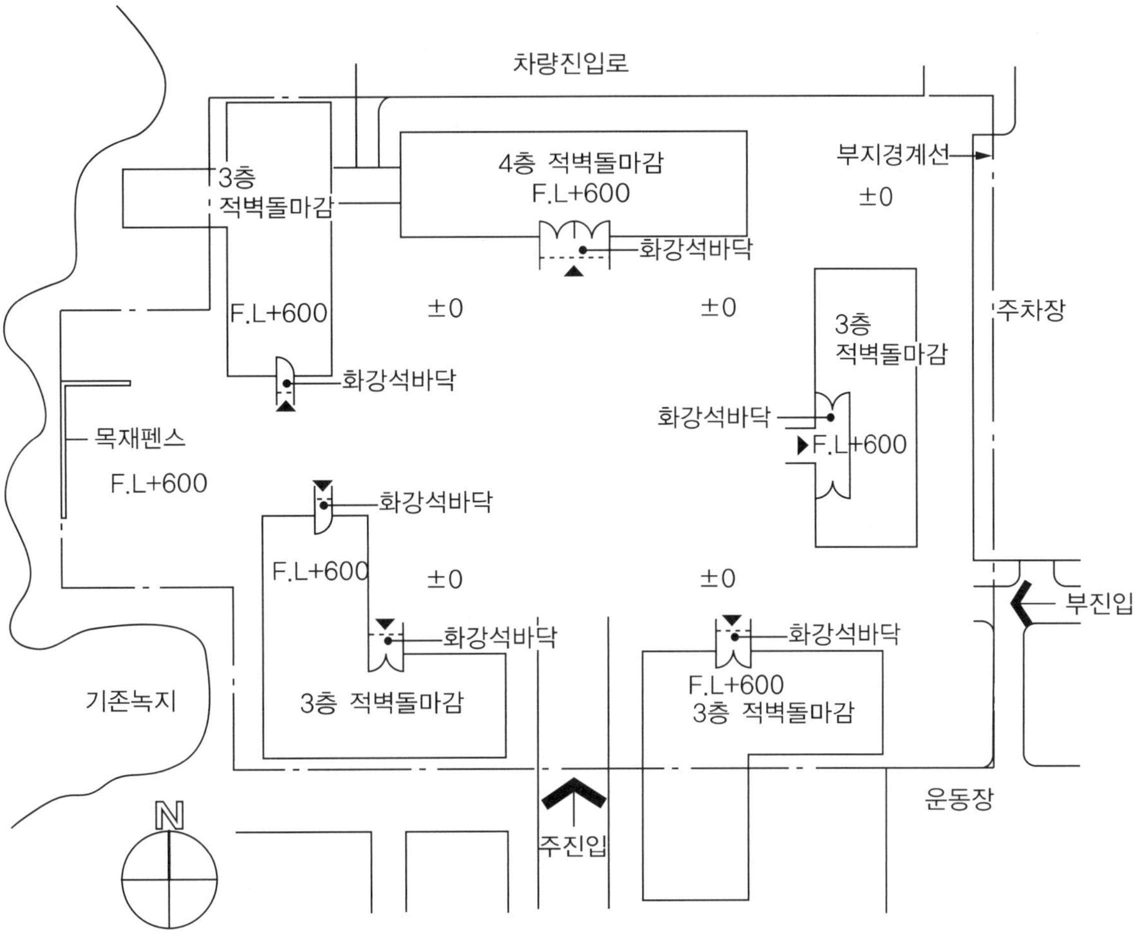

〈부지 현황도〉 S = 1/600

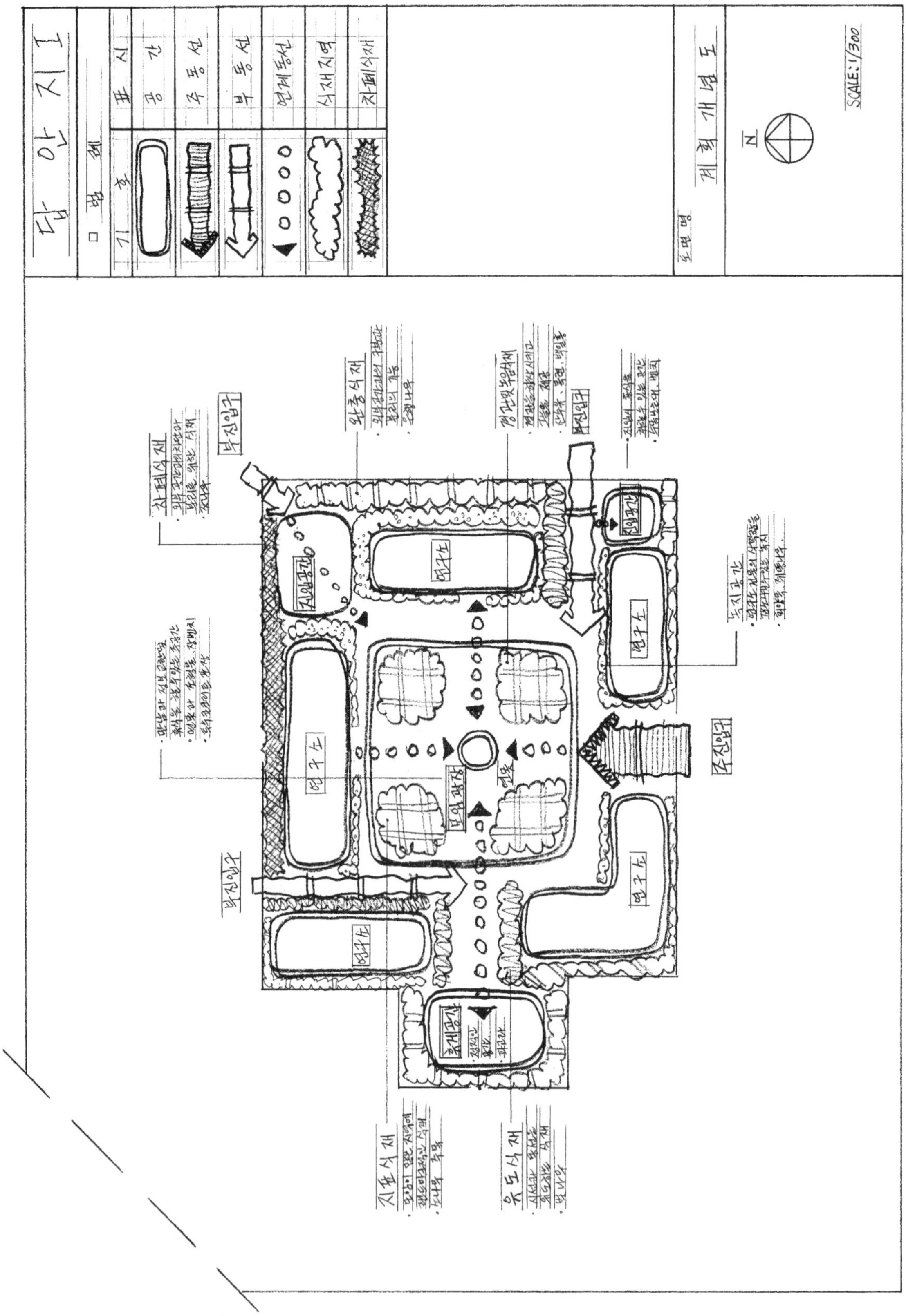
계획 개념도
N
SCALE : 1/300
주진입구
부진입구
연구소

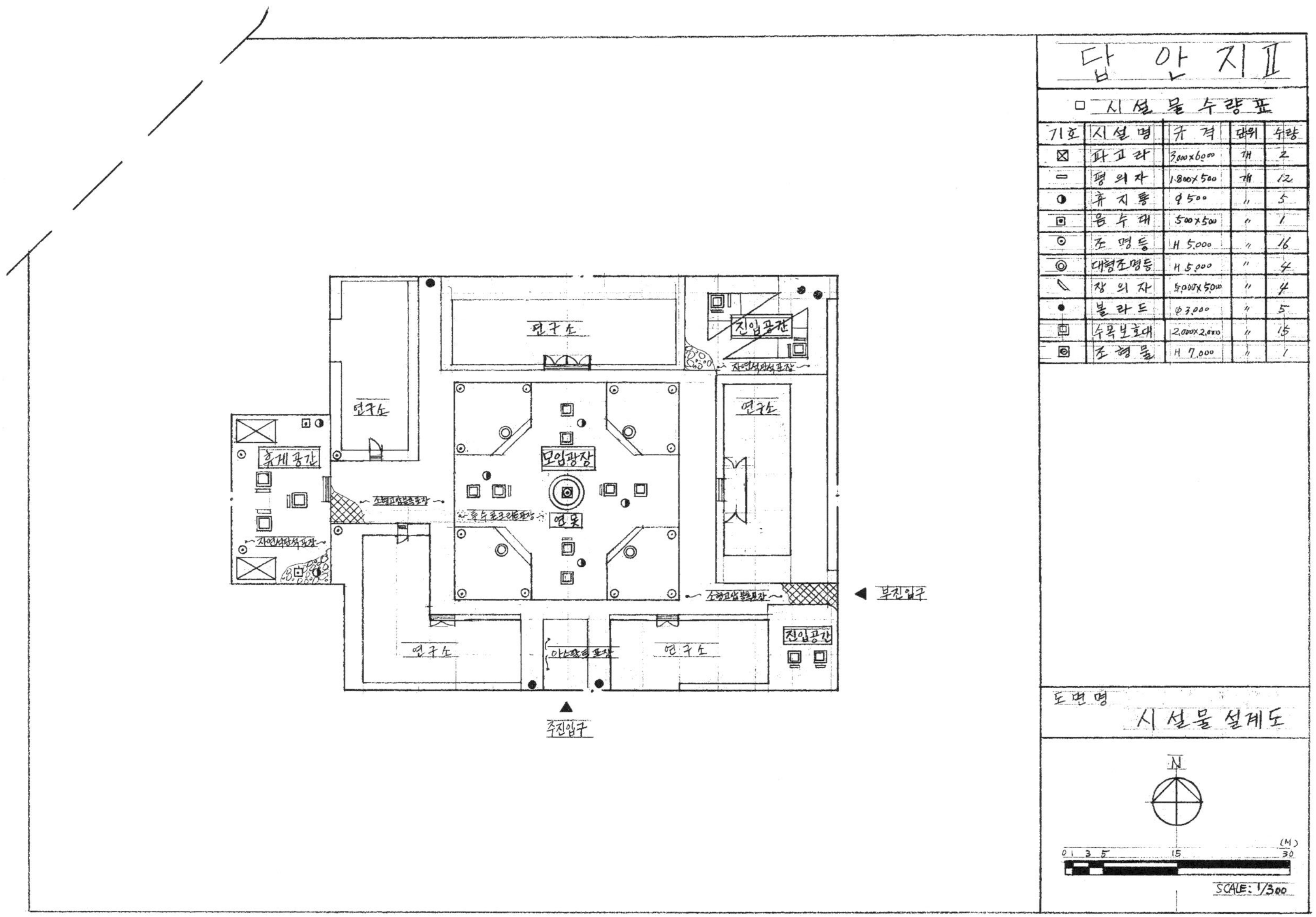
답 안 지 II
□ 시 설 물 수 량 표
기호 | 시설명 | 규격 | 단위 | 수량
⊠ | 파고라 | 3,000x6,000 | 개 | 2
▭ | 평의자 | 1,800x500 | 개 | 12
◑ | 휴지통 | φ500 | 〃 | 5
▣ | 음수대 | 500x500 | 〃 | 1
⊙ | 조명등 | H 5,000 | 〃 | 16
◎ | 대형조명등 | H 5,000 | 〃 | 4
 | 장의자 | 5,000x500 | 〃 | 4
● | 볼라드 | φ3,000 | 〃 | 5
 | 수목보호대 | 2,000x2,000 | 〃 | 15
 | 조형물 | H 7,000 | 〃 | 1
도면명
시설물 설계도
N
0 1 3 5 15 30 (M)
SCALE: 1/300
연구소
진입공간
휴게공간
모임광장
연못
부진입구
주진입구

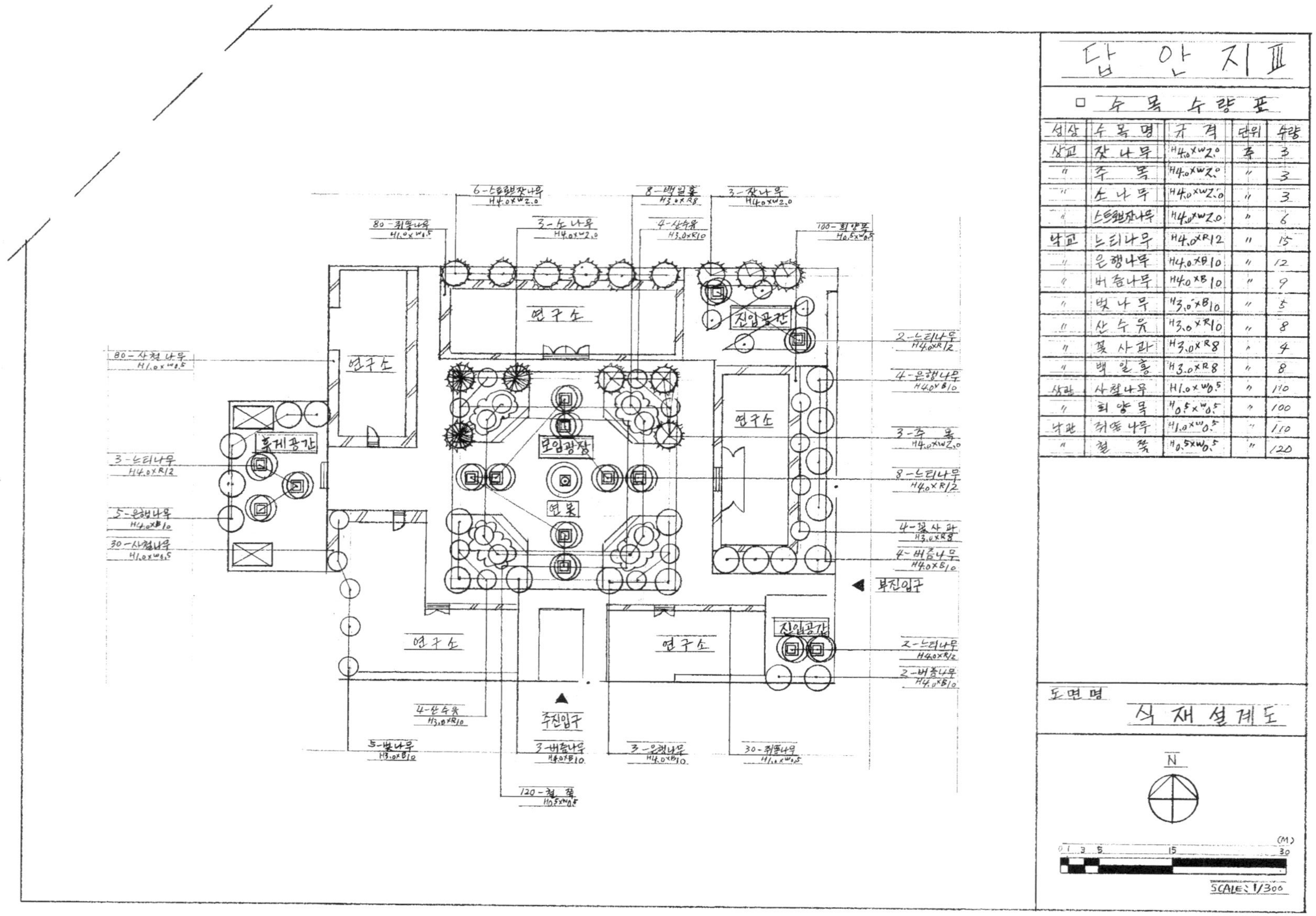

답 안 지 Ⅲ
□ 수목수량표
성상 | 수목명 | 규격 | 단위 | 수량
상교 | 잣나무 | H4.0×W2.0 | 주 | 3
〃 | 주목 | H4.0×W2.0 | 〃 | 3
〃 | 소나무 | H4.0×W2.0 | 〃 | 3
〃 | 스트로브잣나무 | H4.0×W2.0 | 〃 | 6
낙교 | 느티나무 | H4.0×R12 | 〃 | 15
〃 | 은행나무 | H4.0×B10 | 〃 | 12
〃 | 버즘나무 | H4.0×B10 | 〃 | 9
〃 | 벚나무 | H3.0×B10 | 〃 | 5
〃 | 산수유 | H3.0×R10 | 〃 | 8
〃 | 꽃사과 | H3.0×R8 | 〃 | 4
〃 | 백일홍 | H3.0×R8 | 〃 | 8
상관 | 사철나무 | H1.0×W0.5 | 〃 | 110
〃 | 회양목 | H0.5×W0.5 | 〃 | 100
낙관 | 쥐똥나무 | H1.0×W0.5 | 〃 | 110
〃 | 철쭉 | H0.5×W0.5 | 〃 | 120
도면명
식재설계도
N
SCALE: 1/300
연구소
진입공간
모임광장
연못
휴게공간
주진입구
부진입구

6 옥상정원

(1) 정의

① 인공지반정원 중 지표면에서 높이가 2m 이상인 곳에 설치한 정원을 말한다. 물론 지하주차장 상부와 같은 인공지반을 인위적으로 녹화하는 기술이다.

② 도시 속 오픈스페이스의 확보문제와 관련해서 도시환경의 개선을 위한 새로운 유형의 도시녹지라고 할 수 있다.

(2) 옥상정원의 필요성

① 공간의 효과적 이용과 도시민의 정서 함양

② 도시녹지공간의 증대와 도시환경 개선

③ 도시미관을 높이고 화합의 공간 제공

④ 휴식공간의 확충으로 사회적 생산성 증대

(3) 옥상정원의 효과

효과	내용
경제적 효과	• 건축물의 내구성 향상 : 산성비, 자외선 차단으로 방수층 보호 및 노화방지 • 에너지자원 절약 : 건축물 단열효과, 냉·난방비 절감 • 조경면적의 대체 : 공간부족에 의한 녹화 감소율 저하 • 건물가치 상승 : 홍보적 기능 수행
사회적 효과	• 도시경관 향상 : 외관의 미적 경관 향상 • 생리적·심리적 효과 : 스트레스 해소, 피로감 회복, 심리적 안정감 • 공간 창출 : 레크리에이션, 휴식, 문화공간으로 활용, 주거환경 쾌적성 증대
환경적 효과	• 소음경감 : 소음저감, 차음효과 • 수질오염 저감 : 오염물질 포함, 우수의 정화 • 도시생태 보호 : 새나 곤충의 서식지, 먹이 제공, 토양생태계 보전 • 대기정화 : 대기오염물질 흡수 • 우수유출 완화 : 우수저장, 도시홍수 예방

(4) 수목 선정 시 고려사항

① 옥상의 특수한 기후조건 고려할 것

② 바람, 토양의 동결심도, 공기의 오염도 등을 고려할 것

③ **적합한 수종** : 단풍나무, 섬잣나무, 비자나무, 철쭉류, 회양목, 사철나무, 무궁화, 정향나무, 조팝나무, 눈향 등

④ **적합한 초본류** : 섬기린초, 바위채송화, 원추리, 비비추, 한라구절초, 두메부추, 벌개미취, 제주양지꽃, 붓꽃, 지리대사초, 땅채송화 등

(5) 옥상정원 설계 시 유의사항

① 이용목적, 이용상황, 이용형태, 이용자 등의 사회적 조건을 검토한다.

② 구조적 안전성과 이용자의 안전성, 접근성, 하부구조 등의 인공 환경적 조건을 검토한다.

③ 유지관리의 효율성과 시공 시 경제성 등의 경제적인 측면을 검토한다.

④ 기후 또는 미기후, 바람 등의 자연적인 측면을 검토한다.

(6) 식재기반의 구성

방수층, 방근층, 배수층, 여과층, 식재기반층, 피복층으로 구성한다.

(7) 옥상정원의 식재토심

식재식물(성상)	자연토양(식재토심)	인공토양(식재토심)
잔디·초본류	15cm 이상	10cm 이상
소관목	30cm 이상	20cm 이상
대관목	45cm 이상	30cm 이상
교목	70cm 이상	60cm 이상

연습문제 옥상정원설계 1

※ 설계요구사항

중부지역 도심의 상업지역에 위치한 오피스 건물의 5층 Floor에 하늘공원(옥상정원)을 조성하려고 한다. 주어진 현황도면 4, 5층 평면도와 설계조건을 고려하여 옥상정원의 배식설계도, 단면도, 단면상세도를 작성하시오.

※ 설계요구조건

① 남쪽과 북쪽에는 본 건물과 유사한 규모의 건물이 있고 서측편에 폭원 30m의 대로가 있으며, 건물의 주용도는 업무시설(사무실)이다.

② 5층 옥상정원의 기본 바닥면은 설계 시 전체 바닥면이 ±0.00인 것으로 간주하여 모든 요구사항을 해결하도록 하시오.

문제 01

옥상정원 현황도를 1/100로 확대한 도면에 4층 평면도를 참조하여 기둥의 위치를 설계원칙에 의거 도시하고, 식재대(Planter Box) 및 시설물, 포장 등을 요구조건을 참조하여 배치한 옥상정원의 기본설계 및 배식설계도를 작성하시오.[답안지 Ⅰ]

※ 설계요구조건

① 식재대를 높이가 다른 3개의 단으로 구성하되 전체적으로 대칭형의 배치가 되도록 하며, 옥상정원 출입구의 정면에서 바라볼 때 변화감 있는 입면이 만들어질 수 있도록 구상하시오.

② 옥상 경계의 파라펫 높이는 1.8m이고, 가장 높은 식재대의 높이가 1.2m 이상이 되지 않도록 하중을 고려하며 가급적 마운딩도 고려하지 않도록 하시오.

③ 각 식재대의 높이는 점표고를 이용하여 표기하도록 하시오.

④ 식재대의 크기는 치수선으로 표기하도록 하시오.

⑤ 식재대 이외의 지역은 석재타일로 포장하시오.

⑥ 휴게를 위한 장의자는 2개소 이상 고려하여 배치하시오.

※ 식재설계요구조건

① 다음에 주어진 수종 중에서 상록교목, 낙엽교목(각 2종 이상), 관목(5종 이상), 지피, 화훼류(5종 이상)를 선정하여 배식하고, 인출선을 사용하여 수량, 수종, 규격 등을 표기하시오.

② 도면의 우측에 집계된 수목수량표를 작성하되, 상록교목, 낙엽교목, 관목, 지피, 화훼류로 구분하여 집계하시오.

보기

둥근 소나무(H1.2×W1.5), 수수꽃다리(H1.8×W0.8), 주목(H1.8×W0.3), 주목(선형)(H1.5×W1.8), 영산홍(H0.3×W0.3), 산수국(H0.4×W0.6), 맥문동(3~5분얼), 산수유(H2.0×R3), 회양목(H0.3×W0.3), 꽃창포(2~3분얼), 장미(3년생 2가지), 담쟁이(L0.3), 소나무(H3.0×W1.5×R10), 조릿대(H0.4×W0.2), 플록스(2~3분얼)

문제 02

① 계획된 설계안에 대해 동서방향으로 단면 절단선 A-A′를 표시하고, 표시된 부분의 단면도를 1/100로 그리되, 반드시 옥상정원의 출입구를 지나도록 그리시오.

② 다음의 조건들을 고려하여 그 일부분을 1/10로 부분 확대하여 단면상세도를 그리시오(단, 확대하는 부분은 반드시 식재대와 포장의 단면 상세가 같이 나타날 수 있는 부분을 선택하고 단면도상에 확대된 부분을 표기하시오).[답안지 Ⅱ]

※ 설계요구조건

① 단면도상에는 각 부분의 표고를 기입하시오.

② 하중의 저감을 위하여 경량토를 사용하도록 하는데, 그 상세는 내압투수판(THK 30) 위에 투수시트(THK 5)를 깔고, 배수용 인공혼합토(THK 50), 그 위에 육성용 인공혼합토를 쓰도록 하시오.

③ 육성용 인공혼합토의 두께는 소관목 30cm, 대관목 50cm, 교목의 경우는 최소 60cm 이상이 되도록 해야 한다.

④ 포장 부분은 옥상 바닥면의 마감이 시트 방수로 방수처리된 상태이므로 석재타일(THK 30)의 부착을 위한 붙임 모르타르(THK 20)만을 고려한다.

현 황 도

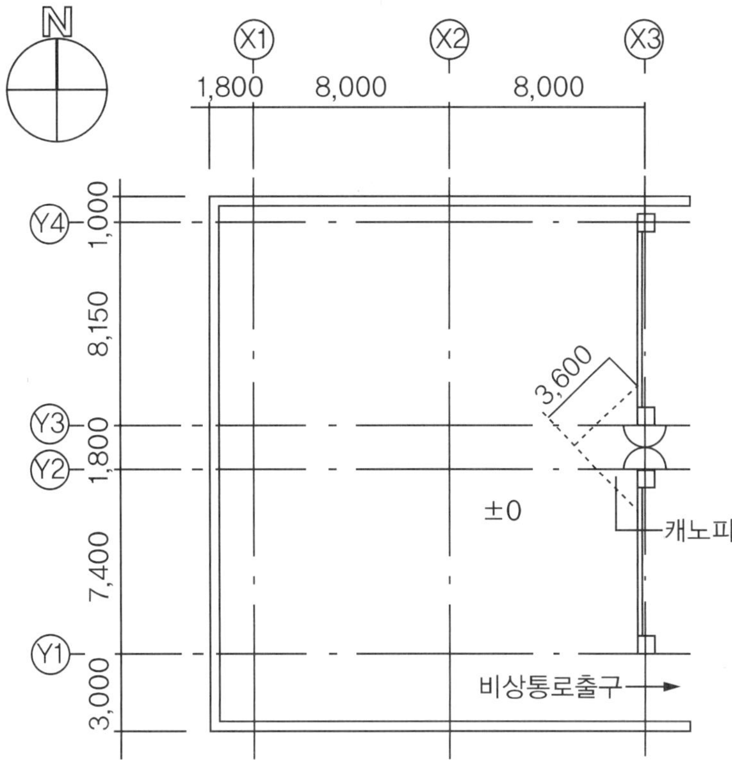

② 5층옥상평면도
축척 1/300

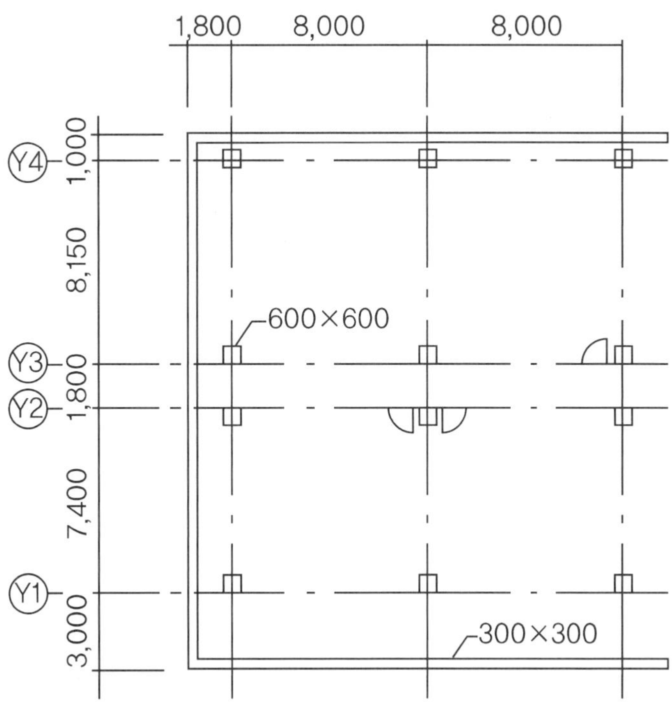

① 4층옥상평면도
축척 1/300

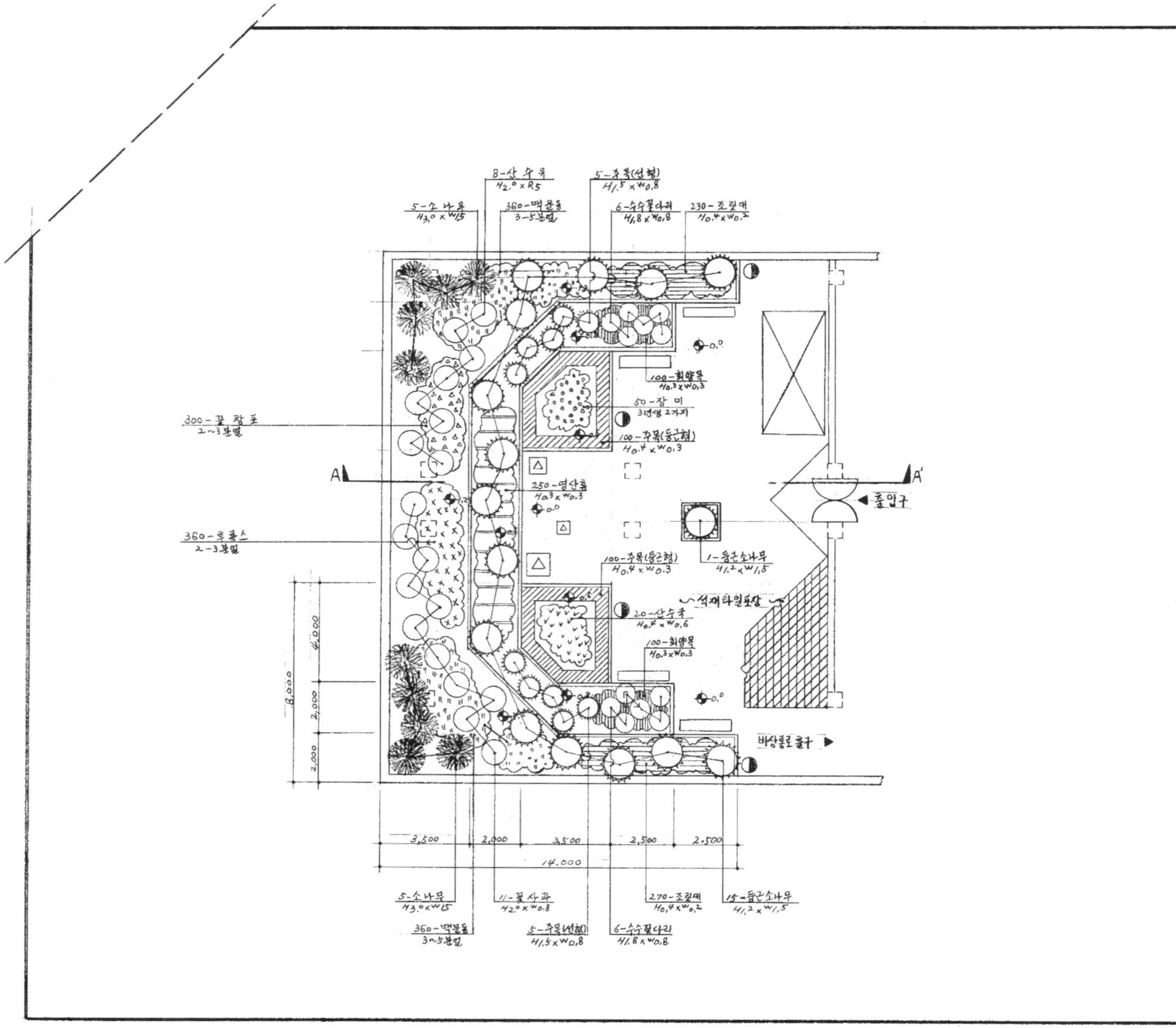

답 안 지

■ 시설물 수량표

기호	시설명	규격	단위	수량
⊠	파고라	2,500×5,000	개	1
▭	장의자	2,000×400	〃	4
▣	플랜트박스	1,500×1,500	〃	1
◑	휴지통	ϕ600	〃	4
⊡	조각물	–	〃	3

■ 수목 수량표

성상	수목명	규격	단위	수량
상교	소나무	H3.0×W1.5	주	10
〃	둥근소나무	H1.2×W1.5	〃	16
〃	주목(선형)	H1.5×W0.8	〃	10
낙교	꽃사과	H2.0×W0.8	〃	11
〃	산수유	H2.0×R5	〃	8
상관	주목(둥근형)	H0.4×W0.3	〃	200
〃	회양목	H0.3×W0.3	〃	200
낙관	수수꽃다리	H1.8×W0.8	〃	12
〃	영산홍	H0.3×W0.3	〃	250
〃	산수국	H0.4×W0.6	〃	20
〃	장미	3년생 2가지	〃	50
지피	맥문동	3~5분얼	〃	720
〃	조릿대	H0.4×W0.2	〃	500
화훼류	꽃잔디	2~3분얼	〃	300
〃	휴케라	2~3분얼	〃	360

도면명

기본설계 및 배식설계도

N

0 1 3 5 10 (M)

SCALE : 1 : 100

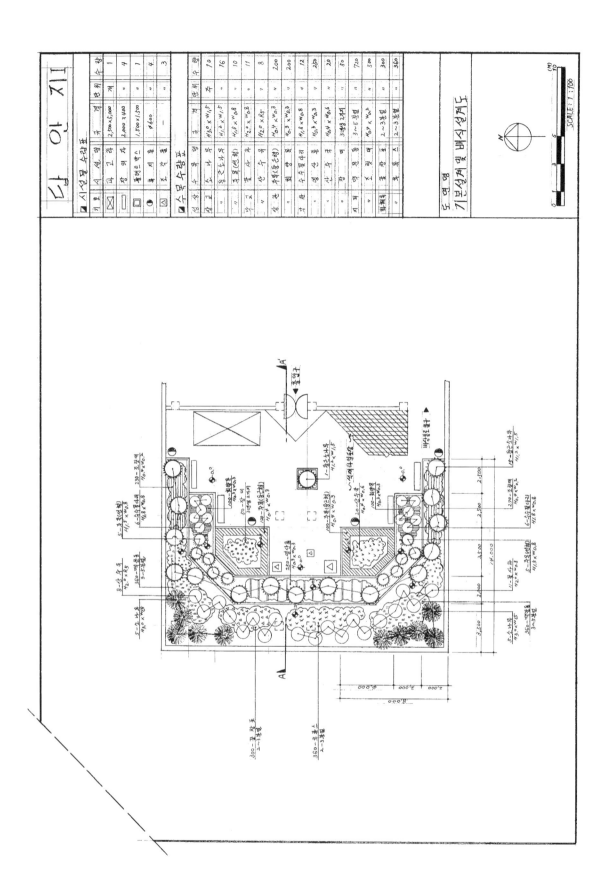

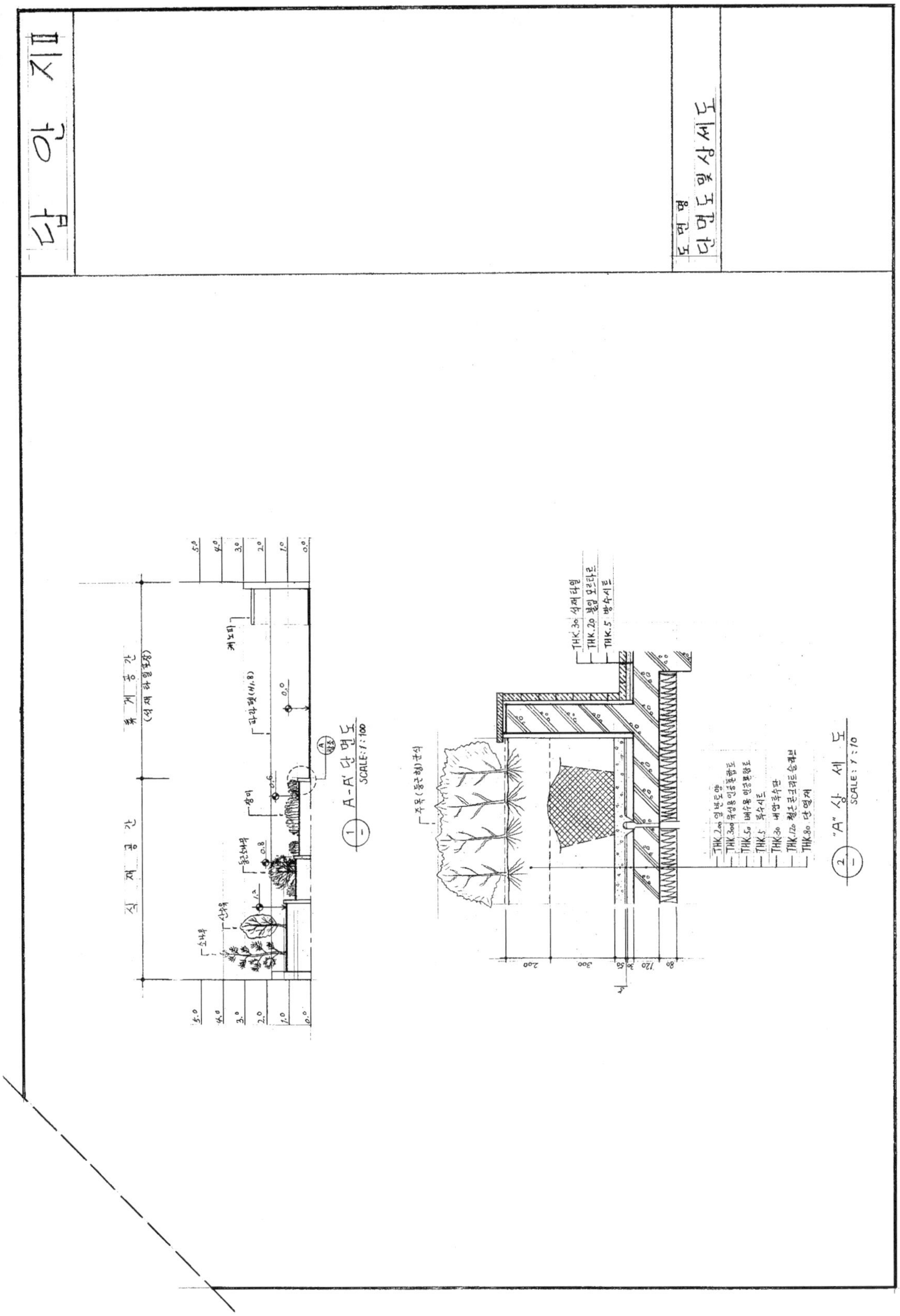
답안지
도면명
단면도 및 상세도
A-A' 단면도
SCALE : 1 : 100
"A" 상세도
SCALE : 1 : 10

연습문제 옥상정원설계 2

본 옥상정원 대상지는 중부지방의 12층 업무용 빌딩 내 5층의 식당과 휴게실이 인접하고 있다. 대상지는 건물 전면부에 위치하고 있으므로 외부에서 조망되고 있으며 다음의 요구사항을 참조하여 설계도를 작성하시오.

※ 설계요구사항

① 본 빌딩 이용자들의 옥외 휴식장소로 제공한다.

② 시설물은 하중을 고려하여 설치한다.

③ 공간구성 및 시설물은 이용자의 편의를 고려한다.

④ 야간 이용도 가능하도록 한다.

문제 01

주어진 현황도를 1/100으로 확대하여 지급된 트레이싱지 Ⅰ에 다음 공간 및 동선을 나타내는 계획개념도를 작성하시오. [답안지 Ⅰ]

※ 설계요구조건

집합 및 휴게공간 1개소, 휴식공간 1개소, 간이 휴게공간 2개소, 수경공간 2개소, 식재공간은 주변 환경에 맞추어서 여러 곳에 설계하시오.

문제 02

주어진 현황도를 1/100으로 확대하여 지급된 트레이싱지 Ⅱ에 다음 사항을 충족하는 시설물 배치도를 작성하시오.[답안지 Ⅱ]

※ 설계요구조건

① 집합 및 휴게공간은 본 바닥 높이보다 30~60cm 높게 하며, 중앙에는 환경조각물을 설치하시오.

② 휴게공간 및 휴식공간은 긴 벤치를 설치하고, 휴식공간에는 퍼걸러 1개소를 설치하시오.

③ 수경공간에는 분수를 설치하고, 적당한 곳에 조명등과 휴지통을 배치하시오.

④ 대상 도면의 기둥과 보의 표현은 생략하고 급수파이프, 전기배선을 나타내시오.

⑤ 교목식재지에는 적합한 식재토심이 되도록 마운딩 공간으로 설계하시오.

⑥ 도면 우측에 범례를 작성하고 시설물 수량표를 작성하시오.

문제 03

현황도를 축척 1/100으로 확대하여 지급된 트레이싱지 Ⅲ에 다음 사항을 만족시키는 식재설계 평면도와 횡단면도를 작성하시오.[답안지 Ⅲ]

※ 설계요구조건

① 옥상정원에 적합한 식물을 선택하시오.

② 교목과 관목, 상록과 낙엽 등의 비율을 고려하시오.

③ 인출선 상에 식물명, 규격, 수량 등을 나타내시오.

④ 도면 하단에 횡단면도를 축척 1/100로 나타내시오.

현 황 도

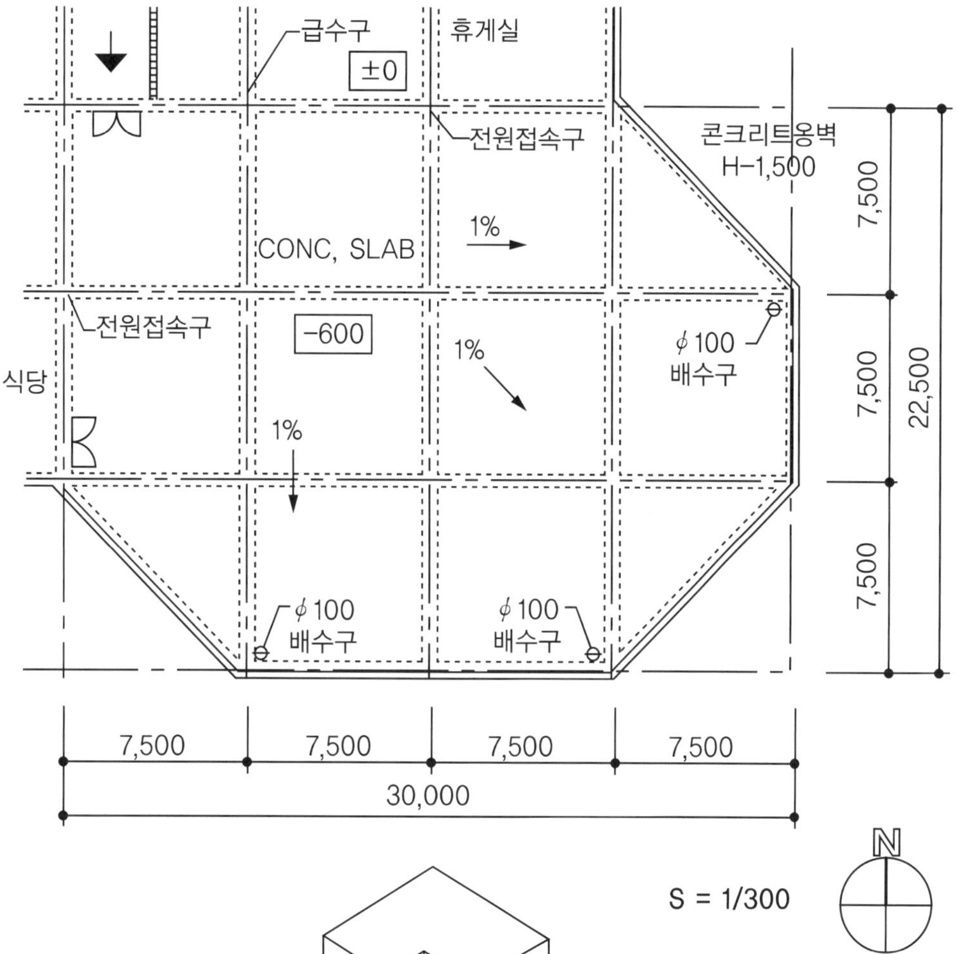

급수구
휴게실
±0
전원접속구
콘크리트옹벽
H-1,500
CONC, SLAB
1%
전원접속구
-600
1%
ϕ100
배수구
식당
1%
ϕ100
배수구
ϕ100
배수구
7,500
7,500
7,500
22,500
7,500
7,500
7,500
7,500
30,000
S = 1/300
N

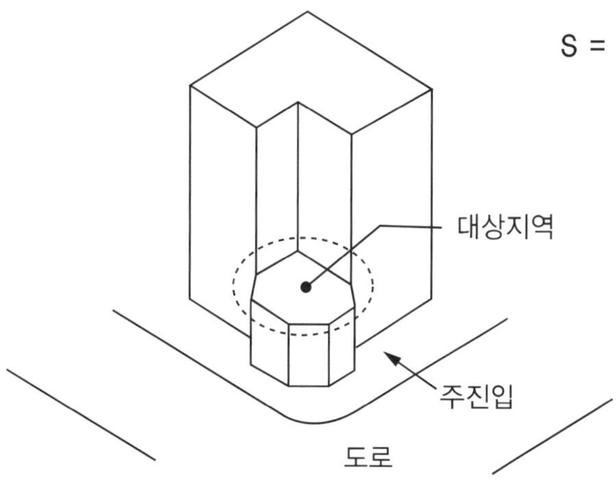

대상지역
주진입
도로

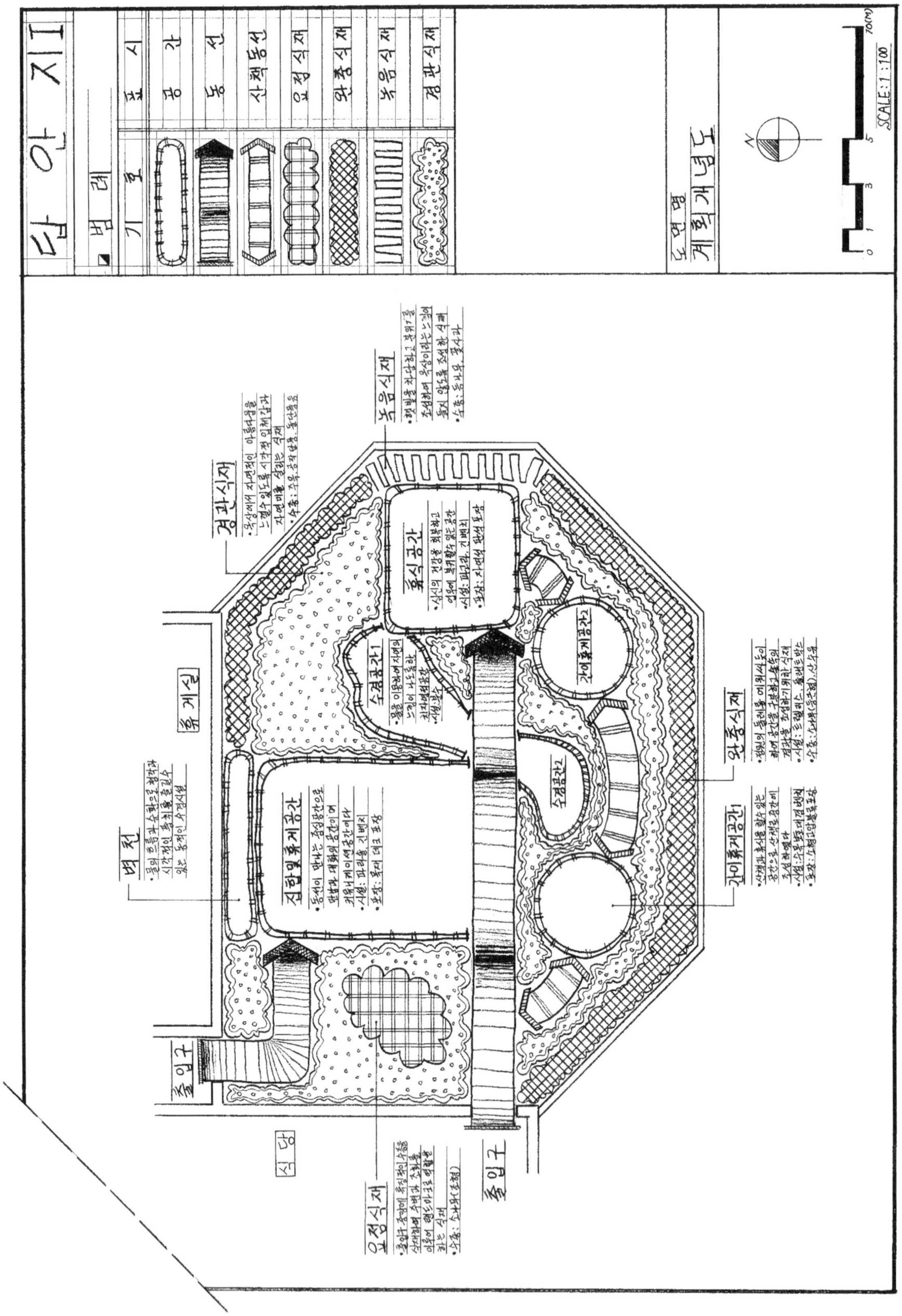
답안지
범례
기호
표시
공간
동선
산책동선
요점식재
완충식재
녹음식재
경관식재
도면명
계획개념도
SCALE : 1 : 100
휴게실
출입구
계단
벽천
집합및휴게공간
수경공간1
휴식공간
간이휴게공간2
수경공간2
간이휴게공간
경관식재
녹음식재
완충식재
요점식재

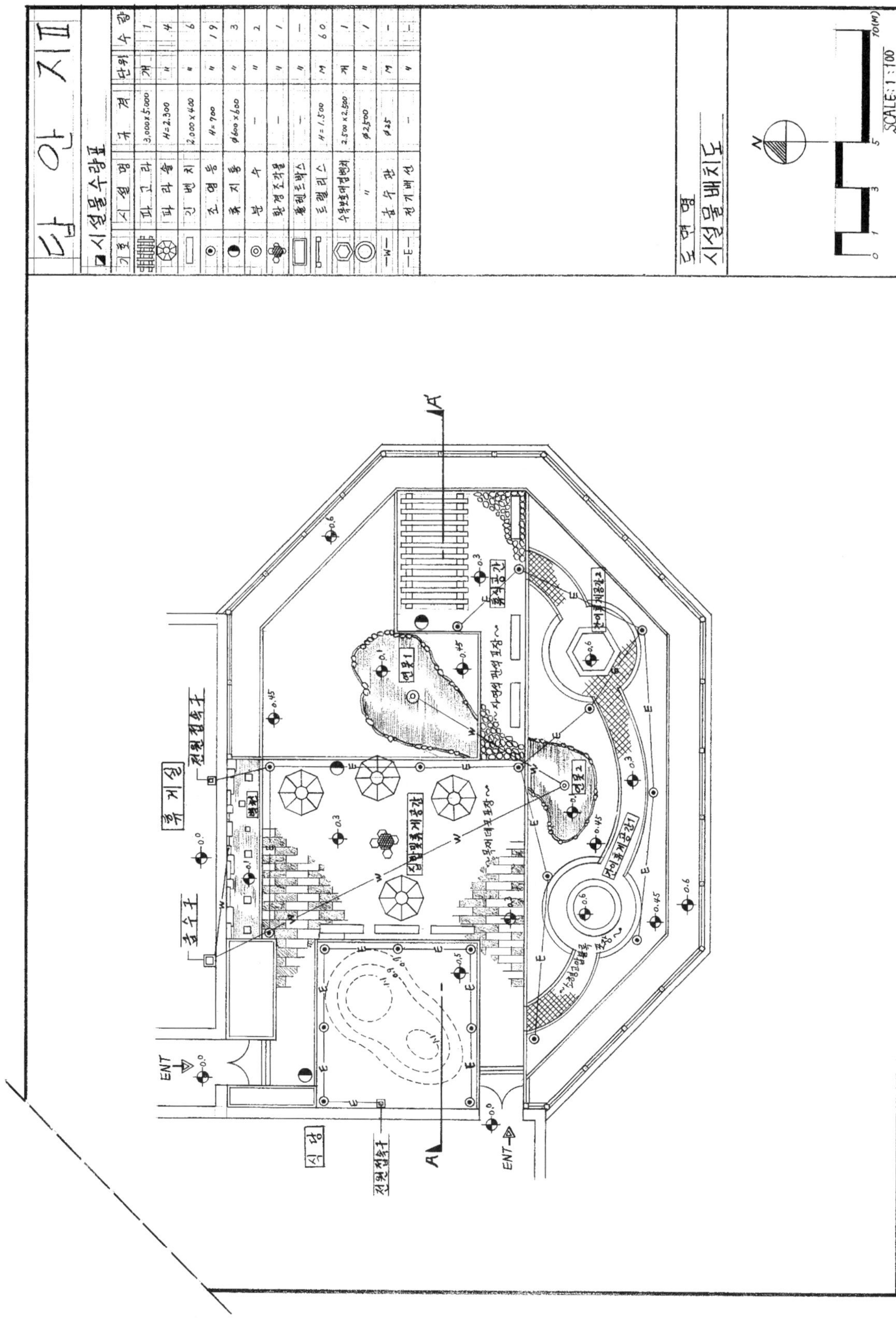
답 안 지Ⅱ
시설물수량표
기호 | 시설명 | 규격 | 단위 | 수량
파고라 | 3,000×5,000 | 개 | 1
파라솔 | H=2,300 | 〃 | 4
긴벤치 | 2,000×400 | 〃 | 6
조명등 | H=700 | 〃 | 19
휴지통 | ø600×600 | 〃 | 3
분수 | – | 〃 | 2
환경조각물 | – | 〃 | 1
플랜트박스 | – | 〃 | –
트렐리스 | H=1,500 | M | 60
수목보호대겸벤치 | 2,500×2,500 | 개 | 1
〃 | ø2,500 | 〃 | 1
—W— | 급수관 | ø25 | M | –
—E— | 전기배선 | – | 〃 | –
도면명
시설물배치도
N
0 1 3 5 10(M)
SCALE: 1 : 100
휴게실
급수구
전원접속구
식당
ENT
A
A'
집합및휴게공간
연못1
연못2
휴식공간
~자연석 판석 포장~
~목재데크 포장~
소규모휴게공간1
소규모휴게공간2
~소형고압블록 포장~

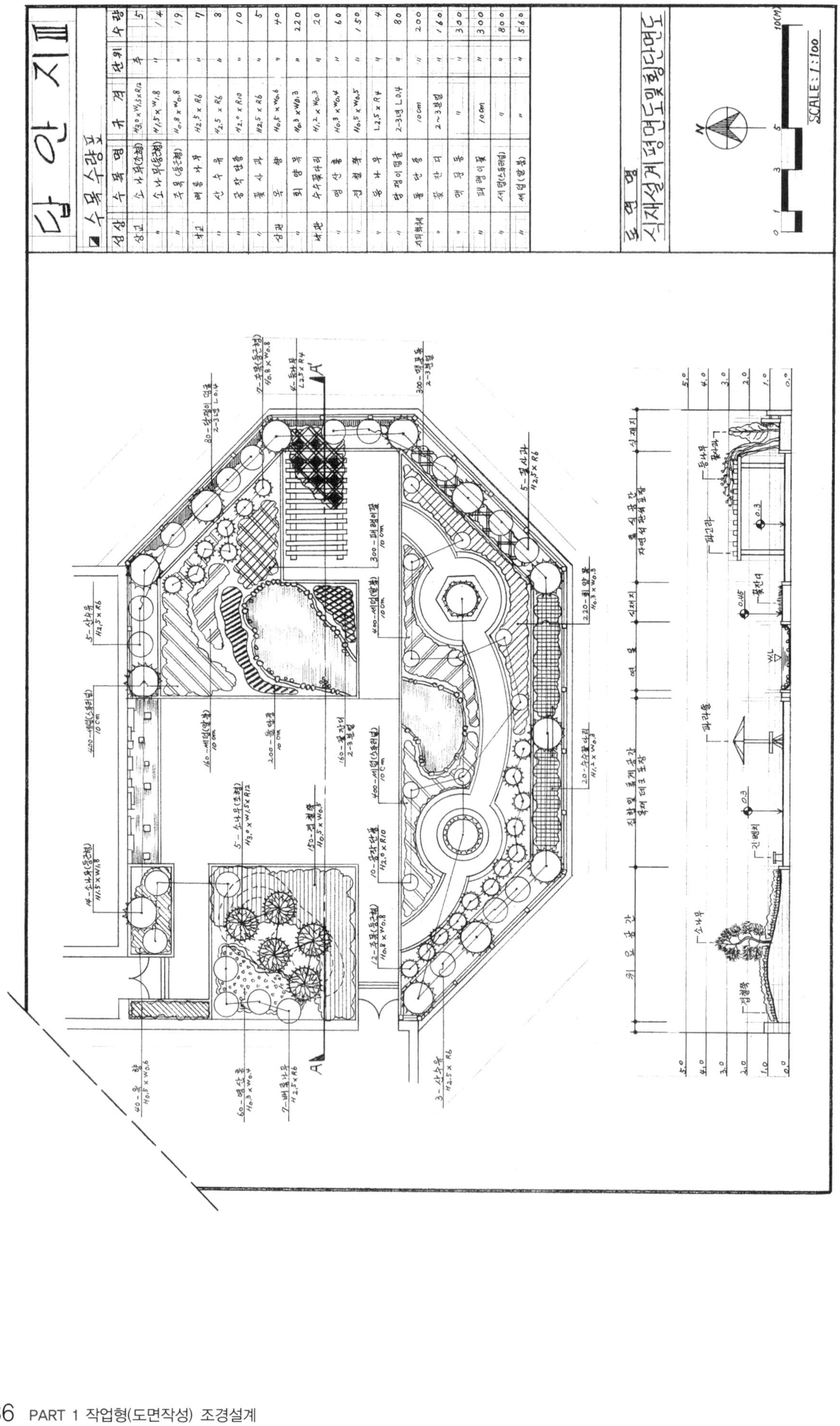
답안지Ⅲ
수목수량표
성상 수목명 규격 단위 수량
상록 소나무(조형) H3.0×W1.5×R12 주 5
〃 소나무(둥근형) H1.5×W1.8 〃 14
〃 주목(둥근형) H0.8×W0.8 〃 19
낙엽 배롱나무 H2.5×R6 〃 7
〃 산수유 H2.5×R6 〃 8
〃 공작단풍 H2.0×R10 〃 10
〃 꽃사과 H2.5×R6 〃 5
상관 옥향 H0.5×W0.6 〃 40
〃 회양목 H0.3×W0.3 〃 220
낙관 수수꽃다리 H1.2×W0.3 〃 20
〃 영산홍 H0.3×W0.4 〃 60
〃 철쭉 H0.5×W0.5 〃 150
〃 등나무 L2.5×R4 〃 4
〃 담쟁이덩굴 2-3년 L0.4 〃 80
〃 꽃잔디 2~3분얼 〃 160
〃 맥문동 〃 〃 300
〃 패랭이꽃 10cm 〃 300
〃 세덤(스투라텀) 〃 〃 800
〃 세덤(알붐) 〃 〃 560
도면명
식재설계평면도 및 단면도
SCALE : 1:100

7 주차장

(1) 주차공간의 위치

① 진입구에서 주차장까지 진입과 출입이 원활히 이루어지도록 직선거리에 배치한다.

② 차량이용 동선을 짧게 처리하고, 관리소와 진입광장을 연계하여 배치한다.

③ 이용자가 자주 이용하는 공간과 관련 기능을 가진 공간에 인접하게 배치하여 차량을 이용하는 이용자에게 편익을 제공하는 공간으로 배치한다.

(2) 주차장 설계 시 고려사항

주차 형식 및 차로의 너비, 회전부 반경, 바닥 포장, 적합한 식재수종을 선정하여 주차 시 안락함과 편안함을 제공할 수 있도록 한다.

(3) 주차장 설계 시 유의사항

① 주차 형식에 따른 구분

㉠ 주차 형식 : 평행주차, 직각주차, 60° 대향주차, 45° 대향주차가 있다.

㉡ 주차장 부지 폭과 길이, 진·출입방향, 예상 차량수 등을 고려하여 주차형식과 진·출입방향 및 회전방향을 결정한다.

㉢ 요구조건에 주어져 있지 않을 경우 일반적으로 직각주차 형식으로 배치한다.

② 단위주차 구획에 따라 주차공간을 구획하고 주차대수를 결정한다.

③ 식재방법 : 주차장 진입구에 유도식재, 주차공간 주위에 녹음식재, 주차장 외곽지에 완충식재를 도입하여 식재한다.

㉠ 주차장 : 녹음식재(Shadow Parking)

㉡ 외곽부 : 완충식재, 차폐식재

㉢ 진출입부 : 지표식재, 유도식재

④ 수종선택

㉠ 주차장에는 짙은 녹음을 주는 수목(느티나무, 회화나무, 중국단풍, 은행나무 등)을 식재하여 여름에는 그늘을, 겨울에는 햇빛을 받도록 해 준다.

㉡ 외곽부는 적정한 차폐 및 완충식재(향나무, 잣나무, 스트로브잣나무, 서양측백, 메타세쿼이아 등)가 필요하다.

㉢ 진출입부는 차량을 위한 유도식재, 출입구의 인지도를 높이는 지표식재가 필요하다(소나무(지표식재), 은행나무(지표, 유도식재), 메타세쿼이아(지표, 유도식재) 등).

㉣ 자동차 배기가스에 강한 수종 : 편백, 향나무, 비자나무, 태산목, 가시나무류, 식나무, 가중나무, 물푸레나무, 버드나무류, 은행나무, 개나리, 쥐똥나무, 말발도리, 송악, 등나무, 조릿대, 소철 등

㉤ 자동차 배기가스에 약한 수종 : 삼나무, 소나무, 전나무, 측백나무, 반송, 목련류, 단풍나무, 왕벚나무, 튤립나무, 무궁화, 자귀나무, 명자나무, 화살나무 등

⑤ 주차공간의 규격

종별	법적 규격	주차장 규격(시험)
소형차(평행주차)	2.3×5.0(2.0×6.0)	2.3×5.0(2.0×6.0)
장애인 소형차	3.3×5.0	(3.3×5.0)
중형차(승합차)	–	4.0×8.0
대형차(버스)	–	4.0×10.0

연습문제 주차장설계 1

※ 설계요구사항

중부권 대도시 외곽지역에 지하철 역세권 주차장을 조성하려 한다. 설계조건과 현황도, 기능구성도를 참조하여 주차공원 설계구상도와 조경기본설계도를 작성하시오.

※ 설계부지현황

- 35m 광로 가각부에 위치한 107×150m의 평탄한 부지로 우측 하단에 지하철 출입구가 위치해 있다.
- 북측에 주거지, 서측에 상업지, 남측과 동측에 도로와 연접되어 있다.

※ 설계요구조건

① 주차장 계획

㉠ 300대 이상 주차대수 확보, 전량 직각주차로 계획하시오.

㉡ 주차장 규격 : 2.5×5m, 주차통로 6m 이상을 유지하시오.

㉢ 기 제시된 진출입구 유지, 내부는 가급적 순환형 동선 체계로 계획하시오.

㉣ 북서측에 12m 이상, 남동측에 6m 이상 완충녹지대를 조성하시오.

② 도입시설(기능구성도 참조)

㉠ 녹지면적 : 공원 전체의 1/3 이상 확보하시오.

㉡ 휴게공원 : 700m^2 이상 2개소를 배치하시오.

㉢ 화장실 : 건축면적 60m^2 1개소를 배치하시오.

㉣ 주차관리소 : 건축면적 16m^2 2개소를 배치하시오.

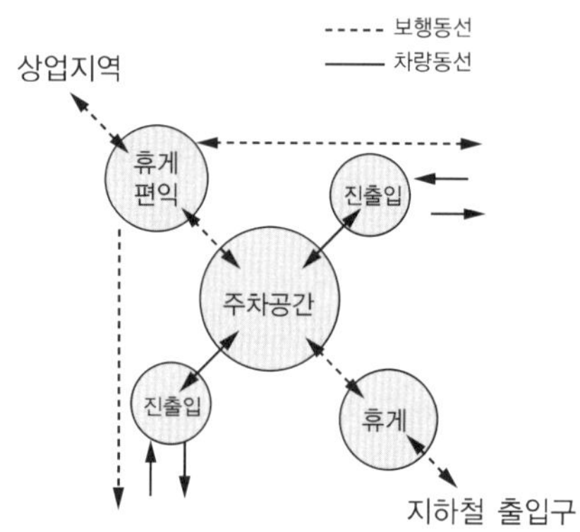

기능구성도

문제 01

현황도를 1/400로 확대하여 다음 요구조건을 충족하는 설계구상도를 작성하시오.

※ 설계요구조건

① 동선은 차량과 보행을 구분하여 표현하고 차량동선에는 방향을 명기하시오.

② 각 공간의 휴게, 편익, 주차, 진출입공간 등으로 구분하고 공간성격 및 요구시설을 간략히 기술하시오.

③ 공간별로 완충, 경관, 녹음, 요점식재 개념 등을 표현하고 주요 수종 및 배식기법을 간략히 기술하시오.

문제 02

현황도를 1/400으로 확대하고 요구조건을 참조하여 시설물 배치, 포장, 식재 등이 표현된 조경기본설계도를 작성하시오.

※ 설계요구조건

① 시설물 배치

㉠ 화장실(6×10m) 1개소

㉡ 주차관리초소(4×4m) 2개소

㉢ 음수대(ϕ1m) 2개소 이상

㉣ 수목보호대(1.5×1.5m) 10개소 이상

㉤ 퍼걸러(4×8m) 3개소 이상

② 포장 : 차량공간은 아스팔트 포장으로 계획하고, 보행공간은 2종 이상의 재료를 사용하되 구분되도록 표현하시오.

③ 배식

㉠ 수종은 반드시 교목 15종, 관목 5종 이상을 사용하고, 수목별로 인출선을 사용하되 구분되도록 표현하시오.

㉡ 도면 우측에 수목수량표를 필히 작성하여 도면 내의 수목수량을 집계하시오.

④ 기타 : 주차대수 파악이 용이하도록 블록별로 주차대수 누계를 명기하시오.

현 황 도

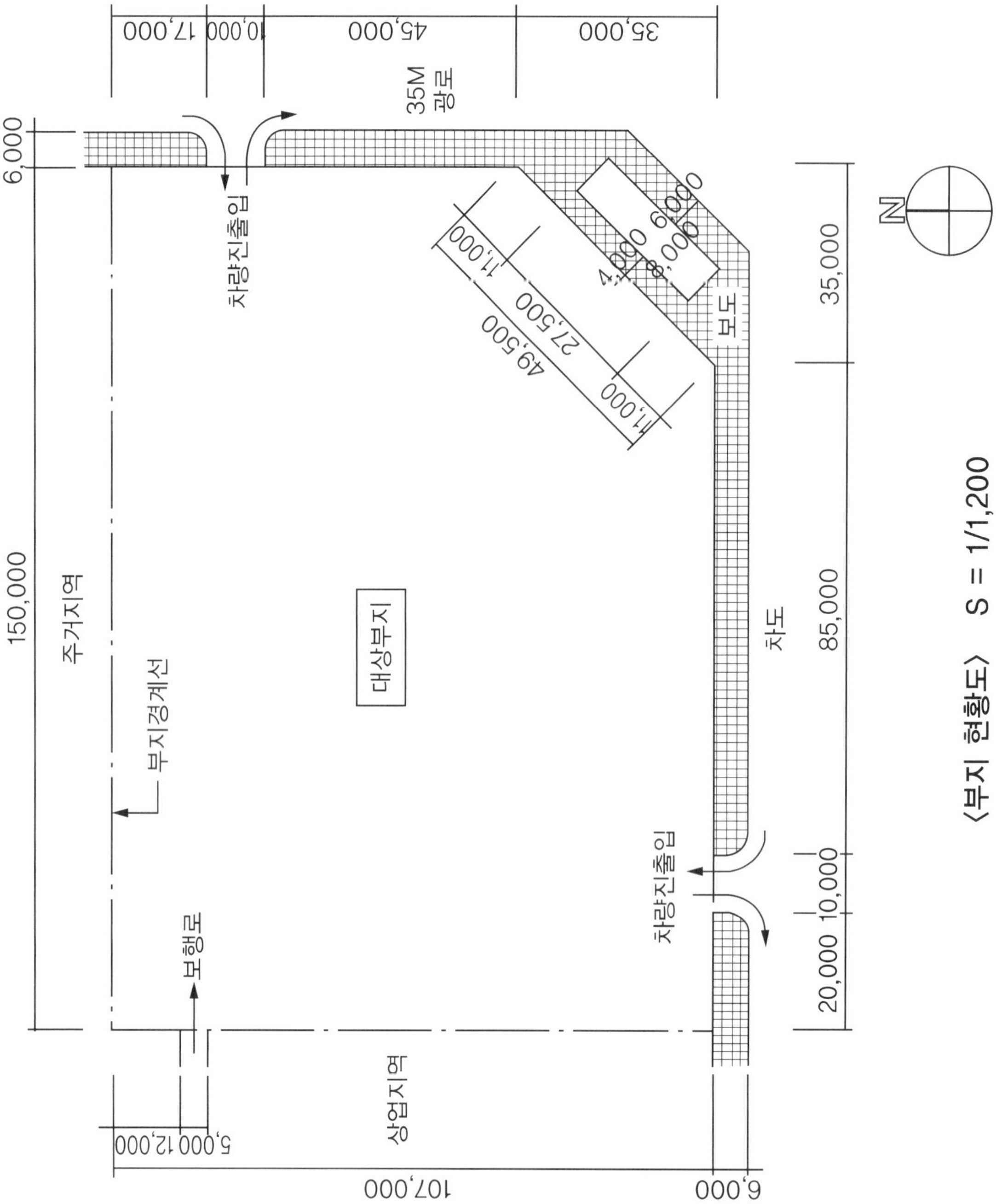

〈부지 현황도〉 S = 1/1,200

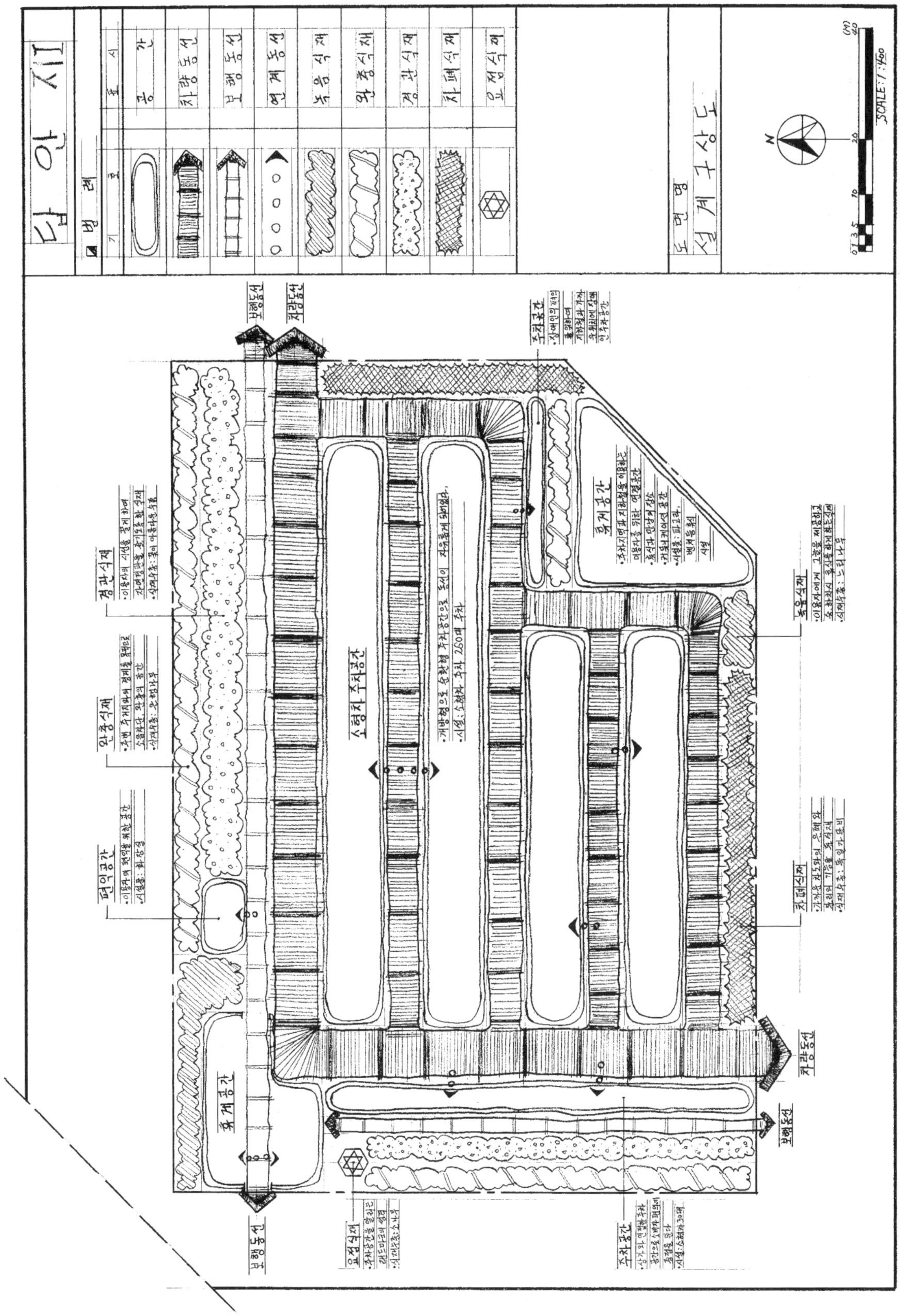
답안지
범례
도면명
설계구상도
SCALE : 1/400
소형차 주차공간
휴게공간
편의공간
주차공간
보행동선
차량동선

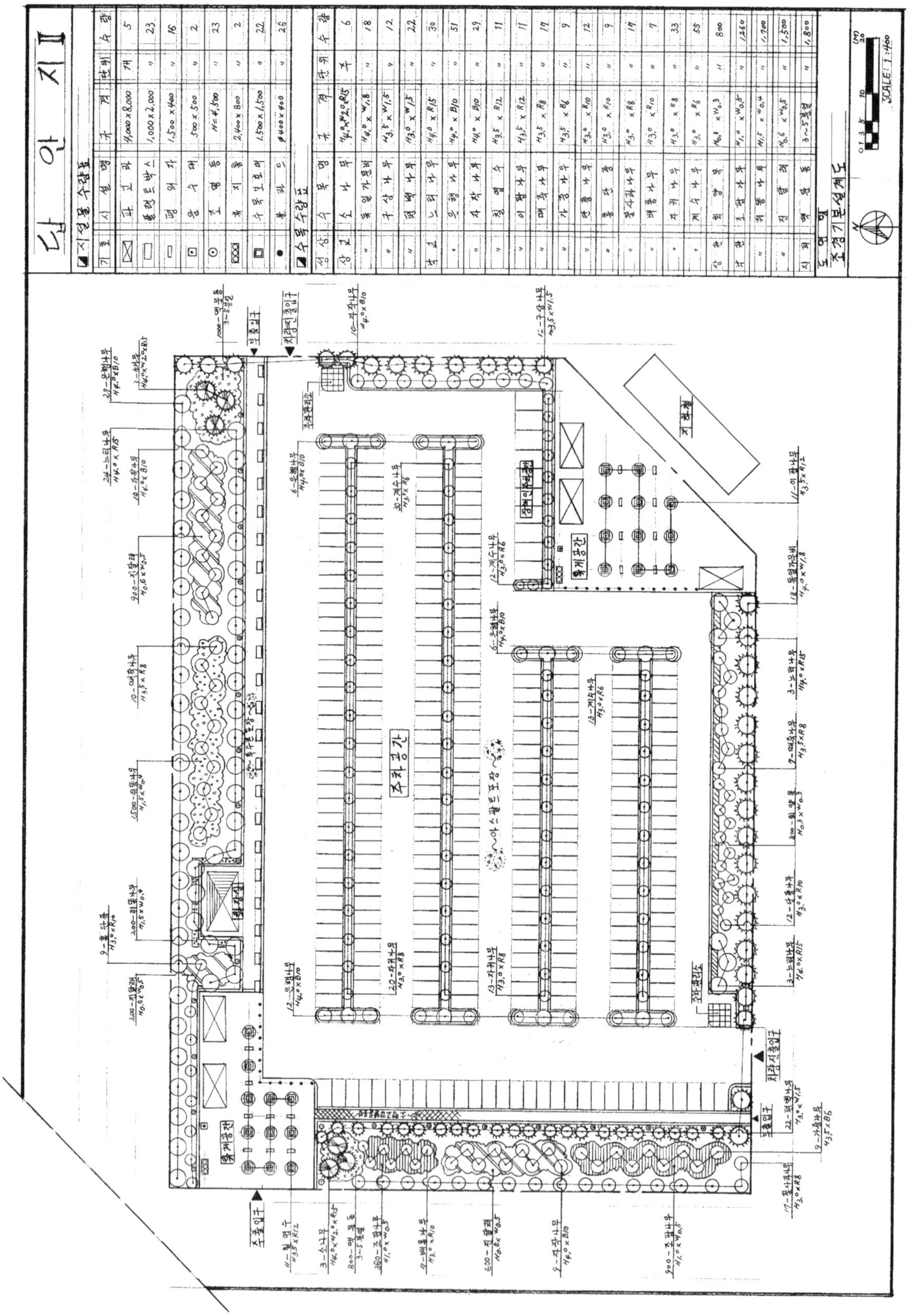
주차공간
SCALE: 1:400

8 아파트 단지 진입광장

(1) 아파트 단지의 개념

중·소 대도시의 주거공간인 아파트가 단위 생활공간에 기하학적으로 배치되어 편리한 제반 기반시설과 편익시설이 함께 공존하는 공동 주거단지를 말한다.

(2) 진입광장의 개념

① 아파트 단지의 상징적인 공간이다.
② 거주자 진·출입의 효율성과 단지의 경관 향상에 초점이 되는 공간이다.
③ 진입광장은 규모에 따라 다양한 시설을 도입하여 색다른 분위기 및 기능을 연출할 수 있다.
④ 진·출입구 부분에 단차를 고려하여 계단과 경사로를 설치하여야 한다.
⑤ 차량 통행로와 인도 사이에 경계를 명확하게 구분하여 단지 내 교통사고를 미연에 예방한다.

(3) 아파트 단지 설계 및 조경계획

① **주진입** : 주된 도로에서 차가 우회전으로 진입할 수 있는 곳으로 배치, 아파트 입구임을 상징하는 문주, 조명, 조형물 등을 배치한다.
② 상징적인 수목을 대칭식재하여 단지의 안정감을 부여한다.
③ 동일한 교목, 관목을 군식하여 아파트의 첫인상을 쾌적하고 간결하게 처리한다.
④ 진·출입구와 접해 있는 1층 거주자의 사생활보호를 위한 차폐, 완충식재를 도입한다.
⑤ 음식물쓰레기 처리장, 재활용물품 수거함 등의 불량경관을 가리기 위한 차폐식재를 도입한다.
⑥ 휴게공간과 산책로 주변에 프라이버시가 확보되도록 위요공간을 도입하여 식재한다.
⑦ 보도와 차도가 뚜렷이 구별될 수 있도록 식별성이 높은 수목을 경계식재한다.

(4) 아파트 조경계획의 의의

① 다기능적 공간의 활용성 증가
② 주거단지 내 자연경관의 창출
③ 효율적인 인공토지의 이용
④ 개인의 사생활 보호 및 프라이버시 확보
⑤ 종합예술적인 식물의 가치 증대
⑥ 다양한 공간의 활용 질서의 확보
⑦ 단지 외부경관과 조화를 이루어 새로운 주거공간의 확보
⑧ 피톤치드의 생성으로 건강한 생활에 활력소 증가
⑨ 어린이와 노인의 여가시간 활용으로 체력 증진

연습문제 아파트 단지 진입광장설계 1

※ 설계요구사항

중부지방의 학교 주변에 위치한 아파트 단지 진입부이다. 부지 현황도 내용 중 설계 대상지(일점쇄선 부분)만 요구조건을 참고하여 작성하시오.

문제 01

아파트 단지 진입부에 진입광장을 설치하려고 한다. 주어진 현황도에 다음 요구조건을 참조하여 설계구상개념도를 작성하시오.[답안지 Ⅰ]

※ 설계요구조건

① 주어진 부지를 축척 1/300으로 확대하여 작성하시오.

② 주민들이 쾌적하게 통행하고 휴식할 수 있도록 동선, 광장, 휴게 및 녹지공간 등을 배치하시오.

③ 각 공간의 성격과 지형관계를 고려하여 배치하시오.

④ 주동선과 부동선을 알기 쉽게 표현하시오.

⑤ 각 공간의 명칭과 구상개념을 약술하시오.

문제 02

주어진 현황도에 다음 요구조건을 참조하여 기본설계도를 작성하시오.[답안지 Ⅱ]

※ 설계요구조건

① 주어진 부지를 축척 1/200으로 확대하여 작성하시오.

② 동선을 지형과 통행량을 고려하고 지체장애인도 통행 가능하도록 램프와 계단을 적절히 포함하시오.

③ 적당한 곳에 퍼걸러 8개소(크기 및 형태 임의), 장의자 10개소, 조명등 10개소를 배치하시오.

④ 포장재료는 2종 이상 사용하고 도면상에 표기하시오.

※ 식재설계요구조건

① 식재설계는 경관 및 녹음 위주로 하며, 다음 〈보기〉의 수종에서 10종 이상을 선택하여 설계하시오.

보기

벚나무, 은행나무, 아왜나무, 소나무, 잣나무, 느티나무, 백합나무, 백목련, 청단풍, 녹나무, 돈나무, 쥐똥나무, 산철쭉, 기리시마철쭉, 회양목, 유엽도, 천리향

② 동선 주위에는 경계식재를 하여 동선을 유도하시오.

③ 인출선을 사용하여 수종, 수량, 규격 등을 기재하고, 도면 우측에 수목수량표를 작성하시오.

④ 기존 등고선의 조작이 필요한 곳에는 수정을 가하여 파선으로 표시하시오.

문제 03

A-A′ 단면도를 다음 요구조건에 따라 작성하시오.[답안지 Ⅲ]

※ 설계요구조건

① 문제지에 표시된 A-A′단면도를 설계된 내용에 따라 축척 1/200으로 작성하시오.

② 설계내용을 나타내는 데 필요한 곳에 점표고(Spot Elevation)를 표시하시오.

현 황 도

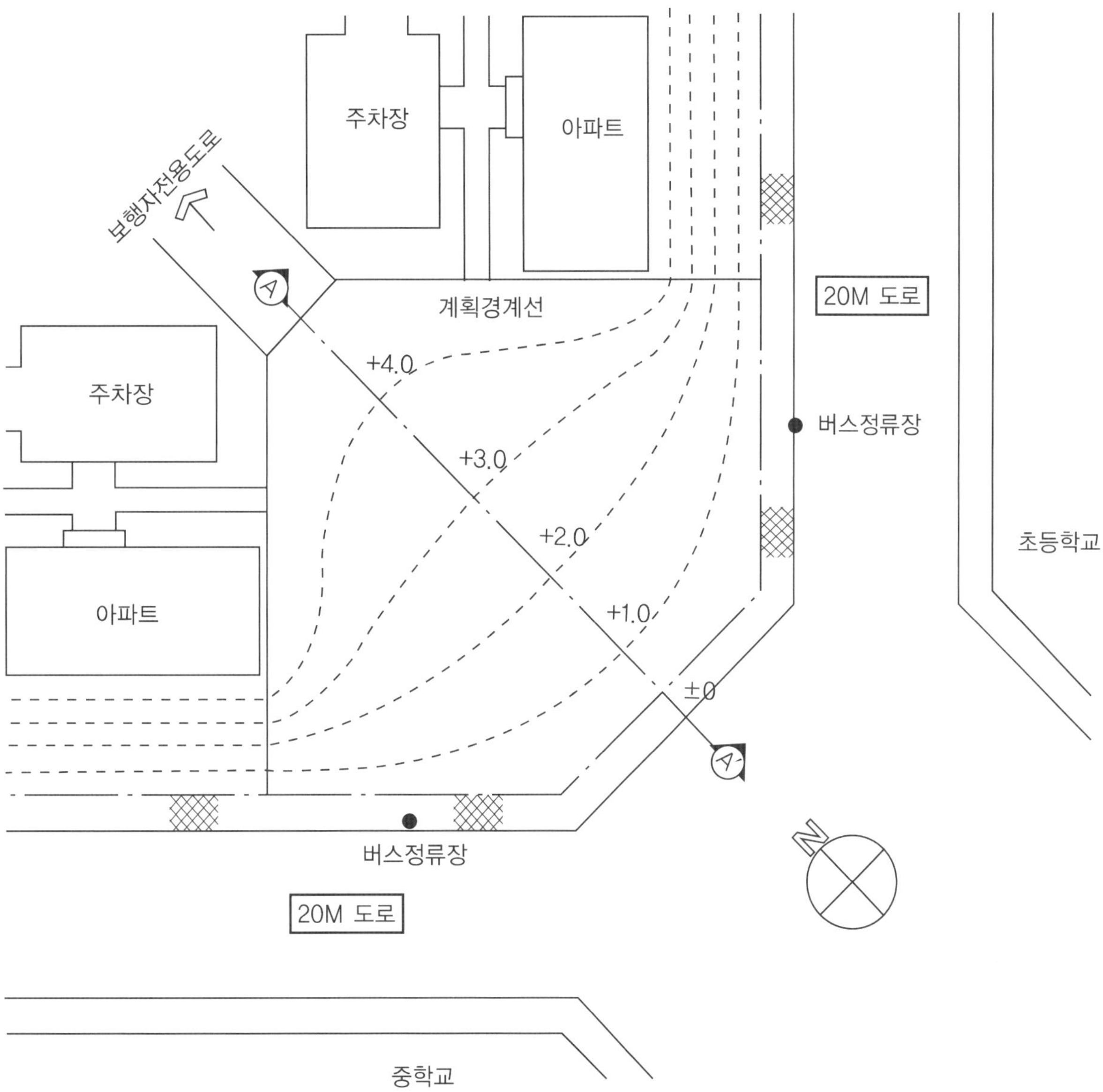

〈부지 현황도〉 S = 1/800

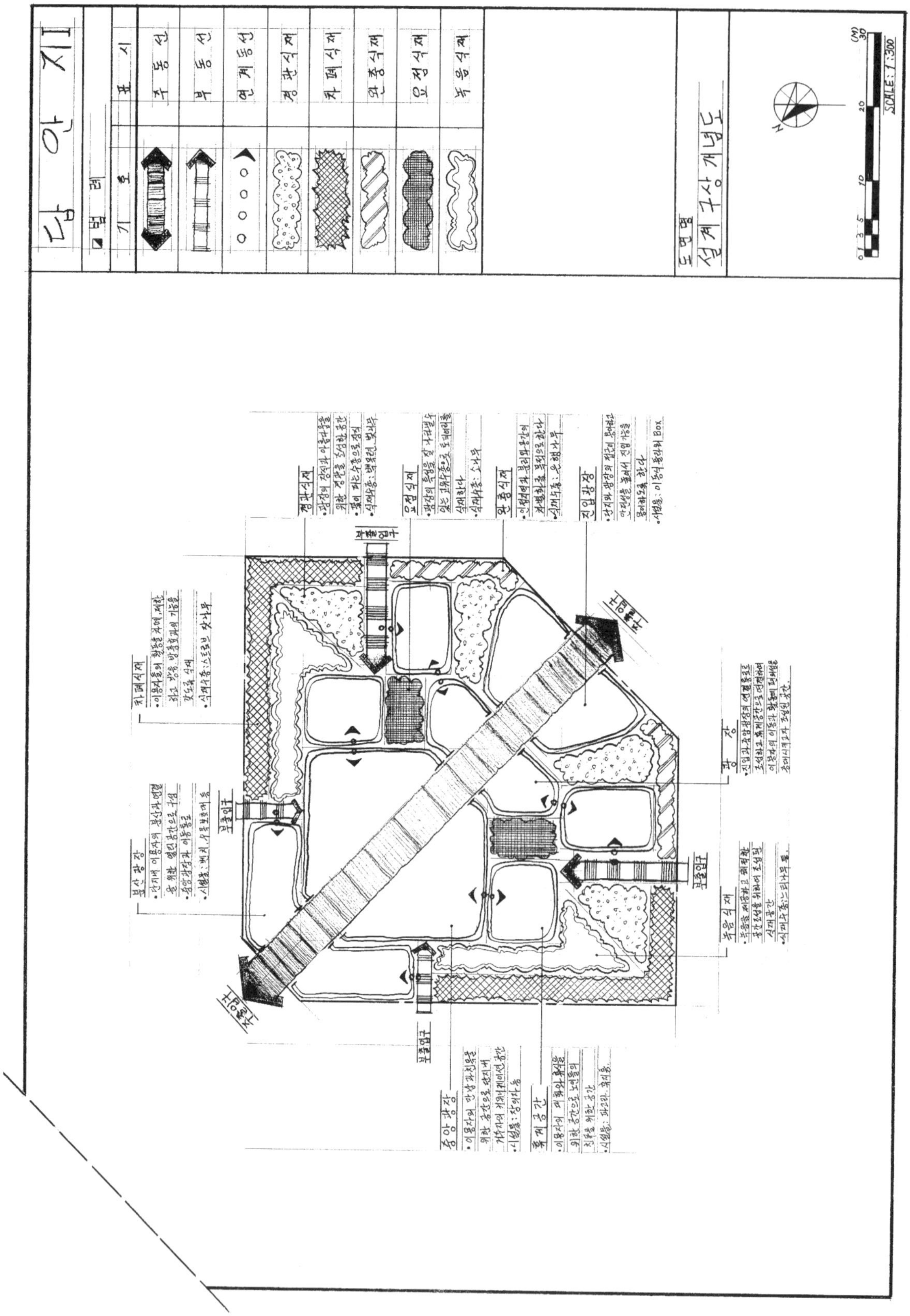
범례
기호
표시
주동선
부동선
연계동선
경관식재
차폐식재
완충식재
요점식재
녹음식재
도면명
설계구상개념도
SCALE : 1/300

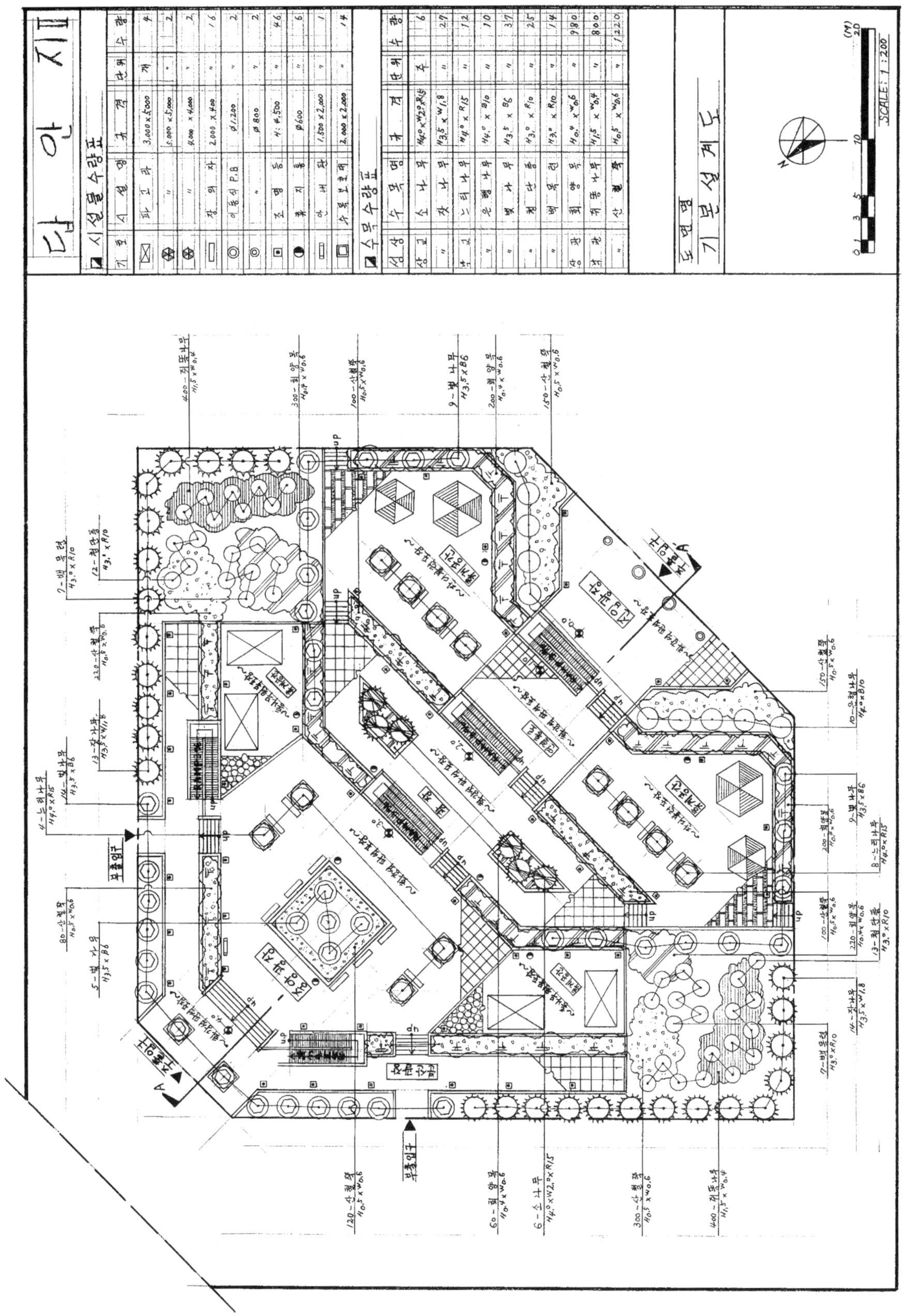
단안지Ⅱ
시설물수량표
수목수량표
도면명
기본설계도
SCALE : 1:200

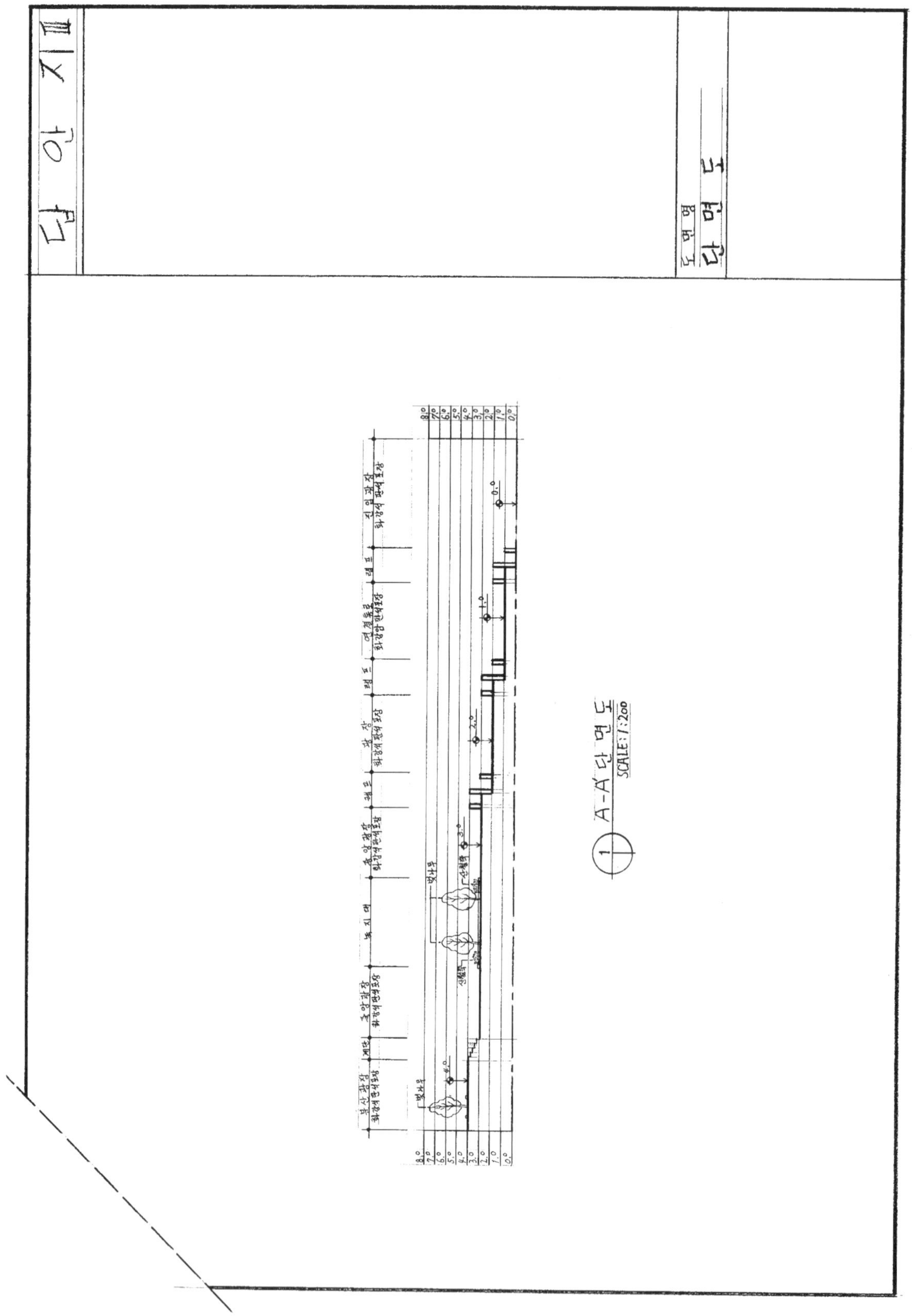
A-A' 단면도
SCALE : 1:200
도면명
단면도

9 도로변 휴게소

(1) 정의

① 운전자의 피로와 생리적 욕구 해소를 위한 공간이다.
② 자동차의 주유·정비를 제공하는 공간이다.
③ 동승자와 친목을 다지는 공간으로 활용된다.
④ 어린이의 놀이공간이며, 어르신들의 쇼핑공간이기도 하다.
⑤ 자연과 친숙해지고, 생태학습의 공간으로 활용된다.

(2) 도로변 휴게소의 시설

① **편의 및 휴게시설** : 주차장, 화장실, 녹지, 퍼걸러, 벤치, 야외탁자, 그늘막 등
② **영업시설** : 식당, 매점, 주유소, 야구연습장, 특산물 매장 등
③ **운영시설** : 오수정화시설, 급수시설, 전기통신시설 등
④ **놀이시설** : 그네, 조합놀이대, 놀이집, 유아방 등
⑤ **수경시설** : 폭포, 분수, 벽천, 연못 등

(3) 공간별 설계 시 유의사항

① 휴식공간
㉠ 전망이 좋은 구릉지에 배치한다.
㉡ 휴식과 주변경관 감상을 함께 제공하는 곳에 배치한다.
㉢ 이용자의 안전을 위해 주차공간과 분리시켜 배치한다.
㉣ 수경시설, 놀이시설 등과 연계하여 배치한다.

② 주차공간
㉠ 차량의 안전한 진·출입을 유도할 수 있도록 배치한다.
㉡ 한 곳에 통합 배치하여 이용자에게 편의를 제공한다.
㉢ 소형차, 대형차, 화물차량의 주차구획을 확실하게 분리한다.
㉣ 소형차 주차장은 본선으로부터 진입부분에 위치하도록 한다.
㉤ 이용자의 편의성을 위해 휴게시설과 근접하여 배치한다.
㉥ 직각주차 방식은 주차면적이 가장 작기 때문에 효율적이다.

③ 녹지공간
㉠ 자연식 식재를 한 녹지를 조성하여 쾌적하고 숲속과 같은 휴게공간을 제공한다.
㉡ 휴게소 입구 주변으로 자동차 사고 시 충격을 완화하고, 사고를 방지하기 위한 완충식재를 도입한다.
㉢ 이동통로 주변에는 녹음식재를 하여 이용자에게 그늘을 제공한다.
㉣ 수경시설, 놀이시설 등이 있는 곳에는 경관식재, 녹음식재, 유도식재 등을 도입한다.
㉤ 운영시설 주변에는 차폐, 완충식재를 하여 경관미를 향상시킨다.

연습문제 국도변 휴게소설계

※ 설계요구사항

중부지방의 국도변에 위치한 휴게소의 부지 현황도이다. 주어진 현황도와 설계조건을 참조하여 [문제 1]과 [문제 2]를 순서대로 작성하시오.

문제 01

4차선의 국도변에 휴게소를 설치하려고 한다. 주어진 현황도를 축척 1/300으로 확대하여 제도하고, 다음 요구사항을 만족시키는 공간개념도를 작성하시오.[답안지 Ⅰ]

※ 설계요구조건

① 부지 내는 지표고 27m 또는 28m의 평지가 되도록 등고선을 조작하시오. 단, 휴게시설공간과 휴식공간은 지표고 28m의 평지에 위치하도록 하시오.

② 부지 내의 다음 공간들이 휴게소 조건에 합리적이고 기능적이며, 유기적인 것이 되도록 작성하시오.

㉠ 휴게시설공간(식당, 매점, 화장실 등) : $300m^2$ 1개소

㉡ 휴식공간 : $200m^2$ 내 2개소

㉢ 완충공간 1개소

㉣ 보행자 안전공간 1개소

㉤ 소형차 주차장(20대 정도) 1개소

㉥ 버스주차장(7~8대 정도) 1개소

㉦ 주유소 및 정비공간 1개소

③ 차량동선과 보행동선을 나타내시오.

문제 02

[문제 1]의 공간개념도를 참고로 하여 주어진 현황도를 축척 1/300으로 확대하여 제도하고, 다음 요구사항을 만족하는 현황도를 작성하시오.[답안지 Ⅱ]

※ 설계요구조건

① 휴게시설물의 건축물 위치(휴게시설물은 단일 건물로 통합하여도 좋음)

② 소형차주차장(20대 정도)

③ 버스주차장(7, 8대 정도)

④ 퍼걸러(Pergola) 2~4개

⑤ 주유소 및 정비소(단일 건축물로)

⑥ 완충공간은 현 지표고보다 1m 높게 성토하고, 등고선 표기는 1m 단위로 나타내시오.

⑦ 보행동선상에 필요한 곳은 계단에 램프(Ramp)를 설치하시오.

⑧ 식재공간을 알아보기 쉽게 표현하시오.

⑨ 주차공간, 휴게공간에 계획고를 표시하시오(2개소 이상).

현 황 도

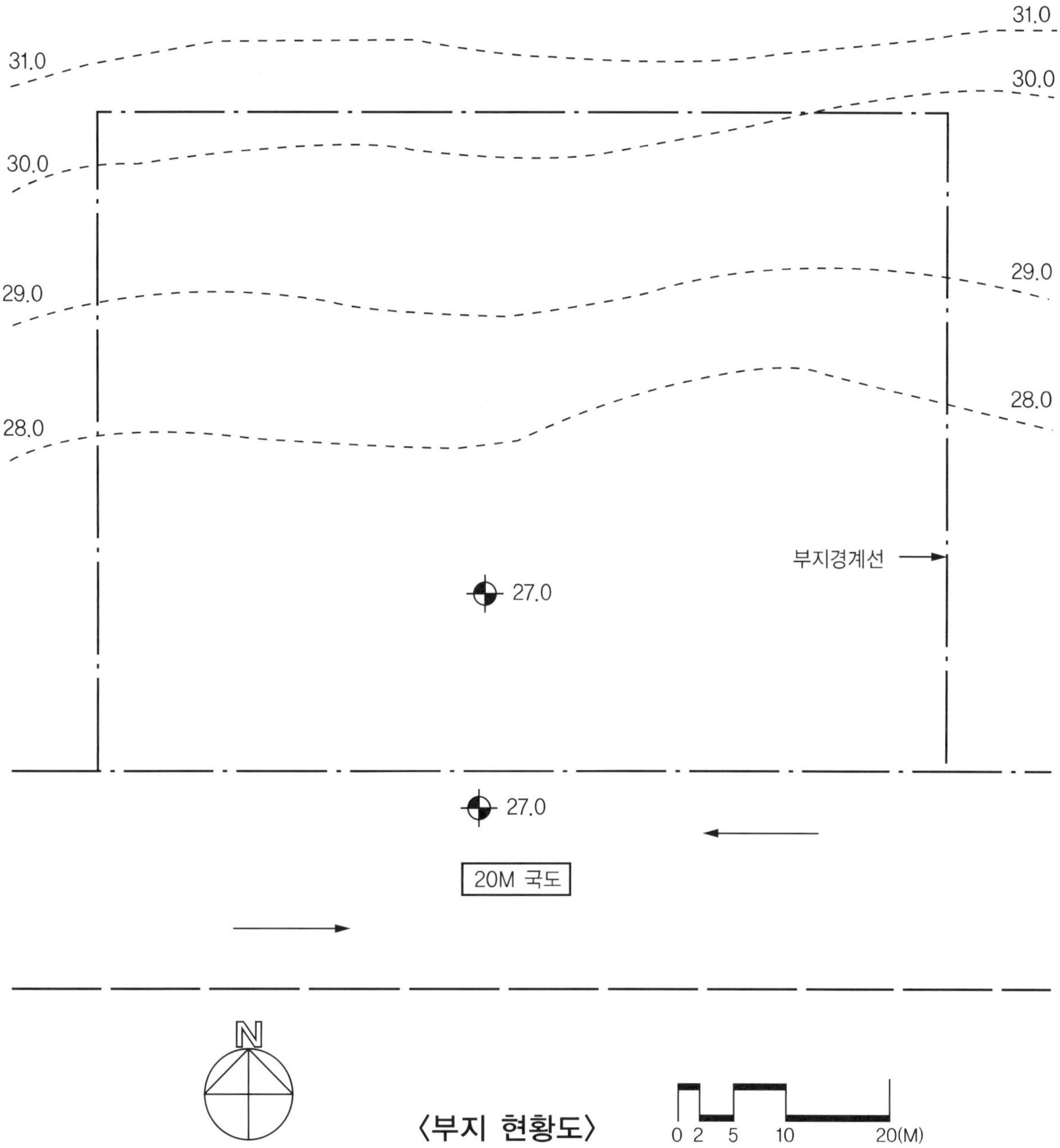

31.0
31.0
30.0
30.0
29.0
29.0
28.0
28.0
부지경계선
27.0
27.0
20M 국도
N
0 2 5 10 20(M)

〈부지 현황도〉

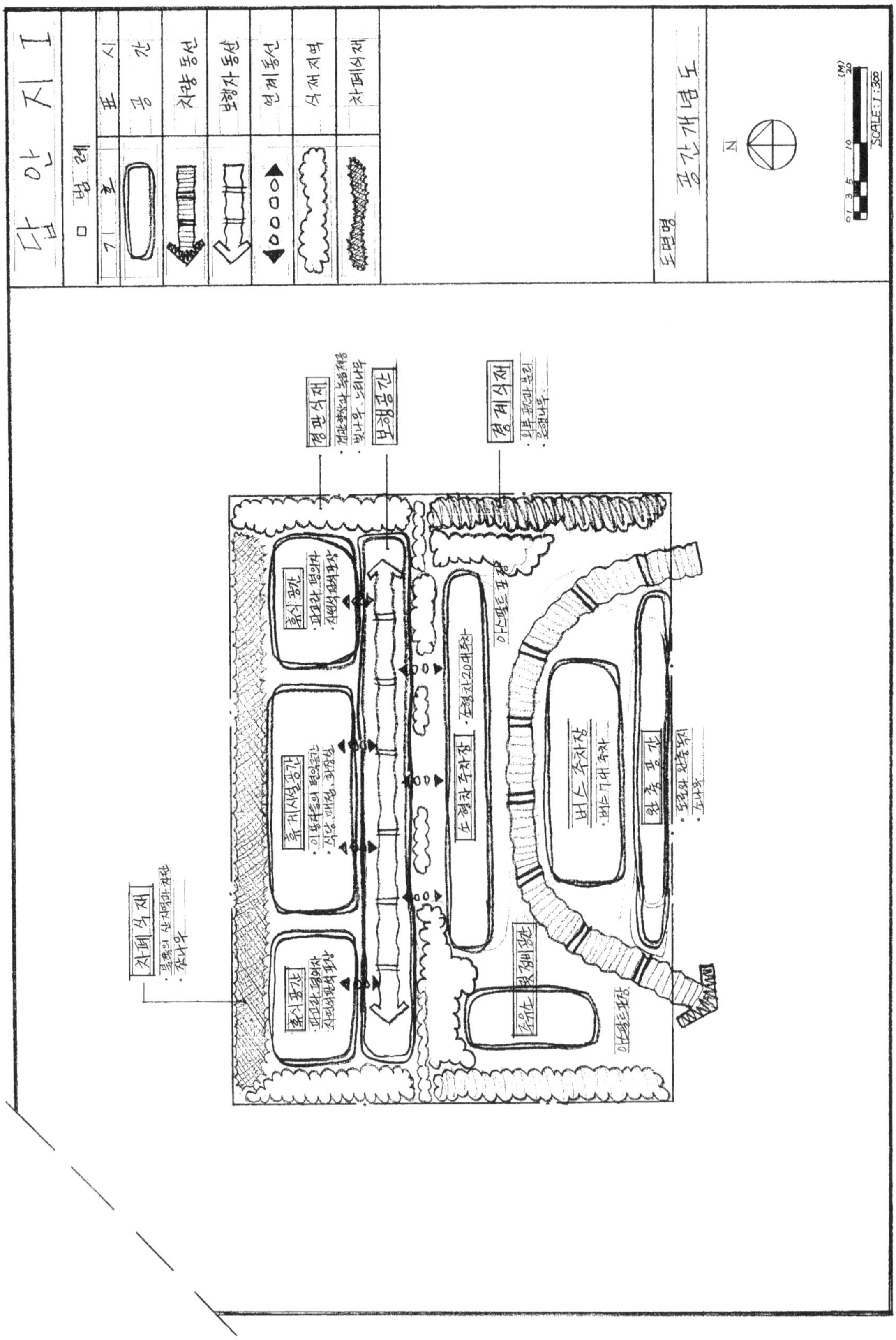
단안지 I
범례
기호
표시
공간
차량 동선
보행자 동선
연계 동선
식재 지역
차폐식재
도면명
공간개념도
N
SCALE : 1:300
경관식재
보행공간
경계식재
차폐식재
휴식공간
휴게시설공간
소형차 주차장
버스 주차장
완충공간
아스팔트 포장

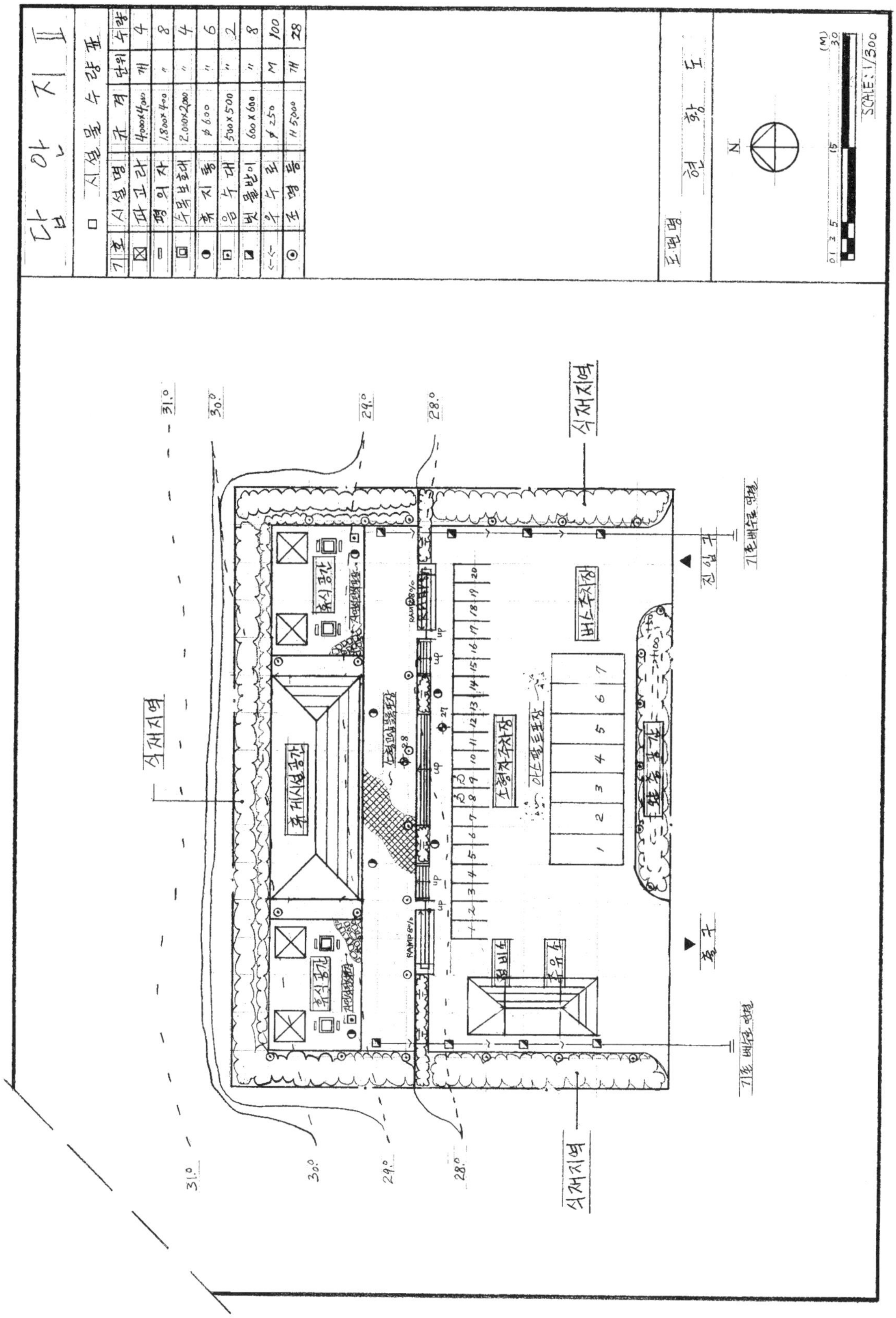
답안지 Ⅱ
□ 시설물 수량표
기호 시설명 규격 단위 수량
파고라 4000×4000 개 4
평의자 1800×400 〃 8
수목보호대 2000×2000 〃 4
휴지통 φ600 〃 6
음수대 500×500 〃 2
빗물받이 600×600 〃 8
우수관 φ250 M 100
조명등 H5000 개 28
도면명 현황도
N
SCALE : 1/300
식재지역
휴게시설공간
휴식공간
소형자주차장
버스주차장
아스팔트포장
진입구
출구
기존배수로 연결
31.0
30.0
29.0
28.0

10 전통정원

풍수지리사상에 근거하여 택지를 선정하고, 배산임수의 지형으로 인하여 계단식 화단(화계)이 정원의 주를 이루는 후원을 조성하였으며, 넓은 광장개념의 마당에는 수목을 식재하지 않는 자연적이면서도 생활편의적인 조경양식을 도입하였다.

(1) 전통정원의 특징

① 종교적, 학문적 사상이 배경을 이룬다.
② 자연풍경식 정원(후원화계 양식) 양식을 이용하였다.
③ **공간구성** : 수직적 건물배치와 장식적 화계, 경계를 겸한 화단을 조성하였다.
④ **경관구성** : 산수경관을 차경으로 도입하였고, 연못을 조성하고 첨경물을 설치하였다.
⑤ **사용재료** : 장대석, 자연석, 막돌을 사용하여 석축을 쌓고, 계단을 조성하였다.
⑥ **첨경물** : 석함, 석분, 괴석, 석연지, 굴뚝, 무늬를 새긴 기와 등을 이용하였다.
⑦ **식재** : 수목의 상징성, 풍수적 측면 등을 고려하여 화목, 과목, 초화류 중심으로 식재하였다.

(2) 사상적 배경

① 신선사상
② 정토사상
③ 유교사상
④ 자연숭배사상
⑤ 음양오행설
⑥ 풍수지리설
⑦ 노장사상

(3) 화계

① **정의** : 담장 밑에 석축을 폭이 넓은 단 형태로 쌓고, 단 위에 전통화초 및 관목이나 과목류를 심어 가꾸는 화단이다.
② **화계의 기능과 특징**
㉠ 배산임수의 영향으로 전통주택의 뒤쪽에 생기는 사면을 효과적으로 이용하였다.
㉡ 사면의 붕괴를 석축으로 차단하고, 단 위의 공간에 장식적인 초화류와 수목을 식재하여 자연적인 병풍식화단을 조성하였다.
㉢ 자연녹지인 산과 주택을 연결하는 전이공간으로서의 기능이 탁월하다.
㉣ 자연적인 요소에 첨경물(굴뚝, 석물 등)을 이용하여 수직, 수평적 변화를 주어 회화적인 경관을 조성하였다.
㉤ 대표적인 예 : 경복궁의 아미산 화계와 교태전 후원, 창덕궁의 대조전 후원과 낙선재 후원, 창경궁 통명정의 후정 등이 있다.
㉥ 식재수종 : 화목(모란, 철쭉, 황매화, 산수유, 진달래 등), 과목(앵두나무, 매화나무, 자두, 살구, 보리수나무 등), 초화류(비비추, 옥잠화, 각종 산야초 등)

연습문제 전통정원설계

※ 설계요구사항

중부지방의 사적지 내 한옥의 전통정원 부지 현황도이다. 주어진 요구조건과 부지 현황도를 참조하여 식재개념도와 단면도, 식재설계도를 작성하시오.

문제 01

식재설계의 개념을 축척 1/100로 작성하고, 현황도에 표시된 A–A′단면 절단선을 따라 단면도를 축척 1/50로 확대하여 작성하시오.[답안지 Ⅰ]

※ 설계요구조건

① 식재개념도를 그리고, 빈 공간에 화계에 대한 특성, 기능, 시설 등을 간단한 설명과 함께 개념도의 표현 방법을 사용하여 그려 넣으시오.

② 단면도상에서 장대석의 치수, 사괴석의 치수를 표기하시오.

문제 02

[문제 1]에서 작성한 식재설계의 개념을 동일한 축척 1/100로 주어진 요구조건을 반영시켜 식재설계도를 작성하시오.[답안지 Ⅱ]

※ 설계요구조건

① 안방에서 후문에 이르는 직선거리 진입동선을 원로 폭 1.6m로 설계한다. 후문에서 안방까지의 레벨 차이와 등경사로를 고려하여 계단을 설계하고, 적당한 지점에 계단참을 설계하시오.

② 식재지는 후문에서 1점쇄선까지이다.

③ 전통정원 후원의 특성을 고려하여 화계를 설계하고, 화계에 꽃을 감상할 수 있도록 필요한 초화류와 관목을 〈보기〉의 수종 중에서 10수종 이상 선정하여 설계하시오.

보기

비비추, 옥잠화, 대왕참나무, 왕벚나무, 모과나무, 가이즈까 향나무, 반송, 히말라야시다, 양버즘나무, 살구나무, 피라칸사스, 매화나무, 산철쭉, 명자나무, 꽝꽝나무, 눈향

④ 인출선을 사용하여 수종명, 수량, 규격을 표시하고, 식재한 수량을 집계하여 범례란에 수목수량표를 도면 우측에 작성하시오.

현 황 도

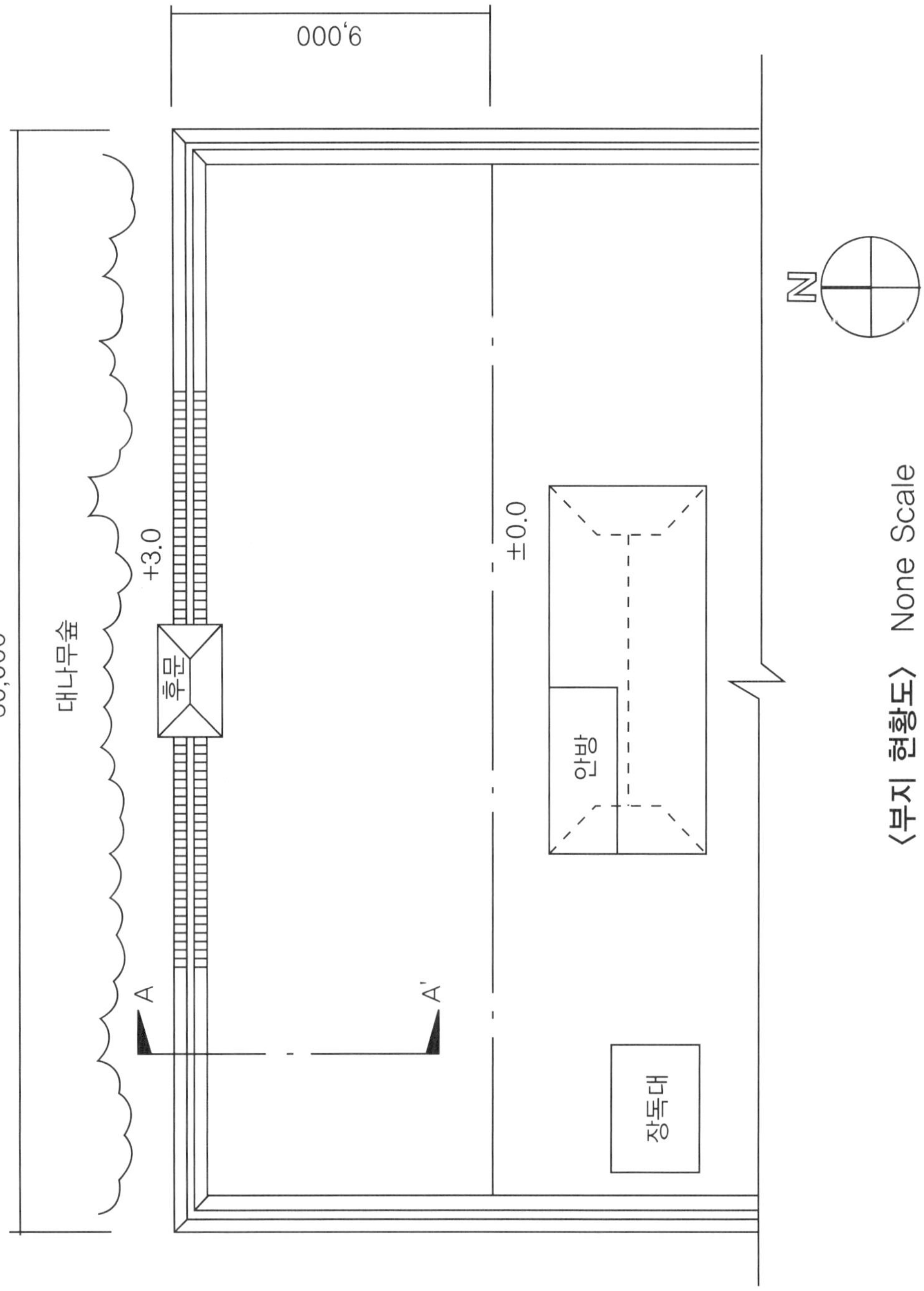

〈부지 현황도〉 None Scale

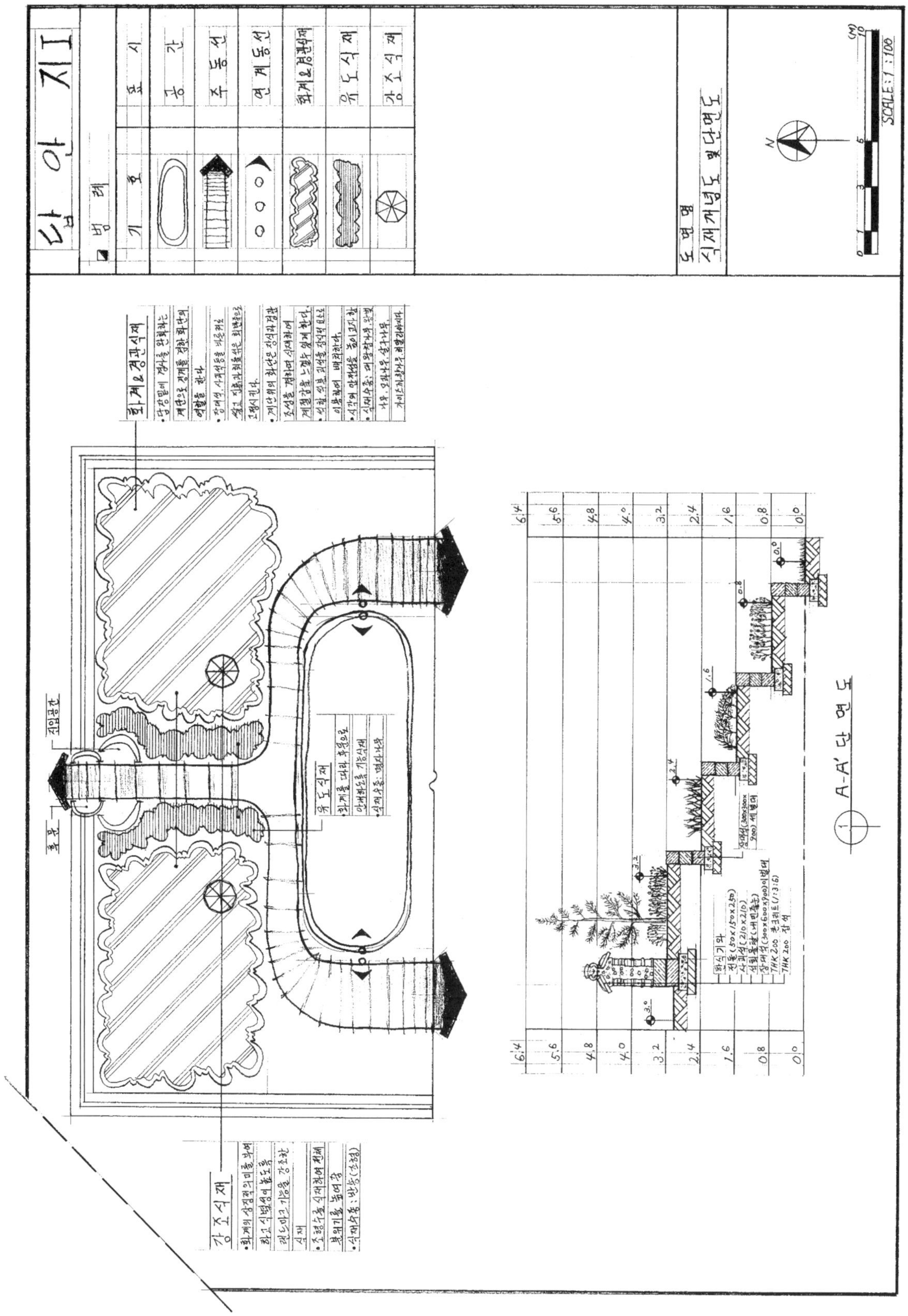
답안지 I
범례
기호
표시
공간
주동선
연계동선
화계&경관식재
유도식재
강조식재
도면명
식재개념도 및 단면도
N
SCALE : 1 : 100
후문
진입공간
강조식재
유도식재
화계&경관식재
A-A' 단면도

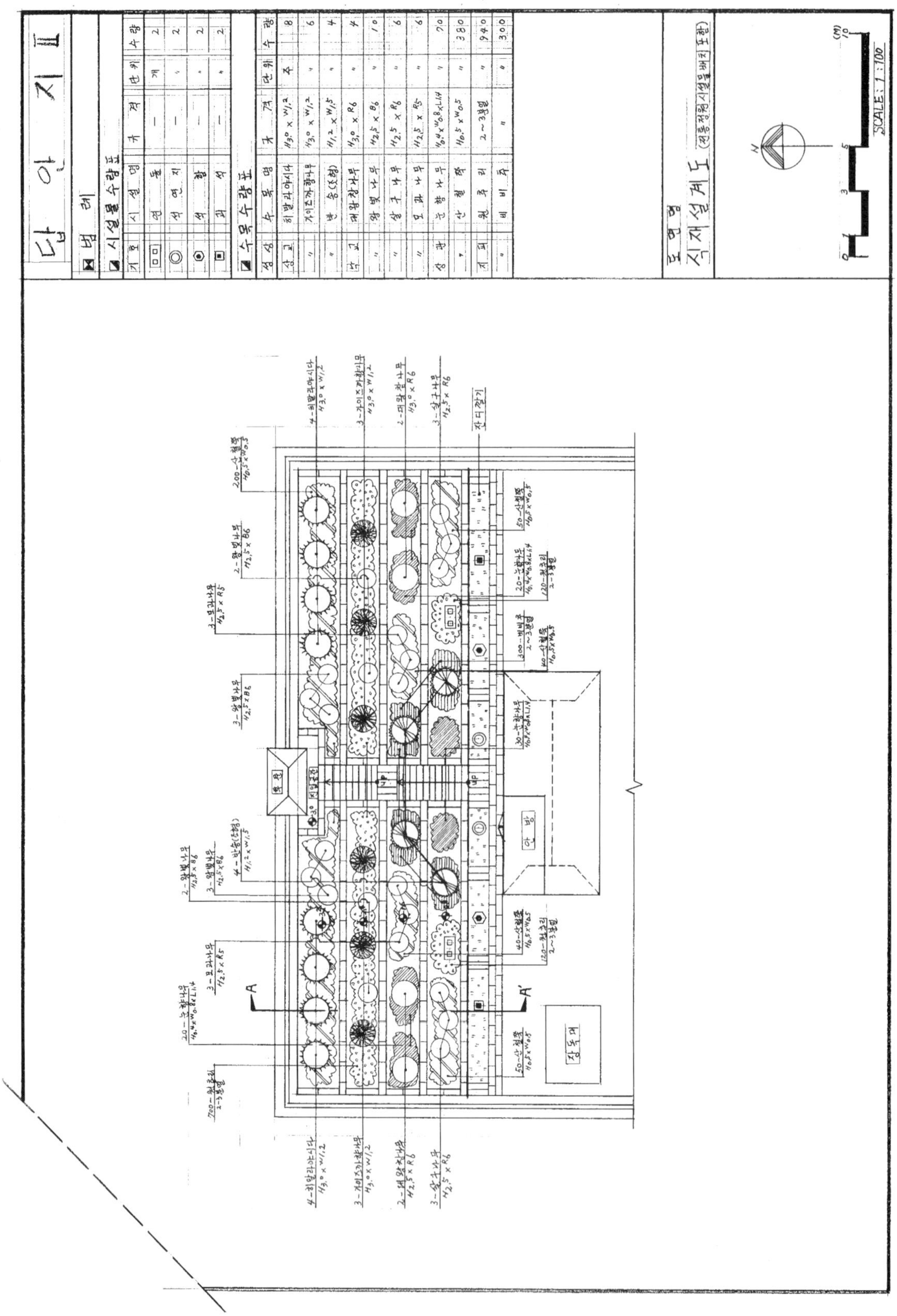

11 체육공원

(1) 정의

근력을 키우고 협동심을 배양하는 체육활동을 통하여 건전한 신체와 올바른 정신력을 배양할 목적으로 설치하는 공원

(2) 체육공원 기본설계기준(조경설계기준, 국토교통부 승인)

① 운동시설지구

㉠ 육상경기장 겸 축구장을 중심에 두고 주변에는 운동종목의 성격과 입지조건을 고려하여 배치한다.

㉡ 운동시설은 공원 전면적의 50% 이내의 면적을 차지하도록 하며, 주축을 남북 방향으로 배치한다.

㉢ 공원면적의 5~10%는 다목적 광장으로, 시설 전면적의 50~60%는 각종 경기장으로 배치한다.

㉣ 야구장, 궁도장 및 사격장 등의 위험시설은 정적 휴게공간 등의 다른 공간과 격리하거나 지형, 식재 또는 인공구조물로 차단한다.

㉤ 운동시설로는 체력단련시설을 포함한 3종 이상의 시설을 배치한다.

② 환경보존지구

㉠ 주변지역과의 차단, 내부의 상충되는 토지이용의 격리, 기후조건의 완화, 정적 휴게공간 및 장래 시설 확장 후보지로서의 활용을 고려하여 배치한다.

㉡ 공원면적의 30~50%는 환경보존녹지로 확보하며 외주부 식재는 최소 3열 식재 이상으로 하여 방풍, 차폐 및 녹음효과를 얻을 수 있어야 한다.

(3) 도시공원의 설치 및 규모의 기준

<table>
<tr><th rowspan="2">공원구분</th><th rowspan="2">설치기준</th><th rowspan="2">유치거리</th><th colspan="2">규모</th></tr>
<tr><th>공원면적</th><th>공원시설 부지면적</th></tr>
<tr><td rowspan="3">체육공원</td><td rowspan="3">해당 도시공원의 기능을
충분히 발휘할 수 있는 장소에 설치</td><td rowspan="3">해당 없음</td><td>30,000m² 미만</td><td rowspan="3">50/100 이하</td></tr>
<tr><td>30,000m² 이상 100,000m² 미만</td></tr>
<tr><td>100,000m² 미만</td></tr>
</table>

연습문제 체육공원설계

※ 설계요구사항

중부지방 도시주택지 내에 소규모 체육공원을 조성하려 한다. 부지 현황도를 축척 1/400로 확대하여 계획하고 설계하시오. 단, 등고선의 형태는 프리핸드로 개략적으로 옮겨 제도하고, 설계조건을 참조하여 설계개념도, 시설배치계획도와 배식설계도를 작성하시오.

※ 설계요구조건

① 계획부지 내에 최소한 다음과 같은 시설을 수용하도록 한다.

㉠ 체육시설 : 테니스코트 2면, 배구코트 1면, 농구코트 1면, 다목적 운동구장(50×40m 이상) 1개소

㉡ 휴게시설 : 잔디광장(500m^2 이상), 휴게소[휴게소 내에 퍼걸러(6×6m) 7개소 설치], 산책로 등

㉢ 주차시설 : 소형주차 10대분 이상

② 북측 진입(8m)을 주진입으로 남측 진입(6m)을 부진입으로 하되, 부진입 측에서만 차량의 진출입이 허용되도록 하고, 필요한 곳에 산책동선(2m)을 배치하도록 한다. 단, 주진입로 중앙선을 따라 6m 간격으로 수목 보호대(2.0×2.0m)를 설치하시오.

③ 시설배치는 기존 등고선을 고려하여 계획하되, 시설배치에 따른 기존 등고선의 조정계획은 도면상에 표시하지 않는 것으로 한다. 92m 이상은 양호한 기존 수림지이므로 보존하도록 한다.

문제 01

상기의 설계지침에 의거하여 공간구성, 동선, 배식개념 등이 표현된 설계개념도를 축척 1/400로 작성하시오.[답안지 Ⅰ]

문제 02

[문제 1]의 설계개념도를 토대로 다음 사항에 따라 시설배치계획도와 배식설계도를 축척 1/400로 작성하시오.[답안지 Ⅱ]

※ 설계요구조건

① 배식개념에 부합되는 설계도를 작성하되, 10가지 이상의 수종을 선정하여 수량, 규격, 수종 등을 인출선을 사용하여 명시하고 적당한 여백에 수목수량표를 작성하시오.

② 체육시설 중 테니스코트, 배구코트, 농구코트의 규격은 다음에 따른다.

운동장 규격(단위 M) None Scale

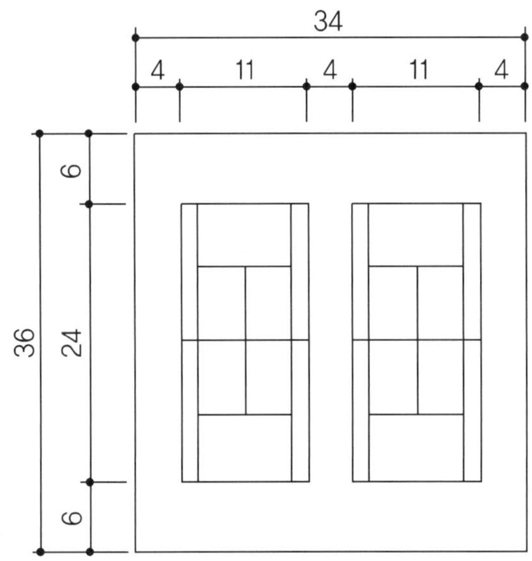

테니스코트

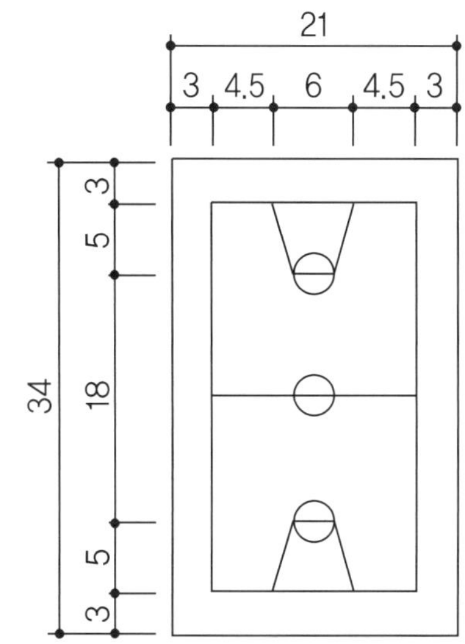

농구코트

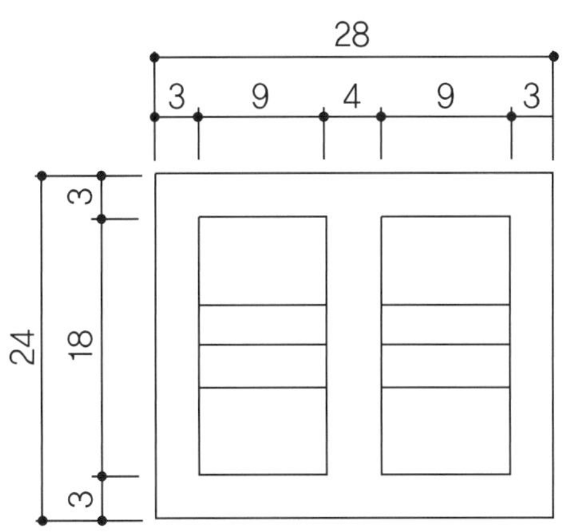

배구코트

현 황 도

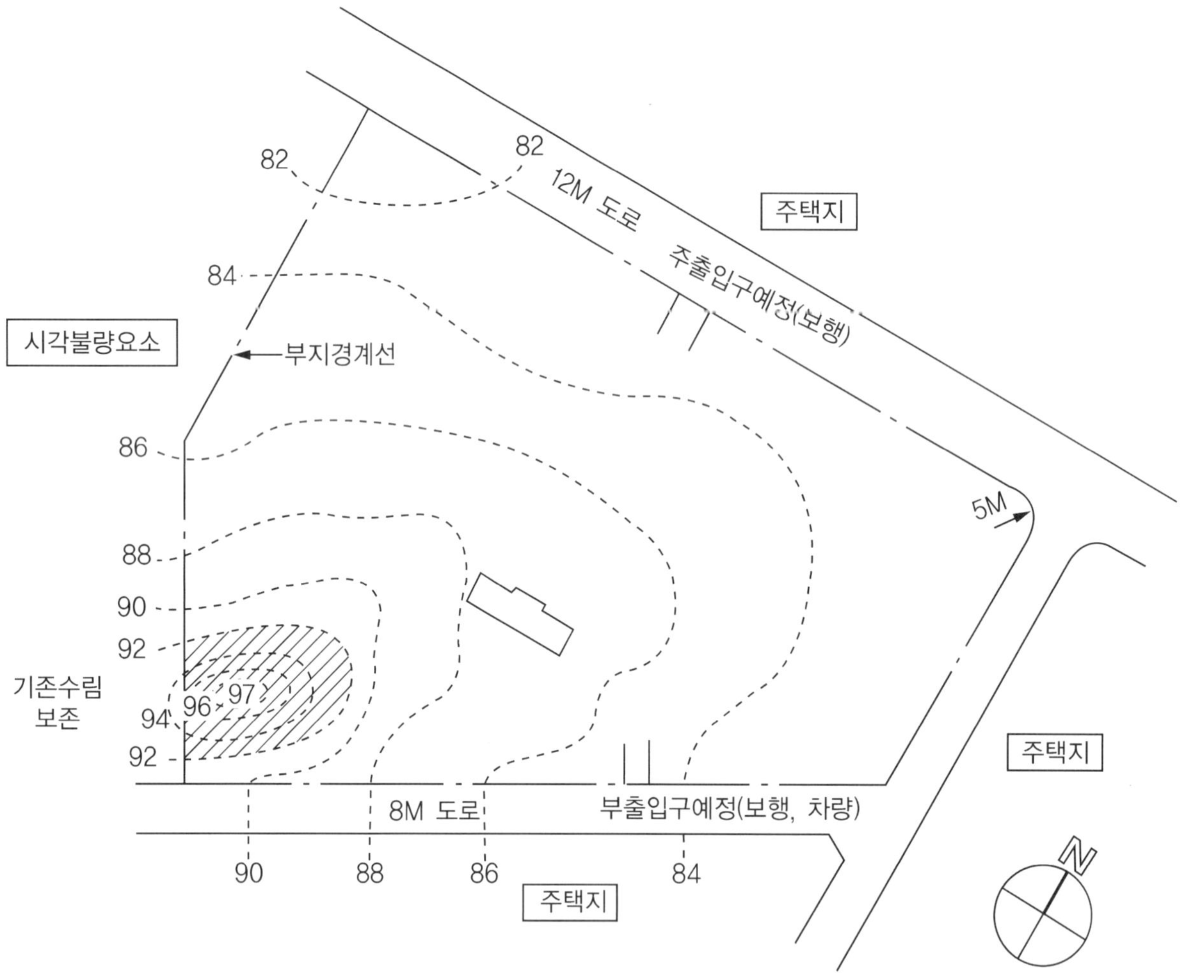

〈부지 현황도〉 S = 1/1,200

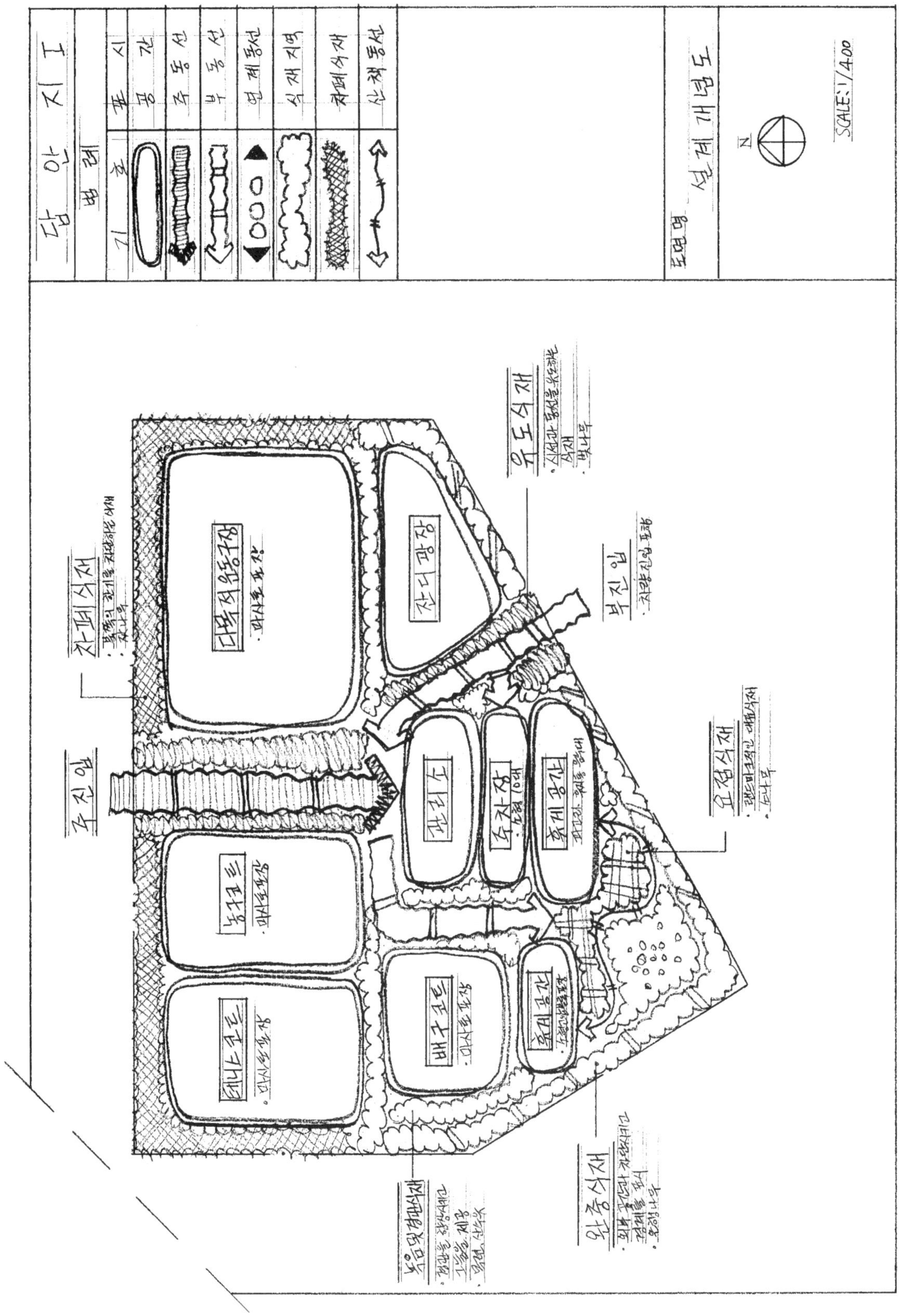
답 안 지 I
범 례
기 호
표 시
공 간
주 동 선
부 동 선
연 계 동 선
식 재 지 역
차 폐 식 재
산 책 동 선
도면명
설 계 개 념 도
N
SCALE: 1/400
다목적운동구장
잔디광장
관리소
주차장
휴게공간
농구코트
테니스코트
배구코트
주진입
부진입
차폐식재
유도식재
요점식재
완충식재
녹음 및 경관식재

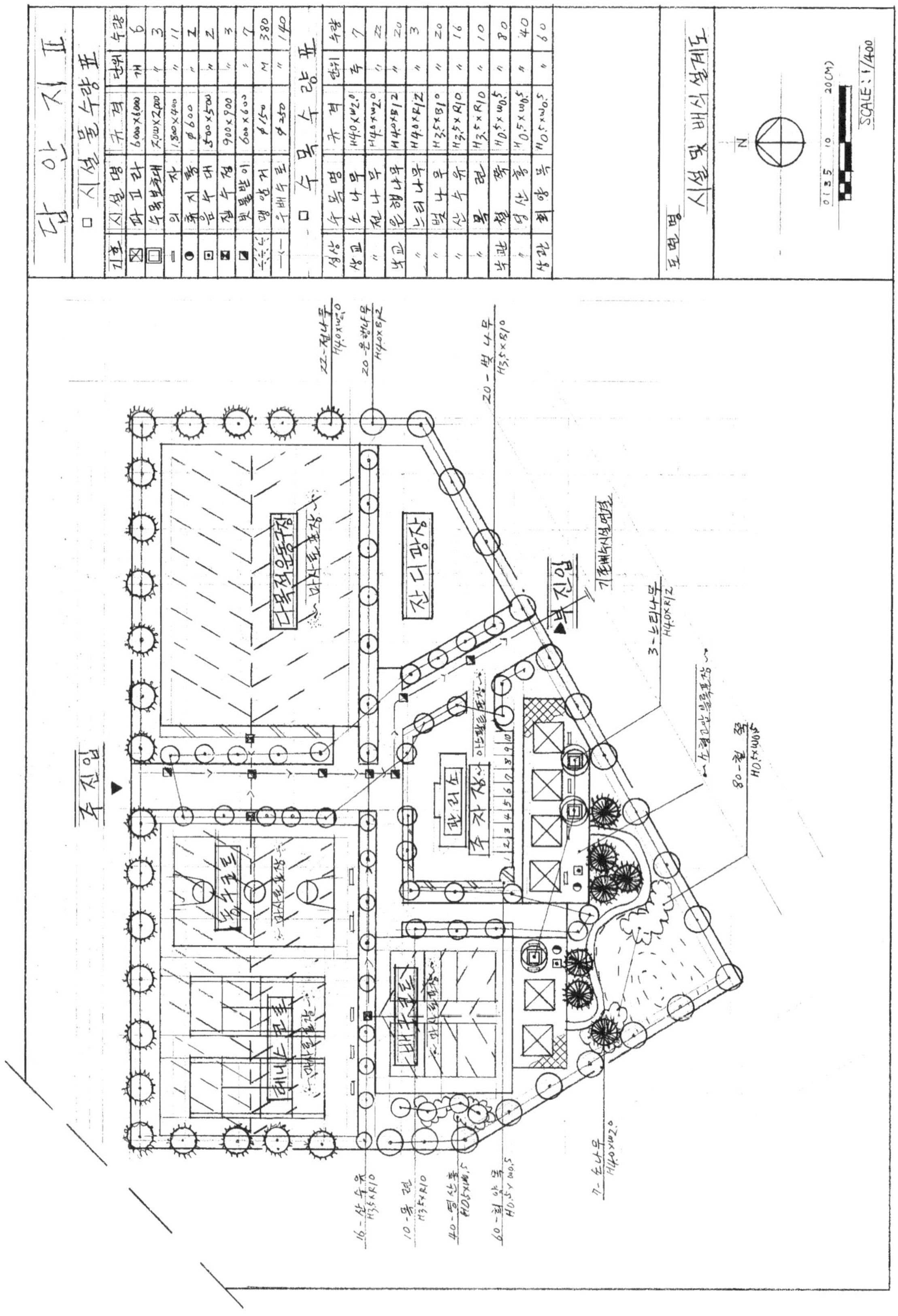

시설물 수량표
수목 수량표
시설 및 배식 설계도
SCALE : 1/400
주진입
부진입
잔디광장
주차장
관리소

12 임해매립지 방조림

(1) 정의

해안에 방조제를 설치하고 간척지를 매립한 용지에 수목을 식재하여 조풍과 파도를 막아주기 위해서 조성하는 녹지공간을 말한다.

(2) 임해매립지의 환경

① 염분함량이 높아서 수목이나 초화류가 식생하기에 부적합한 토양으로 조성되어 있다.

② 매립토양의 성질에 따라 염분의 농도에 차이가 있으며, 구역마다 다른 환경이 조성된다.

③ 바다로부터 불어오는 바람의 영향으로 지표상 미립토양이 현저히 부족하다.

④ 장마에 의해 수분 공급이 지속될 경우 지하의 염분이 지표면으로 노출된다.

⑤ 해풍과 파도의 영향으로 수목의 생태계가 위태롭고 지속적인 염분이 공급된다.

(3) 식재를 위한 지반조성 대책

① 염분의 농도가 자연현상에 의해 용탈될 때까지 기다린다.

② 용탈을 기대할 수 없을 경우에는 2m 간격으로 깊이 50cm 이상, 너비 1m 이상의 도랑을 파고 그 속에 모래를 채워 사구(砂溝)를 만들어 놓는다. 도랑 이외의 곳에는 토양개량제나 모래를 혼합함으로써 투수성을 향상시킨 후 전면에 걸쳐 스프링클러(Sprinkler)로 살수하여 탈염을 촉진한다.

③ 객토에 의한 방법으로는 매립층 위에 식재에 필요한 깊이로 객토를 하며, 산흙으로 충분한 깊이의 객토를 한 경우에는 바로 식재가 가능하다.

(4) 식재

① 식재방법

㉠ 바닷물이 직접 튀어 오르는 곳은 방호책을 강구한다.

㉡ 방호책에 이어서 버뮤다그래스나 잔디 등 내조성이 강한 지피식물로 피복한다.

㉢ 뒤쪽의 수목은 강한 바닷바람의 영향을 덜기 위해 임관선(林冠線)을 인위적으로 조절해 준다.

㉣ 최전선에 면하는 수목의 수고는 50cm 정도의 관목으로 하고, 내륙부로 옮겨 감에 따라 차례로 키 큰 나무를 심어 임관선이 포물선형을 이루도록 한다.

㉤ 식재 후 1년 정도의 기간은 식재지 앞쪽에 1.8m 정도의 펜스를 설치하는 것이 바람직하다.

㉥ 바람의 영향을 받는 부분은 단목식재를 피하고, 군식을 하되 풍압에 견디도록 수관이 닿을 정도로 밀식하고 하목을 심어 가지 밑에 공간이 없도록 한다.

㉦ 전면에 심는 수목의 식재대의 폭은 20~30m 이상의 식재대를 형성할 수 있도록 한다.

② 식재수종

임해매립지는 수목의 생육에는 열악한 곳이므로 내조성과 수목의 크기 등을 고려하여야 한다.

적용 장소	식물명
바닷물이 튀어 오르는 곳의 지피(S급)	버뮤다그래스, 잔디
바닷바람을 받는 전방수림(특A급)	눈향나무, 다정큼나무, 팔손이나무, 섬음나무, 섬쥐똥나무, 유카, 졸가시나무, 해송, 자금우, 서향, 금사도, 매자나무, 산수국, 수국
특A급에 이어지는 전방수림(A급)	볼레나무, 사철나무, 위성류, 유엽도, 식나무, 회양목, 말발도리, 명자나무, 박태기나무, 가막살나무, 구기자나무, 누리장나무, 앵도나무, 왕쥐똥나무, 조록나무, 죽도화, 찔레, 해당화, 황근, 둥근측백
전방수림에 이어지는 후방수림(B급)	개비자나무, 돈나무, 동백나무, 우묵사스레피, 해송, 후박나무, 녹나무, 태산목, 굴거리나무, 측백, 비자나무, 주목, 감탕나무, 아왜나무 등 비교적 내조성이 큰 수종
일반적 내부수림(C급)	일반 조경용 수목

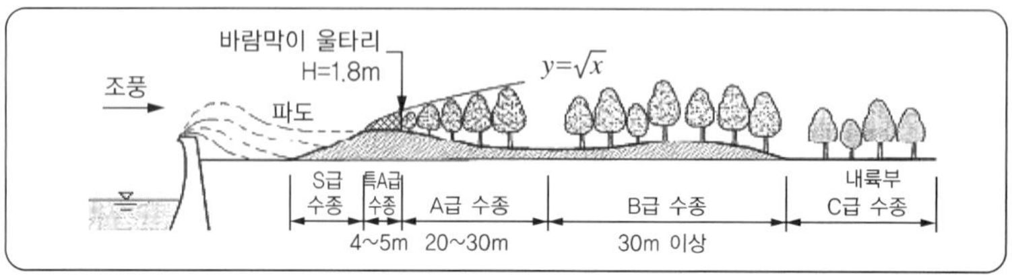

임해매립지의 녹지 조성요령

연습문제 방조림 및 조각공원설계

※ 설계요구사항

주어진 현황도는 남해안의 매립지로 방조림(Zone Ⅰ)과 조각공원(Zone Ⅱ)을 조성하려는 부지이다.

※ 대상지 특성

① 이곳은 강한 바닷바람과 토양염분이 다량 함유되어 있고 중장비로 매립공사를 하여 토양층이 다져진 상태이다.

② 지형은 평활하며 현황도에 나타난 바와 같이 바다와 인접한 매립지 남단은 콘크리트옹벽을 설치하였으며, 부지 북쪽과 동쪽은 12m와 6m의 도로가 인접해 있고 지하에 배수관이 매설되어 있다.

③ 12m 도로(양쪽에 1.5m의 도로가 있음) 건너편은 주택단지 예정지이다.

문제 01

대상지 특성과 현황도를 참고하여 다음 요구조건을 만족하는 도면을 작성하시오.[답안지 Ⅰ]

※ 설계요구조건

① 계획부지에서 Zone Ⅰ은 방조림 조성지역이고, Zone Ⅱ는 조각공원 조성지역이다. 이들 부지는 토양염분 용탈과 토양개량을 하기 위해 사구(砂溝)를 설치한 후 2~3년간 방치한 다음 조성한다.

② 계획부지에서 Zone Ⅰ은 강한 바닷바람을 막기 위한 식생대 조성지역이다. 기존의 해안 자연식생이 갖는 임관선(林冠線)이 잘 나타낼 수 있도록 해안 생태적인 측면에서 식재한다.

③ 주어진 트레이싱지에 가장 일반적으로 적용하는 사구 설치에 대한 평면도를 1 : 250의 축척으로 나타내시오.

④ 사구 2~3개 정도가 나타나는 단면도를 축척 1 : 50으로 [답안지 Ⅰ]의 상단에 그리시오.

⑤ Zone Ⅰ의 Belt 1, 2, 3에 최적인 식물을 〈보기〉에서 제시된 식물 중에서 15종 이상 선택하여 주어진 현황도(작성한 사구평면도 위에)에 식재설계를 하고 인출선으로 식물명, 수량, 규격 등을 나타내시오(단, 식재식물은 동종의 것을 군식 단위로 표현하시오).

보기

돈나무, 목련, 다정큼나무, 개나리, 죽도화, 은행나무, 동백나무, 벚나무, 우묵사스레피, 후박나무, 일본목련, 해송, 해당화, 사철나무, 눈향나무, 단풍나무, 백목련, 팔손이, 유엽도(협죽도), 독일가문비, 왕쥐똥나무, 개비자나무, 중국단풍, 잎갈나무, 벽오동, 들잔디, 맥문동, 아주리기, 원추리, 버뮤다그래스, 켄터키블루그래스, 갯방풍, 땅채송화(갯채송화)

⑥ Zone Ⅰ에 설계된 시설물을 Belt 1, 2, 3으로 구분하여 수량표를 도면 우측 여백에 작성하시오.

⑦ Zone Ⅰ에 설계된 방조림의 식생단면도를 축척 1/200로 답안지 1의 도면 하단에 나타내시오.

문제 02

조각공원을 조성하려는 공간(Zone Ⅱ)을 축척 1/200로 확대하여 다음 조건을 만족하는 기본설계도 및 배식평면도를 작성하시오.[답안지 Ⅱ]

※ 설계요구조건

① Zone Ⅱ의 남단 경계면(A-B)과 동서 경계선(A-C, B-D)에서 내부 쪽으로 5.0m씩 경관식재공간으로 조성하려 한다. 이때 동서쪽의 식재공간은 출입동선에 지장이 되지 않도록 길이를 조절한다.

② ①의 경관녹지공간과 연결(부지 내부 쪽)하여 폭 3.0m, 높이 0.6m의 단을 설치하고 흙을 채운 후 지피식물을 식재하여 조각물을 적당히 배치한다.

③ 부지 중앙부에 동서 방향으로 15m, 남북 방향으로 4.0m, 높이 0.6m의 조각물 전시공간을 조성하는 데 식재와 단(벽체)의 처리는 ②와 같다.

④ 부지 북쪽 경계선(C-D)에서 부지 내부 쪽으로 폭 4.0m의 녹지대를 조성하는 데 적당히 마운딩한 후 식재설계를 한다. 이때 마운딩은 높이를 등고선으로 나타낸 후 그 위에 식재설계를 한다.

⑤ 식물은 주변의 환경과 공원의 성격에 잘 부합되는 것으로 임의로 선택하여 설계한다. 그리고 마운딩하는 녹지공간은 마운딩 높이를 등고선으로 나타낸 후 그 위에 식재설계를 한다.

⑥ 부지 내부의 적당한 곳에 장방형 퍼걸러(Pergola, 파고라) 2개소, 정방형 퍼걸러 4개소를 설치한다.

⑦ 부지 내부의 적당한 곳에 녹음수를 4~6주 식재하고, 녹음수 밑에 수목보호 겸 벤치를 설치한다.

⑧ 적당한 곳에 화장실과 음수대를 설치한다.

⑨ 부지와 인접한 12m의 도로에 소형자동차를 주차할 수 있는 평행주차장을 만든다.

⑩ 도면 여백에 설계된 식물과 시설물의 수량표를 작성하시오.

현 황 도

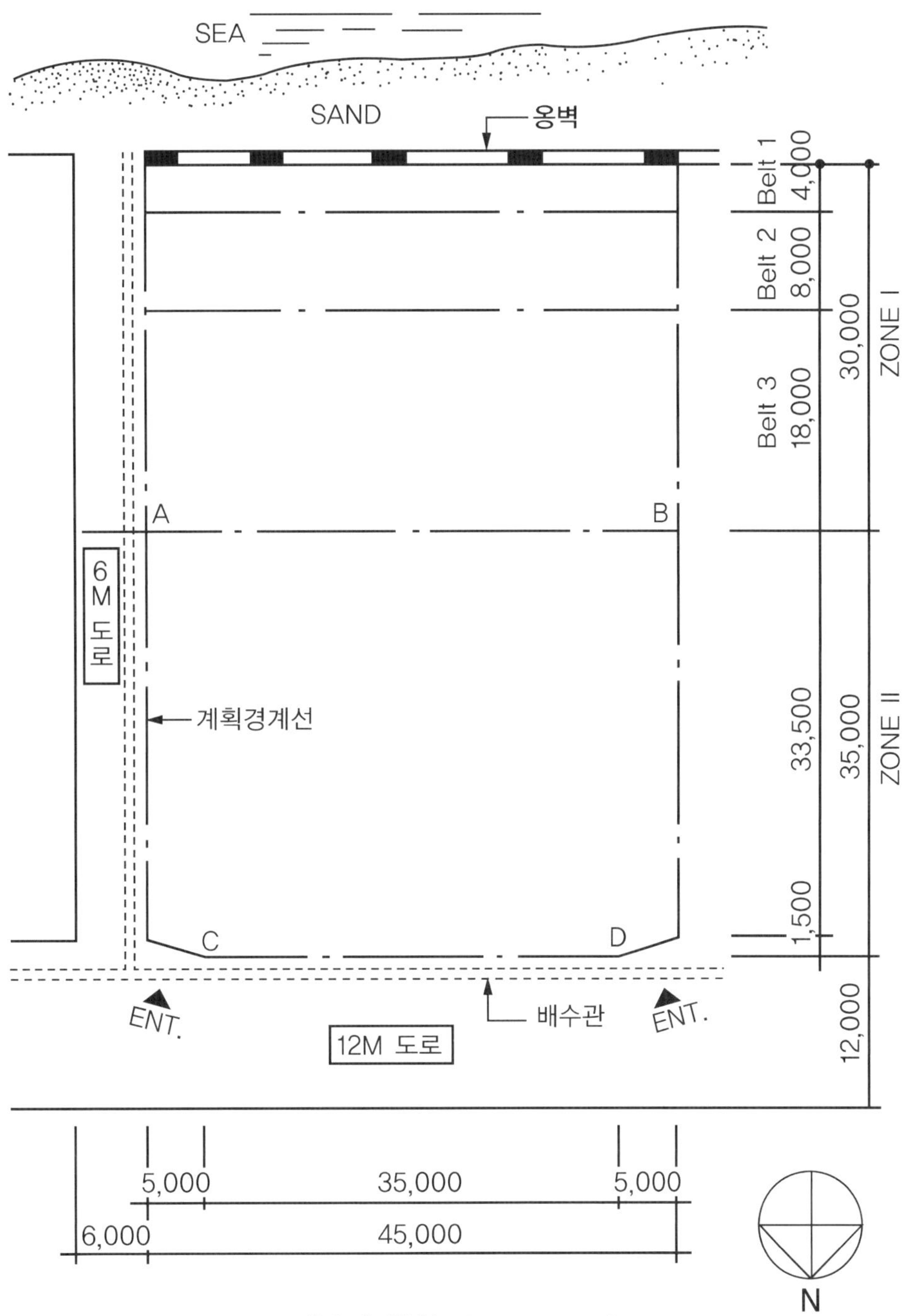

〈부지 현황도〉 S = 1/600

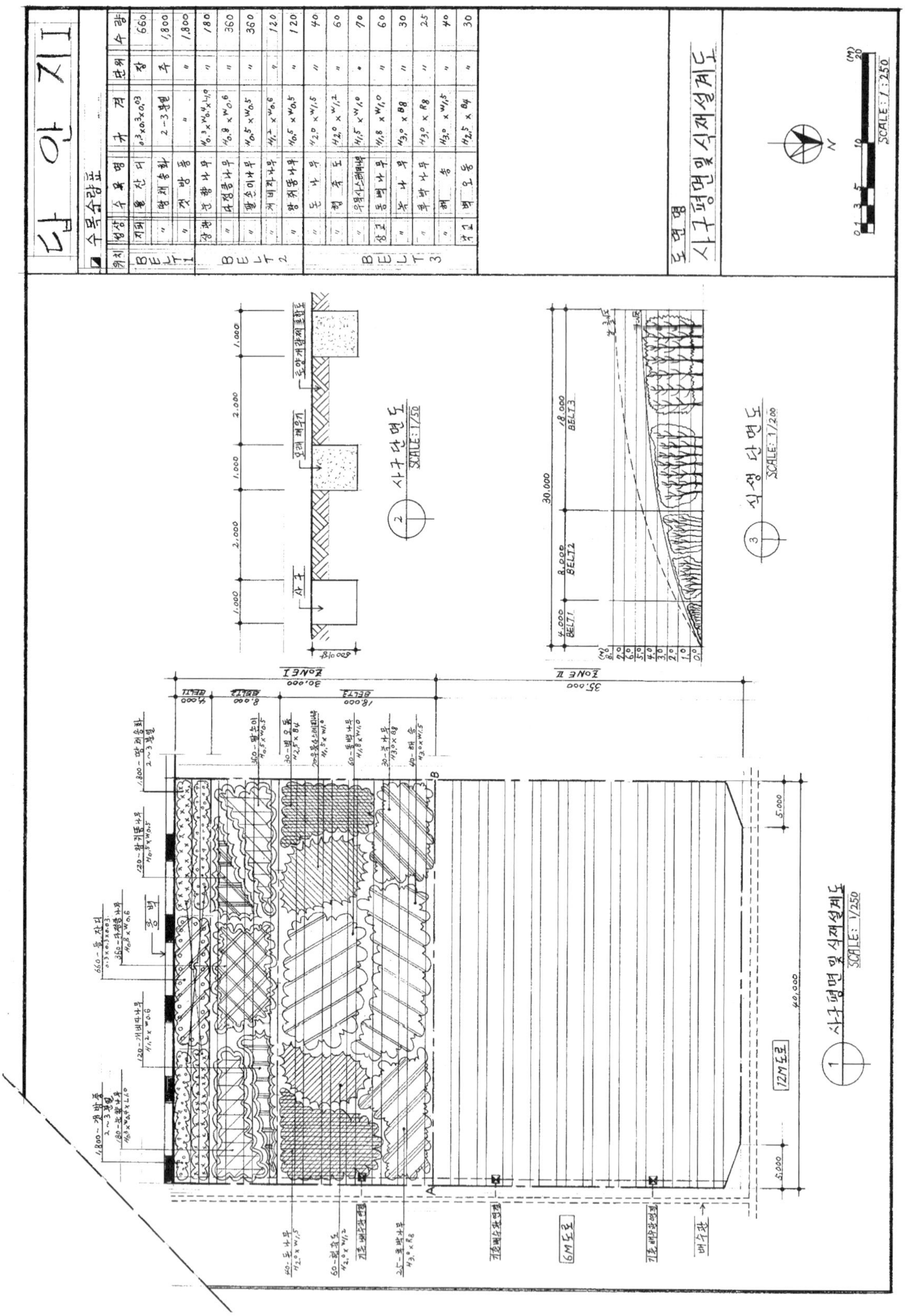
답안지
수목수량표
사구평면 및 식재설계도
SCALE: 1/250
사구단면도
SCALE: 1/50
식생단면도
SCALE: 1/200
도면명
사구평면 및 식재설계도
SCALE: 1:250
12M도로
6M도로
ZONE I
ZONE II
BELT 1
BELT 2
BELT 3

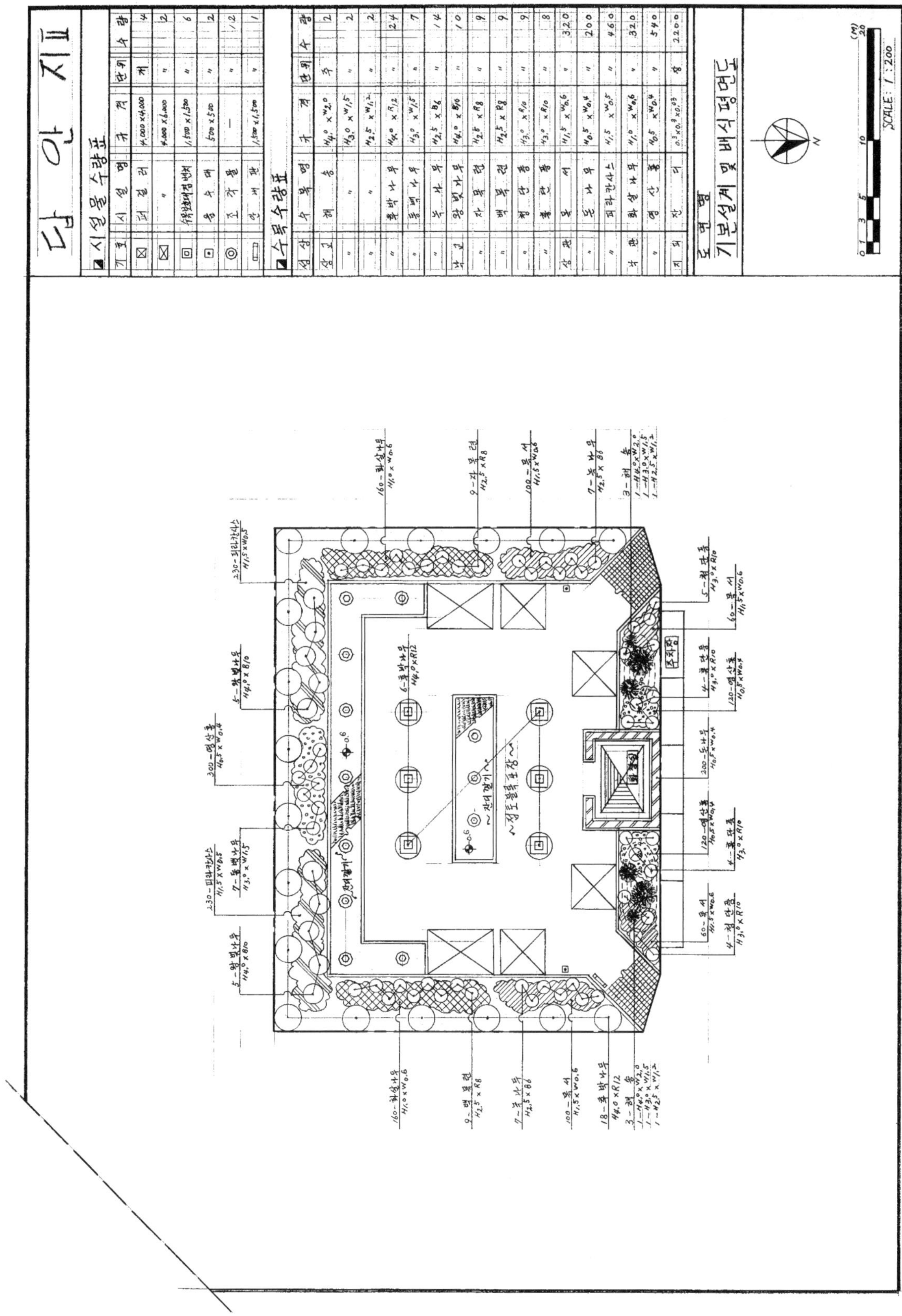
답안지
시설물수량표
수목수량표
도면명
기본설계 및 배식평면도
SCALE : 1:200

교육이란 사람이 학교에서 배운 것을
잊어버린 후에 남은 것을 말한다.

– 알버트 아인슈타인 –

PART 2

필답형 조경설계(작업) 및 시공실무

01 조경양식

제1절 조경일반

1 조경의 시대적 변천

(1) 조경이란?

① 조경의 역사 : 인류의 역사만큼 오래되었다.
② 조경의 기원 : 인류의 외부환경, 자연을 인간의 목적에 부합하도록 변형하는 행위이다.
③ 조경의 시작 : 인류문명과 함께 시작되었다.
④ 조경이 인류문명과 늘 함께해 왔음을 보여주는 증거 : 이집트의 정원 기록, 고대 그리스와 로마의 유적, 중세의 성곽과 수도원의 정원, 르네상스 시대의 수많은 정원들을 포함한 세계 각국의 유적

(2) 근대적 조경의 기원

① 미국의 프레드릭 로 옴스테드가 뉴욕의 센트럴파크 현상공모에 제출한 그린스워드 안(The Greensward Plan)이 당선된 이후 수석건축가로 활동하면서 1860년 자신을 조경가 혹은 경관건축가라는 의미로 조경가(Landscape Architect)라고 지칭하였다.
② 옴스테드는 그 당시 사용되던 Landscape Gardener라는 용어가 정원만을 지칭하는 협소한 의미를 지니고 있으며, 자신의 작품(The Greensward Plan)이 예술작품이라는 측면에서 건축작품과 유사성을 지니고 있음을 감안하여 자신을 조경가(Landscape Architect)라고 부른 것이다.
③ 옴스테드는 자신을 조경가라고 부르고, 조경이라는 전문직업은 자연과 인간에게 봉사하는 분야라고 하였다.

(3) 근대적 조경의 발달

① 1900년 미국 하버드대학교에 조경학과가 신설되면서부터 근대적 의미의 조경교육이 시작되었다.
② 1909년 미국조경가협회가 창설되었으며 "조경은 인간의 이용과 즐거움을 위하여 토지를 다루는 기술이다"라고 정의하였다.
③ 1950년 미국 대학 사전에서는 "조경은 미적 혹은 긍정적 효과를 얻기 위하여 경관, 가로, 건물 등을 조성 혹은 개량하는 기술이다"라고 정의하였다.
④ 1975년 미국조경가협회는 "조경은 유용하고 즐거움을 줄 수 있는 환경의 조성에 목표를 두고 자원의 보전 및 관리를 고려하며, 문화적・과학적 지식의 응용을 통하여 설계, 계획 혹은 토지의 관리 및 자연과 인공요소를 구성하는 기술이다"라고 조경의 개념을 확장하였다.
⑤ 최근의 조경 개념(조경가의 역할을 제시하는 방식)은 미국조경가협회(ASLA)에서 "조경가는 자연환경 및 인공환경을 분석, 계획, 설계, 관리 및 육성한다. 조경가는 지역 사회와 삶의 질에 중요한 역향을 미치며, 커뮤니티를 정의하는 데에 도움이 되는 공원, 캠퍼스, 거리 풍경, 산책로, 광장 및 기타 프로젝트를 디자인한다"라고 설명하고 있다.

(4) 한국 근대조경의 개념과 의미

① 1970년대부터 근대적 의미의 조경학이 시작되었다.

② 1972년 서울대학교 환경대학원에 조경학과가 개설되었다.

③ 1974년 한국조경공사 설립 등으로 급속도로 조경의 제도화가 시작되었다.

④ 한국은 이처럼 조경에 대한 개념이 늦게 도입되면서 Landscape Architect의 번역어로 조원, 조림, 경관, 조경 등 다양한 용어에 대한 논의가 있었으나, 최종적으로는 경치를 만든다는 의미의 조경(造景)으로 결정되어 현재에 이르렀다.

⑤ 국내에서는 조경의 개념이 초창기부터 주로 식재를 활용하여 소규모의 경관을 아름답게 꾸미는 의미와 국토 보존에 기여하기 위해 토지와 경관을 계획, 설계, 조성하는 문화적 행위가 혼재되어 사용되었다.

⑥ 2013년 한국조경학회에서 한국조경헌장을 제정하면서 조경은 아름답고 유용하고 건강한 환경을 형성하기 위해 인문적 · 과학적 지식을 응용하여 토지와 경관을 계획 · 설계 · 조성 · 관리하는 문화적 행위라고 정의하였다.

(5) 종합

앞서 살펴본 바와 같이 조경과 조경가에 대한 설명은 사회적 변화, 기술의 발달 등에 의하여 변천되면서 매우 다양하게 해석할 수 있으나, 인간(Human)과 자연(Nature)의 조화를 통하여 보다 쾌적하고 아름다운(Beauty) 환경을 조성한다는 점에 있어서는 크게 달라진 바 없다.

출제예상문제

01 다음에서 설명하는 사람의 이름을 쓰시오.

> 뉴욕의 센트럴파크 현상공모 제출안 The Greensward Plan이 당선된 이후 수석건축가로 활동하면서 1860년 자신을 조경가 혹은 경관건축가라는 의미로 Landscape Architect라고 지칭하였다.

정답 프레드릭 로 옴스테드

02 옴스테드는 Landscape Gardener라는 용어가 정원만을 지칭하므로 조경은 건축작품과 유사성을 지니고 있음을 감안하여 자신을 무엇이라고 부르기 시작했는지 쓰시오.

정답 조경가(Landscape Architect)

03 미국 하버드대학교에 조경학과가 신설되면서부터 근대적 의미의 조경교육이 시작된 시기를 쓰시오.

정답 1900년

04 "조경은 인간의 이용과 즐거움을 위하여 토지를 다루는 기술이다"라고 정의한 시기와 협회를 쓰시오.

정답 1909년, 미국조경가협회

05 다음은 근대적 조경의 발달과정에서 정립된 조경의 정의이다. (   ) 안에 알맞은 내용을 쓰시오.

- 조경은 인간의 이용과 즐거움을 위하여 (①)를 다루는 기술이다.
- 조경은 미적 혹은 (②)를 얻기 위하여 경관, 가로, 건물 등을 조성 혹은 개량하는 기술이다.
- 조경은 유용하고 즐거움을 줄 수 있는 환경의 조성에 목표를 두고 자원의 보전 및 관리를 고려하며, 문화적·과학적 지식의 응용을 통하여 설계, 계획 혹은 토지의 관리 및 자연과 (③)를 구성하는 기술이다.
- 조경가는 자연환경 및 (④)을 분석, 계획, 설계, 관리 및 육성한다. 조경가는 지역 사회와 삶의 질에 중요한 영향을 미치며, 커뮤니티를 정의하는 데에 도움이 되는 공원, 캠퍼스, 거리 풍경, 산책로, 광장 및 기타 프로젝트를 (⑤)한다.

정답 ① 토지, ② 긍정적 효과, ③ 인공요소, ④ 인공환경, ⑤ 디자인

06 한국 근대조경에서 근대적 의미의 조경학이 시작된 시기를 쓰시오.

정답 1970년

07 한국 근대조경에서 한국조경공사 설립 등으로 급속도로 조경의 제도화가 시작된 시기를 쓰시오.

정답 1974년

08 한국의 현대 조경에서 조경은 아름답고 유용하고 건강한 환경을 형성하기 위해 인문적·과학적 지식을 응용하여 토지와 경관을 계획·설계·조성·관리하는 문화적 행위라고 정의하였던 시기와 단체명을 쓰시오.

정답 2013년, 한국조경학회

2 현대조경의 목적 및 필요성

(1) 조경의 의미와 정의

① 현대조경은 종합과학예술

㉠ 조경이 과학적 측면과 예술적 측면을 동시에 지니고 있다는 것을 의미하며 조경의 속성을 매우 잘 설명한 정의라고 할 수 있다.

㉡ 종합과학예술이라고 할 때에는 인접분야인 건축, 도시설계 등에도 적용될 수 있기 때문에, 조경분야만의 고유성을 강조하기 위해서는 대상을 명확히 할 수 있는 토지예술이라고 정의 내리는 것이 더욱 타당하다고 생각된다.

㉢ 토지예술이라는 표현은 종합과학예술의 의미를 함축하면서도 조경의 대상인 토지를 명시함으로써 보다 구체적으로 조경을 정의 내리고 있다.

㉣ 조경가는 과학적·기능적 토지이용 및 관리에 그치지 않고 토지를 예술작품으로 승화시키는 역할을 담당하고 있으므로 토지예술이라는 정의가 적절하다고 할 수 있다.

㉤ 지구환경문제가 심각해지면서 환경문제 해결에 조경가의 역할이 강조되고 있어, 조경의 정의에서 환경적 측면을 강조한다면 토지환경예술이라고 하여도 무방할 것이다.

② 조경가 역할 공간의 확대

㉠ 토지공간을 계획하고 설계하는 것이 조경가의 역할이라 할 수 있는데 3차원인 공간에 더하여 시간의 흐름에 따른 토지공간의 변화를 다루는 4차원을 고려하게 된다.

㉡ 조경은 규격화되고 기능적이며 단조로운 공간구성에서 벗어나 다양하고 친근하며 장소적 특성을 나타낼 수 있는 인간적 공간구성을 추구하는 것이며, 이러한 뜻에서 조경을 5차원적 토지예술이라 정의 내릴 수 있다.

(2) 조경의 최근 추세

① 1980년대

㉠ 조경분야는 1980년대로 접어들면서부터 생태적, 행태적 관심에 더하여, 미적 측면에 대한 과학적 접근이 대두되었다.

㉡ 이용자들의 미적 가치를 과학적 방법을 통하여 설계에 반영시키고자 하는 노력에 힘입어 환경설계의 체계적, 합리적 접근이 시도되었다.

㉢ 여러 측면에서 사회적 관심은 환경생태학, 환경심리학, 환경미학의 발달을 촉진시켰으며 이들 학문은 조경학의 과학적이며 이론적인 학문적 바탕이 되었다.

② **1990년대** : 1980년대와 90년대로 넘어오는 시기에는 포스트모더니즘(Post-modernism)의 영향을 받아 단순한 기능적, 시각적 공간구성보다는 개인적 경험을 강조하게 되어 친근감, 소속감 등을 포함하는 개념인 장소성(Sense of Place)을 추구하였다.

③ **2000년대** : 2000년대에 들어오면서 친환경적인 설계에 생태연못, 우수연못, 자연형 하천, 투수성 포장 등의 친환경적인 설계개념이 본격 도입되었다.

④ **2010년대** : 2010년대 이후에는 경관에 대한 개념이 정적 대상에서 시간에 따라 변화하는 동적 과정으로 보는 시각으로 바뀌었다.

⑤ **최근 조경가의 영역** : 최근 조경가의 영역은 주거단지계획, 지역계획, 환경계획, 경관계획, 주민참여 등의 영역에 조경 전문가가 참여하게 되면서 다방면으로 외연이 확장되고 있다.

(3) 한국조경의 과거와 현재

① 조경의 도입초기에는 서구의 학문적 지식과 구성 형태를 모방하는 단계에 있었다.

② 점차 시간이 흐르면서 한국의 전통조경양식인 풍수지리설을 포함한 한국 특유의 전통적 옥외공간구성 철학과 경험에 기반을 둔 전통적 환경창조의 기술에 대한 과학적 해석을, 새로운 차원에서 한국의 문화적, 사회적, 물리적 환경에 부합되는 옥외공간 창조기법을 개발하여 왔다.

③ 한국 조경학의 장기적 발전을 위해서는 실무분야와 기초연구분야의 균형된 발전이 이루어져야 한다.

(4) 조경학의 분야 및 조경가 역할

① 조경학을 종합과학예술이라고 부르고 있음에서 여러 과학 분야의 지식 및 예술분야를 종합적으로 다루고 있다는 점을 간과해서는 안 된다.

② 조경가는 소규모 정원에서 대규모 자연공원, 시민공원, 국립공원, 더 나아가 수변공원, 생태공원, 묘지공원에까지 다양한 토지의 문제들을 해결하기 위해 협력해야 할 전문가의 범위가 넓다.

③ 조경가는 다양한 분야의 전문가와 협력하여 계획하고 설계하여 시공과 관리를 하여야 한다.

④ 시간이 지날수록 조경과 관련이 있는 분야가 늘어나 새로운 기술이 접목되는 경우가 늘어나고 있다. 다양한 분야의 기술을 접목하고 활용하기 위해 조경가는 인접분야에 대한 이해와 활용 능력을 필수적으로 갖추어야 한다.

⑤ 조경가로서 모든 분야에 능통할 수는 없으므로 다양한 분야를 조정하는 조정자(Coordinator)의 역할도 중요한 임무가 되었다.

⑥ 조경학이 궁극적으로 시간과 공간을 아우르는 옥외공간의 창조를 목표로 한다고 볼 때 장소적인 측면, 즉 주거환경, 공원, 관광지, 문화재, 시설 등이 1차적인 공간적 측면이라고 볼 수 있고, 과정의 측면에서 보면 계획, 설계, 평가, 시공, 관리 등으로 구분할 수 있다.

(5) 조경분야의 시대별 추이

① 1960년대 : 환경에 관한 생태적 관심

② 1970년대 : 인간행태에 관한 관심

③ 1980년대 : 체계적인 이용 후 평가과정을 통한 환경과학적 접근

④ 1990년대 : 포스트모더니즘(Post-modernism)의 영향을 받아 기능적, 시각적 공간구성에 더하여 개인적 경험을 강조하는 친근감, 소속감 등을 포함하는 장소성에 대한 관심의 고조

⑤ 2000년대 이후 : 사회적, 경제적, 환경적 건전성과 지속성을 전제로 한 경관형태, 역사경관, 도시재생, 농촌관광, 그린인프라(Green Infrastructure)등 사회적 이슈와 친환경 조경이 접목된 스마트 성장(Smart Growth)에 관심이 고조

(6) 한국조경의 시대별 추이

① 1970년대 : 최초로 전문영역으로 자리 잡게 된 시기

② 1973년 : 대학과정에 조경학과가 신설됨

③ 1974년 : 건설업 특수공사업에 조경공사가 진입함

④ 1977년 : 조경분야 기술용역업 신설 등 건설산업 영역에서 조경공사업의 영역성 확보, 조경기술자의 배출이 이루어짐

⑤ 2006년 : 국가 및 지방공무원 직제에 조경직이 신설되어 전문영역으로서의 정체성 구현은 물론 사회적 책무와 같은 역할에 탄력을 받는 계기가 됨

⑥ **2013년 10월** : 한국조경학회(KILA)에서 조경헌장의 제정

⑦ **조경의 대상** : 정원, 공원, 녹색도시기반시설, 역사・문화유산, 산업유산, 재생공간, 교육공간, 주거단지, 건강과 공공복지공간, 여가관광공간, 농어촌 환경, 수자원 및 체계, 생태자원보존 및 복원공간 등 13개 영역으로 분류함

⑧ **조경이 다루는 토지와 경관 영역의 확장** : 국토, 지역, 도시, 교외, 농어촌을 포괄하는데, 자연생태계와 사회・문화적 맥락의 이해를 기반으로 생태환경의 조화라는 명제를 충족시켜야 하고, 정원과 공원은 물론 도시 경관, 자연환경과 문화환경, 사회적 공간 등으로 확장됨

(7) 조경의 현실적 과제와 목적

① 세계적 보편성을 지향하는 동시에 지역성과 문화적 다양성의 가치를 발견한다.

② 대지, 경관, 삶의 의미와 역사를 해석하고 표현하는 창의적 조경작품을 생산하며, 미래의 라이프스타일을 이끄는 조경문화를 형성해야 한다.

③ 계획과 설계 행위를 통해 생물종 다양성을 제고하고, 전 지구적 기후 변화에 대응할 수 있는 첨단의 설계해법과 전문지식을 확보해야 한다.

④ 누구나 자유롭게 찾고 경험할 수 있는 건강하고 안전한 민주적인 공간을 구축하며, 지속 가능한 환경복지를 지향한다.

⑤ 시민과 협력하고 커뮤니티를 지원하는 참여의 문화와 리더십을 실천해야 한다.

⑥ 복합적 도시문제의 해결 과정에서 지혜를 발휘할 수 있는 전문지식과 기술을 축적한다.

⑦ 관련 분야와의 협력을 선도하고 조정하며 도시와 자연환경의 문제를 융합적으로 계획・설계・관리할 수 있어야 한다.

⑧ 사회적으로 책임 있는 역할을 수행하기 위해 조경가의 직업윤리를 확립하고 질 높은 조경 서비스를 제공해야 한다.

(8) 조경시공학의 의의와 필요성

① 자연환경과 인문환경을 종합적으로 고려해야 하는 조경 영역은 외부공간을 주 대상으로 하는 건축과 구분된다.

② 심미성을 강조하면서 생태적 소재를 환경적으로 활용해야 한다는 점에서 설계내용과 시공기법이 토목, 도시계획 등과도 구분된다.

③ 시각적 미를 다루는 예술분야와는 쾌적한 공간구조와 지속 가능한 이용 등을 복합적으로 고려해야 한다는 차이점을 갖는다.

④ 건축이 보다 인간중심이고, 도시설계 영역이 보다 사회중심이라면, 조경은 보다 자연중심이라는 전제가 성립된다.

⑤ 조경은 타 분야(건축, 토목, 도시계획 등)에 비해 지속 가능한 환경 보전 이념을 반영하고 토지의 수용력은 물론 생태적 건전성에 관심을 두고 있다는 것에 토지자원 활용에 대한 접근 태도가 다르다.

⑥ 사회가 발전하고 다변화되면서 조경 영역 또한 점차 확대되고 있으며, 활용되는 지식과 기술 또한 다양화되고 있다.

⑦ 조경을 종합적인 실천과학예술로 정의하기도 하지만 학문 영역은 생태자연과 문화환경의 이해, 공학적 지식, 설계 방법론, 표현기법과 환경에 대한 가치관 등을 포괄하고 있다.

(9) 조경설계와 시공의 주요 영역 대상

① 역사·문화적 조경과 자연 및 생태환경에 대한 가치 그리고 유지·관리와 연계된 고유한 땅을 보전하고 생명을 재탄생시켜야 한다.

② 인간의 수요에 따른 도시화, 복원, 재생 등의 변화를 수용하기 위하여 필요한 땅을 새롭게 변경시켜야 한다.

③ 새로운 용도에 따라 장소성과 지역성을 창출하는 새로운 땅의 창조가 필요하다.

④ 물리적 인자와 자연환경에 대한 철저한 이해와 인간행태에 대한 상세한 관찰이 요구된다.

⑤ 심미성과 과학적 원리를 적용하여 생태적, 예술적, 문화적, 기능적으로 조화되는 환경공간을 조성하여 삶의 질을 향상시켜야 한다.

⑥ 장소 번영적(Place Prosperity) 관점에서 건전하면서도 지속 가능한 개발을 포괄하는 환경공간을 새롭게 유지·관리하는 역할이 요구된다.

출제예상문제

01 **현대조경은 과학적 측면과 예술적 측면을 동시에 지니고 있다는 의미로 어떻게 불리게 되었는지 쓰시오.**

정답 종합과학예술

02 **다음에서 설명하는 용어를 쓰시오.**

현대조경의 의미를 보면 과학적·기능적 토지이용 및 관리에 그치지 않고 토지를 예술작품으로 승화시키는 역할을 담당하고 있다.

정답 토지예술

03 **1980년대의 조경의 변화에서 환경을 기조로 한 학문으로, 조경학의 과학적이며 이론적인 학문적 바탕이 된 학문을 2가지 이상 쓰시오.**

정답 환경생태학, 환경심리학, 환경미학

04 **2000년대에 들어오면서 도입된 친환경적인 설계 개념을 2가지 이상 쓰시오.**

정답 생태연못, 우수연못, 자연형 하천, 투수성 포장

05 경관에 대한 개념이 정적 대상에서 시간에 따라 변화하는 동적 과정으로 보는 시각이 되었던 시기는 언제인지 쓰시오.

정답 2010년대 이후

06 조경학이 궁극적으로 시간과 공간을 아우르는 옥외공간의 창조를 목표로 한다고 볼 때 구분할 수 있는 2가지 측면을 쓰시오.

정답 장소적 측면, 과정의 측면

07 조경분야의 시대별 추이를 살펴볼 때 1970년대의 관심은 무엇이었는지 쓰시오.

정답 인간행태

08 조경분야의 시대별 추이에서 경관형태, 역사경관, 도시재생, 농촌관광, 그린인프라(Green Infrastructure) 등 사회적 이슈와 친환경 조경이 접목된 스마트 성장(Smart Growth)에 관심이 고조되었던 시기는 언제인지 쓰시오.

정답 2000년대 이후

09 한국조경의 시대별 추이에서 국가 및 지방공무원 직제에 조경직이 신설되어 전문영역으로서의 정체성 구현은 물론 사회적 책무와 같은 역할에 탄력을 받는 계기가 되었던 시기는 언제인지 쓰시오.

정답 2006년

10 한국조경에서 조경의 대상을 정원, 공원, 녹색도시 기반시설로부터 자원보존 및 복원공간 등에 이르기까지 몇 개의 영역으로 분류하였는지 쓰시오.

정답 13개 영역

11 **조경이 다루는 경관 영역의 확장에서 정원과 공원으로 국한되지 않고 또 다른 공간으로 확장되었다. 이 다른 공간을 2가지 이상 쓰시오.**

정답 도시경관, 자연환경, 문화환경, 사회적 공간

12 **다음은 조경의 현실적 과제와 목적에 대한 설명이다. (   ) 안에 알맞은 내용을 쓰시오.**

- 세계적 보편성을 지향하는 동시에 지역성과 문화적 (①)의 가치를 발견한다.
- 대지, 경관, 삶의 의미와 역사를 해석하고 표현하는 창의적 조경작품을 생산하며, 미래의 라이프스타일을 이끄는 (②)를 형성해야 한다.
- 누구나 자유롭게 찾고 경험할 수 있는 건강하고 안전한 민주적인 공간을 구축하며, 지속 가능한 (③)를 지향한다.
- 시민과 협력하고 커뮤니티를 지원하는 참여의 문화와 (④)을 실천해야 한다.

정답 ① 다양성, ② 조경문화, ③ 환경복지, ④ 리더십

13 **다음은 조경시공학의 의의와 필요성에 대한 설명이다. (   ) 안에 알맞은 내용을 쓰시오.**

- 자연환경과 (①)을 종합적으로 고려해야 하는 조경 영역은 외부공간을 주 대상으로 하는 건축과 구분된다.
- 심미성을 강조하면서 생태적 소재를 (②)으로 활용해야 한다는 점에서 설계내용과 시공기법이 토목, 도시계획 등과도 구분된다.
- 시각적 미를 다루는 예술분야와는 쾌적한 공간구조와 지속 가능한 이용 등을 (③)으로 고려해야 한다는 차이점을 갖는다.
- 건축이 보다 (④)이고, 도시설계 영역이 보다 사회중심이라면, 조경은 보다 자연중심이라는 전제가 성립된다.

정답 ① 인문환경, ② 환경적, ③ 복합적, ④ 인간중심

14 **조경설계와 시공은 인간의 수요에 따른 변화를 수용하기 위하여 필요한 땅을 새롭게 변경시켜야 한다. 인간의 수요에 따른 변화를 2가지 이상 쓰시오.**

정답 도시화, 복원, 재생

15 **조경설계와 시공은 심미성과 과학적 원리를 적용하여 여러 가지 면에서 조화되는 환경공간을 조성하여 삶의 질을 향상시켜야 한다. 여러 가지 면에는 어떤 것이 있는지 2가지 이상 쓰시오.**

정답 생태적, 예술적, 문화적, 기능적

3 조경의 방향

(1) 조경시공과 타 시공과의 차이점

① 자연환경과 인문환경을 종합적으로 고려해야 하는 조경 영역은 외부공간을 주 대상으로 타 시공에서 사용되고 있는 규격성을 갖는 시설물이나 구조물은 설계도면과 시방서에 의거하여 정밀시공을 하게 되면 목적하는 품질 확보가 가능하다.

② 조경시공에 주재료로 사용되는 식물과 돌, 물, 흙 등을 이용한 비규격적인 부분은 설계도면이나 시방서만으로 시공내용을 상세하게 표현하기가 힘들다.

③ 조경소재 자체의 생김새가 다양하고, 대상지에 따라 조합배치에도 변화의 여지가 있기 때문이다.

④ 소성공간의 품질 여부는 설계내용에 비중이 실리는 경우보다 숙련된 시공자의 기술, 즉 솜씨에 달려 있는 경우가 많다.

⑤ 이러한 것은 자연공원, 캠퍼스 조경 같은 규모가 큰 대상지보다 공동주택단지, 오피스빌딩, 호텔조경 등 심미적이고 세부 표현이 위주가 되는 규모가 상대적으로 작은 조경공간에서 더욱 그러하다.

⑥ 조경공간에 대한 품질은 설계대로 시공이 이루어졌느냐보다는 시공기술과 재료 및 시공관리 과정 등을 알고 접근한 설계인가, 설계의도를 충분히 알고 접근한 시공인가에 달려 있으므로 설계와 시공이 분리되어서는 좋은 품질을 약속 받기가 힘든 것임을 알수 있다.

⑦ 따라서 설계와 시공은 피드백 과정을 되풀이하는 연속과정으로 건전하고 지속 가능한 성과물로서의 책임을 공유해야 하는 선의의 경쟁관계 모색이 필요하다.

(2) 조경소재의 대상

① 자연환경과 인문환경을 종합적으로 고려해야 하는 조경 영역은 외부공간을 주 대상으로 동·식물 같은 생물소재는 물론 건설재료로 사용되는 목재, 석재, 철재, 점토, 합성수지제 등을 비롯하여 기반소재인 토양과 물 등이 포함된다.

② 생태 질서를 유지하기 위한 동·식물과 미생물의 중요성은 물론 무생물도 자연계의 순환을 위해 상응해야 한다는 전제하에 과학적 지식의 활용을 통하여 환경과 경관가치를 찾아내고 건전하고 지속 가능한 친환경 공간을 창출하는 노력이 요구된다.

(3) 조경공사의 개요와 향후 방향

① 자연환경과 인문환경을 종합적으로 고려해야 하는 조경 영역은 외부공간을 주 대상으로 토목, 건축, 기계, 전기공사와 병행하거나 후속공종으로 공정관리를 추진해야 하는 경우가 많다.

② 공사규모가 상대적으로 작고 다양하며, 연속적이면서도 반복적으로 진행되는 건축, 토목공사와는 다르게 시공지역이 넓게 산재되어 시공관리에 어려움이 있다.

③ 식재시공과 시설물시공(특히 수경시설)의 공종 연계가 까다롭고, 계절별 기상요인이 공정관리에 영향을 주는 측면이 강하다.

④ 시공관리, 소재생산, 유통체계, 기계화, 부품화 측면 등 품질수준 확보 차원에서 체계화를 이루지 못한 한계를 극복해야 한다.

⑤ 전통적 시공기술의 현대적 적용방안, 향토 자생식물과 같은 환경 우월성 소재 생산 및 개발 등 시공방법과 기술 그리고 생산성 등에 관한 연구개발, 성과가 도출되어야 할 것이다.

출제예상문제

01 다음은 조경시공과 타 시공과의 차이점이다. ( ) 안에 알맞은 내용을 쓰시오.

- 타 시공에서 사용되고 있는 규격성을 갖는 시설물이나 구조물은 설계도면과 시방서에 의거하여 (①)을 하게 되면 목적하는 품질 확보가 가능하다.
- 조경시공에 주재료로 사용되는 식물과 돌, 물, 흙 등을 이용한 비규격적인 부분은 설계도면이나 시방서만으로 (②)을 상세하게 표현하기가 힘들다.
- 조경소재 자체의 생김새가 다양하고, 대상지에 따라 (③)에도 변화의 여지가 있기 때문이다.
- 조경공간의 품질 여부는 설계내용에 비중이 실리는 경우보다 숙련된 (④)의 기술, 즉 솜씨에 달려 있는 경우가 많다.

정답 ① 정밀시공, ② 시공내용, ③ 조합배치, ④ 시공자

02 조경소재의 대상을 크게 3가지로 나누어 쓰시오.

정답 생물소재, 건설재료, 기반소재

03 공사규모가 상대적으로 작고 다양하며, 연속적이면서도 반복적으로 진행되는 건축, 토목공사와 다른 이유를 설명하시오.

정답 시공지역이 넓게 산재되어 시공관리에 어려움이 있다.

04 조경공사의 개요와 향후 방향에서 식재시공과 시설물시공을 시행할 때 공정관리에 영향을 주는 측면이 강한 요인은 무엇인지 쓰시오.

정답 계절별 기상요인

4 조경공사의 특수성

건설공사 영역에서 조경공사는 토목, 건축, 기계설비공사에 비해 상대적으로 자연환경조건에 따라 시공 여건이 크게 변화하는 특수성이 작용한다.

(1) 재료 및 공종의 다양성

① 공종의 다양성 : 토목, 건축, 기계설비 등의 공종이 다양하게 포함되어 있다.

② 수목, 목재, 철재, 석재, 포장재, 배관재, 도장재 등 다양한 재료를 필요로 한다.

(2) 규격화, 표준화의 곤란성

① 조경공간에 다양한 식물 소재 및 시설물을 도입하는 경우, 자연상태에서 얻어지는 소재를 많이 활용하게 된다.

② 자연상태의 소재가 많이 도입되는 경우에 표준화된 형태와 규격화를 적용하기가 곤란한 경우가 많다.

③ 이는 공정관리의 능률성과 합리성을 제고하는 데 큰 어려움으로 작용한다.

(3) 소규모성

① 재료 및 공종의 다양성으로 인하여 많은 품목의 소재를 활용해야 하지만 품목별 소요량이 많지 않은 소규모 공사가 많다.

② 기계장비의 투입에 제약을 받는 등 인력 시공에 의존해 공사의 효율성이 떨어진다.

(4) 공사지역 및 계절성

① 핵심공종인 식재공사에서 수목과 지피초화류 식재 시 지역 및 계절요인에 따라 환경적 제약이 수반된다.

② 계절에 따라 시공기간을 조정하거나 시공방법을 다르게 해야 하는 특성을 갖고 있다.

(5) 시설물의 작품성

① 현재 시공되고 있는 조경시설물은 시간이 흐름에 따라 복잡해지고 다양화되고 있으며 창의적인 작품성을 요구하는 경향이 많다.

② 식재공사에 비해 상대적으로 비중이 높아지는 추세에 있다.

③ 조경시설은 기능적, 경제적 측면의 고려는 물론 쾌적성과 작품성에 기반한 심미적 측면이 충분히 고려되어야 한다.

출제예상문제

01 조경공사의 특수성을 2가지 이상 쓰시오.

정답 재료 및 공종의 다양성, 규격화·표준화의 곤란성, 소규모성, 공사지역 및 계절성, 시설물의 작품성

02 조경공사의 특수성에서 공정관리의 능률성과 합리성을 제고하는 데 어려움으로 작용하는 점을 쓰시오.

정답 자연상태의 소재, 표준화 및 규격화가 어렵다.

03 조경공사가 기계장비의 투입이 제약을 받는 등 인력 시공에 의존해 공사의 효율성이 떨어지는 경우가 많은 이유를 쓰시오.

정답 소규모 공사가 많다.

04 지역 및 계절요인에 따라 환경적 제약을 가장 크게 받는 조경공사의 공종은 무엇인지 쓰시오.

정답 식재공사

05 현재 시공되고 있는 조경시설물은 시간이 흐름에 따라 복잡해지고 다양화되고 있으며 또 다른 요구를 하는 경향이 많다. 여기에서 다른 요구가 무엇인지 쓰시오.

정답 창의적인 작품성

5 조경의 범위

(1) 누가 공원을 만드는가?

① 공원은 도시민의 피난처이자 마지막 남은 안식처로 시민 대중의 이해와 욕구가 일치할 때 의미를 발휘한다.

② 공원이 도시의 경쟁력이자 시민의 삶의 질을 결정하는 중요한 요소로 여겨지는 시대에 공원의 균형 잡힌 배치는 매우 섬세한 현대사회의 과제라 할 수 있다.

③ 이러한 과제를 해결하는 데 있어 한 개인이나 소수 집단의 의사결정이 아닌, 다수가 참여하고 다양한 이해관계자의 합의에 근거해야 한다.

④ 도시공원의 대표적인 시민 참여 사례로 뉴욕 센트럴파크와, 공원을 책임 운영하고 있는 센트럴파크 컨서번시(Central Park Conservancy)를 빼놓을 수 없다.

⑤ 공원의 운영 및 관리에 시민이 참여할 수 있도록 하는 미국의 공원관리체계를 본받을 필요성이 있다.

(2) 사람들로 완성되는 경관

① 경관을 만드는 일은 인간관계를 형성해 나가는 것이다.

② 사람들이 함께 모여 머무를 공간을 기획하고 디자인하고 만들어나가게 하는 것이 조경가가 하는 일이다.

③ 마을에, 시장에, 거리에, 골목에 만들어지는 사물을 디자인할 뿐아니라 사람들의 활동을 촉진하고, 그 활동을 통해 관계를 만들고, 공간의 관리자가 되게 하는 일이 조경의 영역에 속한다.

④ 핼프린(Lawrence Halprin)은 조경을 거리에서 움직이는 사람들의 활동을 만들어 내고 그들 간의 관계를 만드는 일이라고 하였다.

(3) 보다 나은 삶(건강 · 행복)을 위한 조경의 역할

① 도시 내 자연이 인간 건강에 미치는 효용

㉠ 신체적 효용

- 신선한 공기와 햇빛 속에서 숨쉬고 움직이는 심폐 기능과 근골격계의 항진
- 성장기의 어린이와 청소년에게 자연환경은 신체 활동과 정서 함양 차원에서 매우 중요하다.

㉡ 생리적 효용 : 자연과의 접촉은 자율 신경계를 자극함으로써 신경망을 통해 생리적 기능을 증진하게 된다.

㉢ 심리 · 정서 · 정신 · 영적 효용 : 자연과의 교감은 마음을 편하게 이완시켜 주고, 정신적 몰입감과 집중력을 높여 준다.

㉣ 사회적 효용

- 쉽고 편리하게 접근할 수 있는 근린 녹지 속에서 시민들이 일상적인 만남과 소통을 유지해 나갈 수 있다.
- 최근 고령화 사회에 진입하면서 거주지 근처에서 이웃과 만나고 교류할 수 있는 쉼터나 공원은 노약자의 건강 증진 차원에서도 충분히 주목할 만하다.

② 자연과의 접촉이 건강과 행복에 작용하는 기제

㉠ 스트레스 조절 경로이다.

㉡ 건강과 행복을 가져오는 환경 조절 경로이다.

㉢ 인간의 신체적, 정서적, 정신적 활동을 촉발하는 장소이다.

③ 건강-자연 상관성의 역사

㉠ 정원의 역사는 치유 및 병원의 역사와 함께해 왔다.

㉡ 복잡한 도심보다는 맑은 공기와 물, 시원한 바람과 따뜻한 햇볕 그리고 경치까지 좋은 교외 구릉지가 건강에 훨씬 유리하다고 주장한다.

㉢ 마을 입구의 정자목 아래 쉼터에 주민들은 물론 지나가는 이들도 잠시 앉아 더위를 피하다 보면 이야기를 나누게 된다.

(4) 녹색 비타민(현대인의 필수 영양소)

① **디지털시대의 아날로그 인류** : 21세기에 접어들면서 삶의 속도는 매우 빨라지고 새로운 기술의 사용으로 다양한 심리적, 신체적 장애를 겪게 된다.

② 정신 질환의 온상, 도시

㉠ 생활 방식의 변화로 인해 우울증과 불안장애, 공황장애와 같은 정신 질환을 호소하는 사람들이 늘어나고 있다.

㉡ 우리가 바라보고 사는 일상의 풍경은 우리의 정신과 심리 상태에 큰 영향을 미친다.

③ 왜 자연이 좋은가

㉠ 녹색 자연이 수술 후 환자의 건강 회복에 어떠한 영향을 미치는지에 대한 연구가 진행되었다.

㉡ 사람은 생물학적 본능에 의해 녹색 자연에 끌리게 되며 정신적 피로감이나 스트레스를 느낄 때 자연을 접하면 쉽게 회복된다는 것이다.

④ 녹색은 생체 리듬을 변화시킨다.

㉠ 긴장 속에서 살아가는 현대인들의 뇌 피로 해소에 녹색 자연이 도움이 된다.

㉡ 감염이나 질병으로부터 인체의 건강을 지키는 면역 체계에도 긍정적인 효과가 나타난다.

(5) 정서적 쉼의 장

① 벗어남과 쉼의 장

㉠ 현대인은 종종 바쁜 일상에서 벗어나 어디론가로 가길 원한다.

㉡ 쉼을 위한 장은 병원과 같은 치료의 공간과는 차이점이 있다.

㉢ 정서의 쉼을 가질 수 있는 자연의 숲이 도시민의 근처에 위치할 수 있도록 하는 일이 조경이라 할 수 있다.

② 원거리 쉼의 장

㉠ 자연녹지나 산림녹지가 여기에 해당되리라 생각된다.

㉡ 최근 도심에서 멀리 떨어진 곳에 인공으로 가꾸어서 도시민의 원거리 쉼의 장으로 각광을 받고 있는 수목원들을 쉽게 찾을 수 있다.

③ 근거리 쉼의 장

㉠ 도시민들이 가까운 거리를 이동하여 쉼의 장으로 활용할 수 있는 근린공원, 소공원, 수변공원 등을 말한다.

㉡ 현대인들은 공동주택의 울타리 안에 조성된 주택공원에서 근거리 쉼을 즐길 수 있다.

(6) 현대사회의 삶과 정원

① 정원은 인간의 삶에 왜 필요한 공간인가?

㉠ 꽃과 나무가 있어서 보기에 좋고 휴식이 있는 장 이상의 의미를 갖고 있다.

㉡ 심미나 위락, 휴식을 넘어 기르고 실천하는 장이기도 하다.

㉢ 치유와 회복, 보살핌과 나눔, 참여와 소통의 가치에서도 주목받는 곳이다.

② 우리 시대에 정원을 되살려 내야 하는 까닭은?

㉠ 우리 사회에서 각자 내면을 다스리고 다른 이와의 만남과 보살핌 그리고 나눔을 통해 소통하고 화해하는 데에 정원이 정말로 중요한 역할을 할 것이다.

㉡ 정원은 개인의 심신은 물론 사회, 국가적으로도 관계와 건강 회복을 위한 촉매제인 것이다.

③ 정원을 만들고 가꾸며 정원문화를 확산시키는 데에 조경가의 역할은?
㉠ 사회적 거리가 강요되고 비대면이 스킨십을 대신하게 되면서 사람 간의 관계에 대한 염려가 높아지고 있다.
㉡ 이럴 때에 조경의 공원녹지와 정원이라는 두 핵심 요소가 가장 먼저 상기되는 대상이다.
㉢ 조경가는 내가 살고 있는 주변 마을, 도시, 지역으로 범위를 넓혀 차근차근 가꾸고 보살피는 노력을 해야 한다.

(7) 동시대 정원의 가치와 미래

① 정원의 가치는 정신적인 즐거움, 창조하는 쾌감, 스스로 긍지를 갖는 것이다.
② 정원의 가치는 생활에서 필수적인 것으로 인간에게 갖는 가치만큼 의미가 있다.
③ 조경의 대부분은 계획의 과정이기 때문에 합리적인 판단을 계속해야 한다.
④ 정원철학이 없이는 정원을 만들 수 없다. 작가의 의도를 풍경을 통해 표현하고 서정적 감흥을 강하게 전달하는 것이 중요하다.

(8) 지속가능성을 위한 조경가의 도전

① 지속가능성과 회복력 있는 조경계획
㉠ 시간이 흐를수록 예측 불가능하고 거대하며 빈번한 환경 변화가 일어난다.
㉡ 이상 기후 현상 등 자연재해를 초래하여 환경과 인간의 삶에 직·간접적으로 많은 영향을 주게 되었다.
㉢ 조경가는 환경의 사회-생태 시스템의 구조와 기능, 정체성을 유지하는 능력인 회복력에 집중하기 시작했다.
② 생태계 회복력 증진을 위한 그린 네트워크 시스템
㉠ 회복력 있는 조경계획을 구현하기 위한 하나의 대안은 그린인프라 계획이다.
㉡ 그린인프라 계획은 환경의 생태적, 문화적, 사회적 요소들을 서로 소통하게 한다.
㉢ 자연자원의 잠재력을 향상시켜 우리에게 생태계 서비스를 제공하는 사회-생태 시스템을 스스로 지속 가능한 친환경적이고 친인간적인 공간으로 발전시킨다.

(9) 과학과 기술의 최전선에 선 조경

① 조경에서 센싱, 빅데이터, 인공지능은 도시의 녹지에서 자라고 있는 나무들의 수종, 위치, 구조, 기능을 실시간 모니터링하는 작업을 할 수 있다.
② 센싱과 인공지능을 활용하여 차량에 모바일 레이더, 카메라, GPS/IMU가 결합된 시스템을 장착하면 도로를 달리며 가로수 빅데이터를 구축할 수 있다.
③ 차량의 접근이 어려운 도시공원이나 도시 숲은 드론을 이용하여 개별 수목들의 구조와 건강도를 탐지한다.

(10) 기후 위기 시대의 조경

① 폭염, 홍수, 미세먼지 등의 기후 변화 재해 취약성을 개선할 수 있는 대표적인 그린인프라는 지방 거주민과 저소득층에게도 보편적으로 제공할 수 있는 대표적인 그린 복지이다.
② 그린인프라의 생태적 기능과 작용을 살펴보면 광합성, 증발산 그리고 대기와 수자원 간의 물질교환을 통한 균형과 자정 효과로 정리할 수 있다.
③ 수질 오염 문제가 부각되고 있는데, 여기서도 LID시스템(저영향개발시스템)은 유효하다.
④ 미세먼지 저감을 위한 스마트 그린인프라 시스템을 조경에 활용한다.

(11) 보다 나은 미래를 위한 문화유산

① 최근 들어 전통을 바라보는 인식과 태도가 이전과는 많이 달라졌다.

② 한류, 곧 한국 문화가 세계 각국에서 큰 관심과 사랑을 받고 있다.

③ 유산이란 과거에 만들어진 것이지만 현재 시점 이후에도 역사적 중요성을 보유하고 있는 언어, 사상, 전통, 건축 등의 문화적 소산으로 정의된다.

④ 조경에서의 역사와 전통은 소중하므로 문화유산의 보호는 물론 관리에 있어서 조경가의 역할은 앞으로 매우 확대될 필요가 있다고 판단된다.

(12) 조경 디자인 매체로서의 식물(조경가의 가장 중요한 도구)

① 조경은 살아 있는 재료를 다루는 영역이다.

② 자연의 재료인 식물은 성장·변화하고 상호작용하며 예기치 못한 상황을 촉발하는 역동성을 발휘한다.

③ 낮이 가고 밤이 오듯이 새싹이 나고 꽃이 피며 열매를 맺는다.

④ 조경가는 자연과 식물 세계의 질서를 읽어 디자인에 반영한다.

⑤ 식새 디자인은 식물의 생태적 특성과 심미적인 특질을 총체적으로 고려하여 자연을 재구성하는 조경설계의 핵심이자 이용자의 미적 경험을 상상하는 일이다.

⑥ 조경가는 사람들이 경험하는 식물의 아름다움을 설계적 언어로 번역하는 사람이다.

㉠ 조경가는 생태적으로 건강하고 미학적으로 아름다운 장소를 구현하기 위해서 어떤 식물을 선택할지 고민한다.

㉡ 조경가는 가끔 식물 자체의 생리적·물리적 특징에만 집착하여 한 식물과 다른 식물 간의 상호작용이나 서식처 간의 생태적인 과정을 간과할 때가 많다.

㉢ 조경가는 식물의 집단, 즉 군집 또는 서식처 형태의 식생 단위를 고려한다.

⑦ 식물과 공간 체험

㉠ 식재 디자인은 장식을 만드는 과정이 아니다.

㉡ 식물이 만드는 공간은 그림처럼 정적이지 않다.

㉢ 조경가는 적절한 식물을 선택하고 조합하여 이용자들의 감각과 감정을 작동시키며, 다양한 행위를 유도한다.

⑧ 식물의 형태

㉠ 식물의 형태는 단순하지 않다.

㉡ 보는 방향과 시점에 따라 달라지며, 이러한 형태의 상대성은 외부 공간 설계에 다양하게 활용된다.

㉢ 식물은 바라보는 방향, 거리, 각도에 따라 각양각색의 색감, 선, 줄기의 표면, 잎의 모양 등 세밀한 형상이 드러난다.

⑨ 식물이 만들어 내는 위요감

㉠ 조경의 한 공간을 둘러싸는 정도가 위요와 차폐의 차이를 만들어 낸다.

㉡ 이것은 공간 내에서의 소통 또는 관계성을 통해 시야와 물리적인 움직임을 조율하여 위요감의 농도와 투과성을 결정짓는 것을 말한다.

⑩ 걸으면서 느끼는 식물의 전개

㉠ 풀, 야생화, 관목, 교목이 어우러진 다채로운 서식처 풍경은 독특한 포장계획과 더불어 산책의 즐거움을 배가시킨다.

㉡ 잡목 속 오솔길을 걷다 어느 순간 키가 큰 목초지를 만나는가 하면 햇빛이 반짝이는 호수를 조망하는 선데크(덱)과 물의 정원에서 휴식을 취할 수 있다.

⑪ 식물과 시간 체험
  ㉠ 살아 있는 것은 태어나고 성장하고 노화하고 소멸한다.
  ㉡ 식재 디자인은 변화를 디자인하는 것이며, 곧 시간을 디자인한다.
  ㉢ 조경가는 공간에서 변화에 저항하는 재료와 식물을 병치하여 시간성을 표현하기도 하고, 계절별로 꽃이 피고 단풍이 들며 심지어 가을에 말라비틀어진 식물의 아름다움까지도 고려하여 설계한다.

출제예상문제

01 **도시공원은 도시의 경쟁력이자 시민의 삶의 질을 결정하는 중요한 요소이다. 이러한 시대에 현대사회의 과제로 등장한 것은 무엇인지 쓰시오.**

정답 도시공원의 균형 잡힌 배치

02 **조경을 거리에서 움직이는 사람들의 활동을 만들어 내고 그들 간의 관계를 만드는 일이라고 정의한 사람은 누구인지 쓰시오.**

정답 핼프린(Lawrence Halprin)

03 **도시 내 자연이 인간 건강에 미치는 효용 중에 신선한 공기와 햇빛 속에서 숨쉬고 움직이는 심폐 기능과 근골격계의 항진을 증진시키는 것은 무엇인지 쓰시오.**

정답 신체적 효용

04 **다음에서 설명하는 자연이 인간 건강에 미치는 효용은 무엇인지 쓰시오.**

> 자연과의 접촉은 자율 신경계를 자극함으로써 신경망을 통해 생리적 기능을 증진하게 된다.

정답 생리적 효용

05 **다음은 현대인의 필수 영양소인 녹색 비타민에 대한 설명이다. (   ) 안에 알맞은 내용을 쓰시오.**

> • 새로운 기술의 사용으로 다양한 심리적, (①) 장애를 겪게 된다.
> • 우리가 바라보고 사는 일상의 풍경은 우리의 정신과 (②)에 큰 영향을 미친다.
> • 사람은 생물학적 본능에 의해 녹색 자연에 끌리게 되며 정신적 피로감이나 스트레스를 느낄 때 (③)을 접하면 쉽게 회복된다는 것이다.
> • 녹색은 감염이나 질병으로부터 인체의 건강을 지키는 면역 체계에도 (④) 효과가 나타난다.

정답 ① 신체적, ② 심리 상태, ③ 자연, ④ 긍정적인

06 다음에서 설명하는 정서적 쉼의 장을 쓰시오.

> 1) 조경의 범위에서 현대인은 종종 바쁜 일상에서 벗어나 어디론가로 가길 원하며 정서의 쉼을 가질 수 있는 자연의 숲으로 가고 싶어 한다.
> 2) 최근 도심에서 멀리 떨어진 곳에 인공으로 가꾸어서 도시민으로부터 각광받고 있는 수목원들을 쉽게 찾을 수 있다.

정답 1) 벗어남과 쉼의 장
2) 원거리 쉼의 장

07 정원의 가치를 2가지 이상 쓰시오.

정답 정신적인 즐거움, 창조하는 쾌감, 스스로 긍지

08 회복력 있는 조경계획을 구현하기 위한 하나의 대안은 무엇인지 쓰시오.

정답 그린인프라 계획

09 도시의 녹지에서 자라고 있는 나무들의 수종, 위치, 구조, 기능을 실시간 모니터링하는 작업을 할 수 있는 시스템은 무엇인지 쓰시오.

정답 센싱과 인공지능

10 식물의 생태적 특성과 심미적인 특질을 총체적으로 고려하여 자연을 재구성하는, 조경설계의 핵심이자 이용자의 미적 경험을 상상하는 일을 무엇이라 하는지 쓰시오.

정답 식재 디자인

11 다음은 조경가에 대한 설명이다. ( ) 안에 알맞은 내용을 쓰시오.

> 조경가는 사람들이 경험하는 식물의 아름다움을 (①)로 번역하는 사람이다. 자연과 식물 세계의 질서를 읽어 (②)에 반영하며, 적절한 식물을 선택하고 조합하여 이용자들의 감각과 감정을 작동시켜 (③)를 유도한다.

정답 ① 설계적 언어, ② 디자인, ③ 다양한 행위

12 다음 ( ) 안에 알맞은 내용을 쓰시오.

> 식재 디자인은 변화를 디자인하는 것이며, 곧 ( )을 디자인한다.

정답 시간

6 조경공사의 공종 분류

(1) 부지조성 및 대지조형공사

① 부지조성

㉠ 지형의 보전이나 변형으로 새로운 지형경관을 조성하는 것이다.

㉡ 계획대상지에 설치하는 구조물·시설물과 관련된 토공을 말한다.

② 대지조형

㉠ 경관적으로 우수한 지형의 조성을 위하여 높낮이·굴곡 등으로 지형경관을 연출하는 것이다.

㉡ 마운딩 또는 비탈접속면의 굴절로 인한 위화감의 완화로 경관향상과 침식방지용으로 지형을 굴곡처리하는 라운딩을 말한다.

(2) 식재기반조성공사

① 표토모으기 및 활용

㉠ 표토란 지질의 지표면을 이루는 흙으로서 유기물과 토양 미생물이 풍부한 유기물층과 용탈층 등을 포함한 표층토양을 말한다.

㉡ 표토의 활용은 부지조성 등으로 지형 변형이 예상되는 지역의 표토를 채취 운반하여 적치장에 보관해 둔다.

㉢ 보관했던 표토는 수목식재와 녹화 등 양질토의 복원이 요구되는 지역에 포설하여 식재할 토양층을 유기물과 토양 미생물이 풍부한 유기물층으로 만들어 주는 것이다.

② 조경토공

㉠ 땅깎기, 흙쌓기, 정지, 노반의 마무리, 다짐 등과 구조물 또는 시설물 기초 및 관로 부설을 위한 터파기, 되메우기, 잔토처리 등이 있다.

㉡ 부지의 조성으로 지형이 변형되는 구역의 표토를 채취 운반하여 적치장에 보관한 후 수목식재 및 녹화 등 양질토가 요구되는 지역에 포설하는 것을 말한다.

(3) 식재공사

식재공사는 일반식재기반 식재, 인공식재기반 식재, 수목이식, 잔디식재 등으로 구분한다.

① 일반식재기반 식재

㉠ 자연지반에 수목을 식재하는 것을 말한다.

㉡ 수목식재의 세부과정은 구덩이 파기-나무세우기-묻기-물조임-지주세우기-뒷정리 순서로 시행한다.

② 인공식재기반 식재

㉠ 자연지반과 구조물 또는 식재시설로 분리된 식재기반에 식재하는 것을 말한다.

㉡ 건축물 옥상, 실내·지하 및 구조물 상부 등과 같은 인공기반 식재와 식물 생육이 부적합한 임해·쓰레기·암반 등 불량환경인자를 가지고 있는 곳에 식재하는 것도 포함된다.

㉢ 자연지반에 식재하는 것과는 다르게 열악한 인공환경의 극복이 가능하도록 식재기반조성과 수목 특성의 고려 및 관리 등에서 특히 세심한 주의가 필요하다.

㉣ 수목 생육에 부적합한 원인 인자를 차단하고 토양의 개량 등으로 식생에 양호한 생육 환경을 조성한다.

(4) 수목이식

① 수목굴취

㉠ 재배수 굴취와 자연상태의 야생수 굴취로 분류된다.

㉡ 세부과정은 가버팀대(가지주) 설치, 뿌리돌림, 굴취, 분매기, 전정으로 구분된다.

② 수목운반

㉠ 수목의 가식이나 정식을 위한 대운반과 소운반으로 구분한다.

㉡ 굴취에서 가식이나 정식 장소로의 기계를 이용하는 장거리 운송을 대운반이라 한다.

㉢ 굴취나 대운반 전후 기계나 인력의 단거리 이동을 소운반이라 한다.

③ 야생수목 이식

㉠ 개발 등으로 수목의 존치가 곤란한 경우 관상가치가 있는 수목을 이식한다.

㉡ 야생수목은 뿌리 분포가 광범위하여 일반수목보다 많은 기간과 과정이 소요되므로 별도 이식계획 수립이 반드시 필요하다.

(5) 잔디식재

① 잔디 및 초화류 식재공사

㉠ 잔디식재기반은 수목과 동일하게 일반식재기반과 인공식재기반으로 구분된다.

㉡ 인공식재기반 등 생육조건이 제한적인 경우 수목에 비하여 상대적으로 유리할 수는 있으나 기반 조성이 소홀하면 녹지 전반에서 문제점이 발생할 수 있으므로 그에 대한 고려가 필요하다.

② 잔디 및 초화류 파종공사

㉠ 잔디 및 초화류 파종지역은 특히 식생기반이 소홀하면 세굴 등으로 지형과 경관 등에 악영향을 줄 수 있다.

㉡ 파종지역의 사면 등은 일정 기간의 지형유지와 씨앗착상 및 발아의 보조역할을 위하여 거적 등으로 표면보호 조치를 시행한다.

③ 기타 부대공사

㉠ 자연지반의 노출 시 잔디와 초화류 식재 및 파종 이외의 녹지면은 지반의 안정상태 유지를 위한 고려가 필요하다.

㉡ 지형안정과 수분유지 및 잡초발생 억제 등을 위하여 우드칩, 짚 등으로 멀칭한다.

출제예상문제

01 지형의 보전이나 변형으로 새로운 지형경관을 조성하는 것을 무엇이라 하는지 쓰시오.

정답 부지조성

02 경관적으로 우수한 지형의 조성을 위하여 높낮이 · 굴곡 등으로 지형경관을 연출하는 것을 무엇이라 하는지 쓰시오.

정답 대지조형

03 지형 변형이 예상되는 지역의 표토를 채취 운반하여 적치장에 보관해 두었다가 수목식재와 녹화 등 양질토의 복원이 요구되는 지역에 포설하는 것을 무엇이라 하는지 쓰시오.

정답 조경토공

04 다음은 수목식재의 과정이다. (　) 안에 알맞은 내용을 쓰시오.

구덩이 파기 → 나무세우기 → 묻기 → 물조임 → (　) → 뒷정리

정답 지주세우기

05 다음 (　) 안에 알맞은 내용을 쓰시오.

수목굴취의 과정은 가버팀대(가지주) 설치, (　), 굴취, 분매기, 전정으로 구분한다.

정답 뿌리돌림

06 수목운반, 굴취에서 가식이나 정식 장소로 기계를 이용하는 장거리 운송을 무엇이라 하는지 쓰시오.

정답 대운반

07 다음에서 설명하는 용어를 쓰시오.

잔디 및 초화류 파종공사에서 파종지역의 사면 등은 일정 기간의 지형유지와 씨앗착상 및 발아의 보조 역할을 위하여 거적 등으로 덮는 일

정답 표면보호조치

제2절 조경사

1 동양의 조경

(1) 동양의 조경문화와 사상

※ 동양 전통조경문화의 기저사상 : 음양오행설, 신선사상, 도가사상, 유가사상, 풍수지리설

① 음양오행설

㉠ 조선시대에 성행한 방지원도(方地圓島)형 연못은 네모난 연못에 둥근 섬을 쌓아올려 땅과 하늘, 즉 음양의 결합에 의한 만물의 생성원리를 표현한 것이다.

㉡ 하늘은 둥글고(○), 땅은 네모지며(□), 사람은 삼각(△)을 이룬다는(天=陽=○, 地=陰=□, 人=中庸=△) 상징적 의존관계로 파악한 천지인의 삼재사상과 맥을 같이 한다.

② 신선사상

㉠ 중국 주나라 말기(BC 3세기 전후)에 선인(仙人)을 동경해서 현세를 초월하고 불로불사약을 얻어 천지와 시종하고 하늘을 나는 등 행동과 생활의 실현을 염원하는 사상을 일컫는다.

㉡ 사기에 삼신산(三神山)은 봉래(蓬萊)·방장(方丈)·영주(瀛州)이고, 풍파가 심해서 다가가기 어려운 곳인데, 선인이 살고 불사약이 있다고 기록하였다.

③ 도가사상

㉠ 인간이 무위자연의 도를 본받아야 함을 강조하여 도는 천지의 시작이며 만물의 어머니로서 우주의 생성원리이자 대원칙이라고 하였다.

㉡ 삼신산, 십장생 등은 불로장생을 염원하는 상징관으로 조경문화에 많은 영향을 주었다.

㉢ 관직에서 물러나 유배지에서 조영한 사대부들의 별서와 누정 등에서 사례를 발견할 수 있다.

④ 유가사상

㉠ 조선시대 향교와 서원이 급속히 보급되는 계기가 되었다.

㉡ 궁궐, 향교와 서원, 민가 등의 배치에서 남녀유별, 신분상의 위계에 따라 공간분할이 이루어졌다.

㉢ 사당은 집안의 동쪽에 자리 잡았고 안살림과 바깥살림을 엄격히 구별하고, 남성과 여성의 공간은 채와 마당 단위로 구분되어 상호 출입이 통제되었다.

⑤ 풍수지리설

㉠ 자연환경과 사람의 길흉화복을 연관 짓는 풍수지리의 기본논리는 땅속의 생기를 접함으로써 복을 얻고 화를 피하자는 것으로, 지상(地相)을 판단하는 이론이다.

㉡ 산·수·방위·사람 4가지 요소를 조합하고, 주역을 준거하여 음양오행의 논리로 체계화되었다.

㉢ 도읍이나 군·현 또는 마을의 터를 잡는 양기풍수, 집터를 잡는 양택풍수, 묘터를 잡는 음택풍수로 구분되었다.

㉣ 조경적 측면에서도 연못, 수목의 위치 등에 다양하게 영향을 주었으며, 뒤뜰의 경사지를 활용한 화계와 배후숲의 조성, 쾌적한 환경을 만들게 하는 배경요인으로 작용하였다.

㉤ 오늘날 풍수지리는 땅과 자연의 이치를 설명하는 전통적 토지이론으로서 인간과 자연의 조화·균형 측면에서 볼 때 경관생태학과 같은 환경과학논리에 부합된다.

㉥ 조경학, 지리학, 건축학, 도시학 등 학문 영역에서 땅과의 유기적 관련성을 고려한 합리적 전통사상으로 평가되고 있으며, 난개발에 따른 환경문제를 양산하는 현대문명의 대안이 될 수 있다는 견해도 대두되고 있다.

(2) 한국의 조경

① 예로부터 산고수려(山高樹麗)하여 고려라 했으며, 4계절이 뚜렷하고 아름다운 산수자연풍광을 간직하고 있으므로 자연의 질서 속에서 지속 가능한 복거공간을 구축하는 특징이 있다.

② 한국의 조경에서 가장 중요한 것은 자연지형을 변형시키지 않으면서 생토에 의미를 부여하고 최적지의 터를 가꾸는 일이다.

③ 조경유형은 신림과 궁원, 사원과 서원 그리고 별서, 누정, 민가 조경, 능, 묘원 등으로 구분할 수 있는데 시대에 따라 다소 다른 특징을 보이기도 한다.

④ 시대별 강조된 조경사상

㉠ 삼국시대

고구려	• 진취적이며 패기와 정열적, 규모가 크고 장엄하며 정연하고 정형화된 유형 • 동명왕릉의 진주지(170개의 못) • 못 안에는 4개의 섬 – 봉래, 영주, 방장의 3개+호랑(신선사상의 영향) • 안학궁의 경원(A.D 427) – 남궁, 중궁, 북궁으로 구분 – 남궁 서쪽에 곁들여 있는 정원은 못과 축산으로 이루어짐 – 못 : 자연곡선으로 윤곽처리, 4개의 섬 – 축산 : 자연스러운 형태, 정자터(→ 경석이 다수 발견) – 안학궁의 지원은 신선사상을 배경으로 하는 자연풍경묘사의 경원양식인 듯하다(중국 한나라의 상림원과 유사). • 장안성(평안성)(A.D 586) : 4성과 을밀대를 비롯한 장대가 7개
백제	• 귀족적 성격이 강하여 온화하고 화려한 문화를 이룸 • 노자공 : 일본에 건너가 수미산과 오교로 이루어진 정원을 꾸밈 • 일본 정원에 대한 최초기록(일본 서기)/일본 조원의 선구자 • 임류각(동성왕 22년, A.D 500) : 우리나라 정원 중 문헌상 최초의 정원 – 물가에 세워져 강의 수경과 산야의 경관을 바라다보면서 즐기는 유락의 기능 – 못을 파고 금수를 우리 안에서 길렀다고 함 → 「삼국사기」, 「동국통감」 • 궁남지(무왕 35년, 634년) – 못 안에 하나의 섬을 둠(중도 : 신선사상) – 못 주변으로 버드나무 식재
신라	• 조경문화는 고구려와 백제에 비해 늦게 싹텄지만 경원의 종류가 비교적 다양하고 우수하다. • 임해전지원(=안압지, 월지, 안하지)(A.D 674) – 특징 : 해안의 풍경을 상징, 중국의 무산 12봉을 상징하여 연못 주위에 동산 조성 – 「삼국사기」 : 문무왕 14년 궁내에 못을 파고 산을 만들며 화초를 심고 진기한 짐승과 새를 길렀다는 기록 • 크기 : 동서 190m, 남북 220m, 전체 면적 약 40,000m^2, 지면적 약 17,000m^2 • 연못 – 북서방향으로 대, 중, 소 3개의 섬 – 못의 밑바닥은 강회로 다지고 작은 천석을 깔아둠 – 2m 내외의 井자형 나무틀에 연꽃 식재 • 호안 주변 조성 – 목침 모양의 돌로 호안석축, 바닷가 돌을 배치하여 바닷가 경관 조성 – 남안과 서안은 직선 북안과 동안은 다양한 형태 • 임해전 : 신선사상을 배경으로 하는 해안풍경묘사의 경원이며, 정적인 연유와 관상+동적인 주유기능을 함 – 왕과 신하 간의 정적인 유락공간, 연회의 장 – 호수에서는 배를 띄워 노는 주유(舟遊)공간으로서의 기능 – 수백의 경석이 적절히 배치(일본의 고산수식 정원 발달에 영향) • 포석정의 곡수거(사적 제1호) : 석조를 파서 물을 흐르게 하고 술잔을 띄움 • 사절유택 – 귀족들이 철따라 자리를 바꿔가면서 별장을 놀이장소로 삼던 것 – 봄(동야택), 여름(곡양택), 가을(구지택), 겨울(가이택)

㉡ 고려시대

- 궁궐정원(금원) : 괴석에 의한 석가산, 지원, 화원, 정자, 격구장
- 화원 : 관상목적의 화훼와 화목류를 송 · 원나라에서 수입, 이국적 분위기
- 석가산
  - 기이한 암석으로 산을 만들어 신선세계를 묘사
  - 수려한 자연의 기암절벽이나 불로장생이 있는 신선제를 울타리 안에 상징적으로 도입(예종, 의종 때 성행)
- 원정
  - 전망 좋은 강변과 언덕에 휴식과 조망을 위해 정자 설치
  - 귀령각지원(동지) : 경종 977년~고려 말까지 조속한 고려 대표적 정원. 백제의 궁남지, 신라 안압지와 유사한 기능, 선발시험, 검열&사열 유락, 물놀이(뱃놀이)
- 정자
  - 경치가 좋은 곳에 놀기 위하여 지은 벽이 없고 사방이 트인 건축물(이규보)
  - 여름철의 휴식, 피서, 산수의 경관을 관상
- 망루 : 집 위에 집이 있는 구조라 하여 2층으로 된 형태의 건물(현감, 군수)
- 격구장 : 격구는 젊은 무과 상류층 청년의 무예의 일종으로 신라시대에 중국으로부터 들어왔고 고려시대에 크게 성행, 동적
- 사원경원 : 적극적인 조경행위보다는 수경적인 입장에서 못을 파고 화초를 심음
- 문수원의 남지 : 강원도 춘성군 별서면, 이자현(1061~1125)
- 영지(影池) : 연못에 부용봉이라는 산이 투여됨(계류가에 있는 사다리꼴 장방형지)
- 석가산기법 : 자연석을 인공적이지 않은 형태로 조성

㉢ 조선시대

- 경복궁(정궁) : 기하학적, 남북축을 중심으로 좌우대칭 배치

경회루 지원	• 연회, 과거시험, 궁술구경, 정치적 행사 • 크기 130×100m 방지 3개의 방도로 구성 • 경회루가 세워져 있는 큰 섬은 지안과는 3개의 석교(石橋)로 연결 • 가상적인 동서의 축을 중심으로 장방형의 소도가 좌우대칭으로 배치(소나무) • 느티나무, 회화나무
교태전 후원 (아미산원)	• 왕비의 침전 • 평지에 인공적으로 축산(경회루 연못을 판 흙을 이용)한 계단식 정원 • 계단, 괴석, 석지, 굴뚝(벽면에 십장생), 꽃나무(쉬나무, 돌배나무, 말채나무)
향원정 지원	• 경복궁 후원의 중심을 이루는 연못 • 방지원도, 취향교
자경전	• 신선산상을 잘 나타냄 • 화문장 : 벽면에 매, 죽, 도, 석류, 모란, 국화가 부조 만/수(卍/壽)의 문자를 새기고 기하학적 장식무늬의 수를 놓음 • 10장생 굴뚝 : 굴뚝에 십장생, 대나무, 국화, 연, 포도 등의 식물 새김

- 창덕궁[별궁, 동궐, 후원(비원)]
  - 자연지형을 이용한 세계적 · 문화재적인 정원이다. 유네스코 세계 문화유산
  - 울창한 수림 속에 우아한 건물에 의해 구성된 규모가 작은 정원이 알맞게 배치하였다.
  - 낮은 곳에 못을 파고 높은 곳에 정자를 세워 관상 휴식

• 낙선재 후정 : 화계와 괴석(괴석대에 3선도를 상징하는 음각) - 신선사상
• 부용지 중심 공간 : 부용정, 주합루, 어수문, 영화당
  - 부용정원 : 방지원도(땅은 네모고 하늘은 둥글다)
• 반도지 중심 공간 : 관람정(부채꼴), 존덕정, 일영대
  - 관람지원 : 한반도 모양의 자연곡지, 부채꼴 모양의 정자
  - 존덕정 : 가장 아름다운 정자
• 옥류천 공간(곡수연 터) : 청의정과 태극정 - 후원의 가장 안쪽
• 애련지와 연경당(민가모방 99칸 건축) 중심 공간 : 불로문, 장락문, 장양문, 수인문, 농수정, 선향재

※ 애련지 : 주돈이의 애련설에 영향

• 주택정원
• 민가정원
  - 소박하고 친근한 분위기
  - 마당을 중심으로 건물 또는 담장으로 둘러싸인 구성
  - 마당 : 수목은 심지 않고 가족행사, 농사일(행랑, 사랑, 안마당)
• 별서정원 : 사대부가 본가와 떨어져서 초야에 지은 집, 별장

양산보의 소쇄원 (1530)	• 전남 담양군, 오곡, 석가산 • 뛰어난 공간구성, 경사면을 계단으로 처리(자연과 조화) • 자연경관에 약간의 인공미를 가한 자연식 정원 • 자연계류를 그대로 활용 • 각 부분의 공간이 자연스럽게 연결
정영방의 서석지원 (1636)	• 경북 영양군, 사우단 • 정원의 대부분이 못인 수경, 못을 파다 나온 돌을 그대로 사용
윤선도의 부용동 원림 (1640)	• 전남 완도군/동천석실, 활터, 선착장, 말무덤 • 자연 그 자체를 울타리가 없는 정원으로 삼음/최소한의 인위적 구성 • 인공적으로 방지 방도 축조
정약용의 다산초당 (1808)	• 전남 광진군, 채원 • 방지원도, 섬안에 석가산
그 외	김조순의 옥호정(계단식 후원)

• 광한루 지원 : 조선시대 경원 중 신선사상을 가장 구체적으로 부각시키고 있는 곳
  - 2층 건물의 팔각지붕, 동서 100m, 남북 50m의 장방형의 연못
  - 연못에 3개의 섬이 동에서 서로 배치됨
  - 삼신선도 : 봉래도(중앙, 대나무 식재), 방장도(동쪽, 백일홍), 영주도(서쪽, 연꽃)
  - 오작교 : 네 개의 구멍이 뚫린 석축의 다리
  - 식재 : 노령의 수종
  - 누 앞에 자라 석조상 배치

⑤ 우리나라(조선) 정원의 특징 : 무기교의 기교

㉠ 사상

신선사상	• 삼신산(봉래, 방장, 영주), 십장생도(불로장생) • 연못내 중도(섬) 설치 : 백제의 궁남지, 광한루 지원
은거사상	조선시대 별서정원이 주가 됨
음양오행설	• 정원 연못의 형태 • 방지원도 : 하늘은 양(○), 땅은 음(□) • 십장생 : 소나무, 거북, 학, 사슴, 불로초, 해, 산, 물, 바위, 구름
풍수지리설	배산임수의 양택, 후원조경의 탄생
유교사상	서원의 공간배치, 궁궐, 민가 주거공간의 배치에 영향

㉡ 지형 : 풍수지리설에 영향, 완만한 구릉과 경사지

• 직선적인 윤곽의 처리 : 담, 화계와 방지(경회루 원지, 아미산 정원)

• 연못의 형태와 구성은 직선적인 방지를 기본으로 하는 단순 형태로 단조롭다.

※ 일본은 변화가 많은 다양한 형태이고, 중국은 한국과 일본의 중간 형태이다.

㉢ 기후 : 낙엽활엽수를 식재하여 사계절의 변화를 느낄 수 있도록 하였다.

㉣ 민족성 : 순박함 – 자연과의 일체감, 마음을 수양하는 정원

㉤ 수목의 인위적인 처리는 회피하였다.

⑥ 근대 한국조경

㉠ 1897년 파고다 공원 조성 : 우리나라 최초의 공원(영국 브라운 설계)

㉡ 1967년 공원법 제정 : 최초의 국립공원은 1967년 지리산 국립공원

㉢ 1971년 도시계획법 제정

㉣ 최초의 유럽식 정원 : 덕수궁 석조전(최초의 유럽식 건물) 앞 침상원 분수와 연못을 중심으로 한 프랑스식 정원

(3) 중국의 정원

① 특징 : 계속적인 변화와 시각적 흥미 – 관찰자의 움직임에 따른 시각적 흥미 높음

㉠ 경관의 조화보다 대비를 강조하였다.

㉡ 여러 비율을 혼용하였다.

※ 영국의 풍경식 정원 = 1 : 1, 일본의 정원 = 1 : 10, 1 : 100

㉢ 자연미와 인공미를 같이 사용하였다. 자연이 아름다운 곳을 골라 인위적인 암석 배치, 수목 식재로 심산유곡의 느낌이 들도록 조성하였다.

㉣ 기하학적인 무늬와 전돌바닥 포장과 괴석 사용으로 바닥 면과 대조되도록 하였다.

㉤ 태호석을 이용, 정원 속에 산악이나 호수의 경관과 유사하게 조성하였다.

㉥ 상징적 축조가 주를 이룬다.

㉦ 직선과 곡선을 혼용하였다.

※ 한국 : 직선, 일본 : 곡선

㉧ 신선사상을 바탕으로 한 풍경식이다.

② 성격

㉠ 원시적 공원의 성격 : 수려한 경관에 누각, 정자

㉡ 인위적 조성의 성격 : 암석, 수목, 연못(만수산 이궁)

㉢ 건물 공지에 조성하는 성격 : 태호석, 거석을 세워 주경관으로 삼음

㉣ 주택에 중정의 성격 : 전돌, 박석, 옥석포장, 면적이 좁아 화분에 심은 꽃나무 배치, 어항, 연꽃 재배

③ 시대별 중국 정원

<table>
<tr><td rowspan="1">주시대
(기원전 11세기~
기원전 256)</td><td colspan="2">• 중국 역사상 가장 오래된 정원 기록이 있음
• 시경 : 영대(주변보다 높은 건물), 영소(연못), 영유(짐승)의 기록
• 춘추좌씨전 : 신하의 포(圃)를 징발하여 유(囿)를 삼았다는 기록
※ 원(園) : 과수를 심는 곳, 포(圃) : 채소를 심는 곳, 유(有) : 금수를 키우는 곳</td></tr>
<tr><td>진시대</td><td colspan="2">• 시황제 : 상림원의 아방궁, 여산릉(진시황의 묘)과 만리장성을 축조
• 난지궁(시황제) : 연못 속의 섬(봉래산) – 신선사상</td></tr>
<tr><td>한시대</td><td colspan="2">• 토단을 쌓아 건물을 축조, 전돌포장 시작
• 상림원
– 둘레 300리, 70여 채의 이궁, 화목 3,000종, 길이 7m의 돌고래상 등
– 황제의 수렵장
– 곤명호, 곤명지, 서파지 등 6대 호수 조성
– 신선사상 : 곤명호 양안에 견우직녀 석상을 세워 은하수를 비유
• 태액지원
– 신선사상 : 봉래, 방장, 영주 3섬 축조, 못가에 조수용어상 배치
– 건축의 특징 : 토단을 작은 산모양으로 쌓아올려 그 위에 건물을 지음</td></tr>
<tr><td rowspan="3">당시대
(618~907)</td><td colspan="2">안정기로 조경발달 시작, 호화롭고 거대한 규모, 인위적 요소 많아짐, 연못, 괴석배치 등의 중국 정원의 기본적 양식 확립</td></tr>
<tr><td>이궁</td><td>• 대명궁 : 태액지(한나라 금원)를 중심으로 정원이 조성
• 온천궁 : 대표적인 이궁, 태종(백락천의 장한가에 묘사), 온천 이용, 장생전을 비롯한 전각과 누각이 줄줄이 세워짐 → 산의 모습도 바뀔 정도
• 구성궁 : 산악지대 이궁, 대지(큰 연못)를 파고 고각이 서로 이어져 사방으로 뻗어나간 형태</td></tr>
<tr><td>민간정원</td><td>• 이덕유 「평천산장」 : 무산 12봉 상징, 신선사상
• 백거이 「원림생활」 : 최초의 조원가, 당시 정원을 묘사
• 왕희지 「란정기」 : 회계산의 란정에 벗을 모아 연석을 베풀어 스스로 그 광경을 문장으로 지음 → 후세의 정원조영에 영향을 미쳐 원정에 곡수를 돌리는 수법은 근세에 이르기까지 계승</td></tr>
<tr><td>송시대
(960~1279)</td><td colspan="2">• 태호석 이용, 사대부 정원 발달, 기암, 수목 배치, 아취를 중요시함
• 기록 : 이격비 「낙양명원기」, 구양수 「취옹정기」, 사마광 「독락원기」, 주돈이 「애련설」 등
※ 만세산원 : 간산, 석가산의 시조(태호석 이용)
※ 태호석 : 전대미문의 대 석가산을 이룬 암석 가운데 가장 큰 바위를 이르는 것으로 운하를 이용하여 운반(화석강이라 부름)
※ 중국의 석회암(태호에서 많이 생산) : 복잡한 모양 구멍이 많음
• 주돈이 「애련설」
– 은일자는 국화, 부귀자는 모란, 군자는 연꽃에 비유하여 예찬한 글
– 유학자, 선비들에게 영향을 주었으며, 경원의 주요한 사상적 배경이 됨</td></tr>
<tr><td>원시대</td><td colspan="2">• 민간정원
– 북경의 만류당 : 못가에 수백그루 버드나무
– 소주의 사자림(예찬과 주덕윤) : 태호석을 이용한 석가산
※ 소주의 4대 정원 : 사자림, 창랑정, 졸정원, 유원
• 현존하는 대부분의 유적은 명, 청시대이며 중국 정원양식 전파에 큰 영향을 미친 시기</td></tr>
<tr><td>명시대
(1368~1644)</td><td colspan="2">• 계성 「원야」
– 원림조성에 최고 오래된 대표적 서적, 미학 원리로 설명
– 3권으로 구성, 차경기법 설명
• 작원
– 미만종이 북경에 조영, 명시대의 대표 정원
– 큰 못 조성, 물가에는 버드나무, 물 속에는 백련, 태호석을 이용한 가산 축조
– 곳곳에 다리와 정자를 가설하여 여러 곳으로부터 경관을 조망하도록 함
• 졸정원
– 소주지방, 중국 대표 민간정원
– 반 이상이 물인 그 수경에 있다.
– 3개의 섬과 그것을 연결하는 곡교
• 원향당 : 주돈이의 애련설에 나오는 「향원익청 정정정직」에서 유래</td></tr>
</table>

청시대 (1616~1912)	궁원	• 자금성 금원 및 이궁 – 건륭화원(영수화원) : 괴석으로 이루어진 입체공간 – 원명원 이궁 : 최초의 서양식 정원, 프랑스의 평면기하학식 영향을 받음 – 만수산 이궁(이화원) : 청나라의 대표적 정원 – 전체 3/4이 수면, 원의 중심은 만수산과 곤명호 – 강남의 명승지를 재현, 신선사상 • 열하피서산장 – 승덕에 있는 황제의 여름별장 – 남방의 명승, 건축을 모방 – 소나무의 정연한 식재, 산장 안의 다수의 사묘 조성
	민간정원	• 양주명원 : 호화로운 별장이 자연의 풍경을 잘 이용해서 세워지는 한편 조경기술과 건축기술이 극치를 이룸(이두 「양주화방록」 18권에 저술) • 소주명원 – 4대 명원 : 졸정원, 사자림, 유원, 창랑정 – 환경요건 : 태호가 가까이에 위치하여 크고 작은 암석으로 정원을 꾸미기가 수월 – 호장한 것보다는 아취 있고 유연한 느낌이 감도는 정원이 많음 ※ 유원(소주) : 관운봉이라는 큰 태호석 봉우리

(4) 일본의 정원

① 특징

㉠ 돌과 모래의 정원
- 석조 : 신앙의 대상, 시각의 중심, 자연경관 축조, 그 자체의 형태와 미관상
- 모래 : 바다, 계류, 구릉 상징
- 석등, 수수분

㉡ 물과 계류를 이용한 정원
- 못(池) : 복잡한 자유곡선, 자연의 축조, 호안에 식재
- 계류 : 물소리, 자연의 계곡과 계류 도입
- 폭포 : 1단 또는 여러 단

㉢ 나무와 이끼
- 대나무, 소나무, 향나무 등을 전정, 진입부는 생울타리
- 이끼 : 일본 정원의 특징

② 시대별 일본 정원

아스카시대		• 수미산과 오교 – 기록 : 일본의 서기(최초의 기록) – 백제의 노자공이 불교사상의 세계관을 배경으로 조성
나라시대 (710~7934)		• 백제인에 의해 불교사원, 저수지 축조 • 고사기, 일본서기, 만엽집/한문학 도입 활발
헤이안 시대(9C)	임천식 (회유임천식)	• 침전조지원양식 : 주 건물을 침전형으로 하여 그 앞에 연못 등 정원 조성 – 동삼조전 : 침전조 정원의 원형, 건물의 배치와 정원과 관계가 정형적 연못에 3개의 섬, 자연지형의 산, 울창한 나무, 각 섬 사이에 평교, 홍교 설치, 꽃나무 • 후에 정토정원양식으로 발전(조우이궁의 원지)
	정토정원 양식	• 불교적 전통사상 : 죄악·고뇌를 초월한 청정상락의 경지 – 건축과 정원으로 극락정토를 구상화 ※ 정토 : 해탈한 불타와 보살이 사는 곳 – 일본 정원이 상징적으로 변화되는 동기 • 모월사 : 큰 연못(대가람, 대천지) 중앙을 파고 가운데 섬, 다리, 축산 • 조우이궁 : 신선도를 본뜬 정원의 시초, 창래도와 봉래산 축조 – 신선사상 • 정원지침서 : 작정기 ※ 작정기 : 침전조 건물에 어울리는 조원기법(일본 최초 조원 지침서)

가마쿠라시대 (1185~1333)		• 정토정원과 선종정원의 발달 • 서방사 정원, 서천사 정원, 남선원 정원
남북조시대		• 몽창국사 : 선종정원의 창시자 • 서방사 정원
무로마치 시대 (1336~1573)	축산고수식 (14세기)	• 추상적정원 : 바위(폭포), 왕모래(물), 다듬은 수목(산봉우리) • 부지 협소, 물×, 돌이나 모래로 계류 표현, 생장속도 느린 상록활엽수 • 대선원
	평정고산수식 (15세기)	• 극도의 추상성 : 수목 완전 배제, 평지에 바위(섬), 모래(바다) • 용안사 정원
모모야마시대 (1573~1603)		• 다정양식 : 평지에 노지형, 다도와 함께 발달 • 석등과 수수분, 디딤돌, 자연식 정원
에도시대 (1603~1867)		• 복고 정신, 무인들의 호화로운 정원, 다정양식 • 회유식 : 임천식, 다정식 • 계리궁, 수학원 이궁, 선동어소의 정원
메이지시대 (20세기 전기)		• 서양식 정원 도입 • 동경 신숙어원(59만㎡) : 영국식의 넓은 잔디밭, 프랑스식의 식수대열식, 일본식의 지천회유식 정원 등 • 히비야 공원 : 일본 최초의 서양식 도시공원

③ 정원양식

㉠ 임천식 : 섬과 못 주변에 일년 초화를 심고 조수류 사육

㉡ 회유임천식 : 정원 중심부에 못을 파고 섬을 만들어 다리 놓고 섬과 못 주위를 돌아다니며 감상, 마음 심(心)자형 연못이 발생

㉢ 축산고산수식(14세기)

※ 고산수식 : 극도의 상징성과 축소지향적인 양식

• 정원은 건물로부터 독립
• 축산고산수수법 : 나무(상록활엽수)를 다듬고 산봉우리의 바위를 세워 폭포(조망 중심) 왕모래, 냇물이 흐르는 느낌을 표현함. 즉, 물을 쓰지 않으면서도 유수의 운치를 느낄 수 있도록 하는 수법

㉣ 평정고산수식(15세기)

• 왕모래와 몇 개의 바위만이 정원재료로 쓰일 뿐 식물은 일체 쓰이지 않았다.
• 일본 정원의 골격이라고도 할 수 있는 축석기교가 최고도로 발달하였다.

㉤ 다정양식(16세기) : 실용적인 면 중시

• 다실건물을 중심으로 하여 소박한 멋을 풍김
• 좁은 공간을 효율적으로 처리하여 모든 시설을 설치하였다.

㉥ 회유식(원주파 임천형)(16세기 이후) : 임천양식과 다정양식이 혼합한 형태로 회유식정원이 오늘날까지 유지되었다.

④ 일본 정원의 특징

㉠ 기교와 관상적인 가치에만 치중한 나머지 세부적인 수법은 발달하였다.

㉡ 실용적인 기능면이 무시되었다.

㉢ 상징주의 형식 발달 : 정신세계를 상징화하였다.

㉣ 자연재현→추상화→축경식

㉤ 극도의 곡선 사용 : 자연적인 멋은 떨어지나 시각적 예술성이 높다.

참고

한 · 중 · 일 정원의 특징

구분	한국	중국	일본
특징	소박/조화	대비/장엄한 스케일	섬세, 정신세계, 기교, 인공
비례	1 : 1(자연풍경식 = 영국)	다양한 비례 사용	100 : 1(축경식)

출제예상문제

01 동양의 전통조경문화의 기저사상 중 2가지 이상을 쓰시오.

정답 음양오행설, 신선사상, 도가사상, 유가사상, 풍수지리설

02 조선시대에 네모난 연못에 둥근 섬을 쌓아올려 땅과 하늘, 즉 음양의 결합에 의한 만물의 생성원리를 표현한 연못을 무엇이라 하는지 쓰시오.

정답 방지원도(方地圓島)형 연못

03 다음에서 설명하는 사상을 쓰시오.

> 1) 중국 주나라 말기(BC 3세기 전후)에 선인(仙人)을 동경해서 현세를 초월하고 불로불사약을 얻어 천지와 시종하고 하늘을 나는 등 행동과 생활의 실현을 염원하는 사상
> 2) 조선시대 향교와 서원이 급속히 보급되는 계기가 되었던 사상
> 3) 산, 수, 방위, 사람 4가지 요소를 조합하여 구성하고, 주역을 준거하여 음양오행의 논리로 체계화되었다.

정답 1) 신선사상
2) 유가사상
3) 풍수지리설

04 풍수지리 3가지 중 도 · 읍이나 군 · 현 또는 마을의 터를 잡는 것을 무엇이라 하는지 쓰시오.

정답 양기풍수

05 땅과 자연의 이치를 설명하는 전통적 토지이론으로서 인간과 자연의 조화·균형 측면에서 볼 때 경관생태학과 같은 환경과학논리에 부합되는 것은 무엇인지 쓰시오.

정답 풍수지리

06 진취적이며 패기와 정열적, 규모가 크고 장엄하며 정연하고 정형화된 유형의 조경 역사를 가지고 있는 나라는 어디인지 쓰시오.

정답 고구려

07 일본에 건너가 수미산과 오교로 이루어진 정원을 조성한 백제인을 쓰시오.

정답 노자공

08 우리나라 정원 중 문헌상 최초의 정원으로 알려진 것을 쓰시오.

정답 임류각

09 해안의 풍경을 상징했고, 중국의 무산 12봉을 상징하여 연못 주위에 동산을 조성한 연못을 쓰시오.

정답 임해전지원

10 귀족들이 계절에 따라 자리를 바꿔가면서 별장을 놀이장소로 삼던 곳을 쓰시오.

정답 사절유택

11 고려시대에 수려한 자연의 기암절벽이나 울타리 안에 불로장생이 있는 신선제를 상징적으로 도입한 것을 쓰시오.

정답 석가산

12 경치가 좋은 곳에 놀기 위하여 지은 벽이 없고 사방이 트인 건축물을 무엇이라 하는지 쓰시오.

정답 정자

13 조선시대에 평지에 인공적으로 축산(경회루 연못을 판 흙으로 만듦)한 계단식 정원의 이름은 무엇인지 쓰시오.

정답 교태전 후원(아미산원)

14 울창한 수림 속에 우아한 건물에 의해 구성되었으며 규모가 작은 정원이 알맞게 배치된 세계적 문화재 정원을 쓰시오.

정답 창덕궁

15 사대부가 본가와 떨어져서 초야에 지은 집(별장)을 무엇이라 하는지 쓰시오.

정답 별서정원

16 2층 건물의 팔각지붕 양식으로 되어 있고 동서 100m, 남북 50m의 장방형 연못으로, 3개의 섬이 동에서 서로 배치되어 있는 곳을 쓰시오.

정답 광한루 지원

17 우리나라의 조경에 영향을 미친 사상을 2가지 이상 쓰시오.

정답 신선사상, 은거사상, 음양오행설, 풍수지리설, 유교사상

18 십장생에 해당하는 것을 5가지 이상 쓰시오.

정답 소나무, 거북, 학, 사슴, 불로초, 해, 산, 물, 바위, 구름

19 다음에서 설명하는 장소를 쓰시오.

1) 우리나라 최초의 공원
2) 우리나라 최초의 유럽식 정원

정답 1) 파고다 공원
2) 덕수궁 석조전(최초의 유럽식 건물) 앞 침상원

20 중국 정원에서 건물 공지에 세워 주경관으로 삼은 것을 쓰시오.

정답 태호석, 거석

21 중국 정원에서 둘레 300리, 70채 이궁, 화목 3000종, 길이 7m의 돌고래상을 배치한 공원은 어디인지 쓰시오.

정답 상림원

22 중국의 한시대 때 곤명호 양안에 견우직녀 석상을 세워 은하수를 상징하는 사상을 쓰시오.

정답 신선사상

23 중국 정원에서 전대미문의 대 석가산을 이룬 암석 가운데 가장 큰 바위를 이르는 것을 무엇이라 하는지 쓰시오.

정답 태호석

24 중국 원나라 때 조성된 소주의 4대 정원을 쓰시오.

정답 사자림, 창량정, 졸정원, 유원

25 다음에서 설명하는 정원을 쓰시오.

1) 중국 대표 민간정원으로 3개의 섬과 그것을 연결하는 곡교가 있는 곳 2) 청나라를 대표하는 정원

정답 1) 졸정원
2) 만수산 이궁

26 일본 정원의 특징을 2가지 이상 쓰시오.

정답 돌과 모래의 정원, 물과 계류를 이용한 정원, 나무와 이끼

27 다음에서 설명하는 일본의 정원양식을 쓰시오.

1) 바위(폭포), 왕모래(물), 다듬은 수목(산봉우리)을 이용하여 추상적으로 나타내는 수법 2) 평지에 노지형, 다도와 함께 발달, 석등과 수수분, 디딤돌이 있는 수법 3) 물을 쓰지 않으면서도 유수의 운치를 느낄 수 있도록 하는 수법 4) 왕모래와 몇 개의 바위만이 정원재료로 쓰일 뿐 식물은 일체 쓰지 않는 수법

정답 1) 축산고산수식
2) 다정양식
3) 축산고산수식
4) 평정고산수식

28 메이지시대에 만들어진 일본 최초의 서양식 도시공원을 쓰시오.

정답 히비야 공원

29 일본의 정원양식 중 정원 중심부에 못을 파고 섬을 만들어 다리를 놓고 섬과 못 주위를 돌아다니며 감상을 하는 수법은 무엇인지 쓰시오.

정답 회유임천식

2 서양의 조경

(1) 고대

① 이집트

㉠ 주택정원 : 테베(Thebes) 아미노스 3세의 한 신하의 무덤 벽화

- 높은 담장에 둘러싸인 직사각형 형태
- 정면과 주거건물 사이를 연결하는 축을 중심으로 좌우대칭형으로 구성하였다.
- 중심축 좌우로 연못(침상지), 연못가에 정자[키오스크(Kiosk)]를 배치하였다.
- 수로-경사면-입구(Pyion)-포도등책-주택
- 같은 수종의 교목과 관목을 열식하고 주변은 교목을 열식하였다.
- 수목의 생육을 중요시하며 원예발달 : 시카모어, 파피루스, 연꽃

㉡ 신전정원

- 데르엘바하리(Der-el-Bahari)신전 : 핫셉수트(Hatshepsut) 여왕이 태양신을 모신 신전
- 세계 최고(最古)의 조경 유적 : 현존하며 노단 위에 녹음수의 식재를 위한 식재공이 남아 있다.
- 산중턱의 3단 계단식 형태로 열주를 세워 장식한 대규모 신전건축과 주변에 정원을 조성하였다.
- 스핑크스 배치, 아카시아 수목 열식

㉢ 묘지(사자)정원

- 영원불멸 사상의 영향을 받았다.
- 중심에 거형 연못, 연못 사방으로 3겹의 수목 열식, 연못 한편에 수목 열식

② 서아시아

㉠ 수렵원(Hunting Garden)

- 오늘날 공원의 시초로 수렵, 야영장, 훈련장, 제사장, 향연장 등 다양한 생활 중요요소로 사용되었다.
- 인공의 산[언덕, 신전(지구라트 : 수메르인의 인공건축물, 지표효과, 구운벽돌 사용)], 인공호수(저지대)
- 정원수로 과수를 식재, 외국산 수목, 조각 등 외국 문화 수입조성, 관개용 수로 설치, 편리한 관개를 위해 규칙적 식재, 높은 담으로 둘러싼 뜰 안에 기하하적 배치
- 길가메시 이야기 : 수렵원에 관한 최초 기록, 전시에 수목이 약탈의 대상이 되었다.

㉡ 공중정원(Hanging Garden)

- 네부카드네자르 2세가 왕비를 위해 세운 최초의 옥상정원이다.
- 바빌로니아 수도 바빌론 성벽의 가공원, 성벽의 노단 위에 수목과 덩굴식물을 식재하였다.
- 4개의 기단으로 구성하여, 각 기단의 외부를 회랑으로 두르고 붉은 벽돌을 사용하였다.
- 테라스에 식재 : 인공지반, 인공관수, 방수층 조성

㉢ 페르시아의 파라다이스 가든

- 불리한 외부 조건을 극복하기 위하여 벽으로 둘러싸인 방형공간 조성
- 천국의 4개의 강을 상징, 수로 교차(사분원 형식), 여러 과수 식재
- 중세 이슬람 정원양식에 영향을 주었다.

③ **그리스 정원** : 옥외생활을 즐김, 공공정원, 도시계획 발달

㉠ 주택정원

- 중정을 가진 내향식(폐쇄적) 구성이다.
- 주랑식 중정 : 부인들의 취미공간으로, 돌로 포장하고 조각물과 대리석 분수로 장식하였으며 장식적 화분에 향기 있는 식물을 식재하였다.

㉡ 아도니스(Adonis) 정원 : 아도니스의 죽음을 애도하는 제사에서 유래되었다.
- 밀, 보리, 상추씨 등을 뿌린 화분, 방향식물(붓) 화분을 지붕에 걸어 두었다.
- 옥상정원과 포트가든(Pot Garden)으로 발전하였다.

㉢ 아고라(Agora) : 옥외광장, 큰 시장을 의미한다.
- 생활 · 정치 · 집회의 중심공간, 주변에 상점, 건물, 수목으로 위요된 공간
- 도시 계획의 구심점

㉣ 성림(聖林) : 호머의 오디세이에 묘사, 델포이 · 올림피아의 성림
- 신전치장 : 조각, 분수, 꽃으로 장식하여 성스러운 정원을 만들었다.
- 수목과 숲을 신성시 : 과수보다 녹음수(사이프러스, 플라타너스, 올리브, 상록성 가시나무류)

④ 고대로마 정원

㉠ 주택정원(폼페이 주택정원)
- 내향적 구성, 2개의 중정과 1개의 후정
- 중정의 구성

제1중정 (아트리움, Atrium)	• 공적장소, 손님접대 • 장방형 홀, 바닥은 돌로 포장 • 화분, 지붕 중앙에 채광을 위한 천창
제2중정 (페리스틸리움, Paristrium)	• 가족의 사적공간으로 침실 · 거실과 연결되는 주랑에 포위된 형태 • 넓고 포장되지 않은 주정 • 꽃, 분수, 조각, 물, 제단, 돌수반 등을 정형적으로 배치
후정 (지스터스, Xystus)	• 가족의 옥외공간으로 발전, 식사 및 간단한 휴식 제공 • 과수원, 채소원 등으로 이용 • 1, 2중정과 동일하게 축선상 • 중앙에 넓은 수로축, 수로 좌우에 원로와 화단이 대칭적 배치 • 5점형 식재 : 로마 정원의 전통적 식재기법

㉡ 별장(Villa)
- 로마시대 혼잡한 로마를 떠나 자연을 동경, 부호의 과시욕, 피서
- 종류
  - 전원풍 빌라(Villa Rustica) : 농가구조, 실용적 구조, 부유한 농촌 생활
  - 도시풍 빌라(Villa Urbana) : 경사지 노단 위에 건축물 배치(전망, 피서), 노단의 전개와 물의 수직적 취급

㉢ 포럼(Forum)
- 아고라와 비슷한 개념의 공공 집회장으로 집단 토론이 이루어지는 광장의 성격이었다.
- 지배계급을 위한 상징적 지역으로 둘러싸인 건축물에 의해 구분(일반, 황제)하였다.

(2) 중세

① 중세 유럽(5~15세기)

㉠ 수도원 정원 : 중세 전기, 이탈리아를 중심으로 발달하였다.
- 실용적 정원 : 채소원, 약초원
- 장식적 정원 : 회랑식 중정(Cloister Garden)

㉡ 성곽정원 : 중세 후기, 프랑스와 영국을 중심으로 발달하였다.
- 폐쇄된 정원 : 화려한 화훼, 목책으로 구획
- 매듭(Knot)화단 : 미로원 발달 시작

② 스페인(구 에스파냐) 정원 : 이슬람

㉠ 코르도바의 대모스크(Mosque) 사원

- 별장과 페리스타일 정원을 조성, 파티오와 내정이 발달하였다.
- 오렌지 중정(Court of Orange) : 대모스크 외부 100여 그루의 오렌지 숲, 측면 연못 및 분수 벽돌로 만든 관개 수로, 고도의 수학적 비례 적용

㉡ 그라나다의 알람브라(Alhambra)궁전 : 이슬람 최후의 유적지로 4개의 중정이 남아 있다.

알베르카 중정 (Court of Alberca)	• 궁전의 주정 역할(北홀 : 사신의 대청, 공식 회합 장소) • 분수대, 사라센 양식의 탑, 아치로 된 회랑 등이 있음 • 엄격한 비례와 화려함, 장엄미, 연못의 반영미가 뛰어남, 도금양 식재
사자의 중정 (Court of Lions)	• 가장 화려함, 주랑식 중정, 파티오 중앙에 수반(분수)설치, 12마리 사자상(유일한 생물의 상이 있음) • 분수에서 4개의 수로가 사방에 뻗음 • 물 처리 : 시각적, 청각적 효과 살린 물의 존귀성
린다라야의 중정 (Court of Lindaraja)	• 기독교 색채, 여성적인 분위기 • 회양목으로 가장자리 식재한 여러 모양의 화단 조성. 화단 사이는 맨 흙의 원로 • 하나의 큰 臺 위에 여러 개의 작은 분수(기독교 스타일)
창격자의 중정(Court of Reja), 사이프러스 중정	• 중정 네 귀퉁이에 사이프러스 식재 • 중앙의 분수는 환상적이고 장엄한 분위기 • 규모가 작고 둥근 자갈 무늬 장식 바닥

㉢ 헤네랄리페(Generalife) 이궁 : 그라나다왕의 이궁, 피서지

- 의의 : 정원이 주가 되고, 이탈리아 빌라의 노단식 정원건축에 영향을 주었다.
- 경사지의 계단식 처리와 기하학적 구성
- 중정 : 환상적인 조화와 구성요소
  - 3면이 건물, 한쪽은 아케이드로 둘러싸여 있다.
  - 건물입구까지 분수가 아치 모양을 이룸
  - 흰 벽의 밝은 광선과 아케이드의 깊은 그늘, 분수의 물보라 소리, 좌우에 식재된 꽃과 수목의 향기

㉣ 스페인 정원의 특징

- 물과 분수의 풍부한 이용 : 파티오의 가장 중요한 구성요소
- 독특한 중정 구성
- 섬세한 장식
- 대리석과 벽돌을 이용을 통한 기하학적 형태
- 다채로운 색채의 도입
- 기둥, 복도, 열주, 퍼걸러, 조각상, 장식분

(3) 르네상스

※ 중세 신 중심 초현실 세계 → 르네상스 인간중심의 현실세계

※ 인간 개성 존중, 자연의 재발견 : 근대 자연 과학의 기초

① 이탈리아 정원

㉠ 터스칸(15세기)

- 위치 : 로마와 아시아의 중간, 교통, 무역, 군사적 요충지로 부유한 상인이 등장하였다.
- 사회·경제적 배경 : 장원, 성 중심 소지방국에서 상인 중심으로, 신흥 계급 메디치(Medici)가

참고

빌라 메디치(Villa Medici) : 피에솔레(Fiesole)
- 15c 전형적 터스칸 빌라의 대표, 미켈로조 미켈로지, 설계자 이름 밝혀짐
- 주위의 전원 풍경을 빌라 계획에 도입(차경수법), 경사지 노단 처리

㉡ 로마(16세기)
- 터스칸 로마 중심, 이태리 전 지역 확산
- 부와 권력을 가진 교황이 주도하여 예술가를 초빙하고 도시를 예술 작품화하였다.
- 합리적 질서보다 시각적 효과 그 자체에 더욱 관심을 두었다.

빌라 에스테 (Villa d'Este)	• 티볼리지역 1400평, 건축·조경 – 리고리오, 수경 – 올리비에리 • 기법 : 평탄한 노단 중앙의 중심축선이 최상부 노단에 이르고 이 축선상에 분수 설치 • 축선과 직교하여 정원이 전개(기하학적, 건축적 기법) • 물의 연출 다양 : 분수, 개울, Cascade, Water Organ, 100개의 분천, 저수지, 경악분천, 용의 분수, Aretusa 분수 • 원형공지(Cypress Circle), 사이프러스 군식, 감탕나무, 자수화단, 미로 • 짙은 그늘과 수림 속의 맑은 물, 조각품과 조화
빌라 란테 (Villa Lante)	• 소규모의 환상적 수경 연출, 전체 4개의 테라스, 2개의 건축물, 전면 화단 • 정원의 축과 물의 축이 일치(수경축) • 불규칙적 숲과 정형적 정원으로 양분

※ 이탈리아 르네상스 3대 빌라 : Villa Farnese(플로렌스), Villa Lante(란테), Villa Este(에스테)

㉢ 이탈리아(17세기)
- 바로크
  - 비정형적이고 기괴하며, 균제미를 벗어난 기교와 지나친 장식과 곡선을 사용하였다.
  - 물의 지나친 기교(역동적이고 자유분방함) : 환상적·회화적 연출로 실용보다 감상이 목적이었다.
- 매너리즘
  - 지나치게 혹은 가식적으로 독특한 수법, 기교에 집착
  - 개인적 해석의 과도함, 독선적, 비현실
- 바로크양식 정원의 특징 : 물의 다양한 연출, 수목의 토피어리, 장식적 미로, 대량의 식물 사용(강조), 다채로운 색채, 대지의 형태가 정원 구성의 첫 요소

② 프랑스 정원

㉠ 프랑스 정원의 특징
- 평면 기하학식, 프랑스식, 장엄 양식, 르노트르 양식
- 기후 : 서안 해양성(겨울 따뜻, 여름 서늘)으로 식물 생장에 좋다.
- 지형 : 북–평지, 남–산과 계곡
- 국민성 : 보수적(전통문화 간직), 독창성, 창조력(예술 발달의 기틀)

㉡ 보르비콩트(Vaux-le-Vicomte) : 앙드레 르 노트르(Andre Le Nôtre) 설계
- 전체 경관 : 평지, 잔잔한 수면, 주변 총림(건물 : 북, 정원 : 남), 건물은 정원의 한 장식
- 궁전 전면 중앙에 주축선 중심으로 좌우대칭으로 장식화단(화단은 수림 배경) 수로가 놓인다.
- 비스타 정원 : 숲을 관통한 산책로가 주축에 직각 또는 대각선 방향으로 뻗어 나간다.

※ 비스타(Vista) : 좌우로의 시선이 숲 등에 의하여 제한되고 정면의 한 점으로 시선이 모아지도록 구성되어 주축선이 두드러지게 하는 경관구성 수법

㉢ 베르사이유(Versille) 궁원 : 세계 최대 규모(300ha)의 정형식 정원

• 건물, 연못 중심으로 방사상 축선 : 태양왕 상징

• 주축을 따라 저습지의 배수를 위한 수로 설치, 부축들은 주축과 직교하며 좌우 균형을 이룸

※ 주축의 교차점 : 화려한 화단, 분수, 연못 등이 잘 가꾸어진 수목에 둘러싸여 설치되어 있다.

예 북화단, 남화단, 오렌지원, 스위스 호수, Latona 분수, 피라미드 분천, 님프의 연못 등

• 각 부분 자체가 아름다운 정원이면서 동시에 각 정원이 시각적으로 연결된 효과가 있다.

– 그랑 트리아농(Grand Trianon) : 로코코 취미의 표현으로 중국식 건물, 중국 도자기를 진열하였다.

– 소로(Allée) : 사방으로 뻗은 사냥용 소로, 르 노트르가 총림에 이용하였다.

• 르 노트르의 구성원칙

정원은 광대한 면적이 대지 구성요소로 축에 기초한 2차원적 기하학

– Hedge(울타리, 구획)로서 총림과 기타 공간을 명확하게 구분한다.

– Unity : 수면을 이용, 확산

– 장엄한 스케일의 도입 : 인간의 위엄과 권위 고양, 비스타 형성, 개방과 폐쇄의 공유

– 수목 한 그루의 수형보다 녹색 매스로서의 수목 인식, 즉 숲과 밀접한 정원

참고

Italy & France

구분	이탈리아	프랑스
배경	구릉, 산간에서의 전원 생활	성과 외호의 성관 생활
지형	구릉과 산악 중심(역동하는 물)	평탄한 저습지(넓은 수면)
Parterre(장식화단)	미약한 사용	매우 중요시 : 정원의 심장부
수직적 공간요소	경사지와 테라스의 옹벽(총림 사용 미약)	곧게 뻗은 삼림 이용(강한 총림의 기능)
특징	• 여러 개의 노단(테라스) : 좋은 전망을 살림 • 평면적으로 강한 축을 중심으로 정형적 대칭을 이룸 • 축을 따라 직교하여 분수, 연못 설치 : 캐스케이드(계단폭포) 사용 • 지형 극복을 위해 노단과 경사지 이용	• 소로(allee)와 삼림의 적극적 이용 : 산림에 소로를 이용하여 흥미로운 지점 연결 • 장식적인 평면상의 구성 • 대도시, 왕과 귀족의 저택 • 평지를 적극적 활용

㉣ 프랑스 정원의 영향(Le notre의 영향) : 영국, 오스트리아, 독일 등의 정원 양식과 미국 워싱턴의 도시계획에 영향

• 오스트리아

벨베데레 정원(Belvedere Garden)

– 쇤부른(Schönbrunn) 궁전 : 오스트리아의 대표적 프랑스식 정원

• 네덜란드 : 풍토에 맞게 수정–고유의 격자형 수로, 기하학적 경작지에 튤립, 히아신스 등

• 중국 : 제주이트파 선교사, 청조 건륭제 12년 원명원 이궁

• 도시계획 : 미국 수도 워싱턴 계획

(4) 근대

① 영국 정원

정형식 정원 (11~17세기)	• 튜더 왕조(11~16세기) - 비교적 소규모의 정원, 전통적 양식 고수 - 후기 : 이탈리아, 프랑스, 네덜란드에서 도입된 새로운 양식과 전통 양식 오밀조밀함, 부드러운 색조, 가정주택과 같은 특징 • 스튜어트 왕조(17세기) - 프랑스의 영향 : 의도된 주축선, 방사형 소로, 연못, 비스타, 전정한 산울타리 - 매듭(Knot)화단 : 튜더 왕조 정원의 주요한 장식적 기능, 낮게 깎은 회양목으로 화단을 여러 가지 기하학적 문양으로 구획짓는 것 - 석제 난간, 해시계, 철제 장식물, 미원(미로화단), 분수
자연풍경식 정원 (18세기)	• 근세 고전주의 : 이탈리아, 프랑스의 영향 • 중국의 영향 • 영국 자연주의 운동 - Anti-Classicism - 발생 원인 : 동양(중국)의 영향, 계몽주의 사상, 회화(풍경화), 문학(낭만주의), 산업혁명(영국) • 자연 경관의 인식(목가적 풍경) - 풍경식 발전시킨 3대 인물 : 윌리엄 켄트, 브라운, 험프리 렙턴(완성자) - 아돌프 알팡과 하우스만의 파리 계획에 영향 - 독일 퓌클러 : 미국의 옴스테드에 영향, 새로운 공간 형태 창출의 모태

㉠ 스토우(Stowe) 정원

• 찰스 브릿지맨 설계 : 하하(Ha-ha)개념 도입하여 전원을 바라볼 수 있게 정원부지의 경계선에 깊은 도랑을 팠다(가축보호, 전원풍경을 정원에 끌어드리자는 의도).
• 윌리암 켄트 수정 : 기하학적인 선(원로, 자수화단, 8각형 호수, 산울타리)을 없애고 부드럽게 개조, 다듬지 않은 나무를 풍경처럼 배식하였다.
• 란셀로트 브라운이 개조

㉡ 스투어헤드(Stourhead) 정원

• 영국 18세기 자연 풍경식 정원의 원형이 잘 남아 있다.
• 호수가를 따라 산책로를 설치하여 주변의 구릉과 연결
• 수변에 신전 등의 건물로 점경물 역할
• 연속적 변화와 지적 의미를 가지고 정원의 각 부분을 시와 신화의 기초 위에서 감상할 수 있게 설계하였다.

참고

자연풍경식 조경가
• 루소 : 자연으로 돌아가라
• 베이컨(Bacon) : 철학가, 정원의 이론+실천가, 사상적 배경 조성, 정원 구성은 Wild와 Formal, 즉 정원식에서 자연풍경식으로의 과도기적 형태를 띤다.
• 샤프츠베리(Shaftsbury) : 정형식 정원에 대한 비판, 정원은 자연 풍경 경관을 가져야 한다.
• 조셉 에디슨(Joseph Addison) : 토피어리를 맹렬히 비난, 자연 그대로가 더 아름답다, 정원은 자연을 닮아야 한다, 정원은 보다 넓고 광활해야 한다.
• 알렉산더 포프(Alexander Pope) : 자연의 상식대로 살자
• 조지 런던&와이즈(Georgy London & Wise) : 최초의 상업적 조경가
• 브릿지맨(Bridgeman) : Stowe원에서 최초로 Ha-Ha Wall(일종의 차경 수법) 사용
• 윌리엄 켄트(William Kent) : 회화적・감상적・직관적, 자연은 직선을 싫어한다.
• 란셀로트 브라운(Brown) : 과감한 정원 개조, 블랜하임 정원의 개조
• 험프리 렙턴(Humphry Repton) : Landscape Gardener 최초 사용, 자연풍경식 정원의 완성자, 1:1 묘사(사실적 묘사, 즉 자연 그대로), Red Book
• Red Book : 랩턴의 설계 도면, 스케치, 현 모습 vs 개조 모습
• William Chamber : 중국 정원 소개, 브라운을 비판, 큐 가든에 최초로 중국식 건물과 탑 축조

㉢ 19세기 영국 공공공원

• 공원 운동의 배경

– 산업혁명 이후 사유 정원 개방

– 성제임스, 그린, 하이드, 켄싱턴, 리젠트 파크

※ 리젠트 파크(Regent P) : 1820, John Nash 귀족 소유 토지

– 공공공원 + 주거용 택지, 풍경식 공원

• 버컨헤드 공원(Birkenhead Park)

– 조셉 팩스턴(Joseph Paxton) 설계

– 1843년 선거법 개정안의 통과로 이루어진 역사상 최초로 시민의 힘으로 조성된 공원

– 옴스테드의 센트럴 파크의 기본적 개념이 되었다.

– 도시공원 설립의 자극적인 계기를 마련하였으며 근대적 도시공원의 효시가 되었다.

② 독일 풍경식 정원(19세기 유럽 풍경식 정원의 좌우명 역할)

㉠ 향토 수종 배식, 실용적 형태의 정원

㉡ 무스코 정원(Muscau 城)

• 독일 풍경식 정원의 대표로 과학적 지식(식물 생태학, 지리학)에 기초하여 자연경관을 재생하였다.

• 후일 옴스테드의 센트럴 파크의 낭만주의적 풍경식의 교량 역할

• 수경시설에 역점(강물이 자연스럽게 흐르도록 함)을 두고 전원생활의 모든 활동이 가능하다.

• 시각적 아름다운 경관 : 부드럽게 굽어진 도로와 산책로

㉢ 분구원 : 19세기 중반 한 단위가 200m^2 정도 되는 소정원을 시민에게 대여하였다.

• 초기 : 도시민 보건과 푸르름 제공에 중점

• 1차 세계대전 : 시민의 식량난 완화

• 현재 : 도시민 보건을 위한 채소 및 화훼 재배장으로 장소 제공

(5) 현대

① 미국의 조경

㉠ 미국 식민지 시대(1850년대)

• 옛 고향의 정원, 조경의 동경, 저택과 실용원 중심, 소규모

• 뉴잉글랜드 정원 : 미국 동남부, 영국적 원형 표출

㉡ 센트럴 파크

• 프레드릭 로 옴스테드(Frederick Law Olmsted) : 현대조경가의 아버지

• 영국 최초 공공공원인 버컨헤드 공원의 영향으로 현대공원으로 요소를 갖춘 최초의 본격적 도시공원

• Greensward : 1858.4/건축가 C.Vaux + Olmsted/공모전 당선작

• 미국 도시공원의 효시

• 국립공원운동에 영향

• 특징 : 입체적 동선 체계, 차음·차폐 위한 외주부 식재, 격자형 도시 vs 자연 경관의 View, Vista 조성, 드라이브 코스, 정형적 Mall과 대로 Grand Avenue, 마차 드라이브 코스, 산책로, 퍼레이드를 위한 잔디 평지, 동적 놀이를 위한 경기장, 넓은 호수(보트타기, 스케이팅), 교육적 효과(화단, 수목원)

※ 옴스테드 3대 공원 : Prospect Park(1866), Franklin Park(1885), Centural Park(1858)

㉢ 일반 대중을 위한 공공 조경의 확대

• 1848년 다우닝 : 공공공원의 부족성에 대한 여론 조성

※ 공원운동 : 엘리오트(C. Eliot)

- 1890년 최초의 수도권 공원 계통 수립, 국립공원 지정에 영향
- 1895년 옴스테드와 함께 보스턴 공원 계통 수립
- 1893년 시카고 박람회(콜롬비아 박람회)
  - 도시계획에 대한 관심과 발달에 기여(수도 워싱턴 계획(1901), 시카고 도시계획(1909))
  - 건축, 토목 등과 공동작업 계기, 건축 : 유럽 고전주의의 맹목적 답습 비판
  - 건축 설계(번함), 도시설계(Mckim), 조경설계(옴스테드)
- 1899년 ASLA 설립(American Society of Landscape Architect)미국 조경가 협회
- 도시미화 운동 : 번함 & 로빈슨
  - 도시미화 운동의 계기 : 로마에 아메리칸 아카데미 설립, 조경 전문직에 대한 일반 의식 향상
- Garden City : 하워드(Howard)
  - 조경계획가의 영역 확대에 기여, 근대적 의미의 도시계획사에 영향
  - 낮은 인구밀도, 공원과 정원의 개발
  - 아름답고 기능적인 그린벨트, 전원과 타운
  - 위성적인 지역사회를 둘러싸는 중심 수도권, 범 세계적인 뉴타운 건설붐 조성
- 요세미티 공원(1865) : 미국 최초의 자연공원, 국립공원으로 승격(1890)
  - 미국 최초의 국립공원 : 옐로스톤(1872)
  - 테일러(위성도시론) : 도시와 전원의 좋은 점을 함께 지닌 도시를 대도시에 건설하자
  - 르 코르뷔지에 : 빛나는 도시(찬란한 도시) 고층건물, 확보된 Open Space와 숲 조성, 필로티로 교통 통과

② 현대조경의 경향

㉠ 다양한 내용, 형태를 고집하지 않음

㉡ 건물 주변은 정형식, 자연환경은 자연식 정원을 만드는 경향이 있다.

㉢ 설계자의 의도가 중요하게 작용한다. 즉, 특정한 양식에 구애 없이 정원 소재와 정원양식을 선택한다.

㉣ 주제 조경(테마파크)의 경향 : 조각공원, 운동공원, 어린이 공원, 동물원, 산업공원, 주차 공원, 사적 공원, 근린공원 등 특정한 주제를 지닌 전문화된 공원이 많아졌다.

③ 현대 한국조경의 변화

㉠ 조선시대 : 강한 한국적 개성

㉡ 20세기 전반(일제)~1960년 말 : 일본 정원의 영향으로 향나무를 선호하고 전정을 통한 정형적 수형을 조성하였다. 자유곡선형 연못, 자연석 놓기

㉢ 1970년대 : 미국 조경의 영향으로 넓은 잔디밭과 수목을 군식하고, 조경학이 본격적으로 시작되었다.

㉣ 1980년대 이후

- 한국적 분위기를 창출하는 조경에 관심을 두었다.
- 소나무, 느티나무(정자목)를 도입하고 정형적 전정의 최소화, 원로 포장에 전통적 무늬를 사용하였다.

㉤ 우리나라 조경의 과제

- 한국 특유의 멋이 풍기는 독창적 양식 구축
- 전통적 양식을 현대적 감각으로 재창조해야 한다.

출제예상문제

01 다음에서 설명하는 이집트 정원의 종류를 쓰시오.

> 1) 높은 담장에 둘러싸인 직사각형 형태로 정면과 주거건물 사이를 연결하는 축을 중심으로 좌우대칭형으로 구성하였다.
> 2) 현존하는 최고(最古) 조경유적으로 3개의 테라스(산중턱)와 열주를 세워 장식하였다.
> 3) 중심에 거형 연못을 두고 연못 사방으로 3겹의 수목을 열식하였으며 연못 한편에는 수목을 열식하였다.

정답 1) 주택정원
2) 신전정원
3) 묘지정원

02 서아시아 정원 중 오늘날 공원의 시초가 되었으며 수렵, 야영장, 훈련장, 제사장, 향연장 등 다용도로 사용되었던 정원은 무엇인지 쓰시오.

정답 수렵원

03 서아시아 정원 중 최초의 옥상정원으로 바빌로니아 수도 바빌론시의 성벽의 가공원이며 성벽의 노단 위에 수목과 덩굴식물을 식재한 정원은 무엇인지 쓰시오.

정답 공중정원

04 그리스 정원 중 옥외 광장, 큰 시장을 의미하고 생활, 정치, 집회의 중심공간으로 사용되었던 시설은 무엇인지 쓰시오.

정답 아고라(Agora)

05 고대로마 정원의 주택정원은 2개의 중정과 1개의 후정으로 구성되어 있다. 이 중 제1중정의 명칭을 쓰시오.

정답 아트리움

06 고대로마 정원의 주택정원에서 가족의 사적공간이며 침실, 거실과 연결되는 주랑에 포위된 형태로 조성된 중정을 쓰시오.

정답 페리스틸리움

07 로마시대에 혼잡한 로마를 떠나 자연을 동경, 부호의 과시욕, 피서용으로 사용되었던 건축물은 무엇인지 쓰시오.

정답 별장(Villa)

08 고대로마에서 아고라와 비슷한 개념의 공공 집회장으로, 업무중심으로 사용되었던 집회장은 무엇인지 쓰시오.

정답 포럼(Forum)

09 스페인(구 에스파냐) 정원 중 4개의 중정(파티오)으로 구성된 정원은 무엇인지 쓰시오.

정답 알람브라(Alhambra) 궁전

10 알람브라(Alhambra) 궁전의 정원 중 기독교 색채와 여성적인 분위기를 가지며 가장자리를 회양목으로 식재하고 여러 모양의 화단으로 조성한 중정은 무엇인지 쓰시오.

정답 린다라야(Court of Lindaraja)의 중정

11 스페인(구 에스파냐) 정원 중 이탈리아 빌라의 노단식 정원건축에 영향을 주었고, 흰 벽의 밝은 광선과 아케이드의 깊은 그늘, 분수의 물보라 소리, 좌우에 식재된 꽃과 수목의 향기가 나도록 조성한 왕의 피서지는 무엇인지 쓰시오.

정답 헤네랄리페(Generalife) 이궁

12 다음은 서양 정원의 특징에 대한 설명이다. 각각 설명하는 나라를 쓰시오.

> 1) 물과 분수를 풍부하게 이용하고 중정을 독특하게 구성하였으며 대리석과 벽돌을 이용하여 기하학적 형태로 만들어진 특징을 보인다.
> 2) 여러 개의 노단(테라스)과 축을 따라 직교하여 분수, 연못을 설치하였으며 캐스케이드(계단폭포)를 사용하였다.

정답 1) 스페인
2) 이탈리아

13 다음에서 설명하는 이탈리아 정원의 종류를 쓰시오.

> 1) 주위의 전원 풍경을 빌라 계획에 도입(차경수법)하였으며 경사지 노단 처리를 한 정원
> 2) 평탄한 노단 중앙의 중심축선이 최상부 노단에 이르며 이 축선상에 분수를 설치하고, 원형공지(Cypress Circle)에 사이프러스 군식을 해놓은 정원

정답 1) 빌라 메디치(Villa Medici)
2) 빌라 에스테(Villa d'Este)

14 프랑스 정원에서 평지, 잔잔한 수면, 주변 총림(건물 : 북, 정원 : 남)과 관계있으며 건물은 정원의 한 장식이었고, 궁전 전면 중앙에 주축선 중심으로 좌우대칭으로 장식화단 수로가 놓여 있는 정원은 무엇인지 쓰시오.

정답 보르비콩트(Vaux-le-Vicomte)

15 프랑스 정원 중 세계 최대 규모의 정형식 정원으로 부축의 교차점에 화려한 화단, 분수, 연못 등이 잘 가꾸어진 수목에 둘러싸여 설치된 정원은 무엇인지 쓰시오.

정답 베르사이유(Versille) 궁원

16 프랑스 정원의 영향을 받은 오스트리아의 대표적 프랑스식 정원은 무엇인지 쓰시오.

정답 쇤부른(Schönbrunn) 궁전

17 영국의 정원양식 중 비교적 소규모의 정원으로 전통적 양식을 고수하였고, 오밀조밀하며 부드러운 색조, 가정주택과 같은 특징을 가지고 있는 정원양식은 무엇인지 쓰시오.

정답 정형식 정원

18 낮게 깎은 회양목으로 화단을 여러 가지 기하학적 문양으로 구획하여 정원의 주요한 장식적 기능을 가지고 있는 화단은 무엇인지 쓰시오.

정답 매듭(Knot)화단

19 영국의 정원양식에서 동양(중국)의 영향을 받았으며 계몽주의 사상, 회화(풍경화), 문학(낭만주의), 산업혁명과 관련이 있고 자연경관을 인식(목가적 풍경)하게 하는 정원양식은 무엇인지 쓰시오.

정답 자연풍경식

20 영국 18세기 자연풍경식 정원의 원형이 잘 남아 있고, 호숫가를 따라 산책로를 설치하여 주변의 구릉과 연결한 정원은 무엇인지 쓰시오.

정답 스투어헤드(Stourhead) 정원

21 자연풍경식 조경가 중 'Landscape Gardener'라는 용어를 최초로 사용하였고, 자연풍경식 정원을 완성한 사람은 누구인지 쓰시오.

정답 험프리 렙턴(Humphry Repton)

22 19세기 영국 공공공원에서 역사상 최초로 시민의 힘으로 조성된 공원으로 옴스테드의 센트럴 파크의 기본적 개념이 되었던 공원을 쓰시오.

정답 버컨헤드(Birkenhead) 공원

23 뉴욕의 센트럴 파크를 설계하였으며 현대조경가의 아버지라 불리는 사람은 누구인지 쓰시오.

정답 프레드릭 로 옴스테드(Frederick Law Olmsted)

24 미국 최초의 자연공원을 쓰시오.

정답 요세미티 공원

25 현대조경의 경향 중 형태를 고집하지 않고 건물 주변에는 정형식으로 꾸미고 있으며 다양한 내용을 볼 수 있는 정원은 무엇인지 쓰시오.

정답 자연식 정원

26 현대 한국조경은 일본 정원의 영향을 받았고, 1970년대 이후에는 미국 조경의 영향 받았다. 1980년대 이후의 한국조경은 어떻게 변화했는지 서술하시오.

정답 한국적 분위기를 창출하는 조경에 관심을 갖게 되었다.

02 조경기본계획

제1절 토지이용계획 · 동선계획 수립 및 기본계획도 작성하기

1 토지이용계획 수립

(1) 토지이용의 성격

① 토지이용계획(정의) : 토지의 공간수요를 추정하여 합리적으로 배정하는 것

② 토지이용 결정 이론 : 토지 경제학적 접근법, 사회 조직론적 접근법, 생태학적 접근법으로 구분하지만 이중 생태학적 접근법이 가장 보편적으로 상용됨

③ 토지이용 실현 제도 : 용도지역지구제(지역특성에 맞는 용도 지정 방식)

④ 광역조경계획 수립 시 요구 조건 : 용도지역지구제에 의한 토지이용 규제 파악

⑤ 도시공원 및 녹지 등에 관한 법률

㉠ 공원녹지

- 정의 : 쾌적한 도시환경을 조성하고 시민의 휴식과 정서함양에 기여하는 공간
- 종류
  - 도시공원, 녹지, 유원지, 공공공지(公共空地) 및 저수지
  - 나무, 잔디, 꽃, 지피식물 등의 식생이 자라는 공간
  - 그 밖에 쾌적한 도시환경을 조성하고 시민의 휴식과 정서함양에 기여하는 공간 또는 시설
    ⓐ 광장, 보행자 전용도로, 하천 등 녹지가 조성된 공간 또는 시설
    ⓑ 옥상녹화, 벽면녹화 등 특수한 공간에 식생을 조성하는 등의 녹화가 이루어진 공간 또는 시설
    ⓒ 그 밖에 공간 및 시설로서 보전을 위하여 관리의 필요성을 특별시장, 광역시장, 시장 또는 군수가 인정하는 녹지가 조성된 공간 또는 시설

㉡ 도시공원

- 정의 : 도시자연 경관의 보호와 시민의 건강, 휴양 및 정서생활의 향상을 위해 설치 또는 지정된 공원
- 종류 : 도시관리계획으로 결정된 공원

<table>
<tr><td>자연공원</td><td colspan="3">국립공원, 도립공원, 군립공원(郡立公園) 및 지질공원</td></tr>
<tr><td rowspan="8">도시공원</td><td rowspan="6">생활권공원</td><td colspan="2">소공원</td></tr>
<tr><td colspan="2">어린이공원</td></tr>
<tr><td rowspan="4">근린공원</td><td>근린생활권근린공원</td></tr>
<tr><td>도보권근린공원</td></tr>
<tr><td>도시지역권근린공원</td></tr>
<tr><td>광역권근린공원</td></tr>
<tr><td rowspan="2">주제공원</td><td colspan="2">역사공원, 문화공원, 수변공원, 묘지공원, 체육공원, 도시농업공원, 방재공원</td></tr>
<tr><td colspan="2">그 밖에 특별시 · 광역시 · 특별자치시 · 도 · 특별자치도 또는 지방자치법에 따른 서울특별시 · 광역시 및 특별자치시를 제외한 인구 50만 이상 대도시의 조례로 정하는 공원</td></tr>
</table>

(2) 토지이용계획과 공간계획

① 용도별 공간 배치 고려사항

㉠ 원칙 : 편리한 접근성, 기능의 효과성, 적절한 규모, 도보의 용이성, 개발의 경제성, 바람직한 밀도

㉡ 환경적 요인 : 공간의 발전방향, 미래상에 부합

② 토지이용계획 수립의 기본

㉠ 중심공간의 입지적 개념 : 주변공간, 완충공간

㉡ 중요성의 위계적 개념 : 거점-부거점, 핵심-부핵심, 주축-부축

㉢ 중심공간이 수립된 후 : 작은 공간에서 공적·반공적 공간, 사적 공간으로 규모, 성격 결정

㉣ 배치방법

- 전면공간 : 공공성이 높은 공간을 큰 면적에 배치
- 측면공간 : 공공성이 낮은 공간을 작은 면적에 배치

㉤ 공간의 유형

- 공공성이 높은 공간 : 진입공간, 운동공간, 놀이공간, 주차공간
- 공공성이 낮은(사적) 공간 : 휴게공간, 산책공간

㉥ 공공성의 근거 : 건물의 배치, 시설물 배치, 식재수종, 패턴도의 결정 및 위요감의 정도 결정, 균형과 비대칭적 균형의 수준도 결정

㉦ 사적 공간 구현 요소 : 비대칭적 균형 활용

㉧ 공간의 장소성, 체험성 증대 : 체험 초기, 중기, 말기에 따라 결절공간(광장, 휴식공간, 마당 등)을 배치

㉨ 결절공간과 이동통로, 시점공간의 결합 : View, Vista 등의 경관적 개념 형성 및 공간 특징 결정

㉩ 공간 배치 요령

- 용도별 이용의 편리성과 활동의 연속성을 고려
- 전체적인 이용패턴, 공간적 수요 고려
- 유사시설 간 연계성 확보, 시설의 집단화, 토지이용의 효율성 증대
- 공간의 상충의 예방을 위해 공간 격리, 완충공간 설치

③ 공간의 기능 및 개념

생활형	기능 및 개념	주요시설	도입포장
휴게공간	• 공원 이용자의 만남과 대화를 위한 공간으로 휴게의 기능을 갖는다. • 공원 이용자의 휴게 및 어린이 보호를 위한 감시의 기능을 갖는 공간이다. • 공원 이용자에게 만남의 장소를 제공하고 대화와 휴식을 취할 수 있는 공간이다. • 정적 공간으로서 편안한 공간구조를 갖는 안정적 공간이다.	퍼걸러, 평의자, 등의자, 수목보호대, 음수대, 휴지통	자연석판석포장, 벽돌포장, 통나무원목포장, 목재데크포장 등
놀이공간 (유년놀이 공간)	• 어린이를 위한 공간으로 놀이를 통한 신체단련의 기능을 갖는다. • 어린이의 동적 활동을 위한 공간으로 놀이 및 신체단련이 가능한 공간이다.	미끄럼대, 그네, 시소, 회전무대, 정글짐, 구름사다리, 철봉, 맹암거 등	모래포설, 고무블록포장 등
유아놀이공간	• 유아의 활동을 위한 공간으로 안정성을 확보한 공간이다. • 유아의 안정성을 높인 공간으로 위요감을 갖게 하고, 보호자의 감시가 가능한 공간으로 한다.	미끄럼대, 그네, 시소, 모래밭, 맹암거 등	모래포설, 고무블록포장 등
운동공간	• 동적 활동이 도입되는 공간으로 체력단련과 함께 활동성 증대를 목적으로 하는 공간이다. • 대표적인 동적 활동공간으로 이용자의 건강증진을 목적으로 하는 공간이다. • 공원이용자의 동적 활동성을 부여하고 안정성을 갖춘 공간이다.	배드민턴장, 배구장, 농구장, 테니스장, 평행봉, 철봉 등 각종 운동기구 및 맹암거 등	마사토포장, 고무블록포장, 소형고압블록포장, 콘크리트포장 등

생활형	기능 및 개념	주요시설	도입포장
중앙광장	• 공원 이용자의 만남과 커뮤니케이션을 위한 공간이다. • 공원의 성격을 나타내는 상징적 장소로서 개방적 구조로 확대된 느낌을 주는 곳이다. • 각 공간의 기능을 증대시킬 수 있는 구조적 기능을 하는 공간이다. • 각 동선의 이합집산이 이루어지는 공간으로 공간적 특성과 동선의 기능도 갖는다.	기념상징물, 분수, 벽천, 퍼걸러, 평의자, 등의자, 수목보호대, 음수대, 휴지통, 맨홀, 집수정, 집수구 등	화강석판석포장, 소형고압블록포장, 벽돌포장 등
진입광장	• 공원의 접근성 증대 및 안정성 확보를 위한 기능을 갖는다. • 공원 이용자의 진입을 위한 접근성 증대 및 커뮤니케이션을 위한 공간으로 안정적 구조를 갖는다.	퍼걸러, 평의자, 등의자, 수목보호대, 휴지통, 안내판 등	화강석판석포장, 소형고압블록포장, 벽돌포장 등
편익공간	• 공원 이용자의 휴식과 편익을 위한 공간이다. • 공원 이용자의 생리적, 심리적 안정감을 줄 수 있는 공간이다.	화장실, 매점, 식당 등	소형고압블록포장, 화강석판석포장 등
관리공간	• 공원의 유지관리를 위한 관리시설 및 공간이다. • 공원 이용자의 안전한 이용을 위한 유지관리에 필요한 시설과 공간이다.	관리사무소, 창고 등	화강석판석포장, 소형고압블록포장 등

(3) 토지이용계획 과정

① 토지이용 분류

㉠ 토지이용 분석 내용 : 이용형태, 기능, 수요면적, 환경적영향

㉡ 토지이용의 종류 : 프로젝트의 종류에 따라 다르고, 바람직한 장래의 이용행태를 따르며, 이용행태에 대한 일정한 기준을 설정하여 이용행태를 일정방향으로 유도 또는 규제하는 양면성이 있다.

② 적지분석(Suitability Analysis)

㉠ 용도별로 계획구역 내에 적합한 지역의 분석

㉡ 분석 기조 : 토지의 잠재력, 사회적 수요에 기초한 토지용도별 지정

㉢ 적지분석의 일반적 과정

- 토지 가치의 분석과 파악
  - 공간, 사회, 지역주민의 토지 가치 분석 · 파악
  - 대상토지에 대한 지역주민의 가치 기준 파악
  - 가용 토지가 풍부한 지역과 부족한 곳에 거주하는 사람의 토지에 대한 평가지표가 다르다는 점 파악
- 기회성과 자연 · 인문 요소의 관련성 분석(기회성 분석) : 이용자가 필요로 하는 사항(예 전망, 일조 등)과 관련요소(자연 · 인문 요소) 분석
- 바람직한 자연 · 인문 요소의 추출 및 도면화 : 바람직한 자연 · 인문 요소들만을 모아서 오버레이 기법(Overlay Method)을 통하여 도면화하고 어느 지역이 토지이용 분류상 적합한 적지인지 파악
- 제한성과 자연 · 인문 요소의 관련성 분석(제한성 분석) : 어떤 자연 · 인문 요소가 이용자에게 본질적으로 나쁜 영향을 미치는 사항(예 홍수위험, 배수불량 등)인지 분석
- 바람직하지 않은 자연 · 인문 요소의 추출 및 도면화 : 바람직한 자연 · 인문 요소들만을 모아서 오버레이 기법을 통하여 도면화하고 어느 지역이 토지이용 분류상 부적합한 적지인지 파악
- 기회성과 제한성의 결합 : 전체 도면에서 바람직하지 않은(제한성) 도면을 제외하면, 나머지 해당지역은 용도에 적합한 토지이용지역에 해당된다.

※ 오버레이 기법(Overlay Method) : 토지의 특성과 기타 환경 변수들의 영향을 나타내는 각각의 지도를 층별로 계속 겹치게 하여 최종적으로는 제안된 사업에 따른 환경 영향을 종합적으로 파악하여 평가할 수 있도록 복합된 지도를 만드는 방법

③ 종합배분

㉠ 지역의 중첩 이유 및 대책

- 각 토지용도별로 적지분석을 할 경우
- 용도 결정 : 용도에 대한 미래의 토지수요 예측, 토지의 기능, 토지의 이용형태 등을 고려함

㉡ 종합하여 최종 토지이용계획안을 작성

출제예상문제

01 토지이용 결정 이론에서 가장 보편적으로 상용되는 접근법은 무엇인지 쓰시오.

정답 생태학적 접근법

02 도시자연 경관의 보호와 시민의 건강, 휴양 및 정서생활의 향상을 위해 설치 또는 지정된 공원은 무엇인지 쓰시오.

정답 도시공원

03 도시공원 중 생활권공원에 해당하는 공원을 1가지 이상 쓰시오.

정답 소공원, 어린이공원, 근린공원

04 다음 용도 지구의 명칭 중 잘못된 것을 찾아 바르게 고쳐 쓰시오.

자연공원의 용도 지구에는 공원자연보존지구, 공원자연환경지구, 공원자연마을지구, 공원자연시설지구 등이 있다.

정답 공원자연시설지구 → 공원집단시설지구

05 공원시설공간 중 야유회장, 야영장, 그 밖에 이와 유사한 시설을 설치하여 자연공간과 어울려 도시민에게 휴식을 제공하기 위한 공간은 무엇인지 쓰시오.

정답 휴양시설공간

06 다음 중 편익시설공간에 해당하지 않는 시설을 2가지 찾아 쓰시오.

우체통, 공중전화, 휴게음식점, 야외극장, 일반음식점, 약국, 낚시터, 수화물예치소, 전망대, 시계탑, 음수장, 다과점

정답 야외극장, 낚시터

07 도시공원에서 토지이용 및 공간별 조건이 다음과 같을 때 가장 알맞은 공간·지역의 명칭을 쓰시오.

자연경관이 우수한 곳 또는 자연으로 접근성이 양호한 곳, 자연 및 산책로가 조성된 곳

정답 휴양공간·지역

08 다음은 토지이용계획의 절차이다. ( ) 안에 알맞은 내용을 쓰시오.

토지이용분류 – ( ) – 종합배분

정답 적지분석

09 다음에서 설명하는 지도를 만드는 기법을 쓰시오.

토지의 특성과 기타 환경 변수들의 영향을 나타내는 각각의 지도를 층별로 계속 겹치게 하여 최종적으로는 제안된 사업에 따른 환경 영향을 종합적으로 파악하여 평가할 수 있도록 복합된 지도를 만드는 방법이다.

정답 오버레이 기법(Overlay Method)

2 동선계획 수립

(1) 동선계획의 원칙과 동선의 형태

- 동선 : 차량동선과 보행동선을 동시에 이르는 개념
- 동선계획 : 보행자나 차량탑승자가 이동을 하는 기능을 담당하는 이동공간의 계획

① 동선계획의 원칙

㉠ 동선계획 기본 목표 : 사람 및 물건의 원활한 소통

㉡ 동선의 형태 : 가능한 막힘없이 일정 순환체계를 갖는다.

㉢ 통행량이 많지 않은 곳 : 막다른 길 사용(부분적임)

예 주거지역 : 보행자와 차량을 분리

연속된 녹지를 확보 : 쿨데삭(Cul-de-sac) 형태의 막다른 길 도입

통행량이 많은 곳 : 순환동선체계

② 동선의 형태

㉠ 격자형 : 균일한 분포

예 도심시와 같이 고밀도의 토지이용이 이루어지는 곳

㉡ 위계형 : 일정한 체계적 질서

예 주거지, 공원, 유원지 등과 같이 모임과 분산의 체계적 활동이 이루어지는 곳

㉢ 시설물 또는 행위의 종류가 많고 복잡한 동선 : 단순한 구성이 목적지를 쉽게 찾는다.

예 박람회장, 테마파크, 어린이 대공원 등의 동선(하나의 원)

㉣ 동선 구성 시 고려사항

- 동선은 목적 및 성격에 따라 위계를 주어 계획함으로써 접근성과 기능성을 높인다.
- 불필요한 동선으로 인하여 기존 식생 및 지형을 훼손하지 않도록 한다.
- 공원, 유원지, 주거단지에서는 차량과 보행 동선은 가급적 분리하되, 차량 동선은 관리시설 공간으로 제한하고 부지 내에는 보행자 위주로 동선을 구성한다.

(2) 동선의 유형

① 동선 : 건축물의 안과 밖에서, 사람이나 물건이 이동하는 자취나 방향을 나타내는 선

② 모임과 분산의 체계적 활동이 이루어지는 곳 : 주거지, 공원, 유원지에서는 다양한 넓이와 포장형태가 다른 동선이 요구됨

③ 상호 연결 및 분리가 적절히 이루어져야 하는 동선 : 차량, 자전거, 보행, 동물 등의 동선

④ 통행의 안전성 확보 : 수직 및 수평의 분리

⑤ 통행의 효율성 증진 : 상호연계

⑥ 속성에 따라 분리 : 차량동선, 보행동선

⑦ 기능 및 규모로 분리 : 진입로, 부진입로, 주동선, 보조동선, 산책로

⑧ 단지 및 도시 차원 분리 : 주간선도로, 보조간선도로, 집산도로, 국지도로

[동선의 기능 및 개념]

생활형	기능 및 개념	도입포장
차량동선	• 주차장 이용자를 위한 동선으로 식별성 있는 계획을 도입한다. • 공원 이용자의 차량진입이 원활할 수 있는 지점에 위치한다.	아스팔트포장, 잔디블록포장 등
주동선	• 공원 이용자의 주출입구에서 시작되는 동선으로 공원의 공간 구획도 이에 의해 이루어진다. • 공원 내의 각 공간 및 시설을 아우르는 주경로로서 하위 동선의 분리가 이루어진다.	소형고압블록포장, 화강석판석포장, 자연석판석포장 등
부동선	• 공원 이용자의 부출입을 위한 경로로서 인접지에서 접근성을 고려한 동선이다. • 공원 이용자의 부출입구에서 시작되는 동선으로 주동선에 합류된다.	소형고압블록포장, 화강석판석포장, 자연석판석포장 등
연계동선	• 주 · 부동선에서 분리되어 각 공간의 기능적 역할을 하기 위한 동선이다. • 각 공간 간의 연결과 주 · 부동선과의 연결 등 공간의 고립을 막아 준다.	소형고압블록포장, 자연석판석포장, 벽돌포장, 잔디블록포장 등
산책동선	• 공원 이용자의 산책을 위한 동선으로 자연적인 느낌의 주변을 만들어 준다. • 공원 이용자가 자연친화적인 느낌을 갖도록 자연곡선의 형태와 편안한 재료를 사용한다.	마사토포장, 투수콘크리트포장, 자연석판석포장 등

(3) 도로의 종류

① 사용목적 및 형태에 따른 분류 : 일반도로, 자동차전용도로, 보행자전용도로, 자전거전용도로, 고속도로, 고가도로, 지하도로

② 기능에 따른 분류 : 광로, 대로, 중로, 소로

③ 도로의 규모에 따른 분류 : 주간선도로, 보조간선도로, 집산도로, 국지도로

(4) 주차장의 유형 및 설치기준

① 노상주차장 : 도로의 노면 또는 교통광장의 일정한 구역에 설치

② 노외주차장 : 도로의 노면 및 교통광장 이외의 장소에 설치

③ 부설주차장 : 건축물, 골프연습장, 기타 주차수요를 유발하는 건축물, 시설의 이용자에게 제공되는 주차장

(5) 보행동선계획

① 차량과 보행자의 관계 : 단지 내의 도로 구성 방식

㉠ 보차혼용방식 : 보행자 통행에 대한 개념이 도입되지 않은 방식으로 보행자와 차량이 전혀 분리되지 않아서 보행자의 안전이 위협받는다는 단점이 있다.

㉡ 보차병행방식 : 보행자는 도로의 측면을 이용하도록 자도 옆에 보노가 설치된 방식이다.

㉢ 보차공존방식 : 차와 사람의 분리는 물론 보행자의 안전을 확보하면서 차와 사람을 공존시키는 방식이다.

㉣ 보차분리방식 : 보행자전용도로를 차량도로와 평면적으로, 입체적으로 또는 시간적으로 분리하여 별도의 공간으로 나누는 방식이다.

평면 분리법	• 보도(Sidewalk) 및 보행자전용도로(Pedestrian Mall) • 특정시간과 장소에서 차량통제 • 건축화한 공간 : 건물 통과도로, 아케이드 등
입체 분리법	• 지상 : 보행자 데크(덱), 육교 등 • 지하 : 지하도, 지하상가, 지하철 입구
시간 분리법	보행자 천국, 길거리 음식축제 등

② 보행로 및 보행공간의 유형 : 탐방로, 산책로, 도시공간의 보행자전용도로, 보행광장, 연결녹지(녹도), 몰(Mall), 가로공간

③ 보행자전용도로와 자전거전용도로 계획기준 : 보행자전용도로와 자전거전용도로도 도시계획시설이다.

> **참고**
>
> **도시계획시설의 결정 구조 및 설치기준에 관한 규칙**
> 제18조 (전용도로의 결정기준), 제19조 (보행자전용도로의 구조 및 설치기준), 제20조 (자전거전용도로의 결정기준), 제21조 (자전거전용도로의 구조 및 설치기준)

④ 연결녹지(녹도)의 설치기준 : 연결녹지 설치를 위한 세부기준에 대해서는 건교부 지침인 도시공원·녹지의 유형별 세부기준 등에 관한 지침에 규정되어 있다.

> **참고**
>
> **도시공원·녹지의 유형별 세부기준 등에 관한 지침**
> • 5-2-1 연결녹지
> • 5-2-2 연결녹지의 설치기준
> • 5-2-3 생태통로 기능의 연결녹지 세부기준
> • 5-2-4 녹도기능의 연결 녹지 조성 세부기준

출제예상문제

01 **도심지와 같이 고밀도의 토지이용이 이루어지는 곳에 사용하는 동선의 형태를 쓰시오.**

정답 격자형

02 **다음 ( ) 안에 알맞은 내용을 쓰시오.**

> 공원, 유원지, 주거단지에서는 ( )과 보행동선은 가급적 분리하되, ( )은 관리시설 공간으로 제한하고 부지 내에는 보행자 위주로 동선을 구성한다.

정답 차량동선

03 다음에서 설명하는 동선의 종류를 쓰시오.

주동선에서 부공간 및 부속지역으로 연결되는 동선으로 주로 보행자 위주의 동선이며, 자유 곡선 형태에 자연적인 포장으로 구성되는 동선

정답 보조동선

04 다음에서 설명하는 주차장의 종류를 쓰시오.

건축물, 골프연습장, 기타 주차수요를 유발하는 건축물, 시설의 이용자에게 제공되는 주차장

정답 부설주차장

05 다음의 내용 중 잘못된 부분을 찾아 바르게 고쳐 쓰시오.

장애인 보행동선의 시공 시 보도와 차도의 높이는 서로 다른 높이로 시공해야 장애인의 이동 시 안전을 확보할 수 있다.

정답 서로 다른 높이 → 동일한 높이

06 장애인 보행동선의 시공 원칙에서 보행로 유효 폭은 몇 m 이상으로 확보해야 하는지 쓰시오.

정답 1.2m

07 장애인 유도시설 설치 시 추락의 위험이 있는 곳에 설치해야 하는 시설은 무엇인지 쓰시오.

정답 난간

08 긴급 차량, 시설 검사, 유지, 보수 차량 통행이 가능한 충분한 폭원의 너비는 몇 m 이상인지 쓰시오.

정답 4m 이상

3 기본계획도 작성

(1) 프로그램의 작성 과정 및 개발

① 프로그램

㉠ 프로그램의 정의 : 기술된 또는 숫자로 표현된 계획의 방향 및 내용

㉡ 프로그램 작성 경로 : 의뢰인에 의해 주어진 경우, 설계가가 직접 작성하는 경우

㉢ 실제로는 의뢰인과 설계가가 절충하여 이루어진다.

㉣ 중요한 프로젝트 : 프로그램을 작성한 후, 프로젝트 타당성 검토(Feasibility Study)를 수행한다.

② 프로그램의 작성 과정 : 프로그램 착수 → 프로그램 개발 → 프로그램 결정 → 의뢰인과 검토 → 프로그램의 확정

㉠ 프로그램 착수 : 프로그램 착수를 위하여 필요한 정보

- 프로젝트의 목표
- 설계유형에 따른 고유한 제약점 및 한계성
- 대지의 개발을 위한 법규적 요건
- 시설물의 기능적 요건
- 이용자의 사회·행태적 특성
- 시설물의 구체적 요건
- 시설 또는 토지이용별 위치 및 상호관계성
- 예산
- 장래성장 및 기능변화에 대한 유연성
- 다양한 필요성들 간의 우선순위

㉡ 프로그램 개발

- 프로그램의 개발을 위한 자료 파악
- 필요한 자료의 유형 및 체계 수립 후 효율적인 자료 모집 및 분석 시도

㉢ 프로그램 결정 : 충분한 자료 수집·분석 후 간단한 다이어그램 등을 통한 시각적 표현

㉣ 의뢰인과 검토

- 의뢰인에게 제시 및 검토 : 프로그램을 정리하여 표현
- 의뢰인 요구와 프로그램 내용 불일치 : 프로그램 개발 단계에서부터 수정·보완 후 검토

㉤ 프로그램의 확정

- 프로그램 최종 확정 : 의뢰인과 검토 과정 후 의뢰인의 동의를 얻어 확정
- 프로그램의 기본골격 : 프로젝트 최종단계까지 지켜지도록 함

③ 프로그램의 개발

㉠ 프로그램은 의뢰인의 요구사항, 기존의 자료 및 설계자의 경험에 의하여 작성

㉡ 기존의 자료 또는 경험이 불충분하다고 판단될 경우 프로그램 개발·연구 수행

의뢰인에 관한 연구	• 의뢰인에 대한 직접 질문을 통하여 자료를 얻는다. • 의뢰인의 선호, 가치, 기타의 내용을 통해 얻는 연구
사실에 관한 연구	• 의뢰인에 관한 정보가 없거나 의뢰인이 알고 있는 정보가 없을 때 • 새로운 정보를 얻기 위해서 사례연구, 조사, 실험을 통해 얻는 연구
모델 연구	• 얻고자 하는 문제가 매우 복잡하거나, 미래사실의 예측에 관한 경우에 유용함 • 모델의 유형 – 이론적 모델(미적반응 모델) : 추상적 이론을 설명해 주는 유형 – 계량적 모델(시각적 선호 모델) : 구체적 숫자로 나타내는 유형

(2) 기본계획도의 구성요소 및 작성 방법

> **참고**
>
> **기본계획도(Master Plan)**
> 의뢰인과 대화를 통해 기본구상을 더욱 상세하게 구체화시켜 얻은 도면으로 지적선이나 건물의 윤곽선, 구조물(벽, 테라스, 보행로, 데크(덱) 등)의 윤곽선을 삼각자와 T-자를 사용하여 정교하게 다듬은 형태이다.
> ※ 중요도 : 기본설계 및 실시설계 시 설계의 근거가 됨

① 기본계획도의 구성요소

㉠ 지적선

㉡ 기존지형과 주요 정지계획 지점

㉢ 인접도로 및 가로 그리고 인접건물과 같은 기타 요소

㉣ 모든 건물과 구조물의 윤곽선

㉤ 보행로, 테라스, 데크(덱), 잔디, 도로, 주차장, 다리, 셸터, 독, 식재, 벽, 담장, 계단, 경사로, 연석, 변경될 등고선 등의 설계요소에 대한 적절한 질감 선택 표현

㉥ 잔디, 서비스 공간, 자연적인 숲, 원형극장 등 주 이용 공간

㉦ 설계요소의 재료와 형태

㉧ 주요지점의 지점표고

㉨ 방위, 스케일, 범례, 프로젝트명 등

② 기본계획도 작성 방법

㉠ 초안

- 작성요령 : 자를 대지 않고 프리핸드로 작성한 계획도
- 내용 : 사실적이면서도 설명적으로 모든 요소를 표현

㉡ 본안

- 작성요령 : 초안을 의뢰자에게 보여 주고 수정을 받은 후 설계안을 보다 정연된 모습으로 많은 시간을 투자하여 작도한 계획도
- 내용 : 초안보다는 더욱 세련되고 사실적으로 그리게 된다.
- 작성 시 고려사항
  - 모든 요소와 형태들의 일반재료(목재, 벽돌, 석재 등)
  - 식물재료의 표시 : 성목의 크기를 기준으로 크기, 형태, 색깔, 질감을 고려한다.
  - 3차원 구성요소의 특성 및 설계효과(수목으로 이루어진 캐노피, 차양, 트렐리스, 담장, 벽, 마운드와 같은 요소들의 위치와 높이 등)를 나타낸다.
  - 축척이나 설계내용에 따른 배치의 복잡성 정도에 따라 벽이나 담장뿐만 아니라 단처리된 지역들의 고저차를 명시한다.

출제예상문제

01 다음은 프로그램의 작성 과정이다. ( ) 안에 알맞은 내용을 쓰시오.

프로그램 착수 → 프로그램 개발 → 프로그램 결정 → ( ) → 프로그램의 확정

정답 의뢰인과 검토

02 다음 ( ) 안에 알맞은 내용을 쓰시오.

프로그램은 의뢰인의 요구사항, 기존의 자료, ( )에 의하여 작성된다.

정답 설계자의 경험

03 의뢰인과 대화를 통해 기본구상을 더욱 구체화시켜 얻어진 도면을 무엇이라 하는지 쓰시오.

정답 기본계획도

04 조경기본계획도 본안 작성 시 고려해야 할 사항 중 수목으로 이루어진 캐노피, 차양, 트렐리스, 담장, 벽, 마운드와 같은 요소들의 위치와 높이 등을 무엇이라 하는지 쓰시오.

정답 설계효과

05 조경기본계획도 본안 작성 시 식물재료를 표시할 때 성목을 기준으로 고려해야 할 사항을 2가지 이상 쓰시오.

정답 크기, 형태, 색깔, 질감

06 토지이용계획에서 동질 공간의 배치 요령에 대하여 쓰시오.

정답 연접, 중복 배치

07 기본계획도 작성 시 주의사항에서 참고해야 할 계획을 2가지 쓰시오.

정답 토지이용계획, 동선계획

제2절 공간별 및 부문별 계획하기

1 공간별 계획

(1) 주요 공간별 계획 및 설계 시 고려사항

① 세부공간 : 휴게공간, 놀이공간, 운동공간, 수경공간, 관리공간, 생태공간

> **참고**
>
> **토지이용계획에 따른 공간 구분 및 세부공간계획**
> - 어린이공원의 공간 : 놀이공간, 체육공간, 휴게공간
> - 근린공원의 공간 : 진입공간, 중심광장, 휴식공간, 놀이공간, 체육공간, 수변공간, 잔디광장, 주차공간, 관리시설공간
> - 체육공원의 공간 : 다목적광장, 운동시설공간, 주차공간, 환경보존공간, 정적휴게공간
> - 묘지공원의 공간 : 주차공간, 묘역공간, 관리시설공간, 휴게공간, 묘목·잔디생산공간, 보존공간
> - 공동주택의 공간 : 입구공간, 통행공간, 상가공간, 주거공간, 녹지·조경공간, 주차공간, 체육공간, 어린이 놀이터공간, 휴게공간, 커뮤니티공간
> - 골프장의 공간 : 클럽하우스를 중심으로 골프코스공간, 관리시설공간, 위락시설공간, 묘목·잔디생산공간, 환경보존공간

② 세부공간의 계획 및 설계원칙

㉠ 휴게공간 계획 및 설계원칙
- 종류 : 시설공간, 보행공간, 녹지공간
- 설계대상 공간 전체의 보행체계에 어울리도록 보행동선을 계획한다.
- 휴게공간의 어귀 : 보행로에 연결시켜 보행동선에 적합하게 계획한다.
- 차량에 의한 사고방지 : 도로변에 면하지 않도록 배치한다.
- 입구 : 2개소 이상 배치하되, 1개소 이상에는 평편한 평지로 설계한다.
- 완충공간 : 건축물이나 휴게시설 설치공간과 보행공간 사이에 설치한다.
- 이용공간 : 휴게시설물 주변에 1m 정도의 공간을 확보한다.
- 휴게시설 : 놀이터에는 유아가 노는 것을 보호자가 근접해서 볼 수 있도록 배치한다.
- 조화롭게 배치 : 동일 공간의 시설물에 사용되는 색깔, 재료, 마감 방법 등이 조화를 이루도록 한다.

㉡ 놀이공간의 계획 및 설계원칙
- 이용이 편리하고 햇볕이 잘 드는 곳에 성격, 규모, 이용권, 보행동선 등을 고려하여 배치한다.
- 구분 : 어린이놀이터, 유아놀이터(연령별 놀이특성을 고려)
- 폭 2m 이상의 녹지공간 : 놀이공간과 도로, 주차장 기타 인접시설물 사이에 배치한다.
- 놀이공간, 휴게공간, 보행공간, 녹지공간으로 나누어 설계한다.
- 보행동선 계획 : 설계대상 공간 전체의 보행동선체계에 어울리도록 한다.
- 놀이공간의 어귀 : 보행로에 연결시켜 보행동선에 적합하게 계획한다.
- 차량에 의한 사고방지 : 도로변에 면하지 않도록 배치하고 입구는 2개소 이상 배치하되, 1개소 이상에는 평편한 평지로 설계한다.
- 놀이공간의 규모 : 이용자의 나이 등을 고려한 놀이시설, 유아의 놀이를 보호하기 위해서 필요한 휴게시설, 관리시설 등을 배치한다.
- 완충공간 : 놀이시설 설치공간과 놀이시설의 이용공간, 각 이용공간 사이에 배치한다.
- 놀이시설의 구분 설치 : 단위놀이시설, 복합놀이시설 등
- 장소별 다양성을 부여 : 인접놀이터와 기능을 달리한다.
- 놀이와 보행동선이 충돌하지 않도록 주 보행동선에는 시설물을 배치하지 않는다.

㉢ 운동공간의 계획 및 설계원칙
- 장소 선정 : 햇볕이 잘 들고 바람이 강하지 않으며, 매연의 영향을 받지 않는 장소로 급수와 배수가 용이한 지역
- 기존 자연환경(지형, 수계, 식생)을 보전, 주변의 자연 또는 도시환경과 잘 융화
- 공원이나 주택단지의 외곽녹지 운동공간
  - 선형의 산책로, 조깅코스 등의 운동공간을 배치
  - 체력단련을 할 수 있는 운동시설을 배치
- 공간 배치 : 운동시설 공간, 휴게공간, 보행공간, 녹지공간(어울리도록 보행동선 계획)
- 이용자가 다수인 운동시설
  - 입구 동선과 주차장과의 관계를 고려
  - 주요 출입구 : 단시간 관람자 출입 가능한 광장 설치
- 도입 시설 종류 결정 요인 : 이용자 나이, 성별, 이용시간대, 선호도
- 하나의 설계대상 공간 : 서로 다른 운동시설 배치

㉣ 수경공간의 계획 및 설계원칙
- 구성요소 : 폭포, 계류, 벽천, 연못, 분수, 낙수
- 하나의 시스템 : 수경시설 및 관련요소(물의 연출을 효과적으로 표현)
- 주변 경관과 조화 : 물의 연출에 중점을 두고 각 장치가 유기적으로 결합
- 유지관리, 점검보수 용이 : 지역의 기후, 기상 특성 고려
- 폭포, 벽천, 분수 위치 : 입구, 중심 광장, 결절점의 시각적 초점 등으로 경관효과가 큰 곳
- 연못의 배치 : 대상공간의 배수시설을 겸하도록 지형이 낮은 곳
- 원활한 급수를 위하여 충분한 수량을 확보한다.
- 강우와 바람의 영향에 대비 : 강우량센서 및 풍속, 풍향센서를 설치

㉤ 관리공간의 계획 및 설계원칙
- 관리소의 기능 : 이용자에 대한 서비스 기능, 조경공간의 관리기능
- 관리소의 배치 : 편리하고 알기 쉬운 위치나 자동차의 출입이 가능한 곳
- 관리소 시설의 종류 : 관리실, 화장실, 숙직실, 보일러실, 창고, 화장실(공용)
- 관리소 설치 위치 : 대상지의 입구 부분, 공원의 주도로에 면하여 설치한다.
- 관리소 수행 기능 : 사무소의 기능과 정보제공 기능을 하게끔 해당 공간과 어울리는 상징물이 되도록 설치
- 관리시설 설계 : 주변과 조화되고 인간적 척도로 설계하되, 안전성, 기능성, 쾌적성, 조형성, 내구성, 유지관리 등을 배려하는 재료로 설계한다.
- 관리시설 배치 위치 : 그늘진 습지, 급경사지, 바람이 부는 곳, 지반 불량지역 등은 피해서 배치한다.

㉥ 생태공간의 계획 및 설계원칙
- 설계 시 고려사항
  - 종 다양성을 확보 : 최소면적 이상으로 단위 생태공간을 조성
  - 자연형성과정에 바탕을 둔 생태적 배식기법으로 설계
  - 소로나 주변 편의시설 등 기존시설을 최대한 활용하여 설계
  - 생태공간은 식생의 천이과정을 고려하여 계획하고 설계

• 생태공간 조성 시 유의사항
  - 자연생태계를 우선적으로 파악한다.
  - 환경친화적 사업이 되도록 한다.
  - 자연재료 및 기존의 생물종을 활용한다.
  - 소생물권(틈새, 둠벙, 웅덩이, 덤불 등)을 확보한다.
  - 먹이채취, 둥지, 급수 등 생존을 위한 이동통로를 확보한다.

㉦ 생태못의 설계
  • 조류, 어류, 곤충류 등을 유인하기 위하여 못과 못가에 수생식물을 배식한다.
  • 바닥의 물 순환을 위하여 바닥물길을 설계한다.

(2) 무장애 디자인과 유니버설 디자인

① 무장애 디자인(Barrier-free Design)

㉠ 장애를 지닌 사람이 자유롭게 이동하는 것을 방해하는 물리적인 각종 장애물 혹은 태도와 관련된 다양한 유형의 장애물을 제거하는 디자인을 말한다.

㉡ 의미 : 이용자가 어떤 방해나 제한 없이 자유자재로 이동할 수 있는 능력을 갖도록 해 주는 것이다.

② 유니버설 디자인(Universal Design)

㉠ 의미 : 모든 사람이 어떤 것을 개조하거나 특별히 변형할 필요 없이 최대한 이용할 수 있도록 환경을 디자인하는 것이다.

㉡ 목표 : 광범위하고 다양한 이용자가 사용할 수 있는 환경을 조성한다.

㉢ 중요성 : 거주민, 방문자, 여행객, 노약자, 어린이, 장애인, 비장애인 등 모든 이용자에게 유익한 공간 조성

㉣ 유니버설 디자인 개념으로의 전환 : 장애인을 위해 특정 장애물을 제거하는 무장애 설계개념으로부터 모든 이용자를 위해 장애물 없는 공간을 조성하는 것으로 전환해야 한다.

구분	무장애 디자인	유니버설 디자인
목표	장애가 있는 사람이 안전하고 쉽게 사용하도록 장애물 없는 물리적 환경 만들기	누구에게나 공정하게 이용하기 쉽고 쾌적한 물리적·사회적 환경 만들기
이념	장애인에게 평등한 환경을 조성해 주기 위한 법규 및 명령에 근거한 디자인	가능한 한 많은 사람의 요구를 만족시키기 위한 디자인 철학이자 접근법
내용	물리적 장애물이나 심리적 장벽을 줄이거나 해소	장벽 없이 이용 가능한 도시환경·시설물을 설계
적용	주로 장애인, 고령자, 임산부 등 교통약자가 대상	성별, 연령, 국적, 장애 유무와 상관없이 모든 사람이 대상
사례	• 도로나 건축물의 장애물 제거 • 휠체어 이용자를 위한 화장실 설치	• 도시환경, 시설물, 사회제도 등 장벽 제거 • 모든 이용객이 이용 가능한 오감놀이터 설치

(3) 범죄예방 공간설계

① 필요성

㉠ 심각한 사회적 문제 : 사회적 약자(아동, 여성 등)를 대상으로 한 각종 강력범죄가 빈번하게 발생

㉡ 강력사건의 발생 장소를 분석 : 공통적인 특징들을 확인

㉢ 중요한 특징 : 범죄에 취약한 물리적 환경

㉣ 사회적 문제점 : 반복적으로 범죄가 발생
  • 장소 : 서민밀집 주거지역(다세대·다가구, 노후 주거단지 등)

• 이유
 - 주택 및 각종 기반시설의 심각한 노후도
 - 높은 건폐율과 인적이 드물고 복잡하면서도 좁은 골목길
 - 부족한 주차공간
 - 방치된 건물 사이 이격공간
 - 공공시설/공간에 대한 유지관리 미흡
 - 공간 활성화를 위한 주민이용시설 부족
 - 개별 건물(주택)의 시건장치와 측벽 공간 방범창 미흡
 - 노출된 배관에 대한 방범대책 부실
 - 가로등, CCTV, 비상벨 등 공공시설 부족
 - 부적절한 위치설정

• 현실적인 문제 해결 방안
 - 범죄예방 환경설계(CPTED ; Crime Prevention Through Environmental Design)
 - CPTED는 주요 선진국을 중심으로 보편화되고 있는 기법
 - 여러 학문 간 연계를 통해 도시 및 공간 설계 시 범죄기회를 제거하거나 최소화하는 방향으로 계획·변경함으로써 범죄 및 불안감을 저감시키는 원리이자 실천 전략
 - CPTED는 감시와 접근통제, 공동체 강화 등을 기본원리로 함

② 5가지 실천전략

㉠ 자연감시
• 공간과 시설물 계획 시 주변에 대한 가시범위를 최대화한다.
• 일상생활 속에서 자연스럽게 주변을 살피면서 외부인의 침입 여부를 관찰
• 이웃 주민과 낯선 사람들의 활동을 구분
• 범죄와 불안감을 저감하는 원리

㉡ 접근통제
• 사람들을 도로, 보행로, 조경, 문 등을 통해 일정한 공간으로 유도
• 허가받지 않은 사람들의 진·출입을 차단
• 범죄 목표물로의 접근을 어렵게 만든다.
• 범죄행동의 노출위험을 증가시켜 범죄를 예방하는 원리

㉢ 영역성 강화
• 어떤 지역에 대해 지역 주민들이 자유롭게 사용하거나 점유
• 그들의 권리를 주장할 수 있는 가상의 영역을 조성
• 잠재적 범죄자가 스스로 감시받거나 제지당할 수 있음을 인식
• 범죄 욕구를 억제시키는 원리

㉣ 활동의 활성화
• 공공장소에 대한 일반 시민들의 활발한 사용을 유도 및 자극함
• 그들의 눈에 의한 자연스런 감시(Eyes on the Street)를 강화하여 범죄 발생을 감소
• 시민들이 안전감을 느끼도록 하는 원리

㉤ 유지관리
• 어떤 시설물이나 공공장소가 처음 설계된 대로 지속적으로 이용될 수 있도록 잘 관리
• 관리가 쉽도록 계획·설계하여 사용자의 일탈행동을 자제시키는 원리

출제예상문제

01 도시공원 시설의 종류에서 지원시설에 해당하는 것을 2가지 이상 쓰시오.

정답 유희시설, 교통시설, 편익시설, 관리시설

02 다음에서 설명하는 시설의 종류를 쓰시오.

> 1) 도시공원 시설 중 화단, 분수, 조각, 관상용 식수대 등과 같은 시설
> 2) 도시공원의 지원시설 중 그네, 미끄럼틀, 시소, 정글짐 등과 같은 시설
> 3) 놀이터 주변에 유아가 노는 것을 보호자가 근접해서 볼 수 있도록 설치해야 하는 시설

정답 1) 조경시설
2) 유희시설
3) 휴게시설

03 도시공원의 종류에서 문화공원, 수변공원, 체육공원 등을 포함하는 분류를 쓰시오.

정답 주제공원

04 도시공원의 세부공간에서 시설공간, 보행공간, 녹지공간으로 세분되는 공간을 쓰시오.

정답 휴게공간

05 놀이공간과 도로, 주차장 기타 인접 시설물 사이에 배치해야 할 공간과 폭(m)을 쓰시오.

정답 녹지공간, 2m 이상

06 운동공간 배치 시 각 공간을 이용하는 이용자들의 동선이 잘 어울리도록 해야 하는 계획은 무엇인지 쓰시오.

정답 보행동선계획

07 운동공간의 도입시설을 결정하는 요인을 2가지 이상 쓰시오.

정답 나이, 성별, 이용시간대, 선호도

08 수경공간의 구성요소를 2가지 이상 쓰시오.

정답 폭포, 계류, 벽천, 연못, 분수, 낙수

09 다음 ( ) 안에 알맞은 내용을 쓰시오.

수경공간의 구성요소 중 폭포, 벽천, 분수의 위치는 입구, 중심 광장, 결절점의 시각적 초점 등으로 ( )가 큰 곳으로 한다.

정답 경관효과

10 다음 ( ) 안에 알맞은 내용을 쓰시오.

관리소 설치 위치는 대상지의 (①) 부분, 공원의 (②)에 면하여 설치한다.

정답 ① 입구, ② 주도로

11 다음 중 관리시설 배치 위치 중 피해서 배치하지 않아도 되는 위치를 골라 쓰시오.

그늘진 습지, 완경사지, 바람이 부는 곳, 지반 불량지역

정답 완경사지

12 생태공간의 계획 및 설계원칙에서 생태공간은 식생의 무엇을 고려하여 계획하고 설계해야 하는지 쓰시오.

정답 천이과정

13 생태공간의 계획 및 설계원칙에서 틈새, 둠벙, 웅덩이, 덤불 등을 총칭하는 용어를 쓰시오.

정답 소생물권

14 조류, 어류, 곤충류 등을 유인하기 위하여 못과 못가에 배식해야 하는 식물을 쓰시오.

정답 수생식물

15 모든 사람이 어떤 것을 개조하거나 특별히 변형할 필요 없이 최대한 이용할 수 있도록 환경을 디자인하는 것을 의미하는 용어를 쓰시오.

정답 유니버설 디자인

16 무장애 디자인의 적용대상은 교통약자이다. 교통약자에 해당하는 분류를 2가지 이상 쓰시오.

정답 장애인, 고령자, 임산부

17 사회적 범죄가 반복적으로 발생하는 다세대 · 다가구, 노후 주거단지 등을 총칭해서 무엇이라 하는지 쓰시오.

정답 서민밀집 주거지역

18 사회적 범죄가 반복적으로 발생하는 이유 중 공공시설이 부족하다는 것이 있다. 이 공공시설에 해당하는 것을 2가지 이상 쓰시오.

정답 가로등, CCTV, 비상벨

19 범죄예방 공간설계의 5가지 실천전략 중 다음과 같은 내용을 담고 있는 실천전략은 무엇인지 쓰시오.

- 공간과 시설물 계획 시 주변에 대한 가시범위를 최대화한다.
- 이웃 주민과 낯선 사람들의 활동을 구분
- 범죄와 불안감을 저감하는 원리

정답 자연감시

2 부문별 계획

(1) 환경친화적 단지계획 요소와 계획기법

① 환경친화적 개념

㉠ 산업혁명 이후 급속히 발전해온 고도 성장과 개발과정에서 무분별하게 자연이 훼손되어 환경문제에 부딪히게 되면서 대두되었다.

㉡ 1972년 스톡홀름에서 하나뿐인 지구라는 주제를 가지고 유엔인간환경회의가 열리면서부터 이에 대한 관심이 더욱 커졌다.

㉢ 환경적으로 건전하고 지속 가능한 개발(ESSD ; Environmentally Sound and Sustainable Development)을 목표로 개발을 환경친화적으로 유도하고 있다.

② 환경친화적 단지계획 요소와 계획기법

계획부문	계획요소	계획기법
토지이용 및 교통	미기후를 고려한 배치	바람길, 일조를 고려하여 배치
	지형 및 지세의 활용	자연지형 보전, 절·성토 균형, 녹지 활용
	보도 및 차도의 분리	보행자전용도로, 생태통로 조성
	오픈스페이스의 극대화	테마정원, 커뮤니티 공간 조성
에너지 및 자원	태양열·광 이용	태양열 및 광을 통한 화석연료 절감
	미이용 에너지 활용 및 폐열 회수	쓰레기분리대, 지열 냉·난방, 풍력발전기
	우수차집 및 순환 활용	우수차집 및 순환탱크, 중수 이용
	우수의 침투 유도	레인폰드, 투수포장, 침투웅덩이 조성
	유기폐기물 속성 발효	퇴비장 설치
	자연소재, 재활용소재 이용	자연소재, 재활용소재 활용
자연 및 생태환경	자연토양 보전	표토의 보관장소
	생태적 식재	다층식재, 육생비오톱, 수생비오톱 조성
	비오톱 조성 및 연계	그린 네트워크, 블루 네트워크 조성
	친수공간 조성	실개천, 연못, 분수, 생태습지 조성
	건물외피의 녹화	옥상녹화, 인공지반·벽면녹화

(2) 부지조형

① 지형보전

㉠ 자연지형과 서식환경 보존을 위하여 시설용 부지를 최소화한다.

㉡ 지형보전지역이 옹벽 등과 같은 구조물이나 대규모 비탈면에 의해 고립되지 않도록 한다.

㉢ 주변지역과 연계되도록 설계한다.

② 표토보전

㉠ 현황 조사 시 조사된 보전대상 표토에 대한 위치별 채집물량 및 배분계획을 결정한다.

㉡ 표토를 강산성 또는 강알카리성으로 중화시킬 필요가 있는 경우에는 중화방법을 강구한다.

㉢ 놀이터, 운동장, 포장부위 등에는 30cm 정도의 표토를 제거하여 채취한다.

㉣ 채취표토는 녹지 등의 식재용토로 사용한다.

㉤ 제거한 나무와 뿌리는 재활용하거나 폐기물관리법에 따라 처리한다.

③ 지형변경

㉠ 지형변경은 점고법과 등고선으로 표현하고 경관과 구조적인 측면을 검토하여 형태를 결정한다.

㉡ 마운딩 요령

• 토지이용현황, 토량확보, 마운딩 대상지역의 폭원 및 조성 목적 등을 종합적으로 고려

• 안전성을 검토한 후, 단면과 형태를 결정하며 주변과 조화를 이루도록 한다.

㉢ 라운딩은 비탈면 접속면이 굴절하여 생기는 위화감을 완화시킨다.

㉣ 라운딩은 경관향상과 침식방지를 위하여 비탈면 마루 또는 위나 아래를 굴곡 있게 처리한다.

(3) 조경포장

① **포장의 필요성** : 보행자, 자전거, 차량통행의 원활한 기능 유지를 목적으로 한다.

② **토질조사** : 건설교통부 발행 구조물 기초설계기준에 의하여 조사한다.

③ **포장재 선정 조건** : 내구성, 내후성, 보행성, 안전성, 시공성, 유지관리성, 경제성, 환경친화성

(4) 조경시설물(휴게시설물, 놀이시설물, 운동시설물)

① 휴게시설의 배치

㉠ 설치 이유 : 휴게소, 광장, 마당 등에서 이용자의 정신수양과 쉼을 위하여 설치

㉡ 종류 : 그늘시렁, 그늘막, 원두막, 의자, 야외탁자, 평상, 정자 등을 말한다.

㉢ 배치원칙

• 위치 : 휴식 및 경관감상이 쉽고 개방성이 확보된 곳, 점경물로서 효과를 높일 경우 시각상 초점이 되는 곳

• 지역여건, 주변환경, 휴게공간의 특성과 규모 및 인접 휴게공간과의 기능을 고려한다.

• 휴게공간의 특성과 규모에 맞춰서 시설의 종류나 수량을 결정한다.

• 하나의 설계대상 공간에서는 단위 휴게공간마다 서로 시설을 달리하여 장소별 다양성을 부여한다.

• 휴게공간 내부의 주보행동선에는 보행과 충돌이 생기지 않도록 시설물을 배치하지 않는다.

• 통행에 지장이 예상되는 곳은 통행로를 넓히거나 별도의 공간을 마련하여 시설물을 설치한다.

• 시설물 사이에는 색깔, 재료, 마감방법 등에서 시설물이 서로 조화될 수 있도록 계획한다.

② 놀이시설의 배치

㉠ 설치 이유 : 어린이들의 신체단련 및 정신수양을 목적

㉡ 종류 : 미끄럼틀, 모래밭, 그네, 시소, 회전시설, 진자·진동시설, 정글짐, 기어오르기, 놀이벽, 도섭지, 난간·안전책, 계단, 복합놀이시설, 주제형 놀이시설, 동력놀이시설

㉢ 배치원칙

• 지역의 여건과 주변환경을 고려하여 놀이터에 따라 단위놀이시설, 복합놀이시설 등을 조화되게 구분하여 설치한다.

• 인접 놀이터와 기능을 달리하여 장소별 다양성을 부여한다.

• 놀이시설은 어린이의 안전성을 먼저 고려하여야 한다.

• 높이가 급격하게 변화하지 않도록 한다.

• 공간에서 보행동선과 어린이놀이가 충돌되지 않도록 한다.

• 주보행동선에는 시설물을 배치하지 않는다.

• 정적인 놀이와 동적인 놀이는 분리배치한다.

• 모험놀이시설이나 복합놀이시설은 놀이 기능이 연계되거나 순환될 수 있도록 배치한다.

• 2m 이상 높이의 시설물은 인접주택과 정면으로 배치하지 않도록 한다.

- 그네, 미끄럼틀 등 동적인 놀이시설은 이용공간을 충분히 확보한다.
- 이용자와 충돌방지를 위해 동선이 상충되지 않도록 배치한다.
- 놀이시설은 각 기능이 서로 연계되어 순환 이용되도록 계획한다.
- 나이에 따라 다른 놀이를 수용할 수 있도록 배치한다.

③ 운동시설물의 배치

㉠ 설치 이유 : 운동장, 체력단련장, 경기장에 이용자의 신체단련 및 운동을 위하여 설치한다.

㉡ 종류 : 육상경기장, 축구장, 테니스장, 배구장, 농구장, 야구장, 핸드볼장, 배드민턴장, 게이트볼장, 롤러스케이트장, 씨름장, 체력단련장, 수영장

㉢ 배치원칙

- 이용자들의 나이, 성별, 이용시간대와 선호도 등을 고려하여 도입할 시설의 종류 결정
- 주택 등이 인접한 공간에는 농구장 등 야간에 이용되는 시설은 피한다.
- 운동시설은 운동의 특성과 기온, 강우, 바람 등 기상요인을 고려하여 배치한다.
- 적절한 방위, 양호한 일조 등의 경기조건도 고려해야 한다.
- 경기장의 경계선 외곽에는 각 경기의 특성을 감안한 여유공간을 확보한다.
- 설계 대상공간에는 가급적 서로 다른 운동시설을 배치한다.
- 인접 시설물 사이에는 녹지 등 완충공간도 확보한다.
- 시설 및 시설 주변 공간은 어린이, 노인, 장애인의 접근과 이용에 불편이 없는 구조와 형태를 갖도록 한다.

(5) 야간경관 연출계획

① **현대 도시의 특징** : 과학기술의 발달 및 생활양식의 변화 등으로 밤과 낮의 경계가 없어지고 야간에도 레저나 쇼핑 등의 활동이 활발하게 이루어지고 있다.

② **야간경관 형성의 필요성** : 지역경제 활성화와 도시생활의 안전성 향상, 도시의 정체성과 이미지 향상, 야간경관 연출을 통한 관광자원화와 수준 높은 밤 문화를 위하여 체계적인 야간경관의 형성이 필요하다.

③ 야간경관 연출계획

도로	• 보행자 및 운전자를 고려한 루버 및 액세서리 사용 권장 • 주간선도로의 색온도는 400K로 유도
철도	• 사람의 이용이 많은 환승지역으로 쾌적성과 안정성을 고려한 조명 설치 • 랜드마크가 되는 철도시설은 조명 연출을 유도
주차장	• 야간의 안전성과 기능성을 고려한 조명계획 • 현란한 조명 사용의 자제 및 수평면 조도 향상 유도
자동차 정류장	• 자연스럽게 동선을 유도할 수 있는 조명기구 설치 권장 • 사람들의 안전을 고려한 보안등 설치 및 조도 확보
광장	• 광장 이용객의 눈부심을 방지하기 위해 후드 및 실드 사용 • 건축물의 내부 빛과 연계성 있는 조도계획 및 분위기 연출
공원	• 사람들이 모이는 장소에 스텝등, 볼라드등 위주의 조명방식 권장 • 안정성을 위해 수목, 조형물 등 수직연출과 LED조명, 유도등 설치
녹지	• 자연녹지에 대한 빛 공해를 차단할 수 있는 방향으로 조성 권장 • 산책로의 조도는 3~7lx로 쾌적한 공간 연출
공공용지	• 친환경 태양광 조명 또는 저전력 고효율 조명 연출을 권장 • 루버 및 액세서리를 이용한 눈부심 규제
유통업무시설	• 건축물 조명 시 조명기구의 노출을 최소화할 수 있도록 유도 • 내부조명을 활용하고 중·저층부 조명을 설치하여 밝은 거리 유도
방송통신시설	• 외부조망을 고려하여 경관조명 설치를 권장 • 건축물 조명 시 조명기구의 노출을 최소화할 수 있도록 유도

시장	• 보행로의 전반적인 균제도를 향상시켜 안전한 밤거리 조성 • 경관조명 시 Up-light를 유도하고 특징적인 부분은 휘도로 대비
학교	• 주변 보행로는 직·간접조명으로 충분한 조도를 확보 • 보도의 조도는 10~15lx 이상, 색온도는 4000K 연출 유도
운동장	• 주변 시설 및 환경을 고려하여 광해 없는 조명 유도 • 운동장 및 주변지역이 우범화 장소가 되지 않도록 보행로의 조도 확보
공공청사	• 지역을 대표하는 랜드마크로서 야경 연출 • 청색조명과 백색조명 등 단조로운 색으로 구성
문화시설	• 문화적 아이덴티티를 높일 수 있도록 조명 연출 • 부분적으로 컬러조명을 적용하여 다이내믹한 공간 연출
체육시설	• 시민들이 이용할 수 있는 공간과 쾌적한 조명환경 연출 권장 • 운동 중 안전사고를 고려하여 KSA 조도기준을 준수
하천	• 생태보존 지역에서는 조명 사용을 규제 • 친수지역에는 가로등 및 볼라드 조명을 설치하여 야간의 안전 확보
종합의료시설	• 밝고 쾌적하게 연출을 유도 • 공공성을 고려하고 경관조명을 권장하여 지역 랜드마크로 유도

(6) 생태모델 숲의 개념과 기능

① 의미 : 식물사회학적 식생조성 기법에 의해 새로운 숲을 창조한다.

※ 식물사회학 : 군락을 분류하고 식생의 동태를 연구하는 학문분야

※ 어떤 입지에 원래 자생하는 종을 선정하여 자연식생의 계층구조를 모델로 식생을 조성하는 기법

② 자연림의 구조와 기능에 대한 정보를 토대로 자연림과 유사하게 조성된 숲을 의미한다.

③ 2000년대 이후에 나타난 생태도시 건설 등 도시 어메니티(Amenity) 추구와 일맥상통한다.

④ 일본의 환경보존림과 같은 기능 및 의미를 지니고 있다.

(7) 경관계획

① 경관의 개념 : 조경의 주요한 대상

② 경관법에서 언급하는 경관은 시각적 경관에 국한되어 있다.

③ 조경에서의 경관은 생태적, 역사적, 장소적, 시각적 경관을 포함하는 포괄적 의미의 경관이다.

④ 경관계획의 기본 방향

㉠ 독자적인 고유한 경관을 만들어 내야 한다. 시골은 시골답게 도시는 도시답게 경관을 창출 및 유지해 나가야 한다.

㉡ 경관은 당연히 시대에 맞추어 변해가야 한다. 즉, 시대와 자연스럽게 어울려야 한다.

㉢ 자연과 공생하며 자연의 변화에 순응하고 다양한 표정을 나타내는 경관을 만들어야 한다.

㉣ 경관은 원경, 중경, 근경 등에 상응하는 특징을 가져야 한다.

㉤ 경관의 레벨에 따라 원경인 경우 시각적인 미가 중시된다.

㉥ 중경과 근경은 오브제로서 시각적인 미보다는 오감을 통해 느낄 수 있어야 한다.

출제예상문제

01 다음에서 설명하는 단지계획의 개념을 쓰시오.

> 산업혁명 이후 급속히 발전해온 고도 성장과 개발과정에서 무분별하게 자연이 훼손되어 환경문제에 부딪히게 되면서 대두되기 시작하였다.

정답 환경친화적 개념

02 부문별 계획 중 다음 내용을 시행하는 부문별 계획을 쓰시오.

> • 개발에 의하여 훼손된 자연지형을 복구
> • 기존 지형과 기능적·시각적으로 조화
> • 조경공사용 흙 쌓기인 마운딩과 비탈면 접속 부분을 굴곡 있게 처리

정답 부지조형

03 부지조형을 할 때 자연지형과 서식환경 보존을 위해 최소화해야 하는 부지는 무엇인지 쓰시오.

정답 시설용 부지

04 놀이터, 운동장, 포장부위 등의 표토 채취 시 몇 cm의 두께를 채취해야 하는지 쓰시오.

정답 약 30cm

05 표토보전의 하나로 채취한 표토를 새롭게 조성되는 녹지공간에 사용하는 것을 무엇이라 하는지 쓰시오.

정답 식재용토

06 지형변경을 표현하는 방법 2가지를 쓰시오.

정답 점고법, 등고선

07 포장의 목적에 대하여 간략하게 설명하시오.

정답 보행자, 자전거, 차량통행의 원활한 기능 유지

08 다음 중 포장재 선정 조건에 해당하지 않는 것을 골라 쓰시오.

내구성, 내후성, 내광성, 보행성, 안전성, 시공성, 유지관리성, 경제성, 마멸성, 환경친화성

정답 내광성, 마멸성

09 다음 조경시설물 중 근간이 되는 시설물이 아닌 것을 골라 쓰시오.

휴게시설물, 관리시설물, 놀이시설물, 편의시설물, 운동시설물

정답 관리시설물, 편의시설물

10 조경시설물의 종류 중 휴게시설물에 해당하는 것을 3가지 이상 쓰시오.

정답 그늘시렁, 그늘막, 원두막, 의자, 야외탁자, 평상, 정자 등

11 다음 놀이시설의 배치원칙 중 잘못된 부분을 찾아 바르게 고쳐 쓰시오.

1) 놀이시설은 어린이의 즐거움을 먼저 고려하여야 한다.
2) 높이가 급격하게 변하여 흥미를 유발시켜야 한다.
3) 주보행동선에 시설물을 배치하여 효과를 높인다.
4) 정적인 놀이와 동적인 놀이는 혼합배치한다.

정답 1) 즐거움 → 안전성
2) 변하여 흥미를 유발시켜야 한다. → 변화하지 않도록 한다.
3) 배치하여 효과를 높인다. → 배치하지 않는다.
4) 혼합배치 → 분리배치

12 다음 (   ) 안에 알맞은 내용을 쓰시오.

> 공원녹지는 쾌적한 운동시설의 배치 시 경기장의 경계선 외곽에는 각 경기의 특성을 감안한 (   )을 확보한다.

정답 여유공간

13 현대 도시는 밤과 낮의 경계가 없어지고 야간에도 레저나 쇼핑 등의 활동이 활발하게 이루어지고 있다. 이렇게 변화하게 된 이유를 서술하시오.

정답 과학기술의 발달과 생활양식의 변화

14 식물 생태 군락을 분류하고 식생의 동태를 연구하는 학문분야는 무엇인지 쓰시오.

정답 식물사회학

15 다음에서 설명하는 식생조성 기법을 쓰시오.

> 어떤 입지에 원래 자생하는 종을 선정하여 자연식생의 계층구조를 모델로 식생을 조성하는 기법

정답 식물사회학적 식생조성 기법

16 조경에서의 생태적, 역사적, 장소적, 시각적 경관을 포함하는 경관을 무엇이라 하는지 쓰시오.

정답 포괄적 의미의 경관

17 다음 (   ) 안에 알맞은 내용을 쓰시오.

> • 세부공간에 대한 각 부문별 계획 내용의 (   )를 작성한다.
> • 계획할 세부공간에 대한 각 부문별 계획 내용의 (   )를 좀 더 보완한 후 구체적인 공법을 제시하고 사용할 재료를 구체화한다.

정답 체크리스트

제3절 개략사업비 및 관리계획 작성하기

1 개략사업비 산정

(1) 도시공원의 재원조달 방법

참고

- 도시공원의 조성을 위한 재원 : 국비, 지방비, 민간자본
- 국비 : 국고보조금, 지방교부세
- 지방비 : 지역개발비, 입장료, 사용료, 점용료 등의 수입, 수익자 부담금, 원인자 부담금

① 지방비

㉠ 도시공원 및 공원시설의 설치·관리에 소용되는 비용은 특별한 경우를 제외하고는 그 공원이 속해 있는 지방자치단체에서 부담하는 것을 원칙으로 한다.

㉡ 도시공원조성비는 일반회계 예산 중 지역개발비에 속하는데 지역개발비 중에서도 도시개발비, 도시개발비 항목 중 도시관리 항목에 속한다.

② 입장료, 사용료, 점용료 : 도시공원에 입장하는 자로부터 입장료를 징수하거나, 공원시설을 사용하는 자로부터 사용료를 징수할 수 있고 도시공원을 점용하는 자로부터는 점용료를 징수할 수 있다.

③ 국고보조 : 도시공원의 신설에 직접적인 보상비 및 용지비와 공원시설인 도로·광장 및 조경시설의 설치에 필요한 비용의 전부 또는 일부를 국가가 보조할 수 있다.

④ 지방교부세 : 지방교부세법에 근거하여 공원녹지비 항목으로 지방자치단체에 지방교부세를 교부할 수 있다.

⑤ 기타 수입(원인자 부담금) : 공해 유발산업이나 공단, 주택단지 등을 조성할 때 필요한 휴식·완충공간의 확보가 필요한데, 이때 도시공원 조성에 필요한 비용을 사업시행자에게 비용의 전부 또는 일부를 부담하게 할 수 있다.

(2) 개략공사비

① 공사의 용도, 구조, 마무리 정도 등을 충분히 검토한다.

② 유사건물의 견적 자료를 참고하여 공사비를 개략적으로 산출하는 방법을 말한다.

③ 설계도서가 불완전하거나 상세히 견적할 시간이 부족할 때나 긴급예산을 편성하거나 공사비를 개략적으로 산출할 때 사용한다.

④ 개략공사비는 다양하게 계산한다.

⑤ 견적자의 경험과 능력에 따라 금액의 차이가 많이 나며 정밀도는 대략 −30~+50% 정도이다.

㉠ 개략공사비 견적의 종류

- 단위기준에 의한 분류 : 단위설비, 단위면적, 단위체적에 의한 견적
- 비례기준에 의한 분류 : 가격비율, 수량비율에 의한 견적

㉡ 개략공사비 견적의 절차

- 건축물이 건조되는 장소, 연면적, 용도 등 확인
- 평당 공사비 산정 : 조달청 및 대한주택공사 그리고 조경협회 자료 확인(발주시점 물가상승률 반영)
- 개략공사비 산정 후 추가적인 부대비용(설계용역, 건설사업관리 등)을 산출

출제예상문제

01 다음 ( ) 안에 알맞은 내용을 쓰시오.

도시공원의 조성을 위한 재원에는 국비, 지방비, ( )이 있다.

정답 민간자본

02 도시공원의 조성을 위한 재원에는 지역개발비, 입장료, 사용료, 점용료 등의 수입이 있다. 이 재원을 무엇이라 하는지 쓰시오.

정답 지방비

03 도시공원 및 공원시설의 설치·관리에 소용되는 비용은 그 공원이 속해 있는 어느 곳에서 부담하는 것을 원칙으로 하는지 쓰시오(단, 특별한 경우는 제외한다).

정답 지방자치단체

04 개략공사비의 개념에서 완성된 도면에 의거, 수량을 산출하고 산정하여 공사금액을 산출하는 것을 무엇이라 하는지 쓰시오.

정답 견적

05 다음 ( ) 안에 알맞은 내용을 쓰시오.

우선순위 결정 및 단계별 투자계획 수립 시 긴급성, 필요성, 효과성 등을 고려하여 투자의 ( )를 정하고 시설별, 공종별 공사의 ( )를 정하여 단계별 투자계획을 수립한다.

정답 우선순위

2 관리계획 작성

(1) 조경관리의 구분

조경관리는 대상공간의 모든 구성요소에 대한 유지관리를 포함하며 기능의 효과적인 발휘를 위한 운영관리와 그것을 이용하는 이용자에 대한 이용관리로 구분된다.

① 유지관리

㉠ 조경수목과 시설물을 항상 이용이 용이하게 점검하고 보수하여 구성요소의 설치 목적에 따른 기능과 서비스의 제공을 원활히 하는 것이다.

㉡ 유지관리 종류 : 예방책인 사전관리, 복구대책인 사후관리

② 운영관리

㉠ 시설에 의하여 얻어지는 이용 가능한 구성요소를 더 효과적이며 안전하게 그리고 더 많이 이용하도록 하기 위한 것이다.

㉡ 적절한 관리를 위한 조직의 구성과 사업 분담도 중요하다.

㉢ 조직 간 협조체계도 수립되어야 한다.

③ 이용관리 : 조성된 조경공간에 있어 이용자의 행태와 선호를 조사, 분석하여 그 시대와 사회에 맞는 적절한 이용 프로그램을 개발하여 홍보하며, 이용에 대한 기회를 증가시키는 것이다.

※ 조경관리에 있어서 운영관리와 유지관리의 의미를 분리하지 않는다. 일반적으로 조경관리는 유지관리(기술 측면)와 운영관리(행정 측면)를 하나로 포함하여 생각해야 한다.

(2) 조경관리 방식

① 직영방식 : 조경관리를 수행함에 있어서 관리주체를 직접 운영 관리하는 방식

② 도급방식 : 관리전문 용역회사나 단체에 위탁하는 방식

구분	직영방식	도급방식
장점	• 관리책임이나 책임소재가 명확하다. • 긴급한 대응이 가능하다. • 관리 실태를 정확히 파악할 수 있다. • 관리자의 취지가 확실하다. • 임기응변적 조치가 가능하다. • 이용자에게 양질의 서비스가 가능하다. • 관리 효율의 향상성이 높다.	• 규모가 큰 시설의 관리업무에 효과적이다. • 전문가의 이용이 가능하다. • 단순한 노무관리 업무에 유리하다. • 전문적인 서비스를 기할 수 있다. • 관리비가 싸다. • 장기적으로 안전하다.
단점	• 업무가 타성화되기 쉽다. • 관리직원의 배치전환이 어렵다. • 인건비가 많이 든다. • 인사가 적체된다.	• 책임과 권한의 범위가 불분명하다. • 전문가를 충분히 활용치 못한다.
대상	• 재빠른 대응이 필요한 업무 • 연속성 없는 다양한 업무 • 금액이 적고 간편한 업무 • 진척과 검사가 어려운 업무 • 일상적 유지관리 업무	• 장기에 걸쳐 단순한 업무 • 전문지식, 기능을 필요로 하는 업무 • 재료, 노력을 필요로 하는 업무 • 자격의 보유가 업무 • 관리인원이 많이 필요한 업무

(3) 사회적 참여 방식 : 도시공원 활성화 상황

① 국가마다 서로 다른 이유를 가지고 있다.

② 정부 또는 지자체의 재정 압박 및 운영의 효율화와 연계되어 있다.

③ 공공재적인 성격을 지닌 조경공간이다.

④ 조성과 운영에서 가장 문제가 되는 것은 재정인데, 특히 고정적으로 들어가는 관리비가 가장 큰 문제이다.
⑤ 이용관리와 운영관리의 효율성 측면에서 새로운 관리방안이 모색되고 있다.
⑥ **도시공원의 운영관리 모델** : 정부에 의한 직접 운영시스템, 민간위탁 운영시스템, 민간협력에 의한 운영시스템, 시민자율에 의한 운영시스템, 기업의 사회공헌 중심의 운영시스템, 지정관리자 운영시스템
⑦ 지자체의 상황과 공원 유형을 고려하여 도입할 필요가 있다.

(4) 이용자 관리

① 조경공간 관리방안
㉠ 유지관리에 의해 시설을 적정한 이용 상태로 정비해 놓는다.
㉡ 이용자를 위해 각종 편의를 제공하는 것 또한 매우 중요하다.
㉢ 이용자의 행위를 규제하고, 적정하게 이용되도록 지도 감독하는 것
㉣ 편리한 이용을 위해 이용자가 필요로 하는 서비스를 제공하는 것

② 이용지도의 필요성
㉠ 주 5일제 근무의 시행으로 국민의 여가시간이 증대함에 따라 야외 레크리에이션 활동에 대한 관심이 높아지고 있다.
㉡ 공원·녹지의 요구와 이용패턴도 점차 다양해지고 있다.
㉢ 공원·녹지의 질적인 면을 고려해야 할 상황이 도래했다.
㉣ 시설의 질적인 측면의 정비와 함께 안전하고 쾌적하고 즐겁고 도움이 되는 이용환경을 창출하기 위한 이용지도가 필요하다.

③ 이용지도의 방법 및 내용
㉠ 이용지도 방법 : 지도원에 의한 상주지도, 순회지도, 정기지도 외에도 표지, 간판, 팸플릿 등에 의한 안내지도
㉡ 레크리에이션 활동 : 상담창구의 개설, 교실의 개최, 활동의 조직화에 의해서도 행해진다.
㉢ 지도원 : 관련부서의 행정 담당자, 주민단체, 전문가에게 위탁·위촉, 자발적 참여자
㉣ 지도 내용의 종류
- 각 공간에서 가능한 놀이에 대한 지도
- 각종 스포츠의 규칙이나 경기방법에 대한 지도
- 식물이나 환경 및 원예 지식에 대한 지도
- 계절별 꽃 감상 및 볼 만한 장소에 대한 정보 전달 및 지도
- 지역의 역사 등 교양적인 내용에 관한 지도

㉤ 이용지도의 어려운 점
- 여러 형태의 지도 내용의 필요성이 감지되고 있다.
- 예산체계, 인재확보 등의 문제로 인해 실시과정에서 여러 애로사항이 나타나고 있다.
- 관리자 측의 일방적인 운영은 지속성에서 문제가 있기 때문에 이용자 측의 자주적인 운영에 의한 이용관리가 바람직하다.

출제예상문제

01 조경수목과 시설물을 항상 이용이 용이하게 점검하고 보수하여 구성요소의 설치 목적에 따른 기능과 서비스의 제공을 원활히 하는 조경관리를 무엇이라 하는지 쓰시오.

정답 유지관리

02 다음 ( ) 안에 알맞은 내용을 쓰시오.

유지관리의 종류에는 예방책인 (①)와 복구대책인 (②)가 있다.

정답 ① 사전관리, ② 사후관리

03 조경시설에 의하여 얻어지는 이용 가능한 구성요소를 더 효과적이고 안전하게 그리고 더 많이 이용하도록 하기 위하여 시행되는 조경관리를 쓰시오.

정답 운영관리

04 다음에서 설명하는 조경관리 방식의 종류를 쓰시오.

1) 책임과 권한의 범위가 불분명하고, 전문가를 충분히 활용하지 못하는 단점이 있는 방식 2) 관리책임이나 책임소재가 명확하고, 긴급한 대응이 가능한 장점을 가지고 있는 방식

정답 1) 도급방식
2) 직영방식

05 도시공원를 활성화하는 데 가장 큰 문제가 되는 것은 무엇이라고 보는지 서술하시오.

정답 고정적으로 들어가는 관리비

06 조경관리계획 수립 시 검토 사항 중 지형, 토양, 이용자, 공해 등은 어떤 조건에 해당하는지 쓰시오.

정답 환경조건

제4절 기본계획보고서 작성하기

1 기본계획보고서 작성

(1) 기본계획보고서의 작성 원칙

① 논리적이고 간결하게 제시한다.
② 가능한 한 명료한 표현과 용어를 사용하도록 한다.
③ 문장 표현에 정확성을 기해야 한다.
④ 어법은 적절히 사용해야 한다.
⑤ 적절한 강조점을 두어 독자에게 제시한다.
⑥ 논리적이고 적절한 표현의 기교를 활용하여 독자의 흥미와 사고를 자극하도록 한다.
⑦ 시제는 현재형과 과거형을 주로 사용하고, 인칭은 원칙적으로 3인칭을 사용한다.
⑧ 숫자 사용에 있어서는 원칙적으로 아라비아숫자를 사용한다.
⑨ 술어는 역어를 사용하며 원어를 표기할 경우에는 ( ) 속에 삽입한다.
⑩ 고유명사를 제외하고는 대문자를 사용하지 않는다.
⑪ 보고서의 표현을 간결하게 하기 위해서 약어와 단위 기호를 사용한다.
⑫ 한국어는 약어를 사용하지 않으나, 흔히 사용되는 경우와 외국어 약어는 사용할 수 있다.
⑬ 통계적인 기호, 양, 수, 거리를 표시하는 기호는 통상적인 기호 표기에 따른다.

(2) 보고서 목차와 제목에 번호 매기는 법

① 번호를 매기는 방법은 여러 가지가 있다.
② 어떤 방식을 선택해서 사용하든지 전체적인 구성이 등위·종속에 따라 조화와 균형 그리고 통일성을 유지해야 한다.
③ 숫자와 문자로만 된 기호에는 반드시 마침표(.)를 붙여야 한다.

2 기본계획보고서의 레이아웃

(1) 레이아웃(Layout)

① 구성요소(타이포그래피, 사진과 그림, 여백, 색상)를 제한된 지면에 배열하는 작업을 말한다.
② 구성요소들이 주종관계로 통일성 있고 다양하게 배치되면 내용이 쉽고 정확하게 전달된다.
③ 기본계획보고서는 특성과 이미지에 맞고 내용이 쉽고 정확하게 전달되어야 한다.
④ 정확하고 쉽게 전달하기 위해서는 효과적인 소통 매체로 구성하여야 한다.
⑤ 레이아웃 시 고려해야 할 디자인 요소
㉠ 주목성 : 독자의 시선을 집중시켜 기사에 주목하도록 한다.
㉡ 가독성 : 읽기 쉽고 이해하기 쉬우며, 중요한 것과 중요하지 않은 것을 한눈에 알 수 있도록 한다.
㉢ 조형성 : 레이아웃 구성요소들의 변화를 통해 보기 좋고, 시각적으로 안정되고 흥미롭도록 구성한다.
㉣ 창조성 : 기존의 레이아웃과 차별화되고, 단조롭지 않도록 새로운 시도를 통해 개성을 부여한다.
㉤ 기억성 : 독서자의 기억에 오래 남도록 한다.

⑥ 레이아웃의 구성요소 구성 원리 : 통일, 변화, 균형, 강조

㉠ 통일

- 레이아웃 구성요소들을 질서 있게 결합하여 제시하는 것을 의미한다.
- 각 개체들을 접, 연속적으로 결합시켜 하나로 보이게 해야 한다.
- 지면의 질서를 잡아주어야 한다.
- 다양한 구도를 이용하여 배치시킨다.

㉡ 변화

- 지면의 구성요소들이 흥미가 있고 생명력이 있음을 의미한다.
- 리듬, 율동, 동세를 통해 독자의 시선을 유도하여 동적인 움직임을 표현해야 한다.
- 공간감, 입체감, 대비, 비대칭, 질감 등을 활용하여 변화를 줄 수 있다.

㉢ 균형

- 지면 위의 레이아웃 구성요소들을 전체적으로 안정감 있게 제시할 수 있다.
- 레이아웃 구성요소들이 적절한 크기나 위치에 배치되어야 한다.
- 명암에 의해서도 균형을 잡을 수 있다.

㉣ 강조

- 지면의 단조로움과 긴장감을 풀어 준다.
- 강조는 시선의 집중을 유도한다.
- 강조를 주는 방법
  - 레이아웃 구성요소들의 형태에 의한 강조
  - 색상에 의한 강조

⑦ 레이아웃에서 많이 사용되는 방법 : 그리드(Grid) 시스템

참고

그리드(Grid) 시스템의 장점

- 지면에서 시각적인 통일성을 이룰 수 있다.
- 구성요소들을 체계적으로 분할한다.
- 서로 융화시킨다.
- 디자인 작업에 통일감과 질서를 부여한다.
- 디자인 시 주관적이기보다는 객관적이다.
- 일반적 보고서의 레이아웃으로 가장 많이 사용된다.
- 그리드를 응용한 기법의 종류
  - 하나의 칼럼으로 된 블록그리드
  - 여러 개의 칼럼으로 구성하는 칼럼그리드
  - 편집 면을 가로와 세로로 분할한 한 면(모듈)을 이용한 모듈그리드
  - 그리드가 무시된 탈(脫)그리드 레이아웃

출제예상문제

01 기본계획보고서의 작성 원칙에서 자기의 주장과 명백히 구분하여 표현되어야 하는 내용을 쓰시오.

정답 사실의 전달

02 미디어의 레이아웃 시 고려해야 할 디자인 요소 중 읽기 쉽고 이해하기 쉬우며, 중요한 것과 중요하지 않은 것을 한눈에 알 수 있도록 고려한 요소를 쓰시오.

정답 가독성

03 다음 (   ) 안에 알맞은 내용을 쓰시오.

미디어의 레이아웃 시 고려해야 할 디자인 요소에는 주목성, 가독성, 조형성, 기억성 그리고 (   )이 있다.

정답 창조성

04 레이아웃에서 많이 사용되는 방법으로 구성요소들을 체계적으로 분할할 수 있는 시스템은 무엇인지 쓰시오.

정답 그리드(Grid) 시스템

05 그리드를 응용한 기법의 종류를 2가지 이상 쓰시오.

정답 블록그리드, 칼럼그리드, 모듈그리드

06 다양한 이미지를 전달할 수 있는 레이아웃의 구성요소를 3가지 이상 쓰시오.

정답 서체, 사진, 그림, 여백, 색상

07 다음 (   ) 안에 알맞은 내용을 쓰시오.

레이아웃 구성요소의 구성원리에는 통일, 변화, (   ), 강조 등이 있다.

정답 균형

08 기본계획보고서 목차 작성 시 목차의 적당한 개수와 최대 개수를 쓰시오.

정답 적당한 수량 : 20개, 최대 50개

09 사업추진계획을 다른 용어로 무엇이라 하는지 쓰시오.

정답 집행계획

10 기본계획서 작성 시 6하 원칙(5W 1H)인 무엇을, 무엇 때문에, 언제, 누가, 어디서, 어떻게를 적용하면 대체로 내용이 구체화된다. 여기에 추가하여 좀 더 명확히 제시할 수 있는 2가지를 쓰시오.

정답 어느 정도인지(How much), 어느 정도의 기간인지(How long)

11 기본계획서 작성 시 글(Text)보다 계획서의 내용을 이해하는 데 효과적으로 사용할 수 있는 작성요소를 쓰시오.

정답 다이어그램, 삽화

12 기본계획서 작성 시 그림으로 표현할 수 있는 방법 2가지를 쓰시오.

정답 개념도, 스케치

13 다음 (   ) 안에 알맞은 내용을 쓰시오.

기본계획보고서의 특성상 투시도, 조감도, 평면도, 모형사진 등의 (①) 및 (②)의 배치가 필수적이므로, 읽는 보고서보다는 (③)를 작성할 수 있도록 중점을 둔다.

정답 ① 사진, ② 그림, ③ 보는 보고서

03 조경설계도서작성

제1절 예정공정표 작성하기

1 공정표

지정된 공사기간 내에 계획된 예산과 품질로 완성물을 만들기 위한 계획서이며, 동시에 공사의 진척상황을 쉽게 알 수 있도록 시각적인 방법으로 표시해 놓은 것이다. 공사 전체를 표시한 전체 공정표가 있고, 부분작업을 위한 부분 공정표가 있다.

2 공정표의 종류

(1) 횡선식 공정표(Bar Chart)

① 막대그래프로 나타내는 공정표로서 간트차트(Gantt Chart), 바차트(Bar Chart)라고도 한다. 세로축에는 공사종목명을 배열하고 가로축에는 각 공사명별 소요시간을 막대의 길이로 나타낸다.

② 장단점

장점	단점
• 공정별 전체 공사시기 등이 일목요연하여 알아보기 쉽다. • 공정표가 단순하여 작성하기 쉽고, 수정작업이 용이하다. • 작업의 시작과 종료가 명확하다.	• 관리의 중심(주공정)을 파악하기가 곤란하다. • 작업의 수가 많을 경우 상호관계의 파악이 어렵다. • 작업상황 변동 시 탄력성이 없다. • 전체의 합리성이 떨어지고 관리통제가 어렵다. • 대형공사에서 세부공사를 표현하기 어렵다. • 한 작업이 다른 작업 및 프로젝트에 미치는 영향을 파악할 수 없다.

③ 용도

㉠ 간단한 공사

㉡ 시급을 요하는 공사

㉢ 개략적인 공정표 필요시

㉣ 공정의 비교

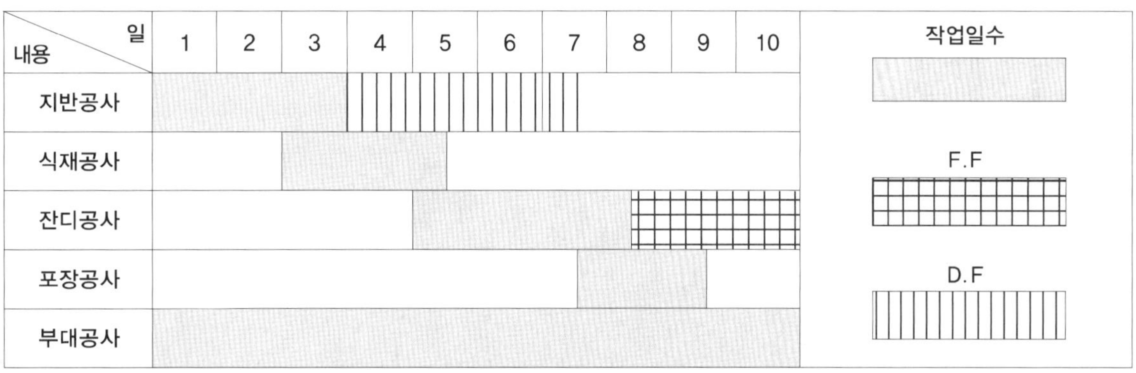

[횡선식 공정표(바차트)]

(2) 사선식 공정표

① 작업의 관련성은 나타낼 수 없으나 예정공정과 실시공정(기성고)을 대비하여 공정의 움직임 파악이 쉬워 공사지연에 대한 조속한 대처가 가능하다. 가로축은 공기, 세로축은 공정을 나타내어 공기와 공정의 관계를 한눈에 파악할 수 있다(S-curve, 바나나곡선, 기성고 공정곡선이라고도 한다).

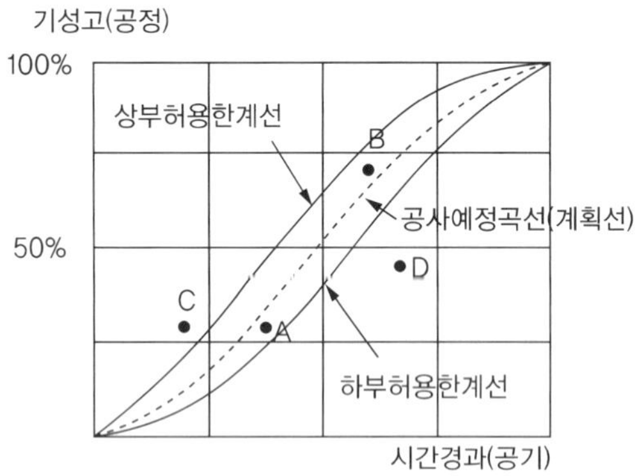

진도관리곡선(S-curve, 바나나곡선)

- A, B점 : 예정진도와 비슷하므로 그대로 진행되어도 좋다.
- C점 : 상부허용한계선 밖으로 벗어나 진척되었으나 한계선 밖에 있으므로 비경제적이다.
- D점 : 하부허용한계선을 벗어나 있어 공사가 지연되고 있으므로 중점관리를 하여 촉진시킬 필요가 있다.

② 장단점

장점	단점
• 전체 공정의 진도 및 시공속도 파악이 쉽다. • 바나나곡선에 의해 관리의 목표가 얻어진다. • 예정과 실시의 차이를 파악하기 쉽다.	• 공정의 세부진척 상황을 알 수 없다. • 개개의 작업을 조정할 수 없다. • 주공정표로 사용하기 어려워 보조적으로 사용한다.

③ 용도 : 다른 방법과 병용(보조수단)하여 공정의 경향분석에 사용한다.

(3) 네트워크 공정표

① 화살선과 원으로 조립된 망상도로 표현하며 도해적으로 공사의 전체 및 부분을 파악하기 쉽고, 시간(시각, 종료, 여유)을 정량적으로 알 수 있다. CPM(Critical Path Method)과 PERT(Program Evaluation and Review Technique) 방식이 대표적이다.

② 장단점

장점	단점
• 공사의 전체 및 부분파악이 쉽고, 부분 조정 시 전체에 미치는 영향을 알기 쉽다. • 관리의 중심(주공정)을 파악하여 집중관리가 가능하다. • 공사일정과 자원배당에 의한 문제점 예측이 가능하다. • 최적비용으로 공기단축이 가능하다.	• 공정표 작성과 검사에 숙련과 많은 시간이 요구된다. • 수정작업이 어려워 작성 시와 동일하게 상당한 시간이 필요하다.

③ 용도 : 대형 공사, 복잡한 공사, 중요한 공사에 사용한다.

④ 네트워크 공정계획 수립 순서

㉠ 순서계획
- 프로젝트를 작업단위로 분석한다.
- 작업순서를 정하고 네트워크에 표현한다.
- 각 작업의 소요시간을 견적한다.

㉡ 일정계획
- 시간계산을 실시한다.
- 공정계산을 실시한다.
- 공정표를 작성한다.

⑤ 네트워크 공정표 구성요소

구분	표시형식	내용
작업 (Activity, Job)	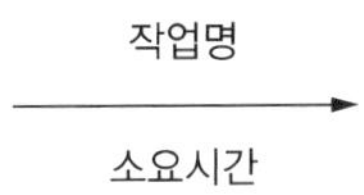	• 화살표로 나타낸다. • 프로젝트를 구성하는 단위작업을 나타내며, 작업명과 소요시간을 화살표 위 아래로 나타낸다. • 화살표의 길이와 작업일수는 관계가 없다.
결합점 (Event, Node)		• 원으로 나타낸다. • 작업의 시작과 끝을 나타내며, 작업과 작업을 연결하는 점이다. • 정수를 사용하여 작업진행방향으로 작은 수에서 큰 수의 순서로 부여한다.
더미 (Dummy)	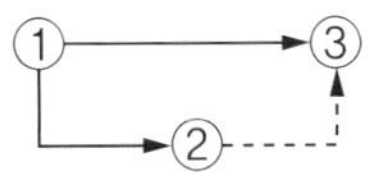	• 화살선을 파선으로 나타낸다. • 명목상의 작업으로 소요시간은 없다. • 넘버링 더미(Numbering Dummy) : 두 작업의 전후 결합점 번호가 같을 경우를 방지하기 위해 넣는 더미를 말한다. 즉, 결합점과 결합점 사이에는 작업이 하나이어야 한다.
논리적 더미 (Logical Dummy)	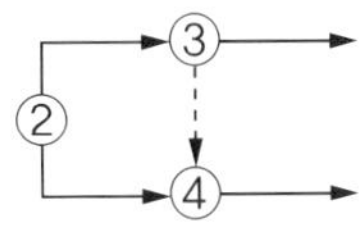	• 작업의 선후관계를 표현하기 위한 더미를 말한다.

⑥ 네트워크 공정표 작성법

㉠ 작업(화살선)과 결합점(원)의 관계

작업내용 작업은 작은 수에서 시작해 큰 수로 끝난다.

• 작업의 앞뒤에는 반드시 결합점이 있어야 하며, 결합점 번호는 작은 수(i)에서 큰 수(j)로 나타낸다.
• 결합점과 결합점 사이의 작업은 반드시 하나이어야 한다.

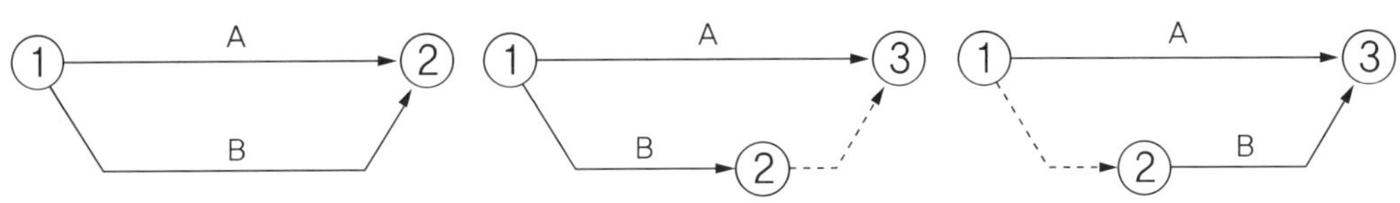

(X) (O) (O)

• 선행작업 종료 후 후속작업이 가능하다(종속과 독립).

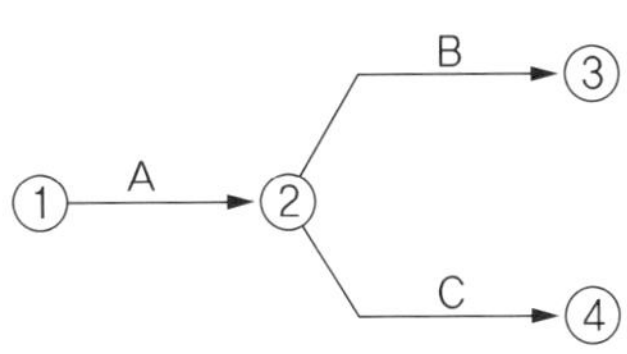

작업내용
• A작업이 끝나야 B와 C작업의 시작이 가능하다 (B와 C작업은 A작업에 종속되어 있다).
• B와 C작업의 선행작업은 A작업이다.
• A작업의 후속작업은 B와 C작업이다.

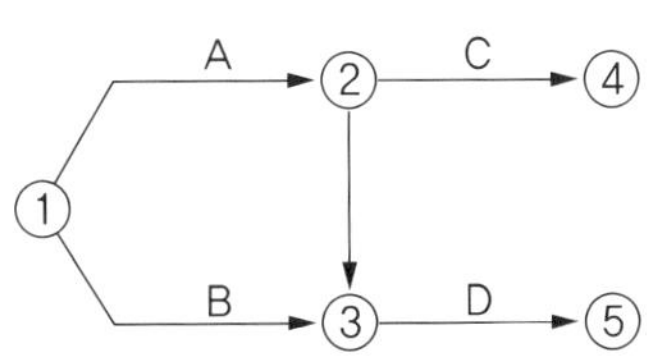

작업내용
• C작업은 A작업이 끝나면 B작업의 종료와 상관없이 시작이 가능하다(C작업은 A작업에 종속되어 있고, B작업에는 독립되어 있다).
• D작업은 B작업이 끝나도 A작업이 끝나지 않으면 시작이 불가능하다(D작업은 A와 B작업에 종속되어 있다).
• C작업의 선행작업은 A작업이고, D작업의 선행작업은 A와 B작업이다.
• A작업의 후속작업은 C와 D작업이고, B작업의 후속작업은 D작업이다.

• 개시결합점과 종료결합점은 반드시 1개다.

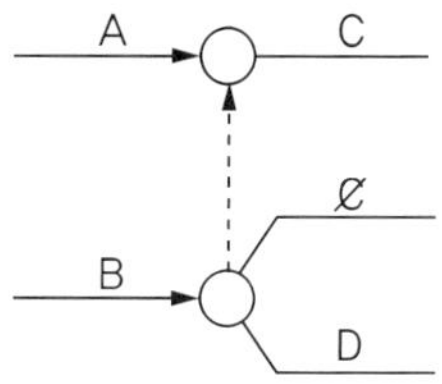

작업내용

① A작업과 B작업을 그린다.
② A작업 뒤에는 C작업을 그리고, B작업 뒤에는 C작업과 D작업을 그린다.
③ B작업의 후속작업이 많으므로 B작업 쪽의 C작업을 지우고, B작업의 종료결합점에서 A작업의 종료결합점으로 가는 더미를 그린다.

C는 A와 B에 종속
D는 A에 독립, B에 종속

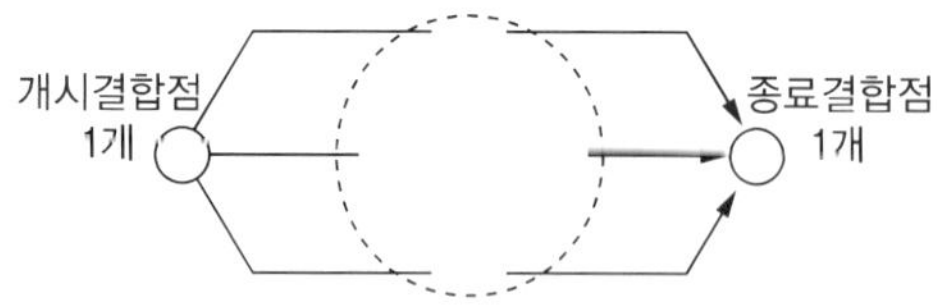

작업내용

1개로 시작해서(중간이 아무리 복잡해도)
1개로 끝낸다.

• 화살선이 거꾸로 가거나 회전하게 만들면 안 된다.

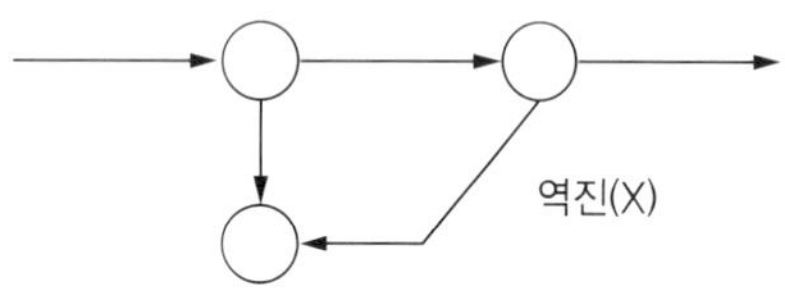

역진 : 거꾸로 간다.

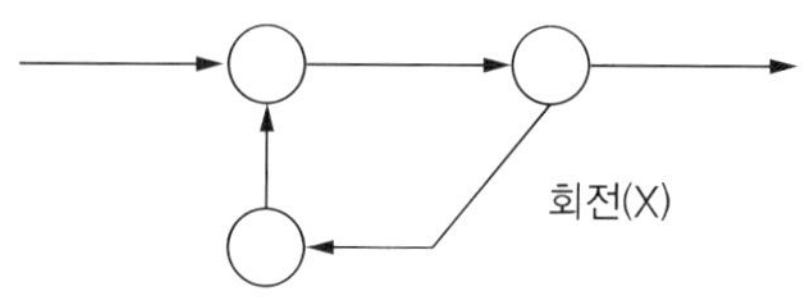

외진 : 끝나지 않는다.

• 작업(화살선)이 가능한 교차하지 않도록 한다.

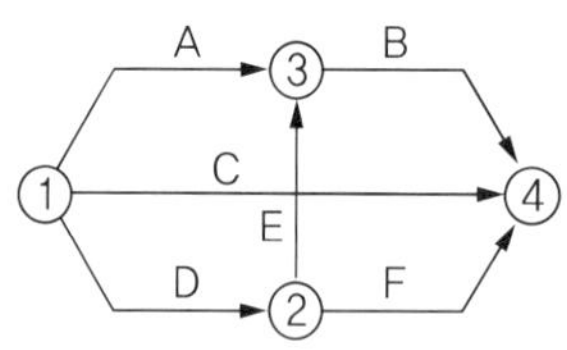

(X)

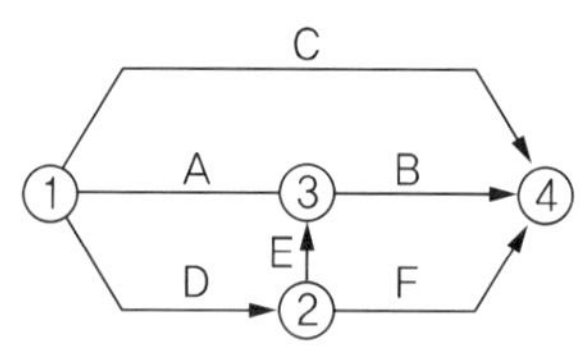

(O)

• 무의미한 더미는 넣지 않는다.

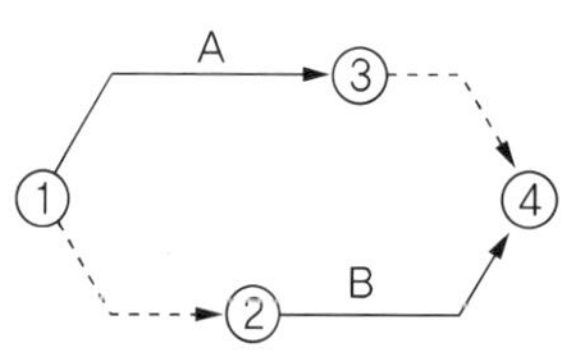

(X)

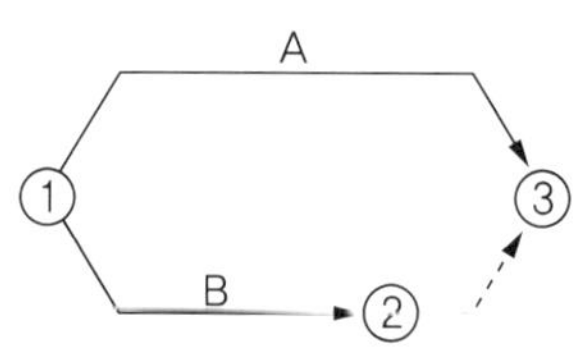

(O)

㉡ 네트워크 공정표 작성요령 : 선행작업이 2개 이상의 작업에 걸쳐 있는 경우에는 후속작업의 통합이 이루어져야 하며, 그것을 미리 예측할 수 있어야 한다.

㉢ 네트워크 공정표 작성 예제

• 예제 I

작업명	선행작업
C	A, B
D	B

작업내용

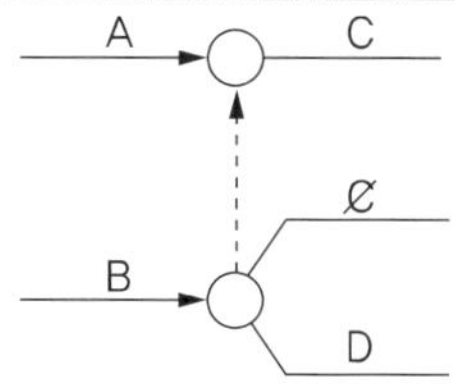

• C는 A와 B에 종속
• D는 A에 독립, B에 종속

B작업이 C작업과 D작업의 선행작업이고, C작업의 선행작업에는 A작업도 있다. 후속작업이 많은 쪽에서 적은 쪽으로 더미를 발생시킨다.

① A작업과 B작업을 그린다.
② A작업 뒤에는 C작업을 그리고, B작업 뒤에는 C작업과 D작업을 그린다.
③ B작업의 후속작업이 많으므로 B작업 쪽의 C작업을 지우고, B작업의 종료결합점에서 A작업의 종료결합점으로 가는 더미를 그린다.

• 예제 II

작업명	선행작업
C	A, B
D	A, B

작업내용

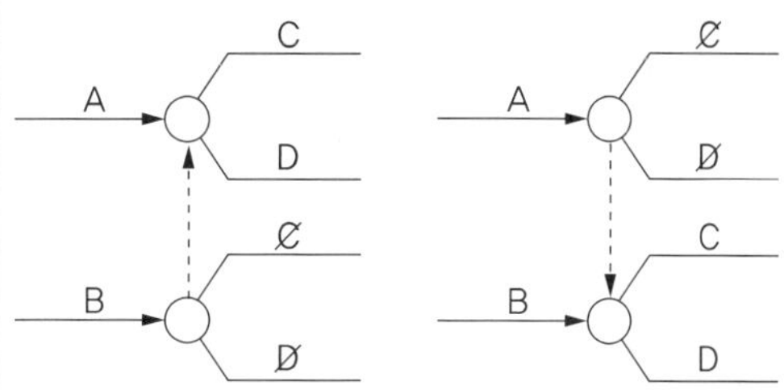

• C와 D 모두 A와 B에 종속

A와 B 모두 C와 D의 선행작업이므로 후속작업의 수가 모두 2개이다. 따라서 더미는 어느 쪽으로 가도 좋다.

① A와 B를 그린다.
② A 뒤에 C와 D를 그리고, B 뒤에도 C와 D를 그린다.
③ A와 B의 후속작업이 같으므로 더미는 A의 종료점에서 B의 종료점으로 가도 되고, B의 종료점에서 A의 종료점으로 가도 된다. 더미의 출발점 쪽 C와 D는 지운다.

• 예제III

작업명	선행작업
C	A
D	A, B
E	B

작업내용

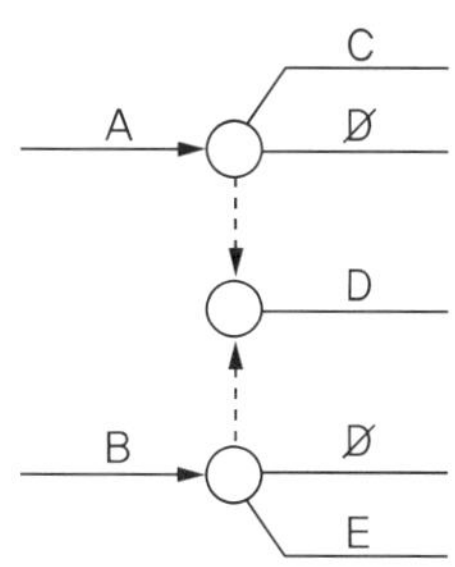

• C는 A에 종속, B에 독립
• D는 A, B 모두에 종속
• E는 A에 독립, B에 종속

A와 B 모두 2개의 후속작업을 가지고 있으나, D만을 공유하므로 어느 한쪽으로 가는 더미를 만들 수 없다. 따라서 더미가 양쪽에서 모두 나온다.

① A와 B를 그린다.
② A 뒤에 C와 D를 그리고, B 뒤에는 D와 E를 그린다.
③ 양쪽의 D를 지우고 더미를 양쪽에서 나오게 만든 후 결합점을 새로이 만들고, D를 그린다.

• 예제Ⅳ

작업명	선행작업	작업내용
D	B	
E	A, B	
F	A, B, C	

A는 후속작업이 2개, B는 후속작업이 3개, C의 후속작업은 1개이다. 후속작업의 수가 많은 작업 순으로 선행작업을 배치한 후 후속작업이 많은 쪽에서 적은 쪽으로 작업을 정리하며 더미를 만들어간다.

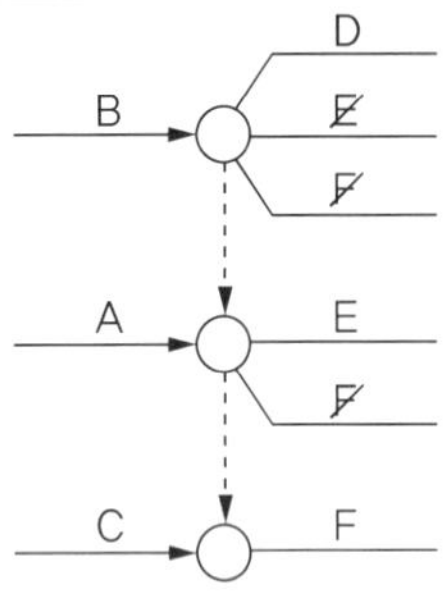

• D는 B에 종속, A와 C에 독립
• E는 A와 B에 종속, C에 독립
• F는 A와 B, C에 종속

① A, B, C 중 후속작업이 많은 B를 위에 배치하고 A, C 순으로 배치하여 그린다.
② B 뒤에 D, E, F를 그리고, A 뒤에 E, F를 그린 후 C 뒤에는 F를 그린다.
③ 후속작업이 많은 B 쪽의 E, F를 지우고, B의 종료점에서 A의 종료점으로 가는 더미를 그린다.
④ A의 후속작업인 F를 지우고, A의 종료점에서 C의 종료점으로 가는 더미를 그린다.

• 예제Ⅴ

작업명	선행작업	작업내용
D	A	
E	A, B, C	
F	B	

A는 후속작업이 3개, B와 C의 후속작업은 1개이다. 후속작업의 수가 1개는 많거나 적고, 2개의 작업이 같을 경우에는 많거나 적은 것을 가운데, 같은 수의 것을 양쪽에 배치한다.

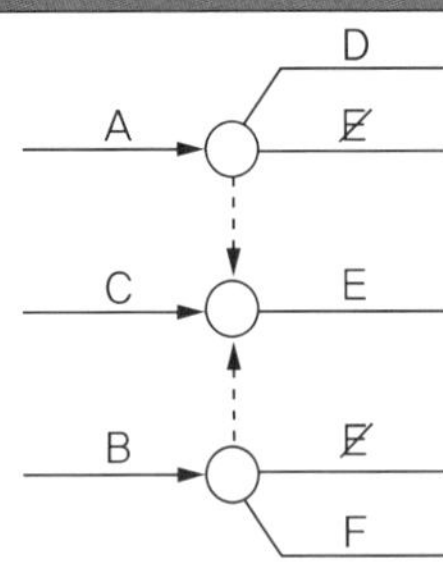

• D는 A에 종속, B와 C에 독립
• E는 A, B, C에 종속
• F는 B에 종속, A와 B에 독립

① C를 가운데 배치하고 A, B를 양쪽에 그린다.
② A 뒤에 D, E를 그리고, B 뒤에는 E, F를 그리고, C 뒤에는 E를 그린다.
③ 후속작업이 많은 A 쪽의 E를 지우고, A의 종료점에서 C의 종료점으로 가는 더미를 그린다.
④ B의 후속작업인 E를 지우고 B의 종료점에서 C의 종료점으로 가는 더미를 그린다.

• 예제Ⅵ

작업명	선행작업	작업내용
D	A, B	
E	A	
F	A, C	

A는 후속작업이 3개, B와 C의 후속작업은 1개이다. 후속작업의 수가 1개는 많거나 적고, 2개의 작업이 같을 경우에는 많거나 적은 것을 가운데, 같은 수의 것을 양쪽에 배치한다.

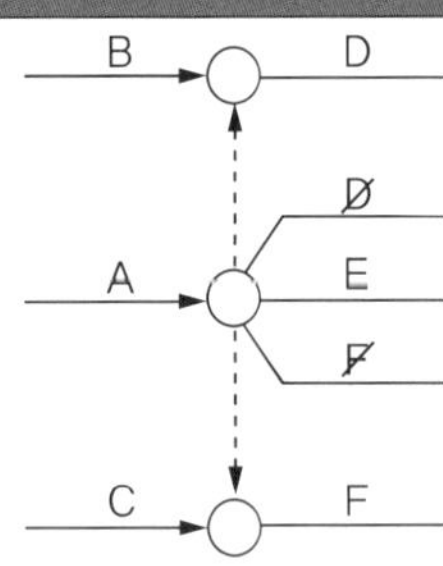

• D는 A, B에 종속, C에 독립
• E는 A에 종속, B와 C에 독립
• F는 A, C에 종속, B에 독립

① A를 가운데 배치하고 B, C를 양쪽에 그린다.
② A 뒤에는 D, E, F를 그리고, B 뒤에는 D를 그리고, C 뒤에는 F를 그린다.
③ 후속작업이 많은 A 쪽의 D를 지우고, A의 종료점에서 B의 종료점으로 가는 더미를 그린다.
④ A의 후속작업인 F를 지우고 A의 종료점에서 C의 종료점으로 가는 더미를 그린다.

㉣ 네트워크 공정표 작성하기 : 선행작업과 후속작업의 관계(종속과 독립)를 잘 판별하여 작성한다.

• 작성하기 Ⅰ

작업명	선행작업	네트워크 공정표
A	×	
B	A	

• 작성하기 Ⅱ

작업명	선행작업	네트워크 공정표
A	×	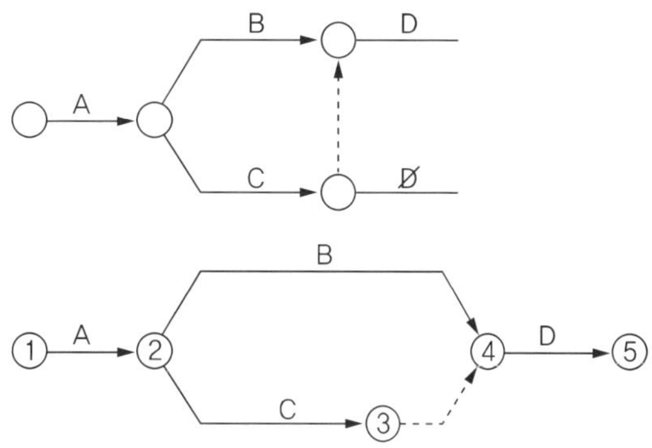
B	A	
C	A	
D	B, C	

• 작성하기 Ⅲ

작업명	선행작업	네트워크 공정표
A	×	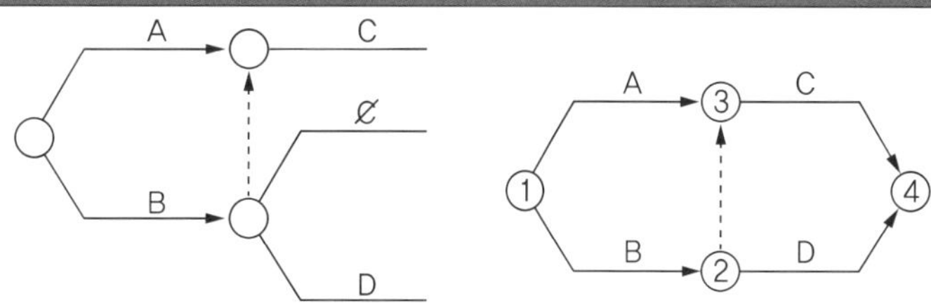
B	×	
C	A, B	
D	B	

• 작성하기 Ⅳ

작업명	선행작업	네트워크 공정표
A	×	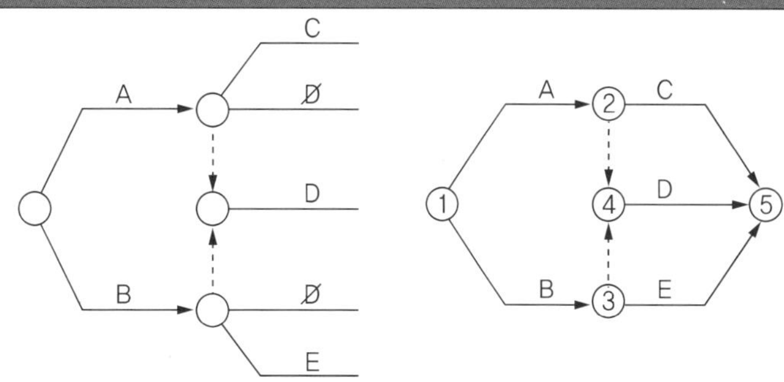
B	×	
C	A	
D	A, B	
E	B	

• 작성하기 Ⅴ

작업명	선행작업	네트워크 공정표
A	×	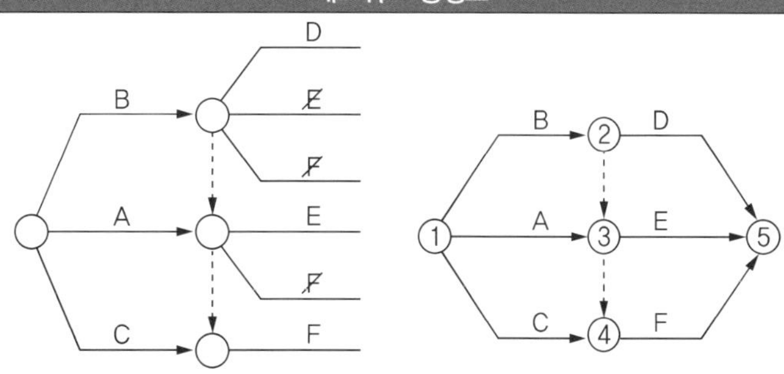
B	×	
C	×	
D	B	
E	A, B	
F	A, B, C	

• 작성하기 VI

작업명	선행작업	네트워크 공정표
A	×	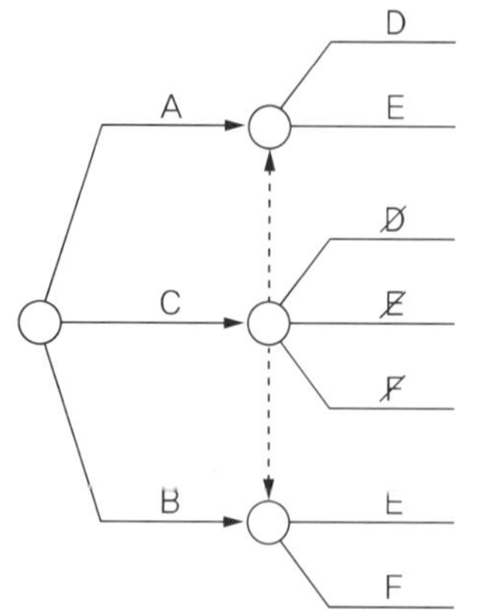 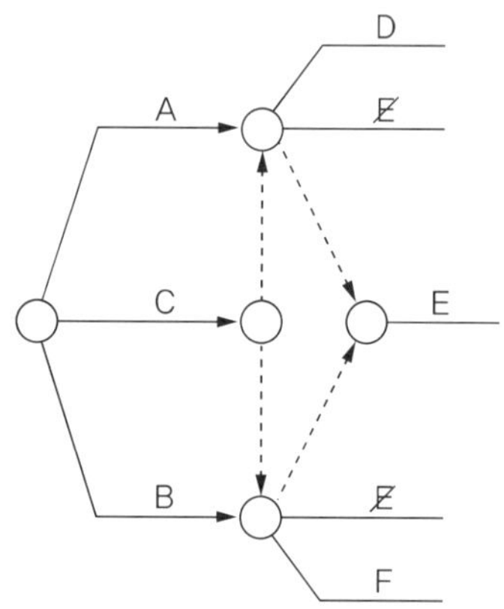 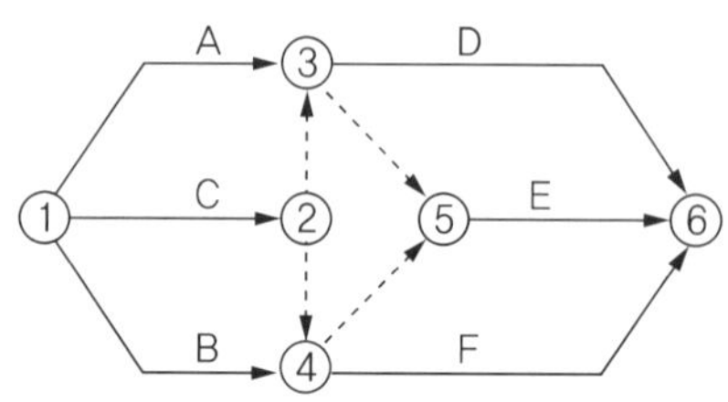
B	×	
C	×	
D	A, C	
E	A, B, C	
F	B, C	

㉤ 네트워크 공정표 작업순서도

- A, B, C작업은 최초작업이다.
- A작업이 끝나면 H, E작업을, C작업이 끝나면 D, G작업을 병행실시한다.
- A, B, D작업이 끝나면 F작업을, E, F, G작업이 끝나면 I작업을 실시한다.
- H, I작업이 끝나면 공사가 완료된다.

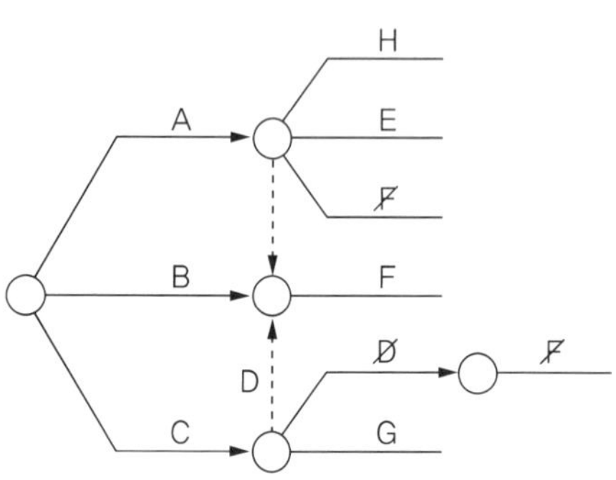

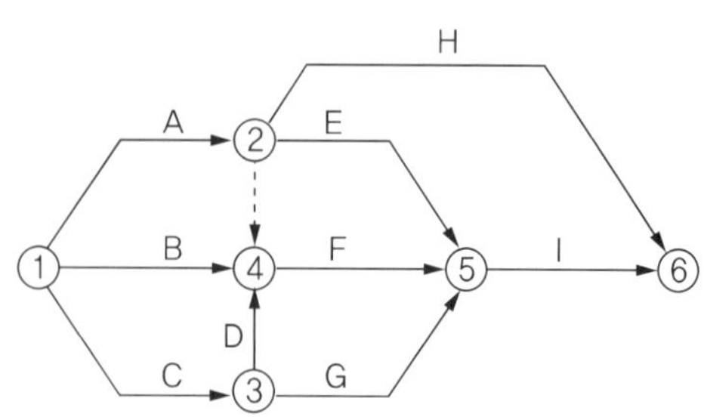

ⓗ 네트워크 공정표 일정 계산

- 작업시각 : 작업의 개시 또는 종료의 시각 - CPM 공정표 사용
- 가장 빠른 개시시각(EST ; Earliest Starting Time) : 작업을 시작할 수 있는 가장 빠른 시각
- 가장 빠른 종료시각(EFT ; Earliest Finishing Time) : 작업을 종료할 수 있는 가장 빠른 시각
- 가장 늦은 개시시각(LST ; Latest Starting Time) : 공기에 영향이 없는 범위 내에서 작업을 시작할 수 있는 가장 늦은 시각
- 가장 늦은 종료시각(LFT ; Latest Finishing Time) : 공기에 영향이 없는 범위 내에서 작업을 종료할 수 있는 가장 늦은 시각

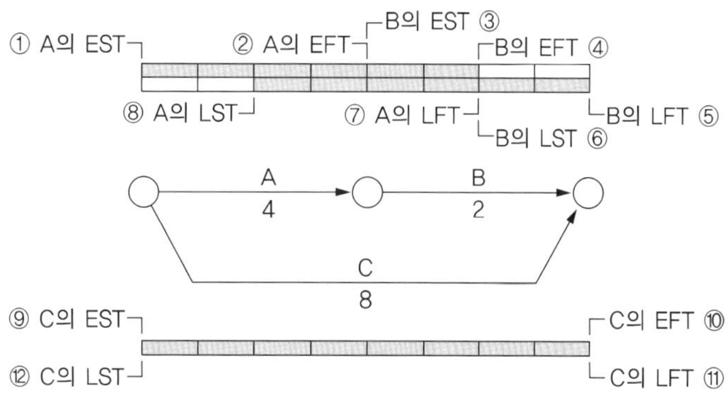

① A작업은 개시작업이므로 공사시작과 동시에 시작된다.
② A작업의 소요시간은 4시간이므로 공사시작 후 4시간 경과점에서 끝난다.
③ A작업이 끝나는 시각이 B작업의 시작시각이다.
④ B작업의 소요시간이 2시간이므로 ③에서 2시간 지난 시각이 B작업이 가장 빨리 끝날 수 있는 시각이다.
⑤ 공기에 지장을 주지 않으려면 B작업은 그곳에서 끝나야 한다.
⑥ 공기에 지장을 주지 않으려면 B작업은 그곳에서 시작해야 한다.
⑦ 공기에 지장을 주지 않으려면 A작업은 그곳에서 끝나야 한다.
⑧ 공기에 지장을 주지 않으려면 A작업은 그곳에서 시작해야 한다.
⑨ C작업도 개시작업이므로 공사시작과 동시에 시작한다.
⑩ C작업을 시작하여 8시간 결과 후 끝낼 수 있는 시각이다.
⑪ 공기에 지장을 주지 않으려면 C작업은 그곳에서 끝나야 한다.
⑫ 공기에 지장을 주지 않으려면 C작업은 그곳에서 시작해야 한다(LST가 EST와 같으므로 LFT도 EFT와 같아야 한다).

ⓢ 네트워크 공정표 일정 표시방법

ⓞ 네트워크 공정표 일정 계산방법

- EST, EFT
  - 작업의 진행방향에 따른 전진 계산
  - 개시 결합점의 EST = 0
  - 어떤 작업의 EFT는 그 작업의 EST+D(소요시간)
  - 어떤 작업의 EST는 그 선행작업의 EFT 중 최대치
  - 종료 결합점에 들어가는 작업의 EFT 중 최대치가 공기(T)
- LST, LFT
  - 역진 계산
  - 종료 결합점의 LFT = T 또는 T_0(지정공기)
  - 어떤 작업의 LST는 그 작업의 LFT-D
  - 어떤 작업의 LFT는 그 후속작업의 LST 중 최소치

출제예상문제

01 다음 (　) 안에 알맞은 내용을 쓰시오.

> PERT Network에서 (①)은 작업의 시작과 끝을 나타내며, (②)는 화살선을 파선으로 나타내고 명목상의 작업으로 소요시간이 없다.

정답 ① 결합점(Event), ② 더미(Dummy)

02 다음은 네트워크 공정표에 사용되는 용어설명이다. (　) 안에 알맞은 내용을 쓰시오.

> (①)는 작업을 시작할 수 있는 가장 빠른 시각을 말하고, 공기에 영향이 없는 범위 내에서 작업을 종료할 수 있는 가장 늦은 시각을 (②)라 한다.

정답 ① EST, ② LFT

03 네트워크 공정관리기법 중 서로 관계 있는 항목을 연결하시오.

㉠ 주공정선(CP)	ⓐ 2개 이상의 작업이 연결된 작업의 경로
㉡ 패스(Path)	ⓑ 한계공정선 또는 임계공정선이라 한다.
㉢ 더미(Dummy)	ⓒ 작업공정의 여유시간
㉣ 플로트(Float)	ⓓ 화살선을 파선으로 나타내는 명목상의 작업

정답 ㉠-ⓑ, ㉡-ⓐ, ㉢-ⓓ, ㉣-ⓒ

04 다음 네트워크 공정표 작성에 관한 기본원칙 중 틀린 것을 모두 골라 번호를 쓰시오.

> ① 개시 및 종료 결합점은 반드시 하나로 되어야 한다.
> ② 화살선의 길이와 작업일수는 비례하여 작성한다.
> ③ 결합점 ⓐ에서 결합점 ⓑ로 연결되는 작업은 반드시 하나이어야 한다.
> ④ 결합점(Node)은 작업진행방향과 관계없이 숫자로 나타낸다.
> ⑤ 네트워크 공정표에서 어느 경우라도 역진 또는 회송되어서는 안 된다.

정답 ②, ④

해설 ② 화살선의 길이와 작업일수는 관계가 없다.
④ 결합점(Node)은 작업진행방향으로 작은 수에서 큰 수를 부여한다.

05 다음은 공정관리에 대한 설명이다. (　) 안에 알맞은 내용을 쓰시오.

네트워크 공정표에서 공사기간(공기)은 공정표에 주어진 (①)와 일정산출 시 산출한 (②)로 구분할 수 있는데, 이 두 공사기간(공기)을 맞추는 작업을 (③)이라 한다. 이 단계에서 공정계획을 수정할 때에는 전체 공정의 일정계산을 다시 해야 한다.

정답 ① 지정공기, ② 계산공기, ③ 공기조정

06 다음과 같은 네트워크 공정표에서 결합점 ③의 LT(가장 늦은 결합점 시각)를 구하시오.

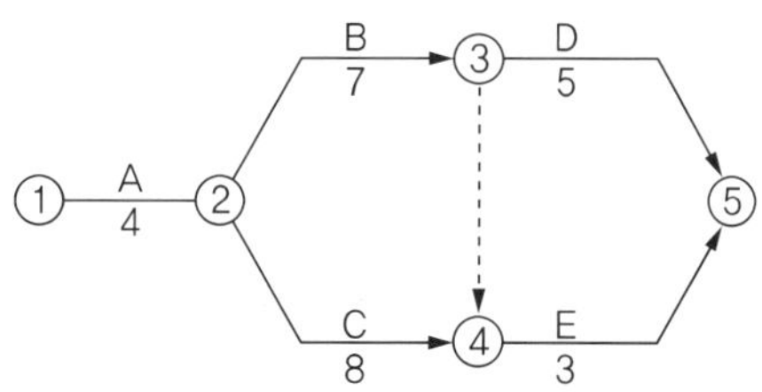

정답 11일

해설 LT는 공기에서 소요일수를 감하면서 역진계산을 한다.
공기 = 16, D의 소요일수 = 5
∴ 결합점 ③의 LT = 16 − 5 = 11

07 시공계획의 생산수단(5M)에 해당하지 않는 것을 골라 번호를 쓰시오.

① 인력(Man)
② 기계(Machines)
③ 자금(Money)
④ 활동(Motion)

정답 ④

해설 5M : 인력(Man), 재료(Materials), 기계(Machines), 자금(Money), 방법(Methods)

08 다음 데이터로 네트워크 공정표를 작성하고, 각 작업별 여유시간을 산출하시오.

1) 공정표

작업명	작업일수	선행작업	비고
A	2	없 음	단, 크리스털 패스는 굵은 선으로 표시하고 결합점에서는 다음과 같이 표시한다. 
B	5	없 음	
C	3	없 음	
D	4	A, B	
E	3	A, B	

2) 여유시간

작업명	TF	FF	DF	CP
A				
B				
C				
D				
E				

정답 1)

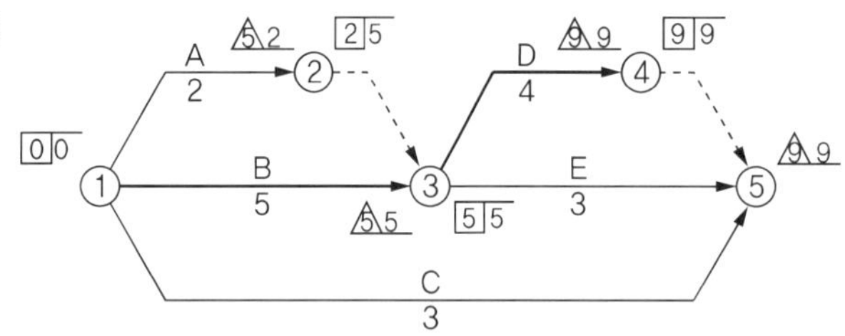

2)

작업명	TF	FF	DF	CP
A	3	3	0	
B	0	0	0	*
C	6	6	0	
D	0	0	0	*
E	1	1	0	

09 A, B의 두 작업이 동일 시점에서 발생하여 동일 시점에서 완료될 경우 더미(Dummy)를 사용하여 나타내시오.

정답

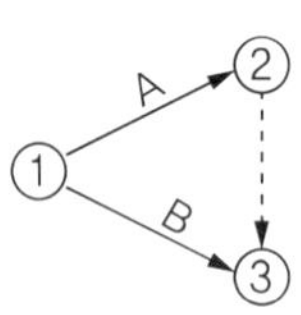

(1)

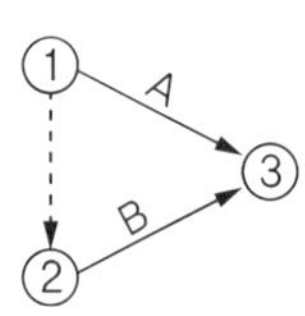

(2)

10 다음을 보고 네트워크 공정표를 작성하시오.

> • 작업 A와 B가 동시에 개시되고 작업 A가 완료되면서 작업 C가, 작업 B가 완료되면서 작업 D가 각각 개시되어 동시에 완료한다.
> • 작업 A와 B가 동시에 완료되고, 다시 작업 C와 D가 동시에 개시된다.

해설 ① 여기서 작업 A는 작업 C보다 선행되고, 작업 B는 작업 D보다 선행된다. 따라서 작업 C는 작업 A에 종속되고, 작업 D는 작업 B에 종속된다.

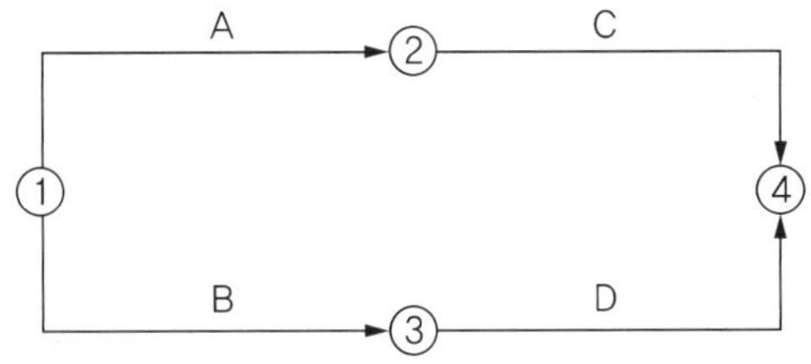

② 본 문제에서는 작업 A, B가 완료시점이 일치한다는 데 초점이 있다. 또한 작업 C, D가 동시에 개시하는 시점이라는 점 또한 파악해야 한다.

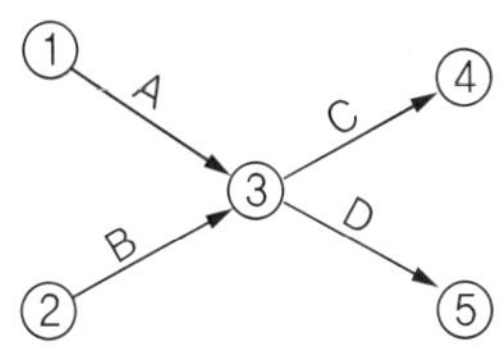

11 그림과 같이 작업 F, 작업 G가 동시에 개시되고, 동시에 완료될 경우 더미(Dummy)를 나타내시오.

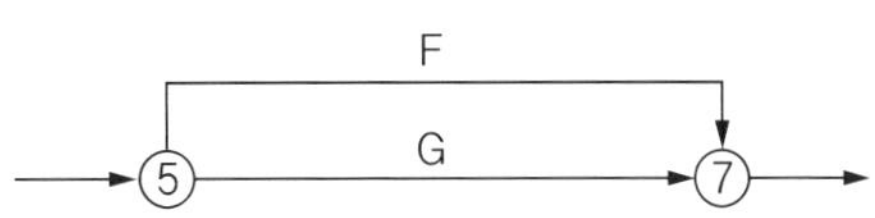

정답 1

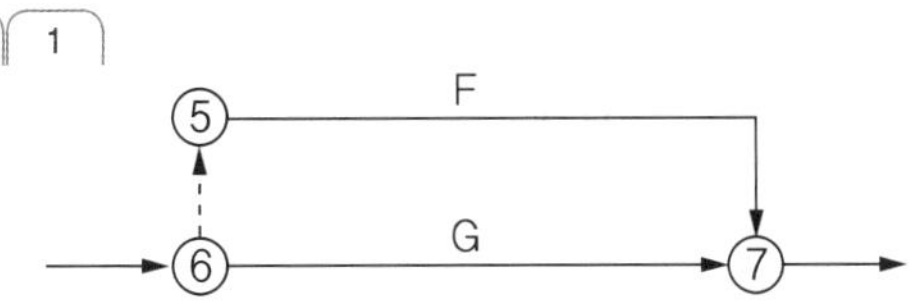

정답 2

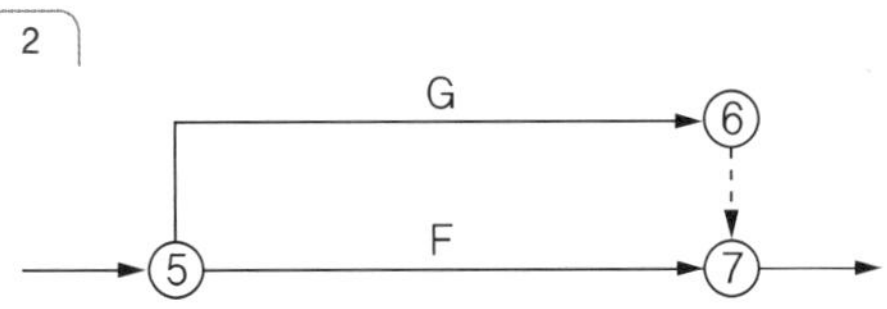

12 다음 바차트를 보고 네트워크 공정표를 작성하시오.

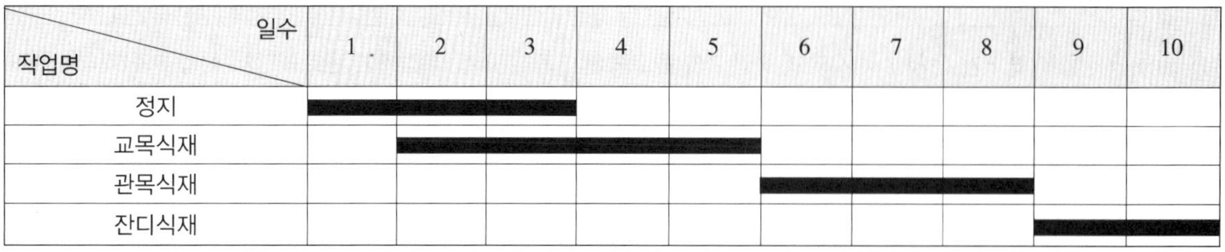

일수
작업명
1
2
3
4
5
6
7
8
9
10
정지
교목식재
관목식재
잔디식재

정답

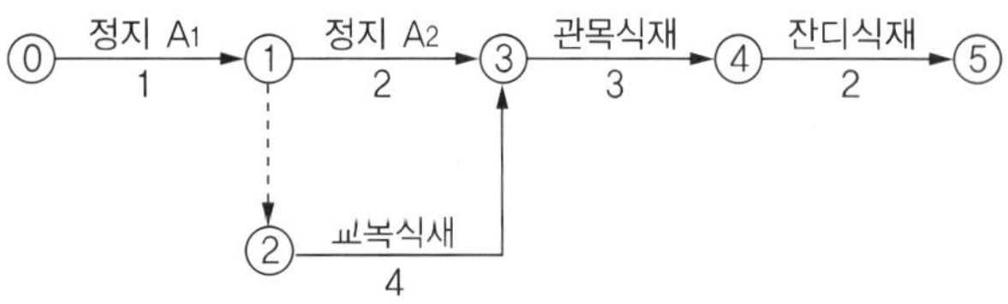

해설 우선 작업의 분할에 대해서 잘 살펴야 한다. 정지작업과 교목식재작업이 정지작업 1일 후에 동시에 작업이 이루어진다. 이런 경우에는 정지작업은 A, B로 분할하여야 하고, 1일 후에는 동시작업이 되므로 이벤트(Event)를 하나 더 부여하고 더미(Dummy)를 사용한다.

참고

작업의 분할표시

작업 A의 중간에서 작업 B, C가 개시할 경우에는 작업 A를 A_1, A_2, A_3으로 분할하여 표시한다.

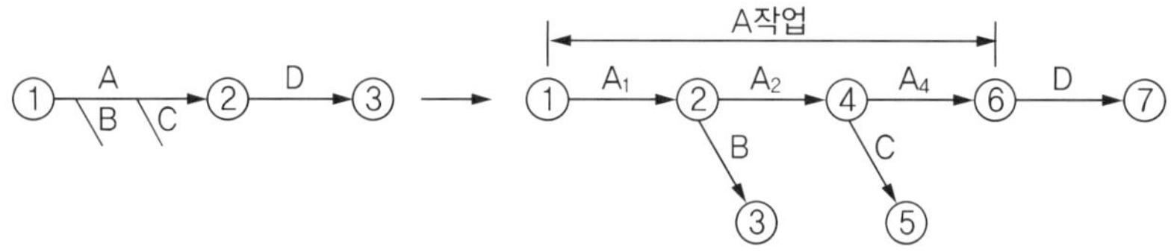

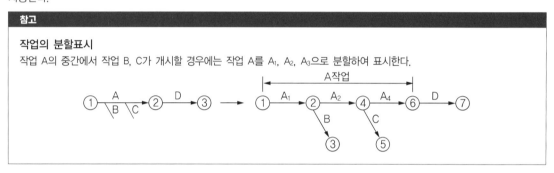

13 다음의 네트워크 공정표에서 CP(Critical Path)를 나타내시오.

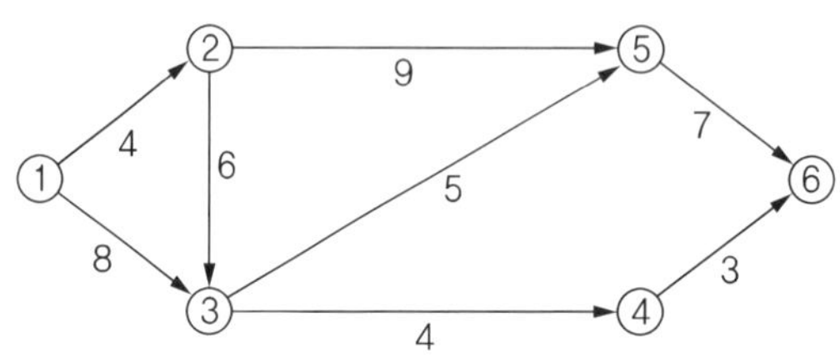

정답

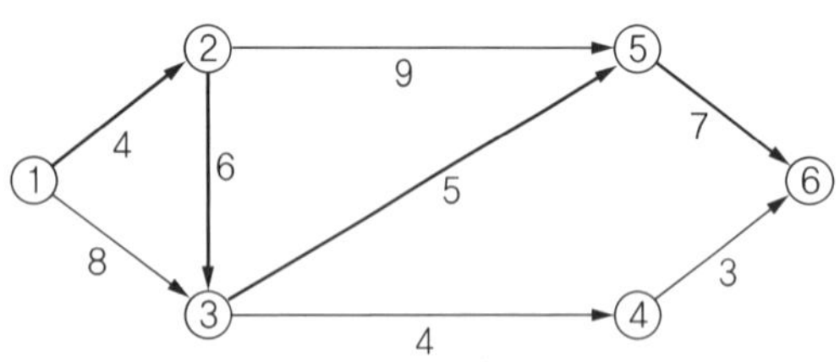

해설 **주공정선(CP ; Critical Path) :** 처음 결합점(Event)에서 마지막 결합점(Event)에 이르는 전공정 중에서 가장 긴 일정이 걸리는 공정을 CP라 하며, 굵은 실선으로 나타낸다. 문제에서 작업개시 결합점(Event) ①에서 작업완료 결합점(Event) ⑥에 이르는 각 과정에 따라 일정을 계산하면 다음과 같다.

- 제1공정 : 결합점 ① → ③ → ⑤ → ⑥ ························ 20일
- 제2공정 : 결합점 ① → ② → ③ → ④ → ⑥ ·············· 17일
- 제3공정 : 결합점 ① → ③ → ④ → ⑥ ························ 15일
- 제4공정 : 결합점 ① → ② → ③ → ⑤ → ⑥ ·············· 22일

작업의 최대 소요일은 제4공정에서 22일이 걸린다. 즉, 4공정에 따른 각 작업이 일정을 지배하고 있다. 따라서 제4공정에 따른 작업경로가 CP(Critical Path)가 된다.

14 다음 작업표를 보고 1) 3일 공기단축한 네트워크 공정표를 작성하고, 2) 공기가 단축된 공정표상에서의 총공사비를 산출하시오.

작업명	작업일수	선행작업	비용구배	비고
A	3	–	5,000	단, 공기가 단축된 작업일정은 아래와 같이 표기하고, 이벤트(Event) 번호는 원칙에 따라 구하시오. 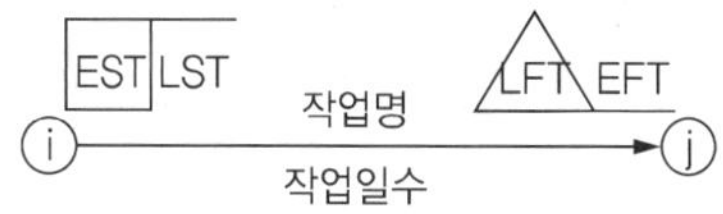
B	2	–	1,000	
C	1	–	1,000	
D	4	A, B, C	4,000	
E	6	B, C	3,000	
F	5	C	5,000	주) 1 공기단축은 작업일수의 1/2을 초과할 수 없다. 주) 2 표준 공기 시 총공사비는 2,500,000원이다.

정답 1)

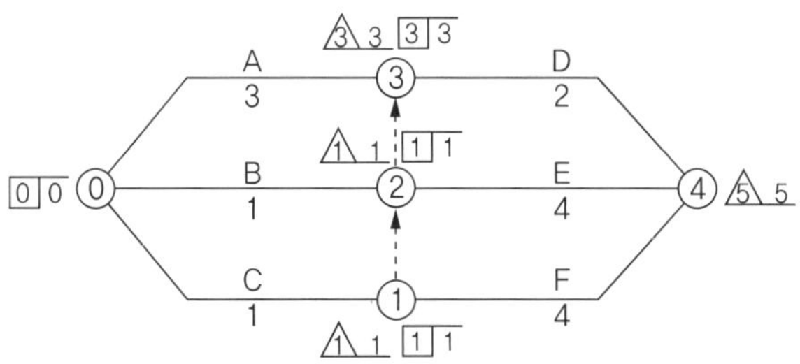

2) 총공사비 = 표준공사비 + 추가공사비
= 2 ,500,000 + 20,000
= 2,520,000원

해설 추가공사비

단축작업	단축일수	추가공사비
B	1일	1,000
D, E	1일	7,000
D, E, F	1일	12,000

제2절 바차트 공정표와 네트워크 공정표

1 바차트와 네트워크 공정표

(1) 주어진 데이터를 가지고 바차트를 작성하는 경우

① 데이터를 가지고 네트워크 공정표를 작성한다.

② 작업시각을 계산하고 여유시간도 구한다.

③ 바차트 공정표 작성 시 모든 작업은 EST에서 시작한다.

④ 작업의 소요시간 막대 뒤쪽에 FF나 DF를 표시한다.

⑤ 막대의 범례를 작성한다.

(2) 주어진 바차트를 보고 네트워크 공정표를 작성하는 경우

① 바차트를 보고 작업의 선후관계를 파악한다.

② 바차트 막대의 시작점을 그 작업의 EST로 본다.

③ 바차트 소요시간의 종료일에 시작하는 작업과 FF(자유여유)의 종료일에 시작하는 작업을 그 작업의 후속작업으로 본다.

④ DF의 종료일과는 무관하다.

⑤ 작업명과 선행작업의 데이터를 만들고 네트워크 공정표를 작성한다.

(3) 바차트 작성순서

① 바차트는 횡축에 공기, 종축에 작업명을 열거한다.

② 다음의 네트워크 공정표를 바차트로 표시해 본다.

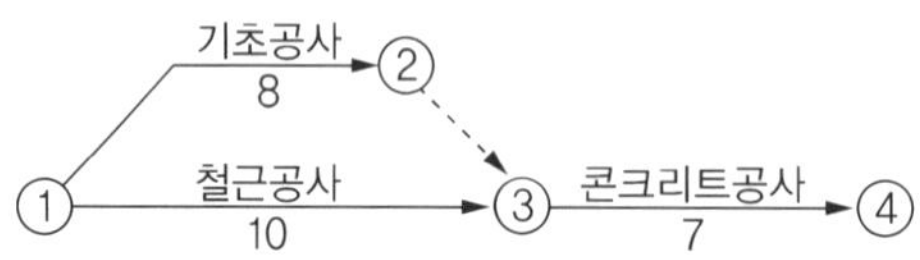

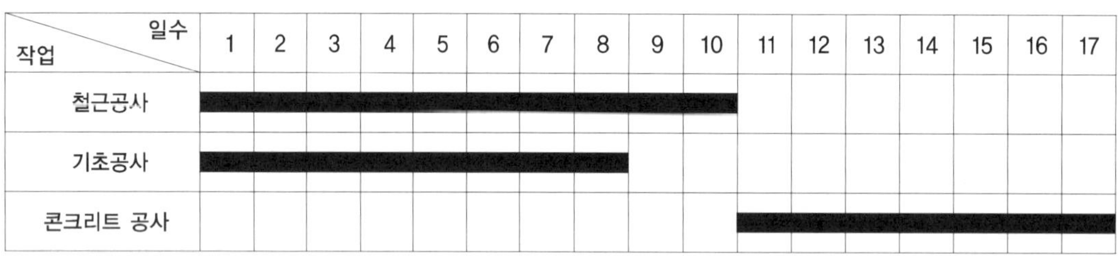

2 공기단축

(1) 공기단축 내용

① 설계도서 등에 지정된 공기보다 계산된 공기가 긴 경우 또는 피치 못할 사정으로 작업이 지연되어 공기가 연장될 가능성이 있는 경우에 행한다.

② 공기의 단축을 너무 서두르면 공사비용의 증가를 초래하므로 추가비용이 최소가 될 수 있도록 한다.

③ 직접비만을 고려한 공기단축은 공사비용의 증가를 초래하므로 MCX 이론을 적용하여 최적공기를 찾는다.

(2) MCX에 의한 공기단축(최적공기)

※ MCX란 직접비와 간접비의 합이 최소가 될 때의 최적공기와 최소비용을 얻는 기법으로 그에 따른 공기단축을 실시한다.

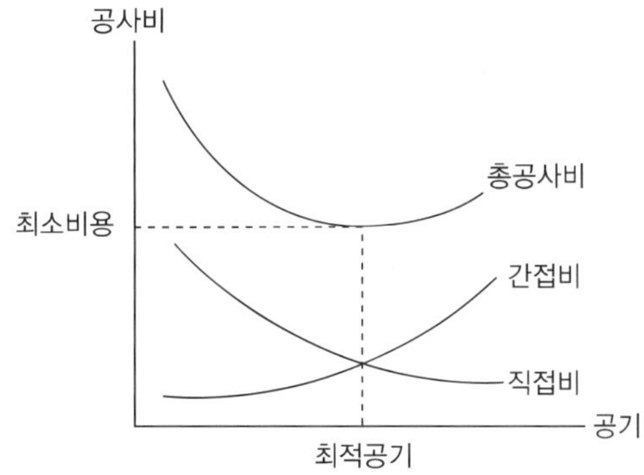

[공기와 공사비의 관계]

① **비용구배** : 작업을 1일 단축할 때 추가되는 직접비용

$$비용구배 = \frac{특급비용 - 표준비용}{표준공기 - 특급공기}$$

여기서, 표준비용 : 정상적인 공기에 대한 비용

표준공기 : 정상공기

특급비용 : 공기를 단축할 때의 비용

특급공기 : 정상공기를 단축한 공기

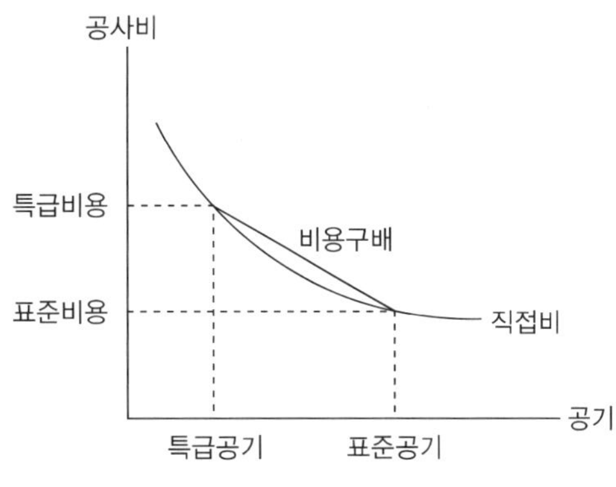

[비용구배 그래프]

② **간접비** : 관리비, 감가상각비, 가설비 등으로 공기가 단축되면 비용이 줄고, 지연되면 증가한다.

(3) 공기단축 순서 및 방법

① 공기단축 순서

㉠ 일정계산 후 주공정선(CP)을 구한다.

㉡ 단축 가능일수와 비용구배를 구한다.

㉢ 주공정선의 작업부터 Sub Path와 비교하며 단축한다.

㉣ 공기단축 비용을 구한다.

㉤ 공기단축 비용과 표준 비용을 합한 총공사비를 구한다.

㉥ 단축공정표를 작성한다.

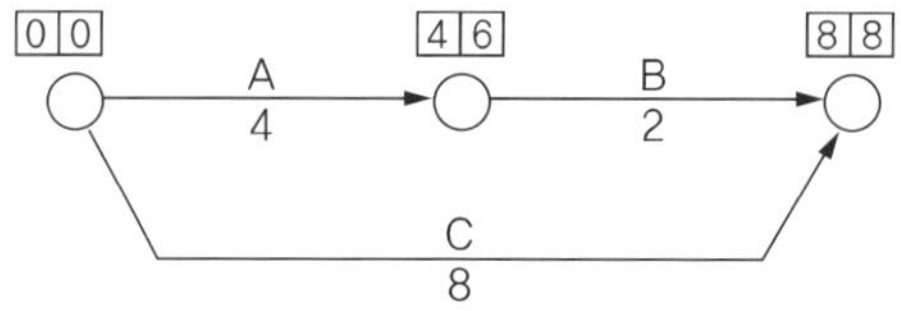

② 공기단축 방법

㉠ 1일 단축 – C에서 1일 단축

㉡ 2일 단축 – C에서 2일 단축

㉢ 3일 단축 – C에서 3일 단축, A 또는 B에서 3일 단축

㉣ 4일 단축 – C에서 4일 단축, A에서 2일 또는 A에서 1일 단축, B에서 1일 단축

출제예상문제

01 다음에 주어진 횡선식 공정표(Bar Chart)를 네트워크 공정표로 작성하시오(단, ① 주공정선은 굵은 선으로 표시한다. ② 화살형 네트워크로 하며, 각 결합점에서의 계산은 다음과 같이 한다).

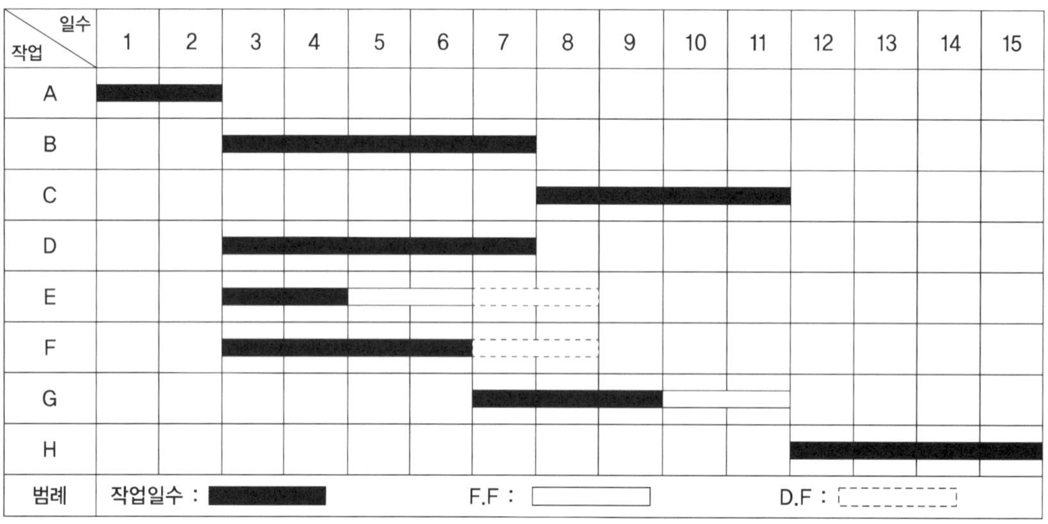

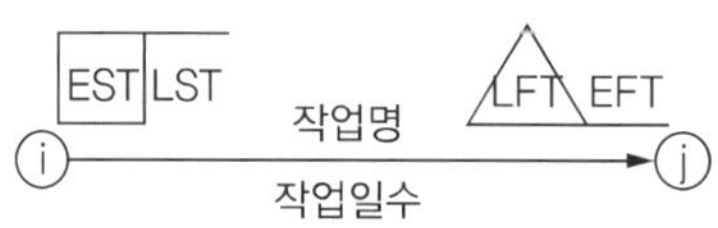

정답 네트워크 공정표

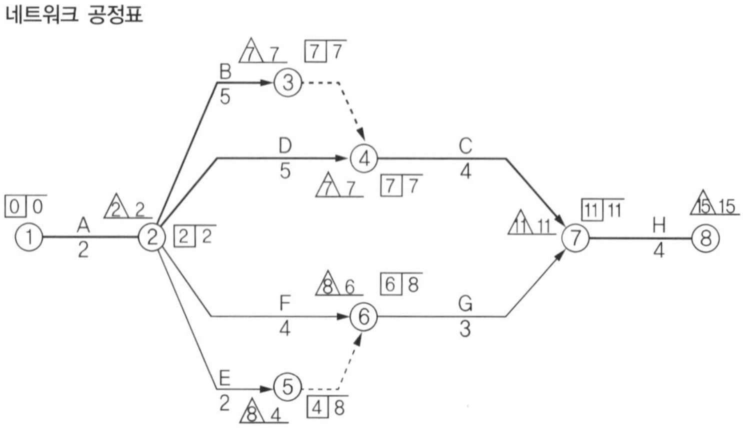

해설 네트워크 작성을 위한 데이터

작업명	소요일수	선행작업	작업명	소요일수	선행작업
A	2	*	E	2	A
B	5	A	F	4	A
C	4	B, D	G	3	E, F
D	5	A	H	4	C, G

02 다음에 주어진 횡선식 공정표(Bar Chart)를 네트워크 공정표로 작성하시오(단, ① 주공정선은 굵은 선으로 표시한다. ② 화살형 네트워크로 하며, 각 결합점에서의 계산은 다음과 같이 한다).

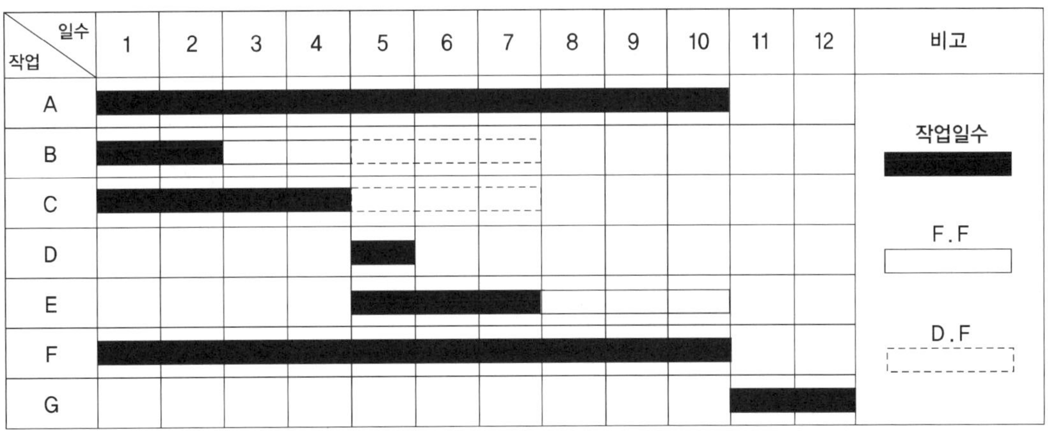

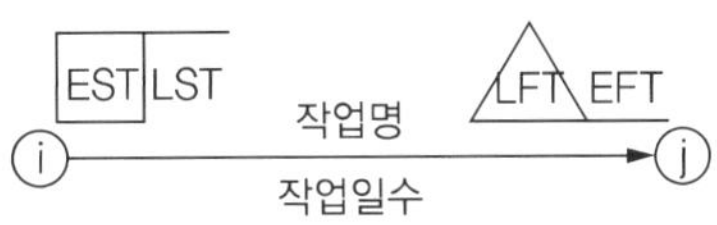

정답 네트워크 공정표

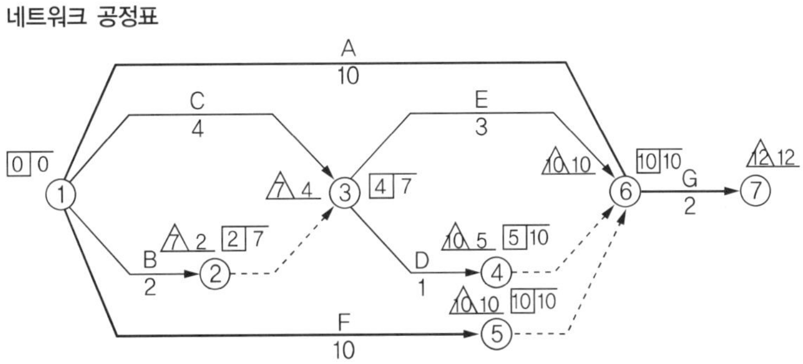

해설 네트워크 작성을 위한 데이터

작업명	소요일수	선행작업	작업명	소요일수	선행작업
A	10	*	E	3	B, C
B	2	*	F	10	*
C	4	*	G	2	A, D, E, F
D	1	B, C			

03 다음 데이터를 네트워크 공정표로 작성하고, 또한 이를 횡선식 공정표(Bar Chart)로 전환하시오.

1) 네트워크 공정표

작업명	소요일수	선행작업	비고
A	5	없음	• 네트워크 작성은 다음과 같이 표기하고, 주공정선은 굵은 선으로 표기하시오.
B	6	없음	
C	5	A	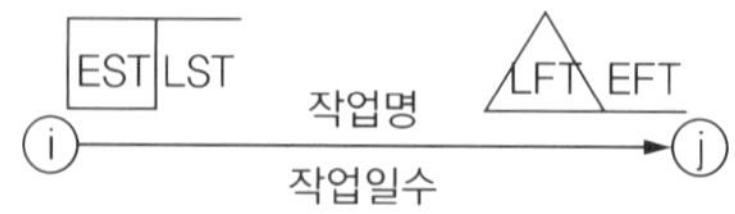
D	2	A, B	
E	3	A	
F	4	C, E	
G	2	D	• 바차트로 전환하는 경우 다음과 같이 표기하시오.
H	3	G, F	작업명 : 작업일수 : 선행작업 :

2) 횡선식 공정표

일수 / 작업	1	2	3	4	5	6	7	8	9	10	11	12	13	14	15
A															
B															
C															
D															
E															
F															
G															
H															
범례	작업일수 :					F.F :					D.F :				

정답 1) 네트워크 공정표

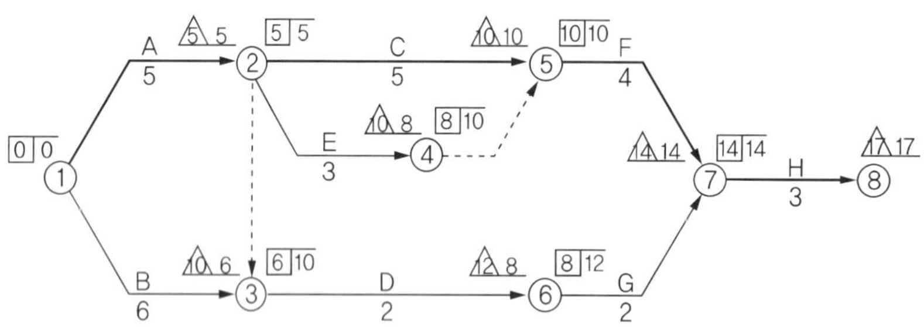

2) 횡선식 공정표

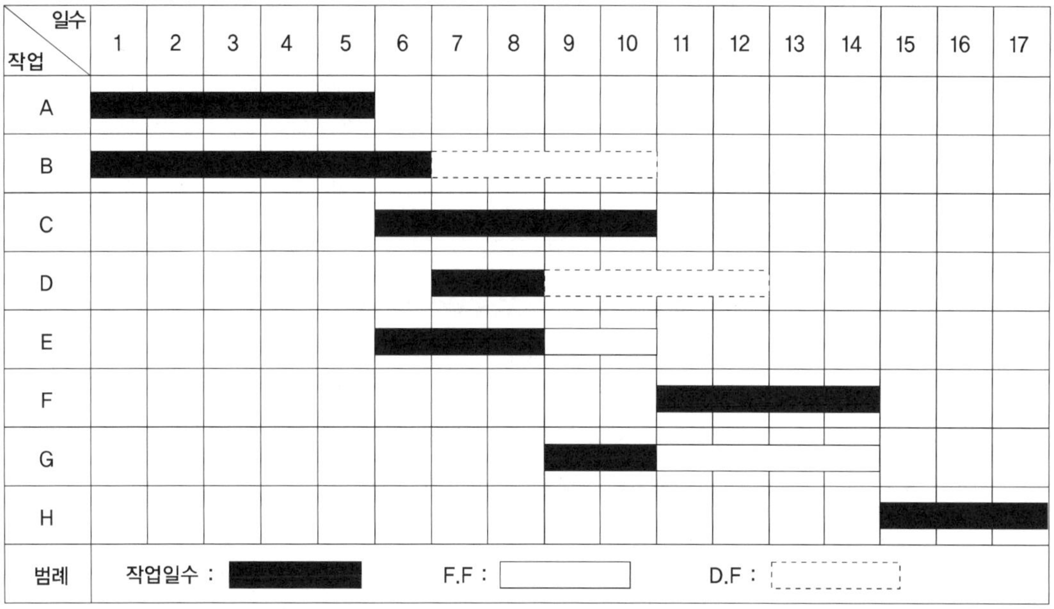

해설 • 네트워크 공정표를 먼저 작성한 뒤 여유시간을 구해야 바차트 작성이 가능하다.
• 작업의 여유시간

작업명	TF	FF	DF	CP
A	0	0	0	*
B	4	0	4	–
C	0	0	0	*
D	4	0	4	–
E	2	2	0	–
F	0	0	0	*
G	4	4	0	–
H	0	0	0	*

04 다음에 주어진 횡선식 공정표(Bar Chart)를 네트워크 공정표로 작성하고 크리티컬 패스는 굵은 선으로 표시하시오.

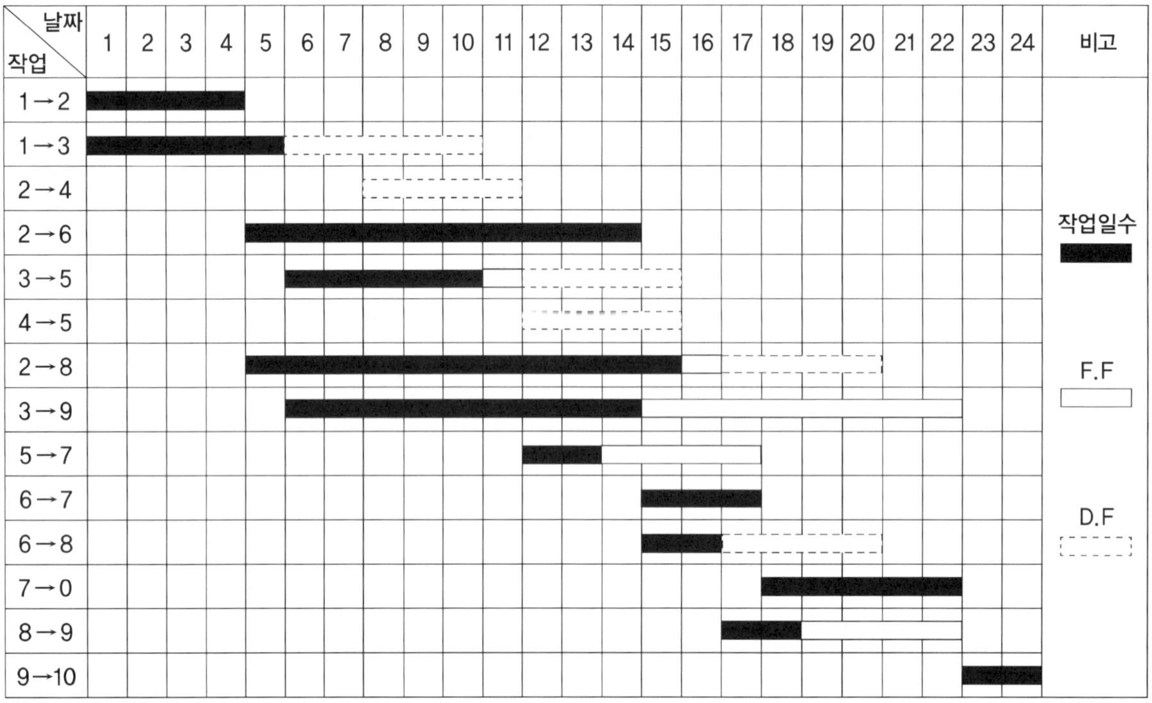

정답 네트워크 공정표

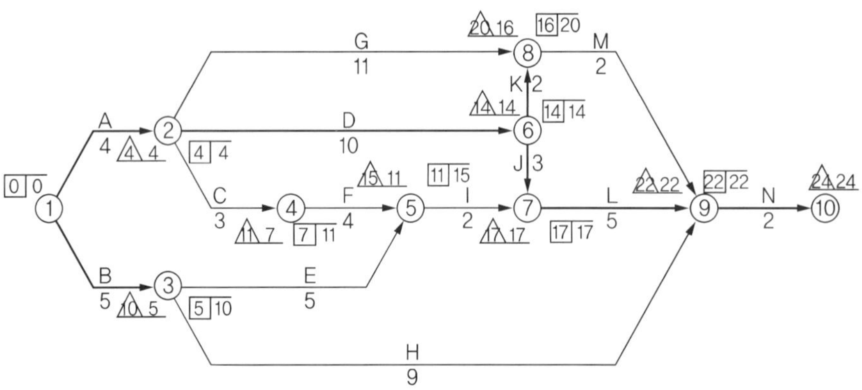

해설 네트워크 작성을 위한 데이터

작업	작업명	소요일수	선행작업	작업	작업명	소요일수	선행작업
1 → 2	A	4	*	3 → 9	H	9	B
1 → 3	B	5	*	5 → 7	I	2	E, F
2 → 4	C	3	A	6 → 7	J	3	D
2 → 6	D	10	A	6 → 8	K	2	D
3 → 5	E	5	B	7 → 9	L	5	I, J
4 → 5	F	4	C	8 → 9	M	2	G, K
2 → 8	G	11	A	9 → 10	N	2	H, L, M

04 조경기초설계

제1절 조경디자인요소 표현하기

1 조경 표현기법 습득

(1) 레터링의 기본

① 레터링은 정확한 정보의 전달 및 레터링 자체의 미술적 가치로서 도면을 돋보이게 할 수 있는 중요한 요소이다.

② 효과적인 레터링은 도면의 가치를 높여주므로 반드시 형태와 배열의 미를 창조해야 하고 표현에 있어서 정확성·균일성·안정성 등이 갖추어지도록 한다.

③ 레터링의 일반적 사항

㉠ 왼편부터 가로쓰기를 원칙으로 하며, 명확하고 또박또박 쓰는 것이 좋다.

㉡ 숫자는 가능한 아라비아 숫자를 사용한다.

㉢ 글자의 크기와 높이는 구체적인 적용기준이 있는 것이 아니고 도면의 밀도, 축척, 기입 위치, 도면 효과 등을 조건으로 하여 적당한 크기를 선택하되 레터링의 목적 및 내용의 위상으로 판단하여 크기가 균등해야 한다.

㉣ 한 도면에 많은 글씨를 쓰지 않도록 하고, 선의 굵기와 기울기 등이 균일해야 한다.

㉤ 수직과 수평의 보조선 긋는 것을 게을리하지 말아야 한다.

㉥ 특성과 스타일을 일정하게 유지하도록 한다.

㉦ 대부분의 글자는 폭이 길이보다 다소 좁은 직사각형에 맞추도록 한다.

㉧ 필기도구를 힘 있게 잡고 또박또박 쓰면서 끝을 흘리지 말아야 한다.

㉨ 수직선의 끝을 강하게 맺고 가늘게 그린다.

(2) 제도용구의 사용법과 유의사항

① 제도용구 사용법

㉠ T자의 날이 투명하게 유지되도록 항상 청결하게 하고 절대 흠집을 내서는 안 된다. 연필 사용 후 수시로 닦아서 도면이 더럽혀지지 않도록 한다.

㉡ 삼각자는 T자와 병용되어 수직선과 일정한 각도의 사선을 긋는 데 사용한다.

㉢ 삼각자에 길이를 표시한 눈금이 있는 자는 정밀도에 문제가 있으므로 사용하지 않는 것이 좋다.

㉣ 템플릿은 반복 작용을 줄이는 데 도움을 주는 용구이다.

㉤ 삼각스케일은 축척에 맞추어 길이를 재는 데 필수적인 용구로서 축척 단위의 이용 변화에 유의한다.

② 제도용구를 이용한 선 긋기 방법

㉠ 연필제도에서 올바른 선은 정확하고 자신감과 생동감 있게 그으며, 균등한 선의 굵기 및 강도가 유지되어야 한다.

㉡ T자가 제도대에서 떨어지지 않도록 밀착시키고, 삼각자는 T자에 단단히 밀착시켜 작업 도중 움직이지 않게 가볍게 누른다.

㉢ 수평선을 그을 때는 왼쪽에서 오른쪽으로 빠른 속도로 당기되 연필을 1/2 정도 회전시켜 연필심이 고르게 닳도록 하여 균등한 선을 유지시킨다.

㉣ 수직선과 사선 긋기는 T자와 삼각자를 조합하여 사용하며, 삼각자로 다양한 각도의 사선을 그을 수 있다.
㉤ 수직선은 아래에서 위로 긋고, 사선은 삼각자의 방향에 따라 아래에서 위로 또는 위에서 아래로 긋는다.
㉥ 선으로 이루어진 각 모서리가 정확하게 연결되도록 하되 선과 선을 약간 교차시키는 것이 중요하다.
㉦ 원과 호, 직선의 연결 시에는 원이나 호를 먼저 그린 후에 직선으로 연결해 마무리한다.
㉧ 선의 시작점과 마감점에서는 맺어줌의 강조가 필요하다.
㉨ 도면의 왼쪽 위에서 오른쪽 아래의 순서로 그려 나간다.
㉩ 마친 후에는 도면 위의 지저분한 부분을 지우개로 정리한 후 누락, 오기사항을 점검한다.

(3) 선의 종류와 용도

① 실선
㉠ 전선 : 외형선
㉡ 가는선 : 단면선

② 허선
㉠ 파선 : 숨은선
㉡ 1점쇄선
- 가는선 : 중심선
- 반선 : 경계선, 절단선

㉢ 2점쇄선 : 가상선(경계선)

(4) 식물재료와 인공재료의 특징

① 식물재료의 표현 방법
㉠ 침엽교목의 표현
- 흐린 선으로 수목의 윤곽선을 그린 후, 중심점을 표시한다.
- 굵은 선으로 중심점에서 외곽선까지 4~5개의 선을 직각으로 긋는다.
- 가는 선으로 사이를 불규칙한 간격으로 외곽선까지 프리핸드로 긋는다.
- 모든 선이 중심에서 교차되도록 표현한다.
- 한쪽에 더 많은 선을 추가하면 깊이감을 준다.
- 외형선은 침의 모양으로 뾰족하게 표현한다.

㉡ 활엽교목의 표현
- 외형선에 의한 표현
  - 수목은 완전히 성장하고 최종적으로 퍼진 상태의 대략 2/3~3/4 부분에서 그려져야 한다.
  - 항상 흐린 보조선을 사용하고 수목의 중심을 표시한다.
  - 2개의 외형선에 의한 표현은 외부의 선을 진하게 한다.
- 잎의 질감을 나타낸 수목 표현 : 하나의 단순한 형태를 테두리 주변에 반복하여 표현하고 구형을 나타내기 위해 그림자가 생긴 부분에 겹쳐 그린다. 이때 지나치게 상세한 표현은 산만해 보이게 한다.

㉢ 관목의 표현
- 관목의 표현은 교목의 표현과 유사하다.
- 단지 관목은 군식 표현이 대부분이므로 군식 표현기법을 사용한다.
- 침엽과 활엽의 구분은 교목의 표현 구분과 동일하게 적용한다.

㉣ 잔디, 지피류의 표현
- 면적이 좁은 곳은 기본적인 형태의 반복으로 지표면을 채워서 표현한다.
- 넓은 지역의 잔디밭일 경우는 질감 표현을 하지 않거나 경계부에 밀도 있게 표현하거나, 파단선을 그어 일부만 표현하기도 한다.
- 지피류의 표현은 자를 이용하여 1mm 간격으로 촘촘하게 표현한다.

㉤ 수목의 입면 표현
- 수간과 수관을 표현해 본다.
- 다양한 수관을 표현해 본다.
- 조경수목의 단면도에 수목의 입면 표현이 잘 도시되어야 한다.

② 조경시설물과 포장재료의 표현 방법을 익힌다.

㉠ 시설물 표현하기 : 디자인 요소들은 수목 평면 이외의 실질적 설계 내용들로서, 이러한 설계 요소들의 재료 특성이나 형태를 설명적으로 표현할 수 있도록 제도에서 협약된 기호나 표시사항을 실습해야 한다.

㉡ 포장재료 표현하기
- 포장재료 표현은 재료의 질감을 나타내는 것 외에 재료의 물리적 크기나 단위 부분의 성질도 나타내야 한다.
- 빛을 반사하는 호박돌이나 빛을 흡수하는 목재 등 그 재료의 특성과 질감 효과 등을 명확하고 간결하게 나타내도록 한다.

출제예상문제

01 **다음 ( ) 안에 알맞은 내용을 쓰시오.**

> 제도는 목적에 따라 어떠한 규모 및 환경을 구성할 것인가 하는 계획을 수립하여 정해진 선, 기호 또는 문자 등을 제도상의 약속에 따라 표현하는 설계자의 ( )이다.

정답 시각언어

02 **다음 ( ) 안에 알맞은 내용을 쓰시오.**

> 설계도는 보이기 위한 것이므로 누구나 (①)하기 쉽고 (②)하게 표현해야 한다.

정답 ① 이해, ② 정확

03 다음에서 설명하는 제도용구를 쓰시오.

1) 반복 작용을 줄이는 데 도움을 준다. 2) 축척에 맞추어 길이를 재는 데 필수적인 용구로서 축척 단위의 이용 변화에 유의해야 한다.

정답 1) 템플릿
2) 삼각스케일

04 다음은 레터링에 대한 설명이다. ( ) 안에 알맞은 내용을 쓰시오.

• 효과적인 레터링은 도면의 가치를 높여주므로 반드시 형태와 배열의 미를 창조해야 하고 표현에 있어서 정확성 · (①) · 안정성 등이 갖추어지도록 한다. • 한 도면에 많은 글씨를 쓰지 않도록 하고, 선의 (②)와 (③) 등이 균일해야 한다.

정답 ① 균일성, ② 굵기, ③ 기울기

05 조경설계에서 가장 큰 비중을 차지하는 조경재료를 쓰시오.

정답 식물재료

06 조경디자인 표현하기에서 가장 중요한 디자인 요소를 3가지 쓰시오.

정답 점, 선, 면

07 다음은 제도용구를 이용한 선 긋기 방법이다. ( ) 안에 알맞은 방향을 쓰시오.

• 수평선을 그을 때는 (①)에서 (②)으로 빠른 속도로 당기되 연필을 1/2 정도 회전시켜 연필심이 고르게 닳도록 하여 균등한 선을 유지시킨다. • 수직선은 (③)에서 (④)로 긋고, 사선은 삼각자의 방향에 따라 아래에서 위로 또는 위에서 아래로 긋는다.

정답 ① 왼쪽, ② 오른쪽, ③ 아래, ④ 위

08 조경설계제도에서 사용하는 모양에 따른 선의 종류를 4가지 쓰시오.

정답 실선, 파선, 점선, 쇄선

09 다음은 조경설계제도에 사용되는 선에 대한 설명이다. (　) 안에 알맞은 내용을 쓰시오.

- 실선은 대상물이 보이는 부분을 나타내며, 점선과 파선은 보이지 않는 부분을 나타내고, 쇄선은 기준선과 절단선, (①) 등을 표시할 때 사용한다.
- 가는선은 레터링 보조선, 질감, (②) 등에 사용된다.

정답 ① 중심선, ② 치수선

10 다음 수목 평면기법으로 표현한 수목의 성상을 쓰시오.

정답 침엽교목

11 다음은 수목의 평면 기호 표현을 연습할 때에 고려해야 할 사항이다. (　) 안에 알맞은 내용을 쓰시오.

- (①)으로 보조선을 가늘고 흐리게 그리고, 원의 중심점을 잡아 수목의 위치를 선정한다.
- 수목 표현 기호를 정하여 외곽선을 따라 여러 가지 모양을 적용하여 (②)로 진하게 그려 나타낸다.
- 수목의 평면 표현을 보다 돋보이고 (③)을 위해 빛의 입사각에 대한 반대쪽에 그림자를 까맣게 표현하거나 선으로 표현한다.

정답 ① 원형 템플릿, ② 프리핸드, ③ 입체감

12 다음 수목 입면기법으로 수목의 무엇을 표현한 것인지 쓰시오.

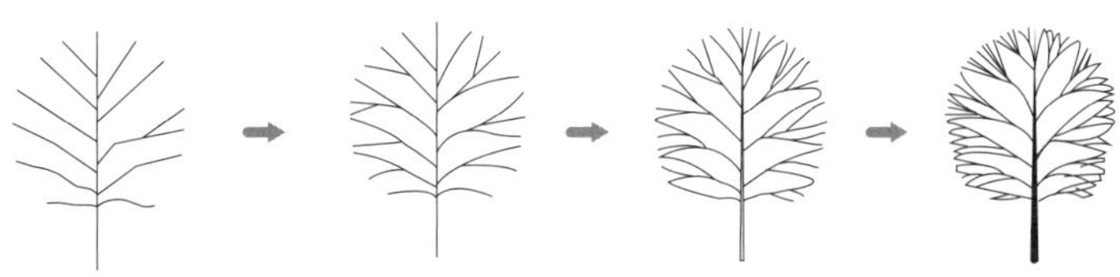

정답 수간

13 다음은 조경설계 단면도에서 사람의 표현에 대한 설명이다. (   ) 안에 알맞은 내용을 쓰시오.

- 도면을 보는 사람은 도면에 그려진 사람과 (①)을 연관시킨다.
- 도면에 사람을 그려 넣는 것은 (②)을 표현하기 위함이다.
- 사람의 수, 위치, 옷은 (③)의 용도를 나타낸다.

정답 ① 자신, ② 스케일, ③ 공간

14 다음 기호가 나타내는 시설물을 쓰시오.

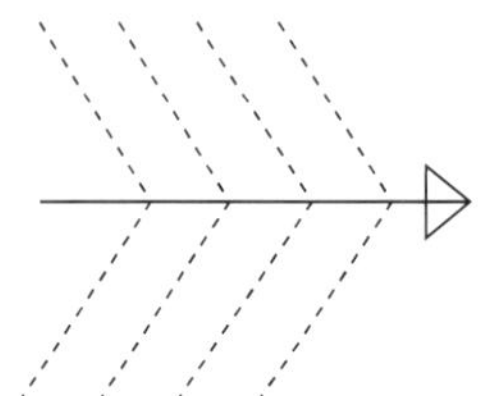

정답 맹암거

15 다음 (   ) 안에 알맞은 내용을 쓰시오.

포장재료 표현은 재료의 질감을 나타내는 것 외에 재료의 (   )나 단위 부분의 성질도 나타내야 한다.

정답 물리적 크기

16 포장공법의 종류에서 현장시공형 포장을 2가지 쓰시오.

정답 아스팔트포장, 콘크리트포장, 흙다짐포장

17 다음 기호가 나타내는 재료를 쓰시오.

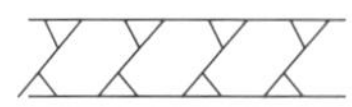

정답 잡석다짐

2 조경기초도면 작성

(1) 도면의 종류

① 개념도

㉠ 설계 초기의 아이디어와 이용에서의 기능적 관계로 개념도 및 각종 기능 다이어그램까지의 스케치이거나 개략적인 제도가 된다.

㉡ 아이디어 개발을 위한 기초적인 것을 형태화시키는 과정이다.

② 기본설계도(시설물평면도, 시설물배치도, 계획평면도)

㉠ 부지 내외의 조건, 도로, 대지의 고저 차, 각종 시설의 배치, 방위, 축척 등 전반적인 사항을 알 수 있다.

㉡ 위에서 내려다본 도면으로서 지붕면이 나타날 정도로 시설의 상단부를 나타내야 한다.

㉢ 축척도 평면도보다 작아서 대상지의 외부까지 포함되기도 한다.

③ 평면도

㉠ 일반적으로 구조물 바닥으로부터 1m 정도의 높이에서 수평으로 잘랐을 때를 가정하고 그린 도면으로 설계 내용의 근본적 사항이 담겨 있다.

㉡ 표현되는 이상의 내용이나 지하부위의 내용은 점선 혹은 파선으로 그 위치나 규모를 설명한다.

④ 입면도

㉠ 설계 내용의 외형을 각 면에 나타낸 것으로 평면으로 나타낸 길이에 수직적 요소의 높이를 표현한 것이다.

㉡ 축척은 평면도와 같이 하며, 평면을 앞에서 본 정면도, 측면도, 배면도 등으로 세분된다.

⑤ 단면도

㉠ 지형이나 시설물을 수직으로 잘라 수평으로 본 도면으로, 장축방향으로 절단한 것을 종단면도, 단축방향으로 절단한 것을 횡단면도라 한다.

㉡ 지상과 지하의 구성 요건을 설명하는 데 도움이 되고, 절단 표시는 항상 직선이고 절단 부위는 평면도상에 표시하여야 한다.

㉢ 절단한 직선에 바라본 방향을 표시하여야 하고 나타나는 조건을 우측으로 그려야 한다.

⑥ 상세도

㉠ 구조의 상세를 표현하는 도면으로 평면, 입면, 단면의 중요 부분을 확대하여 세부적 사항을 표현하며 축척은 상대적으로 큰 것을 활용하게 된다.

㉡ 주로 이질 재료의 만남이나 방향이 다른 장소의 구조적 설명을 하는 데 필요하며 시공 방법을 구체화하는 데 결정적 사항이므로 신중하게 표현해야 한다.

⑦ **스케치 및 투시도** : 설계 내용의 이해를 돕기 위하여 입체적 설명으로 나타낸 그림으로서, 계획 과정의 아이디어를 돕기 위하여 설계 마지막 단계에 작성되기도 한다.

(2) 도면의 배치

① 제도용지는 가능한 제도판 좌측에 부착하여 T자 사용 시 흔들림의 편차를 줄인다.

② 도면에는 원칙적으로 표제란(Title Box)을 설정하게 되는데, 도면의 우측이나 하단부에 위치하며 동일한 설계에서는 같은 위치에 통일해야 한다. 표제란에는 공사명, 도면명, 축척, 설계자 이름, 제도일자 등을 기입한다.

③ 특히 평면도에서 중요한 방위와 축척 표시는 관례상 우측 하단부에 위치하도록 한다.

④ 도면은 장변방향을 좌우로 놓는 것을 원칙으로 하며, 도면의 윤곽선은 도면을 짜임새 있게 정리하는 역할을 한다.

⑤ 도면은 왼쪽을 철하게 되므로 왼쪽은 25mm, 나머지는 10mm 정도의 여백을 남기고 외곽선을 긋되, 선의 굵기는 설계 내용선보다 더 굵게 표현한다.

⑥ 도면의 배치는 균형감과 안정감을 좌우하므로, 한 장에 들어갈 내용이 결정된 후 세부배치계획을 정하고 제도작업을 시작한다.

⑦ 동일한 계획의 내용을 한 장에 표기하기 곤란하면 과감하게 다른 장에 그리도록 한다.

⑧ 일반적으로 평면도, 입면도, 단면도, 상세도 또는 스케치 등의 순서로 배치한다.

(3) 스케일

① 실물에 대한 도면 크기의 비율을 축척이라 하는데, 도면은 반드시 실물에 대한 일정한 크기의 비율로 그려야 한다.

② 도면에는 필히 축척을 기입하여야 하며, 스케치나 투시도와 같이 치수와 비례가 되지 않을 때에는 None Scale로 표시한다.

③ 동일 도면 안에 여러 가지 다른 축척으로 도면을 그렸을 경우에는 각 도면마다 해당하는 축척으로 기입한다.

④ 축척에 따라 실물의 길이, 넓이의 축소 정도가 변하며 도면에 표현되어야 할 내용과 정밀도가 변하게 된다. 즉 1/10의 도면은 1/20의 축척을 가지는 도면의 2배(넓이는 4배) 크기로 변할 뿐 아니라, 1/20에는 나타낼 수 없었던 세밀한 부분까지 표시된다.

⑤ 상세도는 1/50 이상의 축척을 주로 사용하며, 도면의 조건에 따라 적당한 축척을 선택된다.

⑥ 치수의 단위는 원칙적으로 mm를 사용하며 기호는 붙이지 않는다. 이외의 단위를 사용할 경우에는 반드시 그 단위를 표시하여야 한다.

참고

도면 구별 축척
- 배치도 1/100~1/600(규모에 따른다)
- 평면도 1/100~1/300(주택은 일반적으로 1/100으로 한다)
- 입면도 1/100~1/300(가능한 한 평면도와 같은 축척이 좋다)
- 단면도 1/100~1/300(가능한 한 평면도와 같은 축척이 좋다)
- 상세도 1/10~1/50

(4) 스케치

① 스케치 도구별 특성

㉠ 연필 : 밑그림이나 간단한 러프스케치에 사용되며, 단단한 H에서 무른 B까지 종류가 다양하다.

㉡ 색연필 : 컬러링을 할 때 세부 표현에 사용되며 크게 수성과 유성으로 나뉜다.

㉢ 펜 : 컬러링을 하기 전 밑그림을 그릴 때 사용한다. 선의 굵기가 일정하게(0.1, 0.3, 0.5mm) 정해진 것과 힘을 가함에 따라 굵기가 다양하게 나오는 2가지를 주로 사용한다.

㉣ 마커 : 빠르게 건조하며 색상의 종류가 다양해서 컬러링할 때 주로 사용되는 재료이다. 트윈마커의 경우 팁의 종류가 2가지가 있다. 두꺼운 팁으로는 넓은 면을 빠르게 채울 수 있으며 얇은 팁으로는 자세한 부분을 표현한다. 스케치용 마커의 경우 얇은 부분의 팁은 붓펜처럼 생겨 자유로운 표현을 할 수 있다.

② 스케치의 특성 : 스케치는 통상적으로 빠르고 간략하게 그리는 그림으로 이해하고 있지만, 용도에 따라 간략함의 정도는 다르게 표현된다. 특히 조경분야에서 스케치는 드로잉(Drawing)의 개념으로 도면의 한 종류로 인식되며 조경 스케치라는 한 영역으로 자리 잡고 있다. 한편, 투시도와의 차이점은 투시도는 평면도, 입면도, 단면도가 주어진 상태에서 그릴 경우 프리핸드로 드로잉한 것이며, 스케치는 도면이 주어지지 않은 초기 구상단계에서 아이디어를 구체화하는 작업이라고 할 수 있다.

(5) 컬러링

① 채색도구(마커, 색연필, 파스텔 등)를 이용하고 도구별 재질을 표현하여, 도면별(평면도, 입면도, 투시도 등) 특성에 맞는 컬러링 기법을 익힌다.

② 마커의 끝 활용

㉠ 넓은 면, 중간 굵기, 가는 선 등의 특성대로 사용한다.

㉡ 도구의 특성상 혼용해서 사용하면 효과가 없다.

㉢ 연필류의 사용과 같이 부드러움의 효과보다는 강직하고 결정적인 느낌의 효과가 있다.

출제예상문제

01 설계 초기의 아이디어와 이용에서의 기능적 관계를 개략적으로 작성한 설계도를 무엇이라 하는지 쓰시오.

정답 개념도

02 다음 (　) 안에 알맞은 내용을 쓰시오.

> 기본설계도에는 시설물평면도, 시설물배치도, (　)가 있다.

정답 계획평면도

03 다음에서 설명하는 도면의 종류를 쓰시오.

> 1) 일반적으로 구조물 바닥으로부터 1m 정도의 높이에서 수평으로 잘랐을 때를 가정하고 그린 도면으로 설계 내용의 근본적 사항이 담겨 있는 도면
> 2) 평면, 입면, 단면의 중요 부분을 확대하여 세부적 사항을 표현하며 축척은 상대적으로 큰 것을 활용하는 도면
> 3) 설계 내용의 이해를 돕기 위하여 입체적 설명으로 나타낸 그림으로서, 계획 과정의 아이디어를 돕기 위하여 설계 마지막 단계에 작성되는 도면

정답 1) 평면도
2) 상세도
3) 투시도

04 다음 ( ) 안에 알맞은 내용을 쓰시오.

> 도면에는 원칙적으로 표제란(Title Box)을 설정하게 되는데 도면의 우측이나 하단부에 위치하며 동일한 설계에서는 같은 위치에 통일해야 한다. 표제란에는 (①), (②), 축척, 설계자 이름, 제도일자 등을 기입한다.

정답 ① 공사명, ② 도면명

05 다음 ( ) 안에 알맞은 숫자를 쓰시오.

> 도면은 왼쪽을 철하게 되므로 왼쪽은 (①)mm, 나머지는 (②)mm 정도의 여백을 남기고 외곽선을 긋되, 선의 굵기는 설계 내용선보다 굵게 표현한다.

정답 ① 25, ② 10

06 설계도 척도의 종류를 3가지 쓰시오.

정답 축척, 배척, 실척

07 다음은 도면에 대한 설명이다. ( ) 안에 알맞은 내용을 쓰시오.

> - 개념도는 설계과정에서의 첫 단계로 개략적인 공간구분, 동선, 식재개념 등을 표현해야 하며 공간마다 개략적인 위치와 규모를 선정하여 (①)으로 표현한다.
> - 단면도는 평면도를 완성한 후 작성하며 시설물 또는 공간별로 그리되, 지상부의 수목 및 시설물과 지하부의 (②)를 표현한다.

정답 ① 다이어그램, ② 포장재료

제2절 조경식물재료 파악하기

1 조경식물재료별 특성 파악

(1) 조경수목의 성상별 구분

구분	수목명
침엽수	주목, 비자나무, 전나무, 구상나무, 소나무, 반송, 백송, 리기다소나무, 잣나무, 섬잣나무, 독일가문비, 삼나무, 향나무, 측백나무, 편백, 화백, 개비자나무, 눈주목, 옥향, 눈향나무, 일본잎갈나무, 낙우송, 메타세쿼이아 등
활엽수	버즘나무, 층층나무, 산수유, 물푸레나무, 배롱나무, 목련, 일본목련, 때죽나무, 쪽동백나무, 회화나무, 칠엽수, 오동나무, 서어나무, 상수리나무, 무화과나무, 석류나무, 모과나무, 감나무, 왕벚나무, 팥배나무, 단풍나무, 은단풍, 계수나무 등
상록수	주목, 비자나무, 전나무, 소나무, 백송, 잣나무, 섬잣나무, 히말라야시더, 독일가분비, 삼나무, 금송, 향나무, 가이즈까향나무, 개비자나무, 눈주목, 태산목, 후박나무, 비파나무, 돈나무, 회양목, 꽝꽝나무, 사철나무, 차나무, 팔손이, 식나무, 치자나무, 호랑가시나무 등
낙엽수	은행나무, 일본잎갈나무, 낙우송, 은백양, 능수버들, 자작나무, 느티나무, 버즘나무, 층층나무, 물푸레나무, 목련, 자귀나무, 때죽나무, 감나무, 산사나무, 왕벚나무, 팥배나무, 단풍나무, 해당화, 황매화, 무궁화, 진달래 등

(2) 조경식물재료의 기능식재와 경관식재

① 기능식재(Function Planting)

㉠ 특별한 기능을 위해 식재되는 양식을 말한다.

㉡ 기능식재의 종류

- 공간조절기능 : 경계식재, 유도식재 등이 있다.
- 경관조절기능 : 지표식재, 경관식재, 차폐식재 등이 있다.
- 환경조절기능 : 녹음식재, 방풍식재, 방설식재, 방화식재, 지피식재, 임해매립지식재 등이 있다.

② 경관식재

㉠ 수목의 잎, 수피, 열매, 줄기, 수형 등을 고려한 심미적 인자와 생태적 인자를 고려하여 시각적으로 바람직하며, 생태적으로 건강한 식재를 말한다.

㉡ 식재지역의 자연적 특성과 주변 환경요소를 고려하여 식재하는 것을 일컫는다.

(3) 조경식물재료의 규격 표시와 측정 방법

① 수목의 규격 표시

㉠ 수고(H, 단위 : m) : 지표에서 수목 정단부까지의 수직거리를 말하며 도장지는 제외한다. 단, 소철, 야자류 등 열대·아열대 수목은 줄기의 수직 높이를 수고로 한다.

㉡ 흉고직경(B, 단위 : cm) : 지표면으로부터 1.2m 높이의 수간의 직경을 말한다. 단, 둘 이상으로 줄기가 갈라진 수목의 경우는 다음과 같다.

- 각 수간의 흉고직경 합의 70%가 그 수목의 최대 흉고직경보다 클 때는 흉고직경 합의 70%를 흉고직경으로 한다.
- 각 수간의 흉고직경 합의 70%가 그 수목의 최대 흉고직경보다 작을 때는 최대 흉고직경을 그 수목의 흉고직경으로 한다.

㉢ 근원직경(R, 단위 : cm) : 수목이 굴취되기 전 생육지의 지표면과 접하는 줄기의 직경을 말한다. 가슴높이 이하에서 줄기가 여러 갈래로 갈라지는 성질이 있는 수목인 경우 흉고직경 대신 근원직경으로 표시한다.

㉣ 수관폭(W, 단위 : m) : 수관의 직경을 말하며 타원형 수관은 최대층의 수관축을 중심으로 한 최단과 최장의 폭을 합하여 나눈 것을 수관폭으로 한다.

㉤ 수관길이(L, 단위 : m) : 수관의 최대길이를 말한다. 특히, 수관이 수평으로 생장하는 특성을 가진 수목이나 조형된 수관일 경우 수관길이를 적용한다.

㉥ 지하고(단위 : m) : 수목의 줄기에 있는 가장 아래 가지에서 지표면까지의 수직거리를 말한다.

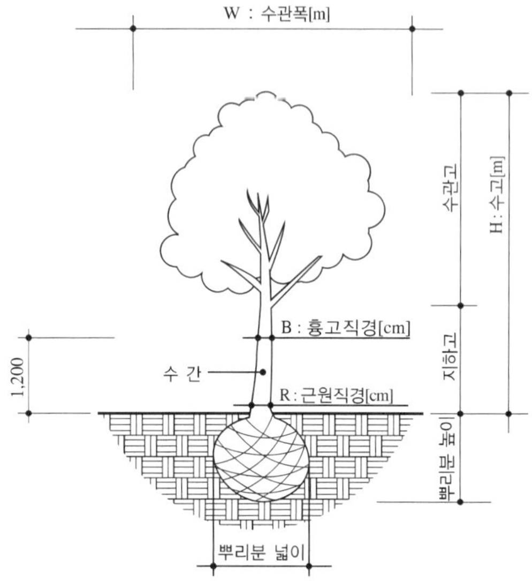

[수목의 규격]

② 수종별 규격 표시 방법

㉠ 교목

- H×B : 지상부의 수간 지름이 비교적 일정하게 성장하여 흉고직경(B ; Breast)을 측정하기 용이한 낙엽활엽교목의 규격을 나타낼 때 사용

  예 가중나무(H3.5×B6), 메타세쿼이아(H4.0×B8), 버즘나무(H4.0×B10), 은행나무(H4.0×B10), 벚나무(H3.0×B6), 자작나무(H4.0×B10), 녹나무(H3.5×B8), 벽오동(H3.5×B8)

- H×W : 지상부의 수간이 밀생한 가지와 지엽으로 싸여 있어 식별이 어려운 침엽수나 상록활엽수의 대부분에 쓰임

  예 잣나무(H3.5×W1.8), 주목(H3.0×W2.0), 구상나무(H3.0×W1.5), 독일가문비나무(H3.5×W1.8), 편백(H3.0×W1.5), 향나무(H3.0×W1.0), 젓나무(H3.5×W1.8), 함박꽃나무(H3.0×W1.2), 굴거리나무(H3.0×W1.5), 태산목(H3.0×W1.5), 황칠나무(H2.0×W0.8), 후피향나무(H3.0×W2.0)

- H×R : 수간부의 지름이 뿌리 근처와 흉고부분의 차이가 많이 나는 경우로 활엽수 등 거의 대부분의 교목에 쓰임

  예 계수나무(H4.0×R10), 층층나무(H3.5×R8), 칠엽수(H3.5×R12), 일본목련(H3.5×R6), 마가목(H3.0×R8), 자귀나무(H3.0×R8) 등

- H×W×R : 소나무(H4.0×W2.0×R15), 산수유(H3.0×W1.5×R10), 동백나무(H3.5×W1.5×R10), 개잎갈나무(H4.0×W2.0×R10)

㉡ 관목

- H×R : 무궁화(H1.5×R0.4), 보리수(H1.5×R2), 생강나무(H2.0×R3)
- H×W : 거의 모든 관목에 쓰인다.
- H×가지수 : 모란(H0.6×5가지), 개나리(H1.2×5가지), 미선나무(H1.2×4가지), 고광나무(H1.2×5가지), 덩굴장미(H1.5×5가지), 찔레(H1.5×5가지), 만리화(H1.0×W0.3×3가지)
- H×L×R : 등나무(H3.0×L2.0×R6)
- H×W×L : 눈향(H0.4×W0.8×L1.0)
- 기타 : 담쟁이덩굴(L-0.3m), 맥문동(3~5분얼)

㉢ 초본류, 수생식물 : 분얼, 포트(Pot), cm 등으로 나타내며 식재면적으로 나타내기도 한다.

출제예상문제

01 **다음 중 상록침엽교목을 모두 골라 쓰시오.**

> 전나무, 회양목, 꽝꽝나무, 물푸레나무, 배롱나무, 목련, 일본목련, 때죽나무, 쪽동백나무, 회화나무, 칠엽수, 은행나무, 삼나무, 일본잎갈나무, 낙우송, 구상나무, 층층나무, 산수유, 태산목, 후박나무

정답 전나무, 삼나무, 구상나무

02 **다음 (　) 안에 알맞은 내용을 쓰시오.**

> 기능식재(Function Planting)는 특별한 기능을 위해 식재되는 양식으로 기능식재의 종류에는 공간조절기능, 경관조절기능, (　)이 있다.

정답 환경조절기능

03 **다음 중 공간조절기능을 위한 식재의 종류를 모두 골라 쓰시오.**

> 지표식재, 경계식재, 차폐식재, 유도식재, 방풍식재, 경관식재, 지피식재

정답 경계식재, 유도식재

04 **수목의 잎, 수피, 열매, 줄기, 수형 등을 고려한 심미적 인자와 생태적 인자를 고려하여 시각적으로 바람직하며, 생태적으로 건강한 식재는 무엇인지 쓰시오.**

정답 경관식재

05 조경식물재료의 규격 측정 방법 중 지표면으로부터 1.2m 높이의 수간직경을 무엇이라 하는지 쓰시오.

정답 흉고직경(B)

06 다음은 조경식물재료의 규격에 관한 설명이다. ( ) 안에 알맞은 내용을 쓰시오.

- 수고(H)는 지표에서 수목 정단부까지의 수직거리를 말하며 (①)는 제외한다.
- 만경류의 규격 표시는 수고 H(m)×근원직경 R(cm)로 표시하며, 필요에 따라 (②)을 지정할 수 있다.
- 묘목의 규격 표시는 수간길이(幹長)와 묘령으로 표시하며, 필요에 따라 (③)을 적용할 수 있다.

정답 ① 도장지, ② 흉고직경, ③ 근원직경

07 수목 규격의 표시에서 가장 중요하고 많이 사용되는 규격을 4가지 쓰시오.

정답 수고(H), 수관폭(W), 흉고직경(B), 근원직경(R)

08 인공지반에서는 인공구조물의 균열에 대비하고 식물의 뿌리가 방수층에 침투하는 것을 막기 위해 무엇을 깔아주어야 하는지 쓰시오.

정답 방근용 시트

09 인공지반조경의 옥상조경에서는 옥상 1면에 최소 2개소의 배수공을 설치해야 한다. 배수공의 관경은 최저 몇 mm 이상으로 설치해야 하는지 쓰시오.

정답 75mm 이상

10 다음은 관수 요령에 대한 설명이다. ( ) 안에 알맞은 숫자를 쓰시오.

적정 관수 간격은 통상 하계 (①)일에 1회, 춘추계 (②)일에 1회, 동계 (③)일에 1회이고, 1회 관수량은 토양의 보수 가능한 수분의 약 (④)로 한다.

정답 ① 3, ② 7, ③ 15, ④ 1/3~1/5

11 옥상녹화 시 식물 선정 및 식생 형태 결정 요소를 쓰시오.

정답 이용 목적, 건축공학적 조건, 조성 방식

12 교목류의 규격 표시에서 흉고직경(B)과 근원직경(R)의 관계식을 쓰시오.

정답 R = 1.2B

13 관목류의 규격 표시에서 수관이 한쪽 길이 방향으로 성장이 발달하는 수목의 규격 표시방법을 쓰시오.

정답 수고 H(m)×수관폭 W(m)×수관길이 L(m)

14 조경수목을 성목 시의 수고에 따라 구분하는 3가지를 쓰시오.

정답 교목, 관목, 덩굴식물

15 조경수목을 성목 시의 수고에 따라 분류할 때 대교목의 높이(H)는 몇 m 이상인지 쓰시오.

정답 16.0m 이상

16 다음 ( ) 안에 알맞은 내용을 쓰시오.

조달청 고시가격은 국방부, 문화재청, 서울특별시, LH공사, 한국도로공사, 한국수자원공사, 철도공사, 국립공원관리공단, 산림청, ( ) 등 10개 기관이 참석하여 연 1회 합동으로 전국 시도 50여 개 수목원에 대한 가격을 조사하고 관계부처 실무자 회의를 거쳐 결정된다.

정답 한국조경수협회

17 수관폭은 수관의 직경폭을 말한다. 타원형 수관의 경우 수관폭을 결정하는 방법을 서술하시오.

정답 최장과 최단의 폭을 합하여 양분한 것

18 다음 ( ) 안에 알맞은 숫자를 쓰시오.

흉고직경은 지표면에서 (①)m 부위의 수간직경을 말하며 흉고직경 부위가 쌍간 이상일 경우는 각 간의 흉고직경 합의 (②)%가 당해 수목의 최대 흉고직경보다 클 때에 이를 채택하며, 작을 때에는 최대 흉고직경으로 한다.

정답 ① 1.2, ② 70

제3절 조경인공재료 파악하기

1 조경인공재료별 특성 파악

(1) 목재

① 목재는 자연에서 얻을 수 있는 재료로서 재활용이 가능하고 생산과정에서 이산화탄소 방출이 적은 친환경 재료이다.

② 조경분야에서는 방부목재의 사용이 크게 증가하면서 조경시설물의 주요한 재료로 널리 사용되고 있다.

③ 최근에는 합성목재, 우드칩 등의 친환경적인 재료를 사용하는 사례가 증가하고 있다.

④ 목재의 장단점

장점	난섬
• 자연소재로 친환경적 재료이다. • 구조재로서 강도 및 탄성이 높으며 가공이 용이하여 구조재 및 마감재로 널리 쓰인다. • 소리의 흡수 및 차단 효과가 크다. • 산, 알칼리, 염분에 강하다.	• 건조와 습기에 의한 신축과 변형이 심하다. • 부패하거나 충해를 입기 쉽다. • 제품의 품질이 균일하지 않다. • 화재에 의한 피해를 입기 쉽다.

(2) 석재

① 돌은 자연적 재료로서 지역적 특성을 잘 반영하여 보여주며 내구성이 높다.

② 과거에는 주로 구조재 및 의장재로 사용되었으나, 철강재 및 콘크리트가 개발되면서 구조재로서의 사용 사례가 감소하고 있다.

③ 색, 형태, 가공 등을 통해 다양한 물성을 표현할 수 있어, 조경분야에서는 옥외포장, 경계석, 옹벽, 석재 조형물 등에 널리 사용되고 있다.

④ 석재의 장단점

장점	단점
• 외관이 장중하고 치밀하여 가공 시 아름다운 광택을 낸다. • 압축강도가 크며 불연성이다. • 종류가 다양하고 다양한 표면처리가 가능하다. • 내구성, 내수성, 내마모성이 좋다.	• 비중이 크고 운반 및 가공이 어렵다. • 경도가 높으나 깨지기 쉽다. • 압축강도에 비해 인장강도가 약하다. • 부재의 크기에 제한이 있다.

(3) 금속재

① 금속은 철금속과 비철금속으로 구분된다. 철금속은 주철, 연철 등 철금속과 스테인리스, 니켈강 등의 합금을 총칭하고, 현재 생산되고 있는 금속의 90% 이상을 차지하고 있다.

② 비철금속에는 구리, 알루미늄, 아연 등이 있으며, 구리는 전연성이 높고 가공이 용이하여 여러 분야에 광범위하게 이용된다.

③ 금속재의 장단점

장점	단점
• 강도, 경도, 내마모성 등 역학적 성질이 뛰어나다. • 고유의 광택을 갖는다. • 열, 전기의 양도체로 전성과 연성이 높으며 변형과 가공이 자유롭다. • 합금을 통해 역학적 결점의 개선이 가능하다.	• 비중이 크므로 재료의 응용범위가 제한된다. • 산소와 쉽게 결합하여 녹이 발생한다. • 가공설비가 많이 필요하며, 제작비용에 많은 경비가 소요된다.

(4) 콘크리트

① 콘크리트는 골재, 물, 시멘트, 그리고 필요 시 콘크리트의 여러 성질을 개선하기 위해 혼화재료를 혼합하여 비빈 것으로 시간이 경과함에 따라 시멘트와 물의 수화반응에 의해 경화하는 성질을 가지고 있다.

② 콘크리트는 건설 구조물을 만드는 데 있어 가장 보편적이고 중요한 재료로서 구조물, 옹벽, 포장 등 다양한 용도로 사용되고 있다.

③ 콘크리트재의 장단점

장점	단점
• 모양이나 크기에 제한을 받지 않으며 구조물을 축조할 수 있다. • 압축강도가 다른 재료에 비해 크며 필요로 하는 강도 달성이 쉽다. • 내화성, 내구성, 내진성 등이 우수한 구조물을 축조할 수 있다. • 다른 재료에 비해 가격과 유지관리비가 저렴하다.	• 무게가 크므로 콘크리트의 응용범위에 제한이 있다. • 건조 수축성이 있어 균열이 발생하기 쉽다. • 압축강도에 비해 인장강도와 휨강도가 작다. • 경화하는 데 긴 시간이 소요되고 보수나 철거 시 어려움이 있다.

(5) 점토

① 점토는 자연적인 소재로서 흙을 원료로 하는 벽돌을 도기 및 건축 구조물의 재료로 사용해 왔다.

② 점토는 생성과정에 따라 분류되며, 큰 입자를 가지는 1차점토와 미세한 입자의 2차점토로 나뉜다.

③ 점토의 특징

㉠ 벽돌 및 타일의 재료로 사용되는 점토는 암석이 풍화 또는 분해되어 생긴 세립질 상태로 건조하면 강성을 나타내고, 습윤상태에서 가소성을 가지며 고온에서 구우면 경화된다.

㉡ 점토의 주성분은 규산과 알루미나이며 성분의 함유상태에 따라 제품의 내화도, 수축성, 가소성, 소성변형, 색채변화 등 성질이 달라진다.

㉢ 가소성은 점토성형에 있어서 주요 성질로서 양질의 점토일수록 가소성이 좋으며 모래나 규석, 소성한 내화점토의 분말을 섞어 가소성을 조절하여 점토를 성형한다.

(6) 합성수지

① 합성수지는 석탄, 석유, 천연가스 등의 원료를 인공적으로 합성시켜 얻은 고분자 물질을 일컫는다.

② 합성수지는 가소성이 풍부하여 일정 온도 범위에서 가소성을 유지하는 고분자화합물을 총칭하는 플라스틱과 같은 뜻으로 쓰이는 경우가 많다.

③ 조경재료로 사용되는 합성수지는 가로시설, 어린이 놀이시설, 환경조형시설, GFRP를 이용한 구조재 등으로 사용된다.

④ 합성수지의 특징

㉠ 재료가 갖는 기능, 미관, 강도 등 물리성과 화학성, 내마모성, 내구성 등을 이해하고 사용 환경을 고려하여 합성수지의 종류를 결정해야 한다.

㉡ 가격이 다른 재료에 비해 비싸고 내후성과 내열성이 약한 단점이 있으며, 환경에 악영향을 미치는 주요한 환경적 이슈가 되고 있으므로 사용 시 주의해야 한다.

⑤ 합성수지의 종류

열가소성수지	아크릴수지, 염화비닐수지, 초산비닐수지, 비닐아세탈수지, 메틸메타크릴수지, 스티롤수지, 폴리에틸렌수지, 폴리아미드수지, 셀룰로이드
열경화성수지	페놀수지, 요소수지, 멜라민수지, 알키드수지, 불포화폴리에스테르수지, 실리콘수지, 에폭시수지, 우레탄수지, 규소수지, 푸란수지

(7) 유리

① 유리는 외부로부터의 추위를 막아주고 구조물의 미관을 부여하는 재료로서 건물, 온실, 장식벽, 바닥, 간판 등 다양하게 사용되고 있다.

② 최근에는 유리블록, 유리섬유를 만드는 데 사용되는 등 신소재로서의 가능성이 높아 사용빈도가 높아지고 있다.

③ 유리의 특징

㉠ 유리의 주요 특징인 빛의 투명성은 원료의 순도와 철분의 양이 큰 영향을 준다.

㉡ 불연성, 광학성, 내화학성, 내구성 등이 좋으며 형태의 변형이 용이하고 다양한 색의 효과를 기대할 수 있는 재료이나 깨지기 쉽다.

출제예상문제

01 조경분야에서 사용이 크게 증가하면서 조경시설물의 주요한 재료로 널리 사용되고 있는 목재를 쓰시오.

정답 방부목재

02 다음은 목재의 특징에 대한 설명이다. ( ) 안에 알맞은 내용을 쓰시오.

- (①)로 친환경적 재료이다.
- 구조재로서 강도 및 탄성이 높으며 (②)이 용이하여 구조재 및 마감재로 널리 쓰인다.
- 부패하거나 (③)를 입기 쉽고, 제품의 품질이 (④)하지 않다.

정답 ① 자연재료, ② 가공, ③ 충해, ④ 균일

03 우리나라의 조경분야에 사용되는 석재로 가장 많이 사용되는 것을 쓰시오.

정답 화강암

04 다음에서 설명하는 석재의 종류를 쓰시오.

주로 포장면을 구획하는 데 사용되며, 두께 10~30cm, 너비 10~25cm, 길이 100cm 정도의 규격품이 이용되고 있는 석재 기성품

정답 경계석

05 다음은 석재의 특징에 대한 설명이다. ( ) 안에 알맞은 내용을 쓰시오.

- 외관이 장중하고 치밀하여 가공 시 (①)을 낸다.
- 내구성, 내수성, (②)은 좋으나 압축강도에 비해 (③)가 약하다.
- 비중이 크고 운반 및 (④)이 어렵다.

정답 ① 아름다운 광택, ② 내마모성, ③ 인장강도, ④ 가공

06 다음 중 탄소 함유량에 따라서 분류한 철의 종류가 아닌 것을 골라 쓰시오.

저합금강, 연철, 압연강, 탄소강, 구조용강, 스테인리스강, 선철, 주철

정답 저합금강, 압연강, 구조용강, 스테인리스강

07 다음은 철재의 특징에 대한 설명이다. ( ) 안에 알맞은 내용을 쓰시오.

- 강도, 경도, 내마모성 등 (①)이 뛰어나다.
- 열, 전기의 양도체로 전성과 (②)이 높으며 변형과 가공이 자유롭다.
- 비중이 크므로 재료의 응용범위가 (③)된다.
- 가공설비가 많이 필요하며, (④)에 많은 경비가 소요된다.

정답 ① 역학적 성질, ② 연성, ③ 제한, ④ 제작

08 콘크리트는 시멘트와 물이 서로 반응하여 경화하는 성질을 이용하는데, 이때 시멘트와 물의 반응이 무엇인지 쓰시오.

정답 수화반응

09 콘크리트의 여러 성질을 개선하기 위하여 사용되는 재료를 무엇이라 하는지 쓰시오.

정답 혼화재료

10 반죽질기 여하에 따르는 시공성, 즉 작업의 난이도 정도 및 재료의 분리에 저항하는 정도를 나타내는 굳지 않은 콘크리트의 성질을 쓰시오.

정답 워커빌리티(시공성)

11 조경시공에서 사용되고 있는 벽돌 원료인 점토의 주성분을 쓰시오.

정답 규산, 알루미나

12 점토를 고온으로 가열하면, 그 성분의 일부 또는 대부분이 용해되어 비중·용적·색소 등에 변화가 생겼다가 냉각되면 상호 밀착하여 강도가 현저히 증가되는 작용이 무엇인지 쓰시오.

정답 소성

13 외력이 작용하였을 때 파괴되지 않은 채 변형하다가 외력이 제거된 후에도 변형을 유지하는 성질을 쓰시오.

정답 가소성

14 다음은 점토의 특징에 대한 설명이다. ( ) 안에 알맞은 내용을 쓰시오.

> 점토는 암석이 풍화 또는 분해되어 생긴 (①) 상태로 건조하면 강성을 나타내고, 습윤상태에서 (②)을 가지며 고온에서 구우면 (③)되는 특징을 갖는다.

정답 ① 세립질, ② 가소성, ③ 경화

15 합성수지의 원료로 사용되고 있는 천연재료를 2가지 이상 쓰시오.

정답 석탄, 석유, 천연가스

16 다음은 합성수지의 특징에 대한 설명이다. ( ) 안에 알맞은 내용을 쓰시오.

> 합성수지는 (①)이 풍부하여 일정 온도 범위에서 가소성을 유지하는 고분자화합물을 총칭하는 (②)과 같은 뜻으로 쓰이는 경우가 많다.

정답 ① 가소성, ② 플라스틱

17 다음에서 설명하는 수지를 쓰시오.

고형상의 것에 열을 가하면 연화 또는 용융하여 가소성 또는 점성이 생기고, 이것을 냉각하면 다시 고형상으로 되는 성질의 수지

정답 열가소성수지

18 다음 중 열경화성수지를 모두 골라 쓰시오.

아크릴수지, 염화비닐수지, 페놀수지, 요소수지, 스티롤수지, 폴리에틸렌수지, 알키드수지, 폴리아미드수지, 셀룰로이드, 우레탄수지, 실리콘수지

정답 페놀수지, 요소수지, 알키드수지, 우레탄수지, 실리콘수지

19 유리의 주성분 3가지를 쓰시오.

정답 규산, 소다, 석회

20 유리의 주요 특징인 빛의 투명성에 큰 영향을 미치는 요인을 쓰시오.

정답 원료의 순도, 철분의 양

21 목재나 수피를 분쇄한 것으로 어린이 놀이공간에 충격완화를 목적으로 사용하거나 수목 식재 후 멀칭재로 사용하는 것을 쓰시오.

정답 우드칩

22 합판은 단판인 박판을 홀수 매수로 섬유방향이 직교하도록 접착제로 겹쳐 붙여 만든다. 주로 가설재로 사용되며 외부공간에 시설재로 사용되는 합판을 쓰시오.

정답 내수합판

23 자연적인 분위기와 조화가 잘 되는 침목이 조경분야에서 사용되는 용도를 2가지 이상 쓰시오.

정답 데크(덱), 계단, 플랜터, 옹벽

24 다음 ( ) 안에 알맞은 내용을 쓰시오.

> 자연석은 채집 장소에 따라 (①), (②), 해석으로 구분하며, 자연적 풍화 및 마모를 통해 종류별 특성이 미적 가치를 지닌다.

정답 ① 산석, ② 강석

25 석재는 성인에 따라 화성암, 수성암(퇴적암), 변성암으로 나눈다. 석회암은 성인에 의한 분류 중 어디에 해당하는지 쓰시오.

정답 수성암(퇴적암)

26 다음에서 설명하는 블록을 쓰시오.

> 1) 중력식 옹벽에 비해 미관이 수려하고, 초화류 등의 식재가 가능하여 색상 및 마감을 다양하게 적용하여 연출할 수 있으며 비교적 시공이 용이한 편 블록
> 2) 용도에 따라 보도용 및 차도용으로 구분하고, 기능에 따라 보통 블록 및 투수성 블록으로 구분하며 형태에 따라 I형, O형, U형, R형, Y형 등으로 구분하는 블록

정답 1) 옹벽용 프리캐스트블록
2) 보차도용 콘크리트인터로킹블록

27 다음에서 설명하는 점토제품을 쓰시오.

> 붉은 점토를 800~900℃에서 소성하여 조각이나 속이 빈 대형의 점토제품

정답 테라코타

28 **타일은 암석이나 점토의 분말을 성형 및 소성하여 만든 박판제품을 총칭한다. 사용용도에 따라 분류한 타일의 종류를 2가지 이상 쓰시오.**

정답 내장타일, 외장타일, 바닥타일, 모자이크타일

29 **표토를 외부의 침식으로부터 보호하고 식물이 생육할 수 있도록 하여 제방, 수로, 비탈면 등 침식이 우려되는 곳에 광범위하게 사용되고 있는 수지 제품을 쓰시오.**

정답 합성수지 매트 및 네트

30 **다음 ( ) 안에 알맞은 내용을 쓰시오.**

합성목재는 PE 및 PVC 같은 (①)나 에폭시 및 폴리에스테르 같은 (②)를 혼합하여 첨가제를 첨가하고 성형하여 생산되며, 주로 옥외공간에 설치되는 벤치, 퍼걸러, 데크(덱) 등을 만드는 데 사용된다.

정답 ① 열가소성수지, ② 열경화성수지

31 **뛰어난 가공성과 내구성으로 인공폭포 및 인공암벽을 비롯하여 셸터, 화분대, 조형물, 수영장의 워터슬라이드, 놀이기구 등을 만드는 데 사용되고 있는 합성수지 제품을 쓰시오.**

정답 유리섬유 강화 플라스틱(GFRP)

32 **투명하고 표면이 평활하며 품질이 좋은 대형 판유리를 얻을 수 있으며 복층유리, 강화유리, 접합유리와 같은 가공유리를 만드는 데 사용되는 것을 쓰시오.**

정답 플로트 판유리

33 **판유리를 약 700℃까지 가열했다가 양면을 냉각공기를 균일하게 급랭해서 만든 유리로 표면 항장력과 내풍압 강도가 큰 것을 쓰시오.**

정답 강화유리

2 조경인공재료 규격

(1) 인공재료의 규격

① 자연석 경계석(화강석)의 규격화, 표준화 : 가로×세로×길이(cm)

㉠ 100×100×1,000

㉡ 120×120×1,000

㉢ 150×150×1,000

㉣ 180×200×1,000

㉤ 200×200×1,000

㉥ 200×250×1,000

㉦ 200×300×1,000

㉧ 250×300×1,000

② 완제품 돌망태 블록 : W(가로)×H(높이)×D(두께)

㉠ 1,000×500×300

㉡ 1,000×500×400

㉢ 1,000×500×500

㉣ 1,000×1,000×300

㉤ 1,000×1,000×400

㉥ 1,000×1,000×500

③ 디딤돌, 조경석 : 가로×세로×길이(cm)

㉠ 칼절단, 버너 : 50×60×100, 60×70×120

㉡ 아절단, 버너 : 50×60×100, 60×70×120

㉢ 아절단 : 50×60×100, 60×70×120

㉣ 부정형 : 50×60×100, 60×70×120

③ 조경석(연마도 R20 이상) : 가로×세로×높이(cm)

㉠ 50×60×70 : 6목 기준

㉡ 50×60×75 : 8목 기준

㉢ 50×70×80 : 10목 기준

㉣ 60×70×85 : 12목 기준

㉤ 60×80×90 : 16목 기준

㉥ 70×85×100 : 20목 기준

㉦ 80×90×110 : 28목 기준

④ 콘크리트 도로 경계·보차도 경계 블록 : 윗변×밑변×높이×모따기 반지름×길이(cm)

㉠ 보차도 경계 블록

- A형 : 150×170×200×20×1,000
- B형 : 180×205×250×30×1,000
- C형 : 180×210×300×30×1,000

㉡ 도로 경계 블록
- SA형 : 120×120×120×10×1,000
- SB형 : 150×150×120×10×1,000
- SC형 : 150×150×150×10×1,000

⑤ 보차도용 콘크리트 조립블록

㉠ 형상, 치수에 따라 기본블록과 이형블록으로 나뉜다.

㉡ 강도에 따라 보도용 블록(휨강도 : 50kg/cm^2, 두께 : 60mm)과 차도용 블록(휨강도 : 60kg/cm^2, 두께 : 80mm)으로 구분한다.

㉢ 기본 블록에는 I형과 O형, 이형블록에는 S형, U형, R형, D형, HEXA형, G형 등으로 세분되는데, 블록에는 무늬와 색상을 넣을 수 있으며 표면 가장자리는 모따기를 할 수 있다.

⑥ 합판의 규격

㉠ 보통합판은 특급, 1급, 2급, 3급 등으로 분류한다.
- 특급 : 장기간 풍우를 받는 장소
- 1급 : 옥외부분이나 자주 물을 사용하는 부분
- 2급 : 물에 접하는 장소나 온도가 높은 장소
- 3급 : 비교적 건조한 장소에 이용된다.

㉡ 특급합판의 종류 : 폴리에스테르 치장합판, 염화비닐 치장합판, 무늬목 치장합판, 프린트 합판, 도장합판, 방화합판, 방충합판, 방부합판

출제예상문제

01 특수한 용도로 사용되는 화강암 경계석은 제외하고, 일반적인 직선으로 된 경계석 길이는 얼마인지 쓰시오.

정답 1,000mm(1m)

02 조경공사에 사용되는 가공석재류 중 돌쌓기 공사에 많이 이용되며, 골 쌓기가 원칙이고 접촉면의 각이 고르게 하여 무너지지 않게 해야 하는 가공석재는 무엇인지 쓰시오.

정답 견칫돌

03 석재의 기성품 중에서 네모지고 긴 석재로서 전통공간의 후원, 섬돌·디딤돌 등에 사용하고, 단면 30~60cm에 길이 60~150cm인 것이 주로 사용되는 석재는 무엇인지 쓰시오.

정답 장대석(돌)

04 콘크리트 보차도 경계 블록의 종류를 쓰시오.

정답 A형, B형, C형

05 보차도용 콘크리트 조립블록 중 차도용 블록의 휨강도(kg/cm^2)와 두께(mm)를 쓰시오.

정답 휨강도 $60kg/cm^2$, 두께 80mm

06 다음 (　) 안에 알맞은 내용을 쓰시오.

보차도용 콘크리트 조립블록에는 기본블록과 (　)이 있다.

정답 이형블록

07 보차도용 콘크리트 조립블록 중 U-블록(223×110.5×60) $1m^2$를 포장하는 데 사용되는 수량을 계산하시오.

정답 40개

08 보통합판의 종류 중 물에 접하는 장소나 온도가 높은 장소에 사용 가능한 것은 무엇인지 쓰시오.

정답 2급

09 보통합판의 모양과 치수에서 단판 점수가 3판인 합판의 두께는 얼마인지 쓰시오.

정답 3.0~6.0mm

10 나왕합판의 제원에서 합판 두께 3.0~9.0mm의 허용값은 몇 mm인지 쓰시오.

정답 ±0.3mm

제4절 전산응용도면(CAD) 작성하기

1 AutoCAD(Computer Aided Design & Drafting)

(1) AutoCAD

① 다양한 2차원 드로잉이나 3차원 모델을 마련하는 데 사용할 수 있는 범용 CAD 프로그램으로, AutoCAD를 사용하면 전통적인 제도 방식에 비해 훨씬 빠르고 정확한 드로잉을 작성할 수 있다.

② 응용분야 : 모든 종류의 설계도면, 즉 건축, 전자, 화학, 토목, 기계, 자동차, 선박, 우주항공 등 공학 응용을 위한 도면, 지형도 및 항해지도, 제품 디자인, 인테리어 디자인(Interiordesign), 조경 및 건축 설계, 가드닝 설계, 영화 광고 방송 등의 산업 예술, 군사 과학 연구를 위한 모의실험(Simulation) 등에 광범위하게 활용되고 있다.

③ CAD의 이용 효과 : 생산성 향상, 품질 향상, 표현력 증대, 업무의 표준화, 정보의 축적, 경영의 효율화

(2) CAD 환경 : 2차원 좌표

① 절대좌표(Absolute Coordinates) : 일반적인 수학에서 좌표를 설정하는 것과 같이 x, y, z 좌표를 콤마(,)로 분리하여 지정한다. 이 좌표계에서는 원점(origin) O(0,0,0)을 기준으로 x축의 거리, y축의 거리, z축의 거리를 각각 나타낸다. 그러나 2차원 평면만을 사용할 때에는 x, y 좌표만을 사용하면 된다.

② 상대좌표(Relative Coordinates) : 최후에 입력한 좌표를 기준으로 다음 점의 좌표를 나타내는 방식이다. 상대좌표를 나타낼 때는 항상 '@'기호를 좌표 앞머리에 붙여 주어야 상대좌표로서 인식된다. 앞에서 설명한 절대좌표는 그리고자 하는 점의 절대좌표를 알아야 하므로 사용상 많은 어려움이 있으나, 상대좌표는 절대좌표에 비하여 매우 편리하며 실제 설계 시 자주 사용된다.

③ 극좌표(Polar Coordinates) : 어떤 기준점에서부터 거리와 방향을 입력함으로써 좌푯값을 나타내는 방법이다. 극좌표를 지정하려면 〈(열린 각 괄호)로 분리된 거리와 각도를 입력해야 한다. 예를 들면 어떤 점으로부터 45°의 각도 방향으로 1만큼의 거리에 있는 점을 지정하려면 @1〈45(거리〈각도)와 같이 입력하면 된다.

(3) CAD 명령어 이해하기

① 그리기 도구의 이해

㉠ 스냅(snap) : 지정한 간격만큼 십자형 커서의 움직임을 제어시켜 주는 명령어이다.

㉡ 그리드(grid) : 드로잉 보조 수단으로 사용자가 원하는 간격으로 표시된 점들을 나타내 주는 명령어이다.

㉢ 직교모드(ortho) : 커서의 움직임을 현재의 그리드 설정 각도에 수평/수직으로 제한하는 명령어이다.

㉣ 객체스냅(osnap) : snap이 도면 영역에서 특정한 간격의 점들을 찾아가게 한다면, osnap은 특정 물체의 특정한 점들을 정확히 찾아갈 수 있도록 한다.

② 주요 명령어

㉠ 선택 명령어

- select : 도면상에 요소들을 선택하기 위해 사용되는 명령어
- window : 실선의 사각 박스 안에 완전히 포함되는 도면을 선택
- crossing : 점선의 사각 박스 안에 완전히 포함되거나 걸치는 도면을 선택
- al : 화면에 그려진 모든 도면을 선택
- fence : 점선이 지나는 모든 도면 요소를 선택
- remove : 선택되었던 도면 요소를 선택에서 제외시킴

㉡ 그리기 명령어

line	• 두 점 사이에 선을 그릴 때 사용하는 명령어이다. • 좌표(point)를 계속하여 입력하면 다음 점을 연속으로 지정할 수 있으며, 종료를 원하면 space bar 또는 enter를 치면 된다.
pline	• polyline으로 직선과 호의 연속적인 선분을 그리는 명령어이다. • 일정한 두께를 갖는 직선은 물론 두께가 다른 직선도 그릴 수 있으며, 넓은 2차원 polyline은 안이 채워진 원이나 도넛 모양을 형성할 수도 있다.
circle	원을 그리는 명령어이다. 세 점을 연결하는 원(3p), 두 점을 지름으로 하는 원(2p), 두 개의 접점과 반지름 값(ttr)을 이용하여 원을 그릴 수 있다.
arc	원의 일부인 호를 그리는 명령어이다.
polygon	• 3부터 1,024개의 면을 가지는 2차원 형태의 다각형을 그리는 명령어이다. • 원에 내접하는 다각형(I), 원에 외접하는 다각형(C), 한 변의 길이를 지정하는 다각형(E)을 이용하여 작도가 가능하다.
rectangle	• 대각선 방향의 두 점을 사용하여 정사각형이나 직사각형을 그리는 명령어이다. • line 명령으로 사각형을 그리는 것보다 훨씬 효율적으로 작업을 할 수 있다.
ellipse	타원은 장축과 단축으로 구성되며, 장축과 단축의 정보를 통해 명령이 이루어진다.
donut	안이 채워진 원을 그릴 때 사용하는 명령어이다.

㉢ 객체수정

erase	도면상에 그려진 요소들을 지우기 위해 사용하는 명령어이다.
move	원래의 도면 요소들을 현재의 위치에서 방향과 크기의 변화 없이 원하는 위치로 이동시키는 데 사용하는 명령어이다.
copy	어떤 도형을 복사할 때 사용하는 명령어로 복사한 도면은 원래의 도면과 같은 방향 및 척도를 갖는다.
pedit	• polyline을 수정하는 명령어이다. • 일반적인 선 형태의 객체를 polyline으로 변경할 수도 있다.
rotate	도면의 한 부분 또는 전체를 지정된 기준점을 중심으로 일정한 각도를 회전시키는 명령어이다.
array	• 선택한 도면을 사각이나 원형 형태로 여러 번 복사할 때 사용하는 명령어이다. • copy의 다중 복사와 유사한 명령으로 일정한 위치에 같은 크기로 원하는 개수만큼 일정한 간격으로 복사할 수 있다.
trim	하나 또는 그 이상의 선이나 원, 호 등으로 지정된 가장자리(edge)를 정확하게 잘라 물체를 다듬을 때 사용하는 명령어이다.
extend	• 경계요소와 교차되는 부분까지 잘라낸다. • 선택한 도면 요소를 지정한 경계지점까지 연장한다. • 잘려지는 객체는 반드시 경계선이 있는 방향 가까운 쪽을 선택해야 한다.
stretch	• 요소의 연결 상태를 그대로 유지하면서 늘이거나 수축시킬 때 사용하는 명령어이다. • 형태를 유지시킨 상태에서 부분적 수정이 용이하므로 여러 면에서 유용하게 사용될 수 있다.
offset	• 객체 선택은 반드시 crossing 방법으로 선택한다. • 선택된 범위 내부에 속해 있는 점들만 변화한다.
fillet	line, arc, circle 등에 거리 값을 지정하거나 통과점(through)을 지정하여 평행하게 복사해 주는 명령어이다.
chamfer	• 선택된 두 선 혹은 원이나 호를 지정하는 반지름 값으로 모서리 부분을 라운딩한다. • 라운딩 값을 지정하지 않았을 경우 자르기 기능이 된다.
explode	• 선택한 두 선의 교차점으로부터 지정한 거리 값만큼 이동하여 두 점을 직선으로 연결한다. • fillet과는 달리 line과 pline에서만 적용된다. • 여러 개의 도면 요소로 이루어진 객체를 단일객체로 분해한다.
scale	• polyline 형태의 객체나 bhatch, block, pline, rectang 등의 명령으로 구성된 객체라면 모두 분해할 수 있다. • 도면상의 요소의 크기를 바꾸는 데 사용하는 명령어이다. • 확대하거나 축소할 때 사용하는 명령어이다.

㉣ 치수기입 및 인출선

dimlinear	수평치수와 수직치수를 기입한다.
dimaligned	기울어진 선이나 수평선, 수직선의 치수를 정확히 기입할 수 있다.
dimradius	• 호나 원의 반지름치수를 기입한다. • 반지름 표시가 자동적으로 생성된다.
leader	지시선을 그린다.
qleader	지시선을 빠르게 그린다.

출제예상문제

01 CAD의 이용효과 중 다음에서 설명하는 효과는 무엇인지 쓰시오.

> 반복 작업과 수정 시 탁월한 효과, 설계시간의 단축, 도면 분할 및 오버레이(Overlay) 작업이 가능하다.

정답 생산성 향상

02 CAD의 이용으로 조경설계자들이 볼 수 있는 효과를 2가지 이상 쓰시오.

정답 생산성 향상, 품질 향상, 표현력 증대, 업무의 표준화, 정보의 축적, 경영의 효율화 등

03 2차원 좌표 중 최후에 입력한 좌표를 기준으로 다음 점의 좌표를 나타내는 방식은 무엇인지 쓰시오.

정답 상대좌표

04 CAD 명령어 그리기 도구 중 다음의 작업을 진행할 수 있는 명령어는 무엇인지 쓰시오.

> • 드로잉 보조 수단으로 사용자가 원하는 간격으로 표시된 점들을 나타내 주는 명령어이다.
> • 화면의 하단 상황 표시줄에서 활성화 여부를 조정할 수 있다.

정답 그리드(Grid)

05 다음의 CAD 명령어 중에서 치수기입 및 인출선을 그리는 명령어를 모두 골라 쓰시오.

explode, stretch, dimlinear, rotate, leader, qleader, copy

정답 dimlinear, leader, qleader

06 모든 설정이 완료된 후 CAD 도면 작성 시 가장 먼저 하여야 하는 것은 무엇인지 쓰시오.

정답 레이아웃(Layout)

07 다음은 CAD를 이용한 인출선 작성 시 유의사항이다. ( ) 안에 알맞은 명령어를 쓰시오.

인출선은 가늘고 명료하게 그어야 한다. 수평길이는 기입하는 길이에 맞게 긋도록 하며 주변의 인출선과 길이를 맞추는 것이 깔끔하다. 주로 CAD에서는 (①) 명령어를 사용하여 그리는 것이 일반적이나 (②) 이나 pline으로 작성하여도 무방하다.

정답 ① dim, ② line

08 다음 ( ) 안에 알맞은 내용을 쓰시오.

Auto CAD에서는 기본적으로 ( )에서 도면을 작성하고 배치공간(Paper Space)을 통해 배치하여 출력하는 구조이다.

정답 모형공간(Model Space)

05 조경기반설계

제1절 부지정지설계하기

1 부지정지설계

(1) 지형의 개념

① 지형(Landform) : 지구 표면상의 3차원적인 변화와 지표상에 존재하는 물체가 합쳐진 땅의 상태

② 지형도(Topographical Map) : 지형을 일정한 축척과 도식으로 표현한 것

(2) 정지설계

① 해당 설계대상지 내에 존재하는 지형의 상태를 살펴 계획의도에 맞게 원지형을 조정하는 설계

② 정지설계 순서

㉠ 대상지분석

- 원지형에 대한 자료(경사지, 평지, 계곡, 구릉지, 분지 등)를 조사, 분석한다.
- 주어진 지형특성에 따라 설계방향을 설정한다.
- 계획된 시설 내용을 원지형에 맞게, 높낮이 등을 조정하는 계획을 수립한다.

㉡ 정지설계 목적 : 계획을 수립하여 도면화해 최적의 지형조작을 이루어 내는 것

(2) 지형의 이해

① 자연적 도법 : 자연적 도법은 입체감은 잘 나타나지만 그리기 어려운 것이 특징이다.

㉠ 음영법 : 어느 일정한 방향에서 평행한 광선이 비칠 때 생기는 그림자로 지표면의 높고 낮음을 표시한다.

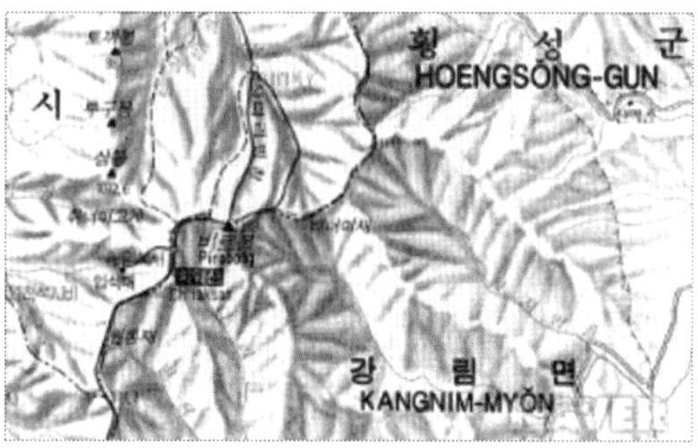

㉡ 우모법 : 소의 털처럼 가는 선으로 지형을 표시하며, 경사가 급하면 굵고 짧은 선으로, 경사가 완만하면 가늘고 긴 선으로 표시한다.

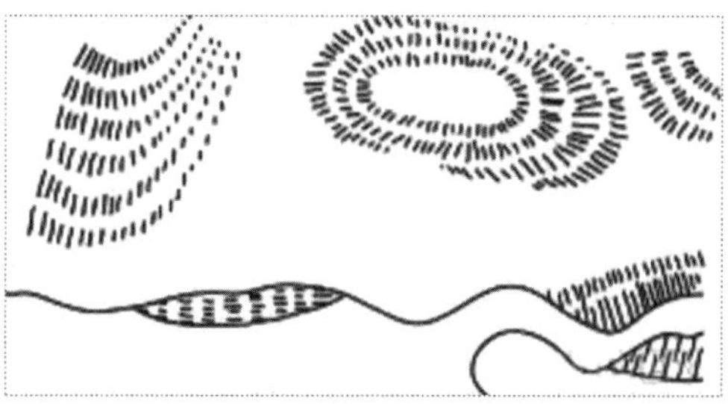

② **부호적 도법** : 부호적 도법은 상대적인 고저차는 알기 쉽지만 입체감이 떨어지는 것이 특징이다.

㉠ 점고법 : 선이나 색깔 또는 형태로 표시하지 않고 그 지점의 높이를 수치로 표기하는 방법(주기)으로 지형도의 하천, 호소(湖沼), 항만의 깊이를 나타낼 때 주로 이용되며, 해도에 수심 깊이를 나타낼 때도 많이 사용한다.

㉡ 단채법 : 등고선의 높이에 따라 다른 색깔로 채색을 하여 높이의 변화를 나타내는 시각적인 방법이다. 주로 학생들이 사용하는 지리부도나 등산용 지도에 많이 이용되지만, 최근에는 세계 지도의 지형 표현에도 많이 쓰인다.

㉢ 등고선법 : 지표상의 동일한 높이를 연결한 곡선으로 표시하며 비교적 정확한 표현방법이다. 등고선법은 지도상에 표현된 임의의 점에 대한 높이와 지면의 경사를 명확하게 알 수 있고 지형의 특성을 자세하게 묘사할 수 있으므로 정확성을 요하는 지도는 모두 등고선법으로 제작된다.

(3) 등고선

등고선은 같은 높이의 모든 점을 연결한 선으로 각 높이의 선을 평면 위에 겹쳐 놓은 그림이다. 등고선의 이해가 우선되어야 문제의 해결능력이 생긴다.

① **등고선의 종류와 간격** : 등고선은 지형도의 축척에 따라 표시간격이 정해져 있다.

등고선 \ 축척	기호	1/5,000, 1/10,000	1/25,000	1/50,000
계곡선	굵은 실선 ━━━━━━	25m	50m	100m
주곡선	가는 실선 ──────	5m	10m	20m
간곡선	가는 파선 - - - - - - - - - -	2.5m	5m	10m
조곡선	가는 점선 ···························	1.25m	2.5m	5m

② **등고선의 종류와 의미**

㉠ 주곡선 : 각 지형의 높이를 표시하는 데 기본이 되는 등고선이다.

㉡ 계곡선 : 지형의 높이를 쉽게 읽기 위하여 주곡선 5개마다 굵게 표시한 등고선이다.

㉢ 간곡선 : 주곡선 간격의 $\frac{1}{2}$로 산정상, 고개, 경사가 고르지 않은 완경사지, 그 외 주곡선만으로 지모의 상태를 명시할 수 없는 곳을 파선으로 표시한 등고선이다.

㉣ 조곡선 : 간곡선 간격의 $\frac{1}{2}$로 간곡선으로 충분히 표시할 수 없는 불규칙한 지형을 가는 점선으로 표시한 등고선이다.

③ **등고선의 성질**

㉠ 등고선상의 높이는 모두 같다.

㉡ 서로 다른 높이의 등고선은 절벽이나 동굴을 제외하고는 교차되거나 폐합되지 않는다.

㉢ 등고선은 등경사지에서는 등간격이며, 등경사 평면인 지형에서는 같은 간격의 평행선이 된다.

㉣ 등고선은 반드시 폐합된다.

㉤ 등고선이 최종적으로 폐합되는 경우는 산정상이나 가장 낮은 요(凹)지에 나타난다.

㉥ 등고선 사이의 최단거리 방향은 그 지표면의 최대 경사로서 등고선에 수직한 방향이며, 강우 시 배수방향이다.

㉦ 등고선의 간격은 지형의 경사도를 반영하며 간격이 넓으면 완경사지이고, 좁으면 급경사를 이루는 지형이다.

㉧ 등고선과 등고선 사이의 경사는 평경사를 이룬다고 가정한다.

(4) 경사면의 종류

① **요사면(凹斜面)** : 등고선 간격이 높은 곳으로 갈수록 좁아지고, 낮은 곳으로 갈수록 넓어진다.

② **철사면(凸斜面)** : 요사면과 반대로 높은 곳으로 갈수록 넓어지고, 낮은 곳으로 갈수록 좁아진다.

③ **평사면(平斜面)** : 등고선 간격이 일정하다.

④ 경사도(%) = 수직거리(높이차) / 수평거리 × 100

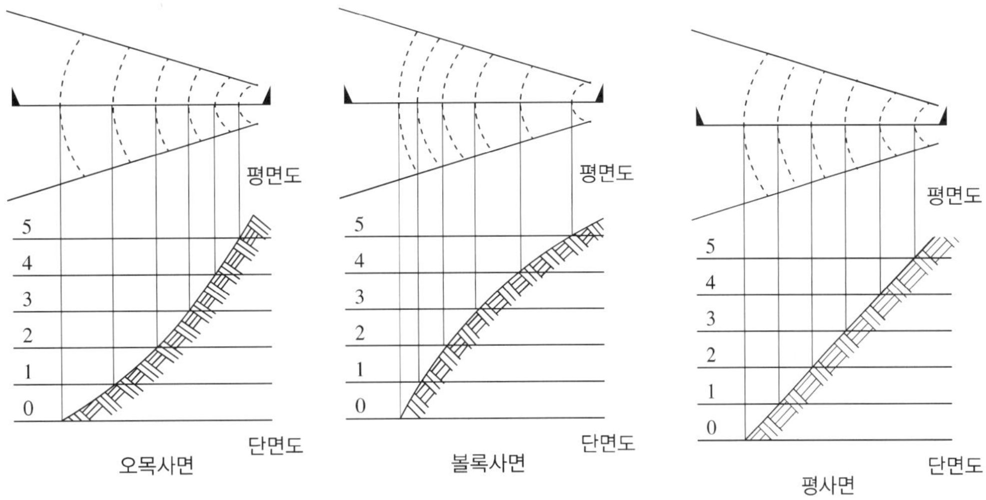

(5) 등고선 변경

등고선 변경이란 지형의 변경을 위해서 등고선을 조작하는 지형설계를 말한다.

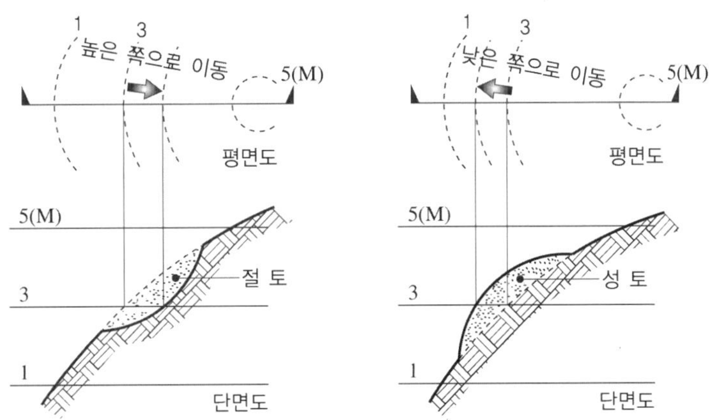

절토 시 등고선의 이동　　성토 시 등고선의 이동

① **부지조성** : 평탄한 지형을 얻기 위한 작업으로 설계시험에도 유용하게 쓰이므로 확실한 이해를 요한다.

㉠ 절토에 의한 등고선 변경

- 부지의 설계 높이보다 높은 등고선은 지형이 높은 쪽으로 이동한다.
- 부지의 설계 높이와 가까운 등고선부터 변경한다.

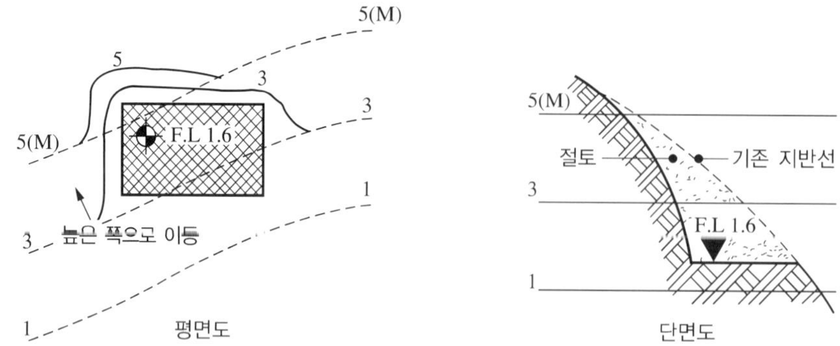

절토에 의한 등고선 조작

㉡ 성토에 의한 등고선 변경

- 부지의 설계 높이보다 낮은 등고선은 지형이 낮은 쪽으로 이동한다.
- 부지의 설계 높이와 가까운 등고선부터 변경한다.

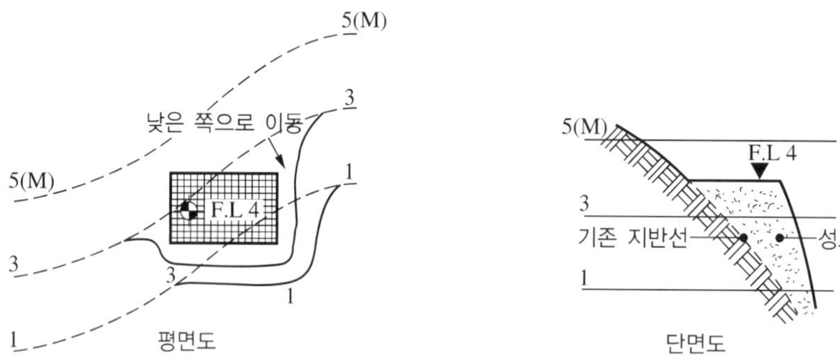

성토에 의한 등고선 조작

㉢ 절·성토에 의한 등고선 변경 : 부지의 설계 높이보다 높은 등고선은 지형이 높은 쪽으로 이동하고 설계 높이보다 낮은 등고선은 지형이 낮은 쪽으로 이동시킨다.

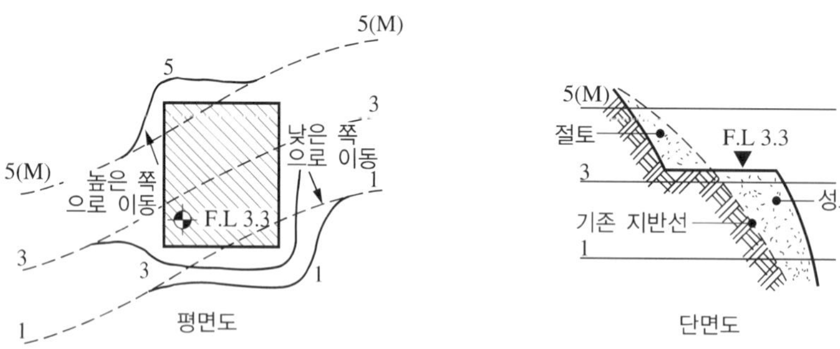

절·성토에 의한 등고선 조작

㉣ 옹벽 설치 시의 등고선 변경 : 부지의 활용성을 높이기 위해 사용하며 조성법은 절토면이나 성토면에 옹벽을 설치한다.

- 경사진 옹벽을 설치한 경우 : 옹벽의 경사도에 따라 옹벽의 외부면에 등고선이 조밀하게 생긴다.

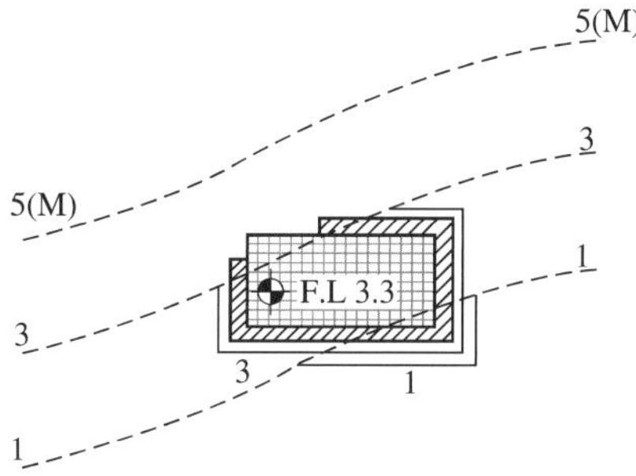

평면도

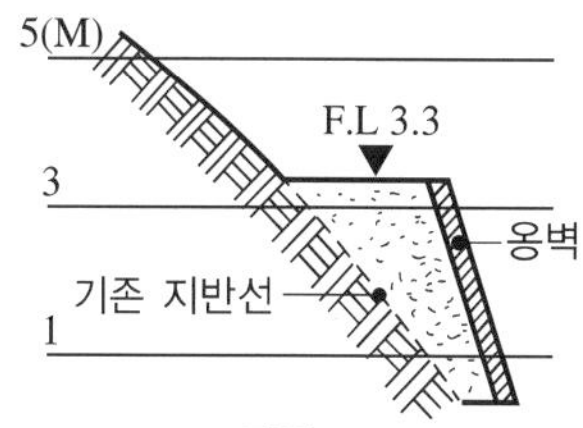

단면도

옹벽에 경사가 있는 경우

- 옹벽이 경사가 없는 수직인 경우
  - 옹벽이 수직이므로 절벽과 같은 형태이다. 따라서 등고선의 성질 중 예외사항에 해당된다.
  - 등고선이 수직인 옹벽면을 따라 나타나므로 옹벽과 만나는 등고선은 옹벽의 외부면을 따라 연결된다. 옹벽부분에서 등고선의 겹침이 발생되는 것이다.

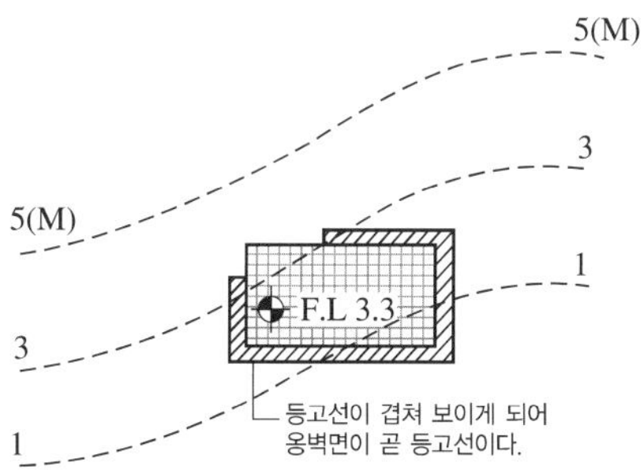

평면도

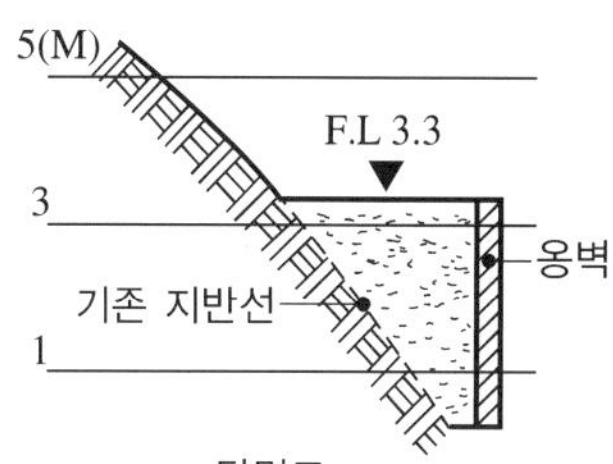

단면도

옹벽에 경사가 없는 경우

② 사면조성

㉠ 1방향 경사면 조성

- 배수를 위한 사면조성 시 부지의 한쪽으로 배수를 할 경우 사용한다.
- 경사가 없는 방향의 등고선은 부지의 방향과 평행을 이루게 한다.
- 부지의 경사를 일정하게 하려면 등고선의 간격이 일정해야 한다(평경사면은 등고선이 등간격이다).

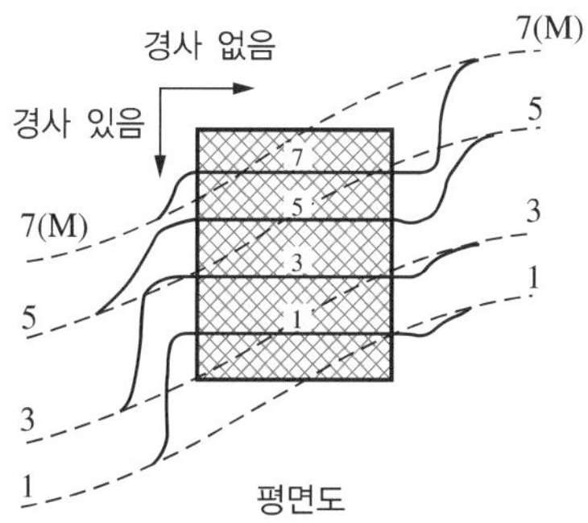

평면도

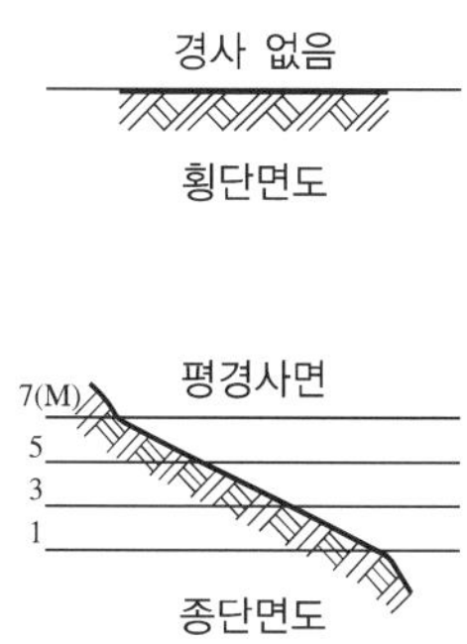

종단면도

1방향 경사

㉡ 2방향 경사면 조성

- 조성부지의 배수를 2방향으로 할 경우 사용한다.
- 종횡으로 경사가 있어야 하므로 등고선을 종·횡축과 경사를 이루게 한다(부지 내 등고선이 기울어져 보인다).
- 평경사면을 이루어야 하므로 기울어진 등고선의 간격도 일정해야 한다.

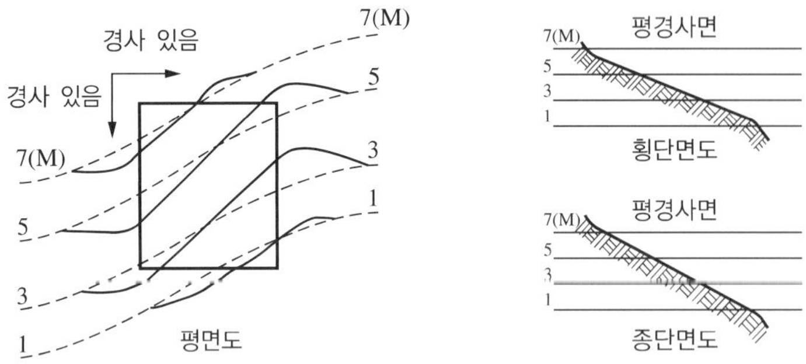

2방향 경사

③ **노선 조성** : 경사진 지형에 도로를 개설할 경우 지형의 경사를 고려하여 노선의 경사를 정한다. 실기시험에서는 조성되는 노선의 경사도를 요구하지 않으므로 기존 등고선에 맞추어 해결한다.

㉠ 절토에 의한 등고선 변경

- 절토는 낮은 등고선 쪽에서 높은 등고선 쪽으로 이동한다.
- 노선에 수직인 횡단선을 낮은 등고선 쪽에서 높은 등고선 쪽으로 향하도록 긋는다.
- 기존 등고선과 곡선으로 연결한다.

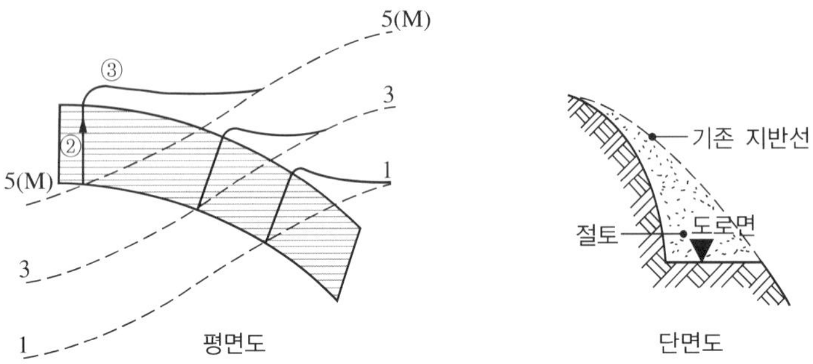

절토에 의한 등고선 조작

㉡ 성토에 의한 등고선 변경

- 성토는 높은 등고선 쪽에서 낮은 등고선 쪽으로 이동한다.
- 노선에 수직인 횡단선을 높은 등고선 쪽에서 낮은 등고선 쪽으로 향하도록 긋는다.
- 기존 등고선과 곡선으로 연결한다.

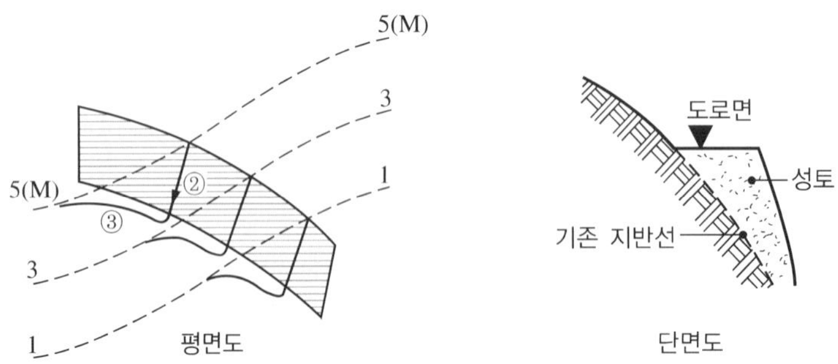

성토에 의한 등고선 조작

㉢ 절·성토에 의한 등고선 변경

- 절토는 낮은 등고선 쪽에서 높은 등고선 쪽으로 이동하며 성토는 절토와 반대의 상황이다.
- 노선에 수직인 횡단선을 노선에 겹쳐진 등고선의 $\frac{1}{2}$ 위치를 지나가도록 긋는다.
- 양쪽의 기존 등고선과 곡선으로 연결한다.

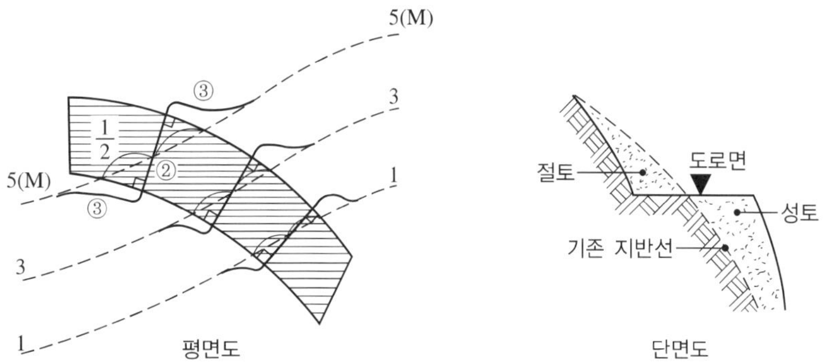

절·성토에 의한 등고선 조작

㉣ 경계석이 있는 도로의 등고선

- 도로에 경계석이 있을 경우 등고선의 형태는 도로의 단면과 비슷하게 나타난다. 절·성토의 방법을 결정한다.
- 도로의 경계석 원면에서 도로면까지 가려면 흙을 파야 하므로(절토) 높은 쪽으로 가게 그린다. 길이는 경사에 따라 다르게 보이므로 적당히 그린다.
- 도로면은 포물선으로 튀어나왔고, 흙을 돋우어 만들기 때문에(성토) 낮은 쪽으로 둥그렇게 그린다.
- 도로면에서 볼 때 경계석이 높은 곳에 있으므로 ②에서 그린 길이 만큼 낮은 쪽으로 그린다.
- 기존의 등고선에 연결한다.

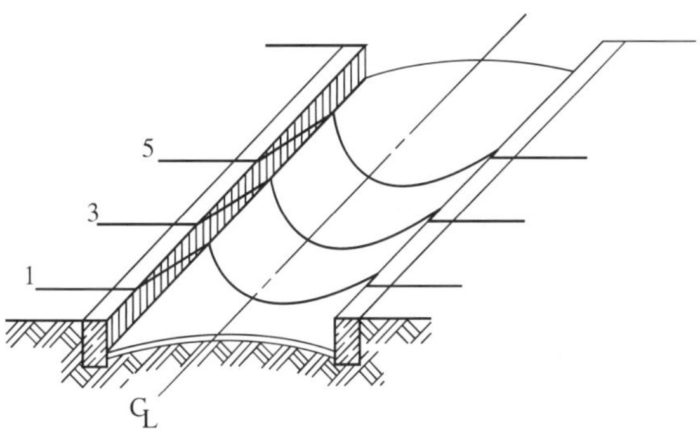

도로와 등고선 투상도

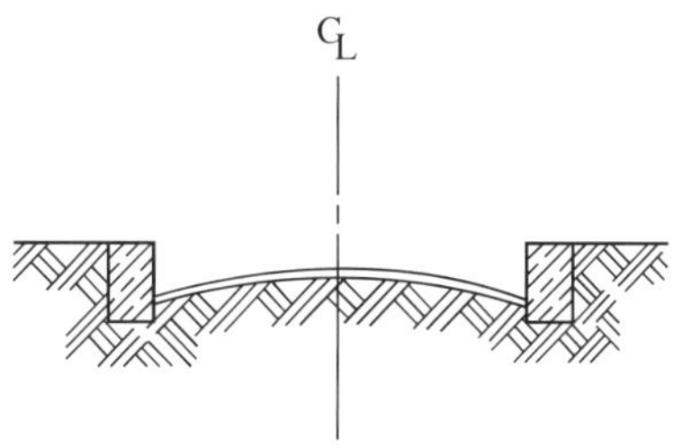

도로 횡단면도

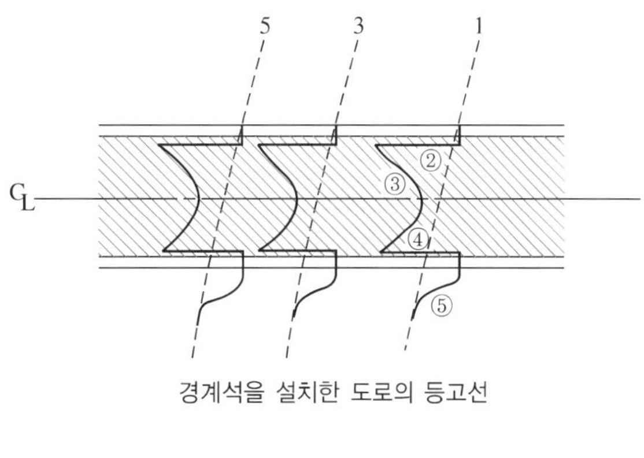

경계석을 설치한 도로의 등고선

출제예상문제

01 지구 표면상의 3차원적인 변화와 지표상에 존재하는 물체가 합쳐진 땅의 상태를 무엇이라 하는지 쓰시오.

정답 지형

02 지형도 작도 시 자연적 도법에 해당하는 방법을 쓰시오.

정답 음영법, 우모법

03 다음에서 설명하는 부호적 도법을 쓰시오.

> 지표상의 동일한 높이를 연결한 곡선으로 표시하며 비교적 정확한 표현방법이다.

정답 등고선법

04 다음 (　) 안에 알맞은 내용을 쓰시오.

> 등고선이란 (　)으로부터 동일한 수직거리에 있는 모든 점들을 연결하여 평면적으로 표현한 평면곡선이다.

정답 평균해수면

05 다음 (　) 안에 알맞은 내용을 쓰시오.

> 등고선 간격(Contour Interval)은 주어진 평면상에서 두 등고선 간의 (　)이며 도면에 수치로 표시된다.

정답 수직거리

06 등고선의 종류와 표시방법 및 축척별 간격을 서술하시오.

정답

등고선 \ 축척	기호	1/5,000, 1/10,000	1/25,000	1/50,000
계곡선	굵은 실선 ━━━━━━	25m	50m	100m
주곡선	가는 실선 ──────	5m	10m	20m
간곡선	가는 파선 - - - - - - - - - - -	2.5m	5m	10m
조곡선	가는 점선 ·················	1.25m	2.5m	5m

07 다음에서 설명하는 등고선의 종류를 쓰시오.

지형의 높이를 쉽게 읽기 위하여 주곡선 5개마다 굵게 표시한 등고선

정답 계곡선

08 등고선의 종류 중 지형도에 도시할 때 가는 실선으로 도시되는 것을 쓰시오.

정답 주곡선

09 등고선의 기본적인 6개 법칙을 서술하시오.

정답
- 등고선은 항상 짝을 이룬다(등고선 1 참조).
- 등고선은 서로 교차하지 않는다(등고선 2 참조).
- 등고선 간의 높이는 모두 같다(등고선 3 참조).
- 모든 등고선은 폐곡선이다(등고선 4 참조).
- 등고선은 서로 합병되지 않는다(등고선 5 참조).
- 가장 급한 경사는 등고선 간의 수직방향이다(등고선 6 참조).

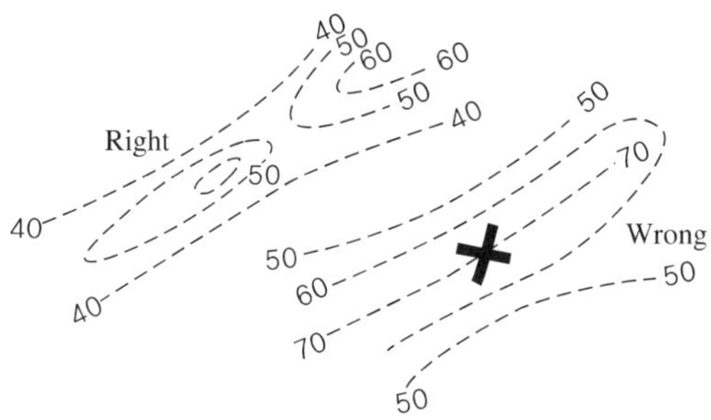

등고선 1

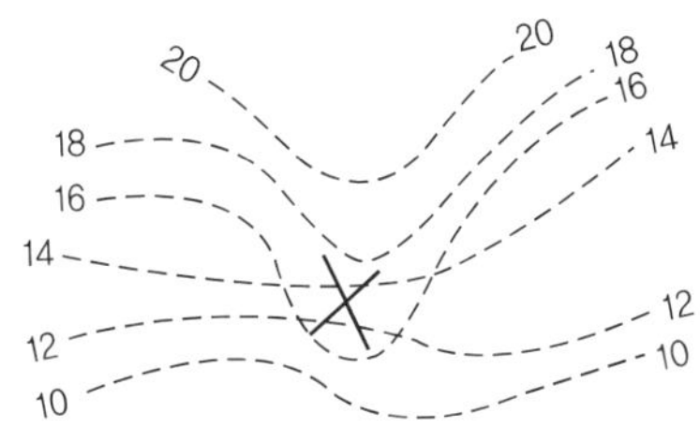

등고선 2

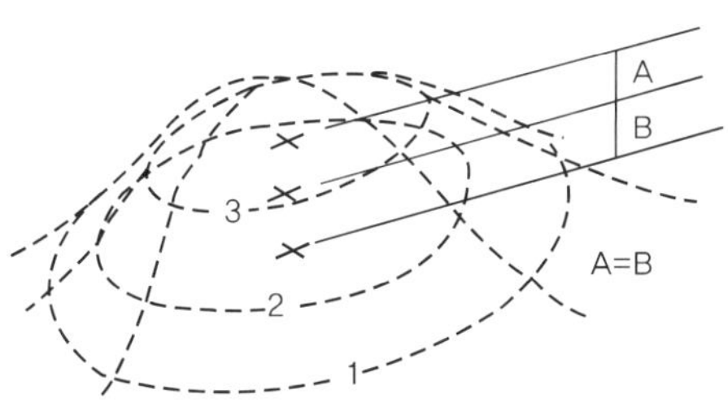

등고선 3

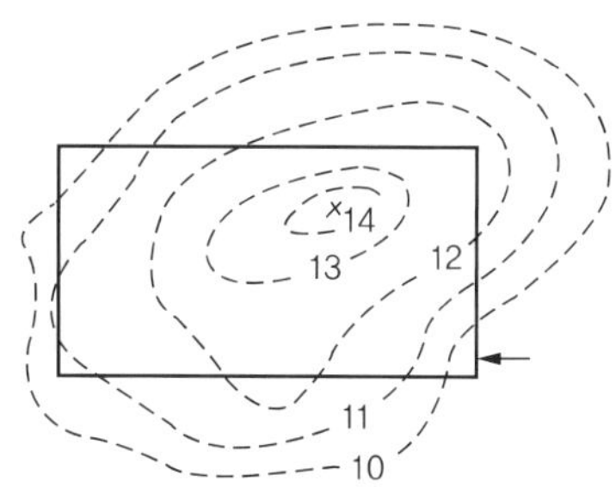

등고선 4

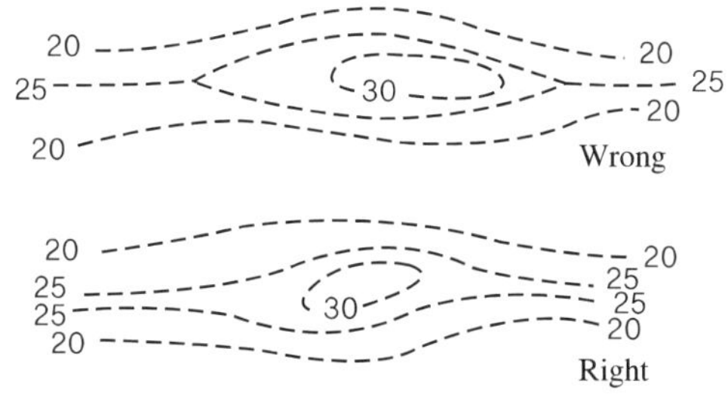

등고선 5

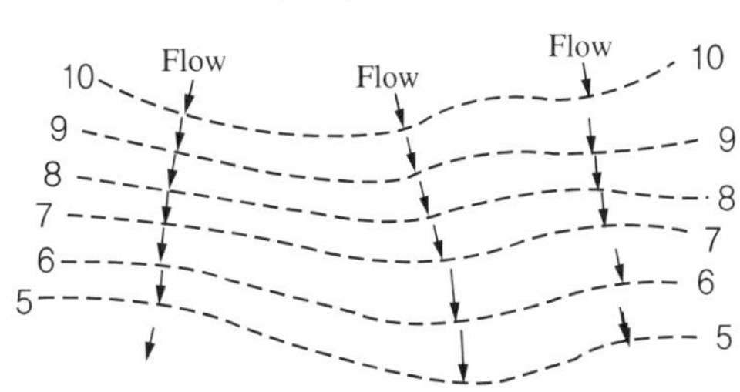

등고선 6

10 다음 ( ) 안에 알맞은 내용을 쓰시오.

> 등고선의 성질에서 서로 다른 높이의 등고선은 절벽이나 동굴을 제외하고는 (①)되거나 (②)되지 않는다.

정답 ① 교차, ② 폐합

11 다음은 지형평면도에서 계곡과 능선의 구분 요령이다. ( ) 안에 알맞은 내용을 쓰시오.

> (①)은 U자 형태의 바닥면이 낮은 높이의 등고선을 향하고 (②)은 ∩자 형태의 바닥면이 높은 높이의 등고선을 향한다.

정답 ① 능선, ② 계곡

12 능선과 계곡의 시형을 갖는 등고선을 그리고 그 차이점을 서술하시오.

정답
- 능선과 계곡의 지형을 갖는 등고선은 모두 U자 또는 V자형의 모양을 나타낸다.
- 능선의 등고선 : 대개 U자형으로 바닥이 둥글고 원만하다. 이 U자 모양의 등고선 바닥이 낮은 높이의 등고선 쪽으로 향하고 있다.
- 계곡의 등고선 : 대개 계곡은 풍화, 침식 등의 영향을 받아 U자 모양의 바닥이 좁거나 뾰족(V자형)하다. U자(V자) 모양의 등고선 바닥이 높은 높이의 등고선 쪽으로 향하고 있다.

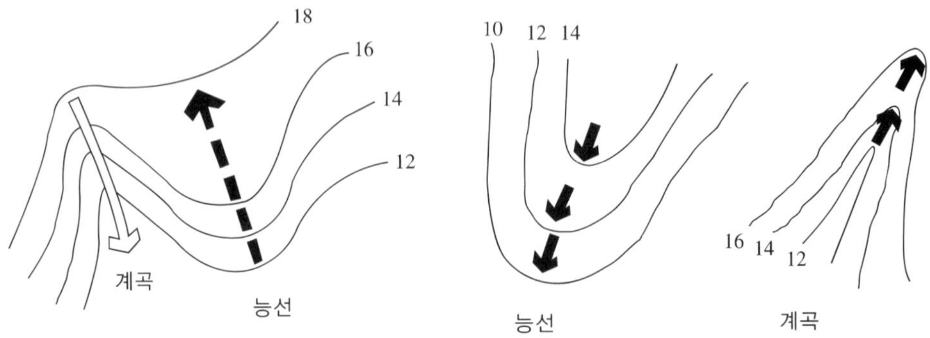

13 등고선의 형태로 분류한 요(凹)사면, 철(凸)사면, 평(平)사면에 대하여 설명하고, 각각 평면도와 단면도로 지형을 나타내시오.

정답
- 요사면(凹斜面) : 등고선 간격이 높은 곳으로 갈수록 좁아지고, 낮은 곳으로 갈수록 넓어진다.
- 철사면(凸斜面) : 요사면과 반대로 높은 곳으로 갈수록 넓어지고, 낮은 곳으로 갈수록 좁아진다.
- 평사면(平斜面) : 등고선 간격이 일정하다.

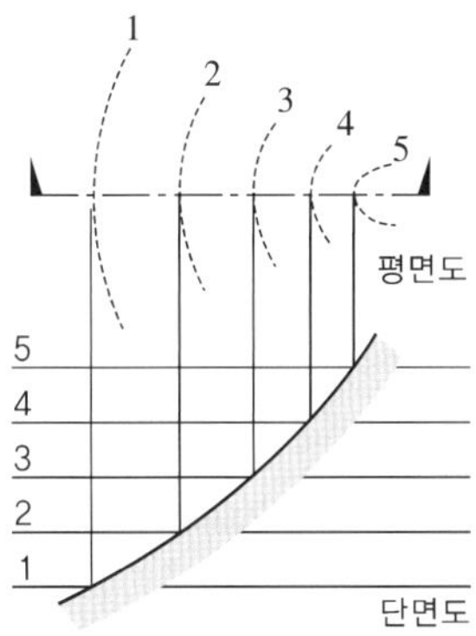

요사면 평 · 단면도

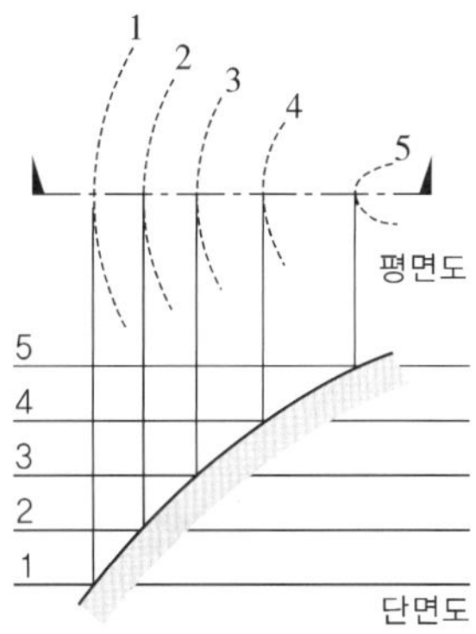

철사면 평 · 단면도

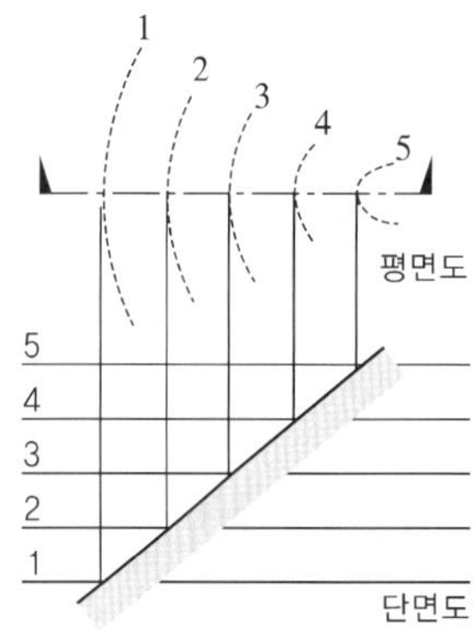

평사면 평 · 단면도

14 등고선 간격에 따라서 급경사와 완경사를 구분하는 방법을 바르게 연결하시오.

㉠ 급경사	ⓐ 등고선 간격이 일정하지 않다.
㉡ 평탄지	ⓑ 등고선의 간격이 균일하다.
㉢ 등경사	ⓒ 등고선 간의 간격이 넓다.
㉣ 불규칙경사	ⓓ 등고선이 서로 근접하여 있다.

정답 ㉠-ⓓ, ㉡-ⓒ, ㉢-ⓑ, ㉣-ⓐ

15 다음에서 설명하는 설계도는 무엇인지 쓰시오.

- 지형의 높낮이 변화를 명확하게 볼 수 있다.
- 성토, 절토, 기타 자세한 세부 내용을 포함한다.
- 시공도면 작성 및 적산 시 반드시 필요한 도면이다.

정답 단면도

16 지표면에 일정한 간격으로 지점의 높이를 측정하여 도면에 수치로 표현하는 방법을 무엇이라 하는지 쓰시오.

정답 점고선법(Spot Elevation)

17 지점표고(Spot Elevation)가 사용되는 시공도를 2가지 이상 쓰시오.

정답 정지계획도, 배수계획도, 부분상세도, 식재계획도

18 수평 거리와 수직 거리의 비율로서 경사의 완급을 나타내는 방법은 무엇인지 쓰시오.

정답 비례법

19 잔디 깎는 기계로 관리가 가능한 최대 경사도를 비례법으로 쓰시오.

정답 4 : 1 경사

20 다음은 경사도 백분율법이다. (   ) 안에 알맞은 내용을 쓰시오.

경사의 백분율(%) = 사면의 (①) 거리 / (②) 거리 × 100(%)

정답 ① 수직, ② 수평

21 지형이 차이 나는 부분에 일정량의 흙을 깎아 내어 경사 차이를 조정하는 방법을 무엇이라 하는지 쓰시오.

정답 절토

22 다음 중 성토의 시공방법으로 사용되지 않는 것을 모두 골라 쓰시오.

수평층쌓기, 수직층쌓기, 전방층쌓기, 비계층쌓기, 내림층쌓기

정답 수직층쌓기, 내림층쌓기

23 덧붙인 흙과 깎아 낸 흙의 균형을 유지하면서 부지를 조성하는 가장 보편적인 정지 방법을 쓰시오.

정답 절·성토 혼합정지법

24 **서로 다른 높이의 계획 레벨이 너무 가까이 붙어 있어서 완만한 경사면으로 극복이 어려울 때 사용되는 방법은 무엇인지 쓰시오.**

정답 구조물에 의한 부지정지 방법

25 **옹벽의 시공 순서를 바르게 나열하시오.**

ⓐ 흙채움 및 다짐	ⓑ 터파기 및 다짐
ⓒ 시공준비	ⓓ 기초설치
ⓔ 옹벽의 안정화	

정답 ⓒ–ⓑ–ⓓ–ⓐ–ⓔ

26 **도로의 그림을 보고 등고선을 수정하시오(단, 수정된 등고선은 실선으로 표시하시오).**

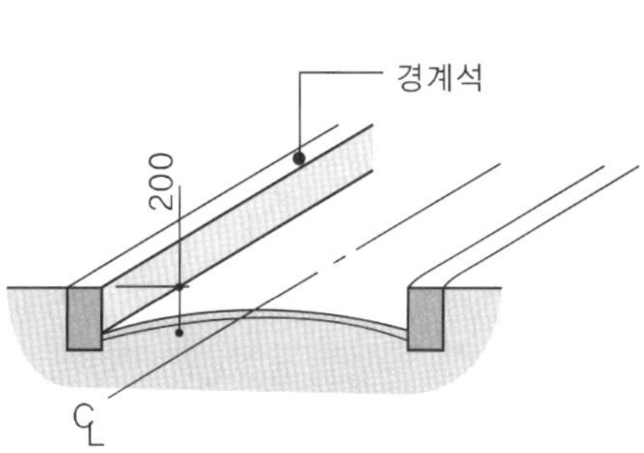

도로 투상도

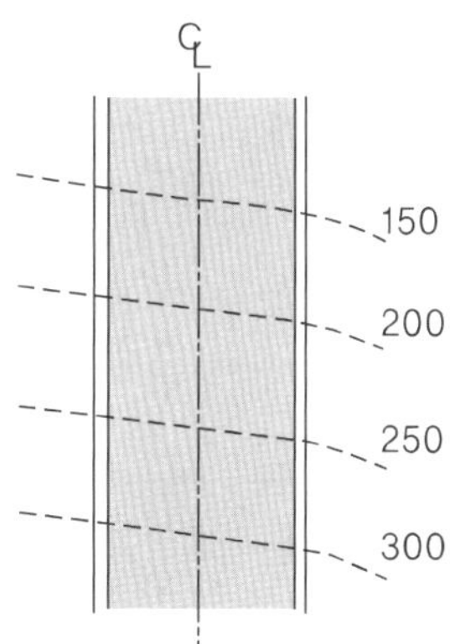

정답

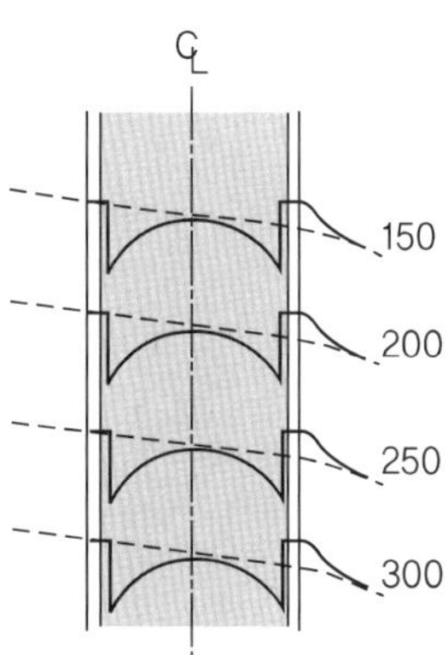

27 정지계획의 적합성 검토 시 계획레벨의 적합성을 검토 후 계획절·성토량의 균형이 맞는지 확인 후 검토해야 하는 것은 무엇인지 쓰시오.

정답 계획부지의 우배수 적절성

28 다음 그림은 직사각형의 소광장을 조성하려는 부지이다. 부지하단 모서리에 점표고를 기입하고, 계획등고선은 굵은 실선으로 나타내어 정지계획을 완성하시오(단, 부지의 모든 절·성토의 경사는 100% 이하로 한다).

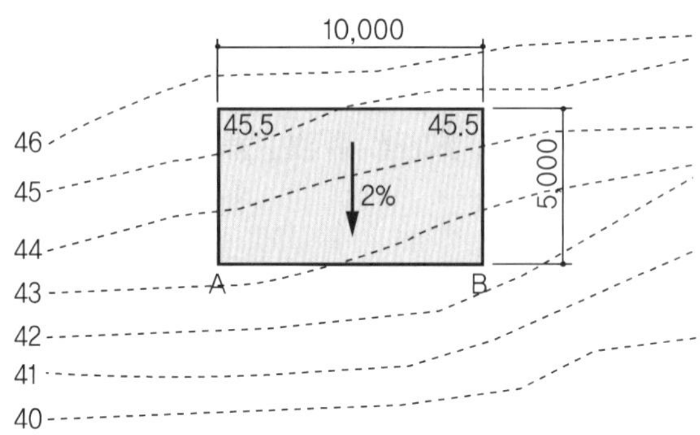

정답

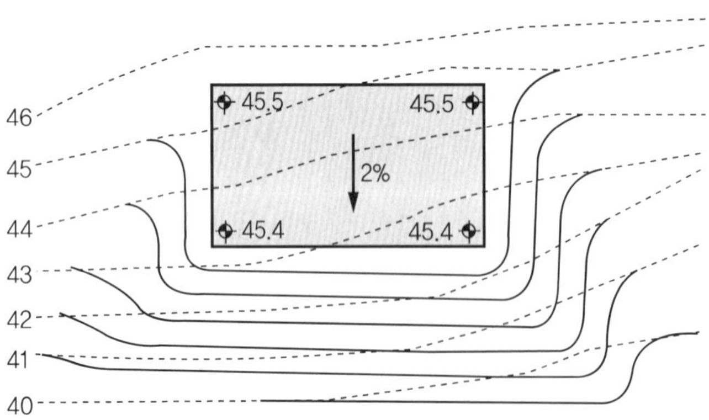

해설

- 경사도 $= \frac{\text{수직거리}}{\text{수평거리}} \times 100 \Rightarrow 2\% = \frac{\text{수직거리}}{5} \times 100$

  ∴ 수직거리 = 0.1m
- A와 B의 표고 = 45.5−0.1 = 45.4m

  (별해) 45.5 − (5×0.02) = 45.4m

29 다음의 지형도에서 직선 $a-a'$ 및 $b-b'$가 나타내는 의미와 곡선 $c_1 \cdots c_4$가 나타내는 의미를 쓰시오.

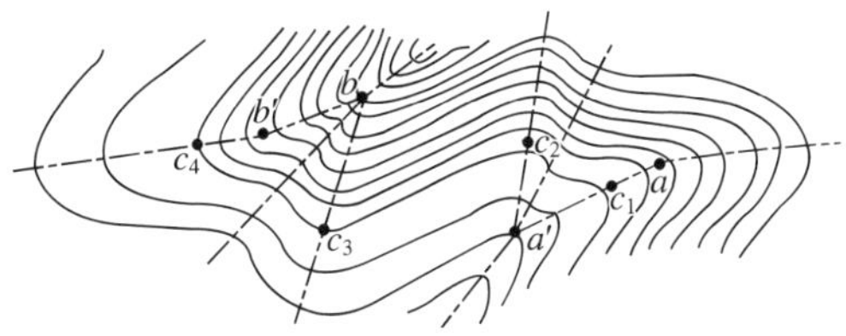

1) 직선 $a-a'$, $b-b'$: (　)
2) 곡선 $c_1 \cdots c_4$: (　)

정답 1) 직선 $a-a'$, $b-b'$: 방향전환점
2) 곡선 $c_1 \cdots c_4$: 경사전환점

해설 1) 방향전환점 : 능선 혹은 계곡선이 그 방향을 바꾸기 시작하는 점 및 계곡이 합류하는 점, 혹은 능선이 분기하는 점이다.
2) 경사전환점 : 지형의 경사가 완경사에서 급경사로, 급경사에서 완경사로 변화하는 점이다.

30 다음 그림은 각 점의 위치를 도시한 것이다. A점과 D점의 표고가 0.0m일 때 1) B와 E의 표고차 및 2) C와 F의 표고차를 구하시오.

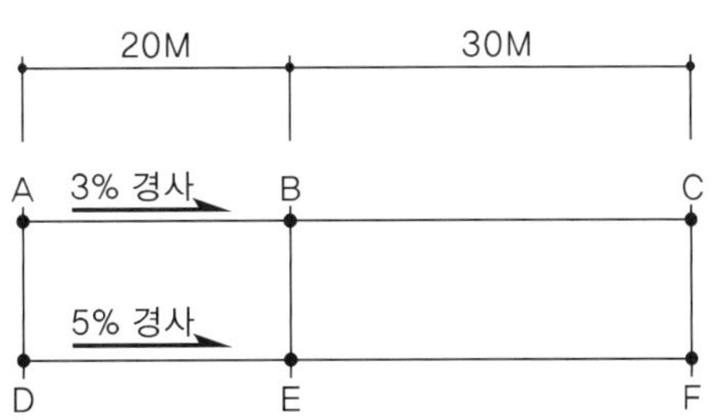

정답 1) 0.4m
2) 1.0m

해설
- B점의 표고 = 0−(20×0.03) = −0.6m
- C점의 표고 = 0−(50×0.03) = −1.5m
- E점의 표고 = 0−(20×0.05) = −1.0m
- F점의 표고 = 0−(50×0.05) = −2.5m
- B와 E의 표고차 = −0.6−(−1.0) = 0.4m
- C와 F의 표고차 = −1.5−(−2.5) = 1.0m

2 도로설계

(1) 도로의 기능과 구성요소

① 도로의 기능 : 통행기능과 공간기능

㉠ 통행기능 : 보행, 자전거, 차량 등을 안전, 원활, 쾌적하게 목적지까지 이동하게 하는 기능 및 인접시설에의 접근 기능 등을 포함한다.

㉡ 공간기능 : 도시, 단지 등의 골격 형성, 해당 공간의 경관형성기능 등을 포함한다.

㉢ 도로의 설치 및 계획 시 이러한 통행기능과 공간기능 등을 모두 포괄적으로 수행할 수 있도록 계획해야 한다.

② 도로의 구성요소

㉠ 차도

- 차량의 통행에 사용되는 도로의 부분으로 차로, 차선 등으로 구성된다.
  - 차로 : 자동차를 안전하고 원활하게 통행시키기 위하여 설치되는 띠 모양의 구간
  - 차선 : 차로와 차로를 구분하는 부분으로서 도로의 폭에 따라 다르게 한다.
- 차로의 폭 기준

설계속도(km/시)	차로의 최소 폭(m)		
	지방지역	도시지역	소형차도로
100 이상	3.50	3.50	3.25
80 이상	3.50	3.25	3.25
70 이상	3.25	3.25	3.00
60 이상	3.25	3.00	3.00
60 미만	3.00	3.00	3.00

- 통행하는 자동차의 종류·교통량, 그 밖의 교통 특성과 지역 여건 등을 고려하여 불가피한 경우에는 회전차로의 폭과 설계속도가 시속 40km 이하인 도시지역 차로의 폭은 2.75m 이상으로 할 수 있다.

㉡ 분리대

- 왕복방향별 또는 동일방향별로 분리하기 위하여 설치되는 도로의 부분을 말한다.
- 4차로 이상의 도로에는 차로를 왕복방향별로 분리하기 위한 중앙분리대 또는 노면표시로 구분하여야 한다.

설계속도(km/시)	중앙분리대의 최소 폭(m)		
	지방지역	도시지역	소형차도로
100 이상	3.0	2.0	2.0
100 미만	1.5	1.0	1.0

㉢ 길어깨

- 도로의 주요 구조부를 보호하거나 차도의 효용을 유지하기 위하여 설치한다.
- 차도, 보도, 자전거전용도로 또는 자전거·보행자겸용도로에 접속하여 설치되는 띠 모양의 도로 부분을 말한다.
- 도로에는 차로의 우측에 길어깨를 설치하여야 한다.
- 길어깨의 폭은 도로의 설계 속도와 도로 구분에 따라 정한다.
- 지형상 부득이한 경우에는 길어깨의 폭은 0.75m 이상으로 한다.
- 오르막차로, 교량, 터널, 고가도로, 지하차도의 길어깨 폭은 0.5m 이상으로 할 수 있다.

㉣ 보도

- 차량의 통행과 분리하여 보행자의 안전한 통행을 위하여 설치한다.
- 연석, 울타리(Fence), 노면 표시, 기타 이와 유사한 공작물로 차도와 구별하여 설치된다.
- 지형 여건 등으로 부득이한 경우를 제외하고는 도로에 보도를 설치한다.
- 보도에 가로수가 설치될 경우 1.5m 내외의 폭으로 설치한다.
- 기타 시설의 경우에는 0.5m를 도로 폭에 가산 설치한다.

(2) 도로설계

① 도로설계 요소

㉠ 종단경사

- 노면의 중심선경사를 말하며 수평거리와 수직거리 차의 비율로 나타낸다.
- 도로의 종단방향으로 경사가 있으면 속도 감소, 소음 증대 등 도로교통에 여러 가지 장애가 발생된다.
- 차도의 종단경사는 도로의 설계속도와 지형에 따라 결정한다.
- 종단경사가 5%를 초과하는 차도에는 3m 폭의 오르막차로를 설치한다.
- 차도의 종단경사는 도로의 구분, 지형상황과 설계속도에 따라 차도의 종단경사 비율 이하로 하여야 한다.
- 지형상황, 주변지장물 및 경제성을 고려하여 필요하다고 인정되는 경우에는 차도의 종단경사의 비율에 1%를 더한 값 이하로 할 수 있다.

설계속도(km/시)	종단경사(%)	
	표준	부득이한 경우
120	3	–
100	3	5
80	4	6
70	5	6
60	5	8
50	5	8
40	6	9
30	7	12
20	8	6

㉡ 횡단경사

- 횡단경사는 도로의 직선부에서는 도로 중앙에서 좌우로 하향경사를 사용한다.
- 횡단경사 표시방법은 백분율(%) 또는 비례로 나타낸다.
- 횡단경사는 직선부에서 배수 처리가 가능하면 수평 형태가 가장 좋다.
- 보도 또는 자전거도로의 횡단경사는 일반적으로 2% 이하로 한다.
- 차도와 길어깨 및 중앙분리대의 횡단경사(편구배구간 제외)

노면의 종류	횡단경사(%)
아스팔트 및 시멘트 콘크리트 포장도로	1.5% 이상~2.0% 이하
간이포장도로	2.0% 이상~4.0% 이하
비포장도로	3.0% 이상~6.0% 이하

㉢ 시거

- 시거 : 안전주행을 위해 필요한 일정한 거리
- 시거의 구분
  - 전방에서 오는 차량을 인지하고 제동하는 데 필요한 거리
  - 전방의 차량을 인지하고 피하는 데 필요한 거리
  - 전방의 차량을 추월하는 데 필요한 거리
- 도로의 목적에 맞도록 안전한 시거를 확보할 수 있도록 구성해야 한다.

㉣ 도로선형

- 평면도형으로서 평면도상에 나타나는 도로 중심선의 연결형상을 말한다.
- 평면선형과 종단선형은 도로이용의 주체가 안전 및 쾌적하게 수행할 수 있도록 실세되어야 한다.
- 고속주행이 요구되는 도로설계에서 중요시되고 있다.
- 선형에서 중요시되는 부분은 도로의 곡선부이다.
- 곡선도로에서도 직선도로와 같은 주행속도와 안전성을 확보하는 것이 매우 중요한 사항이다.

② 도로설계

㉠ 평면선형 설정

- 설계속도에 의한 평면상의 도로의 배치를 말한다.
- 원곡선과 직선부로 구성된다.
- 도로의 공간 기능적 성격을 감안해 설계속도를 준수해야 한다.
- 경관 및 공간적으로 좋은 역할을 할 수 있도록 계획한다.
- 도로의 평면 배치
  - 도로는 사용목적에 따라 연결해야 하는 두 목적 공간을 합리적으로 연결하도록 평면상에 배치해야 한다.
  - 도로의 배치는 지형적인 조건과 설계속도를 결합하여 최적의 배치형태를 구하는 것이다.
  - 여기에 도로를 이용하는 이용자의 감성적 측면이나 도로의 경관적 측면 등을 감안해 평면 배치한다.
- 단곡선의 성질
  - 평면선형 설정을 위한 곡선반경은 곡선의 각도로 표현된다.
  - 최소 곡선반경은 주어진 설계속도를 안전하게 유지하는 곡선각도이다.
  - 단곡선은 일반적으로 반경으로 표시하며, 모든 도로의 설계는 도로의 중심선이 기준이 된다.

㉡ 종단선형 설정

- 종단선형 배치
  - 도로의 종곡선장의 결정 요소 : 자동차 주행 시 차량의 격돌, 안전시거의 확보
  - 도로의 경사도(종단경사)를 적당한 종단곡선으로 조절 및 연결시켜야 한다.
  - 설계속도에 따른 차량의 운행이 원활하도록 종단선형을 설정한다.
  - 어느 한 지점에서의 경사반경이 9% 이상이 되면 차량통행에 지장을 초래한다.
- 종단곡선장 설치
  - 상향구배와 하향구배의 두 접선이 교차하는 지점에는 급격한 경사변경을 완화시켜야 한다.
  - 경사변경을 완화시키기 위해서는 종단곡선을 사용하여 경사를 조정한다.
  - 종단곡선은 단일원곡선을 사용한다.
- 종단곡선장 결정
  - 종단곡선은 가능한 한 길수록 도로의 기능이 원활하다.
  - 종단곡선장이 최소 이하가 되면 시거가 곤란해지므로 시거의 길이로 곡선량을 결정한다.

㉢ 평면선형과 종단선형의 결정
- 선형 설정 시 평면선형과 종단선형은 상호 보완하여 설계되어야 안전하고 쾌적한 도로를 조성할 수 있다.
- 종단곡선 정상 부근에서의 급격한 평면곡선의 변경은 차량운행에 위험요소이다.
- 급격한 평면곡선의 변경은 도로 설계 시 반드시 검토해야 한다.
- 경사지역이 연속적으로 이어지는 지형에서는 곡선장이 짧은 소규모의 요철지형은 피한다.
- 안정된 도로를 조성하기 위해서는 설계의 표준과 설계요소들을 고려해야 한다.
- 설계의 표준, 설계요소들을 고려하여 평면, 종단, 선형을 적절히 수정·보완하여 균형된 상태의 도로를 만들어야 한다.

출제예상문제

01 **다음에서 설명하는 도로의 기능을 쓰시오.**

> 1) 보행, 자전거, 차량 등을 안전, 원활, 쾌적하게 목적지까지 이동하게 하는 기능 및 인접시설에의 접근 기능 등을 포함하는 기능
> 2) 도시, 단지 등의 골격 형성, 해당 공간의 경관형성 기능 등을 포함하는 기능

정답 1) 통행기능
2) 공간기능

02 **도로의 구성요소 중 도로의 주요 구조부를 보호하거나 차도의 효용을 유지하기 위하여 설치되는 것은 무엇인지 쓰시오.**

정답 길어깨

03 **보도에 가로수가 설치될 경우 보도의 폭은 몇 m 이상으로 해야 하는지 쓰시오.**

정답 1.5m

04 **노면의 중심선경사를 말하며 수평거리와 수직거리 차의 비율로 나타내는 것은 무엇인지 쓰시오.**

정답 종단경사

05 다음 (   ) 안에 알맞은 내용을 쓰시오.

종단경사가 5%를 초과하는 차도에는 3m 폭의 (   )를 설치한다.

정답 오르막차로

06 도로의 직선부에서 도로 중앙에서 좌우로 하향경사를 사용하며 경사표시 방법은 백분율(%) 또는 비례로 나타내는 것은 무엇인지 쓰시오.

정답 횡단경사

07 다음 (   ) 안에 알맞은 내용을 쓰시오.

(   )란 전방에서 오는 차량을 인지하고 제동하는 데 또는 전방의 차량을 인지하고 피하는 데 필요한 거리를 말한다.

정답 시거

08 고속주행이 요구되는 도로설계에서 중요시되며 평면도형으로서 평면도상에 나타나는 도로중심선의 연결형상은 무엇인지 쓰시오.

정답 도로선형

09 다음 도로의 평면 배치 시 고려해야 할 사항이다. (   ) 안에 알맞은 내용을 쓰시오.

도로를 이용하는 이용자의 (①) 측면이나 도로의 (②) 측면 등을 감안해 평면 배치한다.

정답 ① 감성적, ② 경관적

10 종단선형 배치 시 차량통행에 지장을 초래하는 어느 한 지점에서의 경사반경은 몇 % 이상인지 쓰시오.

정답 9% 이상

11 도로의 유형을 결정하는 공통원리에서 적정한 도로 단면 계획을 마련하는 이유를 쓰시오.

정답 자연경관과 조화

12 도로의 평면 배치 계획 수립 시 이동을 신속히 하기 위한 도로의 평면형태는 무엇인지 쓰시오.

정답 직선 형태, 넓은 형태

13 도로의 계획고 설정 및 경사계획 수립 시 도로의 경사도는 어떻게 계획해야 하는지 서술하시오.

정답 가능한 완만하고 수평

14 급경사가 아닌 지형의 도로조성 시 가장 일반적인 경사변경 방법은 무엇인지 쓰시오.

정답 성토와 절토에 의한 도로정지 방법

15 도로의 포장재료 선정에서 보행자 및 자전거 등의 이용을 위한 보행로의 포장재료 선정 시 고려해야 하는 사항은 무엇인지 쓰시오.

정답 다양한 질감 및 색감의 포장재료

16 도로의 계획도면을 작성할 때에 평면상에서 표기가 어려운 체적도로의 상황을 설명하기 위해 꼭 필요한 도면은 무엇인지 쓰시오.

정답 단면계획도

3 주차장설계

(1) 주차장 형식

① 주차장 : 이용자에게 편익을 제공하고, 안전하고 편안한 교통을 위하여 설치되는 시설이다.

② 주차장의 위치 설정

㉠ 자동차를 이용하여 방문하는 이용자들의 편익을 위해서 하차 후 각각의 공간과 인접한 위치를 선정한다.

㉡ 진입도로에서 주차장, 주차장에서 진입도로로의 원활한 출입이 가능하도록 한다.

㉢ 지형적인 조건이 비교적 평탄하여 배기가스가 자연환경에 미치는 영향이 적으며, 토공량을 최소화할 수 있는 곳을 선정한다.

㉣ 보행인의 안전을 위하여 보행동선과 교차되지 않도록 주차장 둘레에 폭 1.5~2.0m의 보도를 설치하는 것이 바람직하다.

㉤ 공원 내 차량동선을 짧게 하기 위해서 진입광장 또는 관리소와 인접하여 배치한다.

㉥ 차량통행을 막아야 하는 장소는 단주(Bollard)를 설치하여 안전에 유의한다.

③ 주차장의 설계기준

직각주차	• 주차공간의 폭이 넓어 충분한 여유(양면주차 : 폭 16.5m 이상)가 있을 때 설치 가능하다. • 같은 면적 내에서 가장 많은 주차가 가능하고 일반적으로 직각주차를 한다. • 중앙통로를 2차선으로 사용이 가능하므로 양방향 통행이 가능하다. • 주차와 출차가 비교적 어려워 교통량이 많을 시에 불편하며, 중앙 차도 폭이 최소 5.5m 이상의 공간이 확보되어야 한다.
사각주차	• 경사진 각도로 주차하므로 직각주차보다 더 많은 면적이 필요하지만, 폭이 좁은 공간에서 유용하게 주차시킬 수 있다. • 종류에는 주차각도에 따라 60°, 45°, 30°의 주차방법이 있으며, 60° 주차가 주차하기 쉽고 주차공간의 폭과 길이의 비례가 좋아 가장 많이 설치된다. • 45°, 30°의 주차방법은 주차공간이 겹치는 부분이 많아 비교적 많은 공간을 요하나 폭이 좁은 공간의 주차장 활용이 가능하다. • 사각주차 방법은 입출구가 구분되어야 하며, 일방통행이어서 설치에 제한을 받는다. • 양방향주차를 요할 시에는 주차장의 양쪽에 주차 스페이스를 마련하여 대향주차하면 가능하다.
평행주차	• 주차장 폭이 협소한 경우에 설치가 가능하며, 차량의 진행방향과 나란히 주차한다. • 직각, 사각주차가 어려운 경우에 설치하며, 진행방향의 우측에 설치한다. • 출입구가 2개 이상일 때 주차장 통로의 폭이 가장 적어도 된다.

(2) 주차장 규모

① 주차 규모의 설정

㉠ 주차 규모는 일반적으로 각종 시설 기능에 따라 분류되어 있는 면적비율이 적용되고 있다.

㉡ 계획의 기준일 뿐 필수요건은 아니다.

㉢ 계획목적 및 토지이용 특성, 제반환경 요인 등에 따라 세부적으로 검토되어야 한다.

② 주차장의 주차구획

㉠ 일반주차장 : 너비 2.3m 이상, 길이 5m 이상

㉡ 지체장애인 전용주차장 : 너비 3.3m 이상, 길이 5m 이상

㉢ 평행주차 형식의 경우 : 너비 2m 이상, 길이 6m 이상(주거지역의 보도·차도 구분이 없는 도로 : 너비 2m 이상, 길이 5m 이상)

㉣ 주차 단위구획은 백색 실선으로 표시한다.

• 평행주차 형식의 너비 및 길이

구분	너비	길이
경형	1.7m 이상	4.5m 이상
일반형	2.0m 이상	6.0m 이상
보도와 차도의 구분이 없는 주거지역의 도로	2.0m 이상	5.0m 이상
이륜자동차전용	1.0m 이상	2.3m 이상

• 평행주차 형식 외의 너비 및 길이

구분	너비	길이
경형	2.0m 이상	3.6m 이상
일반형	2.5m 이상	5.0m 이상
확장형	2.6m 이상	5.2m 이상
장애인전용	3.3m 이상	5.0m 이상
이륜자동차전용	1.0m 이상	2.3m 이상

(3) 주차장 종류

① 노상주차장

㉠ 노상주차장은 도로의 노면 또는 교통광장의 일정한 구역에 설치되는 주차장으로 일반의 이용에 제공되는 장소이다.

㉡ 노상주차 방식은 경제적이며 효율적이지만 도시의 인구, 시설집중지역에서는 도로교통의 무질서를 초래할 수 있다.

㉢ 지역특성을 고려하여 교통소통에 무리가 없는 한도 내에서 설치하여야 한다.

② 노외주차장

㉠ 노외주차장은 도로의 노면 및 교통광장 이외의 장소에 설치된 주차장이다.

㉡ 일반의 이용에 제공되는 장소이다.

③ 부설주차장

㉠ 부설주차장은 건축물, 운동시설, 쇼핑센터, 공연・문화시설, 기타 주차수요를 유발하는 시설에 부대하여 설치되는 주차장이다.

㉡ 건축물, 시설의 이용자 또는 일반의 이용에 제공되는 장소이다.

출제예상문제

01 **주차장 설치 시 보행인의 안전을 위하여 보행동선과 교차되지 않도록 주차장 둘레에 설치해야 하는 바람직한 보도의 폭은 몇 m인지 쓰시오.**

정답 1.5~2.0m

02 다음은 주차장의 설계기준이다. (　) 안에 알맞은 내용을 쓰시오.

> 설계 시 설계요소는 주차각도, (①), 주차면적의 길이와 너비, 회전반지름, 보행자와 차의 통로, (②), 배수시설 등이다.

정답 ① 기준치수, ② 바닥포장

03 주차장의 설계기준에서 구조 및 규격에 따라 분류되는 주차방식을 쓰시오.

정답 직각주차, 사각주차, 평행주차

04 주차장의 주차구획에서 지체장애인 전용주차장의 너비와 길이는 몇 m인지 쓰시오.

정답 너비 3.3m, 길이 5m

05 주차로의 설계 시 1) 일방향 통과의 경우와 2) 양방향 교차통과의 경우의 주차로 폭은 몇 m인지 쓰시오.

정답 1) 일방향 통과 3.5m 이상
2) 양방향 교차통과 6.0m 이상

06 주차장 종류에서 건축물, 운동시설, 쇼핑센터, 공연·문화시설, 기타 주차수요를 유발하는 시설에 부대하여 설치되는 주차장을 쓰시오.

정답 부설주차장

07 주차방식에서 사각주차 방식의 종류를 2가지 쓰시오.

정답 60° 주차방식, 45° 주차방식

08 다음에서 설명하는 주차방식을 쓰시오.

> - 차량의 통행이 비교적 적은 가로변 및 일방통행도로 등의 한 차선을 할애하여 주변 이용자의 편의를 위해 배치한다.
> - 차도의 규모에 따라 주차대수가 제한되며, 통과차량과의 마찰로 인한 교통혼잡 발생 확률이 높다.

정답 평행주차방식

4 구조물설계

(1) 구조물의 설계

① 부지조성 시 지반조성과정에서 설치된다.

② 조경구조물은 부지의 고저차이를 극복할 수 있다.

③ 평탄지 확보 등 토지를 효율적으로 이용하기 위하여 설치한다.

④ 여러 가지 기능적인 구조물로서 주변환경에 미치는 영향이 크다.

⑤ 옹벽, 석축 등은 기능적 요소이자 부지의 외부환경을 형성하는 시각적·경관적 구성물이다.

⑥ 설치되는 장소, 규모, 구조, 재료, 형태 및 표면 처리 등을 설계목적과 외부환경에 어울리도록 설계과정에서 고려하여야 한다.

(2) 용어의 정의

① 조경구조물

㉠ 조경공간에 설치되는 시설물 중 하부구조의 비중이 큰 시설물을 말한다.

㉡ 옹벽, 석축 등과 같이 구조적인 힘을 받는 시설물이 이에 해당한다.

② 얕은 기초

㉠ 상부구조로부터의 하중을 직접 지반에 전달시키는 형식의 기초를 말한다.

㉡ 기초의 최소 폭과 근입 깊이와의 비가 대체로 1.0 이하인 경우가 이에 해당한다.

③ **동결(凍結)깊이** : 노면에서 지중의 얼음이 결정(結晶)되는 가장 깊은 곳까지의 깊이를 말한다.

④ **응력** : 하중 및 외력에 의하여 구조부재에 생기는 축방향력, 휨모멘트, 전단력, 비틀림 등과 같이 유사한 단면력을 말한다.

⑤ **허용응력도** : 구조부재를 구성하는 각 재료의 하중 및 외력에 대한 안전성을 확보하기 위하여 부재단의 각부에 생기는 응력도가 초과하지 않도록 정한 한계응력도를 말한다.

⑥ **구조내력** : 구조내력상 주요한 부분인 구조부재와 그 접합부 등이 견딜 수 있는 응력을 말한다.

⑦ **고정하중** : 구조물의 주요 구조부와 이에 부착·고정되어 있는 비내력 부분 및 각종시설, 설비 등의 중량으로 인한 수직하중을 말한다.

⑧ **적재하중** : 구조물의 각 실별·바닥별 용도에 따라 그 속에 수용, 적재되는 사람, 물품 등의 중량으로 인한 수직하중을 말한다.

(3) 설계일반

① 구조물 기초의 설계에 적용하는 하중

㉠ 지지력을 산정하는 경우에는 상부구조 및 하부구조의 자중과 이들에 작용하는 최대외력을 작용하중으로 한다.

㉡ 지하수에 의한 부력이 있을 경우에는 이를 고려한다.

㉢ 침하량을 산정하는 경우에는 구조물의 자중과 침하에 영향을 미치는 적재하중을 작용하중으로 한다.

② **옹벽구조물 작용하중** : 옹벽구조물에는 토압, 수압 및 상재하중을 작용하중으로 한다.

③ **구조용토의 토질 조사** : 구조물의 설계 및 시공에 필요한 구조용토의 토질조사는 각 구조물의 종류와 규모, 중요성 및 장소에 따라 조사방법을 선택하여야 한다.

출제예상문제

01 다음에서 설명하는 수직하중을 쓰시오.

1) 구조물의 주요 구조부와 이에 부착·고정되어 있는 비내력 부분 및 각종시설, 설비 등의 중량으로 인한 수직하중 2) 구조물의 각 실별·바닥별 용도에 따라 그 속에 수용, 적재되는 사람, 물품 등의 중량으로 인한 수직하중

정답 1) 고정하중
2) 적재하중

02 구조물의 외형과 구조 및 재료를 결정할 때 구조물에 대하여 종합적으로 판단하여야 하는 성질을 2가지 이상 쓰시오.

정답 안전성, 시공성, 경제성, 내구성

03 다음 ( ) 안에 알맞은 내용을 쓰시오.

부재구조체의 얕은 기초에서 풍압력을 받는 기둥지주형 구조는 얕은 기초 상부의 구조용강재 및 목재지주의 ( )은 풍하중에 의한 저항모멘트 이상이어야 한다.

정답 허용응력

04 다음 ( ) 안에 알맞은 내용을 쓰시오.

조적식구조의 기초설계에서 조적식구조의 내력벽 기초는 ( )로 하여야 한다.

정답 연속기초(줄기초)

05 옹벽의 1) 전도안전율과 2) 옹벽활동안전율을 쓰시오.

정답 1) 2.0
2) 1.5

제2절 우 · 배수시설설계하기

1 빗물처리시설설계

(1) 빗물처리 설계

① 빗물의 재이용 방법의 장점

㉠ 수자원의 효율적 활용

㉡ 수자원의 지속가능한 이용

㉢ 가뭄으로 인한 도시의 지하수 고갈로 인한 물 부족 문제 해결

㉣ 도시의 물 부족 문제를 해결할 수 있는 하나의 수자원 확보 방안

㉤ 빗물 재이용을 위한 필요 시설 : 빗물침투시설, 빗물저류시설, 빗물이용을 위한 송·배수시설

㉥ 관련 분야와의 협업을 통하여 빗물처리 관련설계를 수행한다.

참고

- 빗물침투 : 빗물이 내려 형성된 지표수가 땅속으로 침투되어 지표면의 유출량을 감소시키고 지하수를 함양하는 것을 말한다.
- 지표면 배수 : 지표면에서 빗물을 일정한 방향 혹은 지점으로 모아 배수하는 것을 의미한다.
- 심토층 배수 : 지하수위를 낮추기 위하여 지하수를 배수하는 것을 의미하며 지하배수라고도 말한다.

(2) 빗물침투 및 배수구역

① 배수구역은 계획된 지역뿐만 아니라 인접한 상류 측의 유입구역도 고려해야 한다.

② 녹지조성에 수반되는 지형변화에 따라 우수유출량의 증대와 하류 측의 영향도 고려하여 설계한다.

③ 주위의 새로운 개발에 수반되는 변화도 검토한다.

④ 토양의 특성, 지표의 마감상태, 지하수위 등에 따라 빗물침투구역, 지표배수구역, 심토층배수구역으로 구분한다.

⑤ 전체적으로는 하나의 배수체계를 갖도록 한다.

(3) 빗물침투와 배수의 계통 및 방식

① 배수계통

㉠ 배수계통 방식의 종류 : 직각식, 차집식, 선형식, 방사식, 집중식

㉡ 배수계통 방식 결정 요인 : 배수구역의 지형, 배수방식, 방류조건, 인접시설, 기존의 배수시설

② 배수방식

㉠ 배수방식의 종류 : 배수관 등의 관거식, 배수로, 측구 등과 같은 개거식, 침투식, 암거식

㉡ 개거식은 조경시설의 배치계획에 영향을 주기 쉽기 때문에 충분히 고려해야 한다.

③ 고려사항

㉠ 녹지의 규모, 성격, 지형, 토질, 기상 및 식생 등을 파악한다.

㉡ 청소 및 보수가 쉽도록 유지관리도 고려한다.

㉢ 하수도에 방류하는 경우에는 빗물과 오수를 동일 관거로 배제하는 합류식과, 분리하는 분류식으로 나눌 수 있다.

㉣ 최대우수배수량을 합류식으로 산출하여 정한다.

(4) 빗물침투시설설계

① 빗물침투시설

㉠ 녹지의 빗물침투시설은 식재수목에 토양수분이 적정량으로 공급되도록 부지조성공사를 포함한 조성계획에서 검토해야 한다.

㉡ 빗물침투시설은 지표수나 지하수에 의하여 조경구조물이나 시설물의 기초지반이 약해지거나 침식되는 것을 예방한다.

㉢ 지하수함양을 통해 물순환체계를 복원한다.

㉣ 지하수배제를 통하여 식물의 생육에 적정한 토양 중의 수분을 공급하는 기능을 고려하여 설계한다.

② 빗물침투시설구조물

㉠ 빗물침투시설의 구조는 빗물의 저장기능과 침투기능이 효과적으로 발휘될 수 있는 구조이어야 한다.

㉡ 빗물의 저장기능과 침투기능을 장기간 유지할 수 있도록 토사, 오물 등의 유입에 의한 막힘과 퇴적에 대하여 충분히 대응할 수 있도록 설계해야 한다.

출제예상문제

01 다음은 빗물 재이용 방법의 장점이다. (　) 안에 알맞은 내용을 쓰시오.

- 수자원의 효율적 (①)과 지속가능한 이용을 할 수 있다.
- 가뭄으로 인한 도시의 지하수 고갈로 인한 물 (②) 문제를 해결할 수 있다.
- 도시의 물 부족 문제를 해결할 수 있는 하나의 (③) 방안이다.

정답 ① 활용, ② 부족, ③ 수자원 확보

02 빗물이 내려 형성된 지표수가 땅속으로 침투되어 지표면의 유출량을 감소시키고 지하수를 함양하는 것을 무엇이라 하는지 쓰시오.

정답 빗물침투

03 지하수위를 낮추기 위하여 지하수를 배수하는 것을 의미하며 지하배수라고도 말하는 배수를 쓰시오.

정답 심토층배수

04 다음 ( ) 안에 알맞은 내용을 쓰시오.

빗물침투구역과 지표배수구역, 심토층배수구역은 전체적으로는 하나의 ( )를 갖도록 한다.

정답 배수체계

05 배수방식의 종류 중 조경시설의 배치계획에 영향을 주기 때문에 배치 시 위치를 고려해야 하는 배수방식을 쓰시오.

정답 개거식

06 다음 ( ) 안에 알맞은 내용을 쓰시오.

빗물침투시설은 지표수나 지하수에 의하여 조경구조물이나 시설물의 ( )이 약해지거나 침식되는 것을 예방한다.

정답 기초지반

07 다음 ( ) 안에 알맞은 내용을 쓰시오.

빗물침투시설의 구조는 빗물의 (①)과 (②)이 효과적으로 발휘될 수 있는 구조이어야 한다.

정답 ① 저장기능, ② 침투기능

08 다음 ( ) 안에 알맞은 내용을 쓰시오.

녹지, 잔디밭, 텃밭 등은 빗물침투를 촉진하기 위하여 식재면을 굴곡 있게 설계하고 ( )m^2마다 1개소씩 오목하게 설계한다.

정답 100

09 잔디도랑, 자갈도랑 등 선형의 침투시설에의 침투정 설치 거리는 몇 m인지 쓰시오.

정답 20m

2 배수시설설계

(1) 배수시설설계

① **목적** : 부지 내 유입되는 빗물 중 과다한 부분을 안전하고 건강한 부지상태로 유지하기 위해 부지 외부지역으로 배출하는 것

② **배수시설설계에 요구되는 정보** : 지형, 식생, 기존 배수시설 현황, 강수량, 부지경계 및 환경특성

③ 이러한 정보들을 검토·분석하여 계획대상지에 적합한 배수방법을 결정하고 관련한 배수시설설계를 진행한다.

(2) 지표면 배수

① 지표면 배수설계 시 유의 사항

㉠ 도로, 보도, 광장, 운동장, 기타 포장지역 등의 표면은 배수가 쉽도록 일정한 기울기를 유지한다.

㉡ 표면유수가 계획된 집수시설에 흘러 들어가도록 설계한다.

㉢ 집수지점의 높이는 주변 포장이나 구조물과 기울기가 자연스럽게 연결되도록 설계한다.

㉣ 식재지역 및 구조물 쪽으로 역경사가 되지 않도록 한다.

㉤ 녹지에 다른 지역의 물이 유입되지 않도록 설계한다.

㉥ 식재부위를 장기간 빈 공간으로 방치하는 경우에는 토양침식을 방지한다.

㉦ 토양침식을 방지하기 위해서 표면을 지피식물 등으로 피복하도록 설계한다.

㉧ 표면배수의 물흐름 방향은 개거나 암거의 배수계통을 고려하여 설계한다.

㉨ 개거는 유량이 많으면 큰 단면을 필요로 하는 배수로와 지표면의 유하수를 배제하는 배수구로 나누어 적용한다.

㉩ 단면이 큰 배수로는 환경부 제정 하수도시설기준에 따른다.

㉪ 개거배수는 지표수의 배수가 주목적이지만 지표저류수, 암거로의 배수, 일부의 지하수 및 용수 등을 모아서 배수한다.

② 개거 설치설계 시 유의 사항

㉠ 식재지에 개거를 설치하는 경우에는 식재계획 및 맹암거 배수계통을 고려하여 설계한다.

㉡ 개거는 토사의 침전을 줄이기 위해서 배수기울기를 1/300 이상으로 한다.

㉢ 개거의 보호를 위한 시설을 설치한다.

㉣ 비탈면의 하부와 잔디밭 등 녹지에 설치하는 측구·개거 등 지표면 배수시설은 투수가 가능한 구조로 설계하여야 한다.

㉤ 지하수를 함양시키고 인접 녹지의 지하수를 배수시킬 수 있도록 해야 한다.

(3) 심토층 배수

① **심토층 배수의 목적** : 지표면에서 침투수를 집수하는 것과 지표면 아래의 지하수 높이를 낮추어 녹지의 비탈면과 옹벽 등 구조물의 파괴를 방지하는 데 있다.

② 지층의 성층상태, 투수성 지하수 상태 파악을 위해 지질도와 항공사진을 검토한다.

③ 한랭지에서는 동상에 대한 검토로서 기온, 토질, 지중수에 대하여 조사한다.

④ 사질토이거나 지하수 높이가 낮고 배수가 좋은 경우에는 심토층 배수를 설계하지 않을 수 있다.

⑤ 암거배수

㉠ 암거배수는 지하수 높이를 낮추고 표면의 정체수를 배수하거나 지나친 토중수를 배수하며 토양 수분을 조절하도록 한다.

㉡ 배수관은 관내부로 토양수가 쉽게 들어오고 토사는 들어오지 못하도록 설계한다.

⑥ **사구법**

㉠ 식재지가 불투수성인 경우에는 폭 1~2m, 깊이 0.5~1m의 도랑을 파고 모래를 충진한 뒤 식재지반을 조성하도록 설계한다.

㉡ 사구의 바닥면을 기울게 설계할 경우 암거를 설계하지 않아도 된다.

㉢ 수목의 나무 구덩이를 사구로 연결하고 개거 또는 암거를 설계한다.

⑦ **사주법** : 식재지가 불투수층으로 그 두께가 0.5~1m이고 하층에 투수층이 존재하는 경우에는 하층의 투수층까지 나무구덩이를 관통시키고 모래를 객토하는 공법으로 설계한다.

(4) 설계일반

① 배수시설의 기울기는 지표기울기에 따른다.

② **유속의 표준**

㉠ 분류식 하수도의 오수관거 유속 : 0.6~3.0m/sec

㉡ 우수관거 및 합류식관거 유속 : 0.8~3.0m/sec

㉢ 이상적인 유속 : 1.0~1.8m/sec

③ 관거 이외의 배수시설의 기울기는 0.5% 이상으로 하는 것이 바람직하다.

④ 배수구가 충분한 평활면의 U형 측구일 때는 0.2% 정도까지 완만하게 할 수 있다.

⑤ 배수시설은 식재수목에 토양 수분이 적정량으로 공급되도록 부지조성공사를 포함한 조성계획단계에서 검토해야 한다.

⑥ 관거는 외압에 대하여 충분히 견딜 수 있는 구조 및 재질을 사용한다.

⑦ 관은 유량, 수질, 매설 장소의 상황, 외압, 접합방법, 강도, 형상, 공사비 및 유지관리 등을 충분히 고려하여 합리적으로 선정한다.

⑧ 배수시설은 지표수나 지하수에 의하여 조경구조물이나 시설물의 기초지반 지내력이 약해지거나 침식되는 것을 예방한다.

⑨ 지하수함양을 통해 물순환체계를 복원한다.

⑩ 지하수배제를 통하여 식물의 생육에 적정한 토양 중의 수분을 공급하는 기능을 고려하여 설계한다.

출제예상문제

01 다음 ( ) 안에 알맞은 내용을 쓰시오.

> 배수시설이란 부지 내 유입되는 빗물 중 과다한 부분을 안전하고 건강한 부지상태로 유지하기 위해 부지 ( )으로 배출하는 시설이다.

정답 외부지역

02 도로, 보도, 광장, 운동장, 기타 포장지역 등의 표면은 배수가 쉽도록 일정한 기울기를 유지한다. 이때 일정한 기울기는 몇 % 이상인지 쓰시오.

정답 0.3% 이상

03 지표면 배수설계 시 유의 사항에서 잘못된 부분을 찾아 바르게 고쳐 쓰시오.

1) 식재지역 및 구조물 쪽으로 역경사가 되도록 한다.
2) 녹지에 다른 지역의 물이 흘러가도록 설계한다.
3) 토양침식을 방지하기 위해서 표면을 수생식물 등으로 피복하도록 설계한다.

정답 1) 되도록 → 되지 않도록
2) 흘러가도록 → 유입되지 않도록
3) 수생식물 → 지피식물

04 심토층배수를 설계하지 않을 수 있는 토양을 쓰시오.

정답 사질토

05 다음 ( ) 안에 알맞은 내용을 쓰시오.

심토층배수 방법에는 ( ), 사구법, 사주법 등이 있다.

정답 암거배수

06 다음 ( ) 안에 알맞은 내용을 쓰시오.

관거 이외의 배수시설의 기울기는 (①)% 이상, 배수구가 충분한 평활면의 U형 측구의 기울기는 (②)% 정도이다.

정답 ① 0.5, ② 0.2

07 다음은 배수시설설계 시 유의 사항이다. ( ) 안에 알맞은 내용을 쓰시오.

배수관로는 직선방향으로 배치하여야 하며 배수관의 방향이 변경되는 경우에는 반드시 (①)이나 (②)을 설치해야 한다.

정답 ① 급수정, ② 맨홀

3 관수시설설계

(1) 관수시설설계

① 식물의 생존, 생육을 위해서는 반드시 일정량의 수분이 요구된다.

② 강수량이 부족하거나 건조한 날이 상당한 기간 동안 유지되는 경우에는 토양수분의 결핍과 식물 뿌리근계의 손상으로 식물이 조해를 입게 된다.

③ 식물의 생육을 위해서는 관수가 일정부분 필요하다.

④ 어린 묘목이나 잔디에는 다량의 수분이 필요하다.

⑤ 관수시설설계는 관수대상지의 규모 및 현장조건에 따라 관수방법을 결정한다.

⑥ 관련분야와 협업에 의해 설계를 진행한다.

참고

- 관수시설 : 조경 식재공간에 관리를 목적으로 물을 대기 위한 시설을 말한다.
- 관수용수 : 관수를 위해 공급되는 용수를 말한다.
- 가압시설 : 관수를 하기 위해 필요한 압력으로 일정하게 유지하는 장치이다.

(2) 관수시설의 조건

① 가압시설, 필터장치, 살수장치, 제어장치 등을 포함한다.

② 관수시설을 효과적으로 유지관리할 수 있도록 관수시설 및 관련 설계요소 전체를 하나의 시스템으로 취급한다.

(3) 관수시설 재료

① 펌프

㉠ 배관에 압력을 일정하게 유지할 수 있는 장치가 포함되어야 한다.

㉡ 펌프의 효율, 토출양, 양정 등 설치공간의 특성을 고려하여 선정한다.

② 노즐

㉠ 일정한 충격이나 하중에 견딜 수 있도록 내구성이 있어야 한다.

㉡ 온도에 의한 변형이 적은 재질의 제품을 선정한다.

③ 사용배관

㉠ 내구성, 유수에 대한 저항, 시공의 난이도 등을 고려한다.

㉡ HI3P, PE, PVC 등 기타의 재질을 사용할 수 있다.

출제예상문제

01 관수시설설계 시 관수대상지의 관수 방법 결정 요소에 대하여 서술하시오.

정답 규모 및 현장조건

02 조경 식재공간에 관리를 목적으로 물을 대기 위한 시설을 쓰시오.

정답 관수시설

03 관수시설에 포함되는 주요 시설을 2가지 이상 쓰시오.

정답 가압시설, 필터장치, 살수장치, 제어장치

04 관수시스템설계에서 사용되는 관수 방법의 종류를 쓰시오.

정답 점적관수, 스프링클러, 팝업스프레이

05 다음에서 설명하는 관수시스템을 쓰시오.

가압펌프와 바이패스(By-pass), 워터디텍터(Water Detector)와 같은 시설 요소가 필요한 관수시스템

정답 자동급수시스템

06 다음에시 설명하는 장치를 쓰시오.

1) 스프링클러 설치 시 유의 사항에서 큰 압력 차이에서도 조절이 가능하도록 설치된 장치 2) 중앙컴퓨터와 함께 사용되지만 독립적으로도 사용 가능하여야 하며 현장에서 수동으로 살수작동이 가능해야 하는 살수장치

정답 1) 자동압력조절장치
2) 위성통제기

07 자동제어 전선공사를 시행하는 방법 중 지중전선 설치 방법에 대하여 서술하시오.

정답 관로식 또는 암거식, 직접매설식이 있다.

제3절 포장설계하기

1 포장설계

(1) 포장설계

① 보행자 및 자전거, 차량 등의 통행과 다양한 활동을 할 수 있어야 한다.

② 원활한 통행 및 활동을 할 수 있도록 도로 및 공간의 지표면을 처리하는 방법을 설계한다.

③ **종합적 검토 및 고려사항** : 해당 공간의 성격과 기능, 설계주제, 설계자의 의도, 주변환경과의 연관성, 시공방법, 경제성, 유지관리

④ 적합한 포장재료와 포장패턴을 선정한다.

(2) 포장설계 시 중점사항

① 미끄럼방지 등 포장의 기본적인 기능성 향상

② 색상, 질감 등을 이용한 통일성과 질서 있는 공간설계

③ 전체적인 지역경관 향상

2 포장의 종류

(1) 포장의 용도별 구분

① **보도용 포장** : 보도, 자전거도로, 공원 내 도로 및 광장 등 주로 보행자에게 제공되는 도로 및 광장의 포장

② **차도용 포장** : 관리용 차량이나 한정된 일반차량의 통행에 사용되는 도로로서 최대적재량 4톤 이하의 차량이 이용하는 도로의 포장

③ **간이포장** : 비교적 교통량이 적은 도로의 도로면을 보호·강화하기 위한 도로포장으로 차량의 통행을 위한 차도를 제외한 기타의 포장

(2) 포장마감 및 구조에 의한 구분

① **흙포장** : 흙을 기본소재로 하는 포장으로 기존 임상 내 산책로개설, 경화흙포장, 마사토포장 등이 있다.

② **블록포장** : 단위블록을 이용한 포장으로 보차도용 콘크리트인터로킹블록, 점토블록, 고무블록, 목재블록, 잔디보호블록, 석재블록, 비소성흙블록 등의 자재를 이용한다.

③ 일체형포장

㉠ 포장하부의 기층을 콘크리트 등의 일체형구체로 시공한다.

㉡ 표층재를 부착시키거나, 보조기층 상부에 표층재을 포설하고 다짐하여 일체로 시공한다.

㉢ 콘크리트포장(투수성 포함), 아스팔트콘크리트포장(투수성 포함), 판석포장, 타일포장, 고무매트 및 고무칩포장, 자갈박기(지압포장 포함), 인조잔디, 합성수지표층포장(우레탄포장) 등

④ 포장경계

㉠ 포장공간의 경계부, 상이한 자재의 포장마감선 등에 설치한다.

㉡ 화강석경계블록, 콘크리트경계블록, 보차도용 콘크리트인터로킹경계블록, 점토바닥블록경계

3 포장재료

※ 포장재 선정 시 고려사항 : 내구성, 내후성, 보행성, 안전성, 시공성, 유지관리성, 경제성, 환경친화성, 관련 법령

(1) 콘크리트블록포장재

① 콘크리트조립블록

㉠ 보도용과 차도용이 있다.

㉡ 보도용은 두께 6cm로, 차도용은 두께 8cm로 한다.

㉢ 포장재료의 품질과 규격은 KS F 4419(보차도용 콘크리트인터로킹블록)에 따른다.

㉣ 차도용 블록의 휨강도는 5.88MPa 이상을, 보도용 블록의 휨강도는 4.9MPa 이상을 적용한다.

㉤ 평균흡수율은 7% 이내로 한다.

② 시각장애인용 유도블록

㉠ 선형블록과 점형블록이 있다.

㉡ 선형블록은 유도표시용으로, 점형블록은 위치표시 및 감지·경고용으로 사용한다.

③ 포설용 모래 : 투수계수 10^{-4}cm/sec 이상으로 No.200체 통과량이 6% 이하이어야 한다.

(2) 투수성아스팔트혼합물, 컬러세라믹, 유색골재혼합물

① 투수성아스팔트혼합물 : 투수계수 10^{-2}cm/sec 이상, 공극률은 9~12%를 기준으로 한다.

② 컬러세라믹, 유색골재혼합물

㉠ 표층골재는 입경 1.0~3.5mm의 구형으로 된 것이어야 한다.

㉡ 내구성, 내마모성, 내충격성 및 흡음성이 있는 세라믹이나 유색골재를 주재료로 이용한다.

㉢ 접합제(Binder)는 에폭시수지, 폴리우레탄수지 등의 합성수지에 적당한 첨가제와 빨간색, 초록색 등의 안료를 더한 것을 사용한다.

㉣ 열경화성과 열가소성이 있고 부착성능이 우수한 것으로 이용한다.

(3) 점토바닥벽돌

① 포장용 제품의 물리적 특성 : 흡수율 10% 이하, 압축강도 20.58MPa 이상, 휨강도는 5.88MPa 이상

② 점토타일의 경우에는 콘크리트 등의 보조기층을 설계한다.

(4) 석재

① 석재타일 : KS L 1001(도자기질 타일)의 규정에 적합한 자기질, 도기질, 석기질 바닥타일로서 표면에 미끄럼방지 처리가 되어 있는 것을 사용한다.

② 포장용 석재 : 압축강도 49MPa 이상, 흡수율 5% 이내의 것으로 한다.

(5) 포장용 콘크리트, 포장용 아스팔트

① 포장용 콘크리트

㉠ 포장용 콘크리트 : 재령 28일, 압축강도 17.64MPa 이상, 굵은 골재 최대치수 40mm 이하로 한다.

㉡ 줄눈재

- 줄눈용 판재는 두께 10mm의 육송판재 또는 삼나무판재를 기준으로 한다.
- 포장 줄눈용 실링재(Sealant)는 피착재의 종류에 따라 적합한 것을 사용한다.

• 특별히 정하지 않은 경우 탄성형실링재로 한다.
• 채움재(Joint Filler)는 신축이음용을 사용한다.

㉢ 용접철망 : 콘크리트포장에 쓰이는 용접철망은 KS D 7017(용접철망 및 철근격자)의 규정에 적합한 용접철망 중 평평한 철망을 사용한다.

㉣ 기타 재료 : 국토해양부의 도로포장설계·시공지침에 따른다.

② **포장용 아스팔트** : 포장용 아스팔트 관련사항은 국토해양부의 도로포장설계·시공지침에 따른다.

(6) 포장용 고무바닥재

① **충격흡수보조재**

㉠ 합성고무 SBR(스티렌·부타디엔계 합성고무)은 두께 0.5~2mm에 길이 3~20mm를 표준으로 한다.

㉡ 바인더는 고무중량의 12~16%로 하여 입자 전체를 코팅해야 한다.

② **직시공용 고무바닥재**

㉠ 고무입자는 각각이 1mm 미만, 서로 교차했을 때 3mm 미만으로 한다.

㉡ 바인더는 고무중량의 16~20%로 한다.

③ **인조잔디** : 인화성이 없는 재료로 제작된 것이어야 한다.

④ **고무블록** : KS M 6951(재활용 고무블록)에서 규정한 품질기준에 따른다.

(7) 마사토, 놀이터 포설용 모래

① **마사토** : 화강암이 풍화된 것으로 No.4 체(4.75mm)를 통과하는 입도를 가진 골재가 고루 함유되어 다짐 및 배수가 쉬운 재료로 한다.

② **놀이터 포설용 모래** : 입경 1~3mm 정도의 입도를 가진 것, 먼지, 점토, 불순물 또는 이물질이 없어야 한다.

(8) 경계블록

① **콘크리트경계블록**

㉠ 보차도경계블록과 도로경계블록으로 나누어 적용한다.

㉡ KS F 4006(콘크리트 경계블록)에 의해 경계블록 종류별로 적합한 휨강도와 5% 이내의 흡수율을 가진 제품이어야 한다.

② **화강석경계블록** : 압축강도는 49MPa 이상, 흡수율 5% 미만, 겉보기비중은 2.5~2.7g/cm^3이어야 한다.

4 설계일반

(1) 사전조사 및 검토사항

① 이용목적, 이용상황, 이용행태 등의 사회 행태적 조건

② 지형, 지질, 배수상황, 지하수의 높이, 지반조건, 기상, 동결심도 등 자연환경조건

③ 유지관리 정도, 경제성 등의 조건

④ 당해 지역포장에 적합한 기능 및 효과

⑤ 관련 법령

(2) 설계일반사항

① 포장설계는 물리적요소와 조형적요소를 동시에 고려하여야 한다.

㉠ 물리적요소 : 필요강도에 적합한 재료선정 및 구조설계

㉡ 조형적요소 : 포장평면의 문양설계

② 포장의 여러 조건과 기능 및 효과를 충족시켜야 한다.

③ 조형적요소는 색채, 질감, 형태, 척도 및 주변시설과의 조화 등 여러 조형요소들을 고려하여 설계한다.

(3) 포장의 구조

① 일반적인 포장은 표층, 중간층, 기층, 보조기층, 차단층, 동상방지층 및 노상으로 구성되어 있다.

② 강성포장은 콘크리트 슬래브, 보조기층, 동상방지층 및 노상 등으로 설계한다.

③ 포장의 용도와 원지반 조건 등의 조건에 따라 포장구조를 선택한다.

④ 방진처리와 표면처리를 위한 표층만의 포장, 표층과 기층만으로 구성되는 간이포장 등의 포장구조가 있다.

(4) 포장구조의 설계원칙

포장두께 및 각 층의 구성은 교통하중, 노상조건, 사용재료 및 환경조건을 고려하여 경제적으로 설계한다.

(5) 시멘트콘크리트포장의 줄눈

① 팽창줄눈의 기준

㉠ 선형의 보도구간에서는 9m 이내

㉡ 광장 등 넓은 구간에서는 $36m^2$ 이내

㉢ 포장경계부는 직각 또는 평행

② 수축줄눈의 기준

㉠ 선형의 보도구간에서는 3m 이내

㉡ 광장 등 넓은 구간에서는 $9m^2$ 이내

㉢ 포장경계부는 직각 또는 평행

(6) 경계처리

① 경계의 종류

㉠ 서로 다른 포장재료의 연결부

㉡ 녹지, 운동장과 포장의 연결부

② 경계처리 재료

㉠ 콘크리트

㉡ 화강석 보도경계블록

㉢ 녹지경계블록 또는 기타의 경계마감재

③ 보차도경계블록은 차량의 바퀴가 올라설 수 없는 높이로 한다.

(7) 배수처리

① 포장지역의 표면은 배수구나 배수로 방향으로 최소 0.5% 이상의 기울기로 설계한다.
② 산책로 등 선형구간에는 적정거리마다 빗물받이나 횡단배수구를 설계한다.
③ 광장 등 넓은 면적의 구간에는 외곽으로 뚜껑 있는 측구를 두도록 한다.
④ 비탈면 아래의 포장경계부에는 측구나 수로를 설치한다.
⑤ 배수구역별로 빗물받이 등 적정한 배수시설을 설치한다.
⑥ 계획된 집수시설이나 기존 관로에 연결한다.

(8) 식재수목 주변의 포장

① 식재수목 주변은 투수성 포장으로 한다.
② 포장지역 내의 식재수목 주변은 원지반의 토질분석 결과를 고려하여 별도의 배수시설과 수목보호덮개를 설치한다.

(9) 포장의 폭

포장재료의 규격과 줄눈을 고려하여 결정한다.

(10) 난간 설치

기울기가 급한 비탈면을 포장할 경우에는 필요에 따라 추락이나 미끄럼방지를 위한 난간을 설치한다.

(11) 장애인을 고려한 포장설계

포장재료나 경계블록 구조와 마감 등은 장애인·노인·임산부의 편의증진 보장에 관한 법률 등의 법규에 적합한 별도의 기준을 적용한다.

출제예상문제

01 다음은 포장설계 시 중점사항이다. (   ) 안에 알맞은 내용을 쓰시오.

- 미끄럼방지 등 포장의 기본적인 (①) 향상
- 색상, 질감 등을 이용한 (②)과 질서 있는 공간설계
- 전체적인 (③) 향상

정답 ① 기능성, ② 통일성, ③ 지역경관

02 포장마감 및 구조에 의한 구분에서 표층재를 부착시키거나, 보조기층 상부에 표층재를 포설하고 다짐하여 시공하는 포장을 쓰시오.

정답 일체형포장

03 다음 포장의 종류에서 일체형포장에 속하지 않는 것을 모두 골라 쓰시오.

판석포장, 타일포장, 점토블록포장, 고무매트 및 고무칩포장, 마사토포장, 인조잔디포장, 합성수지표층포장, 잔디보호블록포장

정답 점토블록포장, 마사토포장, 잔디보호블록포장

04 콘크리트인터로킹블록 중 보도용과 차도용의 두께는 각각 몇 mm인지 쓰시오.

정답 보도용 60mm, 차도용 80mm

05 시각장애인용 유도블록에는 선형블록과 점형블록이 있다. 선형블록의 용도를 쓰시오.

정답 유도표시용

06 컬러세라믹, 유색골재혼합물의 접착제로 사용되는 합성수지의 명칭을 2가지 쓰시오.

정답 에폭시수지, 폴리우레탄수지

07 점토바닥벽돌의 물리적 특성 중 흡수율은 몇 %인지 쓰시오.

정답 10% 이하

08 포장용 콘크리트에 사용되는 굵은 골재의 최대치수는 몇 mm인지 쓰시오.

정답 40mm 이하

09 **포장용 콘크리트포장을 할 때에 사용되는 줄눈용 판재의 두께는 몇 mm인지 쓰시오.**

정답 10mm

10 **경계블록의 종류를 2가지 쓰시오.**

정답 콘크리트경계블록, 화강석경계블록

11 **포장설계를 하기 위한 사전조사 사항으로 사회 행태적 조건을 2가지 이상 쓰시오.**

정답 이용목적, 이용상황, 이용행태

12 **포장설계 일반사항으로는 물리적요소와 또 다른 요소가 있다. 이 요소의 명칭을 쓰시오.**

정답 조형적요소

13 **시멘트콘크리트포장의 줄눈에는 팽창줄눈과 수축줄눈이 있다. 선형의 보도구간에서는 9m 이내로 시공해야 하는 것은 무엇인지 쓰시오.**

정답 팽창줄눈

14 **포장지역의 표면은 배수구나 배수로 방향으로 최소는 몇 %의 기울기로 해야 하는지 쓰시오.**

정답 0.5% 이상

15 **포장지역 내의 식재수목 주변에는 원지반의 토질분석 결과를 고려하여 별도의 배수시설과 함께 설치해야 하는 시설을 쓰시오.**

정답 수목보호덮개

16 포장재료 선정 시 고려해야 할 사항을 2가지 이상 쓰시오.

정답 안전성, 시공성, 경제성, 내구성, 미관성

17 다음은 보도포장 시 유의 사항이다. (   ) 안에 알맞은 내용을 쓰시오.

포장면의 종단기울기는 (①) 이하가 되도록 하고, 휠체어 이용자를 고려하는 경우에는 (②) 이하로 한다.

정답 ① 1/12 이하, ② 1/18 이하

18 포장면 횡단경사의 표준기울기(배수처리가 가능한 방향)는 몇 %인지 쓰시오.

정답 2%

19 자전거도로 포장면 종단경사 기준은 2.5~3.0%(최대 5%)이다. 횡단경사 기준은 몇 %인지 쓰시오.

정답 1.5~2.0%

20 다음 차도용 포장면의 횡단경사는 몇 %인지 쓰시오.

1) 아스팔트콘크리트포장 및 시멘트콘크리트포장 2) 간이포장도로 3) 비포장도로

정답 1) 1.5~2.0%
2) 2~4%
3) 3~6%

제4절 조경기반시설도면 작성하기

1 조경기반시설도면 작성

참고

- 설계도면(Engineering Drawing)
  - 시공될 공사의 성격과 범위를 표시하고 설계자의 의사를 KS 및 관련규격에 근거하여 표현한 도면
  - 공사목적물의 내용을 구체적으로 표시해 놓은 도면
  - 과업계획에 의해 제시된 목적물의 형상과 규격 등을 표현하기 위해 설계자에 의해 작성된 도면
  - 물량산출 및 내역산출의 기초가 되며 시공자가 시공도면을 작성할 수 있도록 모든 지침이 표현된 도면을 말한다.
- 시공상세도(Shop Drawing)
  - 현장에 종사하는 시공자가 목적물의 품질확보 또는 안전시공을 할 수 있도록 작성하는 도면
  - 건설공사의 진행 단계별로 요구되는 시공방법과 순서, 목적물을 시공하기 위하여 임시로 필요한 조립용 자재와 그 상세 등을 설계도면에 근거하여 작성하는 도면
  - 감리원의 검토·승인이 요구되며 가 시설물의 설치, 변경에 따른 제반도면을 포함한다.
- 준공도면(As-built Drawing) : 착공 후 준공까지 모든 변경사항이 설계도면에 표기된 것으로, 준공 후 공사비 정산 및 유지 관리에 필요한 도면을 말한다.

① **도면의 종류** : 공사계획도, 부지정지계획도, 우배수계획도, 포장계획도 등이 있고, 이들 계획도류는 통상 평면계획도로 만들어지고 종횡단면도 등을 부가적으로 활용해 도면을 작성한다.

② **도면의 종류와 작성내용**

㉠ 공사계획평면도
- 설계대상공간 내 공간의 골격과 주요 구조물의 위치 및 종류 등을 표현한다.
- 전체 설계대상공간을 모두 표현한다.
- 공사의 기준이 되는 주요 치수와 시설, 구조물 등의 위치가 표현된다.
- 공간의 높낮이에 관한 정보 및 기본적인 치수를 표현해 시공자가 공사의 큰 범위와 내용을 알 수 있도록 구성한다.

㉡ 부지정지계획도
- 전체 대상공간의 땅을 어떻게 조정할 것인지에 대한 내용을 표현한 도면이다.
- 절, 성토 및 토목옹벽 등을 이용해 땅의 높낮이 조정에 관한 정보, 지형모양의 조작에 관한 내용 및 땅을 다루는 공사내용을 정리한 도면이다.

㉢ 우배수계획도
- 전체 대상공간의 빗물을 처리하기 위한 정보를 포함한 도면이다.
- 큰 물의 흐름에 관한 정보, 배수시설의 위치, 배수면의 경사에 관한 정보 등을 포함한다.

㉣ 관수계획도
- 녹지에 관수를 하기 위한 관수설비에 대한 정보를 표현한 도면이다.
- 관수의 범위, 방법, 설비라인의 계통 등이 표시되도록 한다.

㉤ 포장계획도 : 전체 대상공간의 포장공간에 대해 포장의 재료 및 공법별 구분, 대략적 포장면의 디자인 내용 등이 모두 포함된 도면이다.

㉥ 관련 상세도
- 상세한 시공내용을 알 수 있도록 구성한 도면이다.
- 주요 기반시설의 설계에 관한 도면의 부분 중 구체적이고 상세한 시공을 하기 위한 도면이다.
- 부분 평면계획도, 주요 종, 횡단면도 및 상세도 등으로 연결하여 구성한다.

③ 도면작성 시 주의사항

㉠ 도면작성

- 모든 설계도면은 이해하기 쉽도록 상세하고 체계적으로 작성한다.
- 이들 도면은 해당 작성기준(KS A0005, KS F 1001)등에 부합하도록 작성되어야 한다.
- 모든 도면은 CAD system을 사용하여 작성하고 건설기술개발 및 관리 등에 관한 운영 규정에 의거 단체표준으로 공고된 '건설CALS/EC 전자도면 작성표준'에 따라 작성한다.

㉡ 도면의 구성요소

- 모든 설계도면에는 도면작성자, 검토자, 책임기술자의 서명 또는 날인이 있어야 한다.
- 설계도면에는 주석(Note)란을 만들어 구조물 설계방법, 재료의 종류, 강도 등과 같은 주요 설계조건을 수록한다.
- 시공 시에 유의하여야 할 사항 등 해당 도면 공사내용의 특기사항을 수록한다.
- 관련 도면란을 만들어 해당 도면의 내용과 밀접한 관계가 있는 도면의 번호를 수록하여야 한다.
- 설계도면에 개정(Revision)란을 만들어 시공 시 도면의 히스토리를 기록할 수 있도록 한다.

㉢ 도면의 표기

- 도면에는 치수, 설명 등 가능한 한 다양한 방식을 활용해 시공자가 설계내용을 명확히 알 수 있도록 표기한다.
- 주요 설계계수가 가정값인 경우 현장시공에 앞서 확인이 필요하면 도면 주석란에 이러한 사실을 명시하여야 한다.
- 설계도면에 작성되는 단위는 S.I를 원칙으로 하며, 특수단위가 필요할 때는 발주청과 협의한 후 사용한다.

출제예상문제

01 다음에서 설명하는 도면의 종류를 쓰시오.

1) 현장에 종사하는 시공자가 목적물의 품질확보 또는 안전시공을 할 수 있도록 작성하는 도면
2) 전체 대상공간의 땅을 어떻게 조정할 것인지에 대한 내용을 표현한 도면

정답 1) 시공상세도(Shop Drawing)
2) 부지정지계획도

02 조경기반시설설계도의 종류 중 2가지 이상을 쓰시오.

정답 공사계획도, 부지정지계획도, 우배수계획도, 포장계획도

03 조경기반시설설계도의 구성요소를 정리한 내용이다. ( ) 안에 알맞은 내용을 쓰시오.

- 모든 설계도면에는 (①), 검토자, 책임기술자의 서명 또는 날인이 있어야 한다.
- 시공 시에 유의하여야 할 사항 등 해당 도면 공사내용의 (②)을 수록한다.

정답 ① 도면작성자, ② 특기사항

06 정원설계

제1절 조사분석하기

1 사전협의

(1) 의뢰인 요구사항 정리

① 공간조성에 관한 요구 파악

㉠ 설계자는 현장에서 부지를 조사하여 부지의 문제점과 잠재력을 파악한다.

㉡ 의뢰인의 요구사항과 정원공사비 등을 논의한다.

② 설계용역에 관한 요구 파악

㉠ 정원설계용역 업무에 대한 제안사항을 같이 제시한다.

㉡ 설계의 최소 소요기간 및 제안용역비에 대한 대략적인 협의가 함께 이루어지도록 한다.

(2) 설계용역제안서 작성

① 설계자는 상담을 진행시킨 후 의뢰인에게 설계 계약을 체결할 의사가 있는지를 질문해야 한다.

② 의뢰인이 설계 계약에 관심을 보이면, 설계자는 수일 내에 설계 계약을 위한 설계용역제안서를 작성하여 제시한다.

③ 설계용역제안서에는 설계자와 의뢰인의 이름과 주소, 착수할 프로젝트 업무의 범위 및 결과, 도면과 성과품, 설계 내용과 지불 계획 등을 포함한다.

④ 설계용역제안서는 의뢰인에 의해서 받아들여질 수도 있고 거부될 수도 있지만, 제안서가 설계자와 의뢰인에 의해서 서명되었을 때에는 법적인 계약서로서 효력을 가진다.

출제예상문제

01 의뢰인의 요구를 파악해야 할 때 필요한 요구사항을 쓰시오.

정답 공간조성에 관한 요구, 설계용역에 관한 요구

02 의뢰인이 설계 계약에 관심을 보일 때, 설계자가 수일 내에 설계 계약을 위해 작성하여 제시하는 서류를 쓰시오.

정답 설계용역제안서

2 대상지 조사

(1) 대상지의 선정 조건

① 모양과 크기

㉠ 대상지의 모양은 네모가 반듯한 정방 또는 장방형에 가까운 것이 좋으나, 부정형의 경우 의외로 형태 구성이 독특한 대상지가 될 수도 있다.

㉡ 대상지가 너무 작으면 일조, 통풍, 프라이버시 등의 확보가 어려우므로 작을 때는 동서로, 클 때는 남북으로 긴 것이 유리하다.

㉢ 대상지의 크기는 건축 면적(1층 면적)의 3~5배 정도가 좋다.

② 방위 및 시형

㉠ 남향이 가장 이상적이며 동남향, 서남향의 경우에는 약 20° 이내로 기울어도 괜찮다.

㉡ 전망에 유리하도록 1/10 정도의 기울기가 이용에 좋으며 남쪽 경사지가 일조, 통풍상 유리하고 배수도 잘 된다.

㉢ 하천변의 대상지는 지반이 약하고 습한 경우가 많으며, 산간지역은 재해의 위험성, 채광, 통풍, 일조 조건이 불리하므로 고려하여야 한다.

③ 도로 및 교통

㉠ 대상지는 교통이 번잡하지 않은 보조 간선도로와 접해 있어야 좋으며, 도로에 한 면 이상이 접했을 경우 일조, 채광, 조망에 유리하다.

㉡ 대상지와 접한 도로의 폭은 6~8m이면 좋고, 10m 이상의 도로는 교통량이 많아 위험할 수 있다.

④ 자연적, 사회적 환경

㉠ 일조량과 통풍을 위해 동지에 4시간 이상의 일조를 얻을 수 있는 인동간격을 확보해야 하며, 지반이 견고하고 배수가 잘되는 곳이어야 한다.

㉡ 공해가 없고 상하수도, 전기, 전화, 가스 등 도시기반시설이 완비되어야 한다.

㉢ 편의시설과 접하기 쉬운 곳이어야 하며, 도시계획법 및 건축법 등의 법적기준에 적합해야 한다.

(2) 대상지 현황조사 및 분석

① 대상지 현황조사

㉠ 주택 정원의 설계를 진행하기 위해서는 우선 충분한 자료가 수집되어야 한다.

㉡ 대상지와 대상지 주변에 관해 조사한다.

㉢ 조사 방법으로는 현지조사(자연환경, 인문사회환경 등), 사례조사(기존 주택 정원 사례), 자료수집(연구 논문, 보고서, 참고서, 도면 등) 등이 있다.

② 대상지 현황조사·분석의 목적

㉠ 대상지가 가지고 있는 특성과 잠재성 및 제한성을 파악하고 평가한다.

㉡ 대상지의 긍정적, 부정적 측면을 파악하면서 기존 대상지의 조건에 알맞게 설계될 수 있는 실마리를 찾아낸다.

㉢ 후속되는 설계 단계에서 설명할 수 있는 근거를 제공해 줄 수 있다.

- 조사 : 상황의 규명과 기록
- 분석 : 상황의 가치와 중요성에 대한 평가와 판정

③ 대상지에 관한 조사 사항

㉠ 위치 및 주변상황 : 소재지의 주소, 토지 이용 현황, 인접 도로와의 거리 등

㉡ 면적 : (　　)m^2, (　　)평

㉢ 지형 : 표고, 경사도, 지형 단면, 특기 사항 등
㉣ 토양 : 토양의 종류, 토양 종류에 따른 제한성 등
㉤ 식생 : 기존 식생의 특성과 분포, 식물의 종류, 의뢰자의 식생존치에 대한 의견 등
㉥ 수문 및 배수 상태 : 배수 방향, 배수 불량 지역, 맨홀 또는 집수정의 위치 등
㉦ 조망 : 부지 여러 지점에서의 조망, 건물 내부에서의 시선 한계, 불량 경관, 차경 요소 등
㉧ 미기후 : 풍량, 일조, 기온, 습도 등 식물의 생육에 관련된 조건 검토 등
㉨ 지장물 : 지하에 매설된 배관망, 배수 구조물 등

④ 대상지 주변에 관한 조사 사항
㉠ 이웃집과의 관계 : 프라이버시 침해 지역(층수, 창의 위치 등)
㉡ 주변 진입 도로 : 폭원 포장 유무, 주차 상태, 대문 지점의 레벨 등
㉢ 주변 위해 요소 : 공해, 소음, 방범, 축대, 배수 범람 등
㉣ 공공시설물 : 공원, 학교, 시장, 놀이터 등

(3) 기본도(Basemap) 작성

① 기본도에는 다음과 같은 기존의 자료가 표현되어야 한다.
㉠ 지적선
㉡ 지형 : 굵기를 다르게 한 파선으로 등고선 표시하고 필요하면 지점표고도 기입
㉢ 식물 재료 : 소규모 정원에서는 수목 크기, 흉고직경, 수종 표시가 필요할 때도 있다.
㉣ 물 : 개울, 호수, 연못 등
㉤ 건물

※ 자세한 축척의 도면에서는 다음과 같은 내용이 포함
- 모든 출입문과 창문을 포함한 층별 평면도
- 지하실 창문
- 하수구
- 옥외 수도
- 옥외 전기 배출구
- 냉방기/온풍기
- 옥외 등(건물에 부착되어 있거나 대상지 내에 있는 것)

㉥ 기타 설치물(벽, 담장, 전기, 전화선의 회로 접속기, 공중전화, 암거 배수로, 방풍벽, 소화기 등)
㉦ 도로, 주차장, 보행로, 소도로, 테라스 등
㉧ 전기, 전화, 가스, 상하수 시설 등의 공공 설비
㉨ 인접하는 도로, 거리, 건물, 수목, 수경 요소
㉩ 설계 시 필요할 것으로 예상되는 다른 요소들

② 설계가 진행되면서 그림을 추가하고 수정하는 작업이 수월하도록 기본도는 단순하게 작성한다.
㉠ 노력이 많이 드는 심볼이나 질감 표시는 사용하지 않는다.
㉡ 기존의 수목은 단순한 원형으로 그린다.
㉢ 도면에 쓰는 주석과 글씨는 가능한 한 최소로 한다.
㉣ 새로 설계된 그림과 상충되지 않도록 기존의 도로, 건물, 보행로, 식물 재료 등은 파선으로 약하게 표현한다.

출제예상문제

01 좋은 조건의 대상지 모양과 크기에 대하여 쓰시오.

정답
- 대상지의 모양 : 정방, 장방형
- 대상지의 크기 : 건축 면적(1층 면적)의 3~5배

02 다음은 대상지의 방위 및 지형에 대한 설명이다. (　　) 안에 알맞은 내용을 쓰시오.

- 방위는 (①)이 가장 이상적이며 동남향, 서남향의 경우에는 약 (②) 이내로 기울어도 괜찮다.
- 전망에 유리하도록 (③)의 기울기가 이용에 좋으며 남쪽 경사지가 일조, 통풍상 유리하고 배수도 잘된다.

정답 ① 남향, ② 20°, ③ 1/10 정도

03 대상지의 도로에 대한 조건으로 도로의 한 면 이상이 접했을 경우에 유리한 내용을 2가지 이상 쓰시오.

정답 일조, 채광, 조망

04 대상지의 도로에 대한 조건으로 1) 좋은 도로 폭과 2) 위험한 도로 폭은 각각 몇 m인지 쓰시오.

정답 1) 6~8m
2) 10m 이상

05 대상지 현황조사 방법을 2가지 이상 쓰시오.

정답 현지조사, 사례조사, 자료수집

06 대상지에 관한 조사 사항 중 불량 경관, 차경 요소 등을 포함하는 조사하는 항목을 쓰시오.

정답 조망

07 대상지 주변에 관한 조사 사항에서 공공시설물에 해당하는 요소를 3가지 이상 쓰시오.

정답 공원, 학교, 시장, 놀이터

08 기본도(Basemap) 작성 시 새로 설계된 그림과 상충되지 않도록 기존의 도로, 건물, 보행로, 식물 재료 등의 표현법을 간략하게 서술하시오.

정답 파선으로 약하게 표현한다.

09 다음에서 설명하는 측량 방법의 종류를 쓰시오.

1) 대상지의 부지 경계가 모호할 경우 다툼의 소지를 없애기 위한 측량 2) 대상지 측량 방법 중 이미 알려진 두 점에서 이어진 세 번째 점을 연결하는 방법으로 하는 측량

정답 1) 경계측량
2) 삼각측량

10 정원설계 기본도(Basemap)에 사용하는 척도의 축척을 쓰시오.

정답 1/100

11 정원설계 대상지의 현황 측량 도면에서 가장 많이 적용하는 축척을 쓰시오.

정답 1/100~1/500

12 다음은 대상지 현황분석도 작성 요령에 대한 설명이다. (   ) 안에 알맞은 내용을 쓰시오.

• 건물의 배치를 정하고 (①)을 그어 표현한다. • 개략 표현 위에 매직펜을 이용하여 다이어그램 표현 기법에 의해 (②)을 한다. • 범례란에 (③)와 세부사항을 기입한다.

정답 ① 외형선, ② 컬러링 표현, ③ 현황분석표

3 관련 분야설계 검토

(1) 건축도면 읽기

① 주택 건축설계의 개략적인 내용은 대지 면적, 건축 면적, 건축 연면적, 건폐율, 용적률 등으로 알 수 있다.

② 정원 면적은 대지 면적에서 건축 면적을 제외한 면적이다.

③ 바람직한 정원을 만들기 위해서는 대지 면적을 목적에 따라 건축 면적의 3~5배 정도 확보해야 한다.

④ 주택의 공간은 현관, 거실, 부엌, 식당, 안방, 침실, 화장실 등으로 구성된다.

⑤ 대지가 접해 있는 도로의 위치에 따라 현관의 위치가 결정되기 때문에 각 공간의 배치에 영향을 미친다.

⑥ 건물의 형태나 배치에 따라 정원의 위치나 모양이 바뀌게 된다.

⑦ 외부 공간을 설계하기 위해서는 주택 도면을 판독할 수 있어야 한다.

⑧ 주택 평면도를 통해서 내부의 공간 배치, 가족 수, 연령, 성격, 취미 등을 파악한다.

⑨ 주택 내부에 서 있을 때와 앉아 있는 자세에서, 건물 내부에서 보이는 여러 각도의 경관을 검토한다.

⑩ 주택설계도는 벽, 창문, 문, 계단 등이 기호로 되어 있으므로, 내용을 읽고 표현할 수 있어야 한다.

⑪ 정원설계도를 작성할 때 주택은 1층의 평면도를 그리고 지붕선을 파선으로 표현한다.

⑫ 주택설계 도면이 없는 경우는 1층 평면의 외곽선을 표시하되 진출입과 조망, 사생활 침해 등을 확인할 수 있도록 문을 약식으로 표현하고 방의 용도를 표기한다.

⑬ 주택과 연결되는 벽체에 인접하여 테라스의 설치 및 바닥 포장, 관목 및 지피류 식재 등을 고려하기 위해 1층 평면도가 표현되어야 한다.

⑭ 건축설계에 사용되는 도면의 기호 등은 아래와 같은데, 우리나라의 경우 한국 산업규격(KS F 1501)에 제시되어 있다.

⑮ 창호, 출입문 등의 동선과 경관의 조망점이 되는 곳을 파악하기 위하여 잘 알아 둘 필요가 있다.

⑯ 정원 조성 부위와 만나는 재질 및 설비를 파악하기 위해서 제시되어 있는 기호들을 이해하여 도면에서 판독할 수 있어야 한다.

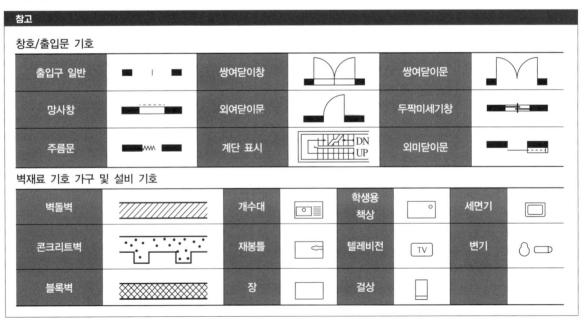

참고

창호/출입문 기호

출입구 일반		쌍여닫이창		쌍여닫이문	
망사창		외여닫이문		두짝미세기창	
주름문		계단 표시	DN UP	외미닫이문	

벽재료 기호 가구 및 설비 기호

벽돌벽		개수대		학생용 책상		세면기	
콘크리트벽		재봉틀		텔레비전	TV	변기	
블록벽		장		걸상			

⑰ 토지이용계획에 표시된 지역이나 지구에 대한 법적 검토를 해야 한다.

⑱ 지자체별로 조례가 약간 다른 경우가 있으므로 지자체별 법적 검토가 필요하다.

⑲ 지적도상 도로로 표기되어 있지 않지만, 주민들이 통행로로 이용하고 있는 '현황도로'를 파악하고 관련 문제점은 없는지 파악하는 것도 중요하다.

(2) 토목도면 검토하기

① 대지의 지형을 파악하는 것은 정원설계에서 매우 중요하다.

㉠ 지형도나 측량도를 통해서 담장, 계단, 옹벽 등의 구조물과 사면, 지형의 경사를 파악한다.

㉡ 대지 내의 급경사지 및 완경사지를 파악하여 계단이나 옹벽, 배수로 등의 설치에 반영한다.

㉢ 우수와 적설량이 토양 속에서 배수되거나 외부로 제거되는지를 면밀히 조사한다.

② 빗물의 경로를 기록하고 물이 빠지는 곳, 모이는 수반, 웅덩이 등을 빠짐없이 기록한다.

③ 보존이나 활용 가치가 있는 수목, 정원 조성에 지장이 있는 구조물이나 시설물은 위치와 규모를 기록하고 종류와 상태를 표기한다.

④ 지형의 높고 낮음은 파선을 이용하여 등고선으로 그리고 표고를 기록하여 표현한다.

⑤ 등고선으로 표기할 수 없는 지점이나 구조물은 점 표고(Spot Elevation)로 나타내며 표시 기호는 점 표시(⯐, +, •)와 함께 수치로 기입한다.

(3) 전기, 설비도면 검토하기

① 대상지에서 조명시설물, 수경시설물 설치 및 수목관리를 위한 관수 설치를 위하여 전기, 설비도면을 검토할 필요가 있다.

② 기존에 건축도면에서 계획하고 있는 공간의 설비도면을 파악하여 연장하거나 신규 설치하는 등의 협의 또는 설비 재공사가 필요할 수 있다.

③ 도면 검토 후 지나치게 비용이 많이 드는 경우에는 시설물 설치 계획을 재검토하거나 시설물의 유형을 변경하여 제시할 필요도 있다.

④ 전기, 설비도면은 도면이 다소 익숙치 않을 수 있는데, 모르는 기호와 시설물의 경우 건설CALSEC 전자도면 작성표준의 내용을 확인하여 기호의 의미를 파악할 수 있다.

(5) 도면 파악을 기본으로 계획 부지의 경관 검토하기

① 인접 건물의 접근 거리와 높이에 의해 계획 부지에 발생하는 그늘과 그림자를 파악하여 식물 생육 환경을 판단한다.

② 주변에 도로가 입지할 경우 외부로부터의 의도치 않은 소음의 발생, 계획 부지의 노출, 저해 경관의 조망 등을 파악한다.

③ 계획 부지와 인접한 부지의 높이차나 경사의 발생은 조망과 사생활 확보에 영향을 미친다.

④ 계획 부지가 인접한 부지보다 높은 곳에 입지하는 경우 조망을 활용하기 위한 잠재력을 기록한다. 인접 부지보다 낮은 곳에 입지할 경우 외부의 시선 발생이나 경관적인 저해 요소를 분석한다.

참고

건축관련 용어의 정의와 산정 방법

- 건축관련 용어의 정의
  - 건축 면적 : 건축물의 1층 바닥 면적을 말한다.
  - 건축 연면적 : 건축물의 지하층, 1층, 2층 등 모든 층의 바닥 면적을 합산한 면적을 말한다.
- 산정 방법
  - 건폐율의 산정 : 대지에서 건축 면적이 차지하는 비율
    건폐율(%) = 건축 면적/대지 면적 × 100
  - 용적률의 산정 : 대지에서 건축 연면적이 차지하는 비율
    용적률(%) = 건축 연면적/대지 면적 × 100

출제예상문제

01 바람직한 정원을 만들기 위하여 목적에 따라 확보해야 하는 대지 면적은 건축 면적의 몇 배인지 쓰시오.

정답 3~5배

02 다음은 건축도면 읽기에서 고려해야 할 사항을 정리한 것이다. ( ) 안에 알맞은 내용을 쓰시오.

- 정원 면적은 대지 면적에서 (①)을 제외한 면적이다.
- 건물의 형태나 배치에 따라 (②)나 모양이 바뀌게 된다.
- (③)를 통해서 내부의 공간 배치, 가족 수, 연령, 성격, 취미 등을 파악한다.

정답 ① 건축 면적, ② 정원의 위치, ③ 주택 평면도

03 아래의 건축 평면 기호의 명칭을 쓰시오.

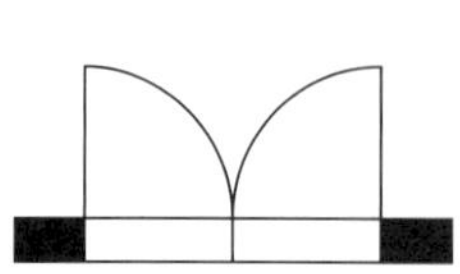

정답 쌍여닫이창

04 토목도면에서 담장, 계단, 옹벽 등의 구조물과 사면, 지형의 경사를 파악할 수 있는 도면을 쓰시오.

정답 지형도, 측량도

05 대상지에서 조명시설물, 수경시설물 설치 및 수목관리를 위한 관수 설치를 위하여 검토해야 할 도면을 쓰시오.

정답 전기, 설비도면

06 다음은 도면 파악을 기본으로 계획 부지의 경관을 검토할 때 고려할 사항이다. (   ) 안에 알맞은 내용을 쓰시오.

- 인접 건물의 접근 거리와 높이에 의해 계획 부지에 발생하는 그늘과 그림자를 파악하여 (①)을 판단한다.
- 계획 부지와 (②)의 높이차나 경사의 발생은 조망과 사생활 확보에 영향을 미친다.

정답 ① 식물 생육 환경, ② 인접한 부지

07 건축물의 지하층, 1층, 2층 등 모든 층의 바닥 면적을 합산한 면적을 무엇이라 하는지 쓰시오.

정답 건축 연면적

08 건폐율과 용적률의 차이를 서술하시오.

정답
- 건폐율 : 대지에서 건축 면적이 차지하는 비율
- 용적률 : 대지에서 건축 연면적이 차지하는 비율

제2절 기본계획안 작성하기

1 기본계획안 작성

(1) 기본구상개념도 작성

① 현황조사 분석, 의뢰인 요구사항, 도입 프로그램 발전 단계 등에서 결정된 사항들과 제안점들에 대한 개념을 정리한다.

② 다이어그램으로 표현하는 설계의 첫 단계로서 기본구상개념도를 작성한다.

③ 기본구상개념도는 개념적 기능 다이어그램과 부지상의 기능 다이어그램의 결과로 도출된다.

㉠ 개념적 기능 다이어그램

- 대상지의 주변 조건이나 축척과 상관없이 작도한다.
- 기능과 공간 간의 인접, 분리 관계와 그 상호 간의 거리, 이용자의 이동 형태 및 통로, 각 기능, 공간별 개방, 폐쇄성과 출입구 위치 및 주요 조망 등을 고려하여 단순한 윤곽선으로 표현한다.

㉡ 대상지상의 기능 다이어그램

- 개념적 기능 다이어그램에서 표현된 사항을 건물 내부를 포함한 주어진 대상지의 조건에 맞도록 적용시키는 단계이다.
- 각 기능과 공간들은 개략적인 크기와 척도를 생각하면서 축척도면을 사용해서 표현한다.

㉢ 기본구상개념도

- 개념상, 대상지상의 기능 다이어그램보다 내용면이나 표현에 있어 더욱 상세하게 표현한 것을 기본구상개념도라고 한다.
- 설계 형태에 대한 미적 고려나 구체적인 형태 표시 등은 하지 않는다.
- 그 기능적 연관성과 크기, 재료에 대해서 가능한 상세히 검토하여 표현한다.

(2) 공간구상 이미지 표현

① 조경설계가는 기본구상개념도의 기능적, 공간적 배치를 기본으로 설계 기본원리나 형태 구성의 기본원리에 근거하여 공간을 창조해 나간다.

② 공간에 대한 이미지를 표현하기 위하여 구현 목적과 설계의 표현을 매개할 수 있는 이미지를 표현하여 공간구상의 주제를 나타낼 수 있도록 표현한다.

③ 설계 형태의 구성

㉠ 기하학적 형태

- 공간설계를 위한 형태 전개 과정을 통해 통일감 있는 공간 형성이 가능하다.
- 기하학적 형태를 위한 출발점은 네모, 세모, 원 3가지의 일차적 형태로부터 얻어진다.

㉡ 자연적 형태

- 유동적이고 여유로운 공간 형성이 가능하다.
- 자연적 형태는 생태적 설계나 자연적인 느낌 창조에 활용되면서 자연의 모방, 추상화, 유사성으로 표현될 수 있다.

④ 구상이미지

㉠ 공간 구현의 목적성과 주제를 나타낼 수 있는 함축적인 개념 표현의 이미지이다.

㉡ 사진이나 도표, 모식도 등을 사용하여 표현할 수 있다. 구상도의 개념도와는 다르다.

㉢ 공간의 기능 배치와는 별개로 설계를 풀어가는 데에 필요한 설계언어와 논리를 해석하고 표현하는 데 목적을 둔다.

(3) 계단과 경사로 설계

① 계단의 구조 및 규격

㉠ 계단 폭은 연결되는 도로 폭과 같게 하거나 그 이상의 폭으로 한다.

㉡ 계단의 기울기는 30~35°가 가장 적합하며, 단 높이는 18cm 이하, 너비는 26cm 이상으로 한다.

㉢ 높이 2m가 넘는 계단에는 2m 이내마다 계단 유효폭 이상의 폭으로 너비 120cm 이상인 참을 둔다.

㉣ 높이 1m를 넘는 계단은 양쪽에 난간을 둔다.

㉤ 폭이 3m를 넘는 계단은 3m 이내마다 난간을 설치한다. 단, 단높이 15cm 이하, 단너비 30cm 이상일 경우에는 예외로 한다.

㉥ 옥외에 설치하는 계단의 단수는 최소 2단 이상으로 하며 계단 바닥은 미끄러움을 방지하는 구조로 한다.

② 경사로의 구조 및 규격

평지가 아닌 곳에 보행로를 설계할 경우에 장애인, 노인, 임산부 등의 이용자가 안전하게 보행할 수 있도록 경사로를 설치한다.

㉠ 바닥은 미끄럽지 않은 재료를 사용하고 평탄하게 마감한다.

㉡ 장애인 경사로의 경사율은 1/18(5.3%) 이하, 최대 1/12(8.3%)까지 완화할 수 있다.

㉢ 일반인 경사로의 경사율은 1/10(10%)로 한다.

㉣ 경사로의 유효 폭은 1.2m 이상으로 한다.

㉤ 길이가 30m를 넘을 경우 30m마다 1.5m 이상의 참을 설치한다.

㉥ 계단이 여러 곳에 설치되어도 경사로는 단차마다 한 곳만 설치하면 된다.

(4) 지반고계획 및 포장계획

① 지반고계획을 위한 마운딩의 기능과 표현

㉠ 마운딩 설계는 지면의 형태를 변형시키는 작업으로 주로 성토(흙쌓기)에 의하여 이루어진다.

㉡ 마운딩의 기능은 배수 방향을 조절하고 자연스러운 경관을 조성하며, 토지 이용상 공간 기능을 분할, 수목 생장에 필요한 유효 토심을 확보하는 등이 있다.

㉢ 마운딩의 높이는 등고선으로 표시되며, 등고선의 간격은 대상지 규모의 대소에 따라 알맞게 결정하여 도면에 표시한다. 정원의 경우 등고선의 간격은 30~50cm가 적당하다.

㉣ 지점 표고는 평면도나 단면도상에서 특정 지점의 높이를 나타내는 방법으로, 평면도상에는 +표시나 점(.)과 함께 높이가 수치로 기입된다.

② 포장계획

㉠ 포장은 공간의 경계를 구획하거나 통합하는 기능을 가진다.

㉡ 포장은 지반을 구조적으로 지지하기 위한 기능적인 측면과 포장 재료의 색채, 질감, 패턴 등에 의해 옥외 환경의 분위기를 만들어 내는 미적인 측면을 고려하여 설계한다.

㉢ 정원 공간에서 포장이 필요한 곳은 정원로와 주차장, 거실 전면의 테라스, 휴게 공간 등이다.

㉣ 원로와 주차장에는 소형 고압 블록, 점토 벽돌, 판석, 콘크리트, 아스콘 등 재질이 단단하고 내구성이 있는 포장 재료로 설계한다.

㉤ 테라스와 휴게 공간은 목재 덱, 목재 블록, 석재 타일, 점토 벽돌 등 포장 재료의 내구성보다 미적인 측면이 우수한 재료로 설계한다.

㉥ 포장 재료의 경계 부분에는 포장면의 지반고를 고려하여 적당한 경계석을 설치한다.

㉦ 경계면에 단을 주는 형태, 지면과 평면인 형태로 나눌 수 있다.

(5) 정원시설배치

① 정원시설설계 기준

㉠ 조경시설이란 옥외에 설치하는 시설로서 안내, 표시, 휴식, 편익, 조경, 경계, 관리 등의 기능을 가지고 있는 것을 말한다.

㉡ 시설은 개성 있는 형태와 색채를 가지도록 디자인하여 조경 공간 전체의 조화와 통일성을 유지하는 것이 좋다.

㉢ 인체 치수를 적용하여 기능적으로 편리하게 사용할 수 있어야 한다.

② **정원시설배치** : 옥외실(Outdoor Living Room)로 이용되는 정원 내에 시설을 배치하여 이용의 편리를 돕고, 정원 공간의 단조로움을 완화시키며, 정원 경관에서 초점 요소 또는 강조 요소로서의 기능을 담당한다.

참고

- 앞뜰(전정, Front Yard) : 대문으로부터 현관까지 이르는 주동선 주변 공간
- 안뜰(주정, Main Garden) : 거실 창밖으로 보이는 시선 범위 내의 공간
- 작업뜰(작업정, Service Area) : 부엌, 식당과 인접한 외부 공간
- 뒤뜰(후정, Back Yard) : 건축물의 후면 부분
- 주차 공간(Parking Area) – 소형 승용차 1대
  - 옥외 주차장 : 2.3×5.0m
  - 지하 차고 : 폭 3~4m, 길이 6~7m, 높이 2.2~2.4m
- 그 밖의 공간들
  - 가운데 뜰(중정, Patio) : 건물에 위요된 천장부가 노출되어 있는 외부 정원
  - 바깥뜰(Out Yard) : 대문 밖에 문주 또는 담장에 접한 플랜터 박스 형태의 정원
  - 놀이 공간(Play Area) : 주정 또는 후정의 일부에 독립적으로 어린이 놀이 시설을 설치한 공간
  - 준 공적 공간(Semi-public Area) : 공간 성격상 전정과 주정 사이에 위치한 전이공간으로 원로가 설치된 통로의 역할을 하는 공간
  - 텃밭 공간 : 이용자가 직접 기르며 수확하고 유동적으로 식재가 변경되는 공간

(6) 기본계획안(Master Plan) 작성 시 고려사항

① 모든 요소와 형태들의 재료(목재, 벽돌, 석재 등)를 결정한다.

② 식물 재료는 성목의 크기를 기준으로 하며 수목의 크기, 형태, 색채, 질감 등을 고려하여 선정하고, 성상을 구분하여 수목명을 기재한다.

③ 수목으로 이루어진 캐노피, 울타리, 벽, 담장, 마운딩과 같은 수직적 구성요소들의 위치 및 높이를 고려하여 공간의 설계 효과를 나타낸다.

④ 3차원 구성요소뿐 아니라 단처리된 지역들의 고저차도 명시한다.

출제예상문제

01 개념적 기능 다이어그램과 부지상의 기능 다이어그램의 결과로 도출되는 개념도를 쓰시오.

정답 기본구상개념도

02 대상지의 주변 조건이나 축척과 상관없이 작도해도 되는 기본구상개념도의 전 단계 도면을 쓰시오.

정답 개념적 기능 다이어그램

03 유동적이고 여유로운 공간 형성이 가능한 설계 형태를 쓰시오.

정답 자연적 형태

04 공간 구현의 목적성과 주제를 나타낼 수 있는 함축적인 개념 표현의 이미지를 쓰시오.

정답 구상 이미지

05 계단의 구조 및 규격에서 가장 적합한 계단의 기울기는 몇 °인지 쓰시오.

정답 30~35°

06 높이 2m가 넘는 계단에는 2m 이내마다 계단 유효폭 이상의 폭으로 계단참을 두는데, 이때 계단참의 너비는 몇 cm 이상인지 쓰시오.

정답 120cm 이상

07 경사로의 구조 및 규격에서 경사로의 유효폭은 몇 m 이상인지 쓰시오.

정답 1.2m 이상

08 장애인 경사로의 경사율은 최대 몇 %까지 완화할 수 있는지 쓰시오.

정답 8.3%

09 마운딩의 높이는 등고선으로 표시되며 정원설계에서 등고선의 간격은 몇 cm가 적당한지 쓰시오.

정답 30~50cm

10 원로와 주차장에 사용하는 재질이 단단하고 내구성이 있는 포장 재료를 3가지 이상 쓰시오.

정답 소형 고압 블록, 점토 벽돌, 판석, 콘크리트, 아스콘

11 다음은 포장계획에 대한 설명이다. (   ) 안에 알맞은 내용을 쓰시오.

- 테라스와 휴게 공간은 목재 덱, 목재 블록, 석재 타일, 점토 벽돌 등 포장 재료의 내구성보다 (①)이 우수한 재료로 설계한다.
- 포장은 공간의 경계를 구획하거나 (②)하는 기능을 가진다.

정답 ① 미적인 측면, ② 통합

12 기본계획안(Master Plan) 작성 시 고려사항에서 식물 재료의 기준이 되는 것을 쓰시오.

정답 성목의 크기

13 정원설계의 기본계획안(Master Plan) 작성에서 수직적 구성요소들의 위치 및 높이를 고려하여 공간의 설계 효과를 나타낼 수 있다. 이때 수직적 구성요소를 3가지 이상 쓰시오.

정답 캐노피, 울타리, 벽, 담장, 마운딩

14 다음 정원 공간의 배치에서 정원의 종류와 설명을 바르게 연결하시오.

㉠ 가운데 뜰(중정, Patio)	ⓐ 정원 공간의 배치에서 대문으로부터 현관까지 이르는 주동선 주변 공간
㉡ 앞뜰(전정, Front Yard)	ⓑ 건물에 위요된 천장부가 노출되어 있는 외부 정원

정답 ㉠–ⓑ, ㉡–ⓐ

15 정원 공간의 배치에서 지하차고의 폭, 길이, 높이는 몇 m인지 쓰시오.

정답 차고 폭 : 3~4m, 길이 : 6~7m, 높이 : 2.2~2.4m

16 정원의 기본구상개념도에서 동선의 종류에는 위계를 주어서 동선체계를 수립해야 한다. 동선의 위계에 따른 동선의 종류를 쓰시오.

정답 주동선, 부동선, 산책동선

17 정원의 동선 중에서 거실 전면 테라스에서부터 주정의 중심 시설까지 배치하는 동선을 쓰시오.

정답 산책동선

18 현관에서부터 건축물 주변을 따라 보행자 한 사람이 통행 가능한 부동선의 폭은 몇 m 정도가 좋은지 쓰시오.

정답 0.8~1.0m

19 다음은 동선배치 시 고려사항이다. (　　) 안에 알맞은 내용을 쓰시오.

- 동선은 가급적 단순하고 명쾌해야 하며, 성격이 다른 동선은 반드시 (①)되어야 한다.
- 가급적 동선의 교차를 피하는 동시에 (②)가 높은 동선은 짧게 해야 한다.

정답 ① 분리, ② 이용도

20 정원의 계단 설계 시 사용 재료, 모양, 크기 등이 정원의 규모, 분위기에 잘 어울리는 느낌을 줄 수 있는 계단의 단높이와 단너비는 몇 cm인지 쓰시오.

정답 단높이 : 15cm, 단너비 : 32cm

21 일반적인 계단의 포장 재료는 콘크리트, 벽돌, 화강석이 사용되지만 정원의 자연스러운 분위기를 자아내기 위해서 사용되는 계단 재료 2가지를 쓰시오.

정답 자연석, 목재

22 경사로 설계 시 경사율에 따라 통행에 장애가 오거나 불편해진다. 다음 경사로의 경사율을 쓰시오.

1) 경사로의 최대경사율
2) 신체장애자용 경사율
3) 쾌적하게 걸어갈 수 있는 허용경사율

정답 1) 10%
2) 8%
3) 6%

23 정원의 마운딩 설계 시 너무 복잡한 형태나 많은 등고선은 되도록 피하고 의도하는 지형을 만들 수 있는 등고선의 수량은 몇 개인지 쓰시오.

정답 3~4개

24 포장설계 시 보행을 억제해야 하는 공간에는 거친 표면의 재료를 사용하고, 빠른 보행 속도를 유지해야 하는 공간에는 고운 표면의 재료를 사용하여 효과를 높일 수 있다. 보행 억제용 거친 표면의 재료를 2가지 이상 쓰시오.

정답 판석, 조약돌, 호박돌

25 정원 세부 공간의 기능과 경관 연출에 적합한 시설물을 배치할 때 다음 설명에 알맞은 시설물을 보기에서 모두 골라 쓰시오.

1) 규모가 있는 단위 시설물
2) 규모가 작은 시설물
3) 크기와 무관하게 형태를 약화한 기호로 표시해도 되는 시설물

보기

퍼걸러, 야외 탁자, 정자, 평의자, 등의자, 정원등, 평상, 조명등, 물확, 셸터, 석탑

정답 1) 퍼걸러, 정자, 셸터
2) 야외 탁자, 평상, 등의자, 평의자
3) 정원등, 조명등, 물확, 석탑

26 정원식재계획을 작성할 때 설계자가 가장 먼저 조사해야 하는 내용을 쓰시오.

정답 이용자가 식재를 원하는 수종에 대한 조사

27 다음은 부분 스케치 그리기에서 고려할 사항이다. (   ) 안에 알맞은 내용을 쓰시오.

- 표현할 부분을 결정하면, 중심을 정하고 전체적인 (①)를 잡는다.
- 부분 스케치의 중심 대상물을 자세하게 표현하여 부각시키고, 주변부는 전반적인 특성만을 간략하게 그려서 (②)가 이루어지도록 표현한다.
- 수목, 사람, 포장 등의 표현을 가까운 곳은 강하고 자세하게, 먼 곳은 약하고 간략하게 그려서 (③)이 나타나도록 표현한다.

정답 ① 구도, ② 대비, ③ 원근감

제3절 상세설계하기

1 기반시설설계

(1) 부지정지

① 부지정지계획

㉠ 경사진 대상지를 주택용지로 설계하기 위하여 평탄지로 변경하는 부지정지계획이 필요하다.

㉡ 구상하는 지형의 모습에 따라 건물의 형태나 기능, 포장, 물, 벽 등과 같은 요소에 영향을 미치게 된다.

㉢ 부지정지를 위한 적정 계획고를 결정하고 그에 맞추어 부지정지계획을 실시해야 한다.

㉣ 설계가는 적절한 정지계획을 통해 표면 배수를 원활하게 할 수 있다.

㉤ 건물을 지을 수 있는 부지를 만들고, 적절한 경사지와 잔디밭을 만들 수 있는 터를 제공할 수 있다.

㉥ 보행자, 자동차를 위한 동선 계획을 짤 수 있다.

② 원활한 표면 배수를 위한 부지정지

㉠ 건물이나 구조물 기초의 손상과 습기 방지를 위해 대상지 위의 표면수는 배수처리되어야 한다.

㉡ 보도나 차도 및 옥외 이용 공간의 원활한 배수를 위해 적절한 구배를 주되, 단 포장된 보도나 길은 5%, 차도나 주차장의 구배는 8%를 넘으면 안 된다.

㉢ 물이 고이거나 저습지가 생기지 않도록 잔디밭은 최소 1%의 구배를 주어야 한다.

㉣ 식생지역의 경우 배수속도를 조절하여 식물 재료에 손상을 줄이도록 한다. 2% 이상 10% 이하의 구배를 갖도록 조절한다.

③ 서로 다른 공간 사이의 고저 차 극복을 위한 부지정지

㉠ 한 공간에서의 계단설계 시 높이와 바닥에 대한 치수는 변동 없이 일정해야 한다.

㉡ 계단의 높이가 너무 낮아 잘 식별되지 않으면 통행에 불편함이 있다.

㉢ 계단은 이동 방향과 90°를 이루고 날카로운 예각 부분으로 통과하여 오르내리는 배치는 피하는 것이 좋다.

㉣ 신체장애인을 위한 경사로의 설계 시 최대 8%를 초과하지 않도록 한다.

④ 정원 공간 창조를 위한 부지정지

㉠ 위요 공간을 조성하기 위하여 기존 지면에 구덩이를 파거나 마운딩을 조성하여 수직적인 면을 만들어 준다.

㉡ 부지정지 작업에 의해 창조된 공간의 바닥면 구배는 전체적인 설계 주제에 맞춰 구릉에 의한 변화를 줄지 계단이나 테라스에 의한 변화를 줄지 결정해야 한다.

⑤ 시선의 차폐나 유도를 위한 부지정지

㉠ 마운딩에 의한 부지정지 시, 그 경사가 점진적으로 솟아 올라 주변과 조화를 이루어야 한다.

㉡ 어떤 지점으로 시선을 유도하거나 조망을 차단하기 위해 부지정지를 실시한다.

(2) 지형기반시설(옹벽, 지하주차장, 대문, 담장, 플랜터) 설계

① 지형기반시설은 식재기반을 만드는 구조체의 역할을 해주면서 식재대와 동선의 경계를 만들어 주며 대상지의 외곽을 만들어 주기도 한다.

② 지형기반 시설에 의하여 식재대의 높이가 결정되어 식물 생육토심 확보에 영향을 미친다.

③ 인공지반에서는 특히나 플랜터 등의 시설을 설치하는 경우 지형기반시설의 결정 여부가 식재의 형태에까지 영향을 미칠 수 있다.

④ 부지의 경계를 만들고, 토목구종의 안정성에 영향을 미치기 때문에 타 공종과 협의하여 설치해야 하는 경우도 많다.

⑤ 포장 및 시설에서 구조체가 보이는 인공지반 위의 옥상정원 같은 경우 플랜터 등의 설치가 필요하여 플랜터가 지형기반의 역할을 한다.

⑥ 경사지에 위치한 주택의 경우에도 옹벽과 경사지 처리 등의 토목공사가 필요한 경우도 있다.

(3) 급배수, 전기기반시설설계

① **지형 일반을 파악** : 부지정지설계, 도로설계, 주차장설계, 구조물설계, 빗물처리설계, 배수시설설계, 급관수시설설계, 포장설계

② 조경기반시설에 대한 제반 관련 사항을 파악한다.

③ 도입하려는 정원시설의 종류

㉠ 급배수가 필요한 수경시설

㉡ 모터를 이용하거나 조명에 이용되는 전기기반시설

④ 기존 건축물에서 외부로 나와 있는 급배수 및 전기 인입을 확인하고 연결 계획을 수립한다.

출제예상문제

01 경사진 대상지를 주택용지로 설계하기 위하여 평탄지로 변경하는 계획을 쓰시오.

정답 부지정지계획

02 원활한 배수를 위한 포장된 보도, 길과 차도, 주차장의 적절한 구배는 얼마인지 쓰시오.

정답 보도, 길 : 5%, 차도, 주차장 : 8%

03 식생지역의 경우 배수속도를 조절하여 식물 재료에 손상을 줄이기 위한 구배는 얼마인지 쓰시오.

정답 2% 이상~10% 이하

04 다음은 서로 다른 공간 사이의 고저 차 극복을 위한 부지정지설계 시 고려해야 할 사항이다. ( ) 안에 알맞은 내용을 쓰시오.

- 계단의 높이가 너무 낮아 잘 식별되지 않으면 (①)에 불편함이 있다.
- 계단은 (②)과 90°를 이루고 날카로운 예각 부분으로 통과하여 오르내리는 배치는 피하는 것이 좋다.

정답 ① 통행, ② 이동 방향

05 식재기반을 만드는 구조체의 역할을 해주면서 식재대와 동선의 경계를 만들어 주며 대상지의 외곽을 만들어 주기도 하는 시설을 쓰시오.

정답 지형기반시설

06 구조체가 보이는 인공지반 위의 옥상정원에서 지형기반의 역할을 할 수 있는 시설을 쓰시오.

정답 플랜터

07 부지정지를 위한 마감고저(F.F ; Finish Floorelevation)를 결정하기 위한 고려사항을 쓰시오.

정답 절·성토량, 진입부의 표고

08 등고선 조작 방법 중 절토에 의한 방법과 성토에 의한 방법 이외에 2가지 방법을 쓰시오.

정답 절토와 성토에 의한 방법, 옹벽에 의한 방법

09 축척 1/200에서 등고선의 간격이 2m일 경우 우드락의 두께를 계산하시오.

정답 10mm

2 정원식재설계

(1) 식재 기능에 따른 적용 수종 선정

① 식재 기능의 종류 : 경계식재, 차폐식재, 녹음식재, 배경식재, 방풍식재, 요점식재, 경관식재

② 식물 재료의 기능

㉠ 옥외 공간을 한정하는 역할

- 교목의 수관 : 공간의 가장자리를 형성한다.
- 소교목, 관목 : 완전한 위요 공간을 창조한다.

㉡ 수관에 의한 경관 형성

- 수목의 간격, 수관 밀도, 지하고의 높이 등의 변화에 따라 경관이 달라진다
- 수관은 공간의 수직적 척도감, 안락감, 그늘 제공의 역할을 할 수 있다.

㉢ 시선의 차폐와 유도

- 마운딩을 할 수 없는 소규모 주택정원에서는 더 적은 공간을 소요하면서 효과적으로 차폐하거나 시선을 유도할 수 있다.
- 상록수는 연중 차폐 기능을 수행할 수 있으나 시각적 균형이나 흥미 유발을 위해 상록, 낙엽수를 혼합하여 사용한다.

㉣ 미적 기능 제공

- 관상용 수목으로 시각적 강조 역할을 한다.
- 주택 건물 형태를 보완하는 역할을 한다.
- 건물의 모양과 조화되거나 대비시킴으로써 시각적 즐거움을 제공할 수 있다.

㉤ 그늘 제공, 바람 유도 등 기후 조절의 기능

- 더운 여름 오후 햇빛으로부터 그늘 제공을 위해 수목을 식재한다.
- 그늘 제공을 위해 주택 주변 남쪽, 남서쪽, 서쪽, 북서쪽에 수목을 식재한다.
- 정원 대상지의 북서면에 상록수를 집단 군식하여 겨울철 북서 바람을 막을 수 있다.

㉥ 공학적 이용

- 급경사면이나 사질토 지역의 침식 방지와 경사면 보호를 위해 수목이나 지피식물을 사용한다.
- 출입구의 보도를 따라 보행자가 이동할 수 있도록 유도한다.
- 차량이 보행자 동선을 침입하지 않도록 유도할 수 있다.

③ 배식설계의 과정의 구분

㉠ 식재의 기능적인 이용을 고려하여 대상 공간에 적합한 식재 기능을 배치하는 식재 개념도 작성 단계

㉡ 식재 기능에 따른 수종을 선정하여 배치하는 배식설계도 단계

④ 정원을 보는 사람의 시선 높이에서 시선의 흐름이 자연스럽고, 빈틈이 없이 꽉 찬 듯한 정원을 감상할 수 있다.

㉠ 소관목 → 중관목 → 소교목 → 대교목 순으로 3~4단 정도의 높이 차이를 가지도록 설계한다.

㉡ 지피류 → 초화류 → 소관목 → 대관목 순으로 식재하여 정원의 면적이 넓게 보이도록 한다.

참고

배식설계 과정

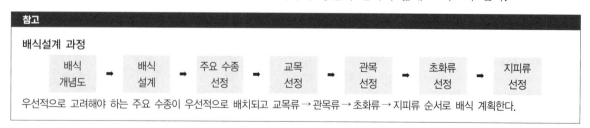

배식 개념도 ➡ 배식 설계 ➡ 주요 수종 선정 ➡ 교목 선정 ➡ 관목 선정 ➡ 초화류 선정 ➡ 지피류 선정

우선적으로 고려해야 하는 주요 수종이 우선적으로 배치되고 교목류 → 관목류 → 초화류 → 지피류 순서로 배식 계획한다.

⑤ 배식설계의 초기 단계에서는 평면에서 시작하지만, 최종 단계에서는 평면과 입면을 동시에 생각하면서 부족한 부분을 보완하여 완성시킨다.

⑥ 수목 표현은 수관 폭 크기만큼의 원형 템플릿을 사용하여 보조원을 긋고, 보조원의 둘레를 낙엽 활엽수와 상록 침엽수로 구분하여 가장자리를 처리한다.

⑦ 수목 규격의 표시는 수고(H), 수관폭(W), 흉고직경(B), 근원직경(R), 수관길이(L)를 조합하여 표시한다.

(2) 식물 생육에 필요한 최소 토양 깊이

종류	생존, 생육 최소깊이
잔디, 초본류	15~30cm
소관목류	30~45cm
대관목류	45~60cm
천근성 교목류	60~90cm

(3) 식재 간격 및 밀도

① 식물의 생태적 특성을 고려한 정원 수목의 식재 간격 및 밀도

[속성수나 원개형수목] [일반낙엽교목] [원통형, 원주형상록수] [독립수관목]

② 정원 수목의 식재 간격 및 밀도

구분	식재 간격(m)	식재밀도	비고
대교목	6		
중·소교목	4.5		
작고 성장 느린 관목	0.45~0.60	3~5그루/m^2	
크고 성장 보통인 관목	1.0~1.2	1그루/m^2	
성장 빠른 관목	1.5~1.8	2~3그루/m^2	
산울타리용 관목	0.25~0.75	1.4~4그루/m^2	열식
지피, 초화류	0.2~0.3/0.14~0.2	11~25그루/m^2, 25~49그루/m^2	밀식

(4) 배식설계의 방법

① 정형식 배식의 종류

※ 정형식 배식 : 인공적인 조형을 중심으로 한 배식

㉠ 단식 : 수형이 우수하고 중량감을 갖춘 정형수를 단독으로 식재

㉡ 대식 : 시선축의 좌우에 같은 형태, 같은 종류의 나무 두 그루를 한짝으로 대칭 식재

㉢ 열식 : 같은 형태와 종류의 나무를 일정한 간격의 직선상에 식재하는 수법

㉣ 교호식재 : 두 줄의 열식을 서로 어긋나게 배치하여 식재 열의 폭을 늘리기 위한 수법

㉤ 집단식재(군식) : 수목을 집단적으로 일정한 간격을 두고 심어, 식재한 지역을 완전히 덮어 버리는 수법으로 하나의 덩어리로써 질량감을 필요로 하는 경우에 이용

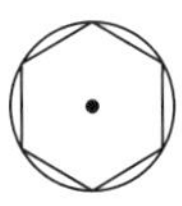

[단식]

[대식]

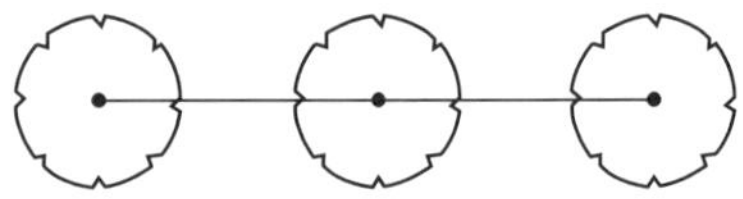

[열식]

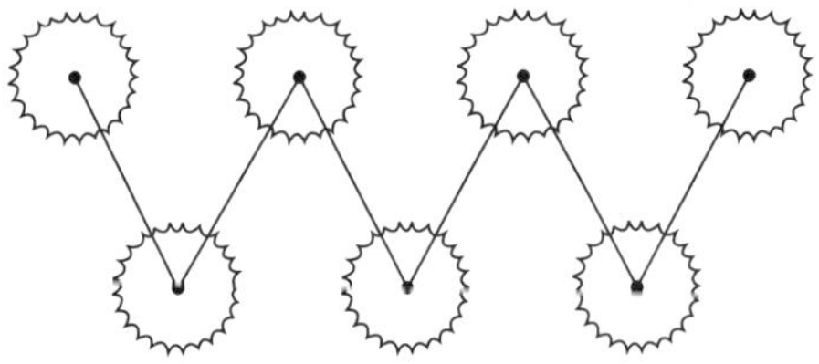

[교호식재]

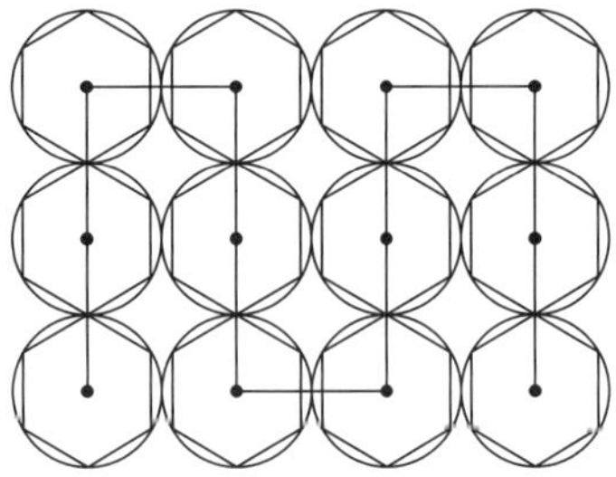

[집단식재(군식)]

② 자연식 배식의 종류

※ 자연식 배식 : 자연스러운 경관을 강조한 배식

㉠ 부등변 삼각형 식재 : 크기나 종류가 다른 세 그루의 나무를 부등변 삼각형 3개의 꼭짓점 위치에 식재하여 서로 균형을 이루고 자연스럽게 보이도록 식재하는 수법

㉡ 임의식재 : 부등변 삼각형 식재의 삼각망을 순차적으로 확대, 연결하는 수법

㉢ 무리심기 : 자연 상태의 식생 구성을 모방하여 수종, 크기, 수형이 다른 2가지 이상의 수목을 모아 무더기로 한자리에 식재하는 수법

㉣ 배경식재 : 의도하는 경관을 두드러지게 보이도록 하기 위해 그 경관의 후방에 식재군을 조성하여 배경을 구성하는 수법

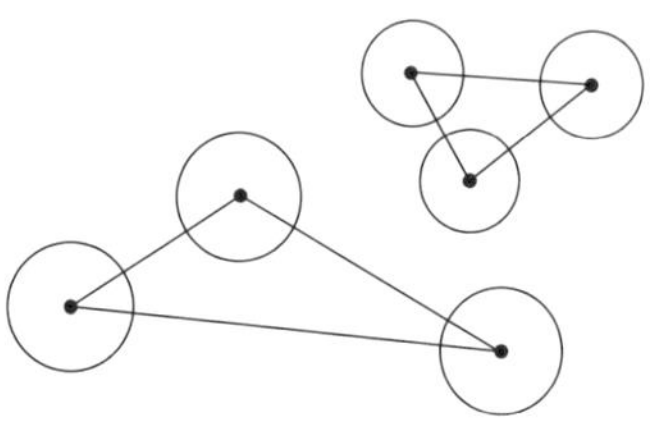

[부등변 삼각형 식재]

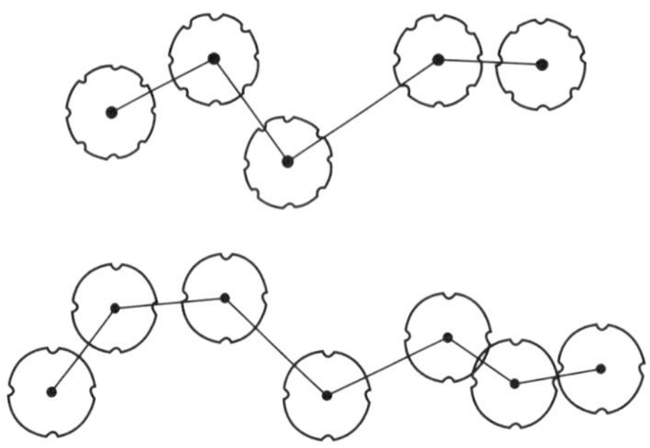

[임의식재]

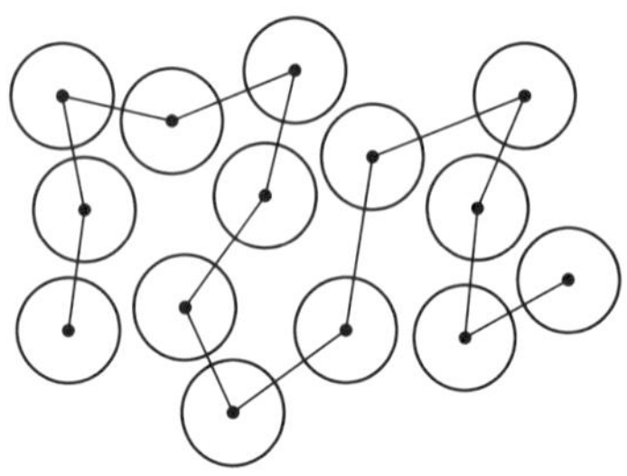

[무리심기]

(5) 정원식재를 위한 설계도면 작성 방법

① 성상에 따른 수목의 표현

㉠ 수목이 성숙했을 때 퍼지는 수관의 크기를 고려하여 수목의 평면 기호를 표현한다.

㉡ 표시 기호는 질감이나 가지의 특징을 나타내어 표현하되 가급적 단순하게 나타낸다.

㉢ 평면 표현

- 교목은 수관의 윤곽선을 두드러지게 표현하거나 잎의 질감의 특징이나 가지의 형태를 반영하여 표현한다.
- 관목은 대부분 군식으로 식재되므로 침엽과 활엽의 특징을 구분하여 군식 표현기법을 사용하여 표현한다.
- 지피식물의 표현은 작고 간단한 형태를 질서 있게 연속적으로 반복하여 부드럽고 통일성 있는 질감이 나타나도록 연출한다. 넓은 지역의 잔디밭은 질감 표현을 하지 않거나, 경계부에 밀도 있게 표현하거나, 가는 선을 그어 일부분만 표현하기도 한다.

㉣ 입체 표현 : 단면도와 입면도에 주로 사용되는 입체 표현은 평면도상 수목의 수고(H)와 수관폭(W)을 맞추어 간단명료하게 수목의 특성이 표현되도록 그린다.

㉤ 수목의 겹침 표현

- 평면도상에서 상층부 교목은 가장 굵은 선으로 단순하게 그리며 하층부일수록 약하게 표현한다.
- 겹치는 부분의 수목은 가지 표현을 적게 하거나 아래 수목의 표현은 생략한다.
- 관목의 경우 겹치는 부분을 생략하고 외곽선만 표현한다.
- 입면도와 단면도상에서는 뒤쪽에 배치된 수목을 생략한다.

출제예상문제

01 **식물 재료는 옥외 공간을 한정하는 역할을 하는데, 옥외 공간의 가장자리를 형성하는 수목의 요소를 쓰시오.**

정답 교목의 수관

02 **상록수는 연중 차폐 기능을 수행할 수 있으나 시각적 균형이나 흥미 유발을 하기 위해서는 수목 식재 방법을 다르게 해야 한다. 이때 올바른 식재 방법을 서술하시오.**

정답 상록수, 낙엽수를 혼합 식재한다.

03 **미적 기능 제공을 위하여 시각적 강조 역할을 할 수 있는 식물의 명칭을 쓰시오.**

정답 관상용 수목

04 **정원식재 기능 중 그늘 제공, 바람 유도 등 기후 조절의 기능 설명이다. (　) 안에 알맞은 내용을 쓰시오.**

- 그늘 제공을 위해 주택 주변 남쪽, 남서쪽, 서쪽, (①)에 수목을 식재한다.
- 정원 대상지의 북서면에 (②)를 집단 군식하여 겨울철 북서 바람을 막을 수 있다.

정답 ① 북서쪽, ② 상록수

05 출입구의 보도를 따라 보행자가 이동할 수 있도록 유도하거나 차량이 보행자 동선을 침입하지 않도록 유도하는 식재는 무엇이라 하고, 식재면에서는 어떤 기능이라 하는지 쓰시오.

정답 유도식재, 공학적 이용

06 정원을 보는 사람의 시선 높이에서 시선의 흐름이 자연스럽고 정원의 면적이 넓게 보이도록 하는 식재 순서를 쓰시오.

정답 지피류 → 초화류 → 소관목 → 대관목

07 식물 생육에 필요한 최소 토양 깊이에서 대관목류의 생존 및 생육 최소 깊이는 몇 mm인지 쓰시오.

정답 45~60mm

08 식물의 생태적 특성을 고려한 정원 수목의 식재 간격 및 밀도에서 원통형, 원주형 상록수의 식재 간격은 몇 m인지 쓰시오.

정답 1~3m

09 식물의 생태적 특성을 고려한 정원 수목의 식재 간격 및 밀도에서 성장이 빠른 관목의 식재 간격(m)과 식재 밀도(그루/m^2)를 쓰시오.

정답 1) 1.5~1.8m
2) 2~3그루/m^2

10 다음 배식방법 중 자연식 배식을 모두 골라 쓰시오.

대식, 열식, 부등변 삼각형 식재, 교호식재, 임의식재, 집단식재(군식), 무리심기

정답 부등변 삼각형 식재, 임의식재, 무리심기

11 **다음은 수목의 평면 기호 표현을 연습할 때에 고려사항이다. ( ) 안에 알맞은 내용을 쓰시오.**

• (①)으로 보조선을 가늘고 흐리게 그리고, 원의 중심점을 잡아 수목의 위치를 선정한다. • 수목 표현 기호를 정하여 외곽선을 따라 여러 가지 모양을 적용하여 (②)로 진하게 그려 나타낸다. • 수목의 평면 표현을 보다 돋보이고 (③)을 위해 빛의 입사각에 대한 반대쪽에 그림자를 까맣게 표현하거나 선으로 표현한다.

정답 ① 원형 템플릿, ② 프리핸드, ③ 입체감

12 **다음에서 설명하는 식재 방법을 쓰시오.**

1) 진입구 또는 공원 입구에 좌우에 형태와 크기가 같은 동일 수종의 나무를 쌍으로 식재하는 방법 2) 형태, 크기 등이 같은 동일 수종의 나무를 일정한 간격으로 줄을 이루도록 식재하는 방법

정답 1) 대식
2) 열식

13 **자연식 배식의 종류에서 의도하는 경관을 두드러지게 보이도록 하기 위해 그 경관의 후방에 식재군을 조성하는 방법을 무엇이라 하는지 쓰시오.**

정답 배경식재

14 **성상에 따른 수목의 표현에서 교목의 수관 윤곽선을 두드러지게 표현하고, 잎의 질감의 특징이나 가지의 형태를 반영하는 표현법을 쓰시오.**

정답 평면표현

15 **수목의 입체 표현에서 수목의 수고(H)와 수관폭(W)을 맞추어 간단명료하게 수목의 특성이 표현되도록 작도하는 방법은 주로 어떤 도면에서 사용되는지 쓰시오.**

정답 단면도, 입면도

16 다음은 식재지역 내의 배치 개념을 표현한 배식개념도 작성 시 고려사항이다. (   ) 안에 알맞은 내용을 쓰시오.

• 설계가는 최종 효과를 의도하여 (①)의 크기로 설계하게 된다.
• 앞으로의 생육을 고려하여 (②)을 남겨두고 설계한다.
• 설계가는 적절한 (③)설계를 위해 최초의 식물 크기와 성목 시의 크기를 모두 알고 있어야 한다.

정답 ① 성목, ② 적당한 공간, ③ 배식

17 군집 내의 식물 개체 표현 시 식물 수관폭을 서로 겹쳐지게 표현할 때 적당한 범위를 쓰시오.

정답 1/4~1/3

18 다음은 배식설계도 작성 시 교목 식재설계에 관한 내용이다. 잘못된 부분을 찾아 바르게 고쳐 쓰시오.

1) 부지 모서리에 가장 값이 비싼 교목을 심는다.
2) 소나무 양측에는 상록관목을 식재한다.
3) 소나무는 2, 4, 6, 8 등 짝수 단위 군식으로 심는다.

정답 1) 값이 비싼 → 큰 낙엽
2) 상록관목 → 낙엽교목
3) 2, 4, 6, 8 등 짝수 → 3, 5, 7, 9 등 홀수

19 관목 식재설계에서 상록교목의 하부에 식재할 관목류를 쓰시오.

정답 낙엽관목류

20 초화 식재설계 시 조화롭게 하기 위하여 식재할 초화류 군식에서 고려할 사항을 2가지 이상 쓰시오.

정답 개화시기, 초장, 꽃의 색, 식물의 질감

3 정원시설설계

(1) 정원시설배치

① 정원시설의 중요성

㉠ 정원시설물은 정원 공간의 단조로움을 완화시킨다.

㉡ 정원경관의 초점 요소 또는 강조 요소로서의 기능을 담당한다.

② 정원시설의 구분과 유형

㉠ 정원의 세부 공간별 설치할 수 있는 시설의 종류

앞뜰	대문, 플랜터, 잔디등, 정원등, 트렐리스, 아치, 물확, 목재 덱, 연못, 분수, 벽천, 실개천, 조욕대, 수중 조명
안뜰	등, 정원등, 잔디등, 환경조형물, 석등, 정원석, 디딤돌, 벤치, 정자, 야외 탁자, 그늘집, 바비큐장, 개집
작업뜰	장독대, 빨래 건조대, 장식 담장, 목재 덱
놀이 및 운동공간	그네, 미끄럼대, 모래터, 철봉, 평행봉, 골프 연습장
뒤뜰	화계, 괴석, 굴뚝, 장식 담장

㉡ 정원시설의 표시 기호

- 규모가 큰 시설일 경우에는 각 시설의 평면상세도를 축척에 맞게 그려서 표현한다.
- 규모가 너무 작은 점경물 또는 조명시설일 경우에는 표시 기호를 단순화시켜 표현한다.

(2) 수경시설(연못, 벽천, 실개천, 분수)설계

① 연못의 형태는 정형식과 자연식으로 나눌 수 있다.

② 연못의 면적은 정원 전체 면적에 비례하여 힘의 균형을 이룰 수 있도록 적정한 규모로 조성한다.

③ 연못 설치 시 고려사항

㉠ 연못의 수면은 지표보다 6~10cm 낮게 설계하여야 한다.

㉡ 비가 올 때에도 일정한 수위를 유지하도록 한다.

㉢ 윗가장자리에서 10cm 정도 아랫부분에 여분의 물이 빠져나갈 수 있는 월류구(Overflow)를 설치한다.

④ 연못의 바닥처리 요령

㉠ 진흙다짐을 하거나 콘크리트로 처리한다.

㉡ 연못 경계 부분의 호안 처리는 자연스럽게 한다.

㉢ 호안 처리는 잔디, 콘크리트, 자연석, 목재 등의 재료를 사용한다.

⑤ 연못에 수생 식물을 기르기 위한 방법

㉠ 수면의 1/3 정도가 수생 식물로 덮히는 것이 적당하다.

㉡ 연꽃은 연못 넓이 $0.7m^2$당 1포기를 기준으로 식재한다.

㉢ 연꽃 식재 상자로부터 수면까지의 깊이는 20~25cm가 적당하다.

⑥ 벽천, 실개천, 분수 등의 수경시설은 펌프 및 수질 정화를 위한 시설이 필요하므로 전기 및 급배수 라인의 연결 가능 여부를 파악하여 도입하여야 한다.

(3) 경계시설(벽, 울타리)설계

① 경계시설의 종류 : 축대, 담장, 옹벽, 벽, 울타리

② 경계시설의 역할

㉠ 수직적으로 공간의 경계 역할

㉡ 시선 차폐, 프라이버시 창출, 시선 유도 등의 역할

③ 벽, 울타리의 재료는 주택 외장재의 종류와 유사한 재료를 사용하여 시각적 연결감을 줄 수 있을 뿐 아니라 대상지를 둘러싸는 역할을 할 수 있다.

(4) 포장설계

① 포장설계 시 고려사항
  ㉠ 지반을 구조적으로 지지하기 위한 기능적인 측면
  ㉡ 재료의 색채, 질감, 패턴 등에 의해 옥외 환경의 분위기를 만들어 내는 미적인 측면

② 정원에서 포장이 필요한 곳 : 원로와 주차장, 거실 전면의 테라스, 휴게 공간

③ 원로와 주차장 포장
  ㉠ 재료 : 고압 블록, 점토 벽돌, 화강암 판석, 자연석 판석, 콘크리트, 아스콘
  ㉡ 성질 : 재질이 단단하고 내구성이 있는 포장 재료

④ 테라스와 휴게 공간 포장
  ㉠ 재료 : 목재 덱, 우드 블록, 침목, 석재 타일, 점토 벽돌
  ㉡ 성질 : 포장 재료의 내구성보다 미적인 측면이 우수한 재료

(5) 정원조명설계

① 정원조명의 종류
  ㉠ 기능에 따른 분류 : 잔디등, 벽등, 문주등, 바닥등, 수중등
  ㉡ 광원의 확산에 따른 분류 : 직접등, 반간접등, 간접조명

② 정원조명별 특징
  ㉠ 작업등
    • 눈부심이 발생할 수 있다.
    • 하이라이트의 기능을 할 수 있다.
    • 야간경관에 포인트 수종에 사용한다.
  ㉡ 간접조명
    • 부드러운 분위기를 연출한다.
    • 광도가 약해 안전기능의 역할을 하는 곳에서는 적절하지 않다.

(6) 정원시설 도면작성

① 정원시설의 표현
  ㉠ 특정기호를 사용하여 표준화하기보다는 실물의 형태를 단순화하여 규격에 맞추어 표현한다.
  ㉡ 평면적인 표현은 위에서 수직으로 내려다본 모습이다.
  ㉢ 단면적인 표현은 정면에서 바라보는 모습으로 나타내며, 수경시설의 경우는 물의 흐름을 표현한다.
  ㉣ 휴게공간에는 퍼걸러, 정자 등 그늘을 이용할 수 있는 시설물과 의자, 평상, 야외 탁자 등 휴식에 필요한 시설물이 있다.
  ㉤ 놀이공간에는 그네, 회전무대, 미끄럼대, 정글짐 등 놀이에 필요한 시설이다.
  ㉥ 신체 단련 및 운동을 목적으로 운동공간에는 철봉, 농구장, 축구장 등을 표현할 수 있다.
  ㉦ 물을 이용하여 공간을 연출하기 위해 분수, 벽천, 수영장 등의 시설을 도입할 수 있다.
  ㉧ 이용자들의 편익과 공간의 관리를 목적으로 하는 관리·편익시설로는 휴지통, 볼라드, 조명 등이 있다.

② 포장재료에 따른 표현 기법

㉠ 평면도상에 포장재료를 표현하기 위해 포장 공간의 일부분에 곡선으로 보조선을 그은 후 포장 패턴을 표현하고 화살표를 이용하여 포장명을 기입한다.

㉡ 포장재료를 분리하거나 녹지와 포장지역의 구분을 위해 경계 부분에 두 줄을 그어 경계를 분명하게 하는 경계석을 설치한다.

출제예상문제

01 정원경관의 초점 요소 또는 강조 요소로서의 기능을 담당하게 되는 조경요소를 쓰시오.

정답 정원시설

02 정원을 구성하는 세부 공간별로 설치할 수 있는 시설의 종류에서 작업뜰에 설치를 할 수 있는 시설을 2가지 이상 쓰시오.

정답 장독대, 빨래 건조대, 꽃담, 목재 덱

03 예부터 전통 한옥이나 궁궐의 뒤뜰에 조성하여 아낙네들에게 기쁨과 삶의 에너지를 제공해 주는 역할을 하였던 뒤뜰 정원 요소를 쓰시오.

정답 화계

04 연못 설치 시 고려사항에서 비가 올 때에도 일정한 수위를 유지하도록 하기 위하여 설치되는 연못 구성요소를 쓰시오.

정답 월류구(Overflow)

05 연못의 호안 처리에 사용되는 재료를 2가지 이상 쓰시오.

정답 잔디, 콘크리트, 자연석, 목재

06 연못에 수생 식물을 기를 때 연못 수면의 어느 정도를 수생 식물로 덮는 것이 적당한지 쓰시오.

정답 1/3 정도

07 정원 수경시설 중 펌프 및 수질 정화를 위한 시설이 필요하여 전기 및 급배수 라인의 연결 가능 여부를 파악하여 도입해야 하는 수경시설의 명칭을 2가지 이상 쓰시오.

정답 벽천, 실개천, 분수

08 정원설계에서 수직적으로 공간의 경계 역할을 하며 시선 차폐, 프라이버시 창출, 시선 유도 등의 역할을 하는 시설을 무엇이라 하는지 쓰시오.

정답 경계시설

09 정원에서 포장이 필요한 곳 중 원로와 주차장, 거실 전면 테라스 외의 공간을 쓰시오.

정답 휴게공간

10 테라스와 휴게공간 포장재료의 성질 중 내구성보다 더 우선해야 하는 내용을 쓰시오.

정답 미적인 측면

11 정원등의 종류 중 하이라이트의 기능과 야간경관에 포인트 수종에 사용되는 정원 조명을 쓰시오.

정답 작업능

12 휴게공간에 그늘을 이용할 수 있는 시설물의 명칭을 2가지 이상 쓰시오.

정답 퍼걸러, 정자, 셸터

13 정원의 시설물에서 물을 이용하여 공간을 연출하기 위해서 도입할 수 있는 시설물의 명칭을 2가지 이상 쓰시오.

정답 분수, 벽천, 수영장

4 정원설계도서 작성

(1) 정원설계도서의 구성

① 정원설계도서의 특징

㉠ 정원설계는 시공과의 연관성이 크므로 세부적인 설계 단위의 표현으로 상세한 표현을 해야 할 경우들이 많다.

㉡ 설계도서로만 표현되기 어려운 작업 지시들이 있을 수 있다.

㉢ 이용자의 요구에 따라서 자주 변동되는 측면이 있다.

㉣ 정원 시공과정에서 발생하는 설계변경에 대하여 유연하게 대처할 수 있는 능력이 필요하다.

② 정원설계도서의 종류

㉠ 정원설계도서의 구성 : 도면, 내역서, 시방서

㉡ 도면의 구성 : 표지, 목차, 종합계획도, 현황도, 기본계획도, 실시설계도

㉢ 내역

- 실시설계단계로 진행되어 파악된 물량을 기본으로 한다.
- 단가 기입
- 총액 합산
- 간접비 항목 구성
- 총 내역 작성
- 설계내역서 작성

㉣ 공사시방서는 설계도서에서 다 전달되지 못하는 내용들을 기입한다.

㉤ 재료의 특성, 공사의 내용과 방법, 특별 주의사항에 대한 전달과 함께 공사의 공정, 품질관리가 가능하도록 작성한다.

(2) 정원공사비 적산내역

① 총공사비 산출공사비 = 공사원가 + 일반관리비 + 이윤을 합산한 금액으로 산정한다.

② 공사원가는 식재공사와 시설공사, 부대토목공사를 분리하여 합산한 금액이 공사원가가 된다.

③ 통상 일반관리비는 공가원가의 5~15%에 해당하는 일정률을 산정하여 정산한다.

④ 이윤은 재료비를 제외한 노무비와 경비, 일반관리비의 합산에서 일정률 약 15% 정도의 비용을 잡아놓게 된다.

⑤ 식재공사비의 산출

㉠ 수목 가격의 조사

- 정원공사의 특성상 원하는 수목이 특수한 형태이거나 조형목일 경우가 있다.
- 단가 조사는 시장조사를 통해 알아본다.
- 수급 여부와 함께 운반비, 굴취비를 포함한 단가를 조사하는 것이 좋다.
- 일반적으로 물가정보지나 인터넷 판매상품의 단가를 참고하여 내역을 산출하기도 한다.

㉡ 식재공사비

- 식재공사는 수목자재가격, 굴취 및 운반에 관한 인건비, 식재인건비, 운반경비 등을 포함한다.
- 재료비, 노무비, 경비를 합산하여 산정하며 수목에 따라서, 운반되는 지역에 따라서 실제 투입되는 인건비가 특수한 경우 인건비를 재산정한다.

⑥ 정원시설 공사비의 산출

㉠ 시설물 단가의 조사

- 정원시설물은 기성품을 사서 설치하는 경우도 있다.
- 현장에서 맞춤으로 제작해야 하는 경우도 있다.
- 단가는 일위대가만 산정해서는 산정되지 않는 경우가 많다.
- 특수한 형태나 조형적 형태의 시설물들은 실제로 제작할 수 있는 업체를 통하여 견적을 받고 실제 실행 여부나 문제사항에 대해서도 협의하여 정확한 단가를 알아야 한다.

㉡ 정원시설 공사비

- 정원시설은 기초공사비, 제작재료비, 인건비, 경비로 구성된다.
- 현장 여건에 따라서 사재양중이나 무게의 특성상 장비를 사용해야 할 때 경비 구성을 신중히 하여야 한다.

(3) 정원의 설계변경

① 시공단계별 상황변화

㉠ 현장 변화가 가시적으로 보이면서 이용자의 요구사항이 변동되는 경우가 발생한다.

- 이용자가 현장에서 변화되는 모습을 보면서 결정되었던 소재나 시설, 수목의 변동을 요청하는 경우가 있다.
- 공간조성 변경을 요청하는 경우가 종종 발생할 때 의뢰자의 의견을 충분히 청취한다.
- 반영 가능과 불가능 여부를 파악하여 설계변경할 것인지 아닌지를 빠르게 판단할 필요가 있다.

㉡ 추가설치를 요구하는 경우

- 예산축소 요청이나 공사품질 향상을 위하여 추가설치를 요구하는 경우
- 공사비에 대한 유동성 여부에 따라서 예산이 축소될 경우
- 계획했던 공사 아이템이 빠질 수 있으며 예산추가로 추가적인 시설물 설치를 요구하기도 한다.

㉢ 예상하지 못했던 현장의 변수 사항

- 공사 현장의 지반 불안정으로 토목공사가 커질 수 있다.
- 보수할 문제가 생기는 경우도 있다.
- 철거 후 매장시설이 드러나거나 폐기물량이 과다한 경우도 있다.
- 하부 토양의 오염 등으로 현장 변수사항 발생 시에 설계변경이 요구된다.

㉣ 자재수급 및 시공 시기 변경에 따른 문제 발생

- 설계 시기와 공사 시기가 많이 벌어지면 자재수급 문제나 단가 조정이 필요한 경우가 있다.
- 시공적기를 놓치면서 하자의 위험이 커 설계변경을 하게 되는 경우가 있다.

㉤ 설계 하자의 경우

- 설계서의 누락, 오기, 불분명한 사항, 모순이 있을 경우
- 설계변경이 필요하다.

② 설계변경 승인 요청

㉠ 수급인은 필요하다고 판단하는 경우 감독자에게 제안하는 변경사항과 계약금액 및 계약기간에 대한 영향을 서술한 설계변경 승인요청서를 제출하여 설계변경을 제안할 수 있다.

㉡ 설계변경으로 인한 계약금액의 조정은 별도로 정한 사항에 따른다.

㉢ 설계변경 승인요청서에 포함되어야 하는 내용 : 설계변경사유서, 공사비증감내역서, 설계변경내역총괄표, 설계변경내역서, 변경설계도면, 계산서 및 시방서, 공사기한검토서, 기타 관련 증빙자료(관련 사진 등)

③ 설계변경 결정 절차

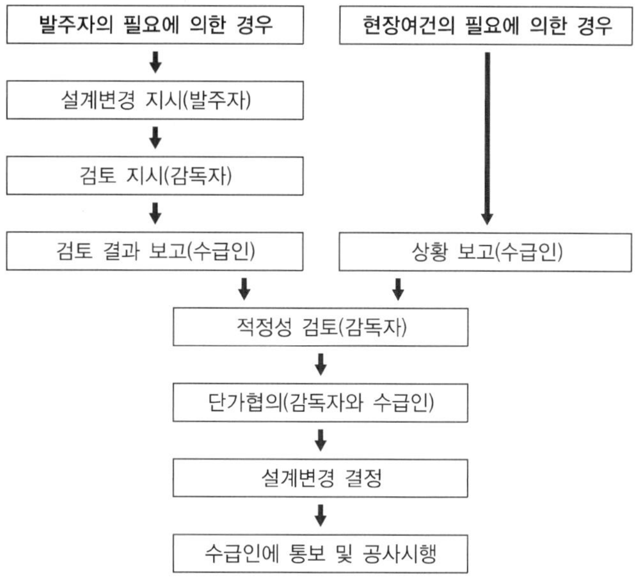

(4) 설계변경의 방법

① 설계서 하자에 의한 설계변경

㉠ 설계서의 내용이 불분명(설계서만으로는 시공 방법, 투입 자재 등을 확정할 수 없는 경우)한 경우→설계자 의견과 수량 산출서, 단가 산출서 등의 검토를 거쳐 설계변경 여부 결정

㉡ 설계서에 누락·오류가 있는 경우→설계서 보완

㉢ 설계도면과 물량내역서가 상이한 경우→설계도면에 물량내역서 일치

㉣ 공사설계설명서(공사시방서)와 물량내역서가 다른 경우→공사설계설명서(공사시방서)에 물량내역서 일치

㉤ 설계도면과 공사설계설명서(공사시방서)가 다른 경우→최선의 공사 시공을 위해 우선 내용을 확정하고 확정된 내용에 따라 물량내역서 일치

㉥ 지질·용수 등 공사 현장의 상태가 설계서와 다를 경우→현장 상태에 따라 변경

(5) 정원공사시방서

① 정원공사시방서는 해당 공종에 맞는 일반시방서를 기준으로 현장별 특기사항이 제시되어 있는 특기시방서와 건설공사의 조경표준시방서, 전문시방서가 있다.

② 공종별로 필요사항 및 특별제시사항을 설계자가 선정하고 기입 변경하여 최종적으로 설계도서로 취합한다.

출제예상문제

01 **정원설계도서의 구성요소를 쓰시오.**

정답 도면, 내역서, 시방서

02 **설계도서에서 다 전달되지 못하는 내용들을 기입하여 시공에 큰 도움을 주는 도서를 쓰시오.**

정답 공사시방서

03 **다음은 정원공사비 적산내역이다. (　　) 안에 알맞은 내용을 쓰시오.**

- 총공사비 산출공사비 = (　　)+일반관리비+이윤을 합산한 금액으로 산정한다.
- (　　)는 식재공사와 시설공사, 부대토목공사를 분리하여 합산한 금액이다.

정답 공사원가

04 **식재공사비 산정의 기본이 되는 비용의 종류를 쓰시오.**

정답 재료비, 노무비, 경비

05 **정원시설 공사비를 4가지로 정의하여 쓰시오.**

정답 기초공사비, 제작재료비, 인건비, 경비

06 **다음은 어떤 상황의 변화에 의하여 설계변경을 요청하게 되는 경우인지 쓰시오.**

- 공사 현장의 지반 불안정으로 토목공사가 커질 수 있다.
- 철거 후 매장시설이 드러나거나 폐기물량이 과다한 경우도 있다.
- 하부 토양의 오염 등으로 현장 변수사항 발생 시에 설계변경이 요구된다.

정답 예상하지 못했던 현장의 변수 사항

07 설계변경 결정 절차에서 발주자의 필요에 의한 경우에 설계변경 지시는 누가 하여야 하는지 쓰시오.

정답 발주자

08 설계변경의 방법에서 지질·용수 등 공사 현장의 상태가 설계서와 다를 경우에는 어떤 조치를 취해야 하는지 쓰시오.

정답 현장 상태에 따라

09 설계변경도서 작성 시 고려할 사항에 대하여 정리한 내용이다. ( ) 안에 알맞은 내용을 쓰시오.

- 설계변경 검토서는 현황, 문제점, 대안 또는 방안, 기대효과, (①), 결론 등의 순으로 작성한다.
- 설계변경 이유와 근거는 명확하고 (②)를 수집하여 작성하고 미관향상 등의 모호하고 주관적인 표현은 자제한다.
- 설계변경 내용이 추후 다시 변경되지 않도록 (③)와 측량 등을 면밀히 검토하고 시행한다.

정답 ① 공사비 증감, ② 객관적인 자료, ③ 현황 조사

10 도면 등의 표현방법에서 포장 구배 등 미세한 경사 표현은 도면에 레벨점으로 표현하는 것이 효과적인데 어느 도면에 표현하는 것이 좋은지 쓰시오.

정답 평면도

11 다음은 설계단가(원가)를 다시 산정하는 경우이다. 잘못된 부분을 찾아 바르게 고쳐 쓰시오.

① 발주자로부터 설계변경 단가를 통보받고 이의가 있는 경우 각 단가에 대한 객관적인 근거자료를 준비하여 전화로 협의한다.
② 레미콘, 아스콘 등 지역에 따라 가격이 다른 품목의 단가는 생산자 단가에 따라 적용한다.

정답 ① 준비하여 전화로 → 첨부하여 서면으로
② 생산자 단가 → 권역별 조사가격 변경

07 조경적산

제1절 조경적산의 기초

1 적산과 견적

(1) 개념

설계도면과 시방서에 제시된 내용을 기준으로 시공계획에 따라 꼭 필요한 재료의 수량과 노무의 품 등의 수량을 구하는 작업을 적산이라 하며, 적산 수량에 단가를 넣어 산정하는 재료비, 노무비, 경비, 일반관리비, 이윤 등을 합산하여 총공사비를 산출하는 것을 견적이라 한다.

(2) 적산견적의 종류

① **명세견적** : 설계도서(설계도면, 각종 시방서), 현장상세설명서, 공사 발주서 등에 의거 항목별로 상세하게 적산, 견적을 하여 전체 공사비를 산술적으로 산출하는 방법이다.

② **개산견적** : 주어진 공사와 비슷한 기존의 공사 적산견적 자료를 근거로 전체공사비를 개략적으로 산출하는 방법이다.

(3) 적산견적의 절차

① **설계도서의 검토** : 설계도, 시방서 등의 세밀한 검토

② **공사현장 조사** : 설계도서상 반영되지 않은 사항을 적산견적에 반영을 위함

③ **수량산출** : 설계도면과 시방서 등에 의한 재료의 수요량, 필요한 노무량의 산출

④ **공사방법 결정** : 인력 및 기계의 선정 등 시공방법 결정

⑤ **단위 공종 품셈산정** : 단위 공종의 시공방법 결정에 의한 품셈을 산정

⑥ **단가 결정** : 재료비, 노무비, 경비 등 단가의 기준가격을 결정

⑦ **일위대가표 작성** : 품셈표와 단가를 기준으로 단위공종의 일위대가표를 작성

⑧ **직접공사비 산정** : 단위 공종의 수량과 일위대가표에 의한 금액 세목별 공사비 산출

⑨ **간접공사비 산정** : 간접노무비, 기타 경비, 각종 보험료 등과 일반관리비, 이윤 등을 산출

⑩ **총공사비 산정** : 직접・간접공사비를 집계하고 공사규모와 여건에 맞추어 총공사비를 산정

(4) 일위대가

일위대가란 서로 다른 재료나 품으로 이루어진 공사내역을 최소 항목으로 분류하여 각 공종의 기본단위 단가를 산정하는 것, 즉 어떤 공사의 단위수량에 대한 금액(단가)

① **기초일위대가** : 수량 산출이 없어도 표준품셈에서 적용되는 항목을 추출하여 작성할 수 있는 터파기, 콘크리트, 거푸집 등

② **단위일위대가** : 길이, 면적, 체적, 중량, 개소 등의 기본적인 단위시공 1단위당 순공사비로서 화강석포장 $1km^2$, 퍼걸러 1개소, 벤치 겸 수목보호대 1개소 등이며 순공사비(재료비, 노무비, 경비)를 복합적으로 합산

(5) 공사원가계산서

① 원가계산에 의한 방식 : 우리나라, 일본 등에서 적용하는 방식으로 현재 통상적 방식

㉠ 장점 : 분석적이고 체계적이며 공사비 산정에 투명성

㉡ 단점 : 현재의 건설시장 가격을 반영할 수 없으므로 현실성이 부족하며, 신공법·신제품에 있어서는 공사비 책정이 어렵고, 발주자 측에서 공사마다 작성하므로 공사비 산출에 많은 시간이 소요됨

㉢ 적용 : 일반적 공사에 적용

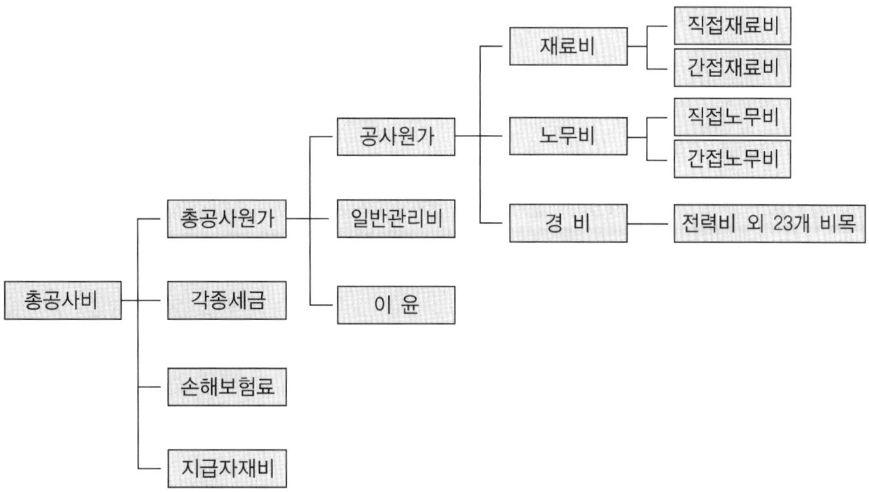

[원가계산에 의한 공사비 구성]

② 시장가격(거래가)에 의한 방식

㉠ 현재 건설시장에서 형성된 시장가격을 이용하여 공사비를 산정하는 방식

- 장점 : 현재 시장가격을 반영하여 효율적
- 단점 : 적산자의 주관적인 결정이 개입될 수가 있으며, 가격의 객관성, 단가의 투명성이 결여될 수가 있음
- 적용 : 신제품과 신공법 등 원가계산이 불가능한 비목 등에 제한적으로 사용

㉡ 실적공사비에 의한 방식

- 실제공사를 수행하기 위해 산정한 단가를 발주기관별로 축적
- 비슷한 공사의 공종별 입찰단가에 대한 정보를 지속적으로 축적하고 적정단가를 찾아내어 다음 공사의 단가로 활용하는 방식
- 해당 공종의 원가를 따로 계산할 필요가 없고 재료비, 노무비, 경비 구분 없는 단일단가로 공사비를 산정
- 유럽, 미국 등에서 주로 사용되고 있음
  - 장점 : 단일 단가로 공사비를 산정하므로 발주자의 적산 업무가 간편하여 효율성이 높으며, 건설시장동향의 즉각적 반영이 가능
  - 단점 : 표준화된 공종의 분류, 오랜 기간 축적된 공비자료를 요구, 항목별 산출기준 미정립, 표준화가 되지 않을 때 문제점 발생
  - 적용 : 신제품과 신공법 등 원가계산이 불가능한 곳에 제한적으로 사용

(6) 공사원가산정

비목		구분	내용	산출식
순공사원가	재료비	직접재료비	공사 목적물의 실체를 형성하는 물품의 가치	품셈에 의한 계상
		간접재료비	실체를 형성하지 않으나 공사에 보조적으로 소비되는 물품의 가치	
		작업부산물	시공 중에 발생하는 부산물 등으로 환금성이 있는 것은 재료비로부터 공제함	
		소계	직접재료비 + 간접재료비 − 작업부산물 등의 환금액	
	노무비	직접노무비	직접 작업에 종사하는 자의 노동력의 대가	기본급, 제수당, 상여금, 퇴직급여충당금
		간접노무비	작업현장에서 보조작업에 종사하는 자의 노동력의 대가	직접노무비 × 간접노무비율
		소계	직접노무비 + 간접노무비	
	경비	종류		내용
		전력비, 수도광열비, 운반비, 기계경비		공사의 시공을 위하여 소요되는 공사원가 중 재료비, 노무비를 제외한 원가를 말하며, 일반관리비와 구분된다.
		특허권사용료, 기술료, 품질관리비, 지급임차료		
		연구개발비, 복리후생비, 산업안전보건관리비		
		가설비, 보험료, 외주가공비, 보관비, 소모품비		
		여비·교통비·통신비, 세금과공과, 폐기물처리비		
		환경보전비, 도서인쇄비, 지급수수료, 보상비		
		안전관리비, 건설근로자퇴직공제부금비, 법정경비		
		소계		전체경비합산
일반관리비			기업의 유지를 위한 관리활동에 소요되는 경비	(재료비 + 노무비 + 경비) × 일반관리비율
이윤			영업이익을 말하며 이윤율 15%를 초과할 수 없음	(노무비 + 경비 + 일반관리비) × 이윤율(%)
총원가			재료비 + 노무비 + 경비 + 일반관리비 + 이윤	
공사손해보험			총원가 × 보험료율(%)	

(7) 간접노무비율

구분	공사 종류별	간접노무비율(%)
공사 종류별	건축공사	14.5
	토목공사	15
	특수공사(포장, 준설 등)	15.5
	기타(전문, 전기, 통신 등)	15
공사 규모별	5억원 미만	14
	5~30억원 미만	15
	30억원 이상	16
공사 기간별	6개월 미만	13
	6~12개월 미만	15
	12개월 이상	17

(8) 일반관리비

공사의 시공을 위한 기업의 경영·관리 등 활동 부문에서 발생하는 본·지사의 경비로서 공사원가에 계상되지 않고 다음과 같은 비용으로 구성된다.

① **일반관리비** : 임원보수, 종업원 급료 수당, 퇴직금, 법정복리비, 복리후생비, 수선유지비, 사무용품비, 통신·교통비, 동력·용수·광열비, 조사연구비

② 일반관리비의 적산은 공사의 원가(순공사비)에 대한 배부 할인 방식에 따라 비율로 산정하여야 한다. 우리나라는 다음 표처럼 '시설공사업'에서는 공사 원가(순공사비)의 6% 이내로 그 기준율이 정해져 있다.

③ 일반관리비율 = 일반관리비/순공사원가(%)

업종		일반관리비율(%)
제조업	음·식료품의 제조·구매	14
	섬유·의복·가죽제품의 제조·구매	8
	나무·나무제품의 제조·구매	9
	종이·종이제품·인쇄출판물의 제조·구매	14
	화학·석유·석탄·고무·플라스틱제품의 제조·구매	8
	비금속광물제품의 제조·구매	12
	제1차 금속제품의 제조·구매	6
	조립금속제품·기계·장비의 제조·구매	7
	기타 물품의 제조·구매	11
시설공사업	조경공사, 토목공사, 건축공사 외 각종 공사업	6

주)업종분류 : 한국표준산업분류에 의함

④ 조경공사에서의 일반관리비율은 ③에서 정한 일반관리비율(6%)을 초과하여 계상할 수 없으며, 공사규모별(공사원가)로 체감 적용한다.

일반건설공사		전문·전기·정보통신·소방 및 기타공사	
공사원가	일반관리비율	공사원가	일반관리비율
5억원 미만	6%	5천만원 미만	6%
5억원~30억원 미만	5.5%	5천만원~3억원 미만	5.5%
30억원~50억원 미만	4.7%	3억원 이상	5%
50억원~300억원 미만	4.1%	–	–
300억원 이상	3.5%	–	–

출제예상문제

01 **공사비 산정의 첫 단계로서 설계도면, 시방서, 설계서, 현장설명 및 질의응답 등으로 각 단위공사별 소요량을 산출하는 과정을 무엇이라 하는지 쓰시오.**

정답 적산

02 적산수량에 단가를 넣어 산정하는 재료비, 노무비, 경비, 일반관리비, 이윤 등을 합산하여 총공사비를 산출하는 것을 무엇이라 하는지 쓰시오.

정답 견적

03 전체 공사비를 산출하는 일련의 과정을 무엇이라 하는지 쓰시오.

정답 적산 · 견적

04 설계도서(설계도면, 각종 시방서), 현장상세설명서, 공사 발주서 등에 의거 항목별로 상세하게 적산 · 견적을 하여 전체 공사비를 산술적으로 산출하는 방법을 쓰시오.

정답 명세견적

05 단위공종의 수량과 일위대가표에 의한 금액 세목별 공사비를 산출하는 방법을 쓰시오.

정답 직접공사비 산정

06 다음은 견적의 중요성을 정리한 것이다. ( ) 안에 알맞은 내용을 쓰시오.

- 산출된 견적액(견적가격)은 발주자에게는 적정한 예산이나 적정한 공사예정가격 산출의 (①)이 된다.
- 수주자(도급자)에게는 입찰가격 결정과 실행예산 편성의 (②)이 되어 공사의 품질과 (③)에 영향을 미치는 중요한 자료가 된다.

정답 ① 근간, ② 기준, ③ 채산성

2 표준품셈

(1) 적용목적 및 범위

① **적용목적** : 정부 등 공공기관에서 시행하는 건설공사의 적정한 예정가격을 산정하기 위한 일반적인 기준을 제공한다.

② **적용범위** : 국가, 지방자치단체, 정부투자기관 및 당해 기관의 감독과 승인을 요하는 기관에서는 표준품셈을 공사의 예정가격 산정의 기초로 활용하고 있으며, 국토교통부에서 매년 발행하며 시대성이 반영되어 새로 추가되는 항목과 삭제되는 항목이 있다.

(2) 적용방법

① **공사의 예정가격 산정** : 표준품셈을 활용한다.

② **근로시간 품** : 1일 8시간(480분)을 기준으로 하되 준비, 작업지시, 이동, 정리 등에 소요되는 시간(30분)을 제외한 7시간 30분(450분)을 적용한다.

③ **조경공사의 품셈적용**

㉠ 조경식재공사 : 표준품셈 조경공사에 적용

㉡ 조경시설물 공사 : 표준품셈 토목, 건축, 기계설비 부문의 동일 공종품 또는 유사공종품을 적용

㉢ 조경자격시험 문제 품셈 적용 : 국토교통부에서 매년 발행하는 표준품셈을 근거로 하고 있다. 물론 시험에서는 조건이 다를 수 있으나 전체적인 범위는 벗어나지 않으므로 표준품셈을 적용한다.

④ **품의 할증**

㉠ 군작전 지구 내 : 작업품 할증률을 표준품셈 인부품의 20%까지 가산

㉡ 야간작업 : 정상적으로는 주간작업이 불가능하여 부득이하게 야간작업을 해야 하는 경우에는 작업품 할증률을 표준품셈 인부품의 25%까지 가산

㉢ 산악지역, 공항지역, 도서지구 : 작업여건이 어려움을 감안하여 작업품 할증률을 표준품셈 인부품의 50%까지 가산

㉣ 바닥면적의 합계가 소단위($10m^2$ 이하) 건축공사 : 각 공정별 할증이 감안되지 않은 사항에 대해 작업품 할증률을 표준품셈 인부품의 50%까지 가산

(3) 일위대가

① 공사 적산을 위한 일위대가는 공사의 예정가격 산출에 있어서 단위공사별 소요재료의 수량 및 길이, 면적, 체적, 중량 등의 시공단위당 공사비 내역, 즉 단위단가로서 일위대가표를 기준으로 전체 공사에 소요되는 비용을 산출하게 된다.

② 일위대가표의 작성은 공사비 산출의 기초가 되며, 이를 기초로 공사시공 계획이 수립될 수 있으며, 설계자, 발주자의 요구에 부합되도록 하는 매우 중요한 적산의 시작이라 할 수 있다.

③ **일위대가표 작성 시 유의사항**

㉠ 설계도서와 맞출 것 → 표준품셈 적용기준에 맞도록 할 것

㉡ 물량과 공사량의 계산은 적산기준 & 품셈에 따라 적정하게 할 것

㉢ 단가의 적정을 기할 것 → 재료의 할증률에 유의할 것

㉣ 손료산정에 적정성을 기할 것

(4) 수량계산의 기준단위(CGS ; Centimeter-Gram-Second)

① 수량의 단위 및 소수자리는 표준품셈 단위표준에 의한다.

② 수량의 계산은 지정 소수자리 이하 1위까지 구하고, 끝수는 사사오입한다.

③ 계산에 쓰이는 분도(分度)는 분까지, 원주율(圓周率), 삼각함수 유효숫자는 3자리(3位)까지로 한다.

④ 곱하거나 나눗셈에 있어서는 기재된 순서에 의해 계산하고 분수는 약분법을 쓰지 않으며, 각 분수마다 그 값을 구한 다음 전부의 계산을 한다.

⑤ 면적의 계산은 보통 수학공식에 의하는 외에 삼사법(三斜法)이나 삼사유치법(三斜誘致法) 또는 구적기(Planimeter)로 한다(구적기를 사용할 경우 3회 이상 측정하여 그중 정확하다고 생각되는 평균값으로 한다).

⑥ 체적계산은 의사공식(疑似公式)에 의함을 원칙으로 하나, 토사의 체적은 양단면적을 평균한 값에 단면 간의 거리를 곱하여 산출하는 것을 원칙으로 한다(단, 거리평균법으로 고쳐서 산출할 수도 있다).

⑦ 다음에 열거하는 것의 체적과 면적은 구조물의 수량에서 공제하지 아니한다.

㉠ 콘크리트 구조물 중의 말뚝머리

㉡ 볼트의 구멍

㉢ 모따기 또는 물구멍(水切)

㉣ 이음 줄눈의 간격

㉤ 포장공종의 1개소당 0.1m^2 이하의 구조물 자리

㉥ 강(鋼) 구조물의 리벳 구멍

㉦ 철근콘크리트 중의 철근

㉧ 조약돌 중의 말뚝 체적 및 책동목(柵胴木)

㉨ 기타 전항에 준하는 것

⑧ 성토 및 사석공의 준공토량은 성토 및 사석공 설계도의 양으로 한다(지반침하량은 지반 성질에 따라 가산할 수 있다).

⑨ 절토(切土)량은 자연상태의 설계도의 양으로 한다.

(5) 단위 및 소수의 표준

① 자재 표준

종목	규격		단위수량		비고
	단위	소수자리	단위	소수자리	
공사연장	m	2	m	–	–
공사폭원	–	–	m	1	
직공인부	–	–	인	2	
공사면적	–	–	m^2	1	
용지면적	–	–	m^2	–	
토적 : 높이·너비	–	–	m	2	
토적 : 단면적	–	–	m^2	1	
토적 : 체적	–	–	m^3	2	
토적 : 체적합계	–	–	m^3	–	
떼	cm	–	m^2	1	
모래·자갈	cm	–	m^3	2	
조약돌	cm	–	m^3	2	
견치돌·깬돌	cm	–	m^2	1	
	cm	–	개	–	

종목	규격		단위수량		비고
	단위	소수자리	단위	소수자리	
야면석(野面石)	cm	–	개	–	–
	cm	–	m^3	1	
	cm	–	m^2	1	
돌쌓기 및 돌붙임	cm	–	m^3	1	
	cm	–	m^2	1	
사석(捨石)	cm	–	m^3	1	
다듬돌(切石, 板石)	cm	–	개	2	
벽돌	mm	–	개	–	
블록	mm	–	개	–	
시멘트	–	–	kg	–	
모르타르	–	–	m^3	2	
콘크리트	–	–	m^3	2	
석분	–	–	kg	–	
석회	–	–	kg	–	
화산회	–	–	kg	–	
아스팔트	–	–	kg	–	
목재(판재)	길이 m	1	m^2	2	
	폭, 두께 cm	1	m^3	3	
합판	mm	–	장	1	
말뚝	길이 m	1	개	–	
	지름 mm	1	개	–	
철강재	mm	–	kg	3	총량표시는 ton으로 한다.
용접봉	mm	–	kg	1	–
구리판, 함석류	–	–	m^2	2	
철근	mm	–	kg	–	
볼트, 너트	mm	–	개	–	
꺽쇠	mm	–	개	–	
철선류	mm	1	kg	2	
PC강선	–	–	kg	2	
돌망태	길이 m	1	m	1	
	지름·높이 m	–	개	–	망눈 cm
로프류	mm	–	m	1	–
못	길이 cm	1	kg	2	
석유, 휘발유, 모빌유	–	–	L	2	
그리스	–	–	kg	2	
넝마	–	–	kg	2	
화약류	–	–	kg	3	
뇌관	–	–	개	–	
도화선	–	–	m	1	
석탄, 목탄, 코크스	–	–	kg	1	
산소	–	–	L	–	
카바이드	–	–	kg	1	
도료(塗料)	–	–	L 또는 kg	2	
도장(塗裝)	–	–	m^2	1	
관류(管類)	길이 m	2	개	–	
	지름·두께 mm	–	개	–	
수로연장	–	–	m	1	

종목	규격		단위수량		비고
	단위	소수자리	단위	소수자리	
옹벽	–	–	m^2	1	–
승강장옹벽 및 울타리	–	–	m	1	
궤도부설	–	–	km	3	
시험하중	–	–	ton	–	
보링(試錐)	–	–	m	1	
방수면적	–	–	m^2	1	
건물(면적)	–	–	m^2	2	
건물(지붕, 벽붙이기)	–	–	m^2	1	
우물	깊이	–	m	1	
마대		–	매	–	

[주] • 설계서 수량의 단위와 소수자리 표시는 본 표에 따르며, 반올림하여 적용한다.
• 품셈 각 항목에서 제시한 소수자리가 본 표의 내용과 상이할 경우 항목에서 제시하는 소수자리를 우선하여 적용한다.
• 본 표에 제시하지 않은 품의 경우 유사 품의 규격과 단위수량을 참고하여 적용하며, CGS 단위로 하는 것을 원칙으로 한다.

② 금액의 단위 표준

종목	단위	지위(止位)	비고
설계서의 총계	원	1,000	이하 버림 (단, 10,000원 이하의 공사는 100원 이하 버림)
설계서의 소계		1	미만 버림
설계서의 금액란		1	미만 버림
일위대가표의 계금		1	미만 버림
일위대가표의 금액란		0.1	미만 버림

[주] 일위대가표 금액란 또는 기초 계산금액에서 소액이 산출되어 공종이 없어질 우려가 있어 소수위 1위 이하의 산출이 불가피할 경우에는 소수위 정도를 조정·계산할 수 있다.
※ 단가의 소수점 적용 : 원 이하 절사(단, 1원 이하 단가의 경우 예외)

(6) 재료의 할증률

공사용 재료의 할증률은 일반적으로 다음 표의 값 이내로 한다. 다만, 품셈의 각 항목에 할증률이 포함 또는 표시되어 있는 것에 대하여는 본 할증률을 적용하지 아니한다.

① 콘크리트 및 포장용 재료

종류	정치식(%)	기타(%)	종류	정치식(%)	기타(%)
시멘트	2	3	아스팔트	2	3
잔골재, 채움재	10	12	석분	2	3
굵은골재	3	5	혼화재	2	–

[주] 속채움 재료의 경우에도 이 값을 준용

② 노상 및 노반재료(선택층, 보조기층, 기층 등)

종류	할증률(%)
모래	6
부순돌·자갈·막자갈	4
점질토	6

③ 관 및 구조물 부설재료

종류	할증률(%)
모래	4

④ 토사(해상)

종류	할증률(%)	비고
치환모래(置換砂)	20	표면건조 포화상태의 모래에 대한 할증률
깔모래(敷砂)	30	
사항용모래(砂抗用砂)	20	
압입모래(壓入砂)	40	

⑤ 사석(해상)

종류 \ 사석두께 \ 지반	보통지반		모래치환지반		연약지반	
	2m 미만	2m 이상	2m 미만	2m 이상	2m 미만	2m 이상
기초사석	25%	20%	30%	25%	50%	40%
피복석(被覆石)	15%	15%	15%	15%	20%	20%
뒤채움사석	20%	20%	20%	20%	25%	25%

⑥ 속채움(해상)

종류	할증률(%)	비고
모래	10	케이슨 또는 세라블록 등의 속채움 시(단, 블록 또는 콘크리트의 속채움재는 제외)
사석	10	

⑦ 강재류

종류	할증률(%)
원형철근	5
이형철근	3
이형철근(교량 · 지하철 및 이와 유사한 복잡한 구조물의 주철근)	6~7
일반볼트	5
고장력볼트(H · T · B)	3
강판	10
강관	5
대형형강(形鋼)	7
소형형강	5
봉강(棒鋼)	5
평강대강	5
경량형강, 각(角)파이프	5
리벳(제품)	5
스테인리스강판	10
스테인리스강관	5
동판	10
동관	5
덕트용금속판	28
프레스접합식스테인리스강관	5
이음부속류	5

[주] 이형철근의 경우 해당 공사 또는 구조물의 시공실적에 따라 조정하여 적용할 수 있다.

⑧ 기타 재료

재료별		할증률(%)
목재	각재	5
	판재	10
합판	일반용 합판	3
	수장용 합판	5
시즈관, 시즈판		8

재료별		할증률(%)
PVC관/PE관		5
원심력철근콘크리트관		3
조립식 구조물(U형 플륨관 등)		3
도료		2
벽돌	붉은벽돌	3
	시멘트벽돌	5
	내화벽돌	3
	경계블록	3
	콘크리트블록	4
	호안블록	5
원석(마름돌용)		30
석재판붙임 용재	정형돌	10
	부정형돌	30
조경용 수목		10
잔디 및 초화류		10
레디믹스 콘크리트 타설(현장플랜트 포함)	무근구조물	2
	철근·철골구조물	1
	소형구조물	1
현장 혼합콘크리트 타설(인력 및 믹서)	무근구조물	3
	철근구조물	2
	소형구조물	5
콘크리트포장혼합물의 포설		4
아스팔트 콘크리트 포설(현장플랜트 포함)		2
졸대		20
텍스		5
석고판(못붙임용)		5
석고판(본드붙임용)		8
코르크판		5
단열재		10
유리		1
테라고디		3
블록		4
기와		5
슬레이트		3
타일	모자이크	3
	도기	
	클링커, 자기	
	아스팔트	5
	리놀륨	
	비닐	
	비닐랙스	
테라죠판		6
위생기구(도기, 자기류)		2

⑨ **재료의 단위중량** : 재료의 단위중량은 입경, 습윤도 등에 따라 달라지므로 시험에 의하여 결정하여야 하며, 일반적인 추정 단위중량은 다음과 같다.

종별	형상	단위	단위중량(kg³/m³)	비고
암석	화강암	m^3	2,600~2,700	자연상태
	안산암		2,300~2,710	
	사암		2,400~2,790	
	현무암		2,700~3,200	
자갈	건조		1,600~1,800	
	습기		1,700~1,800	
	포화		1,800~1,900	
모래	건조		1,500~1,700	
	습기		1,700~1,800	
	포화		1,800~2,000	
점토	건조		1,200~1,700	
	습기		1,700~1,800	
	포화		1,800~1,900	
점질토	보통의 것		1,500~1,700	
	역이 섞인 것		1,600~1,800	
	역이 섞이고, 습한 것		1,900~2,100	
모래질흙	–		1,700~1,900	
자갈섞인토사			1,700~2,000	
자갈섞인모래			1,900~2,100	
호박돌			1,800~2,100	
사석			2,000	
조약돌			1,700	
주철			7,250	
강, 주강, 단철			7,850	
스테인리스	STS304		7,930	KSD3695
	STS430		7,700	
연철	–		7,800	–
놋쇠			8,400	
구리			8,900	
납(鉛)			11,400	
목재	생송재(生松材)		800	–
소나무	건재(乾材)		580	
소나무(적송)	건재		590	
미송			420~700	
시멘트	–		3,150	
시멘트			1,500	자연상태
철근콘크리트			2,400	–
콘크리트			2,300	
시멘트모르타르			2,100	
역청포장			2,350	
역청재(방수용)			1,100	
물			1,000	
해수			1,030	

종별	형상	단위	단위중량(kg^3/m^3)	비고
눈	분말상(粉末狀)	m^3	160	–
	동결(凍結)		480	
	수분포화(水分飽和)		800	
고로슬래그 부순돌	–		1,650~1,850	자연상태

[주] • 부순돌 및 조약돌 등은 모암의 암질(巖質)을 고려하여 결정한다.
• 본 표에 없는 품종에 대하여는 단위중량 시험에 의해 결정함을 원칙으로 하며, 필요시(재료량이 소규모인 경우 등) 문헌에 의한 결과를 참고한다.

⑩ 토질 및 암의 분류

㉠ 보통토사 : 보통 상태의 실트 및 점토, 모래질 흙 및 이들의 혼합물로서 삽이나 괭이를 사용할 정도의 토질(삽 직입을 하기 위하여 상체를 약간 구부릴 정도)

㉡ 경질토사 : 견고한 모래질 흙이나 점토로서 괭이나 곡괭이를 사용할 정도의 토질(체중을 이용하여 2~3회 동작을 요할 정도)

㉢ 고사점토 및 자갈 섞인 토사 : 자갈질 흙 또는 견고한 실트, 점토 및 이들의 혼합물로서 곡괭이를 사용하여 파낼 수 있는 단단한 토질

㉣ 호박돌 섞인 토사 : 호박돌 크기의 돌이 섞이고 굴착에 약간의 화약을 사용해야 할 정도로 단단한 토질

㉤ 풍화암 : 일부는 곡괭이를 사용할 수 있으나 암질이 부식되고 균열이 1~10cm 정도로서 굴착 또는 절취에는 약간의 화약을 사용해야 할 암질

㉥ 연암 : 혈암, 사암 등으로서 균열이 10~30cm 정도로 굴착 또는 절취에는 화약을 사용해야 하나 석축용으로 부적합한 암질

㉦ 보통암 : 풍화상태를 엿볼 수 없으나 굴착 또는 절취에는 화약을 사용해야 하며, 균열이 30~50cm 정도의 암질

㉧ 경암 : 화강암, 안산암 등으로 굴착 또는 절취에 화약을 사용해야 하며, 균열상태가 1m 이내로 석축용으로 쓸 수 있는 암질

㉨ 극경암 : 암질이 아주 밀착된 단단한 암질

출제예상문제

01 어떤 일에 드는 힘이나 수고 또는 어떤 일에 필요한 일꾼을 세는 단위를 쓰시오.

정답 품

02 다음에서 설명하는 계산의 기준을 쓰시오.

동일한 목적물의 시공에 필요한 재료는 일정할 수 있으나 공법 적용과 해석, 다양한 현장 여건, 기상조건, 작업자의 숙련도 등으로 인력·장비의 투입량이 변하여 소요금액이 달라질 수 있다. 이런 이유로 일정한 기준에 의하여 표준적인 계산의 기준이 필요하게 되었다.

정답 표준품셈

03 다음 ( ) 안에 알맞은 내용을 쓰시오.

> 가장 대표적이고 보편적인 (①), (②), (③)을 기준으로 표준품셈(A Standard of Estimated Unit Manpower and Material for construction)을 제정하여 이용하고 있다.

정답 ① 공종, ② 공정, ③ 공법

04 다음은 품의 할증에 대한 내용 중 일부분을 정리한 것이다. ( ) 안에 알맞은 숫자를 쓰시오.

> • 군작전 지구대 : 작업품 할증률을 표준품셈 인부품의 (①)%까지 가산한다.
> • 야간작업 : 정상적으로는 주간작업이 불가능하여 부득이하게 야간작업을 해야 하는 경우에는 작업품 할증률을 표준품셈 인부품의 (②)%까지 가산한다.
> • 산악지역, 공항지역, 도서지구 : 작업여건이 어려움을 감안하여 작업품 할증률을 표준품셈 인부품의 (③)%까지 가산한다.

정답 ① 20, ② 25, ③ 50

05 공사량 1단위당 소요되는 재료비, 노무비, 경비 등이 복합적으로 합산된 1단위당 공사비를 쓰시오.

정답 일위대가

06 공종당 직접공사비를 산출하는 내용을 서술하시오.

정답 일위대가에 공종별 전체 설계수량을 곱하여 산출한다.

07 직접공사비의 구성요소 3가지를 쓰시오.

정답 재료비, 직접노무비, 직접공사경비

08 일반 조경공사 견적 및 발주업무 흐름도에서 특수 일위대가(특허 등) 필요성이 없을 경우 전산입력자료 작성내용의 일위대가 내용을 3가지 쓰시오.

정답 기본일위대가, 표준일위대가, 중기일위대가

09 설계도면과 총괄수량표를 검토할 때 총괄수량표가 없을 경우 확인해야 하는 3가지 도면을 쓰시오.

정답 식재계획도, 포장계획도, 시설물계획도

10 시설물설계도를 검토할 때 검토 사항을 3가지 쓰시오.

정답 시설물의 종류, 규격, 수량

11 특수일위대가가 필요한 항목을 3가지 쓰시오.

정답 특수 수종(대형목, 노거수 등), 특수포장, 특수시설물 또는 특수 수종, 포장, 시설물

12 시설물은 기성제품(퍼걸러, 의자, 운동시설처럼 조달청, 물가자료, 물가정보에 가격이 제시된, 이미 만들어진 제품)과 현장에서 만들어야 하는 구조물, 기타 시설물로 구분해 두어야 하는 이유를 서술하시오.

정답 수량산출 시 재료 산출 방법이 달라지기 때문이다.

13 조경공사시방서를 검토할 때 재료에 대한 품질 기준을 확인하고 더 검토해야 하는 2가지 항목을 쓰시오.

정답 검사시기, 검사 절차

14 조경공사시방서를 검토할 때 시공기간 내 현장관리 사항 검토에서 시공성과물에 대해 조치해야 하는 2가지를 쓰시오.

정답 보호조치, 안전조치

15 수량 계산 기준에서 면적을 계산할 때, 보통 수학공식에 의하는 것 외에 사용하는 방법을 2가지 이상 쓰시오.

정답 삼사법(三斜法), 구적기(Planimeter), AutoCAD

16 설계수량과 계획수량의 산출량에 운반, 저장, 절단, 가공 및 시공과정에서 발생하는 손실량을 예측하여 더하는 과정을 무엇이라 하는지 쓰시오.

정답 할증

17 수량산출서 작성 시 총소요량의 산출내용을 서술하시오.

정답 총소요량 = 정미량 + 할증량

18 수량산출서 작성하기에서 재료비의 산출내용을 서술하시오.

정답 재료비 = 할증량을 포함한 총소요량 × 단가

19 조경자재 할증률에서 목재(판재)의 할증률을 쓰시오.

정답 10%

20 다음은 시설별 단위수량산출서 작성 시 유의사항이다. (   ) 안에 알맞은 내용을 쓰시오.

- 도면에 있는 (①)와 수량을 빠뜨리지 않아야 하며, 재료에 따른 할증률 적용 여부를 반드시 검토하여 작성한다.
- 재료에 대한 품을 산출할 때는 (②)을 적용하지 않는 것에 유의하여 작성하여야 한다.
- 도면을 입체로 보면서 (③)대로 계산하는 것이 좋다.

정답 ① 재료, ② 할증량, ③ 시공 순서

21 시설일위대가 작성 시 수량산출서 중 토공과 단위품을 산출하는 대가를 별도로 구분하여 작성하는 대가를 쓰시오.

정답 기초일위대가

22 길이, 면적, 체적, 중량, 개소 등의 기본적인 단위시공 1단위당 순공사비를 말하는 대가를 쓰시오.

정답 시설일위대가(단위일위대가)

23 다음은 중기사용료 작성 시 유의사항이다. ( ) 안에 알맞은 내용을 쓰시오.

- 시설별 일위대가와 (①)를 확인 후 사용중기를 확인한다.
- 중기단가, 노무비 단가 등을 단가조사표에서 찾아 입력한 후 (②)를 완성한다.
- 중기사용료는 재료비, (③), 경비가 다 기입되어 있는 것이 특징이다.

정답 ① 기초일위대가, ② 중기사용료, ③ 노무비

24 일위대가표에 번호를 기입하고 목록표를 작성할 때에 번호가 빠른 것부터 나열하시오.

식재일위대가, 기초일위대가, 시설일위대가

정답 기초일위대가 – 시설일위대가 – 식재일위대가

25 공종별 내역서 작성 시 공종별 항목 중 가장 먼저 작성해야 하는 것을 쓰시오.

정답 가설공사

26 다음의 표를 참조하여 일위대가표를 완성하시오(단, 원단위 미만은 버리시오).

배합비	재료(m^3당)			손비비기(m^3당)	
	시멘트(kg)	모래(m^3)	자갈(m^3)	콘크리트공(인)	보통인부(인)
1 : 2 : 4	320	0.45	0.90	0.90	1.00
1 : 3 : 6	220	0.47	0.94	0.90	0.90
1 : 4 : 8	170	0.48	0.96	0.90	0.70

시멘트	kg	100원
모래	m^3	10,000원
자갈	m^3	9,000원
콘크리트공	인	80,000원
보통인부	인	60,000원

일위대가표(콘크리트 1 : 3 : 6) (m^3당)

품명	단위	수량	단가	금액	비고
시멘트(보통시멘트)					
모래(강모래)					
자갈(강자갈)					
콘크리트공					
보통인부					
계					

정답 **일위대가표(콘크리트 1 : 3 : 6)** (m^3당)

품명	단위	수량	단가	금액	비고
시멘트(보통시멘트)	kg	220	100	22,000	
모래(강모래)	m^3	0.47	10,000	4,700	
자갈(강자갈)	m^3	0.94	9,000	8,460	
콘크리트공	인	0.90	80,000	72,000	
보통인부	인	0.90	60,000	54,000	
계				161,160	

해설
- 시멘트 1포는 40kg이므로 1포의 가격 = 100원 × 40 = 4,000원에 해당
  ※ 반대로 1포의 가격이 주어지면 환산할 수 있어야 함
- 금액 = 수량 × 단가

27 공사시공과정에서 발생한 재료비, 노무비, 경비의 합계액을 무엇이라 하는지 쓰시오.

정답 공사원가

28 가계산에 의한 공사비 구성에서 총공사원가의 3가지 항목을 쓰시오.

정답 순공사원가, 일반관리비, 이윤

29 공사비원가계산서를 작성하고자 할 때에 표준품셈을 이용하지 않고 재료비, 노무비, 직접 공사경비가 포함된 공종별 단가를 계약단가에서 추출하여 유사 공사의 예정가격 산정에 활용하는 방식을 쓰시오.

정답 표준시장단가실적공사비에 의한 방식

30 총공사비 산출을 위한 고려사항을 다음과 같이 정리하였다. (　) 안에 알맞은 용어를 쓰시오.

- 직접공사비, 간접공사비 항목을 활용하여 일반관리비와 (①)을 산출한다.
- 부가가치세를 산출하여 총공사비를 산출하고 (②)를 작성한다.
- 총괄내역서를 활용하여 (③)를 작성한다.

정답 ① 이윤, ② 총괄내역서, ③ 공사원가계산서

31 조각공원의 조경공사를 8개월에 걸쳐 시공하고자 한다. 다음의 간접노무비, 일반관리비율을 적용하여 공사원가계산서를 작성하시오(단, 총공사비는 1,000원 이하는 버리고, 기타는 원단위 미만 버림).

1) 간접노무비율

구분	공사 종류별	간접노무비율(%)
공사 종류별	건축공사	14.5%
	토목공사	15%
	특수공사(포장, 준설 등)	15.5%
	기타(전문, 전기, 통신 등)	15%
공사 규모별	5억원 미만	14%
	5~30억원 미만	15%
	30억원 이상	16%
공사 기간별	6개월 미만	13%
	6~12개월 미만	15%
	12개월 이상	17%

2) 일반관리비 비율

구분	일반관리비비율
5억 미만	6%
5억원~30억원 미만	5.5%
30억원~50억 미만	4.7%
50억~300억 미만	4.1%
300억 이상	3.5%

3) 이윤율 15%

4) 공사원가계산서

(단위 : 원)

구분			산출근거	금액
순공사원가	재료비	직접재료비		889,586,432
		간접재료비		98,600,883
		작업부산물		33,450,875
		소계		(①)
	노무비	직접노무비		375,780,212
		간접노무비		(②)
		소계		432,786,070
	경비	기계경비		34,546,741
		기타 경비	(　　)×6.3%	(③)
		안전관리비	(재료비+직접노무비)×0.91%+1,647,000	(④)
		산재보험료	(　　)×3.4%	(⑤)
		소계		(⑥)
일반관리비			[(　　)+(　　)+(　　)]×(　　)	(⑦)
이윤			[(　　)+(　　)+(　　)]×(　　)	(⑧)
총공사비				(⑨)

정답 ① 954,736,440원, ② 57,005,858원, ③ 87,413,918원, ④ 13,754,701원, ⑤ 14,714,726원, ⑥ 150,430,086원, ⑦ 84,587,392원, ⑧ 100,170,532원, ⑨ 1,722,710,000원

해설

(단위 : 원)

구분			산출근거	금액
순공사원가	재료비	직접재료비		889,586,432
		간접재료비		98,600,883
		작업부산물		33,450,875
		소 계	(889,586,432 + 98,600,883) − 33,450,875	954,736,440
	노무비	직접노무비		375,780,212
		간접노무비	(직접노무비) × 15.17%	57,005,858
		소 계	375,780,212 + 57,005,858	432,786,070
순공사원가	경비	기계경비		34,546,741
		기타경비	(재료비 + 노무비) × 6.3%	87,413,918
		안전관리비	(재료비 + 직접노무비) × 0.91% + 1,647,000	13,754,701
		산재보험료	(노무비) × 3.4%	14,714,726
		소 계	34,546,741 + 87,413,918 + 13,754,701 + 14,714,726	150,430,086
일반관리비			[(재료비) + (노무비) + (경비)] × (5.5%)	84,587,392
이 윤			[(노무비) + (경비) + (일반관리비)] × (15%)	100,170,532
총공사비			954,736,440 + 432,786,070 + 150,430,086 + 84,587,392 + 100,170,532	1,722,710,000

① 작업부산물은 재료비에서 감산

② 간접노무비율 적용

조경공사는 특수공사에 속하고, 공사금액은 5억 이상이고 공사기간이 8개월이므로 (15.5 + 15 + 15) ÷ 3 = 15.17%

③ 기타 경비 = (재료비 + 노무비) × 6.3%
= (954,736,440 + 432,786,070) × 6.3% = 87,413,918원

④ 안전관리비 = (재료비 + 직접노무비) × 0.91% + 1,647,000
= (954,736,440 + 375,780,212) × 0.91% + 1,647,000 = 13,754,701원

⑤ 산재보험료 = 노무비 × 3.4%
= 432,786,070 × 3.4% = 14,714,726원

⑥ 경비 = 기계경비 + 기타 경비 + 안전관리비 + 산재보험료
= 34,546,741 + 87,413,918 + 13,754,701 + 14,714,726 = 150,430,086원

⑦ 일반관리비 = (재료비 + 노무비 + 경비) × 5.5%
= (954,736,440 + 432,786,070 + 150,430,086) × 5.5% = 84,587,392원

⑧ 이윤 = (노무비 + 경비 + 일반관리비) × 15%
= (432,786,070+150,430,086+84,587,392)×15% = 100,170,532원

⑨ 총공사비 = 재료비 + 노무비 + 경비 + 일반관리비 + 이윤
= 954,736,440 + 432,786,070 + 150,430,086 + 84,587,392 + 100,170,532 = 1,722,710,520원

32 **근린공원 시공비 중 재료비 8천5백만원, 노무비 2천8백만원, 경비 1천8백만원일 때 1) 일반관리비, 2) 이윤 및 3) 총원가를 각각 산출하시오(단, 일반관리비율은 5%, 이윤율은 15%를 적용하시오).**

해설 공사원가(순공사비) = 재료비 + 노무비 + 경비
= 85,000,000 + 28,000,000 + 18,000,000 = 131,000,000

1) 일반관리비 = 공사원가(순공사비) × 일반관리비율(5%) = 131,000,000 × 0.05 = 6,550,000원

2) 이윤 = [(공사원가(순공사비) + 일반관리비) − 재료비] × 이윤율(15%)
= [(131,000,000 + 6,550,000) − 85,000,000] × 0.15 = 7,882,500원

3) 총원가 = 공사원가(순공사비) + 일반관리비 + 이윤
= 131,000,000 + 6,550,000 + 7,882,500 = 145,432,500원

정답 1) 일반관리비 : 6,550,000원

2) 이윤 : 7,882,500원

3) 총원가 : 145,432,500원

3 공종별 적산

(1) 가설공사

공사목적물의 실체를 형성하지는 않지만 공사수행에 반드시 필요한 공종으로 공사기간 중 임시로 설치하여 공사를 완성할 목적으로 쓰이는 제반시설이고, 공사의 목적을 달성하면 곧바로 해체・철거・정리하게 되는 현장사무소, 창고, 화장실, 식당 등의 임시적인 공사이므로 취급이 간편하고, 경제적인 재료를 사용하며 구조가 단순한 것이 좋다.

① **간접가설공사** : 여러 공종에서 공통으로 사용되는 가설물로 현장사무소, 창고, 식당, 숙소, 화장실, 울타리 등

② **직접가설공사** : 공사 중에 사용되는 가설물로 규준틀, 비계 및 동바리, 거푸집, 재해방지, 보양, 청소 및 뒷정리, 운반 등에 필요한 가설물이 포함

(2) 표준품셈

① 현장사무소 등의 규모

직접노무비	현장사무소(m^2)		기자재창고(m^2)	숙소(m^2)
	감독・관리자	수급자		
1.5억 미만	40	50	40	60
1.5~3억	60	75	50	70
3~9억	80	100	60	80
9~30억	100	130	80	100
30~90억	150	200	100	180
90~150억	200	300	120	260
150~300억	260	440	130	360
300~500억	280	490	135	400
500억 이상	300	520	140	420

② 가설물 기준면적

종별	용도	기준면적	비고
식당	30인 이상일 때	$1m^2$	1인당
근로자 숙소	–	$4.2m^2$	1인당
휴게실	기거자 3명당 $3m^2$	$1.0m^2$	1인당
화장실	대변기(남자 20명당 1기, 여자 15명당 1기)	$2.2m^2$	1변기당(대・소변)
	소변기(남자 30명당 1기)		
탈의실, 샤워장	–	$2.0m^2$	1인당
창고	시멘트용	1식	수급계획에 의거 순환저장용량 비교
목공작업장	거푸집용	$20m^2$	거푸집 사용량 $1,000m^2$당
철근공작업장	가공, 보관	$30\sim60m^2$	사용량 100ton당(필요시)
철골공작업장	공작도 작성	$30m^2$	사용량 100ton당(필요시)
	현장가공 및 재료보관	$200m^2$	
미장공작업장	믹서 및 재료설치	$7\sim15m^2$	미장면적 $330m^2$당
함석공작업장	가공 및 재료설치	$15\sim30m^2$	함석 $330m^2$당
석공작업장	가공 및 공작도 작성	$70\sim100m^2$	매월 가공량 $10m^3$당(필요시)
콘크리트골재적치장	주위벽 막을 때	$0.7m^2$	골재 $1m^3$당
	주위벽 안 할 때	$1.0m^2$	

③ 시멘트 창고 필요면적 산출방법

$$A = 0.4 \times \frac{N}{n} \mathrm{m}^2$$

여기서, A : 저장면적

N : 저장할 수 있는 시멘트량

n : 쌓기 단수(최고 13포대)

이때, 시멘트량이 600포대 이내일 때는 전량을 저장할 수 있는 창고를 가설하고, 시멘트량이 600포대 이상일 때는 공기에 따라서 전량의 1/3을 저장할 수 있는 것을 기준으로 한다.

(3) 토공사

① **토공의 기초** : 흙을 주대상으로 하는 토목공사, 조경공사 등 건설공사에 있어서 땅깎기(절취, 절토, 흙의 굴착)와 땅돋기(성토, 축토, 제방쌓기)를 기본으로 하고, 이를 위해서 이루어지는 작업(싣기, 운반하기, 다지기, 펴기, 채우기)과 같이 흙을 다루는 모든 작업을 말한다.

② **토공의 용어**

㉠ 시공기면(FL ; Formation Level) : 시공지반의 계획고로 구조물 바닥이나 공사가 끝났을 때의 지면 또는 마무리면

㉡ 절토(Cutting) : 공사에 필요한 흙을 얻기 위해서 굴착하거나 높은 지역의 흙을 깎는 작업

㉢ 성토(Banking) : 도로 제방이나 축제와 같이 기준면까지 흙을 쌓는 작업

㉣ 준설(Dredging) : 수중에서 흙을 굴착하는 작업

㉤ 매립(Reclamation) : 굴착된 곳 또는 저지대에 흙을 메우거나 수중에서 일정기준으로 성토하는 작업

㉥ 축제(Embankment) : 제방, 도로, 철도 등과 같이 폭에 비해 길이가 상당히 긴 지역의 성토작업

㉦ 다짐(Rolling) : 성토한 흙을 다지는 것

㉧ 정지(整地) : 공사구역 내의 흙을 계획면으로 맞추기 위해 절·성토하는 작업

㉨ 유용토(流用土) : 현장 내에서 절토된 흙 중 성토·매립에 이용되는 흙

㉩ 토취장(Borrow Pit) : 토공사에 필요한 흙을 채취하는 장소

㉪ 토사장(Spoil Bank) : 남은 흙이나 공사에 부적합한 토사(불량토사)를 버리는 장소

㉫ 흙의 안식각(Angle of Repose) : 흙을 쌓아올렸을 때 시간이 경과함에 따라 자연붕괴가 일어나 안정된 사면을 이루게 되는데, 이 사면과 수평면과의 각도

(4) 축제 각부의 명칭

① **비탈면(사면, Side Slope)** : 절토·성토 시 형성되는 사면

② **비탈경사(Slope)** : 비탈면의 경사는 수직거리(수평거리를 1 : M의 형식으로 나타냄)

③ **비탈머리(Top of Slope)** : 비탈면의 상단부분을 말하며, 절토·성토·비탈머리가 있음

④ **비탈기슭(Toe of Slope)** : 비탈면의 하단부분을 말하며, 절토·성토·비탈기슭이 있음

⑤ **뚝마루(천단, Levee Crown)** : 축제의 상단면

⑥ **소단(턱, Berm)** : 비탈면의 중간에 만든 턱

(5) 절토 및 성토공법

① 절토(굴착)방법

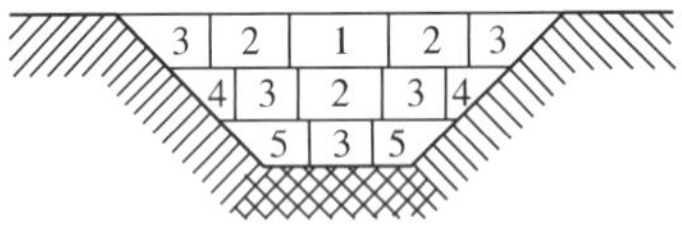

[도로 및 수로 굴착]

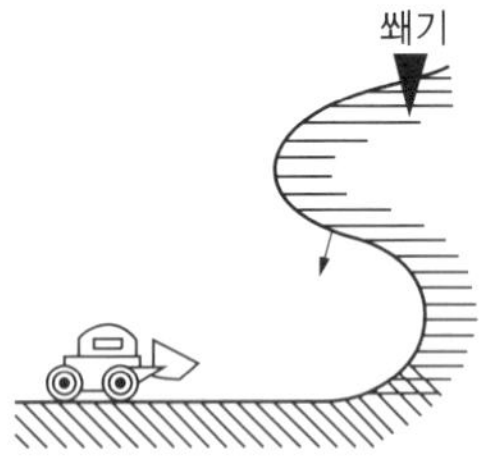

[중력이용 절토하기]

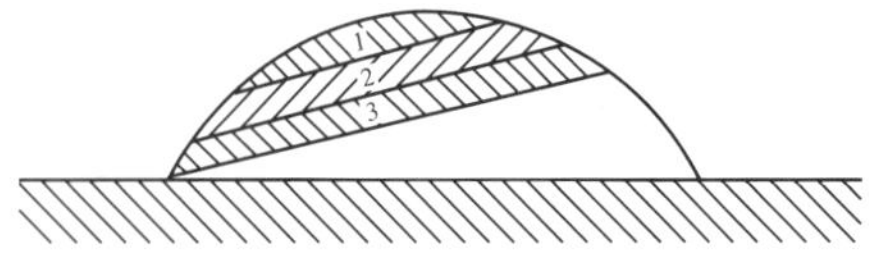

[평지 수평 절토]

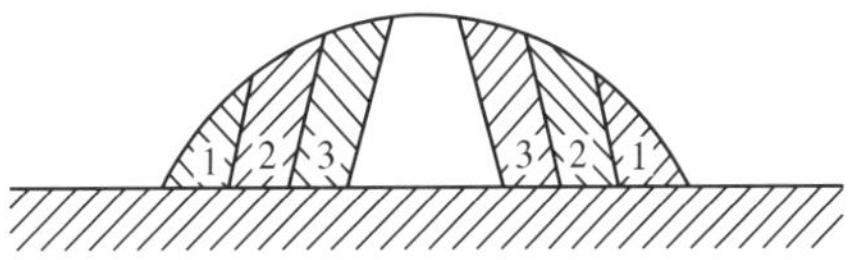

[평지 수직 절토]

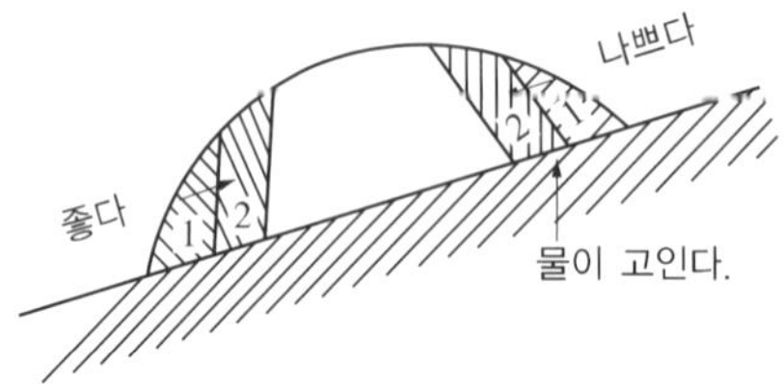

[경사지 절토]

② 절토 시 비탈면의 설치방법

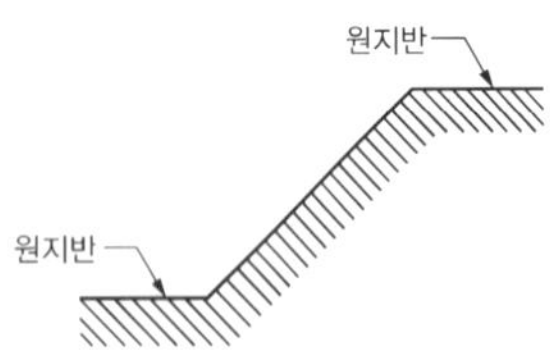

[단일 비탈면
(절토고 7~10m 이하인 균일암반에 적당)]

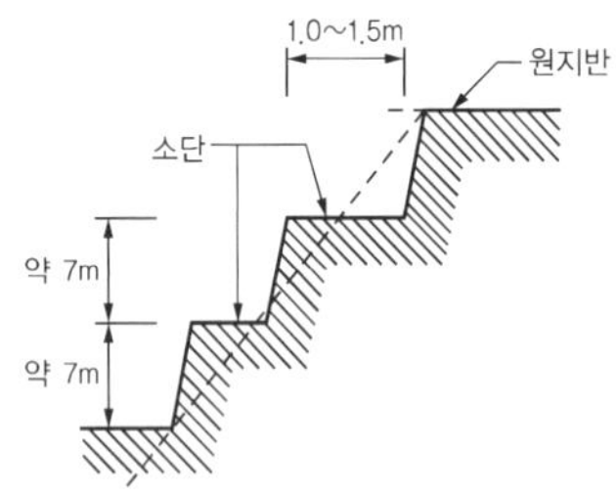

[소단 설치 비탈면
(절토고 7~10m 이상인 경우와
토질 및 암질이 변하는 경우에 적당)]

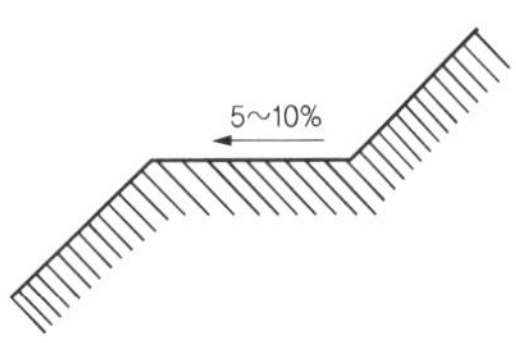

[하단부가 연암이나
경암일 경우]

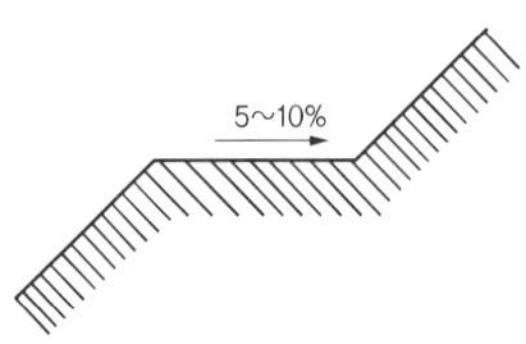

[하단부가 침식되기 쉬운
토질일 경우]

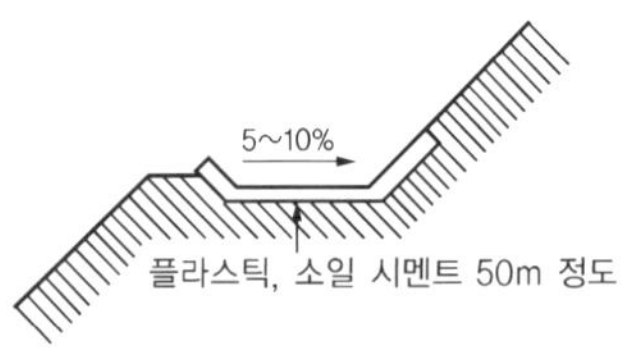

[소단부가 침식되기 쉬운
토질일 경우]

③ 지반에 따른 굴착 구배

구분		사면높이(m)	구배
토사(사질토, 점성토)		5 이상	1 : 1.5
		0~5	1 : 1.2
리핑암(풍화암)		5 이상	1 : 0.7
		0~5	
발파암	연암	5 이상	1 : 0.5
		0~5	
	경암	5 이상	
		0~5	

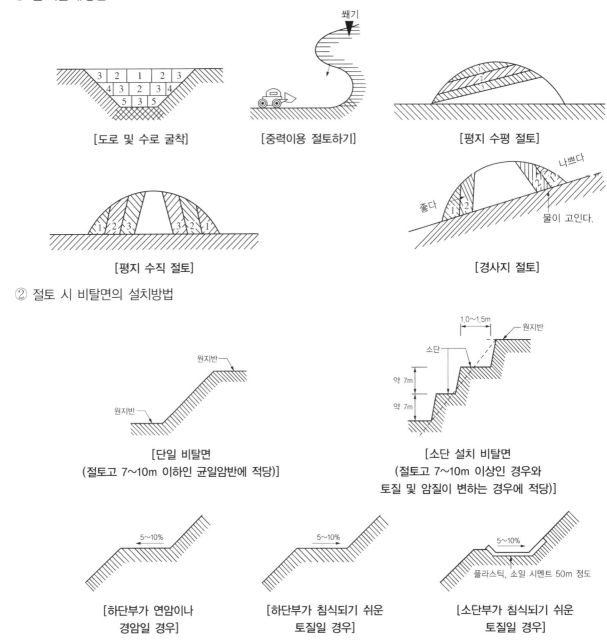

④ 성토재료

㉠ 전단강도가 크고 지지력이 충분할 것

㉡ 시공기계의 트래피커빌리티(Trafficability)가 확보될 것

㉢ 압축성이 작고, 압축시간이 짧을 것

㉣ 배수가 양호할 것

㉤ 다짐이 양호할 것

⑤ 성토방법

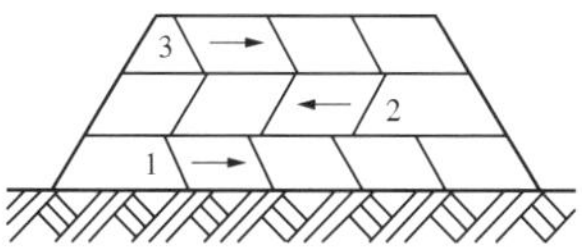

[수평층 쌓기]

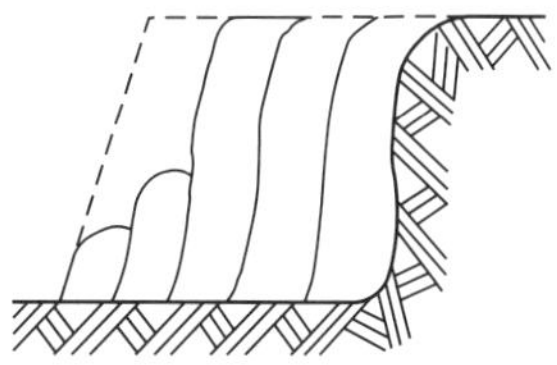

[전반층 쌓기]

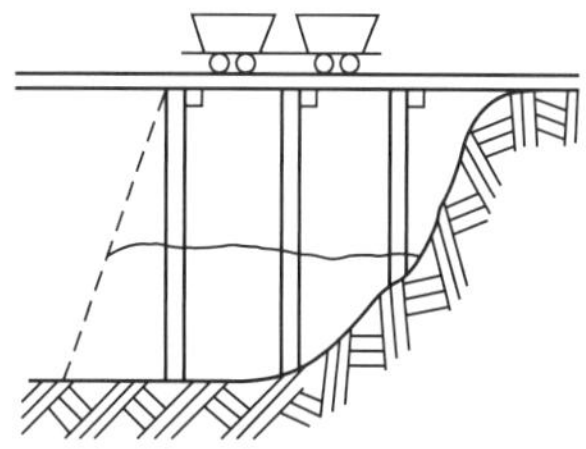

[비계층 쌓기]

⑥ 더돋기(여성토)

㉠ 성토공사 후 흙의 변형 및 침하에 대비하여 계획고보다 일정높이 만큼을 더 증가시켜 성토하는 것

㉡ 더돋기 경사(구배) : 일반적으로 더 돋우는 높이는 계획 성토고의 1/10을 표준으로 하며 더돋기 할 경사는 $H:(D-S)=1:X$의 비례식으로 구함

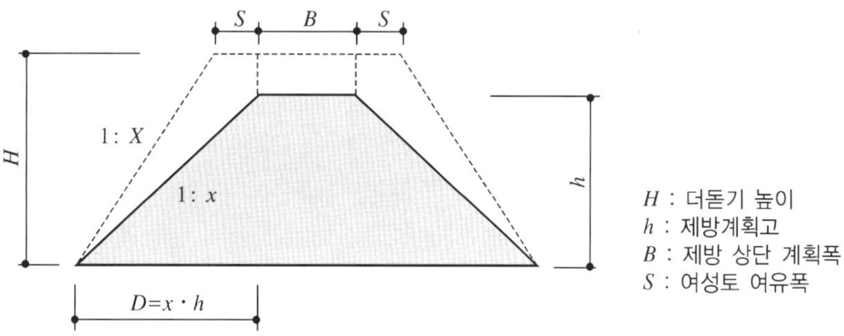

⑦ 성토 비탈면 다짐방법

㉠ 다짐기계에 의한 방법

㉡ 더돋기 다짐 후 절취하는 방법

㉢ 비탈면의 경사를 완만하게 하여 다진 후 절취하는 방법

㉣ 복토를 더돋음 하면서 다지는 방법

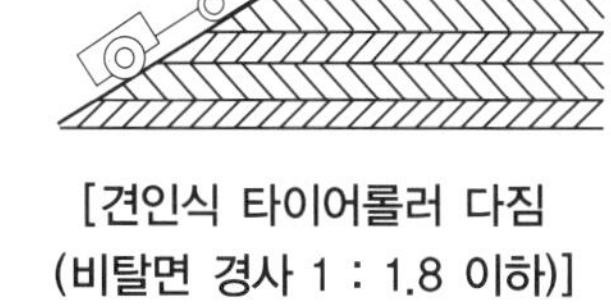

[견인식 타이어롤러 다짐
(비탈면 경사 1 : 1.8 이하)]

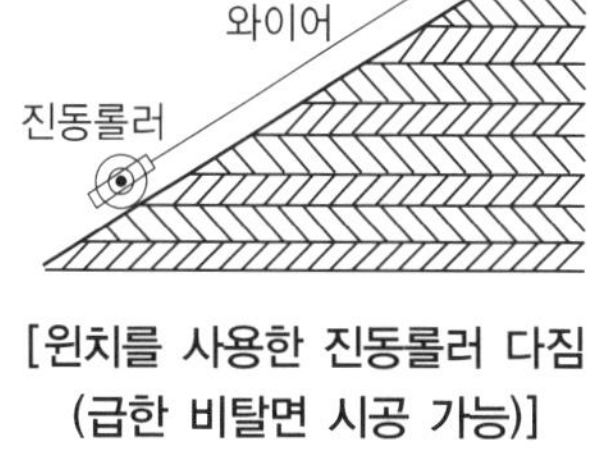

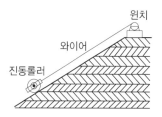

[윈치를 사용한 진동롤러 다짐
(급한 비탈면 시공 가능)]

⑧ 절토와 성토의 접속부 횡단면도

㉠ 성토부분 다짐 철저

㉡ 절토와 성토의 접속부에 1 : 4 정도의 완화구간 설치

㉢ 원지반과 성토의 접속부에 층따기(Bench Cut) 설치

㉣ 절토부와 완화구간에 맹암거 설치

㉤ 성토부 하부에 배수층 설치

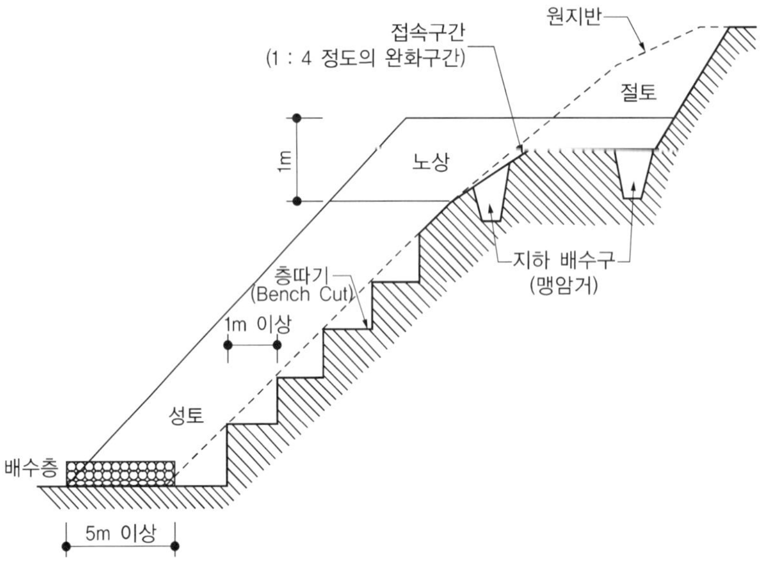

(6) 흙의 구성

자연상태의 흙=흙 입자(고체)+물(액체)+공기(기체)

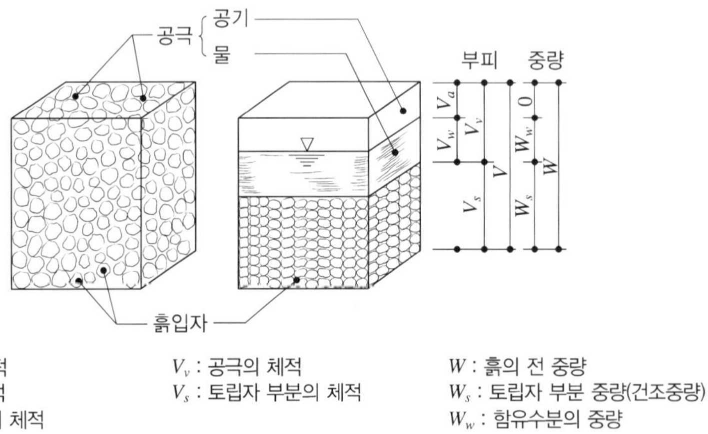

[흙덩이의 구성]

① **간극비(공극비)** : 흙 입자의 체적과 간극(물+공기) 체적의 비

$$e = \frac{V_v}{V_s}$$

② **간극률(공극률)** : 흙덩이 전체 체적과 간극 체적의 비를 백분율로 표시

$$n = \frac{V_v}{V} \times 100\%$$

③ **함수비** : 흙 입자의 중량과 물 중량의 비를 백분율로 표시

$$W = \frac{W_w}{W_s} \times 100\%$$

④ **함수율** : 흙덩이 전체 중량과 물 중량의 비를 백분율로 표시

$$W' = \frac{W_w}{W} \times 100\%$$

⑤ **겉보기 비중** : 흙과 같은 용적의 15℃ 증류수 중량과 흙 전체 중량의 비

$$G = \frac{\gamma}{\gamma_w} = \frac{W}{V} \cdot \frac{1}{\gamma_w}$$

⑥ **진비중** : 흙 입자만의 용적과 같은 15℃ 증류수 중량과 흙 입자만의 중량과의 비

$$G_s = \frac{\gamma_s}{\gamma_w} = \frac{W_s}{V_s} \cdot \frac{1}{\gamma_w}$$

⑦ **포화도** : 흙속의 간극체적과 물의 체적과의 비를 백분율로 표시

$$S = \frac{V_w}{V_v} \times 100(\%)$$

(7) 토공계획

① **시공기면** : 토목시공 시 지반의 최종 마무리 지표면을 말하며, FL(Formation Level)로 표시한다.

㉠ 토공량이 최소가 되도록 한다.

㉡ 절토량과 성토량이 균형이 되도록 배분한다.

㉢ 비탈면 등은 흙의 안정을 고려한다.

㉣ 시공 기준면의 설정은 공사량을 좌우한다.

② **흙의 상태별 분류**

㉠ 자연상태의 흙 : 인간이나 자연재해의 외력에 의하여 손상되지 않은 자연 그대로의 흙으로 자연토량 또는 원지반토량, 굴착토량, 절토토량 등으로 표현하여 그 양을 나타낸다.

㉡ 흐트러진 상태의 흙 : 자연상태의 흙에 인간이나 자연재해의 외력에 의하여 형태가 흐트러진 흙으로 흙속의 공극이 커져서 흙의 부피가 늘어난 상태를 말하며 느슨한 토량, 운반토량, 잔토량 등으로 그 양을 표현한다.

㉢ 다져진 상태의 흙 : 흐트러진 상태의 흙에 외력을 가하여 압축시켰을 때(다졌을 때)의 흙으로 자연상태의 흙과 부피를 비교했을 때 부피가 줄어 든 상태를 말하며 성토량, 매립토량, 완성토량 등으로 그 양을 표현한다.

③ **토량의 변화율**

㉠ 굴착, 운반, 성토, 다짐의 4단계로 이루어지는 토공사는 각 공정마다 흙의 상태변화(단위중량, 부피)가 일어난다. 자연상태의 토량을 기준으로 흐트러진 상태의 토량과 다져진 상태의 토량의 부피변화에 따른 체적비를 L, C로 표시하고 L, C값을 토량의 변화율이라 한다.

㉡ 토공에 있어 토질을 시험하여 적용하는 것을 원칙으로 하나 소량의 토량인 경우에는 표준품셈의 체적환산 계수표에 따를 수도 있다.

㉢ 토량의 변화비

- $L = \dfrac{\text{흐트러진 상태의 토량}(m^3)}{\text{자연상태의 토량}(m^3)}$

- $C = \dfrac{\text{다져진 상태의 토량}(m^3)}{\text{자연상태의 토량}(m^3)}$

④ 토량의 변화율

종별	L	C
경암 보통암 연암 풍화암	1.70 ~ 2.00 1.55 ~ 1.70 1.30 ~ 1.50 1.30 ~ 1.35	1.30 ~ 1.50 1.10 ~ 1.40 1.00 ~ 1.30 1.00 ~ 1.15
폐콘크리트	1.40 ~ 1.60	별도 설계
호박돌	1.10 ~ 1.15	0.95 ~ 1.05
역	1.10 ~ 1.20	1.05 ~ 1.10
역질토 고결된 역질토	1.15 ~ 1.20 1.25 ~ 1.45	0.90 ~ 1.00 1.10 ~ 1.30
모래 암괴나 호박돌이 섞인 모래	1.10 ~ 1.20 1.15 ~ 1.20	0.85 ~ 0.95 0.90 ~ 1.00
모래질흙 암괴나 호박돌이 섞인 모래질흙	1.20 ~ 1.30 1.40 ~ 1.45	0.85 ~ 0.95 0.90 ~ 0.95
점질토 역이 섞인 점질토 암괴나 호박돌이 섞인 점질토	1.25 ~ 1.35 1.35 ~ 1.40 1.40 ~ 1.45	0.85 ~ 0.95 0.90 ~ 1.00 0.90 ~ 0.95
점토 역이 섞인 점질토 암괴나 호박돌이 섞인 점토	1.20 ~ 1.45 1.30 ~ 1.40 1.40 ~ 1.45	0.85 ~ 0.95 0.90 ~ 0.95 0.90 ~ 0.95

[주] 암(경암 · 보통암 · 연암)을 토사와 혼합성토할 때는 공극채움으로 인한 토사량을 계상할 수 있다.

⑤ 체적환산계수표

기준 토량 \ 구하는 토량	자연상태의 토량	흐트러진 상태의 토량	다져진 후의 토량
자연상태의 토량	1	L	C
흐트러진 상태의 토량	$\frac{1}{L}$	1	$\frac{C}{L}$
다져진 후의 토량	$\frac{1}{C}$	$\frac{L}{C}$	1

⑥ 토량의 변화에 따른 체적 계산법

㉠ 자연상태의 체적 = 흐트러진 상태의 체적 $\times \frac{1}{L}$ = 다져진 상태의 체적 $\times \frac{1}{C}$

㉡ 흐트러진 상태의 체적 = 자연상태의 체적 $\times L$ = 다져진 상태의 체적 $\times \frac{L}{C}$

㉢ 다져진 상태의 체적 = 자연상태의 체적 $\times C$ = 흐트러진 상태의 체적 $\times \frac{C}{L}$

출제예상문제

01 시멘트 창고의 설치 및 저장관리에 대하여 서술하시오.

정답
- 간단한 나무구조의 마루널을 사용한다.
- 바닥은 지면에서 30cm 이상 띄워서 설치한다.
- 주변에 반드시 배수로를 설치한다.
- 출입이나 채광을 위한 개구부만 설치하고 습기를 막기 위해 환기창은 두지 않는다.
- 반입구와 반출구는 별도로 두고 반입 순으로 사용한다.
- 쌓기 단수는 최대 13포대로 하며, 장기 저장 시에는 7포대 이하로 한다.

02 공사비가 25억이고, 사용할 시멘트 900포를 11단으로 쌓으려고 한다. 공사 현장사무소 등의 규모와 시멘트 창고의 면적을 산정하시오.

직접노무비	현장사무소(m^2)		기자재창고(m^2)	숙소(m^2)
	감독·관리자	수급자		
1.5억 미만	40	50	40	60
1.5~3억	60	75	50	70
3~9억	80	100	60	80
9~30억	100	130	80	100
30~90억	150	200	100	180
90~150억	200	300	120	260
150~300억	260	440	130	360
300~500억	280	490	135	400
500억 이상	300	520	140	420

정답 **가설사무소 면적**

1) 현장사무소(감독·관리자) : $100m^2$
2) 현장사무소(수급자) : $130m^2$
3) 기자재창고 : $80m^2$
4) 숙소 : $100m^2$
5) 시멘트 창고 면적$(A) = 0.4 \times \frac{N}{n}(m^2)$(여기서, N : 시멘트량, n : 쌓기단수)

$$= 0.4 \times \frac{900}{11} = 32.72m^2$$

03 다음의 성토단면을 보고 물음에 답하시오.

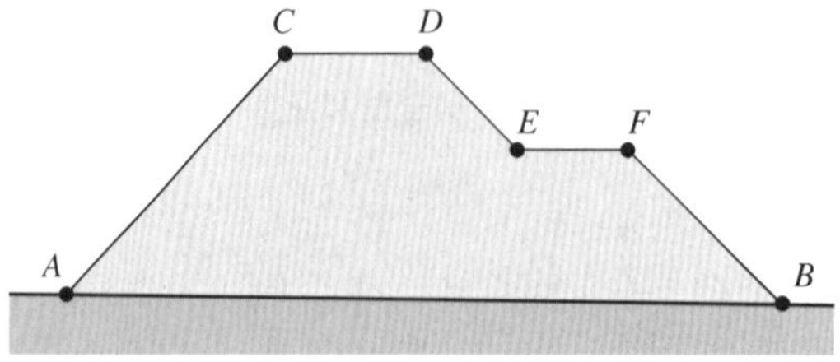

1) 비탈의 상단 C, D점을 무엇이라 하는가?
2) 비탈의 하단 A, B점을 무엇이라 하는가?
3) 제방의 정상 $\overline{CD}$ 부분은 무엇이라 하는가?
4) $\overline{EF}$ 부분을 무엇이라 하는가?

정답 1) 비탈머리, 2) 비탈기슭, 3) 뚝마루(천단), 4) 소단(턱)

04 어떤 지역에서 제방을 축제하려고 한다. 사용되는 흙의 성질상 축제한 후 일정 시간 후 제방의 상단폭이 2m 줄어들고 높이가 10% 낮아져 그림과 같이 될 것으로 예상된다. 여성토할 구배를 구하시오(단, 소수 셋째자리에서 반올림하시오).

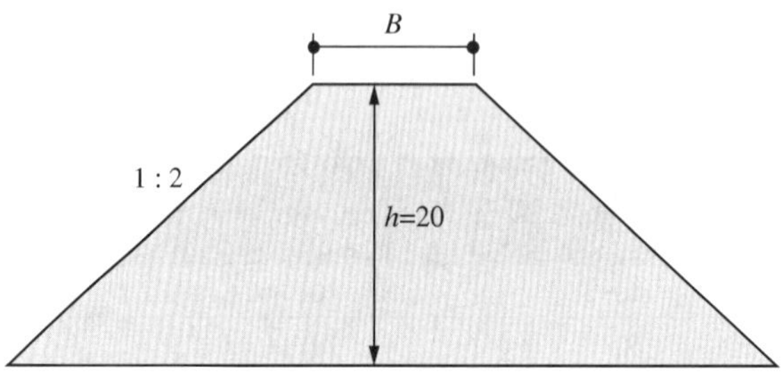

정답 여성토할 구배 : 1 : 1.76

해설 • 침하 전의 제방 높이(H)

$H = h + 0.1H \Rightarrow 0.9H = 20$

$= 22.22\text{m}$

• 여성토할 구배

$H : (D - S) = 22.22 : (40 - 1) = 1 : 1.76$

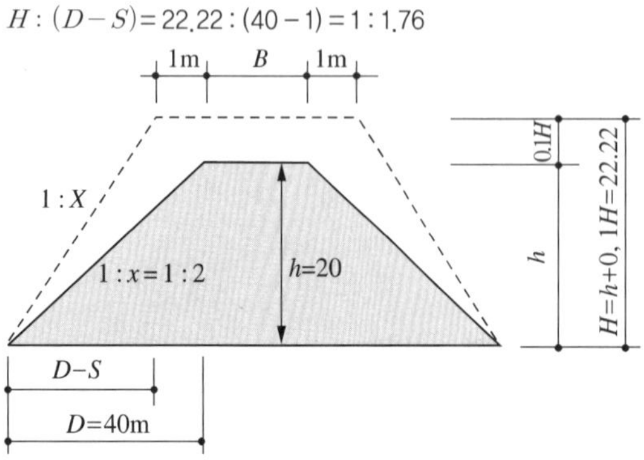

05 자연토량 6,000m^{3}를 굴착하였다. 토량변화율 L = 1.15, C = 0.91일 때 물음에 1) 흐트러진 상태의 토량과 2) 다져진 상태의 토량을 구하시오.

정답 1) 흐트러진 상태의 토량 : 6,900m^3, 2) 다져진 상태의 토량 : 5,460m^3

해설 1) 흐트러진 상태 = 자연상태 × L = 6,000 × 1.15 = 6,900m^3
2) 다져진 상태 = 자연상태 × C = 6,000 × 0.91 = 5,460m^3

06 4,600m^{3}를 사질토로 성토할 경우 1) 굴착토량과 2) 운반토량을 구하시오.

- 4,600m^{3}는 성토 후 다져진 토량
- L = 1.25, C = 0.90

정답 1) 굴착토량 : 5,111m^3, 2) 운반토량 : 6,389m^3

해설
1) 굴착토량(자연토량) = 다져진 토량 × $\frac{1}{C}$ = 4,600 × $\frac{1}{0.9}$ = 5,111m^3

2) 운반토량(흐트러진 토량) = 다져진 토량 × $\frac{L}{C}$ = 4,600 × $\frac{1.25}{0.9}$ = 6,389m^3

07 자연상태의 사질토 1,500m^3, 점질토 2,500m^{3}를 굴착하여 8톤 덤프트럭으로 성토장에 매립하면서 다졌다. 1) 트럭 소요대수와 2) 다진 후의 성토량을 구하시오(단, 트럭의 적재량은 5m^3, 사질토의 L = 1.25, C = 0.85, 점질토의 L = 1.31, C = 0.95이다).

정답 1) 트럭 소요대수 : 1,030대, 2) 다진 후의 성토량 : 3,650m^3

해설
1) 트럭 소요대수 = $\frac{\text{흐트러진 상태의 토량}}{\text{적재량}} = \frac{(1{,}500 \times 1.25) + (2{,}500 \times 1.31)}{5} = \frac{1{,}875 + 3{,}275}{5}$ = 1,030대
2) 다진 후의 성토량 = 자연상태의 토량 × C = (1,500 × 0.85) + (2,500 × 0.95) = 3,650m^3

08 $14,000m^3$의 정토공사를 위하여 현장의 질토(역질토)로부터 $8,000m^3$(자연상태의 토량)를 유용하고 부족분은 인근 토취장(점질토)에서 운반해 올 경우 토취장에서 굴착해야 할 자연상태의 토량은 얼마인가?(단, 역질토의 $C = 0.90$, 점질토의 $C = 0.95$이다)

정답 $7,157.89m^3$

해설
- 성토량 $= 14,000m^3$
- 유용토량(역질토, 다져진 상태) = 자연상태 토량 $\times C = 8,000 \times 0.90 = 7,200m^3$
- 부족토량(다져진 상태) = 성토량 − 유용토량 $= 14,000-7,200 = 6,800m^3$
- 부족토량을 자연상태 토량으로 환산

  부족토량 = 다져진 상태의 토량 $\times \frac{1}{C} = 6,800 \times \frac{1}{0.95} = 7,157.89m^3$

09 그림과 같은 점성토와 사질토인 원지반을 굴착 운반하여 점성토와 사질토를 각각 A, B 지역에 성토할 때 1) 점성토와 사질토의 사토량(자연상태)과 2) 사토할 덤프트럭 대수를 구하시오(단, 점성토 $C = 0.90$, $L = 1.25$, $1,700kg/m^3$, 사질토 $C = 0.85$, $L = 1.2$, $1,800kg/m^3$, 운반할 덤프트럭은 8톤이며, 소수는 버리시오).

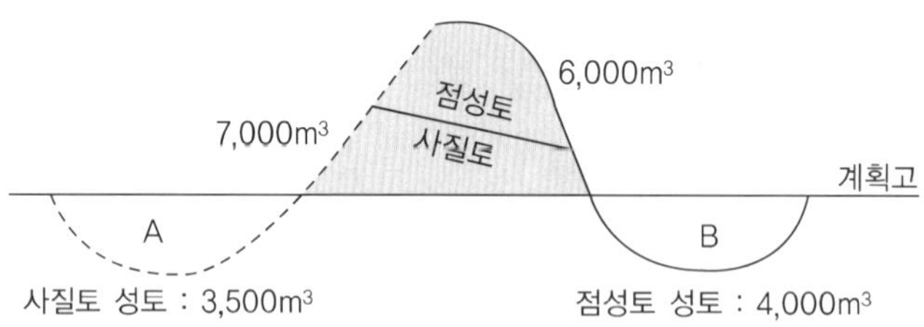

정답 1) 점성토 사토량(자연상태) : $1,556m^3$, 사질토 사토량(자연상태) : $2,883m^3$
2) 덤프트럭 대수 : 979대

해설 1) • 점성토 사토량(자연상태)
- 총성토량 B지역(자연상태) $= 4,000 \div 0.9 = 4,444m^3$
- 점성토의 사토량은 $6,000 - 4,444 = 1,556m^3$

• 사질토 사토량(자연상태)
- 총성토량 A지역(자연상태) $= 3,500 \div 0.85 = 4,117m^3$
- 사질토의 사토량은 $7,000-4,117 = 2,883m^3$

2) 덤프트럭 대수

무게로 계산 시 덤프트럭 대수 = (점성토 사토량(ton)+사질토 사토량(ton))÷덤프트럭 1대 용량(ton)

$= (1,556 \times 1.7ton + 2,883 \times 1.8ton) \div 8ton$

$= 7,834 \div 8 = 979$대

10 다음의 그림에서 '가' 지역의 자연상태 흙으로 '나' 지역을 매립하려고 한다.

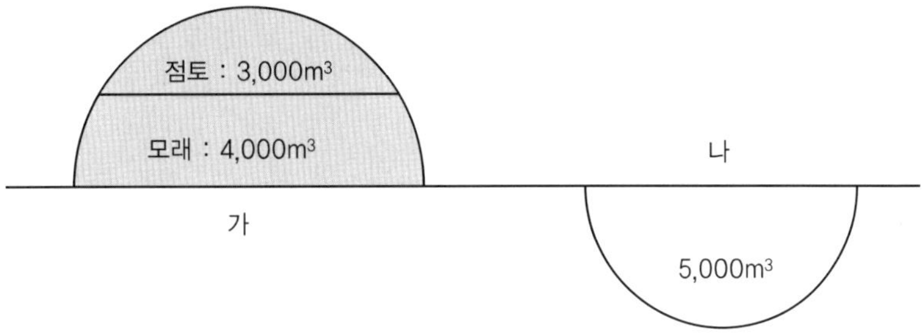

- 점토 : $L=1.3$, $C=0.85$
- 모래 : $L=1.2$, $C=0.9$
- 흙은 점토부터 사용한다.

1) 성토된 자연상태의 토량은 얼마인가?
2) 운반토량은 얼마인가?
3) 성토량은 얼마인가?

정답 1) 5,722.22m^3(점토 : 3,000m^3, 모래 : 2,722.22m^3)
2) 7,166.66m^3(점토 : 3,900m^3, 모래 : 3,266.66m^3)
3) 5,000m^3(점토 : 2,550m^3, 모래 : 2,450m^3)

해설 1) • 전체 성토량 5,000m^3(다져진 상태)을 점토와 모래로 구분하여 계산한다.
- 점토의 성토량 = 점토의 자연토량 $\times C$ = 3,000 × 0.85 = 2,550m^3
- 모래의 성토량 = 성토량 − 점토의 성토량 = 5,000 − 2,550 = 2,450m^3

• 전체 성토량은 다져진 상태이므로 각각 자연토량으로 환산한다.
- 점토의 자연토량 = 전체가 성토되었으므로 3,000m^3
- 모래의 자연토량 = 모래의 성토량 $\times \frac{1}{C}$ = 2,450 $\times \frac{1}{0.9}$ = 2,722.22m^3

성토량(자연상태) = 3,000 + 2,722.22 = 5,722.22m^3

2) 운반토량(흐트러진 상태)
• 점토의 운반량 = 성토된 자연토량 $\times L$ = 3,000 × 1.3 = 3,900m^3
• 모래의 운반량 = 성토된 자연토량 $\times L$ = 2,722.22 × 1.2 = 3,266.66m^3
V = 3,900 + 3,266.66 = 7,166.66m^3

3) 성토량은 '나' 지역의 전체 성토량에 해당된다.
V = 2,550 + 2,450 = 5,000m^3

4 토공량 산출

(1) 면적계산법(수직면의 면적계산)

① **지거법** : 수직면적(A) = 밑변의 길이(d) × 평균높이(h)의 공식으로 면적을 산출하는 방법으로 평균높이를 산출하는 방법에 따라 다음의 면적 계산법이 있다.

㉠ 사다리꼴공식을 이용한 면적 산출

- 지거의 간격(d)을 일정하게 정하고 각 지거 높이 값의 평균을 구하여 수직면적을 구하는 방법
- $A = d\left(\dfrac{y_1 + y_n}{2}\right) + y_2 + y_3 + \cdots\cdots + y_{n-1})$

여기서, A : 면적, d : 지거의 간격, y_1, y_2 …… y_n : 지거의 높이

㉡ 심프슨(Simpson) 공식(제1법칙)

- 수직면의 윗변을 2차 포물선으로 가정하고 각 지거의 두 구간(홀수와 짝수)을 한 조로 하여 평균 높이를 산정하여 면적을 계산하는 방법
- 홀수 지거와 짝수 지거의 평균높이를 각각 계산하고, 최초 지거와 마지막 지거는 별도로 계산하여 3으로 나누면 전체 평균 지거의 높이를 산출(단, 공식에서 n(지거의 수)은 짝수이고, 만약 홀수인 경우에는 마지막 지거와 바로 전 지거의 면적은 사다리꼴 공식으로 구하여 합산함)
- $A = \dfrac{d}{3}[y_0 + 4(y_1 + y_3 + \cdots\cdots + y_{n-1}) + 2(y_2 + y_4 + \cdots\cdots + y_{n-2}) + y_n]$

$= \dfrac{d}{3}(y_0 + 4\sum_{y홀수} + 2\sum_{y짝수} + y_n)$

(2) 체적계산법

① **단면법** : 도로·제방 등 폭에 비해 길이가 긴 경우 측점들 횡단면 사이의 절토량·성토량을 구하는 방법이다.

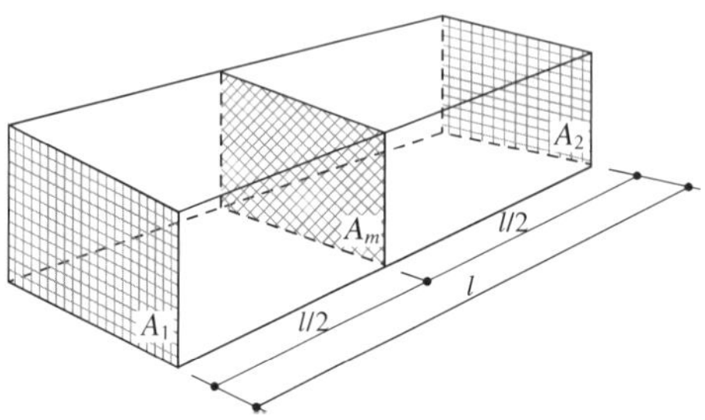

㉠ 양단면 평균법

$V = \dfrac{A_1 + A_2}{2} \cdot l$

㉡ 중앙 단면법

$V = A_m \cdot l$

㉢ 각주법

$V = \dfrac{l}{6}(A_1 + 4A_m + A_2)$

② **점고법** : 운동장이나 광장 등 넓은 지역의 매립 • 정지작업에 많이 이용되는 토공량 산정법이며, 전 구역을 같은 크기의 직사각형 또는 삼각형으로 나누어 계산하는 방법으로, 점고법의 원리는 그림에서와 같이 각 변의 높이가 다르거나 같은 육면체 또는 사면체의 체적을 구하는 원리를 나타내고 있다.

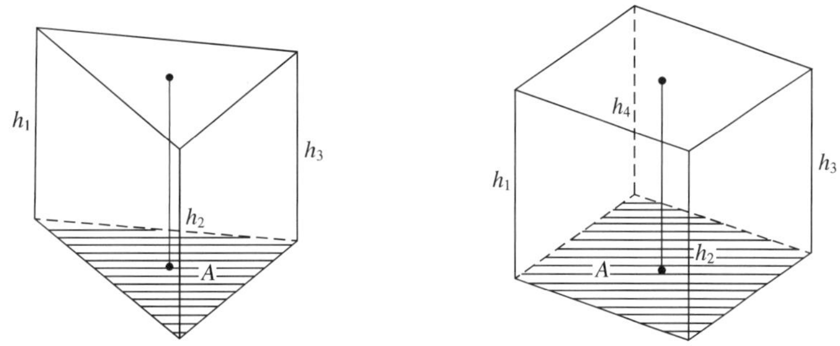

$V=\frac{1}{3}A(h_1+h_2+h_3)$ $V=\frac{1}{4}A(h_1+h_2+h_3+h_4)$

㉠ 위의 기본식(육면체 또는 사면체의 체적을 구하는 원리)을 이용하여 다음의 방법으로 넓은 면적의 토공량을 산출할 수 있다.

- 구형(矩形)분할법(사각형법) : 토공량 산정이 필요한 전 구역을 같은 면적의 구형으로 분할하여 각 구형의 꼭짓점 지반고를 이용하여 산정[구형(矩形)은 직사각형을 의미함]

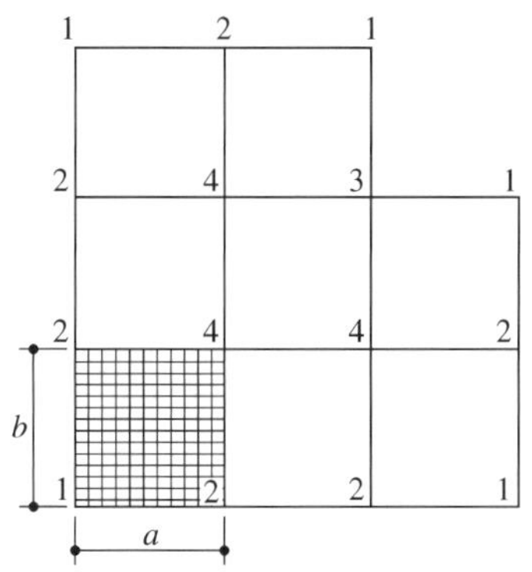

  - 격자점에 기록된 숫자(1, 2, 3, 4)는 체적을 구하기 위하여 그 점의 지반고를 숫자만큼 사용한다는 의미
  - 3 → 세 개의 구형이 만나 있어서 평균높이를 산출할 때 세 번에 걸쳐서 그 높이가 계산되어야 한다는 의미
  - 토량 $V=\frac{A}{4}(\Sigma h_1+2\Sigma h_2+3\Sigma h_3+4\Sigma h_4)$

    여기서, $A=a\times b$(구형 1개의 면적)

    Σh_1 : 1개의 구형에만 관여되는 높이의 합

    Σh_2 : 2개의 구형에만 관여되는 높이의 합

    Σh_3 : 3개의 구형에만 관여되는 높이의 합

    Σh_4 : 4개의 구형에만 관여되는 높이의 합
  - 계획고 $h=\frac{V}{nA}=\frac{V}{0.5nab}$

    여기서, A : 사각형 1개의 면적(m^2), n : 사각형의 수

• 삼각형 분할법 : 구형분할과 원리는 같으나 삼각형으로 나누어 산정한다.

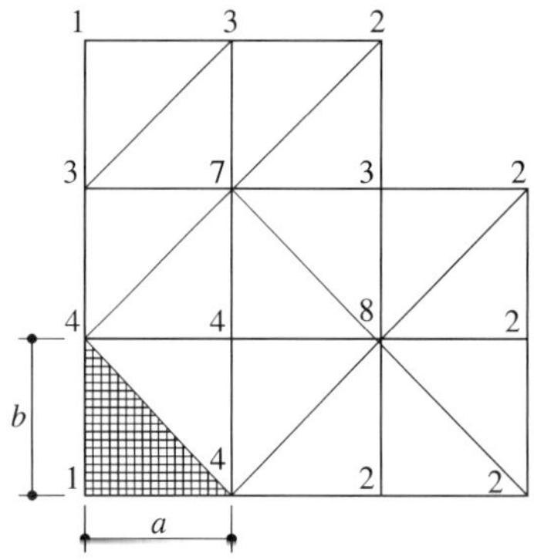

- 격자점에 기록된 숫자(1, 2, … 6, 7, 8)는 체적을 구하기 위하여 그 점의 지반고를 숫자만큼 사용
- 8 → 여덟 개의 삼각형이 만나 있어서 평균높이를 산출할 때 여덟 번에 걸쳐서 그 높이가 계산되어야 함
- 토량 $V = \frac{A}{3}(\Sigma h_1 + 2\Sigma h_2 + 3\Sigma h_3 + \cdots + 8\Sigma h_8)$

  여기서, $A = \frac{a \times b}{2}$ (삼각형 1개의 면적)

  Σh_1 : 1개의 삼각형에만 관여되는 높이의 합

  Σh_2 : 2개의 삼각형에만 관여되는 높이의 합

  Σh_8 : 8개의 삼각형에만 관여되는 높이의 합

- 계획고 $h = \frac{V}{nA} = \frac{V}{0.5nab}$

  여기서, A : 삼각형 1개의 면적(m^2), n : 삼각형의 수

• 등고선법 : 지형도에 제시된 등고선을 이용하여 토량을 계산하는 방법으로 저수량(凹사면)이나 산봉우리(凸사면)의 토량을 산정할 때 이용한다.

- 단면적이 주어진 등고선 부분의 토량산정

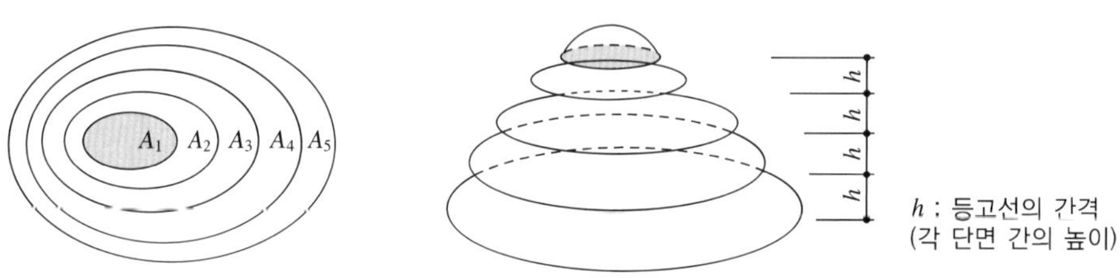

- 지형도에 제시된 등고선을 따라 구적기로 면적을 산출하고 등고선의 간격(h)을 높이차로 하여 각주공식으로 토공량을 산출하는 방법
- 단면이 홀수인 경우의 토량산출(각주공식을 연속해서 더한 값과 동일)

$$V = \frac{h}{3}[A_1 + 4(A_2 + A_4 + \cdots + A_{n-1}) + 2(A_3 + A_5 + \cdots + A_{n-2}) + A_n]$$

$$= \frac{h}{3}(A_1 + 4\Sigma A_{짝수} + 2\Sigma A_{홀수} + A_n)$$

- 위의 공식에서 A_1의 면적은 높이가 h가 아니므로 높이가 h'인 원뿔공식을 사용하여 개별산출 후 적용

– 단면이 짝수인 경우의 토량산출(등고선법으로 구한 나머지 부분은 양단면 평균법을 이용함)

나머지 부분토량$(V) = \dfrac{A_1 + A_2}{2} \times h$(이 경우 면적이 넓은 쪽을 적용해야 오차가 적음)

– 최정상부의 토량은 원뿔공식을 사용하여 산정

정상부(A_1) 토량 계산$(V) = \dfrac{h'}{3} A$(h' : 마지막 등고선에서부터 정상부까지의 높이)

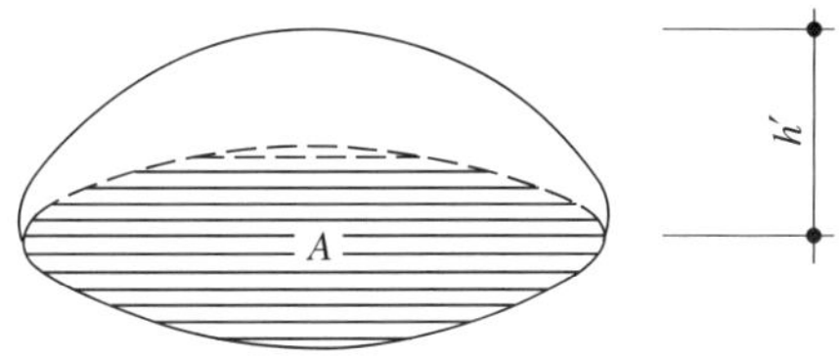

출제예상문제

01 **다음은 대도시 주변의 자동차전용도로를 10m 간격으로 노선 횡단측량한 결과이다. 전체의 절토량과 성토량을 구하시오.**

측량지점	거리(m)	단면적(m^2)		토량(m^3)	
		절토	성토	절토	성토
No.1	10	0	50.0	A–1	B–1
No.2	10	25.0	20.4	A–2	B–2
No.3	10	15.0	19.5		
No.4	10	29.0	16.0	A–3	B–3

정답 A–1 = 125m^3, A–2 = 200m^3, A–3 = 220m^3, B–1 = 352m^3, B–2 = 199.5m^3, B–3 = 177.5m^3

해설 주어진 표의 절·성토 부분을 보면 측량지점 사이(No.1~No.2)에 걸쳐서 있음을 알 수 있다. 따라서, 두 측량지점의 단면적을 가지고 답을 구한다.

• 절토량 구하기(양단면적 평균법)

– A–1 = $\dfrac{0+25.0}{2} \times 10 = 125m^3$

– A–2 = $\dfrac{25+15}{2} \times 10 = 200m^3$

– A–3 = $\dfrac{15+29}{2} \times 10 = 220m^3$

• 성토량 구하기(양단면적 평균법)

– B–1 = $\dfrac{50+20.4}{2} \times 10 = 352m^3$

– B–2 = $\dfrac{20.4+19.5}{2} \times 10 = 199.5m^3$

– B–3 = $\dfrac{19.5+16.0}{2} \times 10 = 177.5m^3$

02 노폭 8m인 전용도로를 10m 간격으로 횡단측량한 결과이다. 횡단면적을 구한 후 절토량을 양단면적평균법으로 구하시오.

측점	좌	중앙	우
No.1	B1.0/4	B2.0/0	B1.0/5
No.2	B2.0/6	B1.0/0	B1.5/5
No.3	B1.0/5	B2.0/0	B2.0/6

정답
- 횡단면적 : No.1 $13.0m^2$, No.2 $12.5m^2$, No.3 $17.0m^2$
- 절토량 : $275.0m^3$

해설 주어진 표를 보고 다음과 같이 단면의 형태를 그린 후 단면적을 구해야 한다.

- 횡단면적
  - $No.1 = 9.0 \times 2.0 - 0.5 \times (4.0 \times 1.0 + 5.0 \times 1.0 + 1.0 \times 1.0) = 13.0m^2$
  - $No.2 = 6.0 \times 2.0 + 5 \times 1.5 - 0.5 \times (2.0 \times 2.0 + 6.0 \times 1.0 + 5.0 \times 0.5 + 1.0 \times 1.5) = 12.5m^2$
  - $No.3 = 11.0 \times 2.0 - 0.5 \times (1.0 \times 1.0 + 5.0 \times 1.0 + 2.0 \times 2.0) = 17.0m^2$
- 절토량
  - $No.1 \sim No.2 = \dfrac{13.0 + 12.5}{2} \times 10 = 127.5m^3$
  - $No.2 \sim No.3 = \dfrac{12.5 + 17.0}{2} \times 10 = 147.5m^3$
  - $\therefore V = 127.5 + 147.5 = 275.0m^3$

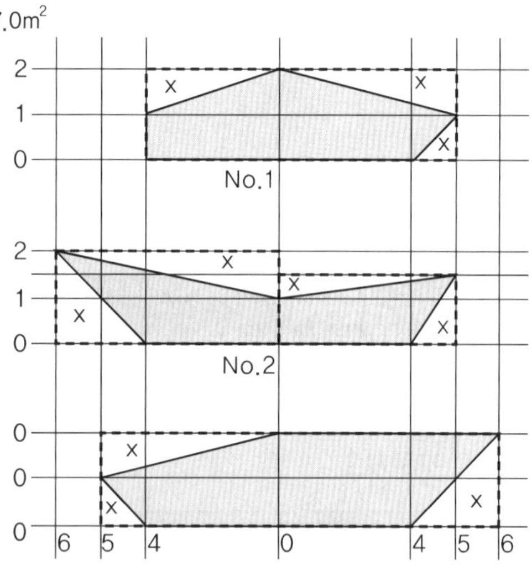

03 구획정리를 위한 측량 결과값이 그림과 같은 경우 계획고를 10m로 하기 위한 토량은 얼마인가?(단, 단위는 m임)

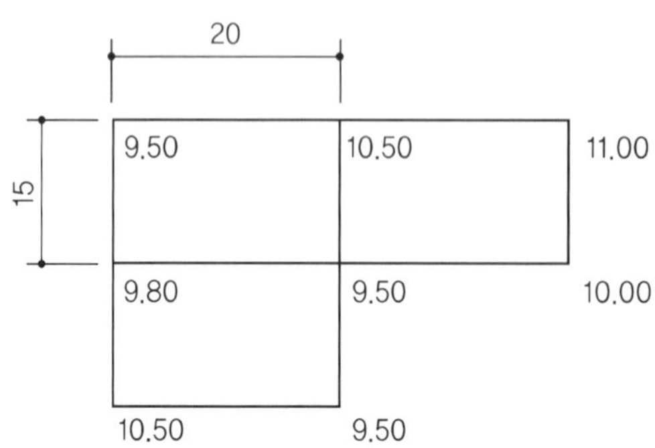

정답 30m^3

해설 계획고가 10m이므로 각 격자점의 높이에서 10을 뺀 값으로 h를 구한다.

- $\Sigma h_1 = -0.5 + 1 + 0 + 0.5 - 0.5 = 0.5$m
- $\Sigma h_2 = 0.5 - 0.2 = 0.3$m
- $\Sigma h_3 = -0.5$m

$\therefore\ V = \dfrac{A}{4}(\Sigma h_1 + 2\Sigma h_2 + 3\Sigma h_3)$

$= \dfrac{15\times 20}{4}(0.5 + 2\times 0.3 + 3\times(-0.5)) = -30\text{m}^3$(이때 부등호가 −이면 성토량이며, +이면 절토량임)

04 다음과 같은 지형에서 시공기준면의 표고를 몇 m로 할 때 토공량이 최소가 되는가?(단, 격자점의 숫자는 표고를 나타내며 단위는 m이다)

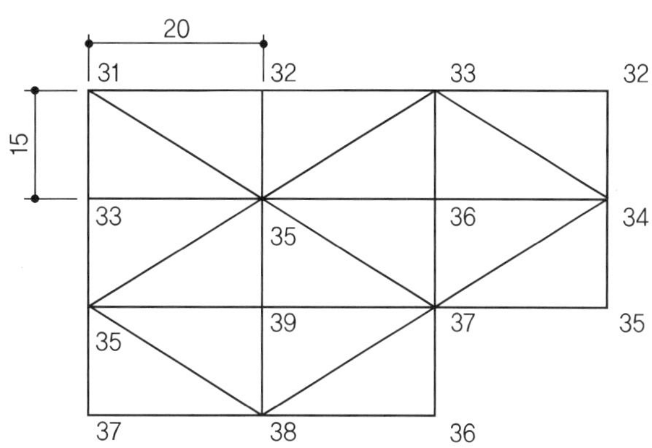

정답 계획고 : 35.29m

해설 • 토공량(기준표고가 없으므로 0에서부터 산정)

- $\Sigma h_1 = 37 + 32 + 35 + 36 = 140$m
- $\Sigma h_2 = 33 + 31 + 32 = 96$m
- $\Sigma h_4 = 35 + 38 + 39 + 36 + 33 + 34 = 215$m
- $\Sigma h_6 = 37$m
- $\Sigma h_8 = 35$m
- $V = \dfrac{A}{3}(\Sigma h_1 + 2\Sigma h_2 + 3\Sigma h_3 + \cdots + 8\Sigma h_8)$

$\therefore\ h = \dfrac{20\times 15\times 0.5}{3}\times(140 + 2\times 96 + 4\times 215 + 6\times 37 + 8\times 35) = 84{,}700\text{m}^3$

• 계획고

$h = \dfrac{V}{0.5nab} = \dfrac{84{,}700}{0.5\times 16\times 15\times 20} = 35.29$m

05 다음과 같은 단면에서 성토량을 계산하시오.

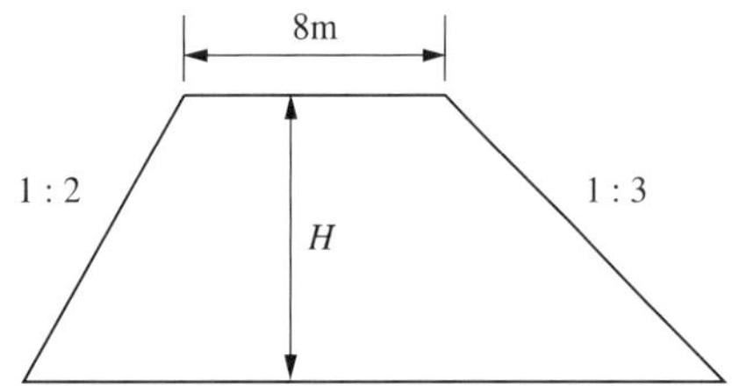

[단면도]

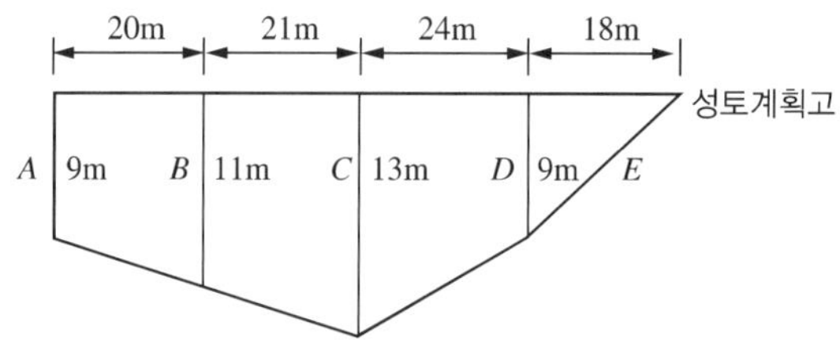

[종단면도]

정답 28,361m³

해설 • 단면적(A, B, C, D)을 계산한다.

– $\text{단면적}(A) = \text{단면적}(D) = \frac{\text{윗변} + \text{아랫변}}{2} \times \text{높이} = \frac{8+53}{2} \times 9 = 274.5\text{m}^2$

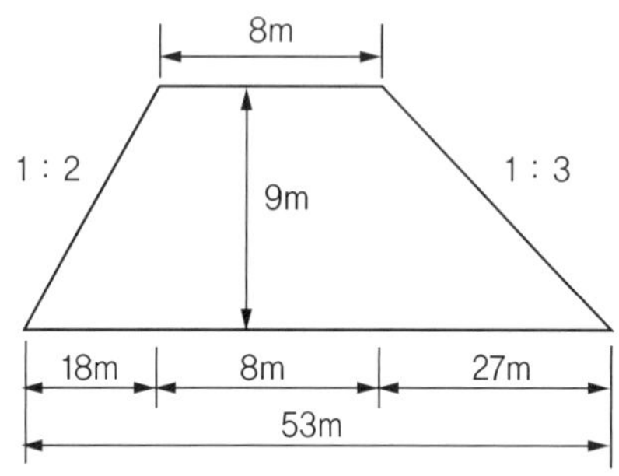

A, D 단면

– $\text{단면적}(B) = \frac{\text{윗변} + \text{아랫변}}{2} \times \text{높이} = \frac{8+63}{2} \times 11 = 390.5\text{m}^2$

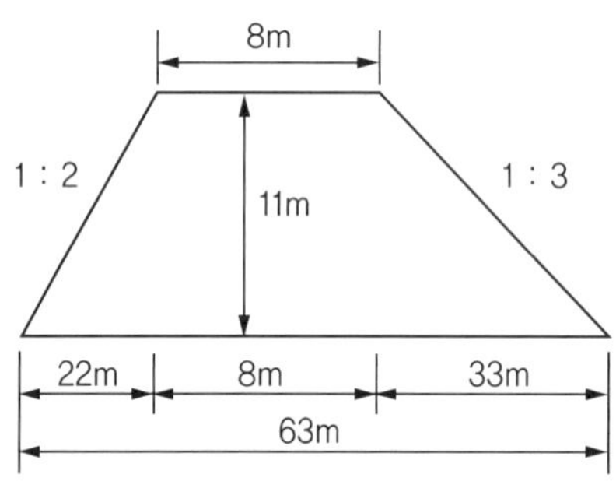

B 단면

– $\text{단면적}(C) = \frac{\text{윗변} + \text{아랫변}}{2} \times \text{높이} = \frac{8+73}{2} \times 13 = 526.5\text{m}^2$

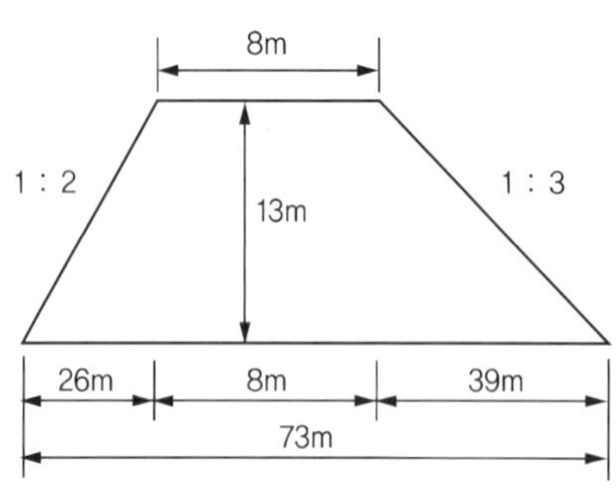

C 단면

• 양단면평균법을 이용하여 성토량(V)을 계산한다.

$- V_1 = \frac{274.5 + 390.5}{2} \times 20 = 6,650\text{m}^3$

$- V_2 = \frac{390.5 + 526.5}{2} \times 21 = 9,628.5\text{m}^3$

$- V_3 = \frac{526.5 + 274.5}{2} \times 24 = 9,612\text{m}^3$

$- V_4 = \frac{274.5 + 0}{2} \times 18 = 2,470.5\text{m}^3$

∴ 성토량(V) $= V_1 + V_2 + V_3 + V_4 = 6,650 + 9,628.5 + 9,612 + 2,470.5 = 28,361\text{m}^3$

06 다음은 새로 건설할 도로의 단면도를 나타낸 것이다. 단면 A와 B의 단면적(m^2)을 각각 구하시오.

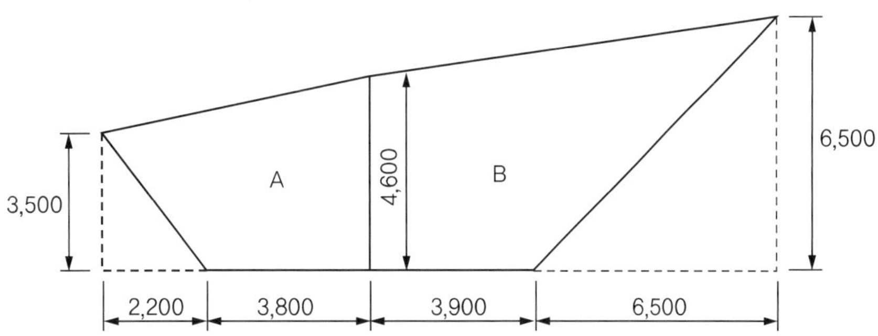

[도로 단면도]

정답 1) 단면 A 의 면적 : 20.450m^2

2) 단면 B 의 면적 : 36.595m^2

해설

1) 단면 A 의 면적 $= \left(\frac{3.5+4.6}{2} \times 6.0\right) - \left(\frac{3.5+2.2}{2}\right) = 20.450\text{m}^2$

2) 단면 B 의 면적 $= \left(\frac{4.6+6.5}{2} \times 10.4\right) - \left(\frac{6.5+6.5}{2}\right) = 36.595\text{m}^2$

5 기초공사

지상구조물을 설치하기 위한 공사로 흙파기를 주로 하는 토공이며, 기초공사의 종류는 독립기초, 줄기초, 온통 기초가 있다.

(1) 수량산출

① 독립기초 수량산출

㉠ 구조물을 지지하는 기둥마다 기초가 받치는 구조로 기초작업 시 각 기초마다 구덩이 파기를 하여야 한다.

㉡ 독립기초 터파기량(V) : 각 구덩이의 체적을 산출한다.

$$V = \frac{h}{6}[(2a + a')b + (2a' + a)b']$$

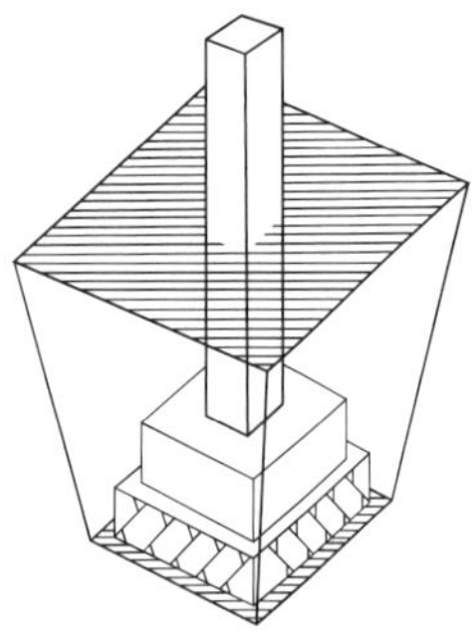

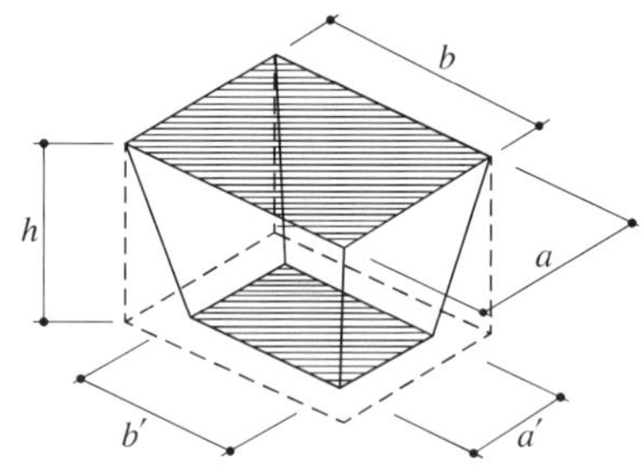

[독립기초 터파기]

② 줄기초 수량산출

㉠ 동일한 단면을 가진 기초가 직선 모양의 같은 방향으로 이어지는 구조이며, 같은 방향으로 연결되므로 배수로처럼 굴삭을 해야 한다.

㉡ 줄기초 터파기량(V) : 동일한 단면적$\left(\frac{a+b}{2} \times h\right)$을 구하고 길이($l$)를 곱하여 체적을 산출한다.

$$V = \frac{a+b}{2} \times h \times l$$

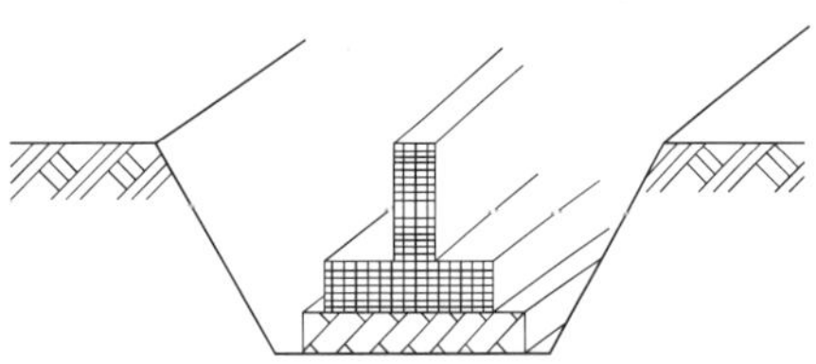

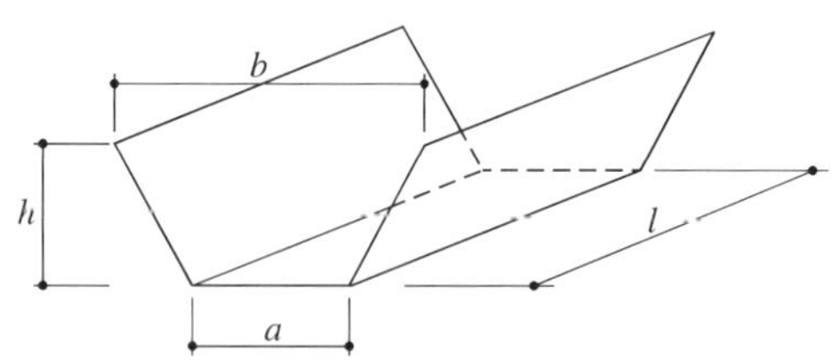

[줄기초 터파기]

참고

• 사다리꼴 단면의 아랫면과 윗면의 평균너비 단면의 면적을 먼저 계산하고, 줄기초의 길이를 곱하여 터파기량을 산출한다.
V = 단면적 × 길이, 단면적 = 평균너비 × 높이

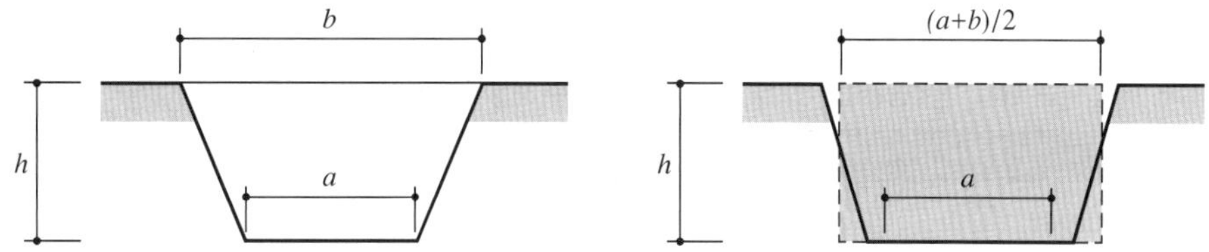

사다리꼴 단면　　　　평균폭 단면

• 내·외벽의 줄기초가 일체로 된 경우에는 외벽기초는 기초중심과 중심 사이의 길이로 산정하고 내벽기초는 중심 사이 길이에서 중복된 부분(벽 두께의 1/2)을 제외한 길이(안목길이)로 산정한다.

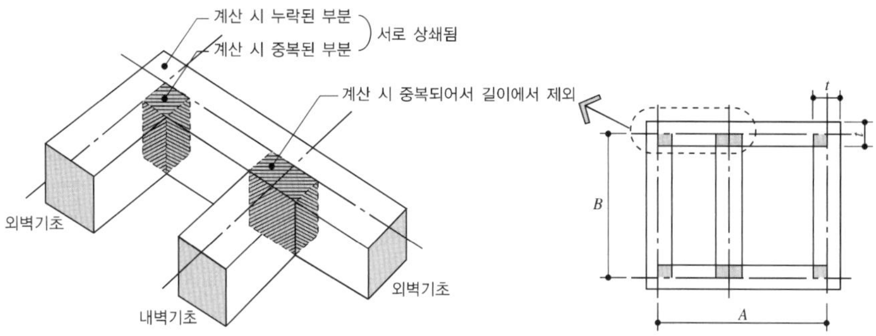

• 기초 터파기 옆면 경사

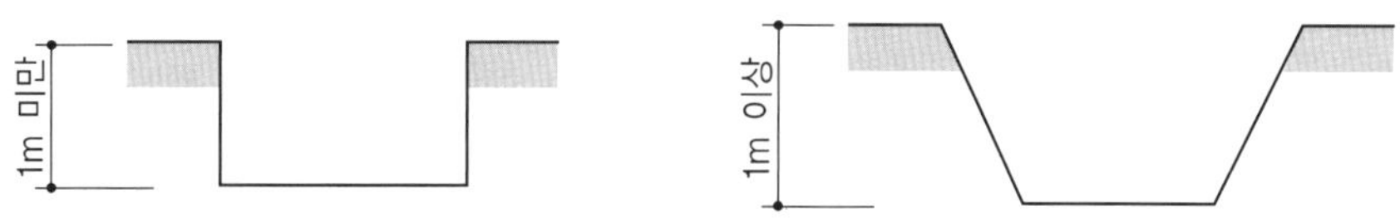

수직 터파기　　　　경사 터파기

- 수직(직각) 터파기 : 기초깊이 1m 미만일 때에 사용하는 터파기
- 경사 터파기

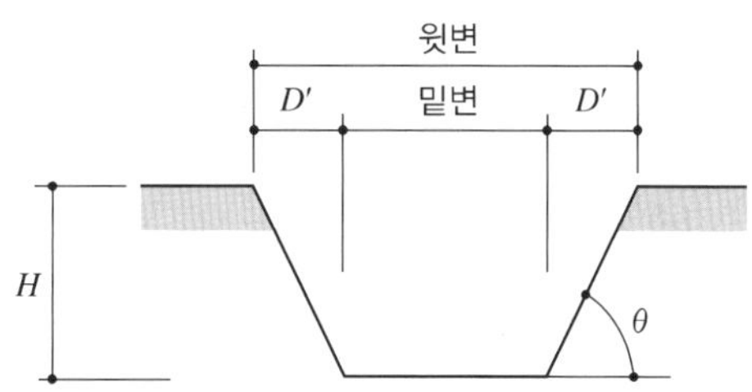

ⓐ 기초깊이가 1m 이상의 터파기에 사용
ⓑ 사다리꼴의 윗면이 주어지지 않은 경우에는 윗변 = 밑변 + 2 × 경사폭(D')으로 구함

참고

경사폭(D') 구하는 법

- 경사각이 주어지면 그 값을 사용한다.
- 휴식각이 주어지면 그의 2배 값을 사용한다.
- 경사각이 주어지지 않으면 0.3H로 한다.

※ 터파기 여유폭 : 작업공간을 확보할 필요가 있는 경우 지정의 측면이 아닌 기초판의 측면에서 다음과 같이 여유폭을 둔다.

터파기 높이(H)	터파기 여유(D)
1.0m 이하	20cm
2.0m 이하	30cm
4.0m 이하	40cm

③ **온통기초** : 건물의 하부 바닥면 전체에 기초를 하는 것을 말하며, 흙파기는 온통기초 터파기라고 한다.

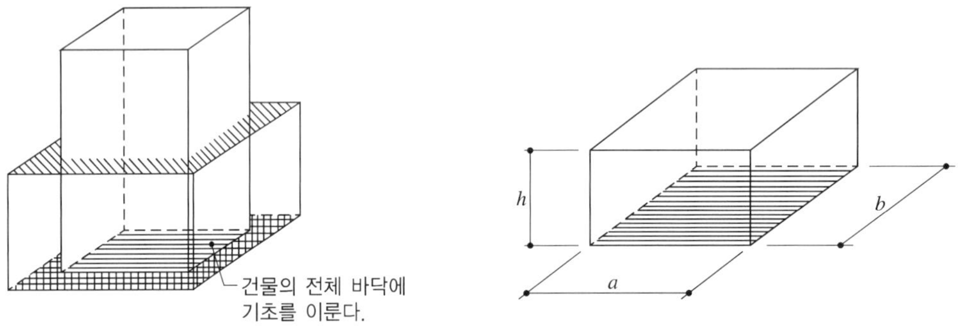

[온통기초 터파기]

㉠ 온통기초 터파기량(V) $= a \times b \times h$

㉡ 경사파기인 경우에는 독립기초 터파기 공식을 사용한다.

(2) 되메우기

터파기한 곳에 기초 등 구조물을 설치한 후 빈 곳에 흙을 다시 메우는 작업을 말한다.

① 되메우기량 = 터파기량 − 지중구조부 체적

② 흙을 다지며 되메우기하는 경우

되메우기량 = (터파기량 − 지중구조부 체적)$\times \dfrac{1}{C}$

여기서, C : 다진토양의 체적환산계수

(3) 잔토처리

되메우기하고 남은 토량으로 흐트러진 흙이다.

① 되메우기 후 남은 토량

잔토처리량 = (터파기량 − 되메우기량)$\times L$

여기서, L : 흐트러진 토양의 체적환산계수

② 되메우기 후 더돋기(성토)할 경우

잔토처리량 = [터파기량 − (되메우기량 + 더돋기량)]$\times L$

③ 터파기량 전부를 잔토처리 할 경우

잔토처리량 = 터파기량$\times L$

(4) 돋우기(성토)

설계도의 양으로 정하며 되메우기량의 10% 정도를 고려한다.

$$흙\ 돋우기량 = 흙\ 돋우기\ 체적 \times \frac{1}{C}$$

여기서, C : 다진토양의 체적환산계수

(5) 토량의 기본 이해도

① 일반적인 경우

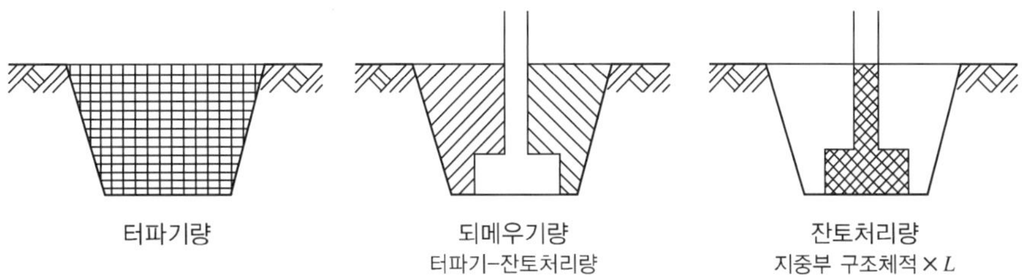

② 다지며 되메우기할 경우

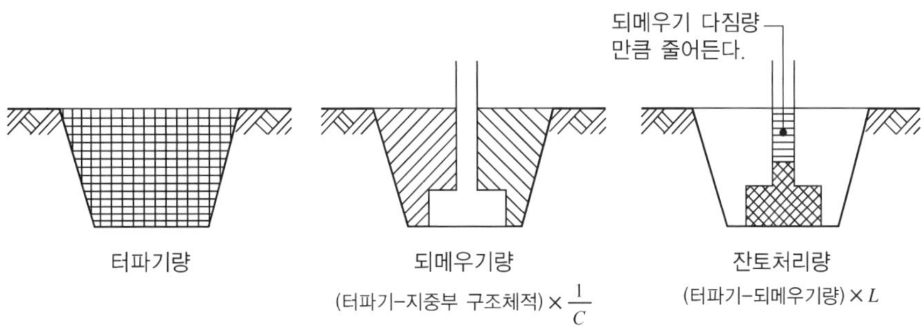

③ 돋우기할 경우

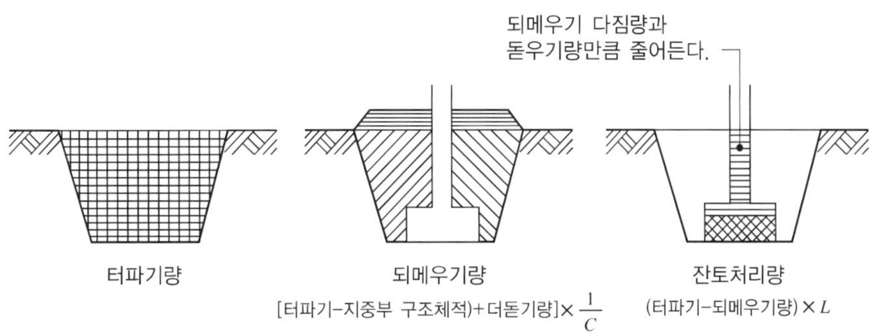

출제예상문제

01 다음의 담장기초 단면도와 같이 길이 30m의 담장을 쌓으려고 한다. 물음에 답하시오.

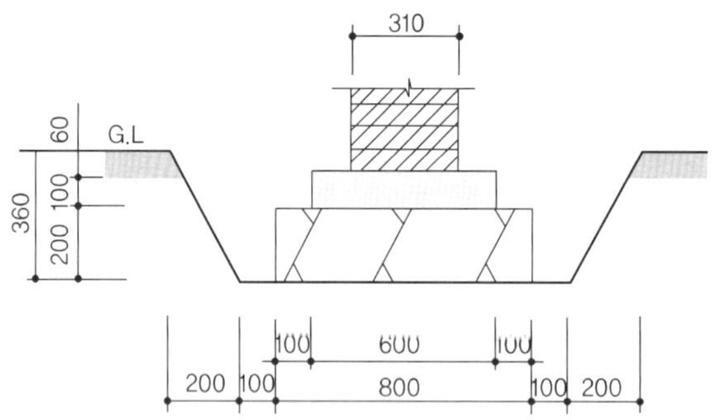

[담장기초 단면도]

1) 터파기량은 얼마인가?
2) 되메우기량은 얼마인가?
3) 잔토처리량은 얼마인가?

정답 1) 터파기량 : 12.9m^3, 2) 되메우기량 : 5.802m^3, 3) 잔토처리량 : 7.158m^3

해설
1) 터파기량(V_1) $= \frac{a+b}{2} \times h \times l = \frac{1.0+1.4}{2} \times 0.36 \times 30 = 12.96m^3$

2) 되메우기량(V_2) = 터파기량 − 지중구조부 체적 $= 12.96 - [(0.8 \times 0.2 + 0.6 \times 0.1 + 0.31 \times 0.06) \times 30]$
$= 5.802m^3$

3) 잔토처리량(V_3) = 터파기량 − 되메우기량 $= 12.96 - 5.802 = 7.158m^3$

02 다음 그림을 보고 물음에 답하시오.

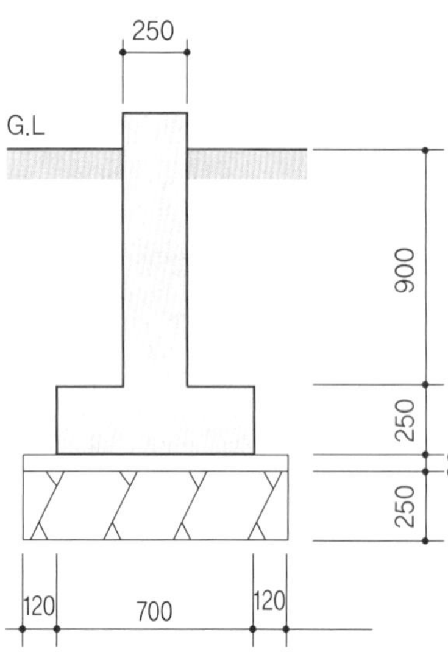

[기초 단면도]

- 기초길이 : 20m
- 터파기 여유폭 : 잡석면에서 좌우 10cm
- 흙의 안식각 : 30°
- $L = 1.2$, $C = 0.8$
- 되메우기는 다지며 한다.

1) 터파기량은 얼마인가?
2) 되메우기량은 얼마인가?
3) 잔토처리량은 얼마인가?

정답 1) 터파기량 : 55.87m³, 2) 되메우기량 : 55.06m³, 3) 잔토처리량 : 3.37m³

해설

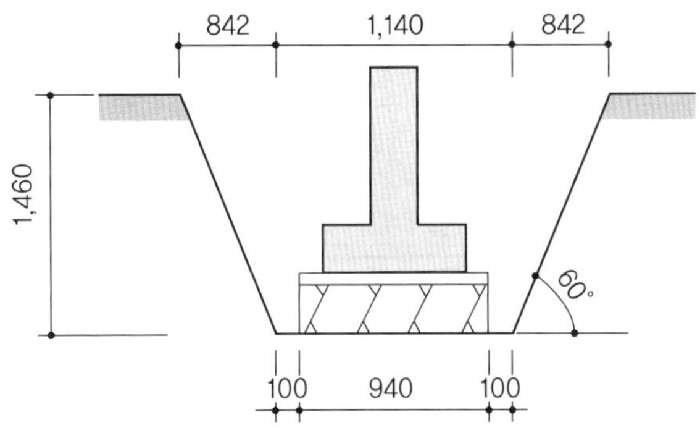

[터파기 단면도]

- 조건에 맞는 터파기 단면도를 참조한다.
- 경사각 = 흙의 안식각의 2배 = 60°
- $D' = 1.46_\tan 30° = 0.842$m

∴ 윗변 = 밑변+$2D'$ = 1.14+2×0.842 = 2.824m

1) 터파기량

$$V = \frac{a+b}{2} \times h \times l = \frac{1.14 + 2.824}{2} \times 1.46 \times 20 = 57.87\text{m}^3$$

2) 되메우기량(다져진 상태를 자연상태 토량으로 표시)

$$V = (\text{터파기량} - \text{지중구조부 체적}) \times \frac{1}{C} = [57.87 - (0.94 \times 0.31 + 0.7 \times 0.25 + 0.25 \times 0.9) \times 20] \times \frac{1}{0.8} = 55.06\text{m}^3$$

3) 잔토처리량(흐트러진 상태)

V = (터파기량 − 되메우기량) × L = (57.87 − 55.06) × 1.2 = 3.37m³

03 다음 독립기초상세도를 보고 수량산출서를 작성하시오(단, 소수점 셋째자리 이하는 버리시오).

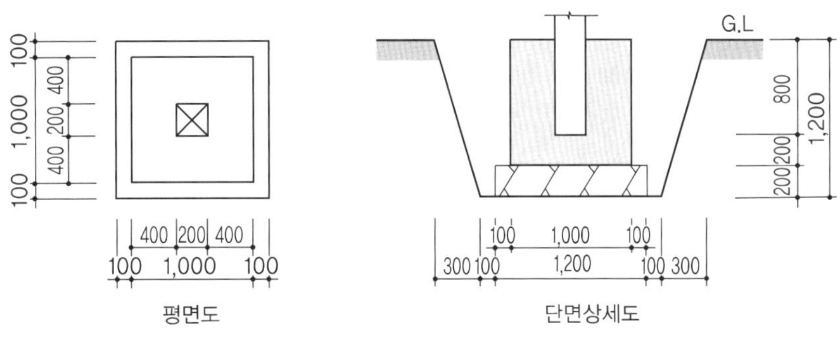

[독립기초상세도]

공사 및 재료	산출근거	단위	수량
터파기	양단면평균법으로 산출	m³	
잔토처리량		m³	
되메우기량		m³	
콘크리트량		m³	
잡석량		m³	
거푸집면적		m²	
터파기량	독립기초 터파기로 산출	m³	
잔토처리량		m³	
되메우기량		m³	

정답

공사 및 재료	산출근거	단위	수량
터파기	$V=\frac{A_1+A_2}{2}\times h=\frac{1.4\times1.4+2.0\times2.0}{2}\times1.2=3.57\text{m}^3$	m^3	3.57
잔토처리량	$1.2\times1.2\times0.2+1.0\times1.0\times1.0=1.28\text{m}^3$		1.28
되메우기량	터파기량 − 잔토처리량 = $3.57-1.28=2.29\text{m}^3$		2.29
콘크리트량	$V=1.0\times1.0\times1.0-0.2\times0.2\times0.8=0.96\text{m}^3$		0.96
잡석량	$V=1.2\times1.2\times0.2=0.28\text{m}^3$		0.28
거푸집면적	$A=1.0\times1.0\times4$면$=4.0\text{m}^2$	m^2	4.0
티피기량	$V=\frac{h}{6}[(2a+a')b+(2a'+a)b']$ $=\frac{1.2}{6}[(2\times1.4+2.0)\times1.4+(2\times2.0+1.4)\times2.0]=3.50\text{m}^3$	m^3	3.50
잔토처리량	$1.2\times1.2\times0.2+1.0\times1.0\times1.0=1.28\text{m}^3$		1.28
되메우기량	$V=$ 터파기량 − 잔토 $=3.50-1.28=2.22\text{m}^3$		2.22

해설

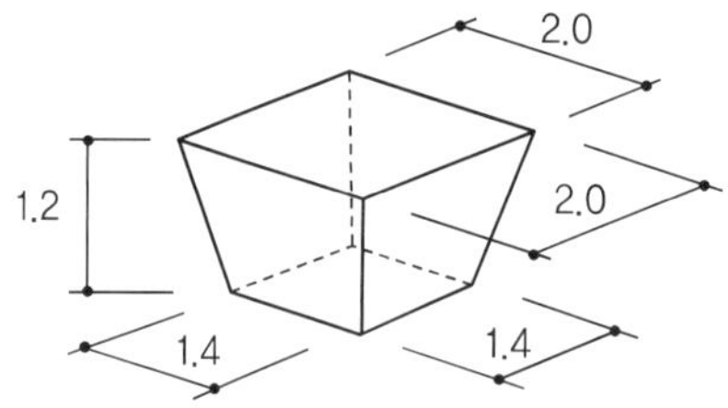

독립기초 해설상세도

① 터파기량(양단면 평균법)

$$V=\frac{A_1+A_2}{2}\times h=\frac{1.4\times1.4+2.0\times2.0}{2}\times1.2=3.57\text{m}^3$$

② 잔토처리량(구조체적) $=1.2\times1.2\times0.2+1.0\times1.0\times1.0=1.28\text{m}^3$

③ 되메우기량 = 터파기량 − 잔토처리량 $=3.57-1.28=2.29\text{m}^3$

④ 콘크리트량(내부의 빈곳은 제외) $=1.0\times1.0\times1.0-(0.2\times0.2\times0.8)=0.96\text{m}^3$

⑤ 잡석량 $=1.2\times1.2\times0.2=0.28\text{m}^3$

⑥ 거푸집면적(콘크리트의 옆면적) $=1.0\times1.0\times4$면$=4.0\text{m}^2$

⑦ 터파기량(독립기초 터파기)

$$V=\frac{h}{6}[(2a+a')b+(2a'+a)b']=\frac{1.2}{6}[(2\times1.4+2.0)\times1.4+(2\times2.0+1.4)\times2.0]=3.50\text{m}^3$$

⑧ 잔토처리량(구조체적) $=1.2\times1.2\times0.2+1.0\times1.0\times1.0=1.28\text{m}^3$

⑨ 되메우기량 = 터파기량 − 잔토 $=3.50-1.28=2.22\text{m}^3$

04 기초터파기 공사의 종류 3가지를 간단히 설명하시오.

1) 독립기초 터파기
2) 줄기초 터파기
3) 온통기초 터파기

정답 1) 독립기초 터파기 : 한 개의 기둥을 한 개의 기초가 받치는 구조를 독립기초라 하며, 이를 설치하기 위하여 구덩이를 파는 작업

2) 줄기초 터파기 : 일정 단면으로 연속된 선형구조를 가진 기초를 줄기초라 하며, 이를 설치하기 위하여 도랑처럼 길게 파는 작업

3) 온통기초 터파기 : 건물 하부 전체를 기초판으로 사용하는 구조를 온통기초라고 하며, 이를 설치하기 위하여 전체적으로 터파기하는 것

6 인력운반

(1) 인력운반 기본공식

① 1일 운반량(Q) = $N \times q$

여기서, Q : 1일 운반량(m^3 또는 kg)

N : 1일 운반횟수

q : 1회 운반량(m^3 또는 kg)

② 1일 운반횟수(N) = $\dfrac{T}{C_m} = \dfrac{T}{\dfrac{60 \times L \times 2}{V} + t} = \dfrac{VT}{120L + Vt}$

여기서, N : 1일 운반횟수

T : 1일 실작업시간(480분−30분) (30분은 용구지급, 반납시간)

C_m : 1회 운반 소요시간(분), 1회 운반 사이클

L : 운반거리(m)

V : 평균왕복속도(m/hr)

t : 적재 적하 소요시간(분)

1회 운반 소요시간(분) = $C_m = \left(\dfrac{60 \times L \times 2}{V} + t\right)$분

(2) 지게운반

구분 / 종류	적재적하시간(t)	평균왕복속도(V)		
		양호	보통	불량
토사류	1.5분	3,000m/hr	2,500m/hr	2,000m/hr
석재류	2분			

① 도로상태

㉠ 양호 : 운반로가 평탄하며 보행이 자유롭고 운반상 장애물이 없는 경우

㉡ 보통 : 운반로가 평탄하지만 다소 운반에 지장이 있는 경우

㉢ 불량 : 보행에 지장이 있는 운반로의 경우, 습지, 모래질, 자갈질, 암반 등 지장이 있는 운반로의 경우

② 1회 운반량은 보통토사 25kg으로 하고, 삽작업이 가능한 토석재를 기준으로 한다.

③ 석재류라 함은 자갈, 부순돌 및 조약돌 등을 말한다.

④ 고갯길인 경우에는 직고(直高) 1m를 수평거리 6m의 비율로 본다.

⑤ 적재운반 적하는 1인을 기준으로 한다.

(3) 벽돌운반

(1,000매당)

구분	단위	층수				
		1층	2층	3층	4층	5층
보통인부	인	0.44	0.56	0.74	0.96	1.19
비고	리프트를 사용할 경우 보통인부 0.31인을 적용한다.					

[주] 본 품은 기본벽돌(19×9×5.7cm)을 인력으로 층별(층고 3.6m) 운반하는 기준이다.

(4) 인력운반(기계설비)

① 운반비 = $\frac{M}{T} \times A\left(\frac{60 \times 2 \times L}{V} + t\right)$

여기서, A : 인력운반공의 노임

M : 필요한 인력운반공의 수(총운반량/1인당 1회운반량)

L : 운반거리(km)

V : 왕복평균속도(km/hr)

T : 1일 실작업시간

t : 준비작업시간(2분)

② 인력운반공의 1회 운반량 : 25kg

③ 왕복평균속도 : 도로상태 양호 : 2km/hr

도로상태 보통 : 1.5km/hr

도로상태 불량 : 1km/hr

도로상태 물논 : 0.5km/hr

※ 도로상태 구분은 토목부분 참조

※ 경사지 운반 환산계수(a)

경사지 환산거리 $= a \times L$

경사지	%	10	20	30	40	50	60	70	80	90	100
	각도	6	11	17	22	27	31	35	39	42	45
환산계수(a)		2	3	4	5	6	7	8	9	10	11

출제예상문제

01 황토 100m^{3}를 지게로 운반하려 한다. 운반로의 상태는 보통이며 경사도는 25°이다. 다음의 조건을 이용하여 물음에 답하시오(단, 소수점 이하는 버리시오).

구분 \ 종류	적재적하시간(t)	평균왕복속도(V)		
		양호	보통	불량
토사류	1.5분	3,000(m/hr)	2,500(m/hr)	2,000(m/hr)
석재류	2분			

- 황토 단위중량 : 1,800kg/m^3
- 1회 운반량 : 45kg/인
- 운반지점의 고도차 : 7.0m
- 보통인부 노임 : 80,000원/일
- 1일 실작업시간 : 450분
- 경사로는 고도 1.0m를 수평거리 5.0m의 비율로 상계

1) 1일 운반횟수는 얼마인가?

2) 1일 운반량(m^3)은 얼마인가?

3) 보통인부 10인 작업 시 운반일수는 얼마인가?

4) 운반노임은 얼마인가?

정답 1) 1일 운반횟수 : 115회
2) 1일 운반량 : $2m^3$
3) 보통인부 10인 작업일수 : 5일
4) 운반노임 : 4,000,000원

해설 1) 1일 운반횟수
- 수평 운반거리(l) = 7 ÷ tan25° = 15m
- 지게 운반거리(L) = 수평거리 + 5 × 고도 = 15 + 5 × 7 = 50m

$$\therefore\ N = \frac{VT}{120L + Vt} = \frac{2{,}500 \times 450}{120 \times 50 + 2{,}500 \times 1.5} = 115\text{회}$$

2) 1일 운반량(Q) = 115×45 = 5,175kg/m^3

단위환산 $\frac{Q}{rt} = \frac{5{,}175}{1{,}800} = 2m^3$

3) 보통인부 10인 작업일수 $= \frac{\text{총운반량}}{\text{1인 1일 운반량} \times \text{인부수}} = \frac{100}{2 \times 10} = 5\text{일}$

4) 운반노임 = 작업일수 × 노임 × 작업 인원수 = 5 × 80,000 × 10 = 4,000,000원

02 **4층 옥상에 수목식재용 황토 $30m^3$를 지게로 운반하려 한다. 다음 물음에 답하시오(단, 소수점 이하는 버리고, 금액은 10원 단위 미만은 버리시오).**

• 평균왕복속도(V) : 1,500m/hr	• 1회 운반량 : 50kg/인
• 적재적하시간(t) : 3분	• 1일 실작업시간 : 6시간
• 흙의 단위중량 : 1.8ton/m^3	• 층당 건물 높이 : 3m
• 보통인부 노임 : 80,000원/일	• 고도 1m를 수평거리 7m로 봄

1) 1일 운반횟수는?
2) 1일 1인 운반량(m^3)은?
3) 2일 완료 시 필요한 인부수는?
4) 전체 운반노임은?

정답 1) 1일 운반횟수 : 37회
2) 1일 1인 운반량 : $1m^3$/인
3) 2일 완료 시 필요 인부수 : 15인
4) 전체 운반노임 : 2,400,000원

해설 1) 1일 운반횟수 : 환산 운반거리(옥상까지 가는 작업로 상황이 조건에 없으므로 수평거리를 생략하고, 수직거리에 대한 비율로만 구함)

L = 4 × 3 × 7 = 84m, T = 6 × 60 = 360분

$$N = \frac{VT}{120L + Vt} = \frac{1{,}500 \times 360}{120 \times 84 + 1{,}500 \times 3} = 37\text{회}$$

2) 1일 1인 운반량(Q) $= \frac{37 \times 50}{1{,}800} = 1m^3/\text{일}$

3) 2일 완료 시 필요 인부수 $= \frac{\text{총운반량}}{\text{1인 1일 운반량}} = \frac{30}{1 \times 2} = 15\text{인}$

4) 전체 운반노임 = 인부수 × 노임 × 일수 = 15 × 80,000 × 2 = 2,400,000원

03 운반거리 100m, 자연석 500kg을 목도로 운반하려 한다. 이때 운반노임을 구하시오(단, 소수점 셋째자리 이하는 버리시오).

- 준비작업시간 : 5분
- 1일 작업시간 : 360분
- 1인당 1회 운반량 : 25kg
- 평균 왕복속도 : 1.5km/hr
- 인부노임 : 150,000원/일

정답 운반비 : 108,333.33원

해설
- 전체 운반횟수(k) = 전체량(kg)/1인 1회 운반량(kg) = $\frac{500}{25}$ = 20회
- 운반비 = $\frac{150,000}{360} \times 20\left(\frac{120 \times 100}{1,500} + 5\right) = 108,333.33$

04 사괴석 120kg짜리 10개와 80kg짜리 50개가 있다. 이것을 60m 지점에 목도로 운반하려 한다. 운반로 중 10m는 10% 경사로를 이루었으며, 운반로 상태는 양호하다. 1) 목도공수와 2) 운반비를 구하시오(단, 소수점 셋째자리에서 반올림할 것).

구분	목도 운반 평균 왕복속도(중량물, 장대물)
도로상태 양호	2km/hr
도로상태 보통	1.5km/hr
도로상태 불량	1.0km/hr

- 1일 작업시간 : 360분
- 준비작업시간 : 5분
- 1회 운반량 : 25kg/인
- 목도공 노임 : 130,000원

경사지 운반 환산계수(a)

경사지	%	10	20	30	40	50	60	70	80	90	100
	각도	6	11	17	22	27	31	35	39	42	45
a		2	3	4	5	6	7	8	9	10	11

정답 1) 목도공수 : 208인
2) 운반비 : 691,022.22원

해설
1) 목도공수(M) = $\frac{\text{총운반량}}{\text{1인 1회 운반량}} = \frac{120 \times 10 + 80 \times 50}{25}$ = 208인
2) 환산거리(L) = 평탄거리 + 정시거리 × 환산계수 = 50 + 10 × 2 = 70m
3) 운반비 = $\frac{A}{T} \times M \times \left(\frac{120L}{V} + t\right) = \frac{130,000}{360} \times 208 \times \left(\frac{120 \times 70}{2,000} + 5\right)$ = 691,022.22원

7 기계화 시공

(1) 개요

최근의 조경현장에서는 수목의 대형화, 공사현장의 대단지화, 인건비 절감, 공기 단축, 토공량의 극대화 등의 이유로 빠르고·편리하고·저렴하고·안전하게 시공하기 위해서 건설장비, 토목장비, 콘크리트장비, 운반장비 등을 사용하여 공정을 단축하고 작업의 효율성을 증대하고, 대단위 조경공사를 시공할 수 있게 되었다. 특히 건설장비는 작업의 종류, 운반거리, 작업의 규모에 따라 다양한 종류가 있으며, 잘 선택하면 작업의 효율성과 특히 비용을 절감할 수 있다. 따라서 조경공사에서 기계화 시공은 절실히 요구되고 있다.

(2) 기계화 시공의 특징

① 기계화 시공의 목적

㉠ 비용 절감

㉡ 공기 단축

㉢ 대내·외 신뢰성 확보

㉣ 대단위 공사 시공

㉤ 작업의 효율성 증대

㉥ 대형수목 이식 가능

② 기계화 시공의 장단점

㉠ 장점 : 공사비용 절감, 공사기간 단축, 공사의 질적 향상, 작업의 효율성 증대, 대규모 공사 시공, 노동력의 감소, 안전성 증대

㉡ 단점 : 구입 및 유지비용 과다, 대형기계 진출입로 확보 필요, 소규모 공사에 부적합, 일정차질 시 손해비용 증대, 적재·적소 장비공급의 문제

③ **기계 선정 시 고려사항** : 공사의 규모, 경제적으로 적합한 거리, 시공능력(무게, 범위, 높이 등), 주행능력(Trafficability), 기계경비, 현장의 여건을 고려한 선정

(3) 기계화 시공의 적용기준

① 기계화 장비 선정기준

㉠ 작업종류별 건설기계의 종류

- 벌개·제근 : 불도저(레이크도저)
- 굴삭 : 로더, 굴삭기(유압식 백호), 불도저, 리퍼, 셔블계 굴삭기(파워셔블, 백호, 드래그라인, 클램셸)
- 적재 : 로더, 버킷식 엑스커베이터, 셔블계 굴삭기(파워셔블, 백호, 드래그라인, 클램셸)
- 굴삭·적재 : 로더, 굴삭기(유압식 백호), 버킷식 엑스커베이터, 셔블계 굴삭기(파워셔블, 백호, 드래그라인, 클램셸)
- 굴삭·운반 : 불도저, 스크레이퍼
- 운반 : 불도저, 덤프트럭, 벨트컨베이어
- 부설 : 불도저, 모터그레이더
- 함수량 조절 : 살수차
- 다짐 : 롤러(타이어, 탬핑, 진동, 로드), 불도저, 진동 콤팩터, 래머, 탬퍼
- 정지 : 불도저, 모크그레이더
- 도랑파기 : 굴삭기(유압식 백호), 트렌처

㉡ 운반거리별

- 절붕(切崩) · 압토 : 평균 20m(불도저 : 10~30m)
- 토운반
  - 60m 이하 : 불도저
  - 60~100m : 불도저, 셔블계 굴삭기(백호, 셔블, 드래그라인, 클램셸)+덤프트럭, 로더+덤프트럭, 굴삭기(유압식 백호)+덤프트럭, 피견인식 스크레이퍼
  - 100m 이상 : 셔블계 굴삭기(백호 셔블, 드래그라인, 클램셸)+덤프트럭, 로더+덤프트럭, 굴삭기(유압식 백호)+덤프트럭, 피견인식 스크레이퍼, 모터 스크레이퍼

㉢ 공사규모별 기계화 장비(건설기계) : 조경공사 중 건설공사 설계 시 공사규모와 기계화 시공의 합리적인 운영을 위해 조경공사 중 건설공사의 보는 여건과 주변 환경을 고려하여 공사의 대 · 중 · 소를 구분하여 기계화 장비를 공사 규모에 맞추어 적용하는 것은 대단히 중요하다.

- 공사규모에 따른 시공량
  - 대규모 공사 : 100,000m^3 이상
  - 중규모 공사 : 10,000~100,000m^3
  - 소규모 공사 : 10,000m^3 미만
- 불도저 작업의 표준 기계
  - 유압리퍼 작업(중규모 이하 대규모) : 19ton급, 32ton급
  - 굴삭압토(운반)(중규모 이하 대규모) : 19ton급, 32ton급
  - 집토(굴삭 · 보조)(중규모 이하 대규모) : 19ton급, 32ton급
  - 습지 · 연약토 작업 : 13ton급
- 굴삭기(유압식 백호) : 소규모[굴삭기(유압식 백호) 0.4m^3], 중규모[굴삭기(유압식 백호) 0.7m^3], 대규모[굴삭기(유압식 백호) 1.0m^3 이상]
- 덤프트럭 : 소규모(덤프트럭 8ton 이하), 중규모(덤프트럭 8~15ton 이하), 대규모(덤프트럭 15ton 이상)
- 스크레이퍼 : 소규모(덤프트럭 8ton 이하), 중규모(덤프트럭 8~15ton 이하), 대규모(덤프트럭 15ton 이상)

참고

공사규모의 구분은 편의상 시공량으로 표시한 것으로 실제 적용과정에서는 공사량, 공사기간, 현장조건에 따라 공사규모를 판단하여야 한다. 또한 모든 공사목적에 완전히 부합되는 건설기계는 없으므로 실제 공사의 시공과정에서는 여기에 선정된 표준기계에 절대적으로 구애받지 말고 선정된 표준기계를 기준하여 현장여건에 따라 탄력적으로 이를 보완 · 선정하여야 한다.

② 토량 환산계수 적용

㉠ $f = 1$: 시공기계 작업량 그대로 적용(흐트러진 상태)

㉡ $f = \frac{1}{L}$: 시공기계 작업량을 자연상태 토량으로 적용할 때

㉢ $f = \frac{C}{L}$: 시공기계 작업량을 다져진 상태 토량으로 적용할 때

③ 기계화 시공능력 기본 계산식

$Q = n \times q \times f \times E$

여기서, Q : 시간당 작업량(m^3/hr 또는 ton/hr)

n : 시간당 작업 사이클 수(회)

q : 1회 작업 사이클당 표준작업량(m^3 또는 ton)

f : 토량환산계수$\left(1, \dfrac{1}{L}, \dfrac{C}{L}\right)$

E : 작업효율(%)

(4) 불도저 시공능력

① 불도저 시공능력

$$Q = \frac{60 \times q \times f \times E}{C_m} \qquad q = q_0 \times e$$

여기서, Q : 시간당 작업량(m^3/hr)

q : 삽날의 용량(m^3) - 흐트러진 토량

f : 토량환산계수

E : 작업효율(%)

C_m : 1회 사이클 시간(분)

q_0 : 거리를 고려하지 않은 삽날의 용량(m^3)

e : 운반거리계수

㉠ q_0의 값(m^3)

종별 \ 급수(ton)	4 (초습지)	7	10	12	13 (습지)	15	19	28	32	33
무한궤도식	0.5	1.1	1.5	2.0	1.5	–	3.2	–	5.5	–
타이어식	–	–	–	–	–	3.1	–	4.0	–	5.7

㉡ e의 값

운반거리(m)	10 이하	20	30	40	50	60	70	80
e의 값	1.00	0.96	0.92	0.88	0.84	0.80	0.76	0.72

㉢ 운반거리와 경사에 대한 계수(p)

경사(%) \ 운반거리(m)		10 이하	20	30	40	50	60	70
평탄한 곳	0	1.0	0.96	0.92	0.88	0.84	0.80	0.76
하향작업	5	1.12	1.08	1.03	0.99	0.94	0.90	0.85
	10	1.28	1.23	1.18	1.13	1.08	1.02	0.97
상향작업	5	0.89	0.85	0.82	0.78	0.75	0.71	0.68
	10	0.80	0.77	0.74	0.70	0.67	0.64	0.61

㉣ E의 값

토질명 \ 현장조건	자연상태 토양			흐트러진 상태 토양		
	양호	보통	불량	양호	보통	불량
모래·사질토	0.96	0.70	0.55	0.90	0.75	0.60
자갈섞인 흙·점성토	0.75	0.60	0.45	0.80	0.65	0.50
파쇄암	–	–	–	–	0.45	0.35

참고

현장조건의 작업효율 평가

- 양호 : 현장조건이 넓고(배토판 폭의 3배 이상), 지반에 미끄럼이 없는 하향경사 등으로 작업속도를 충분히 발휘할 수 있는 조건
- 보통 : 현장조건은 넓으나(배토판 폭의 3배 미만) 지반에 미끄럼이 있거나 상향경사 등으로 작업속도를 충분히 발휘할 수 없는 조건
- 불량 : 작업현장이 매우 좁고 지반에 미끄럼이 많고 요철이 있으며, 상향경사가 심해서 작업속도를 내기가 어려운 조건
- 정지작업을 겸하는 경우는 0.1을 뺀 값
- 터파기에 대해서는 0.05를 뺀 값
- 리핑한 것은 리핑된 상태를 고려하여 그 상태에 해당하는 토질에서의 값

② 불도저의 1회 사이클 시간

$$C_m = \left(\frac{L}{V_1} + \frac{L}{V_2} + t\right)$$

여기서, L : 운반거리

V_1 : 전진속도(m/분)

V_2 : 후진속도(m/분)

t : 기어변속시간(0.25분)

㉠ 무한궤도형 불도저의 V_1 및 V_2의 값

구분	규격(ton)	V_1 = 전진속도(m/분)				V_2 = 후진속도(m/분)		
		1단	2단	3단	4단	1단	2단	3단
초습지	4	40	57	100	–	63	85	–
	7	45	67	92	116	53	78	107
	10	42	64	88	116	50	75	105
	12	40	55	75	107	48	70	100
습지	13	40	55	75	–	48	70	–
	19	40	55	75	103	46	70	98
	32	40	52	70	91	43	58	78

참고

현장조건에 따른 속도 사용법

- 굴착 또는 굴착운반, 발근, 석재류 집적작업 등에는 전진 1단, 후진 1단을 사용
- 흐트러진 상태의 토사 운반작업 등에는 전진 2단, 후진 2단을 사용
- 평탄하고 흐트러진 상태의 정지, 전압작업 등의 작업에는 전진 3단, 후진 3단을 사용
- 제방과 같은 상향작업에는 전진 1단, 후진 1난을 사용
- 수중작업시에는 전진 1단, 후진 1단을 사용
- 작업현장에서의 이동에는 전진 3단 또는 4단을 사용

㉡ 타이어형 불도저의 V_1과 V_2의 값

구분 / 규격(ton)	V_1 =전진속도(m/분)			V_2 =후진속도(m/분)	
	1단	2단	3단	1단	2단
15	83	200	415	92	125
28	92	200	482	92	200
33	92	210	546	110	250

참고

현장조건에 따른 속도 사용법

- 흐트러진 상태의 토량 운반, 연한지반의 굴착 운반 작업 등에는 전진 1단, 후진 1단을 사용
- 평탄하고 흐트러진 상태의 정지 및 전압작업 등에는 전진 2단, 후진 2단을 사용
- 작업현장에서의 이동에는 전진 2단 또는 3단을 사용

(5) 굴삭기 시공능력

① 셔블(Shovel)계 시공능력

㉠ 작업능력 계산식

$$Q = \frac{3,600 \times q \times k \times f \times E}{C_m}$$

여기서, Q : 시간당 작업량(m^3/hr)
E : 작업효율
q : 버킷용량(m^3)
k : 버킷계수
f : 토량환산계수
C_m : 1회 사이클 시간(초)

㉡ 버킷계수(k)

- 1.10 : 버킷에 산적이 가득 찰 때가 많은 조건(모래, 보통토)인 경우
- 0.90 : 버킷에 산적을 거의 가득 채울 수 있는 조건(모래, 보통토, 점토)인 경우
- 0.70 : 버킷에 산적을 가득 채우기가 어렵거나 발파를 필요로 하는 조건(단단한 점질토, 점토, 역질토)인 경우
- 0.55 : 버킷에 산적을 넣기 어렵고 불규칙한 공극이 생기거나, 발파 또는 리퍼작업 등에 의하여 얻어진 조건(발파암, 파쇄암, 호박돌, 역)인 경우

㉢ 트랙터셔블(Loader)의 경우

$$C_m = ml + t_1 + t_2$$

여기서, m : 계수(s/m)(무한궤도식 2.0, 휠식 1.8)
l : 운반거리(편도), 특히 거리를 지정하지 않은 때는 l = 8m 정도로 함
t_1 : 버킷이 흙을 담는 데 소요되는 시간(sec)
t_2 : 기어의 변속시간 등 기본시간(sec)

㉣ 작업효율(E)

현장조건 / 토질명	자연상태			흐트러진 상태		
	양호	보통	불량	양호	보통	불량
모래·사질토	0.96	0.70	0.55	0.90	0.75	0.60
자갈 섞인 흙·점성토	0.75	0.60	0.45	0.80	0.65	0.50
파쇄암	–	–	–	–	0.45	0.35

참고

자연상태의 굴삭기 작업효율 판정법

- 양호 : 자연지반이 무르고, 정토작업이 최적으로 연속작업이 가능하고, 작업방해가 없는 등의 조건인 경우
- 보통 : 자연지반은 단단하지만 절토작업이 최적인 경우 또는 자연지반은 무르지만 절토작업이 곤란한 경우 등 제반조건이 중간으로 판단되는 경우
- 불량 : 자연지반이 단단하고 또한 연속작업이 곤란하며, 직업 방해가 많은 등의 조건인 경우

㉤ 1회 사이클 시간(C_m)

선회각도(°) / 규격(m)	사이클 타임(sec)			
	45	90	135	180
0.12	13	15	18	20
0.2	13	15	18	20
0.4	13	15	18	20
0.7	16	18	20	22
1.0	17	19	21	23
2.0	22	25	27	30

② 굴삭기계의 종류

㉠ 파워셔블(Power Shovel) : 기계면보다 낮은 굴착에 사용

㉡ 백호(Back Hoe) : 기계면보다 낮은 곳의 굴착에 사용(도랑파기, 배수로굴착, 관로굴착, 구조물의 터파기, 준설작업 등)

㉢ 드래그라인(Drag Line) : 높은 곳에서 낮은 곳을 굴착(붐의 길이가 길기 때문에 작업반경이 넓고 백호와 비슷한 작업으로 수로, 하상, 넓은 면적과 대용적의 건축 기초의 굴착, 하천의 모래, 자갈 채집에 사용)

㉣ 클램셸(Clam Shell) : 지상 또는 수중에서 소범위의 굴착(자갈, 모래, 연질토사 등의 굴착, 싣기, 부리기 등에 사용)

㉤ 트랙터 셔블(Tractor Shovel(=Loader)) : 협소한 장소에서 싣기 작업(자갈, 모래, 흙 등의 싣기에 사용)

㉥ 스키머-스코프(Skimmer-Scoup) : 회전대의 선단에 붙은 버킷을 로프의 힘으로 전후로 작동하여 지표를 얕게 깎는 기계(좁은 곳의 얕은 굴착, 대형기계로 작업이 곤란한 장소에 사용)

㉦ 트렌처(Trencher) : 일명 '도랑을 파는 기계'라고도 하며, 도랑을 파면서 전진하는 기계로 버킷에서 방출하는 굴착토사를 벨트컨베이어로 받아 기계의 측방에 있는 토운차에 싣는 작업

(6) 그레이더(Grader)

① 시공능력

$$Q = \frac{60 \times l \times L \times D \times f \times E}{C_m}$$

여기서, Q : 1시간당 작업량(m^3/h)
l : Blade의 유효길이(m)
L : 1회 편도작업거리(m)
D : 굴착 깊이 또는 흙 고르기 두께(m)
f : 토량환산계수
E : 그레이더의 작업효율
C_m : 사이클 타임(min)

㉠ 작업방향으로 방향 전환할 때

$$C_m = 0.06\frac{L}{V} + t$$

㉡ 전진작업 후 후진으로 되돌아올 때

$$C_m = 0.06\left(\frac{L}{V_1} + \frac{L}{V_2}\right) + 2t$$

여기서, V_1 : 전진속도(km/h)
V_2 : 후진속도(km/h)
t : 기어변속도(min)

㉢ $\text{작업소요시간} = \dfrac{\text{통과횟수} \times \text{작업거리}}{\text{평균작업속도} \times \text{작업효율}}$

(7) 스크레이퍼(Scraper)

① 시공능력

$$Q = \frac{60 \times q \times f \times E}{C_m} \qquad q = q_0 \times k$$

여기서, Q : 1시간당 작업량(m^3/h)
q : 적재함용적 × 적재계수
q_0 : 볼(Bowl)의 용적(m^3)-산적(山積)
k : 적재계수
f : 토량환산계수
E : 작업효율
C_m : 1회 사이클 시간(min)

㉠ 피견인식 스크레이퍼일 때

$$Q = \frac{D}{V_d} + \frac{H}{V_h} + \frac{S}{V_s} + \frac{R}{V_r} + t_g$$

여기서, D : 적재에 요하는 거리(m)
H : 운반거리(m)
S : 사토거리(m)
R : 돌아오는 거리(m)
V_d : 적재속도(m/min)
V_h : 운반속도(m/min)
V_r : 돌아오는 속도(m/min)
V_g : 사토속도(m/min)
t_g : 기어변속시간(min), 보통 0.25min임

㉡ 모터 스크레이퍼일 때

$$Q = \frac{60H}{V_h} + \frac{60R}{V_r} + t_d + t_s + t_g$$

여기서, H : 운반거리(km)
R : 돌아오는 거리(km)
V_h : 운반속도(km/h)
V_r : 돌아오는 속도(km/h)
t_d : 적재에 요하는 시간(min)
t_s : 사토시간(min)
t_g : 기어변속시간(min)

(8) 로더

① 시공능력

$$Q = \frac{3,600 \times q \times k \times f \times E}{C_m} \qquad C_m = ml + t_1 + t_2$$

여기서, Q : 시간당 작업량(m^3/hr)
q : 버킷용량(m^3)
K : 버킷계수
f : 토량환산계수
E : 작업효율
C_m : 1회 사이클 시간(초)
m : 계수(s/m)(무한궤도식 2.0, 타이어식 1.8)
l : 운반거리(편도), 특히 거리를 지정하지 않을 때는 l=8m 정도
t_1 : 버킷이 흙을 담는 데 소요되는 시간(sec)
t_2 : 기어변속시간 등 기본시간(sec)

㉠ t_1값의 산정

기종별	무한궤도식		타이어식	
현장조건 \ 작업방법	산적상태에서 담을 때	지면부터 굴착·집토하여 담을 때	산적상태에서 담을 때	지면부터 굴착·집토하여 담을 때
용이한 경우	5	20	6	22
보통인 경우	8	29	9	32
약간 곤란한 경우	9	36	14	41
곤란한 경우	11	–	18	–

㉡ 버킷계수(k)

- 1.2 : 버킷에 산적이 가득 찰 때가 많은 조건(모래, 보통토)인 경우
- 1.0 : 버킷에 산적을 거의 가득 채울 수 있는 조건(모래, 보통토, 점토)인 경우
- 0.9 : 버킷에 산적을 가득 채우기가 어렵거나 발파를 필요로 하는 조건(단단한 점질토, 점토, 역질토)인 경우
- 0.7 : 버킷에 산적을 넣기 어렵고 불규칙한 공극이 생기거나, 부순돌, 점질토, 역질토 등으로 덩어리 상태로 있는 경우
- 0.55 : 버킷에 담기 어렵고 허술하여 불규칙한 공극이 생긴 것. 예를 들면 발파 또는 리퍼로 깎은 암괴, 호박돌, 역 등의 경우

㉢ 작업효율(E)

토질명 \ 현장조건	자연상태			흐트러진 상태		
	양호	보통	불량	양호	보통	불량
모래·사질토	0.70	0.55	0.40	0.75	0.60	0.45
자갈 섞인 흙·점성토	0.60	0.45	0.30	0.60	0.50	0.35
파쇄암	–	–	–	–	0.35	0.25

참고

작업효율 산정 기준

- 양호 : 자연지반이 무르고 적입형식이 덤프트럭 이동형으로 작업방해가 없고 절토 높이가 최적(1~3m)의 조건인 경우
- 보통 : 적입형식은 덤프트럭 이동형이지만 작업방해 등이 있는 경우 또는 적입형식은 덤프트럭 정치형이지만, 작업방해가 없는 경우 등 제조건이 중간으로 판단되는 경우
- 불량 : 자연지반이 단단하여 굴착이 곤란하고, 작업형식은 덤프트럭 정치형으로 작업방해가 많고 절토 높이가 최적이 아닌 경우

(9) 덤프트럭

① 시공능력

$$Q = \frac{60 \times q_t \times f \times E_t}{C_{mt}} \qquad q_t = \frac{T}{\gamma_t} \times L$$

여기서, Q : 시간당 흐트러진 상태의 작업량(m^3/hr)

q_t : 흐트러진 상태의 덤프트럭 1회 적재량(m^3)

f : 토량환산계수

E_t : 트럭작업효율(표준치 : $E_t = 0.9$)

C_{mt} : 트럭사이클 타임(min)

γ_t : 자연상태에서의 토석의 단위중량(습윤밀도)(ton/m^3)

T : 덤프트럭의 적재중량(ton)

L : 토량변화율 = $\dfrac{\text{흐트러진 상태의 체적}(m^3)}{\text{자연상태의 체적}(m^3)}$

② 적재기계를 사용하지 않을 경우의 트럭 사이클 타임의 산정

$C_{mt} = t_1 + t_2 + t_3 + t_4 + t_5$

㉠ t_1 : 적재시간(분), 적재방법에 따라 산출

㉡ t_2 : 왕복시간(분) $= \dfrac{\text{운반거리}}{\text{적재 시 주행속도}} + \dfrac{\text{운반거리}}{\text{공차 시 주행속도}}$

㉢ t_3 : 적하시간(분) : 적재한 토량을 하차시간으로 대기시간이 포함

토질 \ 구분	작업조건(분)		
	양호	보통	불량
모래, 역, 호박돌	0.5	0.8	1.1
점질토, 점토	0.6	1.02	1.5

참고

작업조건의 구분 기준

- 양호 : 사토장이 넓고 정지된 상태에서 일시에 적하하는 경우
- 보통 : 사토장이 넓으나 움직이는 상태에서 적하하는 경우
- 불량 : 사토장이 넓지 않고 천천히 움직이는 상태에서 적하하는 경우

㉣ t_4 : 적재 대기시간 : 장소에 도착한 후부터 적재시작까지의 시간

- 적재장소가 넓어서 트럭이 자유로이 목적장소에 진입할 수 있을 때 0.15분
- 적재장소가 넓지는 않으나 목적장소에 불편 없이 진입할 수 있을 때 0.42분
- 적재장소가 좁아서 목적장소에 진입하는 데 불편을 느낄 때 0.70분

㉤ t_5 : 적재함 덮개 설치 및 해체시간(인력에 의한 경우 3.77분, 자동덮개 시설의 경우 0.5분)

③ 적재기계를 사용할 경우의 트럭 사이클 타임의 산정

$C_{mt} = \dfrac{C_{ms} n}{60 E_s} + t_2 + t_3 + t_4 + t_5$ $\qquad n = \dfrac{q_t}{q \times k}$

여기서, C_{ms} : 적재기계의 사이클 타임(sec)

n : 덤프트럭 1대 적재 시 요하는 적재기계의 사이클 횟수(정수)

q : 적재기계 버킷의 산적 용적(m^3)

k : 버킷계수

E_s : 적재기계의 작업효율

④ 트럭의 여유대수

$N = 1 + \dfrac{T_1}{T_2}$ $\qquad N = \dfrac{E_s}{E_t}\left(\dfrac{60(T_1 + T_2 + t_1 + t_2 + t_3)}{C_{ms} n}\right) + \dfrac{1}{E_t}$

여기서, N : 여유대수

T_1 : 왕복과 사토에 요하는 시간

T_2 : 원위치에 도착한 후부터 싣기를 완료하고 출발할 때까지의 시간

E_s : 적재기계의 작업효율($E_s = 0.6 \sim 0.8$)

E_t : 덤프트럭의 작업효율($E_t = 0.9$)

(10) 우마차

① 시공능력

$$Q = N \times q \qquad N = \frac{T}{\frac{60 \times L \times 2}{V} + t} = \frac{VT}{120L + Vt}$$

여기서, Q : 1일 운반량(m^3 또는 kg)
q : 1회 운반량(m^3 또는 kg)
N : 1일 운반횟수
T : 1일 실작업시간(분)
t : 싣고 부리는 시간(분)
V : 왕복평균속도(분)
L : 수평운반거리

> **참고**
>
> **고갯길 운반 환산거리**
> 환산거리 $= a \times L(\alpha$: 경사와 운영방법에 의하여 변하는 계수)

(11) 롤러(Roller)계

① 롤러 시공능력

㉠ 토공량을 다져진 토량으로 표시하는 경우

$$Q = \frac{1{,}000 \times V \times W \times D \times f \times E}{N}$$

여기서, D : 펴는 흙의 두께(m)
f : 토량환산계수
E : 다짐기계의 작업효율
N : 소요다짐횟수
A : 시간당 끝손질 면적(m^2/h)
W : 1회 유효다짐폭(m)

㉡ 토공량을 다진 면적으로 표시하는 경우

$$Q = \frac{1{,}000 \times V \times W \times E}{N}$$

여기서, Q : 시간당 작업량(m^3/h)
V : 작업속도(km/h)
W : 1회의 유효다짐폭(m)

② 래머(충격식 다짐기계) 등의 시공능력

$$Q = \frac{A \times N \times H \times f \times E}{P}$$

여기서, Q : 시간당 작업량(m^3/h)
A : 1회의 유효다짐면적(m^3)
N : 시간당 다짐횟수(회/h)
H : 깔기 두께 또는 1층의 끝손질 두께
P : 되풀이 다짐횟수
f : 토량환산계수
E : 작업효율

③ 다짐기계의 종류

㉠ 전압식 : 롤러의 자중으로 정적으로 다지는 것

- 로드롤러(Road Roller) : 평탄한 성토면을 다지는 데 적합하지만, 요철이 많은 초기 다짐에는 부적합
- 탬핑롤러(Tamping Roller) : 드럼에 많은 양발굽형의 돌기를 붙여 땅을 깊숙이 다지며, 물이 있는 점토다짐에 용이하고, 흙을 이완시키므로 흙을 건조시킴
- 타이어롤러(Tire Roller) : 견인식과 피견인식이 있고, 사질토 또는 심부 다짐이 가능하나 물이 있는 점토에는 부적합

㉡ 진동식 : 기계를 진동시켜 다지는 롤러

- 종류 : 진동 롤러, 진동 컴팩터, 진동 타이어롤러
- 용도 : 사질토에 효과가 큼

㉢ 충격식 : 충격력을 작용하여 다지는 롤러

- 래머(Rammer) : 가볍고 소형으로 협소한 장소의 다짐에 적합하나 작업능률이 낮고 균일한 다짐이 어려움
- 탬퍼(Tamper, Tamping Tammer) : 소형으로 접속부의 다짐 등 좁은 장소에 사용하며, 콘크리트 포장 시 표면을 다질 때 사용

(12) 경운기

① 시공능력

$$Q=\frac{60\times q\times f\times E}{C_m}$$

여기서, Q : 시간당 작업량(m^3/h)　　q : 흐트러진 상태의 경운기 1회 적재량(m^3)

f : 토량환산계수　　E : 작업효율(0.9)

C_m : 사이클 시간(min)

㉠ 사이클 시간(C_m)

$$C_m=\frac{L}{V_1}+\frac{L}{V_2}+t$$

여기서, V_1 : 적재 시 속도(m/min)　　V_2 : 공차 시 속도(m/min)

L : 거리(m)　　t : 적재·적하시간(min)

㉡ 적재·적하시간 및 주행속도

구분 / 종류	적재·적하 시간	평균주행속도(m/min)					
		적재			적하		
		양호	보통	불량	양호	보통	불량
토사류	11min	83	57	35	117	83	57
석재류	13min						

참고

적재·적하시간 및 주행속도 선정기준

- 삽 작업이 가능한 토석재를 기준
- 적재·적하는 2인을 기준
- 절취는 별도 계상
- 작업로에 따른 구분 기준
  - 양호 : 작업로가 구배가 없고 평탄할 때
  - 보통 : 작업로가 약간 요철이 있는 경우
  - 불량 : 작업로가 구배가 약간 있고(7% 이하), 요철이 있는 경우

출제예상문제

01 다음의 조건으로 19ton 무한궤도 불도저의 시간당 작업량을 구하시오(단, 소수 둘째자리까지 계산하시오).

• 배토판의 용량 : 3.2m^3	• 운반거리계수 : 0.8
• 토량환산계수 : 1	• 작업효율 : 0.7
• 전진속도 : 55m/min	• 후진속도 : 70m/min
• 운반거리 : 70m	• 기어변속시간 : 0.25분

정답 42.67m^3/hr

해설 • 1회 굴착압토량(삽날의 용량, q) = $q_0 \times p = 3.2 \times 0.8 = 2.56$m^3

• 1회 사이클 시간(C_m) = $\frac{L}{V_1} + \frac{L}{V_2} + t = \frac{70}{55} + \frac{70}{70} + 0.25 = 2.52$분

• 시간당 작업량(Q) = $\frac{60 \times q \times f \times E}{C_m} = \frac{60 \times 2.56 \times 1 \times 0.7}{2.52} = 42.67$m^3/hr

02 12톤 불도저의 작업거리가 30m, 전진속도 53m/min, 후진속도 58/min, 기어변환시간 0.33분 배토판 용량 2.0m^3, 토량환산계수 1, 작업효율 0.7, 운반거리계수 0.88일 때 1) 시간당 작업량은 얼마이며, 2) 어떠한 상태의 작업량인가?

정답 1) 52.43m^3/hr, 2) 흐트러진 상태

해설 • 1회 사이클 시간(C_m) = $\frac{L}{V_1} + \frac{L}{V_2} + t = \frac{30}{53} + \frac{30}{58} + 0.33 = 1.41$분

• 삽날의 용량(q) = $q_0 \times p = 2.0 \times 0.88 = 1.76$m^3

• 시간당 작업량($f = 1$이므로 흐트러진 상태)(Q) = $\frac{60 \times q \times f \times E}{C_m} = \frac{60 \times 1.76 \times 1 \times 0.7}{1.41} = 52.43$m^3/hr

03 다음 조건으로 0.4m³ 굴삭기의 3일간 작업량은 자연상태로 얼마인가?

- 1회 사이클 시간 : 25초
- 흙의 토량변화율 : 1.2
- 작업효율 : 0.75
- 버킷계수 : 1.0
- 1일 작업시간 : 6시간

정답 648m³

해설
- 토량환산계수(기준이 자연상태이므로) $f = \frac{1}{L}$
- 시간당 작업량(Q) = $\frac{3{,}600 \times q \times k \times f \times E}{C_m} = \frac{3{,}600 \times 0.4 \times 1.0 \times \frac{1}{1.2} \times 0.75}{25} = 36\text{m}^3/\text{hr}$
- 3일간 작업량 = $3 \times 6 \times 36 = 648\text{m}^3$

04 1.0m³의 백호(Back Hoe) 3대를 사용하여 25,500m³의 기초 터파기를 다음 조건으로 했을 때 터파기에 소요되는 일수를 구하시오(단, 소수점 둘째자리에서 반올림하시오).

- 1회 사이클 시간(C_m) : 23sec
- 작업효율(E) : 0.85
- 1일 운전시간 : 7시간
- 버킷계수(k) : 0.9
- 토량환산계수(f) : 0.9
- 가동률 : 0.8

정답 11.3일

해설
- 백호 1대의 시간당 작업량

$$Q = \frac{3{,}600 \times q \times k \times f \times E}{C_m} = \frac{3{,}600 \times 1.0 \times 0.9 \times 0.9 \times 0.85}{23} = 107.8\text{m}^3/\text{hr}$$

- 백호 3대의 1일 작업량 = $107.8 \times 7 \times 3 = 2{,}263.8\text{m}^3$
- 소요일수 = $\frac{25{,}500}{2{,}263.8} = 11.3$일

05 그림의 토적곡선에서 $c-e$ 구간의 굴착작업(자연상태)을 3일 내에 완료하기 위해서 그림의 토적곡선에서 $c-e$ 구간의 굴착작업(자연상태)을 3일 내에 완료하기 위해서 $1.0m^3$ 백호 몇 대를 투입해야 하는지를 산정하시오(단, 백호의 버킷계수 = 1.0, 사이클 타임 = 30sec, 효율 = 0.65, L = 1.2, C = 0.9, 1일 8시간 작업).

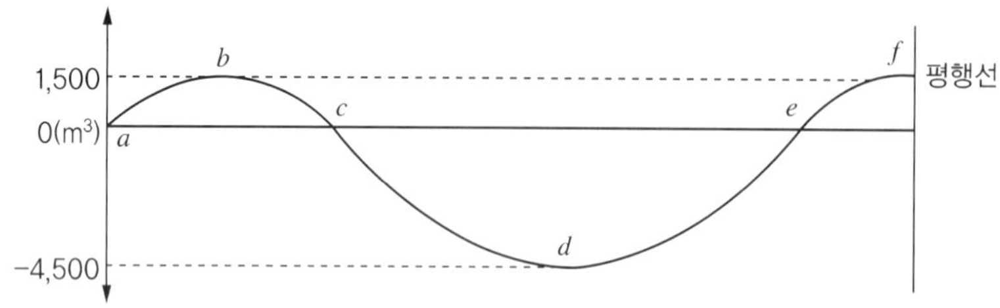

[토적곡선]

정답 백호 투입대수 : 2.88대

해설
- 토량환산계수(굴착작업(자연상태)이므로) $f=\frac{1}{L}$
- 백호 1시간당 작업량

$$Q=\frac{3{,}600\times q\times k\times f\times E}{C_m}(m^3/hr)=\frac{3{,}600\times1.0\times1.0\times\frac{1}{1.2}\times0.65}{30}=65m^3/hr$$

- 백호 1대 3일 작업량 $= 65\times8\times3=1{,}560m^3$
- 백호 투입대수 $=\frac{4{,}500}{1{,}560}=2.88$대

06 버킷용량이 $0.6m^3$인 무한궤도식 로더를 사용하여 자연상태의 점성토를 덤프트럭에 적재하려고 한다. 다음의 조건으로 시간당 작업량을 구하시오.

- 버킷에 토량을 담는 시간 : 9초
- 토량환산계수 : 1.2
- 기어변환시간 : 14초
- 버킷계수 : 1.0
- 작업효율 : 0.6

정답 $39.88m^3/hr$

해설
- 1회 사이클 시간 $C_m=ml+t_1+t_2=2.0\times8+9+14=39sec$
- 토량환산계수(흐트러진 상태) = L = 1.2
- 시간당 작업량(흐트러진 상태)

$$Q=\frac{3{,}600\times q\times k\times f\times E}{C_m}(m^3/hr)=\frac{3{,}600\times0.6\times1.0\times1.2\times0.6}{39}=39.88m^3/hr$$

07 V = 25,000m^{3}의 동산을 버킷용량 1.2m^{3}인 로더를 사용하여 운반하고자 한다. 1) 1일 작업량과 2) 총작업일수를 다음의 조건으로 구하시오(단, 소수점 셋째자리에서 반올림하시오).

• 버킷계수 : 1.1	• 토량변화율 : 1.2
• 1일 운전시간 : 8시간	• 1회 사이클시간 : 45초
• 작업효율 : 0.75	

정답 1) 1일 작업량 : 528m^3, 2) 총작업일수 : 47.35일

해설
- 토량환산계수(기준이 자연상태이므로) $f = \frac{1}{L}$
- 시간당 작업량(자연상태)

$$Q = \frac{3{,}600 \times q \times k \times f \times E}{C_m}(\text{m}^3/\text{hr}) = \frac{3{,}600 \times 1.2 \times 1.1 \times \frac{1}{1.2} \times 0.75}{45} = 66\text{m}^3/\text{hr}$$

1) 1일 작업량 = 66 × 8 = 528m^3

2) 총작업일수 = 25,000 ÷ 528 = 47.35일

08 다음의 조건으로 15톤 덤프트럭을 사용하여 1,500m^{3}의 파낸 흙을 운반하려 한다. 1) 1회 사이클시간, 2) 시간당 작업량, 3) 총작업일수를 구하시오(단, 소수점 셋째자리에서 반올림하시오).

• 토량변화율 : L=1.2, C=0.8	• 적재시간 : 8분
• 운반거리 : 8km	• 적하시간 : 2분
• 적재 시 주행속도 : 30km/hr	• 적재 대기시간 : 0.8분
• 적재함덮개 사용시간 : 0.5분	• 공차 시 주행속도 : 50km/hr
• 작업효율 : 0.9	• 토사의 단위중량 : 1.9ton/m^3
• 1일 작업시간 : 7시간	

정답 1) 1회 사이클시간 : 36.9분

2) 시간당 작업량 : 13.86m^3/hr

3) 총작업일수 : 15.46일

해설 1) 1회 사이클시간

- 왕복시간(t^2) $= \frac{\text{운반거리}}{\text{적재 시 주행속도}} + \frac{\text{운반거리}}{\text{공차 시 주행속도}} = \left(\frac{8}{30} + \frac{8}{50}\right) \times 60 = 25.6$분
- 1회 사이클시간(C_m) $= t_1 + t_2 + t_3 + t_4 + t_5 + t_6 = 8 + 25.6 + 2 + 0.8 + 0.5 = 36.9$분

2) 시간당 작업량

- 토량환산계수(기준이 흐트러진 상태이므로) $f = 1$
- 1회 적재량 $q = \frac{T}{\gamma_t} \times L = \frac{15}{1.9} \times 1.2 = 9.47\text{m}^3$
- 시간당 작업량(흐트러진(파낸 흙) 상태))

$$Q = \frac{60 \times q \times f \times E}{C_m}(\text{m}^3/\text{hr}) = \frac{60 \times 9.47 \times 1 \times 0.9}{36.9} = 13.86(\text{m}^3/\text{hr})$$

3) 총작업일수 $= \frac{\text{작업량}(TQ)}{\text{시간당 작업량}(Q) \times 1\text{일 작업시간}} = \frac{1{,}500}{13.86 \times 7} = 15.46$일

09 다음 그림에서 B지역의 흙(자연상태)을 A, C지역에 성토한 후 다지려고 한다. B지역의 흙을 사토하는 데 사용할 15톤 덤프트럭 수와 총사토량(흐트러진 상태)을 구하시오(단, 흙은 점질토부터 절토하고, 소수점 이하는 버리시오).

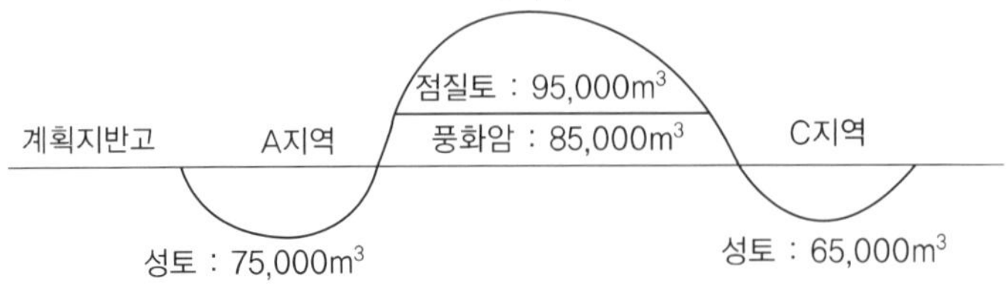

[절 · 성토 단면도]

점질토	$L=1.2$	$C=0.85$	단위중량 : 1,780kg/m³
풍화암	$L=1.25$	$C=1.1$	단위중량 : 1,920kg/m³

정답 1) 사토량 : 38,920m³
2) 덤프트럭 수 : 4,324대

해설 1) 총성토량(다져진 상태) A지역 + C지역 = 75,000 + 65,000 = 140,000m³
- 점질토량(다져진 상태) : 95,000 × 0.85 = 80,750m³
- 성토에 필요한 풍화암량(다져진 상태) : 140,000 − 80,750 = 59,250m³
- 남는 풍화암의 양(사토량) : $\left(85,000-\left(59,250\times\frac{1}{1.1}\right)\right)\times 1.25=38,920\text{m}^3$
- 덤프트럭의 1회 적재량 $q=\frac{T}{\gamma_t}\times L=\frac{15}{1.92}\times 1.25=9\text{m}^3$

2) 덤프트럭 수 $=\frac{\text{사토량}}{\text{덤프트럭의 1회 적재량}}=\frac{38,920}{9}=4,324$대

참고

다져진 상태를 자연상태로 환산한 후 흐트러진 상태로 환산한다.

10 덤프트럭과 백호를 조합하여 작업을 하는 경우에는 덤프트럭의 적당한 대수를 준비해 두어야 일의 능률을 높일 수 있다. 다음의 조건에 알맞은 덤프트럭의 여유대수는 몇 대인가?

- 조건 1 : 왕복과 사토에 요하는 시간 − 35분
- 조건 2 : 원위치에 도착한 후부터 싣기를 완료하고 출발할 때까지의 시간 − 7분

정답 덤프트럭의 여유대수 : 6대

해설 덤프트럭의 여유대수$(n)=\frac{T_1}{T_2}+1=\frac{35}{7}+1=6$대

11 **버킷용량이 2.5m^{3}인 셔블과 15톤 덤프트럭을 사용하여 언덕을 깎는 절토공사를 하고자 한다. 다음 조건의 토공사에 대하여 답하시오(단, 소수점 둘째자리에서 반올림하시오).**

- 토량변화율 : $L = 1.25$
- 흙의 단위중량 : 1,750kg/m^3
- 트럭의 1회 사이클타임 : 25분
- 트럭의 작업효율 : 0.75
- 셔블의 1회 사이클타임 : 30초
- 셔블의 작업효율 : 0.6
- 셔블의 버킷계수 : 1.1

1) 셔블의 시간당 작업량은 얼마인가?
2) 덤프트럭의 시간당 작업량은 얼마인가?
3) 셔블 1대당 덤프트럭의 소요대수는 몇 대인가?

정답 1) 셔블의 시간당 작업량 : 158.4m^3/hr
2) 덤프트럭의 시간당 작업량 : 15.4m^3/hr
3) 셔블 1대당 덤프트럭의 소요대수 : 10.3대

해설 1) 셔블의 시간당 작업량
- 토량환산계수 : 기준이 자연상태이므로 $f = \frac{1}{L}$
- 셔블의 시간당 작업량(자연상태)

$$Q = \frac{3,600 \times q \times k \times f \times E}{C_m} = \frac{3,600 \times 2.5 \times 1.1 \times \frac{1}{1.25} \times 0.6}{30} = 158.4\text{m}^3$$

2) 덤프트럭의 시간당 작업량
- 덤프트럭의 1회 적재량 $q = \frac{T}{\gamma_t} \times L = \frac{15}{1.75} \times 1.25 = 10.7\text{m}^3$
- 덤프트럭의 시간당 작업량(자연상태)

$$Q = \frac{60 \times q \times f \times E}{C_m} = \frac{60 \times 10.7 \times \frac{1}{1.25} \times 0.75}{25} = 15.4(\text{m}^3/\text{hr})$$

3) 셔블 1대당 덤프트럭의 소요대수(N) = $\frac{\text{셔블의 시간당 작업량}}{\text{덤프트럭의 시간당 작업량}} = \frac{158.4}{15.4} = 10.3$대

8 콘크리트공사

콘크리트(Concrete)란 시멘트, 골재(잔골재-모래, 굵은 골재-자갈), 물 및 필요에 따라 혼화재료를 혼합한 것으로 시일이 경과함에 따라 시멘트와 물의 화학적인 결합, 즉 시멘트의 수화작용에 의하여 굳는(경화) 성질을 가지는 것을 말한다.

(1) 콘크리트

① 콘크리트의 장단점

장점	단점
• 재료의 구입과 운반이 용이하다. • 내화, 내진, 내구적 구조물을 만들 수 있다. • 철과의 접착이 잘되고 부식 방지력이 크다. • 비교적 시공비가 저렴하여 경제적이다. • 구조물의 시공이 용이하고 유지관리가 쉽다. • 압축강도가 크고 필요로 하는 임의의 강도를 얻을 수 있다. • 진동, 충격에 대한 저항이 크다. • 크기나 모양에 제한 없이 임의의 구조물을 만들 수 있다.	• 자중이 크므로 응용범위에 제한을 받는다. • 시공과정에서 품질의 양부를 조사하기 쉽지 않다. • 압축강도에 비해 인장강도, 휨강도가 작다. • 경화 시에 수축균열이 발생하기 쉽다. • 수축에 의한 균열이 발생하여 국부적으로 파손되기 쉽다. • 개조하거나 파괴하기가 어렵다. • 경화하는 데 시간이 소요되어 시공일수가 길어진다.

② **철근 콘크리트** : 콘크리트의 장단점과 철근의 장단점을 상호보완하기 위하여 철근과 콘크리트를 일체로 결합시켜 콘크리트는 압축력에, 철근은 인장력에 저항하도록 하여 압축과 인장력에 강한 상호보완 구조체를 형성하도록 한 것이다.

㉠ 형성배경

- 철근과 콘크리트의 열팽창계수가 거의 같다.
- 콘크리트 속 철근은 공기와 물이 차단되어 녹슬지 않는다.
- 철근과 콘크리트의 부착력이 좋다.
- 상호 단점을 보완하여 시너지 효과를 낸다.

㉡ 철근 콘크리트의 장단점

장점	단점
• 내화성이 우수하다. • 내구성이 우수하다. • 일체구조와 자유로운 형상이 가능하다. • 내진성을 확보할 수 있다. • 유지관리비가 적게 든다.	• 자중이 크다. • 시공이 번잡하다. • 공기가 길다. • 균열이 생기기 쉽다. • 재료의 강도가 품질에 영향을 받기 쉽다.

③ **콘크리트 재료** : 시멘트란 원료의 배합, 고온 소성, 분쇄의 3공정을 통해 제품을 얻는데 실리카(SiO_2), 알루미나(Al_2O_3), 산화철(Fe_2O_3), 석회(CaO)를 주성분으로 하여 원료, 제법, 성분 및 성질에 의해 천연시멘트와 인공시멘트로 분류한다. 시멘트는 크게 나누어 공기 중에서만 경화하는 기경성 시멘트와 공기 및 물속에서 경화하는 수경성 시멘트, 그리고 특수 시멘트로 분류할 수 있으며, 이 중 수경성 시멘트가 가장 많이 사용되고 있다. 우리가 흔히 접하고 시멘트라 부르는 포틀랜드 시멘트가 주를 이룬다.

㉠ 기경성 시멘트 : 석회, 고르질 석회, 석고, 마그네시아 시멘트 등

㉡ 수경성 시멘트 : 단미 시멘트, 혼합 시멘트, 특수 시멘트로 나누며, 우리가 일반적으로 부르는 시멘트인 포틀랜드 시멘트는 단미 시멘트의 일종

㉢ 특수 시멘트 : 내산 시멘트, 치료용 시멘트 등

④ 시멘트의 종류

㉠ 포틀랜드 시멘트(KS L 5201)

- 1종 보통 시멘트 : 시멘트의 대표적 제품으로 일반적인 시멘트를 말하며 토목, 건축공사 등에 이용
- 2종 중용열 시멘트 : 보통 시멘트와 저열 시멘트의 중간 수준의 수화열을 갖고 건조 수축이 작아 균열 방지기능이 있고 장기강도를 증진시킨 시멘트로 댐, 터널, 도로포장 및 활주로 공사 등에 이용
- 3종 조강 시멘트 : 수화속도가 빨라 보통 28일 강도를 7일 만에 발현하고, 저온에서도 강도 발현이 양호하여 긴급 공사, 동절기 공사, 지하철 공사, 콘크리트 2차 제품 생산에 이용
- 4종 저열 시멘트 : 수화열이 낮아 온도균열 제어에 탁월하고, 고유동성, 우수한 고강도를 나타내는 시멘트로서 LNG 지하저장탱크, 지중 연속 벽을 비롯한 대형 건축물, 여러 분야의 매스콘크리트 공사에 이용
- 5종 내황산염 시멘트 : 시멘트 성분 중 산에 약한 성분을 최소화하여 황산염에 대한 저항성이 크며 화학적으로 매우 안정되고 강도 발현이 우수하다. 따라서 황산염을 많이 함유한 토양, 지하수나 하천이 닿는 구조물, 공장 폐수 시설, 원자로, 항만, 해양 공사 등에 이용한다.

㉡ 혼합 시멘트

- 고로 슬래그 시멘트(KS L 5210) : 혼합재로서 제철공장의 부산물인 고로 슬래그를 첨가한 시멘트
  - 후기강도가 높고 수화열이 적으며, 화학적 저항성과 내열성이 좋다.
  - 항만 및 하수공사, 온천 지역공사 또는 수화열이 낮아 댐 공사에도 사용한다.
- 플라이 애시 시멘트(KS L 5211) : 화력발전소의 석탄 연소재를 혼화재로 사용한 시멘트이며 플라이 애시는 실리카, 알루미나, 철분의 총함량이 70% 이상이어야 한다. 플라이 애시 함량(무게, %)에 따라 세 종류로 나뉜다.
  - A종(5 초과 10 이하) : 건축콘크리트 및 미장용
  - B종(10 초과 20 이하) : 일반 토목건축 공사
  - C종(20 초과 30 이하) : 주로 댐 공사와 같은 매스콘크리트에 사용
- 포틀랜드 포졸란(실리카) 시멘트(KS L 5401) : 화산암 풍화물, 백토, 규조토, 응회암 등을 혼합재로 사용한 시멘트
  - 황산염에 강하고 수밀성과 내열성이 좋으며, 수화열이 낮고 초기강도는 낮으나 후기강도는 높음
  - 종류 : 실리카질 혼합재의 함량(무게, %)에 따라 세 종류로 나눔(A종 : 5 초과 10 이하, B종 : 10 초과 20 이하, C종 : 20 초과 30 이하)

㉢ 특수 시멘트

- 백색 시멘트(KS L 5204) : 순백색의 시멘트로서 성질은 보통 시멘트와 큰 차이가 없으며, 시멘트 중 Fe_2O_3 함량이 0.5% 이하가 되어야 한다.
- 팽창질석을 사용한 단열 시멘트(KS L 5216) : 팽창된 질석과 시멘트 또는 플라스터 혼합물에 적절한 양의 물을 가하고 가소성 물질로 하여 시공하고, 그대로 자연 건조시켜 표면의 온도가 38~982℃ 범위인 곳에 단열재로 사용할 수 있는 시멘트를 말하며 주로 팽창된 질석과 적절한 양의 내열성 접착제로 구성된다.
- 팽창성 수경 시멘트(KS L 5217) : 포틀랜드 시멘트와 같이 수경성 칼슘실리케이트를 함유하며, 칼슘알루미네이트 및 황산칼슘을 함유하여 물로 반죽하였을 때 응결 후 초기 경화 기간 중 부피가 현저하게 증가하는 시멘트로 기본적으로 이 팽창은 칼슘알루미네이트와 황산칼슘에 의해 일어난다.
  - 팽창 시멘트(K) : 칼슘알루미노설페이트, 황산칼슘, 유리산화칼슘을 함유한 팽창 시멘트
  - 팽창 시멘트(M) : 알루미나시멘트와 황산칼슘을 함유하는 팽창 시멘트
  - 팽창 시멘트(S) : 삼칼슘알루미네이트(Ca_3Al)와 황산칼슘을 함유하는 팽창 시멘트

㉣ 메이슨리 시멘트(KS L 5219) : 미장, 조적용으로 사용하는 수경성 시멘트로서 포틀랜드 시멘트, 고로 슬래그 시멘트, 포틀랜드 포졸란 시멘트 등에 첨가제로 소석회, 석회석, 호분, 활석, 슬래그 또는 점토 등을 1가지 또는 2가지 이상 포함한 시멘트를 말하며 28일 압축강도는 $63kg/cm^2$ 이상으로 낮다.

- 초조강 시멘트 : 초기에 수화활성이 큰 시멘트 광물 조성을 가지고 있어 1일 강도가 보통 시멘트의 7일 강도를 발현하며 수밀성과 내구성이 우수하여 공기 단축을 요하는 각종 토목공사, 도로·활주로 등 긴급보수, 암반 및 연약지반 그라우트, 한중 공사에 이용된다.
- 초속경 시멘트 : 2~3시간 만에 보통 시멘트의 7일 강도를 발현하고 알루미나 시멘트보다 조강성을 갖는다. 도로·교량의 긴급 보수, 기계 기초공사, 한중 공사 및 콘크리트 2차 제품 제조에 이용된다.
- 알루미나 시멘트(KS L 5205) : 주로 알루미나질 원료 및 석회질 원료를 적당한 비율로 충분히 혼합, 용융 혹은 그 일부가 용융되어 소결된 클링커를 미분쇄하여 만든다. 1일에 1종 시멘트의 28일 강도를 발현하여 One Day Cement라고 부르며 긴급 공사 및 내열성이 우수한 특징을 나타내므로 내열성 골재와 배합하여 축로 공사에 많이 이용되고 있다.
- 방통 시멘트 : 무수축, 균열 방지 기능을 가지며 아파트 바닥 마감용으로 이용된다.
- 유정 시멘트 : 주로 석유 탐사 작업에 유정 파이프를 고정하는 목적으로 사용하는 시멘트로 높은 지열과 압력하에서 유동성, 강도 및 화학 저항성이 우수하다.

⑤ 시멘트의 성질

㉠ 분말도

- 시멘트 입자의 가는 정도를 나타내는 것을 분말도라 한다.
- 비표면적 : 1g 시멘트가 가지고 있는 전체 입자의 총표면적을 말한다.

㉡ 풍화 : 시멘트가 저장 중 공기와 닿으면 수화작용을 일으키며, 이때 생긴 수산화칼슘이 공기 중에 이산화탄소와 작용하여 탄산칼슘과 물이 생기는 작용이다.

- 시멘트의 비중이 감소한다.
- 응결시간이 늦어지며 조기강도가 작아진다.
- 건조수축, 균열이 커진다.
- 내구성이 작아진다.

㉢ 저장

- 지면에서 30cm 이상 떨어진 마루위에 쌓고 방습 처리한다.
- 꼭 필요한 출입구, 채광창 외에는 개구부를 설치하지 않는다.
- 창고 주위에는 배수 도랑을 최대한 확보하여 우수의 침입을 차단한다.
- 반입구와 반출구를 별도로 두고 통로를 확보한다.
- 저장일이 3개월이 경과했거나 습기가 침투되었다고 의심이 되는 시멘트는 반드시 재시험하여 사용한다.
- 벽에 닿지 않도록 하고 13포대 이상 포개 쌓지 않아야 한다. 또한 장기간 저장할 시멘트는 7포대 이상을 쌓지 않아야 한다.

㉣ 저장면적

$$A = 0.4 \times \frac{N}{n} (m^2)$$

여기서, A : 시멘트 창고 소요 면적

N : 저장하려는 포대 수

n : 쌓기단수(단기 저장 시 13포, 장기 저장 시 7포)

(2) 골재

모르타르(Mortar)와 콘크리트를 만들기 위한 재료로 시멘트 및 물과 함께 일체로 굳어지는 모래, 자갈, 깬모래, 깬자갈 등을 말하며, 콘크리트 중 골재가 차지하는 용적은 70~80%에 이르고, 골재의 종류 및 성질에 따라 콘크리트의 성질(워커빌리티・강도・내구성)에 미치는 영향이 크며 경제적으로도 중요하다.

① 입자크기(입경)에 따른 분류

㉠ 잔골재(모래) : 10mm(호칭치수 9.5mm)체를 전부 통과하고 No.4(5mm)체에 모두 통과하고 No.200체에 모두 남는 골재를 말한다.

㉡ 굵은 골재(자갈) : No.4(5mm)체에 거의 다 남는 골재를 말한다. 건설공사 표준시방서에서는 5mm의 체에서 중량비로 85% 이상 남는 골재로 정의하고 있다.

② 골재의 품질

㉠ 골재의 강도는 시멘트 페이스트의 강도 이상일 것

㉡ 골재의 입형은 될 수 있는 대로 편평, 세장(細長)하지 않을 것

㉢ 대・소립(大・小粒)이 적당히 혼합되어 입도(粒度)가 좋을 것

㉣ 밀도가 크고 견고하며 내마모성이 클 것

㉤ 청정, 견경(堅硬)하고 먼지, 흙, 유기불순물이 없을 것

㉥ 모양이 구형에 가깝고 시멘트풀과의 부착력이 큰 표면적을 가질 것

③ 골재의 최대치수

㉠ 일반적인 경우(기둥, 보, 벽 등) : 20mm, 25mm

㉡ 단면이 큰 구조물(기초, 교각 등) : 40mm

㉢ 골재의 흡수율

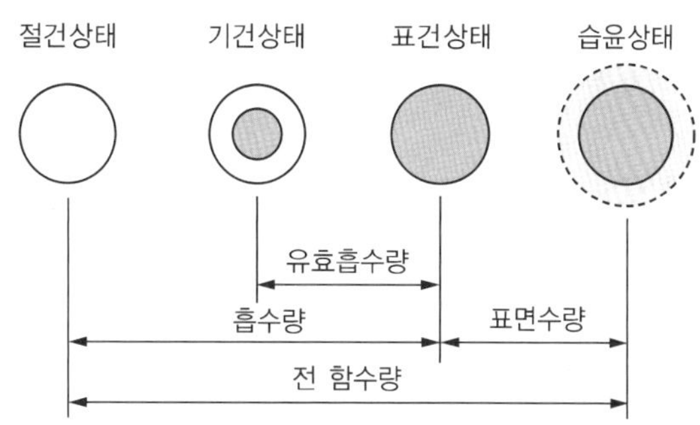

[골재의 함수 상태도]

참고

절대건조상태에서 표면건조 포화상태가 될 때까지 흡수하는 수분량을 흡수량(Water Absorption)이라 하고, 보통 24시간 침수에 의하여 절대건조상태에 대한 골재중량 백분율(°/wt, Percentage of Ratio by Weight)로 나타낸 것을 흡수율이라 한다.

- 절건상태 : 완전건조상태
- 기건상태 : 공기 중 건조상태
- 표건상태 : 표면건조, 내부포화
- 습윤상태 : 골재를 채취했을 때

(3) 물

① 좋은 물의 조건

㉠ 불순물(산, 알칼리, 기름, 염류, 유기물)이 포함되지 않은 청정한 물이어야 한다.

㉡ 수돗물, 하천수, 호숫물 등을 사용할 수 있으나 공장폐수 등에 오염되지 않은 물이어야 한다.

㉢ 적은 양이라도 불순물이 있으면 경화강도, 체적변화, 백화현상, 워커빌리티 등에 나쁜 영향을 미치게 된다.

㉣ 해수는 철근 또는 강선을 부식시킬 우려가 있으므로 절대 사용해서는 안 된다.

㉤ 염분이나 오염의 염려가 있는 물은 화학적으로 분석하여 사용 여부를 결정해야 한다.

② 물-시멘트비(W/C)의 결정

㉠ 시험에 의해 압축강도로부터 물-시멘트비를 정하는 경우 : 강도를 만족시키는 물-시멘트비를 결정한 다음 그 값이 내구성 및 수밀성을 만족시키는 값인지를 확인하여 최종 물-시멘트비를 결정해야 한다.

㉡ 계산식에 의해 물-시멘트비를 정하는 경우 : 통계적 자료를 기준으로 콘크리트의 소요강도에 대응하는 물-시멘트비를 선정하는 방법으로 강도에 대한 충분한 안전율을 고려해서 비율을 산정해야 한다. 가장 많이 사용되고 있는 보통 포틀랜드 시멘트의 안전한 강도를 유지하기 위한 물-시멘트비(W/C)는 다음 식에 의해 산출한다.

$$x = 0.4 \times \frac{61}{\frac{F_0}{K} + 0.34} (°/\mathrm{wt})$$

여기서, x : 물-시멘트비(W/C)

F_0 : 콘크리트의 배합강도(kg/cm^2)

K : 시멘트 강도(kg/cm^2)

- 콘크리트의 압축강도를 고려한 W/C 산출식(소규모 구조물, 고강도가 요구되지 않는 콘크리트)
- $F_{28} = -210 + 215\frac{C}{W} \rightarrow \frac{W}{C} = \frac{215}{\sigma_{28} + 210} \times 100(\%)$
- F_{28} : 재령 28일의 설계 강도(kg/cm^2)
- 물-시멘트비의 범위 및 최댓값
  - 범위 : 물-시멘트비가 크면 시공연도는 증가하나 강도와 내구성이 저하되며, 물-시멘트비가 작으면 시공연도가 낮아지고 균열발생의 원인이 되므로 물-시멘트비의 범위는 40~70% 정도로 하되 AE제나 부순돌 등을 사용할 때는 다소 조정하도록 한다.
  - 최댓값 : 수밀콘크리트의 시공(50% 이하), 마모가 예상되거나 내구성이 필요한 곳(55% 이하), 극한기 콘크리트의 시공(60% 이하)

(4) 철근

① 개요

㉠ 종별, 지름별 총연장(m)을 산출하여 단위중량을 곱하여 총중량을 산출한다.

㉡ 할증률은 집계하며, 지름별 할증률이 다를 경우 총길이에 할증을 가산한 후 집계한다.

㉢ 철근의 수량은 이음(6m마다 1개소)과 정착길이를 정확하게 산정하여 정미량으로 산정하고 조건에 할증이 주어지면 할증률을 가산하여 소요량으로 한다.

㉣ 피복두께는 무시한다.

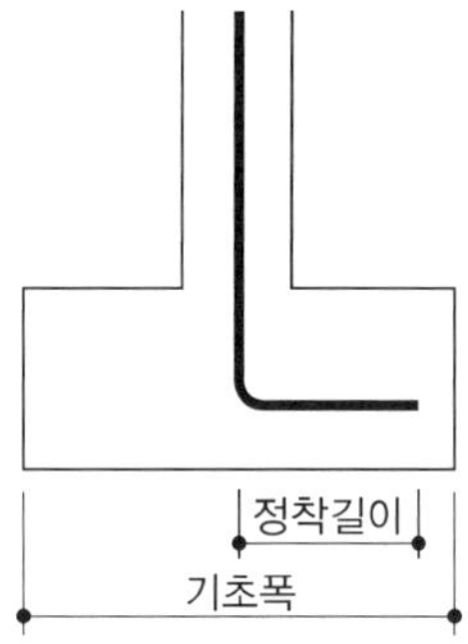

② 수량 산출

㉠ 길이 산출

- 철근의 길이 = 부재적용길이 + 이음길이 + 정착길이 + 훅(Hook)길이(적용하지 않음)
- 부재적용길이는 단일구간인 경우에는 전체 길이, 줄기초의 경우에는 중심 간 길이를 적용한다.
- 이음 및 정착길이
  - 큰 인장력을 받는 부분 : 40d
  - 압축력과 작은 인장력을 받는 부분 : 25d
  - 기초판에 정착되는 수직철근 길이는 40cm와 기초폭 ÷ 2 중 작은 수를 적용한다.

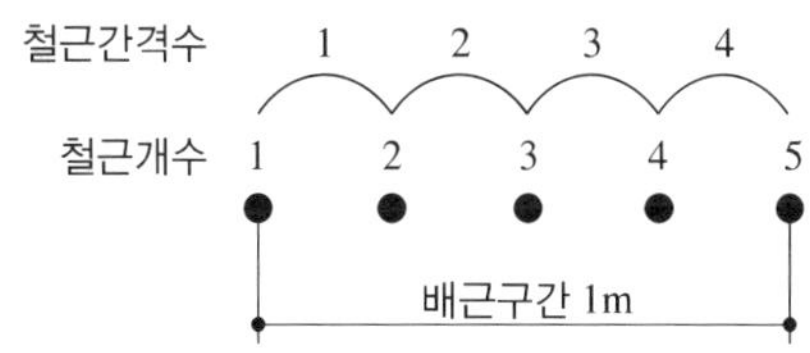

㉡ 개수 산출

- 시작과 끝이 있는 구간 배근의 개수 = (구간길이 ÷ 간격) + 1

예 1m 구간에 250 배근할 경우

개수 = (1 / 0.25) + 1 = 5

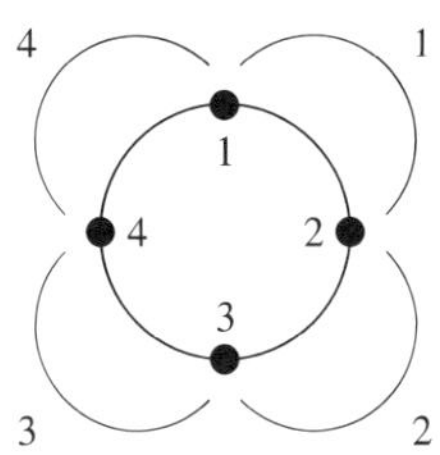

참고

배근의 간격은 4가 나오지만, 철근은 처음과 끝에 배근이 되어야 하므로 +1을 하는 것이다.

- 폐합된 구간 배근의 개수 = 구간길이 ÷ 간격

참고

폐합된 구간은 배근의 간격과 철근의 개수가 동일하므로 추가 철근이 필요 없다.

(5) 콘크리트의 배합

안전한 소요강도(설계강도)나 신속한 시공을 위한 연도 등을 얻기 위한 소요 재료량을 산출하여 비벼내기를 하는 것이다.

① 비벼내기량 산출법

㉠ 표준계량용적 배합비가 1 : m : n이고, 물-시멘트비(W/C)가 x%일 때 콘크리트의 비벼내기를 각 재료 실적(공기, 공간이 없는 체적)의 합계라고 가정하면 비벼내기량(m³)은 다음과 같다.

$$V = \frac{W_c}{G_c} = \frac{m W_s}{G_s} = \frac{n W_g}{G_g} + W_c \times x \text{m}^3$$

여기서, V : 콘크리트의 비벼내기량(m³)

W_c : 시멘트의 단위용적중량(t/m³ 또는 kg/l)

W_s : 모래의 단위용적중량(t/m³ 또는 kg/l)

W_g : 자갈의 단위용적중량(t/m³ 또는 kg/l)

G_c : 시멘트의 비중

G_s : 모래의 비중

G_g : 자갈의 비중

㉡ 앞에서 구한 비벼내기량은 실적이라고 가정한 비벼내기량(m³)이다. 그렇지만 실제로 비빔을 하면 실적으로 비벼지지 않는다(예 배합비가 1 : 2 : 4인 경우 비벼내기량이 7이 되지 않음). 따라서 실적이 아닌 물-시멘트비(W/C)를 계산하지 않고 배합비 1 : m : n인 콘크리트의 비벼내기량을 구하는 계산식은 다음과 같다.

$V = 1.1m + 0.57n$

② **재료량 산출법** : 배합비 1 : m : n인 콘크리트 1m³당 재료량 산출법

㉠ 시멘트량$(C) = \frac{1}{V}$ → 단위용적중량 1,500kg/m³

㉡ 모래량$(S) = \frac{m}{V}$

㉢ 자갈량$(C) = \frac{n}{V}$

㉣ 물의 양(W) = 시멘트중량물 – 시멘트비(x)

(6) 거푸집(Form) 및 동바리(Timbering)

① 거푸집과 동바리의 구비조건

㉠ 거푸집의 구비조건

- 강도와 강성이 크고 외력에 대하여 변형이 없을 것
- 조립 및 해체가 용이할 것
- 내구성이 크고 반복사용이 가능할 것
- 형상 및 치수가 정확할 것
- 수밀성이 있어야 하고 시멘트풀이 새어나가지 않을 것

㉡ 동바리의 구비조건

- 강도와 강성이 크고 외력에 대하여 변형이 없을 것
- 조립 및 해체가 용이할 것
- 내수성이 크고 반복사용이 가능할 것

② 거푸집과 동바리 시공

㉠ 거푸집 시공

- 볼트 또는 강봉으로 거푸집을 단단하게 조인다.
- 거푸집 내면에 박리제를 바른다.
- 형상 및 치수가 정확해야 한다.
- 시멘트페이스트가 새어 나가지 않아야 한다.

㉡ 동바리의 시공

- 기초지반을 정지하여 지지력을 높인다.
- 부등침하가 일어나지 않도록 보강을 한다.
- 조립은 높이, 경사를 고려하여 강도와 안전성이 확보되어야 한다.
- 자체하중을 기초에 확실히 전달해야 한다.
- 자중에 따른 침하, 변형을 고려하여 적당한 솟음을 둔다.

③ 거푸집과 동바리의 검사내용 : 거푸집의 부풀음, 모르타르 누출 여부, 이동, 경사, 침하, 접속부의 느슨해짐, 기타 이상 유무

④ 거푸집 면적계산 시 유의사항

㉠ 면적(m^2)으로 구하며 정미량(正味量)으로 산출한다.

㉡ $1m^2$ 이하의 개구부는 거푸집 면적에서 공제하지 않는다.

㉢ 다음의 접합부 면적은 거푸집 면적에서 공제하지 않는다.

- 기초와 지중보의 접합부
- 지중보와 기둥의 접합부
- 기둥과 큰 보의 접합부
- 큰 보와 작은 보의 접합부
- 기둥과 벽체의 접합부
- 보와 벽체의 접합부
- 바닥판과 기둥의 접합부

㉣ 조경에서의 거푸집은 거의 기초부분에 국한되어 있으므로 콘크리트의 옆 면적(수직면적)을 구하면 된다.

⑤ 콘크리트 기초의 적산

㉠ 사다리꼴 독립기초의 적산

- 콘크리트의 적산
  - 수평부 $= a \times b \times h_1$
  - 경사부 $= \dfrac{h_2}{6}[(2a+a')b+(2a'+a)b']$
- 거푸집 : $\theta \geqq 30°$인 경우에는 b부분의 비탈면 거푸집을 계상하고, $\theta \leqq 30°$인 경우에는 a부분의 수직면 거푸집만 계상한다.
  - 수평부 $= (a+b) \times 2 \times h_1$
  - 경사부 $= \left(\dfrac{a+a'}{2} \times \sqrt{x^2+{h_2}^2}\right) \times$ 개소수

㉡ 줄기초의 적산

- 콘크리트량 : 단면적×유효길이(l)
  - 기초판 : $t_1 \times h_1 \times l$
  - 기초벽 : $t_1 \times h_2 \times l$
- 거푸집량 : 수직면만 계상한다.
  - 기초판 : $h_1 \times 2 \times l$
  - 기초벽 : $h_2 \times 2 \times l$
- 같은 크기의 줄기초와 줄기초가 만나는 부재면적은 거푸집 산출 시 공제한다.

⑥ 품셈(콘크리트 타설)

㉠ 레디믹스트 콘크리트 타설

(m^3당)

구분 / 직종	콘크리트공(인)	보통인부(인)
무근구조물	0.12	0.15
철근구조물	0.14	0.16
소형구조물	0.24	0.30

※ 본 품은 콘크리트 소운반, 타설, 다짐 및 양생의 품이 포함된 것이다.

㉡ 기계비빔타설

(m^3당)

구분 / 직종	콘크리트공(인)	보통인부(인)
무근구조물	0.15	0.46
철근구조물	0.17	0.68
소형구조물	0.24	0.94

㉢ 인력비빔타설

(m^3당)

구분 / 직종	콘크리트공(인)	보통인부(인)
무근구조물	0.85	0.82
철근구조물	0.87	0.99
소형구조물	1.29	1.36

※ 본 품은 인력을 이용한 비빔, 재료 소운반, 콘크리트 소운반, 타설, 다짐 및 양생의 품이 포함된 것이다.

㉣ 손(인력)비비기

(m^3당)

배합비	재료			손(인력)비비기	
	시멘트(kg)	모래(m^3)	자갈(m^3)	콘크리트공(인)	보통인부(인)
1 : 2 : 4	320	0.45	0.90	0.9	1.0
1 : 3 : 6	230	0.47	0.94		0.9
1 : 4 : 8	170	0.48	0.96		0.7

출제예상문제

01 배합비가 1 : 2 : 4인 무근콘크리트 $2m^3$를 만드는 데 소요되는 재료량을 산출하시오.

1) 시멘트량(포)은 얼마인가?
2) 모래량은 얼마인가?
3) 자갈량은 얼마인가?

정답 1) 16.74포, 2) $0.89m^3$, 3) $1.79m^3$

해설 ※ 비벼내기량(물-시멘트비가 없으므로 약산식으로 산정)

$V = (1.1m + 0.57n) = (1.1 \times 2 + 0.57 \times 4) = 4.48m^3$

1) 시멘트량(시멘트 단위중량 = $1{,}500kg/m^3$, 시멘트 1포 = 40kg)

$C = (1/4.48 \times 1{,}500) \div 40 = 8.37$포

기준이 $1m^3$의 수량이므로 전체 시멘트량 = $8.37 \times 2 = 16.74$포

2) 모래량$(S) = \dfrac{2}{4.48} \times 2 = 0.89m^3$

3) 자갈량$(G) = \dfrac{4}{4.48} \times 2 = 1.79m^3$

02 콘크리트의 재령 28일 압축강도가 $270kg/cm^3$이 되도록 배합하려 할 때 적당한 물-시멘트의 비는 얼마인가? (단, 강도시험 없이 보통 포틀랜드 시멘트를 사용하며, 소수점 셋째자리 이하는 버리시오)

정답 44%

해설 콘크리트의 압축강도만을 요구하였으므로 약산식을 사용한다.

$F28 = -210 + 215 \times \dfrac{C}{W} \rightarrow 270 = -210 + 215 \times \dfrac{C}{W}$

$\therefore \dfrac{W}{C} = \dfrac{215}{270 + 210} = 0.44 = 44\%$

03 다음 평면도와 A－A′ 단면도를 보고 줄기초의 1) 콘크리트량과 2) 거푸집량을 구하시오.

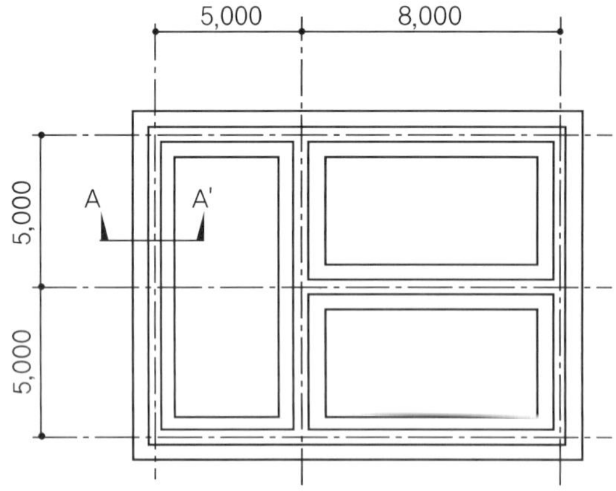

[평면도]

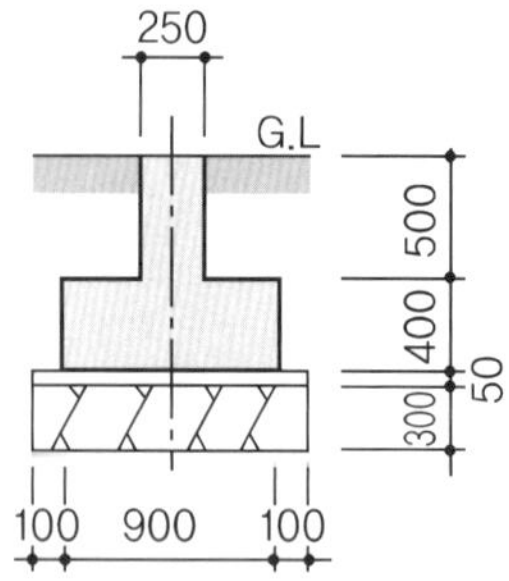

[A－A′ 단면도]

정답 1) 30.33m³

2) 111.32m³

해설

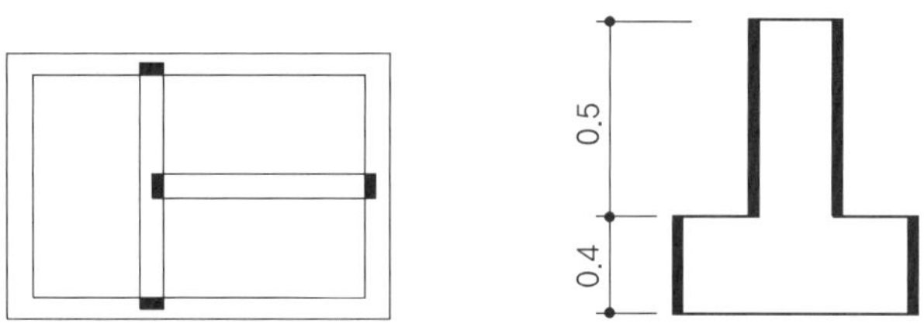

중복부분 상세도

1) 콘크리트량의 계산 시 기초판(H=80.4)과 기초벽(H=0.5)을 분리하여 산출한다.

$V = 0.9 \times 0.4 \times (64 - 0.45 \times 4) + 0.25 \times 0.5 \times (64 - 0.125 \times 4) = 30.33m^3$

2) 거푸집량(콘크리트량 산출 길이에서 접합부분을 더 빼 준다)

$A = 0.4 \times 2 \times (64 - 0.45 \times 4 \times 2) + 0.5 \times 2 \times (64 - 0.125 \times 4 \times 2) = 111.32m^3$

참고

※ 중심 간 길이 = 13 × 2 + 10 × 3 + 8 = 64(m)

※ 중복 개소수 = 4개소(중복부분 상세도 참조)

※ 줄기초와 줄기초의 접합부분(중복길이와 같음) 4개소도 거푸집 면적에서 제외

04 다음의 그림을 보고 콘크리트 공사의 공사비를 산출하시오(단, 직각 터파기로 하고 소수점 셋째자리 이하는 버리시오).

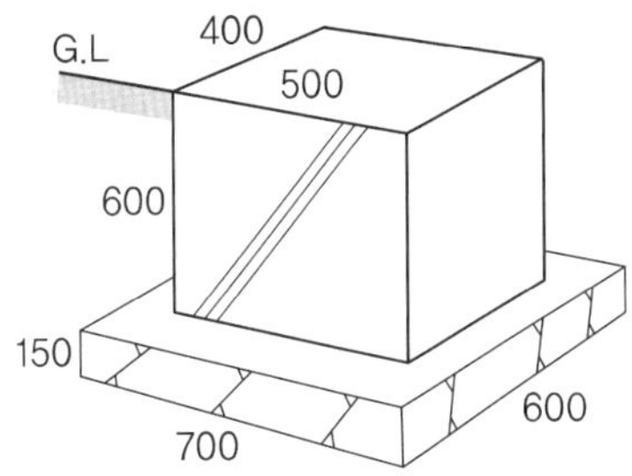

[콘크리트 공사 투상도]

- 노무비 및 품
  - 형틀목공 : 120,000원, 거푸집 제작 0.1인/m^2
  - 콘크리트공 : 100,000원, 콘크리트 배합 및 타설 0.8인/m^3
  - 보통인부 : 60,000원, 터파기 0.25인/m^3, 잔토처리 0.2인/m^3, 되메우기 0.2인/m^3, 잡석다짐 0.5인/m^3, 콘크리트 배합 및 타설 0.8인/m^3
- 재료비
  - 콘크리트 : 50,000원/m^3
  - 잡석 : 10,000원/m^3
  - 거푸집 : 1,000원/m^2

1) 터파기량(m^3)은 얼마인가?
2) 잡석량(m^3)은 얼마인가?
3) 거푸집량(m^2)은 얼마인가?
4) 콘크리트량(m^3)은 얼마인가?
5) 되메우기량(m^3)은 얼마인가?
6) 잔토처리량(m^3)은 얼마인가?
7) 다음의 공사비 내역서를 쓰시오.

공사비 내역서								
구분	품명	단위	수량	계	재료비		노무비	
					단가	금액	단가	금액
노무비	콘크리트공	인						
	형틀목공	인						
	보통인부	인						
재료비	콘크리트	m^3						
	잡석	m^3						
	거푸집	m^3						
합계								

정답 1) 터파기량 : 0.31m^3
2) 잡석량 : 0.06m^3
3) 거푸집량 : 1.08m^2
4) 콘크리트량 : 0.12m^3
5) 되메우기량 : 0.13m^3
6) 잔토처리량 : 0.18m^3

7) 공사비 내역서

공사비 내역서								
구분	품명	단위	수량	계	재료비		노무비	
					단가	금액	단가	금액
노무비	콘크리트공	인	0.09	9,000	–	–	100,000	9,000
	형틀목공	인	0.1	12,000	–	–	120,000	12,000
	보통인부	인	0.26	15,600	–	–	60,000	15,600
재료비	콘크리트	m^3	0.12	6,000	50,000	6,000	–	–
	잡 석	m^3	0.06	600	10,000	600	–	–
	거푸집	m^3	1.08	1,080	1,000	1,080	–	–
합계				44,280	–	7,680	–	36,600

해설 1) 터파기량 = 0.7 × 0.6 × 0.75 = 0.31m^3

2) 잡석량 = 0.7 × 0.6 × 0.15 = 0.06m^3

3) 거푸집량 = (0.5 + 0.4) × 2 × 0.6 = 1.08m^2

4) 콘크리트량 = 0.5 × 0.4 × 0.6 = 0.12m^3

5) 잔토처리량(지중구조부 체적) = 0.06 + 0.12 = 0.18m^3

6) 되메우기량 = 터파기량 − 잔토처리량 = 0.31 − 0.18 = 0.13m^3

7) 공사비 내역서

- 노무량(품) = 재료량(작업량) × 단위작업 인부수
  - 콘크리트공 : 0.12 × 0.8 = 0.09인
  - 형틀목공 : 1.08 × 0.1 = 0.1인
  - 보통인부(조건에서 보통인부가 들어가는 작업을 확인 후 산정)
    0.31 × 0.25 + 0.06 × 0.5 + 0.12 × 0.8 + 0.13 × 0.2 + 0.18 × 0.2 = 0.26인
- 노무비 = 수량(노무량) × 노무비 단가
  - 콘크리트공 = 0.09 × 100,000 = 9,000원
  - 형틀목공 = 0.1 × 120,000 = 12,000원
  - 보통인부 = 0.26 × 60,000 = 15,600원
- 재료비 = 수량(재료량) × 재료비 단가
  - 콘크리트 = 0.12 × 50,000 = 6,000원
  - 잡석 = 0.06 × 10,000 = 600원
  - 거푸집 = 1.08 × 1,000 = 1,080원

9 기타 공사

(1) 조적공사

① 벽돌쌓기

㉠ 벽돌의 종류

- 보통벽돌 : 사용료에 따라 붉은벽돌과 시멘트벽돌, 가열온도에 따라 광채벽돌, 반광채벽돌, 보통벽돌, 생벽돌로 구분
- 특수벽돌 : 포장벽돌, 오지벽돌, 이형벽돌, 검정벽돌, 광재벽돌, 날벽돌
- 경량벽돌 : 구멍벽돌(1공형, 2공형, 3공형, 4공형), 다공질벽돌[점토 & 유기질 분말(톱밥, 겨, 탄가루를 혼합 소성)]
- 내화벽돌 : 치수별로 구분[가로형 230×114×(65~59)mm, 세로형 230×114×(55~65)mm, 쐐기형 230×114×(65~105)mm]
- 건축용 벽돌 : 형태에 따라 일반형, 유공형, 공동형 벽돌

㉡ 벽돌의 규격

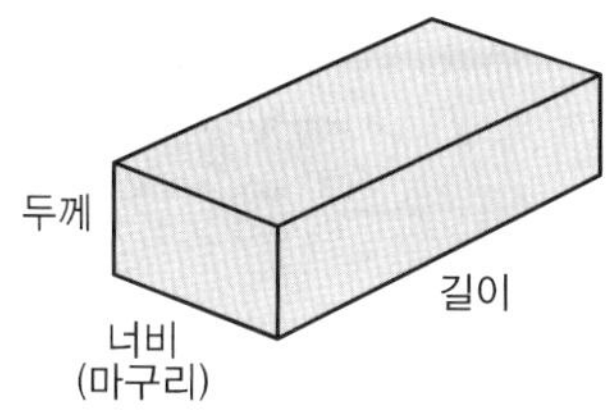

- 기존형 : 길이(210mm), 너비(=마구리, 100mm), 두께(=높이, 60mm)
- 표준형 : 길이(190mm), 너비(=마구리, 90mm), 두께(=높이, 57mm)

㉢ 보통벽돌의 형상 : 조적에 이용되는 벽돌은 여러 가지의 형상으로 되어 있어야 조적 시 효과적으로 사용할 수 있다.

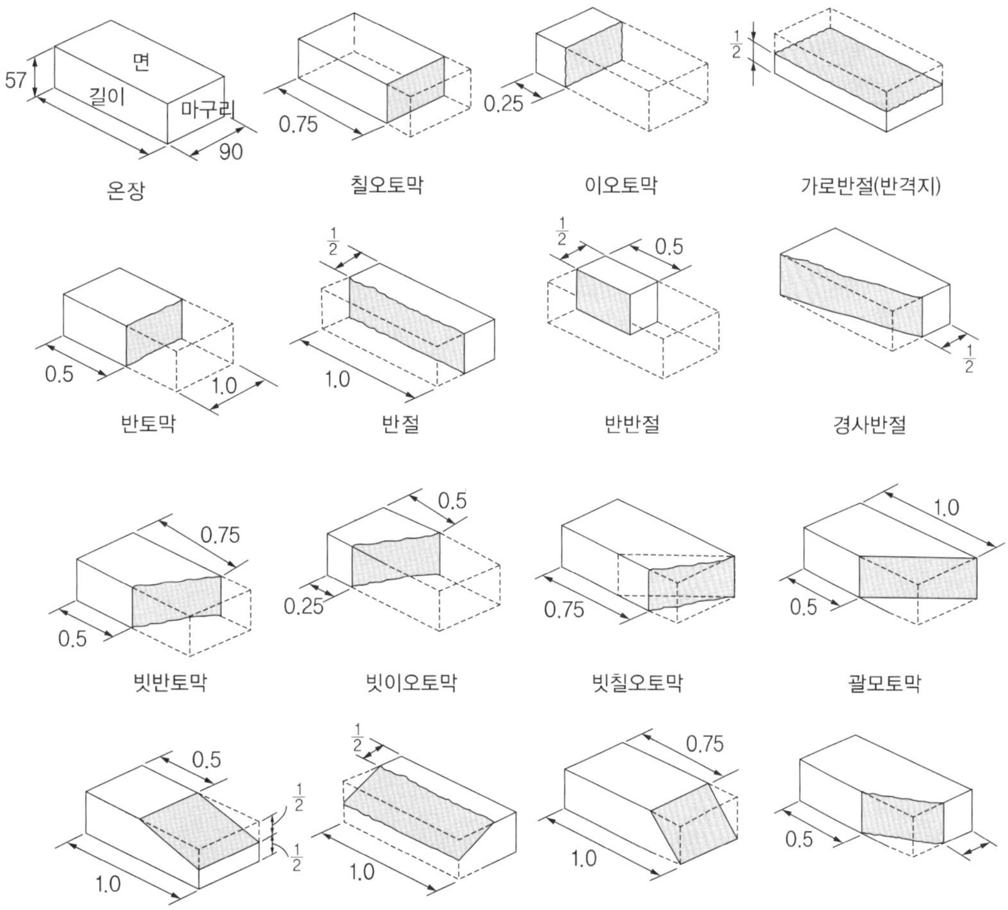

㉣ 조적법

• 길이쌓기 : 벽돌의 길이 면이 보이도록 쌓는 것(벽체의 두께 0.5B)

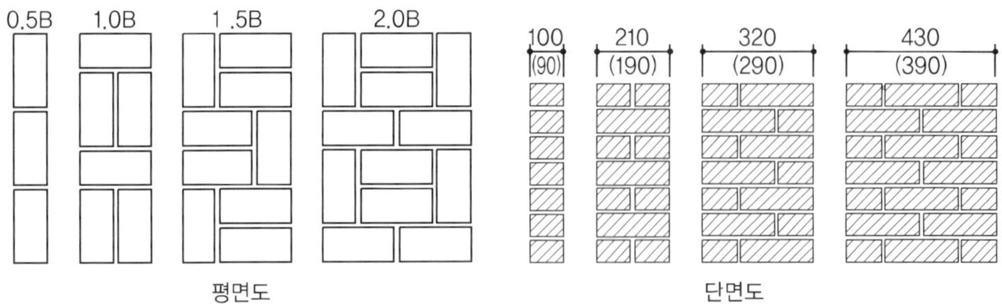

[벽체별 두께 상세도]

• 마구리쌓기 : 벽돌의 마구리면이 보이도록 쌓는 것(벽체의 두께 1.0B)

• 벽체쌓기 두께

(단위 mm)

구분	0.5B	1.0B	1.5B	2.0B
기존형	100	210	320	430
표준형	90	190	290	390

㉤ 품셈

• 벽돌쌓기 기준량

(벽 면적 $1m^2$당)

벽 두께 / 벽돌 규격(mm)	0.5B(매)	1.0B(매)	1.5B(매)	2.0B(매)	2.5B(매)	3.0B(매)
표준형(190×90×57)	75	149	224	298	373	447
기존형(210×100×60)	65	130	195	260	325	390

참고

벽돌량 산출법

• 0.5B의 벽체의 $1m^2$당 표준형 벽돌 수량 산출

$$A = \frac{\text{벽체 면적}(1m^2)}{(\text{벽돌 너비}+\text{줄눈 두께})\times(\text{벽돌 두께}+\text{줄눈 두께})} = \frac{1m^2(1m \times 1m)}{(0.19+0.01)\times(0.057+0.01)} = \frac{1}{0.20 \times 0.067} = 74.6 \rightarrow 75\text{장}$$

• 0.5B의 벽체의 $1m^2$당 기존형 벽돌 수량 산출

$$A = \frac{\text{벽체 면적}(1m^2)}{(\text{벽돌 너비}+\text{줄눈 두께})\times(\text{벽돌 두께}+\text{줄눈 두께})} = \frac{1m^2(1m \times 1m)}{(0.21+0.01)\times(0.06+0.01)} = \frac{1}{0.22 \times 0.07} = 64.9 \rightarrow 65\text{장}$$

– 1.0B = 0.5B × 2 = 표준형(74.6 × 2) : 149장, 기존형 : 130장
– 1.5B = 0.5B × 3 = 표준형(74.6 × 3) : 224장, 기존형 : 195장
– 2.0B = 0.5B × 4 = 표준형(74.6 × 4) : 298장, 기존형 : 260장

• 벽돌쌓기 기준량(1,000매당)과 인력 품

벽 두께 \ 구분		모르타르(m^3)	시멘트(kg)	모래(m^3)	조적공(인)	보통인부(인)
표준형	0.5B	0.25	127.5	0.257	1.8	1.0
	1.0B	0.33	168.3	0.363	1.6	0.9
	1.5B	0.35	178.5	0.385	1.4	0.8
	2.0B	0.36	183.6	0.396	1.2	0.7
	2.5B	0.37	188.7	0.407	1.0	0.6
	3.0B	0.38	193.8	0.418	0.8	0.5
기존형	0.5B	0.30	153	0.33	2.0	1.0
	1.0B	0.37	188.7	0.407	1.8	0.9
	1.5B	0.40	204	0.44	1.6	0.8
	2.0B	0.42	214.2	0.462	1.4	0.7
	2.5B	0.44	224.4	0.484	1.2	0.6
	3.0B	0.45	229.5	0.495	1.0	0.5

- 벽 높이 3.6~7.2m일 때는 인력 품의 20%, 7.2m를 초과하는 경우 30%를 가산
- 본 품은 벽돌 1,000매 이상일 때를 기준으로 한 것이며 5,000매 미만일 때는 품을 15%, 5,000매 이상 10,000매 미만일 때는 품을 10% 가산
- 벽돌 소운반은 별도 계상
- 본 품에는 모르타르의 할증과 모르타르 소운반 품이 포함됨

• 모르타르 배합과 인력 품

배합용적비	시멘트(kg)	모래(m^3)	보통인부(인)
1:1	1,093	0.78	1.0
1:2	680	0.98	1.0
1:3	510	1.10	1.0
1:4	385	1.10	0.9
1:5	320	1.15	0.9

- 본 품에는 재료의 할증률이 포함되어 있다.
- 본 품에는 공구손료 및 소운반품이 포함되어 있다.
- 모르타르 배합의 선정은 다음 표를 참고로 한다.

배합비	1:1	1:2	1:3	1:4	1:5
사용 부위	치장줄눈, 방수 및 중요한 부분	미장용 마감 바르기 및 중요한 부분	미장용 마감 바르기, 쌓기 줄눈	미장용 초벌 바르기	중요하지 아니한 부분

② 조경석공사

㉠ 정원석 쌓기 : 연못의 호안, 축대, 벽천 등의 수직적 구조물이 필요한 곳에 자연석 및 가조경석을 수직 또는 사면으로 쌓아 단을 조성하여 경관미를 향상시키는 석공사

㉡ 정원석 놓기 : 시선이 집중되는 곳이나 시각적으로 중요한 지점에 경관미를 향상시키기 위해 단독 또는 집단적으로 정원석을 배석하는 석공사

㉢ 디딤돌 놓기 : 정원의 잔디나 나지 위에 보행을 위하여 설치하는 석공사

㉣ 징검돌 놓기 : 연못, 수조, 계류 등의 물을 사용하는 시설을 건너기 위하여 물속에 돌을 설치하는 석공사

㉤ 돌틈식재 : 조경석 쌓기를 완료한 후 돌 틈에 관목류나 초화류를 식재하는 것

ⓗ 석축쌓기

• 찰쌓기 : 돌과 돌 사이에 모르타르를 사용하여 돌을 쌓는 방법
• 메쌓기 : 모르타르를 사용하지 않고 돌 사이에 깬돌, 조약돌, 잡석, 야면석 등을 채워 쌓는 방법
• 석공사의 인력 품

– 메쌓기

(m^2당)

구분	규격	단위	수량(뒷길이)		
			35cm 이하	55cm 이하	75cm 이하
석공		인	0.10	0.09	0.08
보통인부		인	0.05	0.04	0.03
굴삭기+부착용집게	0.6m^2	hr	0.39	0.37	0.35

[주] • 본 품은 잡석을 채움재로 사용하는 깬돌 및 깬잡석의 골쌓기 기준이다.
• 경사도가 1:1보다 급한 경우이며, 높이 3m 이하 기준이다.
• 규준틀 설치, 돌쌓기, 잡석 채움, 배수파이프 설치 작업을 포함한다.
• 기초다짐 및 뒤채움은 '[공통부문] 3-4-2 / 3-4-3'을 따른다.
• 굴삭기 규격은 작업여건(작업범위, 위치 등)에 따라 변경할 수 있다.
• 재료량은 설계수량을 적용한다.

– 찰쌓기

(m^2당)

구분	규격	단위	수량(뒷길이)		
			35cm 이하	55cm 이하	75cm 이하
석공		인	0.09	0.08	0.07
보통인부		인	0.05	0.04	0.03
굴삭기+부착용집게	0.6m^2	hr	0.31	0.30	0.28

[주] • 본 품은 잡석을 채움재로 사용하는 깬돌 및 깬잡석의 골쌓기 기준이다.
• 경사도가 1:1보다 급한 경우이며, 높이 3m 이하 기준이다.
• 규준틀 설치, 돌쌓기, 잡석 채움, 배수파이프 설치 작업을 포함한다.
• 기초다짐 및 뒤채움은 '[공통부문] 3-4-2 / 3-4-3'을 따른다.
• 굴삭기 규격은 작업여건(작업범위, 위치 등)에 따라 변경할 수 있다.
• 재료량은 설계수량을 적용한다.

(2) 포장공사

① 일반사항

㉠ 포장문양은 설계도서에 따라서 주변포장과 조화될 수 있는 문양 예시도를 제출받아 확인 후 시공한다.
㉡ 포장공사는 터파기, 포장하부 다짐, 모래포설 등 제반 공종별로 면밀히 작업과정을 확인하여 침하 등을 예방한다.
㉢ 재료가 서로 다른 포장재가 만나거나 토목과 조경포장이 만나는 부위는 물고임 현상이 발생되지 않도록 표면기울기와 빗물받이 위치를 사전에 협의한다.
㉣ 포장면이 경계석과 만나 마무리되는 부위가 부득하게 절단 시공되어야 할 경우, 기계 절단기를 사용하여 면을 깨끗하게 절단한다.
㉤ 포장면에 시설물이나 빗물받이, 집수정 등을 설치할 경우 보행에 불편이 없는 위치에 설치한다.
㉥ 포장면 기울기는 휠체어 이용자를 고려하여 1/18 이하로 하되 부득이 한 경우에는 1/12(8%) 이하로 할 수 있다.
㉦ 횡단 기울기는 2%를 표준으로 하되, 포장재료에 따라 최고 5%까지도 할 수 있다.

② 포장재료 선정기준

㉠ 내구성이 있고, 시공비·관리비가 저렴해야 한다.

㉡ 재료의 질감과 색깔이 어울리고 아름다워야 한다.

㉢ 표면의 태양광선 반사가 적고, 눈·비에 미끄럼이 적어야 한다.

㉣ 적당한 마찰계수가 있어서 보행이 자유로워야 한다.

㉤ 소재가 풍부하며, 시공이 용이해야 한다.

㉥ 친환경적이고, 주변과 잘 어울려야 한다.

③ 주요 포장공법의 종류

제품유형	포장재료	
현장시공형	아스팔트포장	아스팔트포장
		투수아스팔트포장
	콘크리트포장	포장용 콘크리트포장
		투수콘크리트포장
		콘크리트블록포장 (인터로킹블록)
	흙다짐포장	모래포장
		마사토포장
		황토포장
		흙시멘트포장
2차제품형	석재 및 타일포장	판석포장
		호박돌포장
		자연석판석포장
		석재타일포장
	목재포장	나무벽돌포장
	점토벽돌포장	
	호박돌포장	
	자연석판석포장	
	석재타일포장	
	콩자갈포장	
	인조석포장	
식생 및 시트공법	포장	잔디식재블록
		인조잔디포장

④ 포장공사 품셈

㉠ 소형 고압블록 포장

(100m^{2}당)

종목	구분	형상 및 크기	단위	수량
표층	U형블록	t = 6~8cm	개	3,900
	I^{3}형블록			3,700
	모 래	t = 4cm 기준	m^3	4.4
포설	특별인부	소운반 포함	인	3.1
	보통인부			9.2

• 블록은 할증률이 포함되어 있다.

• 본 품은 준비, 모래포설 및 고르기, 기타 정리 품이 포함되어 있다.

㉡ 벽돌 바닥깔기

종류 \ 구분	벽돌형	벽돌(매)	모르타르(m^3)	시멘트(kg)	모래(m^3)	조적공(인)	보통인부(인)
모로 세워깔기	표준형	78.4(74.7)	0.041	20.91	0.045	0.2	0.07
	기존형	68.5(65.2)	0.042	21.42	0.046	0.2	0.07
평깔기	표준형	52.5(50.0)	0.031	15.81	0.034	0.12	0.04
	기존형	43.0(41.0)	0.032	16.32	0.035	0.12	0.04

- 본 품은 벽돌 및 모르타르 할증률이 포함되어 있으며 (　)는 정미 수량이다.
- 본 품은 치장줄눈공, 모르타르 닦기, 모르타르 비빔 및 소운반 품이 포함된 것이다.
- 무늬깔기의 재료 및 품은 모로 세워 깔기에 준한다.
- 모르타르 배합은 1 : 3이며 줄눈너비 10mm, 깔기 모르타르 두께는 20mm를 기준으로 한 것이다.

⑤ 보차도 경계석(화강암) 설치

인력설치(100m당)

규격	특별인부(인)	보통인부(인)
210×300×1,000mm	15	20

⑥ 보차도 경계블록 설치

인력설치(100m당)

구분	규격	특별인부(인)	보통인부(인)
콘크리트	150×170×200×1,000mm	6	10
	180×205×250×1,000mm		
	180×210×300×1,000mm		
합성수지유색	150×170×200×1,000mm	3	5
	180×205×250×1,000mm		
	150×210×300×600mm		

⑦ 도로 경계블록 설치

인력설치(100m당)

구분	규격	특별인부(인)	보통인부(인)
콘크리트	120×120×120×1,000mm	5	7
	150×120×120×1,000mm		
	150×150×150×1,000mm		
합성수지유색	120×120×120×1,000mm	1.8	3
	150×150×120×1,000mm		
	150×150×150×1,000mm		

- 기초 콘크리트와 이음 모르타르는 현장여건(규격, 지반 등)에 따라 별도 계상한다.
- 본 품은 소운반 품이 포함되어 있다.
- 터파기, 되메우기, 잔토처리는 별도 계상한다.

(3) 식재공사

① 조경수목의 식재 계획 시 조사할 주요사항

㉠ 이식시기

㉡ 성장지역의 환경(토양, 기후 등)

㉢ 식재할 장소의 환경

㉣ 수목의 현재 상태

㉤ 식재와 굴취장소의 여건(차량 진입로, 경사도 등)

㉥ 운반여건(거리, 운반도로 등)

㉦ 작업의 난이 정도

㉧ 노동력과 장비 활용 여부

② **뿌리분의 크기와 모양**

㉠ 수식에 의한 방법

뿌리분의 지름(cm) = 24 + (R − 3) × d

여기서, R : 근원직경(cm)

d : 상수 4(낙엽수를 털어서 파 올릴 경우 5)

㉡ 현장결정방법

뿌리분의 지름(cm) = $4R$

③ **수목과 뿌리분의 중량** : 수고 4~5m 정도의 수목에서 보통의 경우 중량의 대부분은 흙을 포함한 뿌리 부분이 차지한다.

수목의 중량(W) = 수목의 지상부 중량(W_1) + 수목의 지하부 중량(W_2)

㉠ 수목의 지상부 중량

$$W_1 = k \times \pi \times \left(\frac{d}{2}\right)^2 \times H \times w_1 \times (1+p)$$

여기서, k : 수간형상계수(0.5)

d : 흉고직경, 근원직경×0.8(m)

H : 수고(m)

w_1 : 수간의 단위체적중량(kg/m^3)

P : 지엽의 다소에 따른 할증률

㉡ 수목의 지하부 중량

$W_2 = V \times w_2$

여기서, V : 뿌리분 체적(m)

- 접시분 $V = \pi r^3$
- 보통분 $V = \pi r^3 + \frac{1}{6}\pi r^3$
- 조개분 $V = \pi r^3 + \frac{1}{3}\pi r^3$

w_2 : 뿌리분의 단위체적중량(kg/m^3)

④ **지주목**

㉠ 지주의 필요성 : 식재 후 수목의 쓰러짐을 방지하기 위하여 수목을 고정시켜 주어야 한다. 특히, 수고 2m 이상의 교목류는 수목뿌리의 활착을 위하여 보호용 지주를 설치하여야 하며, 2m 미만의 수목은 필요에 따라 설치한다. 지주의 재료는 목재, 철재, 플라스틱, 와이어 등이 있다.

㉡ 지주의 종류

- 단각지주 : 묘목이나 1.2m 정도의 소형수목에 적용(1개의 말뚝을 수목의 중간에 겹쳐 박고 그 말뚝에 수간을 묶음)
- 이각지주 : 1.2~2.5m 이하의 소형수목에 적용(수목의 중심으로부터 양쪽을 일정 간격으로 벌려 말뚝을 박고, 말뚝과 말뚝에 가로재를 연결시킨 후 그 곳에 수간을 고정)
- 삼발이지주 : 소·중·대형 수목이나 경관상 중요하지 않은 곳에 적용(박피 통나무나 각재를 삼각형으로 수간에 걸쳐 새끼나 끈으로 결속하여 수목을 고정)

- 삼각지주 : 수고 1.2~4.5m의 수목이나 보행자 통행이 빈번한 곳에 적용(각재나 박피원목 등을 이용하여 수간 지지부위를 삼각 형태로 만든 지주)
- 사각지주 : 삼각지주 설치 곤란지역이나 포장지역 및 가로수에 적용(삼각지주의 변형으로 미관상 필요한 곳에 설치)
- 연계형 지주 : 교목의 군식지에 설치(수목이 연속적으로 식재되어 있거나 군식되어 있을 때 수목을 서로 연결하여 결속시키는 방법)
- 매몰형 지주 : 경관상 중요한 지역이나 통행에 지장을 주는 곳에 적용(수목의 식재위치가 시각적으로 매우 중요하거나 통행에 지장을 줄 경우 지하의 뿌리분을 고정시키는 방법)
- 당김줄형 지주 : 대형 수목의 지지나 경관상 중요지역의 수목에 적용(완충재를 수간에 대고 와이어를 이용하여 수간에 고정한 후 세 방향으로 당겨서 고정하는 방법)

㉢ 지주목 상세도

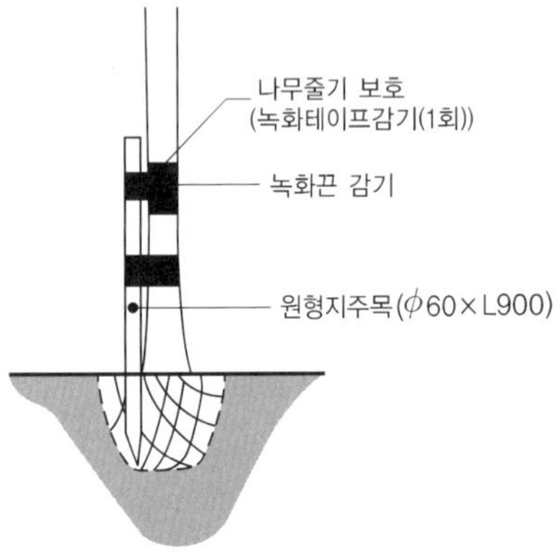

[단각지주목 상세도]

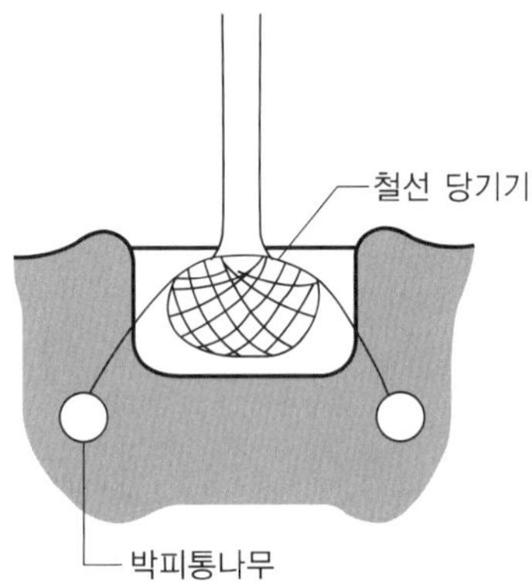

[매몰형 지주 상세도]

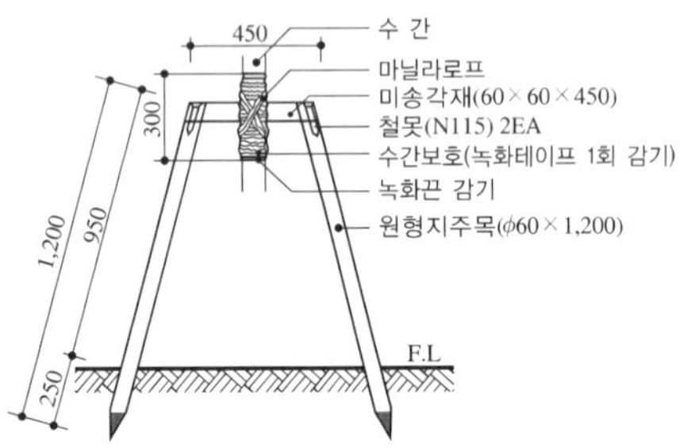

[이각지주 입면도]

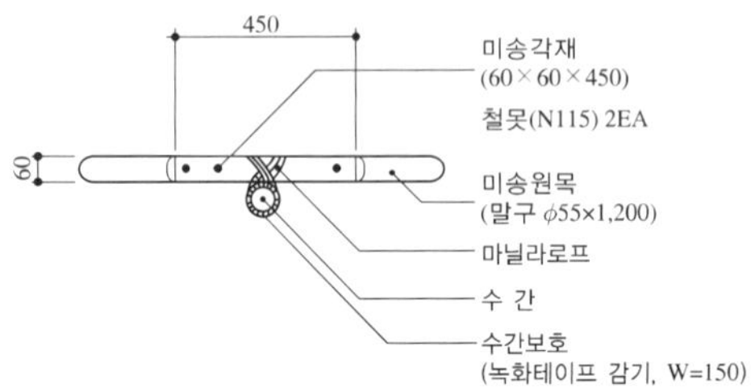

[이각지주 평면도]

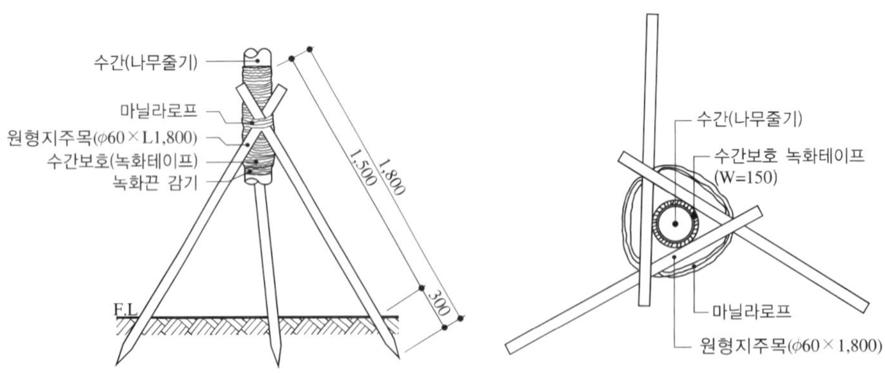

[삼발이 지주목 설치 상세도]

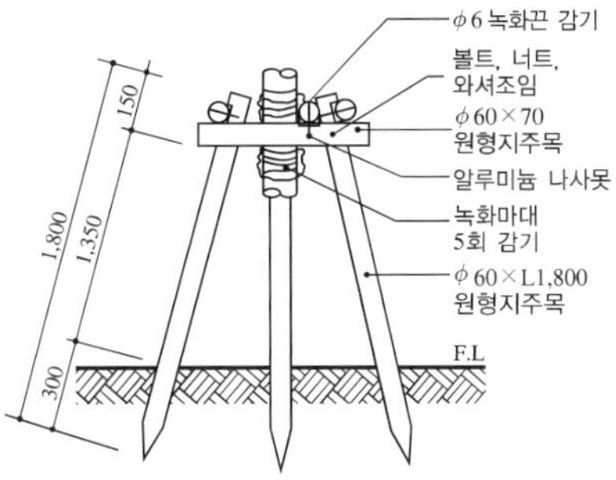

[삼각지주 입면도]

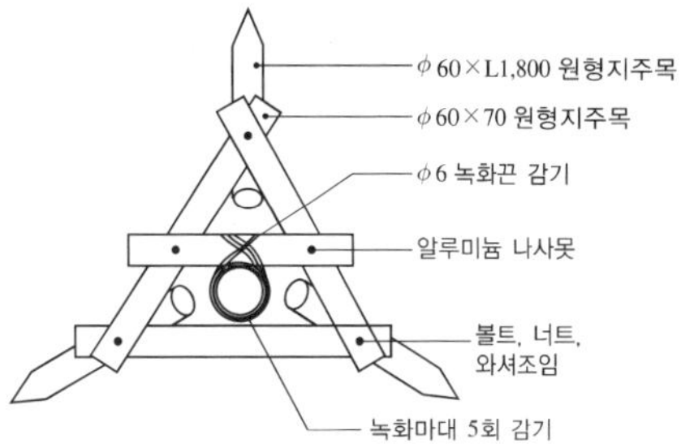

[삼각지주 평면도]

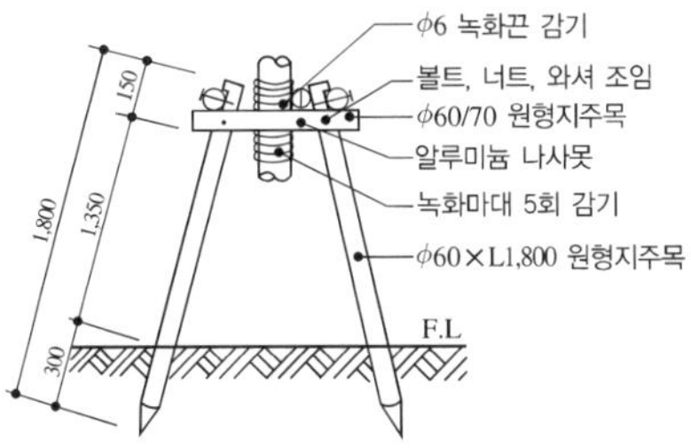

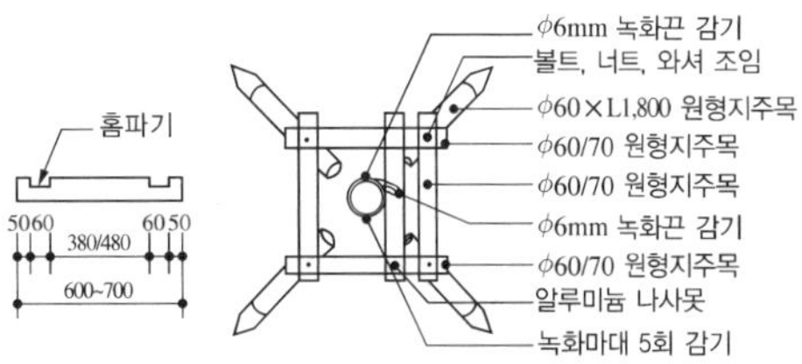

[사각지주 입면도]

[사각지주 평면도]

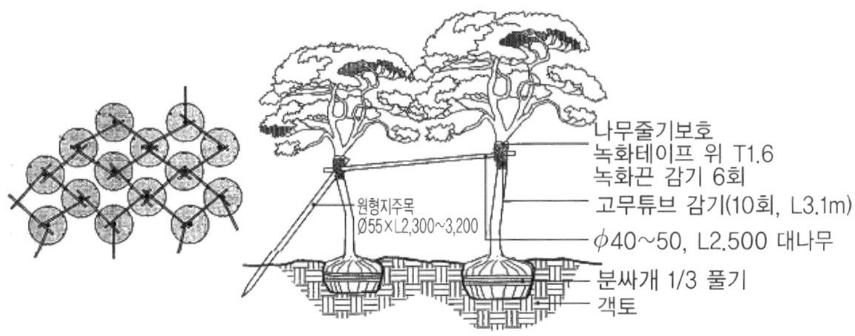

[연결형 지주 설치 상세도]

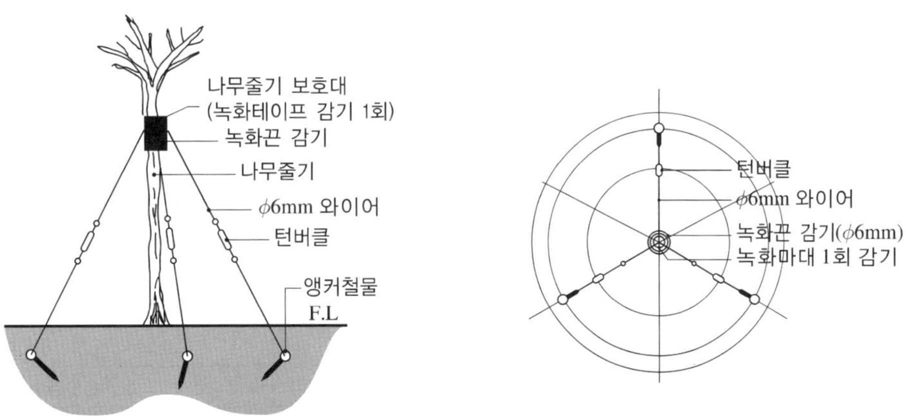

[당김줄형지주 상세도]

⑤ **지반 조성(성토 · 절토) 시 기존 수목의 보호방법 :** 지반을 새로이 조성할 공간에 기존 수목이 있을 경우 주변의 지반이 높아지거나 낮아질 때에는 이에 대한 보호조치를 해야 한다.

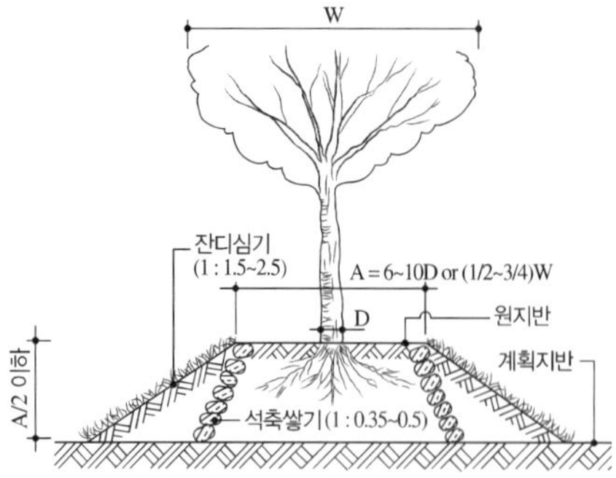

[절토 시 수목보호방법]

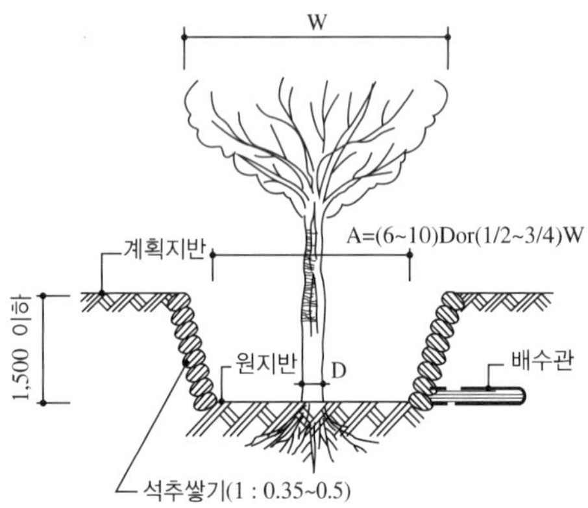

[성토 시 수목보호방법 1]

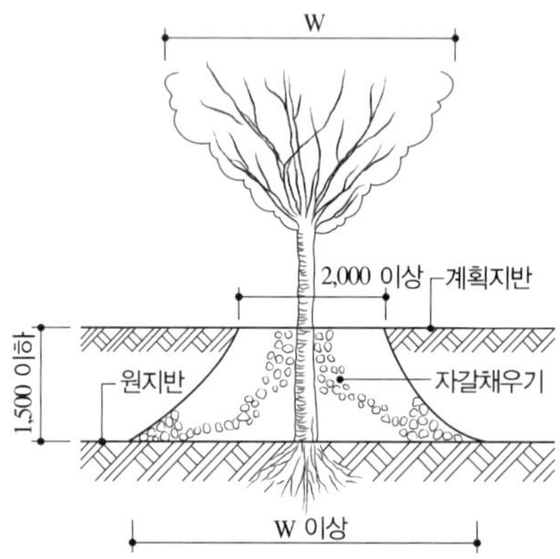

[성토 시 수목보호방법 2]

⑥ 품셈

㉠ 수목 굴취

• 나무높이(주당)

나무높이(m)	수량	
	조경공(인)	보통인부(인)
1.0 이하	0.06	0.01
1.1~1.5	0.07	0.02
1.6~2.0	0.08	0.02
2.1~2.5	0.10	0.03
2.6~3.0	0.11	0.03
3.1~3.5	0.13	0.03
3.6~4.0	0.15	0.04
4.1~4.5	0.17	0.04
4.6~5.0	0.19	0.05
비고	분이 없는 경우 굴취품의 20%를 감한다.	

- 본 품은 흉고직경 또는 근원직경을 추정하기 어려운 수종 기준이다.
- 분은 근원직경의 4~5배로 한다.
- 준비, 구덩이파기, 뿌리절단, 분뜨기, 운반준비 작업을 포함한다.
- 분뜨기, 운반준비를 위한 재료비는 별도 계상한다.
- 굴취 시 야생일 경우에는 굴취품의 20%까지 가산할 수 있다.

- 현장의 시공조건, 수목의 성상에 따라 기계사용이 불가피한 경우 별도 계상한다.
- 굴취수목의 운반을 위하여 운반로를 개설하여야 하는 경우에는 그 비용을 별도 계상한다.

• 근원직경(주당)

근원(흉고)직경(cm)	수량			
	조경공(인)	보통인부(인)	굴삭기(hr)	크레인(hr)
4 이하	0.08	0.02	-	
5(4 이하)	0.10	0.03	-	
6~7(5~6)	0.17	0.04	-	
8~9(7~8)	0.27	0.07	-	
10~11(9)	0.15	0.06	0.49	-
12~14(10~12)	0.26	0.08	0.59	-
15~17(13~14)	0.40	0.10	0.71	-
18~19(15~16)	0.51	0.11	0.81	-
20~24(17~20)	0.67	0.13	0.95	0.19
25~29(21~24)	0.90	0.16	1.15	0.23
30~34(25~28)	1.12	0.19	1.35	0.27
35~39(29~32)	1.35	0.22	1.55	0.31
40~44(33~37)	1.57	0.25	1.74	0.35
45~49(38~41)	1.80	0.28	1.94	0.39
50~54(42~45)	2.02	0.31	2.14	0.43
55~59(46~49)	2.25	0.34	2.34	0.47
60(50)	2.38	0.36	2.46	0.50
비고	분이 없는 경우 굴취품의 20%를 감한다.			

- 본 품은 교목류 수종의 굴취 기준이다.
- 분은 근원직경의 4~5배로 한다.
- 준비, 구덩이파기, 뿌리절단, 분뜨기, 운반준비 작업을 포함한다.
- 현장의 시공조건, 수목의 성상에 따라 기계사용이 불가피한 경우 별도 계상한다.
- 분뜨기, 운반준비를 위한 재료비는 별도 계상한다.
- 굴취 시 야생일 경우에는 굴취품의 20%까지 가산할 수 있다.
- 굴취수목의 운반을 위하여 운반로를 개설하여야 하는 경우에는 그 비용을 별도 계상한다.
- 장비 규격은 다음을 기준으로 한다.

근원직경	굴삭기	크레인
10~19cm	$0.4m^3$	-
20~26cm	$0.6m^3$	트럭탑재형 크레인 10ton
27~39cm	$0.6m^3$	트럭탑재형 크레인 15ton
40~60cm	$0.6m^3$	크레인(타이어) 25~50ton

• 관목류(10주당)

구분	단위	수량(나무높이)			
		0.3m 미만	0.3~0.7m 이하	0.8~1.1m 이하	1.2~1.5m 이하
조경공	인	0.07	0.14	0.22	0.34
보통인부	인	0.01	0.03	0.04	0.06

- 본 품은 근원부에서 분지되어 다년생으로 자라는 관목수종에 적용한다.

- 본 품은 분 보호재(녹화마대, 녹화끈 등)를 활용하여 분을 보호하지 않은 상태로 굴취되는 작업을 기준한 것이다.
- 나무높이가 1.5m를 초과할 때는 나무높이에 비례하여 할증할 수 있다.
- 나무높이보다 수관폭이 더 클 때는 그 크기를 나무높이로 본다.
- 굴취수목의 운반을 위하여 운반로를 개설하여야 하는 경우에는 그 비용을 별도 계상한다.
- 녹화마대, 녹화끈을 사용하여 분을 보호할 경우 '굴취(나무높이)'를 적용한다.
- 굴취 시 야생일 경우에는 굴취품의 20%까지 가산할 수 있다.

㉡ 수목식재

• 나무높이(주당)

나무높이(m)	인력시공		기계시공		
	조경공(인)	보통인부(인)	조경공(인)	보통인부(인)	굴삭기(hr)
1.0 이하	0.07	0.06	–	–	–
1.1~1.5	0.09	0.07	–	–	–
1.6~2.0	0.11	0.09	–	–	–
2.1~2.5	0.15	0.12	0.10	0.06	0.19
2.6~3.0	0.19	0.14	0.11	0.07	0.23
3.1~3.5	0.23	0.17	0.13	0.07	0.26
3.6~4.0	0.29	0.20	0.15	0.08	0.31
4.1~4.5	0.33	0.23	0.16	0.09	0.35
4.6~5.0	0.38	0.27	0.17	0.10	0.40

- 본 품은 흉고 또는 근원직경을 추정하기 어려운 수종에 적용한다.
- 재료소운반, 터파기, 나무세우기, 묻기, 물주기, 지주목세우기, 뒷정리 작업을 포함한다.
- 식재 시 1회 기준의 물주기는 포함되어 있으며, 유지관리는 '유지보수'에 따라 별도 계상한다.
- 물주기를 위해 살수차 등의 장비가 필요한 경우 기계경비는 별도 계상한다.
- 암반식재, 부적기식재 등 특수식재 시는 품을 별도 계상할 수 있다.
- 현장의 시공조건, 수목의 성상에 따라 기계시공이 불가피한 경우는 별도 계상한다.
- 굴삭기 규격은 $0.4m^3$를 기준으로 한다.

• 흉고직경(주당)

흉고(근원)직경(cm)	수량			
	조경공(인)	보통인부(인)	굴삭기(hr)	크레인(hr)
4(5) 이하	0.10	0.06	–	–
5(6)	0.17	0.08	–	–
6~7(7~8)	0.26	0.13	–	–
8~9(9~11)	0.19	0.11	0.37	–
10~11(12~13)	0.24	0.13	0.43	–
12~14(14~17)	0.34	0.15	0.52	–
15~17(18~20)	0.39	0.17	0.64	–
18~19(21~23)	0.47	0.20	0.72	0.21
20~24(24~29)	0.56	0.22	0.85	0.26
25~29(30~35)	0.69	0.26	1.03	0.34
30~34(36~41)	0.83	0.30	1.21	0.42
35~39(42~47)	0.97	0.35	1.39	0.50
40~44(48~53)	1.11	0.38	1.56	0.58
45~49(54~59)	1.24	0.43	1.75	0.66

흉고(근원)직경(cm)	수량			
	조경공(인)	보통인부(인)	굴삭기(hr)	크레인(hr)
50(60)	1.33	0.45	1.85	0.70
비고	지주목을 세우지 않을 때는 다음의 요율을 감한다. 인력시공 시: 인력품의 10% 기계시공 시: 인력품의 20%			

- 본 품은 교목류 수종에 적용한다.
- 재료소운반, 터파기, 나무세우기, 묻기, 물주기, 지주목세우기, 뒷정리 작업을 포함한다.
- 식재 시 1회 기준의 물주기는 포함되어 있으며, 유지관리는 '유지보수'에 따라 별도 계상한다.
- 물주기를 위해 살수차 등의 장비가 필요한 경우 기계경비는 별도 계상한다.
- 흉고직경은 지표면에서 높이 1.2m 부위의 나무줄기 지름이다.
- 암반식재, 부적기식재 등 특수식재 시는 품을 별도 계상할 수 있다.
- 현장의 시공조건, 수목의 성상에 따라 기계시공이 불가피한 경우는 별도 계상한다.
- 장비 규격은 다음을 기준으로 한다.

흉고직경	굴삭기	크레인
8~17cm	$0.4m^3$	–
18~22cm	$0.6m^3$	트럭탑재형 크레인 10ton
23~34cm	$0.6m^3$	트럭탑재형 크레인 15ton
35~50cm	$0.6m^3$	크레인(타이어) 25~50ton

• 관목류(10주당)

구분		단위	수량(나무높이)			
			0.3m 미만	0.3~0.7m 이하	0.8~1.1m 이하	1.2~1.5m 이하
단식(單植)	조경공	인	0.19	0.24	0.40	0.57
	보통인부	인	0.06	0.08	0.13	0.18
군식(群植)	조경공	인	0.07	0.10	0.15	0.21
	보통인부	인	0.02	0.03	0.05	0.07

- 본 품은 근원부에서 분지되어 다년생으로 자라는 관목수종의 식재 기준이다.
- 터파기, 가지치기, 나무세우기, 묻기, 물주기, 손질, 뒷정리 작업을 포함한다.
- 나무높이가 1.5m를 초과할 때는 나무높이에 비례하여 할증할 수 있다.
- 나무높이보다 수관폭이 더 클 때에는 그 수관폭을 나무높이로 본다.
- 식재 시 1회 기준의 물주기는 포함되어 있으며, 유지관리는 '유지보수'에 따라 별도 계상한다.
- 물주기를 위해 살수차 등의 장비가 필요한 경우 기계경비는 별도 계상한다.
- 암반식재, 부적기식재 등 특수식재는 품을 별도 계상할 수 있다.

• 초화류

구분	단위	수량		
		양호	보통	불량
조경공	인	0.10	0.15	0.24
보통인부	인	0.05	0.08	0.13

- 본 품은 초화류 식재, 물주기 및 마무리를 포함한다.
- 특수화단(화문화단, 리본화단, 포석화단)은 20%까지 가산할 수 있다.
- 식재 시 1회 기준의 물주기는 포함되어 있으며, 유지관리는 '유지보수'에 따라 별도 계상한다.

- 초화류 식재품의 적용은 아래의 조건을 감안하여 적용한다.
  ⓐ 양호 : 작업장소가 넓고 평탄하며, 식재의 내용이 단순하여 작업속도가 충분히 기대되는 조건인 경우
  ⓑ 보통 : 작업장소에 교목류, 조경석 등 지장물이 있어 식재 작업에 지장을 받는 경우
  ⓒ 불량 : 작업장소가 경사지로서 작업조건이 복잡한 경우, 도로변·하천변·절개지 등 안전사고의 위험이 있는 경우

㉢ 잔디식재

• 잔디의 품질
- 잔디규격은 가로 30cm, 세로 30cm, 두께 3cm의 것을 기준으로 한다.
- 뗏장은 잡초가 없고 병충해가 없으며, 지하경이 치밀하게 발달하여 품질이 균일한 것이어야 한다.
- 잔디 운반 시 햇볕에 노출되어서는 안 되며, 항상 적당한 습기를 유시시켜야 한나.
- 뗏장은 서늘하고 그늘진 곳에 보관하고, 뗏장에 붙은 흙이 떨어지지 않도록 유지시켜야 한다.

• 잔디규격 및 식재 기준

구분	규격	식재기준
평떼	30×30×3cm	1m²당 11매
줄떼	10×30×3cm	• 1/2 줄떼 : 줄떼간격 – 10cm • 1/3 줄떼 : 줄떼간격 – 20cm

• 평떼 전면붙이기

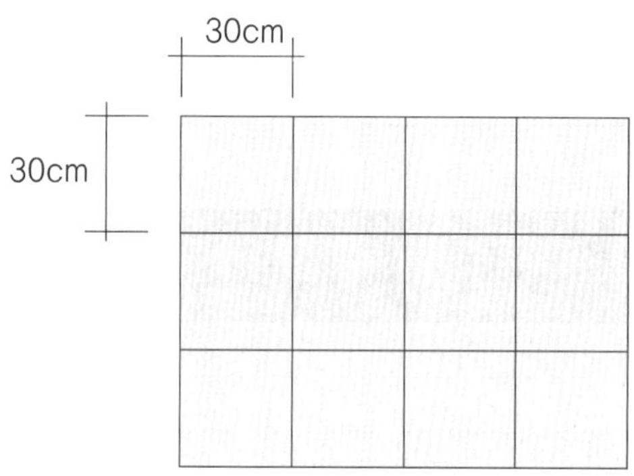

[+자 붙이기]

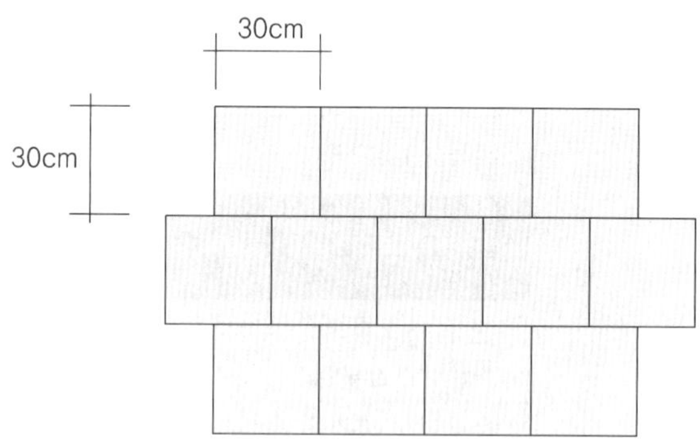

[T자 붙이기]

- 평떼 이음매 붙이기 : 잔디 소요량 이음매 4cm 77.8%, 이음매 5cm 73.4%, 이음매 6cm 69.4%
- 평떼 어긋나게 붙이기 : 잔디 소요량 50%(1m²당 5.5매)

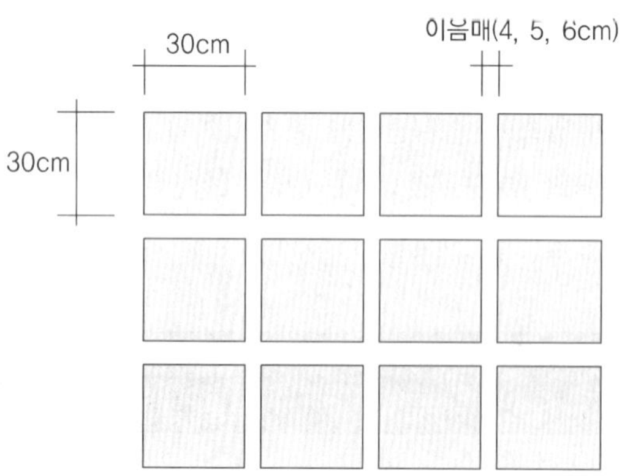

[이음매 붙이기]

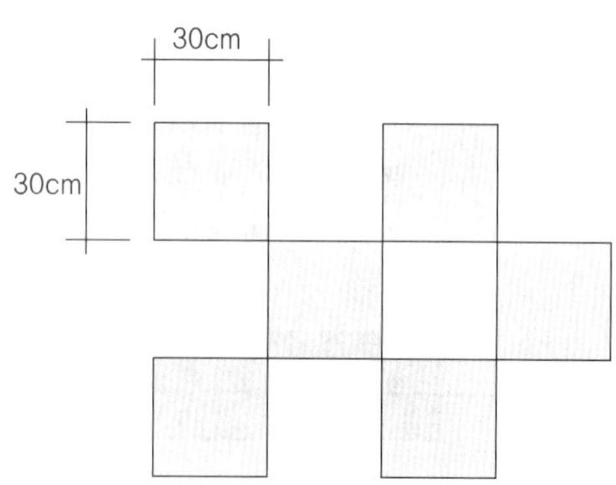

[어긋나게 붙이기]

– 줄떼 붙이기 : 1/2줄떼 붙이기[잔디 소요량 50%(1m^{2}당 5.5매)], 1/3줄떼 붙이기[잔디 소요량 33.3%(1m^{2}당 3.6매)]

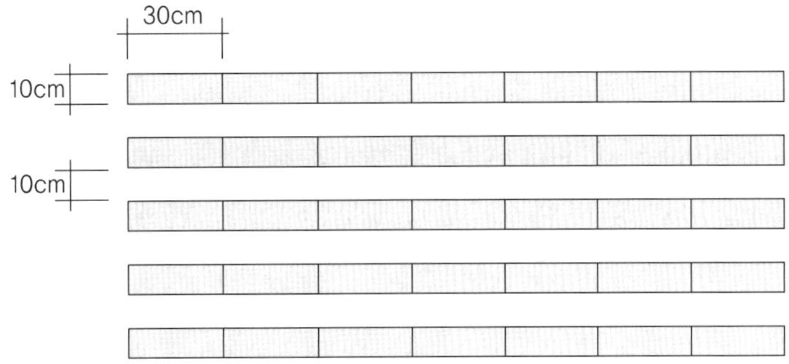

[10cm 줄떼 붙이기]

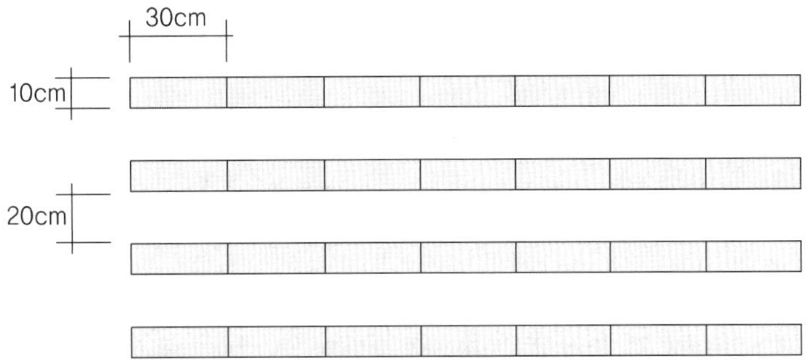

[20cm 줄떼 붙이기]

• 떼붙임(재배잔디)

(100m^{2}당)

구분	단위	수량	
		줄떼	평떼
조경공	인	0.84	0.99
보통인부	인	1.96	2.31

– 본 품은 재배잔디를 붙이는 기준이다.

– 홈파기, 뗏밥주기, 물주기 및 마무리 작업을 포함한다.

– 식재 시 1회 기준의 물주기는 포함되어 있으며, 유지관리는 '유지보수'에 따라 별도 계상한다.

– 줄떼는 10~30cm 간격을 표준으로 한다.

(4) 도장공사

① 도료의 종류 및 특성

㉠ 페인트

• 유성 페인트 : 내후성과 내마모성이 좋고 건조가 느리며, 알칼리에 약함. 건물의 내·외부에 널리 쓰이고 모르타르, 콘크리트면에 직접 사용하지 않음

• 수성 페인트 : 건물 내부에 많이 사용되나 물이 닿는 곳은 사용하지 않으며, 내구성과 내수성이 떨어지고 무광택이지만 취급이 간편하고 작업성이 좋으며, 내알칼리성으로 회반죽, 모르타르, 텍스 등에 사용 가능

• 에나멜 페인트 : 유성 페인트와 유성 바니시의 중간 성능으로 내후성, 내수성, 내열성, 내약품성이 우수하고, 외부용은 경도가 큼

• 에멀션 페인트 : 수성 페인트의 일종으로 발수성이 있으며, 내·외부 도장에 이용

㉡ 바니시(Vanish)

- 유성 니스(지방유+수지류) : 건조가 느리고 내후성이 약하며, 목재나 내부용으로 사용
- 휘발성 니스(휘발성 용제+수지류) : 건조가 빠르나 내구성이 약하며, 목재나 내부용으로 사용

㉢ 래커(Lacker, Lacquer)

- 클리어 래커 : 래커에 투명한 안료를 넣은 것으로 주로 내부 목재면에 투명한 도장 및 광택을 형성하고, 건조속도가 빨라 스프레이로 시공하며 내후성이 작아 주로 내부에 사용
- 래커 에나멜 : 연마성과 내후성이 좋고, 불투명하며 닦으면 광택이 남

㉣ 스테인

- 수성 스테인 : 물을 용제로 사용하고 색상의 농도를 자유롭게 조절할 수 있으며, 친환경적임
- 유성 스테인 : 석유계 용제 또는 시너를 용제로 사용하며, 수성 스테인에 비해 건조가 빠르고 목재용으로 많이 사용
- 알코올 스테인 : 휘발성이 강해서 건조속도가 빠르고 도료가 깊이 침투하지 않으며, 스프레이 도장(뿜칠)으로 해야 칠 경계자국을 줄일 수 있음
- 오일 스테인 : 유성 스테인에 속하며, 오일에 염색제가 녹아 있어서 건조속도가 가장 느려서 깊이 침투하므로 색이 깊이 있게 도장됨

㉤ 옻칠

- 생옻칠 : 수분(18~27%), 칠산(70~74%), 아교질(3~7%)로 구성되며, 칠산이 적은 것이 하등품임
- 정제옻칠 : 생옻을 마직천으로 걸러 불순물을 제거하고 상온에서 잘 혼합하여 균질·치밀하게 한 후 낮은 온도(40~50℃)를 가하여 적당히 수분을 제거하고 처리하여 조작(생옻칠에 비해 점성이 많고 치밀하며, 건조고화가 늦은 대신 피막은 강하고 광택이 좋음 – 흑칠, 투명칠)

㉥ 삽(澁)

- 타닌(Tannin)이 5% 정도 포함되어 있으며, 타닌의 건조된 피막은 물이나 알코올에 불용성임
- 목재, 섬유, 종이 등에 바르면 방수 및 방부효과가 크지만, 단점으로는 칠을 한 면에 광택이 없고 악취가 있음

㉦ 특수도료(녹막이 도료)

- 광명단 : 주로 철재에 사용되는 붉은색의 도장재료로, 알칼리성이며 단단하고 피막을 형성하여 수분을 막음
- 징크로메이트 도료 : 알루미늄판의 초벌용으로 많이 사용되며, 알키드수지와 크롬산아연의 합성물질
- 그래파이트 도료 : 주로 정벌에서 많이 사용되나 녹막이 효과가 있어서 초벌 시에도 쓸 수 있음
- 방청 산화철 도료 : 내수성이 우수하며 산화철에 아연분말, 연단 등을 가한 것을 인료로 하고, 이것을 오일스테인, 합성수지 등에 녹인 것으로 광명단 도료와 같이 널리 사용되며 정벌칠에도 쓰이며 도막은 내구성이 좋음
- 역청질 도료 : 일시적인 방청효과가 있고 아스팔트(Asphalt), 타르 피치(Tar Pitch) 등의 역청질(瀝靑質)을 주원료로 하여 건성유, 수지류를 첨가하여 제조한 것인데, 안료를 혼합시켜 착색한 것과 알루미늄을 배합한 것도 있음
- 방청 페인트 : 금속면에 잘 접착되어 물, 공기가 통하지 않도록 하여 굳은 도막을 만들어 정벌에 적합한 바탕을 이루고 화학적인 방청력을 갖도록 한 것이다.
- 알루미늄 페인트 : 알루미늄 박판을 미세한 분말의 안료로 처리한 것으로 알루미늄판과 같은 광택이 있는 강한 피막을 만들고 이면은 광선 및 열선을 반사하여 건고막(乾固膜)의 풍화를 방지하는 역할을 함

② 도장공법의 공정

㉠ 바탕 만들기

• 목부 바탕 만들기

- 오염이나 부착물은 휘발유, 벤졸 등으로 닦아낸다.
- 목재는 충분히 건조시키고(함수율 13~18%) 표면 대패질을 평활하게 한다.
- 침출한 송진을 긁어내거나 휘발유로 녹여서 닦아낸다.
- 바탕면의 얼룩이나 대패자국 등을 연마지로 충분히 제거한다.
- 옹이는 수지분이 많으므로 충분한 건조 후에 칠한다.
- 틈새와 갈라짐 등에는 목재와 비슷한 색의 퍼티(Putty)로 마감을 한다.

• 철부

- 기계적 방법(녹, 먼지, 오염된 부분 제거방법) : 메, 주걱(Scraper), 와이어 브러시(Wire Brush), 연마지(Sand Paper) 등을 써서 손 또는 동력으로 제거한다.
- 화학적 방법
  ⓐ 각종 용제를 헝겊에 묻혀 닦아낸다.
  ⓑ 용제에 침지시키는 법과 알칼리에 의한 법이 있다.
  ⓒ 인산을 써서 닦아내는 방법과 황산 또는 인산에 침지시키는 산처리법이 있다.
- 아연도금 철판
  ⓐ 폴리비닐프탈산수지와 인산 등을 주원료로 만든 프라이머를 칠솔로 1회 칠한다.
  ⓑ 황아연 처리를 할 때는 5%의 황아연 수용액을 1회 칠하고 약 5시간 후에 물 씻기를 한다.
- 유류 제거 : 휘발유 · 비눗물 · 약알칼리성액 가열처리, 더운물 씻기로 한다.
- 녹 떨기 : 산 담그기, 더운물 씻기, 샌드블라스트를 사용한다.
- 피막 마무리 : 스틸 울, 와이어 버프, 연마지, 천으로 문지른다.

• 회반죽, 모르타르, 콘크리트, 플라스터 바탕 처리법

- 건조 : 마름면을 3개월 이상 바탕을 충분히 건조시켜 수분이 없을 때 칠한다.
- 방법
  ⓐ 비닐계 에나멜 · 합성수지 에멀션 페인트 칠일 때에는 바탕의 방치시간을 3주간 이상으로 한다.
  ⓑ 오염 · 부착물을 제거하고, 울퉁불퉁한 면이나 균열이 생긴 부분은 석고로 땜질한다.
  ⓒ 모르타르, 회반죽 면의 알칼리 성분과 화학작용이 일어나지 않는 중성 또는 알칼리성 도료로 칠한다.

㉡ 도장작업 순서

• 목부 유성 페인트

- 바탕 만들기(목부) : 오염 · 부착물 제거 → 송진처리(긁어내기, 인두 지짐, 휘발유 닦기) → 연마지 닦기(대팻자국, 엇거스름 제거) → 옹이땜(셀락니스 칠) → 구멍땜(퍼티먹임) 및 눈메움
- 공정순서 : 바탕 만들기 → 연마 → 초벌 바르기 → 퍼티 메꾸기 → 연마 → 재벌 1회 → 연마 → 재벌 2회 → 연마 → 정벌

• 철부 유성 페인트

- 바탕 만들기(철부) : 오염부착물 제거(스크레이퍼, 와이어 브러시) → 유류 제거(휘발유, 비눗물 닦기) → 녹 제거(샌드블라스트, 산 담그기) → 화학처리(인산염, 크롬산 처리) → 피막마무리(Steel → Wool → Wire → Butt → 연마지 → 천)
- 공정순서 : 바탕 만들기 → 녹막이칠(초벌 1회째) → 연마지 닦기(#120) → 녹막이칠(초벌 2회째) → 구멍땜 및 퍼티먹임 → 연마지 닦기(#180) → 재벌(1회째) → 연마지 닦기(#240) → 재벌(2회째) → 연마지 닦기(#240~#400) → 정벌

- 목부 투명 래커칠 : 연마지 닦기 → 색올림(Strain) → 색깔고름칠 → 초벌 → 눈먹임 1회 → 눈먹임 2회 → 재벌 1회 → 재벌 2회 → 연마지 닦기 → 정벌 1회

• 수성 페인트 칠 : 바탕 만들기 → 바탕 누름 → 초벌 → 연마지 닦기(#120~#180) → 정벌

• 바니시(니스) 칠 : 바탕 만들기 → 눈먹임 → 색올림 → 초벌 → 연마(#180) → 재벌 → 연마(#240~#400) → 정벌

㉢ 도장시공 시 주의사항

• 온도 5℃ 이하이거나 35℃ 이상, 습도가 85% 이상일 때는 작업을 중지시킨다.
• 칠의 각 층은 얇게 하고 충분히 건조시킨다.
• 바람이 강하게 부는 날에는 작업하지 않는다.
• 칠하는 횟수(초벌・재벌)를 구분하기 위해 색을 달리한다.

㉣ 도료의 보관

• 가연성 물질은 전용 창고에 보관한다.
• 환기가 잘되는 곳으로 직사광선을 피한다.
• 칠 창고는 단층 건물로 주위 건물에서 1~5m 이상 격리된 곳으로 한다.
• 칠이 묻은 헝겊 등 자연발화 요인이 되는 것은 제거하고 도료 보관 시 밀봉한다.

㉤ 바름면 하자의 원인(균열과 박락 등)

• 초벌건조 부족
• 건조제 과다 사용
• 안료의 유성분이 적을 때
• 도료 희석상태 불량

㉥ 도장 공정

• 정벌용 칠은 전문 제조자가 소요의 빛깔, 광택을 조합한다.
• 칠하는 횟수마다 견본을 제출하게 하여 빛깔, 광택 등을 검토한다.
• 칠하기 시험은 견본보다 큰 면적의 판 또는 실물에 칠한다.
• 체 거르기는 사용 직전에 잘 저어서 사용한다.
• 면의 점검은 보수하여 면을 소요의 상태로 한다.
• 기온이 낮거나, 습기가 높을 때, 바람이 강할 때, 강설 후에는 공정을 중지한다.

(5) 목공사

① 목재의 특성

장점	단점
• 가볍고 운반이 용이하다. • 적당한 정도의 흡수성이 있다. • 비중에 비해 압축, 인장강도가 크다. • 가공성과 시공성이 좋다. • 열・음・전기 등의 전도성이 적은 부도체이다. • 흡음 및 차단성이 크다. • 부재의 규격화와 공업화가 가능하다. • 보수유지관리의 경제성이 크다. • 공사기간의 단축이 가능하다.	• 내화성이 작고 가연성이 크다. • 습기에 의한 변형, 팽창, 수축이 크다. • 흡수성이 있어서 건조한 상태로 보관이 어렵다. • 재질 및 섬유방향에 따라 인장강도와 압축강도의 차이가 있다. • 충해 및 풍화로 부패 가능성이 많다. • 크기에 제한을 받아 큰 재료를 얻기가 어렵다.

② 목재의 방부처리

㉠ 유성 방부제 : 크레오소트유, 콜타르, 아스팔트, 페인트

㉡ 수용성 목재 방부제 : CCA(크롬-구리-비소 화합물계) 목재 방부제, AAC(알킬암모늄 화합물계) 목재 방부제, ACC(산화크롬-구리 화합물계) 목재 방부제, CCB(크롬-구리-붕소 화합물계) 목재 방부제, BB(붕소 화합물계) 목재 방부제, ACQ(구리-알킬암모늄 화합물계) 목재 방부제

㉢ 유화성 목재 방부제 : NCU, NZN(지방산 금속염계 목재 방부제)

㉣ 유용성 목재 방부제 : PCP(Penta-Chloro Phenol) 목재 방부제

③ 목재의 단위와 재적(부피)

㉠ 목재의 단위

명칭	내용	단위	m^3	재(才, 사이)	bf(board foot)
입방미터	1m×1m×1m	m^3	$1m^3$	299.475才	438.596bf
재(才, 사이)	1치×1치×12자	才	$0.00324m^3$	1才	1.421bf
보드풋(bf)	1인치×1인치×12피트	bf	$0.00228m^3$	0.703才	1bf

㉡ 목재재적(부피) 계산방법

<table>
<tr><td rowspan="3">통나무</td><td rowspan="2">국산재</td><td>길이가 6m 미만인 것</td><td>$m^3 \rightarrow D^2 \times L \times \frac{1}{10,000}$
$dm^3 \rightarrow D^2 \times L \times \frac{1}{10}$
D : 통나무 지름의 cm 단위에 의한 수치
L : 통나무 지름의 m 단위에 의한 수치</td></tr>
<tr><td>길이가 6m 이상인 것</td><td>$m^3 \rightarrow \left(D+\frac{L'-4}{2}\right)^2 \times L \times \frac{1}{10,000}$
$dm^3 \rightarrow \left(D+\frac{L'-A}{2}\right)^2 \times L \times \frac{1}{10}$
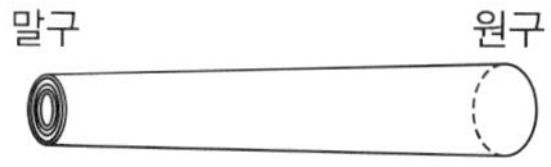

D : 통나무 말구지름의 cm 단위에 의한 수치
L : 통나무 길이의 m 단위에 의한 수치
L' : 통나무 길이의 m 단위에 의한 수치로서 1 미만의 끝수를 버린 것</td></tr>
<tr><td>수입재</td><td colspan="2">$m^3 \rightarrow D^2 \times 0.7854 \times L \times \frac{1}{10,000}$
$dm^3 \rightarrow D^2 \times 0.7854 \times L \times \frac{1}{10}$
여기서, D : 통나무 평균지름의 cm 단위에 의한 수치
L : 통나무 길이의 m 단위에 의한 수치</td></tr>
<tr><td colspan="2">조각재</td><td colspan="2">$m^3 \rightarrow T \times W \times L \times \frac{1}{10,000}$
$dm^3 \rightarrow T \times W \times L \times \frac{1}{10}$
여기서, T : 조각재 두께(수입재는 평균 두께)의 cm 단위에 의한 수치
W : 조각재 폭(수입재는 평균 폭)의 cm 단위에 의한 수치
L : 조각재 길이 m 단위에 의한 수치</td></tr>
<tr><td colspan="2">제재목</td><td colspan="2">$m^3 \rightarrow T \times W \times L \times \frac{1}{10,000}$
$dm^3 \rightarrow T \times W \times L \times \frac{1}{10}$
여기서, T : 제재 두께의 cm 단위에 의한 수치
W : 제재 너비의 cm 단위에 의한 수치
L : 제재 길이 m 단위에 의한 수치
※ 수종·재종·치수·품 등이 동일한 제재를 (속)으로 한 것의 재적은 1매 또는 1개의 제재에 수량을 곱하여 계산함(1장 또는 1개의 제재의 재적)</td></tr>
</table>

출제예상문제

01 높이 1.5m, 길이 20m의 1.0B의 벽돌담장을 쌓으려고 한다. 아래 부분의 0.5m는 기존형 시멘트벽돌을 사용하고, 나머지 부분은 표준형 붉은벽돌을 사용하여 쌓을 경우 각각의 벽돌량을 구하시오(단, 할증률을 고려하여 산출하시오).

정답
- 기존형 시멘트벽돌 수량 : 1,365장
- 표준형 붉은벽돌 수량 : 3,070장

해설
- 시공면적(m^2)에 단위면적($1m^2$)당 벽돌 수량을 곱하여 산출한다.
- 0.5B의 단위면적($1m^2$)당 벽돌 수량 : 표준형 74.6장, 기존형 64.9장
- 할증률 : 시멘트벽돌 5%, 붉은벽돌 3%

  ※ 단위면적당 벽돌 수량과 할증률은 주어지지 않을 수 있으므로 암기하여야 한다.
- 기존형 시멘트벽돌 수량

  Q = 시공면적 × 단위면적당 수량 × 할증률

  = 20 × 0.5 × 130 × 1.05 = 1,365장
- 표준형 붉은벽돌 수량

  Q = 시공면적 × 단위면적당 수량 × 할증률

  = 20 × 1.0 × 149 × 1.03 = 3069.4 → 3,070장

02 표준형 벽돌을 사용하여 벽 두께(1.0B), 높이(H = 0.6m), 줄눈 폭(d = 10mm)으로 벽돌담을 시공하려고 한다. 벽돌 시공 시 맨 윗단은 마구리쌓기로 하고, 기초는 잡석다짐(600×200), 기초콘크리트(400×150)를 하여 견고하게 마무리할 수 있는 단면도를 작도하시오.

정답

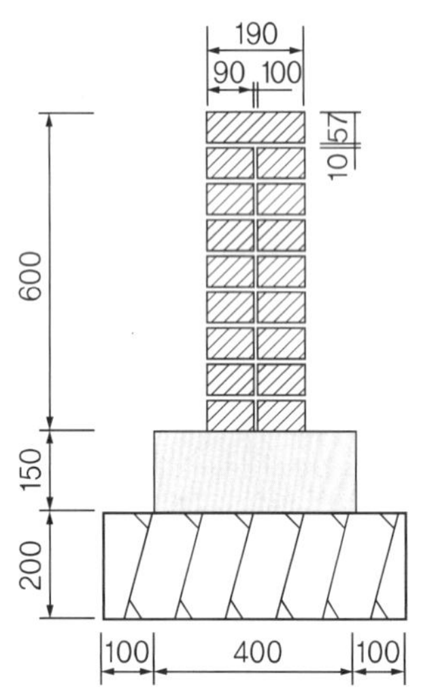

벽돌쌓기 단면도

03 크기 15 × 9m의 옥외 주차장에 콘크리트 포장시공을 하려고 한다. 포장은 잡석 30cm와 콘크리트(1 : 2 : 4) 20cm로 시공된다. 다음 조건을 참고하여 물음에 답하시오(단, 금액의 원단위 미만은 버리시오).

토공 및 지정

(m^3당)

구분	터파기	잔토처리	잡석지정
보통인부	0.21인	0.20인	1.0인

1) 터파기량(m^3)은?
2) 잡석량(m^3)은?
3) 콘크리트량(m^3)은?

콘크리트(1 : 2 : 4)

(m^3당)

구분	수량	노무비(원/인.일)
시멘트(kg)	320	–
모래(m^3)	0.45	–
자갈(m^3)	0.90	–
콘크리트공	0.8인	120,000
보통인부	0.8인	90,000

4) 시멘트량(포대)은?
5) 모래량(m^3)은?
6) 자갈량(m^3)은?
7) 노무비는?

정답 1) 터파기량 : 67.5m^3
2) 잡석량 : 40.5m^3
3) 콘크리트량 : 27m^3
4) 시멘트량 : 216포
5) 모래량 : 12.15m^3
6) 자갈량 : 24.3m^3
7) 노무비 : 10,671,750원

해설 포장공사는 거의 터파기량이 잔토처리량이다. 즉, 되메우기가 없다(0%는 아님).
1) 터파기량 = 15 × 9 × (0.3 + 0.2) = 67.5m^3
2) 잡석량 = 15 × 9 × 0.3 = 40.5m^3
3) 콘크리트량 = 15 × 9 × 0.2 = 27m^3
4) 시멘트량 = (콘크리트량 × 단위수량) ÷ 시멘트 1포 중량 = (27 × 320) ÷ 40 = 216포
5) 모래량 = 콘크리트량 × 단위수량 = 27 × 0.45 = 12.15m^3
6) 자갈량 = 콘크리트량 × 단위수량 = 27 × 0.9 = 24.3m^3
7) 노무비 = 보통인부 + 콘크리트공
= (67.5 × 0.21 + 67.5 × 0.2 + 40.5 × 1.0 + 27 × 0.8) × 90,000 + 27 × 0.8 × 120,000
= 10,671,750원

04 콘크리트 보도블록(0.3×0.3×0.06m)을 사용하여 길이 80m, 폭 35m인 근린공원 광장을 포장하려고 한다. 포장 순서는 잡석을 20cm 두께로 다짐하고, 콘크리트(1 : 3 : 6)를 15cm 친 후 모래를 3cm 두께로 깔고 보도블록을 포장한다. 다음 사항들을 참고로 하여 물음에 답하시오(단, 원단위 이하는 버리시오).

품 및 단가 (m^3당)

구분	터파기	잔토처리	잡석지정	콘크리트 타설	단가(원)
보통인부(인)	0.3	0.2	0.5	0.82	90,000
콘크리트공(인)	–	–	–	0.85	110,000

보도블록 깔기 (100m^2당)

구분	규격	단위	수량	단가(원)
보도블록	0.3×0.3×0.06(m)	개	1,100	300
줄눈모래	줄눈 3mm 기준	m^3	0.2	120,000
포설공	–	인	3.6	130,000
보통인부	모래펴기, 바닥만들기, 정리 품 포함	인	4.7	90,000

재료 및 단가

배합비	콘크리트(m^3)			잡석(m^3)	모래(m^3)
	시멘트	모래	자갈		
1 : 3 : 6	220kg	0.47m^3	0.94m^3	–	–
단가	200원/kg	120,000원/m^3	150,000원/m^3	50,000원	120,000원

1) 재료비와 인건비를 구하시오.
2) 공사비를 구하시오.
3) 시공단면도를 축척 1/10으로 그리시오.

정답 1) 재료비 : 149,380,000원, 인건비 : 175,854,000원
2) 공사비 : 325,234,000원
3) 시공단면도

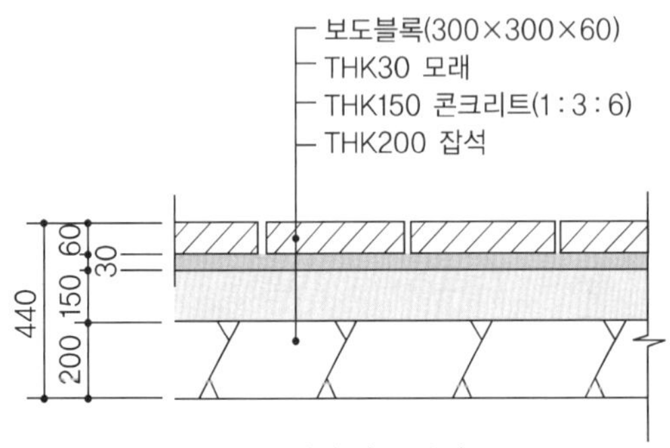

시공단면도(S : 1/10)

해설 1) 재료비
- 재료비의 목록이 주어지지 않았으므로 시공재료 순서대로 산출한다.
  - 잡석 재료비 = 80 × 35 × 0.2 × 50,000 = 28,000,000원
  - 콘크리트량 = 80 × 35 × 0.15 = 420m^3
- 시멘트 재료비 = 420 × 220 × 200 = 18,480,000원
- 모래 재료비 = 420 × 0.47 × 120,000 = 23,688,000원
- 자갈 재료비 = 420 × 0.94 × 150,000 = 59,220,000원
- 바탕모래 재료비 = 80 × 35 × 0.03 × 120,000 = 10,080,000원
- 보도블록깔기는(100m^2당)이므로 수량을 100으로 나눈 후 단위수량을 곱한다.
- 줄눈모래 재료비 = $\frac{80 \times 35}{100}$ × 0.2 × 120,000 = 672,000원
- 보도블록 재료비 = $\frac{80 \times 35}{100}$ × 1,100 × 300 = 9,240,000원

∴ 전체 재료비 = 28,000,000 + 18,480,000 + 23,688,000 + 59,220,000 + 10,080,000 + 672,000 + 9,240,000
= 149,380,000원

2) 인건비와 공사비 : "시공재료는 인건비가 요구된다"라고 생각하면 간단하다. 단, 이 문제의 경우 바탕모래는 보도블록깔기의 보통인부가 작업을 하므로 인건비는 산정하지 않아도 된다.
   - 터파기 인건비 = 80 × 35 × 0.44 × 0.3 × 90,000 = 33,264,000원
   - 잔토처리 인건비 = 80 × 35 × 0.44 × 0.2 × 90,000 = 22,176,000원
   - 잡석 인건비 = 80 × 35 × 0.2 × 0.5 × 90,000 = 25,200,000원
   - 콘크리트 인건비 = 80 × 35 × 0.15 × (0.85 × 110,000 + 0.82 × 90,000) = 70,266,000원
   - 보도블록 인건비 = $\frac{80 \times 35}{100}$ × (3.6 × 130,000 + 4.7 × 90,000) = 24,948,000원
   - 전체 인건비 = 33,264,000 + 22,176,000 + 25,200,000 + 70,266,000 + 24,948,000
     = 175,854,000원

   ∴ 전체 공사비 = 전체 재료비 + 전체 인건비 = 149,380,000 + 175,854,000 = 325,234,000원

3) 포장단면상세도는 포장재료 순서대로 작도하면 된다. 제시된 축척 비례를 맞추어 그려야 한다.

05 근원직경(R)이 25cm인 팽나무를 굴취하려고 한다. 상수(d)가 4일 때 뿌리분의 크기(W), 근원직경(R)이 25cm인 팽나무를 굴취하려고 한다. 상수(d)가 4일 때 뿌리분의 크기(W)는 얼마인지 수식에 의해 구하시오.

정답 112cm

해설 뿌리분의 지름(W) = 24 + (N − 3) × d = 24 + (25 − 3) × 4 = 112(cm)

06 수목의 지하부 토양(모래)의 단위 중량은 몇 kg/m^{3}인지 쓰시오.

정답 1,800~1,900kg/m^3

07 Planter Box 평면도의 A부분은 영산홍(H0.4×W0.4), B부분은 산철쭉(H0.5×W0.5)을 군식하려 한다. 영산홍은 12주/m^2, 산철쭉 6주/m^2로 식재한다면 각각 몇 주를 식재해야 하는지 답하시오.

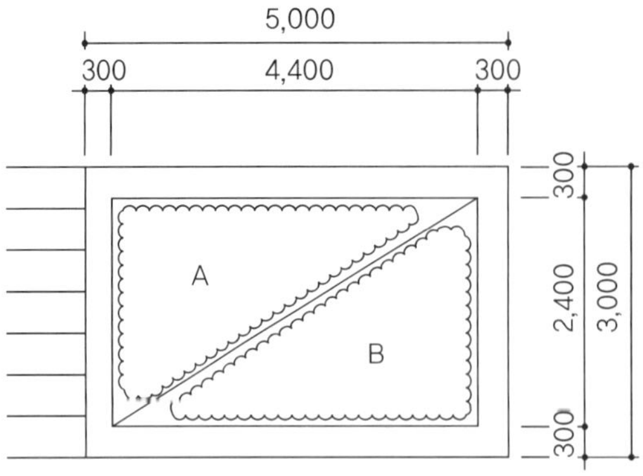

[Planter Box 평면도]

정답 • 영산홍 식재수량 : 64(주)
• 산철쭉 식재수량 : 32(주)

해설 식재수량 = 식재면적 × 식재밀도

• 영산홍 식재수량 = $\frac{4.4 \times 2.4}{2} \times 12 = 63.36$(주) → 64(주)

• 산철쭉 식재수량 = $\frac{4.4 \times 2.4}{2} \times 6 = 31.68$(주) → 32(주)

08 200×10m의 법면(평면과 경사면)에 잔디시공(평떼전면붙이기)을 하려고 한다. 도면을 참조하여 잔디 식재면적(m^2)과 잔디(0.3×0.3×0.03m) 수량(장)을 산출하시오(단, 소수점 둘째자리에서 반올림하시오).

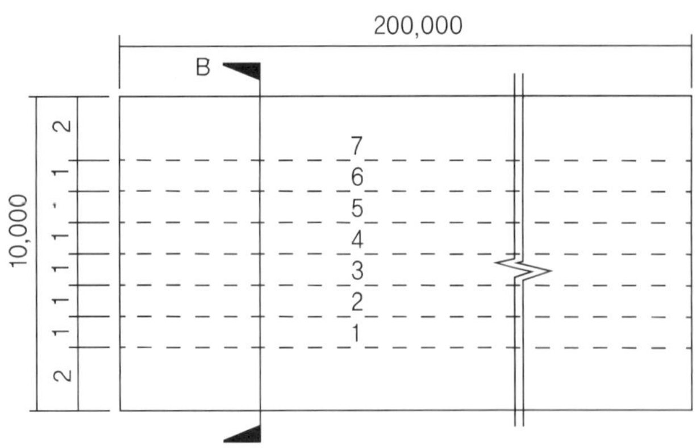

[법면 평면도]

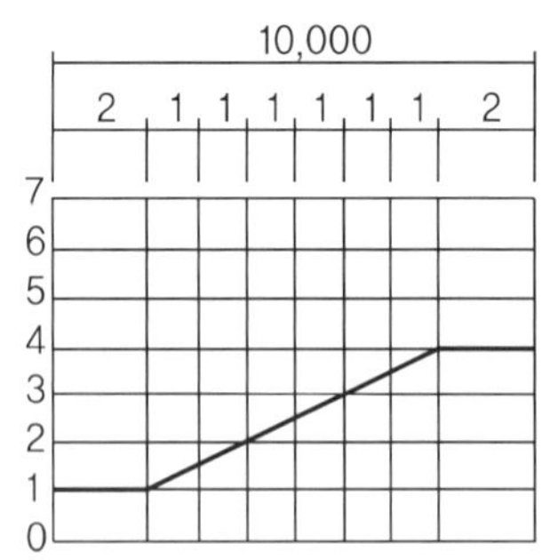

[B–B′ 단면도]

정답 식재면적 : 2,141.6(m^2), 잔디수량 : 23,795.6(장)

해설 • 평면과 경사면의 면적을 산출한다.
– 하단 평지면적 = 200 × 2 = 400(m^2)
– 상단 평지면적 = 200 × 2 = 400(m^2)
– 경사면면적 = $\sqrt{수평길이^2 + 수직길이^2} \times 길이 = \sqrt{6^2 + 3^2} \times 200 = 1,341.6$($m^2$)
• 식재면적 = (하단 + 상단 + 경사면)면적 = 400 + 400 + 1,341.6 = 2,141.6(m^2)
• 잔디수량 = 식재면적 × $\left(\frac{1}{0.3 \times 0.3}\right)$ = 2,141.6 × $\left(\frac{1}{0.3 \times 0.3}\right)$ = 23,795.6(장)

09 도장공사를 위한 목부 바탕 만들기 공정순서를 다음에서 골라 순서대로 쓰시오.

송진처리, 구멍땜, 옹이땜, 오염·부착물 제거, 연마지 닦기

정답 오염·부착물 제거 → 송진처리 → 연마지 닦기 → 옹이땜 → 구멍땜

10 다음 원목의 재적(부피)을 m^3와 재로 구하시오(단, 1치 = 3cm, 1자 = 30cm).

1) 말구지름 30cm, 원구지름 45cm, 길이 8.5m인 통나무 20개 2) 말구지름 20cm, 원구지름 30cm, 길이 5m인 통나무 16개

정답 1) $17m^3$ = 5,246.9재
2) $3.2m^3$ = 987.7재

해설 1재 = $0.03 \times 0.03 \times 12 \times 0.3 = 0.00324m^3$

1) 길이가 6m 이상이므로

$$V=\left(D+\frac{L'-4}{200}\right)^2 \times L \times \text{개수} = \left(0.3+\frac{8-4}{200}\right)^2 \times 8.5 \times 20 = (0.32)^2 \times 8.5 \times 20 = 17m^3$$

$$\therefore \frac{17}{0.00324} = 5,246.9\text{재}$$

2) 길이가 6m 미만이므로

$$V = D^2 \times L \times \text{개수} = (0.2)^2 \times 5 \times 16 = 3.2m^3$$

$$\therefore \frac{3.2}{0.00324} = 987.7\text{재}$$

11 유성 페인트를 철재계단에 붓으로 3회 도장을 하려고 할 때 다음의 붓칠 품셈표와 단가표를 참조하여 1) 재료비 및 2) 노무비를 산정하시오(단, 소수점 이하는 버리시오).

- 철재계단 전체 표면적 : 200m², 계단참 표면적 : 50m²
- 목재난간 표면적 : 20m²

붓칠

(m^2 당)

바탕별	구분 / 재료명, 단위		칠수량 1회	칠수량 2회	칠수량 3회	도장공(인) 1회	도장공(인) 2회	도장공(인) 3회
목재면	유성 페인트	L	0.094	0.176	0.248	0.02	0.041	0.061
	시너	L	0.004	0.008	0.011			
	퍼티	kg	–	0.03	0.03			
	연마지	매	–	0.07	0.14			
철재면	유성 페인트	L	0.081	0.166	0.246	0.023	0.046	0.065
	시너	L	0.004	0.008	0.012			
	퍼티	kg	0.08	0.08	0.08			
	연마지	매	0.05	0.10	0.15			

단가표

재료명	단위	단가(원)
유성 페인트	L	10,000
시너	L	5,000
퍼티	kg	7,000
연마지	매	1,000
도장공	인	120,000

정답 1) 재료비 : 865,200원
2) 노무비 : 2,096,400원

해설 목재부와 철재부위를 구분하여 산출한다.

1) 재료비
- 유성 페인트
  - 철재부 = (계단면적 + 참면적) × 단위수량 × 단가 = (200 + 50) × 0.246 × 10,000 = 615,000(원)
  - 목재부 = 난간면적 × 단위수량 × 단가 = 20 × 0.248 × 10,000 = 49,600(원)
  - 유성 페인트 = 철재부 + 목재부 = 615,000 + 49,600 = 664,600(원)
- 시너
  - 철재부 = (계단면적 + 참면적) × 단위수량 × 단가 = (200 + 50) × 0.012 × 5,000 = 15,000(원)
  - 목재부 = 난간면적 × 단위수량 × 단가 = 20 × 0.011 × 5,000 = 1,100(원)
  - 시너 = 철재부 + 목재부 = 15,000 + 1,100 = 16,100(원)
- 퍼티
  - 철재부 = (계단면적 + 참면적) × 단위수량 × 단가 = (200 + 50) × 0.08 × 7,000 = 140,000(원)
  - 목재부 = 난간면적 × 단위수량 × 단가 = 20 × 0.03 × 7,000 = 4,200(원)
  - 퍼티 = 철재부 + 목재부 = 140,000 + 4,200 = 144,200(원)
- 연마지
  - 철재부 = (계단면적 + 참면적) × 단위수량 × 단가 = (200 + 50) × 0.15 × 1,000 = 37,500(원)
  - 목재부 = 난간면적 × 단위수량 × 단가 = 20 × 0.14 × 1,000 = 2,800(원)
  - 연마지 = 철재부 + 목재부 = 37,500 + 2,800 = 40,300(원)

∴ 재료비 = 유성 페인트 + 시너 + 퍼티 + 연마지
= 664,600 + 16,100 + 144,200 + 40,300 = 865,200(원)

2) 노무비 = [철재 표면적(계단면적 + 참면적) × 단위수 + (목재 표면적 × 단위수)] × 단가
= [(200 + 50) × 0.065 + (20 × 0.061)] × 120,000 = 2,096,400(원)

08 조경식재설계

제1절 조경식재설계 구상하기

1 식재개념 구상

(1) 식재개념 구상

① 식재개념 구상 과정

㉠ 식개개념의 기본구상 및 식물 소재의 기능 요구 분석→수종 선정→식재 주수 산정 및 식재 간격→기본구상도 작성

㉡ 설계목표에 의한 기본구상의 개념을 설정한 후 식물재료에 대한 기능을 파악하여야 한다.

② 기본구상 개념

㉠ 일종의 프로그램으로서 설계의 특성과 대상지 조건·상태에 따라 다양한 내용을 갖는다.

㉡ 기본 방향과 기본구상 내용이 결정되면 다양한 측면에서 가장 효과적이며 경제적인 수종을 선택해야 한다.

(2) 식재개념 표현과 설명

① 식재개념 표현

㉠ 전체 공간 개념에 부합되어야 한다.

㉡ 세부적으로 상세한 식재개념을 표현하여야 한다.

㉢ 식재개념 설명을 위해서는 여러 유형의 다이어그램으로 표현할 수 있다.

㉣ 다양한 프레젠테이션 기법과 매체를 이용하여 설명할 수 있다.

② 기능 다이어그램 단계

㉠ 설계의 주요한 기능, 개략적인 설계 방향을 결정하고 도식적인 기호를 사용하여 도면을 작성하는 단계이다.

㉡ 구체적인 식물 종류의 이름, 구체적인 위치, 상세한 내용은 고려하지 않는다.

㉢ 기능식재의 위치와 군식의 개략적인 위치나 상대적인 규모만 검토한다.

③ 개념도 단계

㉠ 식재 지역을 기능 다이어그램의 단계보다 세분화한다.

㉡ 기능에 따라 교목, 관목 등의 식물 크기를 구분한다.

㉢ 상록성, 낙엽성의 구분된 내용을 표시한다.

㉣ 아직 정확한 식물명이나 배치 위치는 검토하지 않아도 되는 단계이다.

㉤ 대체적으로 식물 재료는 개체가 아닌 집단으로 취급한다.

㉥ 식물 재료의 색채와 질감의 관계를 검토한다.

㉦ 계획상의 오류를 줄이기 위해 입면 다이어그램을 작성한다.

㉧ 상대적인 높이나 윤곽 대비, 균형 관계 등을 검토하는 것이 좋다.

출제예상문제

01 식재설계의 주요한 기능, 개략적인 설계 방향을 결정하고 도식적인 기호를 사용하여 도면을 작성하는 단계에 해당하는 단계의 명칭을 쓰시오.

정답 기능 다이어그램 단계

02 식재설계의 개념도 단계에서는 식물 재료를 어떻게 보고 작성을 해야 하는지 쓰시오.

정답 개체가 아닌 집단

03 식재개념의 구상에서 전체 공간의 생태적 특성을 파악해야 하는데 생태적 특성에 해당하는 내용을 2가지 이상 쓰시오.

정답 온도(기후대), 토양, 표고, 풍향

04 식재개념을 가장 적절하게 표현할 수 있는 방법을 쓰시오.

정답 기능 다이어그램

05 식재개념도의 구성 내용은 공간, 동선, 식재군 등의 미적표현보다는 어느 부분에 초점을 맞추어야 하는지 쓰시오.

정답 상호 관련성

06 식재개념도 구성 내용의 보충자료로서 개념도를 보는 이로 하여금 이해를 도울 수 있다. 개념도의 보충자료를 2가지 이상 쓰시오.

정답 입면도, 스케치, 단면도

2 기능식재설계

(1) 기능식재의 개념과 특성

① 기능식재(Function Planting) : 특별한 기능을 위해 식재되는 양식을 말한다.

② 기능식재의 종류

㉠ 공간조절기능 : 경계식재, 유도식재

㉡ 경관조절기능 : 지표식재, 경관식재, 차폐식재

㉢ 환경조절기능 : 녹음식재, 방풍식재, 방설식재, 방화식재, 지피식재, 임해매립지식재, 침식지·사면식재

식재	기능 및 개념	도입수목
차폐식재	• 인접 불량지와의 차단과 공원 이용자의 이동은 제한하며, 소음을 감소시키고자 치밀한 수목으로 식재한다. • 인접 불량요소 차단을 목적으로 사계절 차폐가 가능한 상록수식재로 시선차단과 방풍효과 및 방음효과를 갖는다.	구상나무, 독일가문비나무, 잣나무, 주목, 편백, 무궁화, 개나리, 쥐똥나무, 회양목 등
완충 및 경계식재	• 부지외곽의 경계를 따라 식재하여 인접지와의 기능을 분리하는 역할을 한다. • 각 공간의 구조적 프레임을 형성하여 기능적으로 공간이 분리되었음을 인식하게 한다.	차폐식재 도입수목 및 은행나무, 느티나무, 버즘나무, 메타세쿼이아 등
지표식재	• 공원의 특징적 식재를 나타내는 아름다운 수형의 식재를 도입한다. • 특징적 수형을 가진 수목의 식재로 랜드마크적 역할을 할 수 있도록 한다. • 조형성이 강조된 식재로 진입부의 랜드마크적 기능을 증대한다.	소나무, 잣나무, 주목, 향나무, 단풍나무, 모과나무 등
요점식재	• 상징적 의미를 갖는 수목을 식재하여 경관적 요소에 특징적 요소를 강조한다. • 시각적 유인성을 갖는 수형의 수목으로 결절점을 인식하게 한다.	소나무, 잣나무, 주목, 향나무, 단풍나무, 모과나무 등
녹음식재	• 도입되는 공간에 그늘을 제공하고, 경관향상을 위하여 도입한다. • 햇빛을 차단하여 직사광선을 피할 수 있도록 그늘을 제공함으로써 이용자에게 쾌적함을 제공한다.	은행나무, 느티나무, 버즘나무, 튤립나무 등
경관식재	• 주변 경관과의 연결성을 갖고, 시각적으로 아름다운 수종을 자유형으로 식재한다. • 장식적 효과를 증대시키고 주변경관과 어울릴 수 있도록 식재한다.	은행나무, 느티나무, 주목, 향나무, 소나무, 목련, 모과나무, 단풍나무 등

출제예상문제

01 경관조절기능식재에 해당하는 식재의 종류를 쓰시오.

정답 지표식재, 경관식재, 차폐식재

02 다음에서 설명하는 식재의 종류를 쓰시오.

> 1) 아름다운 꽃, 열매, 단풍 및 수형이 단정하고 아름다운 수종으로 식재되어야 한다.
> 2) 잎이 두껍고 함수량이 많은 수종, 잎이 수직 방향으로 치밀한 상록교목, 배기가스 등의 공해에 강한 수종으로 식재되어야 한다.

정답 1) 경관식재
2) 방화식재

03 다음은 기능식재의 변화 예측에 대한 설명이다. (   ) 안에 알맞은 내용을 쓰시오.

> • 시간에 따른 공간의 기능 변화 내용을 고려하여 기능식재의 변경 (①)을 검토한다.
> • 기능식재의 변화로 인해 예상되는 (②)을 최소화하는 방안을 검토한다.

정답 ① 가능성, ② 문제점

3 조경식물 선정

(1) 조경식물의 구분

① 교목과 관목

㉠ 교목

- 높이가 7~8m 이상 되는 키가 큰 나무
- 주간(主幹)이 곧게 선다.
- 줄기, 가지의 구별이 뚜렷하여 수관을 이룬다.

㉡ 관목

- 교목보다 키가 작다.
- 줄기가 땅 위로 여러 갈래로 나온다.
- 줄기가 땅 위로 기는 특징이 있다.

※ 아교목(亞喬木) : 교목보다는 작고 관목보다는 큰 나무

② 초본과 목본의 분류

㉠ 초본의 특성

- 지상부에서의 생존기간이 짧다.
- 비대생장을 하지 않는 식물을 말한다.

㉡ 목본의 특성

- 지상의 줄기가 1년 넘게 생존을 지속한다.
- 목질화되어 비대생장을 하는 특징을 갖는다.
- 이러한 구분은 절대적인 것은 아니다.
- 초본과 목본의 특성을 동시에 나타내는 식물들도 있다.

㉢ 생활사 : 땅에 떨어진 종자가 발아하여 성장, 개화, 결실하는 일생의 과정

㉣ 생활사를 통해 초본은 크게 일년생, 이년생, 다년생 초본으로 구분할 수 있다.

일년생 초본	• 1년 이내에 생활사가 끝나는 식물이다. • 어떤 계절은 종자 상태로 있는 종류가 있다. – 춘파일년초(여름형) – 추파일년초(겨울형)
이년생 초본	• 1년 이상 2~3년에 걸친 생활사를 지닌 초본류를 이년초라고 한다. • 봄, 여름부터 가을에 걸쳐서 생장하는 초본류 • 다시 1년을 지나 생장하는 초본류도 있다.
다년생 초본	개체의 수명이 3년 이상인 초본을 일컫는다.

③ 만경목

㉠ 식물의 줄기가 길게 뻗어 나간다.

㉡ 다른 물건이나 수목을 감아가면서 성장한다.

㉢ 감아 올라갈 대상이 없을 때는 땅바닥을 타고 퍼진다.

㉣ 이들 중 목본에 해당하는 것을 말한다.

㉤ 스스로 서지 못해 기거나 타고 오르는 나무를 말한다.

㉥ 덩굴나무, 덩굴수목 등으로 부른다.

④ 조형목

㉠ 조형목의 형성과정

- 성장한 나무에 특정한 목적과 목표를 설정한다.
- 전정 등 인위적인 방법으로 특수한 모양을 만든다.
- 특수한 장소에 특수한 기능을 갖도록 식재한다.

㉡ 성장과정, 식재과정, 유지관리과정이 일반 수목과는 다르게 수행된다.

㉢ 일반 수목과는 구별되는 특별한 수단이 필요한 수목을 말한다.

(2) 조경수목의 물리적 요소

① 형태(Form)

㉠ 조경수목은 살아 있는 생명체이므로 성장 상태를 파악하여 중간단계의 성장 형태를 인지할 필요가 있다.

㉡ 자생지의 지형적 특성과 관련이 깊으며 고유한 성장 습관에 따라 결정된다.

㉢ 자연수형을 좌우하는 주요 인자 : 수간(樹幹)의 모양, 수관(樹冠), 수지(樹枝)이다.

㉣ 대부분의 수목은 둥근 형태를 띄고 있다.

㉤ 수직적 형태는 강조요소로 시선을 지면으로 모으는 효과가 있다.

㉥ 수평적, 넓은 형태는 공간의 넓이와 폭을 강조하여 편안한 느낌을 준다.

② 질감(Texture) : 물체의 표면이 빛을 받았을 때 생기는 명암의 배합률에 따라 느끼게 되는 시각적인 감각

㉠ 질감의 3단계 : 거칠(Coarse), 보통(Medium), 고움(Fine)

㉡ 질감의 결정 요소 : 상대적인 측면과 관찰자의 거리

㉢ 빛과 그림자, 수목의 나이도 질감에 차이가 난다.

㉣ 조경식재설계 시 질감의 급격한 변화와 대조는 가급적 피한다.

㉤ 구석진 곳의 식재 처리는 양끝에 거친 질감으로부터 중간지점이나 모퉁이에 고운 질감으로의 변화를 주는 것이 좋다.

③ 색채(Color)

㉠ 조경식물의 색채적인 경관 요소

- 꽃과 열매의 화려한 색채
- 아름다운 잎의 색깔
- 독특한 색상을 갖는 줄기

㉡ 경관에 변화와 리듬을 주어 시각적으로 강한 매력을 느끼게 하는 경관요소이다.

㉢ 경관구성에서 잎의 색채미는 수관 전체의 신록과 단풍이 주체가 된다.

㉣ 열매의 색상과 줄기색도 시각적으로 강한 인상을 남긴다.

(3) 식재설계의 미적 요소

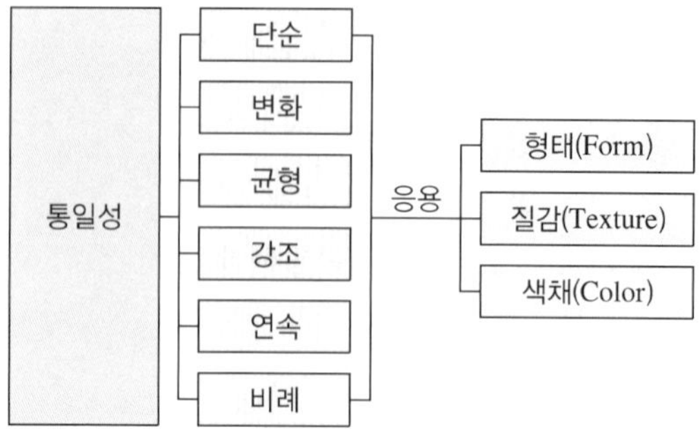

① 통일성

㉠ 동질성을 창출하기 위한 여러 부분들의 조화 있는 조합

㉡ 통일성의 목적 : 주의 집중, 질서 창출

㉢ 주변과의 유기적 관련성

㉣ 일관성

② 단순(우아함)

㉠ 기능적인 요구 해결과 매력을 창출하는 요소이다.

㉡ 반복적으로 구현할 경우 친숙함과 안정감을 준다.

㉢ 지루함과 단조로움을 방지하기 위해서 반복을 주의 깊게 절제해야 한다.

㉣ 변화 제공을 통해 반복을 제어하고 흥미를 유발할 필요가 있다.

③ 변화

㉠ 변화는 획일성에서 탈피할 수 있는 요소이다.

㉡ 식재설계의 분위기를 조절해 준다.

㉢ 반복과 변화는 주의 깊은 균형이 필요하다.

㉣ 너무 많은 변화는 혼잡을 초래한다.

㉤ 변화는 강한 대비를 창출하기 때문에 부족한 듯 사용되는 것이 바람직하다.

④ 균형

㉠ 균형은 단지 보는 것만이 아닌 느낌으로도 발견될 수 있는 요소이다.

㉡ 색채도 시각적인 무게를 주기 때문에 균형에 영향을 준다.

㉢ 질감도 균형에 영향을 준다.

㉣ 축(Axis)을 통한 균형은 대칭균형으로 정형적인 식재 패턴에 사용된다.

⑤ 강조(Accent)

㉠ 강조는 연속되거나 형태를 이룬 식물 재료들 가운데서 일어나는 하나의 시각적 분기점이다.

㉡ 극적 효과와 극적 감정을 조장하여 주의력과 시각적인 초점을 조절한다.

㉢ 강조가 효과적이기 위해서는 강력한 것이 좋다.

㉣ 강조의 효과를 주는 요소

- 상대적인 질감의 배열
- 간격의 대비
- 크기의 변화
- 색채

⑥ 연속

㉠ 연속은 계속성과 연결에 의해서 특징지어지는 요소이다.

㉡ 형태, 색채, 질감의 연속은 질서와 방향성 및 이동을 유도하며, 경관의 리듬을 조성한다.

⑦ 스케일(Scale)

㉠ 스케일은 대상물의 절대적인 크기 또는 상대적인 크기를 가리키는 척도이다.

㉡ 설계의 효과는 항상 부지의 스케일, 사이즈와 관련 된다는 점에 유의한다.

(4) 생태환경 특성에 따른 추천 수종

① 기후대에 따른 식재수종

㉠ 전국 추천 수종

낙엽활엽수	교목	버드나무, 상수리나무, 굴참나무, 떡갈나무, 갈참나무, 졸참나무, 황벽나무, 고로쇠나무, 음나무, 층층나무, 비목나무, 산벚나무, 산사나무, 산돌배나무, 팥배나무, 자귀나무, 쉬나무 쪽동백나무, 때죽나무, 신나무, 시무나무, 주엽나무, 다릅나무, 말채나무, 쇠물푸레나무, 물푸레나무 등
	소교목	회나무, 노린재나무, 붉나무, 참빗살나무, 당단풍, 정향나무, 수수꽃다리 등
	관목	참개암나무, 고광나무, 국수나무, 초록싸리, 고추나무, 갈매나무, 박쥐나무, 정금나무, 병꽃나무, 생강나무, 조팝나무, 옥매, 화살나무, 진달래, 분꽃나무, 괴불나무, 말발도리, 찔레꽃 등
	만경목	오미자, 으아리, 노박덩굴, 머루, 다래, 인동덩굴 등
상록활엽수	관목	조릿대 등

㉡ 난온대 기후대 추천 수종

상록활엽수	교목	소귀나무, 구실잣밤나무, 붉가시나무, 가시나무, 종가시나무, 참가시나무, 녹나무, 생달나무, 후박나무, 참식나무, 흰새덕이, 육박나무, 담팔수, 황칠나무, 아왜나무, 동백나무, 먼나무, 감탕나무, 후피향나무 등
	소교목	사스레피나무, 돈나무, 까마귀쪽나무, 굴거리나무, 우묵사스레피나무, 꽝꽝나무, 광나무, 사철나무, 호랑가시나무 등
	관목	다정큼나무, 개산초나무, 팔손이 등
	만경목	모람, 멀꿀, 송악, 마삭줄, 보리밥나무 등
낙엽활엽수	교목	머귀나무, 멀구슬나무, 장구밥나무, 천선과, 말오줌때나무, 황근, 예덕나무 등
	관목	장구밥나무, 팥꽃나무, 순비기나무 등

㉢ 온대남부 기후대 추천 수종

상록활엽수	교목	왕버들, 굴피나무, 개서어나무, 포도나무, 이나무, 곰의말채, 대팻집나무, 노각나무, 고욤나무, 합다리나무, 모감주나무 등
	소교목	보리수나무, 나도밤나무, 누리장나무, 사람주나무, 꾸지뽕나무, 까마귀베게, 윤노리나무, 백동백나무 등
	관목	까마귀밥나무, 히어리, 병아리꽃나무, 덜꿩나무, 가막실나무, 상산 등
	만경목	으름덩굴 등

㉣ 온대중북부 기후대 추천 수종

상록활엽수	교목	서어나무, 신갈나무, 비술나무, 느릅나무, 거제수나무, 마가목, 야광나무, 아그배나무, 복자기나무, 부게꽃나무, 산겨릅나무, 시닥나무, 염주나무, 자작나무, 망개나무, 귀룽나무, 피나무, 풍게나무, 들메나무, 가래나무, 박달나무 등
	소교목	함박꽃나무 등
	관목	오갈피나무, 개느삼, 산초나무, 흰말채나무, 가침박달, 쉬땅나무, 붉은인가목, 풀또기, 백당나무, 매자나무, 매발톱나무, 이스라지, 댕강나무 등
낙엽활엽수	교목	머귀나무, 멀구슬나무, 장구밥나무, 천선과, 말오줌때나무, 황근, 예덕나무 등

② 토양환경에 따른 식재수종

㉠ 토양수분에 따른 추천 수종

- 습지 : 낙우송, 메타세콰이아, 수양버들, 은백양, 왕버들나무, 가래나무, 자작나무, 물푸레나무, 들메나무 등
- 건조 : 소나무, 곰솔, 리기다소나무, 금송, 향나무, 상수리나무, 굴참나무, 조릿대류, 해당화 등

㉡ 토양양료 수준에 따른 추천 수종

- 척박지 : 소나무, 노간주, 곰솔, 리기다소나무, 줄가시나무, 참느릅나무 등
- 비옥지 : 삼나무, 서양측백, 금송, 주목, 측백나무, 가시나무, 참식나무, 후박나무, 담팔수, 붉가시나무, 장미 등
- 비료목 : 다릅나무, 오리나무, 싸리류, 아까시나무, 자귀나무, 보리장나무 등

㉢ 토양산도에 따른 추천 수종

- 강산성 토양 : 가문비나무, 리기다소나무, 소나무, 오리나무, 싸리나무류, 상수리나무, 팥배나무, 진달래, 철쭉 등
- 약산성~중성토양 : 가시나무, 갈참나무, 녹나무, 느티나무, 떡갈나무, 졸참나무 등
- 염기성(석탄암지대 토양) : 산개나리, 회양목, 향나무, 고광나무, 남천 등

㉣ 토성에 따른 추천 수종

- 사양토 : 은행나무, 소나무, 젓나무, 솔송나무, 히말라야시다, 삼나무, 졸참나무, 사철나무, 유도화 등
- 양토 : 주목, 잣나무, 서양측백, 이팝나무, 단풍나무, 낙우송, 메타세쿼이아, 소양버들, 철쭉류 등
- 사질토 : 곰솔, 향나무, 순비기나무, 해당화, 다정큼나무, 자금우, 아까시나무, 찔레꽃 등
- 급경사지 : 삼나무, 소나무, 솔송나무, 일본잎갈나무, 전나무, 편백, 화백, 이대 등

㉤ 토양심도에 따른 추천 수종

- 심근성 : 소나무, 전나무, 곰솔, 메타세쿼이아, 낙우송, 상수리나무, 굴참나무 등
- 천근성 : 버드나무류, 측백나무, 가이즈까향나무, 히말라야시다, 수수꽃다리, 주목 등

③ 광량에 따른 식재 수종

㉠ 강음수 : 금속, 주목, 눈주목, 식나무, 백량금, 죽절초 등

㉡ 음수 : 비자나무, 가문비나무, 주목, 회양목, 동백나무, 개비자나무, 굴거리나무 등

㉢ 중용수 : 천선과나무, 후피향나무, 산다화, 후박나무, 가시나무류, 단풍나무 등

㉣ 양수 : 향나무, 자귀나무, 다릅나무, 굴피나무, 삼나무, 낙엽송, 측백나무, 자작나무, 노간주나무, 개잎갈나무 등

㉤ 강양수 : 예덕나무, 두릅나무, 누리장나무 등

④ 환경조절을 위한 식재수종

㉠ 대기오염 정화용 추천 수종

- 아황산가스에 강한 수종 : 은행나무, 가이즈까향나무, 히말라야시다, 녹나무, 가시나무류, 후박나무, 굴거리나무, 가중나무, 느릅나무, 갈참나무, 멀구슬나무, 유카, 실유카, 당종려, 소철 등
- 아황산가스에 약한 수종 : 소나무, 가문비나무, 구상나무, 낙엽송, 노간주나무, 잣나무, 심잣나무, 후피향나무, 벽오동나무, 버드나무류, 등나무, 줄사철나무, 대나무류 등
- 배기가스에 강한 수종 : 느티나무, 팽나무, 이팝나무, 물푸레나무, 히말라야시다, 금송, 광나무, 은목서, 호랑가시나무, 고로쇠나무, 벚나무류, 목련 등

㉡ 방풍, 방사용 추천 수종

- 방풍용 : 소나무, 곰솔, 가시나무, 아왜나무, 주목, 리기다소나무, 소귀나무, 구실잣밤나무, 후박나무, 동백나무, 느티나무, 팽나무, 모감주나무, 참느릅나무, 왕소사나무, 팥배나무 등
- 방사, 방진용 : 눈향나무, 동백나무, 사철나무, 아카시나무, 싸리, 해당화, 사방오리나무, 구실잣밤나무, 굴거리나무, 감탕나무, 박태기나무, 쥐똥나무, 줄가시나무, 보리장나무, 순비기나무, 버드나무류, 섬쥐똥나무 등

㉢ 방설용 추천 수종 : 구상나무, 가문비나무, 주목, 소나무, 곰솔, 개잎갈나무, 낙엽송, 독일가문비, 느티나무, 팽나무, 느릅나무, 떡갈나무, 갈참나무, 졸참나무, 상수리나무, 주목, 화백, 편백, 꽝꽝나무, 굴거리나무 등

⑤ 도시 환경녹화용 수종

성상별 \ 기후대		난온대	온대 남부	온대 중북부	전국
방풍용	교목	멀구슬나무	팽나무, 푸조나무, 왕버들, 굴피나무	비술나무, 오리나무, 물오리나무	상수리나무, 갈참나무, 떡갈나무, 졸참나무, 느티나무, 쉬나무, 말채나무
	아교목				팥배나무, 벚나무류, 단풍나무, 때죽나무
	관목	장구밥나무, 상동나무	가막살나무, 달꿩나무	산철쭉	초록싸리, 국수나무, 진달래, 병꽃나무, 개암나무류, 괴불나무
방사, 방진용	교목	붉가시나무, 구실잣밤나무, 종가시나무, 가시나무, 참가시나무	붉가시나무		
방사, 방진용	아교목	굴거리나무, 돈나무, 사스레피나무, 광나무, 동백나무, 아왜나무	굴거리나무, 광나무, 동백나무		
	관목	꽝꽝나무, 다정큼나무	회양목	회양목	회양목
상록 침엽수	교목		화백, 편백, 측백나무	측백나무	서양측백, 향나무, 측백나무, 가이즈까향나무

⑥ 해안가에 적합한 식재수종

㉠ 내염성에 따른 추천 수종

상록	교목	녹나무, 붉가시나무, 구실잣밤나무, 후박나무, 감탕나무, 먼나무, 생달나무, 아왜나무, 종가시나무 등
	관목	사철나무, 눈향나무, 돈나무, 피라칸사, 호랑가시나무, 식나무, 팔손이, 영산홍 등
낙엽	교목	졸참나무, 느티나무, 멀구슬나무, 상수리나무, 주엽나무, 참느릅나무, 팽나무, 박태기나무, 대추나무, 때죽나무, 머귀나무 등
	관목	조팝나무, 작살나무, 구기자나무, 황근, 돌가시, 말발도리, 명자나무, 부용, 앵도나무, 초록싸리, 찔레꽃, 해당화 등
만경류		남오미자, 순비기나무, 담쟁이덩굴, 등나무, 마삭줄, 모람, 송악, 인동덩굴, 줄사철나무 등
지피류		자금우, 송악 등

ⓛ 해안림 조성용 수종

<table>
<tr><th colspan="2">구분</th><th>교목층</th><th>관목층</th><th>지피층</th></tr>
<tr><td rowspan="2">정선부
(0~3m)</td><td>상록</td><td>해송, 구실잣밤나무, 붉가시나무 등</td><td>돈나무, 다정큼나무, 우묵사스레피나무 등</td><td>순비기나무, 갯사초, 갯머위, 갯국화, 해국 등</td></tr>
<tr><td>낙엽</td><td>참느릅나무, 자귀나무, 모감주나무, 예덕나무 등</td><td>위성류, 황근, 누리장나무, 해당화 등</td><td>고려잔디, 버뮤다그래스, 문주란, 갯메꽃, 위핑러브그래스 등</td></tr>
<tr><td rowspan="2">선후방부
(3~10m)</td><td>상록</td><td>후박나무, 해송, 구실잣밤나무, 붉가시나무, 생달나무</td><td>굴거리나무, 사스레피나무, 동백나무, 꽝꽝나무, 돈나무, 광나무, 팔손이, 사철나무, 가마귀쪽나무 등</td><td>마삭줄, 자금우 등</td></tr>
<tr><td>낙엽</td><td>모감주나무, 이팝나무, 참느릅나무, 팽나무, 멀구슬나무, 예덕나무 등</td><td>황근, 새비나무, 작살나무, 누리장나무, 보리수나무, 천선과나무 등</td><td></td></tr>
<tr><td rowspan="2">방풍림내부
(10~30m)</td><td>상록</td><td>소나무, 녹나무, 참식나무, 동백나무, 감탕나무, 초록나무, 구실잣밤나무, 붉가시나무</td><td>후피향나무, 빗죽이나무, 돈나무, 다정큼나무, 광나무, 사철나무, 식나무 등</td><td>자금우, 마삭줄, 후추등, 맥문동 등</td></tr>
<tr><td>낙엽</td><td>말오줌때나무, 상수리나무, 졸참나무, 멀구슬, 벽오동나무, 음나무 등</td><td>새비나무, 작살나무, 붉나무, 보리수나무 등</td><td></td></tr>
<tr><td rowspan="2">내륙지역
(30m 이상)</td><td>상록</td><td>구실잣밤나무, 생달나무, 동백나무, 참식나무, 종가시나무 등</td><td>후피향나무, 돈나무, 광나무, 식나무 등</td><td>자금우, 마삭줄 등</td></tr>
<tr><td>낙엽</td><td>느티나무, 참느릅나무, 팽나무, 멀구슬나무 등</td><td>화살나무, 새비나무, 작살나무, 붉나무 등</td><td></td></tr>
</table>

출제예상문제

01 주간(主幹)이 곧게 서고, 줄기, 가지의 구별이 뚜렷하여 수관을 이루고 있는 수목의 종류를 쓰시오.

정답 교목

02 다음 중 초본의 특성으로 옳은 것을 모두 골라 번호를 쓰시오.

ㄱ. 지상의 줄기가 1년 넘게 생존을 지속한다.
ㄴ. 지상부에서의 생존기간이 짧다.
ㄷ. 목질화되어 비대생장을 하는 특징을 갖는다.
ㄹ. 비대생장을 하지 않는 식물을 말한다.

정답 ㄴ, ㄹ

03 생활사를 통해 초본을 구분하여 쓰시오.

정답 일년생, 이년생, 다년생

04 다른 물건이나 수목을 감아가면서 성장하다가 감아 올라갈 대상이 없을 때는 땅바닥을 타고 퍼지기도 하는 수목을 쓰시오.

정답 만경목

05 다음 중 덩굴식물을 모두 골라 쓰시오.

담쟁이, 등, 키위, 으아리, 칡, 멀꿀, 능소화, 인동덩굴

정답 담쟁이, 능소화

06 성장과정, 식재과정, 유지관리과정이 일반 수목과는 다르게 수행하는 수목을 쓰시오.

정답 조형목

07 수목의 기본 형태에서 자연수형을 좌우하는 주요 인자를 2가지 이상 쓰시오.

정답 수간(樹幹)의 모양, 수관(樹冠), 수지(樹枝)

08 수목의 기본 형태에서 공간의 넓이와 폭을 강조하여 편안한 느낌을 주는 기본 형태는 무엇인지 쓰시오.

정답 수평적, 넓은 형태

09 물체의 표면이 빛을 받았을 때 생기는 명암의 배합률에 따라 느끼게 되는 시각적인 감각을 무엇이라 하는지 쓰시오.

정답 질감(Texture)

10 질감의 3단계를 쓰시오.

정답 거침(Coarse), 보통(Medium), 고움(Fine)

11 경관에 변화와 리듬을 주어 시각적으로 강한 매력을 느끼게 하는 경관요소를 쓰시오.

정답 색채(Color)

12 식재설계의 미적 요소 중 통일성의 목적을 2가지 이상 쓰시오.

정답 주의 집중, 질서 창출, 주변과의 유기적 관련성, 일관성

13 다음의 특징을 포함하는 식재설계의 미적 요소를 쓰시오.

- 기능적인 요구 해결과 매력을 창출하는 요소이다.
- 반복적으로 구현할 경우 친숙함과 안정감을 준다.
- 지루함과 단조로움을 방지하기 위해서 반복을 주의 깊게 설제해야 한다.

정답 단순(우아함)

14 다음은 식재설계의 미적 요소에서 변화에 대한 설명이다. ( ) 안에 알맞은 내용을 쓰시오.

- 변화는 (①)에서 탈피할 수 있는 요소이다.
- 반복과 변화는 주의 깊은 (②)이 필요하다.
- 너무 많은 변화는 (③)을 초래한다.

정답 ① 획일성, ② 균형, ③ 혼잡

15 강조의 효과를 주는 요소 중 상대적인 질감의 배열 외의 다른 요소를 2가지 이상 쓰시오.

정답 간격의 대비, 크기의 변화, 색채

16 대상물의 절대적인 크기 또는 상대적인 크기를 가리키는 척도를 무엇이라 하는지 쓰시오.

정답 스케일

17 다음 중 난온대 기후대 추천 수종을 모두 골라 쓰시오.

구실잣밤나무, 병꽃나무, 자귀나무, 녹나무, 쪽동백나무, 때죽나무, 산사나무, 동백나무

정답 구실잣밤나무, 녹나무, 동백나무

18 토양수분에 따른 추천 수종 중 습지에서 잘 자라는 수종을 3가지 이상 쓰시오.

정답 낙우송, 메타세쿼이아, 수양버들, 은백양, 왕버들나무, 가래나무, 자작나무, 물푸레나무, 들메나무

19 토양양료 수준에 따른 추천 수종 중 척박지에서도 성장이 가능한 수종을 3가지 이상 쓰시오.

정답 소나무, 노간주, 곰솔, 리기다소나무, 종가시나무, 참느릅나무

20 다음은 공간 개념에 적합한 조경식물을 선정할 때 고려사항이다. (   ) 안에 알맞은 내용을 쓰시오.

- 나무가 성장했을 때의 (①)과 식재 당시의 수형과 크기를 고려한다.
- 잎과 줄기, 꽃, 가지의 상태에 따라 달리 인식되는 (②)과 경관미의 형성에 큰 역할을 하는 색채가 있는 조경식물을 검토한다.
- 조경식물의 맹아, 신록, 개화, 결실, 홍엽, 낙엽 등의 (③)을 고려한다.

정답 ① 고유 수형, ② 질감, ③ 계절적 현상

제2절 조경식재설계하기

1 식재기반설계

(1) 조경식재용 토양의 정의

① 식재기반
㉠ 식물의 뿌리가 생육할 수 있는 토양층을 말한다.
㉡ 포괄적으로 식물뿌리의 생육을 위한 토양을 포함한다.
㉢ 관수시설과 지하수위 저하를 위한 배수시설도 포함된다.
㉣ 매립지 위의 각종 차난층과 시반보강용 자재를 포함한다.
㉤ 인공지반 위의 방수층·방근층 및 식물뿌리의 건전한 생육을 위해 설치되는 모든 시설물을 포함한다.

② 인공지반 : 건축 및 토목구조물 등의 불투수층 구조물 위에 조성되는 식재기반을 말한다.

③ 특수지반 : 임해매립지, 쓰레기매립지 등 특수 기반 위에 조성되는 식재기반을 말한다.

(2) 배수시설

① 지하수의 높이 및 심토층 배수
㉠ 식물의 생육 토심이 1m 이상인 곳에서는 지하수의 높이가 지표면으로부터 1m 이상이 되도록 한다.
㉡ 생육 토심 1m 이하인 곳에서는 정체수 방지를 위해 심토층 배수시설을 한다.

② 표면배수
㉠ 지표면의 빗물 정체를 방지하기 위해 지표면의 기울기는 2% 이상으로 한다.
㉡ 지표면 기울기가 10% 이상일 경우에는 지표면의 침식을 방지하기 위한 시설을 한다.

③ 심토층 배수
㉠ 지하수위가 높은 곳
㉡ 배수 불량 지반은 맹암거
㉢ 개거(開渠) 등을 이용한 심토층 배수
㉣ 완화배수 및 수목 주위 배수암거

(3) 식물의 생육 토심

① 식물의 생육 토심

식물의 종류	생존 최소 토심(cm)			생육 최소 토심(cm)		배수층의 두께
	인공토	자연토	혼합토 (인공토 50% 기준)	토양 등급 중급 이상	토양 등급 상급 이상	
잔디, 초화류	10	15	13	30	25	10
소관목	20	30	25	45	40	15
대관목	30	45	38	60	50	20
천근성 교목	40	60	50	90	70	30
심근성 교목	60	90	75	150	100	30

② 조경식물 종류별 확보 토심

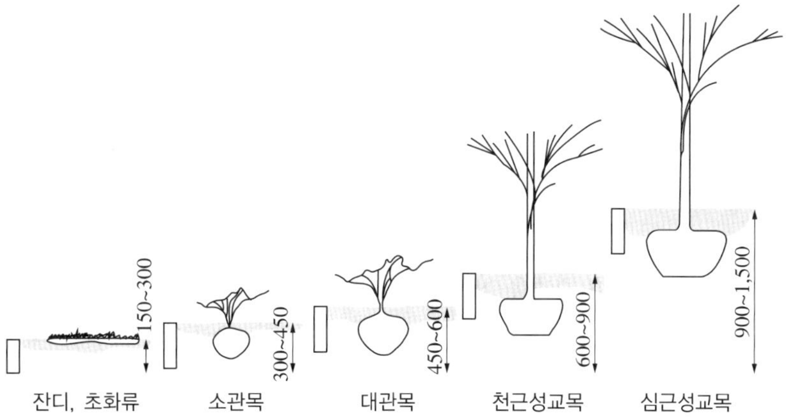

(4) 인공지반의 식재기반

① **식재기반의 구성** : 방수·방근층, 배수층, 여과층, 식재기반층, 피복층 등으로 구성한다.

② **방수시설**

㉠ 인공지반의 조경을 위해서는 먼저 내구성이 우수하고 녹화에 적합한 방수재를 선정한다.

㉡ 배수 드레인과 연결부 등 상세 부분에 주의하여 방수층을 설치한다.

㉢ 물리적·기계적 충격으로부터 방수층을 보호하기 위해 필요한 경우 보호층을 설치한다.

㉣ 균열 또는 식물의 뿌리에 의한 방수층 훼손을 방지하기 위해 내근성이 있는 방수소재를 선정한다.

㉤ 식재장소와 비식재장소와의 경계 부분은 부식되기 쉬우므로 부식되지 않도록 조치한다.

㉥ 방수층 올림부에 직접 토양이 접하는 경우는 면배수재나 통기관을 올려 토양이 직접 배수층에 닿지 않도록 하며 토양중의 산소 부족이 일어나지 않도록 한다.

㉦ 방수재 접합부는 시트 용착 공법 등 접합부의 누수 위험성이 적은 것을 적용한다.

㉧ 방수재는 내구성이 강한 것이어야 한다.

③ **방근시설** : 인공지반에서는 인공구조물의 균열에 대비하고 식물의 뿌리가 방수층에 침투하는 것을 막기 위해 방근용 시트를 깔아야 한다.

④ **배수시설**

㉠ 인공지반에서는 여건을 고려하여 가장 효율이 좋은 배수 방법을 채택하고, 누수 방지를 위해 배수공의 줄눈 막힘을 고려한다.

㉡ 배수판 아래의 구조물 표면은 1.5~2.0%의 표면 기울기를 유지한다.

㉢ 인공지반 배수층의 두께는 토양층의 깊이와 배수소재의 종류에 따라 배수성능과 통기성을 고려하여 결정한다.

㉣ 인공지반조경의 옥상조경에서는 옥상 1면에 최소 2개소의 배수공을 설치하고, 그 관경은 최저 75mm 이상으로 설치한다.

㉤ 인공지반조경의 옥상조경에서, 옥상면의 배수구배는 최저 1.3% 이상으로 하고 배수구 부분의 배수구배는 최저 2% 이상으로 설치한다.

㉥ 인공지반조경의 옥상조경에서, 배수드레인은 드레인 캡이 지붕 슬래브 면보다 융기해 있는 것을 사용한다.

㉦ 넓은 녹지의 경우 맹암거를 설치하고 자연지반 쪽으로 배수를 유도하거나 집수정 및 맨홀 등 배수시설에 접속되도록 한다.

㉧ 연결이 어려운 독립된 단위녹지인 경우 배수용 수직드레인을 설치하거나, 배수층의 배수망을 통해 인접 배수관으로 배수되도록 한다.

⑤ **여과층** : 배수층 위에는 식재지반의 토양이 배수층으로 혼입되지 않도록 여과층을 설치하며, 세립토양은 거르고 투수기능은 원활한 재료·규격으로 설계한다.

⑥ **관수시설**

㉠ 인공지반에 식재할 경우에는 토양 건조에 대비하여 관수시설을 갖추어야 하며, 관수시설의 설치가 여의치 않을 경우에는 그에 상응하는 조치를 취해야 한다.

㉡ 관수는 식재 규모에 맞는 관경으로 급수관을 설치하고, 급수관은 노출하지 않도록 배관 경로와 은폐 방법을 고려하여 설치한다.

㉢ 계절의 변화에 따라 관수 간격을 식물의 계절별 상태를 고려하여 바꾸어야 한다.

㉣ 적정 관수 간격은 통상 하계 3일에 1회, 춘추계 7일에 1회, 동계 15일에 1회이고 1회 관수량은 토양의 보수 가능한 수분의 약 1/3~1/5로 한다.

⑦ **식재기반층**

㉠ 토심이 얕을 경우 인공토양을 위주로, 토심이 깊을 경우 자연토양을 위주로 설계한다.

㉡ 인공토양의 경우 식재기반의 조성유형에 적합한 배수성과 통기성을 확보해야 한다.

㉢ 식생의 양분과 수분흡수의 중요 조건인 pH와 EC(전기전도도)를 조정해야 한다.

⑧ **표토의 피복**

㉠ 멀칭의 효과 : 토양수분 증산 억제, 토양의 침식과 수분의 손실 예방, 잡초발생 억제, 토양구조 유실 방지, 토양의 비옥도 증진, 토양경화 예방, 토양온도 유지, 태양열의 복사와 반사

㉡ 지표식재 및 멀칭을 실시한다.

㉢ 식물에 의해 피복되지 않는 토양에는 피복층을 설계한다.

⑨ **생육 토심** : 인공지반 위 식재토양의 깊이와 배수층의 두께는 일정 기준을 따른다.

⑩ **전도방지 시설**

㉠ 식물 재료가 넘어지는 데 영향을 주는 요소 : 식재지의 바람 조건, 식재토양의 지지력, 식물 조건(천근, 심근)

㉡ 강풍 등으로 식물이 넘어질 우려가 있는 곳에는 전도방지 시설을 설계하여야 한다.

㉢ 전도방지 시설 설계 시 고려사항 : 식재지의 풍속과 풍향, 식재지의 토심, 식재지의 토양성분, 식재 수종, 수목의 크기와 형상, 식재 후의 경관년수, 건물의 높이에 따른 풍압의 증가

㉣ 식물 재료가 전도하지 않기 위한 조건은 일정 기준을 따른다.

㉤ 인공지반상의 높이와 바람에 의한 속도압에 대해 전도방지 시설을 계획할 때 풍속도와 속도압은 일정 기준을 따른다.

출제예상문제

01 다음에서 설명하는 조경식재용 토양을 쓰시오.

- 식물의 뿌리가 생육할 수 있는 토양층을 말한다.
- 포괄적으로 식물뿌리의 생육을 위한 토양을 포함한다.
- 관수시설과 지하수위 저하를 위한 배수시설도 포함된다.

정답 식재기반

02 **건축 및 토목구조물 등의 불투수층 구조물 위에 조성되는 식재기반을 무엇이라 하는지 쓰시오.**

정답 인공지반

03 **식물의 생육 토심이 1m 이상인 곳에서는 지하수의 높이가 지표면으로부터 몇 m 이상이 되어야 하는지 쓰시오.**

정답 1m 이상

04 **지표면의 빗물 정체를 방지하기 위하여 알맞은 지표면의 기울기는 몇 % 이상인지 쓰시오.**

정답 2% 이상

05 **심토층 배수 시 설계 내용에 따라 고려할 사항에서 배수 불량 지반에 설치해야 되는 시설을 쓰시오.**

정답 맹암거

06 **천근성 교목의 생존 최소 토심과 생육 최소 토심을 쓰시오.**

정답
- 생존 최소 토심 : 60cm
- 생육 최소 토심 : 90cm

07 **다음에서 설명하는 구조물을 쓰시오.**

1) 인공지반의 식재기반에서 물리적·기계적 충격으로부터 방수층을 보호하기 위해 필요한 경우에 설치해야 하는 구조물
2) 배수층 위에는 식재지반의 토양이 배수층으로 혼입되지 않도록 설치해야 하는 구조물

정답 1) 보호층
2) 여과층

08 **인공지반에서는 인공구조물의 균열에 대비하고 식물의 뿌리가 방수층에 침투하는 것을 막기 위해 깔아주어야 하는 것을 쓰시오.**

정답 방근용 시트

09 인공지반조경의 옥상조경에서는 옥상 1면에 최소 2개소의 배수공을 설치해야 한다. 배수공의 관경은 최저 몇 mm 이상으로 설치해야 하는지 쓰시오.

정답 75mm 이상

10 다음은 관수 요령에 대한 설명이다. ( ) 안에 알맞은 숫자를 쓰시오.

적정 관수 간격은 통상 하계 (①)일에 1회, 춘추계 (②)일에 1회, 동계 (③)일에 1회이고 1회 관수량은 토양의 보수 가능한 수분의 약 (④)로 한다.

정답 ① 3, ② 7, ③ 15, ④ 1/3~1/5

11 옥상녹화 시 식물 선정 및 식생 형태 결정 요소를 쓰시오.

정답 이용 목적, 건축공학적 조건, 조성 방식

12 옥상녹화의 일반적 분류 3가지를 쓰시오.

정답 저관리・경량형, 관리・중량형, 혼합형

13 다음에서 설명하는 옥상녹화 방식을 쓰시오.

옥상녹화 식재식물로 지피식물, 관목, 교목으로 구성된 다층구조로 식재하는 방식

정답 낙관리・중량형

14 인공지반의 식재기반 설계 시 작용하는 하중의 종류를 2가지 이상 쓰시오.

정답 고정하중, 적재하중, 적설하중, 풍하중

2 수목식재설계

(1) 수목의 측정 지표

① **수고(H)** : 지표에서 수목 정단부까지의 수직거리를 말하며 도장지는 제외한다. 단, 소철, 야자류 등 열대·아열대 수목은 줄기의 수직 높이를 수고로 한다(단위 : m).

② **흉고직경(B)** : 지표면으로부터 1.2m 높이의 수간의 직경을 말한다. 단, 둘 이상으로 줄기가 갈라진 수목의 경우는 다음과 같이 한다(단위 : cm).

㉠ 각 수간의 흉고직경 합의 70%가 그 수목의 최대 흉고직경보다 클 때는 흉고직경 합의 70%를 흉고직경이라 한다.

㉡ 각 수간의 흉고직경 합의 70%가 그 수목의 최대 흉고직경보다 작을 때는 최대 흉고직경을 그 수목의 흉고직경으로 한다.

③ **근원직경(R)** : 수목이 굴취되기 전 경작지의 지표면과 접하는 줄기의 직경을 말한다. 가슴높이 이하에서 줄기가 여러 갈래로 갈라지는 성질이 있는 수목인 경우 흉고직경 대신 근원직경으로 표시한다(단위 : cm).

④ **수관폭(W)** : 수관의 직경을 말하며 타원형 수관은 최대층의 수관축을 중심으로 한 최단과 최장의 폭을 합하여 나눈 것을 수관폭으로 한다(단위 : m).

⑤ **수관길이(L)** : 수관의 최대길이를 말한다. 특히, 수관이 수평으로 생장하는 특성을 가진 수목이나 조형된 수관일 경우 수관길이를 적용한다(단위 : m).

상록교목	수고H(m)×수관폭W(m) 예 잣나무 H3.5×W1.8 소나무 H3.5×W1.5×R15
낙엽교목	수고H(m)×근원직경R(cm) 예 살구나무 H3.0×R10(대부분의 낙엽교목 해당)
	수고H(m)×수관폭B(cm) 예 메타세쿼이아 H4.5×B15 은행나무 H4.0×B12
상록/낙엽관목	수고H(m)×수관폭W(m) 예 회양목 H0.4×W0.4 자산홍 H0.3×W0.4

(2) 식재 형식

① 조경양식에 의한 식재형식

㉠ 랜덤식재(random planting)
- 넓은 면적에 크고 작은 나무를 불규칙한 간격으로 수목을 배치한다.
- 불규칙한 스카이라인(skyline)을 형성하도록 한다.
- 자연스러운 수림으로 덮이게 하는 식재 양식이다.
- 부등변삼각형 식재를 기본형으로 삼아 그 삼각망을 순차적으로 확대해 나가는 수법이다.
- 광대한 면적에 수목을 배식하는 경우에 실시한다.

㉡ 표본식재
- 형태가 우수하고 무게감이 있는 정형의 수목을 단독으로 식재하는 방법이다.
- 가장 중요한 자리, 즉 현관 앞 회차도(廻車島)의 중앙, 직교축의 교차점 등이다.

㉢ 대식

• 진입구 또는 공원 입구에 좌우에 형태와 크기가 같은 동일수종의 나무를 쌍으로 식재하는 방법이다.
• 좌우대칭이기 때문에 정연한 질서감을 표현할 수 있다.
• 두 나무의 수종이 다르면 생장속도의 차이로 인하여 해가 지나면서 좌우의 균형이 무너지게 된다.

㉣ 열식

• 형태, 크기 등이 같은 동일수종의 나무를 일정한 간격으로 줄을 이루도록 식재하는 방법이다.
• 식재간격이 좁아지면 식재 뒷면과의 차단효과가 상승하며 수관이 서로 접할 때 폐쇄도가 가장 높다.
• 시각적 특성이 서로 다른 나무를 교대로 반복하여 식재하면 강한 리듬감을 얻을 수 있다.

㉤ 교호식재

• 열식을 변형한 식재 방법으로 같은 간격으로 서로 어긋나게 식재하는 방법이다.
• 열식의 식재폭을 넓히기 위해 쓰인다.

㉥ 집단식재

• 다수의 수목을 규칙적으로 배식하여 일정 지역을 덮어버리는 식재 방법이다.
• 매스(Mass, 무리)로서의 양감이 표출된다.

② 미적 효과를 고려한 식재형식

㉠ 표본식재(Specimen Planting) : 가장 단순한 식재형식으로, 1주의 독립수로 식재되어 개체수목의 미적 가치가 높게 평가될 수 있는 뛰어난 시각적 특성을 지닌 수목을 사용한다.

㉡ 강조식재(Accent Planting) : 단조로운 식재군내에서 1주 이상의 수목으로 시각적 변화와 대비에 의한 강조효과를 얻고자 하는 식재방식이다.

㉢ 군집식재(무리식재, Group Planting) : 개체의 개성이 약한 수목을 3~5주 모아심어 식재단위를 구성한다.

㉣ 산울타리식재(Hedge): 한 종류의 수목을 선형으로 반복하여 식재하는 형식으로 전정형과 자연형(비정형)의 방법이 있으며, 동일한 재료를 반복하여 사용하므로 구조적으로 강한 요소가 된다.

㉤ 경재식재(Border Planting) : 한 공간의 외곽경계 부위나 원로를 따라 식재하여 여러 가지 효과를 얻고자 하는 식재형식으로 관목류를 주조로 하여 식재대를 구성한다.

③ 건물과 관련된 식재형식

㉠ 초점식재 : 수관선에 의한 초점형성 및 효과, 그 외 질감, 색채, 형태를 이용하여 집중과 접근의 방향을 강조하여 강한 시각적 관심을 유도하는 식재형식이다.

㉡ 모서리식재 : 건물모서리의 앞과 옆의 강한 수직선을 완화하고 조망의 틀을 형성하기 위한 식재형식으로 건물 높이 정도로 하여 비례감을 형성한다. 모서리식재 위치는 시선의 각도와 관찰거리에 따라 결정하고, 모서리를 수관으로 가려서 건물을 보다 커 보이게 하는 효과를 준다.

㉢ 배경식재 : 자연경관이 우세한 지역에 건물과 주변경관을 융화시키기 위해 기본적으로 요구되는 식재형식으로 대교목을 심어 그늘과 함께 방풍, 차폐 기능을 동시에 수행하게 한다.

㉣ 가리기식재

• 가려야 할 부분을 적절히 가려줌으로써 건물의 전체적인 외관을 향상시키는 식재 형식이다.
• 식재 위치의 선정에 세심한 주의가 요구된다.
• 특히, 수관하부의 가지를 높게 전정함으로써 수관의 윗부분이 건축물의 어색한 부분을 가려주면서도 하부의 시선은 트이도록 해야 한다.

(3) 조경수목의 적정 밀도

① 교목의 적정 밀도

㉠ 교목의 식재는 성목이 되었을 때 인접 수목 간의 상호간섭을 줄이기 위하여 적정 수관폭을 확보한다.

㉡ 이를 위한 목표연도는 수고 3m, 수관폭 2m의 수목을 기준으로 식재 후 10년으로 설정한다.

㉢ 열식이나 군식에 적용한다.

㉣ 열식 또는 군식 등 교목의 모아심기 표준식재간격은 6m로 한다.

㉤ 공간조건과 수종에 따라 4.5~7.5m 범위에서 식재간격을 조정할 수 있다.

② 관목의 적정 밀도

㉠ 관목군식의 식재밀도는 수관폭을 기준으로 단위면적(m^2)당 공간이 생기지 않을 정도로 식재수량을 결정한다.

㉡ 식재공간의 성격, 식재수종의 생태적 특성 및 식재목적에 따라 설계자가 조정할 수 있다.

㉢ 조기 녹화 경관을 필요로 할 때나 중요한 지역에 특수한 식재피복을 계획할 때에는 일부 수종의 겹침 피복식재를 할 수가 있다.

㉣ 겹침 피복식재를 할 때도 식물의 장기적인 성장속도 및 유지관리 문제점을 고려하여 과도하게 겹쳐서 식재해서는 아니 된다.

[관목, 초화류의 식재간격 기준]

구분		식재간격(m)	식재밀도	비고
관목	작고 성장이 느림	0.45~0.60	3~5본/m^2	단식 또는 군식
	크고 성장 보통	1.0~1.2	1본/m^2	
	성장이 빠름	1.5~1.8	2~3m^2당 1본	밀식
	산울타리용	0.25~0.75	1.5~4본/m^2	
지피, 초화류		0.20~0.30 0.14~0.20	11~25본/m^2 25~49본/m^2	

출제예상문제

01 **주로 상록성 침엽수로서 가지가 줄기의 아랫부분부터 자라는 수목의 규격표시 방법을 쓰시오.**

정답 수고H(m)×수관폭W(m)

02 **줄기의 수가 적고 도장지가 발달하여 수관폭의 측정이 곤란하고 가지 수가 중요한 수목의 규격표시 방법을 쓰시오.**

정답 수고H(m)×수관폭W(m)×가지수(지)

03 다음에서 설명하는 식재형식을 쓰시오.

> • 넓은 면적에 크고 작은 나무를 불규칙한 간격으로 수목을 배치한다.
> • 불규칙한 스카이라인(Skyline)을 형성하도록 한다.
> • 자연스러운 수림으로 덮이게 하는 식재 양식이다.

정답 랜덤식재(Random Planting)

04 형태가 우수하고 무게감이 있는 정형의 수목을 단독으로 식재하는 방법을 쓰시오.

정답 표본식재

05 다음 식재 방법과 설명을 바르게 연결하시오.

㉠ 강조식재 ㉡ 산울타리식재 ㉢ 교호식재 ㉣ 배경식재	ⓐ 열식을 변형한 식재 방법으로 같은 간격으로 서로 어긋나게 식재하는 방법 ⓑ 미적 효과를 고려한 식재형식에서 단조로운 식재군내에서 1주 이상의 수목으로 시각적 변화와 대비에 의한 강조효과를 얻고자 하는 방식 ⓒ 한 종류의 수목을 선형으로 반복하여 식재하는 형식으로 전정형과 자연형(비정형)의 방법이 있으며, 동일한 재료를 반복하여 사용하므로 구조적으로 강한 요소가 되는 방법 ⓓ 자연경관이 우세한 지역에 건물과 주변경관을 융화시키기 위해 기본적으로 요구되는 식재형식으로 대교목을 심어 그늘과 함께 방풍, 차폐 기능을 동시에 수행하게 하는 식재 방법

정답 ㉠-ⓑ, ㉡-ⓒ, ㉢-ⓐ, ㉣-ⓓ

06 교목의 식재는 성목이 되었을 때 인접 수목 간의 상호간섭을 줄이기 위하여 적정 수관폭을 확보한다. 이를 위하여 수고 3m, 수관폭 2m의 수목을 기준으로 목표연도를 설정하는데 이 목표연도를 쓰시오.

정답 식재 후 10년

07 관목의 식재 시 조기 녹화 경관을 필요로 할 때나 중요한 지역에 특수한 식재피복을 계획할 때 사용하는 일부 수종의 특별한 식재 방법을 쓰시오.

정답 겹침 피복식재

3 지피 · 초화류 식재설계

(1) 용어의 정의

① **잔디** : 잔디밭을 구성하는 다년생 화본과 초본으로서 지피성과 내답압성이 우수하고 재생력이 강한 식물을 말한다.

② **초화류** : 화단, 평탄지 또는 비탈면 등의 피복 및 미화의 목적을 위하여 열식 및 군식하여 사용하는 일년초, 숙근초 및 구근류 등의 식물을 말한다.

③ **뗏장** : 잔디의 포복경 및 뿌리가 자라는 잔디토양층을 일정한 두께와 크기로 떼어낸 것을 일컫는다.

④ **포복경** : 기는 줄기를 일컫는 말로서 토양표면을 기는 지상포복경과 토양 속을 기는 지하포복경(지하경)으로 구분된다.

(2) 지피 · 초화류의 적정 밀도 및 식재간격

① 지피 · 초화류의 적정 밀도

구분	형태	효과	방법
MESS	단일종, 보색종 혼식	• 자연과 농경의 풍경 연출 • 스펙터클한 경관 형성	• 단일종으로 군식 처리 • 단일종 군식＋보색종으로 배경 형성(단일종의 10% 이내)
BAND	하나의 밴드(Band)는 단일종으로 구성	색의 혼합과 흔들림이 주는 물결치는 경관 연출	• 여러 가지 밴드(band)를 규칙적 · 불규칙적으로 서로 엇갈리게 식재 • 식재간격 0.4m(튤립일 경우) • 다양한 패턴의 문양 연출(예 양탄자)
BOUNDARY	'⎍'자 형태	• 경계를 따라 식재되어 하나의 공간틀을 구성 • 경계화단, 리본화단과 비슷	• 경계(가장자리2열)+틀 구성(안쪽2열)+강조(중간1열의 큰 키 종) • 식재간격 0.25m, 열간격 0.2m(1m 기준)
FRAME	바탕과 위로 겹쳐지는 층위 구성	다양한 층으로 구성되며 넓은 녹지 내 하나의 형태로 연출(사각형, 원형 등)	• 바닥층 식재간격 0.15m, 열간격 0.15m • 상위층 식재간격 0.3m, 열간격 0.3m

② 지피 · 초화류의 식재간격 기준

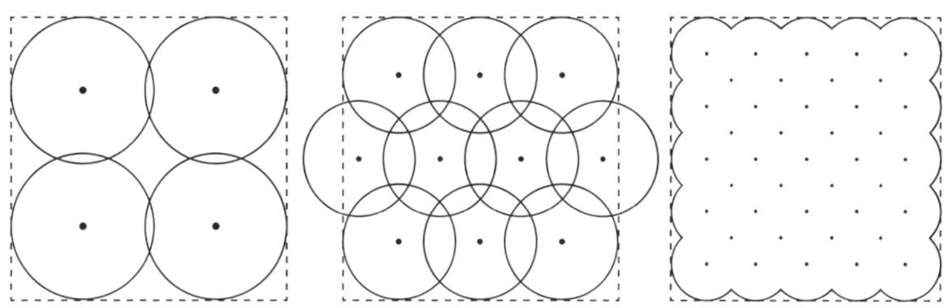

(3) 지피 · 초화류의 설계 시 주의사항

① 초화류는 다음의 식재지를 대상으로 설계할 수 있다.

㉠ 토양의 침식 · 유실 방지 등을 위한 종래의 비탈면 또는 나지

㉡ 도로, 철도, 주택단지 등의 비탈면

㉢ 도로변 또는 도로의 녹지대

㉣ 잔디광장이나 하천변 녹지 등 도시 내의 오픈스페이스

㉤ 골프장, 스키장 등 리조트

㉥ 주택단지 등의 교목 군식 하부의 녹지

② 초화류 선정 조건

㉠ 우리나라의 산야에 자생하는 초화류를 선택한다.

㉡ 지피성 및 경관성이 우수하며 번식력이 강할 것

㉢ 주변 경관과 잘 조화되는 다년생 향토 초본류를 선정한다.

③ 초화류 설계 시 우선적으로 선정할 수 있는 수종

㉠ 벌개미취, 쑥부쟁이, 구절초, 산구절초, 감국, 바위채송화, 땅채송화, 꿩의비름, 기린초, 원추리, 꽃창포, 붓꽃, 제비꽃, 벌노랑이, 돌나물, 백리향, 갈대, 달뿌리풀, 참억새, 물억새

㉡ 지피성 및 경관성이 우수하며 종자의 채취도 가능한 종류로 우선적으로 선정한다.

④ 초화류의 조성방법

㉠ 파종, 포기심기, 식생네트 깔기, 뗏장 깔기

㉡ 대상 식재지에 적합한 유형을 선정하여 설계한다.

㉢ 그늘에는 내음성이 강한 초화류를 설계한다.

㉣ 초화류 식재지에 잔디침입으로 인한 고사 방지를 위한 경계재를 설계한다.

출제예상문제

01 초화류의 포기 식재간격은 화형과 초장에 따라 어떻게 구분하는지 쓰시오.

정답 소형, 중형, 대형

02 구근류 대형에 해당하는 백합의 식재간격은 몇 cm인지 쓰시오.

정답 36cm

03 다음의 초화류 선정 조건에서 ( ) 안에 알맞은 내용을 쓰시오.

- 우리나라의 산야에 (①)하는 초화류를 선택한다.
- 주변 경관과 잘 조화되는 (②) 향토 초본류를 선정한다.
- 지피성 및 경관성이 우수하며 (③)이 강해야 한다.

정답 ① 자생, ② 다년생, ③ 번식력

04 초화류의 조성방법을 2가지 이상 쓰시오.

정답 파종, 포기심기, 식생네트 깔기, 뗏장 깔기

05 잔디의 종류 중에서 생육형에 따라 분류되는 3가지를 쓰시오.

정답 완전포복형, 불완전포복형, 주립형

06 일년초는 3~4월 초순에 정식하면 연속성 유지를 위해 연중 3회 교체하도록 설계해야 한다. 이때 3회 교체시기를 쓰시오.

정답 1회 : 6월 초순경, 2회 : 8월 중순, 3회 : 11월초

4 조경설계 도면 완성

(1) 식재평면도에 수록될 내용

① 사용되는 시설들의 형태 표현 : 포장재료, 목재, 석재, 경계석, 분수나 연못 등

② 식물 재료의 표현
- ㉠ 성목 시 수관폭을 가상하고 수목의 크기를 그린다.
- ㉡ 수목의 성상별 차이에 의해 활엽수와 침엽수, 교목과 관목으로 구분하여 표현을 달리한다.

③ 식물 규격의 표시
- ㉠ 축척이 큰 경우에는 인출선을 사용하여 수종마다 구별하면서 일일이 표시한다.
- ㉡ 축척이 1/500 이하인 소축척에서는 수목표시기호를 사용하고, 범례란을 만들어 기호별 수목명과 규격을 표시한다.

④ 지형의 정지 상태를 나타내는 지점표시(Spot Elevation)를 중요한 위치마다 표시한다.

⑤ 경사면과 옹벽, 담장, 계단 등의 높이 변화가 예상되는 곳은 적절한 표현 기법을 사용하여 표기한다.

⑥ 설계에 사용된 모든 공종과 내용들의 합계를 규격별로 범례란에 기입함으로써 도면만 보고서도 사용자재와 공종을 알 수 있도록 한다.

⑦ 일부 설계도면화할 수 없는 사항에 대해서는 주기란을 활용하여 자세히 설명하도록 한다.

출제예상문제

01 **식재설계를 수목을 나타내는 기호와 문자를 사용하여 설계의 모든 것을 표현한 도면을 쓰시오.**

정답 부지평면도

02 **다음은 식재평면도에 수록될 내용이다. ( ) 안에 알맞은 내용을 쓰시오.**

- 성목 시 (①)을 가상하고 수목의 크기를 그린다.
- 축척이 큰 경우에는 (②)을 사용하여 수종마다 구별하면서 일일이 표시한다.
- 축척이 1/500 이하의 소축척에서는 (③)를 사용하고, 범례란을 만들어 기호별 수목명과 규격을 표시한다.

정답 ① 수관폭, ② 인출선, ③ 수목표시기호

03 **다음 ( ) 안에 알맞은 내용을 쓰시오.**

경사면과 옹벽, 담장, 계단 등의 높이 변화가 예상되는 곳은 적절한 ( )을 사용하여 표기한다.

정답 표현 기법

04 **다음은 수목의 식재 후 그림이다. 사용된 지주의 형태를 쓰시오.**

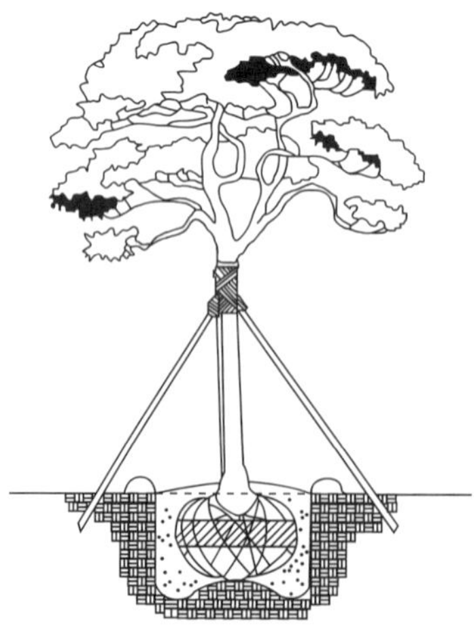

정답 삼발이지주

제3절 특수지역 식재설계하기

1 훼손지 녹화설계

(1) 훼손지의 정의와 유형

① 훼손지 발생 원인

㉠ 인위적인 원인에 의해서 비교적 단기간에 소규모로 발생되기도 한다.

㉡ 장기간의 자연적인 원인에 의하여 대규모로 발생되기도 한다.

② 인위적인 원인에 의해서 발생하는 주요한 훼손지 유형

㉠ 훼손된 비탈(절토·성토 비탈면)

㉡ 훼손된 도시림

㉢ 파괴된 녹지생태계

③ 자연적인 원인과 인위적 요인이 추가되어 발생하는 훼손지 유형

㉠ 황폐된 산지(황폐지)

㉡ 황폐된 계천(야계)

㉢ 황폐된 해안 사구 및 사막화 지역

(2) 훼손지 복원 목표

① 도로 건설로 인한 자연 지형 훼손 지역의 녹화 시 담당 기능의 종류

㉠ 비탈면의 침식 방지와 안정

㉡ 생물 다양성 보존

㉢ 이산화탄소 저감

㉣ 도로 경관의 향상

② 비탈면 복원 목표는 자연경관복원형과 일반복원형으로 구분하고, 이를 각각 초본위주형, 초본·관목 혼합형, 목본군락형으로 분류하여 적용한다.

③ 복원 목표는 비탈면 구분, 비탈면 경사, 토질(암질), 토심(土深), 주변의 경관 식생, 조류 이동 등 현지 여건을 종합적으로 조사하여 초본위주형, 초본·관목 혼합형, 목본군락형으로 구분한다.

④ 온난화를 방지하기 위해 이산화탄소 저감 효과가 있는 목본 확대 적용이 바람직하다. 따라서 현지 여건을 조사하고 전문가의 자문을 받아 지반 안정성, 시거(視距) 등에 지장이 없는 구간은 목본을 확대 적용한다.

(3) 비탈면 녹화

① 비탈면 녹화공법 선정

㉠ 비탈면 녹화공법의 구분 : 식생매트, 식생네트, 자생종 포트묘식재+식생기반재 뿜어 붙이기, 표층토 활용공법, 식물발생재 활용 공법, 친환경소재 활용 공법, 조경수 식재공법

㉡ 리핑암 풍화암 구간의 거적 덮기와 종자뿜어붙이기는 암 풍화에 따라 제한적으로 적용 가능한 공법이다.

② 비탈면 녹화 식물 재료

㉠ 녹화공법별 종자 배합

- 도로 주변 환경을 고려하고, 녹화 지역, 복원 목표, 비탈면 토질(암질) 및 경사도에 따라 적합하게 설계한다.
- 선정된 비탈면 녹화공법에 적용할 종자배합은 조건표에 따라 설계한다.

- 자연경관복원형은 복원 목표를 달성하기 위해 불가피한 경우에는 녹화공법의 특성에 맞추어 종자배합 설계를 다르게 적용할 수 있다.

ⓛ 재료 선정 기준

- 비탈면의 토질과 환경 조건에 적응하여 생존할 수 있는 식물이어야 한다.
- 주변 식생과 생태적·경관적으로 조화될 수 있는 것이어야 한다.
- 초기에 정착시킨 식물이 비탈면의 자연 식생 천이를 방해하지 않고 촉진시킬 수 있어야 한다.
- 조기녹화용, 경관녹화용, 조기수림화용, 생태복원용 등의 사용 목적이 뚜렷해야 한다.
- 우수한 종자발아율과 폭넓은 생육 적응성을 갖추어야 한다.
- 재래 초본류는 내건성이 강하고 뿌리발달이 좋으며, 지표면을 빠르게 피복하는 것으로서 종자발아력이 우수하다.
- 외래 도입 초본류는 발아율, 초기 생육 등이 우수하고 초장이 짧으며, 국내 환경에 적응성이 높은 것을 선정하되 도입 비율을 최소화해야 한다.
- 목본류는 내건성, 내열성, 내척박성, 내한성을 고루 갖춘 것이어야 하며, 종자 파종 또는 묘목에 의한 조성이 용이하고, 가급적 빠른 생장률로 조기 수림화가 가능한 것이어야 한다.
- 생태복원용 목본류는 지역고유수종을 사용함을 원칙으로 하고, 종자 파종 또는 묘목 식재에 의한 조성이 가능해야 한다.
- 멀칭재로는 부식이 되는 식물 원료로 가공한 섬유류의 네트류, 매트류, 부직포, PVC망 등을 사용한다.
- 멀칭재 선정 시 경제성과 보온성, 흡수성, 침식 방지 효과 등을 고려하고, 종자 발아에 도움을 줄 수 있는지를 우선적으로 검토한다.

출제예상문제

01 인위적인 원인에 의해서 발생하는 주요한 훼손지 유형을 2가지 이상 쓰시오.

정답 훼손된 비탈, 훼손된 도시림, 파괴된 녹지생태계

02 자연적인 원인과 인위적 요인이 추가되어 발생하는 훼손지 유형을 2가지 이상 쓰시오.

정답 황폐된 산지, 황폐된 계천, 황폐된 해안 사구, 사막화 지역

03 도로 건설로 인한 자연 지형 훼손 지역의 녹화 시 담당 기능의 종류를 2가지 이상 쓰시오.

정답 비탈면의 침식 방지와 안정, 생물 다양성 보존, 이산화탄소 저감, 도로 경관의 향상

04 복원 목표는 비탈면 구분, 비탈면 경사, 토질(암질), 토심(土深), 주변의 경관 식생, 조류 이동 등 현지 여건을 종합적으로 조사하여 녹화계획을 구분하여 세워야 한다. 이때 녹화계획의 형태를 2가지 이상 쓰시오.

정답 초본위주형, 초본·관목 혼합형, 목본군락형

05 비탈면 녹화 식물 재료 선정 기준에서 목본류가 갖추어야 하는 성질을 2가지 이상 쓰시오.

정답 내건성, 내열성, 내척박성, 내한성

06 멀칭재로 사용 가능한 부식이 되는 식물 원료로 가공한 재료를 2가지 이상 쓰시오.

정답 네트류, 매트류, 부직포, PVC망

07 훼손지 현황 조사 시 암반 비탈면에서 집중조사를 해야 하는 내용을 쓰시오.

정답 균열, 굴곡

08 비탈면 녹화복원의 설계 목표는 무엇이 가장 중요한지 쓰시오.

정답 침식 방지

09 다음은 도로 건설로 인한 자연 지형 훼손 지역의 담당 기능을 향상시키는 방법이다. ( ) 안에 알맞은 내용을 쓰시오.

- 비탈면의 침식을 방지하고 (①) 시킨다.
- 생물다양성을 (②)한다.
- 이산화탄소의 발생량을 (③)시킨다.
- 도로 경관을 (④)시킨다.

정답 ① 안정, ② 보존, ③, 저감, ④ 향상

10 훼손지 복원 목표를 설정함에 있어서 시간이 지나면서 삼림으로 이행해 갈 수 있는 식물군락 조성을 목표로 하는 지역을 쓰시오.

정답 삼림이 많은 산악지

11 훼손지 복원 목표로 식물군락을 조성하는데, 종류에는 키가 큰 수림형, 키가 작은 관목형 수림형이 있고 또 다른 식물군락이 있다. 나머지 식물군락의 형태의 명칭은 무엇인지 쓰시오.

정답 초본주도형 군락

12 훼손지의 녹화설계를 할 때 녹화지역별 종자배합 설계는 복원 형태에 부합되도록 해야 한다. 복원 형태에는 초본위주형, 초본·관목 혼합형, 목본군락형 외에 어떤 형태가 있는지 쓰시오.

정답 자연경관복원형

13 재래종과 외래초종(양잔디류)의 배합 시 재래종의 비율을 높게 해야 하는 이유를 쓰시오.

정답 외래초종에 의하여 재래종이 피압당하지 않도록

14 자연공원, 자연생태·경관보전지역, 문화재 보호구역, IC구간, 터널입출구 등 경관을 특별히 고려할 필요가 있는 지역에서는 환경영향평가서를 참고하여 선택한 종자를 혼합해야 한다. 이때 선택한 종자의 조건을 쓰시오.

정답 지역 고유의 자생종

15 복원 식물 재료 선정 시 검토가 필요한 식물 재료를 크게 분류하여 쓰시오.

정답 자생식물, 재래식물, 향토식물, 도입식물

2 생태복원 식재설계

(1) 생태복원 목표 설정

① 복원(Restoration)의 개념

㉠ 개념

• 이전의 상태나 위치로 되돌리는 것

• 훼손되지 않거나 완전한 상태로 되돌리는 것을 의미한다.

㉡ 복원의 의미 : 원래의 상태, 건강하거나 활발한 상태로 되돌아가는 것

㉢ 환경생태복원의 개념

• 자연적 또는 인위적으로 훼손 혹은 오염된 자연 환경과 생태계를 자연 상태나 원래의 모습에 가깝게 재생하고 복원하는 기술이며 사업이다.

• 환경 사업, 건설업, 토목업, 생물 산업의 복합 사업 분야이다.

• 기술공학적 생태복원계획을 추진하는 과정

- 대상지의 여건을 분석한다.
- 현황 조사, 평가 등을 하여 복원의 목표를 설정한다.
- 세부복원계획을 구체적으로 작성하여 실행한다.
- 지속적으로 관리 및 모니터링하는 순응적 과정으로 진행된다.

② 복원의 목표는 생태계의 구조는 3가지 구조 요소를 고려하여 설정한다.

㉠ 생태계의 구조 요소인 생물종군

㉡ 지형, 토양, 표층 지질, 수문 환경과 같은 기반 환경

㉢ 상관, 우점종, 군락고 등 식물 군락의 구조

(2) 생태복원 관련 용어정리

① 녹화(Revegetation)

㉠ 식물을 이용하여 훼손지 또는 나대지의 표면을 피복하는 것

㉡ 토양 침식 방지, 목초지 조성, 완충녹지 조성, 식생 복원을 목적으로 한다.

② 복원(Restoration)

㉠ 훼손되기 이전 원래의 상태로 되돌리는 것

㉡ 완전 또는 건강한 상태, 원래의 상태, 활발한 상태, 훼손되기 이전의 상태로 되돌리는 것

③ 복구 또는 회복(Rehabilitation)

㉠ 원래의 자연 상태와 유사하게 만드는 것

㉡ 훼손되기 이전의 상태로 완전히 되돌리기 어려운 경우이다.

㉢ 고유한 생태계와 유사하지만 일치되지는 않으며, 안정되고 지속가능한 생태계를 만드는 것

④ 개선(Reclamation)

㉠ 경작하기에 적합한 토지를 만드는 것

㉡ 본연의 상태로 되돌아가는 것을 포함하여 새로운 토지 이용의 개념이 포함된다.

⑤ 저감(Mitigation)

㉠ 어떤 행위의 부작용을 줄이는 것

㉡ 오염이나 훼손을 완화시키거나 경감시키는 것

⑥ 향상(Enhancement)

㉠ 서식처 중에 특별히 한두 가지 기능을 증진 또는 개선시키는 것

㉡ 대안생태계(Alternative Ecosystem)를 만들어 주는 것을 표현할 때 사용한다.

㉢ 질이나 중요도, 매력 측면의 증진을 의미한다.

⑦ 창출(Creation)

㉠ 훼손 등의 여부와 상관없이 생태계를 지속적으로 유지하지 못했던 지역에 지속성이 높은 생태계를 새롭게 만들어 내는 것

㉡ 옥상이나 포장된 지역에 생물서식공간을 만드는 것

⑧ 대체(Replacement)

㉠ 현재의 상태를 개선하기 위해 다른 생태를 새로이 조성하여 원래의 생태계를 대신하는 것

㉡ 훼손된 산림 구역을 생산적인 목초지로 전환하는 방법이다.

⑨ 개조(Remediation)

㉠ 건강한 생태계 조성을 위해 바꾸는 것

㉡ 결과보다는 과정을 중요시한다.

⑩ 환경복원(Environmental Remediation) : 물리적·화학적 방법으로 오염된 환경을 바꾸는 것

(3) 생태복원에 있어서 목표종의 선정

① 목표종 선정 시 고려사항

㉠ 과거의 생물종 데이터와 인근의 양호한 생태계를 참고한다.

㉡ 대상지의 부지나 그 인근에 서식하는 종으로 선택한다.

② 목표종의 분류 : 희소종, 상징종, 우산종, 중심종

③ 목표종이 서식하는 생태계는 우선, 역사적 접근에 의하여 과거에 존재하였던 생태계의 공간구조를 파악한 후에 선택한다.

(4) 소생물권(Biotope) 복원, 창출을 위한 원칙

① 토지 이용의 분류

㉠ 핵심지구(Core Area) : 생태계의 장기 변화를 엄격하게 보호·감시하기 위한 토지

㉡ 완충지구(Buffer Zone) : 핵심지구를 인위적인 영향으로부터 보호하기 위한 토지

㉢ 이행대(Transition Area) : 핵심지구와 완충지구 주위에 형성되어 원주민의 거주와 지속가능한 자원개발이 허용될 수 있는 토지

② 소생물권의 복원 및 창출을 위한 고려사항

㉠ 소생물권의 면적·섬의 수와 배치·코리도와 징검돌 소생물권·서식지 윤곽

㉡ 종과 소생물권의 연계·불안정한 서식 공간·경관 특성

- 보호, 복원 및 창출 대상 소생물권은 일정한 면적을 유지하여 생물이 절멸할 위험성을 억제한다.
- 각 소생물권에 유전자가 지속적으로 유입될 수 있도록 충분한 수의 소생물권 섬이 공간적으로 밀집된 네트워크를 형성하여 개체 수 감소로 인한 종의 소멸을 억제한다.
- 종 특유의 공간 이용 특성, 공간 형태, 개체군 동태, 기후 요인 등에 따라 개개종에 대한 기준을 설정한다.
- 소생물권이 공간적으로 분리된 경우 소규모의 징검돌(Stepping Stone) 소생물권을 형성하여 종의 이동과 개체 수 유지에 기여한다.
- 소생물권을 연결하기 위한 코리도로서 작용할 수 있는 적당한 공간을 설치하거나 확대한다.

• 녹지에서 핵(Core)이 차지하는 비율이 최대가 될 수 있도록 서식지는 자연 상황에 맞는 형상을 하되 가능하면 원형을 유지한다.
• 하천, 숲 가장자리 등 선형의 소생물권은 코리도 형태로 유지한다.
• 단일 소생물권 또는 둘 이상의 서로 다른 소생물권과 관련된 종에 대한 서식지 사이를 공간적으로 결합한다.
• 새로운 소생물권을 창출하거나 복원할 때는 장소의 경관 특성을 고려한다.

㉢ 단위 생태계로서의 소생물권과 생태계 네트워크로서의 시스템적 기능과 구조를 고려한다.

③ 인간의 영향을 받아 형성되는 2차적인 소생물권은 다음 원칙에 따른다.

㉠ 에너지 투입과 인간의 간섭이 최소화될 수 있도록 인위적인 소생물권 조성은 천이의 초기 단계에서 자연적으로 천이되도록 유도한다.

㉡ 인위적인 소생물권에서는 일정 주기로 이용 전환을 꾀하면서 보전하는 것이 좋으며, 보전 조치에 따라 여러 토지의 식생이 서로 다른 천이 단계에 있도록 하여 종 다양성을 높인다.

㉢ 각 소생물권이 군집 생태학적으로 조화를 이룬 모자이크상 복합체를 구성한다.

(5) 생태복원 유형과 기법

① 생태복원의 단계와 유형

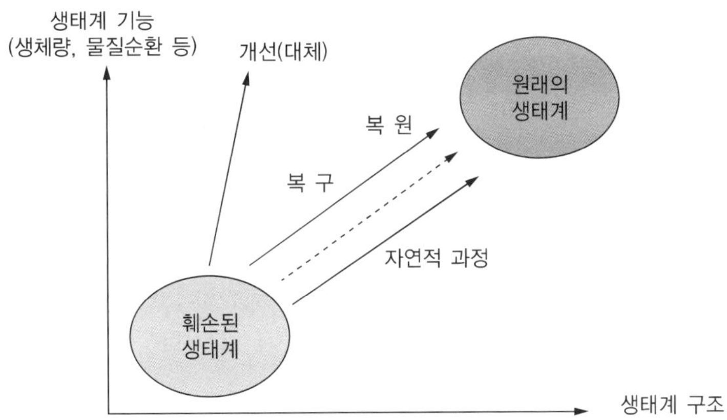

② 생태복원 기법 : 비탈면 녹화(절개지 녹화, 법면 녹화), 인공지반 녹화, 오염 환경지 녹화, 답압지 녹화, 매립지 녹화, 침수면 나지 녹화 등이 있다.

출제예상문제

01 복원(Restoration)의 정의를 서술하시오.

정답 훼손되지 않거나 완전한 상태로 되돌리는 것

02 원래의 자연 상태와 유사하게 만드는 것을 무엇이라 하는지 쓰시오.

정답 복구, 회복

03 다음에서 설명하는 것을 쓰시오.

자연적 또는 인위적으로 훼손 혹은 오염된 자연 환경과 생태계를 자연 상태나 원래의 모습에 가깝게 재생하고 복원하는 기술이며 사업

정답 환경생태복원

04 창출(Creation)의 정의를 서술하시오.

정답 훼손 등의 여부와 상관없이 생태계를 지속적으로 유지하지 못했던 지역에 지속성이 높은 생태계를 새롭게 만들어 내는 것

05 생태복원에 있어서 목표종을 선정할 때 다음에서 설명하는 종을 쓰시오.

• 아름다운 꽃이나 귀여운 자태의 동물 등 친근하고 환경보전의 의의를 일반인들에게 어필하기 쉬운 종이다. • 이 종은 채택하면 생태복원의 의의와 목적을 대중에게 전달하기 쉽게 하는 역할이 기대된다.

정답 상징종

06 토지 이용의 분류에서 생태계의 장기 변화를 엄격하게 보호 · 감시하기 위한 토지를 쓰시오.

정답 핵심지구(Core Area)

07 현재 시행되고 있는 생태복원 기법의 종류를 2가지 이상 쓰시오.

정답 비탈면 녹화, 인공지반 녹화, 오염 환경지 녹화, 답압지 녹화, 매립지 녹화, 침수면 나지 녹화

08 생태복원을 위한 식재설계에서 식물소재 사용 원칙을 서술하시오.

정답 대상 지역이나 주변 지역에서 서식하는 자생종을 사용한다.

09 육상생태복원의 고려사항에서 반입토양의 안정화를 위해서 사용하는 사면보호재료를 2가지 이상 쓰시오.

정답 활엽수의 낙엽, 나무껍질, 볏짚

09 조경식재공사

제1절 기초식재공사

1 굴취하기

(1) 수목 이식 순서

수목의 선정 → 뿌리돌림 → 굴취 → 상하차 및 운반 → 식재

① 대형목의 이식은 사전에 뿌리돌림을 하여 충분한 준비단계를 거친다.

② 지상부와 지하부의 균형을 맞춰주는 수관조절을 한다.

③ 병충해 방제를 한다.

④ 인위적인 수분 공급을 한다.

⑤ 무기질 양분 공급을 한다.

(2) 수목의 유형 구분

① 수목은 자연적인 성상에 따른 기본유형으로 교목/관목, 상록/낙엽, 침엽/활엽 및 만경류로 구분한다.

② 식재설계를 위한 특수유형으로 '조형목'과 '묘목'을 추가할 수 있다.

③ 교목의 특징

㉠ 다년생 목질인 곧은 줄기가 있다.

㉡ 줄기와 가지의 구별이 명확하다.

㉢ 중심줄기의 신장생장이 뚜렷한 수목이다.

④ 관목의 특징

㉠ 교목보다 수고가 낮다.

㉡ 일반적으로 곧은 뿌리가 없다.

㉢ 목질이 발달한 여러 개의 줄기를 이루는 수목이다.

㉣ 줄기는 뿌리목 가까이 또는 땅속에서 갈라진다.

㉤ 줄기가 주립상 또는 총상을 이룬다.

㉥ 중심줄기가 땅에 대고 기는 듯한 포복상의 수형을 나타내는 수목이다.

⑤ 조형목의 특징

㉠ 특정한 목적과 목표를 설정하고 전정 등 인위적인 방법으로 모양을 만든다.

㉡ 특수한 장소에 특수한 기능을 갖도록 식재되는 수목이다.

㉢ 성장과정과 식재과정 및 유지관리과정에 일반 수목과는 구별되는 특별한 수단이 필요한 수목이다.

(3) 수목의 규격 측정 지표

① 수고(H ; Height, 단위 : m)

㉠ 지표면에서 수관 정상까지의 수직 거리를 말한다.

㉡ 수관의 정자에서 돌출된 도장지는 제외한다.

㉢ 관목의 경우에는 수고보다 수관폭 또는 줄기의 길이가 더 클 때에는 그 크기를 수고로 본다.

㉣ 한편 소철, 야자류 등 열대・아열대 수목은 잎부분을 제외한 줄기의 수직 높이를 수고로 한다.

② 수관폭(W ; Width, 단위 : m)

㉠ 수관 투영면 양단의 직선 거리를 말한다.

㉡ 타원형 수관폭을 가진 수목은 최대층의 수관축을 중심으로 한 최단과 최장의 폭을 합하여 평균한 것을 수관폭으로 채택한다.

㉢ 여러 가지 형태로 조형한 교목이나 관목 및 조형목도 이에 준하며 도장지는 제외한다.

③ 흉고지름(B ; Breast, 단위 : cm)

㉠ 지표면에서 1.2m 부위의 수간 지름을 말한다.

㉡ 흉고지름 부위가 쌍간 이상일 경우에는 각 간의 흉고지름 합의 70%가 당해 수목의 최대 흉고지름 값보다 클 때는 이를 채택한다.

㉢ 작을 때는 최대 흉고지름으로 한다.

④ 근원지름(R ; Root, 단위 : cm)

㉠ 근원지름은 흉고지름을 측정할 수 없는 관목이나 흉고 이하에서 분지하는 성질을 가진 교목성 수종, 만경목, 어른 묘목 등에 적용함을 원칙으로 한다.

㉡ 지표면 부위의 줄기에 줄기 굵기를 말한다.

⑤ 수관길이(L ; Length, 단위 : m)

㉠ 수관의 최대길이를 말한다.

㉡ 수관이 수평으로 생장하는 특성을 가진 수목이나 조형된 수관일 경우 수관길이를 적용한다.

⑥ 지하고(BH ; Brace Height, 단위 : m)

㉠ 지표면에서 수관 맨 밑가지까지의 수직 높이를 말한다.

㉡ 녹음수나 가로수와 같이 지하고를 규정하는 경우에 적용한다.

⑦ 주립수(C ; Cane) : 근원으로부터 줄기가 여러 갈래로 갈라져 나오는 개수를 말한다.

(4) 뿌리돌림

① 목적

㉠ 이식력이 약한 나무를 바로 굴취하여 이식할 경우 고사하는 경우가 많으므로 이식력을 높이기 위한 방법이다.

㉡ 굴취 전에 단계적으로 뿌리돌림을 하여 잔뿌리를 발달시켜 이식력을 높이기 위한 것이다.

㉢ 노목이나 쇠약목의 세력 회복을 위한 목적으로도 쓰인다.

② 시기

㉠ 뿌리의 생장이 가장 활발한 시기인 이른 봄이 가장 좋다.

㉡ 혹서기와 혹한기만 피하면 가능하다.

㉢ 일반적으로 뿌리돌림 후 1~2년 뒤에 이식한다.

㉣ 수세가 약하거나 대형목, 노목 등 이식이 어려운 나무는 뿌리 둘레의 1/2 또는 1/3씩 2~3년에 걸쳐 뿌리돌림을 실시한 후 이식하는 것이 좋다.

③ 뿌리돌림 방법

㉠ 뿌리분의 크기는 이식에 필요한 뿌리분 크기보다 약간 작게 한다.

㉡ 크기를 정한 후 흙을 파내며, 드러나는 뿌리를 모두 절단하고 칼로 깨끗이 다듬는다.

㉢ 수목을 지탱하기 위해 3~4방향으로 한 개씩, 곧은 뿌리는 자르지 않고 15cm 정도의 폭으로 환상 박피한 다음 흙을 되묻는다.

㉣ 이때 잘 부식된 퇴비를 섞어 주면 효과적이다.

㉤ 그리고 관수를 실시한 후 지주목을 설치한다.

㉥ 뿌리돌림을 하면 많은 뿌리가 절단되어 영양과 수분의 수급 균형이 깨지게 된다.

㉦ 가지와 잎을 적당히 솎아서 지상부와 지하부의 생리 균형을 맞추도록 한다.

(5) 뿌리분의 크기와 모양

① 뿌리분의 크기

㉠ 활착률을 높이기 위해서는 되도록 뿌리를 본래 상태대로 옮겨 심도록 하는 것이 좋다.

㉡ 그러기 위해서는 뿌리에 충분한 양의 흙을 붙여서 옮기도록 해야 한다.

㉢ 뿌리분의 크기는 수목의 종류에 특성, 이식 전까지의 생육 조건 등에 따라 달라진다.

㉣ 일반적으로 근원지름의 4배를 기준으로 하며, 분의 깊이는 세근의 밀도가 현저히 감소된 부위로 분 너비의 1/2 이상이 되어야 한다.

㉤ 활착률을 높이기 위해 뿌리분이 크면 클수록 단근을 적게 하기 때문에 단근의 영향을 덜 받을 것으로 생각하기 쉽다.

㉥ 운반할 때 뿌리분이 깨지면 활착률이 떨어지므로 크기를 적절히 고려하는 것이 좋다.

② 뿌리분의 모양

㉠ 뿌리분의 모양은 원형으로 하고 측면은 수직으로, 밑면은 둥글게 다듬도록 한다.

㉡ 천근성 수종은 접시분, 일반적인 수종은 보통분, 심근성 수종은 팽이분의 생김새가 되도록 만든다.

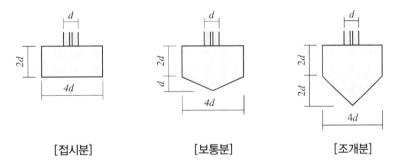

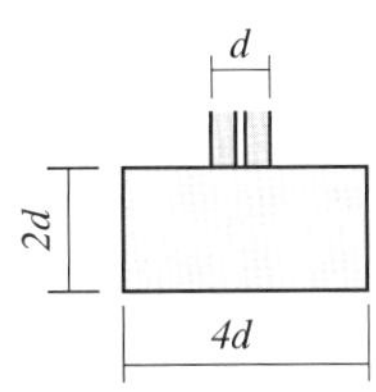

[접시분]

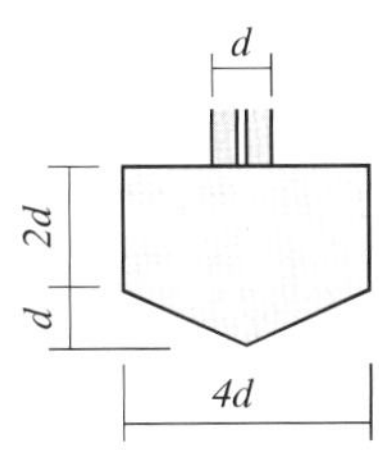

[보통분]

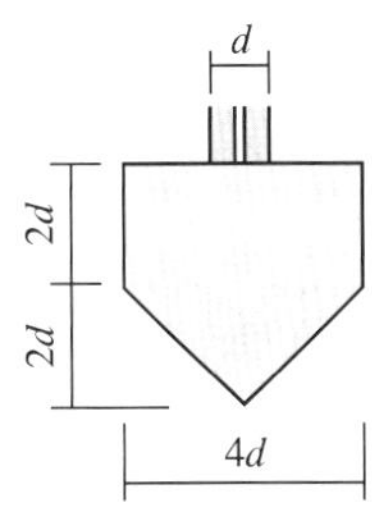

[조개분]

- 접시분 : 천근성 수종 분의 형태

  예 버드나무, 메타세쿼이아, 낙우송, 일본잎갈나무, 편백, 미루나무, 사시나무, 황철나무

- 보통분 : 일반 수종 분의 형태

  예 단풍나무, 벚나무, 향나무, 플라타너스, 측백, 산수유, 감나무, 꽃산딸나무

- 조개분 : 심근성 수종 분의 형태

  예 소나무, 비자나무, 전나무, 느티나무, 튤립나무, 은행나무, 녹나무, 후박나무

③ 뿌리분의 크기와 모양 결정 시 고려사항

㉠ 심근성인 수종은 폭은 작게 길이는 크게, 천근성인 수종은 폭은 넓게 길이는 납작하게 분을 뜬다.
㉡ 이식이 어려운 수종은 이식이 잘되는 수종보다 약간 분을 크게 뜬다.
㉢ 일반적으로 활엽수는 침엽수보다 작게, 침엽수는 상록수보다 분을 작게 뜬다.
㉣ 이식 적기가 아닌 때에는 분을 약간 크게 뜬다.
㉤ 세근 발달이 느린 수종은 분을 크게 뜬다.
㉥ 식재할 장소의 생육 조건이 불량한 경우에는 분을 크게 뜬다.
㉦ 산에서 채집한 수목, 희귀수종이나 고가인 수종은 분을 크게 뜬다.
㉧ 근원지름에 대한 뿌리분 지름의 비는 일반적으로 교목보다 관목이 크다.

(6) 옮겨심기가 잘되는 나무와 잘 안되는 나무

옮겨심기가 잘되는 나무	향나무, 주목, 은행나무, 화백, 개나리, 수양버들, 무궁화, 섬잣나무, 회양목, 아왜나무, 산수유나무, 젓나무, 철쭉, 배롱나무, 모과나무, 목서나무, 칠엽수, 느릅나무, 히말라야시다, 측백나무, 버즘나무, 철쭉, 영산홍, 느티나무 등
옮겨심기가 잘 안되는 나무	소나무, 백송, 리기다소나무, 백합나무, 동백나무, 벚나무, 금송, 가시나무, 태산목, 가문비나무, 낙엽송, 상수리나무류, 분비나무, 오동나무, 층층나무, 참죽나무, 마가목, 복자기, 헛개나무, 쪽동백, 황칠나무, 고로쇠나무, 음나무 등

출제예상문제

01 다음은 수목 이식 순서이다. (　) 안에 알맞은 내용을 쓰시오.

수목의 선정 – 뿌리돌림 – 굴취 – (　) – 식재

정답 상하차 및 운반

02 수목의 유형 구분에서 수목은 자연적인 성상에 따른 기본유형으로 교목/관목, 상록/낙엽, 침엽/활엽 및 만경류로 구분하지만 식재설계를 위한 특수유형으로 2가지를 추가할 수 있다. 이 2가지를 쓰시오.

정답 조형목, 묘목

03 다음 중 관목의 특징을 모두 골라 번호를 쓰시오.

> ㉠ 일반적으로 곧은 뿌리가 없다.
> ㉡ 다년생 목질인 곧은 줄기가 있다.
> ㉢ 목질이 발달한 여러 개의 줄기를 이루는 수목이다.
> ㉣ 줄기와 가지의 구별이 명확하다.
> ㉤ 줄기가 주립상 또는 총상을 이룬다.
> ㉥ 중심줄기의 신장생장이 뚜렷한 수목이다.

정답 ㉠, ㉢, ㉤

04 수고보다 수관폭 또는 줄기의 길이가 더 클 때 그 크기를 수고로 측정하는 수목의 성상을 쓰시오.

정답 관목

05 다음에서 설명하는 수목의 규격 측정 지표를 쓰시오.

> 1) 지표면에서 수관 맨 밑가지까지의 수직 높이
> 2) 근원으로부터 줄기가 여러 갈래로 갈라져 나오는 개수

정답 1) 지하고(BH ; Brace Height, 단위 : m)
2) 주립수(C ; Cane)

06 교목류의 규격 표시에서 흉고직경-근원직경의 관계식을 쓰시오. 단, 흉고직경은 B로, 근원직경은 R로 표기하시오.

정답 R＝1.2B

07 다음은 뿌리분의 크기에 대한 설명이다. ( ) 안에 알맞은 내용을 쓰시오.

> • 뿌리분의 크기는 수목의 종류에 특성, 이식 전까지의 (①) 등에 따라 달라진다.
> • 일반적으로 근원지름의 4배를 기준으로 하며, 분의 깊이는 세근의 밀도가 현저히 감소된 부위로 분 너비의 (②) 이 되어야 한다.
> • 운반할 때 뿌리분이 깨지면 (③)이 떨어지므로 크기를 적절히 고려하는 것이 좋다.

정답 ① 생육 조건, ② 1/2 이상, ③ 활착률

08 다음 뿌리분의 크기와 모양 결정 시 고려사항 중 잘못된 것을 찾아 바르게 고쳐 쓰시오.

1) 심근성인 수종은 길이는 작게 폭은 크게, 천근성인 수종은 폭은 넓게 길이는 납작하게 분을 뜬다.
2) 이식이 어려운 수종은 이식이 잘되는 수종보다 두 배로 분을 크게 뜬다.
3) 근원지름에 대한 뿌리분 지름의 비는 일반적으로 관목보다 교목이 크다.

정답 1) 길이는 작게 폭은 크게 → 폭은 작게 길이는 크게
2) 두 배로 → 약간
3) 관목보다 교목이 → 교목보다 관목이

09 수목을 굴취할 때 성상에 따라 뿌리분의 형태나 크기를 다르게 적용한다. 뿌리분의 형태와 크기를 그리고 해당되는 수종을 6가지 이상 쓰시오.

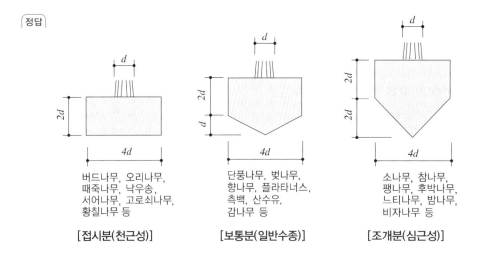

정답

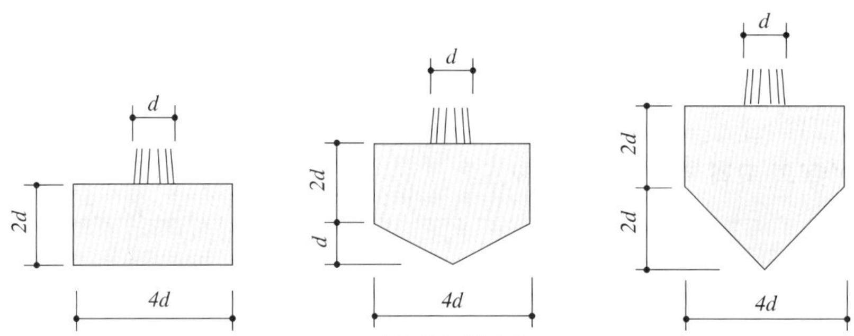

버드나무, 오리나무, 때죽나무, 낙우송, 서어나무, 고로쇠나무, 황칠나무 등
[접시분(천근성)]

단풍나무, 벚나무, 향나무, 플라타너스, 측백, 산수유, 감나무 등
[보통분(일반수종)]

소나무, 참나무, 팽나무, 후박나무, 느티나무, 밤나무, 비자나무 등
[조개분(심근성)]

10 큰 나무 옮겨심기에서 가장 적당한 나무의 크기의 근원지름과 수고를 쓰시오.

정답 • 근원지름 : 5~7cm
• 수고 : 3~4m

11 굴취하여 옮겨심기가 잘되는 수목이 갖춰야 할 조건 중 수목의 모양, 수목의 수세, 토양에 대하여 서술하시오.

정답 • 수목의 모양 : 정상적
• 수목의 수세 : 왕성한 것
• 토양 : 점질 토양

12 굴취 준비를 할 때에 지상부와 지하부의 균형을 위해서 필요할 경우에 실시해야 하는 작업의 명칭을 2가지 이상 쓰시오.

정답 제엽, 전지, 전정

13 가지치기는 분의 크기, 뿌리의 세근 보존 상태 및 수세 등을 고려하여 수관을 형성한 가지 중에서 몇 % 정도 해야 지나치지 않는지 쓰시오.

정답 10~20% 정도

14 이식 후 과도한 잎 제거는 수목의 생육활동에 지장이 있으므로 주의해야 한다. 이식시기에 따라서 잎 제거를 하지 않는 시기를 쓰시오.

정답 9~10월경

15 뿌리를 절단한 후 뿌리에 기존의 흙을 붙이지 않고 맨뿌리로 캐내는 방법을 쓰시오.

정답 나근굴취법

16 수액 유출 또는 부패 방지를 위해 필요한 경우에 뿌리절단 부위를 지짐 도구를 사용하여 절단부를 지짐 처리한다. 지짐 처리 대상이 되는 나무의 종류를 2가지 이상 쓰시오.

정답 소나무류, 잣나무류, 대형참나무류

17 굴취 후 운반을 위한 보호조치에 대한 설명이다. (　) 안에 알맞은 내용을 쓰시오.

- 뿌리분이 깨지거나 마르지 않도록 뿌리분의 보토를 철저히 하고, 세근이 절단되지 않도록 충격을 주지 않아야 하며 (①)는 금지한다.
- 식재지까지 운반 경로를 사전에 충분히 조사하는 한편, 비포장도로로 운반할 때는 뿌리분이 충격을 받지 않도록 (②)를 깐다.
- 운반 도중 바람에 의해 수분 증산을 억제하기 위해 거적이나 시트 등으로 덮어주고, (③)를 엽면 살포한다.

정답 ① 이중 적재, ② 완충재, ③ 증산억제제

2 수목 운반하기

(1) 인력 또는 공구, 도구를 이용한 운반

① 목도에 의한 운반

㉠ 뿌리분이 작고 이동하는 위치가 비교적 가까울 경우 수간이나 뿌리분을 밧줄 등으로 걸어 사람 어깨에 짊어지고 운반하는 방법이다.

㉡ 밧줄을 거는 위치는 무게 중심에 조금 무거운 쪽에 건다.

㉢ 운반 방법에서 1인이 가지의 근원을 직접 손으로 들거나 근원에 밧줄을 걸어서 어깨에 메는 방법부터 2인이 1조가 되어 메는 2인 운반, 2인이 메고 방향을 조정해 주는 3인 운반 및 4인, 6인, 8인, 10인, 16인 등 여러 가지 방법이 있다.

㉣ 여러 사람이 목도를 해야 하는 교목은 흔들림이나 방향 전환에 대비하여 나무 끝부분에도 몇 사람이 달라붙어 조정한다.

② 매달아 운반

㉠ 체인블록에 의한 이동의 경우 이각이나 삼각의 발을 조금씩 진행 방향으로 이동하는 작업을 되풀이하는 것이다.

㉡ 주의할 점은 뿌리부와 줄기부가 균형이 잡히도록 해서 이동하도록 한다.

㉢ 삼각의 경우 적당히 벌어져 있지 않으면 넘어지게 되어 위험하다.

㉣ 또한 달아 올릴 수 있는 수목의 총중량을 미리 산정해서 기계의 능력 이상의 것을 달아 올리지 않도록 주의한다.

㉤ 대체로 4톤 이상의 것을 크레인이나 와이어에 감을 때는 감게 될 줄기의 부분에 새끼, 가마니, 나무판자를 대어 수피가 손상되지 않도록 충분한 보호조치를 해준다.

③ 흙메워 올리기와 비스듬히 눕혀 끌기

㉠ 파올린 나무를 운반하기 위해서는 우선 뿌리분을 지표의 높이까지 올려놓아야 하는데 일반적으로 2가지 방법이 사용된다.

- 먼저 말뚝 또는 입목을 주변에 박아 이를 지지하여 뿌리분을 돌리면서 끌어올리는 방법
- 파헤친 구덩이 속에 흙을 조금씩 채워 가면서 나무를 이리저리 돌려 뿌리분이 차츰 지표까지 올라오도록 하는 방법

㉡ 구덩이 가장자리의 일부를 뿌리분 지름의 1.5배 정도 아궁이 모양으로 파헤쳐 뿌리분을 지표까지 끌어올리는 방법이 있다.

④ 세워 끌기

㉠ 수목을 서 있는 그대로 끄는 방법으로 안전하고 이식 후의 활착률도 매우 높다.

㉡ 중심이 불안정하고 넘어지기 쉽기 때문에 숙련을 요한다.

㉢ 상당한 토량의 굴취가 필요하고 사용 도구도 많이 소요된다.

⑤ 눕혀 끌기

㉠ 눕혀 끌기는 수목의 높이가 높아서 세워 끌기를 할 경우 넘어질 위험성이 있을 때 사용된다.

㉡ 맡구와 굴림대를 깔고 그 위에 나무를 넘어뜨려 운반하는 방법이다.

(2) 기계에 의한 운반

① 수목의 운반에 필요한 반입로가 확보되어 있는 경우에는 크레인차를 이용하여 상차한 뒤 트럭으로 운반한다.

② 작업이 간단하며 빠르기 때문에 식물의 활착률을 높일 수 있다.

③ 그러나 뿌리분의 크기를 고려해두지 않으면 도로 교통법상의 저촉을 받아 운반을 못 하는 경우가 발생될 수 있으므로 유의해야 한다.
④ 기계에 의해 이식할 경우는 뿌리 감기, 수간 보호 등 양생이 소홀하기 쉽다.
⑤ 분을 떨어뜨리거나, 기타 다른 부위에 부딪히지 않도록 주의해야 한다.
⑥ 중량에 대한 판단이 어긋나면 커다란 사고를 일으킬 수 있다.
⑦ 경험에 의한 중량의 판단을 명확하게 하여야 한다.
⑧ 수목을 달아 올릴 때에는 전체 가지의 양과 줄기 상태를 고려하여 밧줄이나 쇠줄을 걸도록 해야 한다.
⑨ 이를 소홀히 하게 되면 운반 중 수목이 돌게 되어 수피가 벗겨지게 된다.
⑩ 상하로 움직여 보고 확인한 후에 높이 올리는 것이 좋다.
⑪ 굵고 죽은 가지를 잘라낸 자리가 길게 남아 있는 경우에는 큰 사고가 발생하기 쉽다.
⑫ 사용되지 않는 이러한 가지는 미리 잘라내도록 한다.

출제예상문제

01 다음에서 설명하는 수목 운반 방법을 쓰시오.

> 1) 뿌리분이 작고 이동하는 위치가 비교적 가까울 경우 수간이나 뿌리분을 밧줄 등으로 걸어 사람 어깨에 짊어지고 운반하는 방법
> 2) 수목을 서 있는 그대로 끄는 방법으로 안전하고 이식 후의 활착률도 매우 높지만 중심이 불안정하고 넘어지기 쉽기 때문에 숙련을 요하는 방법

정답 1) 목도에 의한 운반
2) 세워 끌기

02 장비에 매달아 운반을 할 때는 와이어를 감게 될 줄기의 보호조치를 해야 한다. 이때 사용할 수 있는 재료를 2가지 이상 쓰시오.

정답 새끼, 가마니, 나무판자

03 운반을 위해서 뿌리분을 지표의 높이까지 올려놓아야 하는데 파헤친 구덩이 속에 흙을 조금씩 채워 가면서 나무를 이리저리 돌려 뿌리분이 차츰 지표까지 올라오도록 하는 방법은 무엇인지 쓰시오.

정답 흙메워 올리기

04 다음은 기계를 이용한 수목 운반 시 유의사항이다. ( ) 안에 알맞은 내용을 쓰시오.

- 기계에 의해 이식할 경우는 뿌리 감기, (①) 등 양생이 소홀하기 쉽다.
- 수목의 운반에 필요한 반입로가 확보되어 있는 경우에는 (②)를 이용하여 상차한 뒤 트럭으로 운반한다.
- 작업이 간단하며 빠르기 때문에 식물의 (③)을 높일 수 있다.

정답 ① 수간 보호, ② 크레인차, ③ 활착률

05 근원지름이 40cm 이상인 대형수목을 이식할 때에는 상하차 및 운반 작업을 설계도서에 명시된 바에 따라 H빔이나 판자 등으로 제작·설치하는 운반용 상자를 쓰시오.

정답 가설 운반틀

06 다음은 수목 상차 시 주의사항이다. ( ) 안에 알맞은 내용을 쓰시오.

- 운반 여건 및 수목의 중량에 따라 인력이나 (①) 등으로 적절히 상·하차한다.
- 적재할 때 또는 하차 뒤에는 반드시 (②)을 고여 수목의 손상을 방지하여야 한다.
- 적재 용량에 있어서 자동차 길이의 (③)을 더한 길이, 너비는 자동차의 후사경으로 방향을 확인할 수 있는 범위, 높이는 지상으로부터(④)의 높이를 초과할 수 없다.

정답 ① 크레인, ② 받침목, ③ 1/10, ④ 3.5m

07 인력 또는 장비를 사용한 굴취 및 운반 시 손상되기 쉬운 수목의 부위를 2가지 이상 쓰시오.

정답 뿌리분, 세근, 수피, 주지

08 다음은 수목을 식재지로 운반할 때 주의사항이다. ( ) 안에 알맞은 내용을 쓰시오.

- (①) 거리는 수목을 선채로 이동하는 것을 원칙으로 한다.
- 운반 시 뿌리분이 충격을 받아 깨지거나 (②)이 절단되지 않도록 하여야 한다.
- 필요시 (③)를 바닥에 깔거나 뿌리분 또는 수목과 접촉하는 사이에 끼워 충격을 받지 않게 한다.

정답 ① 가까운, ② 세근, ③ 완충재

3 수목 식재하기

(1) 교목 식재

① 교목 식재 순서

반입 → 배식 → 구덩이 파기 → 식재 → 흙 채우기 → 물다짐 → 보양 및 뒷정리

② 수목의 식재 적기

㉠ 성상별 이식 적기

- 일반적으로 낙엽수는 수분 증산량이 가장 적은 휴면으로 접어드는 가을이나 이른 봄이 가장 좋다.
- 이식 부적기인 7~8월은 피하는 것이 좋다.
- 상록 침엽수는 3월 중순부터 4월 중순과 9월 하순이 안전하다.
- 묘포장에서 이식하여 잔뿌리가 잘 발달한 나무와 분에 심어 재배한 나무는 한여름과 한겨울의 극한 기온만 피하면 이식할 수 있다.

㉡ 지역별 식재 적기

구분	해당 지역	식재 적기
중북부지역	경기북부, 강원	3월 20일~5월 25일, 9월 25일~11월 20일
중부지역	경기남부, 서울, 인천, 충북, 충남북부, 경북북부	3월 10일~5월 20일, 10월 1일~11월 30일
남부지역	동해안, 충남남부, 대전, 전북, 전남, 광주, 경북남부, 대구, 경남, 울산	3월 1일~5월 15일, 10월 5일~12월 10일
남해안지역	전남 · 경남의 해안, 부산 및 도서지구	2월 20일~5월 10일, 10월 10일~12월 20일
제주지역	제주	2월 10일~5월 5일, 10월 20일~1월 10일

※ 식재 적기라도 이상 기후(기온이 2℃ 미만 30℃ 이상, 평균 풍속 48km/h 초과 등) 발생 시에는 식재 여부에 신중해야 한다.

(2) 수목의 구비 조건

① 일반 수목의 구비 조건

㉠ 지정된 규격에 합당한 것으로서 발육이 양호하고 지엽이 치밀해야 한다.

㉡ 수종별로 고유의 수형 및 특성을 갖추어야 한다.

㉢ 병충해의 피해나 손상이 없고 건전한 생육 상태를 유지하여야 한다.

㉣ 병충해의 감염 정도가 미미하고 심각한 확산의 우려가 없는 경우에는 적절한 구제 조치를 전제로 채택할 수 있다.

㉤ 묘목을 제외한 조경 수목, 특히 근원직경 10cm, 흉고직경 8cm, 수고 3.0m 이상인 수목은 활착이 용이하도록 미리 이식 또는 뿌리돌림을 실시하여 세근이 발달된 재배품을 원칙으로 한다.

㉥ 공사 현장이 중부 이북 지역인 경우에 있어서 조경 수목은 동해 방지를 위해서 동 지역 또는 동 지역 위도 이상에서 재배된 수목이어야 한다.

㉦ 수목 수급이 어렵거나 불가능한 경우 또는 동해에 강한 수목일 경우에는 사용할 수 있다.

㉧ 조경 수목은 굴취 후 24시간 이내에 현장에 반입되어야 한다.

㉨ 불가피한 경우에 한하여 감독자와 사전 협의 후에 조정할 수 있다.

㉩ POT에 재배된 조경 수목은 권장 사용되어야 한다.

② 형태별 구비 조건

㉠ 침엽수는 줄기가 곧고 가지가 고루 발달하여 균형 잡힌 것이어야 한다.

㉡ 초두와 나무껍질이 손상되지 않고, 웃자란 가지를 제외한 높이가 지정 높이 이상이어야 한다.

㉢ 상록 활엽 교목은 가지와 잎의 발달이 충실하여 수관이 균형 잡힌 것이어야 한다.

㉣ 밀식에 의하여 웃자라지 않은 것이어야 한다.

㉤ 낙엽교목류는 줄기의 굴곡이 심하지 않고 가지의 발달이 충실하여야 한다.

㉥ 수관이 균형 잡히고 뿌리목 부위에 비하여 줄기가 급격히 가늘어지지 않아야 한다.

㉦ 대형목(R30, B25 이상)은 모든 방향에서 가지가 고루 발달하고 수관이 균형 잡혀야 한다.

㉧ 지하고가 지정 높이 이상이며 뿌리의 발육 등이 좋아 대형목으로 성장이 가능하여야 한다.

㉨ 대형목은 운반 전에 반드시 현지 검수를 시행하고 현시 검수 시 뿌리돌림 유무를 확인해야 한다.

㉩ 대형목은 현지 검수 시 식재 방향(남향을 기준으로 함) 등을 표시한 후 식재 시 동일 방향으로 식재하여 수목 조직의 변화로 인한 고사가 없도록 한다.

㉪ 조형 수목은 수목의 자람세가 양호하고 미적 구비 요건이 경관 조성을 충분히 만족시킬 수 있는 수목이어야 한다.

㉫ 감독원의 승인하에 수고 및 수관폭은 지정 규격 이내로 조정할 수 있다.

㉬ 가로수는 지하고가 2.0m 이상이어야 하고 동일 노선에서 수고가 일정하여야 한다(최대편차 : 1m). 단, 지자체 조례에 규정된 경우 우선한다.

(3) 수목 식재 보조 재료

① **지주** : 재료, 색채, 외양 등에서 목재 등 자연 친화적인 재료를 사용해야 한다.

㉠ 원주 지주목

• 사각

- 간선도로변 가로수, 상가, 광장 등 미관을 고려하는 지역에 설계도서에 따라 설치하여야 한다.
- 가로수에 설치 시 수목 보호판의 형태에 부합하여야 한다.
- 수목 보호판이 직사각형인 경우 지주목의 상부 연결용 목재의 가로 세로 길이를 조정하여 수목 보호판과 상부 연결용 부재의 형태를 동일하게 하여 입면 형태가 사다리꼴이 되어야 안정된다.

• 삼발이

- 수목의 규격에 따라 소형, 중형 및 대형으로 구분되며, 설계도서에 따라 설치하여야 한다.
- 지주목 부재 간 결속을 위한 철선은 아연 도금 철선 1종(SWMGS-1), 선지름 4mm를 2줄로 꼬아서 사용하여야 한다.
- 삼발이 지주의 경사각은 60°를 기준으로 한다.

㉡ 당김줄형

• 수목 주위에 일정한 간격으로 고정 말뚝을 박고, 이를 수목 높이의 1/2 지점과 연결하여 고정한다.

• 수목과 접하는 부위에는 고무나 플라스틱 호스 등의 마찰 방지재를 사용하여 수간을 보호한다.

• 팽팽하게 당겨주기 위하여 당김줄 중간에는 턴버클(Turnbuckle)을 부착한다.

㉢ 가로 지지대

• 군식 수목에 대한 수목 지주대로 규격에 따른 원주 지주목과 대나무 가로 지지대를 혼합하여 설계도서에 따라 시공하여야 한다.

• 대나무 가로 지지대는 일정 간격으로 절단하여 반입하지 말고 수목 식재 후 식재 거리에 맞춰 절단하면서 사용한다.

• 연속된 한 개의 대나무에 3주 이상의 수목을 연결하여 '一'자 배치하거나, 짧은 대나무를 연결하여 사용되는 일이 없도록 한다.
• 대나무 가로 지지대 결속 부위에는 대나무 마디가 오도록 절단하거나 칼집을 내어 결속 후 움직임이 방지되도록 하여야 한다.
• 가로 지지대 설치 높이는 원주 지주목 결속부 상부, 식재 수목 수고의 중간 지점을 기준으로 하되, 수종 및 성상에 따라 조정하여 시공하여야 한다.
• 동일 장소의 가로 지지대 설치 시 대나무 가로 지지대의 굵기와 설치 높이를 일정하게 유지하고, 결속부의 두께 또한 일정한 두께를 유지하여 미려하게 시공한다.

② 뿌리 보호 덮개
㉠ 식재지의 공간 특성 · 이용 특성 · 장식 효과 · 유지 관리 등을 고려하여 재료 · 색채 · 외양 등에서 자연친화적인 재료를 선정한다.
㉡ 식재 수목의 토양 환경을 양호한 상태로 유지시킬 수 있는 것이어야 한다.
㉢ 수목의 근원직경 및 장래의 생장도 등을 충분히 검토하여 여유 있는 크기를 선택한다.

③ 멀칭재
㉠ 장식적인 면과 지역에서의 입수 용이성 등을 고려하여 선정한다.
㉡ 바크 · 왕겨 · 색자갈 · 볏짚 · 분쇄목 · 모래 · 톱밥 · 낙엽 등 병충해에 감염되지 않은 자연 친화적 자재로서 자연 상태에서 분해 가능한 재료를 우선 선정한다.
㉢ 멀칭재(우드칩 등)는 소나무, 잣나무 등 국내산 자연목을 이용하여 생산된 것으로 하며, 우드칩 입자가 고르고 깨끗해야 한다.

④ 결속재
㉠ 녹화마대는 황마(Jute)로 만든 천연섬유시트를 사용한다.
㉡ 녹화테이프는 고무액을 바른 중간 또는 거친 정도의 두께 5mm 이상이 되는 코코넛 섬유(Coconut fiber) 시트 또는 엷게 타르를 바른 사이잘삼실(Sisal Yarn) 시트로 한다.
㉢ 녹화끈은 황마로 만든 직경 6mm의 천연섬유 노끈을 사용한다.
㉣ 고무 밴드는 폐튜브를 폭 30mm가 되도록 6등분하여 사용하거나 시판용 고무 밴드를 사용한다.

⑤ **농약(살충제, 살균제)** : 농약은 농약관리법에 따라 등록된 제조업자의 제조 품목 중 파프분제 등 속효성이며 접촉성 유기인제 살충제를 사용한다.

⑥ **증산 억제제, 토양 개량제, 발근 촉진제, 상처 유합제 등** : 증산 억제제는 크라우드커버, 그리너 등 표면에 막을 형성하는 유제로, 식물에 유해하지 않아야 한다.

(4) 수목의 식재 유형과 식재 기법

① **식재 유형** : 경관 조성과 기능에 따른 식재 공간의 식재 유형은 많지만 이용, 완충, 보존의 관점에서 종합해 보면 식재 유형을 크게 경관식재, 완충식재, 녹음식재로 구분할 수 있다.

② 식재 기법
㉠ 정형식 식재, 자연식 식재, 자유식 식재로 구분한다.
㉡ 정형식 식재
• 시각적으로 강한 축선의 설치와 이들 축선에 의한 땅가름을 기본으로 한다.
• 따라서 수종, 크기, 형태 등이 균일해야 한다.
• 세부적인 유형으로 독립식재, 대칭식재, 열식식재, 교호식재, 집단식재가 있다.

㉢ 자연식 식재

- 자연 풍경과 유사한 경관 조성을 목적으로 한다.
- 부등변 삼각형 식재, 임의식재, 모아심기, 배경식재, 군식, 군락식재가 있다.
- 자유식재는 자유로운 형식의 식재 방법으로 루버형, 번개형, 아메바형, 절선형, 원호형 등 자유롭고 비대칭적이다.

(5) 수목의 식재 밀도

① 교목의 식재는 성목이 되었을 때 인접 수목 간의 상호 간섭을 줄이기 위하여 적정 수관폭을 확보한다.

② 목표연도는 수고 3m, 수관폭 2m의 수목을 기준으로 식재 후 10년으로 설정하며, 열식이나 군식에 적용한다.

③ 열식 또는 군식 등 교목의 모아심기 표준 식재간격은 6m로 한다.

④ 공간 조건과 수종에 따라 4.5~7.5m 범위에서 식재간격을 조정할 수 있다.

⑤ 공간별 식재밀도

㉠ 차폐 식재

- 좁은 식재폭은 교목 8주/100m^2, 소교목 12주/100m^2,
- 넓은 식재 폭은 교목 5주/100m^2, 소교목 6주/100m^{2}를 표준으로 한다.

㉡ 도시공원

- 도시공원의 식재밀도는 조성 녹지 면적을 기준으로 한다.
- 조경설계기준을 따른다.

㉢ 자연림 및 도시숲

- 이용하는 자연림 및 도시숲의 식재밀도는 조성 녹지 면적을 기준으로 한다.
  - 교목 3.5주/100m^{2}를 기준으로 한다.
  - 출입을 금지하는 경우 자연림 및 도시숲의 식재밀도는 교목 5주/100m^2, 소교목 2주/100m^{2}를 적용한다.
- 단층림으로 잔디 및 초지가 주가 되며, 장식 또는 녹음 목적의 교목이 점재하는 산생림의 밀도는 5~10주/100m^2, 울폐도는 30%로 한다.

  ※ 울폐도 : 나무의 수관과 수관이 서로 접하여 이루고 있는 수림 위층의 전체적인 생김새의 폐쇄 정도
- 교목 위주의 복층림으로 교목류 하부에 관목이 부분적으로 점유하는 소생림의 밀도는 10~20주/100m^2, 울폐도는 30~70%로 한다.
- 복층림으로 교목층과 중목층의 수관이 서로 겹쳐 폐쇄적인 수림을 구성한다.
- 교목류 하부에 관목류가 빽빽이 들어차는 밀생림의 밀도는 20~40주/100m^2, 울폐도는 70%로 한다.
- 계층별 피도와 울폐도는 단위 면적당 식재밀도 지표가 될 수 있으므로 설계자는 식재 공간 및 기능에 따라 기준을 정하여 이용할 수 있다.

  ※ 피도 : 식물 군집을 구성하는 각 종류가 지표면을 차지하는 비율을 나타내는 말

㉣ 기타

- 산업 단지 및 공업 지역 완충녹지는 수목의 양호한 생육을 위해 10m^{2}당 교목 2주와 관목 6주 이상의 밀도가 되도록 배식한다.
- 방화 녹지의 수림대는 수고 10m 이상 자라는 교목류로 군식한다.
- 산업 단지 및 토지 이용 상충 지역 완충녹지의 군식 또는 군락 식재 시에는 가능한 포트묘나 유묘(수고 1.5m 이하)을 사용하고 수목 간 식재 거리는 1.0~1.5m 간격으로 한다.
- 가로수는 생장이 빠른 교목은 8~10m 간격으로, 생장이 느린 교목은 6m 간격으로 배식한다.

(6) 전통 조경의 식재

① 식재 유형

㉠ 수목은 대부분 땅에 구덩이를 파고 직접 심는 경우가 많았다.

㉡ 분재, 취병, 절화 등 그릇이나 장치를 곁들여 도입하였다.

㉢ 화단이나 화오(花塢), 화계(花階)를 두어 화목이나 초화류(모란, 작약, 난초, 국화 등)를 많이 심었다.

② 식재 방식과 장소

㉠ 주택의 경우 큰 나무를 안마당에 심는 것을 꺼렸다.

㉡ 소나무와 대나무는 집 주위에, 특히 문 앞에 회화나무 또는 대추나무를 심는 것을 권장하였다.

㉢ 석류를 뜰 안에 심으면 많은 자손을 얻으며, 문 밖 동쪽에 버드나무를 심으면 가축이 번성한다고 하였다.

㉣ 한편 무궁화, 탱자나무, 사철나무 등을 이용하여 경계를 표시하고 시각적 차폐나 동물의 침입을 막는 기능식재로 활용하였다.

③ 식재 방위

㉠ 홍만선의 '산림경제'에 의하면 동쪽에 복숭아나무와 버드나무, 남쪽에 매화나무와 대추나무, 서쪽에 치자나무와 느릅나무, 북쪽에 능금과 살구나무를 권장하였다.

㉡ 이는 쾌적한 주거 환경 조성을 위한 풍수적 비보(裨補)로 생태적 특성을 고려하면서 지형 조건의 한계성을 개선하려는 식재 기법이다.

출제예상문제

01 **다음은 교목 식재의 순서이다. ( ) 안에 알맞은 내용을 쓰시오.**

반입 – 배식 – (①) – 식재 – (②) – 물 다짐 – 보양 및 뒷정리

정답 ① 구덩이 파기, ② 흙 채우기

02 **식재 적기가 3월 20일~5월 25일, 9월 25일~11월 20일인 지역을 쓰시오.**

정답 중북부지역

03 **수목이 활착할 수 있는 이식 적기는 수종별, 성상별로 다르지만 우리나라가 속한 온대 지방에서 수목의 이식 적기는 수목의 휴면기이다. 우리나라 수목의 휴면기를 쓰시오.**

정답 이른 봄, 늦은 가을

04 낙엽수, 상록침엽수의 이식 적기와 이식 부적기를 쓰시오.

정답 • 낙엽수 : 가을, 이른 봄, 상록 침엽수 : 3~4월 중순, 9월 하순
• 이식부적기 : 7~8월

05 다음은 일반 수목의 구비조건이다. (　) 안에 알맞은 내용을 쓰시오.

- 지정된 규격에 합당한 것으로서 발육이 양호하고 (①)이 치밀해야 한다.
- 주경 수목, 특히 근원직경 (②)cm, 흉고직경 8cm, 수고 3.0m 이상인 수목은 활착이 용이하도록 미리 이식 또는 (③)을 실시하여 세근이 발달된 재배품을 원칙으로 한다.
- 공사 현장이 중부 이북 지역인 경우에 있어서 조경 수목은 동해 방지를 위해서 (④) 또는 동 지역 위도 이상에서 재배된 수목이어야 한다.

정답 ① 지엽, ② 10, ③ 뿌리돌림, ④ 동 지역

06 다음은 조경수의 형태별 구비 조건이다. (　) 안에 알맞은 내용을 쓰시오.

- 대형목은 현지 검수 시 꼭 나무에 (①) 표시를 해야 한다.
- 가로수의 지하고는 (②)m 이상이어야 한다.
- 가로수는 동일 노선에서 수고가 일정하여야 한다. 단 최대편차는 (③)m이다.

정답 ① 식재 방향(남향), ② 2.0, ③ 1.0

07 간선도로변 가로수, 상가, 광장 등 미관을 고려하는 지역에 설계도서에 따라 설치하여야 하는 원주 지주의 명칭은?

정답 사각 지주

08 수목의 규격에 따라 소형, 중형 및 대형으로 구분되며, 설계도서에 따라 설치하여야 하는 삼발이 지주의 경사각은?

정답 60°

09 굴취 계획을 수립할 때에 공사감독자와 협의하여 가지주를 설치해야 하는 수목의 수고는 몇 m인지 쓰시오.

정답 4.5m 이상

10 수목 굴취 시 절단된 뿌리부분이 일그러지거나 깨지는 등 손상을 받은 곳은 예리한 칼로 절단하고 방부처리를 해주어야 하는데 이때 사용하는 방부처리제의 명칭은?

정답 석회유황합제

11 당김줄은 수목 주위에 일정한 간격으로 고정말뚝을 박고 이를 수목높이의 1/2 지점과 연결하여 고정한 후 당김줄 중간에 팽팽하게 당겨주기 위하여 부착하는 도구의 명칭은?

정답 턴버클

12 뿌리 보호 덮개는 식재지의 공간 특성, 이용 특성, 장식 효과·유지 관리 등을 고려하여 자연 친화적인 재료를 선정해야 하는데 이때 필요한 3가지 요소를 쓰시오.

정답 재료, 색채, 외양

13 멀칭재는 장식적인 면과 지역에서의 입수 용이성 등을 고려하여 선정해야 하고, 병충해에 감염되지 않은 자연 친화적 자재로서 자연 상태에서 분해 가능한 재료를 우선 선정한다. 이때 자연 친화적 자재를 3가지 이상 쓰시오.

정답 바크, 왕겨, 색자갈, 볏짚, 분쇄목, 모래, 톱밥, 낙엽

14 수목 식재 보조 재료로서 농약이 아닌 수목의 활착 보조재 명칭을 2가지 이상 쓰시오.

정답 증산 억제제, 토양 개량제, 발근 촉진제, 상처 유합제

15 다음은 수목 식재 후 약제살포 계획이다. ( ) 안에 알맞은 내용을 쓰시오.

- 부적기에 식재한 수목은 뿌리절단 부위에 (①)를 처리하여야 한다.
- 식재 후에도 일정한 간격을 두고 영양제, (②)를 살포 주입하여 보호한다.
- 식재 수목에서 병충해가 발견되는 경우 즉시 약제를 뿌려 구제하고 (③)을 방지한다.

정답 ① 발근 촉진제, ② 증산 억제제, ③ 확산

16 다음은 수목 식재 시 유의사항이다. ( ) 안에 알맞은 내용을 쓰시오.

- 수목의 굴취, 운반, 식재는 (①)에 완료하는 것을 원칙으로 한다.
- 식재 방향은 원래의 (②)과 동일하게 식재함을 원칙으로 한다. 다만 경관, 기능 등을 고려하여 조정할 수 있다.
- 잘게 부순 양토질 흙을 뿌리분 높이의 (③)까지 넣은 후, 수형을 살펴 수목의 방향을 재조정한다.

정답 ① 같은 날, ② 생육 방향, ③ 1/2 정도

17 경관 조성과 기능에 따른 식재 공간의 식재 유형은 많지만 이용, 완충, 보존의 관점에서 종합해서 분류한 식재유형 3가지를 쓰시오.

정답 경관식재, 완충식재, 녹음식재

18 식재 기법에서 시각적으로 강한 축선의 설치와 이들 축선에 의한 땅가름을 기본으로 하고, 수종, 크기, 형태 등이 균일해야 하는 정형식 식재의 종류를 3가지 이상 쓰시오.

정답 독립식재, 대칭식재, 열식식재, 교호식재, 집단식재

19 식재 기법에서 자연 풍경과 유사한 경관 조성을 목적으로 하고, 자유롭고 비대칭적인 형식의 식재 방법인 자유식재의 형태를 2가지 이상 쓰시오.

정답 루버형, 번개형, 아메바형, 절선형, 원호형

20 수목의 식재밀도에서 열식 또는 군식 등 교목의 모아심기 표준 식재간격은 몇 m인지 쓰시오.

정답 6m

21 공간별 식재밀도에서 차폐식재를 할 때 교목과 소관목의 좁은 식재폭은 $100m^2$당 몇 주인지 쓰시오.

정답
- 교목 : 8주
- 소관목 : 12주

22 자연림 및 도시숲의 식재에서 출입을 금지하는 경우의 자연림 및 도시숲의 교목과 소교목의 식재밀도는 $100m^2$당 몇 주인지 쓰시오.

정답
- 교목 : 5주
- 소교목 : 2주

23 산업 단지 및 공업 지역 완충녹지에서 수목의 양호한 생육을 위한 식재밀도는 $10m^2$당 몇 주인지 쓰시오.

정답
- 교목 : 2주
- 관목 : 6주

24 전통 조경의 식재에 사용되는 초화류를 2가지 이상 쓰시오.

정답 모란, 작약, 난초, 국화

25 전통 조경의 식재에서 주택의 경우 큰 나무를 안마당에 심는 것을 꺼렸으나 집 주위와 문 앞에는 큰 나무 식재를 권장하였다. 집 주위와 문앞의 식재에 권장되는 나무를 쓰시오.

정답
- 집 주위 : 소나무, 대나무
- 문 앞 : 회화나무, 대추나무

26 각종 조경 수목과 자재의 현장 검수 시 현장 도착 즉시 검사를 받은 뒤에 반입하여 시공을 할 때 검수받아야 하는 내용을 쓰시오.

정답 수종, 품질, 규격

27 식재 준비 작업에서 수목 식재 전에 관수를 위해 확보해야 하는 수원을 3가지 쓰시오.

정답 상수도, 지하수, 물차

28 흙을 구덩이에 넣고 다짐을 할 때에 흙이 습하여 뿌리가 쉽게 썩는 수종에 한하여, 관수 없이 흙을 계속 넣어가며 막대기 등으로 다지는 다짐을 쓰시오.

정답 마른다짐

29 식재 후 바람, 지반침하 등에 의한 뿌리분의 흔들림을 방지하여 수목의 활착을 도모하려고 시행하는 식재 후 수목보호조치를 쓰시오.

정답 수목 지지대

30 주차장 인접 녹지의 경우 주차 시 지주목 파손 및 수목 손상이 발생되지 않도록, 수목 식재 시 경계석으로부터 이격 및 지주목 방향을 조정하여 설치하여야 한다. 이때 경계석으로부터 이격거리는 몇 cm 이상인지 쓰시오.

정답 60cm 이상

31 뿌리분의 손상은 활착에 큰 지장을 가져오기 때문에 가지를 솎아 주어야 하는데 이때 고려해야 하는 것을 쓰시오.

정답 T/R률

32 다음에서 설명하는 배식방법을 쓰시오.

> 1) 차폐, 시선 유도, 경계부 식재, 둘러 쌓인 공간 등을 조성할 목적으로 수관을 붙이거나 일정한 간격을 두고 규칙적으로 열을 지어 심는 방법
> 2) 형태나 규모에 제약을 받지 않고 특별한 기능과 아름다움을 고려하여 모아 심는 방법

정답 1) 열식
2) 군식

33 관목 식재 부위 토양은 생육에 해로운 불순물을 제거하고 지표면에서 적당한 깊이로 부산물 비료와 고루 섞어서 식재지를 조성한다. 여기에서 적당한 깊이는?

정답 20~30cm

34 관목을 심고 묻을 때의 유의사항이다. ( ) 안에 알맞은 내용을 쓰시오.

> • 대면적의 군식은 중앙부부터 (①)으로 향해 식재해 나간다.
> • 2중 이상으로 식재할 때에는 (②)로 엇갈리게 식재한다.
> • 맨뿌리로 식재할 경우 뿌리가 많거나 긴 것은 적당히 솎아 주고 (③) 식재한다.
> • 경사면에 관목 식재 시 1종류보다는 2종류 이상의 관목을 조합 식재하여 (④)를 추구한다.

정답 ① 바깥쪽, ② 지그재그, ③ 잘라낸 후, ④ 조형미

4 지피 초화류 식재하기

(1) 지피 초화류의 유형

① **잔디** : 잔디밭을 구성하는 다년생 화본과 초본으로서 지피성과 내답압성이 우수하고 재생력이 강한 식물을 말한다.

② **초화류** : 화단, 평탄지 또는 비탈면 등의 피복 및 미화의 목적을 위하여 열식 및 군식하여 사용하는 일년초, 숙근초 및 구근류 등의 식물을 말한다.

③ **뗏장** : 잔디의 포복경 및 뿌리가 자라는 잔디 토양층을 일정한 두께와 크기로 떼어낸 것을 일컫는다.

④ **포복경** : 기는 줄기를 일컫는 말로서 토양 표면을 기는 지상 포복경과 토양 속을 기는 지하 포복경(지하경)으로 구분된다.

(2) 지피 식물의 효과 및 조건

① 지피 식물의 효과

㉠ 지피 식물을 이용하여 면적인 공간을 조성하면 비로 인한 진땅을 방지한다.

㉡ 토양 침식을 예방할 수 있다.

㉢ 바람에 날리기 쉬운 흙먼지의 양을 줄이고 미기후를 완화시켜 준다.

㉣ 운동과 휴식, 미적인 효과가 있다.

② 지피 식물의 조건

㉠ 지피 식물은 키가 30cm 이하인 다년생 식물로서 가급적 상록성이 좋다.

㉡ 질감이나 색상이 아름다워야 한다.

㉢ 새순과 새가지가 많아져 비교적 빠르게 생장해야 한다.

㉣ 번식력이 왕성하여 치밀하게 지면과 잘 연결되는 특성이 있어야 한다.

㉤ 관리하기가 쉽고 답압에 잘 견디는 것이 좋다.

㉥ 악취나 가시가 없고 즙이 적은 식물이 좋다.

(3) 초화류 식재 기법

① 식재 순서

㉠ 식물의 초장, 개화기, 화색, 상록성과 낙엽성 초화류를 적정 배분한다.

㉡ 관목, 그래스류 등 뼈대 역할을 하는 식물을 우선 배치한다.

㉢ 여백 공간에 계절별 색채 연출이 가능하도록 키 큰 식물부터 일정 간격으로 반복 배치한다.

② 생육 특성별 초화류 식재

㉠ 키 큰 초화는 원경이 되도록 식재하고 지피성 초화는 관목 앞이나 근경이 되도록 한다.

㉡ 하고현상이 있는 초화는 뒤쪽에 식재한다.

㉢ 광량을 고려하여 음지 공간은 잔디 식재를 지양하고 음지성 식물을 식재한다.

※ 음지성 식물 : 맥문동, 수호초, 바위취, 옥잠화, 털머위, 관중 등

㉣ 상록성과 내한성이 다소 약한 식물은 건조한 북서풍을 피할 수 있도록 북동쪽에 식재한다.

※ 입면 녹화종 : 입면 녹화종인 멀꿀, 인동, 줄사철, 송악, 남천은 북동쪽 측벽 식재 시 서울지역에서도 월동이 가능하다.

㉤ 땅속 뿌리줄기에 의해 번식하는 식물종은 빠른 증식 및 타 식물과의 경합에서 우점하므로 분리한다.

※ 분리 식재 식물 : 사사, 구절초, 금불초, 노루오줌, 둥굴레, 벌개미취, 부처꽃, 석창포, 섬초롱꽃, 수호초, 애기나리, 옥잠화, 은방울꽃, 종지나물, 톱풀 등

㉥ 수생식물은 대부분 번식력이 왕성하므로 용기에 넣어 식재한다.

③ 식재 패턴

㉠ 독립형 초화원 혼합식재

- 교목, 관목 및 초화 등 다양한 식물의 화색, 화기, 초장, 엽색 등 특성을 고려하여 혼합 배치함으로써 연중 감상 포인트를 제공한다.
- 꽃색과 계절, 상록식물의 비율을 계절별 3종 이상 개화되도록 한다.
- 겨울철 경관을 고려하여 잎, 줄기 등이 아름다운 상록성의 그래스류와 관목을 뼈대로 점적 식재하고 여백 부분에 계절별 야생화를 반복 식재한다.
- 키 작은 식물은 앞쪽에 식재하고 키 큰 식물은 원경으로 배치한다.
- 계절별 도면을 별도로 작성하여 해당 계절의 개화종 위치 및 색상을 표시하여 식물식재의 정성을 확인하다.

㉡ 건물 전후면 선형 녹지 공간 초화류 식재

- 건물 전문 초화류 식재(양지성, 반음지성) : 감국, 구절초, 꼬리조팝, 꼬리풀, 꽃범의 꼬리, 금불초, 벌개미취, 범부채, 비비추, 삼색조팝, 상록패랭이, 섬기린초, 수호초 등
- 건물 후면 초화류 식재(음지성, 반음지성) : 두메부추, 둥글레, 맥문동, 벌개미취, 비비추, 옥잠화, 수호초, 아주가, 삼색조팝, 지피말발도리, 상록사초 등

㉢ 암석원 조성

- 키와 부피가 크지 않고 빨리 자라거나 퍼지지 않는 초화종과 멀칭재료로 조성한다.

※ 암석원 조성 재료 : 초화류는 돌단풍, 바위취, 백리향, 섬기린초, 용머리, 할미꽃 등이 해당되고 관상 요소는 경관석, 석등, 조각상 등 점경물을 도입한다.

- 식물에 의한 피복률 50% 이하로 식물의 양을 많지 않게 하며 멀칭재로 피복한다.

(4) 공간별 지피 식물의 적용

① 개울과 샛강의 식재

㉠ 뿌리가 강건하여 유속에 의한 토사 유출을 방지할 수 있어야 한다.

㉡ 수위에 따라 습지와 건조가 상종하는 지역이므로 내습성, 내건성을 동시에 지녀야 한다.

㉢ 수질을 정화시킬 수 있는 식물이어야 한다.

② 경관석과 정원석의 식재

㉠ 주변의 경관석과 조화되게 식물의 높이를 잘 파악하여 식재한다.

㉡ 돌 틈은 돌과 토양, 대기와의 주·야간 온도의 차이가 있다.

㉢ 건조할 것 같으면서도 적당한 습도가 유지되어 식물이 잘 생장한다.

㉣ 키가 너무 큰 식물은 주위의 경관석을 가리게 되므로 잘 고려하여 식재해야 한다.

③ 둔치 마당과 둑길의 식재

㉠ 강물의 범람으로 침수가 우려되므로 습해에 강한 식물을 선택한다.

㉡ 이곳의 토양은 사질토가 많다.

㉢ 건조기에는 가뭄의 피해를 견딜 수 있는 강한 식물을 이용한다.

④ 공간이 넓은 잔디밭 위 화단의 식재

㉠ 양지에서 잘 자라는 식물이 좋다.

㉡ 특히 건조에 비교적 강한 식물이어야 한다.

㉢ 개화 기간이 길고 오래도록 잎이 지지 않아서 지피 효과가 좋은 식물을 선택한다.

⑤ 낙엽수 아래의 식재

㉠ 겨울과 봄에는 햇볕이 드는 양지이다.

㉡ 여름 등 녹음이 짙은 계절에는 햇볕이 잘 들지 않는 음지 또는 반음지 환경이다.

㉢ 개화기에는 양지성, 개화 후에는 음지성의 식물을 선택한다.

⑥ 도로 분리대와 도로 녹지대의 식재

㉠ 차량 통행이 많아 먼지와 티끌로 이루어진 분진(粉塵), 매연, 바람 등에 강한 식물을 선택한다.

㉡ 음지와 양지가 공존하는 지역이므로 식물 선택을 신축성 있게 하여야 한다.

⑦ 보행섬과 가로 화단의 식재

㉠ 교통량이 많은 지역으로 운전자의 시각 장애를 주지 않는 키가 작은 식물을 선택한다.

㉡ 주변에 포장도로가 많아 복사열로 무더위가 우려되므로 더위를 싫어하는 식물은 제외한다.

㉢ 복사열로 인하여 식재한 식물이 조기 개화할 수 있다는 점을 고려해야 한다.

⑧ 상록수 아래의 식재

㉠ 상록수 중 소나무 군식 지역에서는 건조에 강한 식물을 선택한다.

㉡ 소규모 소나무 군식 지역과 대규모 소나무 군식 지역으로 나누어 선택한다.

(5) 초화류 식재

① 초화류의 식재 계획

㉠ 일년초 초화류 식재 및 관리 요령

- 3~4월 초순에 정식한다.
- 장마가 시작되기 전인 6월 초순경에 1회 교체한다.
- 장마가 끝나는 8월 중순에 2회 교체한다.
- 11월 초에 3회 교체하여 연속성이 유지되도록 식재할 수 있다.

㉡ 코스모스, 루드베키아, 분꽃 등 일부 일년초와 숙근초는 지속적으로 유지할 수 있는 화단에 식재한다.

㉢ 춘식하는 구근은 봄에 식재하여 가을까지 지속시킬 수 있다.

㉣ 추식하는 구근은 가을에 식재하고 봄에 개화한 후 6월 초순경에 캐어 보관한다.

㉤ 추식 구근을 캐어 낸 화단에는 일년초에 준하여 교체한다.

② 초화류의 식재간격

㉠ 초화류의 포기 식재간격은 화형과 초장에 따라 대형, 중형 및 소형으로 구분한 기준을 따른다.

㉡ 기타 지피식물과 초화류도 이에 준하여 식재할 수 있다.

㉢ 암석원이나 꽃시계 등 특수한 효과를 위하여 밀식하는 지피 식물 및 초화류의 경우에는 달리할 수 있다.

③ 초화류의 파종

㉠ 춘파용 초화류의 파종은 3~5월에, 정식은 여름 이후에 한다.

㉡ 추파용 초화류의 파종은 8~10월에, 화단의 정식은 봄에 한다.

㉢ 루피너스·꽃양귀비 등과 같이 직근성인 것, 루드베키아, 코스모스, 코레옵시스, 분꽃 등 발아가 쉬운 것, 대립 종자인 것 또는 일부 야생화류는 직파할 수 있다.

(6) 야생 초화류 식재

① 야생 초화류 식재 대상지

㉠ 도로변 또는 도로의 녹지대

㉡ 잔디 광장이나 하천변 녹지 등 도시 내의 오픈 스페이스

㉢ 골프장, 스키장 등 리조트 시설

㉣ 주택 단지 등의 교목 군식 하부의 녹지

② 야생 초화류의 식재

㉠ 야생 초화류는 우리나라의 산야에 자생하는 초화류이다.

㉡ 지피성과 경관성이 우수하고 번식력이 강한 것 중에서 선정한다.

㉢ 야생 초화류 설계 시 우선적으로 선정할 수 있는 초화류 : 벌개미취, 쑥부쟁이, 구절초, 산구절초, 감국, 바위채송화, 땅채송화, 꿩의비름, 기린초, 원추리, 꽃창포, 붓꽃, 제비꽃, 벌노랑이, 돌나물, 백리향, 갈대, 달뿌리풀, 참억새, 물억새, 띠

㉣ 지피성과 경관성이 우수하고 종자를 채취할 수도 있다.

㉤ 야생초화류의 조성은 파종, 포기심기, 식생네트 깔기, 뗏장 깔기 중에서 대상 식재지에 적합한 유형을 선정하여야 한다.

㉥ 그늘에는 내음성이 강한 초화류를 식재한다.

㉦ 초화류 식재지에 잔디 침입으로 인한 고사 방지를 위한 경계재를 설계한다.

(7) 지피 초화류의 측정 지표

① 분얼

㉠ 식물의 성장 엽아의 수량이다.

㉡ 발아 가능한 엽아를 기준으로 한다.

㉢ 다년생 식물 중 숙근류는 일반적으로 분열수를 식물 단위로 삼는데 촉으로도 지칭된다.

㉣ 1분얼로도 식재는 가능하나 식재 후 초기 효과를 고려하여 그 단위를 2~3분얼, 4~5분얼로 식물에 따라 분얼수의 기준을 다르게 한다.

㉤ 한 개체의 작은 분얼이 큰 분얼 크기의 1/3 이하인 것을 포함하지 아니한다.

㉥ 분얼수가 정확하지 않은 경우 중간 분얼수를 초과하여야 한다.

예 3~5분얼 : 4분얼 이상

② 개화구 : 노지 재배의 구근류에 적용되며, 구근 상태로 식재 시 개화에 대한 보장이 있어야 한다.

③ 연생 : 발아 후의 노지 재배 연수를 말하며, 지정 연수 이상 재배품이어야 한다.

④ 포트(pot)

㉠ 포트란 식물의 재배 용기로서 이의 지름으로 표기한다.

㉢ 검은색 비닐 포트에 육묘한 것으로서 초종에 따라 1치 포트에서 12치 포트까지 사용된다.

㉢ 식재 직전에 흙이 부숴지지 않게 벗겨내야 한다.

㉣ 식물의 줄기가 골고루 퍼져 포트 전면적을 피복한 상태여야 한다.

출제예상문제

01 잔디의 포복경 및 뿌리가 자라는 잔디 토양층을 일정한 두께와 크기로 떼어낸 것을 무엇이라 하는가?

정답 뗏장

02 포복경이란 기는 줄기를 일컫는다. 포복경의 종류를 2가지 쓰시오.

정답 지상 포복경, 지하 포복경(지하경)

03 지피 식물의 효과를 2가지 이상 서술하시오.

정답
- 비로 인한 진땅을 방지한다.
- 토양 침식을 예방할 수 있다.
- 미기후를 완화시켜 준다.
- 운동과 휴식, 미적인 효과가 있다.

04 초화류 중에서 음지성 초화류를 3가지 이상 쓰시오.

정답 맥문동, 수호초, 바위취, 옥잠화, 털머위, 관중

05 초화류 식재 패턴에서 키와 부피가 크지 않고 빨리 자라거나 퍼지지 않는 초화종과 멀칭재료로 조성하는 패턴을 쓰시오.

정답 암석원 조성

06 암석원 조성에 식재하여 경관미를 높일 수 있는 초화류를 3가지 이상 쓰시오.

정답 돌단풍, 바위취, 백리향, 섬기린초, 용머리, 할미꽃

07 1년초 초화류를 정식하는 시기를 쓰시오.

정답 3~4월 초순

08 다음은 초화류의 파종에 관련된 설명이다. ( ) 안에 알맞은 내용을 쓰시오.

- 춘파용 초화류의 파종은 (①)에, 정식은 (②) 이후에 한다.
- 추파용 초화류의 파종은 (③)에, 화단의 정식은 (④)에 한다.

정답 ① 3~5월, ② 여름, ③ 8~10월, ④ 봄

09 잔디 광장이나 하천변 녹지 등 도시 내의 오픈 스페이스, 골프장, 스키장 등 리조트 시설에 식재하여야 하는 초화류를 쓰시오.

정답 야생 초화류

10 지피 초화류의 토심은 초장의 높이와 잎, 분얼의 상태에 따라 다르나 표토 최소 토심은 몇 cm인지 쓰시오.

정답 30~40cm 내외

11 지피 초화류 측정 지표에서 분얼에 대한 설명이다. (　) 안에 알맞은 내용을 쓰시오.

- 식물의 성장 (①)의 수량이다.
- 다년생 식물 중 숙근류는 일반적으로 분열수를 식물 단위로 삼는데 (②)으로도 지칭된다.
- 1분얼로도 식재는 가능하나 식재 후 초기 효과를 고려하여 그 단위를 2~3분얼, 4~5분얼로 식물에 따라 분얼수의 (③)을 다르게 한다.
- 한 개체의 작은 분얼이 큰 분얼 크기의 (④)인 것을 포함하지 아니한다.

정답 ① 엽아, ② 촉, ③ 기준, ④ 1/3 이하

12 다음은 초화류 식재 요령이다. (　) 안에 알맞은 내용을 쓰시오.

- 포트 식물은 식재 시 포트의 (①)과 함께 식재한다.
- 식재 후 뿌리 주변의 흙을 가볍게 눌러 주어 (②)를 예방한다.
- 외기 온도가 높아 수분증발이 왕성할 경우 임시로 (③)을 실시한다.
- 덩굴성 식물은 식재 후 주요 장소를 (④) 또는 지정 재료로 고정한다.

정답 ① 토양, ② 건조, ③ 해가림, ④ 대나무

13 지피류 및 초화류 식재 시 객토는 양질의 토사를 사용해야 하나 지피류, 초화류의 종류와 상태에 따라 유기질 토양을 첨가할 수 있는데 이 유기질 토양을 2가지 이상을 쓰시오.

정답 식토, 부엽토, 이탄토

14 파종한 뒤 1월 이내에 수급인이 당초 시공과 동일한 방법으로 재시공하여야 하는 경우를 쓰시오.

정답
- 발아율이 65% 이하
- 전면에 고루 발아하지 않고 일부만 발아하였을 때

15 포장 지역에 식재한 독립교목 또는 노거목이나 쇠약한 나무의 일소 피해, 동해 및 인위적 피해로부터 보호하기 위해서 실시하는 수간 보호재 감기의 적절한 높이는 몇 m인지 쓰시오.

정답 1.5m

16 시비 및 약제를 살포할 때 시용 기준이 되는 요소를 2가지 이상 쓰시오.

정답 농도, 시용 시기, 시용량, 사용 방법

제2절 일반식재공사

1 식재계획 수립하기

(1) 식재설계의 과정

① 수목의 식재는 자연적인 공간을 형성함과 동시에 다른 공간의 기능을 더욱 향상시키며, 조경설계의 완성도를 높이는 역할을 한다.

② 식재설계는 중간과정 설계에서 이루어지는 마운딩설계, 식재개념도, 수종선정 및 배식기준 작성단계에서 요구되는 것은 현실적으로 어려운 점이 많으며, 너무나 많은 내용을 요구할 수 있어서 가능한 많은 내용을 종합하여 숙지하고 요구사항에 근접하여야 한다.

③ 식재수목의 특성과 생육조건에 알맞도록 작도되어야 하므로 조경수목에 대한 특성과 생육조건을 이해하고, 식재공간을 구상하는 복합적인 응용력을 필요로 한다.

④ 식재설계는 배식평면도에 의하여 완성되므로 최종설계이며, 조경설계의 중심적인 요소를 가지고 있다.

[식재설계의 순서도]

설계순서	중점사항	설계내용	
식재설계를 위한 Base Map	Lay Out Design	• 동선배치 • 공간배치 • 포장재료 구분 • 시설물 배치	기본설계도
중간과정	마운딩 설계(Mounding Design)	• 식재를 위한 지반 조성 • 마운딩 등고선 배치	
	식재개념도	• 식재기능 배치 구상개념도 • 다이어그램 표현기법으로 작성	
	수종선정 및 배식기준 작성	• 식재기능별 식물재료 선정 • 식재 간격, 밀도기준 작성	
	배식설계(Planting Design)	• 기능, 경관을 고려한 식재디자인 • 표현기법에 의한 배식평면도 작성 • 인출선에 의한 수종명, 수량, 규격 표시	
최종결과	수목수량표 작성	배식평면도에 배치된 수종별 수량을 집계하여 범례란에 표기	

(2) 조경 수목의 감별

① 성상에 따른 수목의 감별

㉠ 교목과 관목

교목	관목
• 곧은 줄기가 있다. • 줄기의 길이 생장이 뚜렷하게 나타나며 줄기와 가지의 구별이 명확하다. • 높이가 7~8m 이상 되는 키가 큰 나무이다. • 줄기, 가지의 구별이 뚜렷하여 수관을 이룬다.	• 교목보다 키가 작다. • 뿌리 부근으로부터 줄기가 여러 갈래로 나온다. • 줄기와 가지의 구별이 뚜렷하지 않다. • 키가 작은 나무이다.

• 아교목(亞喬木) : 교목보다는 작고 관목보다는 큰 나무

• 만경목(덩굴성수목)
 - 스스로 서지 못해 기거나 타고 오르는 나무를 말한다.
 - 다른 물건이나 수목을 감아가면서 성장한다.
 - 다른 물체에 부착하여 자신을 지탱하는 수목
 - 식물의 줄기가 길게 뻗어 나간다.
 - 덩굴나무, 덩굴수목 등으로 부른다.

㉡ 침엽수와 활엽수 : 잎의 모양에 따라 침엽수와 활엽수로 나누기도 한다.

침엽수	활엽수
• 겉씨식물에 속하는 나무 • 일반적으로 잎이 좁다.	• 속씨식물에 속하는 나무 • 잎이 넓은 것이 특징이다. • 예외 - 은행나무는 침엽수이면서도 잎이 넓다. - 위성류는 활엽수이면서도 잎이 바늘처럼 가늘고 날카롭다.

㉢ 상록수와 활엽수
• 항상 푸른 잎을 가지고 있는 나무를 상록수라 하고, 낙엽이 지는 계절에 일제히 잎이 떨어지거나 일부 붙어 있는 나무를 낙엽수라고 한다.
• 나무는 입지나 계절, 기후 등 여러 조건에 따라 동일한 수종이 상록수가 되기도 하고, 낙엽수가 되기도 한다.

낙엽수	상록수
• 봄에는 신록, 여름에는 시원한 그늘을 제공한다. • 가을에는 단풍과 열매, 겨울에는 따뜻한 햇볕을 얻을 수 있다. • 사계절 변화감과 다양한 기능을 수행 할 수 있다. • 수종마다 고유한 꽃, 잎, 열매, 단풍, 향기 등의 고유한 특성을 지니고 있어 쓰임새가 다양하다.	• 사계절을 통하여 변하지 않는 생김새를 유지한다. • 시각적으로 보기 흉한 것을 차폐(遮蔽)해준다. • 겨울철 바람을 차단하는 방풍(防風)을 위해 효과적이다.

② **잎에 의한 조경 수목 감별** : 잎의 구조를 알고, 잎이 나는 차례인 엽서, 잎 가장자리의 모양인 엽연, 잎위의 모양인 엽선, 잎 밑의 모양인 엽저, 잎맥의 모양인 엽맥 등을 살펴 식별한다.

㉠ 잎의 구조 및 종류
• 잎의 구조
 - 잎의 기본형 : 엽병(葉柄), 엽신(葉身), 탁엽(托葉)
 - 잎의 기본형을 갖춘잎을 완전엽(Complete Leaf)이라 하고, 한두 부분을 갖추지 않은 잎을 불완전엽(Incomplete Leaf)이라 한다.
 - 엽신에는 보통 주맥과 측맥이 있다.
 - 엽병은 짧은 것과 긴 것, 약한 것과 튼튼한 것, 모진 것, 편평한 것, 홈이 진 것, 엽병 없이 엽신의 밑부분이 직접 가지에 닿은 것 등이 있다.
 - 엽병 밑부분 좌우에 달린 탁엽은 있는 것과 없는 것으로 구분한다. 주로 탁엽이 없는 경우가 많다.

• 엽병에 따른 잎의 종류 : 잎은 크게 단엽과 복엽으로 구분한다. 복엽은 다시 잎이 펼쳐지는 모양에 따라 우상복엽, 장상복엽, 순상복엽 등으로 구분한다.

- 단엽(單葉, Simple Leaf) : 한 개의 엽신으로 이루어진 것을 단엽이라고 한다.
- 복엽(複葉, Compound leaf) : 두 개 이상의 엽신으로 이루어진 것을 복엽이라고 하며, 복엽의 한 잎을 소엽이라 하고 모든 소엽을 달고 있는 줄기를 총엽병이라고 한다.

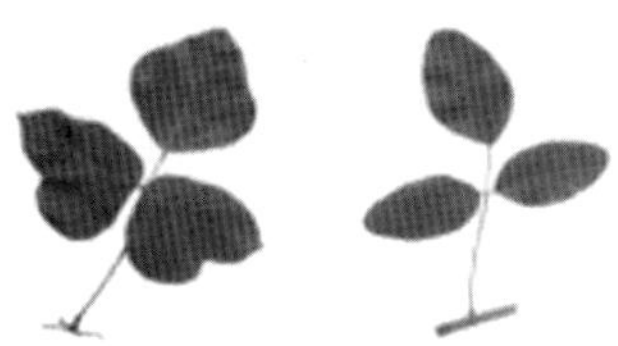

[기수1쌍 우상 복엽(칡, 싸리)]

[기수 1회 우상 복엽(소태나무, 붉나무, 아까시나무, 물푸레나무)]

[기수 2회 우상 복엽 (두릅나무)]

[기수 수회 우상 복엽 (멀구슬나무)]

[우수 1회 우상 복엽 (무환자나무)]

[우수 2회 우상 복엽 (자귀나무)]

[1회 장상 복엽(3출엽, 탱자나무, 고추나무)]

[1회 장상 복엽(5출엽, 섬오갈피나무, 으름덩굴)]

• 엽형에 따른 잎의 종류

※ 엽형 : 잎의 모양으로 잎 전체 형태를 이은 가상선의 모양을 말한다.

- 침형(針形) : 바늘같이 매우 길고 좁으며 엽신과 엽병의 구분이 없거나 거의 없는 것으로 곰솔, 섬잣나무, 삼나무, 눈향나무, 연필향나무, 소나무, 잣나무 등이 있다.
- 인형(鱗形) : 엽신과 엽병의 구분이 없거나 거의 없으며, 비늘같이 작고, 편평하거나 두툼한 삼각형의 잎으로 향나무, 가이즈카향나무 등이 있다.
- 선형(線形) : 보통 길이가 너비보다 4배 이상 길며 양쪽 엽연이 평행한 것으로 주목, 낙우송, 금송, 전나무, 구상나무, 메타세쿼이아, 개비자나무 등이 있다.
- 장방형(長方形) : 길이가 너비의 2~4배 정도이고 양쪽의 엽연이 대부분 평행이다.
- 피침형(披針形) : 화살창 끝처럼 생겼고 길이가 너비의 3~4배이다. 밑에서 1/3 정도 되는 부분이 가장 넓고 끝부분이 뾰족하게 좁은 것으로 화백, 용버들, 능수버들 등이 있다.
- 도피침형(倒披針形) : 피침형의 잎과 반대 모양으로 엽선이 넓고 엽병 쪽이 좁은 것으로 매자나무 등이 있다.

- 난형(卵形) : 달걀 모양이고 엽병 부분이 좁고 엽선 부분이 넓은 것으로 은백양, 은사시나무, 박달나무, 소사나무, 생강나무, 황매화 등이 있다.
- 타원형(楕圓形) : 엽신 중앙 부분이 가장 넓고 양끝으로 가면서 같은 비율로 좁아지는 것으로 가래나무, 서어나무, 밤나무 등이 있다.
- 원형(圓形) : 잎의 윤곽이 원형이거나 거의 원형인 것으로 단풍나무 등이 있다.
- 삼각형(三角形) : 잎 모양이 세모 모양으로 된 것이다.
- 심장형(心臟形) : 잎 모양이 심장처럼 생긴 것으로 이나무 등이 있다.
- 주걱형 : 잎 모양이 주걱처럼 생긴 것이다.

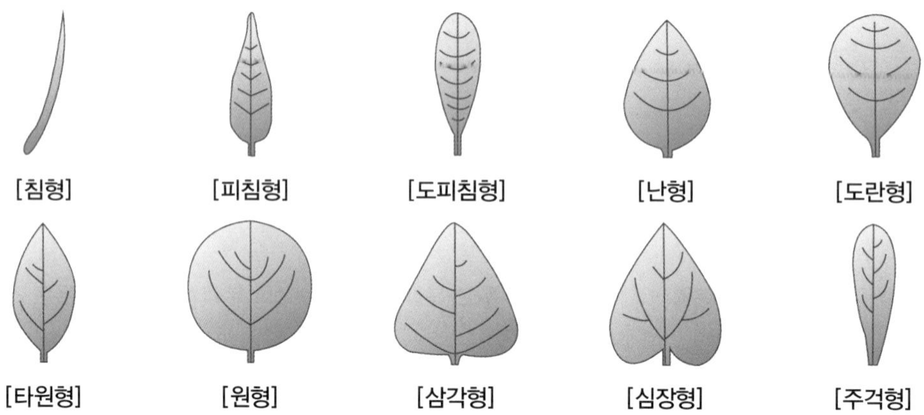

• 엽서에 따른 잎의 종류

※ 엽서 : 잎이 줄기와 가지에 달리는 모양

- 호생(互生) : 한 마디에 한 개의 잎이 달린 것으로 어긋나기라고도 한다. 목련, 낙우송 등이 있다.
- 대생(對生) : 한 마디에 두 개의 잎이 마주 달린 것으로 마주나기라고도 한다. 회양목, 메타세쿼이아 등이 있다.
- 교호대생(交互對生) : 잎이 교대로 마주 달려 다음 잎과는 직각으로 마주 보는 대생을 말한다.
- 윤생(輪生) : 한 마디에 세 잎 이상이 돌려난 것으로 돌려나기라고도 한다. 으름덩굴 등이 있다.
- 복와상(覆瓦狀) : 기왓장처럼 포개진 것으로 향나무 등이 있다.
- 총생(叢生) : 호생으로 달려 있으나 마디 사이가 극히 짧아 한 마디에 여러 개의 잎이 달린 것처럼 보이는 것으로 독일가문비 등이 있다.

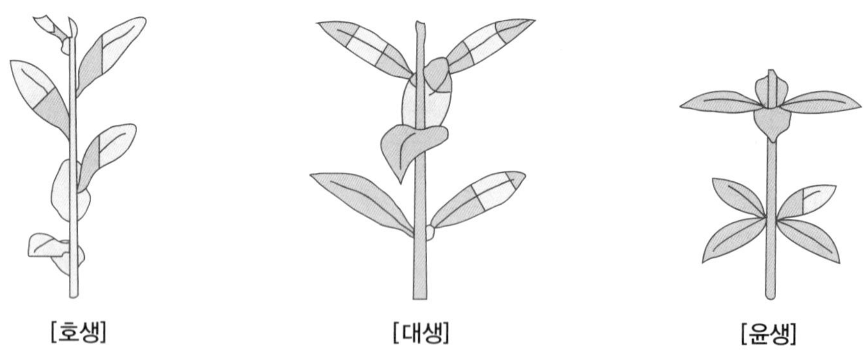

• 엽맥에 따른 잎의 종류

※ 엽맥 : 잎의 맥을 의미하며 엽병에서 엽선을 향해 엽신의 가운데를 가로지르는 맥을 주맥(主脈)이라 한다. 주맥에서 엽연을 향해 뻗은 맥을 측맥(側脈)이라 한다.

- 평행맥(平行脈) : 엽병으로부터 여러 개의 1차 맥이 갈라져 잎끝까지 서로 평행을 이루며 2차 맥이 불분명하거나 사다리 같은 모양인 것으로 대나무 등이 있다.
- 우상맥(羽狀脈) : 큰 주맥이 하나 있고 2차 맥이 갈라지며 주맥으로부터 갈라진 것으로 느티나무 등이 있다.
- 장상맥(掌狀脈) : 엽신의 밑부분에서 3개 이상의 1차 맥이 갈라지며 2차 맥은 각 1차맥에서 갈라지는 것으로 단풍나무, 청미래덩굴 등이 있다.
- 차상맥(叉狀脈) : 엽병으로부터 여러 개의 엽맥이 갈라져 뻗으며 각각의 엽맥이 다시 두세 번 갈라져 평행맥처럼 보이는 것으로 은행나무가 해당된다.

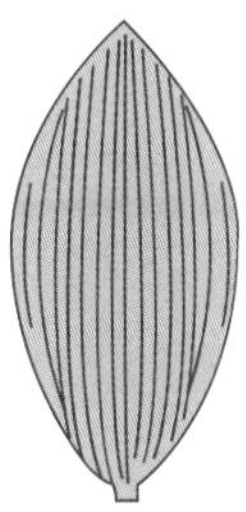

[평행맥]

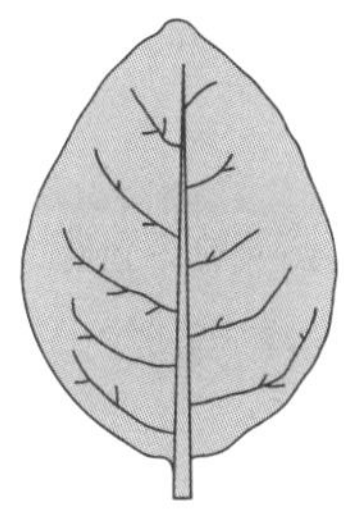

[우상맥]

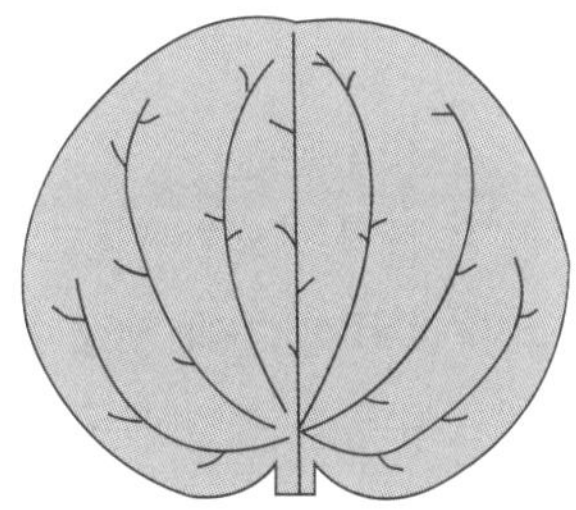

[장상맥]

③ 줄기에 의한 조경 수목 감별

㉠ 줄기와 가지

• 줄기
- 조경 수목의 성상을 구분하는 데 작용한다.
- 나무 전체의 생김새인 수형 형성에 관여하는 요소다.
- 수형은 수관과 수간에 의해 이루어지기 때문이다.
- 가지도 줄기의 일부분으로 취급한다.
- 줄기는 형성층에 의해 부피 생장이 이루어져 단단하고 굵다.
- 줄기는 윗부분의 잎과 가지가 만들어 내는 수관을 지탱하고 있다.
- 뿌리에서 흡수한 수분과 무기 양분을 위쪽으로 이동시킨다.
- 수관의 잎에서 만든 광합성 산물인 탄수화물을 아래 방향으로 운반하거나 저장하는 기능을 한다.

• 줄기의 구분
- 줄기의 세부 명칭 : 주간(主幹), 주지(主枝), 부주지(副主枝), 소지(小枝), 일년생지(一年生枝)
- 일년생지는 당년생지라고도 부른다.
- 목화(木化)가 덜된 가지를 신초(新梢, Shoot)라고 한다.
- 일년생지는 정생지(頂生枝, Terminal twig)와 측생지(側生枝, Lateral twig)로 구분한다.
- 측생지는 보통 단지(短枝)로 변하여 화아가 형성되는 경우가 많다.
- 측지를 자세히 나타내면 일년생지와 이년생지의 형태로 표현할 수 있다.
- 겨울나무의 식별에 매우 유용한 방법이다.
- 조경 수목별로 측지와 줄기의 색깔을 구별하여 식별에 도움이 될 수 있도록 한다.
- 소지는 일년생지와 이년생지로 나눌 수 있다.
- 겨울나무의 식별에 유용하다.
- 수목별 소지의 빛깔도 식별에 도움이 될 수 있다.

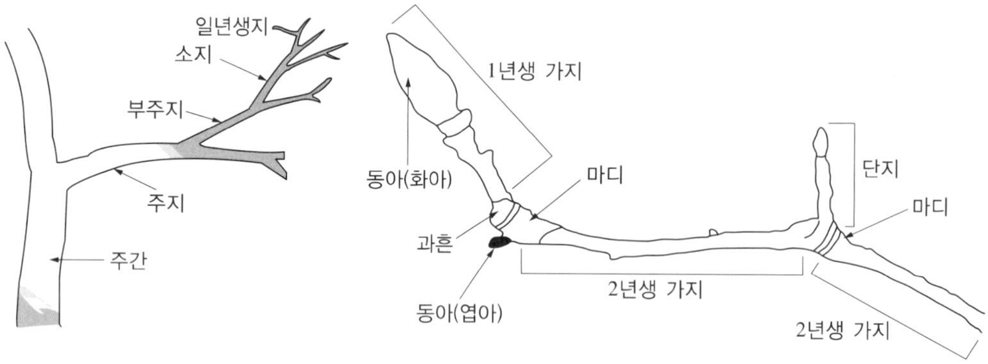

[조경 수목의 줄기와 가지]

㉡ 수피

• 수피의 특성

- 줄기의 외관상으로 보이는 부분인 나무껍질을 말한다.
- 수종에 따라 색채나 갈라지는 방식의 특성이 서로 다르다.
- 수종을 식별하는 기준이 될 수 있다.
- 백색 수피의 자작나무, 매끄러운 수피의 배롱나무나 모과나무, 껍질이 버짐처럼 벗겨지는 양버즘나무 등이 있다.
- 수피의 특징만으로 구별할 수 있는 나무는 그리 많지 않은 편이다.

• 갈라지는 방식에 따른 구분

섬유(纖維) 모양 (Fissure-bark)	• 삼나무, 편백, 금송 등은 외피 자체가 갈라진다. • 튤립나무처럼 조직이 갈라지는 것도 있다.
귀갑(龜甲) 모양 (Scale-bark)	비늘모양 또는 딱지처럼 갈라진다. 예 곰솔, 소나무, 백송, 섬잣나무, 양버즘나무 등이 있다.
평활(平滑) 모양 (Smooth-bark)	수피 표면이 매끄럽거나 반드럽게 갈라진다. 예 은행나무, 배롱나무, 벽오동 등이 있다.
반문(斑紋) 모양 (Flake-bark)	수피가 얇은 조각 또는 파편으로 갈라진다. 예 배롱나무, 노각나무 등이 있다.
윤상(輪狀) 모양 (Ring-bark)	바퀴처럼 갈라진다. 예 벚나무, 자작나무류 등

④ **눈에 의한 조경 수목의 식별** : 조경 수목의 눈을 관찰하여 수종에 따라 정아 및 측아 그리고 동아의 모양과 크기를 식별한다.

㉠ 눈의 종류

• 눈의 내용에 따른 분류

- 엽아(葉芽) : 엽아는 자라서 잎이나 가지가 될 겨울눈으로 보통 화아보다 가늘고 길며 잎눈이라고도 한다.
- 화아(花芽) : 화아는 자라서 꽃이나 화서가 될 겨울눈으로 보통 엽아보다 짧고 통통하며 꽃눈이라고도 한다.
- 잠아(潛芽) : 줄기의 껍질 속에 생겨 드러나지 않는 눈으로 특별한 이상이 생기지 않는 한 계속 쉬고 있다가 가지나 줄기가 잘리면 비로소 자라기 시작하는 눈으로 특별한 경우 이외에는 볼 수 없다.

• 눈이 착생되는 위치에 따른 분류

- 정아(頂芽) : 가지나 줄기 끝에 나는 눈으로 줄기 끝의 생장점을 보호하며 보통 측아보다 크고 새로운 가지가 되어 뻗어 나간다.
- 측아(側芽) : 가지 옆 부분에 달리는 눈으로 보통 엽액에 달리며 보통 정아보다 작고 대부분 엽흔 바로 위에 달린다.

㉡ 부정아(不定芽) : 줄기의 마디 이외에서 형성되는 눈이다.

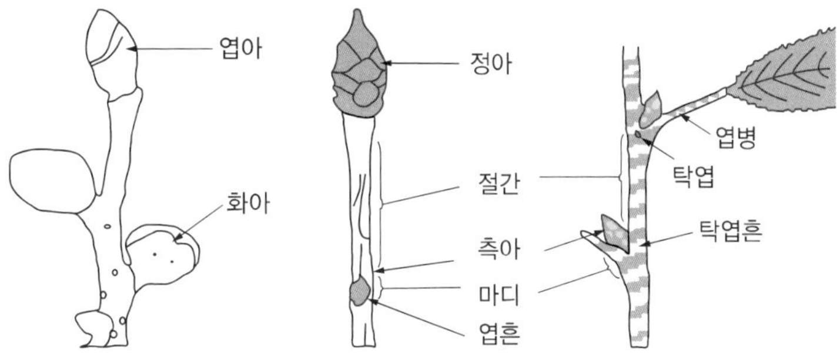

[조경 수목 눈의 명칭]

출제예상문제

01 다음에서 설명하는 수목의 분류를 쓰시오.

> 1) 높이가 7~8m 이상 되는 키가 큰 나무
> 2) 뿌리 부근으로부터 줄기가 여러 갈래로 나오는 나무
> 3) 덩굴나무, 덩굴수목 등으로 부르는 나무

정답 1) 교목
2) 관목
3) 만경목

02 활엽수이면서도 잎이 바늘처럼 가늘고 날카로워서 침엽수로 알기 쉬운 수목의 분류를 쓰시오.

정답 위성류

03 다음은 낙엽수의 특징이다. (   ) 안에 알맞은 내용을 쓰시오.

> • 봄에는 (①), 여름에는 시원한 그늘을 제공한다.
> • 사계절 (②)과 다양한 기능을 수행할 수 있다.
> • 수종마다 고유한 꽃, 잎, 열매, 단풍, 향기 등의 (③)을 지니고 있어 쓰임새가 다양하다.

정답 ① 신록
② 변화감
③ 고유한 특성

04 잎의 구조와 설명을 바르게 연결하시오.

㉠ 엽서	ⓐ 잎 위의 모양
㉡ 엽선	ⓑ 잎이 나는 차례
㉢ 엽연	ⓒ 잎 밑의 모양
㉣ 엽저	ⓓ 잎 가장자리의 모양
㉤ 엽맥	ⓔ 잎맥의 모양

정답 ㉠–ⓑ, ㉡–ⓐ, ㉢–ⓓ, ㉣–ⓒ, ㉤–ⓔ

05 잎의 구조에서 잎의 기본형을 구성하는 요소 3가지를 쓰시오.

정답 엽병(葉柄), 엽신(葉身), 탁엽(托葉)

06 잎의 종류에서 잎이 펼쳐지는 모양에 따른 복엽의 3종류를 쓰시오.

정답 우상복엽, 장상복엽, 순상복엽

07 엽신과 엽병의 구분이 없거나 거의 없으며, 비늘같이 작고, 편평하거나 두툼한 삼각형의 잎의 형태를 무엇이라 하는지 쓰고 해당하는 수목을 2가지 쓰시오.

정답
- 엽형 : 인형
- 수목 : 향나무, 가이즈카향나무

08 엽신 중앙 부분이 가장 넓고 양끝으로 가면서 같은 비율로 좁아지는 잎의 형태를 무엇이라 하는지 쓰고 해당하는 수목을 2가지 이상 쓰시오.

정답
- 엽형 : 타원형
- 수목 : 가래나무, 서어나무, 밤나무

09 다음에서 설명하는 엽서에 따른 잎의 종류를 쓰시오.

1) 한 마디에 한 개의 잎이 달린 것으로 어긋나기라고도 한다.
2) 한 마디에 세 잎 이상이 돌려난 것으로 돌려나기라고도 한다.

정답 1) 호생(互生)
2) 윤생(輪生)

10 엽신의 밑부분에서 3개 이상의 1차 맥이 갈라지며 2차 맥은 각 1차 맥에서 갈라지는 것이 있는 엽맥의 종류를 쓰시오.

정답 장상맥(掌狀脈)

11 엽병으로부터 여러 개의 엽맥이 갈라져 뻗으며 각각의 엽맥이 다시 두세 번 갈라져 평행맥처럼 보이는 엽맥의 종류와 해당하는 수목을 쓰시오.

정답 차상맥(叉狀脈), 은행나무

12 다음은 줄기에 대한 설명이다. ( ) 안에 알맞은 내용을 쓰시오.

- 나무 전체의 생김새인 (①)에 관여하는 요소다.
- 줄기는 형성층에 의해 (②)이 이루어져 단단하고 굵다.
- 수관의 잎에서 만든 광합성 산물인 탄수화물을 (③)으로 운반하거나 (④)하는 기능을 한다.

정답 ① 수형 형성, ② 부피 생장, ③ 아래 방향, ④ 저장

13 수피가 귀갑(龜甲) 모양(Scale-bark)으로 갈라지는 수종을 2가지 이상 쓰시오.

정답 곰솔, 소나무, 백송, 섬잣나무, 양버즘나무

14 다음에서 설명하는 눈의 종류를 쓰시오.

1) 자라서 꽃이나 화서가 될 겨울눈으로 보통 엽아보다 짧고 통통하며 꽃눈이라고도 한다.
2) 가지나 줄기 끝에 나는 눈으로 줄기 끝의 생장점을 보호하며 보통 측아보다 크고 새로운 가지가 되어 뻗어 나간다.

정답 1) 화아
2) 정아

2 뿌리돌림하기

(1) 뿌리돌림의 대상과 목적

① 뿌리돌림을 하는 대상
㉠ 노거수나 잔뿌리의 발생이 어려운 수목
㉡ 이식력이 약한 나무

② 뿌리돌림을 하는 목적
㉠ 바로 굴취하여 이식할 경우 고사하는 경우가 많다.
㉡ 굴취 전에 단계적으로 뿌리돌림을 하여 잔뿌리를 발달시킨다.
㉢ 이식력을 높이기 위한 것이다.
㉣ 노목이나 쇠약목의 세력 회복을 위한 목적으로도 쓰인다.

(2) 뿌리돌림의 시기

① 뿌리의 생장이 가장 활발한 시기인 이른 봄이 가장 좋다.
② 혹서기와 혹한기만 피하면 가능하다.
③ 일반적으로 뿌리돌림 후 1~2년 뒤에 이식을 한다.
④ 수세가 약하거나 대형목, 노목 등 이식이 어려운 나무는 뿌리 둘레의 1/2 또는 1/3씩 2~3년에 걸쳐 뿌리돌림을 실시한 후 이식하는 것이 좋다.
⑤ 성상별 뿌리돌림 시기
㉠ 침엽수
- 이른 봄에 수액이 활동할 무렵부터가 적기이다.
- 외견상으로는 식별이 곤란하지만 새싹이 돋아나기 바로 전부터 시작하여 새싹이 돋아나기 직전까지가 적기이다.

㉡ 상록활엽수
- 이른 봄 수액이 활동하기 시작할 무렵부터가 적기이다.
- 가장 좋은 것은 발아 전까지이고, 다음으로는 발아 후부터 장마 끝까지이다.

㉢ 낙엽활엽수
- 이른 봄 해토 직후부터 수액이 오르기 시작할 때까지가 최적이다.
- 발아 후 지엽이 완전히 피지 않는 시기에도 세심한 주의를 기울이면 성공할 수 있다.
- 발아가 진행되면 잠시 중지하였다가 지엽이 굳어진 뒤에 실시하는 것이 좋다.

(3) 분의 크기와 형태

① 뿌리돌림을 하기 위한 분의 크기
㉠ 수종, 근계의 발달정도, 수목의 생육환경 등에 따라 다르다.
㉡ 이식할 때 뿌리돌림에 의해서 발생된 뿌리가 손상되지 않게 하기 위해 뿌리돌림 때의 뿌리분 크기는 이식할 때 뿌리분보다 작게 한다.

② 뿌리분의 크기

㉠ 이식할 때 뿌리분의 크기는 근원직경의 4~6배를 표준으로 한다.

㉡ 뿌리의 분포, 2차근 발생 여부, 심근성, 천근성, 조밀도, 토양의 상태, 숲의 구조 등을 사전 조사하여 가장 적절한 크기를 결정한다.

㉢ 식재 부적기에 이식이 불가피할 때는 분의 크기를 일반적일 때보다 크게 설계한다.

㉣ 일반 수목의 뿌리분은 보통 분으로 하며, 팽이분은 심근성 수목에 적용하고, 접시분은 천근성의 수목에 적용한다.

③ 뿌리분의 깊이와 넓이

㉠ 측근의 발생 밀도가 현저하게 줄어든 부위까지로 한다.

㉡ 뿌리의 발생 상태를 판단하여 조정할 수 있다.

㉢ 굴취 부분의 넓이는 뿌리에 대한 손질이 필요하므로 옮겨 심는 경우보다 넓게 한다.

④ 뿌리돌림의 형태

㉠ 구굴식 뿌리돌림 : 나무 주위를 도랑이 형태로 파 내려가 노출되는 뿌리를 절단한 다음 흙을 다시 덮어 세근을 발생시키는 방법이다.

㉡ 단근식 뿌리돌림 : 비교적 작은 나무에 실시되는 방법으로 표토를 약간 긁어낸 다음 뿌리가 노출되면 삽이나 톱, 전정가위 등을 땅속에 삽입하여 곁뿌리를 잘라 발근시키는 방법이다.

(4) 뿌리돌림의 방법

① 뿌리분의 크기는 이식에 필요한 뿌리분 크기보다 약간 작게 한다.

② 크기를 정한 후 흙을 파내며, 드러나는 뿌리를 모두 절단하고 칼로 깨끗이 다듬는다.

③ 수목을 지탱하기 위해 3~4방향으로 한 개씩, 곧은 뿌리는 자르지 않고 15cm 정도의 폭으로 환상 박피한 다음 흙을 되묻는다.

④ 잘 부식된 퇴비를 섞어 주면 효과적이다.

⑤ 관수를 실시한 후 지주목을 설치한다.

⑥ 뿌리돌림을 하면 많은 뿌리가 절단되어 영양과 수분의 수급 균형이 깨진다.

⑦ 가지와 잎을 적당히 솎아서 지상부와 지하부의 생리 균형을 맞추도록 한다.

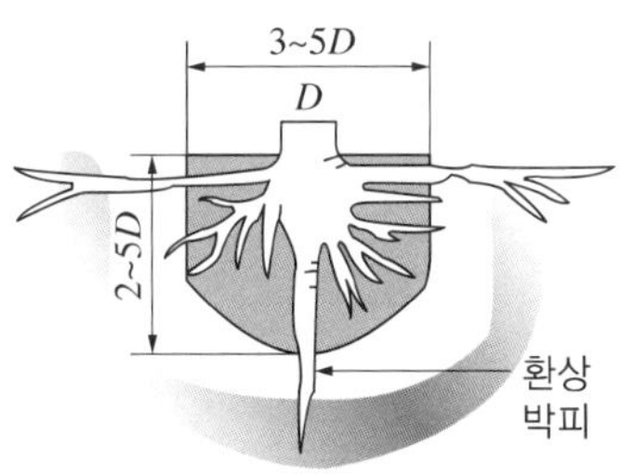

[단면도]

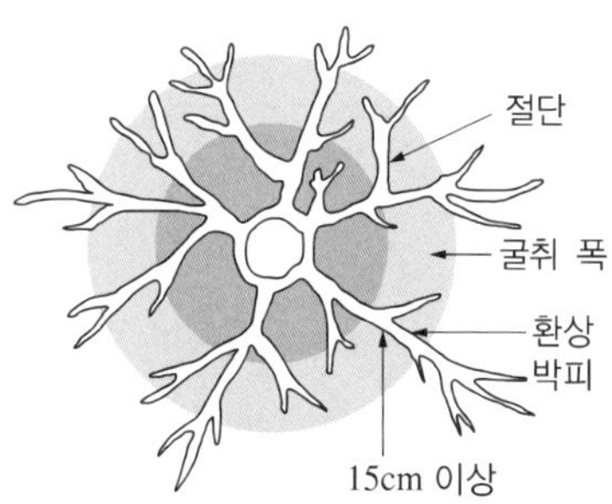

[평면도]

출제예상문제

01 다음 ( ) 안에 알맞은 숫자를 쓰시오.

수세가 약하거나 대형목, 노목 등 이식이 어려운 나무는 뿌리 둘레의(①) 또는 (②) 씩 2~3년에 걸쳐 뿌리돌림을 실시한 후 이식하는 것이 좋다.

정답 ① 1/2, ② 1/3

02 다음은 뿌리돌림을 하는 목적이다. ( ) 안에 알맞은 내용을 쓰시오.

- 바로 굴취하여 이식할 경우 (①)하는 경우가 많다.
- 굴취 전에 단계적으로 뿌리돌림을 하여 (②)를 발달시킨다.
- 노목이나 쇠약목의 세력 (③)을 위한 목적으로도 쓰인다.

정답 ① 고사, ② 잔뿌리, ③ 회복

03 가장 좋은 것은 발아 전까지이고, 다음으로는 발아 후부터 장마 끝까지가 뿌리돌림 적기에 해당하는 수목의 종류를 쓰시오.

정답 상록활엽수

04 뿌리분의 종류와 알맞은 적용 수종을 바르게 연결하시오.

㉠ 보통분	ⓐ 일반수목
㉡ 접시분	ⓑ 심근성 수목
㉢ 팽이분	ⓒ 천근성 수목

정답 ㉠-ⓐ, ㉡-ⓒ, ㉢-ⓑ

05 다음 ( ) 안에 알맞은 숫자를 쓰시오.

뿌리돌림의 방법에서 수목을 지탱하기 위해 (①)방향으로 한 개씩, 곧은 뿌리는 자르지 않고 (②)cm 정도의 폭으로 환상 박피한 다음 흙을 되묻는다.

정답 ① 3~4, ② 15

06 이식공사 시행 1년 이전에 뿌리돌림이 필요하다고 판단되는 수목을 2가지 이상 쓰시오.

정답 근원직경 50cm 이상의 대형수목, 희귀수종, 이식이 어려운 수목

07 뿌리돌림의 모양과 크기를 결정하는 요소를 2가지 이상 쓰시오.

정답 심근성, 천근성, 조밀도

08 다음은 뿌리돌림의 크기를 결정하는 요소이다. ( ) 안에 알맞은 내용을 쓰시오.

- 이식이 쉬운 수종은 이식이 곤란한 수종보다 (①) 한다.
- 일반적으로 활엽수는 침엽수보다 (②), 낙엽수는 상록수보다 (③) 한다.
- 천근성 수종은 얕고 넓게 심근성 수종은 (④) 파야 한다.

정답 ① 작게, ② 작게, ③ 작고 얕게, ④ 깊고 좁게

09 뿌리 절단 및 환상박피를 하고자 할 때 자르지 않고 남겨서 환상박피만 해야 하는 뿌리의 수량은 몇 개인지 쓰시오.

정답 3~4개

10 뿌리 절단 및 환상박피를 하고자 할 때 자르지 않고 남겨서 환상박피를 해야 하는 길이는 몇 cm인지 쓰시오.

정답 15cm정도

11 절단한 뿌리의 절단면은 부패를 방지하기 위하여 절단면이 반드시 지하를 향하도록 하고 절단각은 몇 °(도) 정도로 해야 하는지 쓰시오.

정답 직각 또는 45° 정도

12 뿌리돌림 후 낙엽수와 상록활엽수의 정지전정 시 가지치기의 양을 쓰시오.

정답
- 낙엽수 : 전체의 1/3 정도
- 상록활엽수 : 전체의 2/3 정도

3 수목 가식하기

(1) 가식의 목적

① 굴취해온 나무는 현장의 여러 가지 조건이나 사정으로 즉시 식재하지 못하는 경우가 많다.

② 이런 경우 식재할 나무를 노천에 그대로 노출시켜 방치하는 것은 활착에 매우 큰 영향을 끼치게 된다.

③ 일단 가식을 하고 관리하면서 식재해 나가야 한다.

(2) 가식장의 선정

① 공사에 지장이 없는 현장 내부나 가까운 곳에 자리하도록 한다.

② 가식 장소로 알맞은 곳의 조건

㉠ 그늘이 많이 지는 곳

㉡ 배수가 잘 되는 곳

㉢ 식재할 때 편리하게 운반할 수 있는 곳

㉣ 바람, 비, 사람 등의 피해가 적은 곳

㉤ 주변의 여러 가지 위험으로부터 보호를 받을 수 있는 곳

③ 가식장 선정 기준

㉠ 가식장 부지는 사업 시행 구간에서 선정한다.

㉡ 유휴 부지 확보가 곤란한 경우 인근 경작지 등을 선정할 수 있다.

㉢ 타 공정에 지장이 없으며, 토지 이용이 발생하지 않는 장소가 좋다.

㉣ 조경공사에 반영하는 시점까지 수목을 존치할 수 있는 장소를 선정하여 재이식이 발생하지 않아야 한다.

㉤ 가식 수목의 수량에 따른 소요 면적이 확보되어야 한다.

㉥ 수목의 반입 및 식재를 위한 반출 시 고려사항

- 운반 거리 최소화
- 작업 장비의 접근성
- 자연재해에 대한 안정성

④ 가식장 내 토양 조건

㉠ 가식장지역 토양의 적합도를 판단하고 조치하여야 한다.

㉡ 특별히 정한 바가 없는 경우 토질은 점토 15~35%, 모래 65~85%의 사질양토가 좋다.

㉢ 점토 35% 이상, 미사 45% 이하의 양토로서 배수가 잘되는 곳이어야 한다.

㉣ 배수가 불량한 장소를 이용할 경우 배수 시설을 설치하도록 한다.

㉤ 부적합 시 감독자와 협의하여 객토, 토양개량제 처리, 적정 암거의 설치, 양질의 토사로 성토 등을 검토하여야 한다.

㉥ 필요시 가식장의 토양 관련 검사 및 시험 결과를 첨부하여야 한다.

(3) 가식 방법 및 순서

① 땅의 표면을 약간 파낸다.

② 뿌리분이나 수관이 서로 맞닿게 놓는다.

③ 주변의 흙을 파서 뿌리분을 덮고 충분히 관수한다.

④ 가식장 주변은 배수로를 설치하여 비가 많이 내려도 피해가 발생하지 않도록 한다.

⑤ 큰 나무는 가지주(지주목)을 설치한다.

출제예상문제

01 다음은 가식 장소로 알맞은 곳의 조건이다. (　) 안에 알맞은 내용을 쓰시오.

> • 식재할 때 편리하게 (①)할 수 있는 곳
> • 바람, 비, 사람 등의 (②)가 적은 곳
> • 주변의 여러 가지 위험으로부터 (③)를 받을 수 있는 곳

정답 ① 운반, ② 피해, ③ 보호

02 가식장 선정 기준에서 수목의 반입 및 식재를 위한 반출 시 고려사항을 2가지 이상 쓰시오.

정답 운반 거리 최소화, 작업 장비의 접근성, 자연재해에 대한 안정성

03 가식장 내 토양 조건은 사질양토나 양토로서 배수가 잘되는 곳이어야 한다. 이때 사질양토와 양토의 흙의 성분비를 쓰시오.

정답 • 사질양토 : 점토 15~35%, 모래 65~85%
• 양토 : 점토 35% 이상, 미사 45% 이하

04 가식장 조성 시 유지관리 및 작업에 지장이 없도록 주작업로와 보조작업로를 개설해야 한다. 이때 주작업로의 폭과 보조작업로의 폭은 몇 m인지 쓰시오.

정답 주작업로의 폭 4.0m, 보조작업로의 폭 2.0m

05 가식장 중앙통로의 배수로에 물이 고이지 않게 하기 위한 위 폭과 바닥 폭은 몇 m인지 쓰시오.

정답 위 폭 1.7m, 바닥 폭 1.4m

06 가식장에 수목을 가식한 후 가식 수목 관리 대장에 기록해야 하는 내용을 쓰시오.

정답 가식 위치, 관리 번호

4 식재 기반 조성하기

(1) 식재 기반용 토양 재료

① 식물 생육에 적합한 토양 재료의 입도 및 성질

㉠ 토양은 토립이 지나치게 크지도 않고 너무 미세하지도 않아야 한다.

㉡ 모래분과 점토분이 적당한 비율로 혼합되어 있어야 한다.

㉢ 어느 정도 유기물이 섞여 있는 양질의 토양이어야 한다.

㉣ 식재 지반 조성용 토양의 일반 조건에 부합되는 토양이어야 한다.

② 식재 지반 토양의 일반 조건

㉠ 식물이 근계 발달을 저해할 수 있는 자갈(석력, 직경 2mm 이상의 무기질 입자) 중 특히 25mm 이상의 자갈은 포함되지 않아야 한다.

㉡ 크기 2~25mm의 자갈 비율이 20%를 넘지 않아야 한다.

㉢ 배수성과 통기성이 좋은 단립(團粒) 구조로서 토양 입자 50%, 수분 25%, 공기 25%의 구성비를 갖는 토양을 기준으로 한다.

㉣ 토양 입자 중 무기질 입자의 구성비에 의한 토성 분류상 양토 또는 사양토를 기준으로 한다.

㉤ 토양의 산도는 pH 5.5~7.0의 토양으로 한다.

㉥ 토양의 투수계수는 1×10^{-4}cm/sec 이상 되어야 한다.

㉦ 토양의 염분 농도가 0.2% 미만이어야 한다.

㉧ 식물 식생에 유해한 오염 물질이 함유되지 않아야 한다.

(2) 불량한 식재 지반의 개선

① 척박한 지반의 문제점과 처리 방안

㉠ 척박한 지반의 생성 원인

- 흙깎기 또는 흙쌓기 등의 토공사로 생성된다.
- 심토층의 척박한 흙이나 자갈 등이 섞여 있는 곳은 유기물이 없기 때문에 식물의 생장이 매우 어렵다.
- 중장비로 공사하는 경우가 많아 토양이 다져지기 때문이다.
- 다져진 토양은 불투수층이 생기게 되므로 더욱 생장을 저해하거나 고사시키게 된다.
- 척박 지반은 식물 식재 전에 토양을 개선한 후 식재를 해야 한다.

㉡ 척박한 지반의 토양 개선 방법 : 성토법, 객토법

- 성토법
  - 식재지 전면에 표토 또는 양질의 토양을 두껍게 깔아주는 방법이다.
  - 성토하는 두께는 식재할 식물의 종류에 따라 다르지만 대개 교목은 150cm, 관목은 60cm, 초화류는 30cm 정도로 한다.
- 객토법
  - 식재할 곳의 불량한 흙을 파내고 여기에 양질의 토양을 채워 넣는 방법이다.
  - 불량한 흙을 파낸 밑부분에 물이 고일 수도 있으므로 배수 처리를 해야 한다.

② 배수가 불량한 지반의 문제점과 처리 방안

㉠ 배수가 불량한 곳에 식재하면 안 되는 이유

- 토양 속으로 공기의 유통이 잘 이루어지지 못하기 때문에 새 뿌리의 발생이 안 된다.
- 뿌리가 썩게 되어 식물은 고사하고 만다.

㉡ 배수가 불량한 지반의 종류
- 자연 상태의 지반에서 지하수위가 높은 곳
- 토양이 점질인 곳
- 중장비로 토공 작업을 한 곳

㉢ 불도저나 백호 등의 중장비를 이용한 토공 지역에서는 토양이 다져져서 불투수층이 생긴다.

㉣ 중장비 등의 작업으로 굳어진 지반이나 풍화암이 섞여 있는 지반은 레이크 도저나 스캐리파이어 등의 장비로 30~50cm 깊이로 갈면서 모래를 섞어 배수를 좋게 한 후 식재한다.

③ 염분이 많은 지반의 문제점과 처리 방안

㉠ 바닷가 또는 바다를 매립하여 조성한 단지의 토양 속에는 많은 염분이 함유되어 있다.

㉡ 바다흙을 파서 매립한 경우에는 배수가 안 되고 염분의 함유량이 매우 높다.

㉢ 토양속의 염분 함유량을 측정하여 식물 생장에 영향을 끼칠 경우에는 염분을 제거한 후 식재하여야 한다.

㉣ 토양속의 염분은 빗물에 의해 용탈된다.

㉤ 빗물이 잘 통과하는 모래가 많이 섞인 토양은 시일이 경과되면서 염분은 쉽게 낮아진다.

㉥ 갯벌의 진흙으로 매립한 곳은 배수가 불량하고 염분이 용탈되지 않으므로 인공적으로 용탈시킬 필요가 있다.

㉦ 용탈을 위해서는 2~3m 간격으로 땅속에 모래 기둥(사주법)을 만들어 주어야 한다.

㉧ 모래 도랑(사구법)을 설치하여 지속적인 관수를 해 줌으로써 용탈시킬 수 있다.

④ 쓰레기 매립장 지반의 문제점과 처리 방안

㉠ 쓰레기에는 여러 가지 잡다한 물질이 혼합되어 있다.

㉡ 썩지 않는 물질도 많이 포함되어 있다.

㉢ 쓰레기 표면으로부터 2m 정도의 깊이까지는 호기성 박테리아의 활발한 분해 작용에 의해 쉽게 썩는다.

㉣ 발효열이 70℃에 이르기 때문이다.

㉤ 쓰레기의 깊이가 깊어질수록 혐기성 박테리아에 의해 분해되는 데 상당한 시간이 걸린다.

㉥ 메탄(CH_4)과 이산화탄소(CO_2)를 발생시킨다.

㉦ 쓰레기 매립장 위에 단순히 성토를 하고, 식재할 수는 없다.

㉧ 분해 과정에서 발생하는 가스가 토양 공극을 차지하여 산소의 공급을 차단시킨다.

㉨ 쓰레기의 썩은 물은 뿌리를 상하게 하여 식물을 점차 고사시킨다.

㉩ 충분히 썩은 후에 두텁게 성토하고 식물을 심어야 한다.

㉪ 쓰레기가 모두 썩기까지는 오랜 시간이 걸린다.

㉫ 쓰레기 매립 후 수년이 경과한 후 쓰레기 위에 비닐 시트 등을 깔고, 그 위에 성토를 한다.

㉬ 쓰레기에서 발생되는 가스가 토양층으로 올라오는 것을 차단(비닐 시트)한 다음 식재한다.

㉭ 쓰레기 위에 굵은 자갈을 30cm 정도 깔고 식재 토양층을 성토한다.

㉮ 자갈층과 연결되는 배기관을 여러 군데 설치하여 발생되는 가스를 유출시킨다.

(3) 인공 지반의 개선

① 인공 식재 지반의 정의

㉠ 자연 상태의 지반과 분리시키는 콘크리트 슬래브 등의 구조물 위에 인공적으로 토양층을 조성한 것을 인공 지반이라고 한다.

㉡ 도시 공간에는 건축물의 옥상, 지하 구조물 등의 콘크리트 슬래브가 많이 존재한다.

② 환경 특성 및 개선 방법

㉠ 인공 지반의 환경 특성

- 구조물 위의 성토는 두껍게 할수록 식물 생육에 이롭지만, 구조물에 미치는 하중으로 제한을 받게 된다.
- 성토한 토양은 온도의 변화 폭이 크다.
- 건조해지기 쉽고 토양 미생물의 활동이 미약해지기 때문에 토양 환경은 매우 불량하다.

㉡ 인공 지반의 환경 개선방안

- 비옥하고 보수력이 있으며 통기성이 있는 토양을 배합하여 사용한다.
- 비옥한 사질양토에 퇴비나 부엽토를 7 : 3으로 혼합하고, 이것에 경량토인 버미큘라이트, 펄라이트, 피트 등을 3 : 1~5 : 1의 비율로 배합한다.
- 경량토를 많이 혼합하여 성토한 식재층의 토양이 지나치게 가벼우면 뿌리의 지지력이 약하여 강한 바람에 넘어지거나 뽑힐 우려가 있다.
- 성토하는 식물 토양의 두께는 식물이 생육할 수 있는 최소 깊이 이상이 되어야 한다.
- 자연 상태에서 식물이 생장할 수 있는 최소 두께는 잔디와 초본류가 30cm, 관목은 45~60cm, 교목이 90~150cm 이상이다.
- 성토층 밑에는 자갈을 깔아 배수층을 만들어 주고, 콘크리트 바닥은 배수가 잘되도록 1.5~2%의 경사를 가지게 한다.
- 콘크리트 슬래브는 성토하기 전에 방수 공사와 배수 공사를 철저히 하여 물이 스며들지 않도록 하고, 관수용 시설을 갖추는 것이 좋다.

[식물 생육과 토심]

형태상 분류	생존 최소 깊이(cm)	생육 최소 깊이(cm)
잔디, 초본류	15	30
소관목	30	45
대관목	45	60
천근성 교목	60	90
심근성 교목	90	150

출제예상문제

01 **다음은 식재 기반용 토양 재료가 갖추어야 할 내용이다. (   ) 안에 알맞은 내용을 쓰시오.**

- 토양은 (①)이 지나치게 크지도 않고 너무 미세하지도 않아야 한다.
- 모래분과 (②)이 적당한 비율로 혼합되어 있어야 한다.
- 어느 정도 (③)이 섞여 있는 양질의 토양이어야 한다.

정답 ① 토립, ② 점토분, ③ 유기물

02 식재 지반 토양의 일반 조건에서 식물의 근계 발달을 저해할 수 있는 자갈(석력, 직경 2mm 이상의 무기질 입자) 중 포함되지 않아야 하는 큰 자갈의 적정 크기는 몇 mm인지 쓰시오.

정답 25mm 이상

03 식재 지반 토양의 일반 조건에서 토양의 기준에 대해 서술하시오.

정답 토양 입자 50%, 수분 25%, 공기 25%

04 척박한 지반의 토양 개선 방법으로 사용되는 토공을 쓰시오.

정답 성토법, 객토법

05 중장비 등의 작업으로 굳어진 지반이나 풍화암이 섞여 있는 지반은 레이크 도저나 스캐리파이어 등의 장비로 적당한 깊이로 갈면서 배수성을 높이는 토양을 섞어 배수를 좋게 한 후 식재한다. 이때 1) 적당한 깊이와 2) 배수성을 높이는 흙의 종류를 쓰시오.

정답 1) 30~50cm
2) 모래

06 갯벌의 진흙으로 매립한 곳에서 배수가 불량하고 염분이 용탈되지 않을 때 인공적으로 용탈시키기 위한 시설을 쓰시오.

정답 모래 기둥(사주법), 모래 도랑(사구법)

07 쓰레기 매립장 지반의 문제점과 처리 방안에서 쓰레기 매립장에서 발생되는 가스를 쓰시오.

정답 메탄(CH_4), 이산화탄소(CO_2)

08 다음 (   ) 안에 알맞은 비율을 쓰시오.

인공 지반의 환경 개선방안에서 비옥한 사질 양토에 퇴비나 부엽토를 (①)으로 혼합하고, 이것에 경량토인 버미큘라이트, 펄라이트, 피트 등을 (②)의 비율로 배합한다.

정답 ① 7 : 3, ② 3 : 1~5 : 1

09 성토 구간인 경우에 부지 정지 계획고 하부 몇 m까지에 대하여 식재 지반 조성용 토양으로 성토될 수 있도록 토량이동 계획에 반영해야 하는지 쓰시오.

정답 1.0m

10 식재 지반 조성 구간이 절토 구간인 경우에는 어느 시기에 토양의 검사를 해야 하는지 쓰시오.

정답 부지정지 완료 시

11 토양 조사 및 시험에서 식재 지반 조성 관련 토양 시험 대상지 1개소당 몇 개소의 지점에서 채취한 시료를 시험하여야 하는지 쓰시오.

정답 3개소 이상

12 개량 공법 중에서 뿌리가 비교적 짧고 세근이 발달한 천근성 수목이나 관목류, 가로수 등 독립수 식재 시 사용하는 개량공법을 쓰시오.

정답 부분 객토법

13 객토량 결정에서 일반적으로 수관 범위의 면적으로 대교목과 관목의 객토 깊이를 쓰시오.

정답 대교목 1.0m, 관목 0.5m

14 개량 성질은 토양의 투수성, 보수성, 보비성이고, 개량 토양은 중점토, 사질토인 토양 개량제를 쓰시오.

정답 무기질계 토양 개량제

15 **부토 및 마운딩 시공 전 확인 사항으로 식재 지역에 설치되는 시설물 높이가 적정하게 시공되도록 해야 하는 시설물을 2가지 이상 쓰시오.**

정답 맨홀, 빗물받이, 보안등

16 **배수 체계의 확인에서 건축물 주변 녹지에 설치되는 선홈통 연결용 빗물받이(건축 시 공분)를 부지정지 마감 계획고에서 몇 cm 정도 낮게 해야 원활한 표면배수가 될 수 있는지 쓰시오.**

정답 5cm(드라이창에서 25cm)

17 **인공 식재 기반 조성에서 현장 여건을 파악할 경우 시공 전 설계 도면과 현장 여건을 확인하여 전반적인 검토와 작업 방법을 검토해야 한다. 이때 작업에 영향을 줄 수 있는 하중의 종류를 2가지 이상 쓰시오.**

정답 정적하중, 이동하중, 동하중

18 **배수층 조성 시 사용되는 배수층 구성 요소를 2가지 이상 쓰시오.**

정답 배수판, 배수관, 경량골재

19 **다음은 인공 식재 기반을 조성할 때 배수층 시공에 관한 내용이다. (   ) 안에 알맞은 숫자를 쓰시오.**

- 식재층의 바닥면은 (①)% 이상의 기울기를 갖도록 한다.
- 토양유실 및 배수구 막힘을 방지하기 위하여 부직포 등을 기설치한 배수층 전체에 이음매가 (②)m 정도 겹쳐지도록 시공·부설하며, 특히 측벽 높이의 (③) 이상 높이까지 치켜올려 토양유실을 차단한다.
- 부직포는 주름지지 않도록 부설하여야 하며 (④)일 이내에 빨리 식재 토양을 덮어야 한다.

정답 ① 2, ② 0.3, ③ 1/2, ④ 7

20 **다음은 인공 식재 기반 조성 시 식재 지반 시공에 관한 내용이다. (   ) 안에 알맞은 내용을 쓰시오.**

- 인공 토양, 혼합 토양, (①)을 준비한다.
- 토양 부설 시 벽체에 인접하지 않은 식재 지반은 (②)을 일시에 부설하지 않는다.
- 토양 부설 시 방수층 및 배수층 보호를 위하여 덤프트럭 등 운반 장비로 토양을 (③)하여서는 안 된다.

정답 ① 일반 토양, ② 전체 토심, ③ 직접 포설

21 쓰레기 매립지 식재 기반 조성할 때에 사용하는 합성 차수막(PVC) 접합 시의 최소 접합폭은 몇 mm인지 쓰시오.

정답 2mm

22 쓰레기 매립지 식재 기반 조성할 때에 악취가 심하게 발생할 경우에 최종 복토 높이는 몇 m 이상인지 쓰시오.

정답 3m 이상

23 다음은 임해 매립지 식재 기반 조성을 위한 유의사항이다. ( ) 안에 알맞은 내용을 쓰시오.

- 지하수위 조정은 수목의 뿌리분으로부터 지하 (①) 범위 내에서 설치함을 원칙으로 한다.
- 강한 바람이 부는 곳은 감독자와 협의하여 토양 수분의 증발을 억제할 수 있는 (②) 등의 조치를 취한다.
- 석고를 사용하여 제염하는 경우에는 공사 시방서에 따르되 석고의 (③)를 위하여 일정량을 수차례로 나누어 살포한다.

정답 ① 1.3~1.5m, ② 방풍망, ③ 응결 방지

24 임해 매립지 식재 기반 조성 시 매립 성토로 인한 침하를 고려하여 흙쌓기 소요 높이의 15~20%를 가산하여 매립 성토하며, 최소 흙쌓기 높이는 몇 m 정도로 해야 하는지 쓰시오.

정답 1.5m

25 저습지의 매립 식재 기반을 조성할 경우 지하수위가 높거나 배수가 불량한 기반으로서 흙쌓기가 가능한 지역은 불투수층 생성을 방지하기 위하여 설치해야 할 시설을 쓰시오.

정답 배수 시설

5 종자뿜어붙이기 공사하기

(1) 종자뿜어붙이기

① 종자뿜어붙이기 공법의 용도와 방법

㉠ 용도

- 급한 경사면이나 암반이 많은 절개면을 녹화하기 위하여 개발한 공법이다.
- 고압의 공기 압축기로 압축 공기와 압력수에 종자, 피복제, 접착제, 거름, 양생제, 색소, 물 등을 함께 섞어 경사면에 분사, 부착시키는 식생 공법이다.
- 종자뿜어붙이기는 분사 파종 공법이라고도 한다.
- 단시간에 넓은 면적을 시공할 수 있어 강가의 고수부지나 운동장 등에 사용된다.
- 비탈면의 안정과 녹화에 효과가 크다.

㉡ 방법 : 하이드로시더(Hydroseeder)나 모르타르 건(Mortar Gun) 등의 기구를 이용한다.

② 종자 배합

㉠ 경우에 따라 다른 종자 배합 기준을 적용한다.

- 초본 종자만을 사용하는 경우
- 목본 종자와 초본 종자를 혼합하는 경우
- 목본 종자만을 사용하는 각각의 경우

㉡ 피복효과를 고려한다.

- 국내 재래 식물로 녹화한 비탈면은 피복·보호 효과의 영속성이 높다.
- 재래 식물은 대개 발아와 초기 생육이 늦다.
- 조성 초기에 비탈면의 피복·보호 효과가 낮다.
- 시험 시공 등을 통해 발아율과 생육 효과가 높은 종을 선별한다.

㉢ 초본류만을 사용하면 근계층이 얇기 때문에 비탈면이 박리(剝離)되기 쉬우므로 필요시 목본류와 혼파한다.

㉣ 목본류는 발아하여도 초본류에 피압되어 초기에 고사하는 예가 많으므로 목본류와 초본류를 혼파할 경우에는 파종량과 종자 배합에 대하여 충분히 고려한다.

③ 파종량

㉠ 파종량은 식물의 발생 기대 본수에 의해 결정하되 파종지의 여건과 적용 공법의 특성, 종자 배합 등을 고려하여 정한다.

- 식물 간에 상호 경합하거나 피압되지 않도록 고려한다.
- 수림형 군락을 조성하려고 할 경우에는 다층 구조를 지닌 식물군락이 조성되는 종자 배합을 한다.

> **참고**
>
> **녹화 지역별 종자 배합의 종류**
> - 초본위주형
> - 초본·관목 혼합형
> - 목본군락형
> - 자연경관 복원형 등

- 복원 목표에 부합되도록 한다.
- 키가 큰 수림형 군락의 종자 배합
  - 종자뿜어붙이기에서는 키 큰 수목 종자와 키 작은 수목류, 초본류 종자들을 혼합한다.
  - 목본 종자의 발아와 생육을 촉진하기 위해 총 발생 기대 본수는 800~1,500본/m^2 내외를 기준으로 한다.
  - 초본류에는 내음성이 강한 것이 하나 이상 사용되도록 한다.

- 가급적 재래 초종을 사용한다.
- 외래 도입 초종과 혼합할 때에는 외래 도입 초종의 발생 기대 본수를 1,000본/m^2 이내로 제한한다.

• 키가 작은 관목형 군락의 종자 배합 : 키가 작은 수목 2~3종류와 초본류를 혼합하되 총 발생 기대 본수는 1,000~1,500본/m^2 정도를 기준으로 한다.

• 초본 주도형 군락의 종자 배합 : 복원 목표에 따라 주구성종과 경관보존종, 조기녹화종 등으로 구분된 초본 식물들을 적절히 배합한다.

- 초본류의 총 발생 기대 본수는 1,000~2,000본/m^2 정도를 표준으로 한다.

• 비탈면의 방향과 해발고도 등을 고려할 때 수분의 고갈이나 온도, 제설, 일조량 등으로 식물의 원만한 생육이 어렵다고 판단되는 경우, 전문가 자문을 받아 종자 배합을 다르게 적용할 수 있다.

㉡ 한 종류의 발생 기대 본수는 가급적 총 발생 기대 본수의 10% 이하로 내려가지 않도록 한다. 이 이하가 되는 식물은 원활한 생육을 기대할 수 없다.

㉢ 목본과 초본을 혼합할 때는 경제성과, 조성 초기에 초본류에 피압·감퇴되는 것을 고려하되 1년이 지난 후에 목본류가 지나치게 밀생되지 않도록 한다.

㉣ 종자 파종량 산정 : 식물 군락을 파종으로 조성하려고 할 경우 파종량의 산정은 다음과 같다.

$$W = \frac{A}{B \cdot C \cdot D} \times E \times F \times G$$

여기서, W : 사용식물별 종자파종량(g/m^2)

A : 발생 기대 본수(본/m^2)

B : 사용 종자의 발아율

C : 사용 종자의 순도

D : 사용 종자의 1g당 단위 립 수(립 수/g)

E : 식생기반재 뿜어붙이기 두께에 따른 공법별 보정 계수

F : 비탈 입지 조건에 따른 공법별 보정 계수

G : 시공 시기의 보정률

④ 파종 시기

㉠ 사용 식생의 종자 발아에 필요한 온도, 수분이 적당한 범위 내에서 정하되 가능한 한 봄철로 한다.

㉡ 식물 종자의 발아 및 생육 적온은 식물에 따라 다르다는 것을 충분히 배려한다.

㉢ 봄철 이외의 파종 시기에서는 종자 배합과 파종량을 달리하고, 필요시 파종량을 보정한다.

(2) 종자뿜어붙이기 공법

① 종자 분사 파종

㉠ 비탈 기울기가 급하고 토양 조건이 열악한 급경사지에 기계와 기구를 사용해서 종자를 파종하는 공법

㉡ 한랭도가 적고 토양 조건이 어느 정도 양호한 비탈면에 한하여 적용한다.

㉢ 노동력이 절감되고 대면적을 단기간에 시공할 수 있지만 소면적에는 적합하지 못하다.

㉣ 균열과 절리가 많고, 요철(凹凸)이 많은 비탈에서는 틈에 종자가 들어가서 발아하여 녹화하게 되므로 오히려 효과적일 수 있다.

㉤ 강우에 의한 종자유실과 비탈면 침식을 막아주는 처리를 한다. 염화비닐 용액이나 우레탄계 수용성 수지와 같은 무침식 방지용 양생제를 사용한다.

㉥ 섬유류는 물에 대해서 250g/m^2를 사용하는 것을 표준으로 한다.

㉦ 발생 기대 본수는 초본 위주만의 군락에서는 1,000~2,000본/m^2과 목본·초본 혼합 군락에서는 800~1,500본/m^2를 표준으로 한다.

ⓞ 토질과 경사도, 시공 시기 등의 요인들을 고려하여 파종량을 보정한다.

② 네트+종자 분사 파종

㉠ 비탈 침식 방지망을 사용하여 침식 방지 및 발아 촉진과 활착을 도모하려고 할 때 적용한다.

㉡ 시공이 간편하여 단기간에 많은 면적을 녹화하는 데 적합하다.

㉢ 피복 재료인 네트나 메시는 자체가 썩어서 섬유질 비료 역할을 해주어 식물의 발아 및 생장을 원활하게 할 수 있어야 한다.

㉣ 일반 토사와 기울기가 완만한 경질 토사가 설계 적지이다.

③ 종자뿜어붙이기+볏짚 거적 덮기

㉠ 종자뿜어붙이기 공법을 실시 후 그 위에 볏짚으로 짠 거적을 비탈면 전체에 균일하게 덮는 공법이다.

㉡ 식생 용지에 종자와 비료를 접착시킨 후 볏짚을 입힌 제품을 비탈면 전체에 덮는 공법이다.

㉢ 골파기 후 종자를 충진하여 네트를 덮는 공법이다.

㉣ 볏짚 거적은 야생초류와 목본류를 파종하여 유실이 심한 비탈면지역을 장기적으로 안정되게 보호하면서 녹화를 달성하려고 할 때 사용한다.

④ 비탈변의 입지 조건별 녹화 공법의 선정

비탈면의 입지 조건				공법	
지질	비탈면의 기울기	토양의 비옥도	토양경도(mm)	초본에 의한 녹화	목본, 초본의 혼파에 의한 녹화
토사	45° 미만	높음	23 미만(점성토)	• 종자뿜어붙이기 • 떼붙이기 • 식생매트공법 등	• 종자뿜어붙이기 • 식생기반재 뿜어붙이기
		낮음	27 미만(사질토)	• 종자뿜어붙이기 • 떼붙이기 • 식생매트공법 • 잔디포복경심기 • 식생자루심기 • 식생기반재 뿜어붙이기	• 식생 지반 • 뿜어붙이기
	45°~60°		23 이상 27 미만	• 식생구멍심기 • 식생기반재 뿜어붙이기	• 식생 혈공 • 식생기반재 뿜어붙이기

(3) 종자뿜어붙이기 재료

① 양생제

㉠ 비탈면 건조와 침식을 방지하기 위한 양생제는 섬유류 또는 고분자 수지계를 사용한다.

㉡ 파이버(Fiber)류

- Turfiber, Green Fiber, Glass Fiber, 수피 섬유, 광물질 섬유로 감독자가 승인한 제품이어야 한다.
- 물리적 자재로 많이 사용되는 섬유류(Fiber)는 목질 섬유와 수피 섬유가 많이 사용된다.
- 종자의 보호 및 혼화재 역할을 하는 것으로 250g/m^2 이상 사용하여야 한다.

㉢ 피막형성 보양제

- 아스팔트 유제, 석유수지계, 라버계를 사용하며, 감독자가 승인한 제품이어야 한다.
- 화학적 자재로는 피막형의 아스팔트유제와 폴리초산 비닐을 주제로 하는 합성수지계가 사용되며 약제의 종류 및 사용량 등은 제조업자의 지침에 따른다.

② 전착제, 안정제

㉠ 비탈면 시공 시 종자, 섬유, 비료 등이 흘러내리는 것을 방지하기 위하여 사용된다.

㉡ 안정제(전착제) : CMC계(Carboxy Methyl Cellulose), PVA계(Poly-vinyl Alcohol), 쿠라졸, 엠바인다 등이 있다.

㉢ 합성점질물을 100g/m^2 기준으로 사용한다.

③ 착색제

㉠ 착색제는 말라카이트그린(Malachitegreen), Mg 등이 있다.

㉡ 염기성 색소를 2g/m^2 기준으로 사용한다.

④ 비료 : 질소, 인산, 알칼리의 성분이 혼합된 복합 비료를 사용하여야 한다.

⑤ 물 : 물은 깨끗한 시냇물이나 상수도 물을 사용하여야 하며, 오염되거나 식물 생육에 유해한 물질이 섞여 있는 물을 사용해서는 안 된다.

출제예상문제

01 **비탈 기울기가 급하고 토양 조건이 열악한 급경사지에 기계와 기구를 사용해서 종자를 파종하는 공법을 쓰시오.**

정답 종자 분사 파종

02 **종자뿜어붙이기 공법으로 고압의 압축 공기와 압력수에 각종 재료를 함께 섞어 경사면에 분사, 부착시킬 때 압력수에 섞는 재료를 3가지 이상 쓰시오.**

정답 종자, 피복제, 접착제, 거름, 양생제, 색소

03 **종자뿜어붙이기 공법에서 사용하는 기구를 2가지 쓰시오.**

정답 하이드로시더, 모르타르 건

04 **종자뿜어붙이기 공법에서 종자 배합은 경우에 따라 다른 종자 배합 기준을 적용해야 하는데 종자 배합 종류를 2가지 이상 쓰시오.**

정답 초본위주형, 초본·관목 혼합형, 목본군락형, 자연경관 복원형

05 **다음 조건에서 식물의 기대 본수를 쓰시오.**

1) 키가 작은 수목 2~3종류와 초본류를 혼합하되 총 발생 기대 본수
2) 초본류의 총 발생 기대 본수
3) 외래 도입 초종과 혼합할 때에는 외래 도입 초종의 발생 기대 본수

정답 1) 1,000~1,500본/m^2 정도
2) 1,000~2,000본/m^2 정도
3) 1,000본/m^2 이내

06 종자 분사 파종 공법에서 강우에 의한 종자유실과 비탈면 침식을 막기 위한 무침식 방지용 양생제를 2가지 쓰시오.

정답 염화비닐 용액, 우레탄계 수용성 수지

07 종자뿜어붙이기 공법에서 비탈 침식 방지망을 사용하여 침식 방지 및 발아 촉진과 활착을 도모하려고 할 때 적용하는 파종 방법을 쓰시오.

정답 네트+종자 분사 파종

08 종자뿜어붙이기 공법에서 식생 용지에 종자와 비료를 접착시킨 후 볏짚을 입힌 제품을 비탈면 전체에 덮는 공법을 쓰시오.

정답 종자뿜어붙이기+볏짚 거적 덮기 공법

09 종자뿜어붙이기 재료 중 물리적 자재로 많이 사용되는 섬유류(Fiber)에 많이 사용되는 재료를 2가지 쓰시오.

정답 목질 섬유, 수피 섬유

10 종자 뿜어붙이기 재료 중 비탈면 시공 시 종자, 섬유, 비료 등이 흘러내리는 것을 방지하기 위하여 사용되는 재료를 2가지 쓰시오.

정답 전착제, 안정제

11 다음은 종자뿜어붙이기 + 볏짚 거적 덮기 공법의 유의사항이다. ( ) 안에 알맞은 내용을 쓰시오.

- 볏짚 거적을 시공할 때는 비탈면의 위에서 아래로 길게 세로로 깔면서 양단이 (①) 중첩되게 시공한다.
- 3~5년 후 부식이 되는 거적이 바람에 날리지 않도록 비탈면에 X자 형태로 각각 2m 간격의 (②)을 설치한다.

정답 ① 5cm 이상, ② 고정줄(녹화끈, 6mm)

10 조경시설물공사

제1절 시설물 설치 전 작업하기

1 시설물 설치 전 검토

(1) 조경시설물의 종류

안내시설물, 옥외시설물, 놀이시설물, 운동시설물, 경관조명시설, 환경조형물, 데크(덱) 시설, 펜스

(2) 조경시설물의 재료

① 목재의 구분

㉠ 조경 시설 공사에 적용하며 외부 공간에 설치되는 조경시설재료로 사용된다.

㉡ 목재가공품의 종류 : 원목, 각재, 판재, 합판

㉢ 부패 방지를 위한 방부, 방충처리 및 표면 보호를 위한 조치를 해야 한다.

㉣ 목재는 천연목재, 합성목재, 방부목으로 구분된다.

천연목재	생산지에 따라 남양재(Hard Wood)와 북양재(Soft Wood)로 구분되며 남양재는 주로 활엽수이고, 북양재는 침엽수로 이루어져 있다. • 남양재 목재 : 비중이 0.45 이상으로 부켈라, 멀바우, 말라스, 캠파스, 월넛, 티크, 타운, 니아토 등이다. • 북양재 목재 : 비중이 0.45 이하로 미송, 더글라스, 오크, 삼나무, 오리나무 등이다.
합성목재	목분과 천연목재 등을 합성수지와 결합하여 목재와 유사하게 만든 제품을 말한다.
방부목	천연목재 중 1차 가공을 하여 방부처리를 한 목재를 말한다.

참고

천연 목재의 보관
- 목재의 보관은 변형, 오염, 손상, 변색, 부패, 습기 등을 방지할 수 있도록 한다.
- 직접 지면에 접촉하지 않도록 한다.
- 습기 및 직사광선에 직접 노출되지 않도록 한다.
- 통풍이 잘되는 곳에 보관해야 한다.

② 철재시설

㉠ 철강재 시설은 공장 제작 후 현장 조립 설치를 원칙으로 한다.

㉡ 감독자의 요청이 있을 때는 공장 제작에 대한 검사를 해야 한다.

㉢ 조경시설물로 사용되는 철강재는 도금 및 녹막이 처리를 해야 한다.

㉣ 그림(도안)을 도입할 때에는 사전에 그림의 형태와 색채에 대하여 견본품을 제출하고 감독자의 승인을 얻은 후 시행하여야 한다.

③ 합성수지 제품

㉠ 합성수지를 주재료 및 보조 재료로 사용하는 조경 시설 공사에 적용한다.

㉡ 외국 제품 시설인 경우 ISO의 규정, 지역표준, 해당 국가의 표준에 적합한 것이어야 한다.

㉢ 한국산업표준에 공통된 사항이 있는 경우 이를 준수해야 한다.

㉣ 합성수지 제품은 기능과 미관, 재료의 물리성·화학성·기계성·전기성 등의 특성과 내구성에 대한 사전 검토를 해야 한다.

㉤ 제품시방 및 견본품을 제출하여 감독자의 승인을 얻어야 한다.

㉥ 공장 제작에 의한 현장조립 설치를 원칙으로 하며 현장 조립은 제시된 설치기준에 의해 시행되어야 한다.

(3) 시설물의 설치 방법

① 기초

㉠ 각 시설물은 매몰된 구조의 기초로 지지되어 있어야 한다.

㉡ 시설물의 이용 형태 및 구조적 안정성을 기반으로 한 기초를 설치하여야 한다.

② 마감재

㉠ 마감재는 이용자와 직접적으로 접촉하는 부분의 재료이므로 중요하다.

㉡ 일반적으로 천연 재료를 사용한다.

㉢ 마감 손질이 이용자의 편익성, 쾌적성을 고려한 재료이어야 한다.

③ 결합부

㉠ 결합부는 다른 재료 간의 연결 부위에 발생되는 부분이다.

㉡ 각 재료의 성질이 다르므로 강도, 부식 정도 등의 물리적 성질 차이가 있다.

㉢ 시설물 설치 후 유지관리 및 이용자의 안정성을 위하여 설치 전 충분한 검토를 하여야 한다.

출제예상문제

01 목재의 구분에서 목재가공품의 종류를 2가지 이상 쓰시오.

정답 원목, 각재, 판재, 합판

02 천연목재는 생산지에 따라 남양재(Hard Wood)와 북양재(Soft Wood)로 구분되며 남양재는 주로 활엽수이고, 북양재는 침엽수로 이루어져 있다. 북양재의 종류를 2가지 이상 쓰시오.

정답 미송, 더글라스, 오크, 삼나무, 오리나무

03 천연목재의 보관 시 방지해야 하는 요소를 2가지 이상 쓰시오.

정답 변형, 오염, 손상, 변색, 부패, 습기

04 합성수지 제품에서 사전에 검토해야 하는 성질을 2가지 이상 쓰시오.

정답 물리성, 화학성, 기계성, 전기성

05 시설물의 설치 방법에서 마감재로 사용 시 가장 알맞은 재료는?

정답 천연재료

06 시설물의 설치를 검토할 때에 시설물의 필요 자재와 조립 및 설치를 하기 위하여 사전에 준비하여 공정의 진행에 차질이 없도록 투입하여야 하는 것은?

정답 인력, 장비

2 각 시설물 자재의 가공법 이해

(1) 목재 시설물의 설치

① 목재 시설물의 설치 시 유의사항

㉠ 수직·수평이 잘 맞아야 하고 뒤틀림이 없이 직선이어야 한다.

㉡ 목재 기둥은 지표면에서 0.05m 이상 이격한다.

㉢ 감잡이 쇠(구조재의 접합부나 모서리 보강을 위하여 부착하는 철물)를 이용하여 붙임 볼트 등으로 연결하여 지지시킨다.

㉣ 목재를 지하 매립 시에는 지표면과 접하는 부위에 별도의 방부 및 방충처리를 해야 한다.

② 목재의 방부 및 방충처리 방법

㉠ 방부 방법

- 방부목재(가압처리목재)라 함은 생물열화인자에 의한 목재 열화를 방지하기 위해 목재 보존제를 가압 처리 방법으로 강제 주입 처리한 목재를 말한다.
- 목재를 방부처리하는 방법
  - 주입처리 : 감압 또는 가압 등의 기계적 압력차에 의해 목재 중에 목재 방부제를 침투시키는 처리
  - 유성(油性) 목재 방부제 : 원액의 상태에서 사용하는 유상(油狀)의 목재 방부제
  - 유용성(油溶性) 목재 방부제 : 경유, 등유 및 유기용제를 용매로 용해하여 사용하는 목재 방부제
  - 수용성(水溶性) 목재 방부제 : 물에 용해해서 사용하는 목재방부제
  - 유화성(乳化性) 목재 방부제 : 유성·유용성 목재 방부제를 유화제로 유화하여 물로 희석해서 사용하는 목재 방부제
  - 가압식 처리방법 : KS F 2219(목재의 가압식 방부처리 방법)에 의거하여 목재를 밀폐형 주약관(注藥罐)내에 넣고 펌프를 통한 감압과 가압을 실시하여 목재에 방부제를 주입하는 방법

㉡ 방충 방법 : 예방구제처리(豫防驅除處理) – 목재의 썩음이나 해충의 피해를 예방하고 피해를 받고 있는 목재를 보호하기 위하여 부분적으로 방부처리하는 공정

③ 방부 기준

㉠ 목재 방부제의 종류 및 기호

사용환경 범주		사용환경 조건	사용 가능 방부제
H1	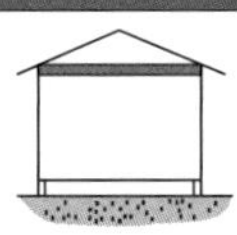	• 건재해충, 피해환경 • 실내 사용 목재	• BB, AAC • IPBC, IPBCP
H2	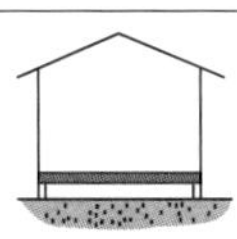	• 결로예상 환경 • 저온환경 • 습한 곳에 사용하는 목재	• ACQ, CCFZ, ACC, CCB, CuAz, CuHDO, MCQ • NCU, NZN
H3	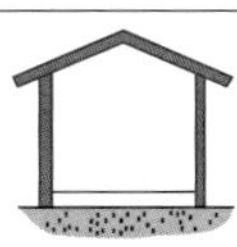	• 자주 습한 환경 • 흰개미피해 환경 • 야외 사용 목재	• ACQ, CCFZ, ACC, CCB, CuAz, CuHDO, MCQ
H4	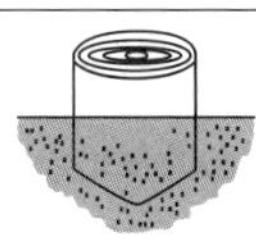	• 토양 또는 담수와 접하는 환경 • 흰개미피해 환경 • 흙, 물과 접하는 목재	• A
H5	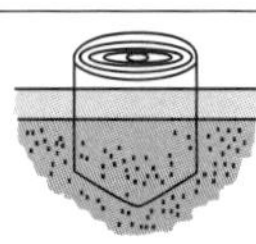	• 바닷물과 접하는 환경 • 해양에 사용하는 목재	• A

(2) 철재 시설물

① 조경시설물에 사용되는 금속재료와 제품의 종류

㉠ 금속재료의 종류와 특성

철강재료	탄소강(순철, 탄소강, 주철)	• 순철 : 탄소량(0.035% 미만), 가단성이 크고 연질이다. • 탄소강 : 강철이라고 한다. 탄소량(0.035~1.7% 미만), 가단성, 주조성, 담금질 효과가 있다. 일반적인 철제품에 사용된다. • 주철 : 무쇠, 선철이라고도 함. 탄소량(1.7% 이상), 주조성이 좋고 경질이며 취성이 크다. 배수 파이프, 맨홀 뚜껑, 가로수 보호판, 정원 시설 등 큰 경질의 제품의 재료로 사용된다.
	특수강(합금강)	• 탄소강에 탄소 이외의 합금원소(Ni, Cr, Mo, W, Co, V, Ti, Si)를 하나 이상 첨가시켜 특수한 성질을 갖게 한 강을 말한다. • 탄소강에서 얻어질 수 없는 기계적 성질, 화학적 성질을 가진 합금강이다. • 여러 종이 있으나 조경시설물에 쓰이는 강은 스테인리스강과 니켈강이 있다.
비철금속재료		알루미늄과 그 합금, 구리와 그 합금, 아연·납·주석 및 그 합금 등

㉡ 금속제품의 종류와 용도

• 구조용 강재

– 형강 : ㄱ형강, I형강, ㄷ형강, 구평형강, T형강, H형강 등이 있다.

– 경량형강 : 구조용 강재의 무게를 감소시킬 목적으로 단면이 작고 얇은 강판을 냉간성형하여 가장 유효한 단면형상으로 만든 형강이다.

• 철근 : 원형철근, 이형철근, 고강도철근이 있다.

• 봉강 및 평강

– 봉강

ⓐ 압연에 의한 봉상의 강재

ⓑ 종류 : 원형강, 반원형강, 각강, 육각강, 팔각강

– 평강 : 봉강의 한 종류이며 비교적 얇고 띠모양의 형강으로 두께는 4.5~36mm까지 있고, 폭은 25~300mm 정도이며, 길이는 3.5~15m로 3.5m, 4.5m, 5.5m가 많이 사용된다.

• 강관 : 일반 구조용 탄소강관, 일반구조용 각형강관, 배관용 강관 등이 있다.

• 강판 : 열간압연강판, 냉간압연강판, 무늬강판, 스테인리스강판, 아연도강판, 착색아연도강판, 비닐피복강판, 동판, 알루미늄판 등이 있다.

• 연결 또는 이음쇠

– 못 : 철사못, 일반용 철못, 콘크리트용 철못, 아연도금철못, 구리못, 황동제 못, 나사못 등이 있다.

– 볼트 및 뒤벨

ⓐ 볼트 : 보통볼트, 앵커볼트, 양나사볼트, 주걱볼트, 고력볼트 외 다수가 있다.

ⓑ 뒤벨 : 가락지형, 관형, 별모양 등이 있고 다른 형식도 많이 있다.

• 선재와 그 제품

– 선재의 재질에 의한 분류 : 연강선재, 경강선재, 피아노선재, PC강선재 등이 있다.

– 선재의 모양에 의한 분류 : 철선, 가시철선, 와이어라스, 와이어로프, 와이어메시, 용접철망, PC강선, PC강연선, PC강봉, 피아노선, 용접봉 등이 있다.

• 그 밖의 금속제품 : 리벳, 꺽쇠, 띠쇠, 감잡이쇠, 안장쇠, ㄱ자쇠 등이 있다.

• 기타 금속제품 : 금속창호재, 금속성형 가공제품이 있다.

② **금속재료로 제작된 조경시설물의 종류** : 안내시설, 휴게시설, 편의시설, 놀이시설, 운동 및 체력단련시설, 경관조명 시설, 수경 및 살수관계시설 등에 사용된다.

③ **철강재 시설의 설치 시 유의사항**

㉠ 철강재 시설 재료의 시험 및 검사와 시공에 대한 검사는 해당 항목을 따른다.

㉡ 사용되는 재료 중 한국산업표준에 지정되지 않은 재료는 제조업체의 제품자료를 제출하여 재료의 적정성에 관한 감독자의 승인을 얻어야 한다.

㉢ 철강재는 재료특성에 따른 형상 및 구조적 성능에 적합하고 흠이나 녹이 없는 것을 사용해야 한다.

㉣ 재료 수급상 장기간의 보관이 필요시 방청 및 손상방지에 대한 조치를 취해야 한다.

㉤ 비철금속 및 합금은 고유성분과 구조적인 특성을 갖는 합금을 사용해야 한다.

㉥ 한국산업표준에 규정되어 있는 것은 그 규격을 따른다.

㉦ 기타에 대해서는 설계도면 및 공사시방서에 따른다.

(3) 합성수지 시설물

① 합성수지는 많은 종류가 있으나 그 특성으로 보아 열경화성수지와 열가소성수지로 분류한다.

㉠ 열경화성수지

- 특징 : 분자구조가 망상구조로 이루어져 있어서 가열해도 연화·용융하지 않으며, 무리하게 고온상태로 하면 탄화한다. 그러나 축합반응 초기에는 아직 망상화의 정도가 낮고 선상에 가까워 가소성이 유지되므로 선상구조일 때 성형가공을 한다.
- 종류 : 페놀, 요소, 멜라민, 알키드, 불포화폴리에스테르, 실리콘, 에폭시, 우레탄, 규소, 프란수지가 있다.

㉡ 열가소성수지

- 특징 : 합성된 고분자화합물이 모인 것으로 상온에서는 고체로, 가열하면 용융해서 흐르고, 식으면 원래의 고체로 돌아가는 성질이 있다.
- 종류 : 아크릴, 염화비닐, 초산비닐, 비닐아세탈, 메틸메타크릴, 폴리스티렌, 폴리아미드수지 및 셀룰로이드가 있다.

② **합성수지 제품의 종류**

㉠ 파이프, 접착제, 실(Seal)재, 신소재 플라스틱 제품으로 분류한다.

- 파이프 : 경질염화비닐관, 염화비닐홈통, 염화비닐튜브, 폴리에틸렌수지관, 페놀수지관, 플라스틱 밸브 등이 있다.
- 접착제 : 고강도, 내수성이 큰 것이 요구됨. 에폭시수지, 폴리에스테르수지 등이 이용된다.
- 실제 : 빠데, 코킹제, 실링제, 개스킷 등이 있다.
- 신소재 플라스틱 제품
  - 섬유강화 플라스틱(FRP ; Fiber Reinforced Plastics)
    - ⓐ 특성 : 불포화 폴리에스테르수지액(Resin)을 유리섬유(Fiber Glass) 또는 기타 보강제에 함침시켜 적층하고 성형하여 만드는 반영구적이며 강도가 매우 큰 복합 플라스틱 구조제이다.
    - ⓑ 제작공정 : 도면작성→원형제작→몰드제작→제품제작→검사→포장→출하된다.
  - 탄소섬유갈화 플라스틱(CFRP) : 유리섬유보다 더 강하고 가벼운 탄소섬유를 사용한다.
  - FRC : 유리섬유로 보강한 세라믹이나 콘크리트로 FRP와 마찬가지로 반영구적인 복합구조제로 매우 큰 강도를 지닌 신소재이다.

③ 합성수지 시설의 설치 시 유의사항

㉠ 재료면에 흠이 생겼을 때에는 같은 색상의 내식수지로 코팅작업을 하고 불소수지를 도포한다.

㉡ 기온 및 습도 등의 작업 환경을 고려하여 작업에 지장을 초래하지 않도록 해야 한다.

㉢ 접합부의 처리 방법에 따라 제품의 성능과 비용에 큰 영향을 주므로 재료의 절약, 인력절감, 시공기간의 단축, 비용절감에 적합한 시공을 해야 한다.

㉣ 접합 방법은 볼트나 너트, 리벳, 나사를 이용한 기계적인 접합, 접착제를 이용한 접착접합, 열을 이용한 열용접 접합으로 구분하며, 놀이시설의 부재 접합은 기계적인 접합과 접착제에 의한 접합을 원칙으로 한다.

출제예상문제

01 **목재 시설물의 설치 시 목재 기둥은 지표면에서 몇 cm 이상 이격해야 하는지 쓰시오.**

정답 5cm 이상

02 **목재 방부제의 종류를 2가지 이상 쓰시오.**

정답 유성, 유용성, 수용성, 유화성 목재 방부제

03 **KS F 2219(목재의 가압식 방부처리 방법)에 의거하여 목재를 밀폐형 주약관(注藥罐) 내에 넣고 펌프를 통한 감압과 가압을 실시하여 목재에 방부제를 주입하는 방법을 쓰시오.**

정답 가압식 처리방법

04 **목재의 썩음이나 해충의 피해를 예방하고 피해를 받고 있는 목재를 보호하기 위하여 부분적으로 방부처리하는 공정을 쓰시오.**

정답 예방구제처리

05 **금속재료의 종류 중에서 탄소강의 종류를 3가지 쓰시오.**

정답 순철, 탄소강, 주철

06 다음에서 설명하는 철강재료를 쓰시오.

1) 강철이라고 하고, 탄소량(0.035~1.7% 미만), 가단성, 주조성, 담금질 효과가 있으며 일반적인 철제품에 사용된다. 2) 탄소강에 탄소 이외의 합금원소(Ni, Cr, Mo, W, Co, V, Ti, Si)를 하나 이상 첨가시켜 특수한 성질을 갖게 하였다.

정답 1) 탄소강
2) 특수강

07 특수강의 종류 중 조경시설물에 쓰이는 특수강을 2가지 쓰시오.

정답 스테인리스강, 니켈강

08 금속제품의 종류에서 철근의 종류를 2가지 이상 쓰시오.

정답 원형철근, 이형철근, 고강도철근

09 금속제품의 종류에서 못의 종류를 3가지 이상 쓰시오.

정답 철사못, 일반용 철못, 콘크리트용 철못, 아연도금철못, 구리못, 황동제 못, 나사못

10 다음 중 열가소성수지를 모두 골라 쓰시오.

페놀, 요소, 아크릴, 실리콘, 초산비닐, 우레탄, 셀룰로이드, 멜라민, 알키드, 염화비닐

정답 아크릴, 초산비닐, 셀룰로이드, 염화비닐

11 합성된 고분자화합물이 모인 것으로 상온에서는 고체로, 가열하면 용융해서 흐르고, 식으면 원래의 고체로 돌아가는 성질이 있는 합성수지를 쓰시오.

정답 열가소성수지

12 **합성수지 제품의 종류 중에서 고강도, 내수성이 큰 것이 요구되는 접착제로 사용되는 합성수지를 쓰시오.**

정답 에폭시수지, 폴리에스테르수지

13 **불포화 폴리에스테르수지액(Resin)을 유리섬유(Fiber Glass) 또는 기타 보강제에 함침시켜 적층하고 성형하여 만드는 반영구적이며 강도가 매우 큰 복합 플라스틱 구조제를 쓰시오.**

정답 섬유강화 플라스틱(FRP ; Fiber Reinforced Plastics)

14 **유리섬유로 보강한 세라믹이나 콘크리트로 FRP와 마찬가지로 반영구적인 복합구조제로 매우 큰 강도를 지닌 신소재를 쓰시오.**

정답 FRC

15 **합성수지 시설의 설치 시 유의사항에서 접합부의 처리방법에 따라 제품의 성능과 비용에 큰 영향을 주게 된다. 접합부 처리방법을 효과적으로 하였을 경우 절약, 절감, 단축되는 것을 쓰시오.**

정답 재료의 절약, 인력절감, 시공기간의 단축, 비용절감

16 **목재 시설물을 설치한 후 시설물의 모서리, 위험성이 있는 곳, 거스러미가 있는 부분을 둥그렇게 모를 따고 연마할 때 사용하는 도구 또는 공구를 쓰시오.**

정답 그라인더, 사포

17 **다음은 목재가공 시 유의사항이다. (　) 안에 알맞은 내용을 쓰시오.**

- 목재에 균열이 발생했을 경우에는 동일 성분과 색채를 가진 톱밥이나 (①)로 충진하고 표면을 평활하게 다듬어야 한다.
- 도장면의 보호를 위하여 완전히 건조될 때까지 (②)을 해야 한다.
- 필요한 경우에는 줄을 치거나 경고 (③)을 설치해야 한다.
- 균열의 정도가 심할 경우에는 감독자의 지시에 따라 (④)를 해야 한다.

정답 ① 퍼티, ② 보양, ③ 안내판, ④ 보완조치

18 강철제 및 금속제품이 녹슬거나 부식되지 않도록 해야 하는 처리를 쓰시오.

정답 녹막이 처리, 도금 처리

19 다음은 철제제품의 가공 및 제작 시 절단을 할 때의 유의사항이다. ( ) 안에 알맞은 내용을 쓰시오.

- 절단기로 절단할 수 없는 두께의 것은 톱 절단이나 (①)을 해야 한다.
- 절단 후 생긴 뒤말림과 찌그러짐은 줄 및 (②)로 마무리해야 한다.
- 스테인리스 강재를 절단할 때는 스테인리스 강재 (③)를 사용해야 한다.

정답 ① 가스 절단, ② 스크레이퍼, ③ 전용 절단기

20 합성수지 시설물의 제작 설치에서 접합 방법에는 기계적인 접합과 열용접 접합이 있다. 기계적인 접합에 사용하는 접합용 금속 부품을 2가지 이상 쓰시오.

정답 볼트, 너트, 리벳, 나사

3 각 시설물의 적정한 기초, 마감재, 결합부의 이해와 시공

(1) 시설물 설치 공사의 공통사항

① 터파기

㉠ 조경 토공사 순서 : 터파기→되메우기→잔토처리의 순으로 이루어진다.

㉡ 잔토 처리량에 따라서 운반 및 기계 공사가 동시에 병행하여 이루어진다.

② 기초공사

㉠ 터파기 후 이루어지는 공사로서 시설물의 근간이 된다.

㉡ 원지반 다짐공사→잡석포설→잡석 다짐공사→거푸집공사→철근 배근공사→콘크리트 타설과 양생→거푸집 해체 공사로 이어진다.

㉢ 일반적으로 기초는 독립된 시설물이 아니다.

㉣ 구조물 등 안전을 요구하는 시설물의 바탕이 된다.

㉤ 독립기초 또는 줄기초가 조경 공사에서 많이 적용된다.

③ 벽체 또는 구조물 설치

㉠ 기초 위에 축조하여 시설물의 뼈대가 된다.

㉡ 거푸집 공사→철근 배근공사→콘크리트 타설과 양생→거푸집 해체 공사로 이루어진다.

㉢ 시설물의 이용과 형태에 따라서 차이가 있으나 거의 같은 작업의 순으로 진행하게 된다.

④ 미장

㉠ 마감 전 공정으로서 모르타르를 이용한 미장 공사가 주를 이룬다.

㉡ 건식 마감 공사의 경우는 미장 공사가 이루어지지 않고 고정 플레임을 설치하는 앵커 고정 공사를 하게 된다.

⑤ 마감 공사

㉠ 마감 공사는 시설물의 마지막 공정으로서 시설물의 미적, 경관적 가치를 높인다.

㉡ 페인팅 작업, 석재 또는 목재 마감 공사 등 여러 가지로 나눌 수 있다.

⑥ 결합부

㉠ 같은 강도 또는 특성을 지닌 경우 재료의 물리성에 따라서 수축·팽창 계수를 고려한 여유 폭을 확보한 후 결합재로 연결한다.

㉡ 각 재료의 특성이 다를 경우 결합부가 사용 중 하자 발생 요인이 될 수 있다.

출제예상문제

01 다음은 조경 토공사 순서이다. ( ) 안에 알맞은 내용을 쓰시오.

터파기 → (①) → (②)

정답 ① 되메우기, ② 잔토처리

02 터파기 후 이루어지는 공사로서 시설물의 근간이 되는 공사를 쓰시오.

정답 기초공사

03 조경 기초공사에 많이 사용되는 기초를 쓰시오.

정답 독립기초, 줄기초

04 시설물 설치 공사의 공통 사항에서 기초 위에 설치하여 시설물의 뼈대가 되는 공사를 쓰시오.

정답 벽체 또는 구조물 설치 공사

05 시설물 설치 공사에서 마지막 공정으로서 시설물의 미적, 경관적 가치를 높이는 공사를 쓰시오.

정답 마감공사

제2절 시설물 설치하기

1 안내시설물 설치

(1) 안내시설물

안내시설물은 주거단지, 공원, 광장, 가로, 리조트 시설 등의 옥외 공간에 설치되는 게시판, 안내표지판, 교통 안내 표시판, 시설표지판 등을 말한다.

① **공동 주택에서의 안내표지판** : 300세대 이상의 주택을 건설하는 주택단지와 그 주변에는 다음 기준에 따라 안내표지판을 설치하여야 한다.

㉠ 단지의 진입 도로변에 단지의 명칭을 표시한 단지 입구 표지판을 설치할 것

㉡ 단지의 주요 출입구마다 단지 안의 건축물, 도로, 기타 주요시설의 배치를 표시한 단지 종합안내판을 설치할 것

② 도로 교통 안내표지판

㉠ 교통안전에 필요한 주의·규제·지시 등을 표시하는 표지판이나 도로의 바닥에 표시하는 기호, 문자 또는 선 등을 말한다.

㉡ 설치 기준은 교통 안전 표지 설치·관리 매뉴얼에 따라야 한다.

③ 공원 시설 안내표지판

㉠ 공원 안내표지판에 대한 규정은 자연공원법과 도시공원 및 녹지에 관한 법률에는 별도의 규정 사항이 없으며 일반적으로 각 시·도의 기준에 준하여 설치한다.

㉡ 단, 도시공원 및 녹지에 관한 시행규칙의 공원 시설의 종류 중 공원 관리 시설로서의 게시판 설치 내용이 있다.

④ 안내표지판의 재료

㉠ 안내 시설에 사용되는 기본 자재는 철강재, 스테인리스강재, 목재, 석재, 콘크리트 등이 주로 사용된다.

㉡ 안내 내용을 색인하기 위하여 황동주물, 아크릴판, 폴리카보네이트판, 도안용 비닐시트가 사용된다.

(2) 안내시설물의 적합 위치 선정

① 일반적 위치 선정

㉠ 형태와 기능에 있어서 일관성이 있어야 한다.

㉡ 해당 공간의 고유한 안내체계가 있는 경우 이 규정에 명시된 사항을 준용하여 제작하여야 한다.

㉢ 설치 위치는 많은 사람들이 이용하는 공간에 설치해야 한다.

㉣ 설치 높이는 안내대상과 기능에 따라 어린이, 청소년, 성인을 구분하여 적용한다.

㉤ 시각상 불편함이 없도록 해야 한다.

㉥ 설치 이후의 주변 시설물의 추가 설치 등으로 인한 장애가 없는 위치를 선정하여 설치하여야 한다.

종류	표지판규격(cm)	설치높이(m)
단지유도표지판	가로 120 이하×세로 80 이하	바닥면에서 표지판 아래까지 2.5 이상
단지입구표지판	가로 50 이상×세로 25 이상	바닥면에서 표지판 중심까지 1.2 이상
단지종합안내판	가로 90 이상×세로 60 이상	바닥면에서 표지판 중심까지 1.2 이상 1.6 이하
단지내시설표지판	가로 40 이상×세로 20 이상	바닥면에서 중심까지 0.6 이상

② 교통 안내표지판의 위치

㉠ 교통안전에 필요한 주의 · 규제 · 지시 등을 표시하는 표지판이나 도로의 바닥에 표시하는 기호 · 문자 또는 선 등을 말한다.

㉡ 설치 기준은 교통 안전 표지 설치 · 관리 매뉴얼에 따라야 한다.

㉢ 도로교통법에 규정한 도로에 설치하는 교통안전 표지의 설치는 도로교통법 시행규칙 그리고 교통안전시설실무편람에서 정한 설치기준에 따라 설치한다.

㉣ 교통 안전 표시의 설치 장소를 선정할 때는 도로이용자의 행동 특성, 표지의 시인성, 도로 이용에 장애 여부, 도로관리상의 편리성을 고려하여 적정 장소에 설치한다.

③ 집합 주택 단지의 안내표지판

㉠ 단지 안내판의 설치 위치는 내용 전달 및 인지도를 높일 수 있는 적정 위치에 설치되어야 한다.

㉡ 이용자가 전방을 주시하였을 때 안내도와 건물 배치나 방향이 일치되도록 한다.

㉢ 단지의 진입 도로변에 단지의 명칭을 표시한 단지 입구 표지판을 설치할 것

㉣ 단지의 주요 출입구마다 단지 안의 건축물, 도로, 기타 주요시설의 배치를 표시한 단지 종합안내판을 설치할 것

(3) 기초부와의 연결, 바탕면과의 연결부 등에 적합하게 시공

① 설치 공사

㉠ 터파기

- 토공사는 터파기→되메우기→잔토처리의 순으로 공사가 이루어진다.
- 잔토처리량에 따라서 운반 및 기계 공사가 동시에 행하여진다.

㉡ 기초공사

- 터파기 후 이루어지는 공사로서 시설물의 근간이 된다.
- 원지반 다짐공사→잡석포설→잡석 다짐공사→거푸집공사→철근 배근공사→콘크리트 타설과 양생→거푸집 해체 공사로 이어진다.
- 일반적으로 기초는 독립된 시설물이 아니다.
- 구조물 등 안전을 요구하는 시설물의 바탕이 된다.
- 독립기초 또는 줄기초가 조경 공사에서 많이 적용된다.

㉢ 구조물 설치

- 기초 위에 축조하여 시설물의 뼈대가 된다.
- 거푸집 공사→철근 배근공사→콘크리트 타설과 양생→거푸집 해체 공사로 이루어진다.
- 시설물의 이용과 형태에 따라서 차이가 있으나 거의 같은 작업의 순으로 진행하게 된다.

㉣ 미장

- 마감 전 공정으로서 모르타르를 이용한 미장 공사가 주를 이룬다.
- 건식 마감 공사의 경우는 미장 공사가 이루어지지 않고 고정 프레임을 설치하는 앵커 고정 공사를 하게 된다.

㉤ 마감 공사

- 마감 공사는 시설물의 마지막 공정으로서 시설물의 미적, 경관적 가치를 높인다.
- 페인팅 작업, 석재 또는 목재 마감 공사 등 여러 가지로 나눌 수 있다.

ⓗ 결합부 : 각기 다른 자재가 이어지는 부분의 결합 공사는 다음과 같이 2가지로 분류된다.

- 같은 강도 또는 특성을 지닌 경우 : 재료의 물리성에 따라서 수축·팽창 계수를 고려한 여유 폭을 확보한 후 결합재로 연결하면 된다.
- 각 재료의 특성이 다를 경우 : 결합부가 사용 중 하자 발생의 요인이 될 수 있으므로 가장 중요한 부분이다.

② 시공 시 유의사항

㉠ 기초부분은 목재를 사용할 경우 지면에 접착되는 부분에는 방부처리를 한다.

㉡ 철강재를 사용할 경우에는 이중도장을 하여 녹이 스는 것을 방지한다.

㉢ 게시판의 경우 우천 시 게시물의 보호를 위하여 투명한 유리 또는 합성수지의 보호 덮개를 설치해야 한다.

㉣ 설치 위치는 감독자의 사전 승인을 받아 설치한다.

출제예상문제

01 **주거단지, 공원, 광장, 가로, 리조트 시설 등의 옥외 공간에 설치되는 게시판, 안내표지판, 교통 안내표시판, 시설표지판 등을 무엇이라 하는지 쓰시오.**

정답 안내시설물

02 **안내표지판의 설치 높이를 구분하는 안내대상 기준을 쓰시오.**

정답 어린이, 청소년, 성인

03 **300세대 이상의 주택을 건설하는 주택단지와 그 주변에는 다음 기준에 따라 안내표지판을 설치하여야 한다. 다음 위치에 따른 기준을 서술하시오.**

1) 단지의 진입 도로변 2) 단지의 주요 출입구

정답 1) 단지의 명칭을 표시한 단지 입구 표지판을 설치
2) 주요 시설의 배치를 표시한 단지 종합안내판을 설치

04 안내표지판의 재료로 사용되는 기본자재의 종류를 2가지 이상 쓰시오.

정답 철강재, 스테인리스강재, 목재, 석재, 콘크리트

05 안내시설물별 상세 도면 검토에서 구체적으로 검토해야 하는 사항을 쓰시오.

정답 소요 자재, 필요 기계·공구

06 안내시설물의 현장 제작 및 설치에서 필요 자재 및 장비의 투입 계획 수립 시 사전에 준비하여 공정의 진행에 차질이 없도록 투입해야 하는 것을 쓰시오.

정답 필요 자재, 인력, 장비

07 다음은 안내시설물의 현장 시공 및 설치 시 유의사항이다. (   ) 안에 알맞은 내용을 쓰시오.

- 안내 체계는 형태와 기능에 있어서 (①)이 있어야 한다.
- 고정 및 접합 부분은 손상 시 교체가 가능하도록 가급적 (②)을 피하도록 한다.
- 목부 도장 시에는 목재의 함수율을 18~25% 정도로 건조하여 (③)를 한 후 도장을 해야 한다.

정답 ① 일관성, ② 용접, ③ 표면마감처리

08 교통 안전 표시의 설치 장소를 선정할 때 고려사항을 2가지 이상 서술하시오.

정답 도로이용자의 행동 특성, 표지의 시인성, 도로 이용에 장애 여부, 도로관리상의 편리성

09 집합 주택 단지의 안내표지판에서 이용자가 전방을 주시하였을 때 안내도와 일치해야 하는 것을 쓰시오.

정답 건물 배치, 방향

10 다음은 단지 입구 표지판의 규격과 설치 높이이다. ( ) 안에 알맞은 숫자를 쓰시오.

• 규격 : 가로(①)cm 이상×세로(②)cm 이상 • 높이 : 바닥면에서 표지판 중심까지 (③)m 이상

정답 ① 50, ② 25, ③ 1.2

11 공공 주택 단지, 공원 등 일정한 구획을 지니고 있는 단지 안에서의 지역권 정보를 종합적으로 안내하기 위한 시설물은 무엇인지 쓰시오.

정답 종합안내표지판

12 다음은 구조물 설치의 작업순서이다. ( ) 안에 알맞은 내용을 쓰시오.

거푸집 공사→(①)→콘크리트 타설과 양생→(②)

정답 ① 철근 배근공사, ② 거푸집 해체 공사

13 안내시설물인 게시판에 우천 시 게시물의 보호를 위하여 보호 덮개를 설치할 때 적당한 재료를 2가지 쓰시오.

정답 투명한 유리, 합성수지

14 안내시설물의 기초의 시공 작업에서 가장 마지막의 공정을 쓰시오.

정답 양생작업

15 다음은 안내시설물 연결 작업 후 관리 작업인 흔들림 고정 작업에 대한 설명이다. ( ) 안에 알맞은 내용을 쓰시오.

• 바탕면과 안내시설물의 연결 작업 후 흔들림이 발생하게 되면 틈새에 (①)을 삽입하여 고정시켜야 한다. • 미세한 간극이 시간이 경과함에 따라 커지므로 초기에 (②)를 제거하여야 한다. • 간극의 충진 재료로는 바탕면 또는 안내시설물의 고정 기둥과 (③)를 선정하여 틈을 메워야 한다.

정답 ① 충진물, ② 위험 요소, ③ 동일한 재료

2 옥외시설물 설치

(1) 옥외시설물의 종류와 설치 계획

① 종류

㉠ 외부 공간에 설치되는 휴게 시설물 : 의자, 야외탁자, 퍼걸러, 원두막, 정자(전통정자 포함) 등이 있다.

㉡ 공공의 편의 제공을 위한 편익 시설 : 화장실, 관리사무소, 공중전화부스, 음수대, 화분대, 수목 보호 덮개, 시계탑, 자전거보관대 등이 있다.

② 옥외시설물의 설치 계획

㉠ 옥외시설물은 각 공간의 기능과 동선 계획을 고려하여 배치 계획을 세워야 한다.

㉡ 휴게 시설의 재료, 세삭, 조립, 설치는 안전성 및 내구성과 기능성을 고려하여 설치해야 한다.

㉢ 시설물은 계획 지반고를 충분히 검토한 후 기초를 고정해야 하며 시설물 수직 규격의 과부족이 발생하지 않아야 한다.

(2) 옥외시설물의 재료

철강재, 스테인리스강재, 목재, 석재, 플라스틱, 콘크리트, 합성수지 등이 주로 사용된다.

① 목재

㉠ 목재는 방부처리에 지장이 없는 함수율 30% 이하로 건조한 뒤에 방부처리한다.

㉡ 방부처리된 목재는 작업현장에 운반되기 전 함수율이 20% 이하이어야 한다.

② 철재

㉠ 볼트·너트, 띠쇠, ㄱ자쇠, 감잡이쇠, 꺽쇠 등의 목구조용 철물은 KS F 4514의 규정에 적합해야 한다.

㉡ 사용상 갈라짐이나 흠, 녹, 비틀림 등의 결점이 없어야 한다.

㉢ 부식되지 않거나 부식 방지 코팅 처리된 것이어야 한다.

③ 합성수지

㉠ 기능과 미관, 재료의 물리성·화학성·기계성·전기성 등의 특성과 내구성에 대한 사전 검토를 해야 한다.

㉡ 이를 위해 제품 시방 및 견본품을 제출하여 감독자의 사전 승인을 얻어야 한다.

㉢ 재료는 온도 변화, 태양광의 영향 정도, 하중에 대한 강도, 내마모성, 충격 강도, 치수 정밀도, 내화학성, 균저항성, 마무리 정도, 미관, 경제성 등의 요소를 고려하여 결정해야 한다.

(3) 옥외시설물을 현장에 적합하게 시공

① 옥외시설물의 종류 및 특성

㉠ 의자

- 목재 의자의 바닥 및 등받이 면은 동일면 안에 있도록 평탄하게 한다.
- 목재와 목재의 간격은 일정하여야 한다.
- 등받이 의자의 등과 맞대는 면의 기울기는 전 길이에 걸쳐 일정해야 한다.
- 각 부재의 모서리는 안정성을 고려하여 반구형으로 모따기를 해야 한다.
- 의자 기초 설치 시 포장면의 단면 두께를 감안하여 정확한 높이로 시공하여야 한다.

㉡ 야외탁자

- 받침 기둥, 탁자면, 의자면 등은 의자 시방을 적용한다.
- 탁자면은 빈틈이 없고 이물질의 제거가 용이한 표면 마감을 해야 한다.
- 고정식 야외탁자의 기초 설치 시 포장면의 단면두께를 감안하여 정확한 높이로 시공하여야 한다.

㉢ 퍼걸러

- 목재 기둥 퍼걸러의 경우 지표면에 바로 접하는 부위는 목재 방부처리 외에 콜타르 도포 등 추가적인 방부 조치를 시행한다.
- 퍼걸러의 지표면은 물이 고이지 않도록 다른 곳보다 약간 높게 설치하거나 표면기울기를 주어 원활한 표면 배수가 되도록 해야 한다.
- 지붕 차양재인 대나무발 또는 갈대발은 치밀하게 엮은 것을 사용하고, 대나무 졸대는 못을 박거나 염화비닐(PVC) 피복 철선을 이용하여 지붕 목재에 고정시켜야 한다.

㉣ 원두막

- 마루 바닥면은 의자 및 야외탁자 시방을 적용하며 평탄하고 면이 매끄럽게 시공하여야 한다.
- 지붕 목재 서까래의 연결부는 반턱이음으로 하며 볼트 구멍을 뚫을 때 목재의 파손이 생기지 않도록 하여야 한다.
- 기둥은 4개를 원칙으로 하되 구조적 안전성이 확보될 경우 수량과 형태에 변화를 줄 수 있다.
- 난간이 없을 경우 마루의 높이는 34~46cm, 처마 높이는 2.5~3.0m를 기준으로 시공한다.

㉤ 음수대

- 음수기의 물을 받치기 위한 받침대는 적정 기울기를 주어 물이 고이지 않도록 하고 단시간 내에 완전배수가 되도록 해야 한다.
- 동파 방지를 위한 보온 시설 및 퇴수 시설을 설치하여야 한다.
- 인입관은 해당 지역의 동결 심도를 고려하여 적정 깊이 이상으로 매설해야 한다.
- 배수구는 청소가 용이한 구조 및 형태로 제작해야 한다.
- 지수전은 조작의 편의상 음수대 가까이에 설치하고 상부 뚜껑은 무분별한 조작을 방지하기 위해 잠금 장치를 설치해야 한다.

㉥ 화분대

- 식재 수목의 최소 생육 토심을 확보하고 배수구를 설치하여야 한다.
- 객토 시 쓰레기나 건축 폐자재 등의 이물질이 없도록 하고 수목 생육에 양호한 토양으로 객토한다.
- 플랜터의 토양은 플랜터의 최상부보다 낮게 하여 관수나 강우 시에 토양이 외부로 흘러나오지 않도록 한다.
- 플랜터가 의자로 복합 이용될 경우에는 이용에 편리한 높이와 폭으로 해야 한다.
- 사각형 플랜터의 코너 부위는 둥글게 또는 사선으로 마감하여 보행 시 예각에 의한 피해와 파손을 방지한다.

㉦ 수목 보호 덮개

- 포장 구간에 사용하는 수목 보호 덮개는 답압 또는 차량 하중으로부터 견딜 수 있는 허용 강도를 갖는 재료를 사용해야 한다.
- 토양 접촉 부위는 토양의 고결화를 방지할 수 있는 구조이어야 한다.
- 수목 보호 덮개와 받침틀은 견고하게 고정하고 상부의 지주목과 결속이 가능해야 한다.
- 인접하는 포장 재료와의 접속부는 틈이 생기지 않도록 포장 마감하되 포장 공사와 협조하여 시공한다.

㉧ 자전거 보관대

- 자전거 보관대는 고정형과 이동형으로 구분하여 설치한다.
- 고정식의 경우 가급적 강우, 강설, 일사광 등으로부터 자전거를 보호하기 위한 지붕을 설치한다.

㉨ 화장실

- 공원 내 화장실은 통풍이 잘되고 이용 밀도가 높은 장소에 인접하여 설치한다.
- 겨울철 빙결 방지를 위한 난방 시설과 청소와 관련한 유지 관리 계획 등을 감독자와 협의하여 사전에 반영하여야 한다.

② 설치 공사

㉠ 옥외시설물은 시설물이 설치된 바닥면은 침하되지 않도록 충분히 다짐을 한다.

㉡ 바깥쪽으로 기울기를 두어 배수가 원활히 되도록 해야 한다.

㉢ 설치되는 시설물 또한 평탄을 유지할 수 있도록 설치한다.

㉣ 이용자에게 불편함이 없도록 하여야 한다.

㉤ 높이는 이용자의 발이 바닥에 편안하게 놓일 수 있는 높이를 유지하여야 한다.

의자	• 의자 기초 설치 시 포장면의 단면 두께를 감안하여 정확한 높이로 시공한다. • 이용자의 사용 시 바닥면에 발이 안정적으로 놓일 수 있도록 한다.
야외탁자	고정식 야외탁자의 기초 설치 시 포장면의 단면 두께를 감안하여 정확한 높이로 시공하여야 한다.
퍼걸러	• 기둥과 횡보는 수직을 이루어야 한다. • 접속 부위의 긴결을 견고하게 하여 움직이지 않도록 해야 한다. • 기둥을 벽돌쌓기로 할 경우 조적 내부에는 별도의 이형철근을 배근하고 콘크리트로 충진해야 한다. • 기울어진 지붕의 경우 기울기는 일정하게 시공한다. • 퍼걸러의 지표면은 물이 고이지 않도록 다른 곳보다 약간 높게 설치한다. • 표면기울기를 주어 원활한 표면배수가 되도록 해야 한다.
원두막	• 난간이 없을 경우 마루의 높이는 34~46cm로 시공한다. • 처마 높이는 2.5~3.0m를 기준으로 시공한다.
음수전	• 음수기의 물을 받치기 위한 받침대는 적정 기울기를 주어 물이 고이지 않도록 한다. • 단시간 내에 완전 배수가 되도록 해야 한다.

출제예상문제

01 **옥외시설물의 종류 중에서 외부 공간에 설치되는 휴게 시설물을 3가지 이상 쓰시오.**

정답 의자, 야외탁자, 퍼걸러, 원두막, 정자

02 **옥외시설물의 설치 계획에서 휴게 시설의 재료, 제작, 조립, 설치 시 고려사항을 쓰시오.**

정답 안전성, 내구성, 기능성

03 **목재의 방부처리에 지장이 없는 함수율은 몇 %인지 쓰시오.**

정답 30% 이하

04 **옥외시설에 사용되는 철재에 발생하기 쉬운 결점을 2가지 이상 쓰시오.**

정답 갈라짐, 흠, 녹, 비틀림

05 많은 사람들이 이용하는 공간에 설치하는 옥외시설의 규격은 무엇을 고려해야 하는지 쓰시오.

정답 이용 대상자의 신체적 특성

06 의자 각 부재의 모서리는 안정성을 고려하여 어떠한 조치를 취해야 하는지 쓰시오.

정답 반구형 모따기

07 목재 기둥 퍼걸러의 경우 지표면에 바로 접하는 부위에 목재 방부처리 외에 추가적으로 진행해야 하는 방부 조치를 쓰시오.

정답 콜타르 도포

08 원두막 시공에서 난간이 없을 경우 마루의 높이(cm)와 처마 높이(m)는 어느 정도로 시공해야 하는지 쓰시오.

정답 마루의 높이 : 34~46cm, 처마 높이 : 2.5~3.0m

09 음수대 설치 시 지수전의 무분별한 조작을 방지하기 위한 장치를 쓰시오.

정답 잠금 장치

10 다음은 옥외시설물 중에서 화분대 설치에 관한 고려사항이다. ( ) 안에 알맞은 내용을 쓰시오.

- 식재 수목의 최소 생육 토심을 확보하고 (①)를 설치하여야 한다.
- 플랜터의 토양은 플랜터의 (②)보다 낮게 하여 관수나 강우 시에 토양이 외부로 흘러나오지 않도록 한다.
- 플랜터가 의자로 복합 이용될 경우에는 (③)에 편리한 높이와 폭으로 해야 한다.

정답 ① 배수구, ② 최상부, ③ 이용

11 포장 구간에 사용하는 수목 보호 덮개는 답압 또는 차량 하중으로부터 견딜 수 있는 강도를 갖는 재료를 사용해야 한다. 여기에서 하중으로부터 견딜 수 있는 강도를 무엇이라 하는지 쓰시오.

정답 허용 강도

12 고정식 자전거 보관대에서 강우, 강설, 일사광 등으로부터 자전거를 보호하기 위해 설치해야 하는 시설을 쓰시오.

정답 지붕

13 옥외시설물의 설치 위치 설정에서 입주민의 출입과 교통수단으로서의 기능을 충분히 할 수 있는 자전거 보관대 시설의 위치를 쓰시오.

정답 각 동(棟)의 출입구 주변

14 옥외시설물의 설치 원칙에서 옥외시설물이 받게 되는 기상요인을 2가지 이상 쓰시오.

정답 기온, 강우, 바람

15 다음은 기초 공사 중 콘크리트 치기에 대한 설명이다. (　) 안에 알맞은 내용을 쓰시오.

- 콘크리트는 (①) 및 손실이 없도록 빨리 운반하여 즉시 치고 충분히 다져야 한다.
- 일평균기온이 4℃ 이하로 예정된 시기에는 콘크리트의 시공에 대하여 적절한 (②)를 한다.
- 한 구획 안에서는 연속해서 치기하여 완료하여야 하며, 부득이한 경우 시공 (③)에서 마감하여야 한다.

정답 ① 재료 분리, ② 보온 조치, ③ 줄눈 부위

16 특별한 사정으로 즉시 콘크리트를 칠 수 없는 경우, 비비기로부터 치기를 마칠 때까지의 시간은 어느 정도를 초과하지 않도록 해야 하는지 쓰시오.

1) 외기 온도 25℃ 이상일 경우
2) 외기 온도 25℃ 이하일 경우

정답 1) 1.5시간
2) 2시간

17 의자 기초 설치를 할 때에 정확한 높이로 시공하기 위해서 감안해야 할 두께는 무엇인지 쓰시오.

정답 포장면의 단면 두께

18 퍼걸러 기둥을 벽돌쌓기로 할 때 더욱 견고하게 만들기 위해 콘크리트로 충진하고 조적 내부에 배근해야 하는 별도의 철강재료를 쓰시오.

정답 이형철근

19 옥외시설물 설치 작업 시 고려해야 할 내용을 2가지 이상 쓰시오.

정답 높이, 폭, 포장 처리, 기울기

3 놀이시설 설치

(1) 놀이시설물

① **종류** : 개별놀이시설과 복합놀이시설 및 동력을 이용한 놀이시설이 있다.

㉠ 개별놀이시설 : 그네, 미끄럼틀, 시소, 정글짐, 회전 시설, 래더 등이 있다.

㉡ 복합놀이시설 : 조합 놀이시설, 모험 놀이시설 등이 있다.

㉢ 동력을 이용한 놀이시설 : 공중놀이기구, 회전놀이기구 등이 있다.

② **놀이시설물의 설치 계획**

㉠ 어린이 놀이시설 설치 시 어린이제품 안전 특별법에 따라 안전 인증을 받은 어린이 놀이기구를 설치하여야 한다.

㉡ 국민안전처장관이 고시하는 시설 기준 및 기술기준에 적합하게 설치하여야 한다.

③ **놀이시설물의 설치 검사**

㉠ 검사시기 : 관리주체에게 인도하기 전

㉡ 검사기관 : 안전점검기관(지정권자 : 행정안전부장관)

㉢ 불합격 조치

- 해당 어린이 놀이시설의 소관 중앙행정기관의 장에게 통보
- 통보 내용 : 어린이 놀이시설의 이름, 소재지, 설치자, 검사일자, 불합격한 내용

㉣ 불합격 시설은 이용금지

④ **현장 시공 적합성의 검토**

㉠ 시공 전에 전체 놀이 구역을 구획하고 시설의 이용특성에 따라 안전거리를 확보한 후 설치해야 한다.

㉡ 시설 설치 전 제품의 공급 방식인 부품 공급, 부분 조립 공급, 완전 조립 공급 등의 사항을 점검한다.

㉢ 조립용 부재 및 긴결재 등이 공사 시방서나 부품 개요서에 명시된 대로 포함되었는지 수량을 확인한 후 설치하여야 한다.

㉣ 시설의 설치는 공사 시방서나 제품 생산업체가 공급하는 설치 안내서에 따라야 한다.

㉤ 생산업체의 기술자나 설치 경험이 있는 숙련된 기술자에 의해 시행되어야 한다.

㉥ 부품 중 긴결재는 예비 부품을 확보하여 접속 부위가 이완되거나 긴결재가 망실되었을 때 사용할 수 있도록 하여야 한다.

㉦ 시설 설치 후 조립 상태와 부재의 손상 여부를 점검하고 문제 발견 시 보완해야 한다.

㉧ 시공이 완료된 후에는 제품 생산업체가 제공하는 유지 관리 지침서를 관리자에게 이관한다.

(2) 안전사고 예방을 고려한 설치

놀이시설물은 주 이용자가 어린이이므로 특별히 안전사고에 대해 충분히 고려하여 시공하여야 한다.

① **그네** : 그네의 회전 운동에 따른 작동반경을 고려하여 주변 시설과 적정 거리를 이격시켜 설치해야 한다.

② **미끄럼틀**

㉠ 최종 활주면은 모래판 및 지면에서 0.2m 미만으로 이격시킨다.

㉡ 활주면 최하단의 앉음판은 0.5m 이상으로 하며 바깥쪽으로 약간의 기울기를 주어 물이 고이지 않도록 해야 한다.

③ **시소** : 좌판의 폭은 어린이가 앉은 상태를 고려하여 적합한 규격으로 만들어야 한다.

④ **정글짐** : 원형으로 제작되는 정글짐의 부재는 전 길이에 걸쳐 곡률 반경이 일정해야 한다.

⑤ 회전 시설

㉠ 하부의 회전 마찰되는 곳은 항상 윤활유를 주입시킬 수 있게 하고 회전이 원활하도록 하여야 한다.

㉡ 기초 및 기둥과 회전판을 정확하게 설치하여 회전으로 인한 상하 요동이 없어야 한다.

⑥ 래더 : 반원형 등 곡선형일 때 접면 및 평면의 곡률은 전 길이에 걸쳐 일정하여야 한다.

> **참고**
>
> **놀이시설물의 설치 안전 기준**
>
> • 그네
> - 그네 줄이 체인일 경우는 가공이 정확하고 연결고리가 일정하여야 한다.
> - 와이어를 사용할 경우에는 표면을 폴리우레탄 등의 부드러운 재료로 피복해야 한다.
> - 줄 상단의 베어링은 좌우로 흔들리지 않아야 한다.
> - 회전에 의해 풀리지 않도록 풀림 방지 너트로 고정하고 마모 시에 교체할 수 있도록 해야 한다.
> - 발판은 균형이 맞고 연결부분은 파손되지 않도록 단단하게 결속시켜야 한다.
> - 발판을 타이어로 이용할 때에는 가장자리가 각지지 않은 중고 타이어를 사용한다.
> - 연결 부위는 강판 등을 덧대어 연결부위의 흔들림이 없게 한다.
> - 타이어 내부에 빗물이 고이지 않도록 배수 구멍을 뚫어야 한다.
>
> • 미끄럼틀
> - 미끄럼판의 기울기 각도는 설계 도면의 기준을 따른다.
> - 활주면은 요철이 없으며 미끄러워야 한다.
> - 미끄럼틀의 손잡이 부분은 잘 다듬어져야 하고 각 부분의 곡률이 일정하여야 한다.
> - 미끄럼판을 스테인리스강판으로 할 경우 접착 부위는 반드시 아르곤가스 용접을 하여야 한다.
> - 스테인리스강판은 하부 강판과 완전히 밀착되도록 해야 한다.
> - 활주면상에 이음부위가 발생하지 않도록 통판을 사용한다.
> - 부득이 중간을 연결할 때에는 상부판을 하부판 위로 0.05m 이상 겹쳐서 마감하여야 한다.
>
> • 시소
> - 지지대와 플레이트 연결 부분은 베어링을 사용할 경우 적정의 속도를 가지면서 원활하게 회전하도록 해야 한다.
> - 강판 가공인 경우 소음이 발생하지 않도록 해야 한다.
> - 좌판이 지면에 닿는 부분에 중고 타이어 등의 재료를 사용하여 충격을 줄여야 한다.
> - 마모가 심하여 철선이 노출되거나 찢어진 것을 사용해서는 안 된다.
> - 강재와 목재의 접착 부분은 방부제를 도포하고 강재를 접착시켜야 한다.
> - 목재를 사용할 경우 긴 판재의 휨과 균열, 변형을 방지할 수 있는 판재의 두께와 폭을 사용하여야 한다.
> - 좌판의 바깥쪽으로 균열이 생기지 않도록 해야 한다.
>
> • 정글짐
> - 수직 부재와 수평 부재의 연결부위는 용접 후 요철이 없도록 매끈하게 연마기로 연마해야 한다.
> - 칸살과 같은 수직 부재는 안전성을 고려하여 눈에 잘 띄는 색상으로 마감 처리해야 한다.
>
> • 회전시설
> - 회전축 상부 윤활유 뚜껑은 개폐식으로 한다.
> - 뚜껑은 체인으로 연결시켜 떨어지지 않도록 한다.
> - 별도의 주입구가 있는 경우에는 폐쇄식으로 해야 한다.
> - 기초 및 기둥과 회전판을 정확하게 설치하여 회전으로 인한 상하 요동이 없어야 한다.
>
> • 래더
> - 수직적인 형태의 시설은 수평과 수직의 방향이 정확하게 설치되어야 한다.
> - 기초는 동결 심도와 구조적인 안전성을 고려한 깊이로 설치하여야 한다.

(3) 하부 포장재별로 연계성을 고려

① 어린이 놀이시설의 공간과 영역의 구분

㉠ 놀이시설물은 떨어질 가능성이 있는 곳에서 낙하하는 사용자를 보호하기 위한 충격 구역 및 하강 공간에 대한 안전과 관계되어 중요한 공간 범위를 설정하여야 한다.

㉡ 또 놀이기구 주변의 다른 사용자를 보호하기 위해 놀이기구 사이에는 충분한 공간이 확보되어 있어야 한다.

② 충격 흡수를 위한 포장 재료

㉠ 충격 흡수용 표면재의 종류는 모래, 고무 바닥재, 포설 도포 바닥재, 기타 바닥재로 구분한다.

㉡ 충격 흡수용 표면재는 심한 패임 현상이 없어야 한다.

㉢ 충격 흡수용 표면재에 상해를 줄 만한 이물질(유리, 돌부리, 조개껍질 등)이 없어야 하며, 놀이시설 안에는 밧줄이나 전선이 늘어뜨려져 있어서는 안 된다.

㉣ 고무 바닥재 및 포설 도포 바닥재의 경우 뒤틀림이나 분리, 빈 공간이 발생하지 않도록 조밀하고 단단하여야 한다.

㉤ 놀이기구의 기둥 기초부(몸체 등) 등은 충격 흡수용 표면재 외부로 노출되지 않아야 하며 고정 상태는 견고하여야 한다.

출제예상문제

01 놀이시설물 중 복합놀이시설을 2가지 쓰시오.

정답 조합 놀이시설, 모험 놀이시설

02 놀이시설물 중 동력을 이용한 놀이시설을 2가지 쓰시오.

정답 공중놀이기구, 회전놀이기구

03 놀이시설물의 현장 시공 적합성의 검토에서 시설 설치 전 제품의 공급 방식 종류를 3가지 쓰시오.

정답 부품 공급, 부분 조립 공급, 완전 조립 공급

04 다음은 어린이 놀이시설의 위치에 대한 설명이다. (   ) 안에 알맞은 내용을 쓰시오.

- 놀이시설 주변에 사용자의 (①)을 위협하는 요소가 없는 곳
- 주민들이 어린이들이 노는 모습을 쉽게 (②)할 수 있는 곳
- 주변에 (③) 시설이 있는 곳

정답 ① 안전, ② 모니터, ③ 주민 편의

05 미끄럼틀의 활주면 최하단의 앉음판 길이는 몇 m 이상이어야 하는지 쓰시오.

정답 0.5m 이상

06 그네줄로 와이어를 사용할 때 피복재로 사용되는 부드러운 재료를 쓰시오.

정답 폴리우레탄

07 미끄럼판을 스테인리스강판으로 할 때 접착 부위의 용접 방법을 쓰시오.

정답 아르곤가스 용접

08 다음은 놀이시설물의 마감 처리 안전 점검 사항이다. ( ) 안에 알맞은 내용을 쓰시오.

- 끝처리된 모든 부분의 최소 반경은 (①)이어야 한다.
- 금속재질은 (②) 처리가 되어 있어야 한다.
- 실내 놀이기구의 결합 부위는 (③)으로 감싸져 있어야 한다.

정답 ① 3mm 이상
② 도장
③ 안전폼

09 기구의 움직이는 부분에서 구동 부품의 움직임으로 인하여 몸 전체의 얽매임이 발생하지 않도록 몇 mm 이상의 지면 간격을 두어야 하는지 쓰시오.

정답 400mm 이상

10 다음은 성근 입자로 마감된 표면(예 모래)에 기초를 세울 때의 설명이다.

1) 기구의 주춧대, 토대 및 고정 장치물 등은 놀이시설 표면 밑으로 최소 몇 mm 정도 들어가야 하는지 쓰시오.
2) 놀이시설 표면 밑으로는 최소 몇 mm 정도 들어가야 하는지 쓰시오.

정답 1) 400mm
2) 200mm

11 어린이 놀이시설의 정기 시설 검사 주기를 쓰시오.

정답 2년에 1회 이상

12 안전 점검의 판정 내용 4가지 중 2가지 이상을 쓰시오.

정답 양호, 요주의, 요수리, 이용금지

13 안전 점검의 재검사 신청을 받은 안전 검사기관은 신청을 받은 날부터 몇 개월 이내로 재검사를 실시하고, 그 결과를 신청인에게 알려야 하는지 쓰시오.

정답 1개월 이내

14 충격 흡수용 표면재의 종류를 2가지 이상 쓰시오.

정답 모래, 고무 바닥재, 포설 도포 바닥재, 기타 바닥재

15 자유 하강 높이가 600mm 이상인 모든 놀이기구 또는 사용자의 몸체에 강제적인 움직임을 발생시키는 놀이기구 아래의 충격 구역에 해야 하는 처리 내용을 쓰시오.

정답 충격 흡수 표면처리

16 완구 안전 기준의 유해 원소 용출 기준 중 고무 바닥재의 포름알데히드 방산량은 몇 mg/kg인지 쓰시오.

정답 75mg/kg 이하

17 중금속 오염 및 포름알데히드 방산량 시험에서 제외되는 천연 재료로 된 바닥재를 3가지 쓰시오.

정답 잔디, 나무껍질, 자갈

4 운동시설 설치

(1) 운동시설

운동시설은 운동 경기를 목적으로 하는 운동 경기 규칙에 의한 시설과 부대시설 및 안전시설을 말한다.

① 시설물의 형태, 구조, 재료, 기능은 운동 경기 규칙에 의한 시설 기준을 적용하며 규정이 없는 경우에는 설계 도면 및 공사 시방서에 따른다.

② 운동장, 테니스장 및 기타 운동시설의 설치를 위한 부지의 지반고는 인접 지반고보다 낮지 않게 시공한다.

③ 불가피할 경우 지표수가 유입되지 않도록 측구 및 집수정 시설 등의 조치를 취한다.

④ 운동 기구 설치 시에는 안전거리를 확보하여 안전사고가 발생하지 않도록 해야 한다.

⑤ 이동식 시설의 고정 장치는 사용하지 않을 때에는 지상으로 돌출되지 않도록 해야 한다.

⑥ 운동시설의 종류 및 특성

㉠ 운동장

- 축구장
  - 남북으로 배치하여야 한다.
  - 크기는 길이 90~120m, 폭 45~90m이어야 하며, 국제 경기장의 경우는 길이 100~110m, 폭 64~75m이다.
- 육상 경기장
  - 트랙과 필드의 장축은 북남 혹은 북북서-남남동 방향으로 하고 관람자를 위해서 메인 스탠드를 트랙의 서쪽에 배치한다.
  - 필드 내 각 종별 시설이 서로 상충되지 않도록 배치하여야 한다.

㉡ 테니스장

- 코트의 장축 방향은 정남-북을 기준으로 동서 5~15° 편차 내에서 설치하고 가능하면 코트의 장축 방향과 주 풍향의 방향이 일치하도록 한다.
- 경기장의 규격은 세로 23.77m, 가로는 복식 10.97m, 단식 8.23m이다.

㉢ 배드민턴장

- 경기장의 규격은 세로 13.4m, 가로 6.1m이다.
- 네트 포스트는 코트 표면으로부터 1.55m의 높이로 설치한다.
- 네트는 폭 0.76m, 중심 높이 1.524m, 지주대 높이 1.55m로 한다.

㉣ 롤러스케이트장 : 경기장의 규격별 종류는 125m, 200m, 250m 이상이다.

㉤ 농구장

- 농구 코트의 방위는 남-북을 기준으로 한다.
- 코트는 바닥이 단단한 직사각형이어야 하고 규격은 길이 28m, 너비 15m이다.

㉥ 배구장

- 코트의 장축은 남북으로 한다.
- 경기장의 규격은 길이 18m, 너비 9m의 직사각형이다.

(2) 안전사고 예방을 고려한 설치

① 운동시설의 안전

㉠ 운동시설은 여러 사람이 공동으로 사용하는 시설로서 수시 점검 및 보수 작업을 하지 않을 경우 사고 발생의 가능성이 높다.

㉡ 운동시설은 동적인 활동을 위한 시설로서 주요 차량 및 보조 동선과의 구분이 되지 않을 경우 사고가 발생할 수 있다.

② 체육 시설의 안전 점검

㉠ 문화체육관광부장관은 체육 시설 안전 점검의 절차와 방법 등에 관하여 다음 사항이 포함된 안전 점검 지침을 작성하여 고시하여야 한다.

㉡ 문화체육관광부장관은 관계 행정기관의 장에게 안전 점검 지침의 작성에 필요한 자료의 제출을 요청할 수 있다.

참고

자료제출 요청 사항

- 설계 도면, 시방서 등 안전 점검에 필요한 시공 관련 자료의 수집 및 검토에 관한 사항
- 안전 점검 실시자의 구성 및 자격에 관한 사항
- 안전 점검 계획의 수립·시행에 관한 사항
- 안전 점검 장비에 관한 사항
- 안전 점검 항목별 점검 방법에 관한 사항
- 안전 점검 결과 보고서의 작성에 관한 사항
- 체육 안전 점검의 대상

(3) 운동시설에 적합한 포장재의 선정

① 운동시설의 포장은 이용 목적, 이용 상황, 포장의 특성, 관리 및 경제성을 충분히 고려하여 적합한 포장재를 선택하여야 한다.

② 놀이기구 주변의 다른 사용자를 보호하기 위해 놀이기구 사이에는 충분한 공간이 확보되어 있어야 한다.

③ 운동시설의 포장재를 선정하기 전 운동시설의 계획 규모와 경기 내용, 공식 경기용으로의 사용 여부, 경기자의 수준, 사용빈도 등 제반 조건을 고려하여야 한다.

참고

- 우레탄 포장
  - 적용 시설 : 육상 경기장, 테니스장, 롤러스케이트장, 배구장, 배드민턴장 등의 운동장 및 광장 등의 바닥 포장에 적용한다.
  - 우레탄 포장 시 유의할 점
    ⓐ 우레탄 포장에 사용하는 프라이머, 우레탄 주제 및 경화제, 희석제 등의 재료는 한국산업표준표시품 또는 동등 이상의 제품으로 한다.
    ⓑ 프라이머를 건조시켜 경화 후에 후속작업을 시행한다.
    ⓒ 우레탄 1회 시공두께는 55mm 이상을 초과해서는 안 된다.
    ⓓ 우레탄 마감공사가 완료된 후 7일 이상의 양생기간을 가져야 한다.
- 고무 탄성재 포장
  - 적용 시설 : 육상 경기장, 테니스장, 롤러스케이트장, 배구장, 배드민턴장 등의 운동장 및 광장 등의 바닥 포장에 적용한다.
  - 포장재의 종류 : 고무 바닥재, 고무칩, 고무 매트(블록) 등이 있다.

고무 바닥재	• 어린이 놀이시설의 시설기준 및 어린이 활동 공간의 환경유해인자 시험방법에 적합한 제품이어야 한다. • 설계 도서에 따른 제품 사양에 따른다.
고무칩	• 고무칩은 충격 흡수 보호재, 직시 공용 고무 바닥재(보행로용, T15 이하), 직시 공용 고무 바닥재(어린이 놀이터용, T15 이하)로 구분된다. • KS M 6951에서 규정하는 품질기준 이상을 사용하도록 한다.
고무 매트 (블록)	• 고무 매트(블록)는 충격 흡수 보조재에 내구성 표면재를 접착시키거나 균일 재료를 이중으로 조밀하게 하고 표면을 내구적으로 처리하여 충격을 흡수할 수 있도록 공장에서 성형·제작한 것이다. • 일반 고무매트(블록) 이외에 고무칩이나 우레탄칩을 입힌 블록 등이 있으며, KS M 6951에서 규정하는 품질 기준 이상이어야 한다. • 블록의 종류와 크기 및 색상은 설계 도서에 따른다. • 구조물과 접해 도려낸 부위는 틈새가 최소가 되도록 해야 한다. • 틈새 폭이 10mm를 넘는 경우 매트(블록)를 걷어내고 재시공하도록 한다. • 틈새는 실링재로 채워 마감한다.

출제예상문제

01 운동장, 테니스장 및 기타 운동시설의 설치를 위한 부지의 지반고의 높이에 대하여 서술하시오.

정답 인접 지반고보다 낮지 않게 시공한다.

02 다음은 축구장에 대한 내용이다. ( ) 안에 알맞은 내용을 쓰시오.

> (①)방향으로 배치해야 하며, 국제 경기장의 경우 길이 (②)m, 폭 64~75m이다.

정답 ① 남북, ② 100~110

03 육상 경기장에서 메인 스탠드의 트랙에 대한 방향을 쓰시오.

정답 트랙의 서쪽

04 배구 경기장의 규격의 길이와 너비는 몇 m인지 쓰시오.

정답 길이 : 18m, 너비 : 9m

05 다음은 운동장을 설치할 때의 유의사항이다. ( ) 안에 알맞은 내용을 쓰시오.

> • 원지반 조성 시 잡초나 이물질을 제거하고 (①)에 맞추어 정지 작업을 한다.
> • 맹암거용 잡석은 경질의 깬 자갈 또는 (②)로서 직경 40~90mm의 것을 사용한다.
> • 표면 배수는 0.5~2%의 표면 기울기를 두어 운동장 외부의 U형 측구나 (③) 등의 시설로 집수되도록 한다.

정답 ① 표층 기울기, ② 조약돌, ③ 집수정

06 다음은 테니스장 클레이코트 설치 시 유의사항이다. ( ) 안에 알맞은 내용을 쓰시오.

> • 잡석층은 40mm 이하 골재를 포설하고 전압과 (①)을 하며, 특히 맹암거 부위의 부등 침하가 생기지 않도록 해야 한다.
> • 중간층은 적토·화강 풍화토(마사토)·석분을 혼합한 후 석회를 첨가하고 포설하며 살수와 (②)를 하면서 전압한다.
> • 표층은 2단계로 구분하여 하층에는 (③)mm 이하의 적토, 백토 및 석회, 상층에는 2mm 이하의 적토, 백토 및 석회를 사용한다.

정답 ① 물다짐, ② 소금 뿌리기, ③ 4

07 롤러스케이트장 바닥면에서 충격 흡수가 가능하도록 사용하는 포장을 2가지 쓰시오.

정답 고무 탄성재 포장, 우레탄 포장

08 운동시설의 재료가 발휘해야 하는 다양한 기능을 2가지 이상 쓰시오.

정답 내구성, 유지 관리성, 경제성, 안전성, 쾌적성

09 다음은 운동시설 설치 시 유의사항이다. 물음에 답하시오.

1) 이동식 시설의 고정 장치는 사용하지 않을 때 어떻게 해 두어야 하는지 서술하시오. 2) 뾰족한 부분이나 돌출된 부위의 마감은 어떻게 해야 하는지 서술하시오.

정답 1) 지상으로 돌출되지 않도록 해야 한다.
2) 둥글게 마감한다.

10 우레탄 포장을 할 수 있는 운동시설의 종류를 2가지 이상 쓰시오.

정답 육상 경기장, 테니스장, 롤러스케이트장, 배구장, 배드민턴장

11 우레탄 포장 시 우레탄 1회 시공두께는 몇 mm 이상을 초과해서는 안 되는지 쓰시오.

정답 55mm 이상

12 우레탄 포장 시 우레탄 마감공사가 완료된 후 양생기간은 며칠 이상인지 쓰시오.

정답 7일 이상

13 고무 탄성 포장재의 종류를 2가지 이상 쓰시오.

정답 고무 바닥재, 고무칩, 고무 매트(블록)

14 다음에서 설명하는 포장재를 쓰시오.

> 고무 탄성 포장재 중에서 충격 흡수 보조재에 내구성 표면재를 접착시키거나 균일 재료를 이중으로 조밀하게 하고 표면을 내구적으로 처리하여 충격을 흡수할 수 있도록 공장에서 성형·제작한 포장재

정답 고무 매트(블록)

15 고무 매트(블록)가 구조물과 접해 도려낸 부위는 틈새가 최소가 되도록 해야 하는데 매트(블록)를 걷어내고 재시공하도록 해야 하는 틈새의 치수는 몇 mm 이상인지 쓰시오.

정답 10mm 이상

16 다음은 고무 매트 포장 시 유의사항이다. (   ) 안에 알맞은 내용을 쓰시오.

> • 시공 전 바닥 (①)를 확인한다.
> • 먼저 바닥 나누기를 하고 바닥 위에 (②)를 포설한 후 고무 매트 바닥에도 접착제를 입힌다.
> • 현장 여건에 따라 모서리 마감 부분은 (③)를 사용하여 절단 시공한다.

정답 ① 청결 상태, ② 접착제, ③ 절단기

17 고무칩 포장을 시공할 때 빗물받이로 형성해야 하는 표면구배는 몇 %인지 쓰시오.

정답 1~2%

5 경관조명시설 설치

(1) 경관조명

① 경관조명은 옥외 공간에 설치되는 조명 시설로서 환경성, 안정성, 쾌적성 그리고 분위기 연출 등의 목적과 옥외 공간의 경관 구성 요소로 연출되는 조명시설이다.

② 공원, 주택단지, 광장, 보행자 도로, 리조트 시설 등 조경 설계 대상 공간의 옥외 공간에 설치되는 조명시설이다.

③ 경관조명시설의 종류 및 특성

㉠ 경관조명시설은 설치 장소의 기능·형태에 따라 보행등, 정원등, 수목등, 잔디등, 공원등, 수조등, 투광등, 네온조명, 튜브조명, 광섬유조명 등으로 구분된다.

㉡ 광원은 발광하는 방법에 따라 백열등, 방전등(형광등, 수은등, 할로겐등, 나트륨등 등), 튜브조명으로 구분된다.

(2) 주변 시설과의 연관성을 고려하여 시공

① 경관조명시설은 안전, 장식, 연출 등 제 기능의 목적에 맞게 배치되어야 한다.

② 경관조명시설은 계획 대상 공간의 기능과 성격, 규모, 보행자 동선, 인접 건축물, 구조물, 시설물의 위치나 높이 및 색상 계획, 조형물 등 주요 점경물의 배치, 주변의 경관, 이용 시간, 이용자의 편익성, 자연조건, 시설의 안전성, 설비 조건, 유지·관리성, 수목의 성장 속도 등을 고려하여 배치하여야 한다.

③ 경관조명시설은 야간 이용 시 안전과 방범을 확보하도록 배치하여야 한다.

④ 등주의 높이 등 광원의 위치, 높이, 배광 등은 시각적으로 불쾌감을 주지 않도록 배치하여야 한다.

⑤ 기능적으로 보행에 지장을 주지 않도록 배치하여야 한다.

⑥ 생물의 생육 및 서식에 악영향을 주지 않도록 배치하여야 한다.

(3) 경관등의 성격에 적합한 등기구의 설치공사

① 경관조명시설은 외부의 밝기 또는 일출·일몰에 따라 광원이 자동 점멸될 수 있는 시간 조절 장치 또는 자동 점멸 장치를 부착하여 설치한다.

② 안정기는 고역률형 및 정전력형 램프와 동질의 제품을 선택하여야 내구성이 오래간다.

③ 등주에는 접지단자와 접지봉 등의 접시시설을 설치한다.

④ 매몰되는 전기선은 최소 600mm 이상 깊이로 설치한다.

출제예상문제

01 옥외 공간에 설치되는 조명시설의 목적을 2가지 이상 쓰시오.

정답 환경성, 안정성, 쾌적성, 분위기 연출

02 경관조명시설의 종류 중 방전등에 해당하는 것을 2가지 이상 쓰시오.

정답 형광등, 수은등, 할로겐등, 나트륨등

03 광장 입구의 조명 설치 시 요구사항에 대하여 서술하시오.

정답 밝고 따뜻하면서 눈부심이 적은 조명을 설치한다.

04 경관조명시설에서 불필요한 에너지의 낭비가 되지 않도록 최소한의 조도 레벨을 확보하여 광해 문제를 해결하고 이용자에게 제공해야 할 내용을 쓰시오.

정답 안전성, 쾌적성

05 경관조명시설의 기능을 2가지 이상 쓰시오.

정답 안전, 장식, 연출

06 진입로, 광장, 산책로 또는 도로나 주차장과 만나는 보행 공간이나 놀이공간, 휴게공간, 운동공간 등의 옥외 공간에 배치하는 경관조명시설을 쓰시오.

정답 보행등

07 보행등 설치 시 보행로 경계에서 몇 cm 정도의 거리에 배치해야 하는지 쓰시오.

정답 50cm 정도

08 정원등 설치 시 정원의 입구, 구석 등 조명 취약 부위나 주요 점경물 주변에 배치한다. 광원은 어느 곳에 배치하여야 하는지 쓰시오.

정답 이용자의 눈에 띄지 않는 곳

09 다음에서 설명하는 조명시설을 쓰시오.

1) 주택 단지, 공원 등 공간의 녹지나 포장 부위에 심은 수목 가운데 야경에 좋은 분위기를 연출할 필요가 있는 곳에 배치한다.
2) 폭포, 연못, 개울, 분수 등 수공간 연출을 위하여 경관조명으로 배치한다.

정답 1) 수목등, 2) 수중등

10 경관등 설치 시 매몰되는 전기선의 깊이는 몇 mm 이상인지 쓰시오.

정답 600mm 이상

11 경관조명시설은 외부의 밝기 또는 일출 · 일몰에 따라 광원이 자동 점멸될 수 있도록 시간 조절 장치 또는 어떤 장치를 부착하는지 쓰시오.

정답 점멸 장치

12 보행등 설치 시 산책로 등의 보행 공간만을 비추기 위해 포장면 속에 배치하거나 등주의 높이를 몇 cm 정도로 하는지 쓰시오.

정답 50~100cm

13 다음은 정원등 설치에 관한 유의사항이다. ( ) 안에 알맞은 내용을 쓰시오.

- 대상 공간의 (①)과 어울리도록 선택한다.
- 야경의 중심이 되는 대상물의 조명은 주위 조명보다 밝기가 (②) 조도 기준을 선택하여야 한다.
- 화단이나 수고가 작은 식물을 비추고자 할 때는 조도의 방향이 (③)로 향하도록 하여야 하고 등주의 높이는 (④)로 한다.

정답 ① 정원 경관, ② 높은, ③ 아래, ④ 2m 이하

14 수목등 설치 시 푸른 잎을 돋보이게 할 경우에 사용하는 등을 쓰시오.

정답 메탈할라이드

15 공원등 설치 시 놀이 공간, 운동 공간, 휴게 공간, 광장 등의 조명의 밝기를 쓰시오.

정답 6lx 이상

16 수중등 설치 시 전구는 수면 위로 노출되지 않도록 하고 감전 등을 대비한 적용방식을 쓰시오.

정답 광섬유 조명 방식

6 환경조형물 설치

(1) 환경조형물

① 기념비, 환경조각, 석탑, 상징탑, 부조, 환경벽화 등의 예술적인 작품성이 있는 환경조형 설치 공사에 적용한다.

② 환경조형물을 설치하는 수급인 및 설치자는 사전에 시공 및 작품 경력을 입증하기 위한 서류와 사용 자재 및 제작 시방 등 작품 제작을 위한 제작 도면을 제출하여 감독자의 승인을 얻은 후 시행해야 한다.

③ 환경조형물과는 개념의 차이는 있으나 문화예술진흥법에 건축물에 대한 미술 장식품 설치 내용을 명기하고 있다.

> **참고**
>
> **건축물에 대한 미술작품의 설치 등(문화예술진흥법 제9조)**
>
> ① 대통령령으로 정하는 종류 또는 규모 이상의 건축물을 건축하려는 자(이하 '건축주')는 건축 비용의 일정 비율에 해당하는 금액을 사용하여 회화·조각·공예 등 건축물 미술작품(이하 '미술작품')을 설치하여야 한다.
>
> ② 건축주(국가 및 지방자치단체는 제외)는 ①에 따라 건축 비용의 일정 비율에 해당하는 금액을 미술작품의 설치에 사용하는 대신에 문화예술진흥기금에 출연할 수 있다.
>
> ③ ① 또는 ②에 따라 미술작품의 설치 또는 문화예술진흥기금에 출연하는 금액은 건축비용의 100분의 1 이하의 범위에서 대통령령으로 정한다.
>
> ④ ①에 따른 미술작품 설치에 사용하여야 하는 금액, ②에 따른 건축비용, 기금 출연의 절차 및 방법, 그 밖에 필요한 사항은 대통령령으로 정한다.

④ 환경조형물의 종류 : 석재 첨경물, 목재 조형물

⑤ 환경조형물의 설치

㉠ 제작과 설치는 작가가 직접 수행하여 작품 구상 및 설계의도와 부합되도록 해야 한다.

㉡ 감독자가 공사의 시행을 위해 불가피하다고 인정하는 경우는 예외로 한다.

㉢ 설계자나 작가가 직접 수행하지 않는 조형물은 작품성을 감안하여 설계자나 작가의 설계도면 및 제작시방 등을 따르되 현장여건에 따라 재료, 형태, 규모, 색채, 질감, 마감처리방법 등을 바꾸고자 할 경우에는 설계자나 작가와 사전에 협의하여야 한다.

(2) 기능과 미관을 고려한 조형물의 설치

① 환경조형물의 설치 위치 선정 : 주 출입구 또는 동선이 합쳐지는 공간, 뒷면의 벽체가 미관상 양호한 장소에 위치하게 된다.

② 설치 위치의 기능과 미관성

㉠ 환경조형물의 설치는 주요 공간의 부대시설로 설치되고 있다.

㉡ 환경조형물과 위치하고 있는 공간 또는 장소와의 연계성이 없고 지역의 상징성 또한 없다.

(3) 작가 및 설계자의 작품 의도가 반영된 설치

① 제작과 설치는 작가가 직접 수행하여 작품 구상 및 설계 의도와 부합되도록 해야 한다.

② 설계자나 작가가 직접 수행하지 않는 조형물은 작품성을 감안하여 설계자나 작가의 설계 도면 및 제작 시방 등을 따르되 현장 여건에 따라 재료, 형태, 규모, 색채, 질감, 마감처리 방법 등을 바꾸고자 할 경우에는 설계자나 작가와 사전에 협의하여야 한다.

③ 환경조형시설에 사용되는 재료는 설계 도면 또는 제작 시방에 따르되 주변 환경 변화 등에 따라 재료의 적합성이 낮다고 판단될 경우 감독자의 승인을 받아 변경할 수 있다.

출제예상문제

01 환경조형물의 설치 기준에서 환경 조형물의 2가지 기능을 쓰시오.

정답 장식물의 개념, 이용의 기능

02 환경조형물의 설치 기준과 설계자의 의도를 파악하기 위해 설계자와 제작자가 중요시하는 것을 쓰시오.

정답 설계자 : 조형적 가치에 치중, 제작자 : 설치의 편의성, 내구성, 경제성

03 환경조형물의 설치 시 설계자가 의도하지 않은 변경 내용을 쓰시오.

정답 위치의 변경, 재료의 변경

04 제작된 환경조형물의 디자인 개념 적합성 검토에서 설계자의 의도가 반영된 사항을 2가지 이상 쓰시오.

정답 형태의 변경, 위치의 변경, 색채의 반영, 설치 공간의 변경, 원 디자인 재료의 사용

05 환경조형물의 설치 위치를 2가지 이상 쓰시오.

정답 주 출입구, 동선이 합쳐지는 공간, 뒷면의 벽체가 미관상 양호한 장소

06 환경조형물의 형태 결정에서 건축물의 미술 장식품에 비하여 환경조형물은 예술적 가치보다 무엇을 더 강조하는지를 쓰시오.

정답 공간과의 조화성

07 **다음은 환경조형물의 적절한 설치 위치 선정 후 주변과 조화를 고려하여야 할 내용이다. (　　) 안에 알맞은 내용을 쓰시오.**

> • 환경조형물의 크기, 색채가 설치하고자 하는 (①), 색채와 조화로워야 한다.
> • 시각적 효과를 위하여 보행 동선과 (②) 또는 기능적으로 중요한 공간에 설치하면 효과적이다.
> • 환경조형물과 경관등의 적절한 조화는 (③)가 뛰어나다.

정답 ① 공간의 크기, ② 인접한 곳, ③ 시각적 효과

08 **환경조형시설에 사용되는 재료는 설계 도면 또는 제작 시방에 따르되 주변 환경 변화 등에 따라 재료의 적합성이 낮다고 판단될 경우에는 누구의 승인을 받아 변경해야 하는지 쓰시오.**

정답 감독자

09 **설계자나 작가가 직접 수행하지 않는 조형물은 현장 여건에 따라 재료, 형태, 규모, 색채, 질감, 마감처리 방법 등을 바꾸고자 할 경우 사전에 협의해야 하는 사람을 쓰시오.**

정답 설계자 또는 작가

7 데크(덱) 시설 설치

(1) 데크 시설물

① 전망대, 보도교, 계단 등의 데크 시설이 있다.

② 데크는 사용 용도에 따라 여러 형태로 설치·시공되고 있으며 일반적으로 보행 데크로 가장 많이 설치된다.

③ 데크 시설의 재료

㉠ 외부공간에 설치되는 조경 시설의 시공에 사용되는 원목, 각재, 판재, 합판 등의 목재 가공품은 부패 방지 위한 방부, 방충처리 및 표면 보호를 위한 조치를 해야 한다.

㉡ 천연 목재 외 합성 목재도 수공간 주변 또는 해안가에서 부패에 대한 내성을 가지고 있으므로 많이 사용된다. 합성 목재는 60% 이상의 목분(입도 100mesh 이상)과 폴리프로필렌이 혼합된 재활용이 가능한 환경친화적 소재로 연속적인 압출 가공 및 특수 표면 처리 공정을 거쳐 제조되는 제품이다.

(2) 설치 지역 특성에 적합한 재료 선정과 공법의 선정

① 설치 지역의 특성 파악

㉠ 데크 시설은 대부분 목재로 구성되어 있다.

㉡ 외부 환경에 의하여 부패 현상이 발생한다.

㉢ 철재 또한 부식 현상이 발생하게 된다.

㉣ 목재 데크 시설의 설치지역의 특성에 따라 부패 및 부식에 의한 시설물의 내구성과 안전성이 차이가 나게 된다.

② 데크 재료의 부패·부식 방지

㉠ 목재 : 외부 공간에 설치되는 조경 시설의 시공에 사용되는 원목, 각재, 판재, 합판 등의 목재 가공품은 부패 방지를 위한 방부, 방충처리 및 표면 보호를 위한 조치를 해야 한다.

㉡ 철재 : 조경 시설물로 사용되는 철강재는 도금 및 녹막이처리를 해야 한다.

③ 공법의 선택

㉠ 기초공사

- 데크의 기초공사는 독립기초와 줄기초로 구분될 수 있다.
- 기초구체의 노출 또는 매립으로 구분된다.
- 줄기초는 독립기초에 비하여 구조적 안정성이 높다.

㉡ 하부 구조공사(장선 설치)

- 상판을 받치는 하부 구조는 일반적으로 장선과 멍에로 구분된다.
- 장선과 멍에는 각 다른 규격의 구조용 각관(또는 목재)으로 설치된다.

㉢ 상부 공사

- 상부 공사로는 상판(판재)으로 시공되며 안전시설로 난간이 별도로 시공된다.
- 상판의 목재는 방부처리된 상태로 시공되며 시공 후 침투성 방부 도료를 덧칠하여 주면 효과가 더 좋다.

(3) 구조적 안정성 검토 설치

① 목재 재료의 특성

㉠ 목재는 원목 규격에 적합한 것으로 대기 중에서 내구력이 있고 용도에 적합한 강도의 품질을 갖추어야 한다.

㉡ 목재는 큰 옹이, 균열, 부패 등이 없어야 하며 별도의 규정이 없는 경우 나무껍질을 벗겨서 잘 건조해야 한다.

㉢ 구조재 이음의 덧붙임은 구조재와 동종의 것으로 하고 쐐기는 참나무, 밤나무 등의 굳은 나무로 한다.

㉣ 휨 응력을 받는 부재는 아래쪽에 옹이, 갈라짐, 껍질박이, 혹 등의 흠이 없는 재료를 사용하여 구조적인 결함이 없도록 해야 한다.

㉤ 목재는 운반, 가공, 저장 과정에서 파손, 흠집, 얼룩, 부패, 함 증가 등의 품질 저하 현상이 발생되지 않도록 해야 한다.

② 데크의 구조적 안정성 검토

㉠ 데크는 이용자의 통행 및 동선의 유도 기능을 하는 시설물이다.

㉡ 천연 목재 데크는 옥외 환경에 의하여 수축·팽창을 하고 허용 함수율에 의하여 부패의 요인이 발생하여 초기 설치 시의 강도 유지가 어렵다.

㉢ 데크의 하부 구조가 목재일 경우는 데크 시설의 내구성이 짧아지므로 수시 점검 및 보수가 필요한 시설이다.

㉣ 보행 데크의 경우는 특히 이용자 수가 많을 경우 휨 강도가 약해 위험할 수 있으므로 장선과 멍에의 보강 작업으로 강도를 유지시켜야 한다. 특히 장재의 경우는 이용객 수가 많을 경우 위험할 수도 있다.

출제예상문제

01 데크는 사용 용도에 따라 여러 형태로 설치 · 시공되고 있다. 일반적으로 가장 많이 설치되고 있는 데크의 종류를 쓰시오.

정답 보행 데크

02 데크 시설의 재료 중 외부 공간 조경시설의 시공에 사용되는 목재 가공품을 2가지 이상 쓰시오.

정답 원목, 각재, 판재, 합판

03 60% 이상의 목분(입도 100mesh 이상)과 폴리프로필렌이 혼합된 재활용이 가능한 환경친화적 소재로 연속적인 압출 가공 및 특수 표면 처리 공정을 거쳐 제조되는 제품을 쓰시오.

정답 합성 목재

04 보행 데크의 설치 시 칠을 2회 해야 하는 마감재를 쓰시오.

정답 침투성 오일 방부 도료

05 데크 시설의 하부 구조 중 장선과 멍에에 주로 사용되는 재료를 쓰시오.

정답 구조용 각관

06 데크 시설의 상부 공사로는 상판(판재)으로 시공되며 안전시설로 별도 시공되는 시설을 쓰시오.

정답 난간

07 상부 설치공사를 할 때 외부 기온의 차이에 의한 목재의 수축 · 팽창 현상으로 돌출되어 올라오는 것을 방지하기 위하여 상판의 고정작업에 사용하는 것을 쓰시오.

정답 스테인리스 나사 못(고장력 볼트)

08 **다음은 데크 시설의 상부 공사로 사용되는 목재에 대한 유의사항이다. (　) 안에 알맞은 내용을 쓰시오.**

> • 목재는 큰 옹이, 균열, 부패 등이 없어야 하며 별도의 규정이 없는 경우(①)을 벗겨서 잘 건조해야 한다.
> • 구조재 이음의 덧붙임은 구조재와 동종의 것으로 하고 쐐기는 참나무, (②) 등의 굳은 나무로 한다.
> • 목재는 운반, 가공, 저장 과정에서 파손, 흠집, 얼룩, 부패, 함 증가 등의 (③) 현상이 발생되지 않도록 해야 한다.

정답 ① 나무껍질, ② 밤나무, ③ 품질 저하

09 **상판의 목재는 수분에 자주 노출되는 면으로서 기온 변화에 의한 수축과 팽창이 수시로 발생하고 우기 시 부패의 속도는 더 빨라진다. 이때 부패 속도를 조절하기 위한 조치를 쓰시오.**

정답 매년 2회 이상의 방부도료를 도색

8 펜스 설치하기

(1) 펜스

설계 대상 공간의 성격과 경계 표시 · 출입 통제 · 침입 방지 · 공간이나 동선 분리 등의 울타리 기능에 따라 기능을 충족시킬 수 있는 위치에 배치한다.

① 펜스의 규격

㉠ 단순한 경계표시 기능 : 0.5m 이하의 높이

㉡ 소극적 출입통제 기능 : 0.8~1.2m 높이

㉢ 적극적 침입방지 기능 : 1.5~2.1m 높이

㉣ 비탈면에 배치할 경우에도 평지에서의 기준을 적용한다.

(2) 설계 도서에 정해진 위치에 설치

① 설치 지역의 측량 작업 : 펜스는 안과 밖을 구분하는 경계 시설물이다.

② 펜스의 설치

㉠ 기초 : 독립기초를 설치하여 주주를 고정하는 역할을 한다.

㉡ 주주(기둥) : 펜스의 기둥으로서 경간을 구성하는 역할을 하며 펜스를 지지한다.

㉢ 횡대(가로재)와 종대(세로재) : 주주 사이(경간 당)에 가로, 세로로 형성되는 울타리의 살 부분이다.

③ 펜스의 설치

㉠ 기초 공사 : 펜스의 기초공사는 독립기초와 줄기초로 구분될 수 있으며 매립으로 시공된다.

㉡ 주주의 설치 : 기초에 주주를 (앵커) 고정시키어 수직으로 설치한다.

㉢ 횡대와 종대의 설치 : 주주의 경간 사이에 규격화된 횡대와 종대를 고정 시공한다.

출제예상문제

01 펜스의 규격에서 적극적 침입방지 기능을 하기 위한 높이는 몇 m인지 쓰시오.

정답 1.5~2.1m

02 펜스의 재료 선정 시 강풍에 노출된 장소에는 안정성을 높이기 위해서 고려해야 할 강도를 쓰시오.

정답 하중, 허용강도

03 단순 경계 목적으로 설치되는 펜스의 종류를 쓰시오.

정답 철망형(메시형) 펜스

04 펜스의 기초는 어떠한 기초로 해야 하는지 쓰시오.

정답 독립기초

05 주주의 고정 작업에서 기초와의 연결을 위하여 사용되는 연결형 제품을 쓰시오.

정답 앵커, 볼트

06 펜스의 기능을 2가지 쓰시오.

정답 경계를 구분하는 기능, 이용의 공간을 제한하는 기능

07 내구성 및 안전성 확보를 위하여 각 재료의 특성에 따라 부식 및 부패 방지를 위하여 추가로 수행해야 하는 작업을 쓰시오.

정답 보완작업

11 입체조경공사

제1절 인공지반 조경공사하기

1 인공조경기반 조성

(1) 입체조경

① 입체조경의 적용 범위

㉠ 건축물을 포함한 인공구조물의 상부(옥상, 지붕)와 벽체 등에 조경공간을 조성하거나 조경요소(조경시설물, 조경포장, 토양 및 식물 등)를 도입하는 것을 범위로 한다.

㉡ 식물의 생육과 관련된 토양 및 식물 도입은 입체녹화로 구분하여 적용한다.

㉢ 건축물의 실내공간은 실내조경공사로 별도로 구분하여 적용한다.

㉣ 입체녹화는 식물 생육이 부적합한 불투수층의 구조물 위에 자연지반과 유사하게 토양층을 형성하여 그 위에 설치하는 인공지반과, 콘크리트, 금속, 목재 등의 구조용 재료나 마감 재료로 덮여 있는 구조, 물의 수직 벽면을 녹화하는 벽면녹화 조경에 적용한다.

② 입체조경의 기능과 역할

㉠ 도시미관 개선

- 도시 내 건축물은 현대화되고 규모가 커지며 고층화되어 가고 있다.
- 고층 건축물을 포함하여 도시근교의 높은 산, 고가도로 위에서 상대적으로 낮은 층수를 가진 건축물들의 옥상을 내려다보는 경우가 많아지고 있다.
- 이러한 옥상의 경우 대개 방수 마감 면이 노출되어 있거나 콘크리트로 마감되어 있다.
- 또한 에어컨 실외기, 통신안테나, 케이블선 등의 다양한 물건들이 어지럽게 얽혀 있거나 놓여 있어 불량한 시각 환경을 조성하고 있다.
- 도시 내 가림벽, 석축, 옹벽을 포함한 다양한 수직 구조물도 마찬가지로 시각적 질을 떨어뜨리고 있다.
- 이러한 옥상면 위를 식물로 녹화하거나, 건축물 외벽을 포함한 구조물의 벽면을 녹화하여 녹시율을 높임으로써 도시미관을 현저히 개선할수 있다.

㉡ 생물 서식기반 형성

- 도시를 구성하고 있는 건축물, 시설들에 의해 도시의 녹지가 줄어들거나 없어지게 되면서 녹지를 기반으로 서식하는 동물, 곤충들의 수가 감소하거나 사라지고 있다.
- 건축물 옥상을 포함한 인공지반과 건축·구조물 벽면을 녹화하면 자연스럽게 조류를 포함한 다양한 곤충들의 서식지가 될 것이다.
- 이들의 이동 시 휴식공간으로 이용할 수 있는 생태통로의 역할을 하게 되며, 이는 생물 다양성의 증가와 도시 생태계 회복에 커다란 도움을 준다.

㉢ 분산식 빗물관리체계 구축

- 방수 혹은 콘크리트로 마감된 옥상은 빗물을 루프드레인→선홈통→집수정→우수관을 통해 바로 하천으로 내보내게 됨으로서 하천의 범람을 초래한다.
- 초기우수유출량을 증대시키고 도시 내 공중습도를 저하하는 등 도시 환경에 악영향을 초래하게 된다.

• 건축물의 옥상과 벽체 등에 입체녹화 시스템을 설치하면 빗물에 포함된 대기오염 물질을 식물과 토양이 정화한다.
• 증발산을 통하여 공중습도를 높여 쾌적한 생활환경을 조성하게 된다.
• 초기우수유출량이 감소하여 우수계통의 유지관리비용을 절감할 수 있는 등 자연순환방식에 가까운 빗물 이용이 가능해진다.

㉣ 에너지 절약
• 식물은 증산작용을 통하여 공기를 냉각시켜 외부의 온도를 낮추는 역할을 한다.
• 옥상녹화는 녹화 시스템이 단열층을 형성하고, 벽면녹화는 벽체와 식물 사이에 공기층을 형성하여 단열재의 역할을 함으로써 냉난방 기구의 사용량을 줄일 수 있다.

㉤ 휴게 공간의 제공
• 업무용 또는 상업용 대형빌딩, 병원 등의 고층건물 중간층 옥외공간이나 옥상에 식물과 조경시설물을 도입하여 건물 내외에 휴식공간을 조성할 수 있다.
• 바쁘게 생활하는 도시민들이 자연공원, 도시공원 등의 별도의 휴게 공간을 찾아가지 않더라도 가까운 거리에서 심신이 피곤한 직장인, 방문객, 환자들에게 휴식 및 치유의 공간을 제공할 수 있다.

㉥ 그 밖의 효과 : 정서적 심리적인 안정감, 방음 효과, 미기후 조절, 대기오염 농도 감소, 건축물의 강도 증가, 벽면으로부터 반사광 방지

③ 입체조경의 환경적 특성

㉠ 하중
• 인공지반 위에 조경공간을 조성하기 위해서 도입되는 토양, 수목 및 다양한 조경시설물 등은 기본적으로 중량을 동반하며, 이들은 구조물이 허용하는 하중 범위 내에 도입되어야 한다.
• 하중은 크게 고정하중(靜荷重)과 이동하중(動荷重), 풍하중(風荷重)으로 나눈다.
  - 고정하중 : 인공지반 위에 설치되어 움직이지 않는 것으로, 수목, 토양, 조경포장, 조경시설물 등이 포함된다.
  - 이동하중 : 이동이 가능한 것으로 사람, 수목관리용 장비 및 우천 시 또는 관수 시 수분 중량 등이 포함된다.
  - 풍하중 : 인공지반 위 조경시설물, 수목 등 수직적 조경요소가 바람이 불 때 받는 힘이며, 특히 수목은 성장에 따른 하중의 증가에 대해서도 고려해야 한다.
• 인공지반 위의 허용하중이 조경용 소재의 도입을 허락하지 않는다면 조경공간을 조성할 수 없다.
• 하중은 인공지반조경에 있어 가장 중요하게 고려해야 할 환경적 요소이다.

㉡ 방수
• 인공지반 아래가 사람이 거주하는 등 누수가 발생하지 않아야 하는 공간이라면 인공지반 상부는 방수를 철저히 하여야 한다.
• 일반적으로 방수공사를 포함하여 옥상면을 마감하고, 공동주택 지하주차장의 경우 토목에서 방수공사를 포함하여 인공지반 상부를 마감한다.

㉢ 배수
• 자연지반의 경우 빗물이나 관수에 의해 과다한 물이 유입되면 시간이 경과하면서 지표면이나 지하로 자연 유출되나, 인공지반의 경우 적정한 배수시스템이 갖추어져 있지 않으면 인공지반 상부는 과습상태에 이르게 된다.
• 수생 및 습생식물이 아닌 식물의 경우 배수가 불량하면 고사의 원인이 되므로 인공지반 상부는 배수가 원활한 환경이 되도록 유지하여야 한다.

㉣ 물 : 인공지반의 경우 모세관수의 상승을 기대할 수 없으므로 일정 기간 비가 내리지 않는다면 관수를 통하여 주기적으로 식물에 수분을 공급해야 한다.

㉤ 햇빛, 바람

- 옥상을 포함한 인공지반은 구조물이 위치하는 자리나 주변 구조물의 배치에 의해서 일조시간과 바람의 영향이 다르게 나타난다.
- 남쪽에 대상지보다 높은 구조물이 있다면 일조시간이 적어 식물의 생육에 불리하고, 대상지보다 높은 구조물이 없다면 충분한 일조시간을 확보할 수 있다.
- 지상부로 돌출된 구조물 상부의 바람은 지상부의 바람보다 풍속이 강해서, 지상부보다 식물의 생육에 불리하다.
- 빌딩 사이의 좁은 통로를 지나게 되면 바람의 속도는 일시적으로 더 빨라지는 돌풍으로 발달할 수 있다.

④ 입체조경 관련법 · 규정

※ 지방자치단체별로 건축조례에 따라 아래의 내용을 준용하기도 하고, 별도의 규정을 마련하는 경우도 있으므로, 지방자치단체별 건축조례 등은 반드시 확인하여야 한다.

㉠ 건축법 제42조(대지의 조경)

- 기준면적 : 200m^2 이상인 대지에 건물을 신축하는 경우
- 조경기준 : 용도지역 및 건축물의 규모에 따라 해당 지방자치단체의 조례로 정함
- 식재기준 등 : 국토교통부장관은 식재(植栽) 기준, 조경시설물의 종류 및 설치방법, 옥상조경의 방법 등 조경에 필요한 사항을 정하여 고시할 수 있다.

㉡ 건축법 시행령 제27조(대지의 조경) : 건축물의 옥상에 국토교통부장관이 고시하는 기준에 따라 조경이나 그 밖에 필요한 조치를 하는 경우에는 옥상 부분 조경면적의 3분의 2에 해당하는 면적을 법에 따른 대지의 조경면적으로 산정할 수 있다. 이 경우 조경면적으로 산정하는 면적은 법에 따른 조경면적의 100분의 50을 초과할 수 없다.

㉢ 조경기준

- 건축법의 규정에서 위임된 사항과 그 시행에 필요한 사항을 규정함을 목적으로 한 기준이다.
- 입체조경공사와 관련된 항목은 제4장이며 [부록 1] 옥상조경 및 인공지반조경을 참조한다.

㉣ 생태면적률

- 생태면적률이란 전체 개발면적 중 생태적 기능 및 자연순환기능이 있는 토양 면적이 차지하는 비율을 말한다.
- 생태면적률 산정 방법
  - 개발 대상지를 자연지반녹지와 인공화 지역으로 구분
  - 인공화 지역을 공간유형의 구분 및 가중치에서 구분된 공간유형으로 구분
  - 인공화 지역의 공간유형별 면적에 정해진 가중치를 곱하여 공간유형별 생태면적을 산출

$$\text{생태면적률} = \frac{\text{자연지반녹지 면적} + \Sigma(\text{인공화 지역 공간유형별 면적} \times \text{가중치})}{\text{전체 대상지 면적}} \times 100(\%)$$

- 입체조경과 관련된 인공화 지역 공간유형 : 입체조경과 관련된 인공화 지역 공간유형에는 인공지반 녹지, 옥상녹화, 벽면녹화가 있다.

⑤ 입체조경 관련 용어 정의

㉠ 인공지반조경 : 건축물의 옥상(지붕을 포함)이나 포장된 주차장, 지하 구조물 등과 같이 인위적으로 구축된 건축물이나 구조물 등 식물 생육이 부적합한 불투수층의 구조물 위에 자연지반과 유사하게 토양층을 형성하여 그 위를 설치하는 조경을 말한다.

㉡ 옥상조경 : 인공지반조경 중 지표면에서 높이가 2m 이상인 곳에 설치한 조경을 말한다. 다만, 난간(발코니)에 설치하는 화훼시설은 제외한다.

㉢ 벽면녹화 : 건축물이나 구조물의 벽면을 식물을 이용해 전면 혹은 부분적으로 피복 · 녹화하는 것을 말한다.

㉣ 건축물 녹화 : 건축물 녹화란 건축법에서 정의하고 있는 건축물의 옥상, 벽면 또는 실내에 식물의 생장이 지속해서 유지될 수 있도록 조성하는 것을 말한다.

㉤ 건축물 녹화 시스템 : 건축물 녹화 시스템은 건축물과 녹화시설의 복합적 성능 발현과 유지에 필수적인 구성요소가 합리적으로 일체화된 기술적 체계이며, 크게 구조부와 녹화부 그리고 식생층으로 구분한다.

㉥ 건축물 녹화 시스템 구성요소 : 건축물 녹화 시스템을 구성하는 하부 시스템으로 방수층, 방근층, 보호층, 분리층, 배수층, 여과층, 토양층, 식생층 등을 말한다.

㉦ 방수층 : 방수층은 건축물 구조체 내부로의 수분과 습기의 유입을 차단하는 기능을 하며 녹화 시스템의 가장 핵심적인 구성요소이다.

㉧ 방근층 : 방근층은 식물의 뿌리가 하부에 있는 녹화 시스템 구성요소로 침투, 관통하는 것을 지속해서 방지하는 기능을 한다. 일반적으로 방근층은 식물의 뿌리로부터 보호하기 위해 방수층 위에 시공되며, 방수 및 방근 기능을 겸하는 방수 · 방근층으로 조성되기도 한다.

㉨ 보호층 : 보호층은 상부에 위치하는 구성요소에 의해 하부 구성요소가 물리적, 기계적 손상을 입지 않도록 보호하는 기능을 한다. 상부 구성요소의 하중, 답압 및 시공 중 발생 가능한 기계적 손상을 방지하기 위해 적용하며, 녹화 시스템의 구성에 따라 시설물 설치를 위한 기반이 되기도 한다.

㉩ 분리층 : 분리층은 녹화 시스템 구성요소 간의 화학적 반응이나 상이한 거동 특성으로 인해 발생하는 손상을 예방하는 기능을 하며, 시스템 구성 특성에 따라 필요한 부위에 적용한다.

㉪ 배수층 : 배수층은 토양층의 과포화수를 수용하여 배수 경로를 따라 배출시키는 역할을 담당한다. 구성방식에 따라 배수층은 저수기능을 겸하고, 뿌리 생장 공간을 증대시키며 하부에 놓인 구성요소를 보호하는 기능을 한다.

㉫ 토양층 : 토양층은 식물 뿌리의 생장에 필요한 공간을 제공하고 영양과 수분을 공급하는 녹화부의 핵심 구성요소이다. 토양층은 특정한 물리적, 화학적 특성이 요구되고 구조적으로 안정되어야 하며, 식물이 활용할 수 있는 수분을 저장하고 과포화수를 방출할 수 있어야 한다. 또한, 최대함수 시 식재된 식물에 필요한 충분한 공기 체적을 보유해야 한다.

㉬ 여과층 : 여과층은 토양층의 토양과 미세 입자가 하부의 구성요소로 흘러내리거나 용출되는 것을 방지하는 역할을 한다. 시스템의 구성에 따라 여과층이 방근층의 기능을 겸하기도한다.

㉭ 식생층 : 식생층은 녹화 유형에 알맞은 식물들의 조합으로 녹화 시스템의 표면층을 형성하며 필요에 따라 과도한 수분 증발, 토양 침식 또는 풍식, 그리고 이입종의 유입을 방지하기 위해 멀칭층을 포함하기도 한다.

㉮ 벽면녹화 보조재 : 벽면녹화에서 구성요소의 수직 시공이나 식물의 등반을 보조하는 시설로서 내구성, 지지 안정성은 녹화 목표와 일치되어야 하며, 건축물의 구조 안전성 및 미관을 고려하고, 교통 및 통행에 방해되어서는 안 된다.

㉯ 조립식 건축물 녹화 시스템 : 녹화부와 식생층을 일체화하여 단위 부품화하고 이를 현장에서 조립하여 설치하는 녹화 시스템이다. 플랜트 박스형, 모듈형, 식재 유닛형, 식생패널 등이 대표적인 조립식 건축물 녹화 시스템에 속한다. 식물 뿌리의 생장 공간이 단위 부품의 내부 용적에 크게 좌우되므로 수분 공급, 뿌리 부식 등에 대한 세심한 배려가 필요하다. 특히 단위 부품의 상부가 자외선 등에 항상 노출되어 있어서 내후성의 확보가 중요하며 설치 장소에 따라 풍압 대응 대책을 마련하여야 한다.

㉰ 그린커튼 : 건물 창가에 녹색식물(나팔꽃, 풍선초 등)을 식재하여 여름철 태양광을 차단하는 것으로, 녹색커튼이라고도 부른다.

(2) 옥상녹화 시스템의 구성요소와 기능

① 옥상녹화 시스템의 구성요소

㉠ 건축물과 녹화층이 일체화된 생태적 건축 시스템으로 크게 식생층과 녹화부, 그리고 건물 구조부로 구분할 수 있다.

㉡ 구조부는 구조체(슬라브)를 중심으로 방습층, 단열층, 방수층과 보호층 등의 요소로 하부 시스템을 구성한다.

㉢ 녹화부는 식물의 생장에 필수적인 구성요소들이 조합된 하부 시스템으로 방근층, 배수층, 여과층, 토양층 등으로 구성된다.

㉣ 식생층은 옥상녹화 시스템의 최상부 구성요소로 필요에 따라 식생층 위에 멀칭층을 형성하기도 한다.

② 방수층

㉠ 수분이 건물로 전파되는 것을 차단하는 기능을 수행한다.

㉡ 시스템 내구성에 가장 중요한 영향을 미친다.

㉢ 옥상녹화에는 항상 습기가 있고, 시비나 방제 등의 식재관리가 이루어지므로 미생물이나 화학물질에 영향을 받지 않는 기능을 가진 특유의 안전한 방수소재 및 시공이 필요하다.

③ 방근층

㉠ 식물 뿌리로부터 방수층과 건물을 보호하는 기능을 한다.

㉡ 시공 시 방수층이 기계적, 물리적 충격으로 손상되는 것을 예방하는 기능을 한다.

㉢ 식재플랜과 시스템의 특성을 고려하여 방근소재와 공법을 결정하여야 한다.

④ 배수층

㉠ 식물의 생장과 구조물의 안전에 직결된다.

㉡ 침수로 인해 식물의 뿌리가 익사하는 것을 예방할 수 있다.

㉢ 기존 현장에서 발생하는 하자의 대부분이 배수불량으로 인한 것이므로 시스템의 설계와 시공, 특히 루프드레인과의 연결 등 상세설계와 시공에 세밀한 주의가 요구된다.

⑤ 토양여과층

㉠ 빗물이 씻겨 내리는 세립토양이 시스템 하부로 유출되지 않도록 여과하는 기능을 수행한다.

㉡ 세립토양의 여과와 투수기능을 동시에 만족시켜야 한다.

㉢ 설치위치는 시스템의 특성에 따라 다르며, 뿌리의 침투를 방지하는 방근기능을 함께 가지는 경우도 있다.

㉣ 미생물이나 화학물질의 영향으로부터 안전하고 내구성이 높은 소재의 선택이 필요하다.

⑥ 육성토양층

㉠ 식물의 지속적 생장을 좌우하는 가장 중요한 하부시스템의 기능을 한다.

㉡ 토양의 종류와 토심은 식재플랜 및 건물 허용적재하중과의 함수관계를 고려하여 결정해야 된다.

㉢ 시스템의 총중량을 좌우하는 부분으로 경량화가 요구되는 경우 토심의 확보를 위해 경량토 사용을 고려한다.

㉣ 토심이 얕은 경우는 인공경량토양, 깊은 경우는 자연토양을 중심으로 육성토양을 조제해서 사용한다.

⑦ 식생층

㉠ 시스템의 최상부로 녹화 시스템을 피복하는 기능을 수행한다.

㉡ 유지관리 프로그램, 토양층의 두께, 토양 특성을 종합적으로 고려하여 식재소재를 선택한다.

㉢ 설치 지역의 기후특성은 물론 강한 일사, 바람 등 극단적인 조건에서 생육 가능한 식물소재의 선택이 필수적이다.

㉣ 식재플랜의 구성에서 생태적 지속 가능성이 반드시 고려되어야 한다.

⑧ 기타

㉠ 하부시스템 또는 소재의 물리적, 화학적 특성의 차이로 인해 분리막 또는 보호막의 시공이 필요하다.

㉡ 보호막은 주로 방수층 상하부의 소재로부터 방수층을 보호하기 위해 시공되는 경우가 많다.

㉢ 분리막은 시스템의 완성도를 높이기 위해 다양한 기능을 가지는 시트소재를 순차적으로 구성하는 과정에서 필요성이 요구된다. 소재 간의 화학적 반응을 방지하는 것을 그 기능으로 한다.

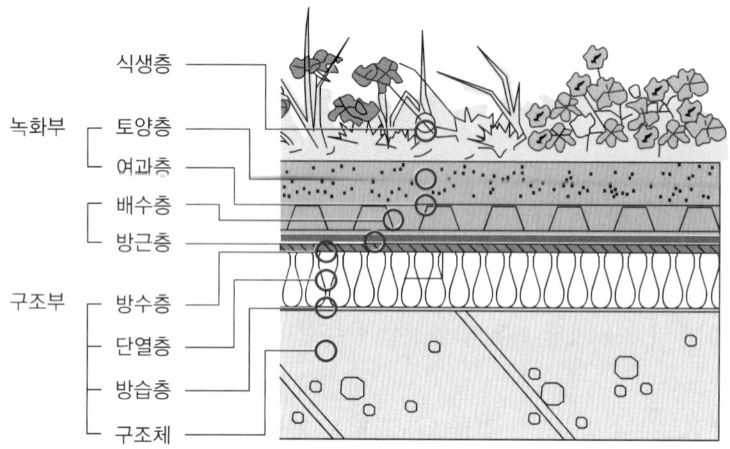

[옥상녹화 시스템의 구성]

(3) 하중을 고려한 옥상녹화 유형

① 옥상녹화는 녹화 목적과 유지관리 방식에 따라 크게 2가지 유형으로 구분한다.

② 사람의 이용보다 건축으로 인해 상실된 생태적 기능의 회복을 우선으로 하는 저관리 · 경량형(생태형) 녹화(Extensive Green Roof)와 녹화 공간으로 이용할 목적으로 집중적인 관리가 필수적으로 수반되는 관리 · 중량형(이용형) 녹화(Intensive Green Roof)가 대표적인 옥상녹화 유형이다.

③ 이와 같은 옥상녹화 유형은 우리나라 건축물의 구조적 특성, 현장에서 도입 가능한 식물종 및 식재 패턴과 기술 개발 동향을 고려할 때 다음과 같이 3가지로 분류할 수 있다.

㉠ 관리 · 중량형 녹화

- 사람이 이용할 수 있는 녹화 공간을 옥상에 조성하고자 할 때 적합한 유형이며, 밀도 있는 관리가 요구된다.
- 토심 20cm 이상, 주로 60~90cm의 시스템에 사용된다.
- 지피식물, 관목, 교목으로 구성된 다층구조 식재를 한다.
- 구조적 문제가 없는 곳에 사용된다.
- 중량형 녹화 유형은 이용형 녹화 유형으로도 불린다.
- 주기적인 관수, 시비, 전정, 예초 등 집중적 관리를 통해서만 지속해서 유지할 수 있다.

㉡ 혼합형 녹화

- 유형 분류 특성상 중량형 녹화 유형의 하나로, 관리 · 중량형 녹화를 단순화시킨 유형으로 볼 수 있다.
- 토심은 30cm 내외로 얕은 편이고, 초본류나 관목류를 이용하는 식재 패턴으로 이용 및 조성 다양성은 관리 · 중량형 녹화에 비해 제한적이다.
- 토양층 조성뿐만 아니라 관수 및 영양 공급 면에서 요구 조건이 비교적 낮은 편이다.
- 녹화에 투입되는 자원과 비용은 관리 · 중량형 녹화보다 적고 유지관리는 축소된 범위에서 수행할 수 있다.

㉢ 저관리 · 경량형 녹화

- 토심은 20cm 이하, 주로 인공경량토양을 사용한다.
- 관수, 예초, 시비 등 관리요구를 최소화한다.

- 높은 자생력을 갖춘 식물로 토양 피복에 유용한 이끼류, 다육식물, 초본류 및 화본류 등의 지피식물이 주로 적용된다.
- 구조적 제약이 있는 곳, 유지관리가 어려운 기존 건축물의 옥상이나 지붕에 주로 활용한다.
- 생태형 녹화로도 불리며 자연 상태와 유사하게 관리, 조성되는 녹화 유형으로서 대부분 자생적으로 유지되면서 생장한다.
- 토양층 조성과 하부 시스템의 설치가 건물에 미치는 하중 부하는 단위면적당 120kgf/m^2 내외이다.
- 일반적으로 이용 목적을 배제하고 최소의 자원과 비용으로 생태적 건물외피 조성을 추구한다.
- 최근에는 녹화 기술의 발전과 현장 수요에 따라 녹화 하중이 120kgf/m^2 이하인 초경량 녹화 공법이 개발되고 있다.

(4) 구조물에 미치는 하중 영향 고려

① 옥상녹화 하중은 녹화 유형별로 시스템 구성에 필요한 실제 하중을 산정하여 고정하중으로 반영하여야 한다.

② 녹화 공간의 이용에 필요한 인간 하중을 활하중으로 반영하여 구조적 안정성을 확보하여야 한다.

③ 옥상녹화 적용을 위해 추가로 옥상녹화 유형별로 설계에 반영해야 할 최소 하중

구분	녹화 하중(D.L.)(kgf/m^2)	사람 하중(L.L)(kgf/m^2)
중량형 녹화	300 이상	200
경량형 녹화	120 이상	100
혼합형 녹화	200 이상	300

출제예상문제

01 다음은 입체조경의 적용 범위에 대한 설명이다. (   ) 안에 알맞은 내용을 쓰시오.

- 건축물을 포함한 인공구조물의 상부(옥상, 지붕)와 벽체 등에 (①)을 조성하거나 조경요소를 도입하는 것을 범위로 한다.
- 식물의 생육과 관련된 토양 및 식물 도입은 (②)로 구분하여 적용한다.
- 건축물의 실내공간은 (③)로 별도로 구분하여 적용한다.
- 콘크리트, 금속, 목재 등의 구조용 재료나 마감 재료로 덮여 있는 구조물의 수직 벽면을 녹화하는 (④) 조경에 적용한다.

정답 ① 조경공간, ② 입체녹화, ③ 실내조경공사, ④ 벽면녹화

02 도시미관 개선에서 상대적으로 낮은 층수를 가진 건축물들의 옥상을 내려다보는 경우가 많아지고 있는데, 내려볼 수 있는 요소를 2가지 이상 쓰시오.

정답 고층 건축물, 도시근교의 높은 산, 고가도로 위

03 도시 내 건축물이 현대화되고 규모가 커지며 고층화되면서 시각적 질을 떨어트리는 수직 구조물을 2가지 이상 쓰시오.

정답 가림벽, 석축, 옹벽

04 입체조경의 기능과 역할에서 도시미관을 현저히 개선할 수 있는 요소를 2가지 서술하시오.

정답 옥상면 위를 식물로 녹화, 건축물 외벽을 포함한 구조물의 벽면을 녹화

05 도시 내 건축물에서 생물 서식기반 형성을 높이는 방법을 2가지 쓰시오.

정답 인공지반 녹화, 건축·구조물 벽면녹화

06 다음은 도시 내 건축물에서 방수 혹은 콘크리트로 마감된 옥상에서 빗물을 하천으로 내보내는 흐름순서이다. ( ) 안에 알맞은 내용을 쓰시오.

루프드레인 → (①) → (②) → 우수관 → 하천

정답 ① 선홈통, ② 집수정

07 도시 내 콘크리트를 비롯한 인공 구조물에서 여름철 복사열의 흡수 및 발산으로 인해 유발되는 현상을 무엇이라 하는지 쓰시오.

정답 열섬현상

08 옥상녹화 시스템과 벽면녹화의 벽체와 식물 사이 공기층은 어떠한 역할을 함으로써 냉난방 기구의 사용량을 줄일 수 있는지 쓰시오.

정답 옥상녹화 시스템 : 단열층, 식물 사이 공기층 : 단열재

09 업무용 또는 상업용 대형빌딩, 병원 등의 고층건물 중간층 옥외공간이나 옥상에 식물과 조경시설물을 도입하여 건물 내외에 조성할 수 있는 공간을 쓰시오.

정답 휴게 공간

10 다음에서 설명하는 하중의 종류를 쓰시오.

1) 인공지반 위에 설치되어 움직이지 않는 것으로, 수목, 토양, 조경포장, 조경시설물 등이 발생시키는 하중 2) 조경공간을 조성할 수 있는 범위 내의 하중

정답 1) 고정하중
2) 허용하중

11 입체조경의 환경적 특성에 해당하는 요소를 3가지 이상 쓰시오.

정답 하중, 방수, 배수, 물, 햇빛, 바람

12 자연지반의 경우 일정 기간 비가 내리지 않아 녹지대 표면이 건조해지더라도 근계 아래에 있는 물의 상승으로 일정량의 수분을 공급받을 수 있다. 이때에 근계 아래에 있는 수분의 종류를 쓰시오.

정답 모세관수

13 전체 개발면적 중 생태적 기능 및 자연순환기능이 있는 토양 면적이 차지하는 비율을 무엇이라 하는지 쓰시오.

정답 생태면적률

14 입체조경과 관련된 인공화 지역 공간유형의 종류를 3가지 쓰시오.

정답 인공지반 녹지, 옥상녹화, 벽면녹화

15 다음에서 설명하는 것을 쓰시오.

건축물의 옥상이나 포장된 주차장, 지하 구조물 등과 같이 인위적으로 구축된 건축물이나 구조물 등 식물 생육이 부적합한 불투수층의 구조물 위에 자연지반과 유사하게 토양층을 형성하여 그 위를 설치하는 조경

정답 인공지반조경

16 난간(발코니)에 설치하는 화훼시설은 제외하고, 지표면에서 높이가 2m 이상인 곳에 설치하는 조경을 쓰시오.

정답 옥상조경

17 건축물과 녹화시설의 복합적 성능 발현과 유지에 필수적인 구성요소가 합리적으로 일체화된 기술적 체계이며, 크게 구조부와 녹화부 그리고 식생층으로 구분하는 것을 쓰시오.

정답 건축물 녹화 시스템

18 다음에서 설명하는 녹화 시스템 구성요소를 쓰시오.

1) 건축물 구조체 내부로의 수분과 습기의 유입을 차단하는 기능을 하며 녹화 시스템의 가장 핵심적인 구성요소이다.
2) 식물의 뿌리가 하부에 있는 녹화 시스템 구성요소로 침투·관통하는 것을 지속해서 방지하는 기능을 한다.
3) 녹화 시스템 구성요소 간의 화학적 반응이나 상이한 거동 특성으로 인해 발생하는 손상을 예방하는 기능을 한다.
4) 식물 뿌리의 생장에 필요한 공간을 제공하고 영양과 수분을 공급하는 녹화부의 핵심 구성요소이다.

정답 1) 방수층
2) 방근층
3) 분리층
4) 토양층

19 조립식 건축물 녹화 시스템은 녹화부와 식생층을 일체화하여 단위 부품화하고 이를 현장에서 조립하여 설치하는 녹화 시스템이다. 녹화 시스템에 속하는 종류를 2가지 이상 쓰시오.

정답 플랜트 박스형, 모듈형, 식재 유닛형, 식생패널

20 옥상녹화 시스템의 구성요소 3가지를 쓰시오.

정답 식생층, 녹화부, 구조부

21 옥상녹화 시스템에서 식물의 생장에 필수적인 구성요소들이 조합된 녹화부의 하부 시스템 4가지 요소 중 2가지 이상을 쓰시오.

정답 방근층, 배수층, 여과층, 토양층

22 빗물이 씻겨 내리는 세립토양이 시스템 하부로 유출되지 않도록 여과하는 기능을 수행하는 요소를 쓰시오.

정답 토양여과층

23 옥상녹화 시스템의 구성요소에서 식물의 지속적 생장을 좌우하는 가장 중요한 하부시스템의 기능을 하고 있는 구성요소를 쓰시오.

정답 육성토양층

24 옥상녹화 유형 중 녹화 공간으로 이용할 목적으로 집중적인 관리가 필수적으로 수반되는 녹화 유형을 쓰시오.

정답 관리·중량형 녹화

25 다음은 관리·중량형 녹화 시스템에 관한 설명이다. (　) 안에 알맞은 내용을 쓰시오.

- 사람이 이용할 수 있는 녹화 공간을 옥상에 조성하고자 할 때 (①)이며, 밀도 있는 관리가 요구된다.
- 토심 20cm 이상, 주로 (②)cm의 시스템에 사용된다.
- 지피식물, 관목, 교목으로 구성된 (③) 식재를 한다.
- 주기적인 관수, 시비, 전정, 예초 등 (④)를 통해서만 지속해서 유지할 수 있다.

정답 ① 적합한 유형, ② 60~90, ③ 다층구조, ④ 집중적 관리

26 옥상조경에서 하중에 가장 많은 영향을 미치는 요소를 3가지 쓰시오.

정답 식재층의 중량, 수목의 중량, 시설물 중량

27 자연토양의 상태별 중량에서 자갈의 건조상태 중량은 몇 kg/m^2인지 쓰시오.

정답 1,600~1,800kg/m^2

28 경량토양의 상태별 중량에서 버미큘라이트의 건조상태 중량은 몇 kg/m^2인지 쓰시오.

정답 120kg/m^2

2 방수 · 방근공사

(1) 일반사항

① 방수재의 특성

㉠ 옥상을 포함한 인공지반 녹화 시 녹화부는 항상 습기가 있고, 화학비료 및 방제 등의 식재 관리가 이루어지므로 미생물이나 화학물질에 영향을 받지 않는 옥상녹화 특유의 안전한 방수층과 식재 계획의 특성을 고려하여 장기적 내화학성을 갖는 소재를 사용한다.

㉡ 식물의 뿌리가 방수층 및 방근층을 파고들어 건물에 치명적인 손상을 입혀 누수의 주된 원인이 되므로 방수층 및 방근층은 KS F 4938에 따라 내근성을 확보한 소재를 사용한다.

㉢ 토양층에 대한 내알칼리성 및 내박테리아성을 가진 소재를 사용한다.

㉣ 녹화공사 시에 이루어지는 각종 장비, 자재, 설비류, 도구류의 운반, 적재, 설치 과정에서 발생하는 각종 충격하중에 대하여 안전한 소재를 사용한다.

② 방근층의 필요성

㉠ 건축물을 포함한 인공지반 상부에는 빗물이 실내로 스며드는 것을 방지하기 위하여 방수층을 두고 있다.

㉡ 식물의 뿌리는 식물을 지지하는 역할을 하는 굵은 뿌리와 영양분을 흡수하는 역할을 하는 잔뿌리로 구성되어 있다.

㉢ 인공지반 상부에 식물을 심으면 식물이 생장함에 따라 굵은 뿌리가 방수층을 관통하여 건축물 내로 물이 스며들고 건축물이 손상될 위험성이 있다.

㉣ 건축물의 손상을 방지하기 위해서 인공지반에 식물을 심을 때는 반드시 방근층을 두어야 한다.

(2) 방수 · 방근층

① 방수 및 방근층을 구성하는 재료는 식물에 위해적인 구성 성분을 포함해서는 안 된다.

② 옥상녹화 시스템은 수분과 접촉하게 되는 기간이 길어짐에 따라 식물의 생장에 영향을 미칠 수 있는 성분의 용탈이 발생하여서는 아니 된다.

③ 뿌리 생육이 강한 화본류를 사용할 경우, 설계 시 특별한 검토가 요구된다.

④ 대나무나 억새를 식재할 경우에는 방근 차원을 넘어 건축적 안전 조치를 마련하고 특별한 유지관리 방법을 제시하여야 한다.

⑤ 면적이 분할 구획된 옥상의 방수는 방수공학적 관점에서 총체적으로 방근 조치가 이루어져야 한다.

⑥ 방근이 단지 식생으로 구성되는 부분에만 제한적으로 적용되어서는 안 된다.

⑦ 특히 방근재의 접합부, 끝단부, 차단부, 지붕 관통부 및 이음매 등에 뿌리가 침입하지 못하게 한다.

⑧ 방근층의 시공은 봉제된 이음매가 재료 특성에 맞게 접합될 경우에만 방근 기능을 수행할 수 있으므로 재료 공학적 특성에 따라 봉제선에 대한 추가 봉합이 요구될 수 있다.

(3) 보호층

① **방수층 및 방근층을 보호하는 방법** : 부직포형 보호층, 패널형 보호층, 배수층형 보호층, 방근층형 보호층

② 기존 옥상녹화 조성 방법에서는 보편적으로 방수층 상부에 타설하는 누름 콘크리트 층을 보호층으로 사용하고 있다. 누름 콘크리트 층의 신축줄눈, 균열부는 방근 효과를 기대할 수 없으며, 반드시 별도의 방근층을 두어야 한다.

③ 부직포형 보호층으로는 최소 $300g/m^2$ 이상의 섬유를 사용한다.

④ 콘크리트나 시멘트 방수로 보호층을 조성할 때는 추가로 발생하는 하중 및 균열 발생에 유의한다.

출제예상문제

01 인공지반 상부에 식물을 심으면 식물이 생장함에 따라 굵은 뿌리가 방수층을 관통하여 건축물 내로 물이 스며들고 건축물이 손상되는 것을 방지하기 위한 시설을 쓰시오.

정답 방근층

02 대나무나 억새를 식재할 경우에는 방근 차원을 넘어 해야 하는 조치를 쓰시오.

정답 건축적 안전 조치

03 방수층 및 방근층을 보호하는 4가지 방법 중 2가지 이상 쓰시오.

정답 부직포형 보호층, 패널형 보호층, 배수층형 보호층, 방근층형 보호층

04 기존 방수층을 활용하는 경우 방수층 혹은 방수층을 포함한 마감면 위에 설치하는 방수층을 보호할 수 있는 층을 쓰시오.

정답 방근층

05 옥상조경의 시공에서 방수·방근층 시공에 소요되는 자재 반입 시 자재의 이동 방법 3가지를 쓰시오.

정답 크레인, 엘리베이터, 계단

06 방수·방근에 사용하는 액상 재료의 보관법을 서술하시오.

정답 빗물, 이슬, 직사광선이 닿지 않는 장소에 밀봉된 상태로 보관

07 다음은 방수·방근층이 완성된 후 각종 검사 및 시험 과정이다. ( ) 안에 알맞은 내용을 쓰시오.

- 방수층의 부풀어 오름, 핀 홀, 루핑 이음매(겹침부)의 (①)이 있는지 검사한다.
- 방수층의 손상 유무와 보호층 및 (②)의 상태를 검사한다.
- 담수시험을 하는 경우에는 2일간 정도 (③)를 확인한다.
- 누수가 없음을 확인한 후, 담수한 물을 배수구로 흘려보내 (④)를 확인한다.

정답 ① 벗겨짐, ② 마감재, ③ 누수 여부, ④ 배수 상태

3 녹화 기반 조성

(1) 관수

① 일반 사항

㉠ 자연지반의 경우에는 뿌리둘레 주위의 토양이 건조해지면 모세관수가 지하로부터 상승하여 식물에 수분을 공급하지만 인공지반의 경우에는 모세관수의 상승을 기대하기 어렵다.

㉡ 인공지반 녹화 시 기본적으로 건조에 강한 식물 및 보수성이 양호한 인공토양을 도입하고 건조기에 물을 공급할 수 있는 관수체계를 갖추는 것이 필요하다.

② 관수시설 설치하기

㉠ 관수시설은 조경 식재 공간에 관리를 목적으로 물을 대기 위한 시설로 가압 시설, 필터 장치, 살수 장치, 제어 장치 등을 포함한다.

㉡ 관수시설의 재료 및 규격

- 살수기 : 식생의 관수 요구량, 식재지의 여건, 토양 수분의 침투율과 급수의 흐름 및 압력 등을 고려하여 선정하되 충격에 강한 재질이어야 하며, ±20%의 수압 변화에도 설계 토출량이 분사되는 것이어야 한다.

분무 살수기	외부 노출 고정식으로 잔디, 관목 등이 도입된 소규모 식재 지역에 적용한다. • 작동 압력 : 0.1~0.2MPa(1~2kgf/cm^2) • 살수 직경 : 6~12m • 살수량 : 25~50mm/h
분무 입상 살수기	작동 원리가 분무 살수기와 동일하며 동체가 물이 나올 때만 입상관에 의해 지표 위로 올라오고 평상시에는 외부에 노출되지 않아야 한다.
회전 살수기	분사 작용, 충격 작용, 마찰 운동 또는 전동 운동에 의해 회전시켜 살수하는 기구로서 관목, 지피류 및 잔디가 도입된 식재 지역에 적용한다. • 작동 압력 : 0.2~0.6MPa(2~6kgf/cm^2) • 살수 직경 : 24~60m • 살수량 : 2.5~12.5mm/h

- 낙수기 : 교목 주위, 실내 조경 식물의 뿌리 부위에 집중적인 관수가 요구되는 지역에 사용한다.
  - 작동 압력 : 0.1~0.2MPa(1~2kgf/cm^2)(±10%의 수압 변화에 출수량이 일정해야 한다)
  - 출수공 : 1~6개
  - 낙수량 : 1~5L/h
  - 누수 및 표면 유수가 발생하지 않도록 설치하여야 하며 토출량을 조절하여야 한다.
- 관
  - 관망은 한국산업표준에 적합한 스테인리스 강관이나 염화비닐관 혹은 주철관을 사용한다.
  - 주관망은 내구성이 뛰어난 스테인리스 강재나 주철재를 사용한다.
  - 낙수식 관수관은 시공 상세도에 따른 제품으로 소성폴리에틸렌관이나 염화비닐관을 사용하되 낙수기 제조업체가 추천하는 관수관을 공사감독자의 승인을 받아 사용한다.
  - 주철관 : 주철관은 KS D 4311에 적합한 수도용 원심력 덕타일 주철관을 사용한다.
  - 스테인리스 강관 : 스테인리스 강관은 KS D 3595에 적합한 일반 배관용 스테인리스 강관으로 한다.
  - 염화비닐관 : 염화비닐관은 KS M 3401에 적합한 수도용 경질염화비닐관으로 한다.
  - 이음재

    ⓐ 관의 연결은 관의 종류와 동일 재질의 이음재 사용을 원칙으로 한다.

    ⓑ 내경 50mm 이상의 것은 링 조인트나 나사 조인트를 사용한다.

    ⓒ 내경 40mm 이하의 소켓이나 커플링을 사용한다.

• 밸브 : 한국산업표준에 적합한 최소 사용 압력 0.74MPa(7.5kgf/cm^2) 이상의 제품으로 하며, 부품과의 연결과 조립은 제조업체의 제품 시방서에 따른다.

- 수동 조절 밸브
  - ⓐ 게이트 밸브는 0.98MPa(10kgf/cm^2) 이상의 청동으로 제작된 것으로 인입선과 같은 공칭의 밸브를 사용한다.
  - ⓑ 구체 밸브는 게이트 밸브와 동일한 수준의 제품을 사용한다.
  - ⓒ 연결 밸브는 청동으로 제작된 것이어야 하며 커플러를 연결시킬 수 있는 암나사 홈을 내어야 하고 커플러를 제거했을 때에 누수가 없어야 하며 뚜껑이 있어 오물이 들어가지 못하도록 제작된 것이어야 한다.
  - ⓓ 퇴수 밸브는 게이트 밸브와 동일한 수준의 제품을 사용한다.
- 원격 조절 밸브는 중앙 조절 지점에서 물을 개폐시킬 수 있는 제품으로서 조정 장치와 살수 지역의 규모, 여건 등을 고려하여 선정한다.
- 전기 조절 밸브는 좁은 지역, 수압 조절 밸브는 골프장 등 넓은 지역에 각각 적용한다.
- 검사 밸브, 역류 방지 장치, 대기 진공 차단 장치 등의 방향 조절 밸브는 관 내에서 물이 다른 방향으로 흐르지 않도록 사용하는 것이므로 게이트 밸브와 동일 수준의 제품을 사용한다.
- 기타
  - ⓐ 수압 조절 밸브 : 전기 조절 밸브나 게이트 밸브와 같이 설치되므로 동일한 재질의 제품을 사용하여야 하며, 출수구에서는 관수 장치가 요구하는 출수압이 확보되어야 한다.
  - ⓑ 밸브함 : 밸브의 크기에 따라 플라스틱 기성 제품을 사용하거나 콘크리트 밸브함을 설계도면과 같이 설치한다.

• 조절 장치와 전선

- 원격 조절 밸브를 작동하기 위해 사용되는 조절 장치는 밸브와 서로 잘 연결되어 작동에 문제가 없는 제품으로 선정하고 조절 장치, 조절 전선, 밸브를 일건으로 하여 사용을 승인받아야 한다.
- 설치 위치와 방법 등은 설계도면을 따르며 공사 시방서나 제조업체의 제품 시방서에 따라 설치되고 시험・운용하여야 한다.
- 전원 공급용 전선과 조절 전선은 규격품으로서 방수 처리된 직매용 전선을 사용한다.

• 펌프

- 관수 장치의 규모나 수원에 따라서 감독자와 협의하여 결정하되 한국산업표준에 적합한 기종으로 선택한다.
- 펌프는 운전 시 지나친 소음이 없고 유수의 혼입이 없는 구조이어야 한다.
- 기술적인 사항은 공사 시방서나 제조업체의 제품 시방서에 따르고 각종 계산서 등 관련 자료를 제시하여야 한다.

• 저수조

- 저수조는 2일분 이상의 최대 사용량을 저장할 수 있는 크기로 시공 상세도와 같이 설치하여야 하며, 재료는 콘크리트 또는 합성수지 제품으로 한다.
- 누수가 되지 않도록 지수판 사용이나 내・외부 방수가 완벽해야 하며 상부에 검열문을 갖추고 수량계, 압력계, 경보 장치가 설치되어야 한다.

• 부속 재료

- 여과기는 설계도면에 명기한 것이나 동등한 것으로서 스테인리스강 200mesh 필터를 사용하는 제품이어야 한다. 필터는 청소하기 쉽게 탈착이 가능하고 0.74MPa(7.5kgf/cm^2)의 압력에 적합하여야 한다.
- 압력계는 한국산업표준에 부합하고 50~100mm 다이얼에 0~0.98MPa(0~10kgf/cm^2) 이상의 범위를 나타낼 수 있어야 한다.
- 유량계의 계량 범위는 15~600L/min, 최고 760L/min로서 ±1.5% 이내의 정확도를 가져야 한다.

- 명기되지 않은 부품에 대해서는 감독자와 협의하여 사용한다.

③ 관수 방법의 종류

㉠ 인공지반에 적용할 수 있는 관수의 종류는 일반 호스, 관수용 호스, 살수기 관수 등이 있다.

㉡ 일반 호스는 수도꼭지나 QC밸브에 호스를 꽂아서 사람이 식물의 상태를 보면서 직접 살포하는 방식으로 식물별로 적절한 물관리가 가능하다.

㉢ 관수용 호스는 압력이 가해진 물을 분출시켜 수분을 공급하는 지표관수와 마이크로플라스틱 튜브 끝에서 물이 조금씩 공급되는 점적관수가 대표적이다.

㉣ 살수기는 외부 노출 고정식인 분무 살수기, 살수 시 동체가 지표 위로 올라와 살수되는 분무 입상 살수기, 분사·충격·마찰 운동 등에 의해 회전하는 회전 살수기가 있다.

㉤ 관수 방법의 종류 : 관수 방법은 가용한 수 있는 물 공급의 특성, 시설의 경제성, 토지의 이용 상태, 시설의 사용 빈도, 관수의 필요 정도에 따라 적합한 유형을 선정한다.

구분	지표 관수법	살수식 관수법	점적 관수법
장점	• 시설비 저렴 • 관수 기술 간편함	• 관수량 적게 소요 (15,000L/시간·1,000m^2) • 경사지 설치 가능(정지 작업 필요 없음) • 관수 노력 불필요 • 균일한 수분 분포 유지	• 관수 효율 매우 높음(90~95%) • 관수량이 매우 적게 듦 (900L/시간·1,000m^2) • 토양 물리성 악화 안 됨 • 관수 노력 불필요 • 경사지에 설치 가능 • 관비 등 복합 관수 가능
단점	• 관수량이 많이 필요 • 노력 많이 소요(관개 효율 낮음) • 토양 유실 및 물리성 악화 • 경사지 설치 불가(정지 작업 필요) • 습해 우려 있음	• 시설비 매우 고가 • 토양 유실 및 물리성 악화 • 피스톤 펌프의 고장 잦음 • 수질에 따라 여과 장치 필요 • 병해 조장 우려	• 시설비 많이 들며 관리 어려움 • 수질에 따라 여과 장치 필요 • 수질이 나쁘면 염류 농도의 피해 있음

(2) 배수

인공지반 녹화에서 배수 계통은 토양층(육성토층) 하부에 설치되는 배수층과 배수로(타공판+자갈), 배수관(유공관) 등의 배수 시설로 구분할 수 있다.

① 배수층

㉠ 배수층은 다음의 재료군 및 재료의 종류로 구분한다.

- 골재형 배수층 : 자갈, 쇄석, 화산석, 경석 등 골재의 입도 조정을 통한 배수성 확보
- 패널형 배수층 : 정형화된 형태의 패널을 연결하여 배수층 형성
- 저수형 배수층 : 배수 성능과 동시에 저수 성능을 가지는 배수층
- 매트형 배수층 : 비정형화된 형태의 매트를 롤 형태로 설치하여 배수층 형성

㉡ 성능 조건 : 날카로운 모서리와 뾰족한 입자 형태를 가진 토양골재, 그리고 밑면에서 가압되는 딱딱한 소재로 된 배수판에서는 방수·방근층에 영향을 끼칠 가능성이 크므로 별도의 보호층이 요구된다.

② 배수시설

㉠ 옥상녹화

- 배수로
  - 배수층과 벽면(난간)을 통해 대상지 내로 유입된 (빗)물을 루프드레인으로 유도하기 위해서 벽면과 토양층 사이에는 배수로를 설치한다.
  - 폭우 시 빗물이 토양층을 통해 배수판으로 흘러들어가지 못하고 지표면을 통해서 유출되는 경우가 있으므로 배수로로 유입될 수 있는 개거형으로 제작되는 것이 좋다.

• 점검구 : 배수로와 루프드레인의 연결부에는 점검구를 설치하여 인공토양, 낙엽, 쓰레기 등의 유입으로 인한 배수관의 막힘을 방지한다.
• 배수구 : 녹화 기반에서 발생한 (빗)물을 인공지반 마감면 → 루프드레인으로 유출하기 위해 플랜트박스 혹은 화단경계 하단부에 배수구를 설치한다.

ⓛ 지하층 상부 녹화
• 넓은 녹지 : 유공관을 일정 간격으로 설치하여 자연지반 쪽으로 배수를 유도하거나 배수 시설(집수정, 맨홀 등)에 연결한다.
• 연결이 어려운 독립된 단위녹지 : 건축과 협의하여 배수용 수직 드레인을 설치하여 배수하거나, 배수층의 배수망을 통해 인접 토목 배수관으로 연결하여 배수되도록 한다.

(3) 여과층

① 토양층과 배수층 사이에 토양 입자의 이동을 차단하는 층이 없다면 토양층의 토양입자가 배수층의 공극을 메워서 배수 기능을 상실하게 된다.
② 토양층과 배수층 사이에 투수 기능이 있는 여과층을 설치해서 토양 입자가 배수층 공극을 메우는 것을 차단하면서 물은 투과시킬 수 있어야 한다.
③ 여과층은 일반적으로 부직포(200g/m^2)를 사용하며, 부직포에 뿌리가 통과하지 못하는 소재는 가급적 지양한다.

(4) 토양층

① 일반 사항
㉠ 토양층은 식물이 생장할 수 있는 기반인 육성층, 토양의 비산을 방지하기 위하여 육성층 위에 포설하는 표토층으로 구성되어 있다.
ⓛ 골재 및 인공토양으로 배수층을 조성한 경우 토양층에 포함되나 배수층에는 골재형, 패널형, 저수형, 매트형이 있다.

② 토양층의 구성
㉠ 표토층(멀칭) : 표토층으로 사용 빈도가 높은 것으로 바크 우드칩, 화산석, 화강풍화토(마사토) 등이 있다.

[옥상녹화용 표토층의 종류별 특성]

표토층 종류	전 용적밀도(가비중)(g/m^2)	입자의 크기(입도)(mm)	색상(명도/채도)
바크, 우드칩	0.05~0.1로 비중이 작아 부유될 위험이 있으나 인공토양이 갖추어야 할 경량성은 확보됨	5mm 이상으로 증발산량 억제 효과가 떨어짐	검은 갈색(3/3) 복사열이 높아 지온 상승
화산석	0.8~0.9로 비중이 높아 전도될 우려가 있으며, 인공토양의 하중이 늘어남	3~5mm 이상으로 증발산량 억제 효과가 떨어짐	검은색(2.5/1) 복사열이 높아 저온 상승 색상이 검정에 가까워 주변 색상과의 이질감
화강풍 화토 (마사토)	비중이 1 이상으로, 화산석과 마찬가지로 전도될 우려가 있으며, 인공토양의 하중이 늘어남 전도로 인해 인공토양 육성층의 최적 입도 구성이 흐트러짐	품질이 고르지 않아 증발산량 억제 효과가 떨어짐	황갈색(5/8) 복사열이 낮음

ⓛ 육성층
• 육성층에 도입되는 토양은 자연토양과 인공토양(무기질토양, 유기질토양)으로 구분할 수 있다.
• 건축물의 허용하중이 높게 설계되어 식물의 생육 토심을 만족한다면 자연토양의 도입이 좋다.

- 건축물의 허용하중이 작게 설계되어 있다면 인공토양 혹은 혼합토양(자연토양과 인공토양을 혼합한 토양)을 사용하게 된다.
- 많은 경우 공동주택의 지하 주차장 등 지하층 상부에 조성되는 인공지반에는 자연토양 혹은 혼합토가 도입된다.
- 건축물 중간층 혹은 최상부에 조성되는 옥상에는 인공토양 혹은 혼합토가 도입된다.

[육성층의 종류별 특성]

구분	소재	특성
무기질토양	버미큘라이트(질석)	• 흑운모, 변성암을 고온으로 소성한 것 • 다공질로서 보수성, 통기성, 투수성 좋음 • 양이온 치환용량이 커서 보비력(거름기를 오래 지속할 수 있는 힘)이 큼
	펄라이트	• 흑요석, 진주암 등을 고온으로 소성한 것 • 다공질로서 보수성, 통기성, 투수성 좋음 • 양이온 치환용량이 적어서 보비력이 없음
	화산석	• 배수성이 뛰어나며, 표토층이 필요 없음 • 중경량형이며, 보수성이 낮음 • 양이온 치환용량이 커서 보비력이 큼
	발포유리	• 폐유리를 고온으로 가열하여 발포시킨 것 • 통기성, 투수성이 좋으나 공극이 커서 보수성은 낮음 • 양이온 치환용량이 적어서 보비력이 없음
	석탄재	• 석탄 연소 시 타지 않고 남은 덩어리 • 다공질로서 통기성, 투수성이 좋음
유기질토양	코코피트	• 코코넛 겉껍질 부위에서 추출한 것을 물리·화학적 과정을 거쳐 생산 • 보수력, 통기성이 좋고, 보비력이 큼 • 양이온 치환용량이 높음
	피트모스	• 한랭한 습지의 갈대나 이끼가 흙속에서 탄소화된 것 • 보수성, 통기성, 투수성이 좋음 • 양이온 치환용량이 커서 보비력이 큼

③ 토양의 성능 조건

㉠ 초기 식재 계획의 유지를 위한 식재토양 조성 원료는 생육 가능한 식물이나 식물 영양체, 특히 뿌리로 확산하는 잡초의 뿌리 영양체와 같은 부위를 포함해서는 안 된다.

㉡ 식재토양으로 일반 토양을 사용할 때 발아성 매토 종자가 포함되는 것을 가능한 피하고자 상부 토양 대신에 하부의 심토를 사용하는 것이 필요하다.

㉢ 섬유 조각, 유리, 도기, 합성수지 또는 나뭇조각과 같은 지름 2mm 이상의 선별 가능한 이물질의 포함은 최소화되어야 한다.

출제예상문제

01 조경 식재 공간에 관리를 목적으로 물을 대기 위한 시설을 무엇이라 하는지 쓰시오.

정답 관수시설

02 관수시설의 부분요소를 2가지 이상 쓰시오.

정답 가압 시설, 필터 장치, 살수 장치, 제어 장치

03 잔디, 관목 등이 도입된 소규모 식재 지역에서 적용하는 분무 살수기의 재원 중 살수 직경은 몇 m인지 쓰시오.

정답 6~12m

04 관목, 지피류 및 잔디가 도입된 식재 지역에 적용하는 회전 살수기의 재원 중 살수 직경은 몇 m인지 쓰시오.

정답 24~60m

05 교목 주위, 실내 조경 식물의 뿌리 부위에 집중적인 관수가 요구되는 지역에 사용하는 관수 도구를 쓰시오.

정답 낙수기

06 내경 50mm 이상의 관을 연결할 때 사용되는 연결용 부품을 쓰시오.

정답 링 조인트, 나사 조인트

07 수동 조절 밸브의 종류를 2가지 이상 쓰시오.

정답 게이트 밸브, 구체 밸브, 퇴수 밸브

08 저수조의 크기는 어느 정도로 해야 하는지 쓰시오.

정답 2일분 이상의 최대 사용량을 저장할 수 있는 크기

09 관수 방법에서 관수용 호스로 관수하는 방법 2가지를 쓰시오.

정답 지표관수, 점적관수

10 점적관수법의 관수 효율은 몇 % 정도인지 쓰시오.

정답 90~95%

11 자갈, 쇄석, 화산석, 경석 등 골재의 입도 조정을 통해 배수성을 확보할 수 있는 배수층을 쓰시오.

정답 골재형 배수층

12 다음에서 설명하는 옥상녹화 시설을 쓰시오.

1) 배수층과 벽면(난간)을 통해 대상지 내로 유입된 물을 루프드레인으로 유도하기 위해서 벽면과 토양층 사이에 설치하는 시설
2) 배수로와 루프드레인의 연결부에 설치하여 인공토양, 낙엽, 쓰레기 등의 유입으로 인한 배수관의 막힘을 방지하는 옥상녹화 시설

정답 1) 배수로
2) 점검구

13 토양층과 배수층 사이에 토양 입자의 이동을 차단하는 여과층의 재료로 쓰이는 것을 쓰시오.

정답 부직포

14 옥상조경의 토양층을 2가지로 분류하여 쓰시오.

정답 육성층, 표토층

15 옥상조경의 배수층의 사용재료에 의한 분류 2가지 이상을 쓰시오.

정답 골재형, 패널형, 저수형, 매트형

16 옥상조경의 표토층으로 사용빈도가 높은 3가지를 쓰시오.

정답 바크 우드칩, 화산석, 하강풍화토(마사토)

17 옥상조경의 인공토양 종류 중 유기질토양을 2가지 쓰시오.

정답 코코피트, 피트모스

18 식재토양으로 일반 토양을 사용할 때 발아성 매토 종자가 포함되는 것을 가능한 피하기 위해 사용하는 토양을 쓰시오.

정답 하부의 심토

19 녹화 기반의 현장 상태 점검 시 인공지반의 배수 구배는 어느 곳으로 향해 있어야 하는지 쓰시오.

정답 루프드레인

20 배수판 위에 여과층을 포설할 때 부직포의 겹치는 너비는 몇 cm 정도 되어야 안전한지 쓰시오.

정답 10cm 이상

21 토양층을 펄라이트 등 인공토양으로 조성할 때 인공토양 부설과 동시에 이어서 해야 하는 작업을 쓰시오.

정답 물을 공급하면서 다짐 작업

22 인공토양 시공 직후 바로 식재 공사가 진행되지 못할 경우 처리방법을 쓰시오.

정답 천막 등으로 보양한다.

4 인공지반 녹화

(1) 일반 사항

① 식물 재료는 인공지반의 물리적·생태적 특성에 적응력이 높은 식물을 도입한다.
② 바람, 토양의 동결심도, 공기의 오염도 등을 고려하여 선정한다.
③ 열악한 환경에서도 잘 견딜 수 있는 수목을 선택한다.
④ 외곽지에는 수고가 낮게 크는 교목으로 하고, 안쪽에는 소교목, 관목, 초화류로 식재한다.
⑤ 키가 작고 전지·전정이 필요 없이 관리가 용이한 수종을 선택한다.
⑥ 이식 후 활착이 빠르고 생장이 지나치게 왕성하지 않은 수종을 선택한다.
⑦ 내건성, 내한성, 내습성, 내광성 등에 고루 강한 수종을 선택한다.

(2) 식물 재료의 요구 성능

① 뿌리분의 높이가 식재 기반층 두께(토심)에 맞게 결정되어야 한다.
② 점토나 유기질 토양에서 길러진 다년초는 옥상녹화에 적합하지 않다.
③ 경량형 녹화 조성을 위해 사용되는 식물은 생육 상태가 양호하고, 적정량의 질소 시비로 키워졌으며, 충분히 열악한 환경에 적응한 식물이어야 한다.
④ 온실에서 재배한 것을 직접 적용하는 것은 안 되며, 야생 다년초의 경우 자연산지에서 직접 채취한 것이 아닌, 재배 생산을 통해 출하한 것을 권장한다.
⑤ 식재 기반층의 두께가 얇을 때는 평평한 뿌리분 식물을 심는다.
⑥ 포트묘 식물, 용기묘 식물 그리고 평평한 뿌리분 식물의 재배 토양은 주로 무기질 재료로 구성되어야 한다.
⑦ 옥상녹화 조성 시 사용되는 뗏장은 부식질이 적거나 중간 정도인 사토(모래흙)에서 재배되어야 하며, 토끼풀 종류가 절대로 뗏장에 혼합되지 않아야 한다.
⑧ 식생 매트는 재배, 운송, 포설 및 사용 목적을 위해서 적합한 매트 기반 구조로 형성된다.
⑨ 식생 매트가 팽팽하게 당겨지는 대상지에서 매트 기반 구조는 토목 섬유의 요구 조건에 적합해야 한다.
⑩ 부직포로 된 매트 기반은 토양에서 분리되어 들리지 않고 부직포를 투과하여 뿌리를 내리는 기능을 충족하여야 한다.
⑪ 식생 매트는 균일한 두께로 생산되어야 하며 들뜬 공간이 생기지 않게 포설할 수 있어야 하고, 매우 건강하게 재배된 것이어야 한다.
⑫ 식생 매트는 온실로부터 직송된 제품을 사용해서는 안 된다.
⑬ 건강한 식물은 식물종에 맞게 형성된 지상부 줄기나 짧은 줄기 마디 길이를 통해 식별할 수 있다.

(3) 도입 식물 및 식재

구분	수종
상록교목	구상나무, 주목, 측백나무, 가이즈까향나무 등
낙엽교목	산수유, 배롱나무, 서어나무, 무화과나무, 마가목, 신나무, 참빗살나무, 단풍나무, 산딸나무, 말채나무, 팥배나무, 매화, 목련, 모감주, 벚나무, 복자기, 자귀나무, 앵두나무, 비타민나무 등
상록관목	반송, 개비자나무, 눈주목, 눈향나무, 남천, 돈나무, 회양목, 꽝꽝나무, 사철나무, 서향, 식나무, 자금우, 백량금 등
낙엽관목	명자꽃, 황매화, 장미, 조팝나무, 화살나무, 모란, 철쭉, 수국, 말발도리, 칼슘나무, 수수꽃다리, 좀작살
초화류	부처손, 둥글레, 금낭화, 비비추, 기린초, 애기기린초, 섬기린초, 돌나물, 바위채송화, 두메부추, 구절초, 벌개미취, 돌마타리, 층꽃, 둥근잎꿩의비름, 아주가, 매발톱꽃, 쑥부쟁이, 금꿩의다리, 범부채, 애기원추리, 할미꽃, 세덤류 등

(4) 탈부착(모듈/플랜트/유닛) 시스템

① **일반 사항** : 일정 크기의 패널 또는 박스 형태 단위 유닛의 형상과 소재를 이용하여 구성요소의 일체화를 도모한 녹화 시스템으로 제품에 따라 저수와 배수, 여과와 방근 등의 다양한 성능을 통합하여 일체화한 시스템을 지칭한다.

장점	단점
• 공정이 단순하여 공기를 단축할 수 있다. • 식생의 생장 조건에 적합하도록 제작이 가능하고, 보수 및 배수 성능의 향상을 기대할 수 있다. • 출하 시 높은 녹피율을 확보하여 시공 후 초기 녹화 및 경관 향상 효과가 높다. • 높은 보수 능력과 단위별 녹화로 인해 경사형 지붕 녹화에도 적용 가능하다.	• 적용 가능한 녹화 유형의 다양성이 부족하다. • 개별 유닛 간의 접합 불량 시 틈새 발생 가능성을 내포한다. • 선 재배 등으로 인한 주문생산 방식으로 가격 상승이 우려된다.

② 성능 조건

㉠ 기본적으로 유닛 녹화 시스템은 유닛과 유닛, 유닛과 구조체를 고정하는 방안을 동시에 제안하는 시스템이어야 한다.

㉡ 시스템 특성상 개별적인 운반과 조립을 통해 녹화 면을 완성하게 되므로 준공 후 풍압(바람압력)이나 기계적 충격 등으로 유닛의 이동이나 탈락이 발생할 가능성이 있어 견고한 고정방안을 포함하여야 한다(풍압이나 기계 충격 예방을 위하여 풍압 고정용 콘으로 고정할 수 있다).

㉢ 유닛의 구성 소재와 형상에 따라 차이는 있지만, 유닛의 측면부가 노출되지 않도록 마감하는 공법이나 소재를 제시하여야 하며, 장기적인 일사 노출에 구조와 형상의 변화가 없어야 한다.

㉣ 유닛 녹화 시스템은 시공법상 유닛 단위의 운반 등이 빈번하게 발생하므로 개별 유닛의 중량은 녹화가 모두 이루어진 최종 상태에서 단위 유닛당 최대 25kg을 넘지 않아야 한다.

출제예상문제

01 다음은 인공지반 녹화에 대한 설명이다. (   ) 안에 알맞은 내용을 쓰시오.

> • 식물 재료는 인공지반의 물리적・(①) 특성에 적응력이 높은 식물을 도입한다.
> • 바람, 토양의 (②), 공기의 오염도 등을 고려하여 선정한다.
> • 열악한 환경에서도 잘 견딜 수 있는 (③)을 선택한다.
> • 키가 작고 전지・전정이 필요 없이 관리가 (④)을 선택한다.

정답 ① 생태적
② 동결심도
③ 수목
④ 용이한 수종

02 인공지반 녹화에 사용되는 식물이 가지고 있어야 할 성질을 2가지 이상 쓰시오.

정답 내건성, 내한성, 내습성, 내광성

03 다음은 인공지반 녹화에서 식물 재료의 요구 성능이다. (   ) 안에 알맞은 내용을 작성하시오.

> • 점토나 유기질 토양에서 길러진 (①)는 옥상녹화에 적합하지 않다.
> • 경량형 녹화 조성을 위해 사용되는 식물은 생육 상태가 양호하고, 충분히 (②) 환경에 적응한 식물이어야 한다.
> • 식재 기반층의 두께가 얇을 때는 (③) 뿌리분 식물을 심는다.
> • 야생 다년초의 경우 자연산지에서 직접 채취한 것이 아닌, (④)을 통해 출하한 것을 권장한다.

정답 ① 다년초
② 열악한
③ 편평한
④ 재배 생산

04 유닛 녹화 시스템에서 녹화가 모두 이루어진 최종 상태에서 단위 유닛당 무게가 넘지 말아야 하는 최대 중량은 몇 kg인지 쓰시오.

정답 최대 25kg

05 인공지반 녹화에서 안전난간의 높이는 몇 m 이상으로 설치해야 하는가?

정답 1.2m 이상

06 수목 식재공사 완료 후 인공토양의 비산 및 유출을 방지하기 위하여 시행해야 하는 일 중에서 노출된 인공토양의 비산을 방지하기 위한 조치를 쓰시오.

정답 표토층을 조성한다.

07 평지형 지붕녹화와 경사형 지붕녹화를 가능하게 하지만 유지관리에 어려움이 많은 인공지반 녹화 시스템을 쓰시오.

정답 탈부착 시스템

5 인공지반 조경시설 설치 및 포장 조성

(1) 조경공간

옥상조경은 도시미관 개선, 생물 서식기반 형성, 분산식 빗물관리체계 구축, 에너지 절약, 텃밭, 휴게 공간의 제공 등의 기능과 역할을 하고 있다.

(2) 조경시설물

① 현장제작시설

㉠ 수경시설

- 주로 (생태)연못, 벽천, 분수, (생태연못 연결)수로 등의 형태로 도입되며, 조형물과 함께 설치하기도 한다.
- 생명의 근원은 물이기 때문에 물은 그 자체만으로도 사람의 마음을 끌어당기는 효과가 있으며, 실내조경에서는 분수, 낙수, 정수, 유수 등의 다양한 연출기법을 통해서 사람에게 감상 기능, 습도조절 기능, 공기정화 기능, 소음조절 기능 등을 제공한다.
- 물은 중력과 작용하여 한곳에 모여 있거나(정수), 흐르거나(유수), 떨어지거나(낙수), 솟아오르는(분수) 4가지의 특성을 보인다.
- 수경 연출도 이러한 물의 특성을 강조하여 정수(풀), 유수(수로), 낙수(폭포), 분수(분수)의 4가지 기본형과 이를 조합한 혼합형을 합하여 5가지 유형으로 분류할 수 있다.

㉡ 플랜터

- 점토벽돌(적벽돌)쌓기, 콘크리트 구체+각종 마감재(화강석판석, 화강석켜쌓기, 인조석, 판재 등), 목재, 철재, 석재 등을 주로 사용한다.
- 보통 앉음벽(연식의자) 겸용으로 도입되는 경향이 많다.

② 옥외시설

㉠ 조경시설물 중 가장 높은 빈도로 도입되는 시설로 주로 휴게를 위한 퍼걸러, 의자, 원두막, 야외탁자 등이 있다.

㉡ 의자는 등의자, 평의자, 단식의자, 연식의자 등의 형태로 도입된다.

㉢ 원두막은 옥상 텃밭과 연계하여 전원 분위기 조성을 위하여 도입된다.

③ 목재 데크(덱)

㉠ 경량자재, 친화적인 자연소재, 데크(덱) 하부 배수용이 등의 장점과 함께 옥상 공간의 반개방적 특성을 갖는다.

㉡ 포장 대용으로 설치하여 자연적인 분위기를 조성할 수 있으므로 도입 빈도가 높다.

④ 펜스

㉠ 추락의 위험이 있는 옥상 가장자리는 높이 1.2m 이상 난간 등의 안전구조물을 설치하여야 한다.

㉡ 건물 옥상의 경계부를 건축공사에서 난간을 1.2m 높이로 마감한 뒤, 조경공사에서 녹지, 데크(덱), 플랜터 등을 건물 옥상 경계부에 접해서 설치하는 경우에는 그 마감 높이에서 펜스 높이 1.2m를 확보해야 한다.

㉢ 펜스는 상단에서 아래로 1.2m 이내에 발을 밟고 올라갈 수 없는 구조이어야 한다.

⑤ 기타 시설물 및 점경물

㉠ 트렐리스 : 덩굴을 이용한 수직면 녹화용 혹은 차폐를 위하여 도입된다.

㉡ 물확, 석연지, 석등, 괴석 등 소규모 점경물이 주로 도입된다.

(3) 포장

자연지반에 도입되는 조경포장(인조화강석 블록, 점토 블록, 화강석판석, 화산석판석, 방부목포장 등) 대부분이 인공지반 조경포장재로 도입된다.

출제예상문제

01 실내조경에서 사용되는 물을 이용한 다양한 연출기법을 2가지 이상 쓰시오.

정답 모여 있거나(정수), 흐르거나(유수), 떨어지거나(낙수), 솟아오르는(분수)

02 실내조경에서 사용되는 물을 이용한 다양한 연출기법으로 수공간을 조성하였을 때 나타나는 효과를 2가지 이상 쓰시오.

정답 감상 기능, 습도조절 기능, 공기정화 기능, 소음조절 기능

03 옥외시설에서 시공되는 의자의 형태에 따른 종류를 4가지 쓰시오.

정답 등의자, 평의자, 단식의자, 연식의자

04 덩굴을 이용한 수직면 녹화용 혹은 차폐를 위하여 도입하는 시설물을 쓰시오.

정답 트렐리스

05 석재로 제작된 점경물을 2가지 이상 쓰시오.

정답 물확, 석연지, 석등, 괴석

06 인공지반 조경시설 설치 및 포장하기에서 공사 착공에 앞서 면밀히 조사해야 할 내용을 2가지 이상 쓰시오.

정답 전기, 급수·배수시설, 환기시설, 공사여건

07 조경시설물을 설치할 때에 하중을 분산시키는 방식을 간략히 서술하시오.

정답 배분해서 설치하고 고정한다.

08 조경시설물 배치 시 중량이 무거운 단위 시설물이나 퍼걸러의 기둥과 같이 하중이 한곳으로 집중되는 시설물의 설치위치를 쓰시오.

정답 건축물의 기둥 위

제2절 벽면녹화하기

1 도입식물의 등반 형태와 등반 보조재의 적합성 검토

(1) 벽면녹화의 구성요소

① 벽면녹화는 유형에 따라 차이가 크지만, 일반적으로 구조부, 녹화보조재, 녹화부, 식생층으로 구성된다.

② 벽면녹화에서 가장 중요한 구성요소는 녹화보조재로 녹화부를 지탱하거나 성장하는 식물의 등반 보조재 기능을 한다.

③ 건축물과 녹화부를 일체화하는 데 필수적인 구성요소이며 시스템의 구성에 따라 통기, 배수, 관수 경로의 기능을 겸하기도 한다.

④ 녹화부는 식물 생장의 기반 역할을 하며 식생층이 일체화되기도 한다.

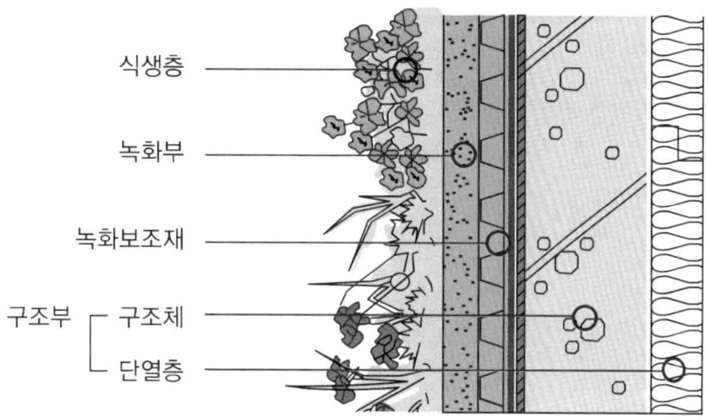

[벽면녹화 시스템 구성 사례]

(2) 벽면녹화의 유형

① 등반부착형(흡착등반형) 녹화

㉠ 부착근(기근, 흡반)으로 벽면을 등반하는 덩굴식물을 이용한 벽면녹화 기법이다.

㉡ 벽 표면이 거칠면 생육과 등반에 유리하나, 대체로 등반보조형 녹화보다 벽면을 덮는 시간은 오래 걸린다.

㉢ 등반보조형 녹화보다 설치 비용이 저렴하나, 자체 무게나 바람의 압력에 의해 벽면에서 분리될 수 있다.

㉣ 일부 덩굴식물은 기근이 구체 내부로 침입하여 손상을 줄 수 있으며, 부착근으로 인해 벽면을 더럽힐 수도 있다.

② 등반보조형(권만등반형) 녹화

㉠ 덩굴손이나 줄기로 감아 올라가는 덩굴식물을 이용한 벽면녹화 기법으로 보조자재를 벽면에 부착하여 덩굴식물이 감아 올라갈 수 있도록 하는 벽면녹화이다.

㉡ 벽면의 재질에 영향을 받지 않으며, 등반부착형 녹화보다 벽면을 덮는 시간이 빠르다.

㉢ 대다수 덩굴식물의 회전 운동 반경은 30~40cm이므로, 지지체의 격자 간격은 40cm를 넘지 않는 것이 좋다. 격자의 간격이 짧을수록 식물은 감고 올라갈 대상을 빨리 발견하게 되고 피복 면적을 확대하는 데 유리하다.

③ 하수형(하직형) 녹화

㉠ 벽면의 상부에서 잎을 늘어뜨려 벽체의 입면을 녹화하는 기법이다.

㉡ 부착근이 없는 식물이라도 사용이 가능한 장점이 있는 반면에, 바람에 의해 벽에서 떨어진 잎이 흔들릴 경우 생장이 억제되어 벽면 피복 시간이 오래 걸린다.

㉢ 될 수 있으면 바람이 적은 곳을 택하여 도입하거나, 식물이 바람에 흔들리는 것을 막기 위하여 철망 등 보조재를 도입할 수 있다.

④ 탈부착형(컨테이너형) 녹화

㉠ 벽체에 탈부착이 가능한 일정한 형태의 식재 기반(토양, 양분, 관・배수장치 등)을 설치하고 식물을 심어 벽면을 녹화하는 기법이다.

㉡ 벽체에 수직으로 일정 간격마다 플랜터형, 패널형, 포켓형 등의 식재 기반을 설치하고 식물을 심기 때문에 인공지반에서의 식재 및 조기 피복이 가능하다.

㉢ 유닛 단위로 식재가 이루어지므로 벽면에 다양한 패턴의 디자인 연출이 가능하고, 하자 등이 발생했을 경우 부분 교체가 가능하다.

⑤ 행잉형(걸이형)

㉠ 난간이나 울타리에 걸이형 플랜터(토양, 양분, 관・배수장치 등)를 설치하고 식물을 심어 가로변을 녹화하는 기법이다.

㉡ 탈부착형과 동일하게 유닛 단위로 이루어지므로 하자 등이 발생했을 경우 부분 교체가 수월하다.

출제예상문제

01 벽면녹화에서 가장 중요한 구성요소가 무엇인지 쓰시오.

정답 녹화보조재

02 다음에서 설명하는 벽면녹화 기법을 쓰시오.

1) 부착근(기근, 흡반)으로 벽면을 등반하는 덩굴식물을 이용한 벽면녹화 기법
2) 덩굴손이나 줄기로 감아 올라가는 덩굴식물을 이용한 벽면녹화 기법으로 보조자재를 벽면에 부착하여 덩굴식물이 감아 올라갈 수 있도록 하는 벽면녹화
3) 벽면의 상부에서 잎을 늘어뜨려 벽체의 입면을 녹화하는 기법
4) 벽체에 탈부착이 가능한 일정한 형태의 식재 기반(토양, 양분, 관・배수장치 등)을 설치하고 식물을 심어 벽면을 녹화하는 기법

정답 1) 등반부착형 녹화
2) 등반보조형 녹화
3) 하수형 녹화
4) 탈부착형 녹화

03 난간이나 울타리에 걸이형 플랜터(토양, 양분, 관·배수장치 등)를 설치하고 식물을 심어 가로변을 녹화하는 기법을 쓰시오.

정답 행잉형

04 등반보조형 녹화에서 등반보조재는 벽면에서 몇 cm 정도 이격시켜야 하는지 쓰시오.

정답 5~10cm

2 벽면녹화

(1) 녹화 기반 조성하기

① 자연지반/인공지반의 녹화 기반 조성하기

㉠ 식물을 건전하고, 지속(10년 이상)해서 생장시키기 위해서는 토양이 넓게 펼쳐진 대지에 식재하는 것이 좋다.

㉡ 벽면 높이가 2m 이상일 경우에는 양질의 토양이 아니라면 충분한 등반이 불가능하다.

㉢ 증산량과 토양 보수량의 관계에서 살펴보면, 녹화 벽면 $1m^2$당 토양 50L 이상이 필요하다.

㉣ 녹화 기반은 독립된 플랜터를 늘어놓은 것이 아니라, 토양이 연속된 연결 유형의 플랜터를 이용하거나 건설 당시에 현장 타설 콘크리트로 구체와 일체화하여 조성하는 것이 좋다.

㉤ 토양은 보비력, 보수성이 높은 유기질계 인공토양이 지속성과 조기 피복에 적합하다.

[토양개량 범위 및 객토량(벽면 길이 1m당)]

벽면높이(m)	자연지반			인공지반		
	객토량(L)	개량 폭(m)	개량 깊이(m)	객토량(L)	토양 폭(m)	토양 깊이(m)
2	90	0.30	0.30	100	0.30	0.33
4	160	0.40	0.40	200	0.50	0.40
6	240	0.60	0.40	300	0.60	0.50
8				400	0.80	0.50
10	400	1.00	0.40	500	1.00	0.50
20	800	1.60	0.50			

② 플랜터형(컨테이너형)의 녹화 기반 조성하기

㉠ 벽면녹화를 $1m^2$ 덮는 데 필요한 토양은 50L 정도이다.

㉡ 플랜터형 기반의 하중을 산출하여 구조적 안전성을 도모한다.

- 녹피 계획 면적(m^2)×50(L) = 필요 토양
- 필요 토양×토양 용적 밀도 = 토양 중량
- 토양 중량÷플랜터 설치 개수 = 1개소당 토양 중량
- 1개소당 토양 중량 + 플랜터 중량 = 1개소당 설치 중량

(2) 벽면녹화하기

① 등반부착형(흡착등반형) 녹화

㉠ 도입 기준

- 등반 보조재가 없어도 덩굴식물의 등반이 쉬운 벽면
- 거친 표면을 가진 콘크리트(옹벽, 교각 등), 석축, 화강석, 돌담, 벽돌담 등
- 시공비가 상대적으로 저렴하므로 벽면녹화를 위한 예산이 적을 경우
- 벽체가 노후화되었거나 벽면의 자연성을 강조하기 위하여, 벽체에 목재(판재, 반원주목 등)를 덧댄 후 등반부착형 식물을 도입

㉡ 도입 수종 : 담쟁이덩굴, 줄사철, 헤데라, 마삭줄, 능소화 등

② 등반보조형(권만등반형) 녹화

㉠ 도입 기준

- 줄기 감기나 덩굴손에 의해 등반하는 식물을 식재할 경우
- 매끈한 표면으로 인해 등반부착형 식물을 통한 벽면녹화가 어려운 곳
- 등반부착형 식물의 뿌리에 의해 건물 벽면의 손상이 우려되는 벽면녹화 대상지
- 펜스, 트렐리스 등 기존 구조물이 있는 경우에는 적극 활용

㉡ 도입 수종 : 머루, 시계꽃, 노박덩굴, 으름덩굴, 인동덩굴, 멀꿀, 으아리 등

③ 하수형(하직형) 녹화

㉠ 도입 기준

- 벽체 하단에 자연지반이 없거나, 벽체 상단에 녹화 기반 조성이 쉬운 경우
- 벽체의 높이가 높거나 조기 녹화가 필요할 때에는 벽체의 상하단부에 병행 식재
- 바람이 많은 곳은 생육에 불리하므로 바람이 많은 곳은 될 수 있으면 피함
- 바람으로부터 식물을 보호하기 위하여 보조재를 도입할 수 있음(부착근이 있는 식물은 제외)

㉡ 도입 수종 : 오엽담쟁이, 으아리, 인동덩굴, 으름덩굴, 헤데라(하수형)

④ 탈부착형(컨테이너형) 녹화

㉠ 도입 기준

- 벽체의 상하단에 자연지반이 없거나 녹화 기반 조성이 쉽지 않은 곳
- 벽면에 일정한 패턴을 연출하여 벽면의 시각적 개선을 도모할 경우
- 등반형 식물이나 하수형 식물 등에 한정하지 않고 다양한 식물들을 이용해서 벽면을 연출하고자 할 때
- 관수 설비와 연결할 수 있는 수원 및 전기 시설이 있어야 하며, 시공 후 유지관리 체계가 확립되어야 함

㉡ 도입 수종 : 벽면녹화용 식물, 척박지에 강한 식물 도입

⑤ 그린커튼(Green Curtain)

※ 그린커튼의 경우 벽면에 부착하는 녹화기법은 아니나, 입체녹화의 유형 중 하나이면서 건물의 수직면을 녹화하므로 여기서는 벽면녹화의 유형 중 하나로 포함하였음

㉠ 도입 기준

- 등반부착형 · 등반보조형 · 탈부착형 녹화 등 직접적인 벽면녹화가 어려운 유리창 등
- 건물 높이 10m 내외의 일조여건이 좋은 건물(10m 이상일 경우 도입식물의 생육한계 및 바람 등에 의해 부적정)
- 건물 앞 2~4m 이상의 여유공간이 있는 평지
- 건물 상단 및 옥상에 식물 고정을 위한 시설설치가 가능한 곳

㉡ 도입 수종 : 나팔꽃, 풍선초, 여주 등

출제예상문제

01 녹화 기반 조성하기에서 양질의 토양이 아니라면 충분한 등반이 불가능한 벽면의 높이는 몇 m 이상인지 쓰시오.

정답 2m 이상

02 플랜터형(컨테이너형)의 녹화 기반 조성하기에서 벽면녹화를 $1m^2$ 덮는 데 필요한 토양의 부피는 몇 L 정도인지 쓰시오.

정답 50L

03 등반부착형(흡착등반형) 녹화에 도입할 수 있는 식물을 3가지 이상 쓰시오.

정답 담쟁이덩굴, 줄사철, 헤데라, 마삭줄, 능소화

04 등반보조형(권만등반형) 녹화에 도입할 수 있는 식물을 3가지 이상 쓰시오.

정답 머루, 시계꽃, 노박덩굴, 으름덩굴, 인동덩굴, 멀꿀, 으아리

05 하수형(하직형) 녹화에 도입할 수 있는 식물을 3가지 이상 쓰시오.

정답 오엽담쟁이, 으아리, 인동덩굴, 으름덩굴, 헤데라(하수형)

06 등반형 식물이나 하수형 식물 등에 한정하지 않고 다양한 식물들을 이용해서 벽면을 연출하고자 할 때 도입할 수 있는 벽면녹화를 쓰시오.

정답 탈부착형(컨테이너형) 녹화

07 등반부착형, 등반보조형, 탈부착형 녹화 등 직접적인 벽면녹화가 어려운 유리창 등에 도입하는 벽면녹화를 쓰시오.

정답 그린커튼(Green Curtain)

08 그린커튼(Green Curtain)에 도입할 수 있는 식물을 2가지 이상 쓰시오.

정답 나팔꽃, 풍선초, 여주

09 벽면녹화용 식물 식재 시 심어진 식물이 벽면이나 등반보조재와 떨어져 있을 때의 조치사항을 서술하시오.

정답 유도 철선을 설치해서 식물을 벽면으로 유도한다.

10 벽면녹화용 대형 덩굴식물을 식재할 경우 식재 간격은 본당 몇 m인지 쓰시오.

정답 2.0~5.0m/본당

11 벽면녹화용 식물 중 등나무, 능소화 등으로 부분 녹화할 경우의 식재 간격은 몇 m 이상인지 쓰시오.

정답 5m 이상

제3절 텃밭 조성하기

1 텃밭 특성과 농작물 적합성 검토

(1) 텃밭 유형별 특성 검토하기

① 독립형(상자) 텃밭

㉠ 건물의 녹화 여부와 상관없이 독립된 시설로 농작물 재배 공간을 설치한 경우

㉡ 상자 텃밭과 같이 이동이 가능한 화분형과 옥상 일부에 조성된 화단형으로 구분 가능

㉢ 독립형은 건물 옥상의 구조적 안전성 및 내구성에 영향을 주지 않는 범위 내에서 설치 가능

② 통합형 텃밭

㉠ 옥상녹화 시스템과 일체화된 농작물 재배 시설

㉡ 전면적으로 시설하는 경우와 녹화 시스템 일부를 텃밭으로 조성하는 경우로 구분 가능

③ 시설형(온실)

㉠ 건물 옥상에 비닐하우스나 온실 등을 텃밭으로 조성한 경우

㉡ 옥상녹화 시스템과 연계하여 설치한 경우와 옥상녹화 시스템과 별개로 조성된 경우로 구분 가능

㉢ 시설형은 법이 허용한 건축 면적을 초과하지 않는 범위 내에서 설치 가능

(2) 텃밭 대상지 특성 검토하기

① 허용하중 검토하기

② **일조량 검토하기** : 동지일 기준 1일 일조량 4시간을 기준으로 한다.

③ 방수·방근층 검토하기

④ 급·배수 시스템 검토하기

(3) 농작물 유형 및 인공지반 텃밭에 도입 가능한 농작물 검토하기

① 엽채류(잎채소류)

㉠ 의미 : 잎을 식용하는 채소

㉡ 주요 작물 : 상추, 들깨, 아욱, 배추, 양배추, 시금치, 루꼴라, 부추, 쑥갓, 갓, 로메인, 치커리, 근대, 청경채, 머위, 냉이 등

② 근채류(뿌리채소류)

㉠ 의미 : 뿌리를 식용하는 채소

㉡ 주요 작물 : 감자, 고구마, 야콘, 토란, 무, 순무, 열무, 당근, 비트, 생강, 울금, 땅콩 등

③ 과채류(열매채소류)

㉠ 의미 : 열매를 식용으로 하는 채소

㉡ 주요 작물 : 고추, 파프리카, (방울)토마토, 오이, 참외, 가지, (애)호박, 딸기, 완두콩, 강낭콩, 서리태 등 콩류, 여주, 수세미 등

④ 과수류

㉠ 의미 : 과실을 맺는 나무

㉡ 주요 작물 : 블루베리, 앵두, 무화과, 포도나무, 자두나무 등

출제예상문제

01 독립형(상자) 텃밭의 종류를 2가지 쓰시오.

정답 화분형, 화단형

02 다음에서 설명하는 텃밭의 종류를 쓰시오.

1) 옥상녹화 시스템과 일체화된 농작물 재배 시설 2) 건물 옥상에 비닐하우스나 온실 등을 텃밭으로 조성한 경우의 텃밭

정답 1) 통합형 텃밭
2) 시설형 텃밭

03 텃밭 대상지 특성 검토에서 일조량의 기준을 쓰시오.

정답 동지일 기준 1일 일조량 4시간

04 텃밭 대상지 검토 후 텃밭 유형을 결정할 경우 허용하중 검토 결과 중량형, 혼합형 녹화가 가능하다면 어떠한 텃밭을 조성할 수 있는지 쓰시오.

정답 독립형(상자) 텃밭, 통합형 텃밭, 시설형 온실

05 일조량이 4시간 이상인 구역에 재배 가능한 농작물 유형을 쓰시오.

정답 엽채류, 근채류, 과채류, 과수류

2 텃밭 조성

(1) 유형별 텃밭 기반 조성하기

① 독립형(상자) 텃밭

㉠ 농작물 유형(엽채류, 근채류, 과채류, 과수류)을 고려하여 적정 폭과 토심을 결정한다.

㉡ 토양층의 종류(자연토, 인공토), 토심(10~40cm), 도입 개수, 배치에 대한 결정은 인공지반 허용하중 범위 내에서 이루어져야 한다.

② 통합형 텃밭

㉠ 구조 안전 진단 없이 설치하는 시설 면적은 $10m^2$ 미만으로 하고, 토심은 15cm 이하로 제한한다.

㉡ 일반 건축물과는 달리 텃밭 시설의 방수 및 방근층은 물과 접촉하는 시간이 길어지므로 농작물에 해로운 구성 성분이 용출되어서는 안 된다.

㉢ 텃밭 활동 중 호미를 비롯한 농기구 사용 시 방수층을 비롯한 토양층 하부 시스템을 손상할 우려가 있으므로, 통합형으로 텃밭을 조성할 경우에는 반드시 보호층을 설치한다.

③ **시설형(온실)** : 선반 위에 화분 등을 올려놓을 때는 독립형(상자) 텃밭의 기준을 준용하고, 인공지반 위에 토양층을 조성할 때에는 통합형 텃밭의 기준을 준용한다.

④ **농기구 보관소** : 텃밭 경작 활동, 유지관리를 위하여 필요한 농기구, 유기질 비료, 물뿌리개 등을 보관할 수 있는 농기구 보관소를 설치한다.

출제예상문제

01 통합형 텃밭을 조성할 때에 구조 안전 진단 없이 설치하는 시설 면적은 몇 m^2인지 쓰시오.

정답 $10m^2$ 미만

02 상추 등 쌈 채소, 아욱, 쑥갓, 근대 등을 식재할 때 너비는 몇 cm인지 쓰시오.

정답 20~30cm

03 농작물의 유형별 적정 토심에서 과채류의 최소 토심은 몇 cm인지 쓰시오.

정답 15cm

04 독립형(상자) 텃밭의 규격・형태 설정에서 작물 간 평균 거리, 심는 위치 등을 고려한 폭은 몇 cm인지 쓰시오.

정답 60~90cm

12 조경관리

제1절 조경시설물 관리

1 조경시설물 관리

(1) 조경시설물

① 조경시설물의 종류 : 조경시설, 휴양시설, 놀이시설, 운동시설, 교양시설, 편익시설, 관리시설 그 밖의 시설 등

② 시설물의 관리 작업 시기

㉠ 식물처럼 일정한 적기가 있는 것이 아니라 손상 부위가 발견될 시 즉시 보수를 해야 한다.

㉡ 이용자의 수가 적을 때 실시하거나 장마철 또는 추울 때를 피하여 실시하는 것이 좋다.

㉢ 같은 종류의 시설물은 종합해서 실시하는 것이 좋다.

(2) 조경시설물 유지관리

① 조경시설물 유지관리 목적

㉠ 시설물의 종류에 따라 설치 목적이 유지되어야 한다.

㉡ 청결하고 안전한 상태에서 이용자가 항상 적절하게 이용할 수 있도록 관리하여야 한다.

㉢ 시설물 관리가 처음부터 정상적으로 이루어지지 않으면 시설물 자체의 수명이 짧아진다.

㉣ 제때 관리하지 않으면 시설물 수리나 교체에 드는 비용이 더욱 커지게 된다.

㉤ 그로 인해 불필요한 예산을 낭비하는 결과를 가져오게 된다.

㉥ 시기를 놓치면 불용품이 되거나 미처 생각하지 못한 큰 사고의 원인이 된다.

② 조경시설물 유지관리 계획의 조건

㉠ 환경조건을 자연조건과 인적조건으로 나누어서 고려한다.

- 자연조건 : 토양, 토질, 지형, 온도, 습도, 우량, 적설, 일조, 바람 등이 있다.
- 인적조건 : 대기오염, 이용빈도, 단위기간 이용자 수, 이용수칙 준수 여부, 이용자 연령대 등이 있다.
- 이 조건들은 순회점검의 빈도, 도장, 시설재료와 부위에 따른 내용연수 등에 영향을 준다.

㉡ 시설조건을 먼저 파악하여야 한다.

- 시설조건은 점검내용, 보수내용 또는 점검이나 보수 시기와 횟수 등을 결정하는 요소가 된다.
- 시설조건에는 관리대상 시설의 종류, 설치목적(의도), 형태, 규모, 재질, 수량, 관리주체, 시설경과 등이 있다.

③ 조경시설의 외관 상태 평가 기준

양호	문제점이 없는 양호한 상태
일부 파손	경미한 손상의 양호한 상태
손상	보조 부재에 손상이 있는 보통의 상태
긴급 보수	주요 부재에 진전된 노후화(가열, 콘크리트의 전단균열, 침하 등)로 긴급하게 보수·보강이 필요한 상태. 사용제한 여부 판단 필요
사용 금지	주요 부재가 심각하게 노후화 또는 단면 손실이 발생하였거나 안전성에 위험이 있어 시설 사용을 즉각 금지하고 교체와 개축이 필요한 상태

④ 유지관리 작업 방식

㉠ 직영관리와 위탁관리의 특성과 장단점

- 직영관리
  - 관리조직이 형성되어 있을 경우 대체적으로 직영관리를 시행한다.
  - 관리책임소재가 분명하며 긴급한 대응이 가능하다.
  - 전문인력 확보가 어려우면 효율성이 저하될 수가 있다.
- 위탁관리
  - 장기간에 걸쳐 전문적 기술이 필요한 경우 위탁관리가 효과적일 때가 많다.
  - 위탁받은 업체의 수준에 따라 양질의 서비스를 받을 수 있다.
  - 책임소재나 권한의 범위가 불분명해서 분쟁이 발생하기도 한다.

㉡ 유지관리 매뉴얼에 맞게 작업하는 방법을 알고 있어야 한다.

- 유지관리 작업 방식의 결정은 관리주체의 조직, 예산범위, 작업기간 등을 총체적으로 고려하여 직영관리 또는 위탁관리를 결정해야 한다.
- 관리 작업 전체를 한 가지 방식으로 결정하는 방식이 보편적이다.
- 전문분야만 별도로 위탁관리하고 일반관리는 직영으로 처리하는 경우도 있다.

(3) 조경시설물 재료별 특성

① 콘크리트재의 특성

㉠ 압축 강도가 크다.

㉡ 내화성, 내수성 및 내구성이 있다.

㉢ 강재와 접착이 잘 되고 방청력이 크다.

㉣ 무게가 무겁다.

㉤ 인장 강도가 약하다.

㉥ 경화할 때 수축에 의한 균열이 발생하기 쉽고 보수·제거가 곤란하다.

② 목재의 특성

㉠ 구조 재료 중 가장 가볍고 강도 및 탄성이 크다.

㉡ 절단, 뚫기, 마감, 못 박기 등 가공성이 우수하다.

㉢ 소리의 흡수 및 차음 효과가 크다.

㉣ 재질이 부드럽고 색깔 및 무늬 등 외관이 아름답다.

㉤ 유기물이므로 부패나 충해를 입기 쉽다.

㉥ 흡수율이 높고, 함수율에 따라 변형이 심하다.

㉦ 부위에 따라 재질이 고르지 못하고 불에 타기 쉽다.

③ 석재의 특성

㉠ 외관이 장중하고 치밀하며 아름다운 광택이 난다.

㉡ 내구성, 내수성 및 강도가 크다.

㉢ 변형되지 않으며 여러 가지 표면 처리가 가능하다.

㉣ 거의 모든 석재가 비중이 크고 무거워 가공성이 좋지 않다.

㉤ 열에 약하여 화강암은 균열이 생기고 파괴되며, 석회암이나 대리석은 분해된다.

㉥ 압축 강도에 비하여 인장 강도가 낮다.

④ 금속 재료의 특성
㉠ 중량에 비해 강도가 크고 구조물에 적합하다.
㉡ 광택이 있고 다른 재료와 조화를 이루어 장식 효과가 있다.
㉢ 열과 전기의 양도체이다.
㉣ 불연재로서 자체의 발화 위험이 없다.
㉤ 비중이 크고 녹이 슬기 쉽다.
㉥ 가공 설비나 비용이 많이 든다.
㉦ 색깔이 다양하지 못하다.
㉧ 불에 강하지 못하고 가열하면 역학적 성질이 저하된다.

⑤ 합성수지 재료의 특성
㉠ 경량이지만 강도가 높다.
㉡ 성형 및 착색이 가능하다.
㉢ 내수성이 높고 접착성 및 절연성이 뛰어나다.
㉣ 부착성이 높고 내화학성이 있다.
㉤ 변형 및 변색이 잘 되고 퇴색된다.
㉥ 팽창 및 수축성이 있고, 내구성 및 내마모성이 떨어진다.

(4) 조경시설물 유지관리의 시간적 계획

① 유지관리의 시간적 계획에는 일일 또는 월간, 연간 단위의 계획, 몇 년에서 10년의 다년간에 걸친 계획 등이 있다.
② 시간적 순서에 따라 단계적으로 계획해 두는 것이 바람직하다.

단기적 유지관리	• 일일 또는 월간 단위의 계획이다. • 순회점검, 청소, 관찰에 의한 정기적 유지관리가 대상이 된다. • 이 계획에 근거하여 일일 작업계획이 정해진다.
연간 유지관리	• 연간 단위의 유지관리계획은 시설의 구조물, 콘크리트 타설 등이 대상이 된다. • 연간 기후와 이용 상황 등을 고려하여 작성한다. • 조경시설은 야외의 자연조건 아래에 있으므로 기후요인에 큰 제약을 받는 동시에 지역적 특성을 갖는다.
장기적 유지관리	• 수년에서 수십 년의 다년간에 걸친 장기적인 유지관리계획에서는 이용자에 의해 손상된 시설의 도장, 각 시설의 보수 및 개량 등을 대상으로 한다. • 조경시설 종류에 따라 내용 연한을 정하고 보수·개선 계획을 수립한다. • 일반적으로 구조물의 사용 가능 햇수는 15~30년 정도인 경우가 대부분이다. • 장기적 유지관리 계획에서 필요한 조사 점검내용 - 시설조사 : 현황조사(규모, 구조, 형태, 부식, 토양), 기능, 수량조사 - 이용객수 조사 : 격년조사, 연간조사(계절별, 월별, 일별), 주간조사, 일간조사, 일시 최대 이용자 수 - 실태조사 : 연령별, 성별, 그룹별(종류, 구성인원, 성별, 연령), 이용시설, 지구별 이용상황, 이용행태, 이용형태, 주거, 이용횟수, (시설까지의) 이용수단, 소비액, 체류시간 - 의식조사 : 이용동기, 이용목적, 시설 내용에 대한 희망(기타) 의견

(5) 조경시설물 재료별 주요 점검 항목 사항

① 조경시설물은 개별적으로 독립된 개체이면서 각각의 시설물들이 유기적인 관계를 맺고 있는 하나의 살아 있는 시스템으로 볼 수가 있다.
② 시설물의 이용이 시작된 시점의 기능이 그대로 온전히 유지되는 일은 있을 수 없다.
③ 유지관리계획을 수립할 때에는 시설물의 목적이나 기능이 충분히 발휘될 수 있도록 고려할 필요가 있다.
④ 재료별로 차별화된 점검이 이루어져야 할 것이다.

⑤ 조경시설물 재료별 주요 점검 항목

목재	• 점검 항목 : 충격에 의한 파손, 사용에 의한 마모 상태, 갈라진 부분, 뒤틀린 부분, 부패된 부분, 충해에 의해 손상된 부분 등 • 파손에 대한 보수 재료 : 나무못, 퍼티 • 균류 및 충류에 대한 보수 재료 : 방충제, 방균제 • 마감면에 대한 보수 재료 : 오일 스테인, 바니시 등
콘크리트재	• 점검 항목 : 기초 콘크리트의 노출된 부분, 파손된 부분 및 침하된 부분, 갈라진 부분, 마감 부분 처리 상태, 안정성 등 • 균열에 대한 보수 재료 : 실(Seal)재, 에폭시, 모르타르 등 • 부식에 대한 보수 재료 : 콘크리트
합성수지재	• 점검 항목 : 갈라진 부분, 파손된 곳, 흠이 생긴 곳, 도장이 벗겨진 부분, 퇴색된 부분 등 • 균열에 대한 보수 재료 : 합성수지 페인트
금속재	• 점검 항목 : 곡선부의 상태, 충격에 의해 비틀린 곳, 충격에 의한 파손, 사용에 의한 마모 상태, 접합 부분의 상태, 지면과 접한 곳, 지상부 등의 부식 상태, 축 및 축수의 베어링 마모 및 이완 상태 • 파손에 대한 보수 재료 : 나무망치, 볼트, 연결 철물, 나사 등 • 부식에 대한 보수 재료 : 샌드페이퍼, 페인트 등

(6) 이용자의 요구사항

① **조경시설** : 연못의 위험 정도, 연못청소, 동물의 오물, 제초, 전정, 잔디깎기, 고사 & 손상목

② **휴양시설** : 벤치 등의 파손, 정자 및 벤치의 독점사용(노인)

③ **놀이시설** : 놀이기구의 파손, 위험사항(그네 주변, 운동기구, 미끄럼틀), 모래밭의 모래 부족, 유리 파편

④ **운동시설** : 시설·용구의 파손, 개량, 토·일요일의 시설 부족, 야간·조기이용, 이용시간의 연장, 이용요금 감면, 다목적광장에서 골프·야구 등의 위험 행위

⑤ **교양시설** : 유적 등의 보존, 행사장소를 일반적으로 이용

⑥ **편익시설** : 화장실의 불결, 막힘, 냄새, 고장, 낙서, 오물처리방법, 조명등 고장, 점등시간, 매점의 서비스 요금, 노점상

⑦ **관리시설** : 경관저해시설, 악취, 시설의 노후화, 쓰레기의 산란, 파리·모기 발생

출제예상문제

01 **조경시설물의 종류를 3가지 이상 쓰시오.**

정답 조경시설, 휴양시설, 놀이시설, 운동시설, 교양시설, 편익시설, 관리시설

02 **다음은 조경시설물 유지관리의 목적이다. (　) 안에 알맞은 내용을 쓰시오.**

• 청결하고 (①)에서 이용자가 항상 적절하게 이용할 수 있도록 관리하여야 한다.
• 제때에 관리하지 않으면 시설물 (②)나 교체에 드는 비용이 더욱 커지게 된다.
• 시기를 놓치면 불용품이 되거나 미처 생각하지 못한 큰 (③)의 원인이 된다.

정답 ① 안전한 상태, ② 수리, ③ 사고

03 조경시설물 유지관리계획의 조건에서 자연적인 조건을 3가지 이상 쓰시오.

정답 토양, 토질, 지형, 온도, 습도, 우량, 적설, 일조, 바람

04 조경 준공도면과 설치된 조경시설물의 위치나 내용이 차이가 나는 경우에 처리 방법을 서술하시오.

정답 서로 일치시키거나 변경 작업이 검토되어야 한다.

05 다음에서 설명하는 시설물 유지관리 작업 방식을 쓰시오.

1) 관리조직이 형성되어 있을 경우에 관리책임소재가 분명하며 긴급한 대응이 가능한 관리 방식
2) 장기간에 걸쳐 전문적 기술이 필요한 경우에 효과적이지만 책임소재나 권한의 범위가 불분명해서 분쟁이 발생하기 쉬운 관리방식

정답 1) 직영관리
2) 위탁관리

06 시설물 유지관리에서 설계 의도에 맞게 시설물이 유지되어야 하고, 이용하는 이용자들의 안전을 최우선으로 하는 내용을 쓰시오.

정답 유지관리 목표

07 다음은 연간관리계획 수립을 위한 플로 차트의 수행 내용이다. (   ) 안에 알맞은 내용을 쓰시오.

목표 설정 → 시설물 종류 파악 → (①) → 손상 부위 점검 → (②) → 투입 장비 및 인력 산정 → (③) → 손상 부위 보수 및 교체

정답 ① 시설물 재료 파악, ② 작업 방식 결정, ③ 관리 비용 산출

08 다음은 시설물의 기능이 유지되도록 관리계획을 수립할 때의 중요사항이다. (   ) 안에 알맞은 내용을 쓰시오.

- 설치되어 있는 조경시설물을 (①)하여 시설물의 현황을 파악하고 조사한다.
- 조사된 시설물의 설치 목적과 (②)를 고려하여 필요한 관리가 어떤 것인지 파악한다.
- 수리나 교체와 같은 관리가 필요한 시설물의 문제점을 파악하고 대책 및 (③)을 분석한다.
- 분석한 내용을 바탕으로 실제 수리나 (④)가 가능한 시설물 관리 계획과 목표를 세운다.

정답 ① 현장 답사, ② 현재 상태, ③ 관리 방법, ④ 교체

09 연간관리계획에서 소요예산을 산정해야 하는데 소요예산의 항목 구분을 4가지 쓰시오.

정답 재료비, 장비비, 인건비, 기타 경비

10 다음은 목재의 특성이다. (   ) 안에 알맞은 내용을 쓰시오.

- 구조 재료 중 가장 가볍고 (①) 및 탄성이 크다.
- 절단, 뚫기, 마감, 못 박기 등 (②)이 우수하다.
- 재질이 부드럽고 색깔 및 무늬 등 (③)이 아름답다.
- 흡수율이 높고, 함수율에 따라 (④)이 심하다.

정답 ① 강도, ② 가공성, ③ 외관, ④ 변형

11 다음은 석재의 특성이다. (   ) 안에 알맞은 내용을 쓰시오.

- 외관이 장중하고 (①)하며 아름다운 광택이 난다.
- 거의 모든 석재가 비중이 크고 무거워 (②)이 좋지 않다.
- 열에 약하여 (③)은 균열이 생기고 파괴되며, 석회암이나 대리석은 분해된다.
- 압축 강도에 비하여 (④)가 낮다.

정답 ① 치밀, ② 가공성, ③ 화강암, ④ 인장 강도

12 다음은 합성수지 재료의 특성이다. (   ) 안에 알맞은 내용을 쓰시오.

- 경량이지만 (①)가 높다.
- 성형 및 (②)이 가능하다.
- 내수성이 높고 접착성 및 (③)이 뛰어나다.
- 팽창 및 수축성이 있고, 내구성 및 (④)이 떨어진다.

정답 ① 강도, ② 착색, ③ 절연성, ④ 내마모성

13 다음에서 설명하는 조경시설물 유지관리를 쓰시오.

1) 시간적 계획에서 순회점검, 청소, 관찰에 의한 정기적 유지관리가 대상이 되는 유지관리
2) 조경시설은 야외의 자연조건 아래에 있어 기후요인에 큰 제약을 받는 동시에 지역적 특성을 갖게 되므로 자연조건과 기후요인에 따른 유지관리
3) 이용자에 의해 손상된 시설의 도장, 각 시설의 보수 및 개량 등을 대상으로 하는 유지관리

정답 1) 단기적 유지관리
2) 연간 유지관리
3) 장기적 유지관리

14 조경시설의 장기적 유지관리계획에서 필요한 조사 점검내용을 1가지 이상 쓰시오.

정답 시설조사, 이용객 수 조사, 실태조사, 의식조사

15 다음은 목재시설에서 점검해야 할 내용과 조치이다. ( ) 안에 알맞은 내용을 쓰시오.

- 목질 재료는 감촉이 좋고 외관이 아름다워 (①)이 높다.
- 갈라지고 벌어진 곳은 조기에 발견하여 부분 보수 또는 (②)하여야 한다.
- 도장이 벗겨진 부분은 쉽게 부패하므로 즉시 (③)를 한다.
- 금속재보다 부패되기 쉽고 잘 갈라지므로 (④) 주의하여야 한다.

정답 ① 사용률, ② 전면 교체, ③ 방부 처리, ④ 관리상

16 금속시설 점검 항목 중 도장이 벗겨진 곳에 대한 조치를 서술하시오.

정답 녹막이 칠을 2번 한 다음 유성 페인트를 칠한다.

17 석재시설에서 점검 항목 중 균열된 부분의 보수는 균열폭이 작은 경우 표면 실링 공법을 적용한다. 균열의 폭이 큰 경우에 사용하는 공법을 쓰시오.

정답 고무압 주입 공법

18 콘크리트 시설의 도장은 일정한 시간이 지나면 벗겨지므로 미관을 위해서 어떤 조치를 해야 하는지 서술하시오.

정답 3년에 1회 정도 다시 도장한다.

19 콘크리트 시설의 점검에서 균열 부위의 보수방법 종류를 2가지 서술하시오.

정답 표면 실링 공법, V자형 절단 공법

20 콘크리트 시설 균열 부위의 보수방법에서 표면 실링 공법을 사용하여 보수할 수 있는 균열부의 너비는 몇 mm인지 쓰시오.

정답 2mm 이하

21 **콘크리트 시설 균열 부위의 보수방법에서 V자형 절단 공법을 사용하여 보수할 경우에 주입재의 양생시간은 몇 시간 이상인지 쓰시오.**

정답 24시간 이상

22 **조경시설에서 합성수지 시설재료로 가장 많이 사용되고 있는 합성수지를 쓰시오.**

정답 FRP(유리섬유 강화 플라스틱)

23 **FRP(유리섬유 강화 플라스틱)가 사용되고 있는 조경시설물을 2가지 이상 쓰시오.**

정답 시설물의 몸체, 미끄럼틀, 계단, 벤치, 안내판

2 놀이시설물 관리하기

(1) 놀이시설물의 종류

놀이시설물의 종류에는 그네, 시소, 회전무대, 정글짐, 철봉, 수평대, 미끄럼틀, 조합 놀이대, 미로, 놀이벽, 조각 놀이대 등이 있다.

(2) 놀이시설물의 제작 및 설치 방법

① 조경공사 표준 시방서를 바탕으로 놀이시설물 제작 및 필요한 적용 기준, 이행 조건, 재료 품질, 제작 방법, 설치, 품질 기준 등에 관한 일반 사항을 파악한다.

② 놀이시설물 재료 및 설치 특성에 따라 목재 시설, 금속재 시설, 콘크리트재 시설, 석재 시설, 합성수지 시설, 조립 제품 시설, 제작 설치 시설, 동력 놀이시설 등으로 분류된다.

③ 시설물에 사용되는 재료마다 설치 특성이 상이하므로 가장 효과적인 설치 방법을 고려한다.

(3) 놀이시설물 관련 규정

① 환경보건법에 규정되어 있는 어린이 활동 공간에 대한 환경 안전 관리 기준과 바닥에 사용된 모래 등 토양에 대한 환경 안전 관리 기준에 대해 알고 있어야 한다.

참고

어린이 활동 공간에 대한 환경 안전 관리 기준(환경보건법 시행령 제16조 제1항 관련 [별표 2])

1. 어린이 활동 공간에 설치된 시설물은 녹이 슬거나 금이 가거나 도료(페인트 등)가 벗겨지지 아니하게 관리하여야 한다.
2. 어린이 활동 공간에 사용되는 도료나 마감 재료는 다음 각 목의 기준을 모두 충족하여야 한다.
   ① 실내 또는 실외의 활동 공간에 사용되는 도료 또는 마감 재료에 함유된 물질이 다음의 기준을 모두 충족할 것
      ㉠ 납, 카드뮴, 수은 및 6가크롬의 합은 질량분율(質量分率)로 0.1% 이하일 것
      ㉡ 납은 질량분율로 0.06% 이하일 것
   ② 실내 활동 공간에 사용되는 도료나 마감 재료는 다중 이용 시설 등의 실내 공기 질 관리법에 따른 오염 물질을 방출하지 아니할 것

3. 어린이 활동 공간의 시설에 사용한 목재는 다음의 방부제를 사용하지 아니한 것이어야 한다. 다만, ②의 기준에 적합한 도료를 사용하여 목재 표면을 정기적으로 도장(塗裝)하는 경우에는 그러하지 아니하다.
   ① 크레오소트유 목재 방부제 1호 및 2호(A-1, A-2)
   ② 크롬·구리·비소 화합물계 목재 방부제 1호, 2호, 3호(CCA-1, CCA-2, CCA-3)
   ③ 크롬·플루오르화구리·아연 화합물계 목재 방부제(CCFZ)
   ④ 크롬·구리·붕소 화합물계 목재 방부제(CCB)
4. 어린이 활동 공간의 바닥에 사용된 모래 등 토양은 다음 각 목의 기준을 모두 충족하여야 한다.
   ① 모래 등 토양에 함유된 납, 카드뮴, 6가크롬, 수은 및 비소는 환경부령으로 정하는 기준에 적합할 것
   ② 기생충란이 검출되지 않을 것
5. 어린이 활동 공간에 사용되는 합성 고무 재질 바닥재의 표면 재료는 다음 각 목의 기준을 모두 충족하여야 한다.
   ① 해당 표면 재료에 함유된 납, 카드뮴, 수은 및 6가크롬의 합은 질량분율로 0.1% 이하일 것
   ② 해당 표면 재료의 폼알데하이드 방산량(放散量)이 75mg/kg 이하일 것

② 어린이놀이시설에 대한 규정이나 지침에 대하여 숙지하고 있어야 한다.

참고

어린이놀이시설 안전관리법

1. 목적 : 어린이들이 안전하고 편안하게 놀이기구를 사용할 수 있도록 어린이놀이시설의 설치·유지 및 보수 등에 관한 기본적인 사항을 정하고 어린이놀이시설을 담당하는 행정기관의 역할과 책무를 정하여 어린이놀이시설의 효율적인 안전관리 체계를 구축함으로써 어린이놀이시설 이용에 따른 어린이의 안전사고를 미연에 방지함을 목적으로 한다.
2. 정의
   ① 관리주체 : 어린이놀이시설의 소유자로서 관리책임이 있는 자, 어린이놀이시설의 관리자로 규정된 자 또는 계약에 의하여 어린이놀이시설의 관리책임을 진 자
   ② 설치검사 : 어린이시설의 안전성 유지를 위하여 행정안전부장관이 정하여 고시하는 어린이놀이시설의 시설기준 및 기술기준에 따라 설치한 후에 안전검사기관으로부터 받아야 하는 검사
   ③ 안전점검 : 어린이놀이시설의 관리주체 또는 관리주체로부터 어린이놀이시설의 안전관리를 위임받은 자가 육안 또는 점검기구 등에 의하여 검사를 하여 어린이놀이시설의 위험요소를 조사하는 행위
   ④ 안전진단 : 안전검사기관이 어린이놀이시설에 대하여 조사·측정·안전성 평가 등을 하며 해당 어린이놀이시설의 물리적·기능적 결함을 발견하고 그에 대한 신속하고 적절한 조치를 하기 위하여 수리·개선 등의 방법을 제시하는 행위
   ⑤ 유지관리 : 설치된 어린이놀이시설에 관하여 안전점검 및 안전진단 등을 실시하여 어린이놀이시설이 기능 및 안전성을 유지할 수 있도록 정비·보수 및 개량 등을 행하는 것

(4) 놀이시설물의 손상 부분 점검 항목

금속재	• 곡선부의 상태 • 충격에 의해 비틀린 곳, 충격에 의한 파손 상태 • 사용에 의한 마모 상태 • 체인의 곡선부 상태 • 접합 부분(앵커볼트, 볼트, 라벳, 엘보, 티, 용접 등)의 상태 • 지면과 접한 곳, 지상부 등의 부식 상태 • 축 및 축수의 베어링 마모 상태, 이완 상태
목재	• 충격에 의한 파손, 사용에 의한 마모 상태 • 갈라진 부분, 뒤틀린 부분 • 부패된 부분, 충해에 의해 손상된 부분
콘크리트재	• 기초 콘크리트의 노출된 부분, 파손된 부분, 침하된 부분 • 충격에 의해 파손된 부분, 갈라진 부분, 안정성
합성수지재	금이 간 곳, 파손된 곳, 흠이 생긴 곳 등
기타	회전 부분 윤활유 유무, 도장이 벗겨진 곳, 퇴색된 부분 등

출제예상문제

01 놀이시설물의 종류를 3가지 이상 쓰시오.

정답 그네, 시소, 회전무대, 정글짐, 철봉, 수평대, 미끄럼틀, 조합 놀이대, 미로, 놀이벽, 조각 놀이대

02 어린이 활동 공간에 대한 환경 안전 관리 기준에서 충족해야 할 1) 납, 카드뮴, 수은 및 6가크롬의 전체 질량분율(質量分率)과 2) 납의 질량분율을 쓰시오.

정답 1) 0.1% 이하
2) 0.06% 이하

03 놀이시설물 안전사고예방을 위한 시설관리요령에서 안전사고를 예방할 수 있도록 하기 위해서 시설물을 체크리스트로 점검해야 하는 기간과 횟수를 쓰시오.

정답 주 1회 이상

04 금속재 놀이시설물 보수 및 교체 원칙 내용에서 교체를 해야 하는 경우의 손상 내용을 2가지 이상 서술하시오.

정답
- 파손이 심하여 보수가 어려운 경우
- 뒤틀리거나 휨 정도가 심하여 기능적으로 영향이 있는 경우
- 연결 부분의 벌어짐이나 금이 간 곳, 마모가 심한 경우
- 회전 부분의 베어링이 마모되었을 때

3 편의시설물 관리하기

(1) 편의시설물의 관련 규정

① 조경공사 표준 시방서를 참고로 관리해야 하는 편의시설물의 재료와 제작에 대한 기본적인 사항을 알고 있어야 한다.

② 편의시설물은 휴게시설과 편익시설을 포함하는 것으로 한다.

③ 휴게시설물은 조경 공간에 설치되는 의자, 야외탁자, 퍼걸러, 원두막, 정자(전통 정자포함) 등을 포함한다.

④ 편익시설물은 공공의 편익 제공을 위한 화장실, 관리 사무소, 공중전화 부스, 음수대, 화분대, 수목 보호 덮개, 시계탑, 자전거 보관대 등을 포함한다.

(2) 편의시설물의 재료 특성

① 휴게시설물의 재료

㉠ 목재, 기와 및 회반죽, 아스팔트 싱글, 막구조, 단청 재료 등이 있으므로 각 재료별 특성에 대해 알고 있어야 한다.

㉡ 휴게시설에 사용되는 재료는 부패・부식・침식・마모 등에 대해 적정의 저항성을 갖는 재료를 사용해야 한다.

㉢ 이용자의 직접적인 접촉이나 불량한 환경조건으로 인하여 재료 사용 조건이 악화될 경우에는 선정 기준을 강화할 수 있으며, 필요할 경우 별도의 보호 조치를 취해야 한다.

㉣ 사용되는 재료는 휴게시설의 구조에 적합하고 미관 효과가 있는 것을 사용한다.

㉤ 부재와 부재의 접합 및 사용재료는 되도록 표준화된 방식을 사용하여 시설 제작의 효율성과 시설의 안정성을 높이도록 한다.

② 편익시설물의 재료

㉠ 편익시설물에 사용되는 목재, 콘크리트재, 합성수지재, 금속재 등의 재료에 대해 알고 있어야 한다.

㉡ 재료별 특성에 대한 사항은 놀이시설물 관리하기를 참고로 알 수 있다.

㉢ 소재별, 재료별, 부위별 파손, 접합부, 마감, 부식 여부의 점검에 대한 사항은 놀이시설물 관리하기를 참고하여 알 수 있다.

출제예상문제

01 **편의시설물에는 포함되는 시설을 2가지 쓰시오.**

정답 휴게시설, 편익시설

02 **편익시설물의 종류는 매우 많은 편이다. 편익시설물의 종류를 3가지 이상 쓰시오.**

정답 하장실, 관리 사무소, 공중전화 부스, 음수대, 화분대, 수목 보호 덮개, 시계탑, 자전거 보관대

03 휴게시설물의 재료를 2가지 이상 쓰시오.

정답 목재, 기와 및 회반죽, 아스팔트 싱글, 막구조, 단청 재료

04 휴게시설에 사용되는 재료는 적정의 저항성을 갖는 재료를 사용해야 한다. 그 항목을 2가지 이상 쓰시오.

정답 부패, 부식, 침식, 마모

05 편익시설물의 재료를 2가지 이상 쓰시오.

정답 목재, 콘크리트재, 합성수지재, 금속재

06 다음은 편의시설물 중 휴게시설물에서 점검해야 할 내용과 조치이다. ( ) 안에 알맞은 내용을 쓰시오.

- 퍼걸러에 올린 등나무와 같은 식물은 이용자에 의하여 훼손되지 않도록 (①)를 하고 가지를 솎아 준다.
- 이용자 수가 설계 시의 추정치보다 많은 경우에는 이용 실태를 고려하여 개소를 (②)한다.
- 그늘이나 습기가 많은 장소에는 목재 벤치를 콘크리트재나 (③)로 교체한다.
- 이용자의 사용 빈도가 높은 경우 접합 부분의 볼트, 너트가 이완된 곳은 충분히 조이거나 (④) 용접을 한다.

정답 ① 보호 조치, ② 증설, ③ 석재, ④ 되풀림 방지

07 다음은 편의시설물 중 편익시설물에서 점검해야 할 내용과 조치이다. ( ) 안에 알맞은 내용을 쓰시오.

- 쓰레기통은 큰 것을 드문드문 설치하는 것보다 작은 것을 (①)에 설치하여 주위를 더 깨끗하게 한다.
- 음수대는 물이 막히지 않도록 하며 배수가 잘 되도록 늘 (②)을 가져야 한다.
- 배수구가 모래, 낙엽 오물 등에 의해 막히지 않게 (③)으로 제거한다.
- 시계탑은 (④) 주기로 분해 점검한다.

정답 ① 여러 곳, ② 관심, ③ 정기적, ④ 1~3년

08 편의시설물 중 건축시설물 점검 및 보수 사항을 바르게 연결하시오.

㉠ 아름다운 미관	ⓐ 조화
㉡ 보수할 때는 주위 경관	ⓑ 유지
㉢ 겨울철 동파	ⓒ 대비

정답 ㉠-ⓑ, ㉡-ⓐ, ㉢-ⓒ

4 운동시설물 관리하기

(1) 운동시설물의 관련 규정

① 조경공사 표준 시방서를 참고로 관리해야 하는 시설물의 재료와 제작에 대한 기본적인 사항을 알고 있어야 한다.

② 운동시설과 체력단련시설을 구분 지어서 시설별 재료와 시공 방법에 대해 알고 있어야 한다.

(2) 운동시설물의 종류

① **운동시설** : 육상 경기장, 테니스장, 야구장, 축구장, 배구장, 농구장, 배드민턴장, 롤러스케이트장, 게이트볼장, 족구장, 골프장, 소프트볼장, 수영장 등

② **체력단련시설** : 평행봉, 철봉, 평균대, 윗몸일으키기, 매달리기, 팔굽혀펴기, 허리돌리기 시설 등

(3) 운동시설물의 점검 사항

① 소재별, 재료별, 부위별 파손, 접합부, 마감, 부식 여부의 점검에 대한 사항은 놀이시설물 관리하기를 참고하여 알 수 있다.

② 체력단련시설의 경우 이용빈도가 매우 높고 안전사고 위험성 등을 감안해 내구성이 높고 유지보수가 쉬운시설로 보수하여야 한다.

③ 각 시설의 부품별 교환주기를 파악하여 파손되기 전에 바로바로 교체할 수 있도록 준비하여야 한다.

④ 운동장의 트랙에는 관리용 차량이 출입할 수 있는 출입구가 1개소 이상 필요하다.

⑤ 창고와 모래 저장고 등은 유지관리를 위하여 경기장 바깥으로부터 출입이 가능한지 확인하고 차량 동선을 확보해야 한다.

출제예상문제

01 운동시설물의 종류 중 체력단련시설을 3가지 이상 쓰시오.

정답 평행봉, 철봉, 평균대, 윗몸일으키기, 매달리기, 팔굽혀펴기, 허리돌리기

02 운동장의 트랙에는 관리용 차량이 출입할 수 있는 출입구가 몇 개 이상 필요한지 쓰시오.

정답 1개 이상

03 각종 구기장의 포장이 완료된 다음 강우 시 표면에 우수 고임 상태를 검사하여 물이 고이는 곳에 해야 하는 작업을 쓰시오.

정답 표면 높이 조정 작업

04 운동공간의 조명시설은 눈부심이 없도록 해야 한다. 눈부심이 없는 조명방식을 쓰시오.

정답 간접조명방식

05 점토 포장은 다른 포장에 비하여 연약하기 때문에 정기적인 보수가 필요하다. 또 기후의 영향을 많이 받아 비 온 후에는 바닥이 쉽게 울퉁불퉁해지므로 보수해야 하는데, 이때 보수 요령을 서술하시오.

정답 사질토와 염화칼슘을 혼합하여 뿌린 후 롤링한다.

06 비나 눈의 영향을 크게 받지 않는 포장으로 빗물이 완전히 표면에서 처리되기 때문에 운동장 사용에 불편이 적은 운동시설물의 포장을 2가지 쓰시오.

정답 아스콘 포장, 합성수지 포장

07 운동시설의 부속 시설을 2가지 이상 쓰시오.

정답 휴게소, 화장실, 매점, 조명시설, 급수 시설

5 경관조명시설물 관리하기

(1) 경관조명시설물의 종류

① **보행등** : 밤에 이용하는 보행인의 안전과 보안을 위하여 설치한다.

② **정원등** : 주택 단지, 공공 건물, 사적지, 명승지, 호텔 등의 정원에 설치하며, 정원의 아름다움을 밤에 선명하게 보여줌으로써 매력적인 분위기를 연출하기 위한 것이다.

③ **수목등** : 주택 단지, 공원 등의 수목을 비추어 밤의 매력적인 분위기를 연출하기 위해 설치한다.

④ **잔디등** : 주택 단지, 공원 등의 잔디밭에 설치하여 야간 잔디밭에 매력적인 분위기를 연출하기 위해 설치한다.

⑤ **공원등** : 도시공원이나 자연공원 이용자에게 야간의 매력적인 분위기 제공과 이용의 안전을 위하여 설치한다.

⑥ **수조등** : 폭포, 연못, 개울・분수 등 수경시설의 환상적인 분위기 연출을 목적으로 물속에 설치한다.

⑦ **투광등** : 수목, 건물, 장식벽, 환경 조형물 등 주요 점경물의 환상적인 야경 분위기 연출을 목적으로 아래방향에서 비추도록 설치한다.

⑧ **네온 조명** : 별도의 등 기구 없이 네온관으로 환경 조형물 등의 구조물 또는 시설물의 윤곽을 보여주기 위하여 설치한다.

⑨ **튜브 조명** : 별도의 등 기구 없이 투명한 플라스틱 튜브로 환경 조형물, 다리, 계단 등의 구조물, 시설물의 윤곽을 보여주기 위해 설치한다.

⑩ **광섬유 조명** : 굴절률이 높은 Core와 굴절률이 낮은 Clad의 이중 구조로 되어 있는 광섬유의 끝 단면이나 옆면을 이용하여 환경 조형물, 계단 등의 윤곽을 보여주거나 조형물, 바닥 포장의 몸체나 표면에 무늬, 방향 표지 등을 표시하기 위해서 설치한다.

⑪ 광원은 발광하는 방법에 따라 백열등, 방전등(형광등, 수은등, 할로겐등, 나트륨등 등), 튜브 조명으로 나뉘며 각각의 특성에 대해 알고 있어야 한다.

(2) 경관조명시설물의 재료

① 내구성, 유지 관리성, 경제성, 안전성, 쾌적성 등 다양한 평가 항목을 고려하여 종합적으로 판단・선정한다.

② 내구성 있는 재질을 사용하거나 내구성 있는 표면 마감 방법으로 한다.

③ 금속재, 유리 등 각 재료의 특성과 요구도 및 기능성을 조화시켜 선정한다.

④ 방수・방습 지수 및 진동에도 우수한 재료를 선정한다.

⑤ 주변 환경과의 조화를 고려한 친환경성 재료 사용을 고려한다.

(3) 감전 사고에 대한 대처법

① 감전 사고 응급 처치

㉠ 감전 환자 발생 시 구조자는 현장이 안전한가를 반드시 먼저 확인해야 한다.

㉡ 안전하다고 판단되면 감전자를 현장에서 대피시키도록 한다.

㉢ 감전 사고로 쓰러진 상태로 발견하였을 경우, 이송 시 경추 및 척추 손상을 예방하기 위해 고정시키고 이송하도록 한다.

㉣ 환자의 호흡, 움직임 등을 관찰하고 심정지 상태라고 판단되면 즉시 심폐 소생술을 시행하도록 한다.

㉤ 감전 사고로 화상이 발생하였을 경우, 깨끗한 물로 세척 후 멸균 드레싱을 하도록 한다.

② 감전 사고 주의 사항

㉠ 감전 사고가 발생하면 전력의 차단을 위해 콘센트를 뽑아주거나 나무막대 등 전기가 통하지 않는 것을 이용해서 사고자와 전기의 접촉을 차단해야 한다.

㉡ 아주 미약한 감전 사고가 발생하였다 하더라도 몸속 장기들이 화상을 입는 경우가 있으니 병원에 가서 이상 유무를 꼭 확인한다.

㉢ 심각한 증상이 없더라도 전기 감전의 병력이 확실하고 화상이 관찰되면 병원을 방문한다.

㉣ 감전 사고를 당한 것으로 의심될 경우, 또는 목격자가 없는 상태에서 쓰러진 감전환자를 발견하였을 경우, 경추 손상이나 다른 이차적인 골절을 예방하기 위해 환자를 최대한 고정한 상태에서 이동시키도록 한다.

㉤ 안전한 장소로 환자를 이송한 뒤 신체 검진을 시행하면서 그을음이나 화상의 흔적이 있는지 다시 한번 관찰한다.

㉥ 환자가 의식이 저하되거나 통증 호소, 골절 가능성, 화상 등이 관찰될 경우 즉시 119연락을 시도하고 함부로 물이나 음료, 음식 등을 먹이지 않도록 한다.

출제예상문제

01 조명시설은 설치 장소 · 기능 · 형태에 따라 다양하게 분류된다. 경관조명시설의 종류를 3가지 이상 쓰시오.

정답 보행등, 정원등, 수목등, 잔디등, 공원등, 수조등, 투광등, 네온 조명, 튜브 조명, 광섬유 조명

02 다음에서 설명하는 경관조명시설과 알맞은 설명을 바르게 연결하시오.

㉠ 투광등 ㉡ 네온 조명 ㉢ 정원등 ㉣ 튜브 조명	ⓐ 주택 단지, 공공 건물, 사적지, 명승지, 호텔 등의 정원에 설치하며, 정원의 아름다움을 밤에 선명하게 보여줌으로써 매력적인 분위기를 연출하기 위한 조명시설 ⓑ 수목 · 건물 · 장식벽 · 환경 조형물 등 주요 점경물의 환상적인 야경 분위기 연출을 목적으로 아래 방향에서 비추도록 설치하는 조명시설 ⓒ 별도의 등 기구 없이 네온관으로 환경 조형물 등의 구조물 또는 시설물의 윤곽을 보여주기 위하여 설치하는 조명시설 ⓓ 별도의 등 기구 없이 투명한 플라스틱 튜브로 환경 조형물 · 다리 · 계단 등의 구조물 · 시설물의 윤곽을 보여주기 위해 설치하는 조명시설

정답 ㉠-ⓑ, ㉡-ⓒ, ㉢-ⓐ, ㉣-ⓓ

03 경관조명시설물 재료의 다양한 평가 항목을 2가지 이상 쓰시오.

정답 내구성, 유지 관리성, 경제성, 안전성, 쾌적성

04 감전 사고를 당한 것으로 의심이 될 경우 또는 목격자가 없는 상태에서 쓰러진 감전환자를 발견하였을 경우, 경추 손상이나 다른 이차적인 골절을 예방하기 위한 이동 요령을 서술하시오.

정답 환자를 최대한 고정한 상태에서 이동시키도록 한다.

05 수목 생육의 장애를 줄이고 에너지를 절약하는 측면에서, 방범 인식을 위한 최소한의 조명시설을 제외한 수목을 비추는 조명은 사전에 공고한 후 일정 시간 이후에는 소등하는 것이 바람직하다. 이때 수목을 비추는 조명의 명칭을 2가지 이상 쓰시오.

정답 경관조명, 벽천조명, 장식조명 시설

6 안내시설물 관리하기

(1) 안내시설물의 종류

주거 단지, 공원, 광장, 가로등의 옥외 공간에 설치되는 게시판, 안내 표지판, 교통 안내표지판 등의 각종 안내시설물을 포함한다.

(2) 안내시설물의 관련 규정

① 조경공사 표준 시방서를 참고로 관리해야 하는 시설물의 재료와 제작에 대한 기본적인 사항을 알고 있어야 한다.
② 공동 주택 단지의 경우 주택 건설 기준 등에 관한 규정 제31조(안내 표지판 등)의 규정을 알고 있어야 한다.
③ 안내시설의 설치 위치는 많은 사람이 이용하는 공간이어야 한다.
④ 높이는 성인을 기준으로 하여 시각적으로 불편함이 없도록 해야 한다.
⑤ 목재판에 음각 및 양각 조각, 금속판(강판, 스테인리스 강판, 황동판)에 음각 및 양각 부식, 법량판에 인쇄 등은 설계 도면 및 공사 시방서 규정을 적용하여야 한다.
⑥ 정전 도장, 분체 도장, 전착 도장 등은 전기를 이용한 제어된 환경 내에서 작업이 가능하다.
⑦ 정전 도장, 분체 도장, 전착 도장 등은 도장 공장에서 작업하도록 해야 한다.
⑧ 필요한 경우에는 제작 공장의 시설에 대한 사전 검사를 해야 한다.
⑨ 고정 및 접합 부분은 손상 시 교체가 가능하도록 가급적 용접을 피하도록 한다.
⑩ 설치 후 시설물의 모서리, 위험성이 있는 곳, 거스러미가 있는 부분은 그라인더나 사포 등으로 연마해야 한다.

(3) 안내시설물 재료의 특성

① 안내시설물에 사용되는 자재 중 철강재, 스테인리스 강재, 목재, 석재, 콘크리트 등의 재료에 대해 특성을 알고 있어야 한다.

② 안내시설물의 재료 선정 기준

㉠ 안내시설물의 재료는 내구성・유지 관리성・경제성・시공성・미관성・환경 친화성 등 다양한 평가 항목을 고려하여 종합적으로 판단・선정한다.

㉡ 금속재・목재・합성수지・시트 등 각 재료의 특성과 요구도 및 기능성을 조화시켜 선정한다.

㉢ 크기와 구조 등 표지 시설의 형태를 구체화하고 내용을 충실히 전달할 수 있는 재료를 선정한다.

㉣ 내구성 있는 재질을 사용하거나 내구성 있는 표면 마감을 한다.

③ 안내시설물의 재료 품질 기준

㉠ 안내시설의 내구성・가독성을 높이기 위해 각 재료의 특성에 적합하게 마감 처리한다.

㉡ 목재류를 사용할 때는 사용 환경에 맞는 방부 처리를 해야 한다.

㉢ 스테인리스강이 아닌 철재류는 녹막이 등 표면 마감 처리를 설계에 반영한다.

㉣ 마감 방법은 인체에 유해성・지역 특성・경제성・유지 관리성 등을 종합적으로 검토하여 결정한다.

출제예상문제

01 **주거 단지, 공원, 광장, 가로등의 옥외 공간에 설치되는 게시판, 안내 표지판, 교통 안내표지판 등을 무엇이라 하는지 쓰시오.**

정답 안내시설물

02 **안내시설물의 제작 시 도장 공장에서 작업하도록 해야 하는 도장의 종류를 2가지 이상 쓰시오.**

정답 정전 도장, 분체 도장, 전착 도장

03 **안내시설물의 재료로 사용되고 있는 재료명을 2가지 이상 쓰시오.**

정답 금속재・목재・합성수지・시트

04 **안내시설물의 게시판 및 안내 표지판에 야간의 식별을 위하여 사용하는 도료를 무엇이라 하는지 쓰시오.**

정답 야광 도료

05 **안내시설물 유지 관리에서 포장도로나 공원 등의 안내시설의 청소주기를 쓰시오.**

정답 월 1회

7 수경시설물 관리하기

(1) 수경시설물의 종류와 특성

① 수경시설의 종류

㉠ 인공 연못 : 물을 가두어 이용한다.

㉡ 인공 폭포와 벽천 : 수직적 낙차를 이용한다.

㉢ 캐스케이드 : 물을 계단식으로 흐르게 한다.

㉣ 분수 : 기계 설비 장치를 이용하여 물의 수직적 분사를 연출한다.

㉤ 도섭지, 자연형 계류 : 발 물놀이터라 할 수 있다.

② 수경시설은 조경 공간에서 살아 있는 식물과 더불어 동적인 경관을 제공한다.

③ 소리와 청량감을 줄 수 있는 물을 이용해서 연출하는 제반 시설이다.

(2) 수경시설의 구성 요소 및 기능

① 수조 및 에지(Edge, 단)

㉠ 수조

- 수조는 분수의 노즐로부터 분사되는 물과 월류보에 넘치는 물을 담을 만한 크기를 가져야 한다.
- 바람의 영향을 고려해야 할 때도 있다.
- 수조는 물의 순환과 설비의 작동에 적합한 길이를 가져야 한다.
- 설비 배관 및 수중등 설치 등을 고려해서 보통 35~60cm를 적정 길이로 보고 있다.

㉡ 에지(Edge, 단)

- 연못이나 분수대에서 에지는 물의 경계를 결정한다.
- 수경시설의 형태를 만들며 이용자들의 접근성 및 이용성을 결정하는 중요한 요소이다.

② 수경 연출 시설

㉠ 급·배수 시설 : 물의 공급과 배수를 위한 시설이다.

㉡ 여과 장치 : 물속의 이물질을 여과하여 노즐과 펌프의 피해를 방지해 주는 장치이다.

㉢ 밸브 : 공급되는 물의 양을 조절해 주는 장치이다.

㉣ 펌프 : 물의 이동 및 수경 연출을 위해 수압을 가하는 장치이다.

㉤ 에어레이터 : 공기 중의 산소를 물속으로 끌어들여서 물 상부에 규조류 발생을 막아주는 장치이다.

㉥ 노즐 : 관로에 유속 및 유탑을 증가시켜 작은 구멍으로 물을 분사 또는 분무의 효과를 연출시키는 장치이다.

㉦ 수중등 : 수경시설에 조명 연출을 하는 장치이다.

㉧ 컨트롤 패널 : 수경시설의 물 공급 정도를 원격에서 자동으로 제어해 주는 장치이다.

(3) 수경시설의 전기설비

① 물을 주요 소재로 사용하는 수경시설은 수경 연출에 필요한 전기설비 시설의 사용이 필수적인 반면, 항상 누전이나 감전 사고 같은 위험성이 존재하고 있다.

② 사고의 발생을 예방하고 시설의 안전성을 높이기 위한 안전 기준을 따라야만 한다.

③ 분수용 전기 기구들의 설치와 관련된 사항을 규정하고 있는 한국산업표준 KS C 0804의 전기설비 기술기준과 풀용 수중조명등 등의 시설을 규정하고 있는 전기설비법의 규정을 반드시 준수하여야 한다.

④ 안전한 수중조명을 위한 시설의 설치기준

㉠ 전기 회로 보호 및 감전 사고를 예방한다.

㉡ 수중등은 보호조치를 해야 한다.

㉢ 수중등의 재설치와 유지관리를 고려해야 한다.

㉣ 규격에 맞는 연결함과 온도 조절 센서를 사용해야 한다.

㉤ 규격에 맞는 연결함 지지대를 사용해야 한다.

㉥ 수분 침투를 방지하기 위한 조치를 취해야 한다.

㉦ 정부 공인용 전선을 사용한다.

㉧ 감전을 예방하기 위하여 접지를 반드시 해야 한다.

(4) 수경시설 관리의 특성

① 수경시설의 구성과 특징

㉠ 수경시설은 물을 주요 소재로 사용하는 공간과 시설이다.

㉡ 수경시설의 종류에 따라 다양한 구조물(콘크리트, 합성수지 등)과 기계설비, 전기설비 그리고 수목과 화훼가 복합적으로 구성되는 특징을 가진다.

㉢ 여름철의 이용자들에게 많이 이용되는 시설이나 겨울철에는 동파방지를 위해 이용을 중지한다.

㉣ 시설 작동 기간이 단기간인 경우가 빈번하고, 계절적인 이용의 제한이 있는 특징을 가지므로 유지관리와 이용관리에 어려움이 많다.

② 정기적인 점검 및 정비 고려 설비

㉠ 수경시설은 안전성・경관성・기능성을 목적으로 한다.

㉡ 운전 전 점검, 월점검 또는 장기운전 후의 운전 시 점검, 3년 차 점검 및 정비 등의 보수관리를 기준으로 한다.

㉢ 수경시설별 관리책임자를 선정하고, 정비일지에 점검 및 정비의 실시내용을 기록하고 정리한다.

㉣ 정기적인 점검 및 정비를 고려해야 하는 설비는 다음과 같다.

- 수중조명기구 : 케이블 상태, 누전 상태, 램프 단선 상태, 기구의 누수 상태
- 수중펌프 : 전류계 지침에 의한 부하 상태, 절연저항, 모터의 봉수, 케이블 상태
- 육상펌프 : 펌프의 부하 상태, 축수부, 커플링, 볼트, 너트, 누수, 모터의 절연저항
- 정수설비 : 여과재, 배관과 밸브, 물의 상태
- 소독시설 : 소독소재의 상태, 배관과 밸브, 소독농도 및 강도

③ 수경시설물의 점검 항목

구조체	• 지반과 접합된 부분의 안정성 검토 • 콘크리트, 자연석, 인공 폭포 구조체, 수조 등의 훼손 부분 확인
외부 마감재료	화강석, 자연석, 인조석, 타일 등 마감 재료의 파손 및 유실 점검
설비계통	• 급・배수를 위한 기구와 배관 점검 • 수중 모터 펌프 등 기계실 상황 확인
노즐	분수 시설의 노즐 작동 여부 정기적 점검
전기, 조명	전기 배선 및 수중등, 외부 투사등의 원활한 작동을 위한 점검
여과, 소독장치	여과와 소독을 위한 배관, 밸브 방청 및 누수, 소독살조 농도 등을 점검

④ 분수의 점검 항목

항목	점검 내용	일상점검	정기점검
펌프	부하 상태, 절연저항, 케이블 상태, 소음 및 진동, 누수 발생, 볼트·너트 조임 상태, 모터의 봉수	1회/주	1회/3개월
노즐	노즐의 상태(이음매, 막힘, 변형)	1회/주	1회/6개월
수중등	누전, 파손, 램프의 절연저항, 동작 상태	1회/일	1회/년
피팅류	조임 상태, 누수, 파손	1회/주	1회/년

출제예상문제

01 조경 공간에서 살아 있는 식물과 더불어 동적인 경관을 제공하고, 소리와 청량감을 줄 수 있는 물을 이용해서 연출하는 제반 시설을 무엇이라고 하는지 쓰시오.

정답 수경시설

02 물을 계단식으로 흐르게 하여 낙차에 의한 경관을 조성하는 수경시설의 명칭을 쓰시오.

정답 캐스케이드

03 수경시설의 형태를 만들며 이용자들의 접근성 및 이용성을 결정하는 중요한 요소를 쓰시오.

정답 에지(Edge, 단)

04 수경연출시설을 설치할 때 다양한 장치 및 시설이 요구된다. 다음에서 설명하는 장치를 쓰시오.

> 1) 공기 중의 산소를 물속으로 끌어들여서 물 상부에 규조류 발생을 막아주는 장치
> 2) 수경시설의 물 공급 정도를 원격에서 자동으로 제어해 주는 장치

정답 1) 에어레이터
2) 컨트롤 패널

05 수경시설의 목적을 2가지 이상 쓰시오.

정답 안전성, 경관성, 기능성

06 정기적인 점검 및 정비를 고려해야 하는 설비 중 수중조명기구에 대한 점검 사항을 2가지 이상 쓰시오.

정답 케이블 상태, 누전 상태, 램프 단선 상태, 기구의 누수 상태

07 수경시설 중 분수의 점검 사항에서 1) 수중등의 점검내용 2가지 이상과 2) 일상점검 횟수를 쓰시오.

정답 1) 누전, 파손, 램프의 절연저항, 동작 상태
2) 1회/주

08 수경시설의 종류를 3가지 이상 쓰시오.

정답 인공 폭포, 벽천, 분수대, 연못, 캐스케이드, 계류

09 수중조명기구의 효과적인 조명 연출과 안전을 위해서 점검하는 3가지 성능을 쓰시오.

정답 기계적 성능, 전기적 성능, 광학적 성능

제2절 조경공사 준공 전 관리

1 수목 병해충 예찰 및 방제

(1) 수목 병충해 발생

① 주요 수목의 병해충 발생은 전국적으로 발생되는 병해충을 대상으로 한다.

솔껍질깍지벌레	• 1963년 전남 고흥에서 처음 발생된 것으로 추정되며 40여 년간 북쪽과 서쪽 방향으로 확산된 해충이다. • 솔껍질깍지벌레는 생태 특성상 수피 아래에서 약충으로 월동을 하며, 성충의 크기가 작고, 산란 밀도가 높다. • 일시적 완전방제가 어려운 해충이며 발생 주변지역으로 확산될 가능성이 매우 높다.
소나무 재선충병	• 1988년 부산 금정산에서 최초로 발생하여 2005년을 정점으로 피해 면적이 점점 줄었다. • 인위적인 확산 가능성이 높아서 언제 어디서 어떻게 발생될지는 아무도 예측하기 어렵다. • 확산을 막기 위해 지속적인 예찰을 철저히 실시하여야 한다.
참나무 시들음병	• 2004년 가을 경기 성남에서 처음 발견된 후 전국적으로 감염·확산되고 있는 병이다. • 매개충인 광릉긴나무좀을 완전히 방제할 수 없지만 최대한 확산을 줄일 수 있도록 밀도 조절이 필요하다.
솔잎혹파리	• 솔잎혹파리는 대체로 10~12년 주기로 대규모 발생하는 경향이 있다. • 국지적으로 수세가 약하거나 수목의 피해가 심한 지역에 발생한다. • 수목의 고사로 생장저해나 경관을 해치므로 제한적인 방제작업과 지속적인 관심이 필요하다.
푸사리움 가지마름병	• 1999년도 홍성군 관내 리기다소나무에서 처음으로 발견되어 현재는 산발적으로 전 지역으로 확산되고 있다. • 가지의 상처를 통해 병원체(포자)가 바람에 날려 감염된다. • 임내온도·습도 등 기후환경인자와 임분 밀도 등의 생육환경에 많은 영향을 받는다. • 축사, 화장장, 공장 주변 등 열악한 환경 주변의 리기다소나무림에서 계속 발생할 가능성이 높다.
벚나무 빗자루병	• 1990년대까지는 크게 문제되지 않았으나 2000년대 중반 이후부터 피해가 나타나기 시작하였다. • 현재 국도변 가로수에서 피해가 심각하며 이른 봄 새잎이 피면서 포자도 함께 발생한다. • 가까이 있는 가지나 나무에 전염되기 때문에 잎이 피기 전에 가지를 잘라 제거해 준다.

② 주요 돌발 병해충 발생

㉠ 돌발 병해충의 종류 : 꽃매미, 미국흰불나방, 소나무가루깍지벌레, 재주나방류, 솔거품벌레, 리지나뿌리썩음병, 오리나무잎벌레 등이 있다.

㉡ 솔나방은 70년대 기주식물이 소나무였으나 현재 리기다소나무와 잣나무류로 바뀐 것이 특징이다.

㉢ 솔잎혹파리의 피해밀도는 월동시기 토양조건(온도, 강수량)에 따라 좌우되므로 국지적으로 피해율이 높게 나타날 가능성이 있다.

㉣ 소나무 재선충병은 전국적으로 조경수 이동과 건축(사찰), 원목, 제재목 이동 등으로 발생 가능성이 상존하고 있다.

㉤ 푸사리움 가지마름병은 쓰레기매립장, 축사 등 환경취약지 주변에서 발생되어 확산될 것으로 전망된다.

㉥ 벚나무 빗자루병은 이른 봄 잎이 피기 전 가지 제거 시 확산 방지 및 발생을 최소화할 수 있다.

㉦ 돌발 해충의 발생 원인으로는 최근에 세계적으로 문제가 되고 있는 기후변화에 의한 지구 온난화 현상이 해충들의 번식조건을 충족시키면서 갑자기 확산된 것으로 보인다.

㉧ 예기치 않은 돌발 해충은 항상 생태계의 일원으로서 산림이나 초원에서 서식하며 환경변화에 따라 밀도가 변화한다.

(2) 병충해의 예찰과 진단

① 병충해의 종류와 원인

㉠ 전염성 병해 : 바이러스나 세균류에 의하여 발병한다.

㉡ 비전염성 병해 : 대기오염이나 풍해, 수분부족 등에 의하여 발병한다.

㉢ 해충에 의하여 발병하는 병해가 있다.

㉣ 식물이 병원균의 침해를 받아 식물 본래의 형태나 생리기능의 흐름이 교란된 상태로 본다.

㉤ 생물 이외에도 화학물질이나 기상인자 등 무생물도 그 원인에 포함된다.

② 예찰

㉠ 수목에 피해를 주는 병해충의 발생량과 발생 시기 등을 예견하고 관찰하는 일이다.

㉡ 예찰을 하려면 발생 상황의 조직적인 관찰과 변동 메커니즘의 해석이 필요하다.

㉢ 먼저 병해충의 발생량 예찰은 개체군 변동 메커니즘과 관련이 있고 발생시기 예찰은 병해충의 생육 메커니즘과 관련이 있다.

㉣ 개체군의 변동 요인은 기상조건, 천적의 활동, 동종 내 또는 타종과의 경합 등 자연적인 요인과 수목의 종류, 이식시기, 시비, 방제 등 인위적 요인이 포함되어 있다.

㉤ 생육과 관련 요인은 병해충의 생리·생태적 특성, 기상조건, 수목의 생육조건 등이 있다.

③ 진단

㉠ 수목에 대한 병과 해충의 실태에 관한 모든 면에 걸쳐서 판단하는 일을 말한다.

㉡ 수병의 경우는 수종 발생 상황·병징·표징·병명·피해정도 등이다.

㉢ 해충의 경우에는 해충명·발생원인·형태·가해 부위·번식 양상 등이 있다.

㉣ 이들 판단의 기초적인 자료를 얻기 위하여 주 증세를 제일의 실마리로 하고 발병 또는 발생에서 현재까지 병과 해충의 경과를 상세하게 조사하여야 한다.

㉤ 현재 수목의 피해 상태를 모든 각도에서 검사한 후 여기까지의 내용으로 진단을 내릴 수가 있다.

㉥ 이것을 뒷받침하기 위하여 다시 필요한 검사 항목을 추가하게 된다.

㉦ 이상의 결과를 모아서 최종적으로 판단을 내리게 된다.

④ 예찰과 진단의 중요성

㉠ 병충해를 입기 전에 잘 관리하여 병해를 막는 것이 가장 좋은 방법이다.

㉡ 해충이나 바이러스, 세균에 의한 병은 예방에 어려움이 많다.

㉢ 각 병충해가 잘 일어나는 시기와 조건을 미리 알고 예찰하는 것이 중요하다.

㉣ 언제든지 발생할 가능성이 잠재되어 있고, 병해충의 완전 퇴치는 어렵기에 수목을 건강하게 관리함으로써 병해충 발생을 줄일 수 있다.

㉤ 수목병이 발생하였거나 해충이 발생하였을 때 초기단계의 징후나 해충의 발현을 발견하기는 쉽지 않다.

㉥ 조기에 발견하여 초기 단계에서 방제를 하면 적은 인력과 비용으로 확산 원인을 원천적으로 제거할 수 있기 때문에 예찰과 진단이 중요하다.

(3) 수목 병해방제

① 병해방제

㉠ 전염성 병해는 병원체가 기주가 되는 수목에 접촉하여 발생한다.

㉡ 환경조건이 병원체와 수목에 작용하므로 발생정도와 밀접한 관계를 가진다.

㉢ 수목이 가지고 있는 감수성의 차이도 중요한 인자이다.

㉣ 조경수는 많은 관심을 가지고 관리하고 있다.

㉤ 이상징후가 발생할 경우에는 다른 방제법과 함께 약제를 사용하는 화학적 방제법을 주로 사용하고 있다.
㉥ 임업용 살균제로 등록된 약제는 거의 없어서 농작물용으로 등록되어 있는 살균제를 주로 활용하고 있다.
㉦ 방제목표는 사용목적에 따라서 상황이 각기 다르다.
㉧ 환경조성용 조경 또는 관상수나 보안림과 같이 방제림이 경제적 피해허용 수준과는 관계없는 경우 임지보전이나 경관적인 면에서 방제가 필요하나 환경오염 방지로 인해 약제방제가 제한될 수도 있다.

② 병해치료

㉠ 병해방제는 예방이 원칙이지만 수목의 치료적인 조치 또한 중요하다.
㉡ 치료에는 내·외과적 치료가 있으며 과거에는 가로수, 정원수, 희귀목 등 특수한 수목에만 적용되었다.
㉢ 현재는 빗자루병이나 줄기가지마름성 병해, 토양병해 등에도 적용한다.
㉣ 소성수에서 수간 및 뿌리 부위에 부후균이 발생하여 병해 부위가 확산되고 있을 경우 조속한 회복을 위해 외과적 치료법으로 치료할 수 있다.
㉤ 외과적 치료법은 환부에서 죽은 조직을 도려내어 병균이 확산되는 것을 막고, 주변의 건강한 형성층 세포로부터 유합조직을 유도하는 방법이다.

- 내과적 요법
  - 수목에 내과요법의 효과가 낮은 원인은 순환계통이 없어서 약제의 이동이 어렵고 또 체내에서 분해도 빠르기 때문이다.
  - 약제를 토양에 살포할 경우에도 토양에 흡착되거나 뿌리에서 흡수되는 양이 적기 때문에 효과가 낮다.
  - 파이토플라즈마에 의한 대추나무와 오동나무빗자루병은 옥시테트라사이클린의 직접주사로 효과가 잘 나타나고 있고, 특히 대추나무빗자루병의 치료에 실용화되고 있다.
- 외과적 요법
  - 나무의 병든 부위를 잘라 내어 확산되는 것을 막는 방법이다.
  - 재질부후병, 부란병에 대한 외과 수술과 벚나무빗자루병, 침엽수빗자루병 등에 대한 병든 가지의 절단도 포함된다.
  - 환부의 절제는 병원균이 존재하는 조직을 완전히 제거하는 것이 중요하다.
  - 심재 또는 변재가 부후된 나무의 외과 수술은 육안으로 나타나는 환부보다도 실제적인 피해는 더 크므로 건강하게 보이는 부분까지 제거해야 하며 일반적으로 이른 봄에 실시하는 것이 좋다.

참고

- 가지에 대한 처리 요령
  - 나무의 굵은 가지를 자를 때 절단부위를 처음부처 톱으로 자르면 가지의 무게 때문에 찢어진다거나 수피와 함께 벗겨지기 쉽다.
  - 절단할 부위로부터 약 30cm 정도 윗부분을 먼저 자른 후에 줄기에서 분지한 부분을 잘라야 한다.
  - 절단면에는 지오판도포제, 포리젤도포제 등 도포제를 바르는 것이 좋다.
  - 절단면이 평활하지 않으면 빗물이 고여서 부패되기 쉽고 유합조직의 형성이 불량해지므로 주의해야 한다.
- 줄기에 대한 처리 요령
  - 줄기마름병 등과 같이 피해가 목질부에 영향을 주거나 변재가 국부적으로 부패한 줄기 처리법
    ⓐ 건강한 부위를 포함하여 환부를 예리한 칼로 도려내고 소독한다.
    ⓑ 방부제를 바르고 표면은 인공수피로 피복한다.
  - 부후가 진행되어 줄기에 동공이 생겼을 때의 처리법(순서)
    ⓐ 피해 부위를 철저히 제거한 후 소독·방수처리한다.
    ⓑ 동공 부위에는 필요에 따라 금속, 목재, 모르타르나 발포성 주사로 채운다.
    ⓒ 표면에 인공수지로 피복한다.

• 뿌리에 대한 처리 요령
- 뿌리의 일부에 발생하는 병해의 종류 : 뿌리썩음병, 자주빛날개무늬병, 흰빛날개무늬병
- 뿌리의 일부에 발생하는 병해의 처리법(순서)
ⓐ 지주를 세워서 나무를 받치고 고정한다.
ⓑ 조심스럽게 뿌리를 노출시킨다.
ⓒ 죽은 뿌리와 피해 뿌리를 잘라 낸다.
ⓓ 토양살균제로 노출 부분을 잘 씻어 낸다.
ⓔ 살균제를 관주하면서 흙메우기를 한다.
ⓕ 상당 기간 지주목을 설치 고정해 준다.

(4) 수목 해충방제

① 수목 해충의 발생 요인과 피해

㉠ 조경수의 충해 발생은 산림 수목의 충해 발생과 상당한 차이가 있다.

㉡ 산림 해충은 피해가 심하게 나타나지 않으나 조경 수목의 경우 피해가 심하게 나타나는 경향이 강하다.

㉢ 조경수는 환경변화에 따라 피해가 큰 영향을 받고 수세 쇠약, 고사목 발생, 수형 파괴 현상까지 나타나는 특성이 있다.

㉣ 조경수의 경우에는 곤충에 의한 섭식, 충영 등으로 수목이 잎을 갉아 먹히거나, 가지나 줄기의 수액을 흡즙당하거나, 구멍이 뚫려 수목을 고사시킨다.

㉤ 조경수의 미관을 해치거나 나무순까지 피해를 입기도 한다.

② 해충 방제 방법

㉠ 해충은 인간의 입장에서 해로운 존재이므로 완전히 박멸하기보다는 해충의 밀도가 높아져 피해가 커질 가능성이 있을 경우에만 활동을 억제하는 수준으로 방제한다.

㉡ 효과적인 충해 방제를 위해서 발생 병충해의 이름과 생활사, 가해 부위, 가해 습성을 먼저 파악한 후 약제 처리 시기 및 방법, 횟수, 약제 종류 및 양을 결정한다.

㉢ 방제 방법으로는 종묘 소독, 토양 소독, 약제 살포, 도포제, 수간 주입, 생물적 방제 등으로 구분한다.

㉣ 방제 방법의 종류와 처리법

• 종묘 소독 : 종자, 묘목, 접수 및 대목에 병원체가 부착 또는 잠재되어 있으면 각종 병의 발생 원인이 되므로 병원체에 약제를 처리하여 제거하는 방법이다.

• 토양 소독 : 토양 표면이나 땅속에 서식하는 병원체를 제거하기 위해 약제를 토양의 표면 또는 땅속에 관주하거나 살포하는 방법이다.

• 약제 살포
- 약제를 살포하여 기주 실물에 붙어 있는 병원체의 침입을 방지하여 병 발생을 예방한다.
- 침투성 약제를 살포하여 병이 발생한 나무를 치료하는 방법이다.
- 일반적으로 예방을 목적으로 약제를 살포할 때에는 전면에 걸쳐 균일하게 살포한다.
- 피해가 발생했을 때에는 피해 부위에 중점 살포한다.

• 도포제 : 줄기마름병, 가지마름병, 빗자루병 등을 방제하기 위해 병든 부위나 가지를 제거할 경우에는 상처 부위에 도포제를 발라 병원균의 침입을 방지한다.

• 수간 주입
- 나무의 줄기에 구멍을 뚫고 침투성 약제를 넣어 주는 방법이다.
- 치료 효과가 우수하고 약제 살포에 의한 생태계 교란이 적다.
- 특히 소나무 재선충병, 대추나무 빗자루병, 오동나무 빗자루병 방제에 주로 사용되고 있다.

• 생물적 방제 : 식물 병원균에 기생하거나 활동을 억제하는 미생물을 증식하여 병해 발생을 막는 방법으로 오래전부터 관심을 갖고 있었으나 실용화된 예는 적다.

[주요 수목의 바이러스, 세균에 의한 전염성 병해]

잎떨림병	• 시기 : 4월 초순~6월 • 기주 : 소나무류(해송, 적송, 잣나무) • 증상 : 낙엽에 흑갈색의 타원형 돌기가 형성된다.
빗자루병	• 시기 : 4~5월(벚나무), 6~7월(대추나무) • 기주 : 벚나무, 대추나무, 오동나무, 붉나무, 대나무 등 • 증상 : 작은 가지가 많이 발생하여 가지가 무거워져 처지고 그 가지에는 꽃이 피지 않고 열매도 열리지 않는다.
철쭉떡병	• 시기 : 4~5월 • 기주 : 철쭉류, 진달래류 • 증상 : 잎, 꽃의 일부분이 하얗게 부풀어 떡 모양을 나타낸다.
탄저병	• 시기 : 5월 중순~9월 • 기주 : 동백나무, 버즘나무, 사철나무, 개암나무, 호두나무 등 • 증상 : 잎 가장자리가 마르다가 작은 돌기를 형성한다. 잎이 검은색으로 말라 죽고 열매 등에 피해를 준다.
갈색무늬병	• 시기 : 6~7월 • 기주 : 사과나무, 포도, 배롱나무, 느티나무, 사철나무, 오이 등 • 증상 : 다양한 활엽수에서 흔히 관찰되며 처음에는 작은 갈색 점무늬가 나타나고 점차 크기가 커져 불규칙하거나 둥근 병반을 만든다.
흰가루병	• 시기 : 8~10월 • 지주 : 배롱나무, 참나무류, 단풍나무류, 포플러류 등 • 증상 : 장마철 이후부터 잎 표면과 뒷면에 백색의 반점이 생기며 점차 확대되어 가을에 잎을 하얗게 덮는다. 생육에 영향을 주며 그을음병의 원인이 되기도 한다.
향나무 녹병	• 시기 : 4~5월 • 지주 : 향나무류 • 증상 : 향나무 잎과 줄기에 주황색 돌기가 형성되며 같은 적성병을 유발한다. 겨울이 되면 다시 향나무로 날아가 월동한다.
적성병	• 시기 : 5월 말~7월 • 지주 : 장미과 식물(산사나무, 배나무, 모과나무, 꽃사과, 아그배나무 등) • 증상 : 잎이 노랗게 둥근 반점이 생기다가 뒷면에 가시처럼 돌기가 형성된다. 병 예방을 위해 장미과 식물과 향나무류는 2km 이내 식재하지 않는 것이 좋다.

참고

매개충에 의한 병해

• 소나무재선충
  - 시기 : 9~11월
  - 기주 : 소나무
  - 증상 : 솔수염하늘소에 의해 감염되면 여름 이후 침엽이 급격히 처지고 송진이 거의 나오지 않으며 고사한다.

• 참나무시들음병
  - 시기 : 7~8월
  - 기주 : 참나무류(주로 신갈나무), 서어나무
  - 증상 : 광릉긴나무좀에 의해 감염되며 침입 구멍 주변에 나무 가루가 쌓이고 알코올 냄새가 난다.

참고

주요 수목의 해충 피해

• 종실(구과)해충
  - 해충 : 면충류, 진딧물류, 큰팽나무이, 혹벌류, 혹응애류, 혹파리류, 도토리거위벌레 등
  - 증상 : 생장방해, 변색, 미관불량, 식흔, 벌레 혹, 벌레 똥

- 묘목해충
  - 해충 : 땅강아지, 굼뱅이, 거세미나방, 진딧물, 응애류, 깍지벌레 등
  - 증상 : 기형, 벌레구멍, 벌레 똥, 수액누출, 생장방해, 미관불량
- 눈, 새순 가해해충
  - 해충 : 나무좀, 바구미, 애기잎말이, 진딧물 등
  - 증상 : 수액누출, 벌레구멍, 기형, 벌레똥
- 잎을 가해하는 해충
  - 해충 : 솔잎혹파리, 솔나방, 깍지벌레류, 진딧물류, 응애류 등
  - 증상 : 변색, 식흔, 벌레 똥, 잎의 기형, 벌레 혹, 개미 집결
- 가지를 가해하는 곤충
  - 해충 : 깍지벌레류, 황철나무알락하늘소, 말매미, 나무좀류, 진딧물류,
  - 증상 : 가지고사, 변색, 가지 총생, 갱도, 벌레 똥, 개미 집결
- 뿌리와 지제부를 가해하는 곤충
  - 해충 : 굼벵이(풍뎅이)류, 나무좀류, 하늘소류, 등
  - 증상 : 수액누출, 변색, 수피밑 공동, 목분 배출
- 뿌리와 지제부를 가해하는 곤충
  - 해충 : 나무좀류, 솔껍질깍지벌레, 바구미류, 하늘소류 등
  - 증상 : 수지누출, 변색, 나무가루, 갱도, 구멍, 수피 및 공동
- 목재를 가해하는 곤충
  - 해충 : 하늘소류, 가루나무좀, 흰개미, 바구미류 등
  - 증상 : 수지누출, 갱도, 무가루, 작은 구멍 등

출제예상문제

01 **전국적으로 발생되는 병해충을 대상으로 방제해야 하는 병해충의 종류를 3가지 이상 쓰시오.**

정답 솔껍질깍지벌레, 소나무 재선충병, 참나무 시들음병, 솔잎혹파리, 푸사리움 가지마름병, 벚나무 빗자루병

02 **다음에서 설명하는 병해충의 종류를 쓰시오.**

1) 1963년 전남 고흥에서 처음 발생된 것으로 추정되며 40여 년간 북쪽과 서쪽 방향으로 확산된 해충
2) 1988년 부산 금정산에서 최초로 발생하여 2005년을 정점으로 피해 면적이 점점 줄어들었으나 인위적인 확산 가능성이 높은 병해충
3) 2000년대 중반 이후부터 피해가 나타나기 시작하였고, 현재 국도변 가로수에서 피해가 심각하며 이른 봄 새 잎이 피면서 포자도 함께 발생하는 병해충

정답 1) 솔껍질깍지벌레
2) 소나무 재선충병
3) 벚나무 빗자루병

03 **주요 돌발 병해충의 종류 중 70년대 기주식물이 소나무였으나 현재 리기다소나무와 잣나무류로 바뀐 것이 특징인 병해충을 쓰시오.**

정답 솔나방

04 주요 돌발 병해충의 종류 중에서 쓰레기매립장, 축사 등 환경취약지 주변에서 발생되어 확산될 것으로 전망되는 병해충을 쓰시오.

정답 푸사리움가지마름병

05 수목 병충해의 종류에서 바이러스나 세균류에 의하여 발병하는 병해를 쓰시오.

정답 전염성 병해

06 수목에 피해를 주는 병해충 개체군의 변동 요인 중에서 인위적 요인에 해당하는 것을 2가지 이상 쓰시오.

정답 수목의 종류, 이식시기, 시비, 방제

07 환경조성용 조경 또는 관상수나 보안림과 같이 방제림이 경제적 피해허용 수준과는 관계없는 경우 임지보전이나 경관적인 면에서 방제가 필요하나 약제방제를 제한할 수도 있는 이유를 쓰시오.

정답 환경오염 방지

08 병해치료 중 환부에서 죽은 조직을 도려내어 병균이 확산되는 것을 막고, 주변의 건강한 형성층 세포로부터 유합조직을 유도하는 치료법을 쓰시오.

정답 외과적 치료법

09 파이토플라즈마에 의한 대추나무와 오동나무빗자루병의 치료에 효과가 좋은 치료방법을 쓰시오.

정답 옥시테트라사이클린의 직접주사(수간주사)

10 심재 또는 변재가 부후된 나무의 외과 수술은 육안으로 나타나는 환부보다도 실제적인 피해는 더 크므로 건강하게 보이는 부분까지 제거해야 한다. 이때 시행하는 시기를 쓰시오.

정답 이른 봄

11 외과적 요법에서 나무의 굵은 가지를 자른 절단면에 발라 주어야 하는 도포제를 2가지 쓰시오.

정답 지오판도포제, 포리젤도포제

12 수목의 병해 발생부위를 2가지 이상 쓰시오.

정답 가지, 줄기, 뿌리

13 부후가 진행되어 줄기에 동공이 생겼을 때의 처리법에서 동공 부위의 표면에 피복하는 재료를 쓰시오.

정답 인공수지

14 수목의 병해 중 뿌리의 일부에 발생하는 병해를 2가지 이상 쓰시오.

정답 뿌리썩음병, 자주빛날개무늬병, 흰빛날개무늬병

15 수목 해충의 발생에 의하여 환경변화에 따라 조경수에 발생하는 주요 피해 현상을 2가지 이상 쓰시오.

정답 수세 쇠약, 고사목 발생, 수형 파괴

16 해충 방제 방법의 종류를 3가지 이상 쓰시오.

정답 종묘 소독, 토양 소독, 약제 살포, 도포제, 수간 주입, 생물적 방제

17 다음에서 설명하는 병해를 쓰시오.

1) 4월 초순~6월에 소나무류(해송, 적송, 잣나무)에 발생하며, 낙엽에 흑갈색의 타원형 돌기가 형성된다.
2) 철쭉류, 진달래류의 잎, 꽃의 일부분이 하얗게 부풀어 떡 모양을 나타낸다.
3) 장마철 이후부터 잎 표면과 뒷면에 백색의 반점이 생기며 점차 확대되어 가을에 잎을 하얗게 덮는다. 생육에 영향을 주며 그을음병의 원인이 되기도 한다.
4) 잎이 노랗게 둥근 반점이 생기다가 뒷면에 가시처럼 돌기가 형성된다. 병 예방을 위해 장미과 식물과 향나무류는 2km 이내 식재하지 않는 것이 좋다.

정답 1) 잎떨림병
2) 철쭉떡병
3) 흰가루병
4) 적성병

18 9~11월에 발생하며, 솔수염하늘소에 의해 감염되면 여름 이후 침엽이 급격히 처지고 송진이 거의 나오지 않으며 고사하는 병을 쓰시오.

정답 소나무재선충

19 광릉긴나무좀에 의해 감염되며 침입 구멍 주변에 나무 가루가 쌓이고 알코올 냄새가 나는 병을 쓰시오.

정답 참나무 시들음병

20 다음에서 설명하는 주요 수목의 해충을 각각 2가지 이상 쓰시오.

1) 묘목에 해를 끼치는 해충
2) 잎을 가해하는 해충
3) 목재를 가해하는 해충

정답 1) 땅강아지, 굼벵이, 거세미나방, 진딧물, 응애류, 깍지벌레
2) 솔잎혹파리, 솔나방, 깍지벌레류, 진딧물류, 응애류
3) 하늘소류, 가루나무좀, 흰개미, 바구미류

21 수목 병해충 진단의뢰 시 표본채취 방법으로 몸이 연하여 액침상태로 보관이 필요한 경우 60~70%의 에틸알코올병에 넣어서 보관해야 하는 해충을 2가지 이상 쓰시오.

정답 진딧물, 응애, 총채벌레

22 수목 병해충 발생상황도를 작성할 때 발생상황에는 피해 정도에 따라 병해충에 대한 위험도를 채색하여 구분하는데 발생빈도가 심할 경우에 사용하는 색을 쓰시오.

정답 연한 적색

23 해충 종합관리에서 해충 방제법의 종류를 4가지 쓰시오.

정답 물리적 방제, 화학적 방제, 재배적 방제, 생물학적 방제

24 다음 방제법과 설명을 바르게 연결하시오.

㉠ 화학적 방제법 ㉡ 생물적 방제 ㉢ 화학적 방제	ⓐ 인간, 애완동물, 식물, 토양 등 주변 환경과 생물에 미칠 영향이 최소화될 수 있도록 시행되어야 하고, 가능한 마지막 방법으로 고려하는 것이 좋은 해충 방제법 ⓑ 식물 병원균에 기생하거나 활동을 억제하는 미생물을 증식하여 병해 발생을 막는 방법 ⓒ 병해방제에서 이상징후가 발생할 경우 다른 방제법과 함께 주로 사용하고 있는 방제법

정답 ㉠-ⓒ, ㉡-ⓑ, ㉢-ⓐ

2 농약취급 및 방제인력 교육

(1) 병해충에 사용하는 농약의 분류

① 사용 목적과 작용 특성에 따른 분류

㉠ 농약(Pesticide) 적용대상(Target)에 따른 분류 : 살충제(Insecticide), 살균제(Ungicide), 제초제(Herbicide), 생장조정제(PGR ; Plant Growth Regulator)

㉡ 벌레를 잡는 것은 살충제, 균을 잡는 것은 살균제, 잡초를 잡는 것은 제초제, 작물의 생장을 억제하거나 촉진시키는 것은 생장조정제이다.

㉢ 살균제는 분홍색, 살충제는 녹색, 제초제는 노란색, 생장조정제는 파란색으로 농약의 포장지 색깔로도 구분한다.

② 주성분 조성에 따른 분류

㉠ 형태에 따른 분류 : 수화제(WP ; Wettable Power), 유제(EC ; Emulsifiable Concentrate), 액제(SL ; Solubleconcentrate), 입제(GR ; Granule), 분제(DP ; Dustable Power), 액상수화제(SC ; Suspension-concentrate) 등

㉡ 농약의 유효성분이 얼마나 잘 보존되며 적은 양으로 많은 면적에 사용할 수 있느냐 등 여러 가지 조건으로 구분되기도 한다.

㉢ 농약의 유효성분은 적게는 0.01%에서 많게는 80%까지 있으며 이 범위를 벗어나는 것도 많다.

㉣ 나머지 99.99%에서 20%는 계면활성제, 보조제, 증량제 등으로 채워진다.

㉤ 수(수화제), 유(유제), 액(액제), 액상(액상수화제), 입상(입상수화제), 분액(분산성액제), 수용(수용제), 수용입(수용성입제)를 의미한다.

(2) 농약 취급 및 사용법과 사용상 주의사항

① 농약 선택 및 사용 기준

㉠ 병해충의 종류에 따라 약효의 차이가 심하기 때문에 가장 유효한 농약을 선택하는 일은 대단히 중요하다.

㉡ 가장 좋은 농약은 대상 병해충에 효과가 잘 나타나야 하며 기주식물이나 환경에 나쁜 영향을 주지 않는 것이어야 한다.

㉢ 농약의 종류를 선택할 경우는 병해충의 종류나 임황, 임상, 그리고 농약의 이화학적 특성 및 작용기작 등을 고려해야 한다.

㉣ 주요 병해충에 대해서는 적용 농약명과 사용방법이 명시되어 있으므로 방제하고자 하는 병해충의 종류를 알면 곧 유효한 농약을 선택할 수 있다.

㉤ 농약의 특성에 따라 생태계에 미치는 영향이 각기 다르므로 살포하고자 하는 임지의 면적 및 환경조건을 충분히 고려해야 한다.

㉥ 소규모로 살포할 경우에는 살포 기구를 고려하여 가장 합리적인 농약을 선택한다.

㉦ 농약 등의 품목별 또는 제품별 안전사용기준의 세부기준은 다음과 같다.

- 적용대상 농작물에만 사용할 것
- 적용대상 병해충에만 사용할 것
- 적용대상 농작물과 병해충별로 정해진 사용방법, 사용량을 지켜 사용할 것
- 적용대상 농작물에 대하여 사용가능 시기 및 사용가능 횟수가 정해진 농약 등은 사용가능 시기 및 사용가능 횟수를 지켜 사용할 것
- 사용대상자가 정하여진 농약 등은 사용대상자 외에는 사용하지 말 것
- 사용지역이 제한되는 농약은 사용제한 지역에서 사용하지 말 것

② 살포액의 조제

㉠ 살균제는 병을 일으키는 곰팡이와 세균을 구제하기 위한 약이다.

㉡ 식물 내 침입을 막거나 침입한 병균을 죽이는 직접 살균제, 그리고 종자 소독제, 토양 소독제, 과실 방부제 등으로 나뉜다.

㉢ 약제 방제 시 사용 약제는 농축액이나 분말로 판매하므로 희석하여 사용하는 것이 일반적이다.

㉣ 입제나 분제와 같이 제품상태 그대로 살포하는 농약은 조제할 필요가 없지만 수화제, 액제, 유제 등과 같이 물에 희석하여 액상으로 살포하는 농약은 병해충의 종류에 따라 농도에 맞게 결정하여 사용한다.

참고

제형별 살포액 조제 방법

• 액제, 수용제 : 약제가 수성이므로 완전히 녹여 조제한나.
• 유제 : 약제와 동일한 양의 물을 넣어 혼합한 후 희석에 필요한 양의 물을 부어 제조하는 방법과 처음부터 필요한 양의 물에 약제를 조금씩 혼합하여 조제하는 방법이 있다.
• 수화제, 액상수화제 : 소량의 물에 약제를 넣어 먼저 혼합한 다음 정량에 해당하는 남은 물을 전부 넣어 조제한다.
• 전착제의 첨가 : 전착제를 유제 농약 조제 방법으로 조제한 후 살포액에 첨가하여 혼합한다.

㉤ 이때 사용한 물이 산성이나 알칼리성일 때는 농약의 분해가 촉진되는 경우가 있으므로 중성의 물을 사용하는 것이 좋다. 깨끗한 우물물이나 수돗물을 사용한다.

㉥ 농약을 물에 희석할 때는 수용제나 액제와 같이 물에 잘 녹는 약제는 문제가 없다.

㉦ 유제나 수화제와 같이 물에 잘 녹지 않는 것은 약제 살포 전용 물통을 준비하여 소량의 물을 붓고 필요한 양의 약제를 미리 균일하게 잘 섞이도록 한 후에 적정량의 물을 부어 희석 사용한다.

㉧ 농약병이나 포대의 라벨에 적용 병충해명, 희석 배수 등이 있으므로 상기 요령에 따라 농약을 조제하여 사용한다.

참고

살포액 조제 방법

살포액을 조제할 때는 여러 가지 조제 방법이 있으나 약제의 중량으로 계산하여 조제하는 것이 원칙이다.
• 배액 조제법 : 배액은 용량 배수를 나타내는데 정해진 물의 양에 첨가할 약제의 양을 계산하여 조제한다.
• 퍼센트액 조제법 : 일반적으로 사용되지는 않으나, 실험할 경우 사용되기도 하며 조제 시에는 액제에 함유된 유효성분의 백분율을 따지는 것이다.

㉨ 농약을 혼용하여 살포액을 조제할 때는 동시에 2가지 이상의 약제를 섞지 말고 1가지 약제를 먼저 물에 완전히 섞은 후에 차례대로 1가지 약제씩 추가하여 희석한다.

㉩ 유제와 수화제는 가급적 혼용하지 말고 반드시 농약 혼용 적부표를 참고하여 혼용하여야 한다.

㉪ 전착제를 첨가할 경우에는 살포액을 완전히 조제한 후에 액체 상태로 만든 다음에 살포액에 넣어 잘 섞는다.

㉫ 농약을 혼용하여 제조하였을 경우는 오랫동안 두지 말고 제조한 당일 살포한다.

③ 약제의 살포 방법

㉠ 농약은 사용 방법에 따라 효과가 다르므로 예방 목적으로 약제를 살포할 때에는 전면에 걸쳐 균일하게 살포하여야 하며, 피해가 발생한 곳에는 피해 부위에 중점적으로 살포해야 한다.

㉡ 대상 병해충의 종류에 따라서 살포 방법이 서로 다르므로 잎 뒷면을 가해하는 진달래방패벌레나 오리나무잎벌레 유충 같은 것에는 잎 뒷면에 약제를 살포하여야 한다.

㉢ 줄기나 가지에 발생하는 깍지벌레류에 대해서는 발생장소인 줄기나 가지에 약제가 고루 묻도록 살포하여야 한다.

㉣ 모든 농약은 적용 대상 작물 및 대상 병해충에만 사용하는 것이 원칙이며, 사용설명서 및 사용상 주의사항을 반드시 읽어 본 후 사용해야 한다.

㉤ 농약은 단용일 경우에도 작물의 종류, 품종, 생육상태, 기상조건, 농약 희석농도에 따라 약해가 발생할 수 있다.

㉥ 약해의 우려가 있다고 판단되면 면적이 좁은 곳에 일단 시험을 한 후에 사용하거나, 농촌지도소 또는 전문기술자에게 문의한 후 사용한다.

㉦ 모든 약제는 기온이 높고 햇빛이 강하면 약해가 발생하므로 한낮 뜨거운 때를 피하여 서늘한 아침이나 저녁에 살포한다.

㉧ 식물전멸약(비선택성 제초제)을 살포할 때는 비산되지 않도록 하고, 농약과 4종복비와 혼용할 경우 농약성분 중 계면활성제가 비료의 과잉흡수를 조장하여 피해를 입는 경우도 있다.

㉨ 대부분의 농약은 많이 연용하게 되면 내성이 생겨 약효가 저하되므로 가능하면 연용을 피한다.

④ 생활권 수목 병해충 방제 방법

㉠ 생활권에서의 농약 사용 방법

- 수목 병해충의 발생이나 피해의 유무와 관계없이 정기적으로 농약을 살포하지 아니하도록 하며 발생 정도 및 피해 상황에 맞게 적절한 방제를 실시할 것
- 농약을 사용하는 경우에는 나무주사 등 살포 이외의 방법을 우선 활용하되, 부득이 살포할 때는 최소한의 구역으로 한정할 것
- 농약관리법에 따른 농약의 안전사용기준에 따라 사용하고 취급제한기준에 따라 취급할 것
- 농약을 살포할 때에는 농약의 비산 방지를 위하여 필요한 조치를 강구할 것
- 농약을 살포하는 경우에는 인근 지역주민에게 농약의 사용목적, 살포일자, 사용 농약의 종류 등에 대하여 사전에 충분히 홍보할 것

㉡ 농약 선택 시 고려사항

- 농약관리법에 따라 등록된 농약인지 여부
- 적용대상 수목병해충 이외의 천적 등의 생물에 독성이 적은 농약인지 여부
- 입제 등 비산이 적은 농약이나, 생물농약 · 페로몬제 · 곤충생장조절제 등 비산에 의한 위험성이 적은 농약의 적용가능성 여부
- 여러 가지 농약을 섞어 사용하는 경우에는 농약의 혼용 가능성 및 안전성 여부

㉢ 농약 살포 전 조치사항

- 반상회, 차량방송, 마을방송, 현수막 등을 활용하여 농약의 구체적인 사용목적, 살포일자, 농약의 종류, 희석배수, 살포방법 등을 인근 지역주민에게 알릴 것
- 농약을 살포하는 날에 창문 등을 열거나 빨래를 밖에 말리거나, 살포지역 인근에 차량을 주차하지 않도록 하는 등 인근 지역주민이 조치할 사항을 알릴 것
- 살포지역 인근에 학교 등이 있는 경우에는 해당 학교 등을 통해 어린이의 보호자 등에게 알릴 것

㉣ 농약 살포 시 유의사항

- 농약의 비산을 억제하기 위한 노즐을 사용하거나 비산 방지를 위하여 필요한 조치를 강구할 것
- 농약의 살포는 바람이 없거나 약할 때 실시하고, 노즐의 방향이나 바람의 방향에 주의하여 주거지역이나 농지로의 비산이 적도록 살포할 것
- 살포지역 인근에 있는 놀이기구 등은 농약이 묻지 않도록 이동시키거나 천막 등으로 덮을 것
- 살포지역 인근에 학교 등이 있는 경우에는 어린이 등의 왕래가 예상되는 시간을 피하여 살포할 것
- 농약사용자 이외의 사람이 살포지역에 들어가는 것을 통제하기 위하여 통행금지선을 설치하는 등 필요한 조치를 강구할 것

• 농약을 나무 전체에 살포하는 것을 지양하고, 수목병해충 발생 부위 등에 대하여 최소한으로 살포할 것

㉤ 농약 살포 후 조치사항 : 농약 살포 후 일정기간 동안 현수막, 통행금지선을 설치·유지하는 등 지역주민이 농약 살포지역에 들어가거나 농약이 묻은 수목에 접촉하지 아니하도록 필요한 조치를 하여야 한다.

(3) 방제인력 교육계획

① 농약을 사용하는 방제인력은 농약의 독성에 대하여 사전에 인지하고 작업할 수 있도록 계획을 수립하여 교육해야 한다.

② 농약의 안전사용 등에 관한 교육실시 요령

㉠ 교육대상자 : 농약안전사용 등에 관한 교육을 희망하는 조경식재기술사 외의 농약사용사로 한다.

㉡ 농약안전사용 등에 관한 교육 : 농업기술센터 등에서 실시하는 새해 영농설계 교육 등과 연계하여 농약안전사용 등에 관한 교육을 매년 1월에서 3월까지 실시하여야 한다.

참고

농약 사용 시 유의사항

- 약제는 개봉 직후 모두 사용하고 사용 후 남은 농약은 잘 밀봉하여 햇빛을 피해 건조하고 서늘한 장소에 보관한다.
- 농약을 살포할 때에는 마스크, 보안경, 장갑 및 방제복 등을 착용하고 바람을 등지고 살포하며, 2시간 이상 계속하여 작업하지 않도록 한다.
- 작업을 한 후 살포했던 분무기를 세척하여 보관하며, 입 안은 헹구고 얼굴, 손, 발은 비눗물로 깨끗하게 씻는다.
- 안전사용기준과 취급제한기준을 반드시 준수하며 다른 용기에 옮겨 보관하지 않는다.

출제예상문제

01 농약(Pesticide) 적용대상(Target)에 따른 분류 4가지를 쓰시오.

정답 살충제(Insecticide), 살균제(Ungicide), 제초제(Herbicide), 생장조정제(PGR ; Plant Growth Regulator)

02 농약 분류에서 농약의 포장지 색깔로 구분하는데 파란색의 포장지는 어떤 농약을 나타내는지 쓰시오.

정답 생장조정제

03 농약의 형태에 따른 분류를 3가지 이상 쓰시오.

정답 수화제, 유제, 액제, 입제, 분제, 액상수화제

04 **농약의 유효성분은 적게는 0.01%에서 많게는 80%까지 있으며 이 범위를 벗어나는 것도 많다. 이때 나머지를 채우는 성분을 2가지 이상 쓰시오.**

정답 계면활성제, 보조제, 증량제

05 **병을 일으키는 곰팡이와 세균을 구제하기 위한 살균제의 종류를 2가지 이상 쓰시오.**

정답 직접 살균제, 종자 소독제, 토양 소독제, 과실 방부제

06 **예방 목적으로 농약 약제를 살포할 때에 살포요령을 서술하시오.**

정답 전면에 걸쳐 균일하게 살포하여야 한다.

07 **농약 살포 시 발생하는 약해의 요인을 3가지 이상 쓰시오.**

정답 작물의 종류, 품종, 생육상태, 기상조건, 농약 희석농도

08 **농약을 살포하는 경우 사전에 인근 지역주민에게 사전에 충분히 홍보해야 하는 내용을 2가지 이상 쓰시오.**

정답 농약의 사용목적, 살포일자, 사용 농약의 종류

09 **다음은 농약 살포 전 조치사항이다. (   ) 안에 알맞은 내용을 쓰시오.**

- 농약의 비산을 억제하기 위한 노즐을 사용하거나 (①)를 위하여 필요한 조치를 강구할 것
- 살포지역 인근에 있는 놀이기구 등은 농약이 묻지 않도록 이동시키거나 (②) 등으로 덮을 것
- 농약사용자 이외의 사람이 살포지역에 들어가는 것을 통제하기 위하여 (③)을 설치하는 등 필요한 조치를 강구할 것
- 농약을 나무 전체에 살포하는 것을 지양하고, 수목병해충 (④) 등에 대하여 최소한으로 살포할 것

정답 ① 비산 방지, ② 천막, ③ 통행금지선, ④ 발생 부위

10 농약 사용 시 주의사항을 2가지 이상 쓰시오.

정답 기상과의 관계, 혼용할 수 없는 농약, 식물에 대한 약해, 농약에 대한 해충의 저항성, 천적과 방화곤충

11 나음 ( ) 인에 알맞은 내용을 쓰시오.

살포액을 조제할 때는 여러 가지 조제 방법이 있으나 (   )을 계산하여 조제하는 것이 원칙이다.

정답 약제의 중량

12 잡초방제 시 제초 효과는 살포 기구에서 손 또는 살포기를 사용할 수 있는 농약을 쓰시오.

정답 입제, 분제 등 고형제 제초제

13 공중살포 방법 중에서 가장 대표적 방법이고, ha당 30~60L의 범위로 살포하며 희석농도가 낮고 약제의 혼용 가능 범위가 넓은 살포 방법을 쓰시오.

정답 액제살포

14 농약을 살포할 때에는 마스크, 보안경, 장갑 및 방제복 등을 착용하고 바람을 등지고 살포하며 적정시간 이상 계속하여 작업하지 않도록 한다. 이때 적정시간을 쓰시오.

정답 2시간

3 관배수 관리하기

(1) 수목의 생태적 특성과 관수

① 수목의 생리·생태적 특성

㉠ 토양수분의 종류

- 결합수 : 토양입자와 화학적으로 결합되어 있는 수분으로 식물이 직접 이용하지 못하는 수분이다.
- 흡습수 : 토양입자의 표면에 물리적으로 결합되어 있는 수분이다.
- 중력수 : 중력에 의하여 지하로 이동되는 수분이다.
- 모세관수 : 미세공극에서 표면장력에 의해 결합된 수분이며 뿌리의 생장, 발근 등에 직접적인 영향을 주는 수분이다.

㉡ 토양의 수분 중에서 실질적으로 수목의 뿌리가 이용할 수 있는 모세관수는 토양의 미세공극(Micropores) 사이에 존재한다.

㉢ 모세관수는 습기에 가까워서 중력에 의해 밑으로 흘러가지 않으며 표면장력에 의해 모세관대를 형성한다.

㉣ 수목은 뿌리에서 물을 흡수, 잎의 기공에서 이산화탄소 흡수를 하는데 지상부 경엽과 지하부 뿌리의 양은 비례한다.

㉤ 수목의 생육을 좋게 하려면 광합성이 잎에서 잘 일어나도록 빛과 이산화탄소를 잘 공급하고, 뿌리에서는 물의 흡수가 용이하도록 물과 산소를 잘 공급해 주어야 한다.

㉥ 토양 수분은 수목의 생육에 직접적인 영향을 미칠 뿐만 아니라 토양 공기와 비료의 용해성, 토양 용액 농도에도 영향을 받는다.

㉦ 관·배수 기술의 좋고 나쁨은 수목의 생장에 있어 아주 중요하다.

㉧ 토양 수분 상태를 적절히 유지·관리하기 위해서는 표토의 용수량을 증진시키고 물의 지하침투나 표면 배수를 촉진시키는 것이 중요하다.

② 관수와 배수의 필요성

㉠ 수목은 자연에서 스스로 수분을 공급받을 수 있으므로 관수를 하지 않아도 되지만 관수가 꼭 필요한 경우도 있다.

㉡ 수목을 이식하면서 뿌리가 많이 잘려 나가기 때문에 안정화될 때까지 물 관리에 신경을 써야 한다.

㉢ 관수 빈도와 관수량은 상황에 따라서 다르지만, 건조가 계속되면 수목이 시들기 전에 관수해야 한다.

㉣ 관수할 때에는 1회를 실시하더라도 물이 땅속 깊이 스며들도록 충분히 해주어야 한다.

㉤ 여름철 이식 후 관수할 때에는 한 번에 수분이 스며들기 어려우므로 하층토까지 젖을 수 있게 2~3회 횟수를 나누어가며 물집을 만들어 충분히 관수해야 한다.

㉥ 모래토양은 입자가 커서 모세관수가 적기 때문에 자주 관수를 해주어야 한다.

(2) 수목의 관수 계획

① **관수가 필요한 경우** : 이식한 수목, 꽃이 핀 수목, 어린 수목, 이례적 가뭄, 물을 좋아하는 수목, 화분에 식재된 수목, 옥상화단에 심은 나무, 석축 사이에 심은 나무

② **관수 적기의 판단**

㉠ 잎이 축 처져 있거나 말라 있을 때 수목의 상태를 보고 관수시기를 판단한다.

- 잎이 축 늘어지거나 시들기 시작할 때
- 수목의 잎이 윤기가 없어지거나 색이 퇴색할 때
- 잎이 일찍 떨어지거나 어린잎이 죽을 때
- 위의 증세가 나타나기 전에 관수가 필요하다.

㉡ 흙을 손가락 한 마디만큼 푹 찔러 보고 흙 속이 말랐을 때 토양의 20cm 깊이에서 탁구공 모양으로 토양을 떼어 2~3회 주먹을 쥐어 뭉쳐 보고 감촉과 육안으로 관수시기를 판단한다.

㉢ 화분에 있을 경우 들어 보고 가벼울 때

(3) 기계의 측정값을 활용한 관수시기 판단 방법

① 수분 장력계

㉠ 수분이 토양 입자에 의하여 붙잡혀 있는 장력을 측정하여 토양이 건조한 정도를 판단하는 기계이다.

㉡ 0~80cb에서부터 정확하게 읽을 수 있으며, 영구위조점은 1,500cb이다(cb = centi-bar, 100cb = 1atmosphere).

② 전기 저항계

㉠ 토양에 매설된 두 전극 간의 전기저항을 측정하여 수분의 함량을 계산한다.

㉡ 범위는 100~1,500cb이며, 식물 가용수분은 100cb 정도부터 이루어진다.

③ 토양수분 측정기 : 토양 함수율 기준으로 5%가 되면 관수를 실시하고, 30%가 되면 정지한다.

(4) 관수 요령

① 햇볕이 뜨겁지 않을 때 : 잎에 물방울이 맺히면 렌즈효과에 의해 잎이 탈 수 있으므로 가능하면 아침·저녁 또는 흐리거나 서늘한 날에 물을 주는 것이 좋다.

② 흙이 모두 젖을 때까지 : 흙이 충분히 젖지 않으면 뿌리 발달이 부실해진다.

③ 흙에 직접 조금씩 여러 번 : 꽃에 물이 바로 닿으면 꽃이 빨리 시들고, 센 물줄기로 인해 흙이 패일 수 있다.

④ 겨울철 한파예보 전에는 물을 주지 말아야 함 : 추운 날에는 물 주는 것을 최소화하고 하루 중 기온이 높은 낮에 준다.

⑤ 비 오는 날은 빗물을 받아 주어야 함 : 산성토양을 좋아하는 진달랫과 식물에 주면 좋다.

※ 수국은 산성토양에서 파란 꽃, 알칼리토양에서 분홍 꽃을 피우는데 빗물은 약산성이므로 파란 꽃을 볼 수 있다.

참고

• 관수시기

봄	• 1년 중 수목이 가장 많은 물을 필요로 하는 계절은 봄이다. • 이때 가뭄이 들면 수목의 활착이 불량하고 생육이 좋지 않다. • 중부 지방에서는 봄에 불어오는 북서풍으로 수목이 건조해지고 수분 부족으로 인한 고사목이 발생하기 쉬우므로 건조 상태를 점검하고 집중적으로 관수한다.
여름	• 여름철 30℃ 이상으로 혹서기가 계속되는 경우에는 식물 전체에 수분이 부족하게 된다. • 고압호스를 이용하여 수관부 전체를 직접 관수하면 수목의 체온을 내려주는 데 효과적이다.
가을	• 가을 이식 후 그해 겨울 온도가 높을 경우 수목은 계속 증산작용을 하게 되어 건조한 상태가 된다. • 이식목의 경우에는 뿌리가 활착되어 안정화될 때까지 3년 정도까지는 정기적인 관수를 하여 수분 스트레스를 받지 않도록 한다.
겨울	기온이 5℃ 이상이고, 토양의 온도가 10℃ 이상인 날이 10일 이상 지속될 때 관수한다.

• 관수시간

- 하루 중 관수시간은 한낮을 피해 아침 10시 이전이나 일몰 즈음에 한다.
- 기온이 낮은 시간대에 관수를 하면 뿌리가 썩는 원인이 되므로 하루 중 기온이 상승한 이후에 관수한다.

• 관수빈도

- 일반적인 수목류의 관수는 가물 때 실시하되 연 5회 이상, 3~10월경의 생육기간 중에 관수한다.
- 점적관수의 경우 2~3일 간격으로 하는 것이 좋다.
- 수목의 뿌리가 활착될 때까지 매일 관수하는 것을 원칙으로 하나 다량의 강우로 토양에 충분한 수분이 함유되어 있을 경우는 제외한다.

출제예상문제

01 **다음에서 설명하는 수분의 종류를 쓰시오.**

> 1) 토양수분의 종류에서 미세공극에서 표면장력에 의해 결합된 수분이며 뿌리의 생장, 발근 등에 직접적인 영향을 주는 수분
> 2) 토양입자의 표면에 물리적으로 결합되어 있는 수분

정답 1) 모세관수
2) 흡습수

02 **토양의 수분 중에서 실질적으로 수목의 뿌리가 이용할 수 있는 모세관수가 존재하는 토양의 부분을 쓰시오.**

정답 미세공극(Micropores) 사이

03 **수목은 뿌리에서 물을 흡수, 잎의 기공에서 이산화탄소 흡수를 하는데 지상부 경엽과 지하부 뿌리의 양은 비례한다. 이러한 내용을 무엇이라 하는지 쓰시오.**

정답 T/R율

04 **다음은 관수와 배수의 필요성에 대한 설명이다. (   ) 안에 알맞은 내용을 쓰시오.**

> • 수목을 이식하면서 뿌리가 많이 잘려 나가기 때문에 (①)될 때까지 평소보다 물 관리에 신경 써야 한다.
> • 관수빈도와 관수량은 상황에 따라서 다르지만, 건조가 계속되면 수목이 (②) 전에 관수해야 한다.
> • 관수할 때에는 1회를 실시하더라도 물이 땅속 (③) 스며들도록 충분히 해주어야 한다.
> • 모래토양은 입자가 커서 모세관수가 적기 때문에 (④) 관수를 해주어야 한다.

정답 ① 안정화, ② 시들기, ③ 깊이, ④ 자주

05 **수목의 관수 적기는 수목의 상태를 보고 판단한다. 적절한 관수시기를 2가지 이상 서술하시오.**

정답 잎이 축 늘어지거나 시들기 시작할 때, 수목의 잎이 윤기가 없어지거나 색이 퇴색할 때, 잎이 일찍 떨어지거나 어린잎이 죽을 때

06 **기계의 측정값을 활용한 관수시기 판단 방법에서 토양수분 측정기로 함수율을 측정하려 한다. 1) 관수를 실시할 함수율과 2) 정지할 함수율을 순서대로 쓰시오.**

정답 1) 5%, 2) 30%

07 다음은 관수 요령에 대한 설명이다. (   ) 안에 알맞은 내용을 쓰시오.

> • 잎에 물방울이 맺히면 (①)에 의해 잎이 탈 수 있으므로 가능하면 아침·저녁 또는 흐리거나 서늘한 날에 물을 주는 것이 좋다.
> • 흙이 충분히 젖지 않으면 (②)이 부실해진다.
> • 꽃에 물이 바로 닿으면 꽃이 빨리 (③), 센 물줄기로 인해 흙이 패일 수 있다.
> • 수국은 산성토양에서 파란 꽃, (④)에서 분홍 꽃을 피우는데 빗물은 약산성이므로 파란 꽃을 볼 수 있다.

정답 ① 렌즈효과, ② 뿌리 발달, ③ 시들고, ④ 알칼리토양

08 1년 중 수목이 가장 많은 물을 필요로 하는 계절을 쓰시오.

정답 봄

09 여름 관수에서 고압호스를 이용하여 수관부 전체를 직접 관수하면 효과적인 이유를 서술하시오.

정답 수목의 체온을 내려준다.

10 이식목의 경우 뿌리가 활착되어 안정화될 때까지 정기적인 관수를 하여 수분 스트레스를 받지 않도록 한다. 몇 년 정도 관수하여야 하는지 쓰시오.

정답 3년

11 점적관수의 관수빈도는 며칠 간격으로 해야 하는지 쓰시오.

정답 2~3일 간격

12 우천 시 관수중지 기간을 쓰시오.

> 1) 20~30mm/일 이상 강우 시
> 2) 30mm/일 이상 강우 시

정답 1) 4일간
2) 7일간

4 배수여건 분석 및 배수

(1) 배수의 형태와 계통

① 배수의 형태

㉠ 표면배수 : 수목 식재지의 표면 유수가 계획된 집수시설로 잘 흘러 들어갈 수 있도록 일정한 기울기로 조성한다.

㉡ 심토층 배수 : 식물의 생육심도에 비해 지하수가 높은 지역의 정체수를 배수하기 위하여 조성한다.

② 배수계통

㉠ 배수관의 배치방식에 의한 분류 : 직각식, 차집식, 평행식, 선형식, 방사식, 집중식이 있다.

㉡ 위의 방식 중 배수 구역의 지형·방류조건·배수방식·인접시설 그리고 기존의 배수시설 등을 고려하여 형태를 결정한다.

㉢ 배수재료로 분류한 배수방식의 종류

- 표면배수 : 지표면에서 빗물을 표면으로 흐르게 하는 배수방식
- 명거배수 : 배수로, 측구 등과 같이 배수구를 지표면에 노출시키는 개수로 방식
- 배수관 배수(암거 배수) : 지표면의 표면수와 개수로 배수를 집수한 후 지하에 매설된 배수관을 통하여 배수하는 배수방식
- 심토층 배수 : 지표면에서 지하로 침투하거나 지하수와 같이 심토층에서 유출되는 물을 맹암거로 배수처리하는 배수방식
- 명거 배수는 조경시설의 배치 계획에 영향을 주기 쉽기 때문에 충분히 고려한다.
- 배수는 녹지의 규모·지형·토질·성격·기상 및 식생 등을 파악하고 보수 및 청소가 쉽도록 유지관리도 고려한다.
- 하수도에 방류하는 경우에는 오수와 빗물을 동일 관거로 내보내는 합류식과 분리하는 분류식, 합류식과 분류식을 혼용하여 사용하는 혼합식이 있다.
- 해당 지역의 현황특성 및 특징을 고려하여 적합한 배수방식을 선택해야 한다.

(2) 배수체계

① 일반적인 배수체계

㉠ 배수시설의 기울기는 지표의 기울기에 따른다.

㉡ 유속의 표준은 우수관거 및 합류식 관거에서는 0.8~3.0m/sec, 분류식 하수도의 오수관거에서는 0.6~3.0m/sec이다. 이상적인 유속은 통상 1.0~1.8m/sec로 한다.

㉢ 관거 이외의 배수시설의 기울기는 0.5% 이상으로 하는 것이 바람직하다. 다만, 배수구가 충분한 평활면의 U형 측구일 때는 0.2% 정도까지 완만하게 한다.

㉣ 자갈도랑이나 잔디도랑 등 선형 침투시설의 기울기는 빗물 침투를 촉진할 수 있도록 0.2% 정도로 완만하게 한다.

㉤ 녹지의 빗물 배수시설과 침투시설은 식재수목에 토양 수분이 적정량 공급되도록 부지조성공사를 포함한 조성계획에서 검토한다.

㉥ 빗물 침투시설은 투수성과 강도시험 등 성능이 인정된 재질로 만들어진 제품으로 하며 구조는 빗물의 저장기능과 침투기능이 효과적으로 발휘될 수 있는 구조이어야 한다.

㉦ 기능을 장기간 유지할 수 있도록 토사 등의 유입에 의한 막힘과 퇴적에 대하여 충분히 대응할 수 있게 한다.

㉧ 관거는 외압에 대하여 충분히 견딜 수 있는 구조 및 재질을 사용한다.

㉢ 관은 유량 · 수질 · 매설 장소의 상황 · 접합 방법 · 강도 · 형상 · 외압 · 공사비 및 유지관리 등을 고려하여 합리적으로 선정한다.

㉣ 빗물의 배수시설과 침투시설은 지표수 및 지하수에 의해 조경 구조물이나 시설물의 기초지반 지내력이 약해지거나 침식되는 것을 예방한다.

㉤ 지하수 함양을 통해 물 순환 체계를 복원하며, 지하수 배제를 통하여 식물의 생육에 적정한 토양수분을 공급하는 기능을 고려한다.

② 자연배수 체계

㉠ 자갈도랑, 잔디도랑, 침투정, 습지 등 빗물 침투시설은 지형조건과 토양특성 그리고 지표면의 상태를 고려하여 체계화해야 한다.

㉡ 빗물 침투시설은 침투기능이 효과적으로 발휘될 수 있도록 시설 유형과 설치규모를 설정하고, 토양의 특성, 지표 상태, 지하수위 등을 고려하여 설치한다.

㉢ 자연배수 체계는 지표배수 체계 및 심토층 배수 체계와 연계시켜야 한다.

㉣ 도로, 보도, 광장, 운동장, 기타 포장지역 등의 표면은 배수가 쉽도록 일정한 기울기를 유지하고, 표면 유수가 계획된 집수시설에 흘러 들어가도록 한다.

㉤ 집수 지점의 높이는 주변 포장이나 구조물과 기울기가 자연스럽게 연결되도록 설계한다.

㉥ 식재지역 및 구조물 쪽으로 역경사가 되지 않도록 하며, 녹지에 다른 지역의 물이 유입되지 않게 한다.

㉦ 식재부위를 장기간 빈 공간으로 방치하는 경우에는 토양침식을 방지하기 위해서 표면을 지피식물 등으로 피복하여 시공한다.

㉧ 표면배수의 물 흐름 방향은 개거나 암거의 배수계통을 고려하여 시공한다.

㉨ 개거배수는 지표수의 배수가 주목적이지만 지표저류수, 암거로의 배수, 일부의 지하수 및 용수 등도 모아서 배수한다.

㉩ 식재지에 개거를 설치하는 경우에는 식재계획 및 맹암거 배수계통을 고려한다.

㉪ 개거배수는 토사의 침전을 줄이기 위해 배수 기울기를 1/300 이상으로 한다.

㉫ 비탈면의 하부와 잔디밭 등 녹지에 설치하는 측구나 개거 등 지표면 배수시설은 투수가 가능하게 하여 지하수를 함양시키고 인접 녹지의 지하수를 배수시킬 수 있도록 한다.

출제예상문제

01 식물의 생육심도에 비해 지하수가 높은 지역의 정체수를 배수하기 위하여 조성하는 배수를 쓰시오.

정답 심토층 배수

02 배수계통에서 배수관의 배치방식에 의한 분류방식을 3가지 이상 쓰시오.

정답 직각식, 차집식, 평행식, 선형식, 방사식, 집중식

03 배수방식의 종류에서 배수로, 측구 등과 같이 배수구를 지표면에 노출시키는 개수로 방식을 쓰시오.

정답 명거배수

04 배수방식에서 하수도에 방류하는 경우의 배수방식 종류를 3가지 쓰시오.

정답 합류식, 분류식, 혼합식

05 일반적인 배수체계에서 이상적인 유속은 몇 m/sec인지 쓰시오.

정답 1.0~1.8m/sec

06 관거 이외의 배수시설의 기울기에서 배수구가 충분한 평활면의 U형 측구일 때의 기울기는 몇 % 정도인지 쓰시오.

정답 0.2%

07 일반적인 배수체계의 빗물 침투시설에서 어떤 기능이 효과적으로 발휘될 수 있는 구조이어야 하는지 2가지 쓰시오.

정답 저장기능, 침투기능

08 자연배수 체계에서 자갈도랑, 잔디도랑, 침투정, 습지 등의 빗물 침투시설은 지형의 어떤 현황을 고려하여 체계화 해야 하는지 3가지를 쓰시오.

정답 지형조건, 토양특성, 지표면의 상태

09 식재부위를 장기간 빈 공간으로 방치하는 경우 토양침식을 방지하기 위해 필요한 조치를 서술하시오.

정답 표면을 지피식물 등으로 피복하여 시공한다.

10 다음은 수목의 생태적 특성을 고려한 배수방법 결정에 대한 설명이다. ( ) 안에 알맞은 내용을 쓰시오.

- 수목 식재층의 (①) 기울기는 2% 이상으로 한다.
- 배수층을 구성하는 배수관, (②), 경량 골재 등은 설계도면에 제시한 것을 사용한다.
- 부직포는 측벽 높이의 1/2 이상 높이까지 치켜 올려 (③)을 막는다.
- 부직포는 주름지지 않도록 부설하여야 하며 (④)일 이내에 식재토양을 덮어야 한다.

정답 ① 바닥면, ② 배수판, ③ 토양유실, ④ 7

11 심토층 집수정에 유입되는 물은 유출구보다 높게 설치해야 한다. 몇 m 정도로 해야 하는지 쓰시오.

정답 0.15m

5 시비 관리하기

(1) 수목별 생육상태

① 토양의 성질과 수목

㉠ 대부분의 식물은 약산성(pH 6.5~7.0)을 좋아한다.

㉡ 식물마다 좋아하는 흙의 산도가 달라 흙이 산성이냐 알칼리성이냐에 따라 잘 사는 식물이 나뉜다.

㉢ 산도를 알고 조절할 수 있다면 식물이 더 잘 살 수 있는 환경을 만들 수 있다.

- 산성을 좋아하는 대표적인 수목 : 동백나무, 호랑가시나무, 목련, 때죽나무, 진달래, 철쭉, 정금나무, 노루발, 치자나무, 은방울꽃, 꽃창포, 개옥잠화, 블루베리, 아젤리아, 금잔화 등이 있다.
- 알카리성을 좋아하는 대표적인 수목 : 초롱꽃, 금낭화, 섬개야광나무, 미국능소화, 영춘화 등이 있다.

② 수목의 양분과 균형

㉠ 수목이 정상적으로 생장하여 결실을 맺기 위해서는 여러 가지 원소가 필요하다.

㉡ 수목생육에 반드시 필요한 원소를 필수원소라고 한다.

㉢ 토양 중에 필수원소가 충분히 함유되어 있더라도 토양의 상태가 불량하면 수목이 이용할 수 없어 석회를 시용하거나 심경및 유기물을 공급하는 등 토양개량이 필요하게 된다.

㉣ 비료 요소는 수시로 육안으로 관찰하거나 잎의 분석에 의한 영양진단을 통하여 영양상태가 과다한 경우에는 토양시비량을 줄인다.

㉤ 부족한 경우에는 그 원인을 분석하여 토양개량과 토양시비량을 조절하며, 응급조치로 엽면시비를 하여 보충해야 한다.

③ 토양상태의 현장분석 : 토양상태를 현장에서 분석하여 수목별 생육상태를 진단한다.

참고

식물생장에 필요한 영양분

질소(N)	• 영향부위 : 잎, 줄기에 영향을 준다. • 증상 - 부족하면 성장이 억제된다. - 과하면 식물체가 너무 키만 자라 연약해지면서 병해충의 피해가 많아진다. • 비료종류 : 퇴비, 어박(어류) 섞인 것, 유박(깻묵) 썩힌 것, 화학비료(유안, 요소)
인산(P)	• 영향부위 : 꽃, 열매에 영향을 준다. • 증상 - 부족하면 꽃이 늦게 피거나 꽃송이가 작아진다. - 과하면 꽃은 빨리 피고 꽃송이는 많아져 열매가 작다. • 비료종류 : 골분(동물뼈)비료, 과린산석회
칼륨(K)	• 영향부위 : 식물을 튼튼하도록 성장하게 하는 요소로 뿌리, 가지, 줄기에 영향을 준다. • 증상 - 부족하면 줄기가 가늘어진다. - 과하면 칼슘, 마그네슘 결핍 유도, 잎의 황화현상이 나타난다. • 비료종류 : 초목회(재거름), 황산가리, 염화가리

(2) 수목별 적정한 시비 관리

① 시비 공급기준

㉠ 토양 검정에 의한 시비 처방

- 토양검정에 의해 시비 처방된 양은 작물이 필요한 양분의 총량이다.
- 생육 제한인자를 최우선으로 탐색하여 토양개량 후 작물이 필요한 양분의 양을 파악한다.

㉡ 현장진단에 의한 과학적 시비 : 양분을 현장진단에 의해 토양상태에 따라 적시에 적정량을 공급하므로 정확도가 높아진다.

㉢ 간단한 토양 성분 테스트 방법

- 뚜껑이 있는 투명한 병을 준비한다.
- 테스트할 흙을 병의 절반 정도 넣는다.
- 물을 병 안에 가득 채운 뒤 뚜껑을 잠그고 흔들어 준다.
- 병을 놓고 몇 분 후 침전물이 생기면 확인한다.

㉣ 시비량 = $\frac{\text{소요성분량 - 천연양료공급량}}{\text{흡수율}}$

② 시비 관리

㉠ 시비기준의 4대 요인은 시비시기, 시비위치, 시비량, 비료형태로 구분한다.

㉡ 시비 주는 시기

- 식물 종류에 따라 다르나 수목은 영양결핍 증상이 일어나기 시작할 때가 좋다.
- 계절에 따라 꽃을 위한 거름은 겨울이 좋고, 나무의 성장을 위해서는 봄・여름에 주는 것이 좋다.
- 수령에 따라 어린 수목은 이른 봄이나 가을에 주면 좋고, 성숙한 수목은 2~3년에 한 번씩 주면 좋다.

수목	영양결핍 증상처럼 잎이 노랗게 되었을 때
초화	화단을 만들 때
유실수	가을에 낙엽 진 후 또는 봄꽃이 핀 후
텃밭	비가 온 직후나 직전

㉢ 비료 형태

- 시비란 인위적으로 비료 성분을 공급하여 주는 것이다.
- 비료 형태는 유기질 비료, 무기질 비료(화학비료), 녹비 등이 있다.

㉣ 비료 주는 방법

- 보통 나무 폭만큼 뿌리에 직접 닿지 않게 준다.
- 비료를 많이 주면 오히려 식물에게 좋지 않으니 적당량만 사용한다.
- 식물 종류에 따라 시비량도 달라진다.

  ※ 초본식물 > 낙엽활엽수 > 상록활엽수 > 상록침엽수
- 꽃이 크고 많이 피거나 열매를 많이 맺는 식물은 많은 시비량을 필요로 한다.

  예 장미, 목련, 모란, 감나무, 모과나무, 매실나무, 석류나무 등
- 엽면시비의 특성
  - 오전에 잎의 앞뒷면에 뿌리면 흡수가 잘된다.
  - 엽면시비는 식물의 잎에 용액상태의 비료를 뿌려주는 시비방법으로 토양시비보다 흡수가 빠르다.
  - 토양시비가 곤란하거나, 생육이 불량하거나, 빠른 효과를 보고 싶을 때 이용할 수 있는 좋은 방법이지만 일시에 많은 양을 주면 안 된다.

③ 수목별 적정한 시비 관리

㉠ 녹지 내 수목

- 녹지 내 수목시비 실시횟수는 준공 전 연간 1회 정도 3~5월에 실시한다.
- 교목 H2.0~4.0는 유기질비료 5kg, 교목 H4.0 이상은 유기질비료 10kg를 환상방사형으로 시비한다.
- 1회에는 수목을 중심으로 2개소에, 2회째 작업 시에는 1회 작업의 중간 위치 2개소에 시비한다.
- 수목 지상부의 수관 끝부분에 깊이 0.3m, 가로 0.3m, 세로 0.5m 정도로 흙을 파내고 부숙된 유기질비료를 넣은 후 복토한다.

- 활착된 뿌리가 상하지 않도록 주의하며 뿌리에 직접 비료가 닿지 않도록 주의하여 시비한다.

㉡ 잔디

- 잔디시비는 조경공사 준공 전 도래하는 4월에 준공 전 1회 정도 실시한다.
- 잔디 식재면적 30g/m^2 정도에 제초작업을 실시한 뒤에 시비 대상지 전 지역에 균등하게 살포한다.
- 비가 온 직후 또는 이슬이 마르기 전의 오전 중에 시비하면 비료의 피해를 입을 우려가 있다.
- 가급적 비가 오기 전에 실시한다.
- 한지형 잔디의 경우 고온에서 시비할 경우 피해를 촉발시킬 수 있으므로 가능한 시비를 하지 않는 것이 원칙이다.
- 생육부진이 예상되어 시비가 반드시 필요한 경우라면 농도를 약하게 시비한다.

㉢ 초화류

- 초화류의 시비는 준공 전 1회, 연간 2회 정도 기준으로 3~5월경에 초화류 식재면적 30g/m^2를 시비한다.
- 대상지 전 지역에 균등하게 살포한다.

출제예상문제

01 **토양의 성질과 수목에서 대부분의 식물이 좋아하는 pH 범위를 쓰시오.**

정답 6.5~7.0

02 **수목의 양분과 균형에서 수목생육에 반드시 필요한 원소를 무엇이라 하는지 쓰시오.**

정답 필수원소

03 **토양 중에 필수원소가 충분히 함유되어 있더라도 토양의 상태가 불량하면 수목이 이용할 수 없다. 이때 석회를 시용하거나 심경 및 유기물을 공급하는 등의 조치를 무엇이라 하는지 쓰시오.**

정답 토양개량

04 **수목별 적정한 시비 관리의 시비기준 4대 요인을 쓰시오.**

정답 시비시기, 시비위치, 시비량, 비료형태

05 시비 주는 시기에서 계절에 따라 1) 꽃을 위한 거름을 주는 계절과 2) 나무의 성장을 위한 거름을 주는 계절을 쓰시오.

정답 1) 겨울
2) 봄, 여름

06 수목에 시비하는 비료의 형태를 3가지 쓰시오.

정답 유기질 비료, 무기질 비료, 녹비(풋거름)

07 식물의 잎에 용액상태의 비료를 뿌려주는 시비방법으로 토양시비보다 흡수가 빠른 시비법을 쓰시오.

정답 엽면시비

08 녹지 내 수목 중 H4.0 이상 되는 교목의 시비량을 쓰시오.

정답 유기질 비료 10kg

09 과하면 식물체가 너무 키만 자라 연약해지면서 병해충의 피해가 많아지는 비료를 쓰시오.

정답 질소(N)

10 수목의 생태적 특성을 고려하여 일반 조경수목류의 기비(밑거름)를 시비하는 시기를 2가지 쓰시오.

정답 낙엽 후 땅이 얼기 전(10월 하순~11월 하순), 잎이 나오기 전(2월 하순~3월 하순)

11 화목류에 시비하는 덧거름은 꽃이나 열매가 관상 대상인 수목의 경우에 시비 요령을 서술하시오.

정답 관상시기가 끝난 후 수세를 회복시키기 위하여 실시하거나 가을에 실시한다.

12 화목류의 시비에서 수세가 쇠약하거나 이식한 수목의 빠른 수세회복이 이루어질 수 있도록 하기 위한 조치를 2가지 쓰시오.

정답 엽면시비, 영양제 수간주사

6 제초 관리하기

(1) 잡초의 종류 및 생리적 특성

① 잡초의 종류

㉠ 토양 표면층에는 수많은 종류의 식물씨앗이 섞여 있으며 그중 대부분이 잡초로 자란다.

㉡ 조경 공간의 잡초는 생육습성이나 형태 및 환경 적응성 등이 매우 다양하다.

㉢ 식물학적 분류, 형태적 특성 및 생활형에 따라서 여러 가지로 분류할 수 있다.

㉣ 잡초의 생활형으로 분류할 때는 일년생 잡초, 이년생 및 다년생 잡초로 구분한다.

㉤ 형태적 특성에 따라 크게 화본과 잡초, 사초과 잡초 및 광엽계 잡초로 구분할 수 있다.

화본과 잡초	전체 잡초의 22%를 차지하며, 직립형, 굴착형 및 포복형 등이 있다. 예 강아지풀, 피, 바랭이, 뚝새풀 등
사초과 잡초	형태적 특성은 화본과와 비슷하지만, 줄기 모양 및 줄기 속 등 일부 특성이 다르다. 예 피대가리, 방동사니, 향부자 등
광엽계 잡초	잎이 둥글고 크며 편편하고 잎맥이 그물처럼 얽혀 있다. 예 클로버, 피막이 등

② 잡초의 생리적 특성

㉠ 잡초는 종류에 따라 출아 심도가 다르기 때문에 동일한 종류의 잡초일지라도 빛, 온도, 수분, 토성 등 기상 및 토양 환경조건에 따라 발생 정도가 다르다.

㉡ 잡초의 번식은 종자로 번식하는 유성번식과 영양기관으로 번식하는 무성번식, 즉 영양번식이 있다.

㉢ 일년생 잡초, 이년생 잡초 및 다년생 잡초들은 모두 종자로 번식을 할 수 있다.

㉣ 다년생 잡초의 대부분은 종자 이외에 영양기관을 통해서도 번식이 지속되기 때문에 방제가 어려운 편이다.

㉤ 잡초의 전파도 번식과 마찬가지로 종자 및 영양기관에 의해서 이루어지는데, 가장 보편적인 전파방법은 주로 종자에 의한 것이다.

㉥ 잡초의 유입은 일순간에 이루어지지만 이로 인한 문제는 오랜 기간 지속될 수 있기 때문에 잡초방제는 중요하다.

여름형 잡초	• 봄에 발아해서 여름 고온기에 왕성하게 생장 • 가을에 온도가 내려가면서 종자 결실 후 일생을 마감 예 피, 바랭이, 쇠비듬 등
겨울형 잡초	• 가을 또는 겨울에 발아하여 겨울을 지나면서 이른 봄에 온도가 상승하면서 왕성하게 생장 • 초여름에 종자 결실 후 일생을 마감 예 냉이, 뚝새풀, 새포아풀 등

(2) 잡초방제의 유형 및 특징

① 잡초방제의 유형

㉠ 잡초제거 방법의 종류

- 손으로 직접 뽑아 없애는 재래식 방법
- 제초제를 써서 없애는 방법
- 풀, 왕겨, 톱밥, 퇴비 등을 덮어서 풀이 못 나오게 하는 방법이 있다.
- 자운영, 귀리 등을 심어 잡초가 자라지 못하게 하거나 돌 사이 손이 잘 닿지 않는 곳에 소금을 뿌려 말려 죽이는 방법도 있다.

- 잡초방제의 유형
  - 예방적 방제 : 새로운 잡초종의 침입 방지 및 오염을 방지하는 방제
  - 재배적 방제 : 조성 단계에서 피복 작물 및 멀칭 등
  - 기계적 방제 : 잡초를 제거하는 기구 사용
  - 화학적 방제 : 농약을 사용
  - 생물적 방제 : 곤충이나 미생물 등 생물 이용
  - 종합적 방제 : 여러 가지 방제 방법을 혼합하여 이용

② 잡초방제 방법별 특징

㉠ 생태·생물학적 방법

- 잡초방제를 하는 생태적 방법
  - 땅 표면층의 잡초 씨앗이나 뿌리를 흩어 놓고 줄기를 흙으로 덮어 발아를 어렵게 한다.
  - 식물 뿌리나 잎 등에서 발산되는 화학물질이 다른 주변 식물의 발아를 억제하거나 잘 자라지 못하게 하는 것이 있다.
- 화학적 방제법에 의한 피해로 생물학적 방제법이 바람직하지만 명확한 한계를 가지고 있다.
- 수목 사이에서 자라는 일년생 잡초류는 종류가 다양하다. 적절한 포식자를 안전하게 도입하는 데 어려움이 따르므로 다년생 식물에게만 적용할 수 있다.
- 곤충을 이용하는 경우, 처음에는 잡초가 제거되고, 이에 따른 먹이의 부족으로 인하여 곤충들이 죽게 된다.
- 잡초는 곧 원래 상태를 회복하거나 씨로부터 다시 집단을 형성하게 된다.
- 포식자가 번성하면 잡초는 감소하고, 포식자가 감소하면 잡초가 늘어나는 길항적인 효과가 나타난다.

㉡ 물리·화학적 방법

- 물리적 방법은 제초기 날로 인해 수목뿌리에 상처를 입힌다.
- 다년생 잡초가 자라는 곳은 잡초를 빨리 퍼뜨리기 때문에 방제 작업이 끝난 후에도 덩굴이 발생하면 보이는 대로 잡초를 제거하여야 한다.
- 화학적 방제는 선택성 제초제와 비선택성 제초제의 2가지로 나누고 다시 잎에 뿌리는 것과 토양에 뿌리는 것으로 구분된다.
- 제초제는 수목을 심기 전에 처리하는 경우와 식재하고 나서 싹이 나기 전이나 싹이 난 후에 처리하는 경우로 나누기도 한다.
- 덩굴성 식물은 번식력이 강하고 생장력이 왕성하여 인력에 의한 물리적인 근절 작업이 어렵기 때문에 제초제를 사용하는 것이 효과적이다.
- 화학약제를 사용할 경우 입목이나 임지, 야생 동식물, 녹지 이용객, 수자원 등에 피해가 예상되는 지역에서는 물리적 방법을 적용한다.

㉢ 종합적 방제 방법

- 잡초방제는 제초제 없이 직접 뽑는 게 최선이지만 많은 노동력이 요구되므로 효과적인 방제를 위해서는 예초기 등의 기계적(물리적) 방법이나 제초제에 의한 화학적 방제에 의존할 수밖에 없다.
- 한 가지에만 의존하지 말고, 화학물질인 유기 합성 농약의 사용을 최소화하면서 현장 여건에 따라 종합적 방제 방법을 적용하는 것이 가장 효과적이고 경제적이다.
- 다양한 종류의 잡초, 토양에 있는 수많은 씨들이 수십 년간 흙 속에서 생존하므로 예방적 방제와 종합적 방제 등을 적절히 강구하여 최소비용으로 최대 효과를 올려야 한다.

(3) 제초제의 특성 및 종류

① 제초제의 특성

㉠ 제초제뿐만 아니라 모든 농약은 일반명(유효성분), 품목명, 상표명의 3가지 이름이 있다.

- 일반명 : 약제의 효과를 발휘하는 유효성분의 이름을 말하며, 국제적으로 통용되는 이름이다.
- 품목명 : 농약을 등록할 때 다른 약제와 구분되고 혼동되지 않게 일반명으로 표기해야 하는 것을 말한다.

㉡ 토양에는 많은 종류의 잡초가 있고, 제초제 성분은 종류마다 특성이 다르다.

㉢ 한 가지 성분의 제초제만으로 모든 잡초를 방제할 수 없을 뿐만 아니라 성분마다 화학적 특성이 다르기 때문에 제초제도 달라져야 한다.

㉣ 실제 현장에서 사용되는 제초제는 상품이기 때문에 회사마다 다른 상표를 갖게 된다.

② 제초제의 종류

㉠ 제초제는 작용하는 특성에 따라 다양한 종류가 있다.

㉡ 제초제는 식물의 대사 및 생리작용에 나타나는 기작에 따라 세포 분열 저해제, 단백질 합성 저해제 및 광합성 저해제로 구분할 수 있다.

㉢ 살포작용에 따라서 호르몬형 제초제 및 비호르몬형 제초제로 구분할 수도 있다.

㉣ 제초제 살포 시 독성 발현이 특정 식물에만 나타나는 선택성 제초제와 여러 식물에 발현되는 비선택성 제초제도 있다.

㉤ 살포 시 체내 흡수 후 이행 여부에 따라 접촉형, 이행형 및 잔류형 제초제 등으로도 구분된다.

③ 사용약제-살균제와 사용법

㉠ 소요약량 계산 : 조경수는 수목의 크기와 식재 간격이 불규칙하므로 관리 지역에 있는 대상수목의 잎에 약액이 충분히 묻힐 수 있는 총 소요량을 먼저 추정한다.

$$\text{소요약량} = \frac{\text{총 소요량}}{\text{희석배수}}$$

㉡ 농약혼용

- 2가지 이상의 약제를 섞어서 한 번에 살포하는 약제 혼용은 시간과 인건비를 절약하기 위하여 자주 이용된다.
- 약효가 커지거나 독성이 작아지는 경우도 있으나, 반대로 약효가 없어지거나 독성이 커지는 경우가 더 많아서 정확한 지식을 가지고 사용해야 한다.
- 혼용은 기본적으로 두 약제를 섞는 것을 원칙으로 한다.
- 서로 혼용이 가능한 것이라도 3가지 이상 혼용하거나 4종 복합비료(영양제)와 농약을 혼용하여 살포하는 것은 약해의 원인이 될 수 있다.
- 농약은 사용 직전에 혼용하며, 살포액은 오래 두지 말고 당일에 살포한다.
- 유제와 수화제의 혼용은 가급적 피한다.
- 부득이한 경우는 액제(수용제), 수화제(액상수화제), 유제 순으로 물에 희석한다.
- 수화제끼리의 혼용은 하나의 수화제에 희석액을 조제하고 난 다음에 다른 하나의 수화제를 가용해야 한다.
- 2개의 수화제를 동시에 가용하여 사용하는 것은 가급적 피해야 한다.
- 일반적으로 살충제와 살균제를 섞어서 쓰는 경우가 대부분이다.
- 살충제는 유제 형태이고, 살균제는 수화제 형태가 많아서 2가지를 섞으면 유제의 입자가 수화제의 증량제에 흡착되어 응집함으로써 약해를 나타내게 된다.
- 농약 혼용 적부표를 반드시 참고해야 하며, 어떤 약제들은 혼합 후 즉시 사용해야만 약효를 유지할 수 있는 조합도 있으니 유의해야 한다.

(4) 제초제 처리국면별 특성과 살포 방법

① **잡초방제 대상지역에 따른 처리방법** : 전면처리 방법, 점처리 방법, 대상처리 방법, 국부처리 방법 등이 있다.

② **제초제의 살포 방법** : 제초제의 살포방법은 살포위치, 살포형태 및 살포형식에 따라 다양하다.

③ **제초제의 살포시기**

㉠ 잡초방제를 위해 사용하는 제초제의 종류
- 토양에 처리하는 토양 처리제
- 식물체에 처리하는 경엽 처리제

㉡ 토양 처리제의 구분
- 잡초 발아 전후에 토양에 처리하는 제초제
- 살포시기에 따라 작물 파종 전 토양 처리제, 파종 후 토양 처리제, 생육기 토양 처리제

㉢ 경엽 처리제의 구분
- 잡초가 발아한 후에 식물체에 처리하는 제초제
- 경엽 처리제의 특성
  - 잡초가 어릴수록 흡수가 잘 된다.
  - 대사작용이 활발하고, 생장속도가 빠르기 때문이다.
  - 대체로 잡초가 어릴수록 효과가 높다.

㉣ 근사미처럼 이행성이 좋은 제초제의 경우에는 생육이 왕성할 때 살포하는 것이 더 효과적이다.

㉤ 생육이 활발하여 양분이 저장부위로 이행되는 시기에 살포하면, 유효성분이 저장부위까지 내려가 잡초를 효과적으로 죽일 수 있다.

④ **제초제 방제 시 사용상 주의사항**

㉠ 기상과의 관계
- 날씨 좋은 날에 살포하여야 빨리 고착된다.
- 비가 오거나 가뭄이 계속되는 경우는 약해가 나타나기 쉽고, 바람이 부는 날은 살포한 약제가 날아가기 쉬우므로 주의한다.

㉡ 혼용할 수 없는 농약 : 대부분의 농약은 다른 농약과 혼용하면 약해가 일어나거나 분해되어 효력이 없어질 수 있으므로 주의한다.

㉢ 식물에 대한 약해 : 식물의 종류 및 품종, 생육상태, 기상조건에 따라 약해가 발생할 수 있다.

㉣ 농약에 대한 해충의 저항성 : 같은 농약을 반복적으로 사용하면 해충에 저항성이 생겨 살충력이 저하된다.

㉤ 천적과 방화곤충이 활동하는 지역과 시기에는 농약살포를 피하거나 주의해서 사용한다.

※ 방화곤충은 매개곤충이라고도 하며 곤충에 의해 꽃가루가 운반되어 수분에 도움을 주는 벌이나 나비와 같은 곤충을 말한다.

출제예상문제

01 잡초의 생활형에 따른 분류 3가지를 쓰시오.

정답 일년생 잡초, 이년생 잡초, 다년생 잡초

02 잡초의 형태적 특성에 따른 분류 3가지를 쓰시오.

정답 화본과 잡초, 사초과 잡초, 광엽계 잡초

03 잡초는 종류에 따라 출아 심도가 다르기 때문에 동일한 종류의 잡초일지라도 조건에 따라 발생 정도가 다르게 나타난다. 이 조건에 해당하는 요소를 2가지 이상 쓰시오.

정답 빛, 온도, 수분, 토성

04 잡초의 전파는 종자 및 영양기관에 의해서 이루어지는데 가장 보편적인 전파방법을 쓰시오.

정답 종자

05 잡초제거 방법의 종류에서 잡초방제의 유형을 3가지 이상 쓰시오.

정답 예방적, 재배적, 기계적, 화학적, 생물학적, 종합적 방제

06 잡초방제는 어떤 방제법이나 단점이 있으므로 한 가지에만 의존하지 않고 화학물질인 유기 합성 농약의 사용을 최소화하면서 현장 여건에 따라 가장 효과적이고 경제적인 방법을 사용해야 한다. 가장 효과적이고 경제적인 방법은 무엇인지 쓰시오.

정답 종합적 방제 방법

07 제초제뿐만 아니라 모든 농약은 3가지의 이름이 있다. 3가지를 쓰시오.

정답 일반명, 품목명, 상표명

08 다음은 물리·화학적 잡초방제 방법이다. ( ) 안에 알맞은 내용을 쓰시오.

> • 물리적 방법은 제초기 날로 인해 (①)에 상처를 입힌다.
> • 화학적 방제는 선택성 제초제와 (②) 제초제의 2가지로 나누게 된다.
> • 화학약제를 사용할 경우 입목이나 임지, 야생 동식물, 녹지 이용객, 수자원 등에 피해가 예상되는 지역에서는 (③)을 적용한다.
> • 제초제는 수목을 심기 전에 처리하는 경우와 식재하고 나서 싹이 나기 전이나 (④)에 처리하는 경우로 나누기도 한다.

정답 ① 수목뿌리, ② 비선택성, ③ 물리적 방법, ④ 싹이 난 후

09 제초제의 살포작용에 따른 분류 2가지를 쓰시오.

정답 호르몬형 제초제, 비호르몬형 제초제

10 제초제의 살포 시 체내 흡수 후 이행 여부에 따른 분류를 2가지 이상 쓰시오.

정답 접촉형, 이행형, 잔류형

11 제초제 처리국면별 특성에서 잡초방제 대상지역에 따른 처리방법을 2가지 이상 쓰시오.

정답 전면처리 방법, 점처리 방법, 대상처리 방법, 국부처리 방법

12 잡초가 발아한 후에 식물체에 처리하는 제초제를 쓰시오.

정답 경엽 처리제

13 빛과 온도는 식물의 생리적 및 생화학적 반응 속도에 영향을 주고 이에 따라 제초제 처리 효과가 다르게 나타날 수 있기 때문에 약제 살포 전 유의해야 할 사항을 쓰시오.

정답 기상환경

14 일년생 화본과 잡초방제에 유효한 발아 전 처리 제초제에는 벤설라이드 유제 등이 있다. 보통 잡초 발아 며칠 전에 처리하는지 쓰시오.

정답 10~20일 전

15 일년생 화본과 잡초방제에 유효한 경엽 처리제로는 플라자설퓨론 수화제 등이 있다. 살초효과를 위해서는 대상잡초의 잎이 몇 개일 때 처리해야 효과가 높은지 쓰시오.

정답 2~3엽

16 다음은 잡초방제 시 약해를 줄이기 위해서 안전하게 사용하는 방법이다. (   ) 안에 알맞은 내용을 쓰시오.

- 두 약제를 혼용할 때는 한 번에 혼합하지 말고 (①)에 걸쳐서 혼합한다.
- 제초제 이용 시 약제의 (②)을 준수하여 살포해야 한다.
- 강우, 바람, 온도 등 (③)이 나쁜 경우 살포하지 않는다.
- 제초제는 (④)이 되는 안전한 장소에 보관한다.

정답 ① 여러 번, ② 규정된 양, ③ 기상, ④ 통풍

17 종자뿐만 아니라 영양번식 기관으로도 번식이 되기 때문에 잡초방제가 대단히 어려움이 있는 잡초를 쓰시오.

정답 다년생 잡초

18 조경수 하부 제초 시 하부에 발생한 잡초를 전부 제거할 경우에는 비교적 사용이 용이한 제초제를 사용하되 수목으로 날리지 않도록 조심해야 한다. 이때 사용이 용이한 제초제를 쓰시오.

정답 비선택성 제초제

7 전정 관리하기

(1) 수목의 생리적, 생태적인 특성

① 침엽수의 특성

㉠ 소나무, 잣나무, 전나무는 1년에 한 마디씩 자라 고정생장을 한다.

㉡ 이 수종들은 봄부터 여름까지 몸집을 키우는 데 에너지를 소비하며 생장이 느리다.

- 소나무류는 오래된 가지에 잠아가 거의 없기 때문에 중간에서 묵은 가지를 가지치기할 경우 맹아지가 발생하지 않으므로 3년 이상 묵은 가지는 함부로 자르지 않는다.
- 가지를 자를 때는 잎이 붙어 있는 바깥쪽 가지 중 1~2년생 가지의 중간부위에서 전정하면 잠아가 튀어나와 가지의 발생을 촉진한다.

㉢ 측백나무류, 낙엽송은 윤상 배열을 하지 않는 수종이다.

㉣ 그해에 자란 가지를 늦봄에 적절한 길이로 잘라 내서 크기를 조절한다.

㉤ 묵은 가지에 잠아가 존재하고 있어서 소나무류보다 과감한 전정을 할 수 있다.

② 활엽수의 특성

㉠ 활엽수는 봄에서 늦가을까지 자유 생장을 하는 수종이다.

㉡ 이 기간 동안 몸집을 키우며 춘엽(봄잎), 하엽(여름잎)을 생산하기 때문에 추가로 전정이 필요하다.

㉢ 잠아가 발달되어 가지나 줄기를 자르면 맹아지가 튀어나와 수관이 잘 형성된다.

(2) 전지전정의 적절한 시기

① 수종별 전정적기

㉠ 화목류와 유실수

- 화목류는 그 수목이 가지고 있는 개화생리의 특성을 알아야 한다.
- 당년에 자란 가지(일년생)에서 개화하는 수종, 겨울을 지나 이듬해인 이년생 가지에서 개화하는 수종, 3년생 가지에서 개화하는 수종 등으로 구분할 수 있다.
- 진달래, 철쭉, 목련, 동백나무 등의 화목류 전정시기는 꽃이 진 후가 적기이다.
- 그렇지 않을 경우 다음 해에는 개화가 불량하거나 전혀 꽃을 보지 못할 수도 있다.
- 유실수의 전정시기는 이른 봄 수액유동 전, 싹트기 전이 적기이다.

㉡ 상록수

- 상록성 활엽수는 4계절 모두 전정이 가능하나 10월 말부터 수액 유동 전 2~3월까지의 겨울철이 적기이다.
- 전정은 수형을 다듬는 정도로 한다.
- 절단 부위 끝에 잎이 붙어 있도록 한다.
- 지엽이 너무 밀생하면 수관 내부에 통풍이 불량하여 깍지벌레류가 발생하므로 솎아주는 것이 좋다.
- 향나무류, 주목과 개비자나무 등의 상록성 침엽수류도 상록성 활엽수와 같은 방법으로 전정하면 된다.
- 6~7월경에 전정하면 절단부에서 송진이 많이 흘러 수세를 약화시키므로 이 시기는 삼가는 것이 좋다.
- 소나무와 잣나무의 큰 가지는 생장기에 절단하면 수액 손실이 많아 쇠약해지기 쉽고 나무좀을 유인할 수 있으므로 조심해야 한다.

㉢ 낙엽성 활엽수

- 자연수형 그대로 가꾸는 것이 가장 좋다.
- 쥐똥나무처럼 맹아력이 왕성한 수종들은 전정이 필요하기도 하다.
- 일반적으로 활엽수는 가을에 낙엽이 진 후부터 봄에 생장을 개시하기 전까지의 휴면기간 중에는 아무 때나 가지치기를 해도 무방하다.

- 되도록이면 싹이 나오기 전이나 6월을 넘기지 않는 것이 좋다.
- 단풍나무나 자작나무처럼 이른 봄에 가지를 치면 수액이 흘러 상처치유를 지연시키고 쇠약해질 수 있다.
- 이런 수종은 늦가을이나 겨울, 잎이 완전히 핀 후에 가지치기하면 수액 유출을 막을 수 있다.

② 계절에 따른 전정시기

㉠ 동계 전정

- 동계 전정은 수목의 휴면기인 12~2월에 내한성이 강한 낙엽수를 대상으로 실시하는 작업이다.
- 가지치기로 인하여 생긴 상처를 치유하는 형성층의 세포분열이 봄에 개엽과 더불어 시작되기 때문이다.
- 이보다 조금 일찍 전정을 함으로써 봄 일찍부터 상처가 아물도록 한다.

㉡ 춘계 전정

- 3~5월 또는 해동(解凍)을 진후하여 김당나무, 녹나무, 골거리니무 등의 상록활엽수류의 이듬해 봄까지 미른 잎이 붙어 있는 참나무류를 대상으로 한다.
- 벚나무와 느티나무 등 부후의 위험성이 높은 낙엽활엽수는 영양생장기에 접어들어 신장생장이 왕성한 때이므로 굵은 가지를 포함한 심도(深度)의 가지치기는 피해야 한다.

㉢ 하계 전정

- 6~8월은 집중호우와 태풍이 잦고 토양이 젖는 우기에 해당한다.
- 이때의 가로수는 뿌리가 움켜쥐는 힘이 약한 상태가 되어서 안전사고 위험이 높기 때문에 하계 전정 대상이 된다.

(3) 목적별 가지치기 방법

① 가지치기의 유형

㉠ 수종에 관계없이 우선 제거하는 가지는 병든가지, 마른가지, 구부러져서 위험을 일으킬 우려가 있는 가지, 채광, 통풍, 가공선 등에 장애가 되는 가지, 헛가지, 긴 가지, 생장이 멈춘가지, 생육상 불필요한 가지 등이다.

㉡ 가지치기는 수목에 대한 전문성과 기술력이 요구되며 인위적인 가지치기 방법으로는 전지, 전정, 정자, 정지가 있다.

② 조경수의 전정시기

㉠ 전정시기를 계절별로 나누는 것은 환경조건이나 수종의 성질에 가장 알맞은 시기를 선택함으로써 가지치기 이후에 받게 되는 생육 스트레스를 감소시키고자 함이다.

㉡ 우리나라는 온대기후이므로 계절별로 전정을 할 수 있지만 낙엽이 지고 수목이 휴면에 들어가는 이른 봄에 실시하는 것이 수목의 상처치유나 생장에 좋다.

㉢ 조경수는 전정시기를 놓치면 부담이 크기 때문에 수세가 약화되고 때로는 고사하는 일도 생기므로 그 시기를 선택하는 것이 중요하다.

㉣ 수목의 종류, 특성에 따라 다르지만 일반적으로 연간 2회에 걸쳐 실시한다.

㉤ 수목의 특성과 시기를 고려하고 수세와 고사 위험을 최소화하여 수형을 유지시키는 것이 중요하다.

㉥ 우리나라 중부지방의 경우 가지치기에 가장 적절한 시기는 나무의 생육이 시작되기 전, 휴면기인 2월 중순~하순까지라고 할 수 있다.

㉦ 그러나 전정 후 그 나무가 생리적으로 불리할 것이 예상된다면 시기를 변경하여야 한다.

③ 목적별 전지·전정 방법

㉠ 수목의 전지전정은 살아 있는 수목에 가위나 톱 등 도구를 이용하여 수목의 건전한 생육, 사람의 통행이나 안전, 건물의 간섭이나 위해를 최소화하고 미적 가치를 향상시키기 위한 목적이 있다.

㉡ 뿌리목에서 발생한 가지나 약한 수목의 줄기에서 나오는 새로운 순은 수세가 약해지므로 빨리 전지를 하는 편이 좋다.

㉢ 수목은 나름대로 고유의 수형이 있지만 조경수들은 인공적으로 수형을 다듬고 손질을 해야 조경수로서 가치가 더욱 높아진다.

출제예상문제

01 **소나무류는 오래된 가지에 잠아가 거의 없기 때문에 중간에서 묵은 가지를 가지치기할 경우 맹아지가 발생하지 않으므로 묵은 가지는 함부로 자르지 않는다. 여기에서 묵은 가지는 몇 년 이상인지 쓰시오.**

정답 3년 이상

02 **진달래, 철쭉, 목련, 동백나무 등의 화목류 전정시기를 쓰시오.**

정답 꽃이 진 후

03 **상록성 침엽수는 절단부에서 송진이 많이 흘러 수세를 약화시키므로 전정을 하지 않아야 하는 시기를 쓰시오.**

정답 6~7월경

04 **단풍나무나 자작나무처럼 이른 봄에 가지를 치면 수액이 흘러 상처치유를 지연시키고 쇠약해질 수 있다. 이 경우에 정지·전정시기를 쓰시오.**

정답 늦가을이나 겨울, 잎이 완전히 핀 후

05 **계절에 따른 전정시기에서 수목의 휴면기인 12~2월에 내한성이 강한 낙엽수를 대상으로 실시하는 작업을 쓰시오.**

정답 동계 전정

06 가지치기의 유형에서 가지치기는 수목에 대한 전문성과 기술력이 요구되며 인위적인 가지치기 방법을 4가지 쓰시오.

정답 전지, 전정, 정자, 정지

07 조경수의 전정시기를 계절별로 나누는 것은 환경조건이나 수종의 성질에 가장 알맞은 시기를 선택함으로써 가지치기 이후에 받게 되는 위해를 감소시키고자 함이다. 이때 위해요소는 무엇인지 쓰시오.

정답 생육 스트레스

08 우리나라 중부지방의 경우 가지치기에 가장 적절한 시기를 쓰시오.

정답 2월 중순~하순

09 수목의 전정 시 전정방법 결정 요소를 2가지 이상 쓰시오.

정답 전정의 목적, 성장과정, 지엽의 신장량, 밀도, 물리량

10 조경수목류를 전정할 때 고려할 사항을 2가지 이상 쓰시오.

정답 수세, 미관, 채광, 통풍

11 수목의 전정을 실시할 때 전정의 횟수를 정하기 위하여 고려할 사항을 쓰시오.

정답 수종, 수형, 식재목적, 식재장소

12 가로수나 광장의 녹음수는 통행에 지장을 주지 않기 위하여 지하고를 높여 가지치기를 해야 한다. 이때 녹음수의 지하고는 몇 m인지 쓰시오.

정답 2m 이상

13 다음에서 설명하는 것을 쓰시오.

> 4~5월경에 자란 소나무 새순을 3개 정도 남기고 따 버린 후 잎이 나타날 무렵인 5월중・하순경 남겨 놓은 순의 선단부를 꺾는 작업

정답 적심

8 수목보호 조치하기

(1) 수목의 피해진단 및 수목보호

① 생리적 피해진단

㉠ 적합한 생육환경 조성

- 수목이 생장하는 데 있어서 도시의 토양 환경, 대기오염, 국지적 기상상태, 조경수 이식, 자동차와 인간에 의한 교란 등 정상적인 수목생장에 불리한 환경으로 인하여 전반적인 건강 상태가 나빠지고, 병해에 대한 저항성도 낮아진다.
- 지역특성에 맞는 수종을 식재하고 적합한 생육환경을 조성해 주는 보호·관리가 필요하다.

㉡ 피해원인과 진단

- 수목은 갖가지 요인에 의하여 피해를 받을 수 있다.
- 병균과 기생식물에 의한 병을 전염성병이라고 부르며, 해충을 제외한 나머지 요인에 의한 병은 생리적 피해로 인한 병에 속한다.
- 조경수는 산림에서 자라는 수목보다 여러 가지 재해에 노출되기 쉽다.
- 수목이 피해를 입고 있는 상태와 주위 환경을 참고 하면 진단에 도움이 된다.

㉢ 정보 수집

- 수목이 피해 입은 원인을 규명하는 것은 정확한 처방을 내리기 위하여 필수적이다.
- 원인을 규명하기 위해서는 우선 피해가 발생한 상황을 먼저 조사해서 피해상황, 변화추이, 그리고 환경조건을 면밀히 검토하여 최종적인 판단을 내려야 한다.
- 피해징후, 병징, 이상부위, 주변의 발병상태, 생육환경, 관리, 역사 등에 대하여 구체적인 지식을 얻어야 한다.
- 피해부위와 관련 조직을 수거하여 세밀하게 관찰하여 참고자료로 삼는다.
- 수목의 구조와 생리에 대한 지식을 바탕으로 원인과 결과에 대한 해석, 지상부와 지하부의 상호관계를 분석하여 조치한다.

② 생리적 피해양상

㉠ 기상적 요인

- 고온과 저온장해
  - 높은 지대에 생육하는 수목을 낮은 지대에서 키울 때 여름철 고온장해가 일어나기 쉽다.
  - 반대로 겨울철에는 저온장해를 일으킬 수 있다.
  - 일단 생육을 시작한 눈은 추위에 약하여 봄에 저온피해를 많이 받는다.
- 풍해와 해풍
  - 적당한 바람은 증산작용을 원활하게 하여 수목의 성장을 촉진시키나 강한 바람은 수목의 가지나 줄기를 부러뜨리거나 수목 전체를 쓰러뜨린다.
  - 심재부후가 진행된 나무는 강풍으로 인하여 뿌리목 부근이 쉽게 부러진다.
  - 바람을 맞받는 방향의 수관은 수분의 증발이 과도하게 일어나 체내 수분이 결핍되면 잎이 갈색으로 변하기도 하는데 이때 생긴 상처는 병원균의 2차적인 침입 장소 역할을 하게 된다.
- 설해
  - 적당히 내린 눈은 겨울 가뭄 시 수분공급 효과가 있다.
  - 결빙점보다 약간 높은 기온에서 내린 폭설은 가지와 줄기를 부러뜨리고 많은 눈이 수관에 머무를 경우 침엽수에서는 잿빛곰팡이병을 일으키기도 한다.

㉡ 토양적 요인

• 대기 및 토양오염
  - 대기의 오염도가 높으면 급성 증상이 나타나고, 오염 농도가 낮을 때는 만성 증상이 나타나면서 병의 발병요인이 되기도 하며 고사하기도 한다.
  - 토양에 오염물질이 투입되면 식물의 영양물질을 흡수하는 순환계가 파괴된다.
  - 유해물질이 분해되지 않고 잔류하면 먹이사슬에 의해 생물체에 농축되어 위험상태에 이르게 된다.

• 수분부족
  - 식물체에서 세포 형태를 유지하고, 토양에서는 식물체 안으로 양분을 운반하는 역할을 할 뿐만 아니라, 증산 작용에 의해 온도를 조절하여 광합성 작용을 원활하게 진행되도록 한다.
  - 수목은 여름철은 물론 겨울에도 장기간 건조하게 되면 수분부족으로 인하여 잎이 변색되고 어린 가지가 시들기 시작하면서 고사하게 된다.

• 과습 : 토양 내 수분이 너무 많으면 산소가 결핍되어 수목 뿌리의 가스 교환이 불가능하게 된다. 배출된 탄소가스도 땅속에 가득 차 황화를 일으켜 잎은 갈색으로 변하며 고사 원인이 된다.

• 약해 : 약해는 수목 식재지에서 사용되는 농약의 사용량이 너무 많거나 사용법이 잘못되었을 때 발생한다. 최근에는 약제성분이 식물체 내로 침투되어 제초효과를 발휘하는 침투이행성 제초제의 사용으로 주변 수목에 약해가 발생하기도 한다.

• 영양장애 : 수목은 필요한 양분을 대부분 토양에서 흡수하는데 C, H, O는 식물이 필요로 하는 양을 충족시킬 만큼 풍부하지만 결핍되기도 쉬운 원소이다. N, P, K, S, Mg, Ca, Fe 등의 원소는 토양 화합물 상태로 공급되는데, 이들 중 하나라도 결핍되거나 이용할 수 없을 때에는 결핍증상을 나타낸다.

(2) 동절기 수목보호

① 피해방지 및 예방방법

㉠ 토양관리

• 건조한 동절기에는 수목과 함께 토양의 관리 또한 매우 중요하다.

• 급격한 기온 하강과 건조함이 지속되는 동절기에도 토양이 수목의 뿌리를 보호할 수 있으려면 충분한 양분과 수분이 필요하다.

• 만약 동절기에 양분 공급이 제대로 되지 않고 수분 없이 지속된다면, 토양이 부실해져 이듬해 수목과 지피류의 원활한 성장을 기대하기 힘들다.

㉡ 동절기 시비

• 동절기 시비는 수목 주변에 분뇨나 계분 등 유기질비료를 땅에 묻어 겨울철 눈과 토양수분을 이용, 흡수토록 하는 것이다.

• 뿌리의 활동이 멈춰진 동절기에 서서히 효과를 주는 비료분을 주면 조직이 충실해져 다음 해 열매나 꽃이 잘 성장한다.

• 동절기 수목은 1월이나 2월까지도 거의 변함이 없는 것 같지만, 그것은 지상부만 보기 때문이다. 중부지방의 경우 2월 상순이면 뿌리가 움직인다.

• 시비는 곧바로 효력을 나타내는 것이 아니라 흙 속에서 분해되어 뿌리에 흡수되기까지 한 달 이상이 걸리게 된다.

• 본격적으로 생육활동이 활발해지는 3~4월에 효력을 나타내기 위해서는 반드시 12~1월 내에 실시해야 1년 동안 생육이 왕성하다.

- 어느 수종이든 겨울철 시비를 주는 것만큼 좋은 일은 없다. 그중에서도 낙엽수의 생육은 봄~여름 사이에 이루어지기 때문에 그만큼 수목이 쉽게 지쳐버리기 쉽다.
- 낙엽화목이나 유실수는 나무가 생장하는 것만으로는 목적을 다할 수가 없기에 더욱 많은 양분을 필요로 한다.

㉢ 유기질 재료

- 동절기에는 유기질 비료가 가장 크게 효과를 나타낸다.
- 보통 화학비료는 물을 타면 곧 뿌리에 흡수되므로 효과가 빠르게 나타나는 장점이 있으나 그다지 오래 지속되지는 않는데 비나 눈이 내리면 대부분의 양이 유실되기 때문이다.
- 최근에는 특수 가공한 화학비료도 출시되고 있지만 분재식물을 제외하고는 대부분의 수목이 많은 양을 필요로 하므로 유기질 비료를 시용하는 것이 효과가 더욱 크다.
- 이는 토질의 물리성(보수성, 통기성)을 높이는 데 큰 효과가 있으므로 충분한 양을 투입한다.
- 토질상태가 좋지 않은 경우 해마다 시비를 실시하면 차츰 좋은 토질로 변화시킬 수 있다.
- 흔히 쓰이는 유기질 비료로는 계분, 우분, 어분, 골분, 깻묵 등이 있는데 동절기에는 퇴비를 기본으로 하고 여러 가지 종류의 유기질 비료를 혼합해서 사용하는 것이 좋다.

㉣ 시비장소

- 애써 비료를 줘도 매해 같은 장소에 시비가 실시되고 있다면 효과가 미미하게 나타난다.
- 우선 비료성분은 생장이 왕성한 뿌리의 끝부분에 가까운 곳에서 흡수된다는 사실을 기억하고 세근이 많이 모여 있는 곳에 실시하는 것이 가장 효과적이다.
- 수목은 뿌리가 퍼지는 것과 가지가 퍼지는 것이 거의 일치하기 때문에 수관부 끝부분 바로 아래를 둥글게 파고 시비하는 것이 가장 효과적인 방법이다.
- 뿌리가 사방으로 뻗어 있는 경우에는 수목과 수목 사이의 비료를 주기에 적정한 곳에 구덩이를 파고 시비하는 것이 좋다.
- 하지만 뿌리는 비료가 있는 곳을 찾아 자라기 때문에 매년 정해진 곳에만 주게 되면 뿌리가 한쪽으로 기울어 노화될 수 있으므로 해마다 위치를 바꾸어 주는 것이 효과적이다.

㉤ 충분한 수분공급

- 겨울철에는 수목이 동해(凍害) 때문에 관수를 실시하지 않아야 한다고 생각하기 쉽지만 하절기와 마찬가지로 동절기에도 관수를 주기적으로 실시해야 한다.
- 침엽수와 상록활엽수 등 우리나라에서 생장하고 있는 대부분의 조경수목은 겨울에도 증산작용을 하므로 충분한 수분공급이 필요하다.
- 중부지방에서 토양이 동결되는 혹한기 전인 11월~12월 초까지 실시하는 것이 효과적인데 점점 가을이 짧아지고 있으므로 약간 이른 감이 있을 때 관수를 실시하는 것이 좋다.

② 동절기 조경관리

㉠ 동해방지 대책

- 최근 우리나라 기상의 특징은 온도편차가 크다는 것이다.
- 기온의 편차가 크면 조경수는 동해(凍害)를 받기 쉽다.
- 다소 따뜻한 날씨가 지속되다가 기온이 급강하하면 수목은 생육(生育)을 개방하는 등 생장할 준비를 하고 있다가 추위를 맞게 돼 세포조직이 파괴되기 때문이다.
- 조경수의 동해를 최대한 방지하기 위해서는 늦어도 본격적인 추위가 시작되는 12월 초순 전까지 동해방지를 위한 대책을 모두 완료해야 한다.

㉡ 한해방지

- 동절기에는 동해와 함께 한해(寒害)도 발생하기 쉬운데, 토양의 수분이 건조해져 수목이나 지피식물이 말라 시드는 것이 한해이다.
- 가을과 겨울철에는 강수량이 적고 가뭄으로 인해 피해가 자주 나타나며 지속적인 관수, 퇴비, 멀칭(Mulching), 수피보호 등을 통해 예방할 수 있다.
- 우선, 관수는 토양 수분의 건조한 상태를 해결할 수 있는 좋은 방법이다.
- 횟수와 양은 식물의 특성이나 토양의 종류, 기상상태, 생육상태, 이식상태, 크기 등에 따라 약간씩 다르다.
- 관수는 한 번 물을 충분히 주고 중단하는 것보다는 지속적으로 실시하는 것이 더 효과적이며 수목 주변에 골고루 실시해야 한다.
- 멀칭은 토양의 수분 증발량을 억제시키는 효과가 있으며 관수와 함께 널리 쓰이는 방법이다.
- 이 밖에 퇴비는 수분이 부족한 토양에 보수력(保水力)을 증강시키고, 줄기를 새끼나 진흙으로 감싸는 수피보호는 수피에서 증발하는 수분을 막을 수 있다.

출제예상문제

01 **생리적 피해양상 중 1) 기상적 요인에 의한 장해와 2) 토양적 요인에 의한 장해를 각각 2가지 이상 쓰시오.**

정답 1) 고온장해, 저온장해, 풍해, 설해
2) 대기 및 토양오염, 수분부족, 과습, 약해, 영양장애

02 **결빙점보다 약간 높은 기온에서 내린 폭설은 가지와 줄기를 부러뜨리고 많은 눈이 수관에 머무를 경우 침엽수에서 발생하는 병을 쓰시오.**

정답 잿빛곰팡이병

03 **식물체에서 수분이 하고 있는 역할을 2가지 이상 쓰시오.**

정답 세포 형태 유지, 양분 운반, 증산작용, 광합성 작용

04 **토양 내 수분이 너무 많으면 수목의 뿌리에 발생하는 가장 큰 문제점을 쓰시오.**

정답 산소 결핍

05 **수목에 발생한 생리적 피해 상태 조사에 활용되고 있는 측정기를 2가지 이상 쓰시오.**

정답 샤이고미터, 검토장, pH 측정기, 산중식 경도계

06 다음은 식재지 토양상태를 보고 판단 조치를 할 수 있는 내용이다. ( ) 안에 알맞은 내용을 쓰시오.

- 토성, (①)의 정도, 투수성, 견밀도
- 표토의 포장, 멀칭 여부, 복토나 (②) 여부
- (③) : 큰 비가 온 후 즉시 배수가 되는가, 현재 물이 고여 있는가.
- 정상적 색깔인가,(④) 예를 들어 계란 썩는 냄새가 나면 습한 토양이다.

정답 ① 답압, ② 절토, ③ 배수상태, ④ 냄새 여부

07 뿌리의 활동이 멈춰진 동절기에 서서히 효과를 주는 비료분을 주었을 때 다음 해에 수목에 나타날 수 있는 현상을 서술하시오.

정답 조직이 충실해져 다음 해 열매나 꽃이 잘 성장한다.

08 동절기 수목은 1월이나 2월까지도 거의 변함이 없는 것 같지만, 그것은 지상부만 보기 때문이다. 중부지방의 경우 뿌리가 움직이는 시기를 쓰시오.

정답 2월 상순

09 시비는 종류에 따라서 곧바로 효력을 나타내는 것이 아니라 흙 속에서 분해되어 뿌리에 흡수되기까지 얼마나 걸리는지 쓰시오.

정답 한 달 이상

10 최근에는 특수 가공한 화학비료도 출시되고 있지만 분재식물을 제외하고는 대부분의 수목이 많은 양을 필요로 한다. 어떤 비료를 시비해야 하는지 쓰시오.

정답 유기질 비료

11 뿌리는 비료가 있는 곳을 찾아 자라기 때문에 매년 정해진 곳에만 주게 되면 뿌리가 한쪽으로 기울어 노화될 수 있으므로 노화를 방지하기 위해 시비하는 방법을 서술하시오.

정답 해마다 위치를 바꾸어 준다.

12 최근 우리나라 기상의 특징은 온도편차가 크다는 것이다. 기온 편차가 클 때 조경수가 받기 쉬운 피해를 쓰시오.

정답 동해

13 조경수의 동해를 최대한 방지하기 위해서는 동해방지를 위한 대책을 언제까지 완료해야 하는지 쓰시오.

정답 12월 초순 전

14 가을과 겨울철에는 강수량이 적고 가뭄으로 인해 피해가 자주 나타난다. 피해를 예방하기 위한 조치를 2가지 이상 쓰시오.

정답 관수, 퇴비, 멀칭(Mulching), 수피보호

15 동해를 방지하기 위한 대책 중 수종과 크기에 따른 월동방법을 2가지 이상 쓰시오.

정답 성토법, 포장법, 방풍법, 훈연법

16 다음에서 설명하는 동해 예방법을 쓰시오.

장미류와 같이 월동에 약한 관목류는 지상으로부터 수간을 약 30~50cm 높이로 흙을 덮어서 동해를 예방한다.

정답 성토법(피복법)

17 배롱나무, 모과나무, 장미, 감나무, 벽오동 등에 가장 많이 쓰이는 월동방법을 쓰시오.

정답 포장법

18 내한성이 약한 어린 상록수의 수목 주위에 대나무나 철사로 지주를 세우고 짚, 비닐 등으로 찬바람이나 눈이 수목에 동해를 입히지 못하도록 막는 방법을 무엇이라 하는지 쓰시오.

정답 방풍법

19 초겨울에 영산홍이나 회양목 등에 살포해 주면 잎이 갈색으로 변하는 것을 방지할 수 있는 식물 보호제를 쓰시오.

정답 증산억제제

20 수목 외과 수술의 적정시기에 대하여 서술하시오.

정답 수액의 유동이 정지되는 겨울부터 유동하기 직전까지가 가장 좋다.

9 시설물 보수관리하기

(1) 조경시설물 보수관리 계획수립

① 조경시설물 보수관리

㉠ 조경시설물이란 도시공원, 자연공원, 관광지, 상업시설, 유원지, 공장, 학교, 정원에 이르기까지 조경 공간에 설치된 모든 시설물을 말한다.

㉡ 그 종류에는 유희시설, 운동시설, 경관시설, 수경시설, 휴양시설, 교양시설, 편익시설, 관리시설, 기반시설 등이 있다.

㉢ 시설물 관리 작업 시기는 식물처럼 일정한 적기가 있는 것이 아니라 손상 부위가 발견되면 즉시 보수하여야 하며, 장마철 또는 추울 때를 피하여 이용자가 적을 때 실시하는 것이 좋다.

㉣ 같은 종류의 시설물은 종합해서 실시하는 것이 좋다.

② 조경시설물 보수관리 목적

㉠ 시설물의 종류에 따라 설치목적이 유지되어야 하며 청결하고 안전한 상태에서 이용자가 항상 적절하게 이용할 수 있도록 관리하여야 한다.

㉡ 시설물 관리가 처음부터 정상적으로 이루어지지 않으면 시설물 자체의 수명이 짧아지고 시설물 수리나 교체에 드는 비용이 더욱 커지게 되므로 불필요한 예산을 낭비하는 결과를 가져오게 된다.

③ 도면지식의 이해 : 조경 준공도면과 공사 내역서를 보고 설치된 조경시설물의 종류를 파악할 수 있어야 한다.

④ 플로 차트의 이해

㉠ 플로 차트는 문제나 작업의 범위를 결정하고 분석하며, 그 해석 방법이 명확하도록 통일된 기호와 도형을 사용하여 필요한 작업과 처리순서를 도식적으로 표시한 것이다.

㉡ 여러 가지 발생할 수 있는 문제 또는 그 과정을 작성한 흐름에 따라 분석하여 해결할 수 있다.

㉢ 수많은 작업과정을 쉽게 나타내기 때문에 흐름도 또는 순서도라고도 하며 필수로 거쳐야 하는 작업이다.

⑤ 보수관리 작업방식

㉠ 도급방식과 직영방식의 특성을 알고 있어야 한다.

㉡ 보수관리의 매뉴얼에 맞게 작업하는 방법을 알고 있어야 한다.

(2) 배수 및 포장시설 등의 점검 보수

① 배수시설 및 포장시설

㉠ 포장해야 할 장소

- 공원도로, 자전거도로, 산책로, 보행로 등의 도로포장
- 광장, 운동장, 주차장, 건축물 주변 등의 포장

㉡ 포장재료의 종류

- 친환경흙포장(황토, 화강풍화토, 혼합토 및 경화토, 모래 및 쇄석)
- 친환경블록포장(점토블록, 잔디블록, 우드블록, 소형고압블록, 인조화강석블록, 고무블록)
- 조경일체형포장(판석 및 사고석, 석재타일, 호박돌, 콩자갈 및 조약돌, 컬러세라믹, 고무탄성재, 우레탄)
- 투수아스팔트 및 투수콘크리트포장
- 아스팔트 및 콘크리트포장

② 배수시설 처리

㉠ 배수 구역별로 빗물받이 등 적정한 배수시설을 설치하고 계획된 집수시설이나 기존 관로에 연결한다.

㉡ 포장지역의 표면은 배수구나 배수로 방향으로 최소 0.5% 이상의 기울기로 한다.

㉢ 산책로 등 선형 구간에는 적정거리마다 빗물받이나 횡단배수구를 설치한다.

㉣ 광장 등 넓은 면적의 구간에는 외곽으로 뚜껑 있는 측구를 두도록 한다.
㉤ 비탈면 아래의 포장경계부에는 측구나 수로를 설치한다.

③ 포장의 구조

㉠ 포장용도와 원지반 조건 등에 따라 방진처리와 표면처리를 위한 표층만의 포장이나, 표층과 기층만으로 구성되는 간이포장 등 여러 가지 형태를 선택한다.
㉡ 포장두께 및 각 층의 구성은 사용재료 및 환경조건·교통하중·노상조건 등을 고려하여 시공한다.
㉢ 서로 다른 포장재료의 연결부 및 녹지·운동장과 포장 연결부 등의 경계는 화강석 보도경계블록, 녹지경계블록 또는 콘크리트나 기타 경계 마감재 등으로 처리한다.
㉣ 보차도 경계블록은 차량의 바퀴가 올라설 수 없는 높이로 설치한다.

④ 수경시설에는 수조, 급·배수설비, 순환설비, 전기, 제어 등이 포함된다.

㉠ 수경시설의 연출의 종류
- 물을 내뿜는 분수
- 물이 떨어지는 낙수
- 물을 머금는 유수
- 물이 흐르는 우수
- 겨울철 동결수경

㉡ 물의 흐름을 효과적으로 연출하여 표현할 수 있도록 수경시설 및 관련 시설 전체를 하나의 시스템으로 취급한다.

⑤ 수경설비는 정기적으로 점검 및 보수한다.

㉠ 수중조명기구 : 케이블 상태, 누전 상태, 램프 단선 상태, 기구의 누수 상태를 점검한다.
㉡ 수중펌프 : 전류계 지침에 의한 부하 상태, 봉수, 케이블의 상태, 모터의 절연저항을 점검한다.
㉢ 육상펌프 : 펌프의 부하 상태, 볼트, 너트, 누수, 축수부, 커플링, 모터의 절연저항을 점검한다.
㉣ 정수설비 : 여과재, 배관과 밸브, 물의 상태를 점검한다.
㉤ 소독시설 : 소독 소재의 상태, 배관과 밸브, 소독 농도 및 강도를 점검한다.
㉥ 제어반(Control Panel)은 일상점검 및 정기점검을 한다.

출제예상문제

01 다음은 조경시설물 보수관리에 대한 설명이다. ( ) 안에 알맞은 내용을 쓰시오.

- 조경시설물이란 도시공원, 자연공원, 관광지, 학교, 정원에 이르기까지 (①)에 설치된 모든 시설물을 말한다.
- 그 종류에는 유희시설, 운동시설, 경관시설, (②), 휴양시설, 교양시설, 편익시설, 관리시설, 기반 시설 등이 있다.
- 시설물관리 작업 시기는 (③)가 발견되면 즉시 보수하여야 한다.
- 같은 종류의 시설물은 (④)해서 실시하는 것이 좋다.

정답 ① 조경 공간, ② 수경시설, ③ 손상 부위, ④ 종합

02 수많은 작업과정을 쉽게 나타내기 때문에 흐름도 또는 순서도라고도 하며 필수로 거쳐야 하는 작업을 쓰시오.

정답 플로 차트

03 대상 시설물의 연간 유지관리 목표 설정 시 최우선으로 해야 하는 것을 쓰시오.

정답 이용자의 안전

04 포장재료의 종류에서 친환경블록포장의 종류를 3가지 이상 쓰시오.

정답 점토블록, 잔디블록, 우드블록, 소형고압블록, 인조화강석블록, 고무블록

05 포장지역의 표면은 배수구나 배수로 방향으로 몇 %의 기울기로 해야 하는지 쓰시오.

정답 0.5% 이상

06 포장의 구조에서 포장두께 및 각 층의 구성을 하기 위하여 고려해야 할 사항을 2가지 이상 쓰시오.

정답 사용재료, 환경조건, 교통하중, 노상조건

07 포장의 구조에서 보차도 경계블록의 높이에 대하여 서술하시오.

정답 차량의 바퀴가 올라설 수 없는 높이로 설치한다.

08 수경시설의 연출 종류를 2가지 이상 쓰시오.

정답 물을 내뿜는 분수, 물이 떨어지는 낙수, 물을 머금는 유수, 물이 흐르는 우수, 겨울철 동결수경

제3절 비배 관리

1 연간 비배 관리계획 수립하기

(1) 필수원소의 역할

① 다량원소 : 식물이 성장하는 데 많은 양이 필요한 물과 공기 중에서 공급되는 탄소, 산소, 수소와 무기원소(질소, 인, 칼륨, 칼슘, 마그네슘, 황)

② 미량원소 : 식물 생육에 아주 작은 양으로 필요한 필수 무기원소(철, 붕소, 망간, 아연, 구리, 몰리브덴, 염소, 니켈을 포함하기도 함)

(2) 시비의 필요와 양

① 조경 수종별 양분 요구도

㉠ 일반적으로 속성수가 양분 요구도가 크다.

㉡ 활엽수가 침엽수보다 더 크다.

㉢ 침엽수 중에서는 소나무류가 가장 적은 양을 요구한다.

㉣ 토양 분석을 통해 필요한 양분을 공급하되 수종과 위치, 토양의 화학성에 따라 시비의 양을 적절히 조절해야 한다.

② 시비의 시기 및 횟수 : 관리 기간 중 연 1회 또는 2년에 1회 실시하되 4월에 실시한다.

참고

수목의 연간 시비량

구분			유기질 비료(kg/주)	비고
대교목 (수고 4.0m 이상)	유기질 비료		20kg/주(기비)	1회
	화학 비료	질소(N)	10g/m^2(추비)	1회/연
		인산(P_2O_5)	10g/m^2(추비)	1회/2년
		칼륨(K_2O)	20g/m^2(추비)	1회/2년
중교목 (수고 2.0~4.0m 이상)	유기질 비료		10kg/주(기비)	1회
	화학 비료	질소(N)	10g/m^2(추비)	1회/연
		인산(P_2O_5)	10g/m^2(추비)	1회/2년
		칼륨(K_2O)	20g/m^2(추비)	1회/2년
관목, 소교목	유기질 비료		5kg/주(기비)	1회
	화학 비료	질소(N)	10g/m^2(추비)	1회/연
		인산(P_2O_5)	10g/m^2(추비)	1회/2년
		칼륨(K_2O)	20g/m^2(추비)	1회/2년

(3) 비료 공정 규격과 사용 시 유의 사항

① 비료 공정 규격

㉠ 농림축산식품부장관이 규격을 정할 필요가 있다고 인정하는 비료에 대하여 규격화한다.

㉡ 비료의 규격

- 주성분의 최소량
- 비료에 함유할 수 있는 유해 성분의 최대량
- 주성분의 효능 유지에 필요한 부가 성분의 함유량

• 유통 기한
• 비료의 품질 유지를 위하여 고시한 규격을 말한다.

② 구매 시 유의 사항

㉠ 효과 과대 선전 비료 사용 주의
• 모든 비료는 비료 공정 규격에 근거한다.
• 불법비료로 인정하는 표현 내용 : 세포 분열제, 생장제, 특수한 성장 효과, 세포분열 전문, 뿌리 비대, 발근, 구근 비대, 비대 발근용, 발아 증진, 이와 유사한 표현, '옥신을 다량 함유한 ○○이 있음', 생장 조절 물질이 함유된 것처럼 표시한 것

㉡ 보증 성분 확인
• 현재 공정 규격상 비료의 종류는 98종이다.
• 보증 성분량 표시를 하지 않거나 생산 일자가 누락된 것을 확인한다.
• 살충·살균의 농약 효과 표시나 액상 케토산 등 공정 규격에 없는 성분을 표시한 것
• 무등록 비료일 수 있으므로 주의한다.

③ 농약의 혼용

㉠ 경엽 살포용 액비는 전착제나 농약과 혼용하여 사용하는 경우가 잦으므로 각 제조사의 '혼용 가부표'를 확인한다.
㉡ 일반적으로 '혼용 가부표'에 적시된 재료 외에 석회질 비료나 나무재, 알칼리성 비료 및 농약 등과 절대 혼용해서는 안 된다.

(4) 자재 관리

㉠ 구매한 비료를 보관할 때에는 습기가 있는 곳이나 직사광선은 피한다.
㉡ 건조한 곳에 보관해야 한다.
㉢ 특별한 경우 각 비료의 라벨에 적시된 내용에 따라 유의 사항을 참고한다.
㉣ 비료는 대부분 유통 기한이 적시되어 있지 않다.
㉤ 경엽 살포용 액비나 수간주사제의 경우 유통 기한과 적정 보관 온도가 정해져 있는 제품도 있다.
㉥ 자재 관리 대장을 작성하고 주기적으로 관리하여야 한다.

출제예상문제

01 식물이 성장하는 데 많은 양이 필요하며 물과 공기 중에서 공급되는 다량원소를 3가지 이상 쓰시오.

정답 질소, 인, 칼륨, 칼슘, 마그네슘, 황

02 식물 생육에 아주 작은 양으로 필요한 필수 무기원소를 3가지 이상 쓰시오.

정답 철, 붕소, 망간, 아연, 구리, 몰리브덴, 염소, 니켈

03 다음은 조경 수종별 양분 요구도에 대한 사항 설명이다. ( ) 안에 알맞은 내용을 쓰시오.

- 일반적으로 (①)가 양분 요구도가 크다.
- 활엽수가 (②)보다 더 크다.
- 침엽수 중에서는 (③)가 가장 적은 양을 요구한다.
- 수종과 위치, 토양의 (④)에 따라 시비의 양을 적절히 조절해야 한다.

정답 ① 속성수, ② 침엽수, ③ 소나무류, ④ 화학성

04 현재 공정 규격상 비료의 종류는 몇 종인지 쓰시오.

정답 98종

05 경엽 살포용 액비는 전착제나 농약과 혼용하여 사용하는 경우가 잦다. 혼용할 때 확인해야 하는 사항을 쓰시오.

정답 제조사의 혼용가부표

06 자재의 보관에서 구매한 비료를 보관할 때에 적당한 곳을 쓰시오.

정답 서늘하고 건조한 곳

07 비료 사용 기장 작성 시 포함되어야 하는 내용을 3가지 쓰시오.

정답 사용 시기, 사용 방법, 사용량

08 자재 창고 관리에서 비료의 성상에 따라 구분하여 별도 구획해야 한다. 비료 성상의 구분 기준을 3가지 쓰시오.

정답 입제, 분말, 액체

09 온도 변화에 민감하거나 습도에 의한 곰팡이가 발생할 수 있는 미생물 제제나 각종 효소가 함유된 비료의 보관 방법을 서술하시오.

정답 별도의 항온, 항습장치를 설치하여 보관한다.

2 수목 생육 상태 진단하기

(1) 수목의 수세진단

① 수목 활력도

㉠ 수목의 활력도는 수형, 잎의 크기, 엽색, 지엽 밀도(엽량) 등을 관찰하여 수목의 생장 상황을 분석하고 관리하는 데 중요한 인자이다.

㉡ 수목이 생리적으로 어느 정도의 스트레스를 받고 있으며 수목의 활력이 어느 정도 악화되어 있는지 또는 회복 가능성이 있는지를 판단할 수 있다.

㉢ 쇠약한 수목의 수액이 이동하는 시기에 영양제 수간주사를 놓을 만한 상태인지 등을 판단하는 기준이 된다.

② 결핍 증상 수목의 생장이 비정상적으로 늦거나 잎의 색깔이 변색되는 경우 양분 결핍 현상이 있을 시에는 이에 알맞은 시비관리를 해야 한다.

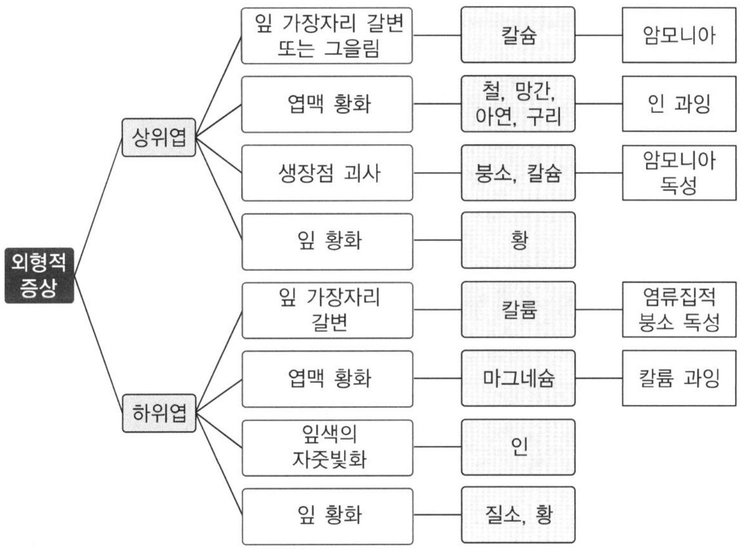

③ 식물의 생육에 필요한 양분의 검증법

㉠ 토양 분석

- 토양 조사 지역 내 수목의 생육 상태, 토양형 및 외관 등을 기록한다.
- 토양 시료의 채취는 조사 지역당 10개소씩을 선정하여 채취한다.
- 시료의 채취는 표토의 유기물층을 걷어내고 한다.
- 채취 깊이는 토양형과 물의 뿌리 특성에 따라 결정한다.

㉡ 식물체 분석

- 양분의 부족은 식물의 생육을 저해하기 때문에 식물체에 나타난 몇 가지의 증상을 육안으로 관찰하여 특정 양분의 부족 현상을 밝혀낼 수 있다.
- 잎의 생장 기간, 잎의 색깔, 낙엽 발생 비율 등을 살펴서 부족 현상을 판단한다.

㉢ 식물의 조직 분석

- 양분의 수준과 엽내의 양분과는 상관관계가 매우 높기 때문에 주로 잎을 대상으로 한다.
- 특정한 양분의 부족 현상을 알아내는 데 이용된다.

㉣ 양분 시험법 : 처리구와 무처리구를 설치하여 특정한 양분의 필요한 정도를 시험하는 방법이다.

(2) 정밀 조사와 전문 기관 의뢰

① 수세 진단 도구

㉠ 샤이고미터(Shigometer)

- 나무의 전기 전도도 측정기이다.
- 나무에 직류 전류를 연결하여 저항치(전도도)를 측정한다.
- 목질부는 썩기 전에 수분 함량이 증가하며 더 많은 이온을 함유하므로 이런 부분에서는 전기 전도도가 증가, 즉 전기 저항이 감소하는 특성을 이용한 장비이다(Shortle and Smith, 1987).

㉡ 토양 온도 측정기 : 토양에 삽입하여 온도를 측정할 수 있다.

㉢ 토양 pH와 수분 측정기

- 탐침을 토양에 직접 꽂아 pH와 수분을 측정한다.
- 정확도가 떨어지므로 여러 번 측정하여 평균값을 사용한다.

㉣ 엽록소 측정기

- 엽록소 측정기는 잎의 엽록소(클로로필) 양을 SPAD값(엽록소 함량을 나타내는 값)으로 나타내는 계측기이다.
- 현장에서 측정하고자 하는 잎을 센서 부분에 집어넣고 헤드를 닫아 측정한다.

② 토양 시료 채취 및 토양분석 전문 기관

㉠ 한국임업진흥원(http://lab.kofpi.or.kr)

- 산림 및 조경 식재지 토양 시료의 물리성, 화학성을 항목별로 분석하여 시험 성적서를 발급해 준다.
- 토양 조사뿐만 아니라 진단 및 처방을 수행한다.

㉡ 농업실용화재단 종합분석검정센터(http://lab.fact.or.kr)

- 국제공인시험기관(KOLAS) 인정을 획득한 농촌진흥청 산하 기관이다.
- 토양 분석 및 토양의 영양분 상태를 분석하여 준다.

출제예상문제

01 다음에서 설명하는 것을 쓰시오.

수형, 잎의 크기, 엽색, 지엽 밀도(엽량) 등을 관찰하여 수목의 생장 상황을 분석하고 관리하는 데 중요한 인자

정답 수목의 활력도

02 잎 가장자리 갈변이 생겼을 때는 어떤 영양소의 결핍인지 쓰시오.

정답 칼륨

03 토양 분석 시 토양 시료의 채취는 조사 지역당 채취 장소를 몇 개소 선정해야 하는지 쓰시오.

정답 10개소

04 식물의 조직 분석 대상으로 하는 수목의 부분을 쓰시오.

정답 잎

05 수목 활력도 판정에서 활력도는 몇 등급으로 나누는지 쓰시오.

정답 5등급

06 목질부는 썩기 전에 수분 함량이 증가하며 더 많은 이온을 함유하므로 이런 부분에서는 전기 전도도가 증가, 즉 전기 저항이 감소하는 특성을 이용한 장비로, 나무의 전기 전도도 측정기를 쓰시오.

정답 샤이고미터(Shigometer)

07 수목의 수세진단 도구를 2가지 이상 쓰시오.

정답 전기 전도도 측정기, 토양 온도 측정기, 토양 pH와 수분 측정기, 엽록소 측정기

08 산림 및 조경 식재지 토양 시료의 물리성, 화학성을 항목별로 분석하여 시험 성적서를 발급해 주는 기관을 쓰시오.

정답 한국임업진흥원

09 휴대용 계측기를 이용한 토양 pH 측정 시 토양이 건조하거나 비료의 양이 많을 때 측정 방법을 서술하시오.

정답 표면 토양에 물을 적당히 뿌려 30분 후 측정한다.

10 토양 시료 채취 시 소면적 채취 내용이다. (　) 안에 알맞은 내용을 쓰시오.

- 토양 시료 채취 목적은 시료 채취 대상 토양의 (①)에 대한 정보를 얻는 데 있다.
- 그 정보는 토양(모집단)을 대표하여야 하므로 (②)를 정확히 채취하는 방법이 중요하다.
- 토양은 가까운 거리라도 성상이 불균일하므로 (③)를 대표할 수 있는 곳을 선정하여 시료를 채취하여야 한다.
- 수목의 크기 및 피해 정도에 따라 (④)을 달리 선정할 수 있다.

정답 ① 특성, ② 토양 시료, ③ 조사지, ④ 채취 지점

11 식물체 시료를 채취할 때에 날씨가 좋은 날에 햇빛을 잘 받고 있는 대표성이 있는 줄기나 가지에 붙은 성숙한 잎은 한 그루당 몇 개의 잎을 채취해야 하는지 쓰시오.

정답 5~6개

12 토양의 분석결과 해석하기에서 '미달'할 경우의 색을 쓰시오.

정답 파란색

3 비료주기

(1) 화학비료 시비

① 화학비료의 정의

㉠ 화학 제품 생산 시에 나오는 부산물로 제조된 유기질 및 무기질 비료를 통칭한다.

㉡ 식물에 즉각적인 생육 반응을 나타낸다.

㉢ 식물의 영양 요구에 신속하게 대처할 수 있는 장점이 있다.

㉣ 조경수 관리 시에는 주로 복합비료를 사용한다.

② 수목용 비료의 종류

㉠ 단일 성분 비료

질소질 비료	• 질소를 주요 성분으로 보증하는 비료이다. • 조경수의 생육 초기에 사용된다. • 주로 사용하는 비료는 질소질이 45% 함유된 요소와 20% 함유된 황산암모늄 등이 있다.
인산질 비료	• 인산을 주요 성분으로 보증하는 비료이다. • 조경수의 뿌리 발근을 향상시키기 위해 사용된다. • 주로 사용하는 비료는 인산질이 17% 함유된 용성인비와 과석, 용과린이다.
칼륨질 비료	• 칼륨을 주요 성분으로 보증하는 비료이다. • 동해에 대한 저항성 및 개화와 결실을 촉진하기 위해 사용된다. • 주로 사용하는 비료는 칼륨이 60% 함유된 염화칼륨과 50% 함유된 황산칼륨이다.

㉡ 복합비료

- 비료의 3요소인 질소, 인산, 칼륨 중 2가지 이상의 성분을 함유한 비료를 말한다.
- 국내에서 개발되거나 주로 사용되는 산림용 복합비료는 속효성이다.
- 산림용 고형 복합비료, 수목용 UF 완효성 복합비료, 가로수용 막대형 비료(또는 못비료)가 생산되고 있다.

수목용 UF 완효성 복합비료	• 질소 : 인산 : 칼륨의 3요소 함량 비율이 12 : 16 : 4%이고 유기물이 10% 함유되어 있다. • 모양은 직경 4mm 내외의 원주 삼각형이다. • 완효성 복합비료는 토양 분석에 따라 성분비를 달리하는 주문형 배합 비료(Bulk Blending)를 만들 수 있는 장점이 있다. • 속효성 비료보다 용출 기간이 길어 비료 성분이 서서히 녹아 나와 밑거름으로 한 번만 사용하여도 된다. • 추비에 따른 비료대 및 인건비를 절감할 수 있다. • 비료의 유실률도 65%에서 45%로 낮아 환경오염도 줄일 수 있다. • 최근 농업, 임업 등 각 분야에서 사용이 장려되고 있다.
산림용 고형 복합비료	• 1977년도에 개발된 비료로 수목용 UF 완효성 복합비료와 같이 질소 : 인산 : 칼륨의 비율이 12 : 16 : 4%이다. • 개당 무게는 약 15g으로 질소(N) 1.8g, 인산(P_2O_5) 2.4g, 칼륨(K_2O) 0.6g을 포함하고 있다. • 증량제로서 피트모스나 제올라이트가 섞여 있으며 복숭아씨 형태의 4cm 내외 크기이다.
가로수, 조경수용 고형 복합비료와 유기질 비료	• 비료를 자주 줄 수 없는 여건의 가로수와 공원수의 생육 개선을 위해 사용된다. • 80~150g의 완효성 고형 복합비료나 고형 유기질 비료를 근권부의 표토층에 묻어 사용한다.

③ 비료관리법

㉠ 비료 공정 규격 지정

㉡ 비료의 공정 규격 설정 · 변경 · 폐지 또는 부산물 비료의 지정 · 폐지에 관한 시행 규칙으로 농촌진흥청 홈페이지에서 내려받을 수 있다.

④ 시비시기와 시비량

㉠ 주로 수목생장기 중 4월 하순~6월 하순경 시비한다.

㉡ 각 비료의 기준량에 준하며 보비력을 향상시키기 위해 퇴비를 일정량 같이 섞어 준다.

㉢ 일반적인 화학비료 시비량

구분	규격	복합비료(g)	퇴비(kg)	비고
교목	대목	200~300	5	퇴비는 50g/kg 복합비료 희석 사용
	소목	50~100	3	
관목	대목	100~200	3	
	소목	30~50	1	
잔디, 초화류	–	20~30g/m^2		2~4회/년

(2) 유기질비료 시비

① 유기질비료

㉠ 유기질비료와 부산물비료

- 유기질비료와 부숙 유기질비료는 비료 공정 규격에서는 구분 관리하고 있다.
- 모두 토양개량 등 유기물을 공급하는 것이 주목적인 관계로 통상 유기질비료라고 한다.
- 유기질비료
  - 유기물을 원료로 사용하여 제조한 비료이다.
  - 질소, 인산, 칼륨 성분을 일정량 이상 보증하는 비료이다.
  - 천연 유기질소 비료는 양분의 방출이 지속적이고 유기물을 공급하여 조경용으로 적합하다.
- 부숙 유기질비료
  - 질소, 인산, 칼륨 성분과 관계없다.
  - 농·림·축·수산업 및 제조·판매업 과정에서 발생하는 부산물, 인분뇨 또는 음식쓰레기를 원료로 하여 부숙 과정을 통하여 제조한 비료이다.
- 지정된 원료 외의 보통 비료를 첨가하여서는 아니 된다.

㉡ 유기질비료의 효과

- 양분 공급
  - 유기물은 그 자체에 질소를 포함하여 인산, 칼리 등 다량요소가 함유되어 있다.
  - 여러 종류의 미량 요소 공급원으로서 수목에 양분을 공급한다.
- 토양개량 효과와 물리성 개선
  - 유기물이 토양 중에서 분해되면서 많은 미생물이 작용하게 된다.
  - 그 미생물들이 분비하는 물질 등으로 토양의 입자들이 서로 엉켜서 덩이를 이루면서 입단화가 된다.
  - 토양이 입단화되면 흙덩이들 사이의 공간 비율인 공극률이 높아지면서 통기성이 향상된다.
  - 이로 인해 뿌리의 발달이 좋아지고 토양침식을 방지하는 토양물리성 개선 효과를 기대할 수 있다.
- 보수력과 보비력 향상
  - 유기물은 양분과 수분을 보존하는 힘이 있고 양이온 치환용량이 증가한다.
  - 유기물이 많으면 생육 후기까지 질소 공급이 많아져 병해충에 취약할 수 있다.
  - 화학비료 시비와 병해충 방제를 적절히 하면 품질 향상을 기대할 수 있다.

② 시비 작업 방법

㉠ 표토시비법(Surface Application)

- 작업 방법이 비교적 신속한 점은 좋으나, 비료의 유실량이 많다.

• 토양 내부로의 이동속도가 비교적 느린 양분은 이 방법을 적용하지 않는 것이 좋다.
• 질소 시비의 경우는 이 방법이 좋으나 인(P), 칼륨(K) 등은 좋지 않다.

㉡ 토양 내 시비법(Soil incorporation)

• 시비 목적으로 땅을 갈거나 구덩이를 파서 비료 성분이 직접 토양 내부로 유입될 수 있도록 하는 방법이다.
• 비교적 용해하기가 어려운 비료를 시비하는 데 효과적이다.
• 시비 시 발생하는 답압을 방지하기 위하여 토양 수분이 적당히 유지될 때에 시비하는 것이 바람직하다.
• 시비용 구덩이는 대체로 25~30cm 깊이로 파며, 그 간격은 0.6~1.0m 정도로 유지한다(100m^2당 100~275 구덩이).
• 시비의 영역 수분 양분을 주로 흡수하는 세근이 많이 활성화된 위치에 시비한다.
• 자연 상태와 달리 뿌리의 근계가 덜 발달된 조경수의 경우에는 대체로 수관 폭의 안쪽으로 1/3 지점이나 근원경의 4~5배 길이만큼 떨어진 지점에서 바깥쪽에 시비한다.

③ 시비시기와 시비량

㉠ 나무의 종류, 시비 목적, 기타 인자에 따라 시비 횟수는 달라진다.
㉡ 매년 정기적으로 시비해야 하는 것에서부터 3~4년마다 한 번씩 하는 것 등 다양하다.
㉢ 기비의 목적으로 낙엽기 이후부터 개엽 전인 3월 하순 기간 중에 시비한다.

(3) 영양제 엽면시비

① 엽면시비법(Foliage Spray)

㉠ 비료를 물에 희석하여 직접 엽면에 살포하는 것이다.
㉡ 주로 미량 원소의 부족 시 그 효과가 특히 빠르게 나타난다.
㉢ 대체로 물 100L당 60~120mL의 비율로 희석하여 사용한다.
㉣ 시비는 쾌청한 날씨를 택하는 것이 좋다.

② 결핍 미량원소의 현상과 엽면시비 방법

붕소(B)	• 결핍현상 - 주로 어린잎에 피해가 먼저 발생한다. - 결핍 정도에 따라 나타나는 증상이 다르다. - 활엽수는 주로 적색을 띠거나 경미하면 잎맥 간에 작은 반점이 발생한다. - 심하면 황화현상이 발생하고 잎이 작아지면서 기행이 되기도 한다. - 침엽수는 경미하면 잎의 가장자리가 연한 갈색으로 된다. - 심하면 줄기 끝부분이 위축되고 고사하기도 한다. • 엽면시비법 : 물 100L당 붕산(H_3BO_3) 0.125~0.25kg을 희석하여 사용한다.
철(F)	• 결핍현상 - 활엽수는 잎이 황백화되고 심할 경우에는 엽맥의 녹색도 연녹색으로 변한다. - 침엽수는 주로 잎의 백화 현상과 생장저하현상이 발생한다. • 엽면시비법 : 물 100L당 황산철($FeSO_4 \cdot H_2O$) 0.5kg을 희석하여 사용한다.
망간(F)	• 결핍현상 - 활엽수는 잎이 녹황색을 띤다. - 침엽수는 잎의 끝이 고사하며 갈색이 된다. • 엽면시비법 : 물 100L당 황산망간($MnSO_4 \cdot H_2O$) 0.25~1.0kg을 희석하여 사용한다.
아연(Zn)	• 결핍현상 - 활엽수는 경미한 경우 뚜렷한 특징이 없다가 심해지면 잎에 황화현상이 발생한다. - 침엽수는 잎의 크기가 작고 황색으로 변하며 암갈색으로 괴사하기도 한다. • 엽면시비법 : 물 100L당 킬레이트(Chelate) 0.125~0.25kg을 희석하여 사용한다.

(4) 영양제 수간주사

① 영양제 수간주사

㉠ 수간주사 용도와 적용 방법

- 토양 시비 또는 엽면시비 등의 방법이 다소 곤란하거나 그 효과가 비교적 낮으면 이 방법을 사용한다.
- 수피에 드릴로 구멍을 내어 비료 성분을 주입한 후 밀봉하며 인력과 시간이 많이 소요되기 때문에 특수한 경우에 적용한다.

㉡ 수간주사 방법의 종류와 특성

- 미국 Mauget사의 방식 : 플라스틱 약액 주입통을 이용한 압력식 주입 방법
- 미국 Aborjet사의 방식 : 자바라식 강제 주입 방법

링거식 수액주사	• 인체나 동물용 링거 세트를 사용하는 것으로 유량 조절은 링거 주사용 호스를 사용한다. • 대체로 포도당 주사액에 수용성 미량 요소를 섞어 사용하기도 하고 기성 식물 영양제를 링거 형태로 제작한 제품이 있다. • 250~1000mL 정도의 대량 희석액을 주입하는 것이다. • 약해가 적고 효과가 안정적이나 주입 시간이 길고 수거까지의 시간이 오래 걸린다.
유입식 주사제	• 수간에 직경 6mm의 구멍을 뚫는다. • 10~250mL 용량을 주입 통에 꽂아 중력의 힘으로 주입하는 것이다. • 소량에서 대량의 식물 영양제를 주입할 수 있다.
가압식 주사제	• 수간에 직경 4~4.5mm의 구멍을 뚫는다. • 5~10mL 용량의 고농도 영양제를 압력식 주입통이나 주입기를 이용하여 꽂아 강제적으로 주입하는 방식이다. • 빠른 주입이 가능하나 DBH 10cm 이하이거나 지하고가 낮은 수목은 비해의 위험성이 있으므로 삼간다.
수간 삽입제	• 직경 6~10mm, 깊이 3~3.5cm 수간에 구멍을 뚫는다. • 고형의 수용성 비료를 캡슐에 넣어 삽입하는 방식이다. • 약해가 적고 약효가 안정적이다.

② 주사 천공의 위치

㉠ 수간주사

- 가장 일반적인 나무 주사 방법이다.
- 고른 약제 분산과 작업 효율을 위해 지제부(땅가 부위)로부터 약 15cm 높이에 위치하도록 천공한다.

㉡ 뿌리주사

- 뿌리가 노출되어 있다면 비교적 직경이 큰 뿌리목에 가까운 곳을 택하여 구멍을 뚫는 것이 가장 좋다.
- 구멍으로 인한 상처가 빨리 아물고 약액이 수관에 고루 퍼지는 확률이 높다.
- 구멍을 막더라도 부후균 침입이 쉽고 빗물에 잠겨 부패하는 등 부작용이 있을 수 있다.
- 수간주사가 용이하지 않거나 천공 구멍이 작은 주입 방식을 쓸 때 사용한다.

③ 수간주사제의 비해

㉠ 수목의 규격이 너무 작거나 약액을 꽂은 위치가 너무 높은 경우 또는 지하고가 낮은 경우에 약액이 가장 하단의 한 가지에 몰릴 수 있다.

㉡ 수종별로 충분히 시험되지 않은 수간주사제를 사용하면 잎의 가장자리가 타들어 가는 현상이 있을 수 있다.

출제예상문제

01 수목용 비료의 종류에서 단일 성분 비료의 종류 3가지를 쓰시오.

정답 질소질 비료, 인산질 비료, 칼륨질 비료

02 칼륨질 비료 중에서 칼륨이 60% 함유된 것을 쓰시오.

정답 염화칼륨

03 비료의 3요소인 질소, 인산, 칼륨 중 2가지 이상의 성분을 함유한 비료를 쓰시오.

정답 복합비료

04 복합비료의 종류 2가지 이상을 쓰시오.

정답 산림용 고형 복합비료, 수목용 UF 완효성 복합비료, 가로수용 막대형 비료

05 다음에서 설명하는 비료와 설명을 설명을 바르게 연결하시오.

㉠ 산림용 고형 복합비료 ㉡ 수목용 UF 완효성 복합비료	ⓐ 속효성 비료보다 용출 기간이 길어 비료 성분이 서서히 녹아 나와 밑거름으로 한 번만 사용하여도 되는 비료 ⓑ 1977년도에 개발된 비료로 개당 무게는 약 15g이고 복숭아씨 형태의 4cm 내외 크기인 비료

정답 ㉠-ⓑ, ㉡-ⓐ

06 일반 수목에 복합비료 시비 시 대교목류(수고 4.0m 이상)의 1회 시비량은 몇 kg인지 쓰시오.

정답 10kg

07 일반 수목에 복합비료 시비 시 활착된 뿌리가 다치지 않도록 주의하여 파고 시비하는 형태를 쓰시오.

정답 환상 방사형

08 가로수에 고형비료 시비 시 수고 4m 미만의 가로수에 시비량은 몇 개인지 쓰시오.

정답 6개

09 도랑시비법 시행에서 도랑을 파는 방법에 따른 시비법을 2가지 이상 쓰시오.

정답 방사상 시비, 윤상 시비, 전면 시비, 점상 시비, 선상 시비

10 산울타리로 식재된 관목에서 나무의 수관선 안쪽에 15cm 깊이로 주입기를 집어넣어 1개 구멍에 0.5~4L씩 액체 비료를 토양 주입기를 이용하여 주입하고 나무 전체를 돌아가며 시비하는 시비법을 쓰시오.

정답 선상 시비

11 양분의 방출이 지속적이고 유기물을 공급하여 조경용으로 적합하며 질소, 인산, 칼륨 성분을 일정량 이상 보증하는 비료를 쓰시오.

정답 유기질비료

12 농 · 림 · 축 · 수산업 및 제조 · 판매업 과정에서 발생하는 부산물, 인분뇨 또는 음식쓰레기를 원료로 하여 부숙과정을 통하여 제조한 비료이며 질소, 인산, 칼륨 성분과 관계없는 비료를 쓰시오.

정답 부숙 유기질비료

13 유기질비료의 효과를 2가지 이상 쓰시오.

정답 양분 공급, 토양개량 효과, 물리성 개선, 보수 · 보비력 향상

14 토양 내 시비법에서 시비용 구덩이의 깊이는 몇 cm로 해야 하는지 쓰시오.

정답 25~30cm

15 다음에서 설명하는 비료의 시비법과 설명을 바르게 연결하시오.

㉠ 토양 내 시비법 ㉡ 표토시비법 ㉢ 엽면시비법	ⓐ 주로 미량원소의 부족 시 그 효과가 특히 빠르게 나타나며, 쾌청한 날씨를 택하는 것이 좋다. ⓑ 작업 방법이 비교적 신속한 점은 좋으나, 비료의 유실량이 많아서 질소 시비의 경우는 이 방법이 좋으나 인(P), 칼륨(K) 등은 좋지 않다. ⓒ 유기질비료의 시비 목적으로 땅을 갈거나 구덩이를 파서 비료 성분이 직접 토양 내부로 유입될 수 있도록 하는 방법이며 비교적 용해하기가 어려운 비료를 시비하는 데 효과적이다.

정답 ㉠-ⓒ, ㉡-ⓑ, ㉢-ⓐ

16 엽면시비를 할 때 대체로 물 100L당 비료를 몇 mL를 넣어 희석해야 하는지 쓰시오.

정답 60~120mL

17 다음에서 설명하는 미량원소를 쓰시오.

1) 결핍 시 주로 어린잎에 피해가 먼저 발생하고, 심하면 황화현상이 발생하고 잎이 작아지면서 기행이 되기도 한다. 2) 결핍 시 활엽수는 잎이 황백화되며 심할 경우에는 엽맥의 녹색도 연녹색으로 변하고, 침엽수는 주로 잎의 백화현상과 생장저하현상이 발생하게 된다. 3) 결핍 시 활엽수는 경미한 경우 뚜렷한 특징이 없다가 심해지면 잎에 황화현상이 발생하고, 침엽수는 잎의 크기가 작고 황색으로 변하며 암갈색으로 괴사하기도 한다.

정답 1) 붕소(B)
2) 철(F)
3) 아연(Zn)

18 엽면시비에서 살포는 아침 또는 저녁, 바람이 없는 날씨가 좋은 날이며 효과적이다. 살포 시의 최적 온도는 몇 ℃인지 쓰시오.

정답 15~26℃

19 엽면시비에서 당일 중복 살포는 피하고, 5일 간격으로 몇 회 살포하여야 효과를 볼 수 있는지 쓰시오.

정답 5~6회

20 다음에서 설명하는 시비법을 쓰시오.

> 1) 토양시비 또는 엽면시비 등의 방법이 다소 곤란하거나 그 효과가 비교적 낮을 때 사용하는 방법이지만 인력과 시간이 많이 소요되기 때문에 특수한 경우에 적용한다.
> 2) 수간주사 방법 중 포도당 주사액에 수용성 미량 요소를 섞어 사용하는 방식으로, 약해가 적고 효과가 안정적인 수간주사 방법이다.

정답 1) 영양제 수간주사
2) 링거식 수액주사

21 수간주사 방법의 종류를 2가지 이상 쓰시오.

정답 링거식 수액주사, 유입식 주사제, 가압식 주사제, 수간 삽입제

22 수간주사 방법에서 나무의 크기에 따라 사용 개수를 결정할 때 흉고 둘레가 61~90cm일 때의 주입기의 수를 쓰시오.

정답 3개

23 다음은 수간주사의 주입공에 대한 설명이다. ( ) 안에 알맞은 숫자를 쓰시오.

> 수간주사의 주입공 위치 결정에서 나무의 수직 방향으로부터 약 (①)°, 지제부(땅가 부위)로부터 (②)cm의 높이에 위치하여야 한다.

정답 ① 30~45, ② 15

24 수간주사의 주입공 위치 결정에서 침엽수일 때 목질부 속으로 들어가는 경사 깊이는 몇 cm인지 쓰시오.

정답 약 5cm

25 수간주사의 주입기별 주사하기에서 링거 주사 시 링거병의 높이는 지면에서 몇 m인지 쓰시오.

정답 2m

얼마나 많은 사람들이
책 한 권을 읽음으로써
인생에 새로운 전기를 맞이했던가.

헨리 데이비드 소로

PART 3

기출복원문제

※ 기출복원문제는 수험자의 기억에 의해 문제를 복원하였습니다. 일부 회차만 복원되었거나 실제 시행문제와 상이할 수 있음을 알려드립니다.

조경기사·산업기사 실기 한권으로 끝내기

01 적산 기출복원문제

시행년도	2016년 1회	자격종목	조경기사	시험시간	2시간

01 기존형 벽돌을 사용하여 가로×세로(4×1m)의 벽돌담을 2.5B쌓기로 하려 한다. 다음 사항을 참고로 하여 표를 완성하시오(단, 모든 계산과정은 반올림 없이 계산하고, 최종 결과값은 소수점 이하 셋째자리에서 반올림한 값을 답으로 한다. 또한 벽돌의 매수와 금액 등 최종 결과값에서 소수점 이하는 버린다. 사용하는 모르타르의 배합비는 1 : 3이며, 시멘트와 모래의 양은 모르타르의 양을 기준으로 계산하고, 기존형 벽돌의 할증률은 3%를 고려한다).

• 벽돌쌓기 기준량 (매/m^2)

규격 \ 벽 두께	0.5B	1.0B	1.5B	2.0B	2.5B
190×90×57(표준형)	75	149	224	298	373
210×100×60(기존형)	65	130	195	260	325

• 기존형 벽돌쌓기 (1,000매당)

벽 두께 \ 구분	모르타르(m^3)	시멘트(kg)	모래(m^3)	조적공(인)	보통인부(인)
0.5B	0.30	153	0.33	2.0	1.0
1.0B	0.37	188.7	0.407	1.8	0.9
1.5B	0.40	204	0.44	1.6	0.8
2.0B	0.42	214.2	0.462	1.4	0.7
2.5B	0.44	224.4	0.484	1.2	0.6
3.0B	0.45	229.5	0.495	1.0	0.5

• 단가표 (원)

벽돌(매)	시멘트(kg)	모래(m^3)	조적공(인)	보통인부(인)
200	100	8,000	100,000	80,000

• 모르타르 (m^3당)

배합적용비	시멘트(kg)	모래(m^3)	보통인부(인)
1 : 2	680	0.98	1.0
1 : 3	510	1.10	1.0

• 조적공사비 내역서

구분	단위	수량	재료비(원)		노무비(원)		산출근거
			단가	금액	단가	금액	
벽돌					–	–	
모르타르			–	–	–	–	
시멘트					–	–	
모래					–	–	
조적공			–	–			
보통인부			–	–			
계	–	–	–				–
총공사비							

정답 조적공사비 내역서

구분	단위	수량	재료비(원)		노무비(원)		산출근거
			단가	금액	단가	금액	
벽돌	매	1,339	200	267,800	–	–	4 × 325 × 1.03
모르타르	m^3	0.57	–	–	–	–	[(4 × 325)/1,000] × 0.44
시멘트	kg	290.7	100	29,070	–	–	0.57 × 510
모래	m^3	0.63	8,000	5,040	–	–	0.57 × 1.1
조적공	인	1.56	–	–	100,000	156,000	(1,300/1,000) × 1.2
보통인부	인	1.35	–	–	80,000	108,000	(1,300/1,000) × 0.6 + 0.57 × 1.0
계	–	–	–	301,910		264,000	–
총공사비	565,910						301,910 + 264,000

02 다음 내용을 히스토그램 작성 순서에 알맞게 나열하시오.

① 최대치와 최소치를 구하고, 범위를 결정한다.
② 도수분포도를 작성한다.
③ 데이터를 수집한다.
④ 히스토그램을 작성한다.
⑤ 구간폭을 결정한다(Data의 1/2).
⑥ 히스토그램과 규격값을 대조한 후 안정성을 검토한다.

정답 ③ → ① → ⑤ → ② → ④ → ⑥

03 다음 주어진 횡선식 공정표(Bar Chart)를 네트워크(Net Work) 공정표로 작성하시오(단, 주공정선은 굵은선으로 표시한다. 화살형 네트워크로 하며 각 결합점에서의 계산은 다음과 같이 한다).

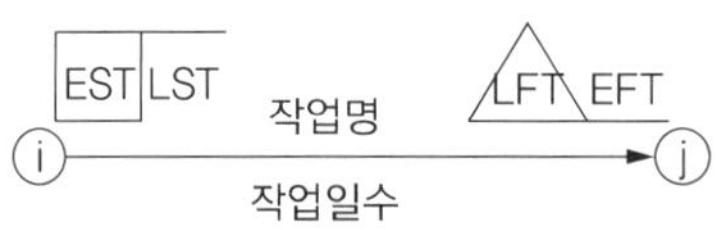

[결합점 표기법]

횡선식 공정표(Bar Chart)

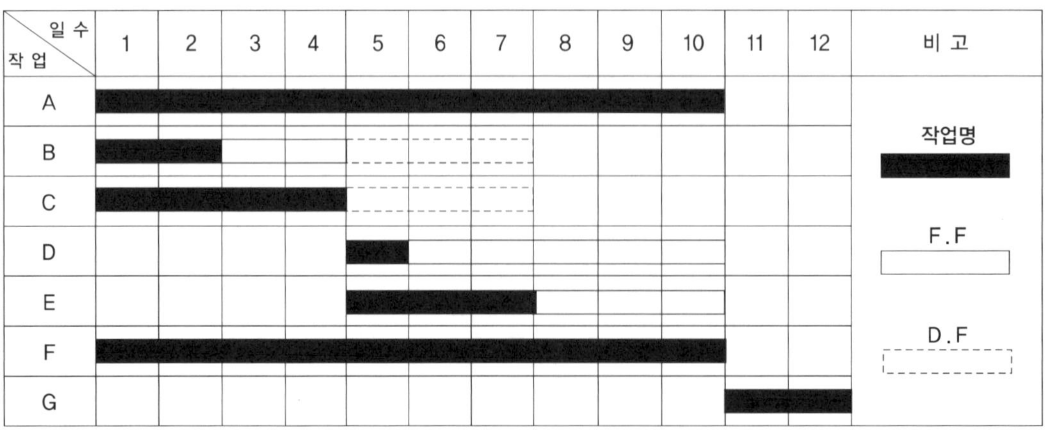

정답 선행작업과 소요일수 파악

작업	선행작업	소요일수
A	없음	10
B	없음	2
C	없음	4
D	B, C	1
E	B, C	3
F	없음	10
G	A, D, E, F	2

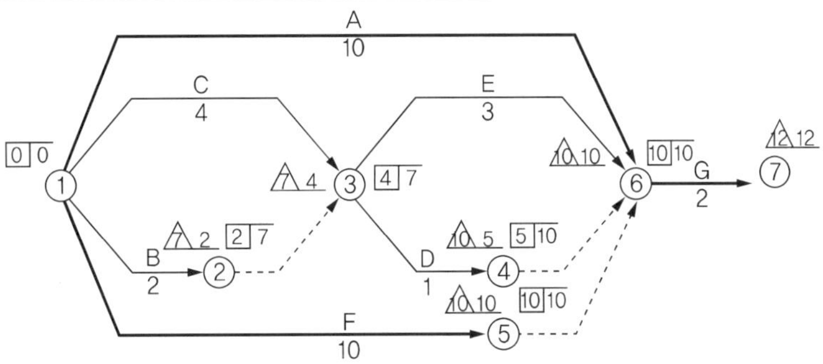

04 다음의 수준측량도를 보고, 야장에 기입하시오.

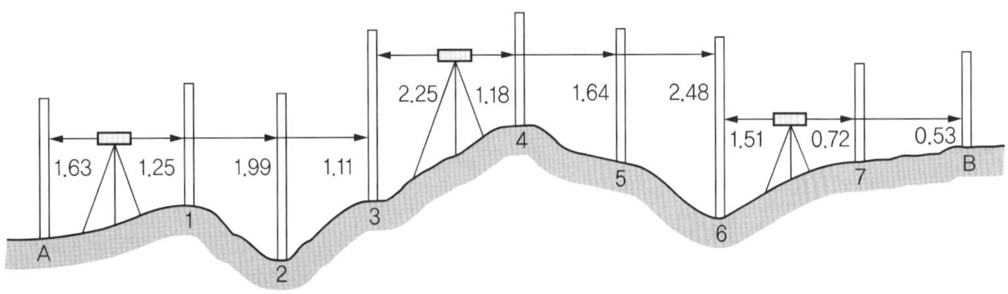

측점	B.S	I.H	F.S		G.H	비고
			T.P	I.P		
A						B.M.H 200m
1						
2						
3						
4						
5						
6						
7						
B						
계						
검산						

정답

측점	B.S	I.H	F.S		G.H	비고
			T.P	I.P		
A	1.63	201.63	–	–	200	B.M.H 200m
1	–	–	–	1.25	200.38	
2	–	–	–	1.99	199.64	
3	2.25	202.77	1.11	–	200.52	
4	–	–	–	1.18	201.59	
5	–	–	–	1.64	201.13	
6	1.51	201.80	2.48	–	200.29	
7	–	–	–	0.72	201.08	
R	–	–	0.53	–	201.27	
계	5.39	–	4.12	–	–	
검산	5.39 − 4.12 = 1.27			–	201.27 − 200 = 1.27	

해설 ① B.M.H : 수준고(Bench Mark Height)

② 그림을 보고 B.S, T.P, I.P를 기입한다.

③ 측점 지반고(G.H) = 기준점 지반고(G.H) + $\sum$후시(B.S) − $\sum$전시(F.S), (T.P)

- 측점 A 지반고 = B.M.H 200 = 200m
- 측점 1 지반고 = 200 + 1.63 − 1.25 = 200.38m
- 측점 2 지반고 = 200 + 1.63 − 1.99 = 199.64m
- 측점 3 지반고 = 200 + 1.63 − 1.11 = 200.52m
- 측점 4 지반고 = 200 + 1.63 + 2.25 − 1.11 − 1.18 = 201.59m
- 측점 5 지반고 = 200 + 1.63 + 2.25 − 1.11 − 1.64 = 201.13m
- 측점 6 지반고 = 200 + 1.63 + 2.25 − 1.11 − 2.48 = 200.29m
- 측점 7 지반고 = 200 + 1.63 + 2.25 − 1.51 − 1.11 − 2.48 − 0.72 = 201.08m
- 측점 B 지반고 = 200 + 1.63 + 2.25 + 1.51 − 1.11 − 2.48 − 0.53 = 201.27m

④ 측점기계고(I.H) = 측점 지반고(G.H) + 후시(B.S)

- 측점 A 기계고 = 200 + 1.63 = 201.63m
- 측점 3 기계고 = 200.52 + 2.25 = 202.77m
- 측점 6 기계고 = 200.29 + 1.51 = 201.80m

05 **지하의 구조물에 영향을 주지 않도록 중간에 차수(遮水)시설을 한 후 그 위에 다음과 같은 조건으로 식재지반을 조성하려고 한다. 다음의 조건을 보고 단면도를 비례감 있게 표현하시오.**

1) 재료의 단면구조
   - 혼합객토층(밭 흙 60%, 부숙톱밥 20%, 펄라이트 10%, 질석 10%) 90cm
   - 폴리벨트(토목섬유, 여과층) THK 7mm
   - 자갈층 깊이 30cm
   - 유공 PVC관(ϕ200)
   - 차수용 폴리피렌매트 THK 2mm

2) 위의 재료를 참고하여 순서에 맞게 단면도를 작성한다.

3) 유공관을 향하여 좌우의 지반에 6%의 물매를 둔다.

4) 치수를 위한 폴리피렌매트는 지형의 굴곡에 맞추어 시공한다.

정답

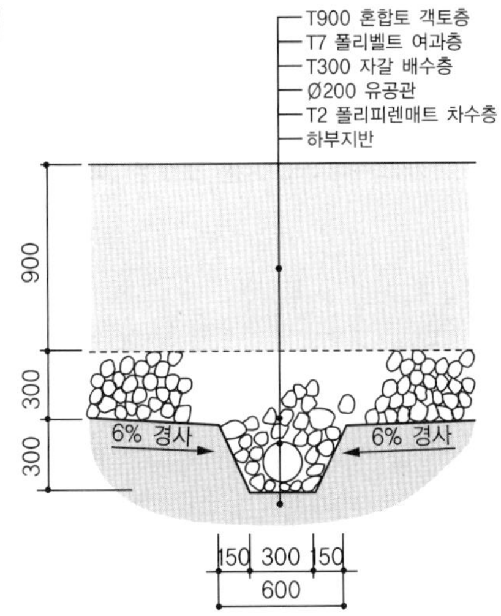

유공관 암거 단면상세도

06 자연상태에서 작업하는 백호와 덤프트럭의 조합토공에서 현장의 조건이 다음과 같다. 물음에 답하시오(단, 소수 셋째자리 이하는 버리시오).

• 토량변화율 : $L = 1.25$, $C = 0.85$	• 백호의 버킷용량 : $0.7m^3$
• 백호의 1회 사이클시간 : 19초	• 백호의 작업효율 : 0.9
• 백호의 버킷계수 : 1.1	• 덤프트럭의 1회 적재량 : $6m^3$
• 트럭의 작업효율 : 0.7	• 덤프트럭의 1회 사이클시간 : 60분

1) 백호의 시간당 작업량을 구하시오.
2) 덤프트럭의 시간당 작업량을 구하시오.
3) 백호 1대당 필요한 덤프트럭의 소요대수를 구하시오.

정답 1) 백호의 시간당 작업량 : $105.04m^3/hr$
2) 덤프트럭의 시간당 작업량 : $3.36m^3/hr$
3) 백호 1대당 덤프트럭 소요대수 : 32대

해설

1) 백호의 시간당 작업량(Q) $= \dfrac{3,600 \times 0.7 \times 1.1 \times \dfrac{1}{1.25} \times 0.9}{19} = 105.04m^3/hr$

2) 덤프트럭의 시간당 작업량(Q) $= \dfrac{60 \times 6 \times \dfrac{1}{1.25} \times 0.7}{60} = 3.36m^3/hr$

3) 백호 1대당 덤프트럭의 소요대수(N) $= \dfrac{105.04}{3.36} = 31.26$ → 32대

시행년도	2016년 1회	자격종목	조경산업기사	시험시간	1시간 30분

01 다음 도면을 참고하여 절토량을 구하시오(단, 계획고는 85m, 1개의 격자넓이는 8m^{2}일 때, 각 지점의 표고를 고려하여 계산하시오).

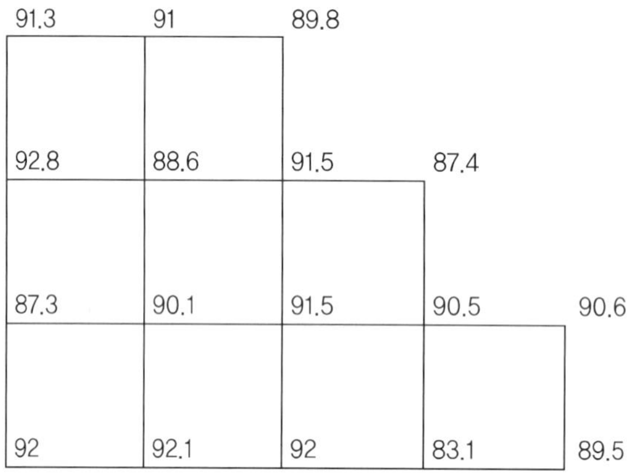

사각분할(평면도)

정답 절토량 : 368.0m^3

해설
- $\sum h_1 = 6.3 + 4.8 + 2.4 + 5.6 + 7.0 + 4.5 = 30.6\text{m}$
- $\sum h_2 = 6 + 7.8 + 2.3 + 7.1 + 7.0 - 1.9 = 28.3\text{m}$
- $\sum h_3 = 6.5 + 5.5 = 12.0\text{m}$
- $\sum h_4 = 3.6 + 5.1 + 6.5 = 15.2\text{m}$

$$\therefore\ V = \frac{A}{4}\left(\sum h_1 + 2\sum h_2 + 3\sum h_3 + 4\sum h_4\right)$$

$$= \frac{8}{4} \times (30.6 + 2 \times 28.3 + 3 \times 12.0 + 4 \times 15.2) = 368.0\text{m}^3$$

02 다음의 데이터로 네트워크 공정표를 작성하시오.

작업명	작업일수	선행작업
A	5	없음
B	6	없음
C	5	A
D	2	A, B
E	3	A
F	4	C, E
G	2	D
H	3	F, G

• CP는 굵은선으로 표시한다.
• 각 결합점에서는 다음과 같이 표시한다.

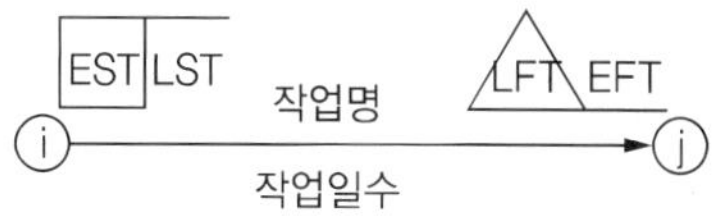

결합점 표기법

정답

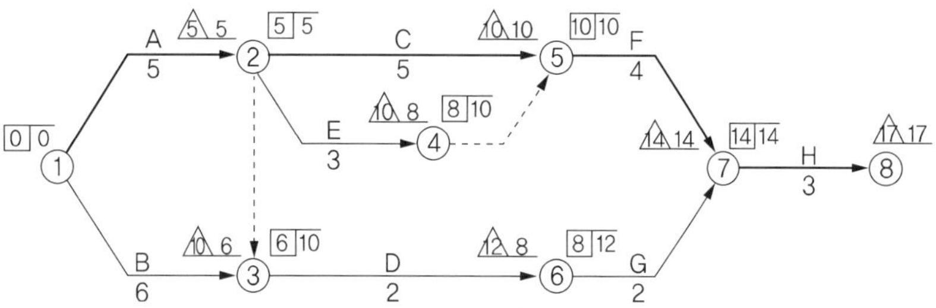

03 셔블과 덤프트럭의 조합토공에서 현장의 조건이 다음과 같다. 물음에 답하시오.

• 토량변화율 : L = 1
• 셔블의 버킷계수 : 1.1
• 셔블의 버킷용량 : 1.34m^3
• 덤프트럭의 1회 적재량 : 6m^3
• 셔블의 1회 사이클시간 : 19초
• 셔블의 작업효율 : 0.75
• 덤프트럭의 작업효율 : 0.9
• 덤프트럭 1회 사이클시간 : 37분

1) 셔블의 시간당 작업량을 구하시오.
2) 셔블 1대당 덤프트럭의 소요대수를 구하시오.

정답 1) 셔블의 시간당 작업량 : 209.46m^3/hr
2) 셔블 1대당 덤프트럭의 소요대수 : 24대

해설

1) 셔블의 시간당 작업량$(Q) = \frac{3,600 \times 1.34 \times 1.1 \times 1 \times 0.75}{19} = 209.46m^3/hr$

2) 셔블 1대당 덤프트럭의 소요대수

• 덤프트럭의 시간당 작업량$(Q) = \frac{60 \times 6 \times 1 \times 0.9}{37} = 8.76m^3/hr$

• 소요대수$(N) = \frac{209.46}{8.76} = 23.91 \rightarrow$ 24대

04 도로를 만들기 위한 자연상태 토량 50,000m³가 있다. 성토되어질 도로의 사다리꼴 단면적은 윗변 길이가 6m이고, 높이는 4m, 구배는 1 : 1.5이다. 다음 물음에 답하시오(단, $L=1.2$, $C=0.9$, 15ton 덤프트럭 사용, 흙의 단위중량 1.6ton/m³).

1) 흐트러진 상태의 토량은 얼마인가?
2) 덤프트럭으로 운반할 경우 차량대수는 얼마인가?
3) 도로의 사다리꼴 단면적은 얼마인가?
4) 다져졌을 때 도로의 길이를 몇 m로 만들 수 있는가?

정답 1) 흐트러진 상태의 토량 : 60,000m³
2) 덤프트럭으로 운반할 경우 차량대수 : 5,334대
3) 도로의 사다리꼴 단면적 : 48m²
4) 다져졌을 때 도로의 길이 : 937.5m

해설 1) 흐트러진 상태의 토량(V) = 50,000 × 1.2 = 60,000m³
2) 덤프트럭으로 운반할 경우 차량대수
- 덤프트럭의 1회 적재량(q) $= \dfrac{15}{1.6} \times 1.2 = 11.25\text{m}^3$
- 차량대수(N) $= \dfrac{60,000}{11.25} = 5,333.33 \rightarrow$ 5,334대

3) 도로의 사다리꼴 단면적(A) $= \dfrac{a+b}{2} \times h = \dfrac{6+(6+6+6)}{2} \times 4 = 48\text{m}^2$

4) 다져졌을 때 도로의 길이(L) $= \dfrac{V}{A} = \dfrac{50,000 \times 0.9}{48} = 937.5\text{m}$

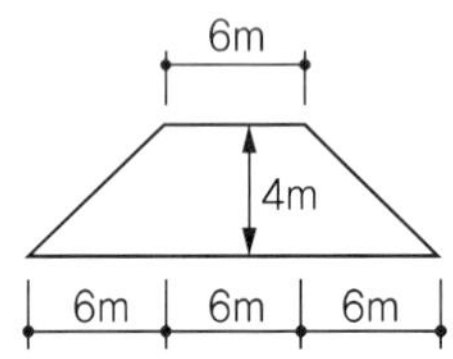

사다리꼴 도로 단면치수

05 표준형 벽돌을 사용하여 80m²의 면적에 1.5B쌓기를 하려 한다. 다음 사항을 참고로 하여 표를 완성하시오(단, 모든 계산과정은 반올림 없이 계산하고, 최종 결과값에서 소수점 이하 셋째자리에서 반올림하여 소수점 둘째자리까지만 답한다. 또한 벽돌의 매수와 금액은 최종 결과값에서 소수점 이하는 버린다. 사용하는 모르타르의 배합비는 1 : 3이며, 시멘트와 모래의 양은 모르타르의 양을 기준으로 계산하고, 표준형 벽돌의 할증률은 3%를 고려한다).

• 벽돌쌓기 기준량 (매/m²)

벽 두께 / 규격	0.5B	1.0B	1.5B	2.0B	2.5B
190 × 90 × 57(표준형)	75	149	224	298	373
210 × 100 × 60(기존형)	65	130	195	260	325

• 표준형 벽돌쌓기 (1,000매당)

구분 / 벽 두께	모르타르(m³)	시멘트(kg)	모래(m³)	조적공(인)	보통인부(인)
0.5B	0.25	127.5	0.257	1.8	1.0
1.0B	0.33	168.3	0.363	1.6	0.9
1.5B	0.35	178.5	0.385	1.4	0.8
2.0B	0.36	183.6	0.396	1.2	0.7

• 단가표

벽돌	시멘트	모래	조적공	보통인부
매	kg	m^3	인	인
200	80	7,000	58,000	34,000

• 모르타르

배합적용비	시멘트(kg)	모래(m^3)	보통인부(인)
1 : 2	680	0.98	1.0
1 : 3	510	1.10	1.0

• 재료비 & 노무비 산정표 (단위 : 원)

구분	단위	수량	재료비(원)		노무비(원)		산출근거
			단가	금액	단가	금액	
벽돌					–	–	
모르타르			–	–	–	–	
시멘트					–	–	
모래					–	–	
조적공			–	–			
보통인부			–	–			
계	–	–	–		–		–
총공사비							

정답 재료비 & 노무비 산정표 (단위 : 원)

구분	단위	수량	재료비(원)		노무비(원)		산출근거
			단가	금액	단가	금액	
벽돌	매	18,457	200	3,691,400	–	–	80 × 224 × 1.03
모르타르	m^3	6.27	–	–	–	–	[(80 × 224) / 1,000] × 0.35
시멘트	kg	3,197.70	80	255,816	–	–	6.27 × 510
모래	m^3	6.90	7,000	48,300	–	–	6.27 × 1.1
조적공	인	25.09	–	–	58,000	1,455,220	(17,920 / 1,000) × 1.4
보통인부	인	20.61	–	–	34,000	700,740	(17,920 / 1,000) × 0.8 + 6.27 × 1.0
계	–	–	–	3,995,516	–	2,155,960	–
총공사비	6,151,476원						3,995,516 + 2,155,960

06 다음 기초공사에 소요되는 1) 터파기량(m^3), 2) 콘크리트량(m^3), 3) 잡석다짐량(m^3), 4) 되메우기량(m^3), 5) 잔토처리량(m^3)을 산출하시오(단, 토량환산 계수는 $C = 0.9$, $L = 1.2$이고, 기초터파기 경사는 1 : 0.3으로 하며, 여유폭은 잡석면의 좌우 각각 10cm로 한다).

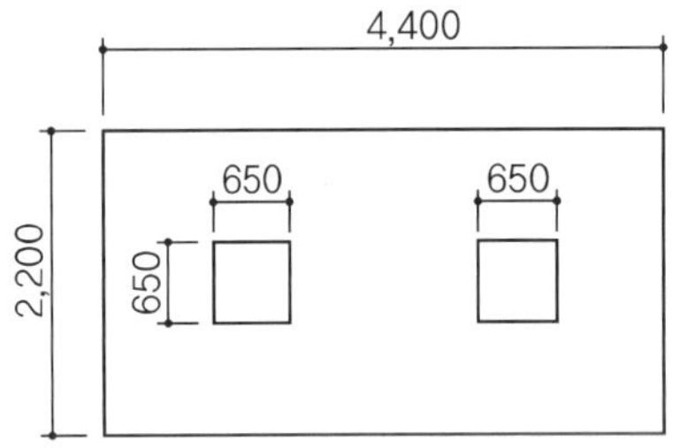

기초공사(평면도)

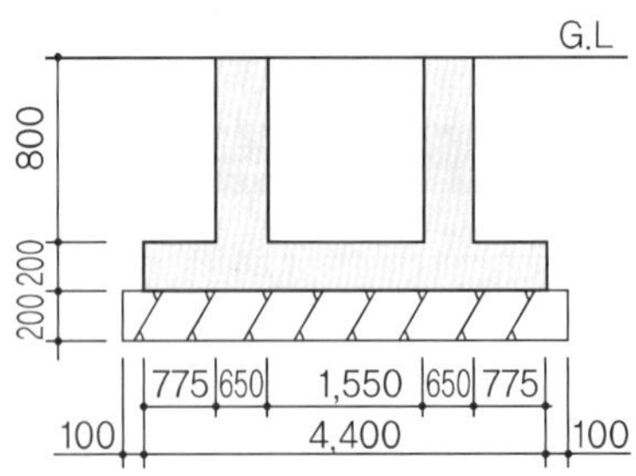

기초공사(단면도)

정답 1) 터파기량 : 18.38m^3

2) 콘크리트량 : 2.61m^3

3) 잡석량 : 2.21m^3

4) 되메우기량 : 13.56m^3

5) 잔토처리량 : 5.78m^3

해설 1) 터파기량

- 터파기 윗변길이 장변과 단변
  - 장변 : $4.8 + 2 \times 1.2 \times 0.3 = 5.52$m
  - 단변 : $2.6 + 2 \times 1.2 \times 0.3 = 3.32$m
- 터파기량 $= \dfrac{h}{6}[(2a + a')b + (2a' + a)b']$

$= \dfrac{1.2}{6}[(2 + 3.32 + 2.6) \times 5.52 + (2 \times 2.6 + 3.32) \times 4.8]$

$= 18.38m^3$

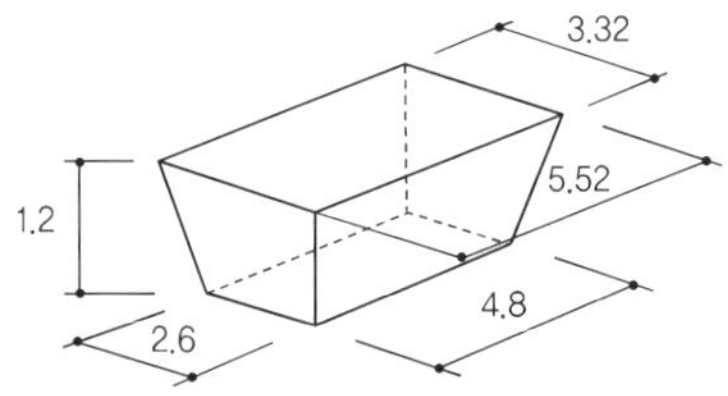

기초공사(입체도)

2) 콘크리트량 $= 4.4 \times 2.2 \times 0.2 + 0.65 \times 0.65 \times 0.8 \times 2 = 2.61m^3$

3) 잡석량 $= 4.6 \times 2.4 \times 0.2 = 2.21m^3$

4) 되메우기량 = 터파기량 − 지중구조부 체적 $= 18.38 - (2.61 + 2.21) = 13.56m^3$

5) 잔토처리량 = (터파기량 − 되메우기량)$\times L = (18.38 - 13.56) \times 1.2 = 5.78m^3$

07 잔디나 초본류, 소관목, 대관목, 천근성 교목, 심근성 교목의 생존최소 토심과 생육최소 토심을 그림의 빈칸에 기록하시오(단위 : cm).

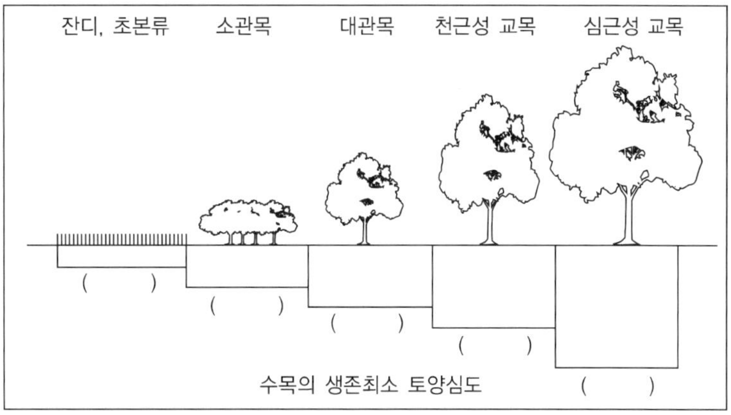

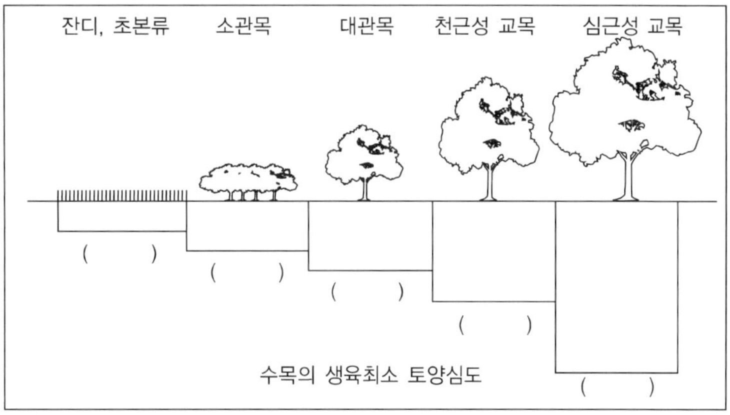

정답

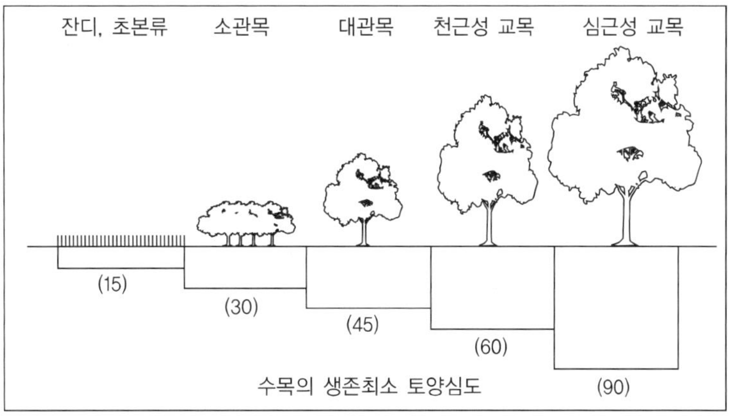

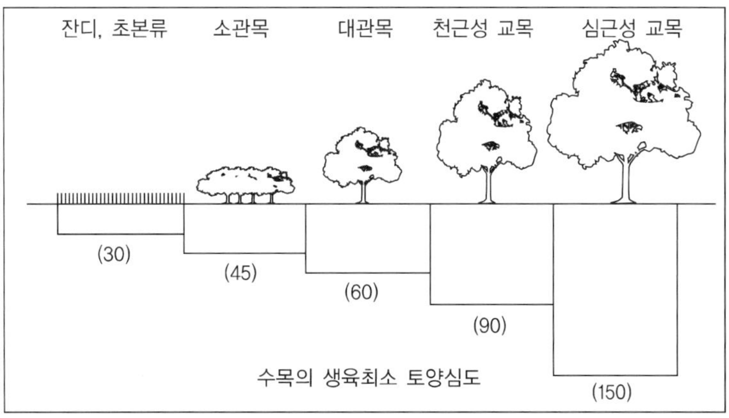

시행년도	2017년 1회	자격종목	조경기사	시험시간	1시간 30분

01 다음 데이터를 네트워크 공정표로 작성하고, 각 작업의 여유시간을 구하시오.

1) 공정표 작성

작업명	작업일수	선행작업
A	5	없음
B	3	없음
C	2	없음
D	2	A, B
E	5	A, B, C
F	4	A, C

• 결합점에서는 다음과 같이 표시한다.

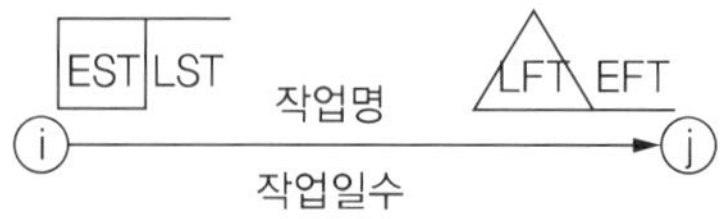

• 주공정선은 굵은 선으로 표시하시오.

2) 여유시간 산정

작업명	TF	FF	DF	CP
A				
B				
C				
D				
E				
F				

정답 1) 공정표 작성

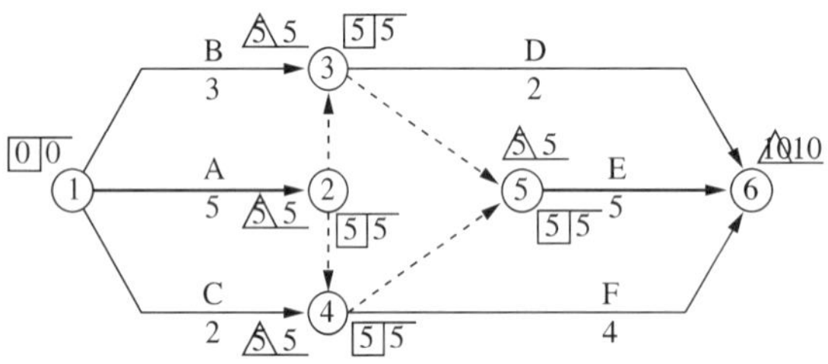

2) 여유시간 산정

작업명	TF	FF	DF	CP
A	0	0	0	*
B	2	2	0	
C	3	3	0	
D	3	3	0	
E	0	0	0	*
F	1	1	0	

02 다음의 단면도와 같은 도로를 조성하려 한다. 다음의 지형도에 기존 등고선을 조작하시오.

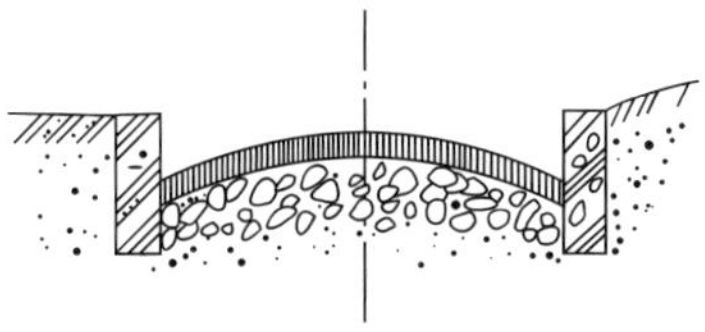

단면도

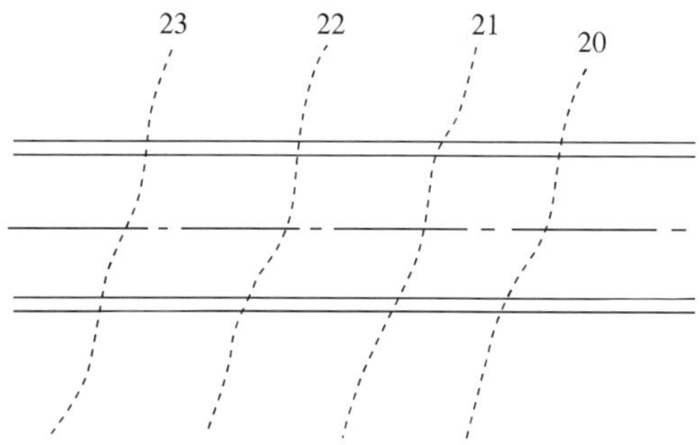

지형도

정답

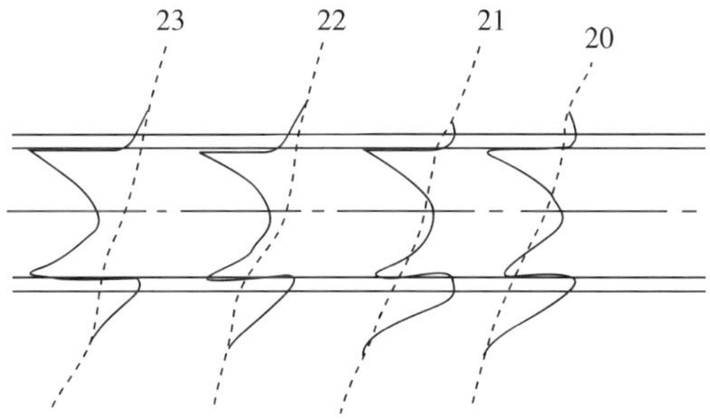

해설 ① 도로의 노면은 부드러운 곡면으로 해야 한다.
② 도로 양측면은 사고예방을 위하여 턱을 두어야 한다.
③ 기존의 등고선의 간격은 조작할 수 없다.

03 다음의 공사원가계산서의 빈칸에 비고의 내용을 참조하여 작성하시오(단, 총공사비는 1,000원 이하는 버리고 기타는 원단위 미만을 버리시오).

공사원가계산서

구분		식재	시설물	비고
순공사비	직접재료비	4,560,000	1,234,000	–
	간접재료비	789,000	963,000	–
	소계			–
	직접노무비	2,323,000	889,000	–
	간접노무비			직접노무비의 15%
	소계			–
	산재보험료			노무비의 4%
	안전관리비			(재료비 + 직접노무비) × 2.5%
	기타경비			(재료비 + 노무비) × 5%
계				–
일반관리비				순공사비의 6%
계				–
이윤				(계 – 재료비) × 15%
총공사비				–

정답 공사원가계산서

구분		식재	시설물	비고
순공사비	직접재료비	4,560,000	1,234,000	–
	간접재료비	789,000	963,000	–
	소계	5,349,000	2,197,000	–
	직접노무비	2,323,000	889,000	–
	간접노무비	348,450	133,350	직접노무비의 15%
	소계	2,671,450	1,022,350	–
	산재보험료	106,858	40,894	노무비의 4%
	안전관리비	191,800	77,150	(재료비 + 직접노무비) × 2.5%
	기타경비	401,022	160,967	(재료비 + 노무비) × 5%
계		8,720,130	3,408,361	–
일반관리비			733,109	순공사비의 6%
계			12,951,600	–
이윤			810,840	(계 – 재료비) × 15%
총공사비			13,762,000	–

해설 ① 재료비 = 직접재료비 + 간접재료비

② 간접노무비 = 직접노무비의 15%
- 식재 : 2,323,000 × 0.15 = 348,450원
- 시설물 : 889,000 × 0.15 = 133,350원

③ 노무비 = 직접노무비 + 간접노무비

④ 산재보험료 = 노무비의 4%
- 식재 : 2,671,450 × 0.04 = 106,858원
- 시설물 : 1,022,350 × 0.04 = 40,894원

⑤ 안전관리비 = (재료비 + 직접노무비) × 2.5%
- 식재 : (5,349,000 + 2,323,000) × 0.025 = 191,800원
- 시설물 : (2,197,000 + 889,000) × 0.025 = 77,150원

⑥ 기타경비 = (재료비 + 노무비) × 5%
- 식재 : (5,349,000 + 2,671,450) × 0.05 = 401,022.5원
- 시설물 : (2,197,000 + 1,022,350) × 0.05 = 160,967원

⑦ 순공사비 = 재료비 + 노무비 + 산재보험료 + 안전관리비 + 기타경비
- 식재 : 5,349,000 + 2,671,450 + 106,858 + 191,800 + 401,022 = 8,720,130원
- 시설물 : 2,197,000 + 1,022,350 + 40,894 + 77,150 + 160,967 = 3,498,361원

⑧ 일반관리비 = 순공사비의 6% = (8,720,130 + 3,498,361) × 0.06 = 733,109원

⑨ 계 = 식재순공사비 + 시설물순공사비 + 일반관리비 = 8,720,130 + 3,498,361 + 733,109 = 12,951,600원

⑩ 이윤 = (계 – 재료비) × 15% = (12,951,600 – (5,349,000 + 2,197,000)) × 0.15 = 810,840원

⑪ 총공사비 = 계 + 이윤 = 12,951,600 + 810,840 = 13,762,440원 ∴ 13,762,000원

04 도로옆 경사면 2,000m^{2}에 잔디를 1/2 줄떼 붙이기로 식재하려고 한다. 리어카를 이용하여 운반 시 다음 물음에 답하시오(단, 소수 셋째자리 이하는 버리고, 금액은 원단위 이하 버리시오).

떼 운반

종류 \ 종별	줄떼 적재량(매)	평떼 적재량(매)	싣고 부리는 시간(분)	싣고 부리는 인부(인)
지게	30	10	2	1
리어카	150	50	5	2
우마차	480	160	13	2

- 운반거리 : 200m
- 떼 식재인부수 : 6.0인/100m^2
- 식재는 보통인부가 한다.
- 1m^2 소요잔디 : 평떼 11매
- 리어카인부 노임 : 120,000원
- 왕복평균속도 : 2,000m/hr
- 경사구간 : 50m(a = 1.20)
- 보통인부 노임 : 80,000원
- 1일 실작업시간 : 400분

1) 리어카 1일 운반횟수는 몇 회인가?
2) 잔디를 모두 운반하려면 몇 회를 왕복하여야 하는가?
3) 잔디 운반노임은 모두 얼마인가?
4) 잔디를 식재하는 데 필요한 인부수는 얼마인가?
5) 잔디를 식재하는 데 드는 노임은 얼마인가?
6) 잔디 운반·식재에 드는 노임은 얼마인가?

정답 1) 리어카 1일 운반횟수 : 22.72회
2) 총왕복횟수 : 73.33회
3) 잔디 운반노임 : 774,612원
4) 잔디 식재인부수 : 120인
5) 잔디 식재노임 : 9,600,000원
6) 잔디 운반·식재노임 : 10,374,612원

해설 1) 리어카 1일 운반횟수
- 환산거리(L) = 평탄거리 + 경사거리 × 경사지 운반 환산계수(a) = 150 + 50 × 1.20 = 210m
- 운반횟수(N) $= \frac{VT}{120L + Vt} = \frac{2,000 \times 400}{120 \times 210 + 2,000 \times 5} = 22.72$회

2) 잔디 운반횟수
- 총운반량 = 총식재면적 × m^{2}당 매수(줄떼 심기 50% 소요) = 2,000 × 11 × 0.5 = 11,000매
- 운반횟수(n) $= \frac{\text{총운반량}}{\text{1회 적재량}} = \frac{11,000}{150} = 73.33$회

3) 잔디 운반노임 = 소요일수 × 노임 × 인부수 $= \frac{73.33}{22.72} \times 120,000 \times 2 = 774,612$원

4) 잔디 식재인부수 $= \frac{2,000}{100} \times 6.0 = 120$인

5) 잔디 식재노임 = 인부수 × 노임 = 120 × 80,000 = 9,600,000원

6) 잔디 운반·식재노임 = 774,612 + 9,600,000 = 10,374,612원

05 다음은 새로 건설할 도로의 단면도를 나타낸 것이다. 단면 A와 B의 단면적(m^2)을 각각 구하시오.

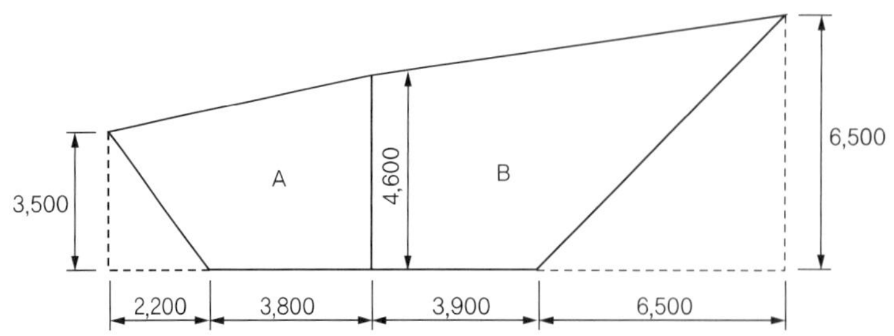

도로 단면도

정답
- 단면 A의 면적 = $20.450m^2$
- 단면 B의 면적 = $36.595m^2$

해설
- 단면 A의 면적 = $\left(\frac{3.5+4.6}{2}\times 6.0\right)-\left(\frac{3.5\times 2.2}{2}\right)=20.450m^2$
- 단면 B의 면적 = $\left(\frac{6.4+6.5}{2}\times 10.4\right)-\left(\frac{6.5\times 6.5}{2}\right)=36.595m^2$

06 지하의 구조물에 영향을 주지 않도록 중간에 차수(遮水)시설을 한 후 그 위에 다음과 같은 조건으로 식재지반을 조성하려고 한다. 조건을 보고 단면도를 비례감 있게 표현하시오.

1) 재료의 단면구조
   - 혼합객토층(밭 흙 60%, 부숙톱밥 20%, 펄라이트 10%, 질석 10%) 90cm
   - 폴리벨트(토목섬유, 여과층) THK 7mm
   - 자갈층 깊이 30cm
   - 유공 P.V.C관(ϕ200)
   - 차수용 폴리피렌매트 THK 2mm
2) 위의 재료를 참고하여 순서에 맞게 단면도를 작성한다.
3) 유공관을 향하여 좌우의 지반에 6%의 물매를 둔다.
4) 치수를 위한 폴리피렌매트는 지형의 굴곡에 맞추어 시공한다.

정답

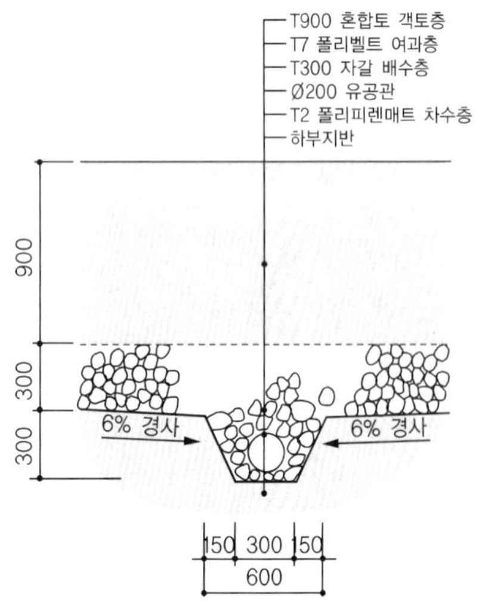

유공관 암거 단면상세도

07 다음 종단 수준측량의 결과도를 야장정리하고, 성토고와 절토고를 구하시오(단, No.0의 지반고와 계획고를 120.3m로 하고, 구배는 3% 상향구배, 소수 넷째자리에서 반올림한다).

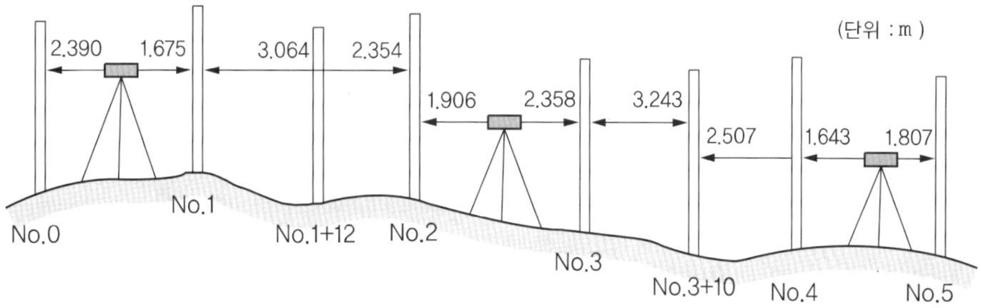

야장기입표

측점(s)	추가거리(m)	후시	전시		기계고	지반고	계획고	성토고	절토고
			이기점	중간점					
No.0	0					120.300	120.300		
No.1	20								
No.1+12	32								
No.2	40								
No.3	60								
No.3+10	70								
No.4	80								
No.5	100								

정답 야장기입표

측점(s)	추가거리(m)	후시	전시		기계고	지반고	계획고	성토고	절토고
			이기점	중간점					
No.0	0	2.390	–	–	122.690	120.300	120.300	–	–
No.1	20	–	–	1.675	–	121.015	120.900	–	0.115
No.1+12	32	–	–	3.064	–	119.626	121.260	1.634	–
No.2	40	1.906	2.354	–	122.242	120.336	121.500	1.164	–
No.3	60	–	–	2.358	–	119.884	122.100	2.216	–
No.3+10	70	2.507	3.243	–	121.506	118.999	122.400	3.401	–
No.4	80	–	–	1.643	–	119.863	122.700	2.837	–
No.5	100	–	1.807	–	–	119.699	123.300	3.601	–

해설
- 그림을 보고 후시(BS), 이기점(TP), 중간점(IP)을 기입한다.
- 기계고(IH) = 지반고(GH) + 후시(BS)
- 지반고(측정높이) = 기준점 지반고 + $\sum$BS − $\sum$FS(TP)
- 계획고 = 기준점 지반고 + 추가거리 × 0.03(상향구배이므로 높이는 증가한다)
- 절 · 성토고 = 지반고 − 계획고[(+)는 절토, (−)는 성토]

① 지반고
- NO.1 = 120.3 + 2.39 − 1.675 = 121.015m
- NO.1 + 12 = 120.3 + 2.39 − 3.064 = 119.626m
- NO.2 = 120.3 + 2.39 − 2.354 = 120.336m
- NO.3 = 120.3 + 2.39 + 1.906 − 2.354 − 2.358 = 119.884m
- NO.3 + 10 = 120.3 + 2.39 + 1.906 − 2.354 − 3.243 = 118.999m
- NO.4 = 120.3 + 2.39 + 1.906 + 2.507 − 2.354 − 3.243 − 1.643 = 119.863m
- NO.6 = 120.3 + 2.39 + 1.906 + 2.507 − 2.354 − 3.243 − 1.807 = 119.699m

② 기계고

- NO.0 = 120.3 + 2.39 = 122.69m
- NO.2 = 120.336 + 1.906 = 122.242m
- NO.3 + 10 = 118.999 + 2.507 = 121.506m

③ 계획고

- NO.1 = 120.3 + 20 × 0.03 = 120.9m
- NO.1 + 12 = 120.3 + 32 × 0.03 = 121.26m
- NO.1 = 120.3 + 40 × 0.03 = 121.5m
- NO.3 = 120.3 + 60 × 0.03 = 122.1m
- NO.3 + 10 = 120.3 + 70 × 0.03 = 122.4m
- NO.3 = 120.3 + 80 × 0.03 = 122.7m
- NO.5 = 120.3 + 100 × 0.03 = 123.3m

④ 절·성토고

- NO.1 = 121.015 − 120.9 = 0.115m(절토고)
- NO.1 + 12 = 119.626 − 121.26 = −1.634m(성토고)
- NO.2 = 120.336 − 121.5 = −1.164m(성토고)
- NO.3 = 119.884 − 122.1 = −2.216m(성토고)
- NO.3 + 10 = 118.999 − 122.4 = −3.401m(성토고)
- NO.4 = 119.863 − 122.7 = −2.837m(성토고)
- NO.5 = 119.699 − 123.3 = −3.601m(성토고)

08 다음의 진도관리곡선(S-curve, 바나나곡선)에서 A, B, C, D점이 의미하는 내용을 설명하시오.

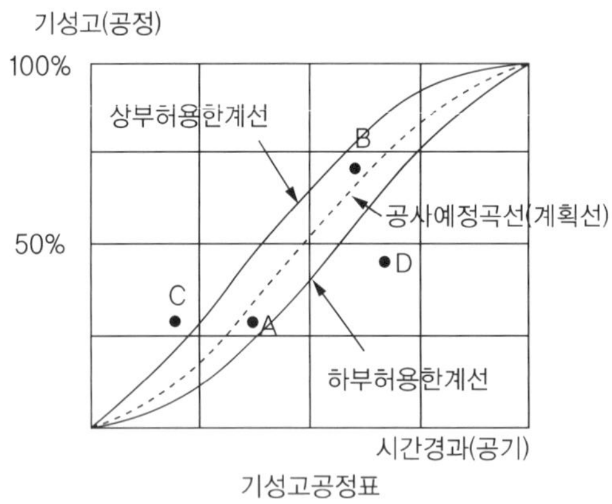

[진도관리곡선(S-curve, 바나나곡선)]

정답
- A, B점 : 예정진도와 비슷하므로 그대로 진행되어도 좋다.
- C점 : 상부허용한계선 밖으로 벗어나 진척되었으나 한계선 밖에 있으므로 비경제적이다.
- D점 : 하부허용한계선을 벗어나 있어 공사가 지연되고 있으므로 중점관리를 하여 촉진시킬 필요가 있다.

해설
- 공사일정의 예정과 실시 상태를 그래프에 대비하여 공정진도를 파악하는 것이 진도관리곡선이다.
- 진도관리곡선은 먼저 예정진도곡선을 그리고 상부허용한계와 하부허용한계선을 그린다.
- 실시 상태의 공정이 바나나곡선의 한계 내에서 진행될 수 있도록 공정을 조정해 나간다.

시행년도	2021년 4회	자격종목	조경기사	시험시간	1시간 30분

01 80m의 수평거리를 이동한 후 20m는 10%의 램프경사를 갖는 불량한 운반로에서 리어카로 잔디를 운반하여 400m^{2}의 면적에 잔디를 평떼로 식재하려 한다. 품셈표, 노임표, 기타 사항을 참고하여 다음을 계산하시오(단, 계산과정의 중간값과 결과값은 소수점 이하 둘째자리까지 구하고, 나머지는 버리되 계산식을 반드시 기재한다).

- 품셈표
  - 리어카 운반

구분 / 종류	적재적하시간(t)	평균왕복속도(V)		
		양호	보통	불량
토사류	4분	3,000m/hr	2,500m/hr	2,000m/hr
석재류	5분			

  - 떼 운반

구분 / 종류	줄떼 적재량(매)	평떼 적재량(매)	싣고부리는 시간(분)	싣고부리는 인부(인)
지게	30	10	2	1
리어카	150	50	5	2

  - 고갯길 운반 환산거리계수

경사(%) / 운반 방법	2	4	6	8	10	12
리어카	1.11	1.25	1.43	1.67	2.00	2.40
트롤리	1.08	1.18	1.31	1.56	1.85	2.04

  - 들떼 식재 (100m^{2}당)

공종 / 구분	들뜨기(인)	떼붙임(인)
줄떼	3.0	6.2
평떼	6.0	6.9

- 노임
  - 조경공 : 60,000원/일
  - 인부(남) : 36,000원/일
- 기타 사항

  1m^{2}에 소요되는 평떼는 11장이다. 리어카는 2인 작업이고, 1일 작업시간은 450분이며 잔디 식재인부는 보통인부이다. 할증률은 무시한다.

1) 하루에 운반할 수 있는 횟수는?
2) 잔디를 모두 운반할 수 있는 횟수는?
3) 잔디 운반에 드는 노임은?
4) 잔디 식재에 필요한 인부수는?
5) 잔디 식재에 드는 노임은?
6) 잔디를 운반하고 식재하는 데 드는 노임은?

정답 1) 하루에 운반할 수 있는 횟수 : 36.88회
2) 잔디를 모두 운반할 수 있는 횟수 : 88회
3) 잔디 운반에 드는 노임 : 171,800원
4) 잔디 식재에 필요한 인부수 : 27.60인
5) 잔디 식재에 드는 노임 : 993,600원
6) 잔디를 운반하고 식재하는 데 드는 노임 : 1,165,400원

해설 1) 하루 운반횟수$(N) = \dfrac{VT}{120L + Vt} = \dfrac{2{,}000 \times 450}{120 \times (80 + 20 \times 2) + 2{,}000 \times 5} = 36.88$회

2) 잔디 운반횟수
잔디소요량 = 식재면적 × 단위면적당 소요량 = 400 × 11 = 4,400매
∴ 잔디 운반횟수 $= \dfrac{\text{잔디소요량}}{\text{1회 적재량(리어카)}} = \dfrac{4{,}400}{50} = 88$회

3) 잔디 운반노임 $= \dfrac{88}{36.88} \times 36{,}000 \times 2 = 171{,}800$원

4) 잔디 식재인부수 $= \dfrac{400}{100} \times 3.9 = 27.60$인

5) 잔디 식재노임 = 27.60 × 36,000 = 993,600원
6) 잔디 운반・식재노임 = 171,800 + 993,600 = 1,165,400원

02 공원의 조경공사를 18개월에 걸쳐 시공할 때 다음의 참고사항을 적용하여 공사원가계산서를 작성하시오(단, 총공사비에서 1,000원 이하는 버리고, 기타는 원 단위 미만 버림).

• 간접노무비율

구분		간접노무비율
a. 공사종류	건축공사	14.5%
	토목공사	15%
	특수공사(포장, 준설 등)	15.5%
	기타(전문, 전기, 통신 등)	15%
b. 공사규모	5억 미만	14%
	5~30억 미만	15%
	30억 이상	16%
c. 공사개월	6개월 미만	13%
	6~12개월 미만	15%
	12개월 이상	17%

• 일반관리비비율

구분	일반관리비비율
5억미만	6.0%
5~30억 미만	5.5%
30억 이상	5.0%

• 이윤율 15%

• 공사원가계산서 (원)

비목/구분			산출근거	금액
순공사원가	재료비	직접재료비		375,486,419
		간접재료비		48,500,723
		작업설 · 부산물		13,210,354
		소계		
	노무비	직접노무비		164,370,262
		간접노무비		
		소계		
	경비	기계경비		17,562,739
		기타경비	( )×6.3%	
		안전관리비	(재료비 + 직접노무비)×0.91% + 1,647,000	
		산재보험료	( )×3.4%	
		소계		
일반관리비			[( ) + ( ) + ( )]×( )	
이윤			[( ) + ( ) + ( )]×( )	
총공사비				

정답 공사원가계산서 (원)

비목/구분			산출근거	금액
순공사원가	재료비	직접재료비		375,486,419
		간접재료비		48,500,723
		작업설 · 부산물		13,210,354
		소계	375,486,419 + 48,500,723 − 13,210,354	410,776,788
	노무비	직접노무비		164,370,262
		간접노무비	164,370,262×15.83%	26,019,812
		소계	164,370,262 + 26,019,812	190,390,074
	경비	기계경비		17,562,739
		기타경비	(재료비 + 노무비)×6.3%	37,873,512
		안전관리비	(재료비 + 직접노무비)×0.91% + 1,647,000	6,880,838
		산재보험료	(노무비)×3.4%	6,473,262
		소계	17,562,739 + 37,873,512 + 6,880,838 + 6,473,262	68,790,351
일반관리비			[(재료비) + (노무비) + (경비)]×(5.5%)	36,847,646
이윤			[(노무비) + (경비) + (일반관리비)]×(15%)	44,404,210
총공사비			410,776,788 + 190,390,074 + 68,790,351 + 36,847,646 + 44,404,210	751,200,000

해설 ① 작업설 · 부산물은 재료비에서 감산한다.

② 간접노무비율 적용
조경공사는 특수공사에 속하고, 공사 금액은 5억 이상이고 공사기간이 18개월이므로 (15.5 + 15 + 17) ÷ 3 = 15.83(%)

③ 기타경비 = (재료비 + 노무비)×6.3%
= (410,776,788 + 190,390,074)×6.3% = 37,873,512(원)

④ 안전관리비 = (재료비 + 직접노무비)×0.91% + 1,647,000
= (410,776,788 + 164,370,262)×0.91% + 1,647,000 =6,880,838(원)

⑤ 산재보험료 = 노무비×3.4%
= 190,390,074×3.4% = 6,473,262(원)

⑥ 경비 = 기계경비 + 기타경비 + 안전관리비 + 산재보험료
= 17,562,739 + 37,873,512 + 6,880,838 + 6,473,262 = 68.790.351(원)

⑦ 일반관리비 = (재료비 + 노무비 + 경비)×5.5%
= (410,776,788 + 190,390,074 + 68,790,351)×5.5% = 36,847,646(원)

⑧ 이윤 = (노무비 + 경비 + 일반관리비) × 15%
　　= (190,390,074 + 68,790,351 + 36,847,646) × 15% = 44,404,210(원)

⑨ 총공사비 = 재료비 + 노무비 + 경비 + 일반관리비 + 이윤
　　= 410,776,788 + 190,390,074 + 68,790,351 + 36,847,646 + 44,404,210
　　= 751,209,069(원)

03 다음의 조건에 따라 네트워크 공정표를 작성하시오.

작업명	선행작업	시간(기간)	비고
A	없음	6	• CP는 굵은선으로 표시한다. • 각 결합점에서는 다음과 같이 표시한다. 
B	없음	4	
C	없음	3	
D	A	3	
E	A, B	6	
F	A, C	5	

1) 최장기일(CP)은 얼마인가?

2) 네트워크 공정표를 작성하시오.

3) 여유시간을 구하시오.

정답 1) 최장기일(CP) = 12일

2) 네트워크 공정표

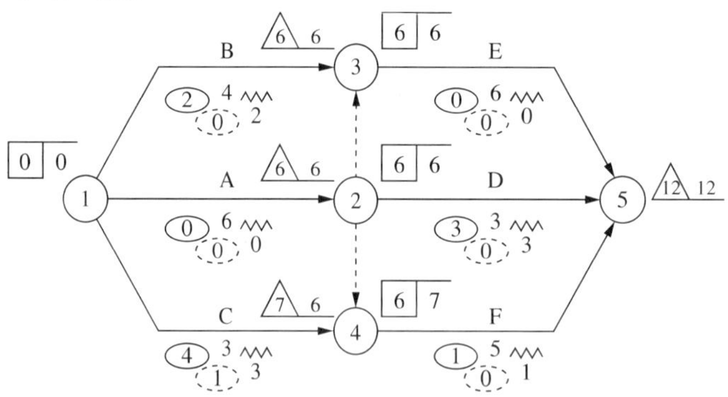

3) 여유시간

작업명	TF	FF	DF	CP
A	0	0	0	*
B	2	2	0	
C	4	3	1	
D	3	3	0	
E	0	0	0	*
F	1	1	0	

04 **지하의 구조물에 영향을 주지 않도록 중간에 차수(遮水)시설을 한 후 그 위에 아래와 같은 조건으로 식재지반을 조성하려고 한다. 다음의 조건을 보고 단면도를 비례감 있게 표현하시오.**

1) 재료의 단면구조
   - 혼합객토층(밭 흙 60%, 부숙톱밥 20%, 펄라이트 10%, 질석 10%), 90cm
   - 폴리벨트(토목섬유, 여과층) THK 7mm
   - 자갈층 깊이 30cm
   - 유공 PVC관(ϕ200)
   - 차수용 폴리피렌매트 THK 2mm
2) 위의 재료를 참고하여 순서에 맞게 단면도를 작성한다.
3) 유공관을 향하여 좌우의 지반에 6%의 물매를 둔다.
4) 치수를 위한 폴리피렌매트는 지형의 굴곡에 맞추어 시공한다.

정답

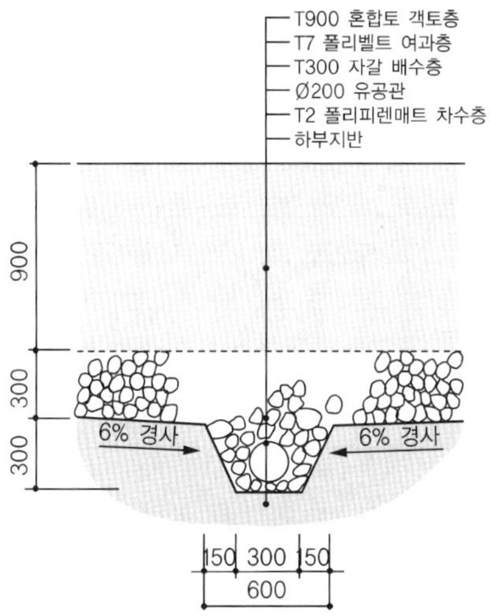

유공관 암거 단면상세도

05 다음 종단 수준측량의 결과도를 야장정리하고, 성토고와 절토고를 구하시오(단, No.0의 지반고와 계획고를 120.3m로 하고, 구배는 3% 상향구배, 소수 넷째자리에서 반올림한다).

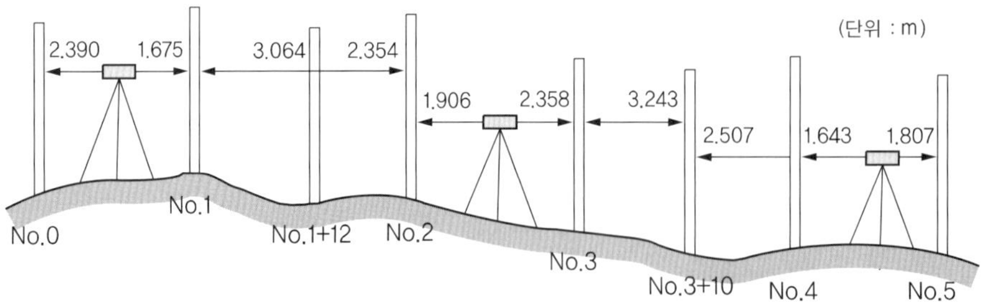

종단 수준측량 결과도

• 야장기입표

측점(s)	추가거리 (m)	후시	전시		기계고	지반고	계획고	성토고	절토고
			이기점	중간점					
No.0	0					120.300	120.300		
No.1	20								
No.1+12	32								
No.2	40								
No.3	60								
No.3+10	70								
No.4	80								
No.5	100								

정답 야장기입표

측점(s)	추가거리 (m)	후시	전시		기계고	지반고	계획고	성토고	절토고
			이기점	중간점					
No.0	0	2.390	–	–	122.690	120.300	120.300	–	–
No.1	20	–	–	1.675	–	121.015	120.900	–	0.115
No.1+12	32	–	–	3.064	–	119.626	121.260	1.634	–
No.2	40	1.906	2.354	–	122.242	120.336	121.500	1.164	–
No.3	60	–	–	2.358	–	119.884	122.100	2.216	–
No.3+10	70	2.507	3.243	–	121.506	118.999	122.400	3.401	–
No.4	80	–	–	1.643	–	119.863	122.700	2.837	–
No.5	100	–	1.807	–	–	119.699	123.300	3.601	–

해설 • 그림을 보고 후시(BS), 이기점(TP), 중간점(IP)을 기입한다.
• 기계고(IH) = 지반고(GH) + 후시(BS)
• 지반고(측정높이) = 기준점 지반고 + $\sum$BS − $\sum$FS(TP)
• 계획고 = 기준점 지반고 + 추가거리 × 0.03(상향구배이므로 높이는 증가한다)
• 절 · 성토고 = 지반고 − 계획고[(+)는 절토, (−)는 성토]

① 지반고
- NO.1 = 120.3 + 2.39 − 1.675 = 121.015m
- NO.1 + 12 = 120.3 + 2.39 − 3.064 = 119.626m
- NO.2 = 120.3 + 2.39 − 2.354 = 120.336m
- NO.3 = 120.3 + 2.39 + 1.906 − 2.354 − 2.358 = 119.884m
- NO.3 + 10 = 120.3 + 2.39 + 1.906 − 2.354 − 3.243 = 118.999m
- NO.4 = 120.3 + 2.39 + 1.906 − 2.507 − 2.354 − 3.243 − 1.643 = 119.863m
- NO.6 = 120.3 + 2.39 + 1.906 − 2.507 − 2.354 − 3.243 − 1.807 = 119.699m

② 기계고

- NO.0 = 120.3 + 2.39 = 122.69m
- NO.2 = 120.336 + 1.906 = 122.242
- NO.3 + 10 = 118.999 + 2.507 = 121.506m

③ 계획고

- NO.1 = 120.3 + 20 × 0.03 = 120.9m
- NO.1 + 12 = 120.3 + 32 × 0.03 = 121.26m
- NO.2 = 120.3 + 40 × 0.03 = 121.5m
- NO.3 = 120.3 + 60 × 0.03 = 122.1m
- NO.3 + 10 = 120.3 + 70 × 0.03 = 122.4m
- NO.4 = 120.3 + 80 × 0.03 = 122.7m
- NO.5 = 120.3 + 100 × 0.03 = 123.3m

④ 절 · 성토고

- NO.1 = 121.015 − 120.9 = 0.115m(절토고)
- NO.1 + 12 = 119.626 − 121.26 = −1.634m(성토고)
- NO.2 = 120.336 − 121.5 = −1.164m(성토고)
- NO.3 = 119.884 − 122.1 = −2.216m(성토고)
- NO.3 + 10 = 118.999 − 122.4 = −3.401m(성토고)
- NO.4 = 119.863 − 122.7 = −2.837m(성토고)
- NO.5 = 119.699 − 123.3 = −3.601m(성토고)

06 다음의 진도관리곡선(S-curve, 바나나곡선)에서 A, B, C, D점이 의미하는 내용을 설명하시오.

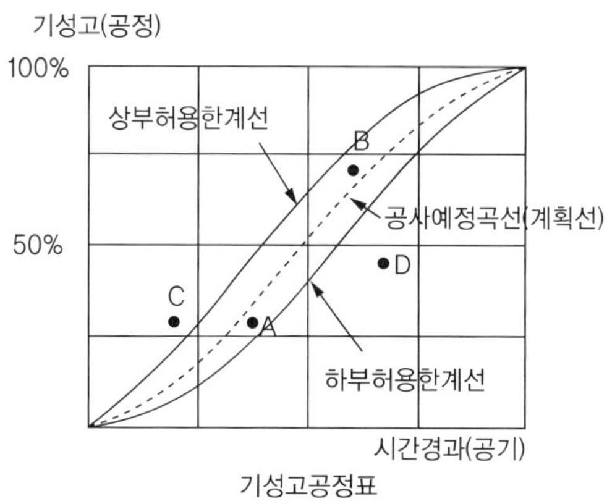

[진도관리곡선(S-curve, 바나나곡선)]

정답
- A, B점 : 예정진도와 비슷하므로 그대로 진행되어도 좋다.
- C점 : 상부허용한계선 밖으로 벗어나 진척되었으나 한계선 밖에 있으므로 비경제적이다.
- D점 : 하부허용한계선을 벗어나 있어 공사가 지연되고 있으므로 중점관리를 하여 촉진시킬 필요가 있다.

해설
- 공사일정의 예정과 실시 상태를 그래프에 대비하여 공정진도를 파악하는 것이 진도관리곡선이다.
- 진도관리곡선은 먼저 예정진도곡선을 그리고 상부허용한계와 하부허용한계선을 그린다.
- 실시 상태의 공정이 바나나곡선의 한계 내에서 진행될 수 있도록 공정을 조정해 나간다.

07 다음은 새로 건설할 도로의 단면도를 나타낸 것이다. 단면 A와 B의 단면적(m^2)을 각각 구하시오.

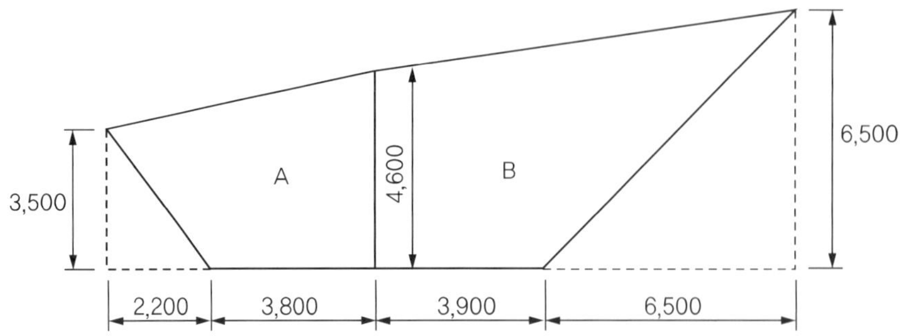

도로 단면도

정답 • 단면 A의 면적 = 20.450m^2
• 단면 B의 면적 = 36.595m^2

해설
• 단면 A의 면적 = $\left(\frac{3.5+4.6}{2}\times 6.0\right)-\left(\frac{3.5\times 2.2}{2}\right)=20.450m^2$

• 단면 B의 면적 = $\left(\frac{4.6+6.5}{2}\times 10.4\right)-\left(\frac{6.5\times 6.5}{2}\right)=36.595m^2$

08 다음의 단면도와 같은 도로를 조성하려 한다. 다음의 지형도에 기존 등고선을 조작하시오.

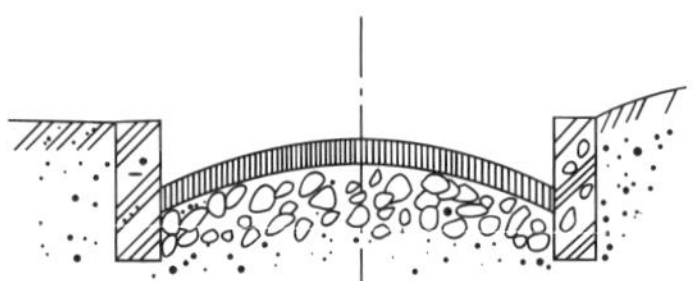

단면도

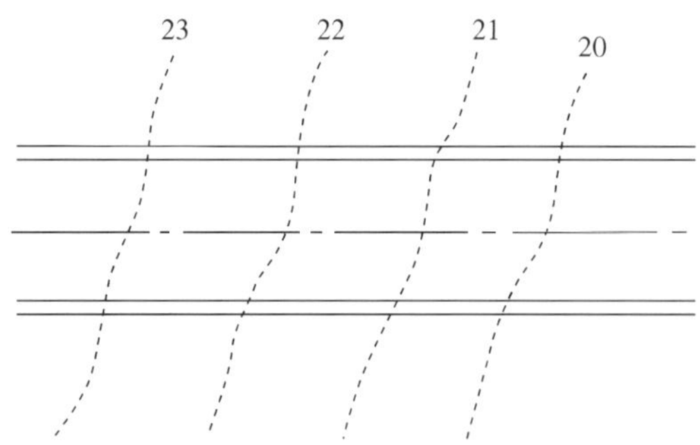

지형도

정답

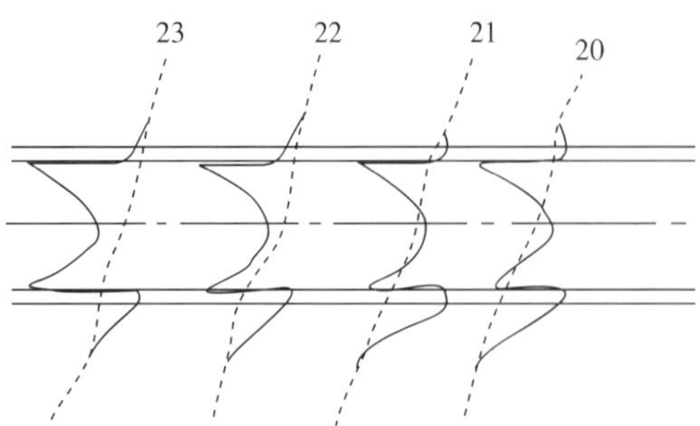

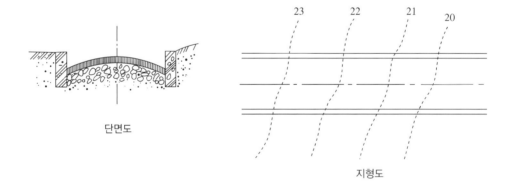

해설 • 도로의 노면은 부드러운 곡면으로 해야 한다.
• 도로 양측면은 사고예방을 위하여 턱을 두어야 한다.
• 기존의 등고선의 간격은 조작할 수 없다.

02 도면작성 기출복원문제

2016년 1회 국가기술자격 검정 실기시험문제					
시험시간	3시간	자격종목	조경기사	작품명	근린공원

※ 설계현황 및 계획의도

현황도에 제시된 설계대상지는 우리나라 중부지방의 도보권 근린공원(A, B구역)으로 총면적 47,000m^2 중 'A' 구역이 우선 시험설계대상지이다. 설계대상지 주변으로는 차로와 보행로가 계획되어 있고 '동쪽-아파트, 서쪽- 주택가, 북쪽-상가'가 인접하여 있으며, 차로와 주변 보행로의 설계 시 레벨은 같은 높이로 적용한다.

※ 설계공통사항

대상지의 지반고는 현황도의 지반고를 설계에 적용하여 지반고에 따라 법면을 설정하도록 하고, 보행자 진입구와 차량 진입구를 설계하시오.

문제 01

다음 요구사항에 따라 개념도(S=1/300)를 작성하시오.[답안지 Ⅰ]

※ 설계요구사항

① 각 공간의 영역은 다이어그램을 이용하여 표현하고, 각 공간의 공간명과 적정개념을 설명하시오.

② 식재개념을 표현하고 약식 서술하시오.

③ [문제 2]에서 요구한 [문 1], [문 2], [문 3]을 다음 표와 같이 개념도 상단에 작성하시오.

문 제	[문 1]	[문 2]	[문 3]
답			

문제 02

다음 요구사항에 따라 조경계획 평면도(S=1/300)를 작성하시오.[답안지 Ⅱ]

※ 설계요구사항

① 법면구간 계획 시 다음 사항을 적용하여 설계하시오.

㉠ 법면 : 경사(1 : 1.8)를 적용, 절토, 법면 폭을 표시하시오. 예 W=1.08

㉡ 식재 : '조경설계기준'에서 제시한 '식재비탈면의 기울기' 중 해당 '식재가능식물'에 따른다.

㉢ [문 1] 개념도에 해당 내용(식재가능식물)을 답하시오.

② 주동선 계획 시 현황도에서 주어진 곳에 다음 사항을 적용하여 설계하시오.
   ㉠ 보행동선 : 폭 5m로 적당한 포장을 사용하시오.
   ㉡ 입구계획 : R=3m를 확보하여 입구의 진출입을 용이하게 하시오.
   ㉢ 계단 : H=15cm, B=30cm, W=5m(계단은 총 단수대로 그리고 up/down 표시 시 -1단으로 표기하시오)
   ㉣ Ramp : 경사구배 8%, W=2m, 콘크리트 시공 후 석재로 마감한다.
   ㉤ [문 2] 경사로는 바닥면으로부터 높이 몇 m 이내마다 수평면의 참을 설치해야 하는가?(단, 장애인·노인·임산부 등의 편의증진 보장에 관한 법률에 따르며, 개념도에 해당 내용을 답하시오)

③ 모든 공간은 서로 연계되어야 하고, 차량동선과 보행동선의 교차는 피하시오.

④ 차량동선(폭 6m) 진입 시 경사구배는 주차장법에서 제시한 '지하주차장 진입로'의 직선진입 경사구배 값으로 계획하시오.

⑤ [문 3] 해당 경사구배 값(%)을 개념도에 답하시오.

⑥ 산책로는 폭 2m의 자유곡선형이며 경사구간은 10%를 적용하고, 경계석이 없는 '목재데크'로 계획하시오.

⑦ 다음 조건에 맞는 잔디광장을 계획하시오.
   ㉠ 면적 : 32×17m
   ㉡ 위치 : 부지의 중심지역
   ㉢ 포장 : 잔디깔기
   ㉣ 용도 : 휴식 및 공연장
   ㉤ 레벨 : -60cm, 외곽부는 스탠드로 활용(h=15cm, b=30cm, 화강석 처리)

⑧ 잔디광장 주변으로 폭 3m와 6m의 활동공간을 계획하고, 주동선에서 진입 시 폭 12m로 하시오. 또한 수목보호대(1×1m) 10개를 설치하여 동일한 낙엽교목을 식재하시오.

⑨ 전체적으로 편익시설공간(7×26m)을 계획하고, 화장실(5×7m) 1개소와 벤치 다수를 배치하시오.

⑩ 주차장은 다음 조건에 맞는 소형승용차 26대를 직각주차 방식으로 계획하시오.
   ㉠ 규격 : 주차장법상의 '일반형'으로 하며, '1대단 규격'을 1개소에 적고 주차대수 표기는 ①, ②, … 으로 하시오.
   ㉡ 보행자 안전동선(W=1.5m)을 확보하고, 측구배수 여유폭을 70cm 확보하시오.

⑪ 다음 조건에 맞는 어린이 모험놀이공간을 계획하시오.
   ㉠ 면적은 300m^2 내외로 하고, 탄성고무포장을 하시오.
   ㉡ 모험놀이시설 3종 이상을 구상하고, 수량표에 표기하시오(단, 개소당 면적은 15m^2 이상으로 하시오).

⑫ 휴식공간(10×12m, 목재데크포장)을 적당한 곳에 계획하고, 퍼걸러(4,500×4,500) 2개소, 음수대 1개소, 휴지통 1개를 배치하시오. 또한 휴식공간 주변에 연못(80m^2 내외, 자연석 호안)을 계획하시오.

⑬ 배수계획은 다음 조건에 맞도록 대상지의 아래(서쪽) 공간에만 계획하시오.
   ㉠ 주차장, 연못, 농구장, 놀이터에는 빗물받이(510×410), 집수정(900×900)을 설치하시오.
   ㉡ 잔디광장에는 Trench Drain(W=20cm, 측구수로관용 그레이팅) 배수와 집수정을 설치하시오.
   ㉢ 최종 배수 3곳에는 우수맨홀(D900)을 설치하시오.

⑭ 수종 선정 시 온대중부수종으로 상록교목 3종, 낙엽교목 7종, 관목 3종 이상을 배식하시오.

⑮ 주차장 좌측(대상지 북쪽) 식재지역은 참나무과 총림을 조성하시오(단, 총림조성 시 수고 4m 이상으로 40주 이상을 군식하시오).

⑯ 주요부 마운딩(h=1.5m, 규모 50m^2 내외)처리 후 경관식재 1개소, 산책로 주변과 수경공간 주변에는 관목식재, 주동선은 가로수식재, 완충식재, 녹음식재 등을 계획하고 수종의 수량과 규격은 인출선을 사용하여 표기하시오.

현 황 도

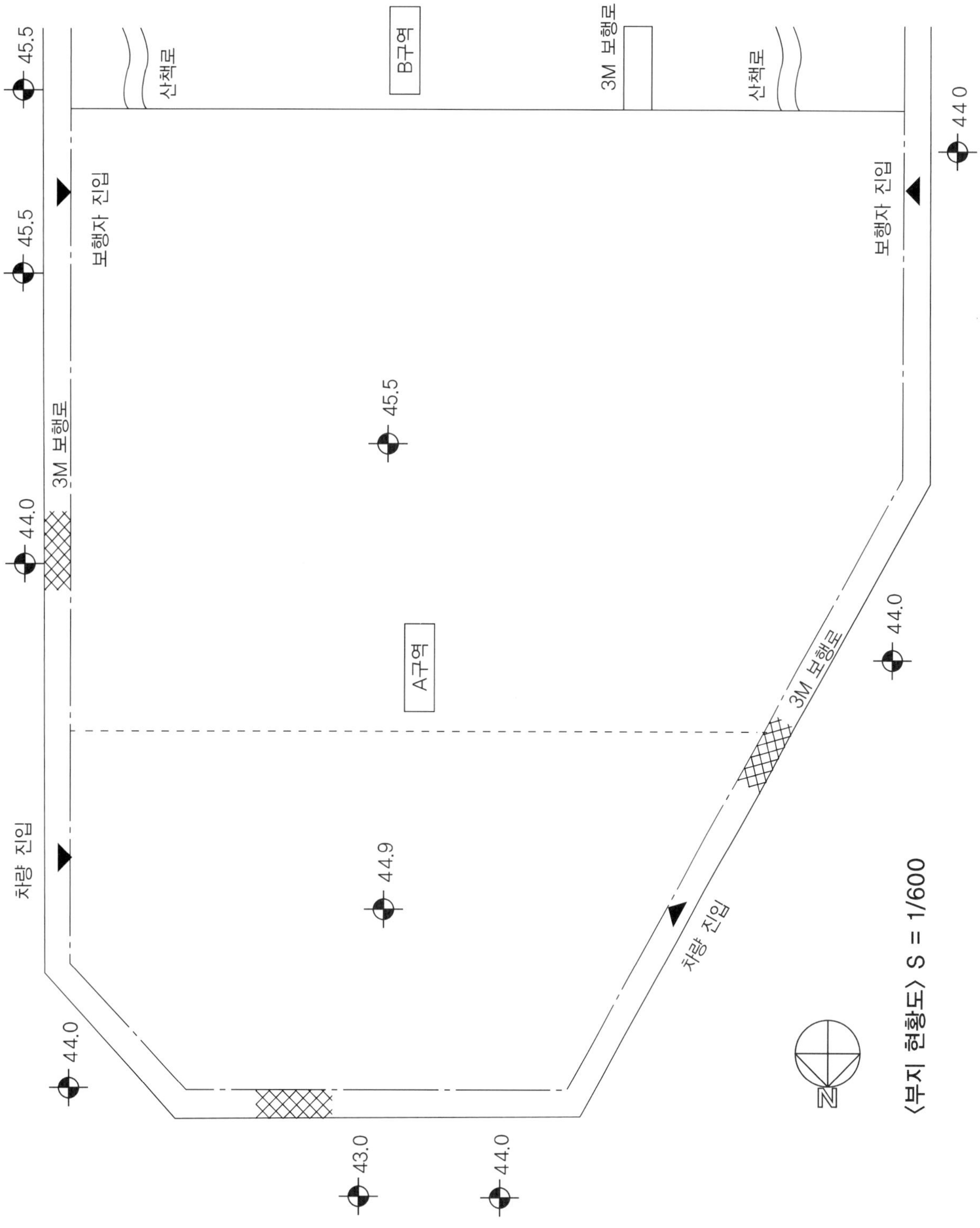

〈부지 현황도〉 S = 1/600

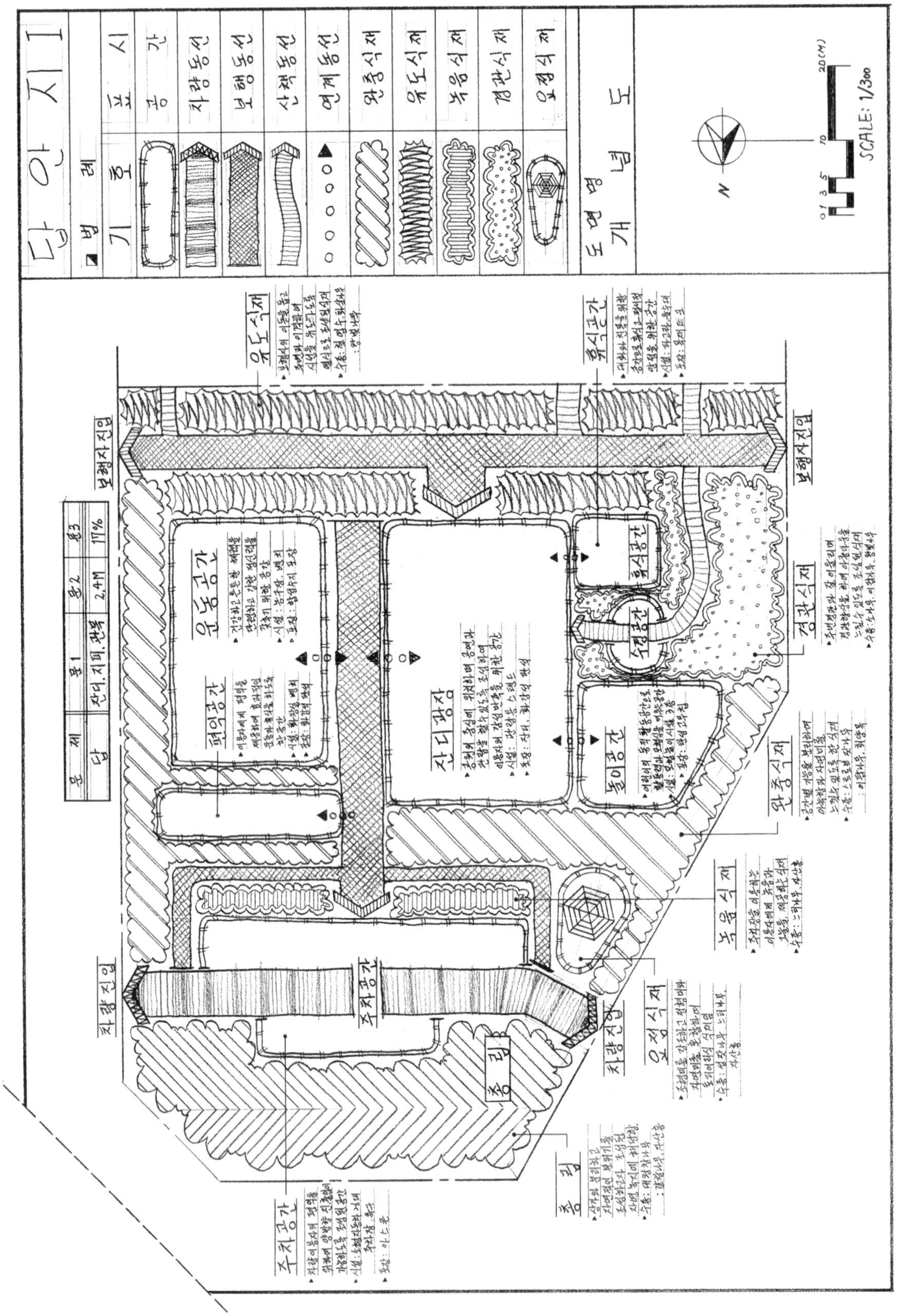
답안지 I
범례
기호
표시
공간
차량동선
보행동선
산책동선
연계동선
완충식재
유도식재
녹음식재
경관식재
요점식재
도면명
개념도
SCALE: 1/300
운동공간
잔디광장
휴식공간
수경공간
놀이공간
편익공간
주차공간
숲길
보행자진입
차량진입
유도식재
경관식재
완충식재
녹음식재
요점식재

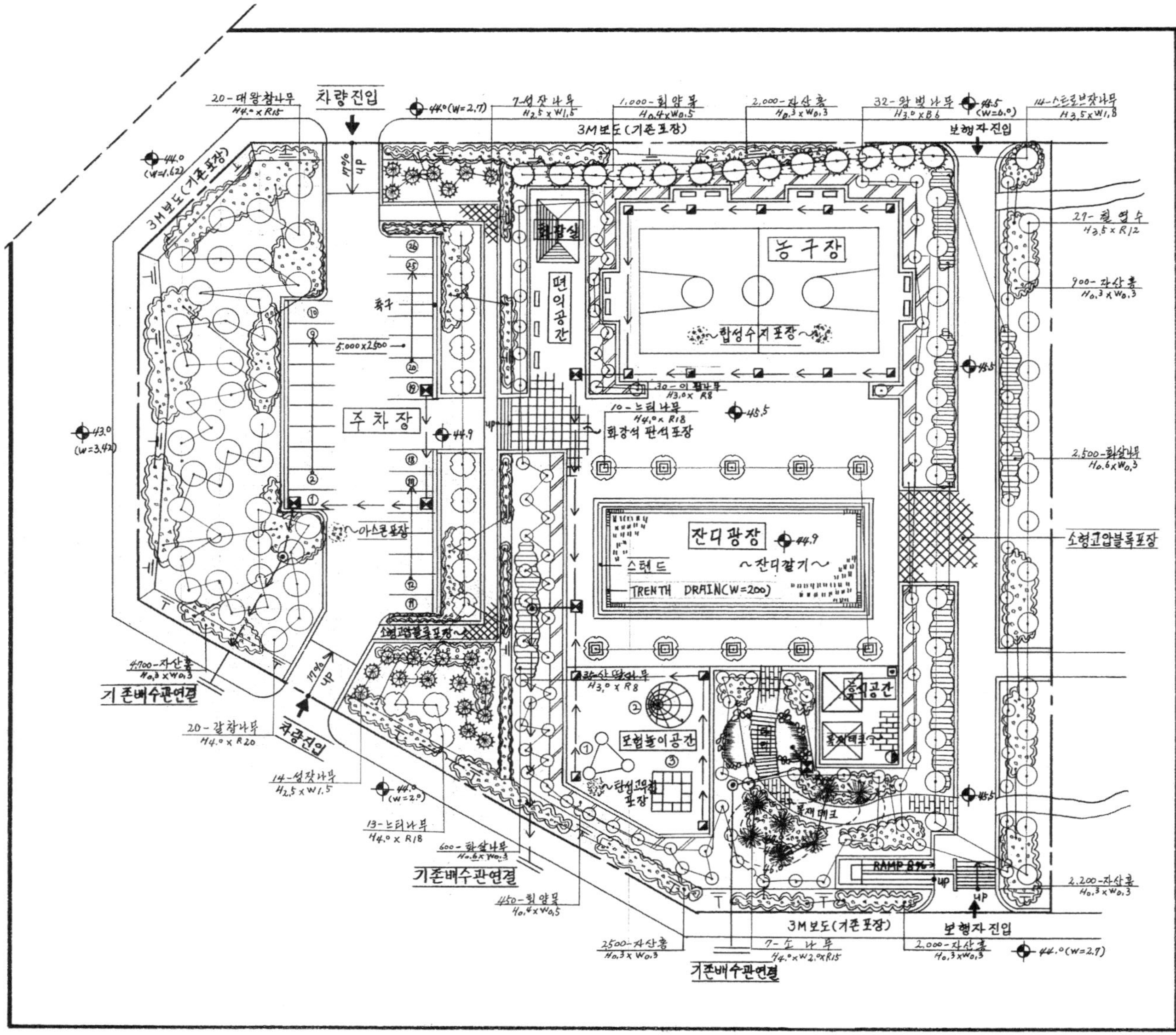

답안지 Ⅱ

수목수량표

성상	수목명	규격	단위	수량
상교	소나무	H4.0×W2.0×R15	주	7
〃	스트로브잣나무	H3.5×W1.8	〃	14
〃	섬잣나무	H2.5×W1.5	〃	21
낙교	느티나무	H4.0×R18	〃	23
〃	대왕참나무	H4.0×R15	〃	20
〃	갈참나무	H4.0×R20	〃	20
〃	칠엽수	H3.5×R12	〃	27
〃	왕벚나무	H3.0×B6	〃	32
〃	산딸나무	H3.0×R8	〃	35
〃	이팝나무	H3.0×R8	〃	30
상관	회양목	H0.4×W0.5	〃	1,450
낙관	화살나무	H0.6×W0.3	〃	3,100
〃	자산홍	H0.3×W0.3	〃	14,300

시설물수량표

기호	시설명	규격	단위	수량
⊠	파고라	4,500×4,500	개	2
▣	수목보호대	1,500×1,500	〃	10
▭	벤치	1,800×400	〃	11
⊡	음수대	500×500	〃	1
◑	휴지통	ϕ600×600	〃	1
◪	빗물받이	510×410	〃	14
⧓	집수정	800×800	〃	6
⊙	우수맨홀	D900	〃	3
①	놀이시설1	—	〃	1
②	놀이시설2	—	〃	1
③	놀이시설3	—	〃	1

도면명
조경계획평면도

N

0 1 3 5 10 20(M)

SCALE: 1/300

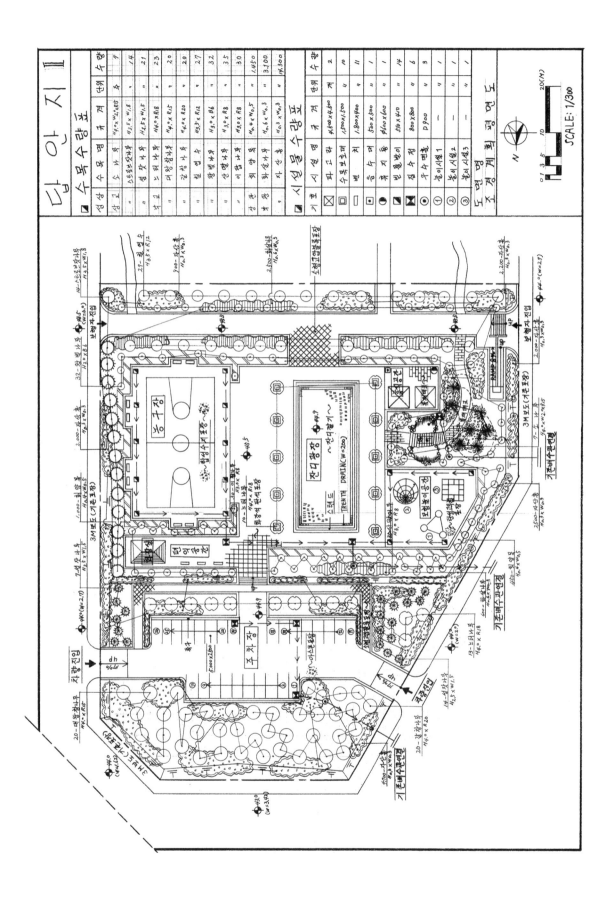

2016년 2회 국가기술자격 검정 실기시험문제					
시험시간	3시간	**자격종목**	조경기사	**작품명**	근린공원설계

※ 설계요구조건

다음은 중부지방에 도심지 외곽에 위치한 주택지 부근의 근린공원 부지 현황도이다.

문제 01

다음의 조건을 참고하여 부지 현황도를 축척 1/300로 확대하여 설계개념도를 작성하시오.[답안지 Ⅰ]

※ 설계요구조건

① 주동선과, 부동선을 구분하고 산책동선을 설계하시오.

② 중앙광장, 운동공간, 전망 및 휴게공간, 놀이공간 등을 배치하시오.

③ 도로에 차폐식재(완충녹지대)를 계획하고 경관, 녹음, 요점, 유도 등 식재개념을 표기하시오.

문제 02

다음의 요구조건을 참고하여 축척 1/300로 확대하여 시설물 배치도를 작성하시오.[답안지 Ⅱ]

※ 설계요구조건

① 주동선은 남측 중앙(폭 9m), 부동선은 동측(폭 4m)으로 설계하며, 주민들이 산책할 수 있는 산책로(폭 2m)를 배치하고, 이들이 서로 순환할 수 있도록 설계하시오.

② **중앙광장** : 높이 +10.3, 폭은 15m로 조성, 수목보호대(1m×1m)를 설치하시오.

③ **전망 및 휴게공간** : 높이 +14.5에 위치하고, 주동선(정면)과 같은 축선상에 위치하시오.

㉠ 중앙광장에서 계단, 램프(Ramp)를 이용하여 접근할 수 있도록 설계하시오.

㉡ 계단의 단너비는 30cm로 하고, 램프는 경사도 14% 미만으로 설계하시오.

㉢ 계단과 램프는 붙여서 그리시오.

④ **운동공간** : 다목적 운동공간(28m×40m), 테니스 코트(24m×11m), 배수시설을 설치하시오.

⑤ **놀이공간** : 시소(3연식), 그네(2연식), 미끄럼틀(활주판 2개), 철봉(4단), 정글짐, 회전무대 또는 종합놀이대 등 놀이시설 6개를 배치하고, 배수시설을 설치하시오.

⑥ 퍼걸러(3m×5m) 2개소, 벤치는 20개소, 음수대 1개소를 설치하시오.

⑦ 등고선은 파선으로 표기하고, 등고선 조작이 필요할 시 조작하시오.

⑧ 정지로 생긴 경사면은 경사도 1 : 1로 조절하시오.

⑨ 도면의 우측 여백에 시설물의 수량집계표를 작성하시오.

문제 03

다음의 요구조건을 참고하여 축척 1/300로 확대하여 배식설계도를 작성하시오.[답안지 Ⅲ]

※ 설계요구사항

① 경사 구간은 관목을 군식하시오.

② 도로와 인접한 곳은 완충녹지대를 3m 이상 조성하시오.

③ 완충녹지대는 상록교목을 식재하시오.

현 황 도

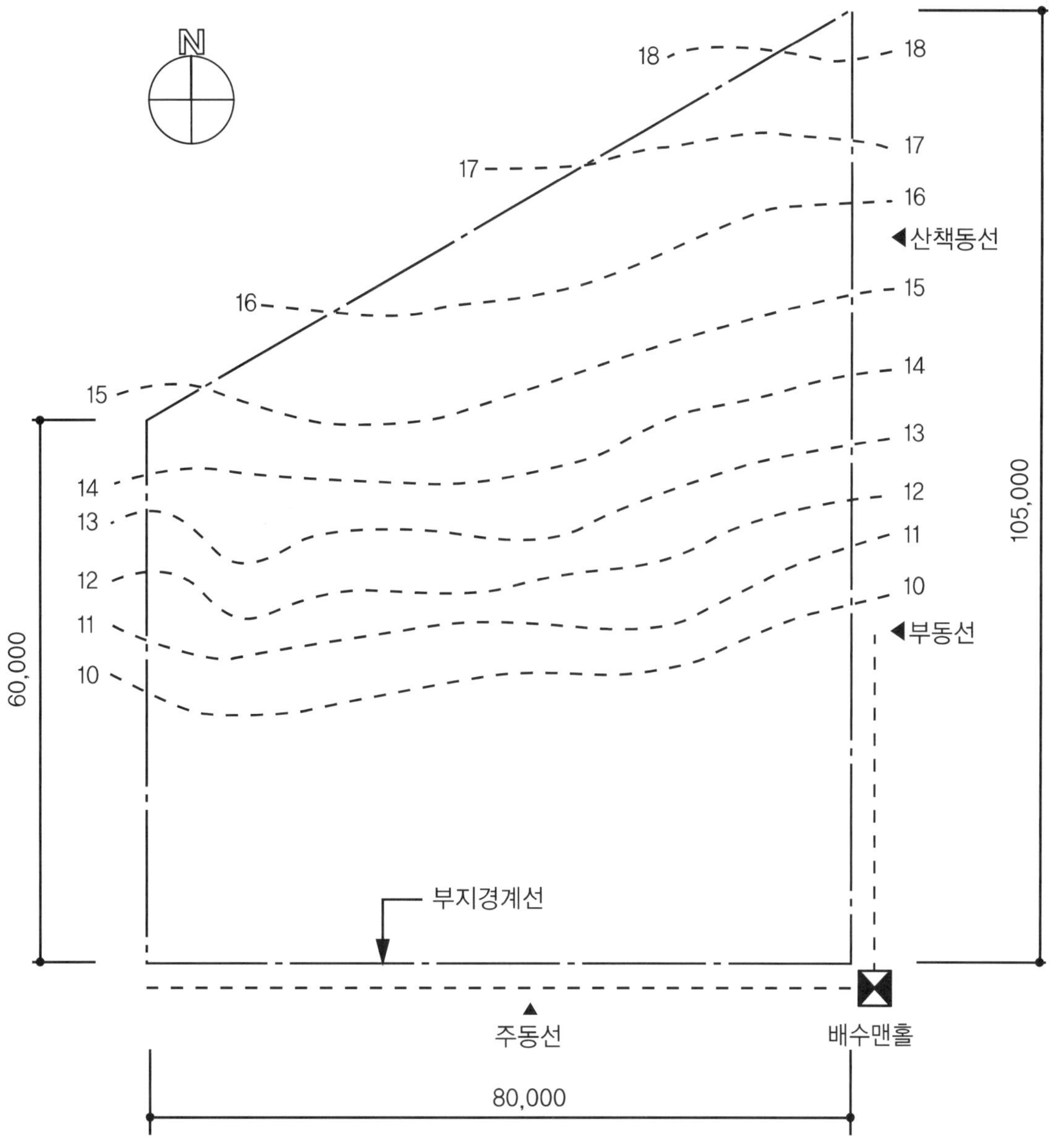

〈부지 현황도〉 S = 1/800

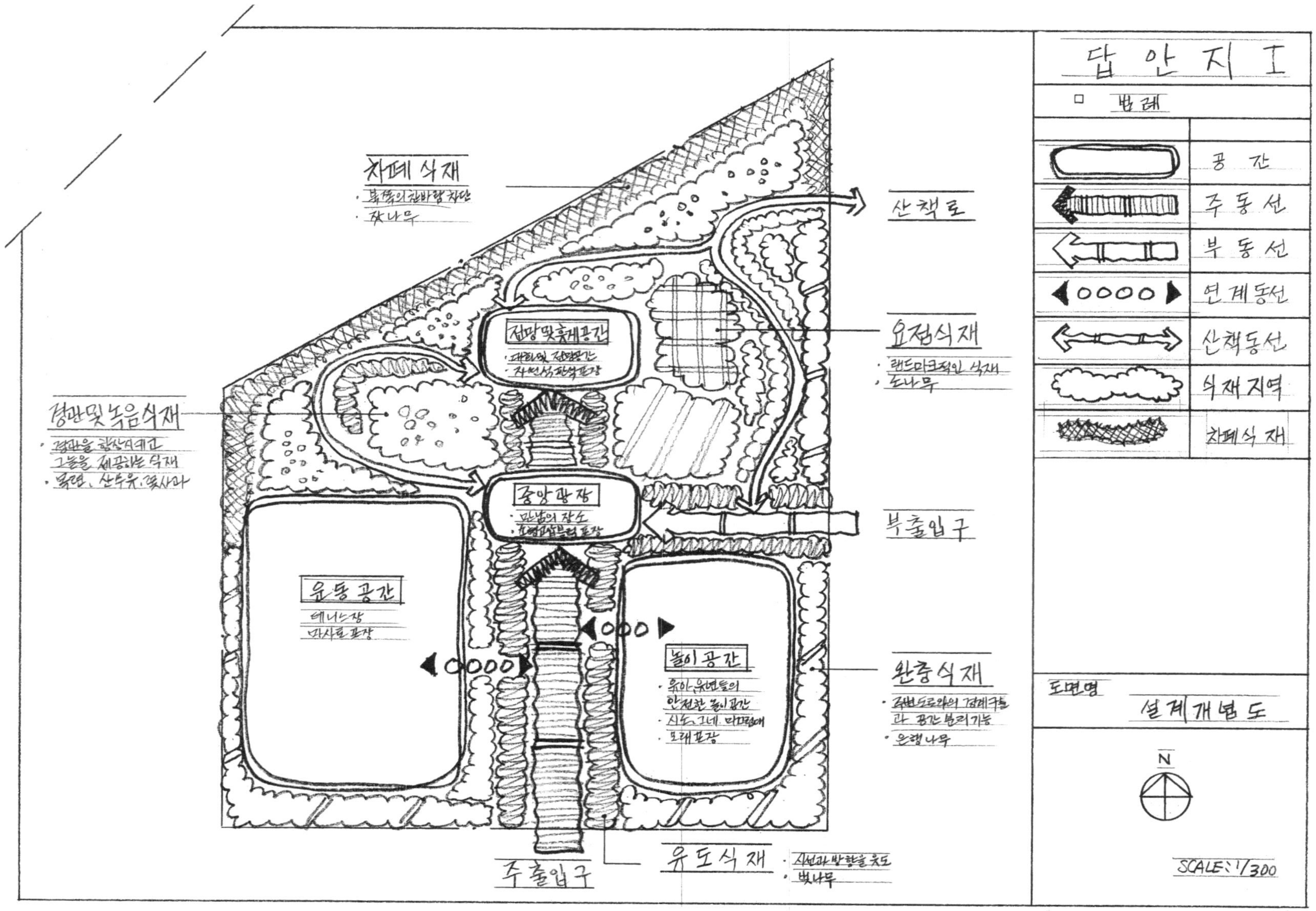

답안지 I
범례
공간
주동선
부동선
연계동선
산책동선
식재지역
차폐식재
도면명
설계개념도
N
SCALE : 1/300
차폐식재
산책로
요점식재
소나무
경관 및 녹음식재
전망 및 휴게공간
중앙광장
만남의 장소
부출입구
운동공간
테니스장
놀이공간
유아, 유년들의
안전한 놀이공간
모래포장
완충식재
은행나무
주출입구
유도식재
벚나무

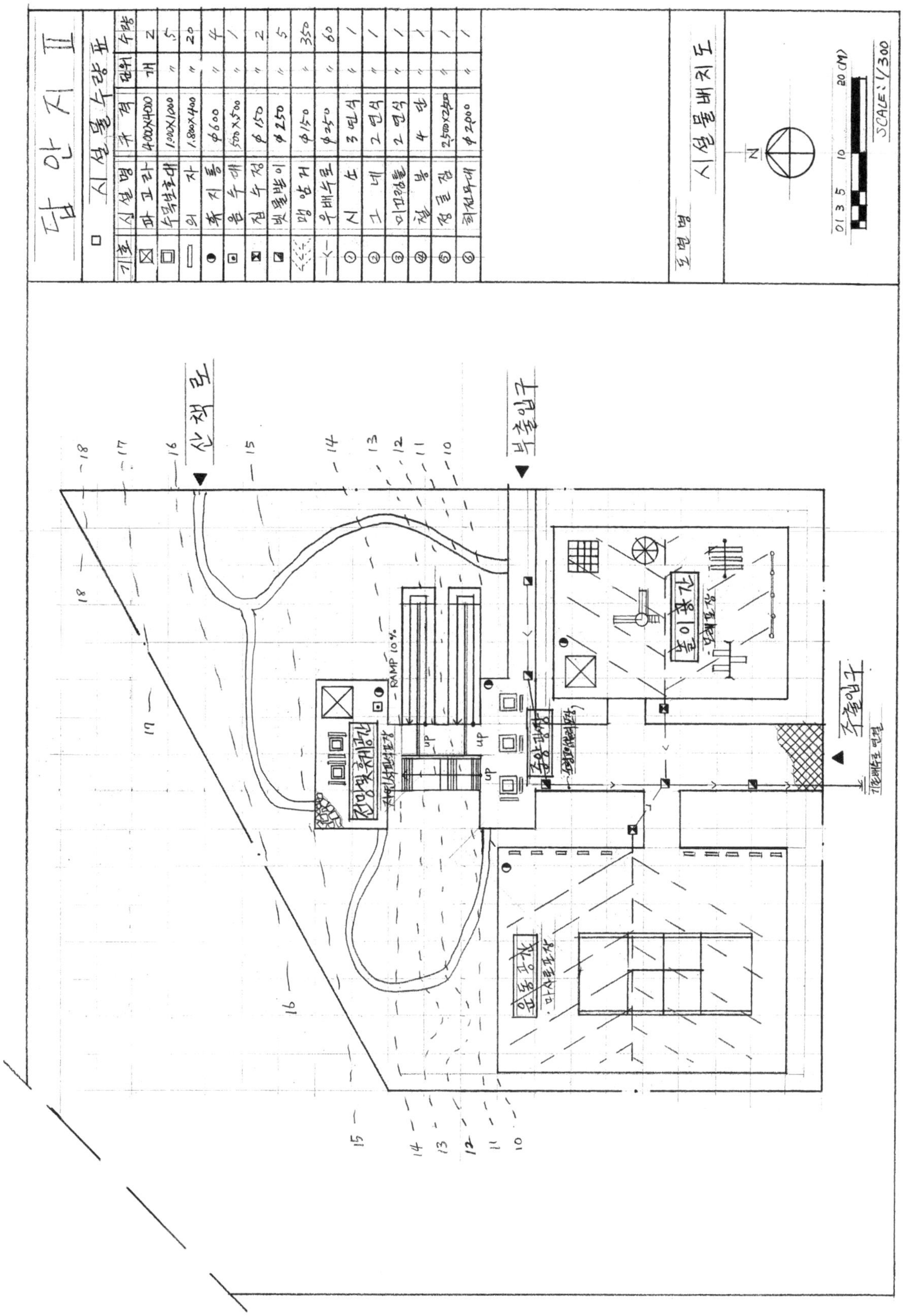

답안지 II
시설물수량표
기호 | 시설명 | 규격 | 단위 | 수량
파고라 | 4000X4000 | 개 | 2
수목보호대 | 1000X1000 | 〃 | 5
의자 | 1,800X400 | 〃 | 20
휴지통 | φ600 | 〃 | 4
음수대 | 500X500 | 〃 | 1
집수정 | φ150 | 〃 | 2
빗물받이 | φ250 | 〃 | 5
맹암거 | φ150 | 〃 | 350
우배수로 | φ250 | 〃 | 60
① 시소 | 3연식 | 〃 | 1
② 그네 | 2연식 | 〃 | 1
③ 미끄럼틀 | 2연식 | 〃 | 1
④ 철봉 | 4단 | 〃 | 1
⑤ 정글짐 | 2,500X2,500 | 〃 | 1
⑥ 회전무대 | φ2,000 | 〃 | 1
도면명
시설물배치도
N
0 1 3 5 10 20 (M)
SCALE : 1/300
산책로
부출입구
주출입구
기존배수로 연결
전망및휴게공간
자연석판석포장
RAMP 10%
UP
중앙광장
운동공간
마사토포장
놀이공간
모래포장

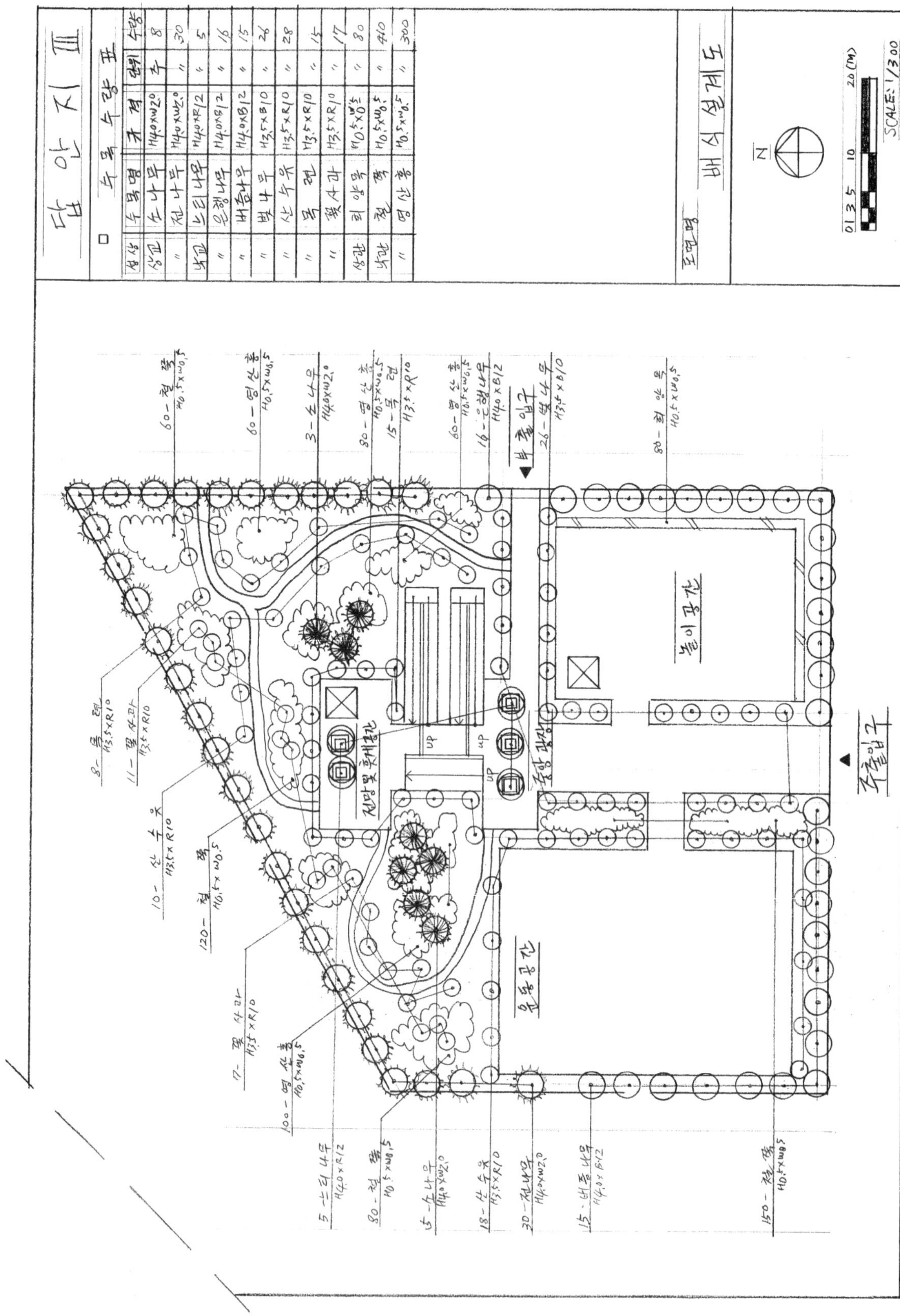
답안지 III
□ 수목수량표
성상 수목명 규격 단위 수량
상교 소나무 H4.0×W2.0 주 8
〃 전나무 H4.0×W2.0 〃 30
낙교 느티나무 H4.0×R12 〃 5
〃 은행나무 H4.0×B12 〃 16
〃 버즘나무 H4.0×B12 〃 15
〃 벚나무 H3.5×B10 〃 26
〃 산수유 H3.5×R10 〃 28
〃 목련 H3.5×R10 〃 15
〃 꽃사과 H3.5×R10 〃 17
상관 회양목 H0.5×W0.5 〃 80
낙관 철쭉 H0.5×W0.5 〃 410
〃 영산홍 H0.5×W0.5 〃 300
도면명
배식설계도
N
0 1 3 5 10 20(M)
SCALE: 1/300
놀이공간
운동공간
중앙광장
주출입구
부출입구
UP

2017년 1회 국가기술자격 검정 실기시험문제					
시험시간	3시간	**자격종목**	조경기사	**작품명**	생태공원설계

※ 설계요구사항

다음의 부지 현황도는 중부지방 도심지의 자연형 녹지와 주거지역 사이에 있는 소규모공원 예정지이다. 본 공원 예정지에 주변의 자연형 녹지와 연계된 소규모의 생태공원을 조성하고자 한다. 부지 현황도와 요구조건을 참고로 하여 설계도를 작성하시오.

문제 01

주어진 부지 현황도를 1/300로 확대하여 다음 조건을 만족시키는 설계개념도를 작성하시오.[답안지 Ⅰ]

※ 설계요구사항

① 동선개념은 관찰, 학습에 대한 동선과 서비스 등에 대한 동선으로 구분하며, 관찰 및 학습의 개념이 정확히 전달되도록 계획하시오.

② 수용해야 할 공간

㉠ 관찰, 산책로(W=1.5~2.0m)

㉡ 휴게공간 : 1개소(개소당 약 $50m^2$)

㉢ 진입공간 : 2개소(개소당 약 $100m^2$)

㉣ 습지지구 : 약 $1,000m^2$

㉤ 저수지구 : 약 $500m^2$

㉥ 삼림지구 : 약 $1,000m^2$

③ 공간배치 시 고려사항

㉠ 습지지구, 삼림지구, 저수지구, 휴게공간과 연계된 관찰로를 조성하시오.

㉡ 기존 수로를 활용한 저수지구, 저수지구와 연계한 습지지구를 조성하시오.

㉢ 외부에서의 접근을 고려한 진입광장을 조성하시오.

㉣ 기본녹지와 연계된 삼림지구를 배치하시오.

문제 02

축척 1/300로 확대하여 다음의 설계조건을 반영하는 기본설계도를 작성하시오.[답안지 Ⅱ]

※ 설계요구사항

① 휴게공간 : 퍼걸러(4×4m) 1개소 이상, 평의자 5개소, 휴지통 1개소 이상을 설치하시오.

② 진입광장 : 종합안내판 설치, 필요한 곳에 수목보호대를 설치하고 녹음수를 식재하시오.

③ 저수지구 : 기존 수로와 연계하여 대상지의 북동쪽에 조류관찰소와 안내판 1개소씩을 설치하시오.

④ 습지지구 : 저수지구와 인접한 아래쪽에 동선형 관찰데크, 안내판 5개소 이상을 설치하고, 자연형 호안을 조성하시오.

⑤ 삼림지구 : 기존 수림을 적극적으로 활용하여 관찰로를 조성하고, 수목표찰을 10개 이상 설치하시오.

⑥ 각 공간별 특징과 성격에 맞는 포장을 실시하고, 포장재료명을 표기하시오.

⑦ 각 공간별 계획고를 표기하고 마운딩되는 부분은 등고선 표기를 하시오.

⑧ 도면의 우측여백에 시설물수량표를 작성하시오.

문제 03

다음 조건을 참고로 하여 배식설계도를 작성하시오. [답안지 Ⅲ]

※ 설계요구사항

① 중부지방의 산림지구 자생수종을 식재하되 〈보기〉의 수종 중 적합한 수종을 선택하여 식재하시오(10종 이상 선정할 것).

보기

상수리나무, 갈참나무, 느티나무, 은행나무, 청단풍, 졸참나무, 굴참나무, 신갈나무, 소나무, 생강나무, 팥배나무, 산벚나무, 꽃사과, 목백합나무, 플라타너스, 층층나무, 국수나무, 자산홍, 백철쭉, 철쭉, 진달래, 청가시덩굴, 병꽃나무, 찔레

② 중부지방의 자연식생구조를 도입한 다층구조의 녹지로 조성되는 생태적 식재설계 수종을 ①의 〈보기〉에서 선정하시오.

③ 도면의 여백 공간에 10m×10m(100m^2)의 식재 평면상세도와 입면도를 상층, 중층, 하층 식생이 구분되게 작성하시오.

④ 수목의 명칭, 규격, 수량을 인출선을 사용하여 표기하시오.

⑤ 습지지구 주변과 저수지구 주변에 적합한 식물을 식재하시오.

⑥ 〈보기〉의 식물 중 적합한 식물을 10종 이상 선정하여 식재하시오. 특히 조류의 식이(먹이)식물 및 은신처가 가능한 식물을 선정하시오.

보기

갯버들, 버드나무, 갈대, 부들, 골풀, 소나무, 살구나무, 산초나무, 억새, 꼬리조팝, 찔레, 왕벚나무, 산딸나무, 국수나무, 붉나무, 생강나무, 개망초, 토끼풀, 메타세쿼이아, 물푸레나무, 낙우송

⑦ 도면의 여백을 이용하여 수목수량표를 작성하시오.

현 황 도

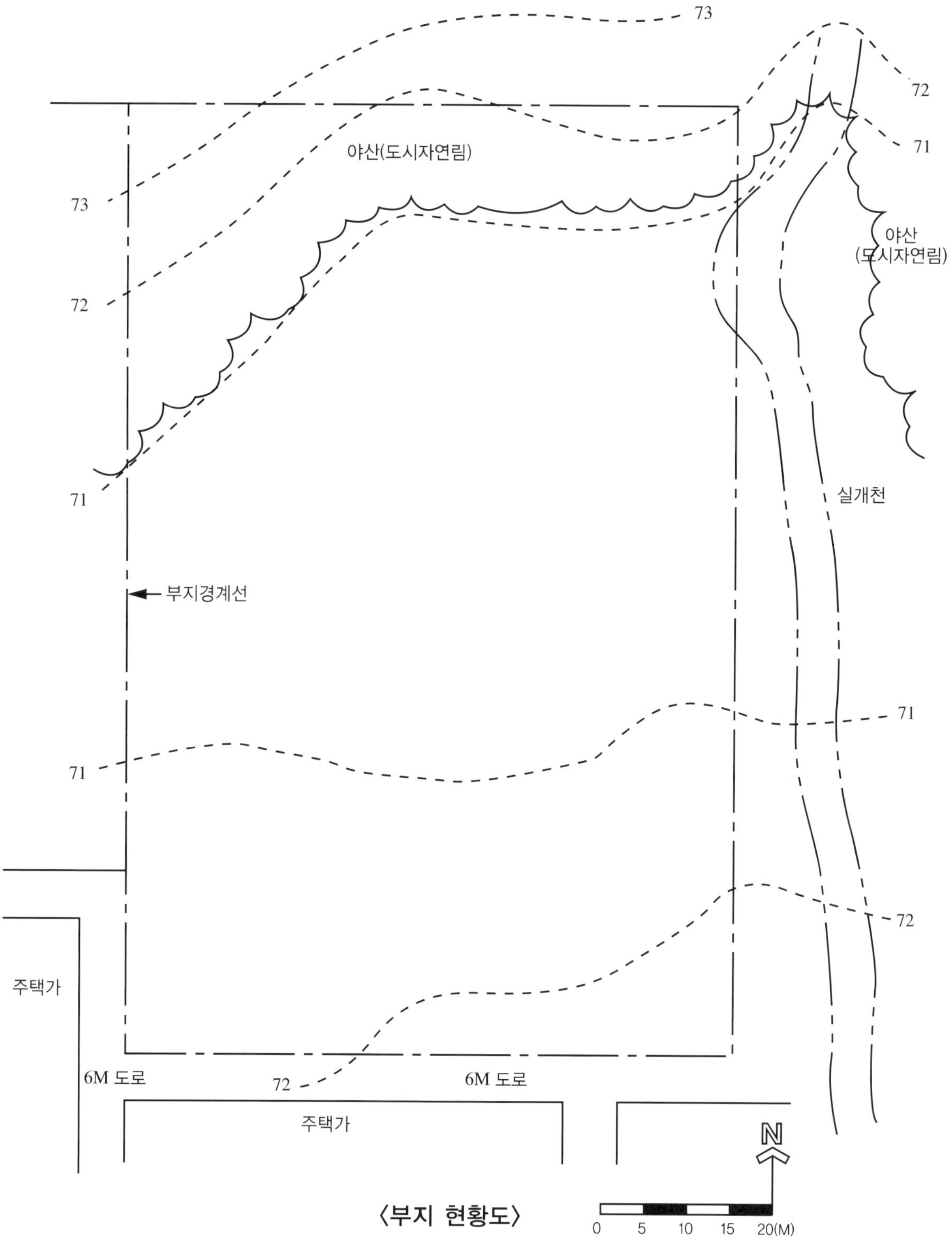
73
72
71
73
72
71
야산(도시자연림)
야산
(도시자연림)
실개천
부지경계선
71
71
72
72
주택가
6M 도로
6M 도로
주택가
N
0
5
10
15
20(M)

〈부지 현황도〉

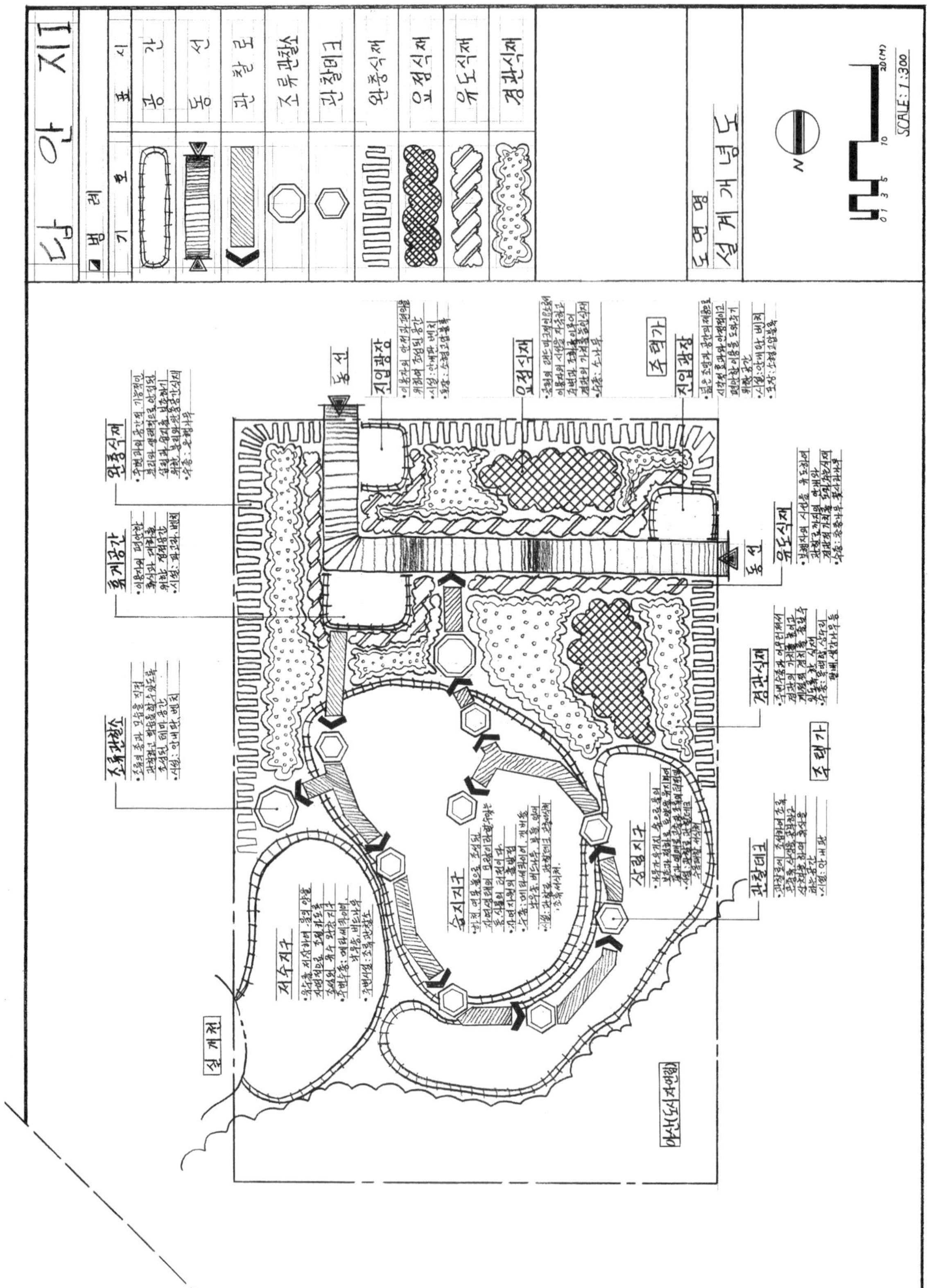
답안지
범례
기호
표시
공간
동선
관찰로
조류관찰소
관찰데크
완충식재
요점식재
유도식재
경관식재
도면명
설계개념도
N
SCALE : 1:300
동선
진입광장
주택가
휴게공간
조류관찰소
저수지구
습지지구
산림지구
관찰데크
설계천

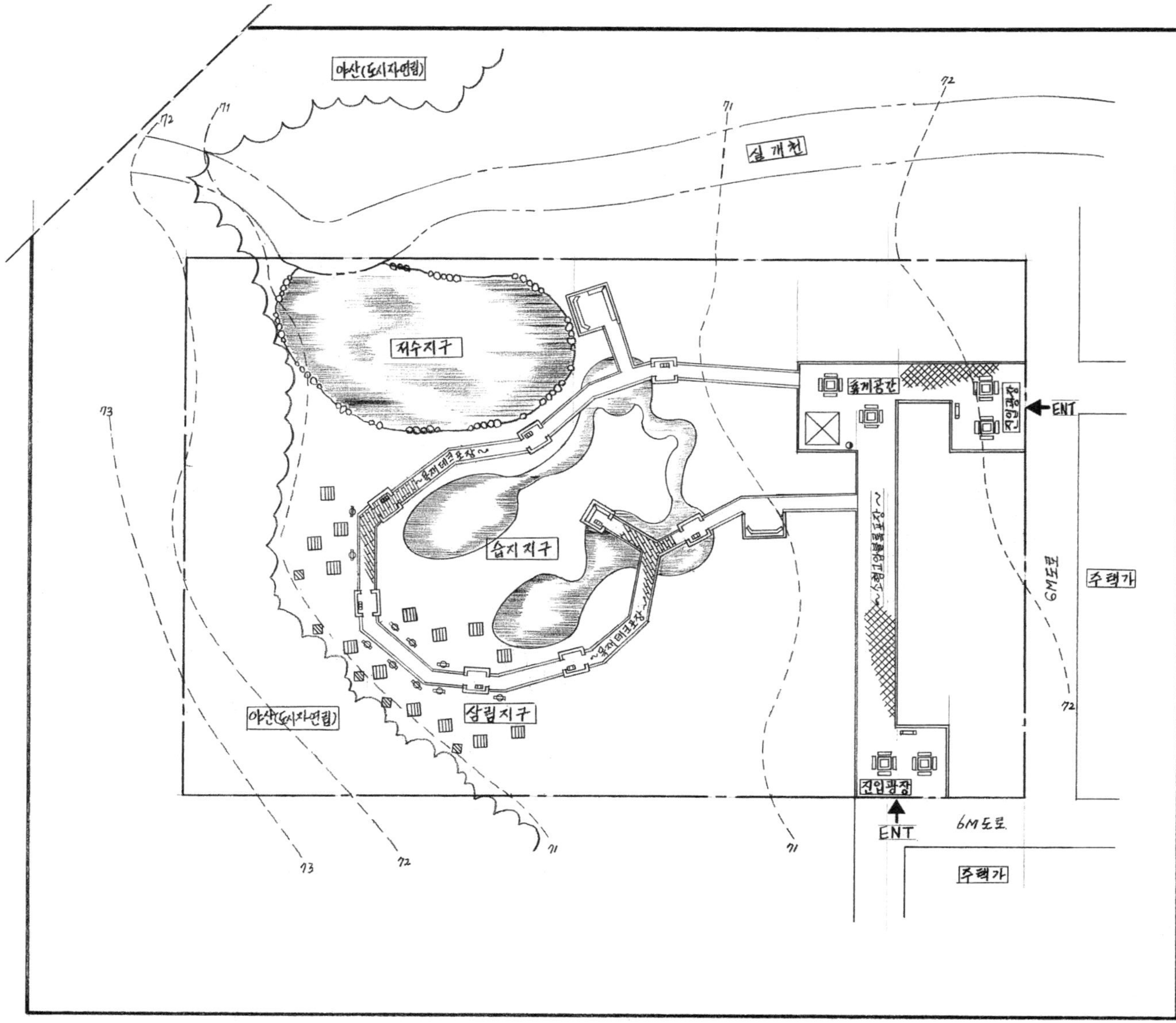

답안지 II

■ 시설물 수량표

기호	시설명	규격	단위	수량
⊠	파고라	9,000×4,000	개	1
	관찰데크	3,000×3,000	〃	8
	조류관찰소	5,000×5,000	〃	2
	평의자	1,500×400	〃	24
◑	휴지통	ø600	〃	1
	종합안내판	H=1,800	〃	2
	안내판	H=700	〃	8
	수목보호대	1,500×1,500	〃	8
	수목표찰	300×150	〃	10
	곤충인공서식처	—	〃	14
▧	조류서식처	—	〃	5

도면명

기본설계도

N

0 1 3 5 10 20(M)

SCALE: 1:300

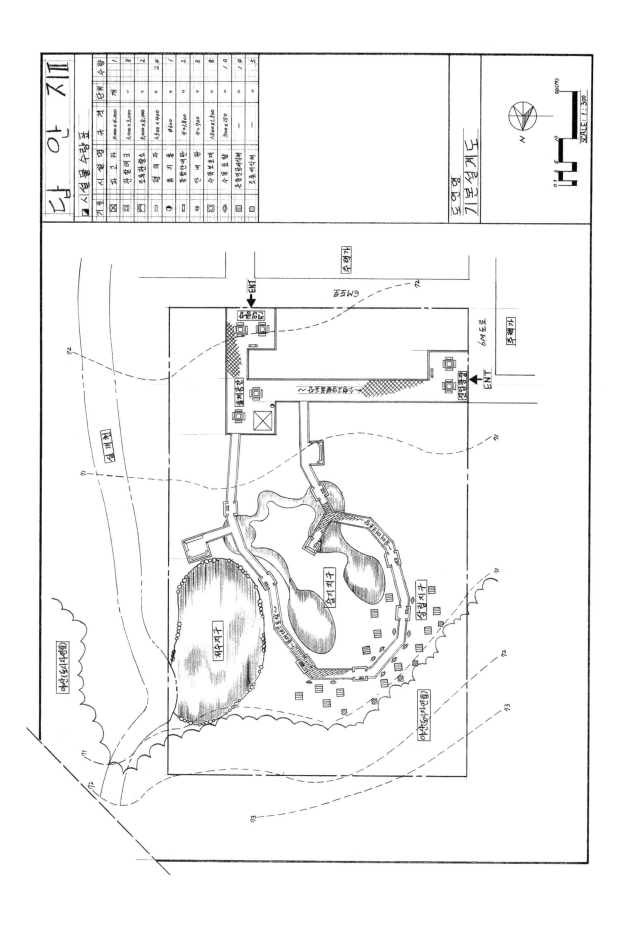

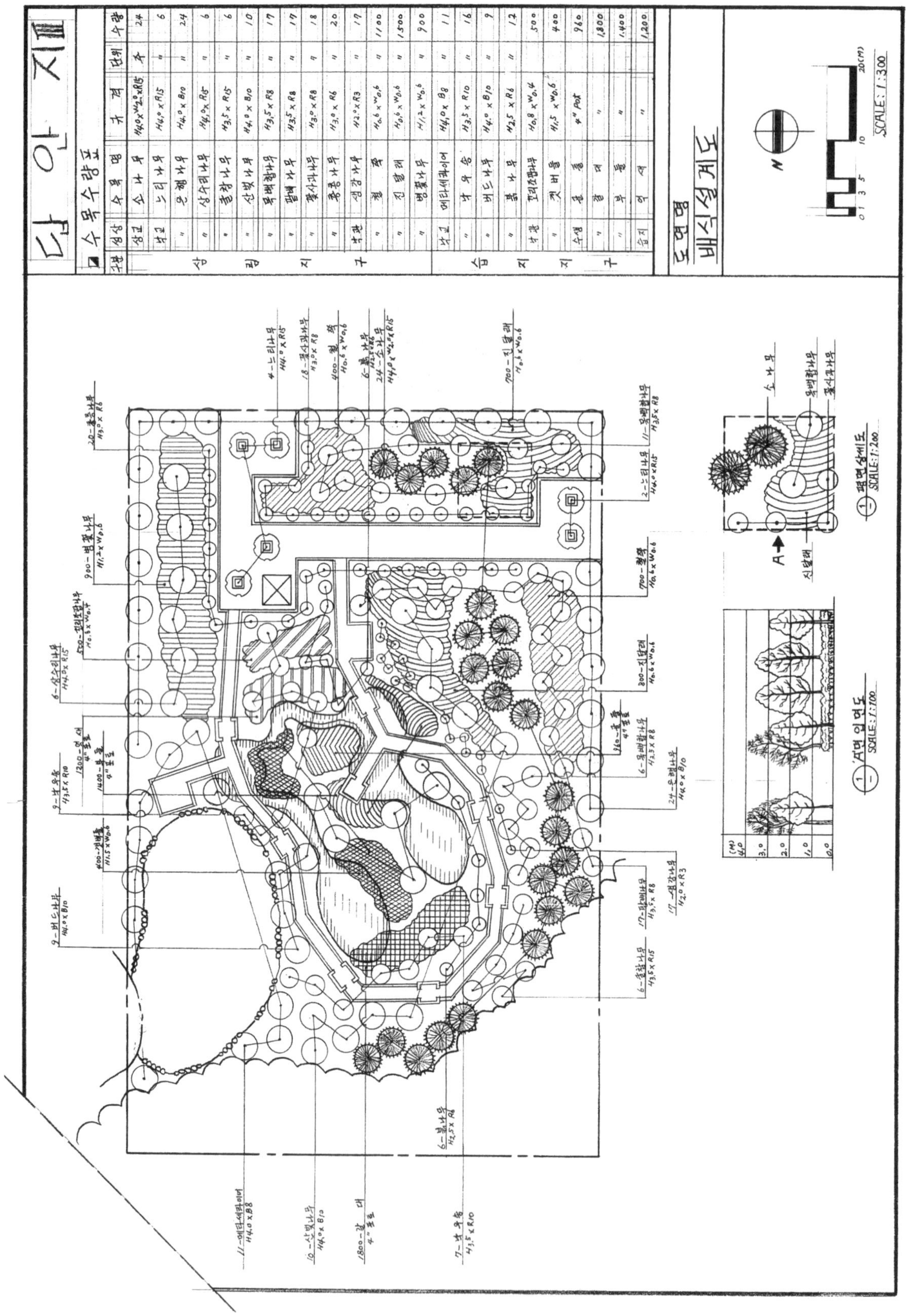
담안지Ⅲ
수목수량표
구분 성상 수목명 규격 단위 수량
상림지구
상교 소나무 H4.0×W2.0×R15 주 24
낙교 느티나무 H4.0×R15 〃 6
〃 은행나무 H4.0×B10 〃 24
〃 상수리나무 H4.0×R15 〃 6
〃 졸참나무 H3.5×R15 〃 6
〃 산벚나무 H4.0×B10 〃 10
〃 목백합나무 H3.5×R8 〃 17
〃 팥배나무 H3.5×R8 〃 17
〃 꽃사과나무 H3.0×R8 〃 18
〃 층층나무 H3.0×R6 〃 20
낙관 생강나무 H2.0×R3 〃 17
〃 철쭉 H0.6×W0.6 〃 1100
〃 진달래 H0.6×W0.6 〃 1500
〃 병꽃나무 H1.2×W0.6 〃 900
습지지구
낙교 메타세콰이어 H4.0×B8 〃 11
〃 낙우송 H3.5×R10 〃 16
〃 버드나무 H4.0×B10 〃 9
〃 붉나무 H2.5×R6 〃 12
낙관 조리조팝나무 H0.8×W0.4 〃 500
〃 갯버들 H1.5×W0.6 〃 400
수생 골풀 4" pot 960
〃 갈대 〃 1,800
〃 부들 〃 1,400
습지 억새 〃 1,200
도면명
배식설계도
N
SCALE : 1:300
A'면 입면도
SCALE : 1:100
평면상세도
SCALE : 1:200

2017년 1회 국가기술자격 검정 실기시험문제					
시험시간	2시간 30분	**자격종목**	조경산업기사	**작품명**	어린이공원설계

※ 설계요구사항

다음은 중부지방에 위치하고 있는 어린이공원의 설계 부지이다. 다음 문제에서 주어진 현황도와 설계조건을 고려하여 기본구상개념도[답안지 Ⅰ]와 시설물 배치도 및 배식평면도[답안지 Ⅱ]를 축척 1/100로 작성하시오.

문제 01

다음의 설계요구조건을 만족하는 기본구상개념도를 작성하시오.[답안지 Ⅰ]

※ 설계요구사항

① 적당한 곳에 휴게공간, 놀이공간, 다목적 공간 등을 배치하시오.

② 주동선과 부동선, 공간배치, 진출입관계, 식재개념과 배치 등을 개념도 표현기법을 이용하여 표현하고, 각 공간의 명칭, 기능, 성격 등을 약술하시오.

③ 필요한 지역에 유도식재, 차폐식재, 완충식재를 도입하고, 어린이공원에 알맞은 수종을 식재하도록 하시오.

④ 도면의 우측 여백에 어린이공원에 식재하지 말아야 할 수종 중 5종 이상을 명기하시오.

문제 02

다음의 설계요구조건에 따라 시설물 배치도 및 배식평면도를 작성하시오.[답안지 Ⅱ]

※ 설계요구사항

① 휴게공간은 동북방향으로 배치하고, 퍼걸러 2개소, 벤치, 휴지통, 음수대 등을 계획하고 배치하시오(면적 $50m^2$ 이상).

② 놀이공간은 동남방향으로 배치하고, 정글짐, 그네, 회전무대, 철봉, 시소, 미끄럼틀, 사다리 등의 놀이시설 5종 이상을 계획하고 배치하시오(면적 $90m^2$ 이상).

③ 다목적 공간은 서쪽방향으로 배치하고 벤치, 휴지통 등을 계획하고 배치하시오(면적 $70m^2$ 이상).

④ 식재공간의 최소폭은 2m 이상으로 계획하고 배치하시오.

⑤ 식재설계 시 중부지방 수종 중 10종 이상을 선정하여 식재하고, 인출선을 사용하여 수량, 수종명, 규격을 표기하고, 범례란에 수목, 시설물수량표를 작성하시오.

⑥ 설계된 내용을 가장 잘 나타낼 수 있는 위치에 A-A′의 단면선을 표기하고, 도면 하단부에 임의로 A-A′ 단면도를 작성하시오.

현 황 도

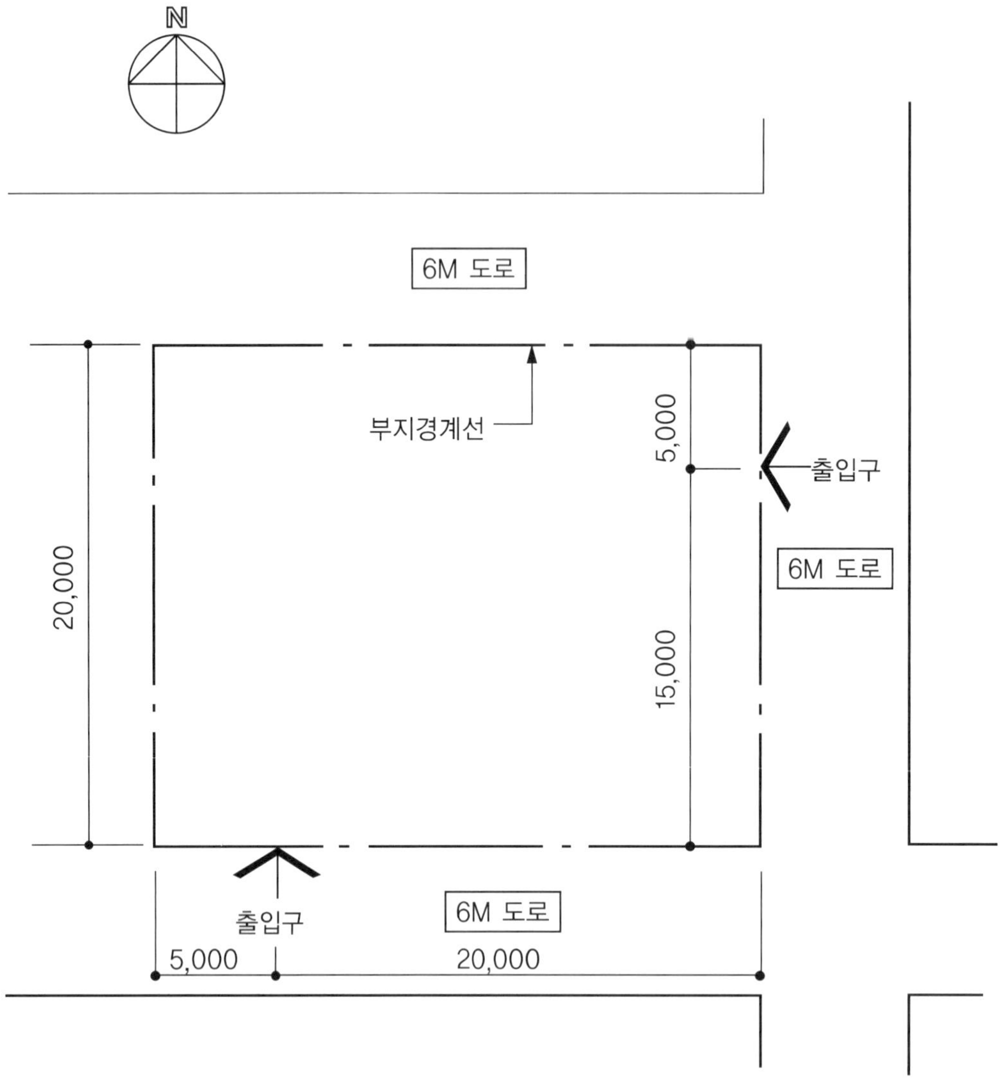

〈부지 현황도〉 S = 1/300

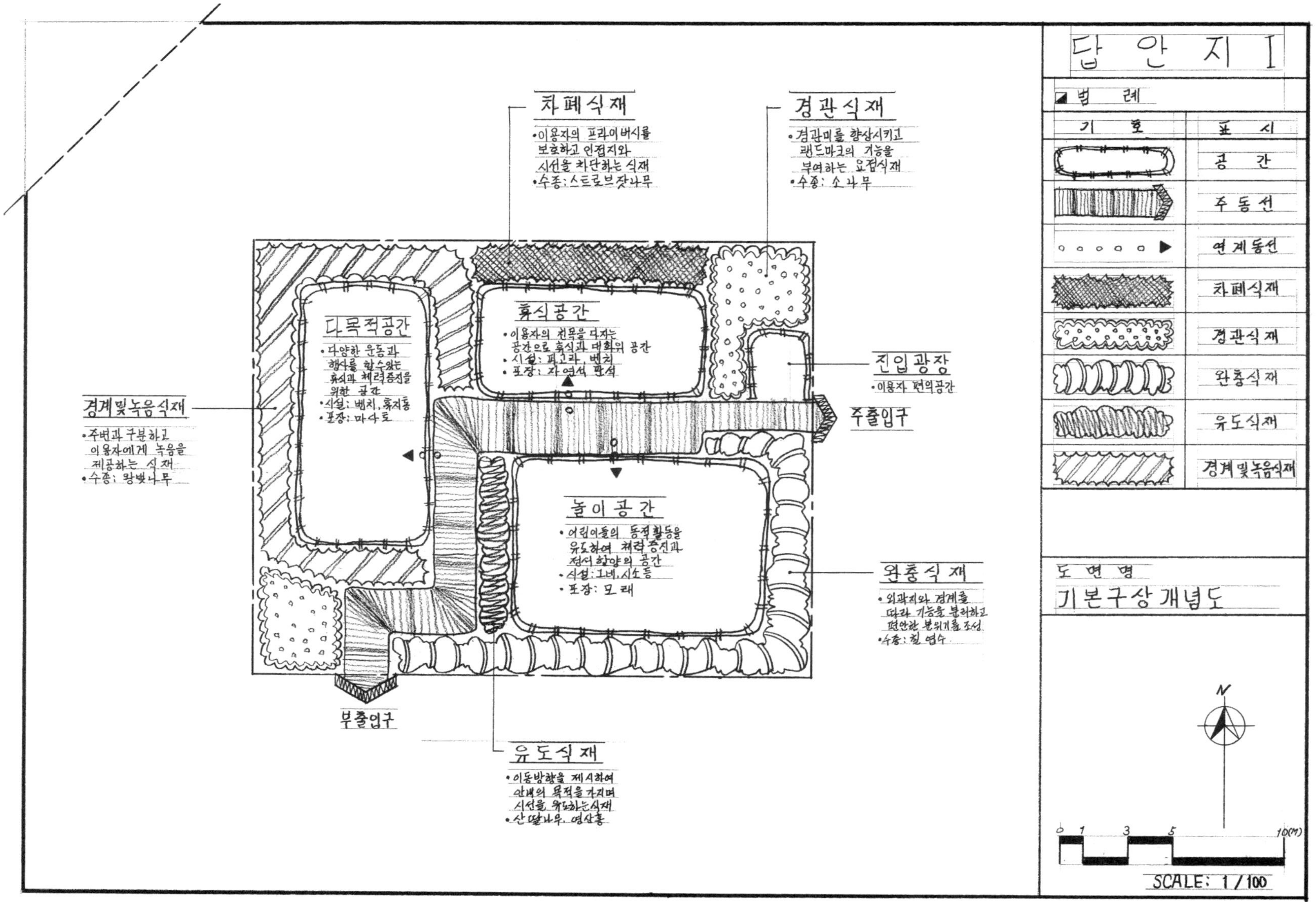

답 안 지 I
범 례
기 호
표 시
공 간
주 동 선
연 계 동 선
차 폐 식 재
경 관 식 재
완 충 식 재
유 도 식 재
경계 및 녹음식재
도 면 명
기본구상개념도
N
0 1 3 5 10(M)
SCALE: 1/100
차폐식재
•이용자의 프라이버시를 보호하고 인접지와 시선을 차단하는 식재
•수종: 스트로브잣나무
경관식재
•경관미를 향상시키고 랜드마크의 기능을 부여하는 요점식재
•수종: 소나무
다목적공간
•다양한 운동과 행사를 할 수 있는 휴식과 체력증진을 위한 공간
•시설: 벤치, 휴지통
•포장: 마사토
휴식공간
•이용자의 친목을 다지는 공간으로 휴식과 대화의 공간
•시설: 퍼고라, 벤치
•포장: 자연석 판석
진입광장
•이용자 편의공간
주출입구
경계 및 녹음식재
•주변과 구분하고 이용자에게 녹음을 제공하는 식재
•수종: 왕벚나무
놀이공간
•어린이들의 동적활동을 유도하여 체력증진과 정서함양의 공간
•시설: 그네, 시소 등
•포장: 모래
완충식재
•외곽지와 경계를 따라 기능을 분리하고 편안한 분위기를 조성
•수종: 칠엽수
부출입구
유도식재
•이동방향을 제시하여 산책의 목적을 가지며 시선을 유도하는 식재
•산딸나무, 영산홍

답안지 Ⅱ

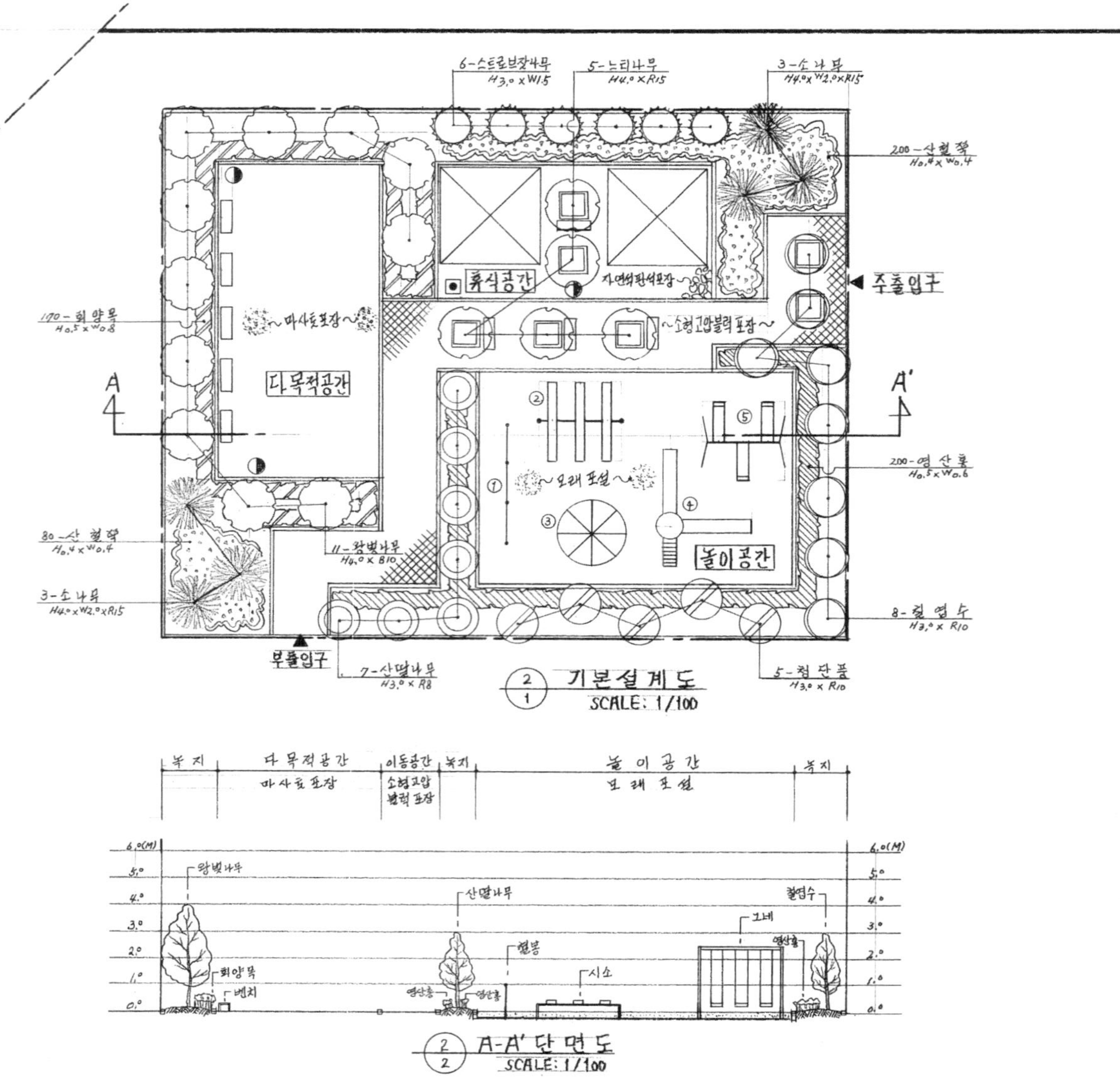

시설물수량표

기호	시설명	규격	단위	수량
⊠	파고라	3,600x3,600	개	2
□	수목보호대	1,000x1,000	〃	7
▭	벤치	1,200x400	〃	9
▣	음수대	500x500	〃	1
◑	휴지통	Ø600x600	〃	3
①	철봉	3단식	〃	1
②	시소	3연식	〃	1
③	회전무대	Ø2,500	〃	1
④	미끄럼대	2방식	〃	1
⑤	그네	3연식	〃	1

수목수량표

성상	수목명	규격	단위	수량
상교	소나무	H4.0xW2.0xR15	주	6
〃	스트로브잣나무	H3.0xW1.5	〃	6
낙교	왕벚나무	H4.0xB10	〃	11
〃	느티나무	H4.0xR15	〃	5
〃	칠엽수	H3.0xR10	〃	8
〃	산딸나무	H3.0xR8	〃	7
〃	청단풍	H3.0xR10	〃	5
상관	회양목	H0.5xW0.8	〃	170
낙관	영산홍	H0.5xW0.6	〃	200
〃	산철쭉	H0.4xW0.4	〃	280

도면명

시설물배치도 및 배식평면도

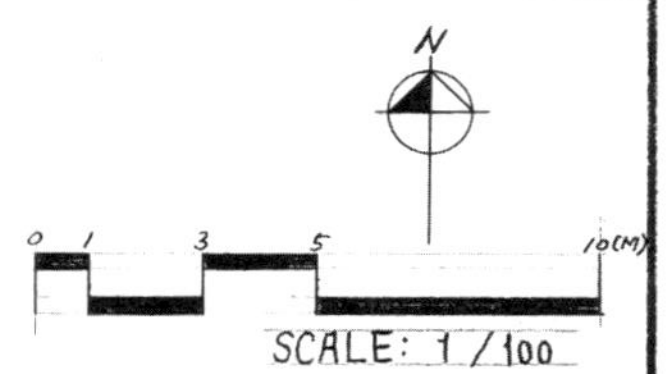

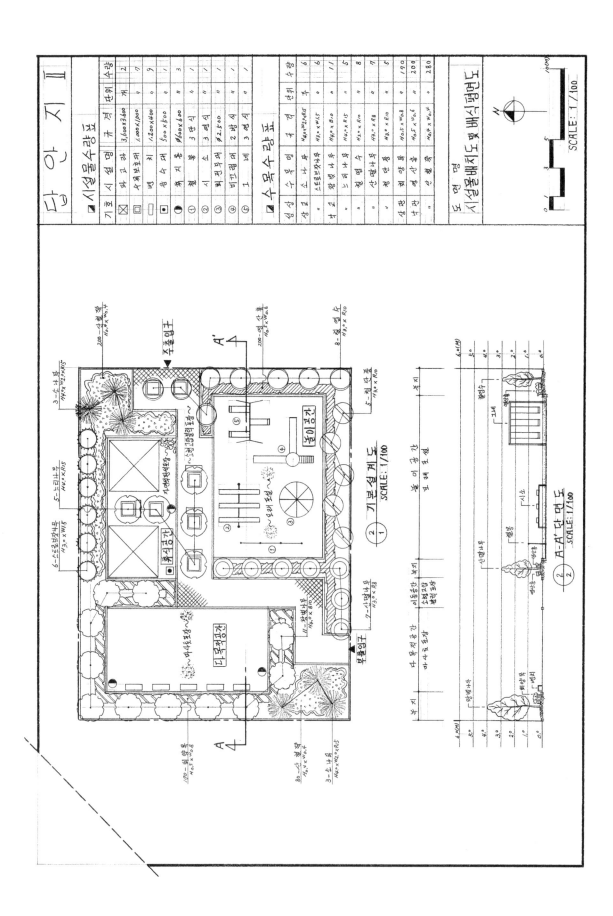

2018년 1회 국가기술자격 검정 실기시험문제					
시험시간	3시간	**자격종목**	조경기사	**작품명**	항일운동 추모공원

※ 설계요구조건

경기 중부권 대도시 외곽수림지역에 3.1 독립정신의 계승을 위한 항일운동 추모공원을 조성하고자 한다. 다음의 설계조건과 현황도를 참조하여 추모공원 설계도를 계획하고, 축척을 1/300로 작성하시오(단, 항일운동의 독립정신을 고취할 수 있도록 한다).

문제 01

다음 설계요구조건을 만족하는 기본구상개념도를 작성하시오.[답안지 Ⅰ]

※ 설계요구조건

① '가' 지역과 '나' 지역의 지반고 36.4m, '다' 지역의 지반고 38.4m로 하여 설계하시오.

② 주동선은 폭 8m 이상의 투수성 포장을 하시오.

③ 식재지역에는 녹음, 경관, 완충식재 등을 도입하고, 개념도에는 공간별 특징을 명기하시오.

문제 02

다음 설계요구조건에 따라 시설물 배치도를 작성하시오.[답안지 Ⅱ]

※ 설계요구조건

① '가' 지역 : 진입공간으로 주차장과 연계하여 소형승용차 10대와 장애인 주차 2대가 주차할 수 있도록 하시오.

② '나' 지역 : 중앙광장(22×22m)을 설치하고 높이 4m의 문주(800×800) 4개 설치, 기록·기념관(600m^2 내외)을 단층팔작지붕으로 하고, 전면에는 80m^2 내외의 정형식 연못 2개소를 설치하고, 휴식공간(480m^2 내외)은 시설물공간과 잔디공간으로 구분하고 퍼걸러(5,000×10,000)를 설치하시오.

③ '가' 지역과 '나' 지역은 H=2.2m 사괴석 담장과 W=1.2m의 기와지붕 중문을 설치하시오.

④ '다' 지역 : 추모 기념탑공간(23×20m)으로의 진입은 계단과 산책로로 설계하고, 장축은 동서방향, 중심에는 직경 5m의 원형좌대(H=15cm) 설치 후 직경 2m의 스테인리스 기념탑(H=18m)을 설치하고, 주변에 H=3m 군상조형물(1×2.6m) 2개, 길이 4m의 명각표석을 설치하시오.

문제 03

설계조건을 참고하여 배식설계도(수목배치도)를 축척 1/100로 확대하여 작성하시오.[답안지 Ⅲ]

※ 설계요구조건

〈보기〉의 수종 중 추모공원에 적합한 수종으로 13종 이상을 식재하시오.

보기

소나무, 잣나무, 주목, 측백나무, 갈참나무, 노각나무, 느티나무, 매화나무, 목련, 물푸레나무, 산딸나무, 산수유, 일본목련, 수수꽃다리, 은행나무, 자작나무, 태산목, 눈향나무, 개나리, 남천, 사철나무, 무궁화, 백철쭉, 회양목, 진달래, 협죽도, 잔디

현 황 도

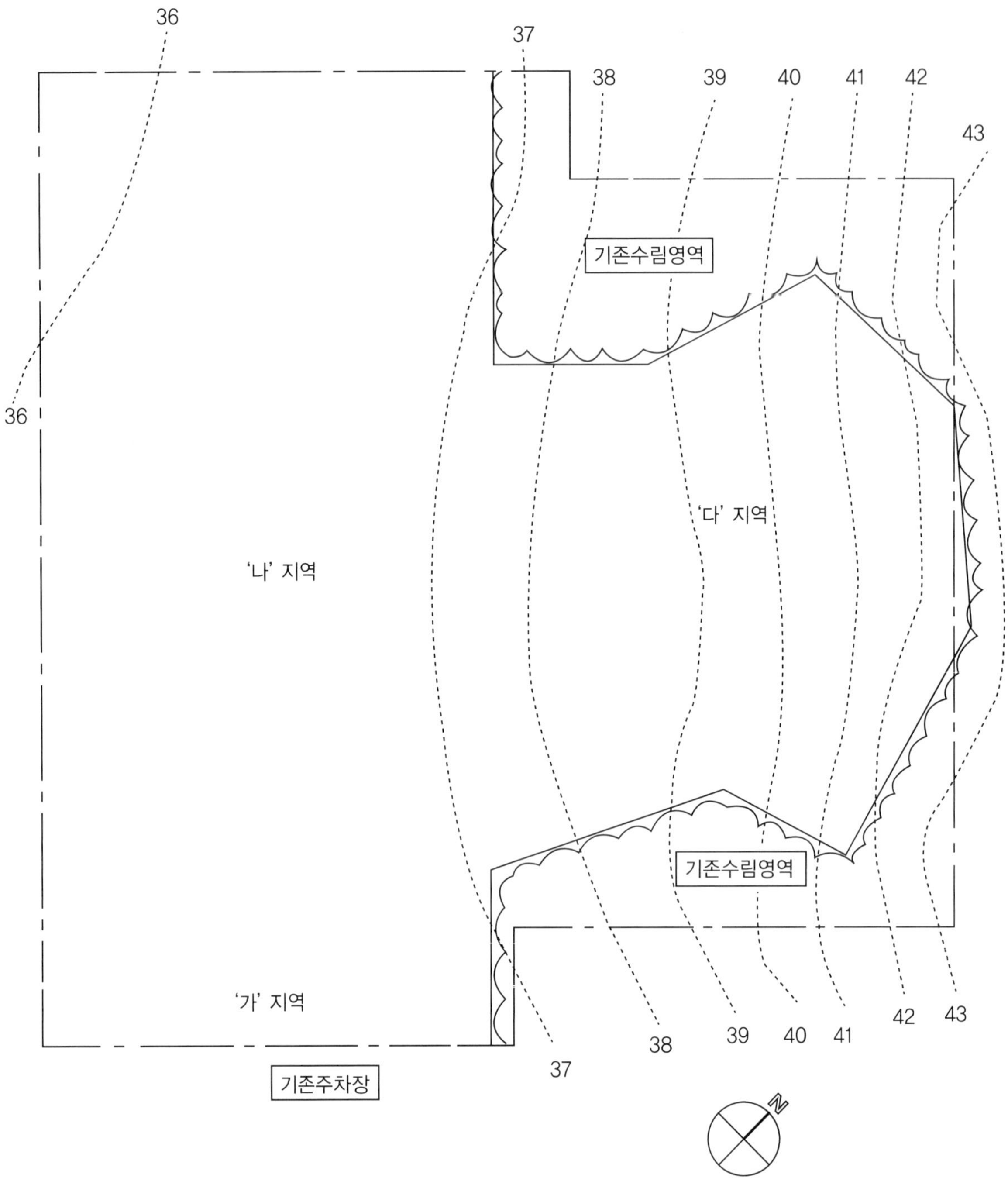

〈부지 현황도〉 S = 1/600

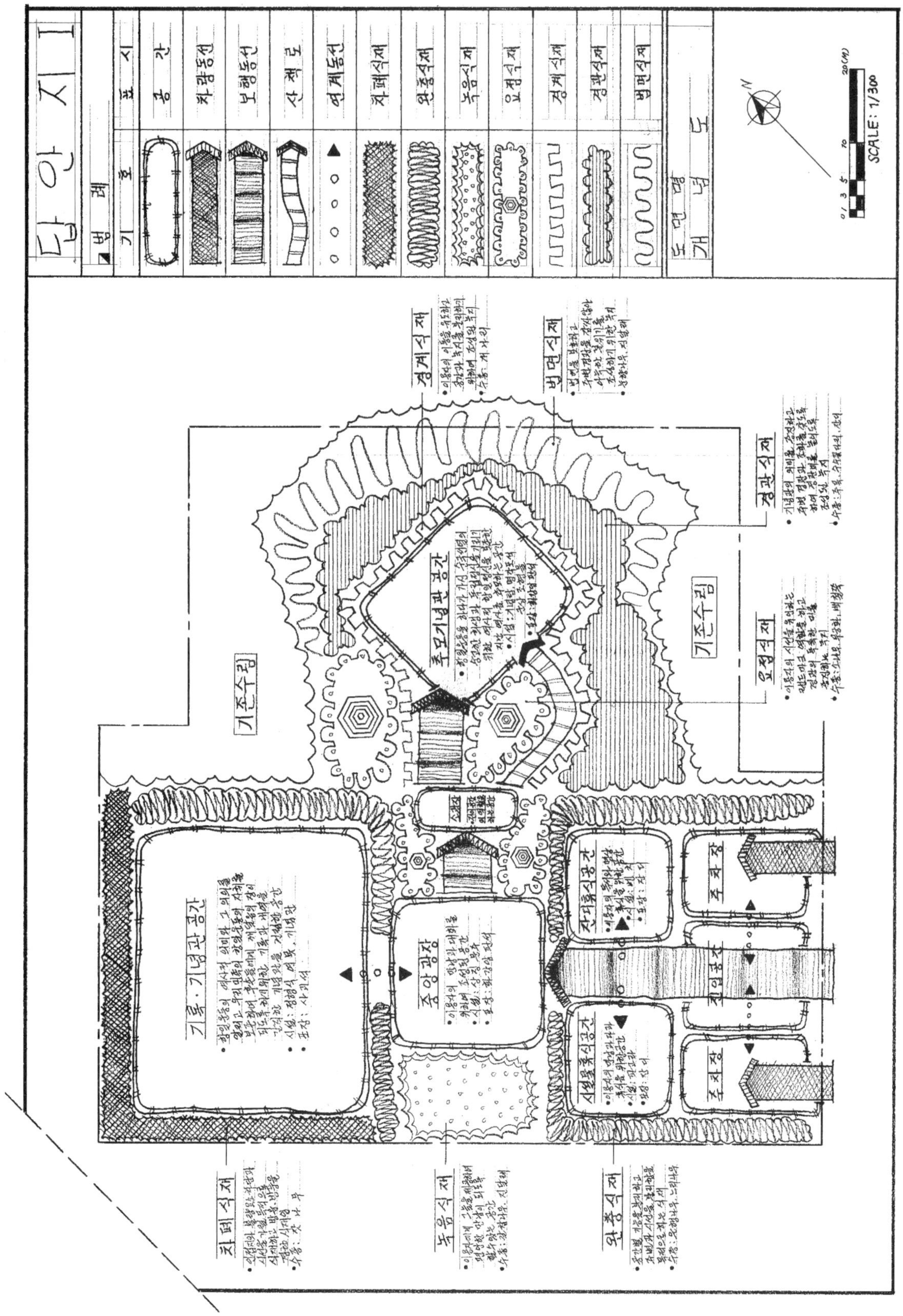

단안지 I
범례
기호
표시
공간
차량동선
보행동선
산책로
연계동선
차폐식재
완충식재
녹음식재
요점식재
경계식재
경관식재
법면식재
도면명
개념도
SCALE : 1/300
기록·기념관공간
중앙광장
추모기념관공간
기존수림
주차장
진입공간
시설물휴식공간
전시휴식공간
차폐식재
녹음식재
완충식재
경계식재
법면식재
경관식재
요점식재

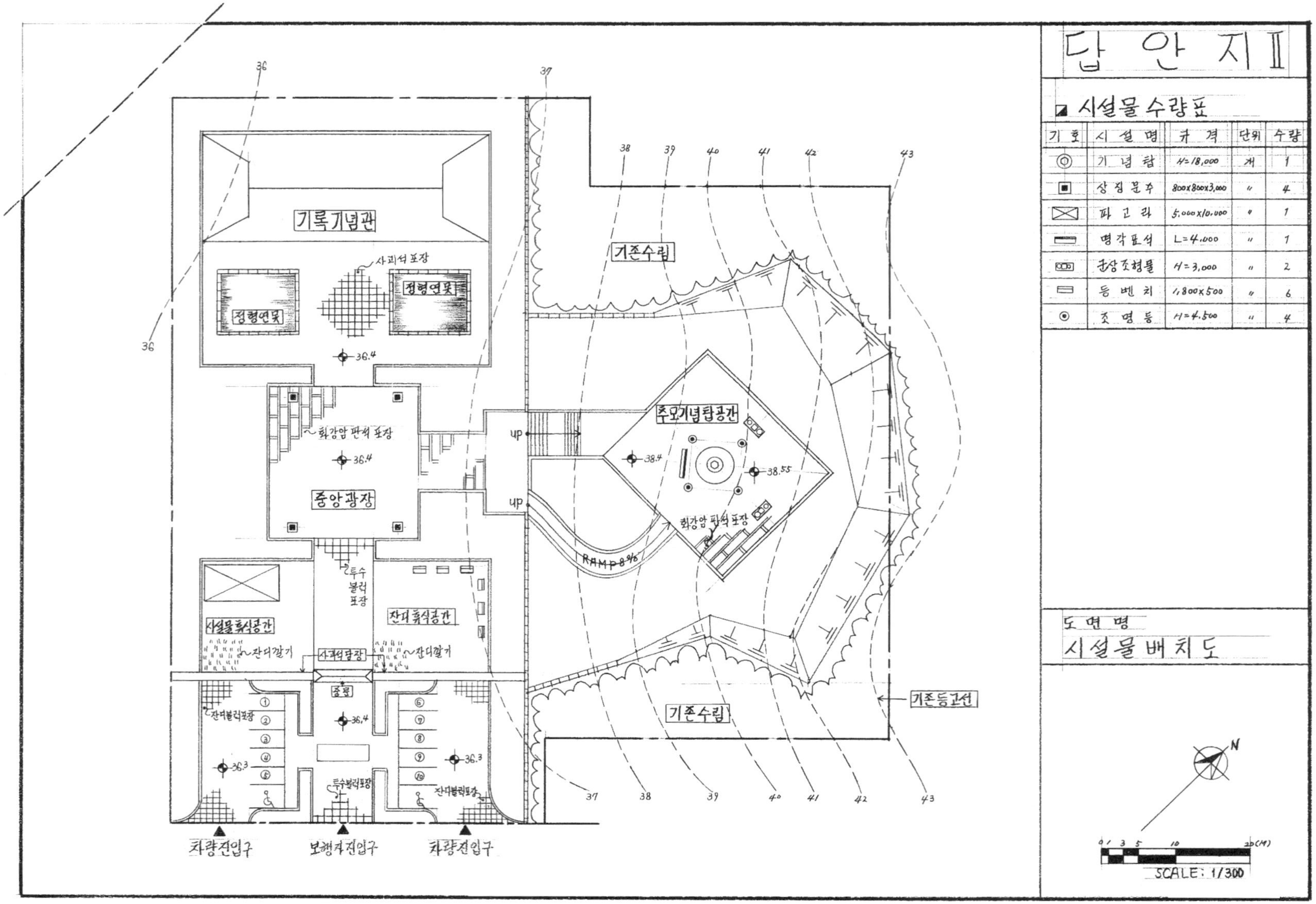

기호	시설명	규격	단위	수량
◎	기념탑	H=18,000	개	1
■	상징문주	800x800x3,000	〃	4
⊠	파고라	5,000x10,000	〃	1
▭	명각표석	L=4,000	〃	1
▭	군상조형물	H=3,000	〃	2
▭	등벤치	1,800x500	〃	6
⊙	조명등	H=4,500	〃	4

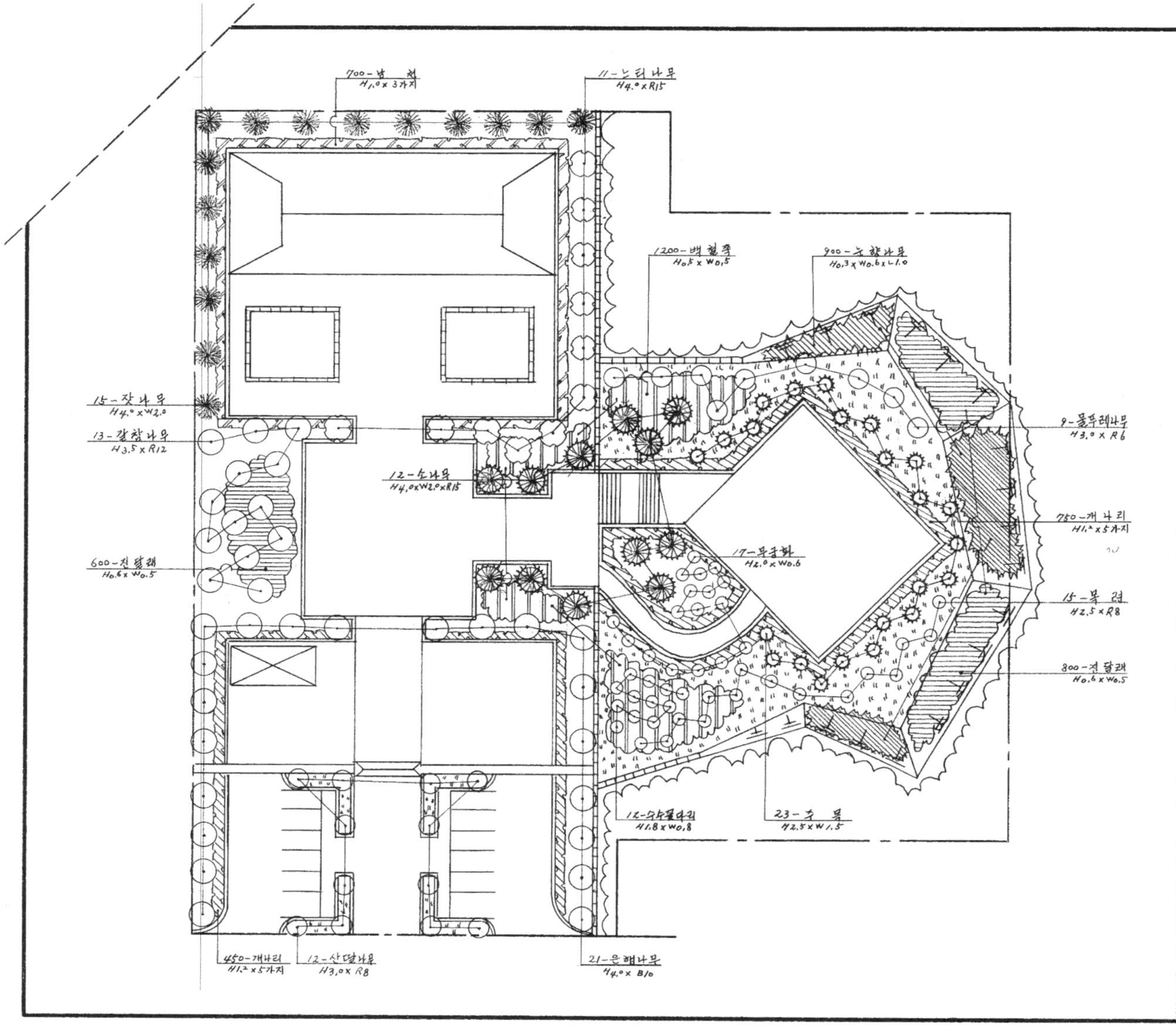

답 안 지 Ⅲ

수목수량표

성상	수목명	규격	단위	수량
상교	소나무	H4.0×W2.0×R15	주	12
〃	잣나무	H4.0×W2.0	〃	15
〃	주목	H2.5×W1.5	〃	23
낙교	느티나무	H4.0×R15	〃	11
〃	은행나무	H4.0×B10	〃	21
〃	갈참나무	H3.5×R12	〃	13
〃	물푸레나무	H3.0×R6	〃	9
〃	산딸나무	H3.0×R8	〃	12
〃	목련	H2.5×R8	〃	15
상관	눈향나무	H0.3×W0.6×L1.0	〃	900
낙관	무궁화	H2.0×W0.6	〃	17
〃	수수꽃다리	H1.8×W0.8	〃	12
〃	개나리	H1.2×5가지	〃	1,200
〃	진달래	H0.6×W0.5	〃	1,400
〃	백철쭉	H0.5×W0.5	〃	1200
상관	남천	H1.0×3가지	〃	700
지피	잔디	0.3×0.3×0.03	M²	—

도면명
배식평면도

N

0 1 3 5 10 20(M)
SCALE: 1/300

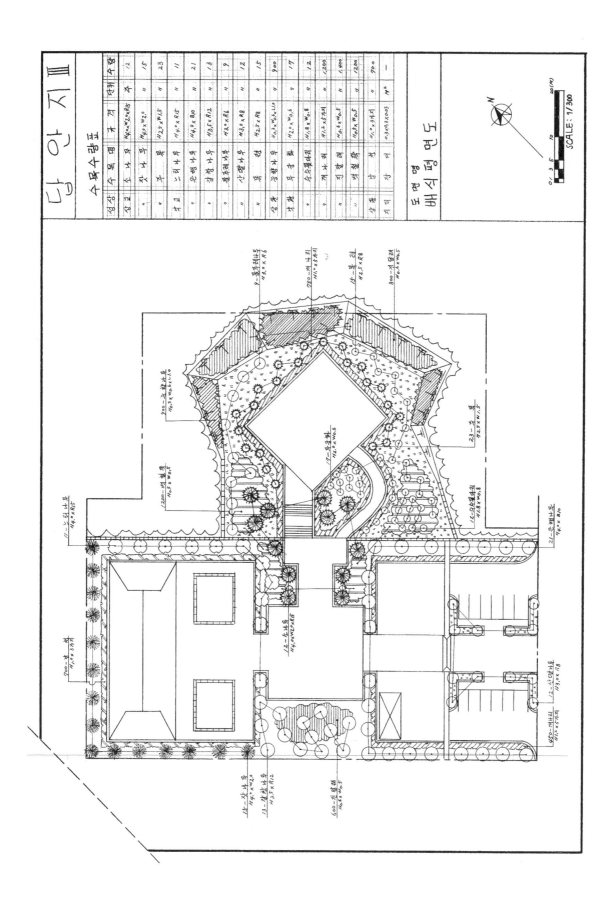

2018년 1회 국가기술자격 검정 실기시험문제					
시험시간	2시간 30분	**자격종목**	조경산업기사	**작품명**	어린이공원설계

※ 설계요구사항

다음은 중부지방의 도시 내 주택가에 위치한 어린이공원 부지 현황도이다. 부지 내는 남북으로 1%의 경사가 있고, 부지 밖으로는 5%의 경사가 있다. 축척 1/200로 확대하여 주어진 설계조건을 고려하여 기본계획도 및 단면도와 식재평면도를 작성하시오.

※ 설계요구조건

① 기존의 옹벽을 제거하고, 여러 방면에서 접근이 용이하도록 출입구 5개를 만든다.
② 위의 조건을 만족하려면, 남북방향으로 2~3단을 만들어야 한다.
③ 간이 농구대와 롤러스케이트장을 설치한다.
④ 소규모광장이나 운동장, 휴게공간과 휴게시설을 설치한다.
⑤ 기존의 소나무와 느티나무, 조합놀이대(이동 가능)를 설치한다.
⑥ 화장실(4×5m) 1개소, 휴지통, 가로등, 음료수대를 설치한다.
⑦ 주택지역과 인접한 곳은 차폐식재를 한다.
⑧ 각 공간의 기능에 알맞은 바닥포장을 한다.

문제 01

기본설계도 및 단면도를 작성하시오.[답안지 Ⅰ]

※ 설계요구조건

① 부지 내 변경된 지형을 점표고로 나타낼 것
② 기존 부지와 변경된 부지의 단면도를 그릴 것
③ 시설물 및 바닥포장의 범례를 만들 것

문제 02

식재 평면도를 작성하시오.[답안지 Ⅱ]

※ 설계요구조건

① 수목의 성상별로 구분하고, 가나다 순으로 정렬하여 수량집계표를 완성한다.
② 수목의 명칭, 규격, 수량은 인출선을 사용하여 표기한다.
③ 〈보기〉에서 수목의 생육에 지장이 없는 수종을 선택하여 15종 이상 식재한다.

보기

소나무, 잣나무, 히말라야시다, 섬잣나무, 동백나무, 청단풍, 홍단풍, 사철나무, 회양목, 후박나무, 느티나무, 감나무, 서양측백, 산수유, 왕벚나무, 영산홍, 백철쭉, 수수꽃다리, 태산목

현 황 도

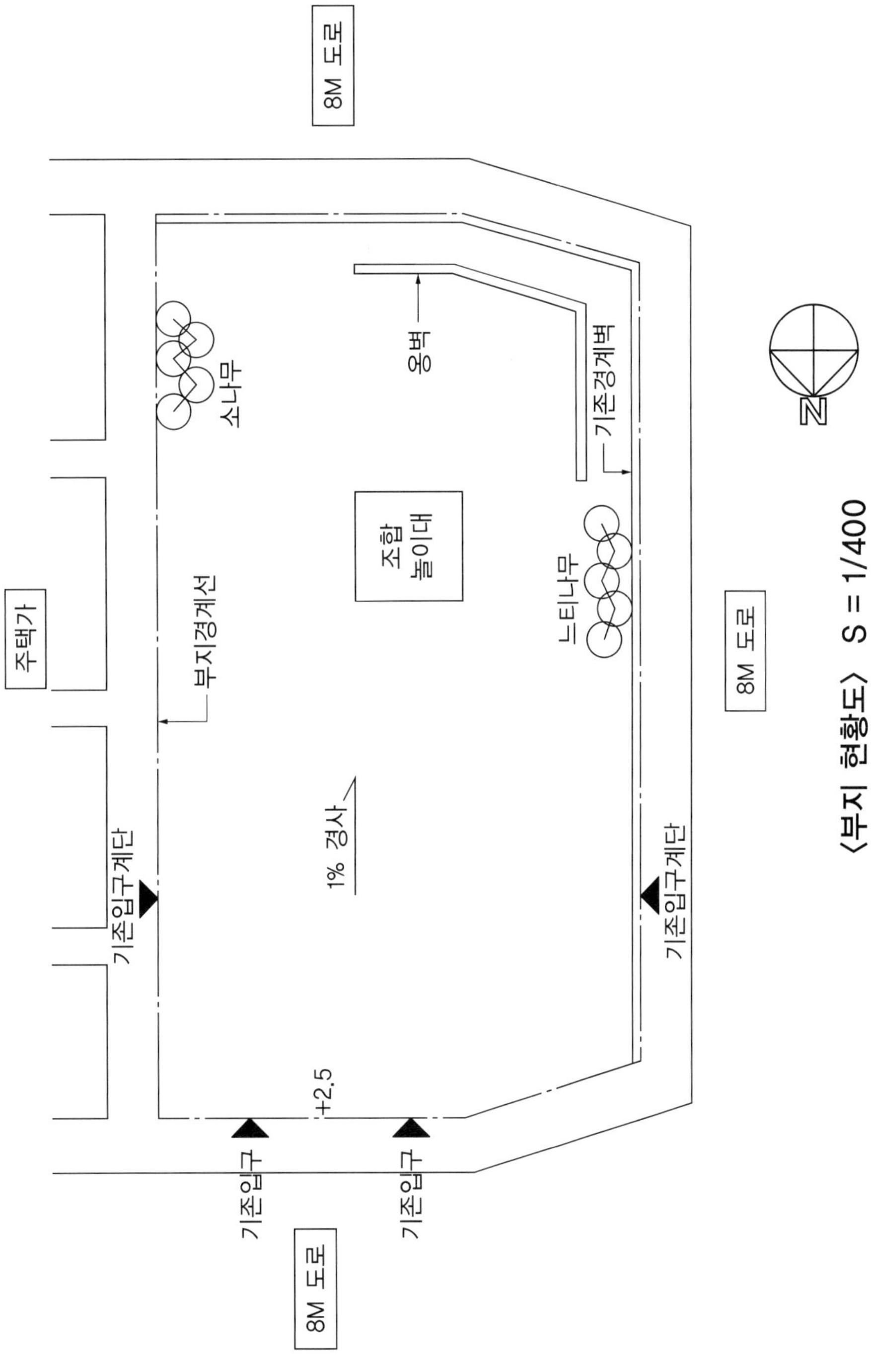

〈부지 현황도〉 S = 1/400

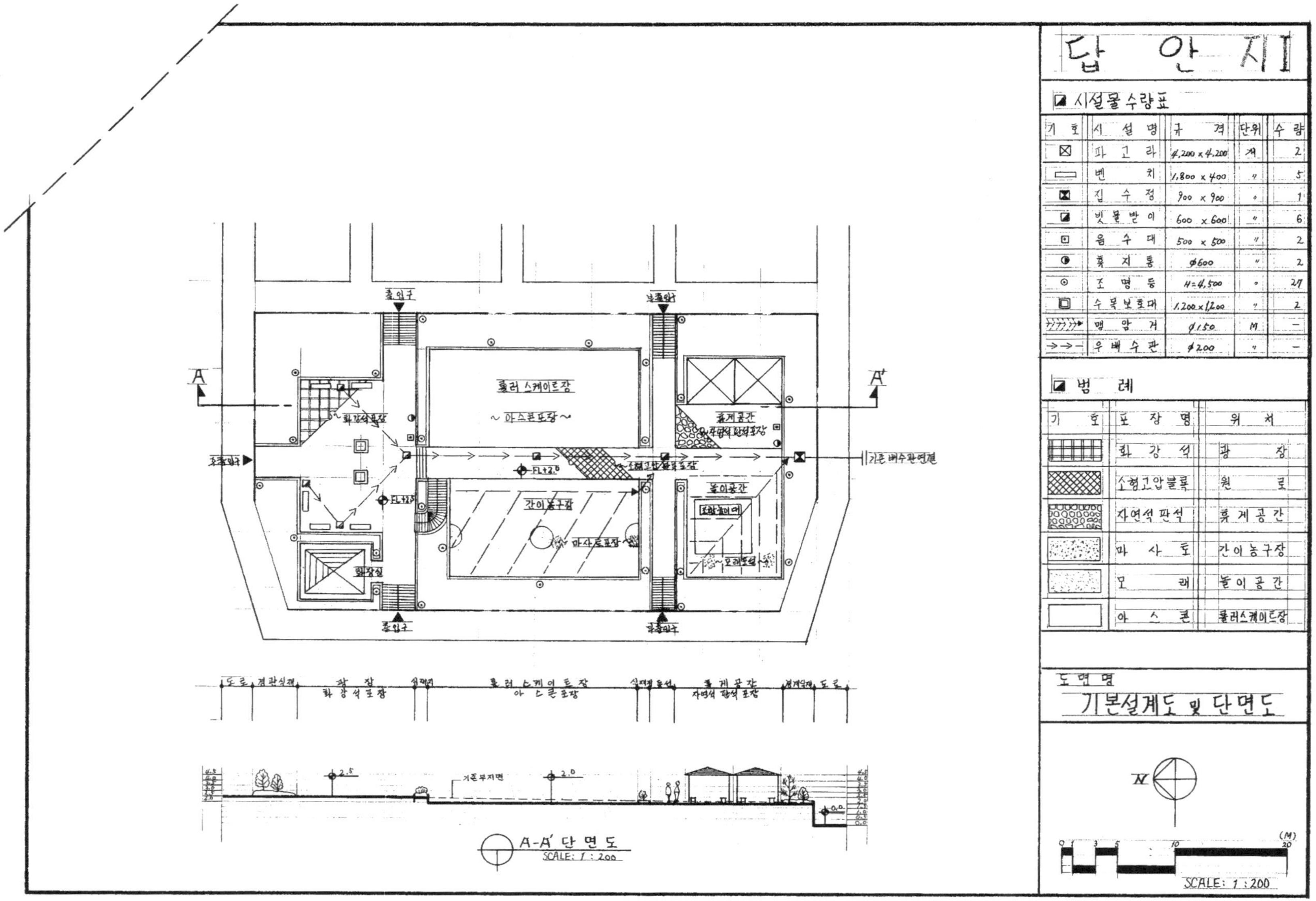
답안지
시설물수량표
기호 | 시설명 | 규격 | 단위 | 수량
파고라 | 4,200 x 4,200 | 개 | 2
벤치 | 1,800 x 400 | 〃 | 5
집수정 | 900 x 900 | 〃 | 1
빗물받이 | 600 x 600 | 〃 | 6
음수대 | 500 x 500 | 〃 | 2
휴지통 | φ600 | 〃 | 2
조명등 | H=4,500 | 〃 | 27
수목보호대 | 1,200 x 1,200 | 〃 | 2
명암거 | φ150 | M | -
우배수관 | φ200 | 〃 | -
범례
기호 | 포장명 | 위치
화강석 | 광장
소형고압블록 | 원로
자연석판석 | 휴게공간
마사토 | 간이농구장
모래 | 놀이공간
아스콘 | 롤러스케이트장
도면명
기본설계도 및 단면도
SCALE: 1 : 200
롤러스케이트장
~아스콘포장~
간이농구장
마사토포장
휴게공간
놀이공간
화장실
주출입구
부출입구
A-A' 단면도
SCALE: 1 : 200

답 안 지 Ⅱ

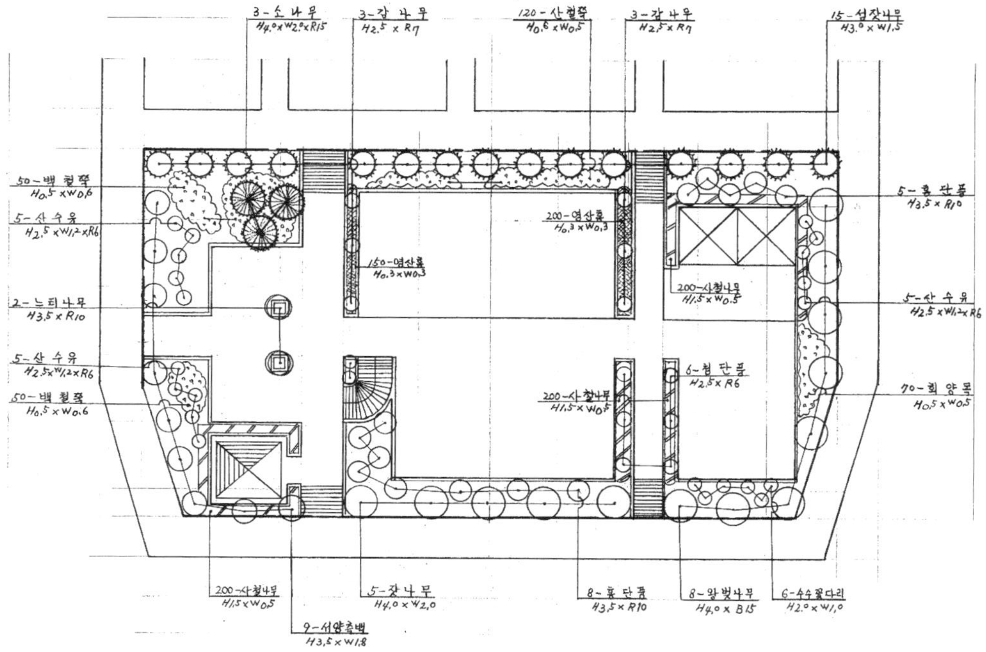

■ 수목수량표

성상	수목명	규격	단위	수량
상교	소나무	H4.0×W2.0×R15	주	3
〃	잣나무	H4.0×W2.0	〃	5
〃	서양측백	H3.5×W1.8	〃	9
〃	섬잣나무	H3.0×W1.5	〃	15
낙교	왕벚나무	H4.0×B15	〃	8
〃	느티나무	H3.5×R10	〃	2
〃	홍단풍	H3.5×R10	〃	13
〃	산수유	H2.5×W1.2×R6	〃	15
〃	청단풍	H2.5×R6	〃	6
〃	감나무	H2.5×R7	〃	6
낙관	수수꽃다리	H2.0×W1.0	〃	6
〃	백철쭉	H0.5×W0.6	〃	100
〃	영산홍	H0.3×W0.3	〃	350
〃	산철쭉	H0.5×W0.5	〃	120
상관	사철나무	H1.5×W0.5	〃	600
〃	회양목	H0.5×W0.5	〃	70

도면명

식재평면도

N

SCALE : 1 : 200

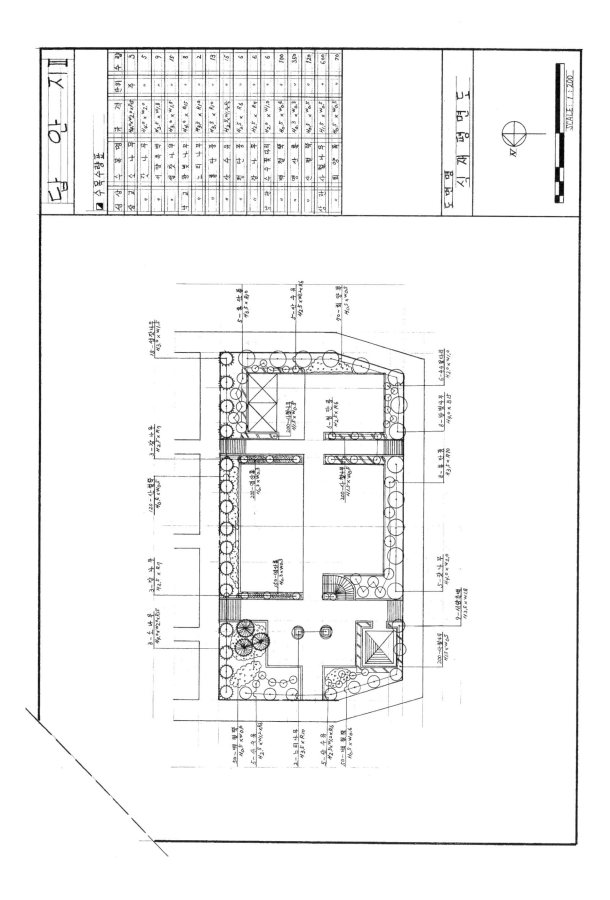

2018년 2회 국가기술자격 검정 실기시험문제					
시험시간	2시간 30분	**자격종목**	조경산업기사	**작품명**	근린공원설계

※ 설계요구사항

다음은 중부지방의 도심지 중앙의 주거지역에 위치한 근린공원의 부지 현황도이다. 주어진 현황도를 축척 1/400로 확대하여 설계요구조건을 참조하여 설계개념도[답안지 Ⅰ]와 기본설계도 및 식재설계도[답안지 Ⅱ]를 작성하시오.

※ 설계요구조건

① 근린공원 내의 진출입은 반드시 배치도에 지정된 주진입(6m)과 보조진입(4m, 3m)에 한정된다.

② 적당한 곳에 정적 휴게공간, 다목적 운동공간, 운동공간, 어린이 놀이공간, 녹지공간, 편의시설 등을 배치한다.

③ 필요한 지역에 경계식재, 차폐식재를 한다.

④ 주동선과 부동선, 진입관계, 공간배치, 식재개념 등을 개념도의 표현기법을 사용하여 나타내고, 각 공간의 명칭, 성격, 기능을 약술하시오.

⑤ 포장재료는 지정된 재료를 선정하여 설계하고 재료명을 표기하시오.

⑥ 도면 우측에 표제란을 작성하시오.

⑦ 공간별 요구시설은 아래의 시설 목록표를 참조하시오.

[시설 목록표]

구분	면적	포장재료	시설명, 규격 및 배치 수량
다목적 운동공간	약 1,000m^2	마사토	매점 및 화장실(5×10m) 1개소
운동공간	–	보도블록	배드민턴장 2면 (20×20m)
정적 휴게공간	약 900m^2	잔디	퍼걸러(5×10m)2개소, 퍼걸러(5×5m) 4개소, 벤치 10개, 휴지통 6개, 음수전 2개등
어린이놀이공간	약 300m^2	모래깔기	그네, 미끄럼대 등 3종 이상
녹지공간	–	–	부지 주변부에 3m 이상 경계식재

※ 식재설계요구조건

① 다음의 〈보기〉의 수종 중에서 총 13수종 이상을 선정하여 식재설계를 하시오.

보기

소나무, 은행나무, 잣나무, 왕벚나무, 섬잣나무, 측백나무, 후박나무, 자작나무, 계수나무, 단풍나무, 느티나무, 겹벚나무, 주목, 산수유, 황매화, 꽝꽝나무, 산철쭉, 회양목, 굴거리나무, 아왜나무, 구실잣밤나무, 쥐똥나무, 눈주목, 녹나무, 동백나무, 등나무, 잔디

② 식재한 수량을 집계하여 범례란에 수목수량표를 도면 우측에 작성하시오.

현황도

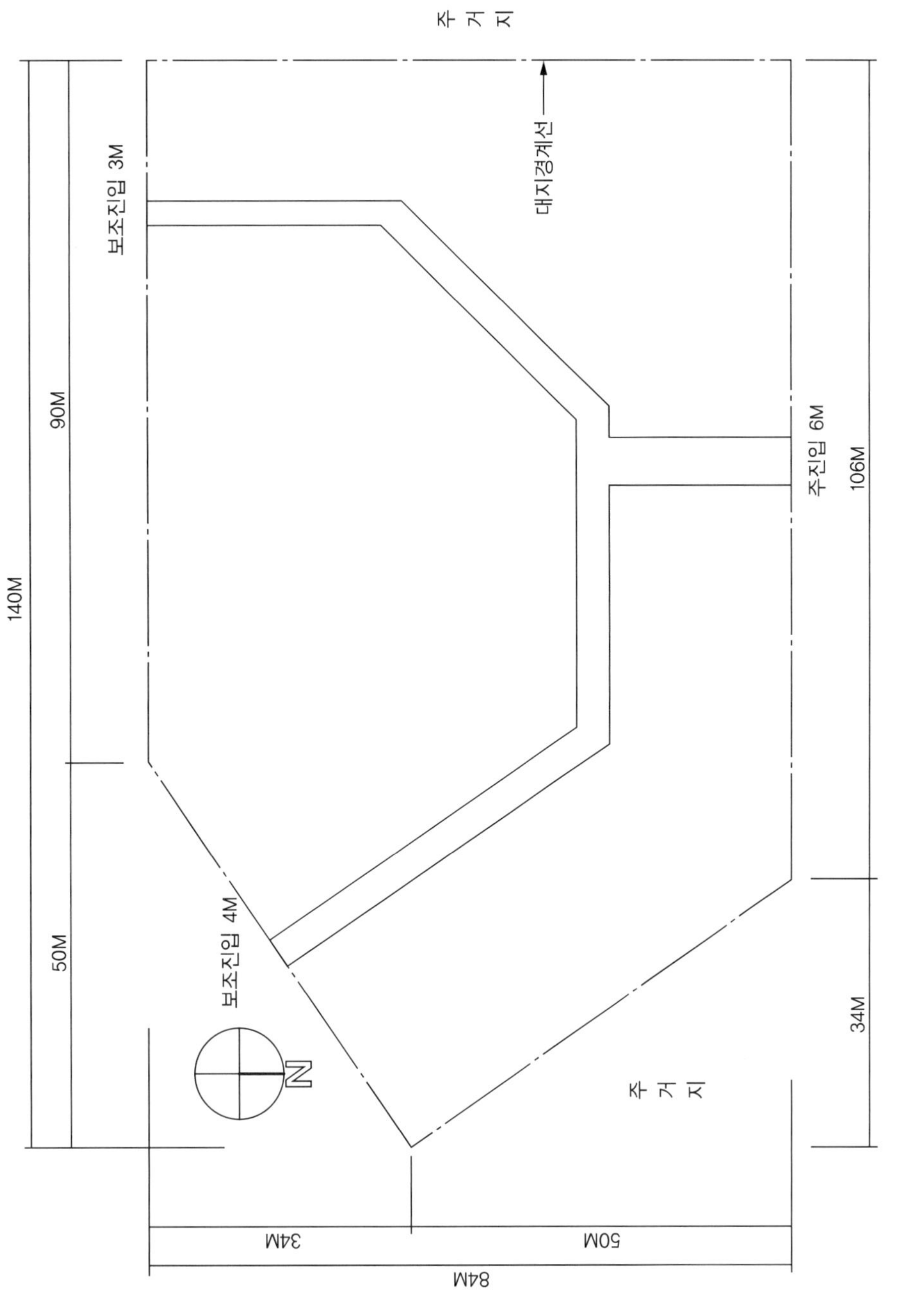

〈부지 현황도〉 S = 1/800

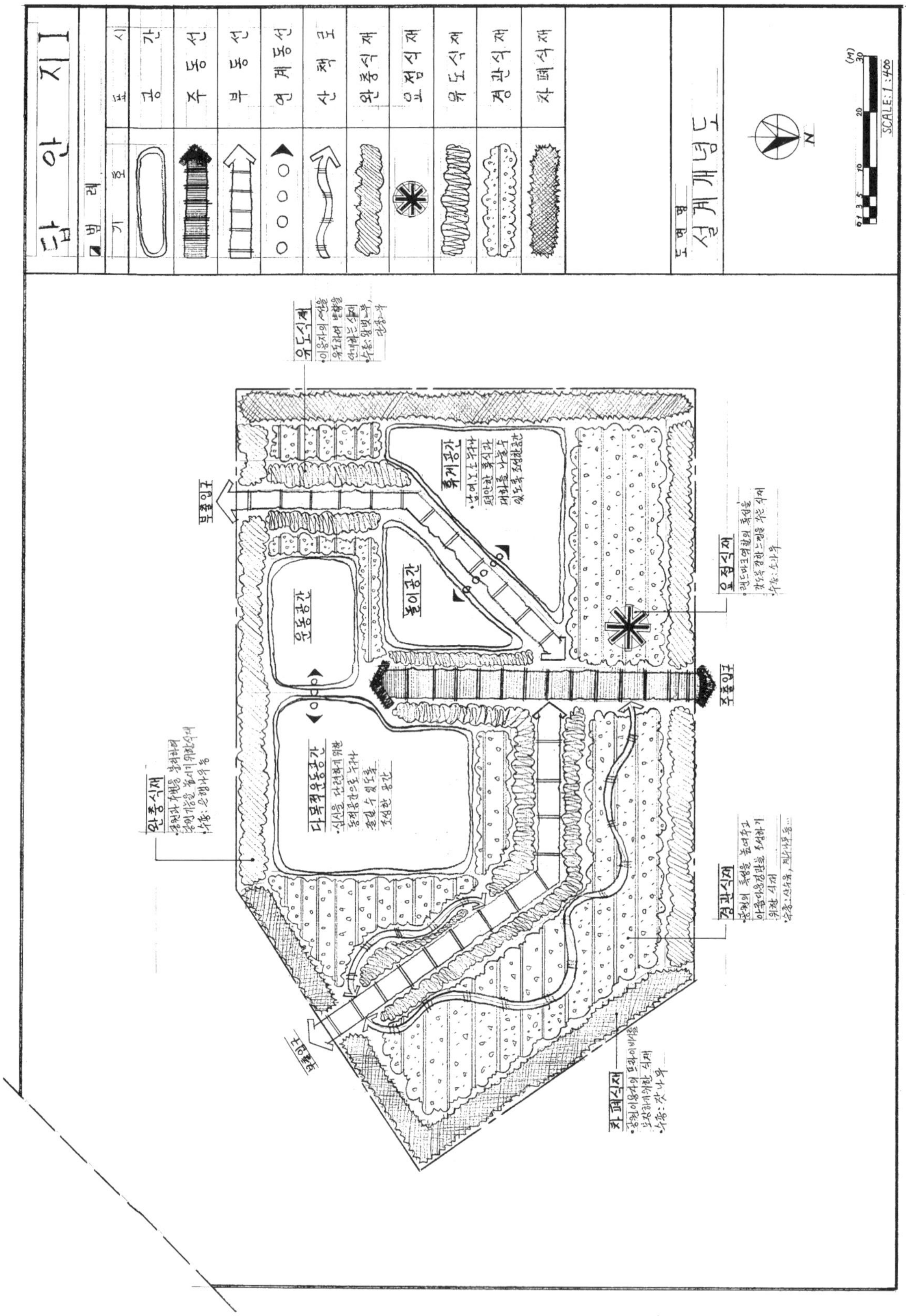

답안지
범례
기호
표시
공간
주동선
부동선
연계동선
산책로
완충식재
요점식재
유도식재
경관식재
차폐식재
도면명
설계개념도
N
SCALE:1:400
유도식재
휴게공간
놀이공간
운동공간
다목적운동공간
보조입구
주출입구
완충식재
요점식재
경관식재
차폐식재

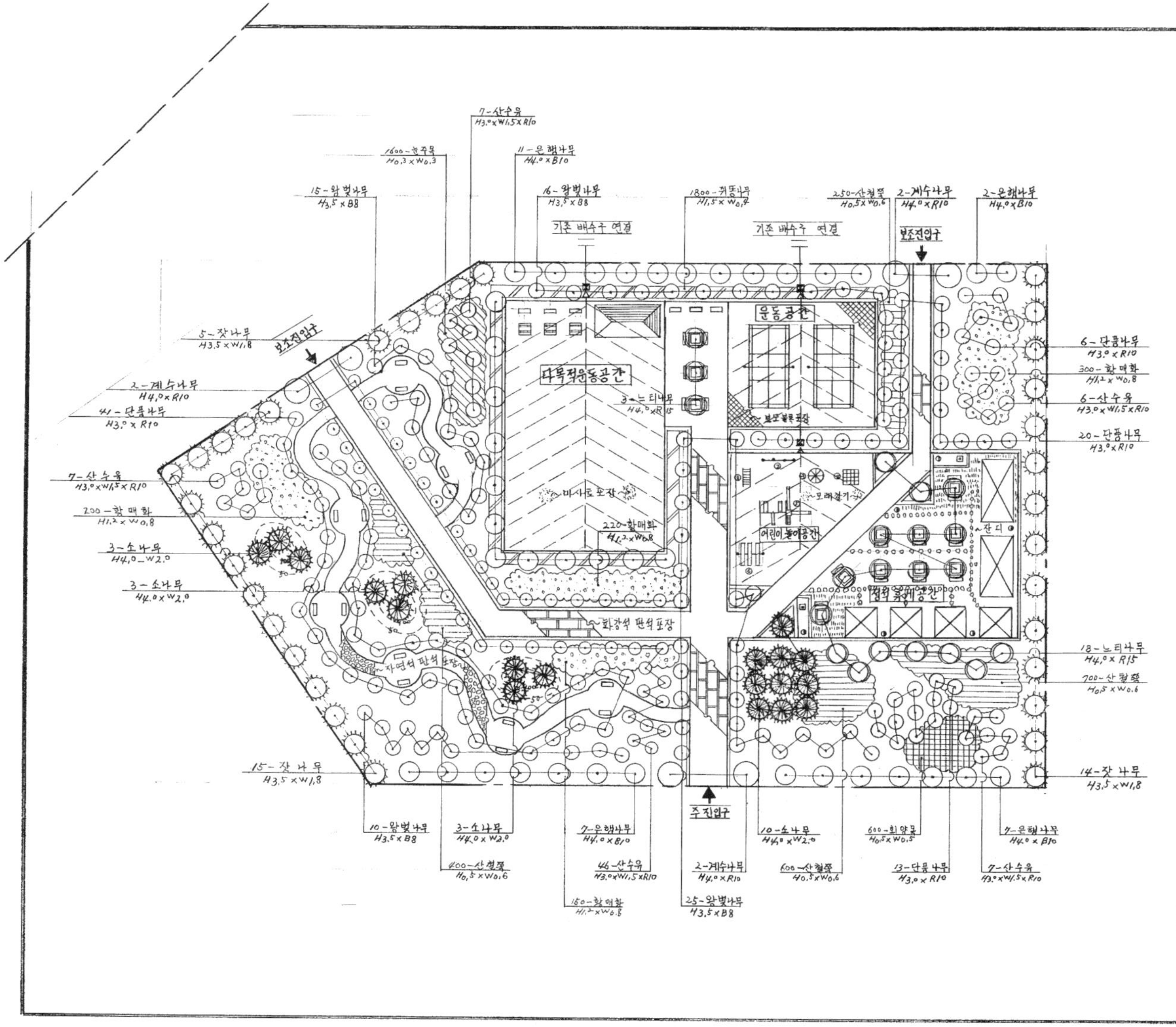

답안지 Ⅱ

■ 시설물 수량표

기호	시설명	규격	단위	수량
⊠	파고라	5,000×10,000	개	2
⊠	〃	5,000×5,000	〃	4
▤	야외탁자	1,800×1,800	〃	3
▭	벤치	1,800×400	〃	22
▣	수목보호대	2,000×2,000	〃	12
◑	휴지통	ø600	〃	6
▪	음수대	500×500	〃	2
▪	집수정	900×900	〃	2
⟿	맹암거	ø150	M	–
①	사다리	H=2,100	개	1
②	철봉	3단	〃	1
③	회전무대	D=2,400	〃	1
④	정글짐	H=2,400	〃	1
⑤	조합놀이대	–	〃	1
⑥	시소	3연식	〃	1

■ 수목수량표

성상	수목명	규격	단위	수량
상교	소나무	H4.0×W2.0	주	19
〃	잣나무	H3.5×W1.8	〃	34
낙교	은행나무	H4.0×B10	〃	27
〃	느티나무	H4.0×R15	〃	21
〃	계수나무	H4.0×R10	〃	6
〃	왕벚나무	H3.5×B8	〃	66
〃	단풍나무	H3.0×R10	〃	80
〃	산수유	H3.0×W1.5×R10	〃	73
낙관	쥐똥나무	H1.5×W0.4	〃	1,800
〃	산철쭉	H0.5×W0.6	〃	1,950
〃	황매화	H1.2×W0.8	〃	870
상관	회양목	H0.5×W0.5	〃	600
〃	눈주목	H0.3×W0.3	〃	1,600
지피	잔디	0.3×0.3×0.03	M²	–

도면명: 기본설계도 및 식재설계도

N — 0 1 3 5 10 20 30 (M) — SCALE: 1:400

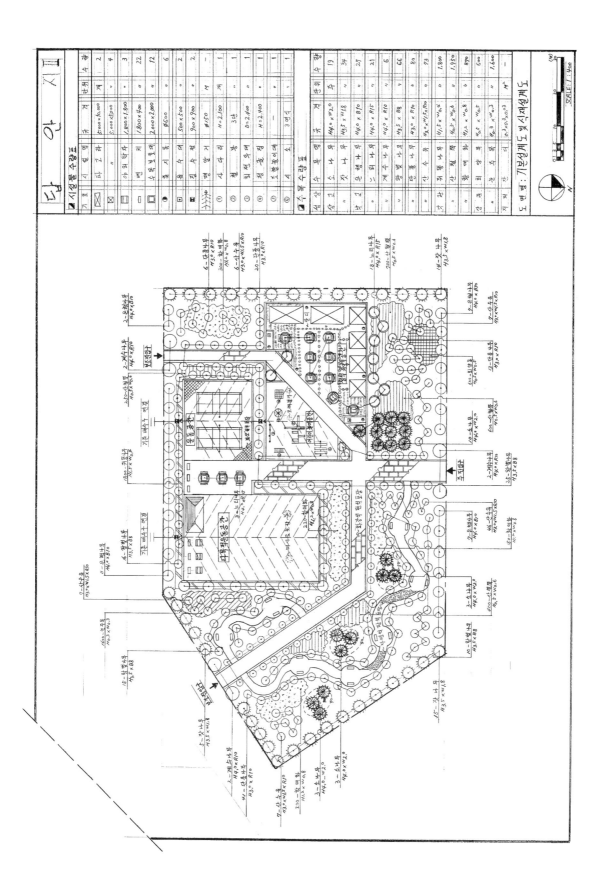

2018년 4회 국가기술자격 검정 실기시험문제					
시험시간	3시간	**자격종목**	조경기사	**작품명**	주차공원

※ 설계요구사항

중부권 대도시 외곽지역에 지하철역세권 주차장을 조성하려 한다. 설계조건과 현황도, 기능구성도를 참조하여 주차공원 설계구상도와 조경기본설계도를 작성하시오.

※ 설계부지현황

35m 광로 가각부에 위치한 107×150m의 평탄한 부지로 우측 하단에 지하철 출입구가 위치해 있으며 북측에는 주거지, 서측에는 상업지, 남측과 동측에는 도로와 연접되어 있다.

※ 설계요구조건

① 주차장 계획

㉠ 300대 이상 주차대수 확보, 전량 직각주차로 계획하시오.

㉡ 주차장 규격 : 2.5×5m, 주차통로는 6m 이상 유지하시오.

㉢ 기 제시된 진출입구 유지, 내부는 가급적 순환형 동선체계로 계획하시오.

㉣ 북서측에 12m 이상, 남동측에 6m 이상 완충녹지대를 조성하시오.

② 도입시설(기능구상도 참조)

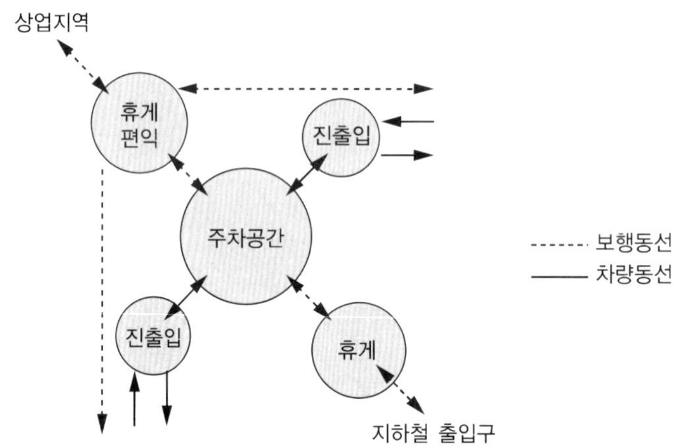

㉠ 녹지면적 : 공원 전체의 1/3 이상을 확보하시오.

㉡ 휴게공원 : 700m^2 이상 2개소를 배치하시오.

㉢ 화장실 : 건축면적 60m^2 1개소를 배치하시오.

㉣ 주차관리소 : 건축면적 16m^2 2개소를 배치하시오.

문제 01

현황도를 1/400로 확대하여 다음 요구조건을 충족하는 설계구상도를 작성하시오.[답안지 Ⅰ]

※ 설계요구조건

① 동선은 차량, 보행을 구분하여 표현하고 차량동선에는 방향을 명기하시오.

② 각 공간을 휴게, 편익, 주차, 진출입공간 등으로 구분하고 공간성격 및 요구시설을 간략히 기술하시오.

③ 공간별로 완충, 경관, 녹음, 요점식재 개념 등을 표현하고 주요 수종 및 배식기법을 간략히 기술하시오.

문제 02

현황도를 1/400으로 확대하고, 요구조건을 참조하여 시설물 배치, 포장, 식재 등이 표현된 조경기본설계도를 작성하시오.[답안지 Ⅱ]

※ 설계요구조건

① 시설물 배치

㉠ 화장실(6×10m) 1개소

㉡ 주차관리초소(4×4m) 2개소

㉢ 음수대(ϕ1m) 2개소 이상

㉣ 수목보호대(1.5×1.5m) 10개소 이상

㉤ 퍼걸러(4×8m) 3개소 이상

② 포장 : 차량공간은 아스팔트포장으로 계획하고, 보행공간은 2종 이상의 재료를 사용하되 구분되도록 표현하시오.

③ 배식

㉠ 수종은 반드시 교목 15종, 관목 5종 이상을 사용하고 수목별로 인출선을 사용하되 구분되도록 표현하시오.

㉡ 도면 우측에 수목수량표를 필히 작성하여 도면 내의 수목수량을 집계하시오.

④ 기타 : 주차대수 파악이 용이하도록 블록별로 주차대수 누계를 명기하시오.

현 황 도

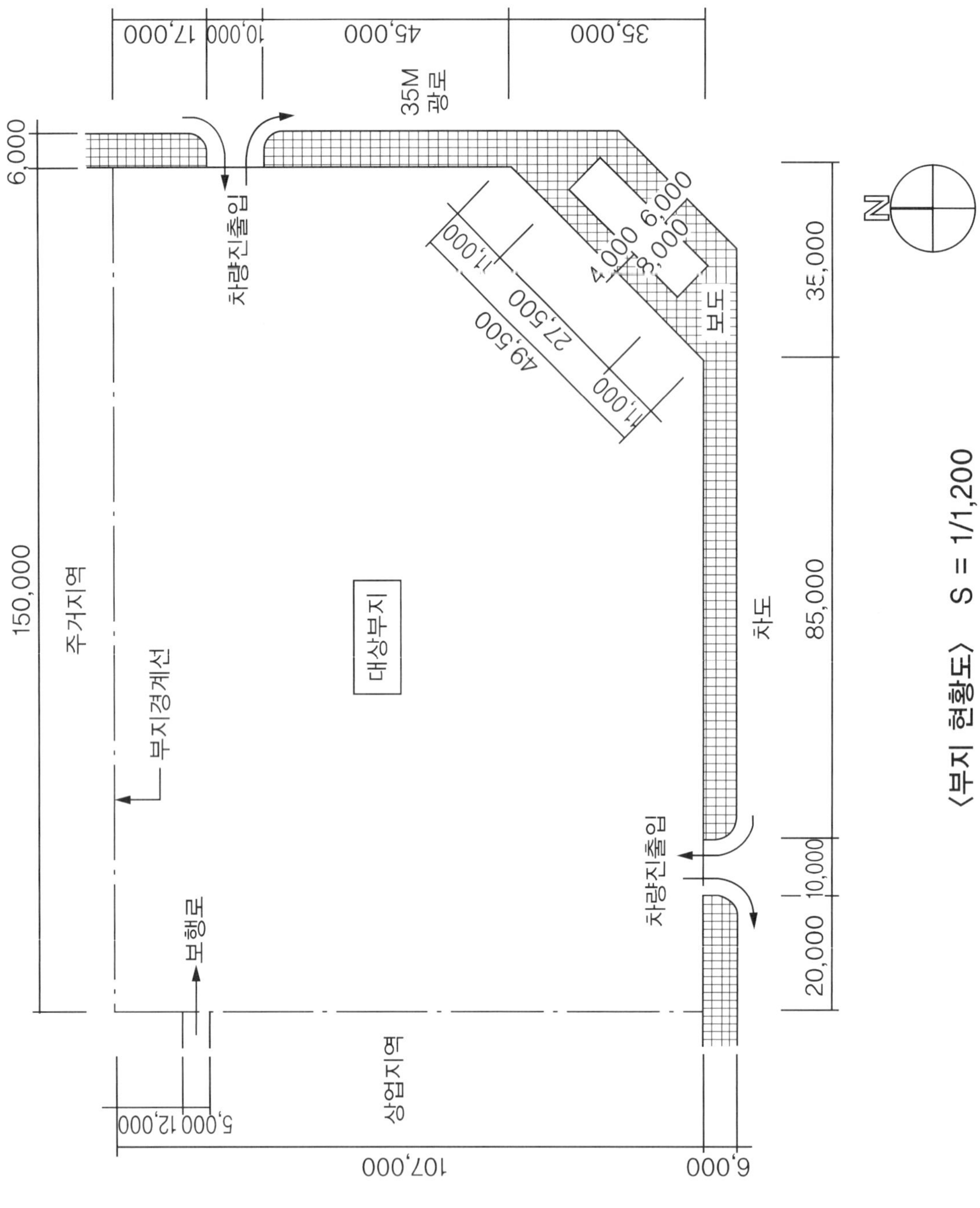

〈부지 현황도〉 S = 1/1,200

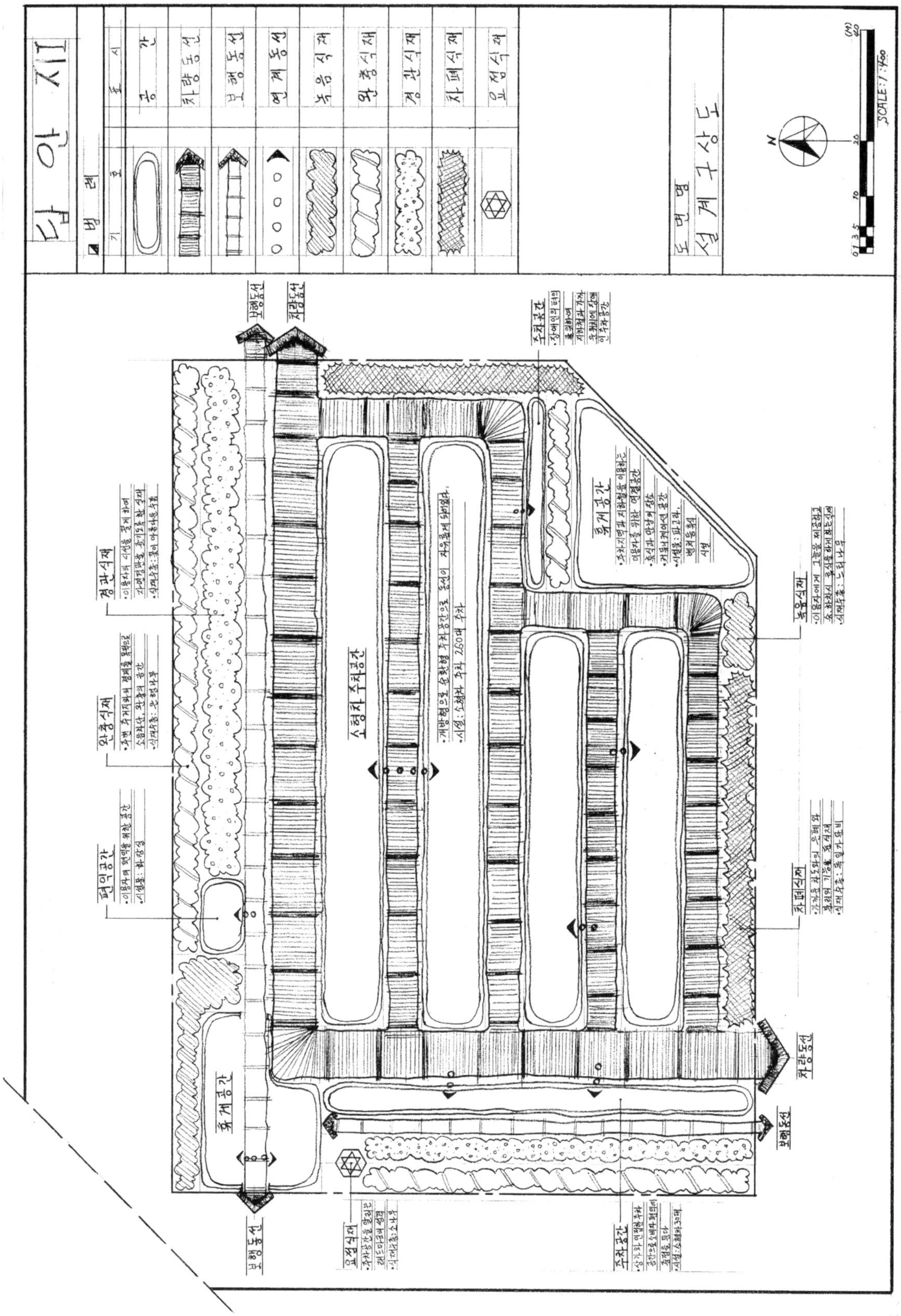
답안지
범례
기호
표시
공간
차량동선
보행동선
연계동선
녹음식재
완충식재
경관식재
차폐식재
요점식재
도면명
설계구상도
SCALE : 1/400

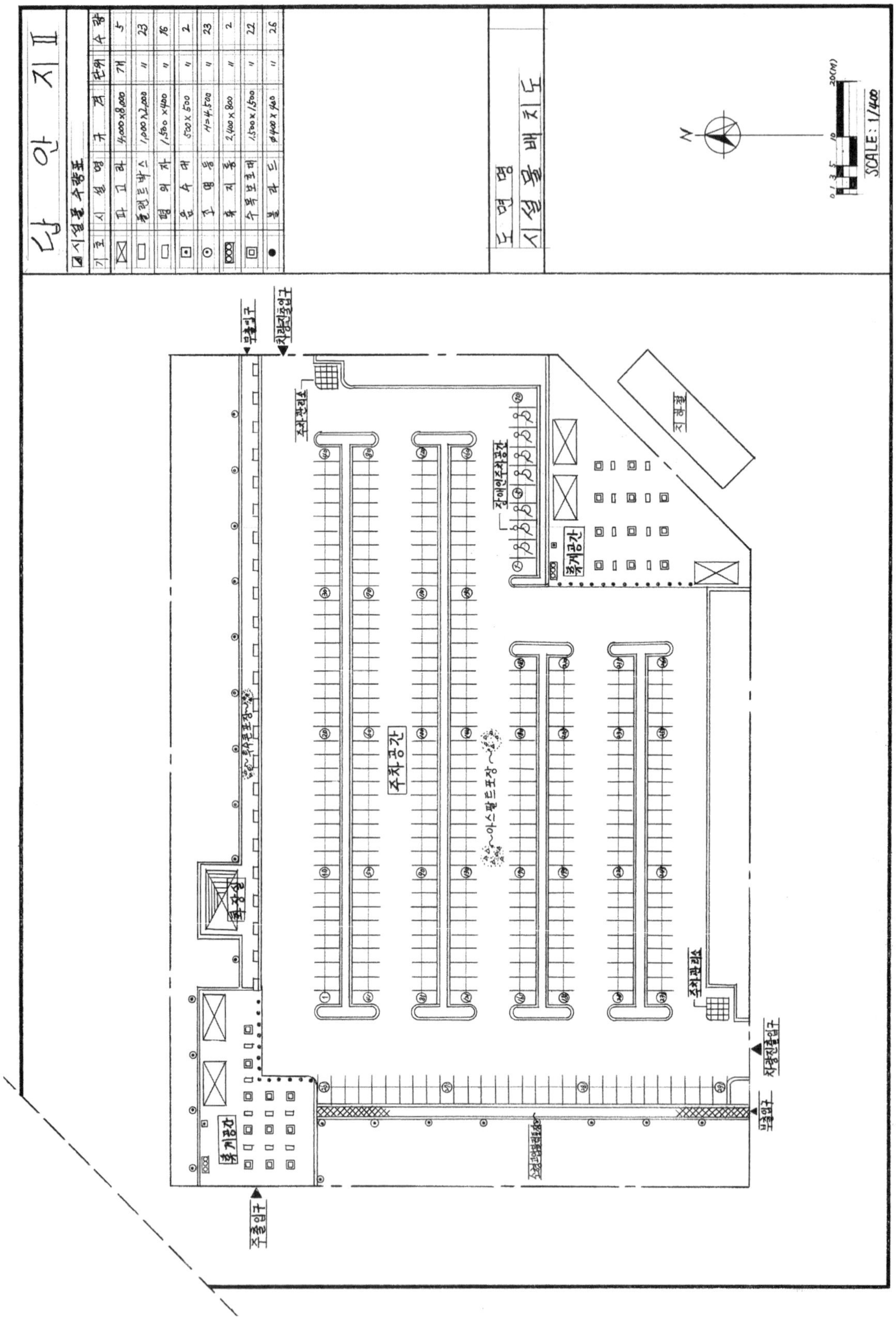
답 안 지 Ⅱ
시설물 수량표
기호 시설명 규격 단위 수량
파고라 4,000×8,000 개 5
플랜트박스 1,000×2,000 〃 23
평의자 1,500×400 〃 16
음수대 500×500 〃 2
조명등 H=4,500 〃 23
휴지통 2,400×800 〃 2
수목보호대 1,500×1,500 〃 22
볼라드 ø400×400 〃 26
도면명
시설물배치도
N
0 1 3 5 10 20(M)
SCALE : 1/400
휴게공간
화장실
주출입구
부출입구
차량진출입구
주차관리소
주차공간
아스팔트포장
장애인주차공간
치하철

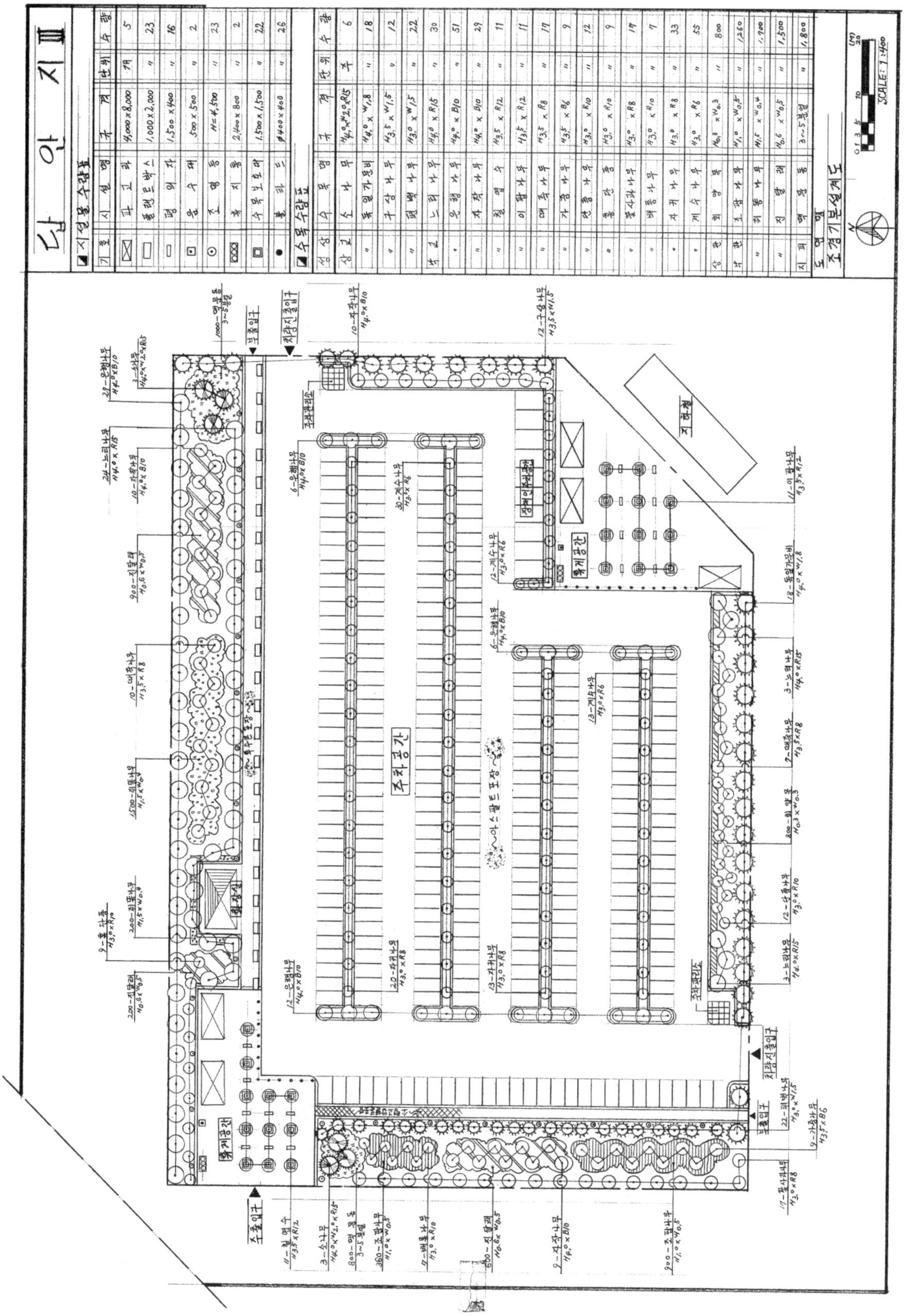

답 안 지 III
◢시설물 수량표
기호 | 시설명 | 규격 | 단위 | 수량
파고라 | 4,000×8,000 | 개 | 5
플랜트박스 | 1,000×2,000 | 〃 | 23
평의자 | 1,500×400 | 〃 | 16
음수대 | 500×500 | 〃 | 2
조명등 | H=4,500 | 〃 | 23
휴지통 | 2,400×800 | 〃 | 2
수목보호대 | 1,500×1,500 | 〃 | 22
볼라드 | ϕ400×400 | 〃 | 26
◢수목수량표
성상 | 수목명 | 규격 | 단위 | 수량
상교 | 소나무 | H4.0×W2.0×R15 | 주 | 6
〃 | 독일가문비 | H4.0×W1.8 | 〃 | 18
〃 | 구상나무 | H3.5×W1.5 | 〃 | 12
〃 | 편백나무 | H3.0×W1.5 | 〃 | 22
낙교 | 느티나무 | H4.0×R15 | 〃 | 30
〃 | 은행나무 | H4.0×B10 | 〃 | 51
〃 | 자작나무 | H4.0×B10 | 〃 | 29
〃 | 칠엽수 | H3.5×R12 | 〃 | 11
〃 | 이팝나무 | H3.5×R12 | 〃 | 11
〃 | 때죽나무 | H3.5×R8 | 〃 | 17
〃 | 가중나무 | H3.5×B6 | 〃 | 9
〃 | 단풍나무 | H3.0×R10 | 〃 | 12
〃 | 홍단풍 | H3.0×R10 | 〃 | 9
〃 | 꽃사과나무 | H3.0×R8 | 〃 | 17
〃 | 배롱나무 | H3.0×R10 | 〃 | 7
〃 | 자귀나무 | H3.0×R8 | 〃 | 33
〃 | 계수나무 | H3.0×R6 | 〃 | 55
상관 | 회양목 | H0.3×W0.3 | 〃 | 800
낙관 | 조팝나무 | H1.0×W0.5 | 〃 | 1,260
〃 | 히똥나무 | H1.5×W0.4 | 〃 | 1,700
〃 | 진달래 | H0.6×W0.5 | 〃 | 1,500
지피 | 맥문동 | 3~5분얼 | 〃 | 1,800
도면명
조경기본설계도
SCALE: 1:400
주차공간
아스팔트포장
휴게공간
화장실
주출입구
부출입구
차량진출입구
주차관리소
장애인주차공간
지하철

2019년 1회 국가기술자격 검정 실기시험문제					
시험시간	3시간	**자격종목**	조경기사	**작품명**	가로변소공원설계

※ 설계요구사항

주어진 현황도에 제시된 설계대상지는 우리나라 중부지방의 중소도시의 가로모퉁이에 위치하고 있으며, 부지의 남서쪽은 보도, 북쪽은 도시림과 고물수집상, 동쪽은 학교 운동장으로 둘러 싸여 있다. 주어진 설계조건에 따라 현황도를 축척 1/200으로 확대하여 공간개념도[도면 Ⅰ], 시설물 배치도 및 단면도[도면 Ⅱ], 식재설계평면도[도면 Ⅲ]를 작성하시오.

※ 설계공통사항

대상지의 현 지반고는 5.0m로서 균일하며, 계획 지반고는 '나' 지역을 현 지반고대로 '가' 지역은 이보다 1.0m 높게, '다' 지역의 주차구역은 0.3m 낮게, '라' 지역은 3.0m 낮게 설정하시오.

문제 01 공간개념도 [도면 Ⅰ]

부지 내에 보행자 휴식공간, 주차장, 침상공간, 경관 식재공간을 설치하고, 필요한 곳에 경관, 완충, 차폐녹지를 설치하고 공간별 특성과 식재개념을 설명하시오. 또한 현황도상에 제시한 차량 진입, 보행자 진입, 보행자 동선을 고려하여 동선체계구상을 표현하시오.

문제 02 시설물 배치도 및 단면도 [도면 Ⅱ]

각 공간의 시설물 배치 시에는 도면의 여백에 시설물 수량표를 작성하시오.

① '가' 지역 : 경관식재공간
  ㉠ 잔디 및 관목을 식재하시오.
  ㉡ '나' 지역과 연계하여 가장 적절한 곳에 8각형 정자(한 변 길이 3m) 1개소를 설치하시오.
② '나' 지역 : 보행자 휴식공간
  ㉠ '가' 지역과의 연결되는 동선은 계단을 설치하고, 경사면은 기초식재 처리하시오.
  ㉡ 바닥포장은 화강석포장으로 하시오.
  ㉢ 화장실 1개소, 파고라(4×5m) 3개소, 음수대 1개소, 벤치 6개소, 조명등 4개소를 설치하시오.
③ '다' 지역 : 주차공간
  ㉠ 소형 10대분(3m×5m/대)의 주차공간으로 폭 5m의 진입로를 계획하고 바닥은 아스콘포장을 하시오.
  ㉡ 주차공간과 초등학교 운동장 사이는 높이 2m 이하의 자연스런 형태로 마운딩 설계를 한 후 식재처리 하시오.
④ '라' 지역 : 침상공간(Sunken Space)
  ㉠ '라' 지역의 서쪽면(W1과 W2를 연결하는 공간)은 폭 2m의 연못을 만들고 서쪽벽은 벽천을 만드시오.
  ㉡ 연못과 연결하여 폭 1.5m, 바닥높이 2.3m의 녹지대를 만들고 식재하시오.
  ㉢ S1부분에 침상공간으로 진입하는 반경 3.5m, 폭 2m의 라운드형 계단을 벽천방향으로 진입하도록 설치하시오.

㉣ S2부분에 직선형 계단(수평거리 : 10m, 폭 : 임의)을 설치하되 신체장애자의 접근도 고려하시오.
㉤ S1과 S2 사이의 벽면(북측면과 동측벽면)은 폭 1m, 높이 1m의 계단식 녹지대 2개를 설치하고 식재하시오.
㉥ 중앙부분에 직경 5m의 원형플렌터를 설치하시오.
㉦ 바닥포장은 적색과 회색의 타일 포장을 하시오.
㉧ 벽천과 연못, 녹지대가 나타나는 단면도를 축척 1/60로 그리시오(도면 Ⅱ에 작성할 것).
㉨ 계단식 녹지대의 단면도를 축척 1/60로 그리시오(도면 Ⅱ에 작성할 것).

문제 03 식재설계도 [도면 Ⅲ]

① 도로변에는 완충식재를 하되, 50m 광로 쪽은 수고 3m 이상, 24m 도로 쪽은 수고 2m 이상의 교목을 사용하시오.
② 고물수집상 경계부분은 식재처리하고, 도시림 경계부분은 식재를 생략하시오.
③ 식재설계는 〈보기〉 수종 중 적합한 식물을 10종 이상 선택하여 인출선을 사용하여 수량, 식물명, 규격을 표시하고, 도면우측에 식물수량표(교목, 관목 등 구분)를 작성하시오(단, 식물수량표의 수종명에는 학명란을 추가하고 학명 1개만 표기하시오).

보기

소나무, 느티나무, 배롱나무, 가중나무, 쥐똥나무, 철쭉, 회양목, 주목, 향나무, 사철나무, 은행나무, 꽝꽝나무, 동백나무, 수수꽃다리, 목련, 잣나무, 개나리, 장미, 황매화, 잔디, 맥문동

④ 각 공간의 기능과 시각적 측면을 고려하시오.

현 황 도

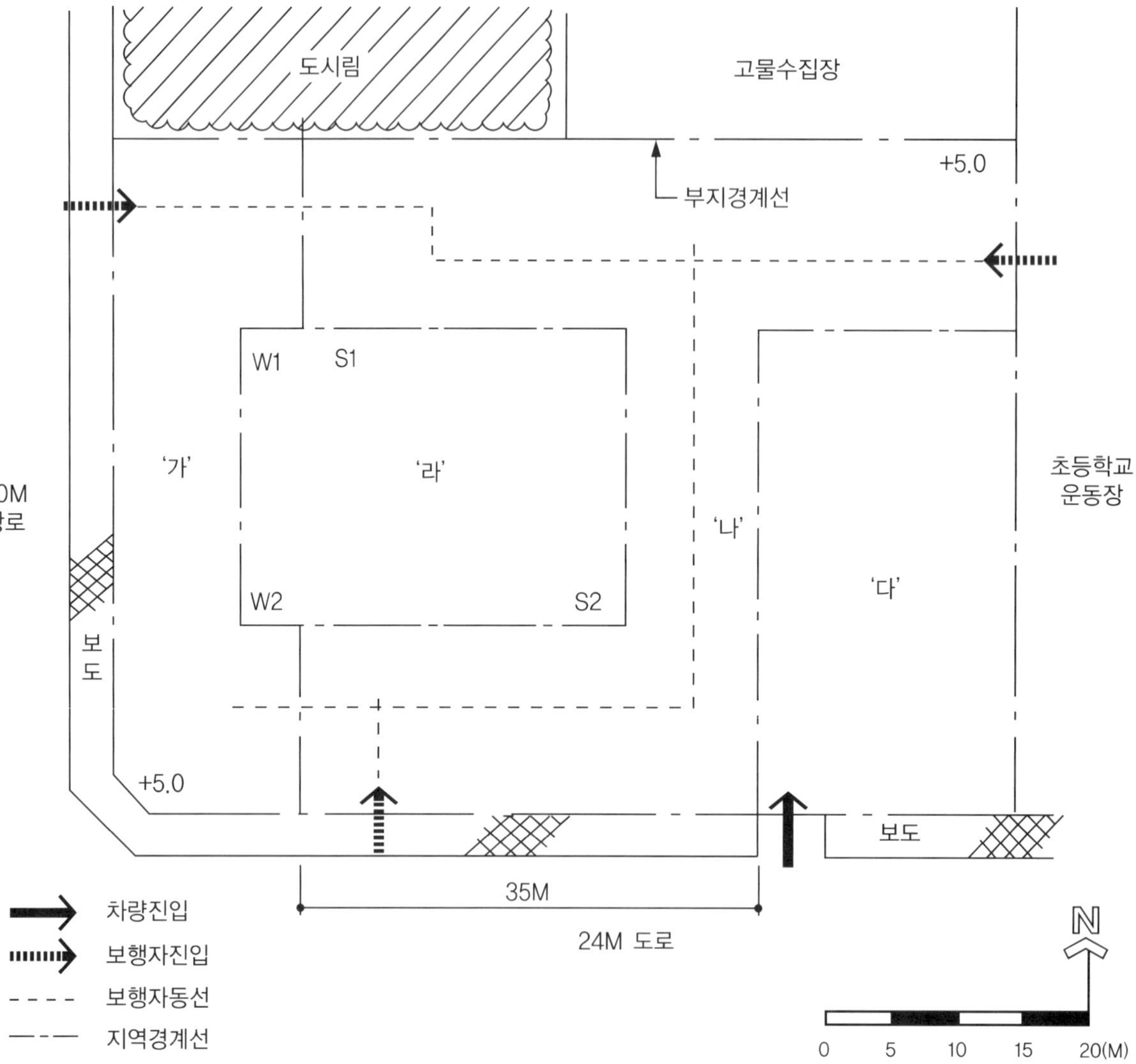

〈부지 현황도〉 S = 1/600

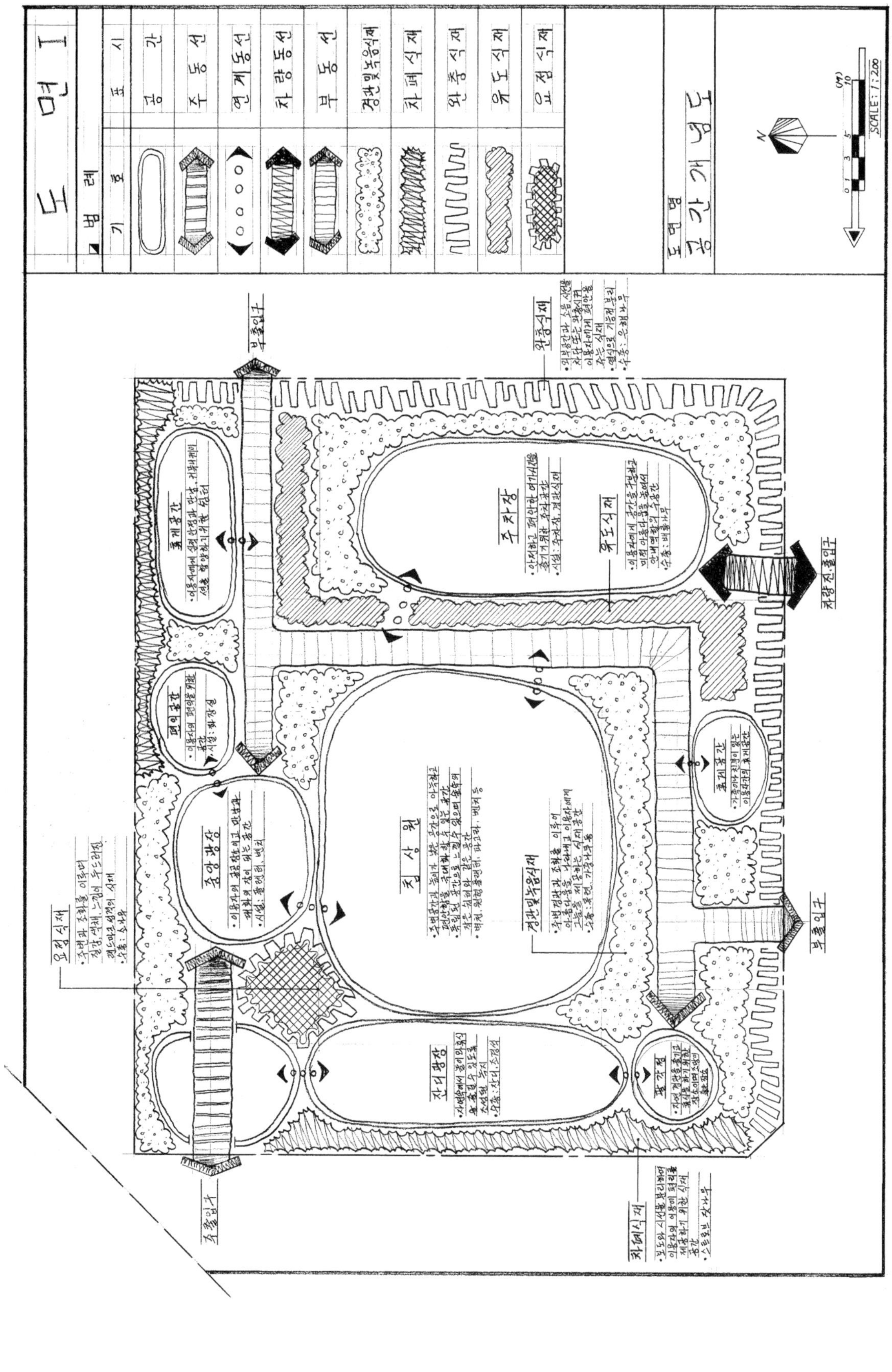
도면 I
범례
기호
표시
공간
주동선
연계동선
차량동선
부동선
경관및녹음식재
차폐식재
완충식재
유도식재
요점식재
도면명
공간개념도
SCALE : 1:200
주출입구
부출입구
차량전용입구
주차장
중앙광장
잔디광장
휴게공간
편의공간

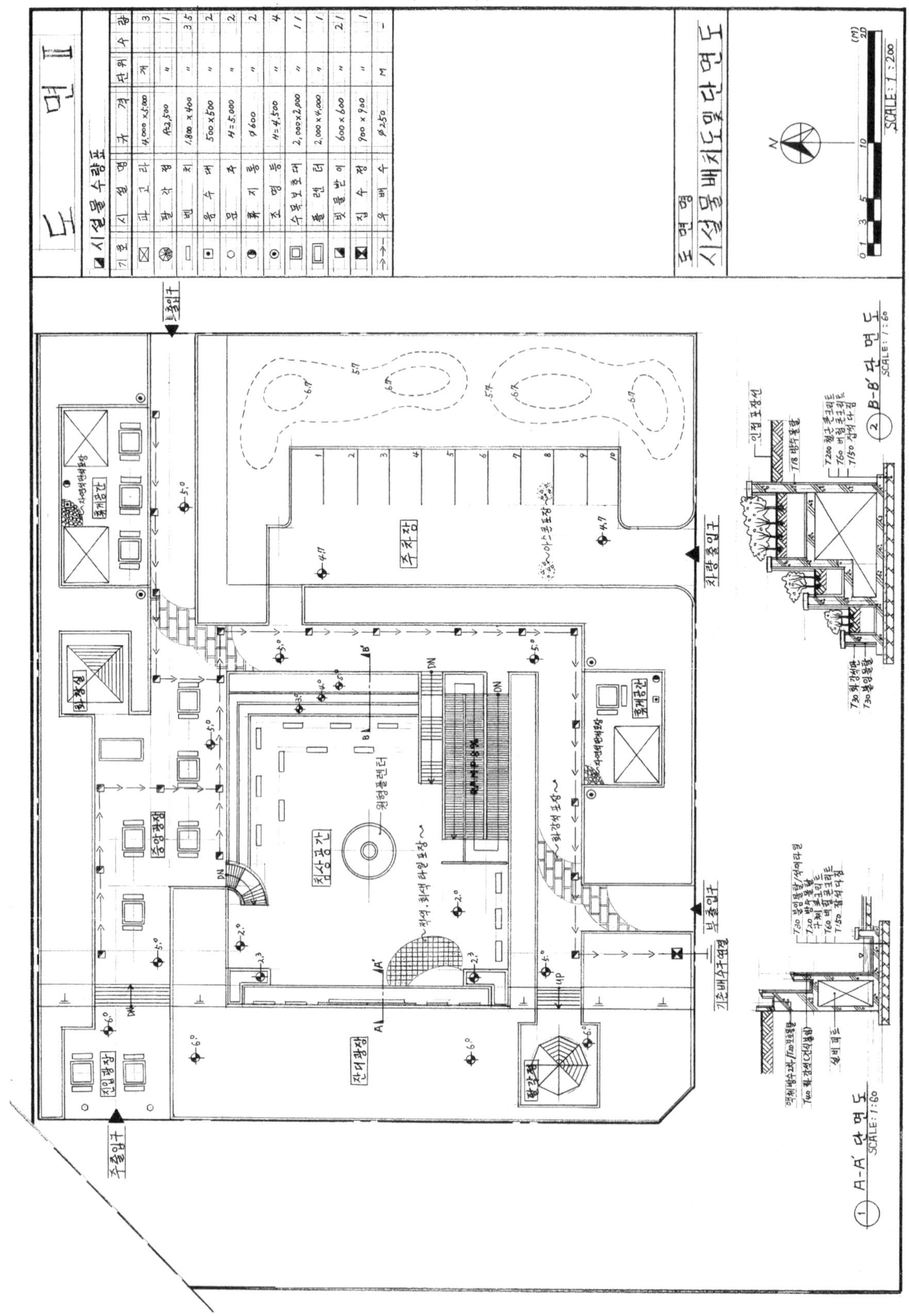
도면 Ⅱ
시설물수량표
기호 | 시설명 | 규격 | 단위 | 수량
파고라 | 4,000 x 5,000 | 개 | 3
팔각정 | R=2,500 | " | 1
벤치 | 1,800 x 400 | " | 35
음수대 | 500 x 500 | " | 2
문주 | H=5,000 | " | 2
휴지통 | ø600 | " | 2
조명등 | H=4,500 | " | 4
수목보호대 | 2,000 x 2,000 | " | 11
플랜터 | 2,000 x 4,000 | " | 1
빗물받이 | 600 x 600 | " | 21
집수정 | 900 x 900 | " | 1
우배수 | ø250 | M | -
도면명
시설물배치도및단면도
SCALE : 1 : 200
주출입구
부출입구
차량출입구
진입광장
잔디광장
중앙광장
화장실
휴게공간
주차장
침상공간
원형플랜터
팔각정
A-A' 단면도
SCALE : 1/60
B-B' 단면도
SCALE : 1/60

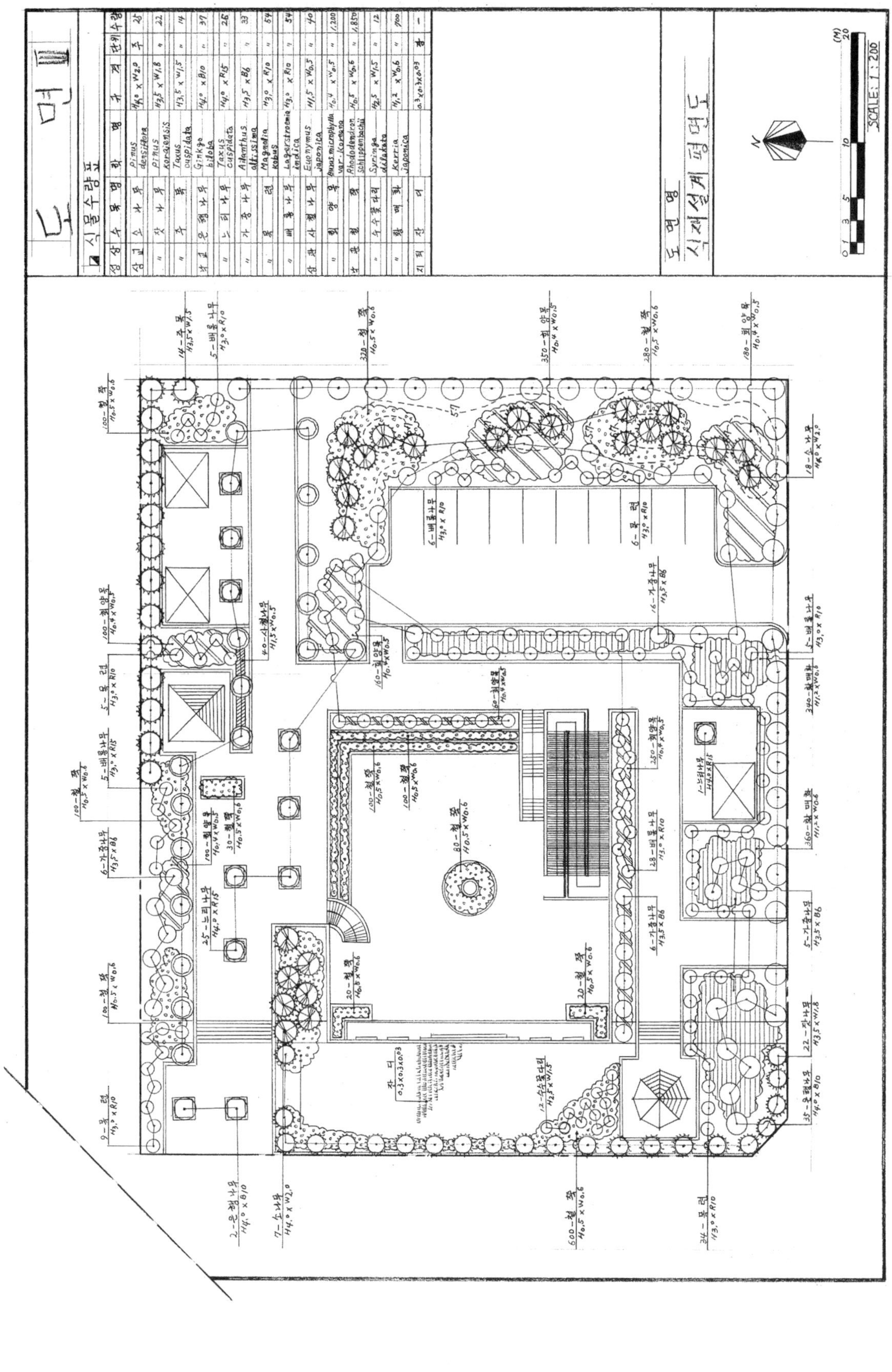
식물수량표
도면명
식재설계평면도
SCALE 1 : 200

2019년 2회 국가기술자격 검정 실기시험문제					
시험시간	3시간	**자격종목**	조경기사	**작품명**	사무실건축물조경

※ 설계요구사항(제2과제)

주어진 도면과 같은 사무실용 건축물 외부공간에 조경설계를 하고자 한다. 아래의 공통사항과 각 설계조건을 이용하여 문제 요구 순서대로 작성하시오.

※ 설계공통사항

① 지하층 슬래브 상단면의 계획고는 +10.50이다.

② 도면의 좌측과 후면 지역은 시각적으로 경관이 불량하고 건축물이 위치하는 지역은 중부 지방의 소도시로서 공해가 심하지 않은 곳이다.

문제 01

공통사항과 다음의 조건을 참고하여 평면기본구상도(계획개념도)를 축척 1/300로 작성하시오.[답안지 Ⅰ]

※ 설계요구조건

① 북측 및 서측에 상록수 차폐를 하고, 우측에 운동공간(정구장 1면) 및 휴게공간 남측에 주차공간, 건물 전면에 광장을 계획하시오.

② 도면의 '가' 부분은 지하층 진입, '나' 부분은 건물 진입을 위한 보행로 '다' 부분은 주차장 진입을 위한 동선으로 계획하시오.

③ 건물 전면광장 주요지점에 환경조각물 설치를 위한 계획을 하시오.

④ 공간배치계획, 동선계획, 식재계획 개념을 기술하시오.

문제 02

공통사항과 다음의 조건을 참고하여 시설물 배치평면도를 축척 1/300로 작성하시오.[답안지 Ⅱ]

※ 설계요구조건

① 도면의 a~j까지의 계획고에 맞추어 설계를 하고 '가' 지역은 폭 5m, 경사도 10%의 램프로 처리, '나' 지역은 계단 1단의 높이 15cm로 계단처리를 하고 보행로의 폭은 3m로 처리, '다' 지역은 폭 6m의 주차진입로로 경사도 10%의 램프로 처리하고 계단 및 램프 ↑(up)로 표시하시오.

② 현황도의 빗금친 부분의 계획고는 +11.35로 건물로의 진입을 위하여 계단을 설치하고 계단은 높이 15cm, 디딤판 폭 30cm로 한다.

③ 휴게공간에 파고라 1개, 의자 4개, 음료수대 1개, 휴지통 2개 이상을 설치하시오.

④ 건물 전면공간에 높이 3m, 폭 2m의 환경조각물 1개소 설치하시오.

⑤ 포장재료는 주차장 및 차도의 경우는 아스팔트, 그 밖의 보도 및 광장은 콘크리트 보도블록 및 화강석을 사용하시오.

⑥ 차도측 보도에서 건축물 대지쪽으로 정지작업시 경사도 1 : 1.5로 처리하시오.

⑦ 정구장은 1면으로 방위를 고려하여 설치하시오.

⑧ 설치시설물에 대한 범례표는 우측 여백에 작성하시오.

문제 03

공통사항과 다음의 조건을 참고하여 식재기본설계도를 축척 1/300로 작성하시오.[답안지 Ⅲ]

※ 설계요구조건

① 사용수량은 10수종 이상으로 하고 차폐에 사용되는 수목은 수고 3m 이상의 상록수로 하시오.

② 주차장 주변에 대형 녹음수로 수고 4m 이상, 수관폭 3m 이상을 식재하시오.

③ 진입부분 좌우측에는 상징이 될 수 있는 대형수를 식재하시오.

④ 건물 진면 광장 전면에 녹지를 두고 식재토록 하시오.

⑤ 지하층의 상부는 토심을 고려하여 식재토록 하시오.

⑥ 수목은 인출선에 의하여 수량, 수종, 규격 등을 표기하시오.

⑦ 수종의 선택은 지역적인 조건을 최대한 고려하여 선택하시오.

⑧ 수목의 범례와 수량 기재는 도면의 우측에 표를 만들어 기재하시오.

현 황 도

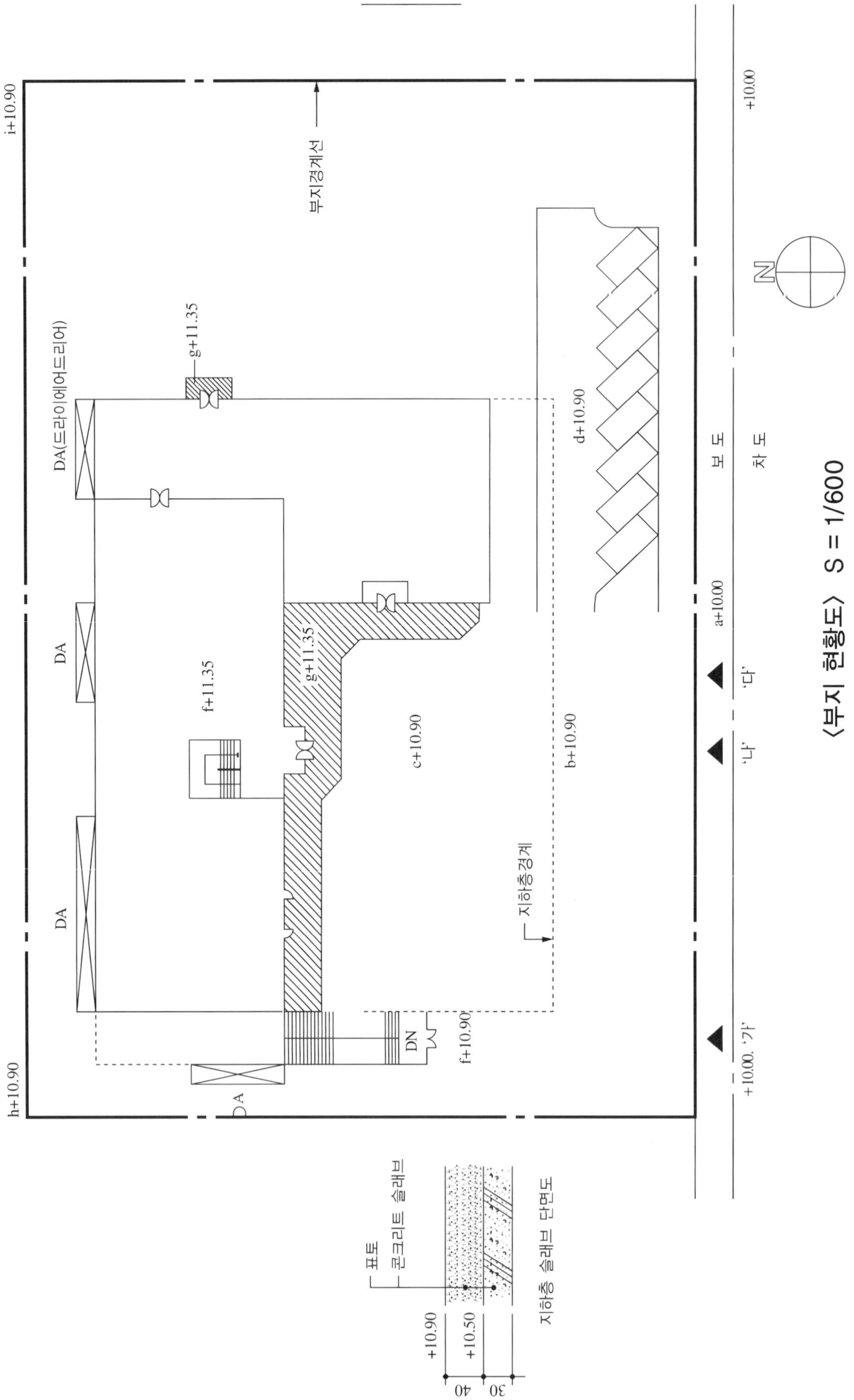

〈부지 현황도〉 S = 1/600

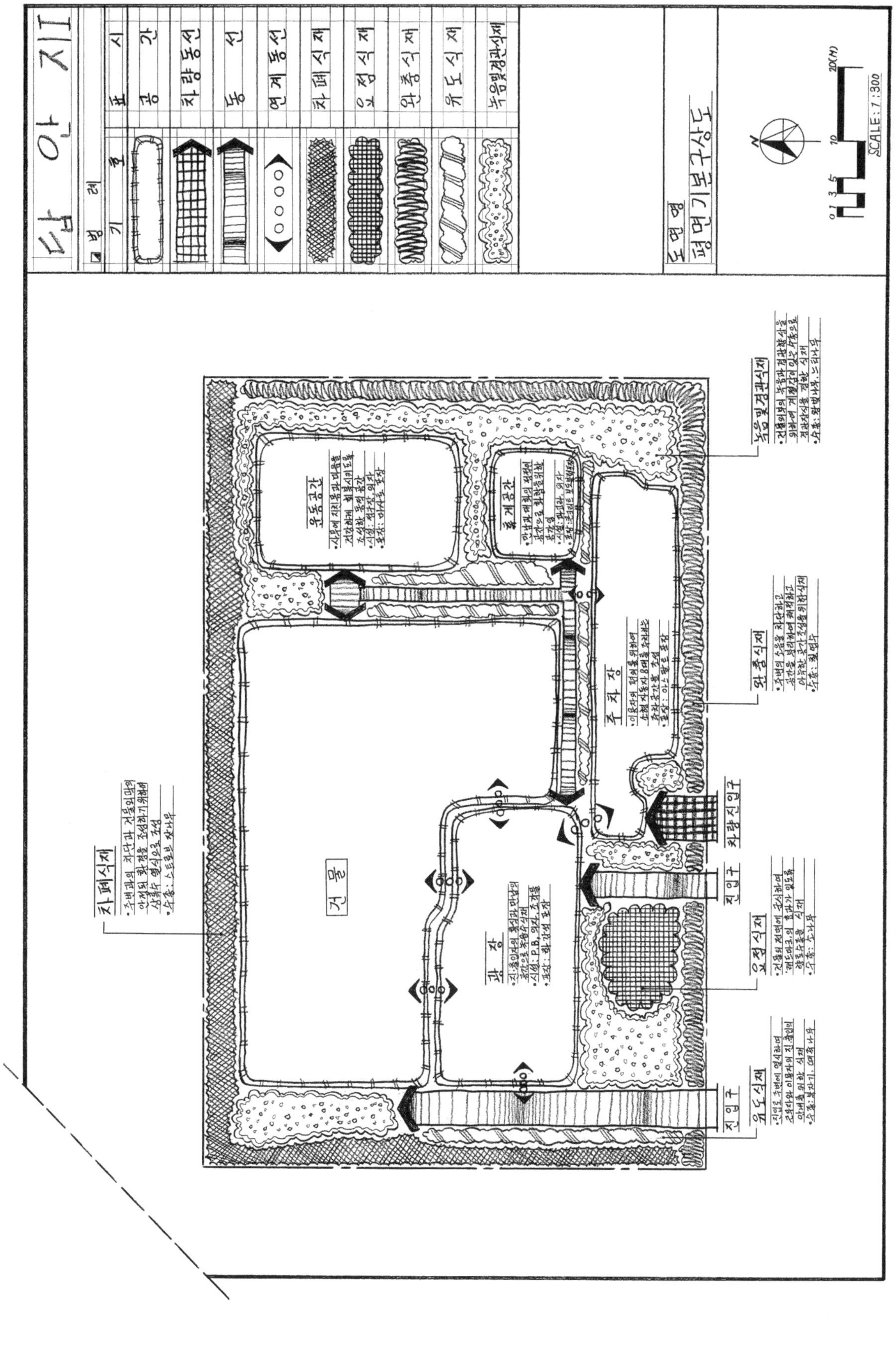
답안지
범례
기호
표시
공간
차량동선
동선
연계동선
차폐식재
요점식재
완충식재
유도식재
녹음및경관식재
도면명
평면기본구상도
SCALE:1/300
건물
광장
주차장
운동공간
휴게공간
진입구
차량진입구

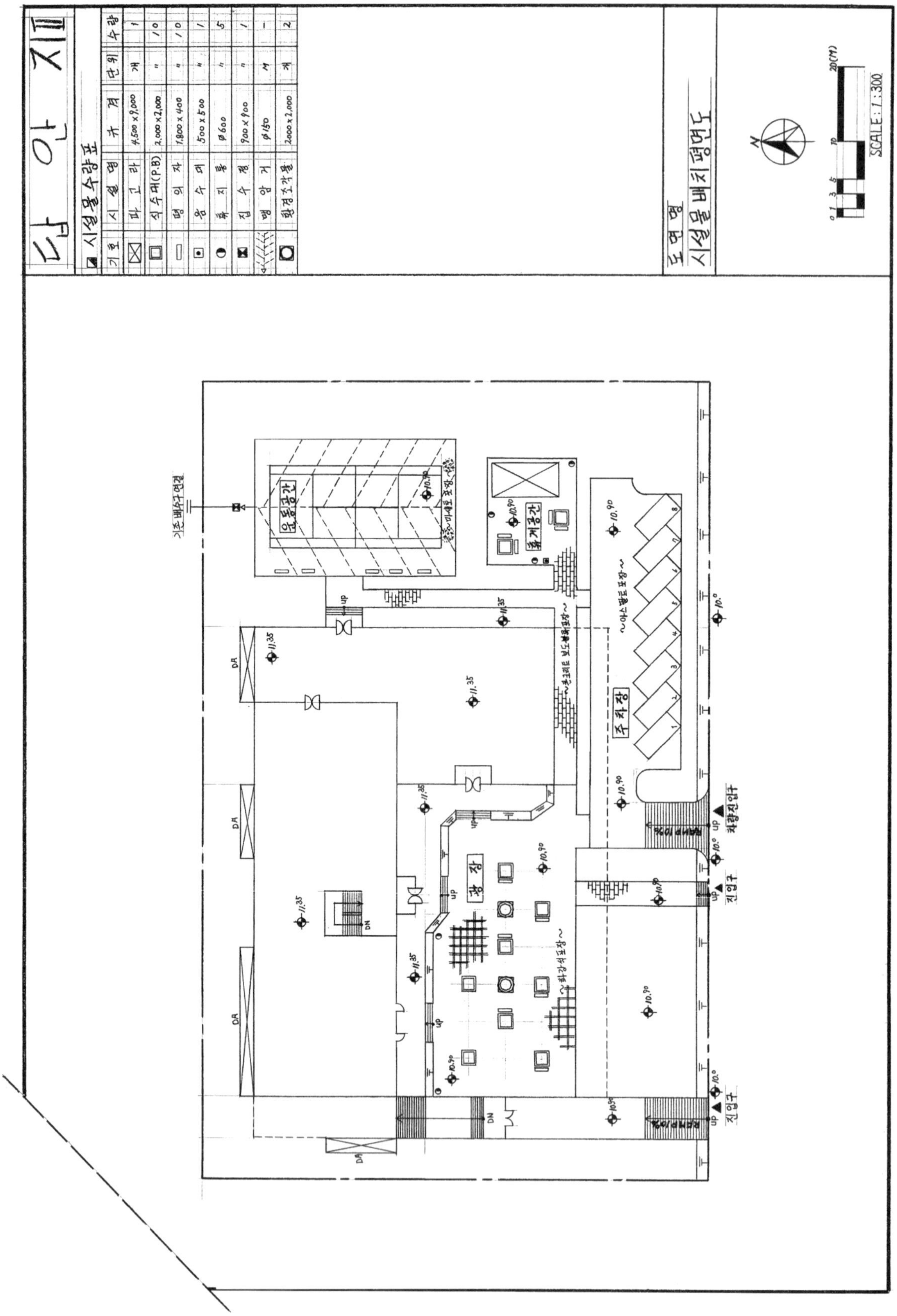
답안지Ⅱ
시설물수량표
기호 | 시설명 | 규격 | 단위 | 수량
파고라 | 4,500×9,000 | 개 | 1
식수대(P.B) | 2,000×2,000 | 〃 | 10
평의자 | 1,800×400 | 〃 | 10
음수대 | 500×500 | 〃 | 1
휴지통 | Ø600 | 〃 | 5
집수정 | 900×900 | 〃 | 1
맹암거 | Ø150 | M | –
환경조각물 | 2000×2,000 | 개 | 2
도면명
시설물배치평면도
N
SCALE : 1 : 300
운동공간
휴게공간
주차장
광장
~아스팔트포장~
~화강석포장~
~콘크리트 보도블록포장~
~마사토포장~
기존배수구연결
차량진입구
진입구
RAMP 10%
DA
UP
DN

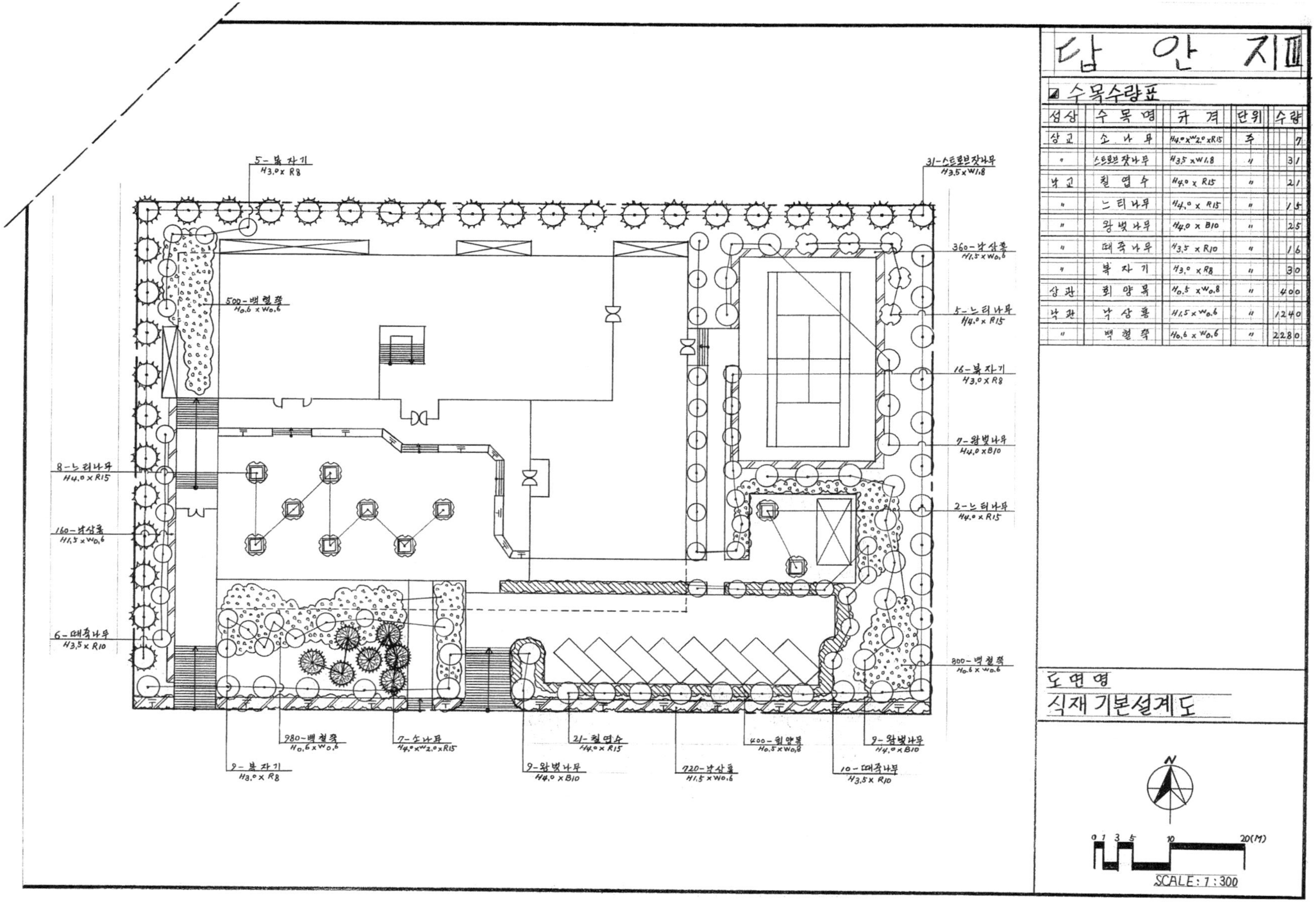
답 안 지 Ⅲ
■ 수목수량표
성상 | 수목명 | 규격 | 단위 | 수량
상교 | 소나무 | H4.0×W2.0×R15 | 주 | 7
〃 | 스트로브잣나무 | H3.5×W1.8 | 〃 | 31
낙교 | 칠엽수 | H4.0×R15 | 〃 | 21
〃 | 느티나무 | H4.0×R15 | 〃 | 15
〃 | 왕벚나무 | H4.0×B10 | 〃 | 25
〃 | 때죽나무 | H3.5×R10 | 〃 | 16
〃 | 복자기 | H3.0×R8 | 〃 | 30
상관 | 회양목 | H0.5×W0.8 | 〃 | 400
낙관 | 낙상홍 | H1.5×W0.6 | 〃 | 1240
〃 | 백철쭉 | H0.6×W0.6 | 〃 | 2280
도면명
식재 기본설계도
N
0 1 3 5 10 20(M)
SCALE : 1 : 300
5-복자기 H3.0×R8
31-스트로브잣나무 H3.5×W1.8
360-낙상홍 H1.5×W0.6
500-백철쭉 H0.6×W0.6
5-느티나무 H4.0×R15
16-복자기 H3.0×R8
7-왕벚나무 H4.0×B10
8-느티나무 H4.0×R15
2-느티나무 H4.0×R15
160-낙상홍 H1.5×W0.6
6-때죽나무 H3.5×R10
800-백철쭉 H0.6×W0.6
980-백철쭉 H0.6×W0.6
7-소나무 H4.0×W2.0×R15
21-칠엽수 H4.0×R15
400-회양목 H0.5×W0.8
9-왕벚나무 H4.0×B10
9-복자기 H3.0×R8
9-왕벚나무 H4.0×B10
720-낙상홍 H1.5×W0.6
10-때죽나무 H3.5×R10

2019년 4회 국가기술자격 검정 실기시험문제					
시험시간	3시간	**자격종목**	조경기사	**작품명**	근린공원

※ 설계현황 및 계획의도

주어진 현황도에 제시된 설계대상지는 우리나라 중부지방의 도보권 근린공원(A, B구역)으로 총면적 47,000m^2 중 'A'구역이 우선 시험설계대상지이다. 설계대상지 주변으로는 차로와 보행로가 계획되어 있으며 '동쪽 : 아파트, 서쪽 : 주택가, 북쪽 : 상가'가 인접해 있고, 차로와 주변 보행로의 설계 시 레벨은 같은 높이로 적용한다.

※ 설계공통사항

대상지의 지반고는 현황도의 지반고를 설계에 적용하여 지반고에 따라 법면을 설정하도록 하고, 보행자 진입구와 차량 진입구를 설계하시오.

문제 01

다음 요구사항에 따라 개념도(S = 1/300)를 작성하시오.[답안지 Ⅰ]

※ 설계요구사항

① 각 공간의 영역은 다이어그램을 이용하여 표현하고 각 공간의 공간명, 적정개념을 설명하시오.

② 식재개념을 표현하고 약식 서술하시오.

③ [문제 2]에서 요구한 [문 1], [문 2], [문 3]을 다음 표와 같이 개념도 상단에 작성하시오.

문 제	[문 1]	[문 2]	[문 3]
답			

문제 02

다음 요구사항에 따라 시설물 배치도(S = 1/300)를 작성하시오.[답안지 Ⅱ]

※ 설계요구사항

① 법면구간 계획 시 다음 조건을 적용하여 설계하시오.

㉠ 법면 : 경사(1 : 1.8)를 적용, 절토, 법면 폭을 표시하시오(예 W=1.08).

㉡ 식재 : '조경설계기준'에서 제시한 '식재비탈면의 기울기' 중 해당 '식재가능식물'에 따른다.

㉢ [문 1] 개념도에 해당 내용(식재가능식물)을 답하시오.

② 주동선 계획 시 현황도에서 주어진 곳에 다음 조건을 적용하여 설계하시오.

㉠ 보행동선 : 폭 5m로 적당한 포장을 사용하시오.

㉡ 입구 계획 : R=3m를 확보하여 입구의 진출입을 용이하게 하시오.

㉢ 계단 : H=15cm, B=30cm, W=5m(계단은 총 단수대로 그리고 Up, Down 표시는 – 1단으로 표기하시오)

㉣ Ramp : 경사구배 8%, W=2m, 콘크리트 시공 후 석재로 마감한다.

㉤ [문 2] 바닥면으로부터 높이 몇 m 이내마다 수평면의 참을 설치해야 하는가?(단, 장애인・노인・임산부 등의 편의증진 보장에 관한 법률에 따르며, 개념도에 해당 내용을 답하시오)

③ 모든 공간은 서로 연계되어야 하고, 차량동선과 보행동선의 교차는 피하시오.

④ 차량동선(폭 6m) 진입 시 경사구배는 주차장법에서 제시한 '지하주차장 진입로'의 직선진입 경사구배 값으로 계획하시오.

⑤ [문 3]에 해당 경사구배 값(%)을 개념도에 답하시오.

⑥ 산책로는 폭 2m의 자유곡선형이며 경사구간은 10%를 적용하고, 경계석이 없는 '콘크리트 포장'으로 계획하시오.

⑦ 다음의 조건에 맞는 잔디광장을 계획하시오.

㉠ 면적 : 32m×17m

㉡ 위치 : 부지의 중심지역

㉢ 포장 : 잔디깔기

㉣ 용도 : 휴식 및 공연장

㉤ 레벨 : −60cm, 외곽부는 스탠드로 활용(H=15cm, B=30cm, 화강석 처리)

⑧ 잔디광장 주변으로 폭 3m, 6m의 활동공간을 계획하고, 주동선에서 진입 시 폭 12m로 하시오. 또한 수목보호대(1m×1m) 10개를 설치하여 동일한 낙엽교목을 식재하시오.

⑨ 전체적으로 편익시설 공간(7m×26m)을 계획하고, 화장실(5m×7m) 1개소와 벤치 다수를 배치하시오.

⑩ 주차장은 다음 조건에 맞는 소형승용차 26대를 직각주차 방식으로 계획하시오.

㉠ 규격 : 주차장법상의 '일반형'으로 하며, '1대당 규격'을 1개소에 적고 주차대수 표기는 ①, ②, …로 하시오.

㉡ 보행자 안전동선(W=1.5m)을 확보하고, 측구배수 여유폭을 70cm 확보하시오.

⑪ 다음 조건에 맞는 어린이 모험 놀이공간을 계획하시오.

㉠ 면적은 300m^2 내외로 하고, 탄성고무포장을 하시오.

㉡ 모험놀이시설 3종 이상을 구상하고, 수량표에 표기하시오(단, 개소당 면적은 15m^2 이상으로 하시오).

⑫ 휴식공간(10m×12m, 목재데크포장)을 적당한 곳에 계획하고, 퍼걸러(4,500×4,500) 2개소, 음수대 1개소, 휴지통 1개를 배치하시오. 또한 휴식공간 주변에 연못(80m^2 내외, 자연석 호안)을 계획하시오.

⑬ 배수계획은 다음 조건에 맞도록 대상지의 아래(서쪽) 공간에만 계획하시오.

㉠ 주차장, 연못, 농구장, 놀이터에는 빗물받이(510×410), 집수정(900×900)을 설치하시오.

㉡ 잔디광장에는 Trench Drain(W=20cm, 측구수로관용 그레이팅) 배수와 집수정을 설치하시오.

㉢ 최종 배수 3곳에는 우수맨홀(D900)을 설치하시오.

문제 03

다음 요구사항에 따라 배식평면도(S=1/300)를 작성하시오. [답안지 Ⅲ]

※ 설계요구사항

① 수종 선정 시 온대중부수종으로 상록교목 3종, 낙엽교목 7종, 관목 3종 이상을 배식하시오.

② 주차장 좌측(대상지 북쪽) 식재지역은 참나무과 총림을 조성하시오(단, 총림조성 시 수고 4m 이상으로 40주 이상을 군식하시오).

③ 주요부 마운딩(H=1.5m, 규모 50m^2 내외) 처리 후 경관식재 1개소, 산책로 주변과 수경공간 주변에는 관목식재, 주동선은 가로수식재, 완충식재, 녹음식재 등을 계획하고, 수종의 수량과 규격은 인출선을 사용하여 표기하시오.

현 황 도

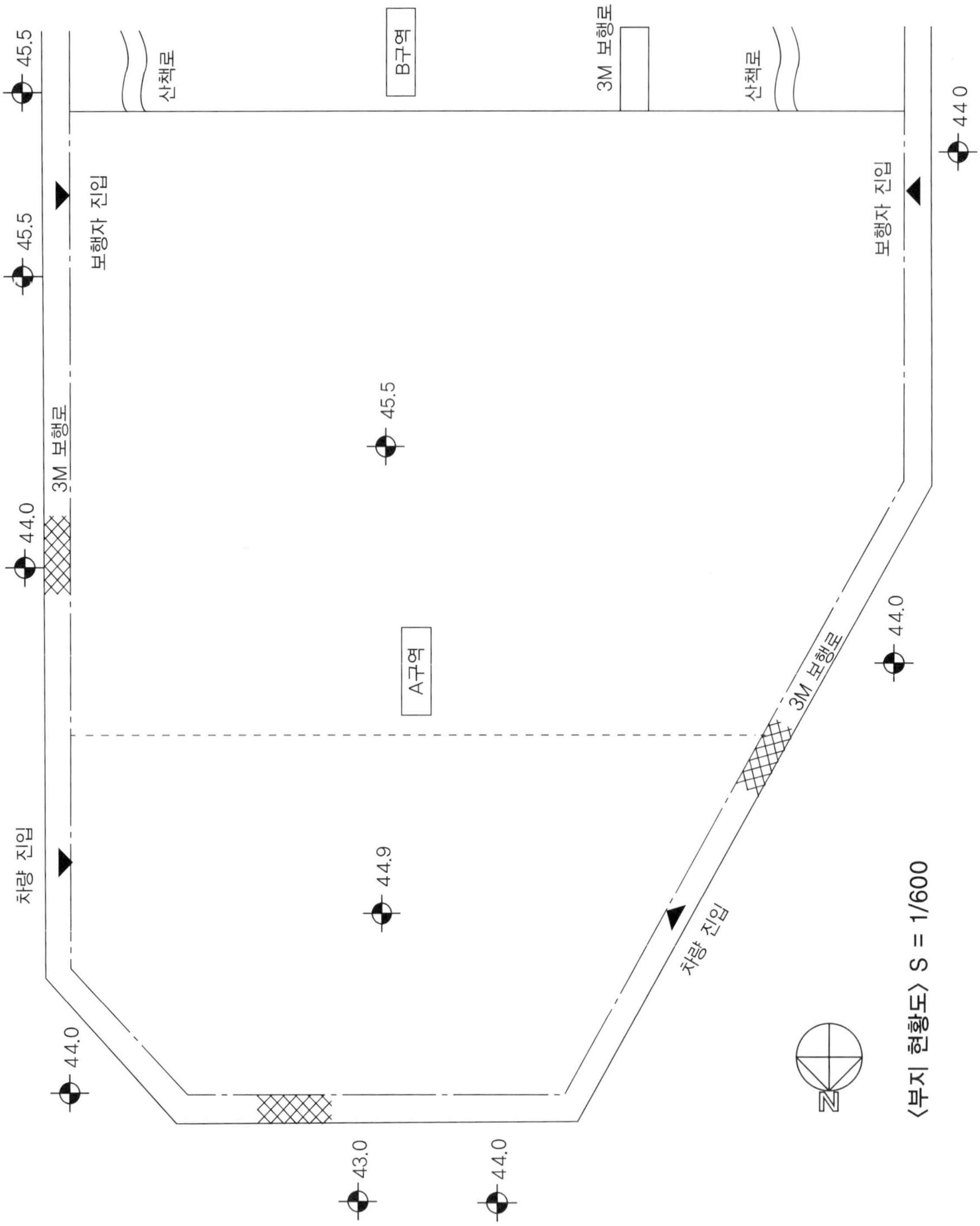

〈부지 현황도〉 S = 1/600

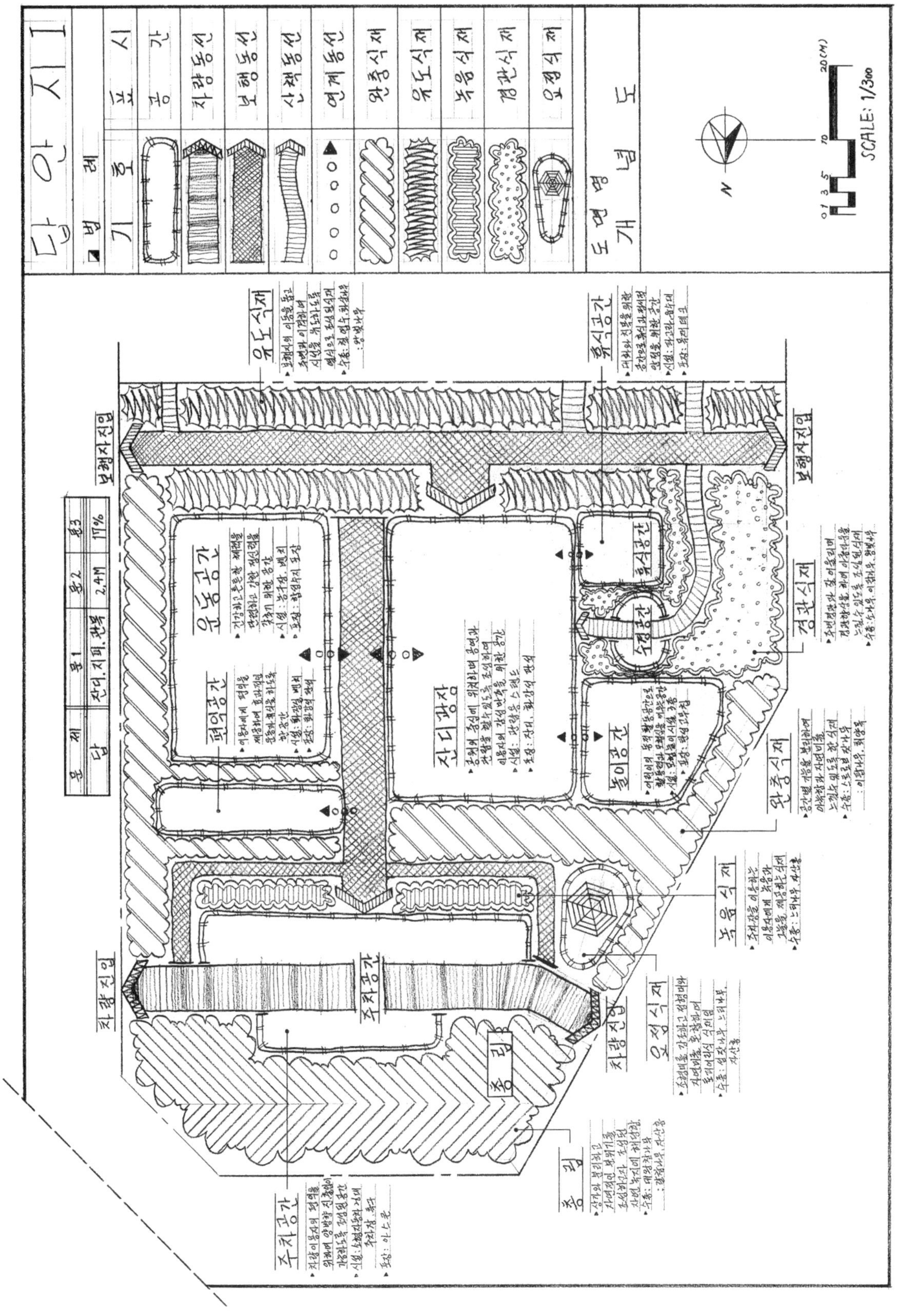

범례
기호
표시
공간
차량동선
보행동선
산책동선
연계동선
완충식재
유도식재
녹음식재
경관식재
요점식재
도면명
개념도
N
SCALE: 1/300
문제
답
문1
문2
문3
잔디.지피.관목
2.4M
17%
보행자진입
차량진입
주차공간
운동공간
편의공간
잔디광장
놀이공간
수경공간
휴식공간

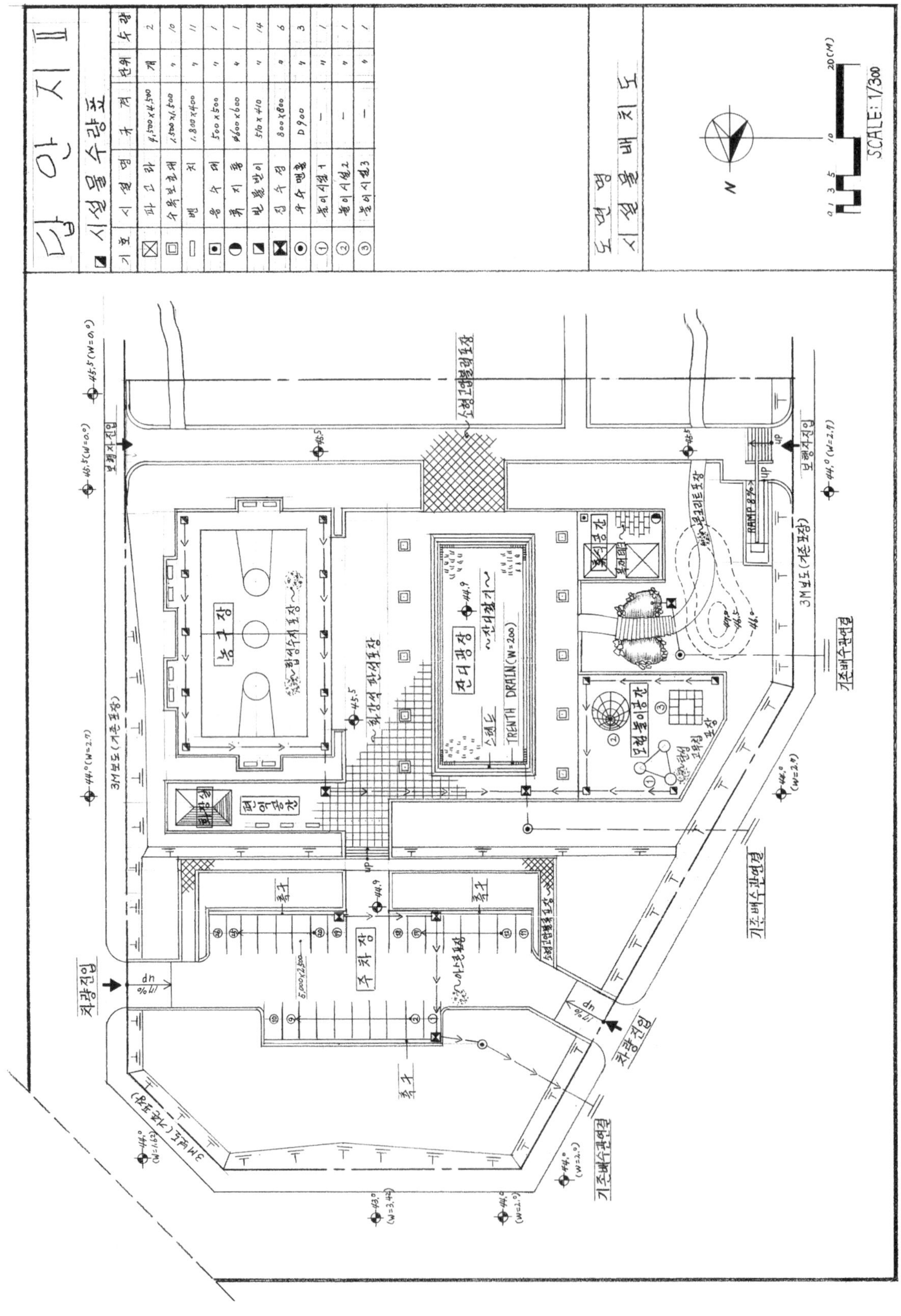

답안지 II
시설물 수량표
기호 | 시설명 | 규격 | 단위 | 수량
파고라 | 4,500x4,500 | 개 | 2
수목보호대 | 1,500x1,500 | 〃 | 10
벤치 | 1,800x400 | 〃 | 11
음수대 | 500x500 | 〃 | 1
휴지통 | ø600x600 | 〃 | 1
빗물받이 | 510x410 | 〃 | 14
집수정 | 800x800 | 〃 | 6
우수맨홀 | D900 | 〃 | 3
놀이시설1 | – | 〃 | 1
놀이시설2 | – | 〃 | 1
놀이시설3 | – | 〃 | 1
도면명
시설물배치도
N
SCALE: 1/300
차량진입
보행자진입
3M보도(기존포장)
기존배수관연결
주차장
5,000x2,500
축구
아스콘포장
편익공간
화장실
농구장
합성수지포장
화강석 판석포장
잔디광장
잔디깔기
스탠드
TRENTH DRAIN(W=200)
소형고압블럭포장
모험놀이공간
탄성고무칩포장
휴식공간
콘크리트포장
RAMP 8%

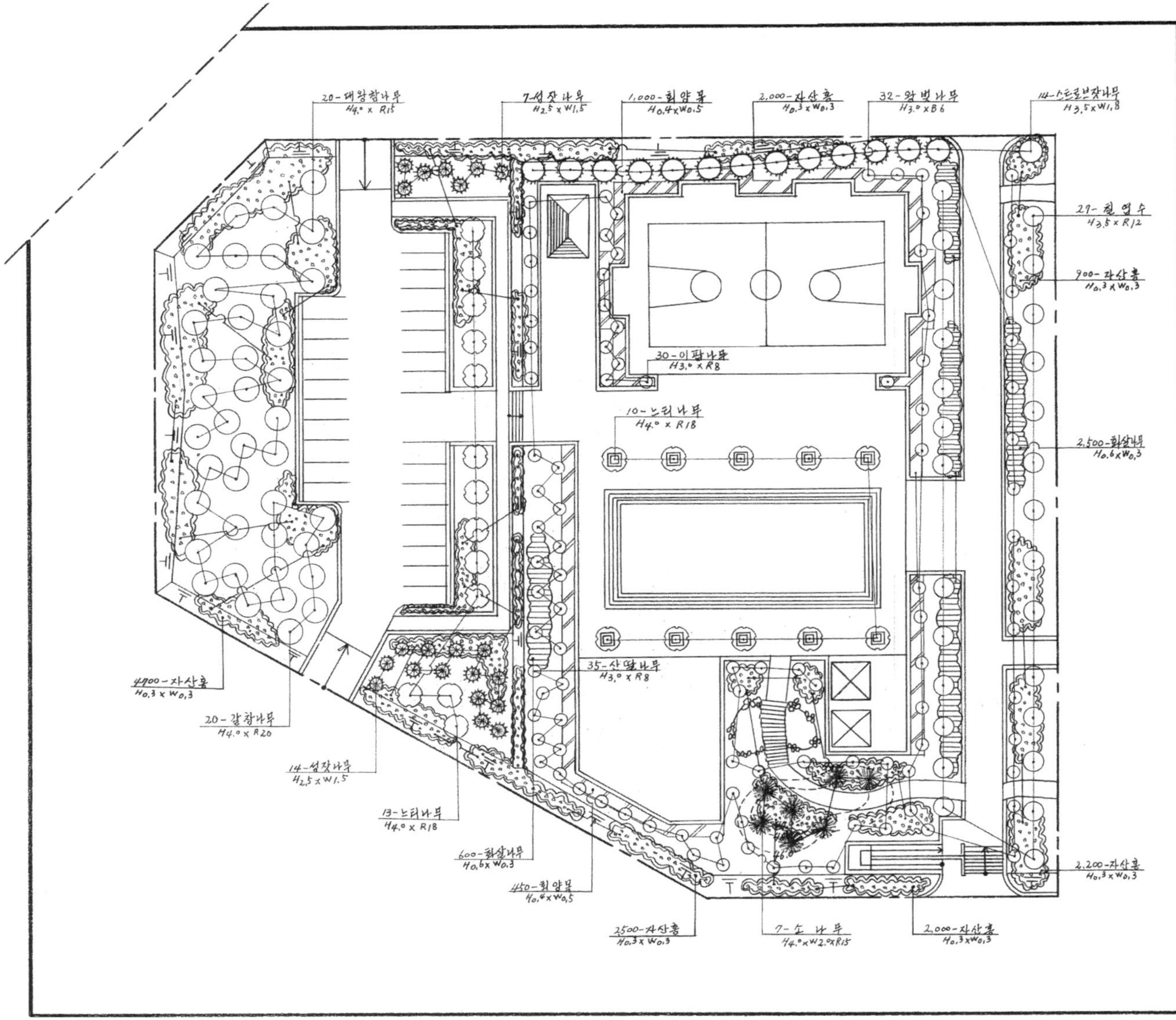

답안지 Ⅲ

◪ 수목수량표

성상	수목명	규격	단위	수량
상교	소나무	H4.0xW2.0xR15	주	7
〃	스트로브잣나무	H3.5xW1.8	〃	14
〃	섬잣나무	H2.5xW1.5	〃	21
낙교	느티나무	H4.0xR18	〃	23
〃	대왕참나무	H4.0xR15	〃	20
〃	갈참나무	H4.0xR20	〃	20
〃	칠엽수	H3.5xR12	〃	27
〃	왕벚나무	H3.0xB6	〃	32
〃	산딸나무	H3.0xR8	〃	35
〃	이팝나무	H3.0xR8	〃	30
상관	회양목	H0.4xW0.5	〃	1,450
낙관	화살나무	H0.6xW0.3	〃	3,100
〃	자산홍	H0.3xW0.3	〃	14,300

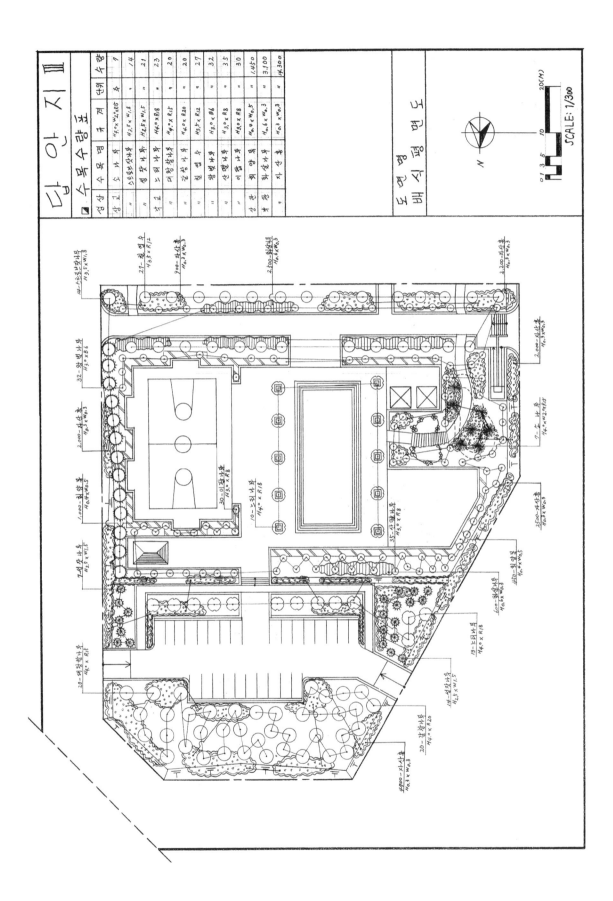

도면명
배식평면도

2020년 1회 국가기술자격 검정 실기시험문제					
시험시간	3시간	**자격종목**	조경기사	**작품명**	아파트단지 진입광장설계

※ 설계요구사항

중부지방의 학교 주변에 위치한 아파트단지 진입부이다. 현황도 내용 중 설계 대상지(일점쇄선 부분)만 요구조건을 참고하여 작성하시오.

문제 01

아파트단지 진입부에 진입광장을 설치하려고 한다. 주어진 현황도에 다음 요구조건을 참조하여 설계구상개념도를 작성하시오.[답안지 Ⅰ]

※ 설계요구조건

① 주어진 부지를 축척 1/300으로 확대하여 작성하시오.

② 주민들이 쾌적하게 통행하고 휴식할 수 있도록 동선, 광장, 휴게 및 녹지공간 등을 배치하시오.

③ 각 공간의 성격과 지형관계를 고려하여 배치하시오.

④ 주동선과 부동선을 알기 쉽게 표현하시오.

⑤ 각 공간의 명칭과 구상개념을 약술하시오.

문제 02

주어진 현황도에 다음 요구조건을 참조하여 기본설계도를 작성하시오.[답안지 Ⅱ]

※ 설계요구조건

① 주어진 부지를 축척 1/200으로 확대하여 작성하시오.

② 동선을 지형, 통행량을 고려하고 지체장애인도 통행 가능하도록 램프와 계단을 적절히 포함하시오.

③ 적당한 곳에 파고라 8개소(크기, 형태 임의), 장의자 10개소, 조명등 10개소를 배치하시오.

④ 포장재료는 2종 이상 사용하고 도면상에 표기하시오.

※ 식재설계 요구조건

① 식재설계는 경관 및 녹음 위주로 하며 다음의 〈보기〉수종에서 10종 이상을 선택하여 설계하시오.

보기

벚나무, 은행나무, 아왜나무, 소나무, 잣나무, 느티나무, 백합나무, 백목련, 청단풍, 녹나무, 돈나무, 쥐똥나무, 산철쭉, 기리시마철쭉, 회양목, 유엽도, 천리향

② 동선주위에는 경계식재를 하여 동선을 유도하시오.

③ 인출선을 사용하여 수종, 수량, 규격 등을 기재하고, 도면 우측에 수목수량표를 작성하시오.

④ 기존 등고선의 조작이 필요한 곳에는 수정을 가하며 파선으로 표시하시오.

문제 03

A-A´ 단면도를 다음 요구조건에 따라 작성하시오.[답안지 Ⅲ]

※ 설계요구조건

① 문제지에 표시된 A-A´ 단면도를 설계된 내용에 따라 축척 1/200으로 작성하시오.

② 설계내용을 나타내는데 필요한 곳에 점표고(Spot Elevation)를 표시하시오.

현 황 도

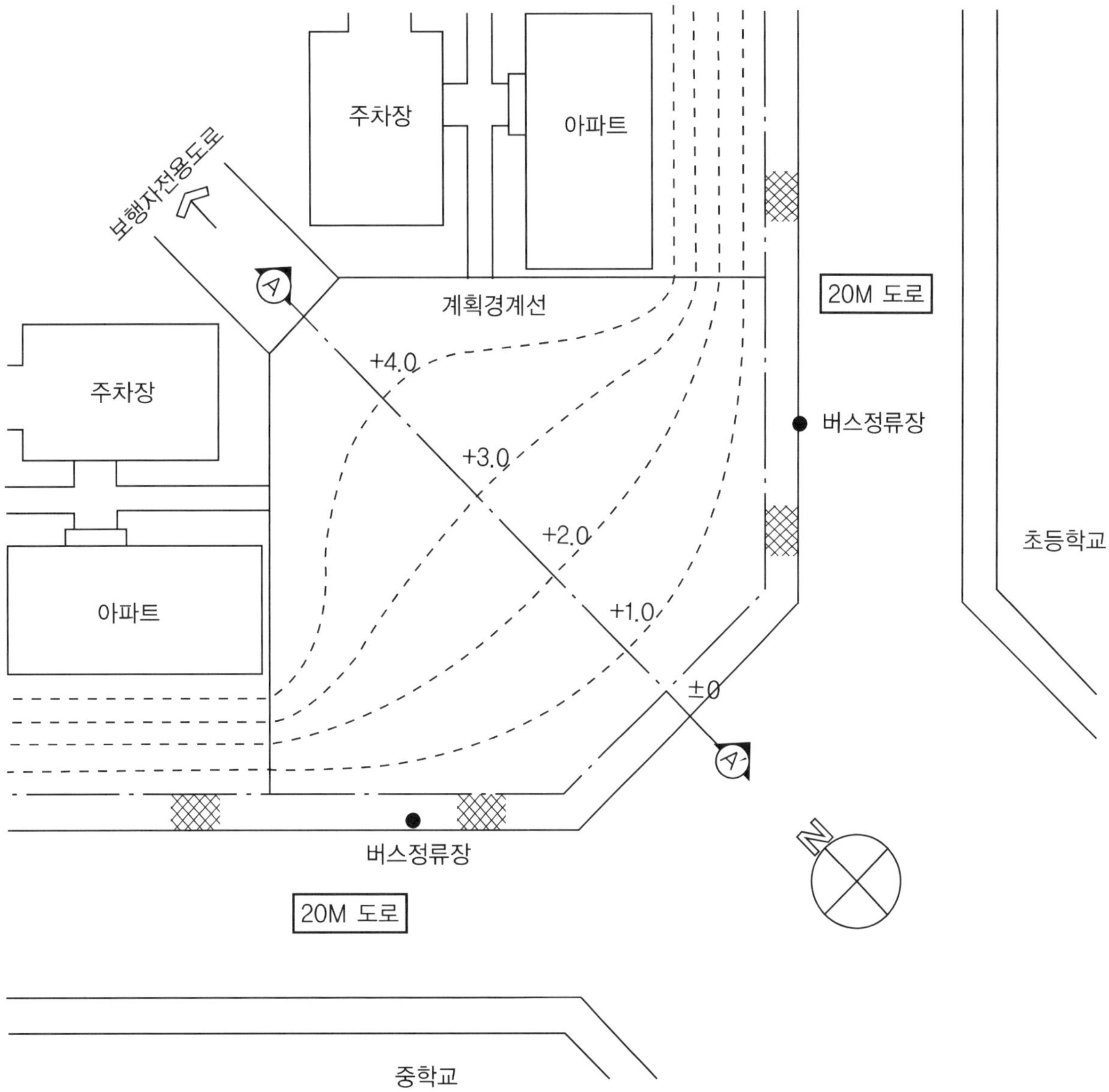

〈부지 현황도〉 S = 1/800

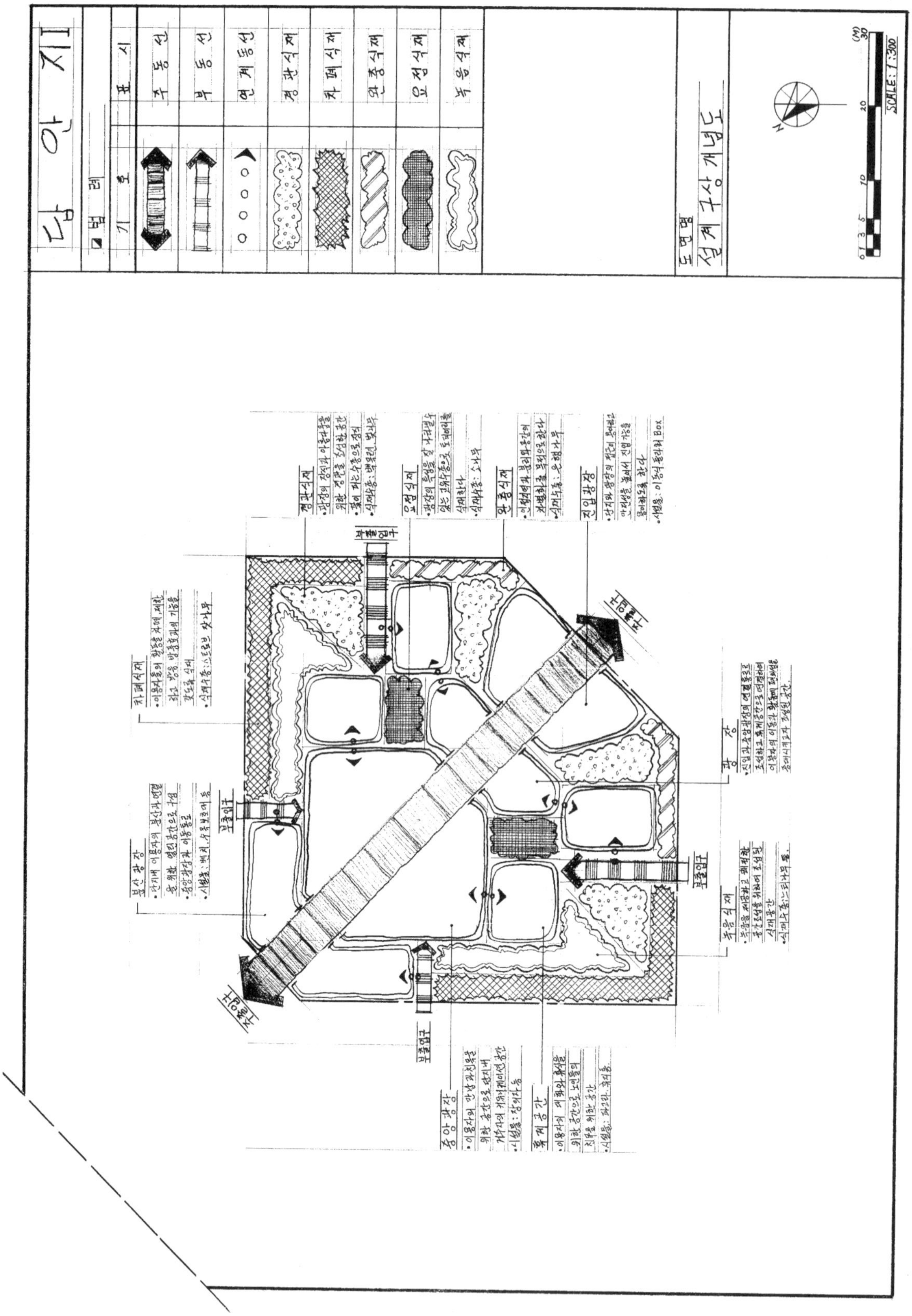
답안지
범례
기호
표시
주동선
부동선
연계동선
경관식재
차폐식재
완충식재
요점식재
녹음식재
도면명
설계구상개념도
SCALE : 1:300

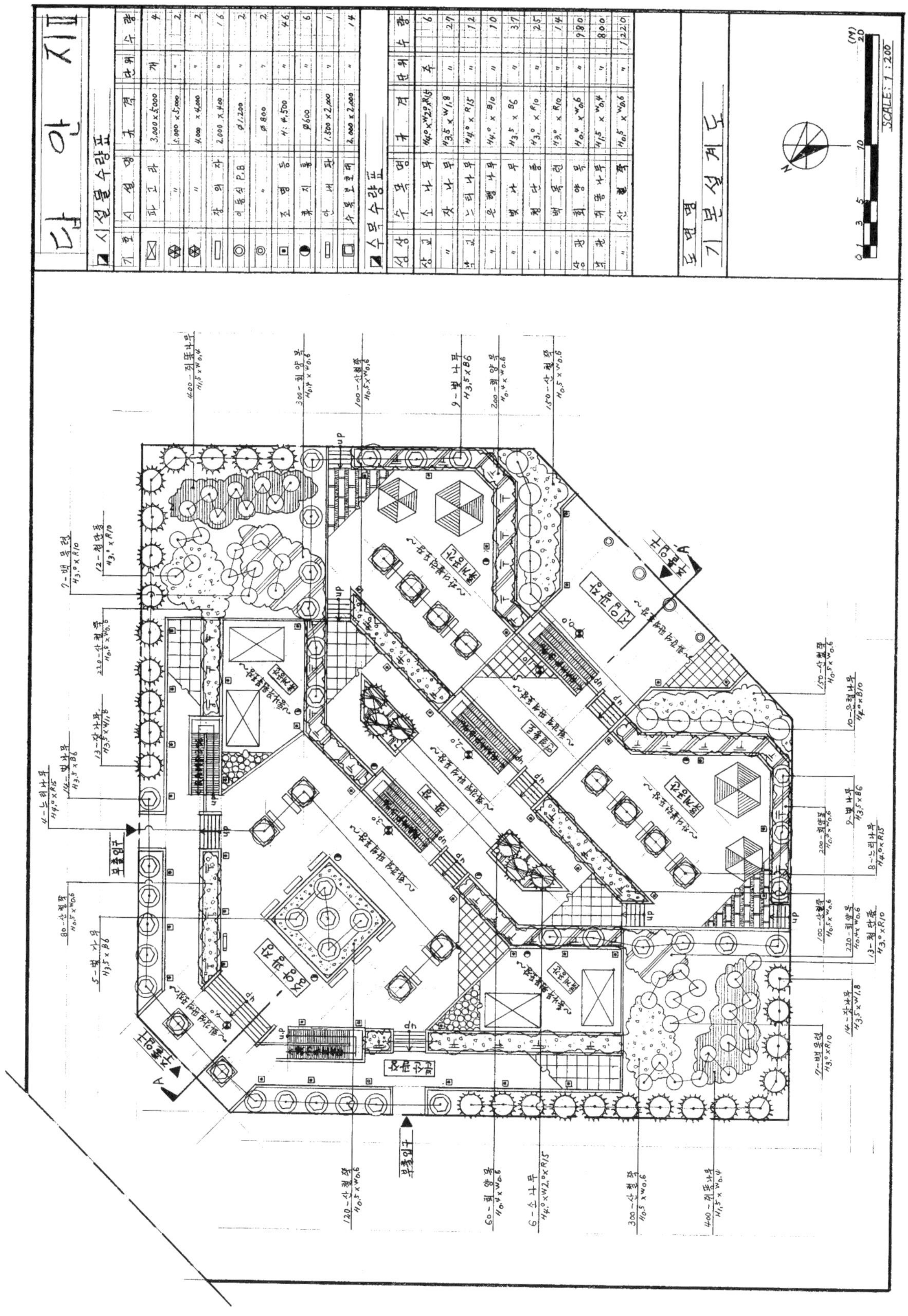

답 안 지 II
시설물수량표
기호	시설명	규격	단위	수량
	파고라	3,000×5,000	개	4
	〃	5,000×5,000	〃	2
	〃	4,000×4,000	〃	2
	장의자	2,000×400	〃	16
	이동식 P.B	ø1,200	〃	2
	〃	ø800	〃	2
	조명등	H:4,500	〃	46
	휴지통	ø600	〃	6
	안내판	1,500×2,000	〃	1
	수목보호대	2,000×2,000	〃	14
수목수량표
성상	수목명	규격	단위	수량
상교	소나무	H4.0×W2.0×R15	주	6
〃	잣나무	H3.5×W1.8	〃	27
낙교	느티나무	H4.0×R15	〃	12
〃	은행나무	H4.0×B10	〃	10
〃	벚나무	H3.5×B6	〃	37
〃	청단풍	H3.0×R10	〃	25
〃	백목련	H3.0×R10	〃	14
상관	회양목	H0.4×W0.6	〃	980
낙관	쥐똥나무	H1.5×W0.4	〃	800
〃	산철쭉	H0.5×W0.6	〃	1220
도면명
기본설계도
SCALE: 1:200
중앙광장
진입광장
휴게공간
주출입구
부출입구
up
dn

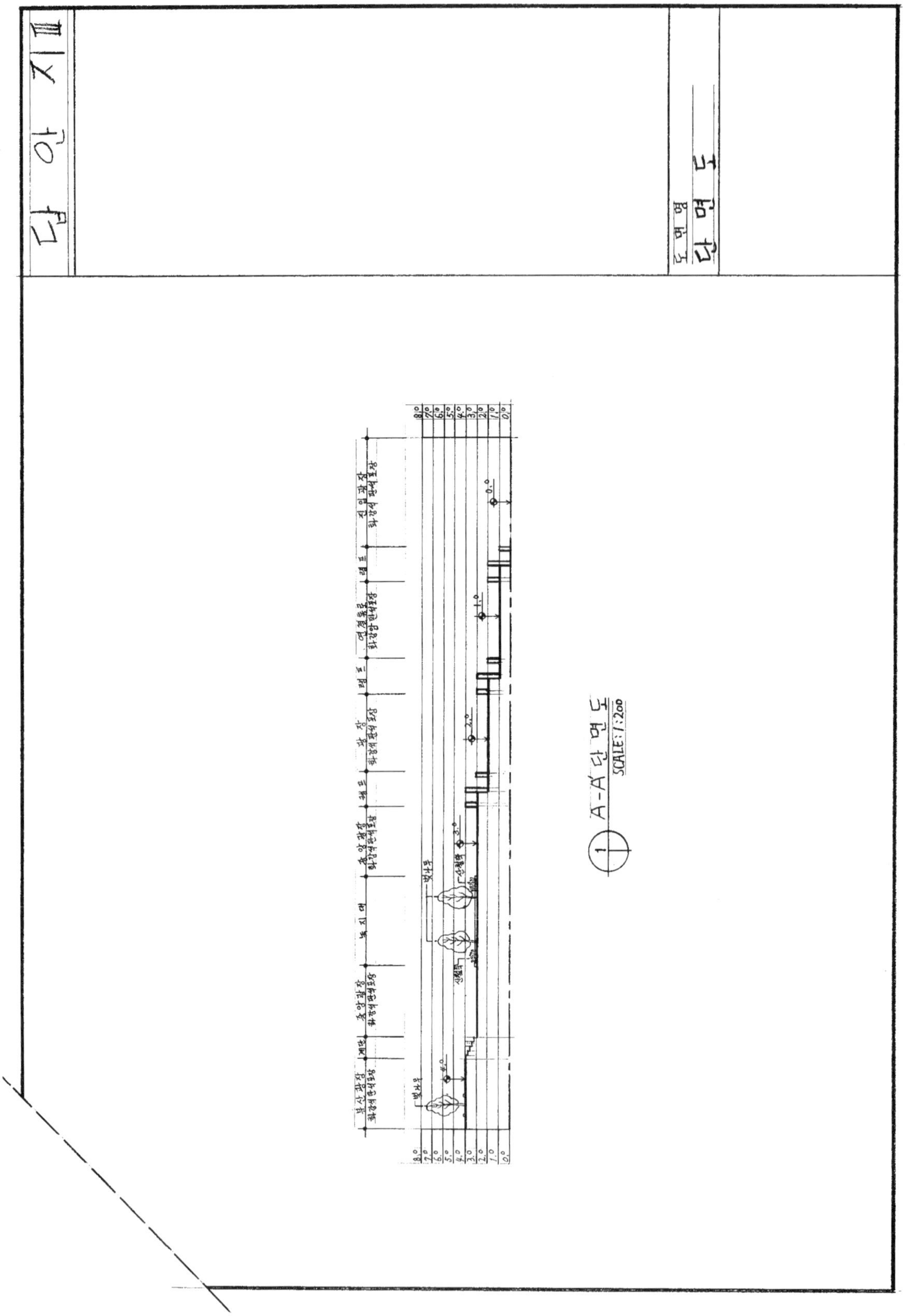
답 안 지 Ⅲ
도면명
단면도
A-A' 단면도
SCALE : 1/200

2020년 1회 국가기술자격 검정 실기시험문제					
시험시간	2시간 30분	**자격종목**	조경산업기사	**작품명**	사무용건축물 조경설계

※ 설계요구사항

서울특별시에 있는 사무용 건축물에 조경설계를 하고자 한다. 주어진 부지 현황도와 요구조건을 참조하여 설계도를 작성하시오.

문제 01

주어진 건축법 관계조항을 참조하여 최소한의 법정조경면적을 산출하고, 주어진 건축조례상의 기준에 의거하여 산출한 수목수량 산출내용을 [답안지 Ⅰ]의 우측 상단에 작성하시오.

※ 조경면적 & 수목수량 산출 요구조건

① 건축법 제42조(대지의 조경)

면적이 200m^2 이상인 대지에 건축을 하는 건축주는 용도지역 및 건축물의 규모에 따라 해당 지방자치단체의 조례로 정하는 기준에 따라 대지에 조경이나 그 밖에 필요한 조치를 하여야 한다.

② 서울특별시의 건축조례

㉠ 최소면적 : 200m^2 이상의 대지

㉡ 조경면적 확보기준

- 연면적의 합계가 2,000m^2 이상인 건축물 : 대지면적의 15% 이상
- 연면적의 합계가 1,000m^2~2,000m^2 미만인 건축물 : 대지면적의 10% 이상
- 연면적의 합계가 1,000m^2 미만인 건축물 : 대지면적의 5% 이상

③ 대지안의 식수 등 조경은 다음 표에 정하는 기준에 적합하여야 한다.

구분	식재밀도	상록비율	비고
교목	0.2본 이상/m^2	상록 50% : 낙엽 50%	교목중 수고 2m 이상의 교목 60% 이상 식재
관목	0.4본 이상/m^2		

문제 02

다음의 조건을 참고하여 주어진 시설물과 건물 내의 공간기능, 진 · 출입문의 위치를 고려하여 건물주변의 순환동선을 배치한 포장 및 시설물 배치도를 축척 1/300로 작성하시오.[답안지 Ⅰ]

※ 설계요구조건

① 옥상조경은 설치하지 않는다.

② 설치하고자 하는 시설물은 건물 남서쪽 공간에 4×7m의 파고라 하부 및 주변에 휴지통 3개소, 보행 주진입로 주변에 가로 2m×세로 2m×높이 3m의 환경조각물 1개소이다.

③ 동선의 배치는 다음과 같이 한다.

㉠ 보행 주동선의 폭은 6m로 하고 포장 구분할 것

㉡ 건물주변 순환 동선의 폭은 2m 이상으로 하여 포장 구분할 것

㉢ 대지 경계선 주변은 식재대를 두르며, 식재대의 최소폭은 1m로 할 것

㉣ 퍼걸러 벤치 주변은 휴게공간을 확보하여 포장 구분할 것
㉤ 포장은 적벽돌, 소형고압블럭, 자연석, 콘크리트, 화강석 포장 등에서 선택하여 반드시 재료를 명시할 것

④ 설치 시설물에 대한 범례표와 수량표는 도면 우측 여백에 작성할 것

문제 03

다음의 조건을 참고하여 식재 기본설계도를 축척 1/300로 작성하시오.[답안지 Ⅱ]

※ 설계요구조건

① 대지의 서측 경계 및 북측 경계에는 차폐식재, 주차장 주변에는 녹음식재, 플랜트 박스에는 상록성 관목식재를 할 것(단, [문제 1]의 법정 조경수목 수량을 고려하여 식재할 것)

② 다음의 수종 중에서 적합한 상록교목 5종, 낙엽교목 5종, 관목 4종을 선택할 것

보기

섬잣나무(H2.0m × W1.2m)	스트로브잣나무(H2.0m × W1.0m)
향나무(H3.0m × W1.2m)	향나무(H1.2m × W0.3m)
독일가문비(H1.5m × W0.8m)	아왜나무(H2.0m × W1.0m)
동백나무(H1.5m × W0.8m)	주목(H0.5m × W0.4m)
회양목(H0.3m × W0.3m)	광나무(H0.4m × W0.5m)
주목(H1.5m × W1.0m)	느티나무(H3.5m × R10cm)
플라타너스(H3.5m × B10cm)	청단풍(H2.0m × R5cm)
목련(H2.5m × R5cm)	꽃사과(H1.55m × R4cm)
산수유(H1.5m × R5cm)	자산홍(H0.4m × W0.5m)
수수꽃다리(H1.5m × W0.8m)	영산홍(H0.4m × W0.5m)

③ 수목의 명칭, 규격, 수량은 인출선을 사용하여 표기할 것

④ 수종의 선택은 지역적인 조건을 최대한 고려하여 선택할 것

⑤ 식재수종의 수량표를 도면 여백(도면 우측)에 작성할 것

현 황 도

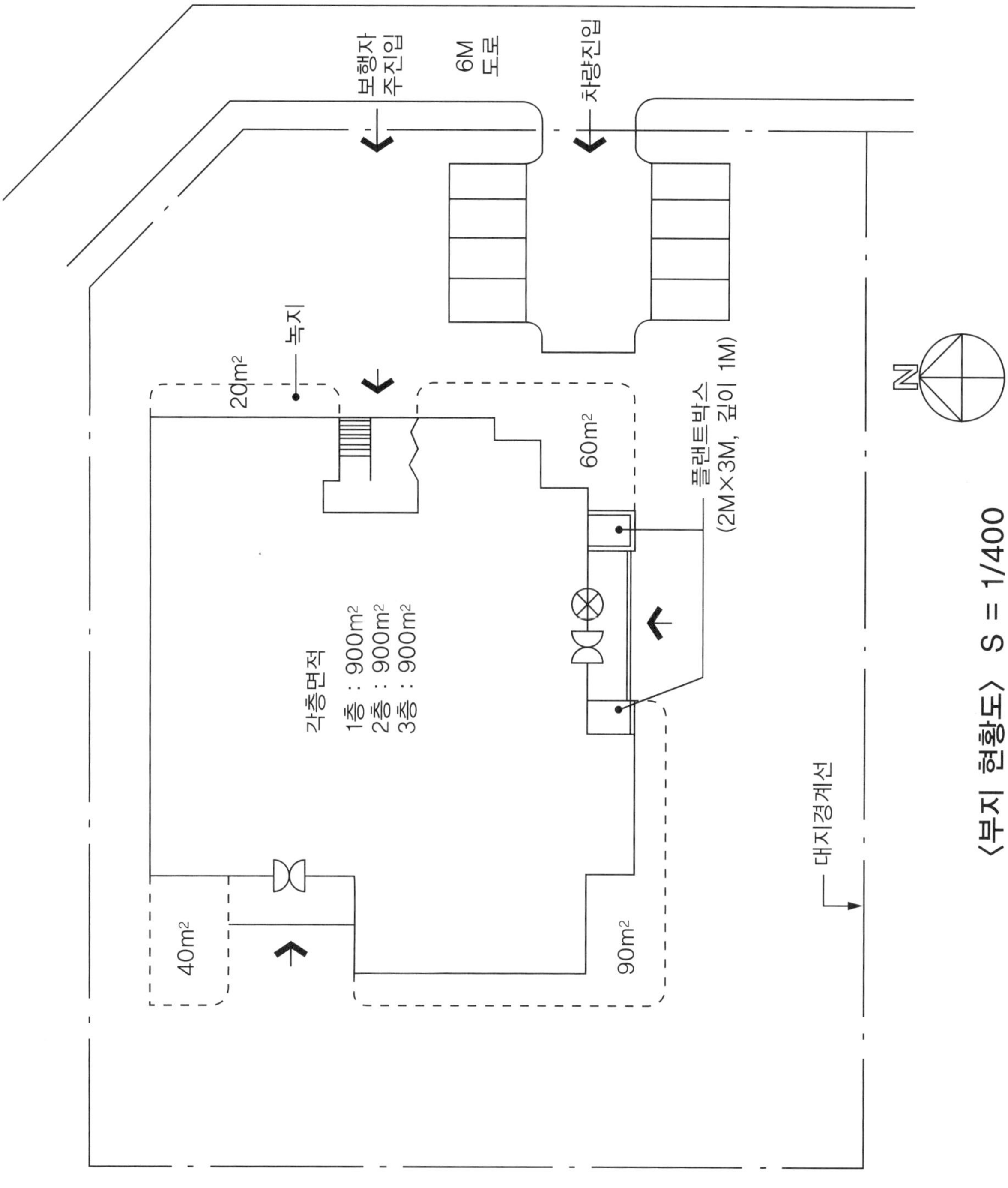
보행자 주진입
6M 도로
차량진입
녹지
20m²
60m²
플랜트박스 (2M×3M, 깊이 1M)
각층면적
1층 : 900m²
2층 : 900m²
3층 : 900m²
40m²
90m²
대지경계선
N
〈부지 현황도〉 S = 1/400

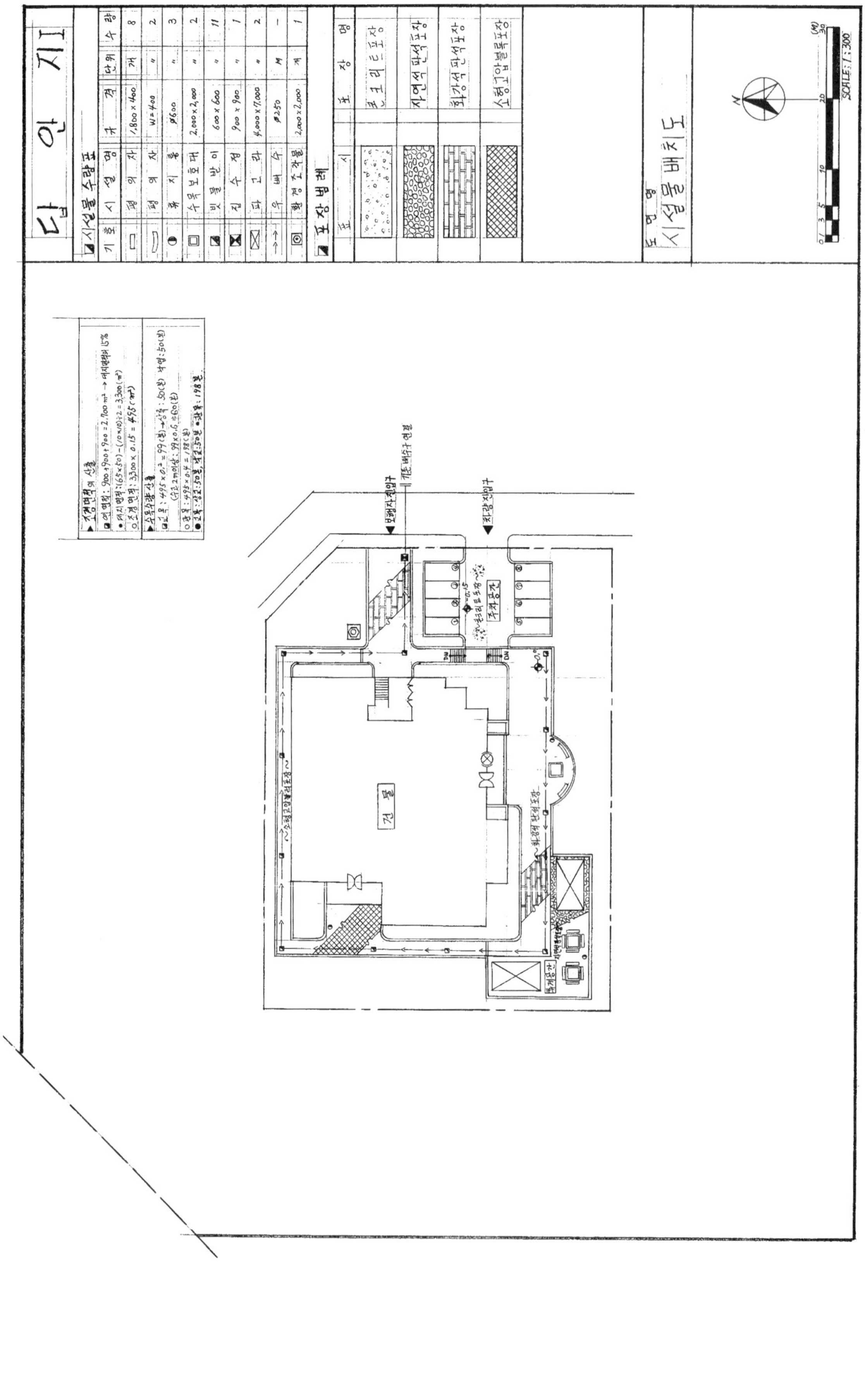

답안지
시설물수량표
포장범례
콘크리트포장
자연석판석포장
화강석판석포장
소형고압블럭포장
도면명
시설물배치도
SCALE : 1:300
건물

답 안 지 Ⅱ

■ 수목수량표

성상	수목명	규격	단위	수량
상교	향나무	H3.0 × W1.2	주	26
〃	섬잣나무	H2.0 × W1.2	〃	5
〃	스트로브잣나무	H2.0 × W1.0	〃	4
〃	독일가문비	H1.5 × W0.8	〃	7
〃	주목	H1.5 × W1.0	〃	7
낙교	느티나무	H3.5 × R10	〃	21
〃	목련	H2.5 × R5	〃	21
〃	청단풍	H2.0 × R5	〃	21
〃	꽃사과	H1.5 × R4	〃	22
〃	산수유	H1.5 × R5	〃	19
상관	회양목	H0.3 × W0.3	〃	1,000
낙관	수수꽃다리	H1.5 × W0.8	〃	14
〃	영산홍	H0.4 × W0.5	〃	900
〃	자산홍	H0.4 × W0.5	〃	850

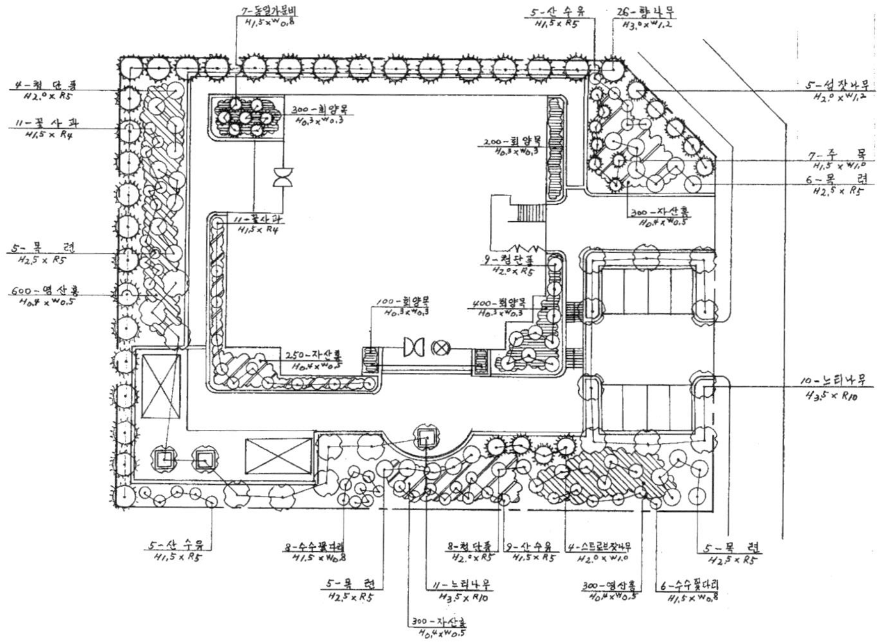

도면명

조경설계도

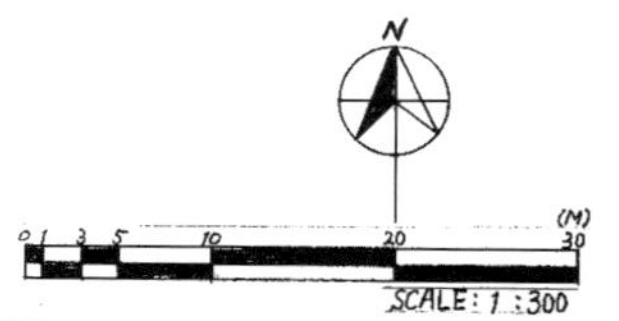

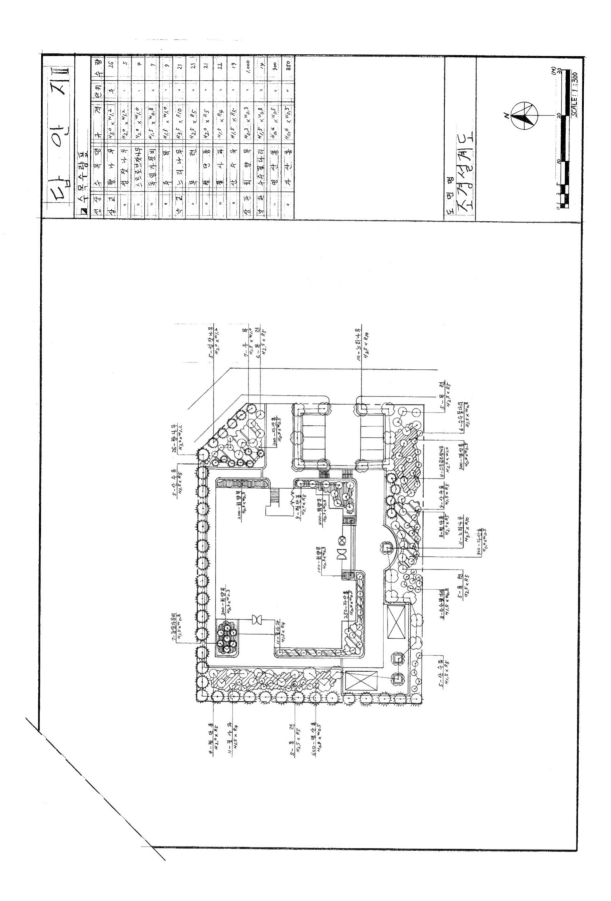

2020년 3회 국가기술자격 검정 실기시험문제					
시험시간	3시간	**자격종목**	조경기사	**작품명**	근린공원설계

※ 설계요구조건

다음은 중부지방에 도심지 외곽에 위치한 주택지 부근의 근린공원 부지 현황도이다.

문제 01

다음의 조건을 참고하여 부지 현황도를 축척 1/300로 확대하여 설계개념도를 작성하시오.[답안지 Ⅰ]

※ 설계요구조건

① 주동선과, 부동선을 구분하고 산책동선을 설계하시오.

② 중앙광장, 운동공간, 전망 및 휴게공간, 놀이공간 등을 배치하시오.

③ 도로에 차폐식재(완충녹지대)를 계획하고 경관, 녹음, 요점, 유도 등 식재개념을 표기하시오.

문제 02

다음의 요구조건을 참고하여 축척 1/300로 확대하여 시설물 배치도를 작성하시오.[답안지 Ⅱ]

※ 설계요구조건

① 주동선은 남측 중앙(폭 9m), 부동선은 동측(폭 4m)으로 설계하며, 주민들이 산책할 수 있는 산책로(폭 2m)를 배치하고, 이들이 서로 순환할 수 있도록 설계하시오.

② **중앙광장** : 높이 +10.3, 폭은 15m로 조성, 수목보호대(1×1m)를 설치하시오.

③ **전망 및 휴게공간** : 높이 +14.5에 위치하고, 주동선(정면)과 같은 축선상에 위치하시오.

㉠ 중앙광장에서 계단, 램프(Ramp)를 이용하여 접근할 수 있도록 설계하시오.

㉡ 계단의 단너비는 30cm로 하고, 램프는 경사도 14% 미만으로 설계하시오.

㉢ 계단과 램프는 붙여서 그리시오.

④ **운동공간** : 다목적 운동공간(28×40m), 테니스 코트(24×11m), 배수시설을 설치하시오.

⑤ **놀이공간** : 시소(3연식), 그네(2연식), 미끄럼틀(활주판 2개), 철봉(4단), 정글짐, 회전무대 또는 종합놀이대 등 놀이시설 6개를 배치하고, 배수시설을 설치하시오.

⑥ 퍼걸러(3×5m) 2개소, 벤치는 20개소, 음수대 1개소를 설치하시오.

⑦ 등고선은 파선으로 표기하고, 등고선 조작이 필요할 시 조작하시오.

⑧ 정지로 생긴 경사면은 경사도 1 : 1로 조절하시오.

⑨ 도면의 우측 여백에 시설물의 수량집계표를 작성하시오.

문제 03

다음의 요구조건을 참고하여 축척 1/300로 확대하여 배식설계도를 작성하시오.[답안지 Ⅲ]

※ 설계요구사항

① 경사 구간은 관목을 군식하시오.

② 도로와 인접한 곳은 완충녹지대를 3m 이상 조성하시오.

③ 완충녹지대는 상록교목을 식재하시오.

현 황 도

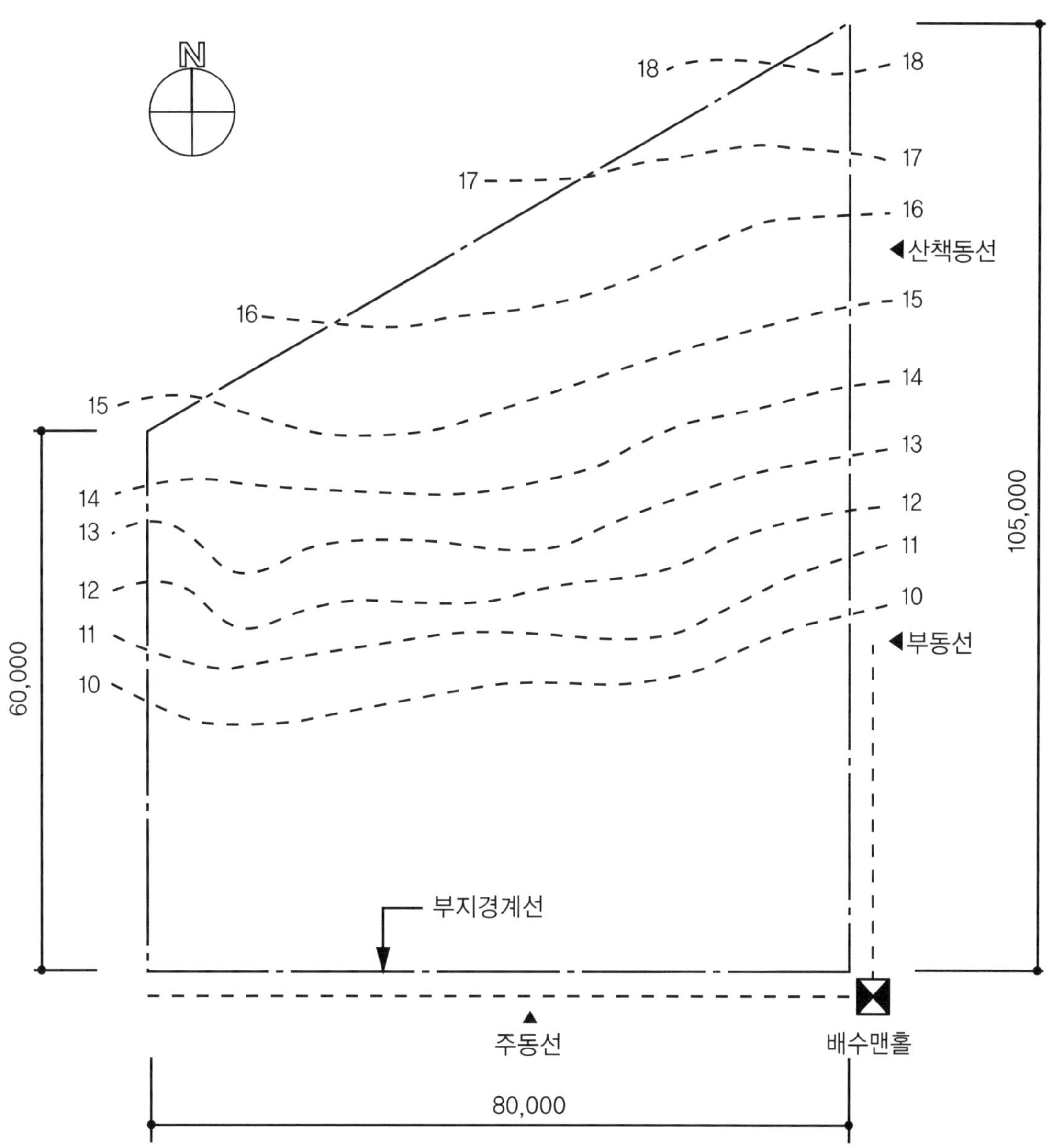

〈부지 현황도〉 S = 1/800

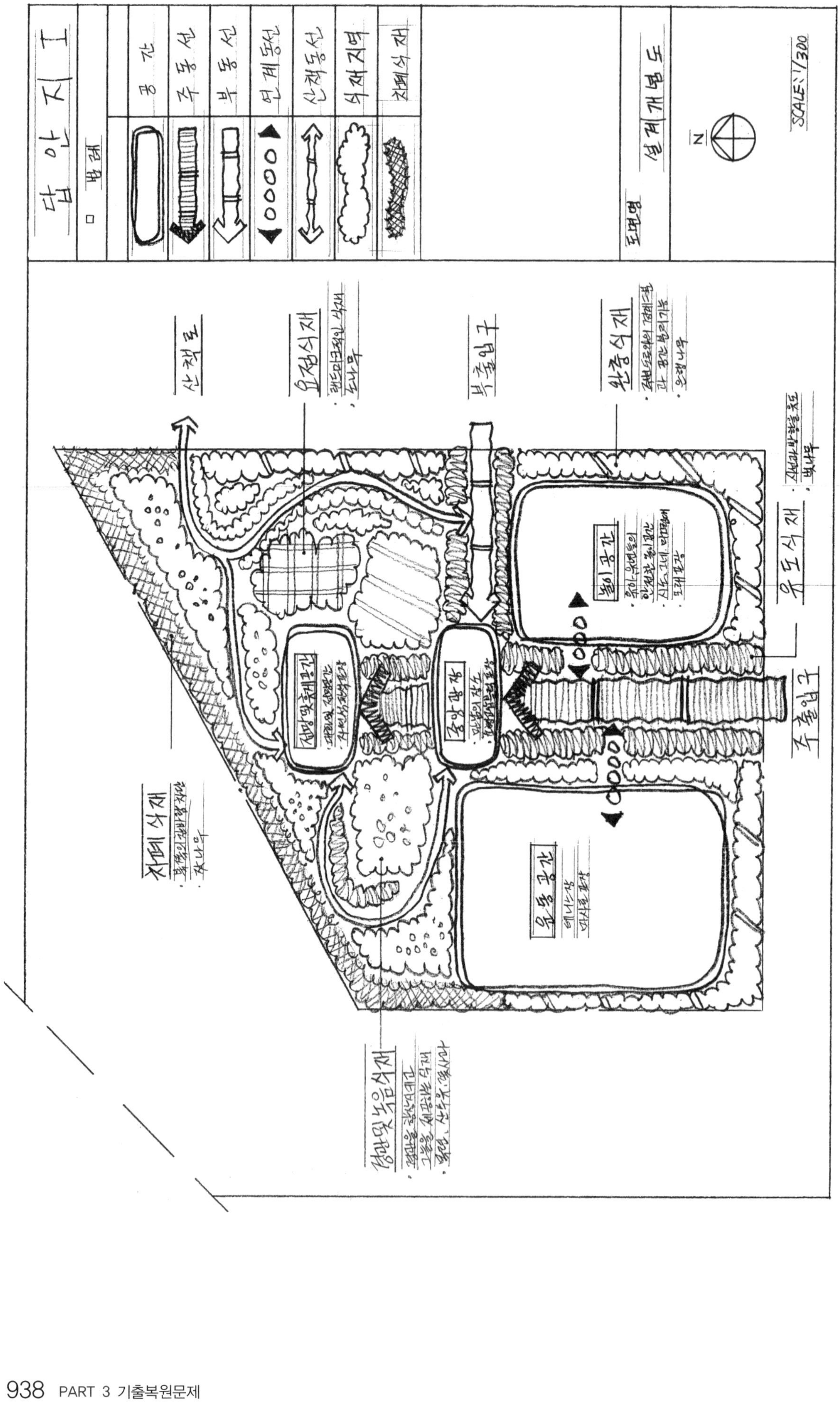

답안지 I
□ 범례
공간
주동선
부동선
연계동선
산책동선
식재지역
차폐식재
도면명
설계개념도
N
SCALE : 1/300
차폐식재
· 북쪽의 찬바람 차단
· 잣나무
산책로
요점식재
· 랜드마크적인 식재
· 소나무
부출입구
완충식재
· 주변도로와의 경계구분과 공간 분리 기능
· 은행나무
유도식재
· 시선과 방향을 유도
· 벚나무
주출입구
경관 및 녹음식재
· 경관을 향상시키고 그늘을 제공하는 식재
· 목련, 산수유, 꽃사과
전망 및 휴게공간
· 대화 및 전망공간
· 자연석 판석포장
중앙광장
· 만남의 장소
운동공간
테니스장
마사토 포장
놀이공간
· 유아, 유년들의 안전한 놀이공간
· 시소, 그네, 미끄럼대
· 모래포장

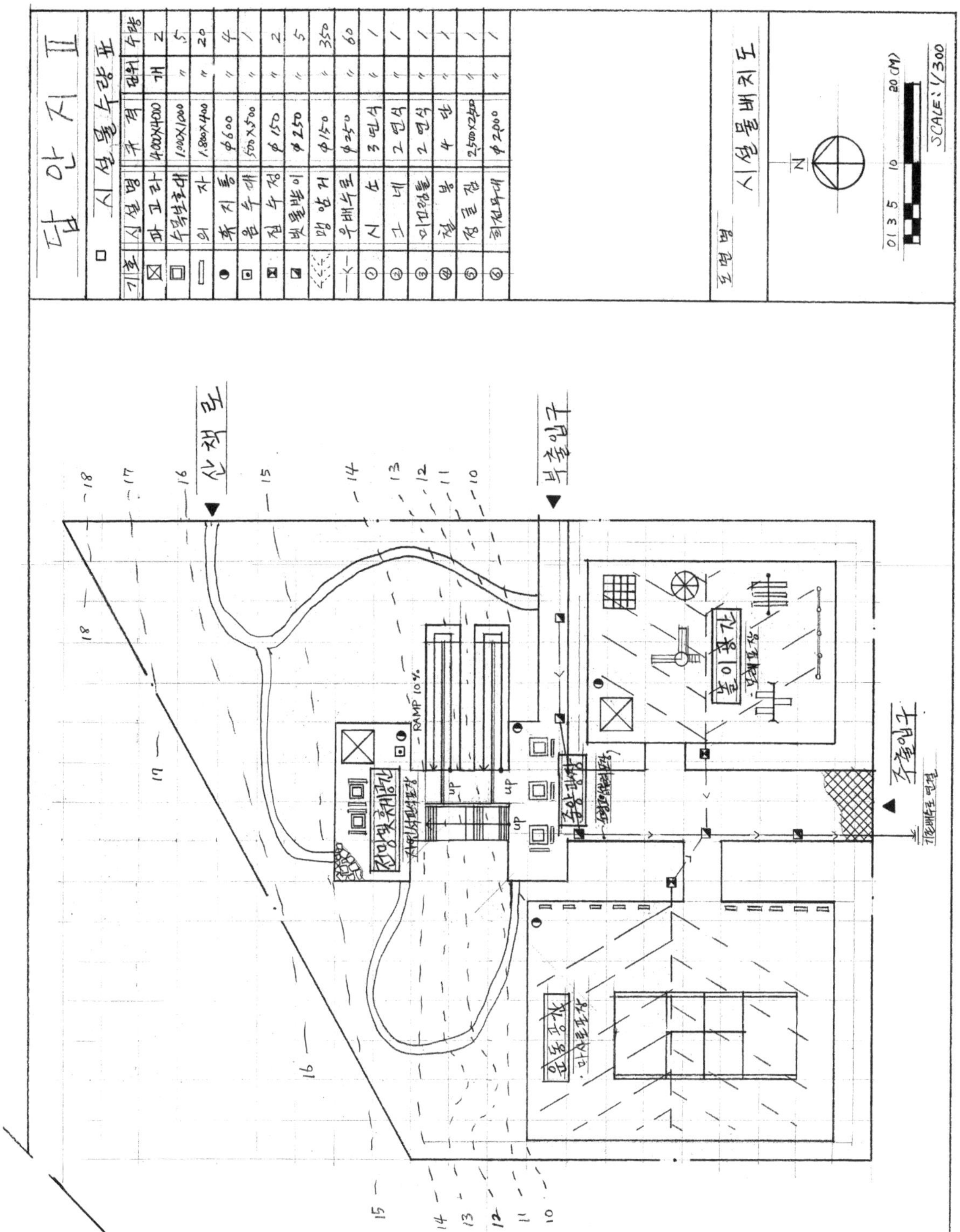

답안지 II
시설물수량표
시설물배치도
SCALE : 1/300
N
산책로
부출입구
주출입구
놀이공간
운동공간
중앙광장
전망및휴게공간
RAMP 10%
UP

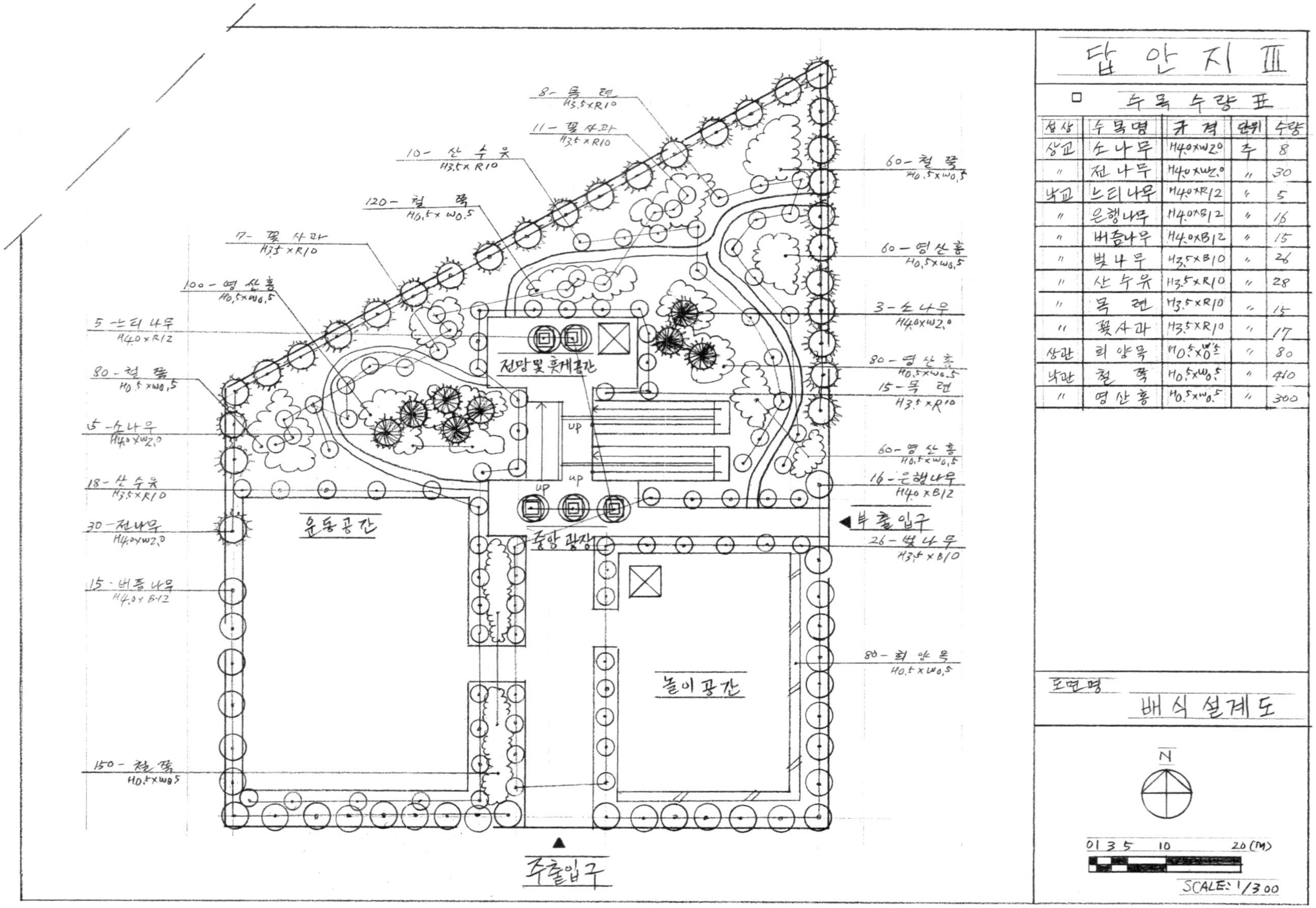
답안지 III
수목 수량표
성상 | 수목명 | 규격 | 단위 | 수량
상교 | 소나무 | H4.0xW2.0 | 주 | 8
〃 | 전나무 | H4.0xW2.0 | 〃 | 30
낙교 | 느티나무 | H4.0xR12 | 〃 | 5
〃 | 은행나무 | H4.0xB12 | 〃 | 16
〃 | 버즘나무 | H4.0xB12 | 〃 | 15
〃 | 벚나무 | H3.5xB10 | 〃 | 26
〃 | 산수유 | H3.5xR10 | 〃 | 28
〃 | 목련 | H3.5xR10 | 〃 | 15
〃 | 꽃사과 | H3.5xR10 | 〃 | 17
상관 | 회양목 | H0.5xW0.5 | 〃 | 80
낙관 | 철쭉 | H0.5xW0.5 | 〃 | 410
〃 | 영산홍 | H0.5xW0.5 | 〃 | 300
도면명
배식설계도
N
0 1 3 5 10 20(M)
SCALE: 1/300
8-목련 H3.5xR10
11-꽃사과 H3.5xR10
10-산수유 H3.5xR10
120-철쭉 H0.5xW0.5
7-꽃사과 H3.5xR10
100-영산홍 H0.5xW0.5
5-느티나무 H4.0xR12
80-철쭉 H0.5xW0.5
15-소나무 H4.0xW2.0
18-산수유 H3.5xR10
30-전나무 H4.0xW2.0
15-버즘나무 H4.0xB12
150-철쭉 H0.5xW0.5
60-철쭉 H0.5xW0.5
60-영산홍 H0.5xW0.5
3-소나무 H4.0xW2.0
80-영산홍 H0.5xW0.5
15-목련 H3.5xR10
60-영산홍 H0.5xW0.5
16-은행나무 H4.0xB12
부출입구
26-벚나무 H3.5xB10
80-회양목 H0.5xW0.5
전망 및 휴게공간
UP
운동공간
중앙광장
놀이공간
주출입구

2020년 3회 국가기술자격 검정 실기시험문제					
시험시간	2시간 30분	자격종목	조경산업기사	작품명	어린이공원설계

※ 설계요구사항

중부지방의 주택지 내에 있는 어린이공원에 대한 조경시설물 배치 및 배식설계를 현황 및 계획개념도, 정지계획도를 참고하여 설계요구사항에 맞게 축척 1/300로 작성하시오.

문제 01

① 계획개념도상의 공간별 설계를 한다.[답안지 Ⅰ]

㉠ 자유놀이공간은 20×25m 크기, 포장은 마사토포장, 계획고는 +2.30

㉡ 휴게공간은 15×8m 크기, 퍼걸러 10×5m 1개소, 계획고는 +2.20

㉢ 어린이 놀이시설공간은 16×12m 크기, 포장은 모래포장, 조합놀이시설 1개소, 계획고는 +2.10

② 출입구는 동선의 흐름에 지장이 없도록 하며 A는 3m, B는 5m, C는 3m로 하고, 램프의 경사는 보행자전용도로 경계선으로부터 20%, 광장으로부터 자유놀이공간 진입부는 계단폭(답면의 너비) 30m, 높이(답면의 높이) 15cm로 한다.

③ 등고선과 계획고에 따라 각 공간을 배치하고 녹지부분 경사는 1 : 2로 하고, 경사는 각 공간의 경계 부분에서 시작한다.

④ 자유놀이공간과 놀이시설공간에는 맹암거를 설치하고 기존 배수시설에 연결한다.

⑤ 수목배식은 중부지방에 맞는 수종을 상록교목 2종, 낙엽교목 5종, 관목 2종 내에서 선정하고 인출선을 이용하여 표기한다.

문제 02

중부지방의 어느 사적지 주변의 조경설계를 하고자 한다. 주어진 현황도와 조건을 참고하여 작성하시오.[답안지 Ⅱ]

※ 설계요구사항

사적지 탐방은 3계절형(최대일률 1/60)이고, 연간 이용객 수는 120,000명이다. 이용자의 65%는 관광버스를 이용하고 10%는 승용차, 나머지 25%는 영업용 택시, 노선버스 및 기타 이용이라고 할 때 관광버스 및 승용차 주차장을 계획하려고 한다(단, 체재시간은 2시간으로 회전율은 1/2.5임).

① 공통사항과 다음의 조건을 참고하여 지급된 용지 1매에 현황도를 축척 1/300로 확대하여 설계개념도를 작성하시오.

② 공간구성 개념은 경외 지역에 주차공간, 진입 및 휴게공간, 경내 지역에는 보존공간, 경관녹지공간으로 구분하여 구성한다.

③ 경계지역에는 시선차단 및 완충식재 개념을 도입한다.

④ 각 공간은 기능배분을 합리적으로 구분하고 공간의 성격 및 도입시설 등을 간략히 기술한다.

⑤ 공간배치계획, 동선계획, 식재계획의 개념을 포함한다.

현 황 도

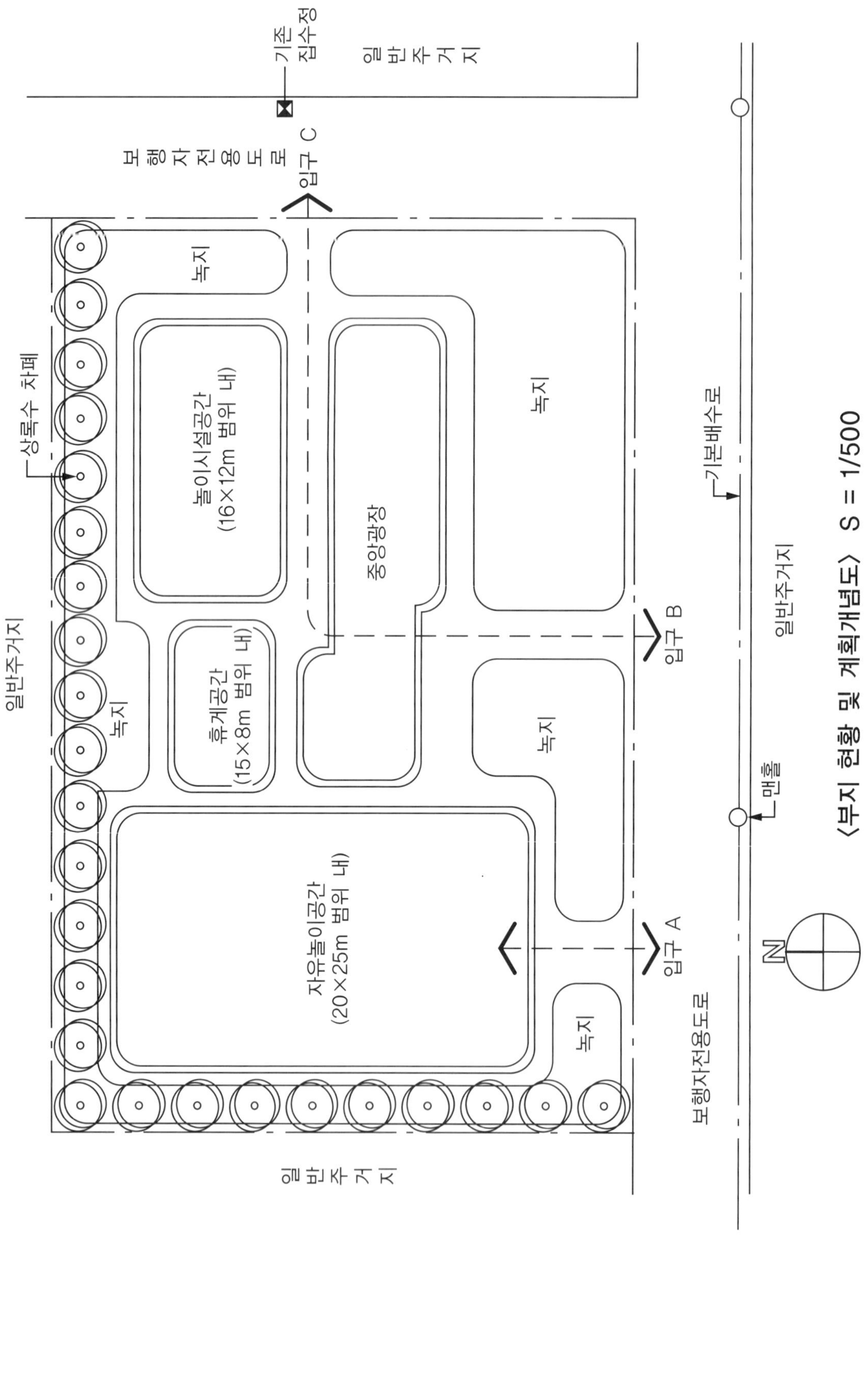

〈부지 현황 및 계획개념도〉 S = 1/500

현 황 도

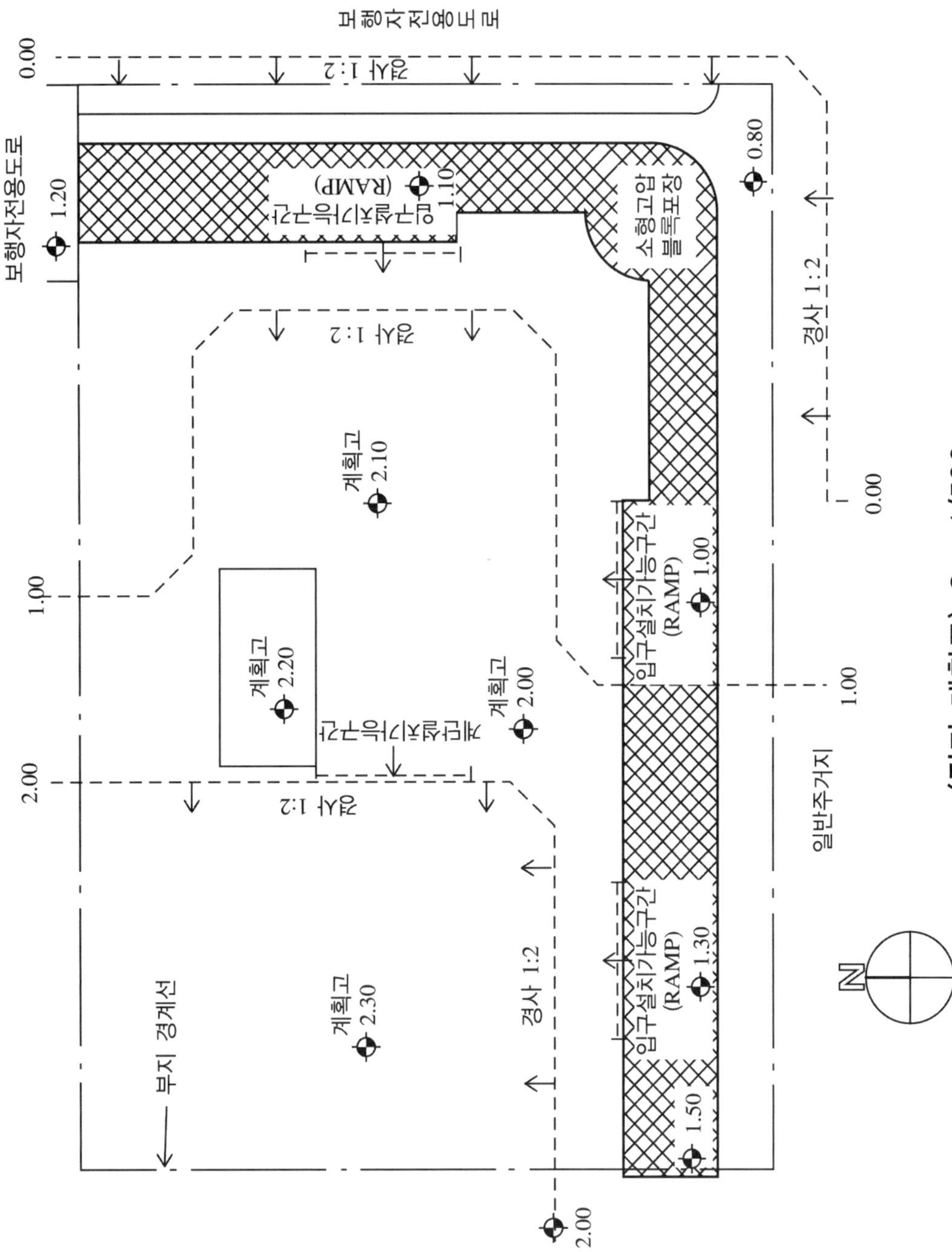

〈정지 계획도〉 S = 1/500

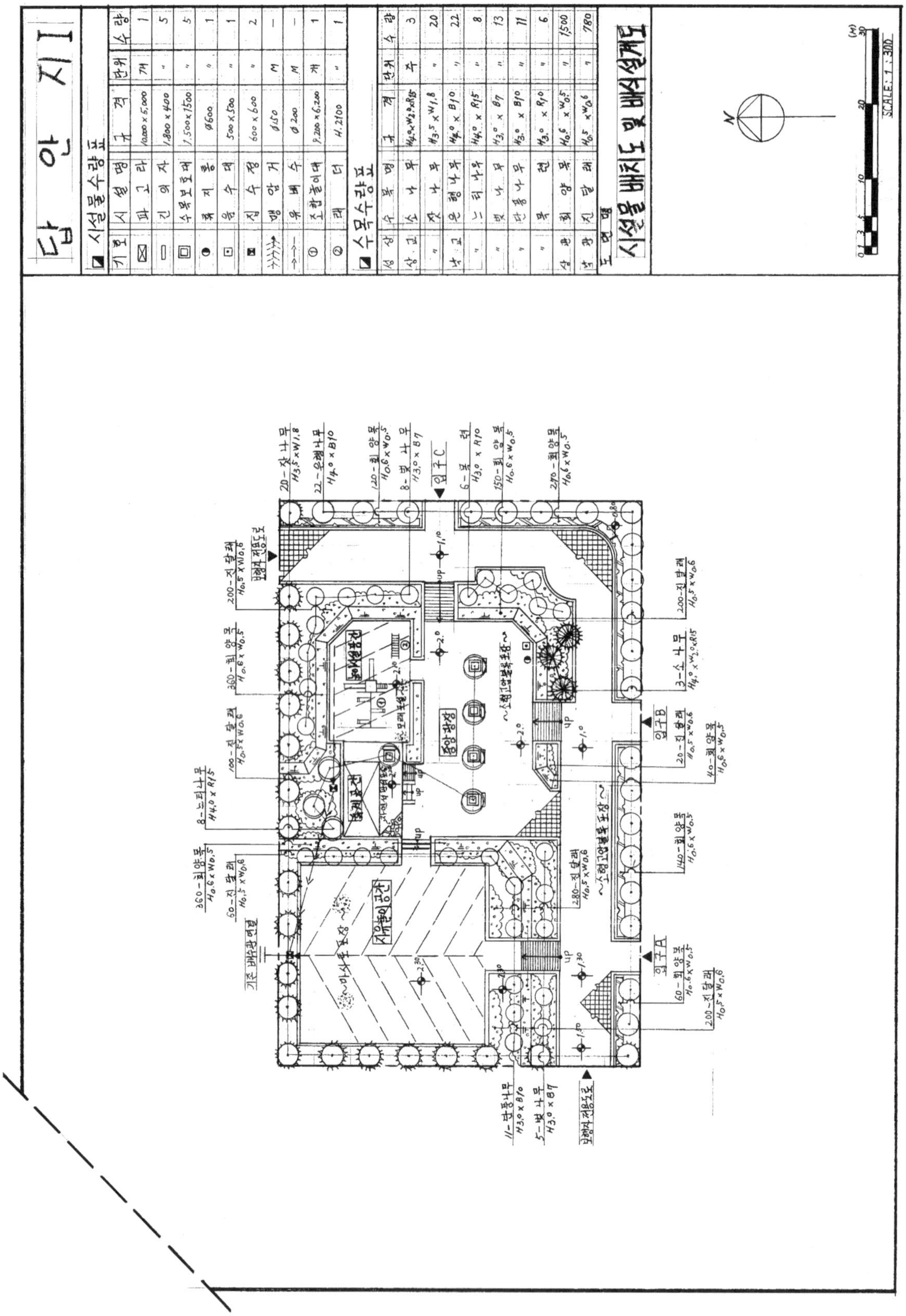
답안지
시설물수량표
기호 | 시설명 | 규격 | 단위 | 수량
퍼고라 | 10,000×5,000 | 개 | 1
긴의자 | 1,800×400 | 〃 | 5
수목보호대 | 1,500×1500 | 〃 | 5
휴지통 | Ø600 | 〃 | 1
음수대 | 500×500 | 〃 | 1
정수장 | 600×600 | 〃 | 2
맹암거 | Ø150 | M | —
우배수 | Ø200 | M | —
① 조합놀이대 | 9,200×6,200 | 개 | 1
② 래더 | H.2100 | 〃 | 1
수목수량표
성상 | 수목명 | 규격 | 단위 | 수량
상교 | 소나무 | H4.0×W2.0×R15 | 주 | 3
〃 | 잣나무 | H3.5×W1.8 | 〃 | 20
낙교 | 은행나무 | H4.0×B10 | 〃 | 22
〃 | 느티나무 | H4.0×R15 | 〃 | 8
〃 | 벚나무 | H3.0×B7 | 〃 | 13
〃 | 단풍나무 | H3.0×B10 | 〃 | 11
〃 | 목련 | H3.0×R10 | 〃 | 6
상관 | 회양목 | H0.6×W0.5 | 〃 | 1,500
낙관 | 진달래 | H0.5×W0.6 | 〃 | 780
도면명
시설물 배치도 및 배식설계도
SCALE 1:300
N
중앙광장
휴게공간
놀이공간
잔디광장
입구A
입구B
입구C
보행자전용도로
기존 배수관 연결

현 황 도

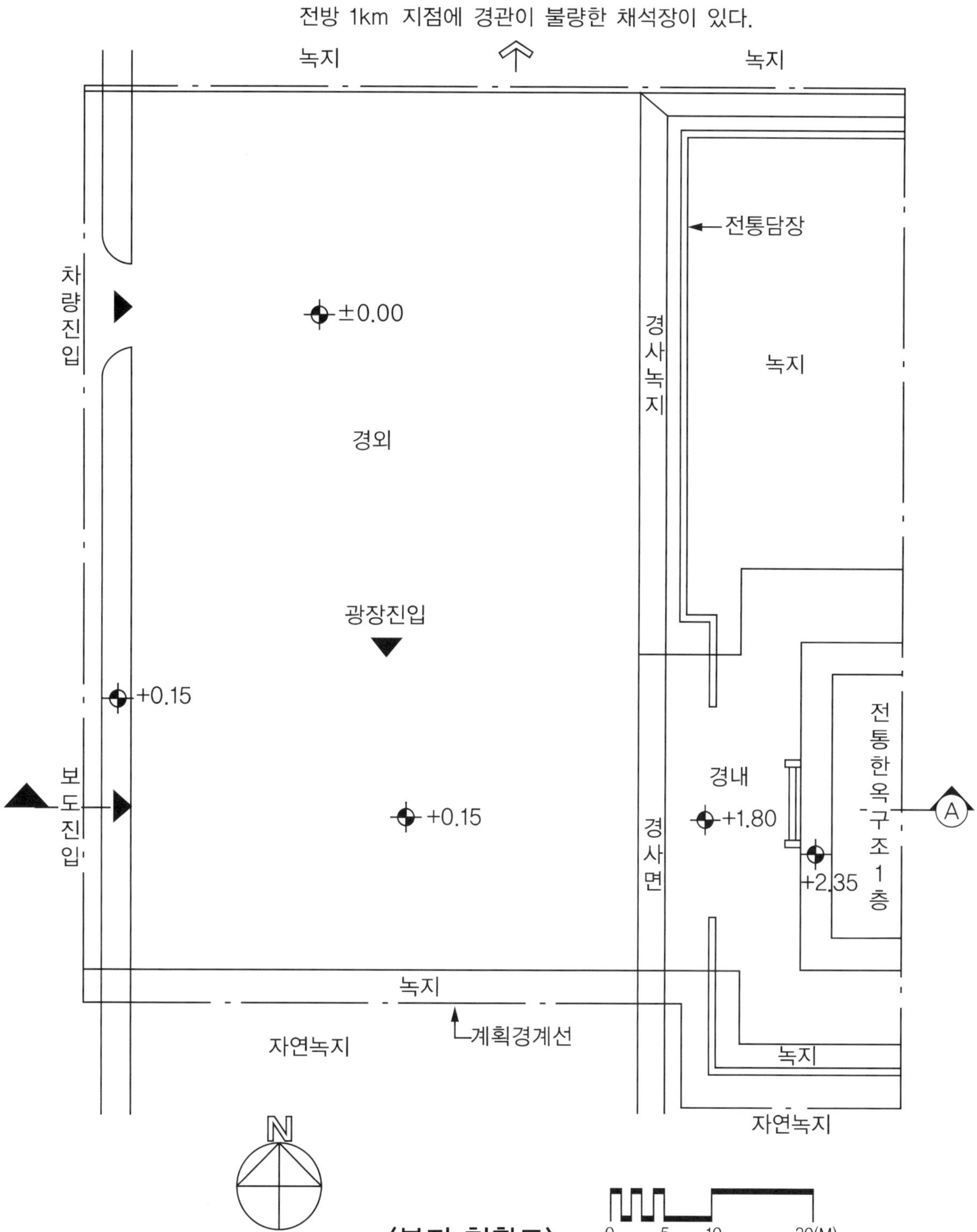
전방 1km 지점에 경관이 불량한 채석장이 있다.
녹지
녹지
전통담장
차량진입
±0.00
경사녹지
녹지
경외
광장진입
+0.15
보도진입
+0.15
경내
경사면
+1.80
+2.35
전통한옥구조 1층
A
녹지
계획경계선
자연녹지
녹지
자연녹지
N
0
5
10
20(M)

〈부지 현황도〉

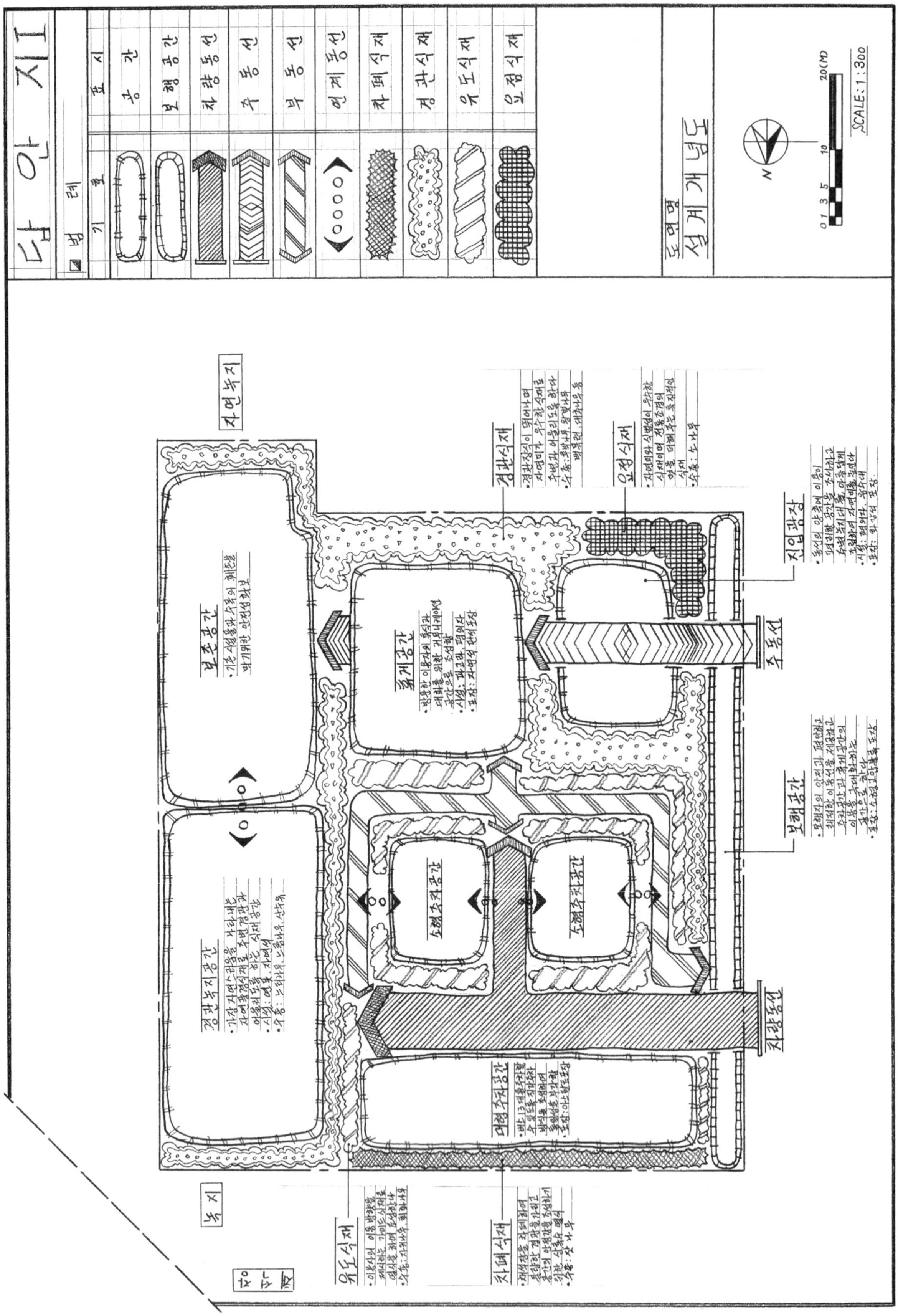
답안지
범례
기호
표시
공간
보행공간
차량동선
주동선
부동선
연계동선
차폐식재
경관식재
유도식재
요점식재
도면명
설계개념도
N
0 1 3 5 10 20(M)
SCALE: 1:300
자연녹지
보존공간
휴게공간
경관녹지공간
소형주차공간
대형주차공간
진입광장
보행공간
주동선
차량동선
경관식재
요점식재
유도식재
차폐식재
녹지

2021년 1회 국가기술자격 검정 실기시험문제					
시험시간	3시간	**자격종목**	조경기사	**작품명**	가로변소공원설계

※ 설계요구조건

주어진 현황도에 제시된 설계대상지는 우리나라 중부지방의 중소도시의 가로모퉁이에 위치하고 있으며, 부지의 남서쪽은 보도, 북쪽은 도시림과 고물수집상, 동쪽은 학교 운동장으로 둘러 싸여 있다. 주어진 설계조건에 따라 현황도를 축척 1/200으로 확대하여 도면1(공간개념도), 도면2(시설물 배치도 및 단면도), 도면3(식재설계평면도)을 작성하시오.

※ 설계공통사항

대상지의 현 지반고는 5.0m로서 균일하며, 계획 지반고는 '나' 지역을 현 지반고대로 '가' 지역은 이보다 1.0m 높게, '다' 지역의 주차구역은 0.3m 낮게, '라' 지역은 3.0m 낮게 설정하시오.

문제 01 공간개념도 [도면 Ⅰ]

부지 내에 보행자 휴식공간, 주차장, 침상공간, 경관 식재공간을 설치하고, 필요한 곳에 경관, 완충, 차폐녹지를 설치하고 공간별 특성과 식재개념을 설명하시오. 또한 현황도상에 제시한 차량 진입, 보행자 진입, 보행자 동선을 고려하여 동선체계구상을 표현하시오.

문제 02 시설물 배치도 및 단면도 [도면 Ⅱ]

각 공간의 시설물 배치 시에는 도면의 여백에 시설물 수량표를 작성하시오.

① '가' 지역 : 경관식재공간
  ㉠ 잔디 및 관목을 식재하시오.
  ㉡ '나' 지역과 연계하여 가장 적절한 곳에 8각형 정자(한 변 길이 3m) 1개소를 설치하시오.

② '나' 지역 : 보행자 휴식공간
  ㉠ '가' 지역과의 연결되는 동선은 계단을 설치하고, 경사면은 기초식재 처리하시오.
  ㉡ 바닥포장은 화강석포장으로 하시오.
  ㉢ 화장실 1개소, 파고라(4×5m) 3개소, 음수대 1개소, 벤치 6개소, 조명등 4개소를 설치하시오.

③ '다' 지역 : 주차공간
  ㉠ 소형 10대분(3m×5m/대)의 주차공간으로 폭 5m의 진입로를 계획하고 바닥은 아스콘포장을 하시오.
  ㉡ 주차공간과 초등학교 운동장 사이는 높이 2m 이하의 자연스런 형태로 마운딩 설계를 한 후 식재처리 하시오.

④ '라' 지역 : 침상공간(Sunken Space)
  ㉠ '라' 지역의 서쪽면(W1과 W2를 연결하는 공간)은 폭 2m의 연못을 만들고 서쪽벽은 벽천을 만드시오.
  ㉡ 연못과 연결하여 폭 1.5m, 바닥높이 2.3m의 녹지대를 만들고 식재하시오.
  ㉢ S1부분에 침상공간으로 진입하는 반경 3.5m, 폭 2m의 라운드형 계단을 벽천방향으로 진입하도록 설치하시오.
  ㉣ S2부분에 직선형 계단(수평거리 : 10m, 폭 : 임의)을 설치하되 신체장애자의 접근도 고려하시오.
  ㉤ S1과 S2 사이의 벽면(북측면과 동측벽면)은 폭 1m, 높이 1m의 계단식 녹지대 2개를 설치하고 식재하시오.

ⓑ 중앙부분에 직경 5m의 원형플렌터를 설치하시오.
ⓢ 바닥포장은 적색과 회색의 타일 포장을 하시오.
ⓞ 벽천과 연못, 녹지대가 나타나는 단면도를 축척 1/60로 그리시오(도면 Ⅱ에 작성할 것).
ⓙ 계단식 녹지대의 단면도를 축척 1/60로 그리시오(도면 Ⅱ에 작성할 것).

문제 03 식재설계도 [도면 Ⅲ]

① 도로변에는 완충식재를 하되, 50m 광로 쪽은 수고 3m 이상, 24m 도로 쪽은 수고 2m 이상의 교목을 사용하시오.
② 고물수집상 경계부분은 식재처리하고, 도시림 경계부분은 식재를 생략하시오.
③ 식재설계는 〈보기〉 수종 중 적합한 식물을 10종 이상 선택하여 인출선을 사용하여 수량, 식물명, 규격을 표시하고, 도면우측에 식물수량표(교목, 관목 등 구분)를 작성하시오(단, 식물수량표의 수종명에는 학명란을 추가하고 학명 1개만 표기하시오).

보기

소나무, 느티나무, 배롱나무, 가중나무, 쥐똥나무, 철쭉, 회양목, 주목, 향나무, 사철나무, 은행나무, 꽝꽝나무, 동백나무, 수수꽃다리, 목련, 잣나무, 개나리, 장미, 황매화, 잔디, 맥문동

④ 각 공간의 기능과 시각적 측면을 고려하시오.

현 황 도

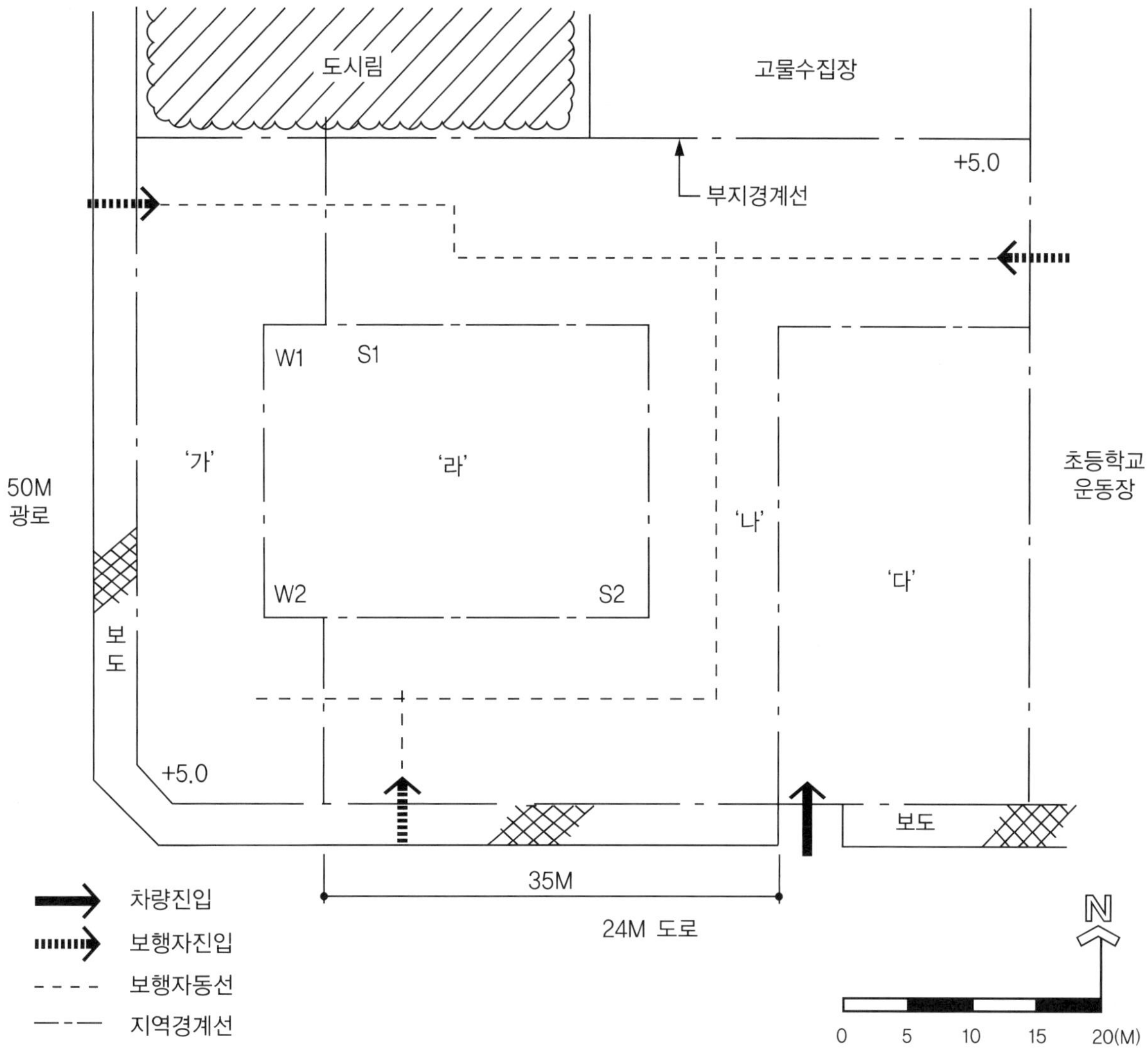

〈부지 현황도〉 S = 1/600

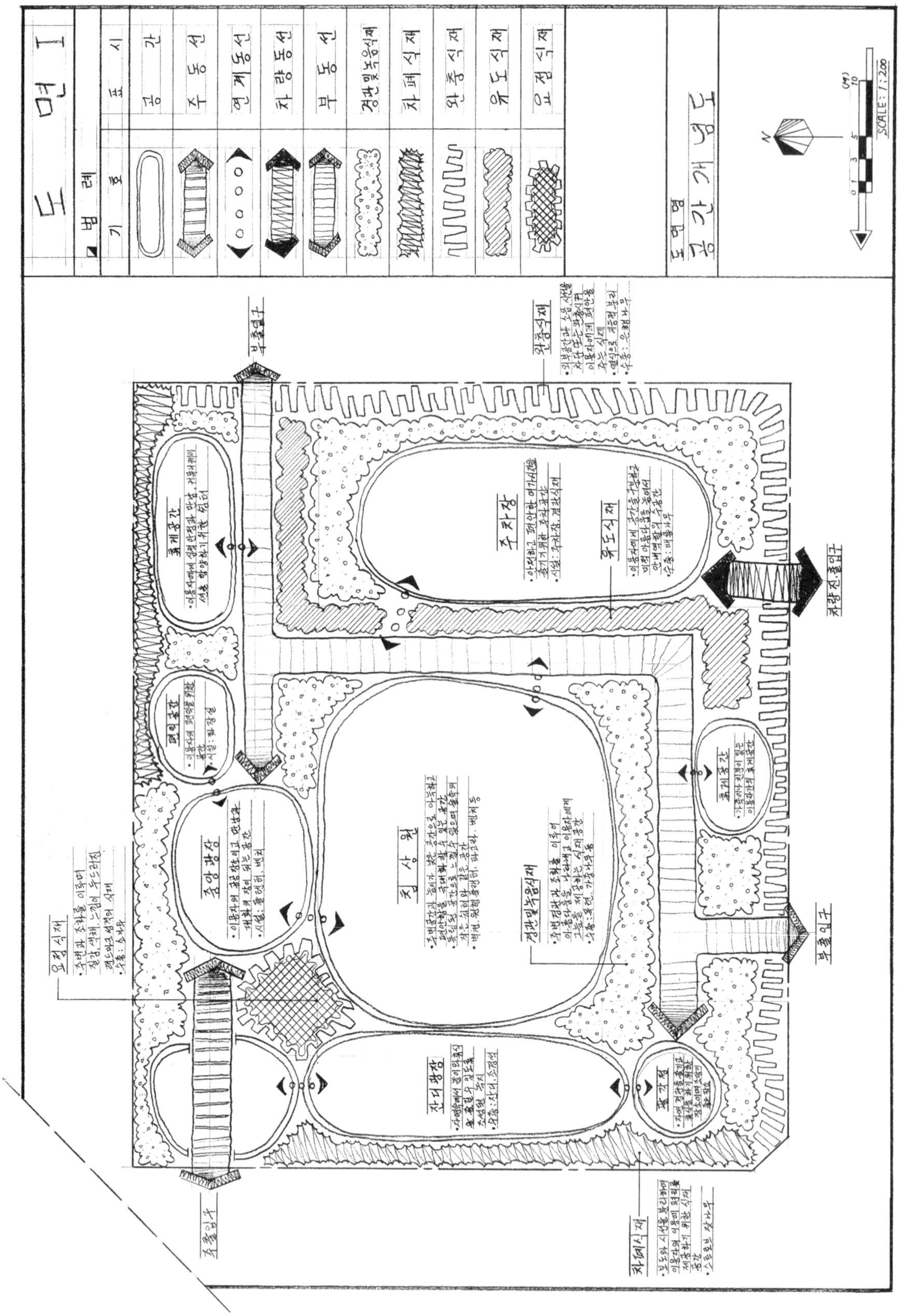
도면 I
범례
기호
표시
공간
주동선
연계동선
차량동선
부동선
경관및녹음식재
차폐식재
완충식재
유도식재
요점식재
도면명
공간개념도
SCALE : 1/200
주차장
잔디광장
중앙광장
주출입구
부출입구
차량진출입구

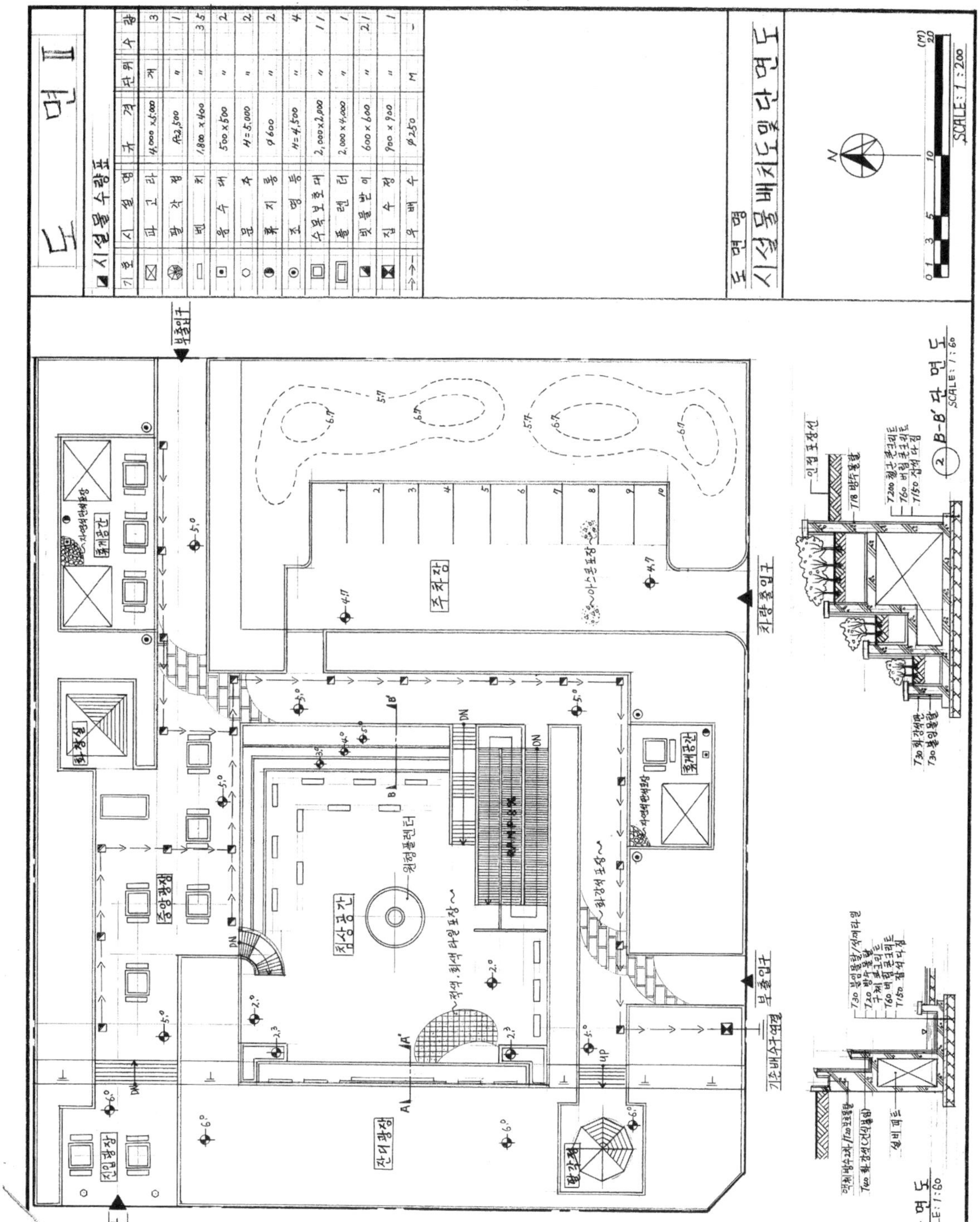

도 면 II
시설물 수량표
기호 | 시설명 | 규격 | 단위 | 수량
파고라 | 4,000×5,000 | 개 | 3
팔각정 | R2,500 | 〃 | 1
벤치 | 1,800×400 | 〃 | 35
음수대 | 500×500 | 〃 | 2
문주 | H=5,000 | 〃 | 2
휴지통 | Ø600 | 〃 | 2
조명등 | H=4,500 | 〃 | 4
수목보호대 | 2,000×2,000 | 〃 | 11
플렌터 | 2,000×4,000 | 〃 | 1
빗물받이 | 600×600 | 〃 | 21
집수정 | 900×900 | 〃 | 1
우배수 | Ø250 | M | -
도면명
시설물배치도및단면도
SCALE: 1:200
주출입구
진입광장
중앙광장
화장실
휴게공간
부출입구
잔디광장
침상공간
원형플렌터
적색, 회색 타일 포장
주차장
아스콘포장
화강석 포장
자연석판석포장
팔각정
기존배수구연결
차량출입구
A-A' 단면도
SCALE: 1:60
B-B' 단면도
SCALE: 1:60
인접 포장선

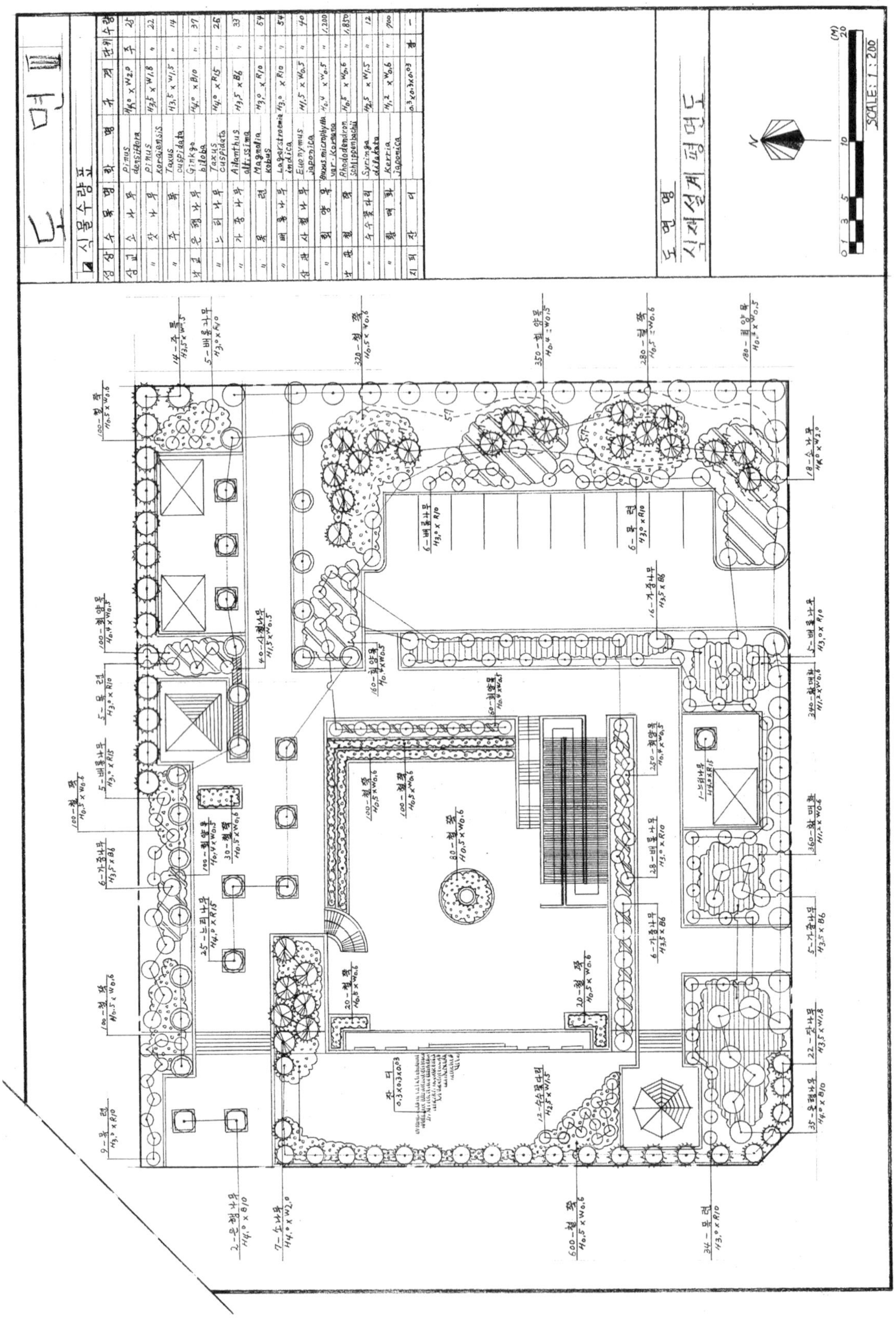

성상	수목명	학명	규격	단위	수량
상교	소나무	Pinus densiflora	H4.0×W2.0	주	25
〃	잣나무	Pinus koraiensis	H3.5×W1.8	〃	22
〃	주목	Taxus cuspidata	H3.5×W1.5	〃	14
낙교	은행나무	Ginkgo biloba	H4.0×B10	〃	37
〃	느티나무	Taxus cuspidata	H4.0×R15	〃	26
〃	가중나무	Ailanthus altissima	H3.5×B6	〃	33
〃	목련	Magnolia kobus	H3.0×R10	〃	54
〃	배롱나무	Lagerstroemia indica	H3.0×R10	〃	54
상관	사철나무	Euonymus japonica	H1.5×W0.5	〃	40
〃	회양목	Buxus microphylla var. koreana	H0.4×W0.5	〃	1,200
낙관	철쭉	Rhododendron schlippenbachii	H0.5×W0.6	〃	1,850
〃	수수꽃다리	Syringa dilatata	H2.5×W1.5	〃	12
〃	황매화	Kerria japonica	H1.2×W0.6	〃	700
지피	잔디		0.3×0.3×0.03	장	—

2021년 4회 국가기술자격 검정 실기시험문제					
시험시간	3시간	**자격종목**	조경기사	**작품명**	연구소 내 중앙광장설계

※ 설계요구사항

주어진 현황도는 우리나라 중부지방에 위치한 학술연구소이다. 이 학술연구소 건물들의 중앙에 광장을 설치하고 건물 주변에 조경설계를 하고자 한다. 주어진 환경과 요구조건을 참조하여 계획개념도와 식재설계도, 시설물 설계도를 각각 축척 1/300으로 지급된 용지에 각각 작성하시오.

문제 01 계획개념도

※ 설계요구조건

① 공간은 모임광장 1개소, 휴게공간 1개소, 진입공간 2개소, 녹지공간으로 구분하고, 각 공간의 범위를 적절한 표현기법을 사용하여 나타내고 공간의 명칭과 특성, 식재 및 시설 배치개념을 설명하시오.

② 모임광장은 중심이 되는 곳에 설치하고, 휴게공간은 기존 녹지와 인접하여 배치하며, 부지 현황을 참조하여 진입공간을 조성한다.

③ 진입로에서 모임광장까지 주동선을 설치(1개는 차량 접근가능)하고, 다시 각 건물로 접근이 가능한 보행동선을 설치한다.

문제 02 시설물 설계도

※ 설계요구조건

① 주어진 지형과 F.L을 보고 성격이 다른 공간은 계단을 설치하여 분리하시오.

② 모임광장은 30×30m로 하고 연못은 광장의 1/30~1/20 범위의 크기로 설치하시오.

③ 모임광장 내의 중심이 되는 곳에 단순한 기하학적 형태의 연못을 조성하고, 그 중앙에 조형물을 배치하시오.

④ 휴게공간 및 모임광장에는 다른 포장재료를 사용하도록 하는데 시각적 효과를 고려하여 정형적 패턴을 연출하도록 하시오.

⑤ 연못 주변은 대형 조명등 4개, 모임광장 및 휴게공간의 주변에 정원등 16개를 설치하시오.

⑥ 진입로 입구에는 볼라드를 설치하여 차량의 진입을 제한하도록 하시오.

⑦ 휴게공간에는 퍼걸러(3×5m)를 2개소, 평의자(3인용) 3개소를 설치하시오.

문제 03 식재설계도

※ 설계요구조건

① 각 공간의 성격과 기능에 맞는 식재 패턴과 식물을 15종 이상 선정하여 식재하시오.

② 모임광장은 기하학적 패턴으로 조형수목을 식재하시오.

③ 휴게공간에는 녹음수를 식재하고 충분한 녹음이 제공되도록 하시오.

④ 진입 및 모임광장은 정형적인 배식을 하되 건물과 접하고 있는 녹지는 자연형의 배식을 하도록 하시오.

⑤ 식재된 식물의 명칭, 규격, 수량은 인출선을 사용하여 표기하고, 도면의 우측에 식물수량표를 작성하시오.

현 황 도

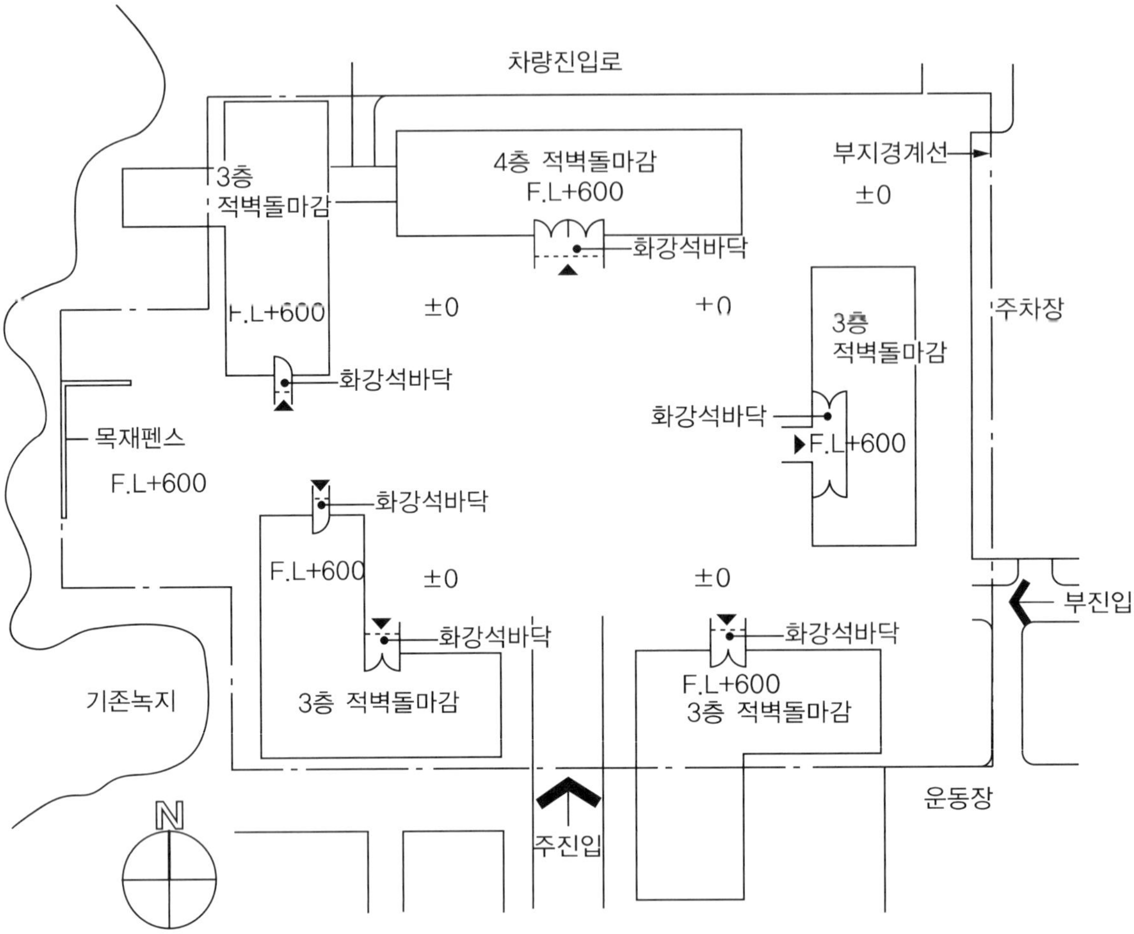

〈부지 현황도〉 S = 1/600

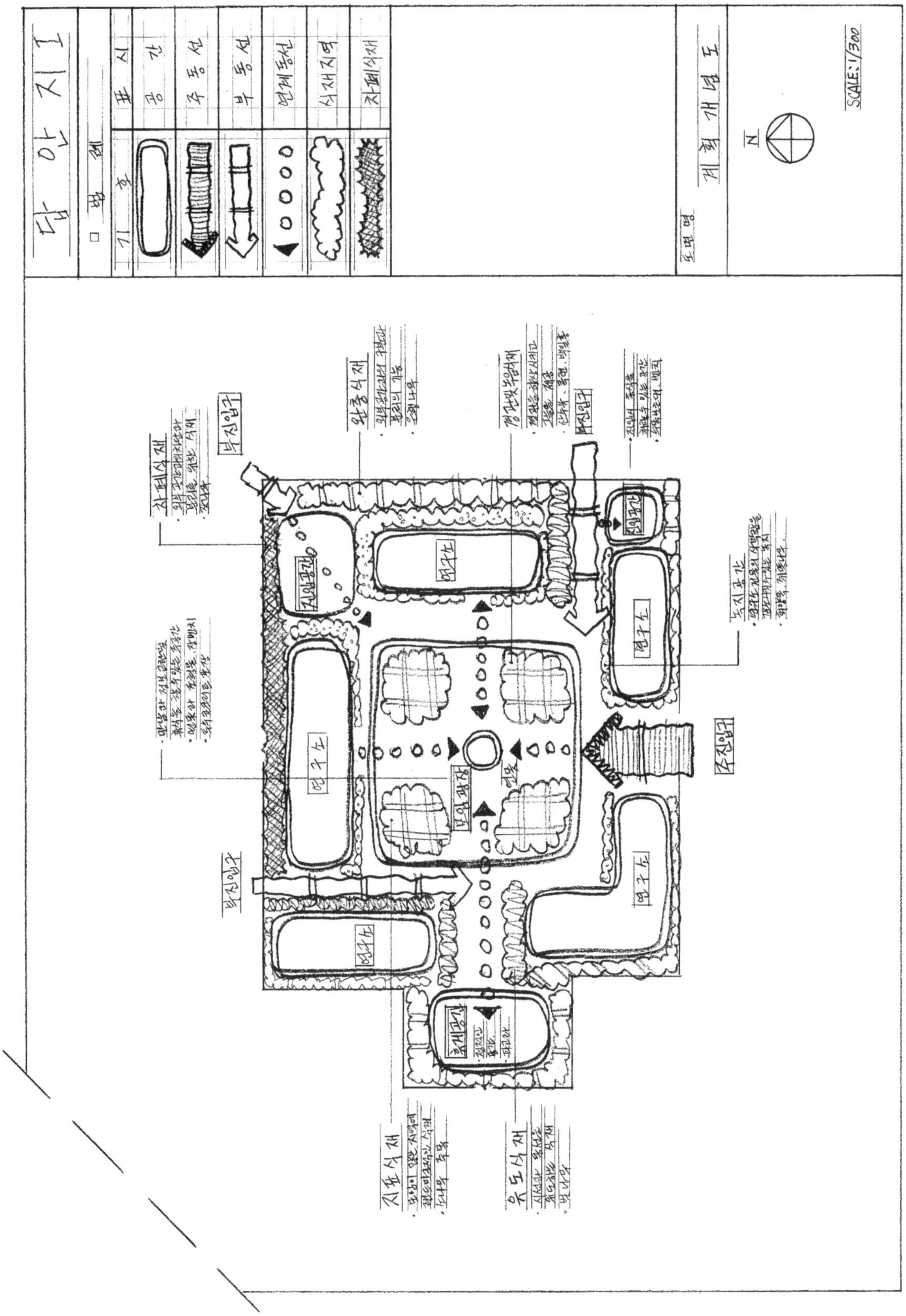
답안지Ⅰ
범례
기호
표시
공간
주동선
부동선
연계동선
식재지역
차폐식재
도면명
계획개념도
N
SCALE:1/300
차폐식재
완충식재
경관및녹음식재
녹지공간
주진입구
부진입구
진입공간
휴게공간
연구소
지표식재
유도식재

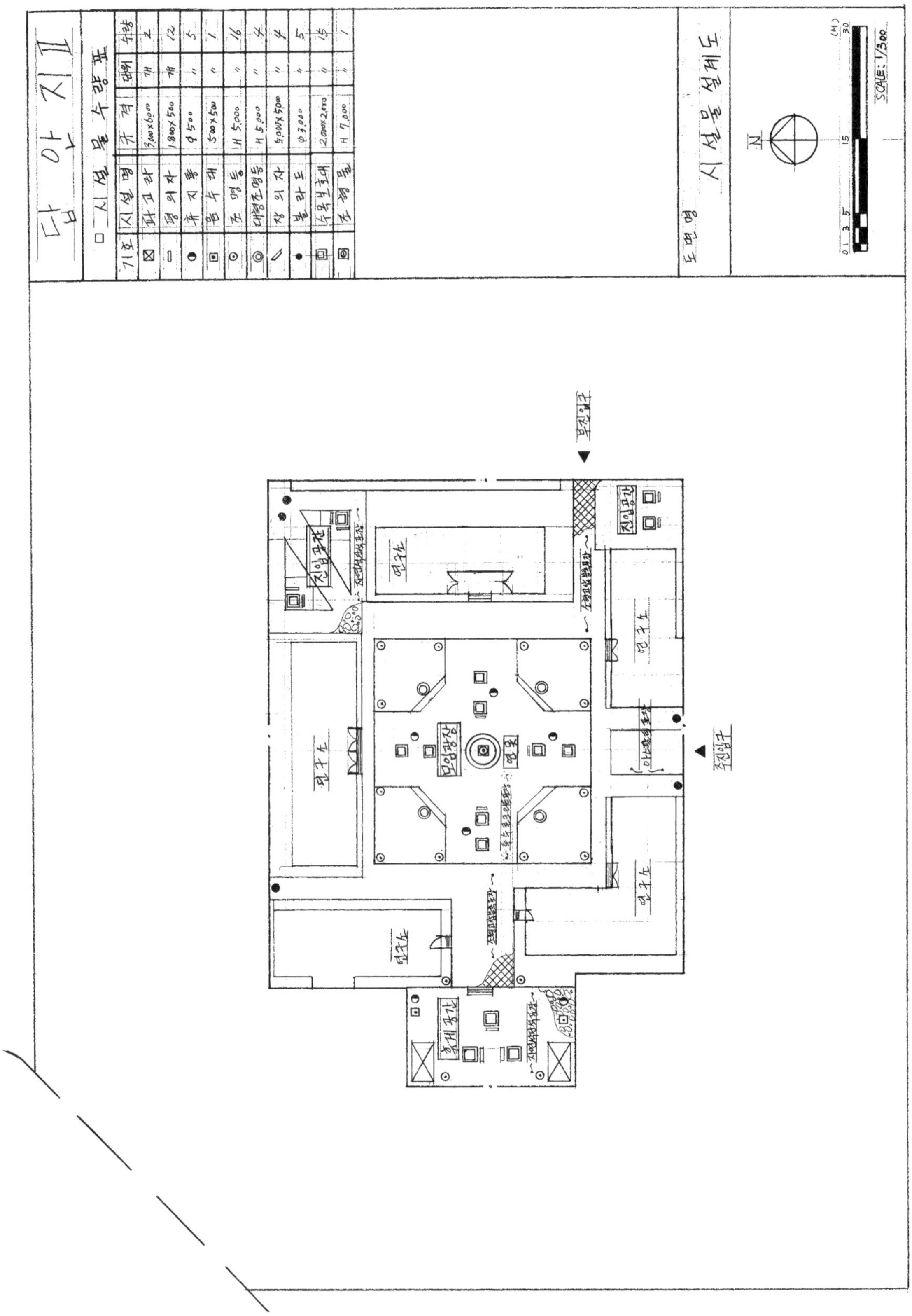
답안지 II
□ 시설물수량표
기호
시설명
규격
단위
수량
파고라
3,000x6,000
개
2
평의자
1,800x500
개
12
휴지통
Φ500
5
음수대
500x500
1
조명등
H 5,000
16
대형조명등
H 5,000
4
장의자
5,000x500
4
볼라드
5
수목보호대
2,000x2,000
15
조형물
H 7,000
1
도면명
시설물설계도
N
SCALE: 1/300
연구소
진입공간
휴게공간
모임광장
부진입구
주진입구

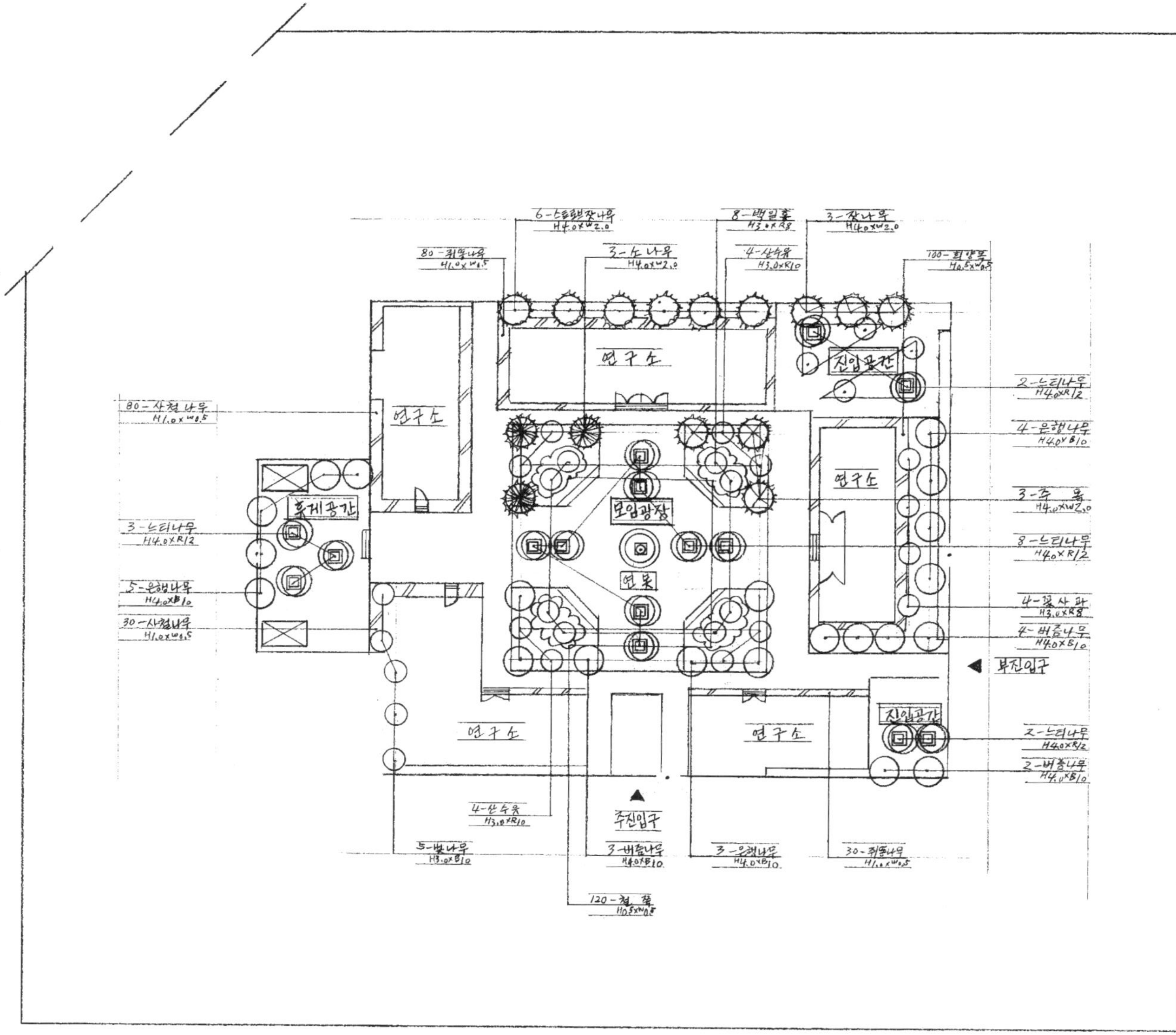

답안지 III

□ 수목 수량표

성상	수목명	규격	단위	수량
상교	잣나무	H4.0×W2.0	주	3
〃	주목	H4.0×W2.0	〃	3
〃	소나무	H4.0×W2.0	〃	3
〃	스트로브잣나무	H4.0×W2.0	〃	6
낙교	느티나무	H4.0×R12	〃	15
〃	은행나무	H4.0×B10	〃	12
〃	버즘나무	H4.0×B10	〃	9
〃	벚나무	H3.0×B10	〃	5
〃	산수유	H3.0×R10	〃	8
〃	꽃사과	H3.0×R8	〃	4
〃	백일홍	H3.0×R8	〃	8
상관	사철나무	H1.0×W0.5	〃	110
〃	회양목	H0.5×W0.5	〃	100
낙관	쥐똥나무	H1.0×W0.5	〃	110
〃	철쭉	H0.5×W0.5	〃	120

도면명 식재설계도

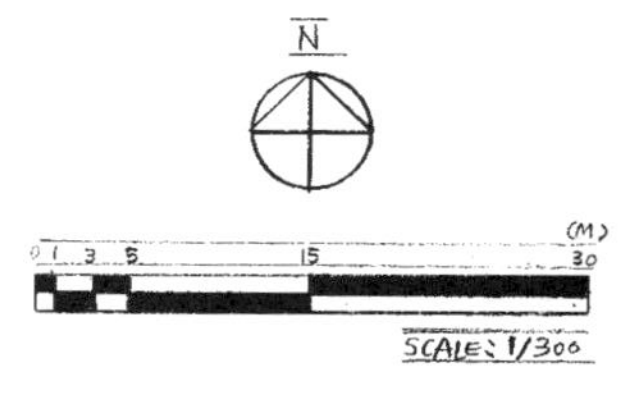

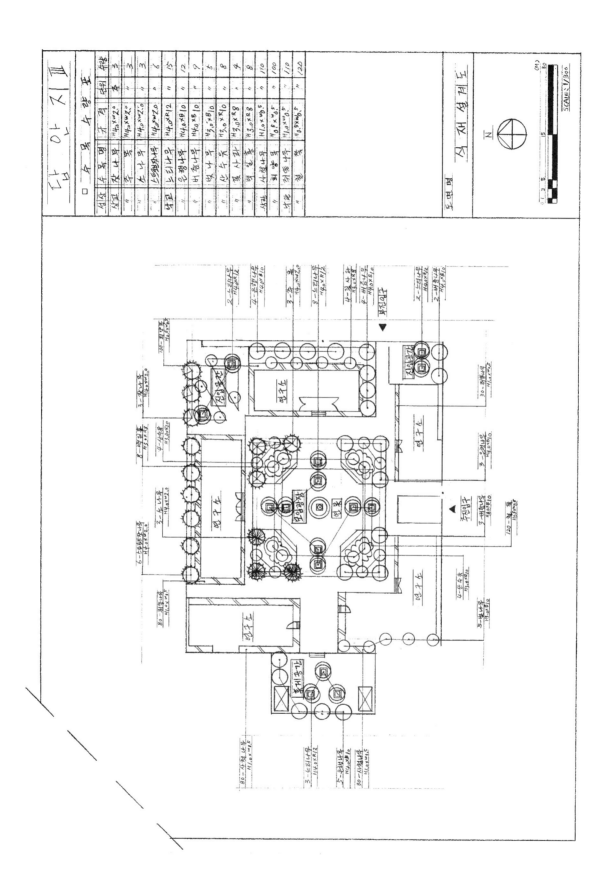

2022년 1회 국가기술자격 검정 실기시험문제					
시험시간	3시간	**자격종목**	조경기사	**작품명**	항일운동 추모공원

※ 설계요구사항

경기중부권 대도시 외곽수림지역에 3.1 독립정신의 계승을 위한 항일운동 추모공원을 조성하고자 한다. 다음의 설계조건과 현황도를 참조하여 추모공원 설계도를 계획하고 작성하시오.

※ 설계개요

① 문제 1 : 개념도 [답안지 Ⅰ], 문제 2 : 시설물 배치도 [답안지 Ⅱ], 문제 3 : 배식평면도 [답안지 Ⅲ]

② 축척 : 1/300

③ 요점사항 : 항일운동의 독립정신을 고취할 수 있도록 할 것

※ 설계공통사항

① '가' 지역과 '나' 지역의 지반고 36.4m, '다' 지역의 지반고 38.4m로 하여 설계하시오.

② 주동선은 폭 8m 이상의 투수성 포장을 하시오.

③ 식재지역에는 녹음, 경관, 완충식재 등을 도입하고, 개념도에는 공간별 특징을 명기하시오.

※ 설계요구조건

① **'가' 지역** : 진입공간으로 주차장과 연계하여 소형승용차 10대와 장애인 주차 2대가 주차할 수 있도록 하시오.

② **'나' 지역** : 중앙광장(22×22m)을 설치하고 높이 4m의 문주(800×800) 4개 설치, 기록·기념관(600m^2 내외)을 단층팔작지붕으로 하고, 전면에는 80m^2 내외의 정형식 연못 2개소를 설치하고, 휴식공간(480m^2 내외)은 시설물공간과 잔디공간으로 구분하고 퍼걸러(5,000×10,000)를 설치하시오.

③ '가' 지역과 '나' 지역은 H=2.2m 사괴석 담장과 W=1.2m의 기와지붕 중문을 설치하시오.

④ **'다' 지역** : 추모 기념탑공간(23×20m)으로의 진입은 계단과 산책로로 설계하고, 장축은 동서방향, 중심에는 직경 5m의 원형좌대(H=15cm) 설치 후 직경 2m의 스테인리스 기념탑(H=18m)을 설치하고, 주변에 H=3m 군상조형물(1×2.6m) 2개, 길이 4m의 명각표석을 설치하시오.

⑤ 〈보기〉의 수종 중 추모공원에 적합한 수종으로 13종 이상을 식재하시오.

> **보기**
>
> 소나무, 잣나무, 주목, 측백나무, 갈참나무, 노각나무, 느티나무, 매화나무, 목련, 물푸레나무, 산딸나무, 산수유, 일본목련, 수수꽃다리, 은행나무, 자작나무, 태산목, 눈향나무, 개나리, 남천, 사철나무, 무궁화, 백철쭉, 회양목, 진달래, 협죽도, 잔디

현 황 도

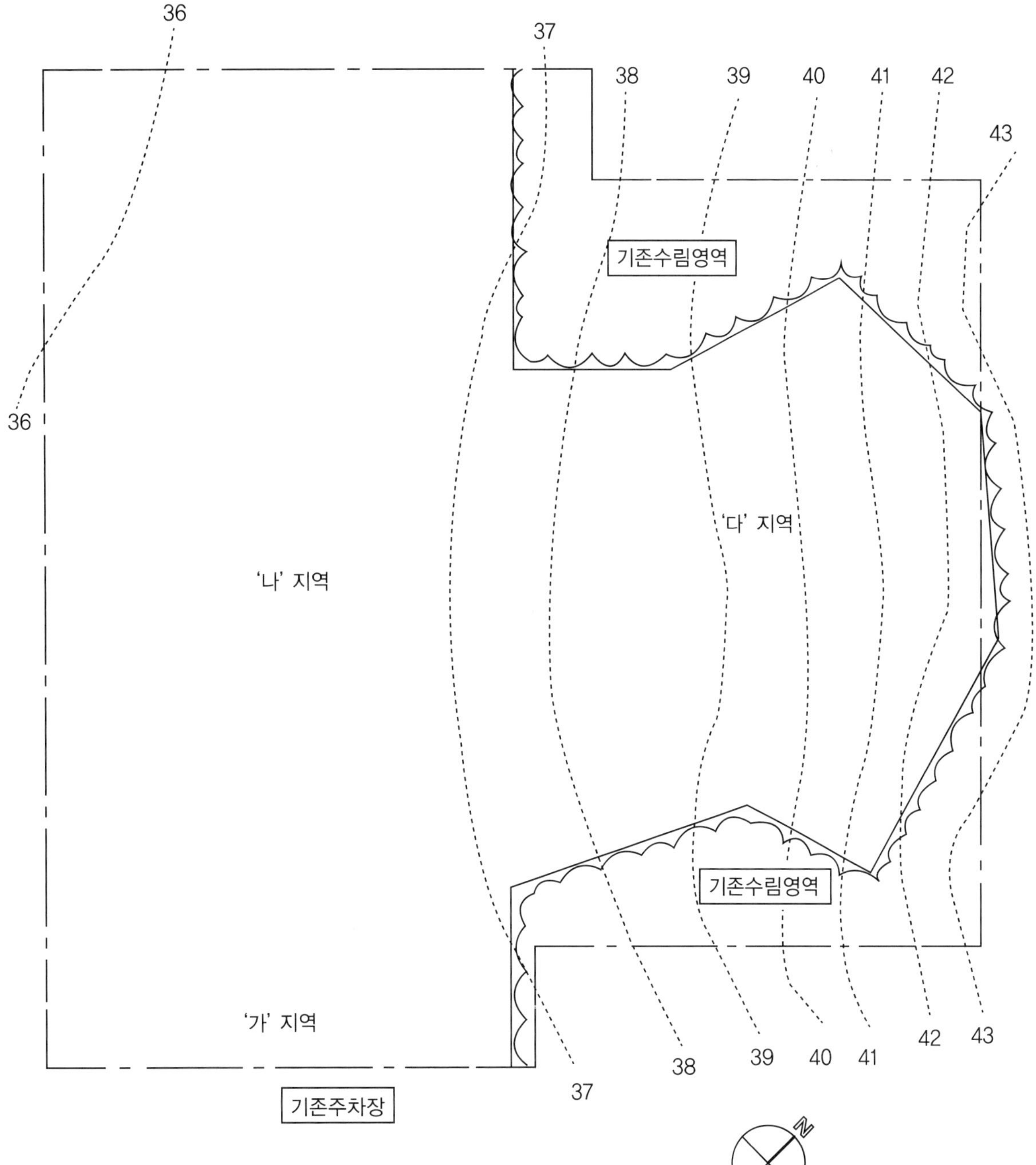

〈부지 현황도〉 S = 1/600

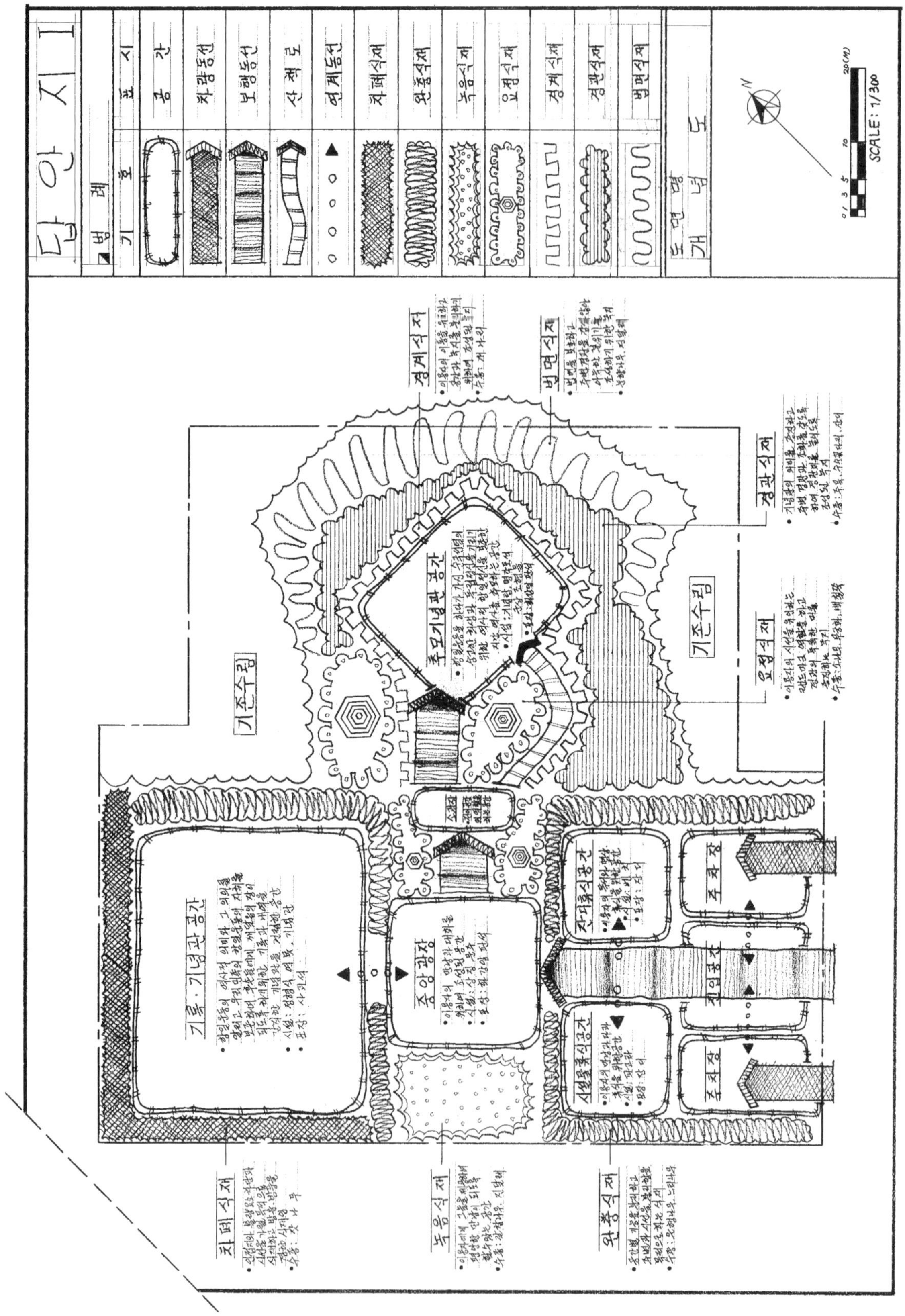

단안지 I
범례
기호
표시
공간
차량동선
보행동선
산책로
연계동선
차폐식재
완충식재
녹음식재
요점식재
경계식재
경관식재
범면식재
도면명
개념도
SCALE : 1/300
기조수림
추모기념관공간
기록·기념관공간
중앙광장
주차장
진입공간
경계식재
범면식재
경관식재
요점식재
차폐식재
녹음식재
완충식재

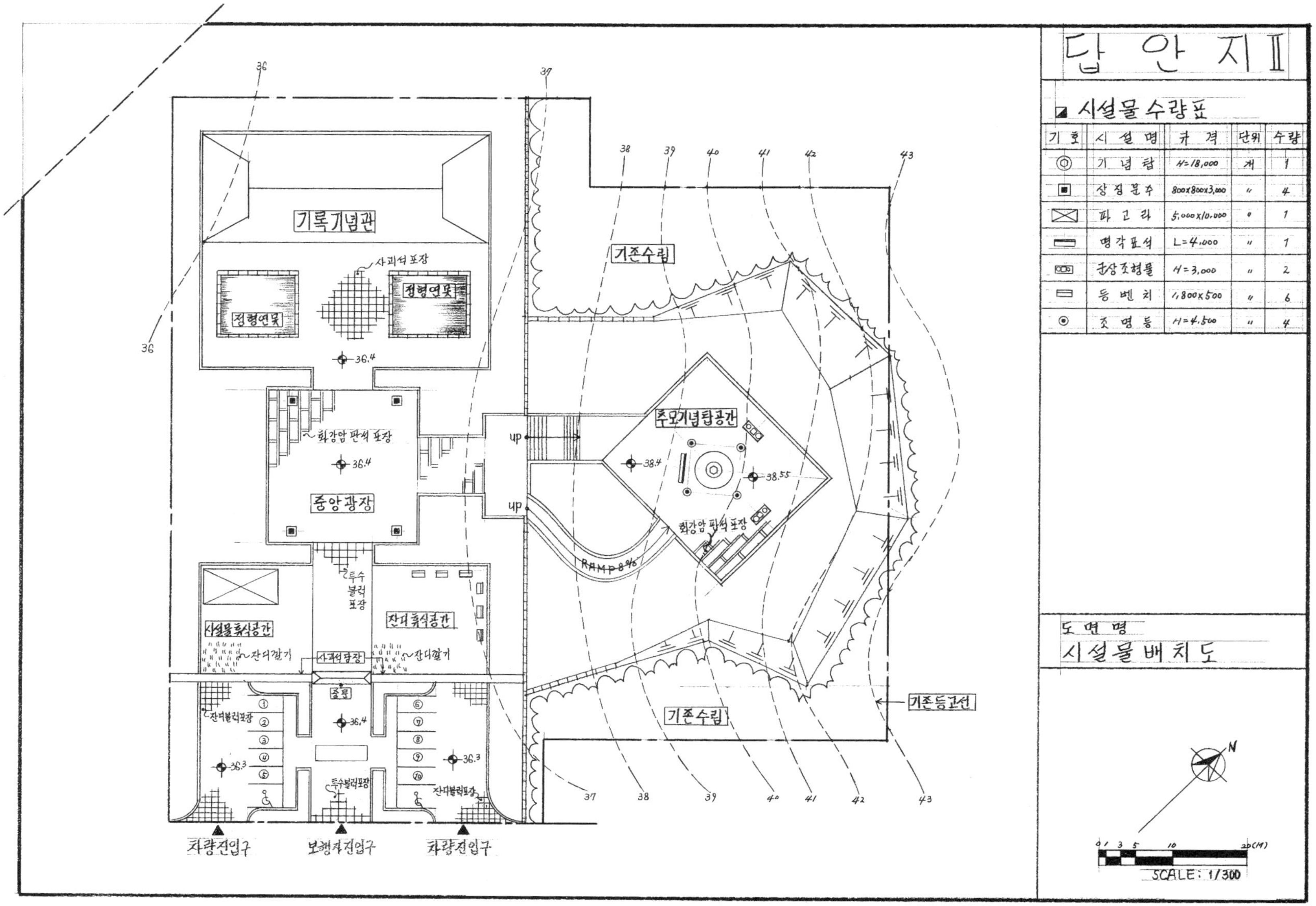

답안지Ⅱ
시설물수량표
기호 | 시설명 | 규격 | 단위 | 수량
기념탑 | H=18,000 | 개 | 1
상징문주 | 800x800x3,000 | 〃 | 4
파고라 | 5,000x10,000 | 〃 | 1
명각표석 | L=4,000 | 〃 | 1
군상조형물 | H=3,000 | 〃 | 2
등벤치 | 1,800x500 | 〃 | 6
조명등 | H=4,500 | 〃 | 4
도면명
시설물배치도
SCALE: 1/300
기록기념관
사괴석포장
정형연못
중앙광장
화강암 판석 포장
추모기념탑공간
RAMP 8%
기존수림
기존등고선
시설물휴식공간
잔디휴식공간
잔디깔기
투수블럭포장
사괴석포장
조형
잔디블럭포장
차량진입구
보행자진입구
차량진입구

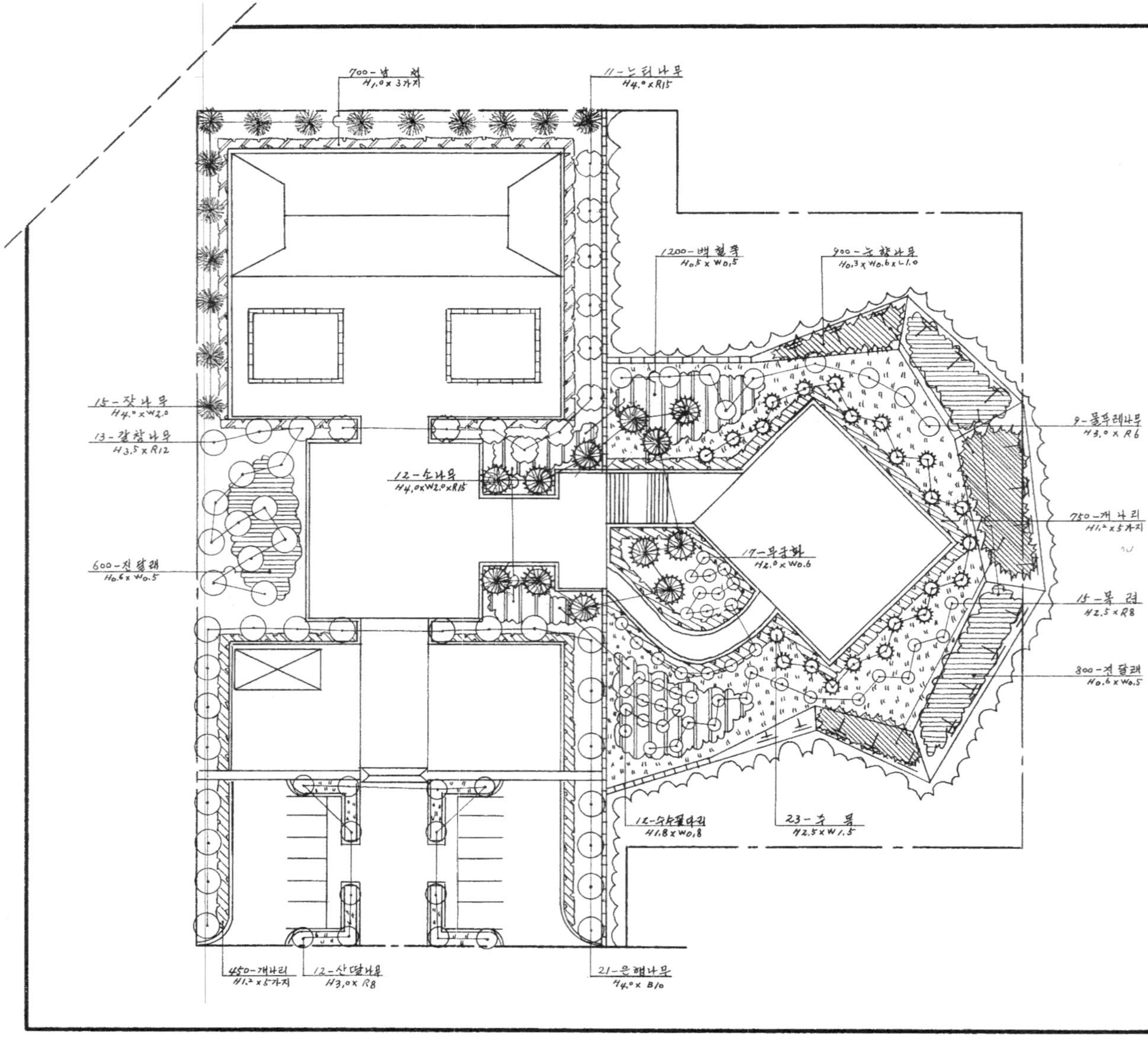

답안지 Ⅲ

수목수량표

성상	수목명	규격	단위	수량
상교	소나무	H4.0×W2.0×R15	주	12
〃	잣나무	H4.0×W2.0	〃	15
〃	주목	H2.5×W1.5	〃	23
낙교	느티나무	H4.0×R15	〃	11
〃	은행나무	H4.0×B10	〃	21
〃	갈참나무	H3.5×R12	〃	13
〃	물푸레나무	H3.0×R6	〃	9
〃	산딸나무	H3.0×R8	〃	12
〃	목련	H2.5×R8	〃	15
상관	눈향나무	H0.3×W0.6×L1.0	〃	900
낙관	무궁화	H2.0×W0.6	〃	17
〃	수수꽃다리	H1.8×W0.8	〃	12
〃	개나리	H1.2×5가지	〃	1,200
〃	진달래	H0.6×W0.5	〃	1,400
〃	백철쭉	H0.5×W0.5	〃	1200
상관	남천	H1.0×3가지	〃	700
지피	잔디	0.3×0.3×0.03	M^2	—

도면명

배식평면도

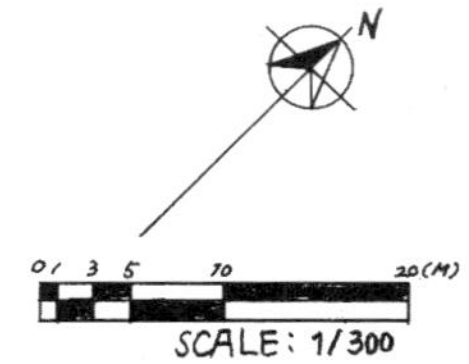

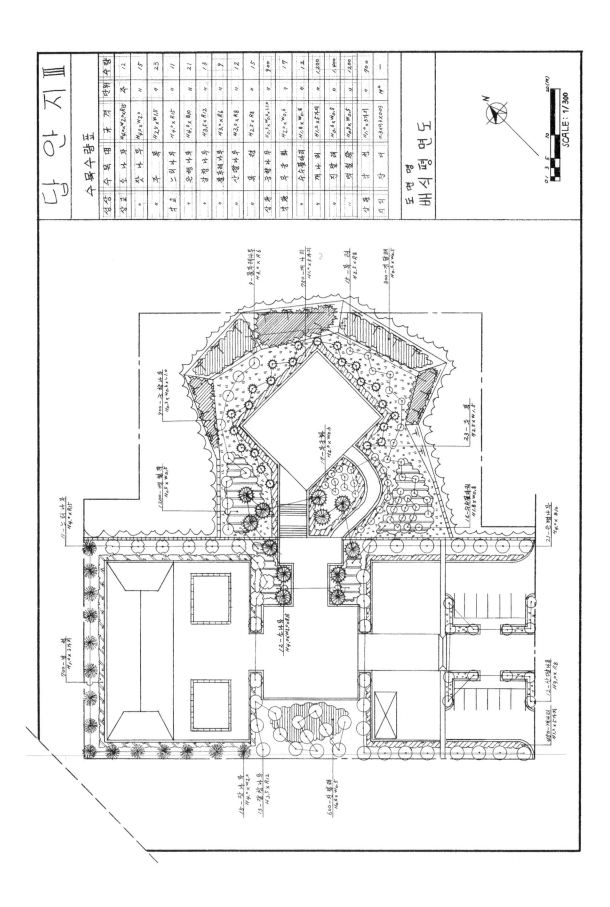

2022년 2회 국가기술자격 검정 실기시험문제					
시험시간	3시간	**자격종목**	조경기사	**작품명**	주차공원

※ 설계요구사항

중부권 대도시 외곽지역에 지하철역세권 주차장을 조성하려 한다. 설계조건과 현황도, 기능구성도를 참조하여 주차공원 설계구상도와 조경기본설계도를 작성하시오.

※ 설계부지현황

35m 광로 가각부에 위치한 107×150m의 평탄한 부지로 우측 하단에 지하철 출입구가 위치해 있으며 북측에는 주거지, 서측에는 상업지, 남측과 동측에는 도로와 연접되어 있다.

※ 설계요구조건

① 주차장 계획

㉠ 300대 이상 주차대수 확보, 전량 직각주차로 계획하시오.

㉡ 주차장 규격 : 2.5×5m, 주차통로는 6m 이상 유지하시오.

㉢ 기 제시된 진출입구 유지, 내부는 가급적 순환형 동선체계로 계획하시오.

㉣ 북서측에 12m 이상, 남동측에 6m 이상 완충녹지대를 조성하시오.

② 도입시설(기능구상도 참조)

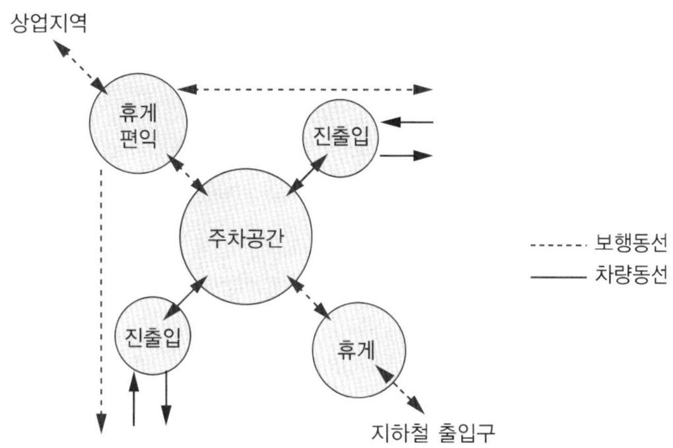

㉠ 녹지면적 : 공원 전체의 1/3 이상을 확보하시오.

㉡ 휴게공원 : 700m^2 이상 2개소를 배치하시오.

㉢ 화장실 : 건축면적 60m^2 1개소를 배치하시오.

㉣ 주차관리소 : 건축면적 16m^2 2개소를 배치하시오.

문제 01

현황도를 1/400로 확대하여 다음 요구조건을 충족하는 설계구상도를 작성하시오.[답안지 Ⅰ]

※ 설계요구조건

① 동선은 차량, 보행을 구분하여 표현하고 차량동선에는 방향을 명기하시오.

② 각 공간을 휴게, 편익, 주차, 진출입공간 등으로 구분하고 공간성격 및 요구시설을 간략히 기술하시오.

③ 공간별로 완충, 경관, 녹음, 요점식재 개념 등을 표현하고 주요 수종 및 배식기법을 간략히 기술하시오.

문제 02

현황도를 1/400으로 확대하고, 요구조건을 참조하여 시설물 배치, 포장, 식재 등이 표현된 조경기본설계도를 작성하시오.[답안지 Ⅱ]

※ 설계요구조건

① 시설물 배치

㉠ 화장실(6×10m) 1개소

㉡ 주차관리초소(4×4m) 2개소

㉢ 음수대(ϕ1m) 2개소 이상

㉣ 수목보호대(1.5×1.5m) 10개소 이상

㉤ 퍼걸러(4×8m) 3개소 이상

② **포장** : 차량공간은 아스팔트포장으로 계획하고, 보행공간은 2종 이상의 재료를 사용하되 구분되도록 표현하시오.

③ 배식

㉠ 수종은 반드시 교목 15종, 관목 5종 이상을 사용하고 수목별로 인출선을 사용하되 구분되도록 표현하시오.

㉡ 도면 우측에 수목수량표를 필히 작성하여 도면 내의 수목수량을 집계하시오.

④ 기타

주차대수 파악이 용이하도록 블록별로 주차대수 누계를 명기하시오.

현 황 도

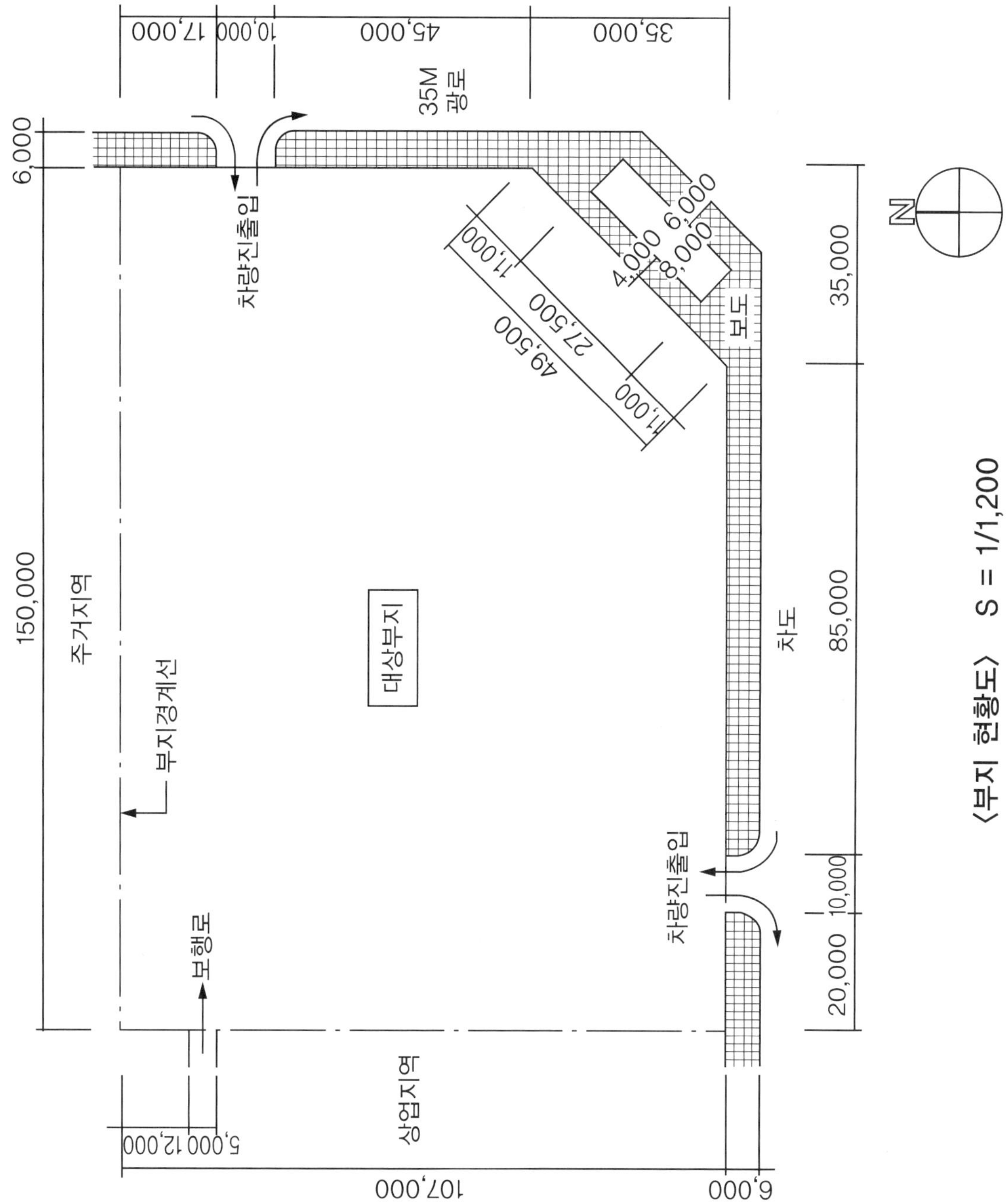

〈부지 현황도〉 S = 1/1,200

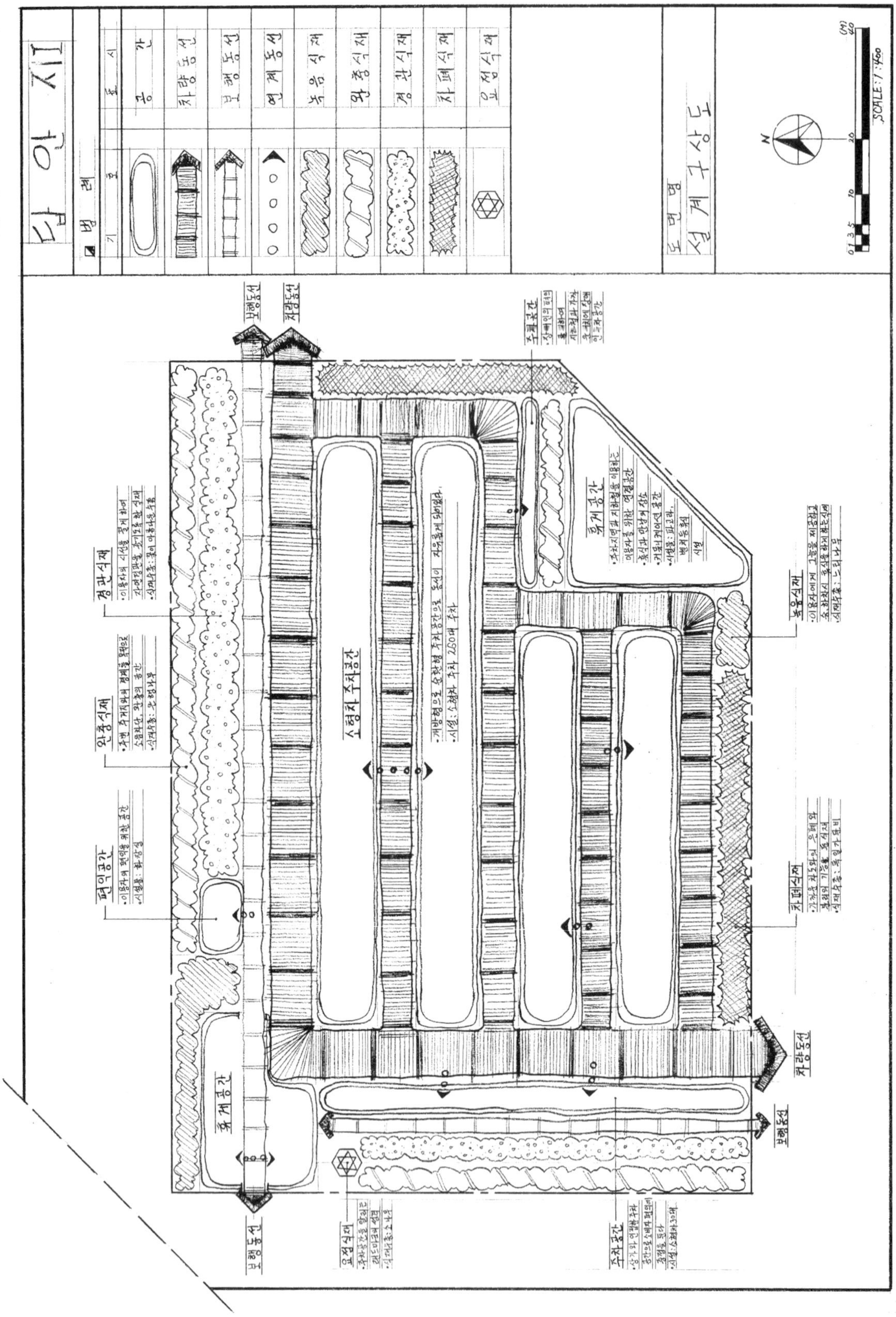
답안지
범례
공간
차량동선
보행동선
연계동선
녹음식재
완충식재
경관식재
차폐식재
요점식재
도면명
설계구상도
SCALE : 1:400
소형차 주차공간
휴게공간
편익공간
경관식재
완충식재
녹음식재
차폐식재
요점식재
주차공간
보행동선
차량동선

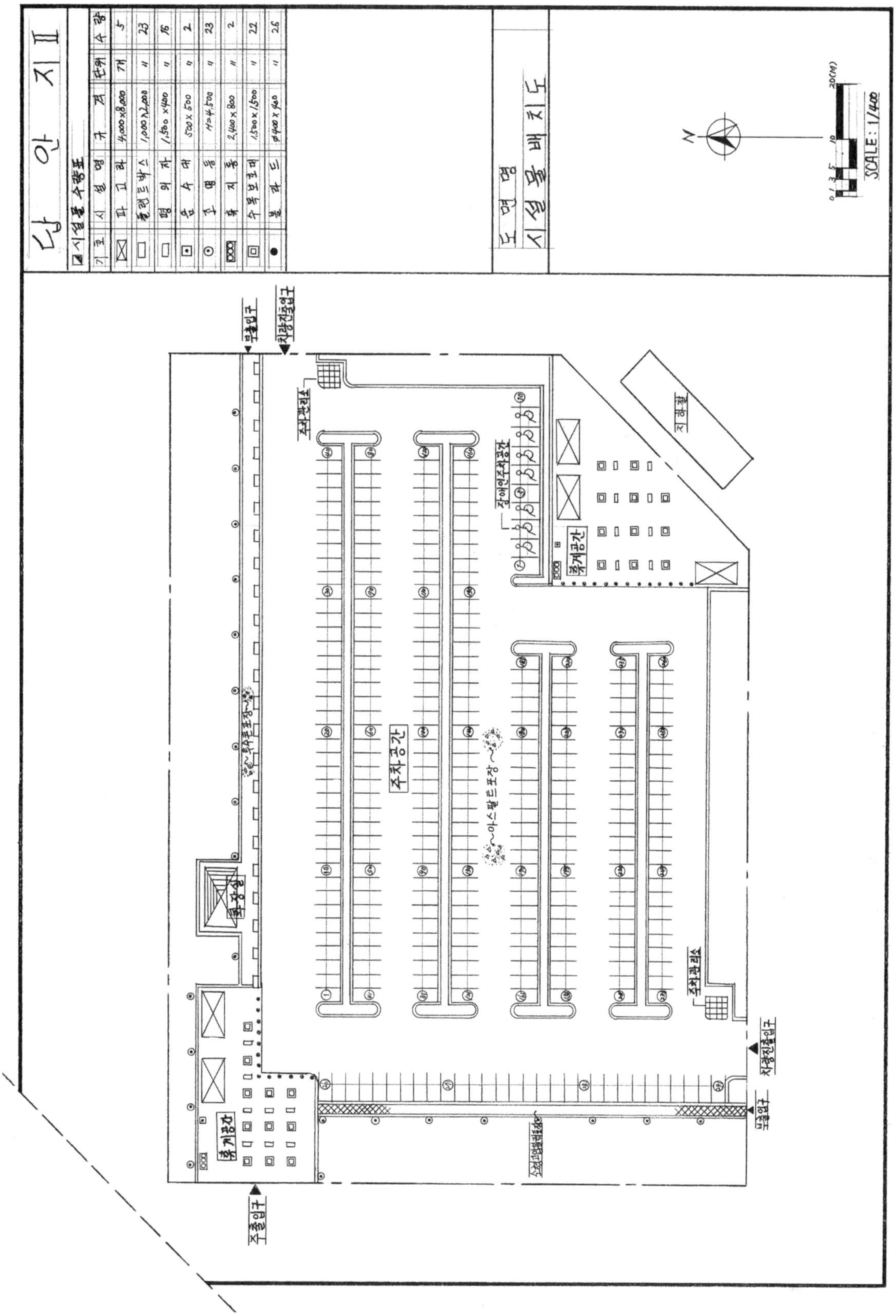

단 안 지 II
시설물 수량표
기호 | 시설명 | 규격 | 단위 | 수량
파고라 | 4,000×8,000 | 개 | 5
플랜트박스 | 1,000×2,000 | 〃 | 23
평의자 | 1,500×400 | 〃 | 16
음수대 | 500×500 | 〃 | 2
조명등 | H=4,500 | 〃 | 23
휴지통 | 2,400×800 | 〃 | 2
수목보호대 | 1,500×1,500 | 〃 | 22
볼라드 | Ø400×960 | 〃 | 26
도면명
시설물 배치도
N
SCALE : 1/400
부출입구
차량진출입구
주차관리소
장애인주차공간
휴게공간
지하철
주차공간
아스팔트포장
화장실
주출입구
차량진출입구
부출입구

답안지 Ⅲ

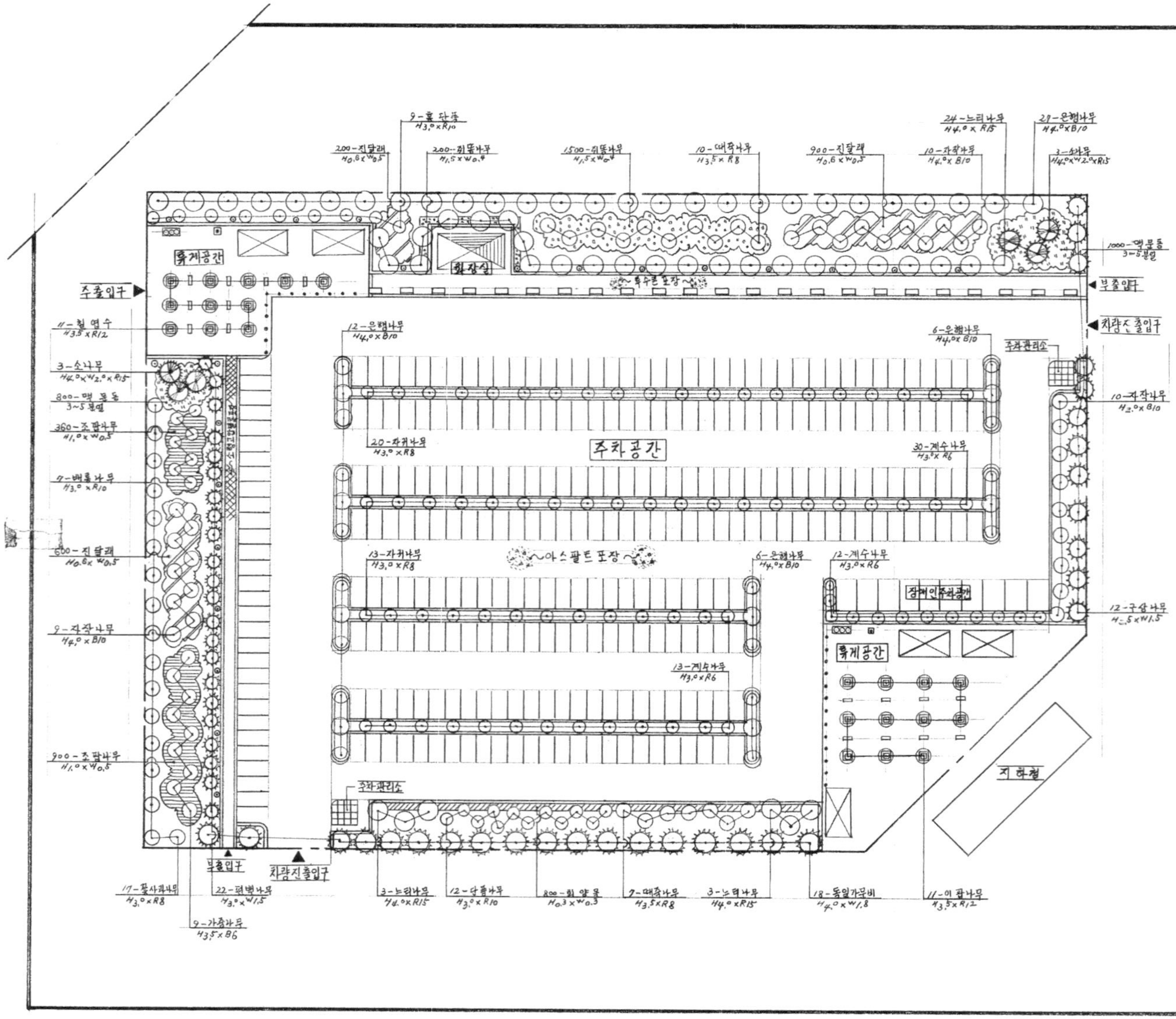

■ 시설물 수량표

기호	시설명	규격	단위	수량
⊠	파고라	4,000×8,000	개	5
▭	플랜트박스	1,000×2,000	〃	23
▭	평의자	1,500×400	〃	16
⊡	음수대	500×500	〃	2
⊙	조명등	H=4,500	〃	23
▭	휴지통	2,400×800	〃	2
▣	수목보호대	1,500×1,500	〃	22
●	볼라드	ϕ400×400	〃	26

■ 수목수량표

성상	수목명	규격	단위	수량
상교	소나무	H4.0×W2.0×R15	주	6
〃	독일가문비	H4.0×W1.8	〃	18
〃	구상나무	H3.5×W1.5	〃	12
〃	편백나무	H3.0×W1.5	〃	22
낙교	느티나무	H4.0×R15	〃	30
〃	은행나무	H4.0×B10	〃	51
〃	자작나무	H4.0×B10	〃	29
〃	칠엽수	H3.5×R12	〃	11
〃	이팝나무	H3.5×R12	〃	11
〃	때죽나무	H3.5×R8	〃	17
〃	가중나무	H3.5×B6	〃	9
〃	단풍나무	H3.0×R10	〃	12
〃	홍단풍	H3.0×R10	〃	9
〃	꽃사과나무	H3.0×R8	〃	17
〃	배롱나무	H3.0×R10	〃	7
〃	자귀나무	H3.0×R8	〃	33
〃	계수나무	H3.0×R6	〃	55
상관	회양목	H0.3×W0.3	〃	800
낙관	조팝나무	H1.0×W0.5	〃	1,260
〃	쥐똥나무	H1.5×W0.4	〃	1,700
〃	진달래	H0.6×W0.5	〃	1,500
지피	맥문동	3~5분얼	〃	1,800

도면명

조경기본설계도

SCALE: 1:400

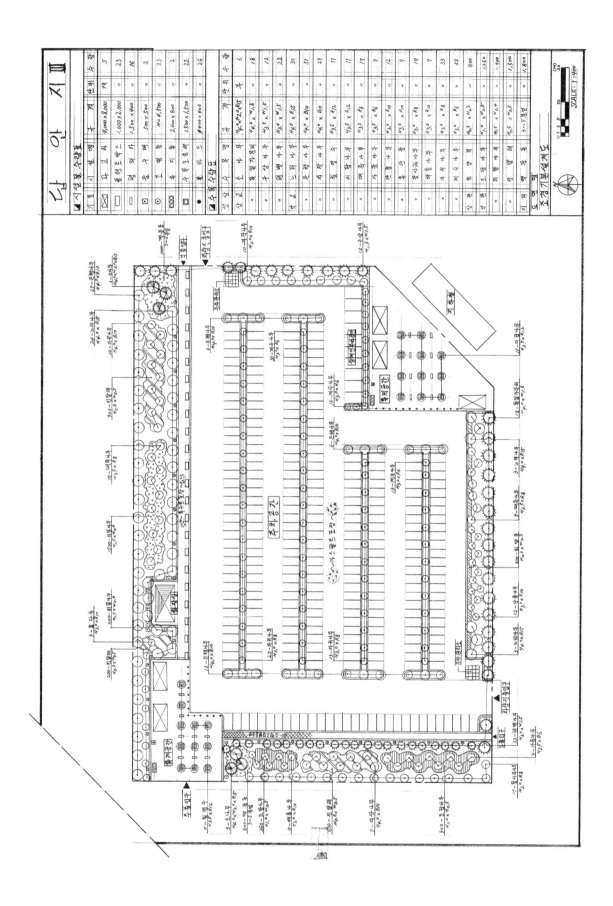

2022년 2회 국가기술자격 검정 실기시험문제					
시험시간	2시간 30분	**자격종목**	조경산업기사	**작품명**	소공연장어린이공원

※ 설계요구사항

중부지방의 공장이전부지와 인접해 있고 보차로를 사이에 두고 주택가와 접해 있는 대상지에 소공연장을 갖추고 있는 어린이공원을 설치하고자 한다. 다음에 주어진 설계조건에 따라 포장광장(소공연장 포함), 어린이놀이터, 벽천 및 도섭지 등을 포함한 설계도를 작성하시오.

문제 01

다음 설계조건에 의한 계획개념도를 작성하시오.[답안지 Ⅰ]

※ 설계요구조건

① 현황도를 축척 1/200로 확대하여 작성하시오.

② 각 공간의 적절한 위치와 공간개념이 잘 나타나도록 다이어그램을 이용하여 작성하시오.

③ 각 공간의 공간명과 도입시설개념을 서술하시오.

④ 주동선과 부동선의 출입구를 표시하고 구분하여 작성하시오.

⑤ 배식개념을 내용에 맞게 표현하고 서술하시오.

문제 02

[문제 1]의 계획개념도에 부합되도록 다음 사항을 참조하여 조경계획도(시설물 배치 및 배식설계)를 작성하시오.[답안지 Ⅱ]

※ 설계요구조건

① 현황도를 축척 1/200로 확대하여 작성하시오.

② 주택가와 접해 있는 대상지에는 이용자를 위한 보행로(3m)를 전체적으로 계획 설계하시오.

③ 보행로에는 수목보호대(1×1m)를 계획하고 가로수를 식재하시오.

④ 공장이전부지와의 경계에는 철재 펜스(H=1.8m)를 설치하시오.

⑤ 현황도에 주어진 곳에 주동선(3m) 2개소를 계획하시오.

㉠ 남쪽 주동선 입구에는 레벨차 0.75m, 계단(H=15cm, B=30cm, 화강석)을 설치하시오.

㉡ 계단은 총 단수대로 작도하고 Up, Down을 표시하시오.

⑥ 주동선이 서로 만나는 교차점 지역에는 포장광장을 계획하고 설계하시오.

㉠ 형태 : 정육각형

㉡ 크기 : 안쪽 길이 12m

㉢ 포장명 : 콘크리트블록포장

⑦ 부동선(폭 2m, L=35m 내외, 자유곡선형, 동서방향, 도섭지와 접하시오) 1개소를 계획하시오.

⑧ 포장광장의 중심에 정육각형 플랜트 박스(내변길이 3m)를 설치하여 낙엽대교목(H8.0×R25)을 식재하시오.

⑨ 소공연장은 포장광장에 접하도록 북동쪽에 계획하시오.

㉠ 모양 : 포장광장 중심으로부터 확장된 정육각형(반경 10m)

㉡ 면적 : 80m^2 내외

㉢ 포장 : 잔디와 판석포장

㉣ 용도 : 휴식과 공연장

⑩ 소공연장 외곽부에는 관람용 스탠드(h=30cm, b=60cm, 2단, 콘크리트 시공 후 방부목재 마감, L=20cm 내외)를 설치하시오.

⑪ 어린이 놀이터를 계획하시오.

㉠ 면적 : 250m^2 내외

㉡ 포장 : 탄성고무칩 포장(친환경)

㉢ 놀이 시설물 : 조합 놀이대(면적 100m^2, 4종 조합형) 1개소, 흔들형 의자 놀이대 3개소

㉣ 원형 퍼걸러 : 직경 5m, 부동선 입구 근처, 하부 벽돌포장

⑫ 부지 남쪽 보행로와 접한 구간은 폭 3m의 경계식재대를 계획하고 식재하시오.

⑬ 벽천(면적 25m^2, 저수조 포함)에서 발원하는 도섭지는 부동선과 놀이터 사이에 평균폭 1.5m, L=25m 내외, 자연석 판석 경계, 물 높이 최대 10cm로 계획하여 물놀이공간으로 이용할 수 있도록 목교(폭 90cm) 2개소를 놀이터와 연결하여 계획하시오.

⑭ 포장광장 우측에 휴식공간(면적 40m^2 내외)을 계획하고 사다리꼴형 셸터(장변 11m×단변 7m×폭 3m) 1개소를 설치하시오.

⑮ 다음 내용의 시설물을 계획하고 설치하시오.

㉠ 음수전(1×1m), 볼라드(지름 20cm) 5개소, 휴지통(600×600) 2개소, 조명등(H=5m) 4개소, 부동선과 놀이터 주변에 벤치(1,800×450) 4개소(1개소당 2개), 포장 3종류 이상

㉡ 기타 요구 조건에 언급되지 않은 곳은 레벨 조작을 하지 마시오.

⑯ 동서방향의 단면도를 벽천이 반드시 경유되도록 하여 S=1/200로 작성하시오.

⑰ 배식계획 시 마운딩(H=1.5m, 폭=3m, 길이=25m) 조성 후 경관식재, 녹음식재, 산울타리식재(놀이터 주변, 폭 60cm, 길이 30m 내외), 경계식재대(관목류) 등을 계획 내용에 맞게 다음 〈보기〉에서 선택하여 배식하시오(단, 온대중부수종으로 교목 10종 이상, 관목 3종 이상으로 배식하시오).

보기

느티나무, 독일가문비, 때죽나무, 플라타너스(양버즘), 소나무(적송), 복자기, 산수유, 수수꽃다리, 스트로브잣나무, 아왜나무, 왕벚나무, 은행나무, 자작나무, 주목, 측백나무, 후박나무, 구실잣밤나무, 산딸나무, 층층나무, 앵두나무, 개나리, 꽝꽝나무, 눈향나무, 돈나무, 철쭉, 진달래

현 황 도

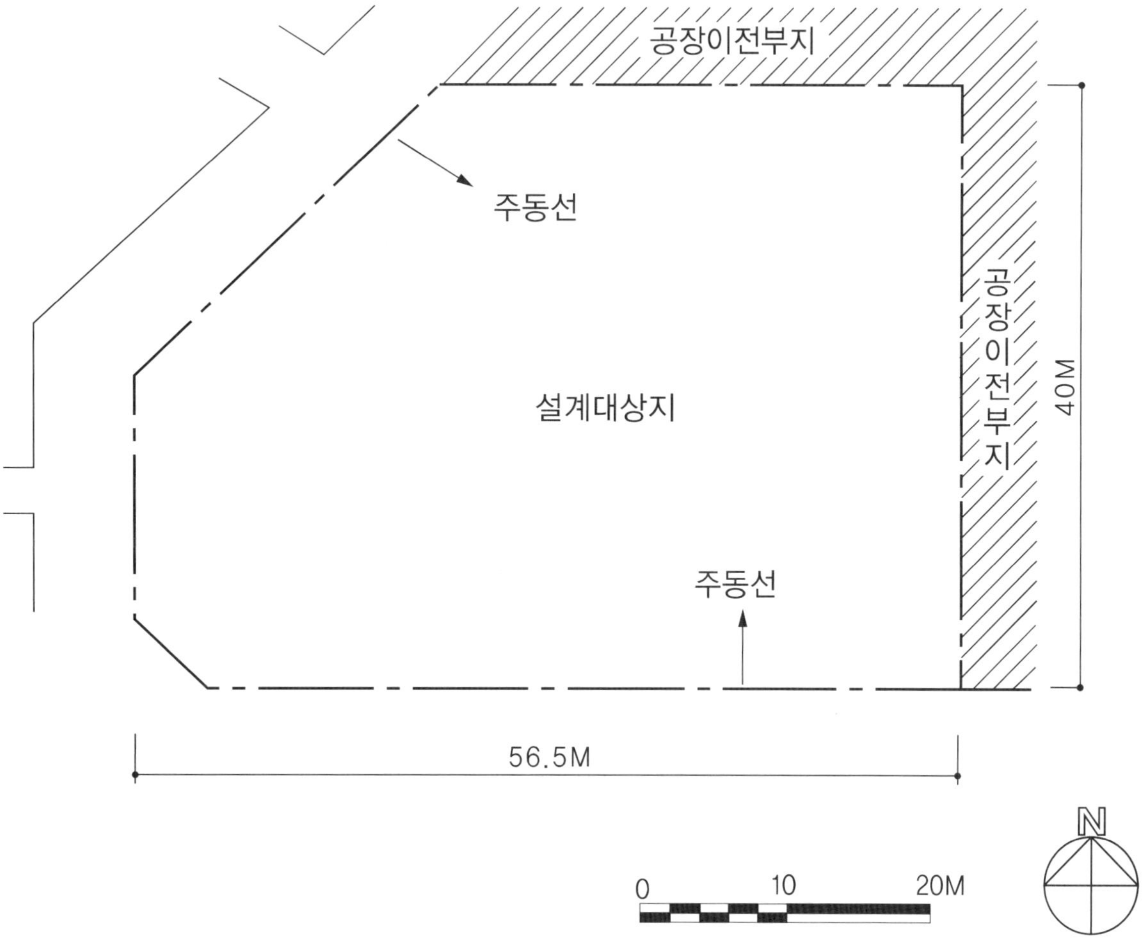
공장이전부지
주동선
설계대상지
공장이전부지
40M
주동선
56.5M
0
10
20M
N

〈부지 현황도〉

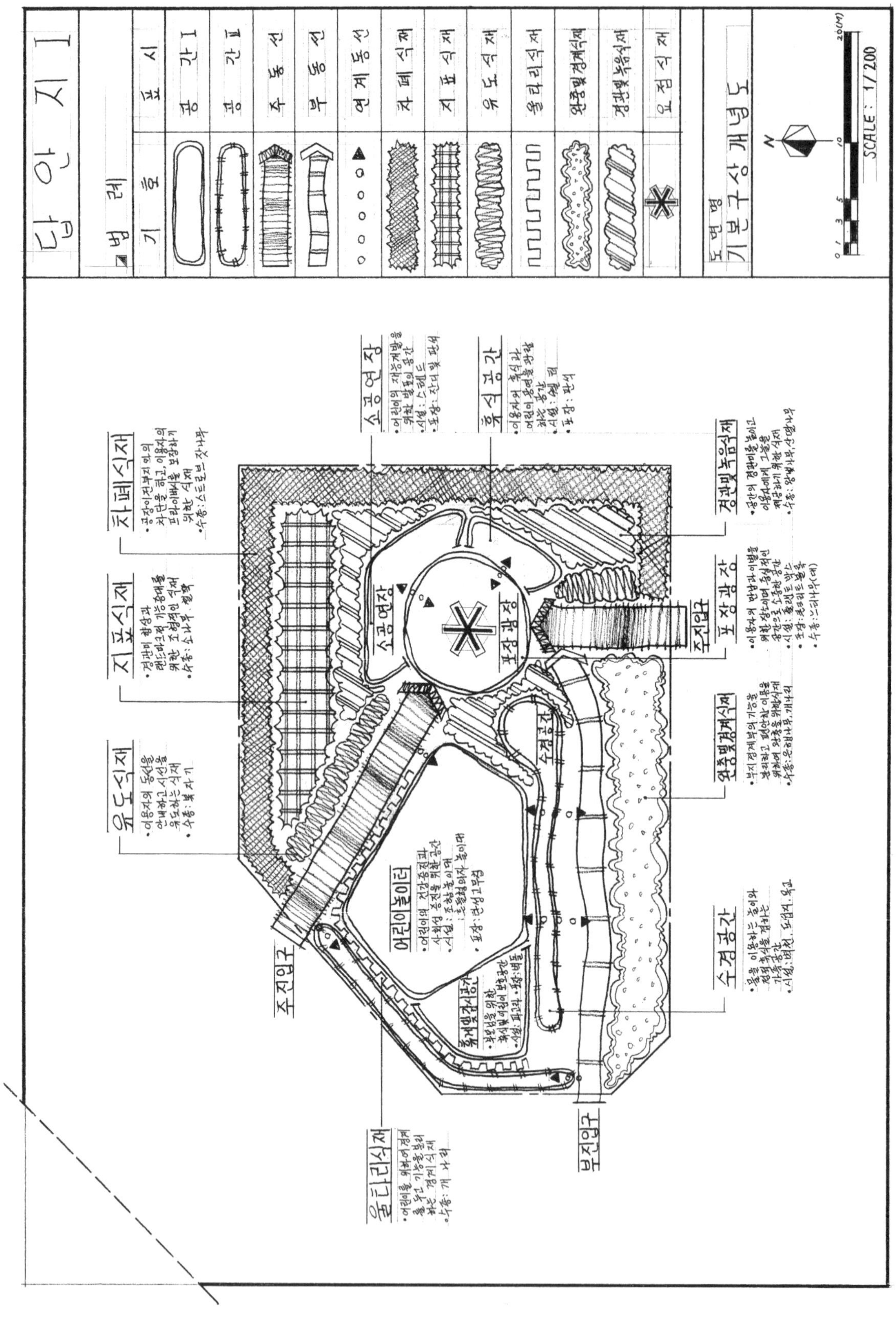
답안지 I
범례
기호
표시
공간 I
공간 II
주동선
부동선
연계동선
차폐식재
지표식재
유도식재
울타리식재
완충및경계식재
경관및녹음식재
요점식재
도면명
기본구상개념도
N
SCALE : 1/200
차폐식재
지표식재
유도식재
소공연장
휴식공간
경관및녹음식재
포장광장
완충및경계식재
수경공간
어린이놀이터
울타리식재
주진입구
부진입구

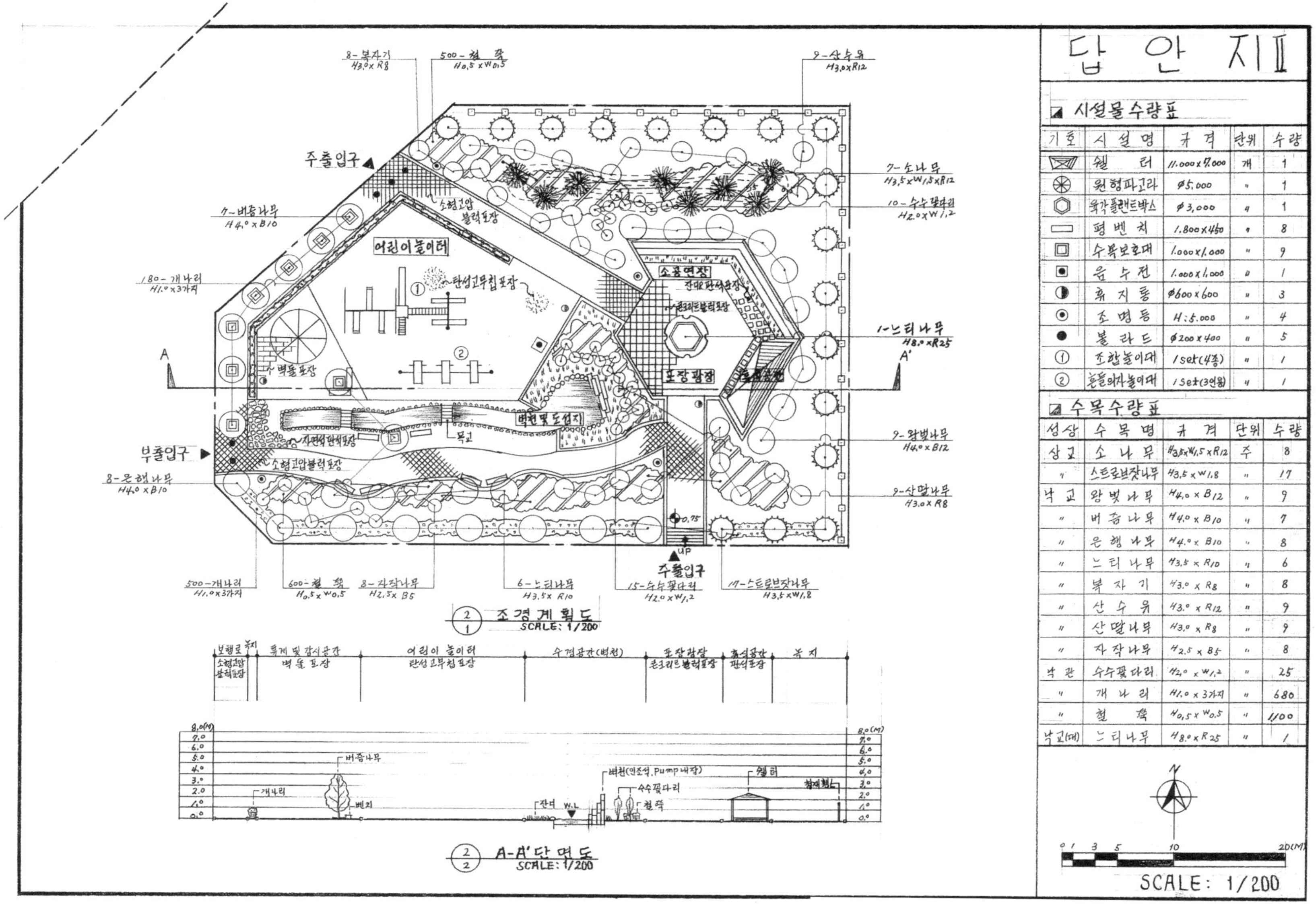

답 안 지 Ⅱ
시설물수량표
기호 | 시설명 | 규격 | 단위 | 수량
쉘터 | 11.000×7.000 | 개 | 1
원형파고라 | ∅5.000 | 〃 | 1
육각플랜트박스 | ∅3,000 | 〃 | 1
평벤치 | 1.800×460 | 〃 | 8
수목보호대 | 1.000×1.000 | 〃 | 9
음수전 | 1.000×1.000 | 〃 | 1
휴지통 | ∅600×600 | 〃 | 3
조명등 | H:5.000 | 〃 | 4
볼라드 | ∅200×400 | 〃 | 5
① 조합놀이대 | 1set(4종) | 〃 | 1
② 흔들의자놀이대 | 1set(3연형) | 〃 | 1
수목수량표
성상 | 수목명 | 규격 | 단위 | 수량
상교 | 소나무 | H3.5×W1.5×R12 | 주 | 8
〃 | 스트로브잣나무 | H3.5×W1.8 | 〃 | 17
낙교 | 왕벚나무 | H4.0×B12 | 〃 | 9
〃 | 버즘나무 | H4.0×B10 | 〃 | 7
〃 | 은행나무 | H4.0×B10 | 〃 | 8
〃 | 느티나무 | H3.5×R10 | 〃 | 6
〃 | 복자기 | H3.0×R8 | 〃 | 8
〃 | 산수유 | H3.0×R12 | 〃 | 9
〃 | 산딸나무 | H3.0×R8 | 〃 | 9
〃 | 자작나무 | H2.5×B5 | 〃 | 8
낙관 | 수수꽃다리 | H2.0×W1.2 | 〃 | 25
〃 | 개나리 | H1.0×3가지 | 〃 | 680
〃 | 철쭉 | H0.5×W0.5 | 〃 | 1100
낙교(대) | 느티나무 | H8.0×R25 | 〃 | 1
SCALE: 1/200
8-복자기 H3.0×R8
500-철쭉 H0.5×W0.5
9-산수유 H3.0×R12
7-소나무 H3.5×W1.5×R12
10-수수꽃다리 H2.0×W1.2
1-느티나무 H8.0×R25
9-왕벚나무 H4.0×B12
9-산딸나무 H3.0×R8
7-버즘나무 H4.0×B10
180-개나리 H1.0×3가지
8-은행나무 H4.0×B10
500-개나리 H1.0×3가지
600-철쭉 H0.5×W0.5
8-자작나무 H2.5×B5
6-느티나무 H3.5×R10
15-수수꽃다리 H2.0×W1.2
17-스트로브잣나무 H3.5×W1.8
주출입구
부출입구
어린이놀이터
탄성고무칩포장
소형고압블럭포장
소음연장
콘크리트블럭포장
포장광장
벽천 및 도섭지
목교
자연석판석포장
벽돌포장
② 조경계획도 SCALE: 1/200
보행로 | 녹지 | 휴게 및 감시공간 | 어린이 놀이터 | 수경공간(벽천) | 포장광장 | 휴식공간 | 녹지
소형고압블럭포장 | 벽돌포장 | 탄성고무칩포장 | 콘크리트블럭포장 | 판석포장
버즘나무
개나리
벤치
잔디
W.L
벽천(인조석, Pump 내장)
수수꽃다리
철쭉
쉘터
철재휀스
② A-A' 단면도 SCALE: 1/200

2022년 4회 국가기술자격 검정 실기시험문제					
시험시간	3시간	**자격종목**	조경기사	**작품명**	소공원설계

※ 설계요구사항

다음은 중부지방의 고층 아파트단지 내에 위치하고 있는 소공원 부지 현황도이다. 현황도와 설계요구조건을 참고하여 설계도면을 작성하시오.

문제 01

현황도에 주어진 부지를 축척 1/200로 확대하고 다음의 요구조건을 반영하여 설계개념도를 작성하시오.[답안지 Ⅰ]

※ 설계요구조건

① 동선개념은 주동선, 부동선을 구분할 것

② 공간개념은 운동공간, 유희(유년, 유아)공간, 중심광장, 휴게공간, 녹지로 구분하시오.

㉠ 운동공간 : 동북방향(좌상)

㉡ 유희공간 : 유년유희공간 – 동남방향(우상)

유아유희공간 – 서남방향(우하)

㉢ 휴게공간 : 서북방향(좌하)

㉣ 중앙광장 : 부지의 중앙부에 동선이 교차하는 지역

㉤ 녹지 : 경관식재, 녹음식재, 경계식재, 차폐식재, 완충식재, 유도식재 등으로 조성하시오.

③ 휴게공간과 유아, 유희공간의 외곽부에는 마운딩(Mounding)처리할 것

④ 공원 외곽부에는 산울타리를 조성하고, 위의 공간을 제외한 나머지 녹지 공간에는 완충, 녹음, 요점, 유도, 차폐 등의 식재개념을 구분하여 표현할 것

문제 02

축척 1/200로 확대하여 아래의 설계조건을 반영하여 기본설계도를 작성하시오.[답안지 Ⅱ]

※ 설계요구조건

① **운동공간** : 배구장 1면(9×18m), 배드민턴장 1면(6×14m), 평의자 10개소

② **유년유희공간** : 철봉(3단), 정글짐(4각), 그네(4연식), 미끄럼대(활주판 2개), 시소(2연식) 각 1조

③ **유아유희공간** : 미끄럼대(활주판 1개), 유아용 그네(3연식), 유아용 시소(2연식) 각 1조, 퍼걸러 1개소, 평의자 4개, 음수대 1개소

④ **중심광장** : 평의자 16개, 녹음수를 식재할 수 있는 수목보호대

⑤ **휴게공간** : 퍼걸러 1개소, 평의자 6개를 설치

⑥ 포장재료는 2종류 이상 사용하되 재료명을 표기할 것

⑦ 휴지통, 조명등 등은 필요한 곳에 적절하게 배치할 것

⑧ 마운딩의 정상부는 1.5m 이하로 하고 등고선의 높이를 표기할 것

⑨ 도면 우측의 범례란에 시설물 범례표를 작성하고 수량을 명기할 것

문제 03

설계개념과 기본설계도의 내용에 적합하고 다음의 요구조건을 반영한 식재설계도를 축척 1/200로 작성하시오.[답안지 Ⅲ]

※ 식재설계요구조건

① 수종은 10수종 이상 설계자가 임의로 선정할 것

② 부지 외곽지역에는 생울타리를 조성하고, 상록교목으로 차폐식재 녹지대를 조성할 것

③ 동선 주변은 낙엽교목을 식재하고, 출입구 주변은 요점, 유도식재 및 관목군식으로 계절감 있는 경관을 조성할 것

④ 인출선을 사용하여 수종명, 규격, 수량을 표기할 것

⑤ 도면 우측에 수목 수량표를 집계할 것

<u>현 황 도</u>

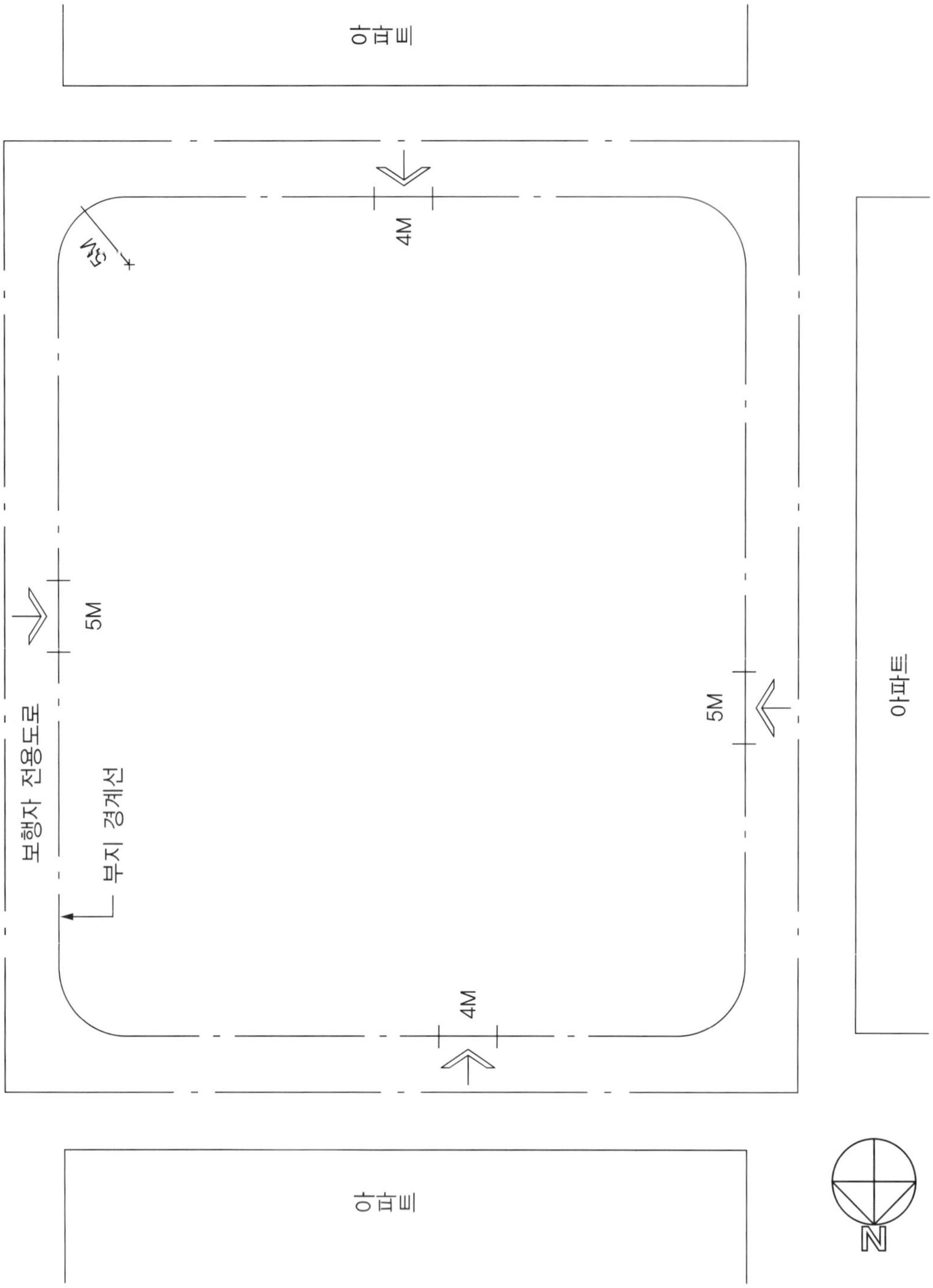

〈부지 현황도〉 S = 1/500

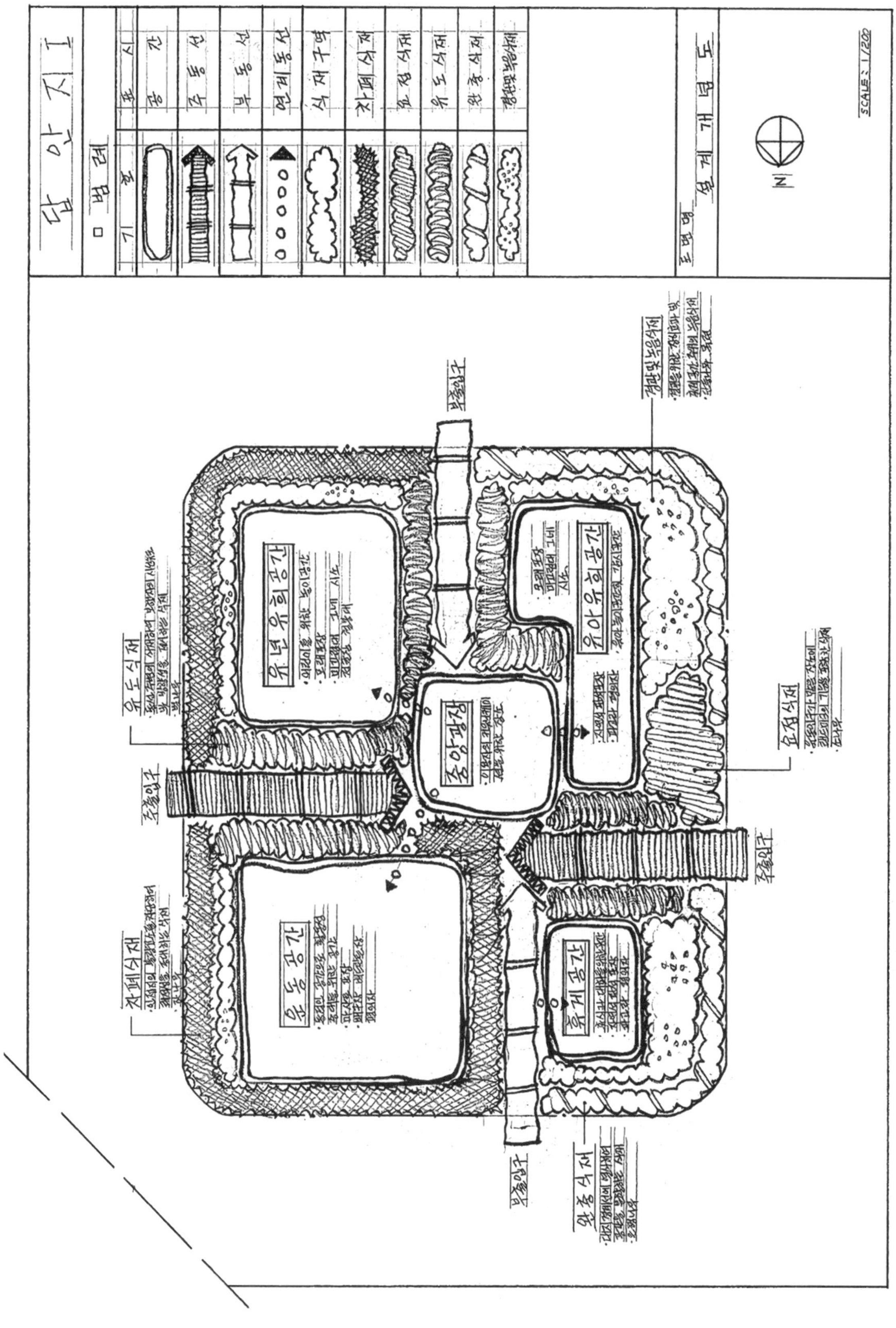

답안지 I
범례
기호
표시
공간
주동선
부동선
연계동선
식재구역
차폐식재
요점식재
유도식재
완충식재
경관및녹음식재
도면명
설계개념도
SCALE : 1/200
주출입구
부출입구
유년유희공간
중앙광장
유아유희공간
운동공간
휴게공간
유도식재
차폐식재
요점식재
완충식재
경관및녹음식재

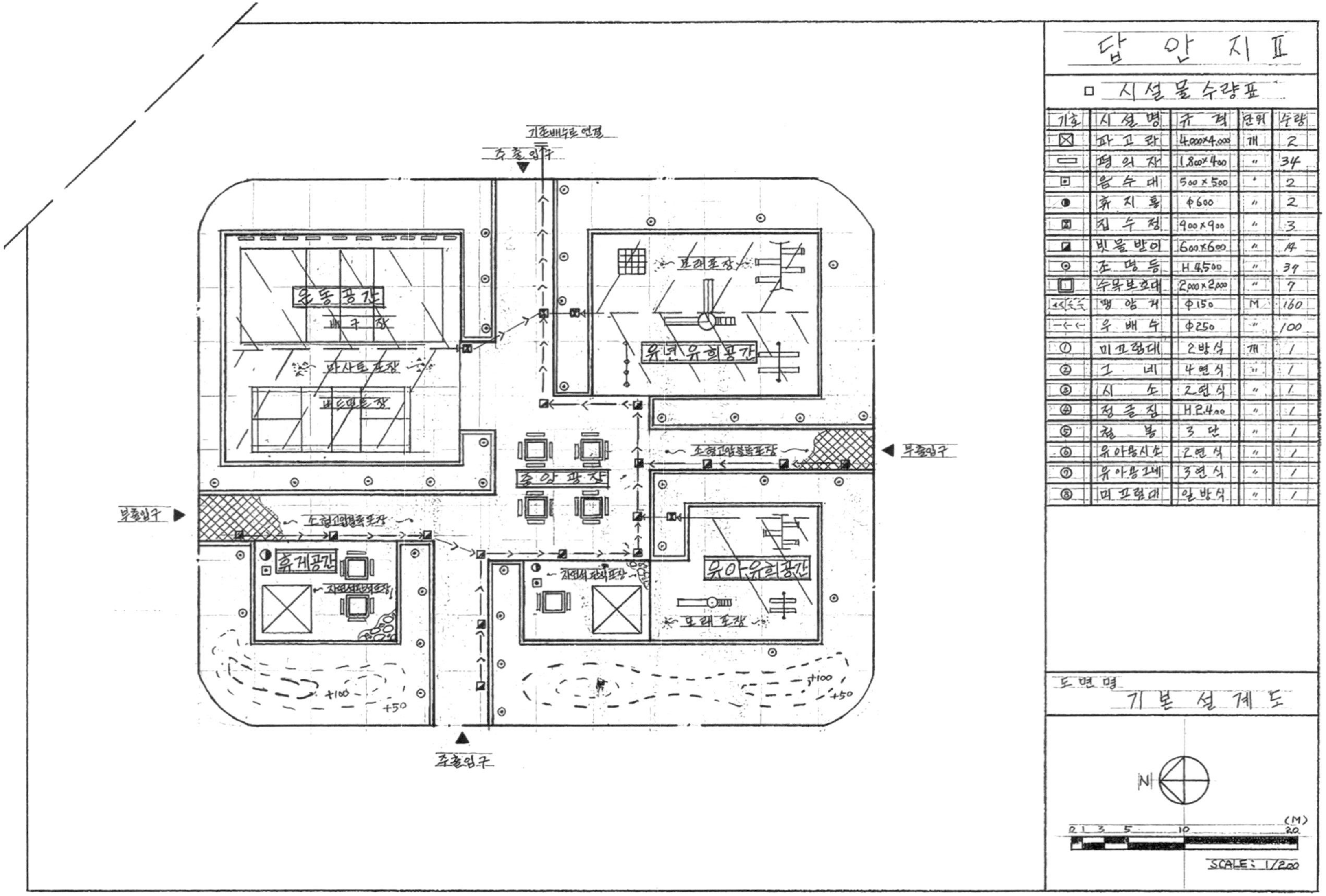
답 안 지 Ⅱ
□ 시설물수량표
기호 | 시설명 | 규격 | 단위 | 수량
파고라 | 4,000×4,000 | 개 | 2
평의자 | 1,800×400 | 〃 | 34
음수대 | 500×500 | 〃 | 2
휴지통 | φ600 | 〃 | 2
집수정 | 900×900 | 〃 | 3
빗물받이 | 600×600 | 〃 | 14
조명등 | H 4,500 | 〃 | 39
수목보호대 | 2,000×2,000 | 〃 | 7
맹암거 | φ150 | M | 160
유배수 | φ250 | 〃 | 100
① 미끄럼대 | 2방식 | 개 | 1
② 그네 | 4연식 | 〃 | 1
③ 시소 | 2연식 | 〃 | 1
④ 정글짐 | H 2,400 | 〃 | 1
⑤ 철봉 | 3단 | 〃 | 1
⑥ 유아용시소 | 2연식 | 〃 | 1
⑦ 유아용그네 | 3연식 | 〃 | 1
⑧ 미끄럼대 | 일방식 | 〃 | 1
도면명
기본설계도
N
0 1 3 5 10 20 (M)
SCALE : 1/200
기존배수로 연결
주출입구
부출입구
운동공간
배구장
마사토포장
배드민턴장
유년유희공간
모래포장
중앙광장
소형고압블록포장
휴게공간
유아유희공간
+100
+50

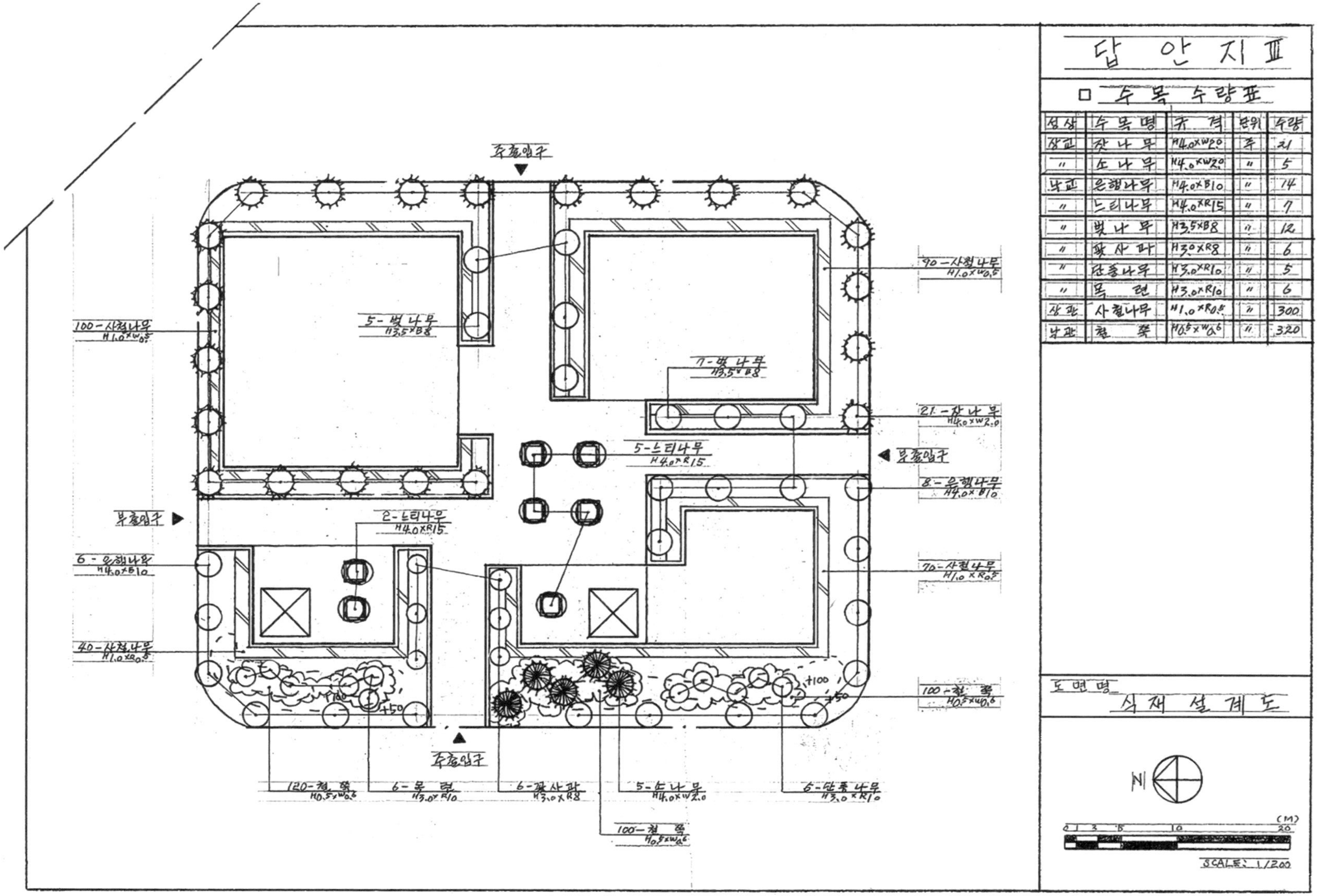
답 안 지 Ⅲ
□ 수목수량표
성상 | 수목명 | 규격 | 단위 | 수량
상교 | 잣나무 | H4.0×W2.0 | 주 | 21
〃 | 소나무 | H4.0×W2.0 | 〃 | 5
낙교 | 은행나무 | H4.0×B10 | 〃 | 14
〃 | 느티나무 | H4.0×R15 | 〃 | 7
〃 | 벚나무 | H3.5×B8 | 〃 | 12
〃 | 꽃사과 | H3.0×R8 | 〃 | 6
〃 | 단풍나무 | H3.0×R10 | 〃 | 5
〃 | 목련 | H3.0×R10 | 〃 | 6
상관 | 사철나무 | H1.0×R0.5 | 〃 | 300
낙관 | 철쭉 | H0.5×W0.6 | 〃 | 320
도면명
식재설계도
N
0 1 3 5 10 20 (M)
SCALE: 1/200
주출입구
부출입구
주출입구
부출입구
90-사철나무 H1.0×W0.5
21-잣나무 H4.0×W2.0
8-은행나무 H4.0×B10
70-사철나무 H1.0×R0.5
100-철쭉 H0.5×W0.6
6-단풍나무 H3.0×R10
5-소나무 H4.0×W2.0
100-철쭉 H0.5×W0.6
6-꽃사과 H3.0×R8
6-목련 H3.0×R10
120-철쭉 H0.5×W0.6
40-사철나무 H1.0×R0.5
6-은행나무 H4.0×B10
100-사철나무 H1.0×W0.5
5-벚나무 H3.5×B8
7-벚나무 H3.5×B8
5-느티나무 H4.0×R15
2-느티나무 H4.0×R15
+100
+50

2022년 4회 국가기술자격 검정 실기시험문제					
시험시간	2시간 30분	**자격종목**	조경산업기사	**작품명**	상상어린이공원설계

※ 설계요구사항

다음은 중부지방의 주택단지 내에 위치한 근린공원 부지 현황도이다. 부지현황도와 설계조건을 참고하여 설계도를 작성하시오.

문제 01

주어진 부지 현황도를 축척 1/200로 확대하여 다음의 요구조건을 충실히 반영한 설계개념도(기본구상도)를 작성하시오.[답안지 Ⅰ]

※ 설계요구조건

① 동선개념은 주동선과 부동선을 구분할 것

② 공간개념은 진입광장, 중앙광장, 운동공간, 놀이공간, 휴게공간, 연못과 계류, 녹지로 구분하고 공간의 특성을 설명할 것

③ 외곽부와 계류 부분은 마운딩 처리를 할 것

④ 녹지공간은 완충, 녹음, 차폐, 요점, 유도 등의 식재개념을 구분하여 표현할 것

문제 02

주어진 부지 현황도를 축척 1/200로 확대하여 다음의 요구조건을 충실히 반영한 기본설계도(시설물배치도+배식설계도)를 작성하시오.[답안지 Ⅱ]

※ 시설물배치도 설계요구조건

① 주동선은 폭 4m, 부동선은 3m를 기본으로 하되 변화를 줄 것

② **진입광장, 중앙광장** : 장의자 10개, 수목보호홀 덮개(녹음수 식재용)

③ **운동공간** : 거리 농구장 1면(20×10m), 배드민턴장 1면(14×6m), 평의자 6개

④ **놀이공간** : 미끄럼대(활주면 2면), 그네(3연식), 시소(3연식), 철봉(3단), 평행봉, 놀이집, 퍼걸러 1개소, 평의자 5개소, 음수대 1개소

⑤ **휴게공간** : 퍼걸러 1개소, 평의자 6개

⑥ 포장재료는 3종류 이상을 사용하되 재료명과 기호를 반드시 표기할 것

⑦ 자연형 호안 연못 $100m^2$ 정도와 계류 20m 정도 : 급수구, 배수구, 오버플로우(Over Flow) 펌프실, 월동용 고기집

※ 설계전제조건

연못의 소요 수량은 지하수를 개발하여 사용 가능 수량이 확보된 것으로 가정함. 연못의 배수는 기존 배수 맨홀로 연결시킬 것

⑧ 마운딩의 정상부는 1.5m로 하되 등고선의 간격을 0.5m로 하여 표기할 것

⑨ 도면 우측에 시설물 수량표를 작성하고, 도면의 여백을 이용하여 자연형 호안 단면도를 NON-SCALE로 작성하시오.

※ 배식설계도 설계요구조건

① [문제 1]의 평면기본구상도(계획개념도)와 시설물배치도의 내용을 충분히 반영할 것

② 수종은 교목 8종(유실수 2종 포함), 관목 6종, 수생 및 수변식물 3종 이상을 선정하여 사용규격을 정할 것

③ 부지 외곽지역과 필요한 부위에는 차폐식재를 하고, 상록교목으로 완충 수림대를 조성할 것

④ 동선 주변과 광장, 휴게소에는 녹음수를 식재할 것

⑤ 출입구 주변은 요점, 유도식재를 하고, 관목을 적절히 배치할 것

⑥ 인출선을 사용하여 수종명, 규격, 수량을 표기할 것

⑦ 도면 우측에 식물수량표를 시설물수량표 하단에 함께 작성할 것

현 황 도

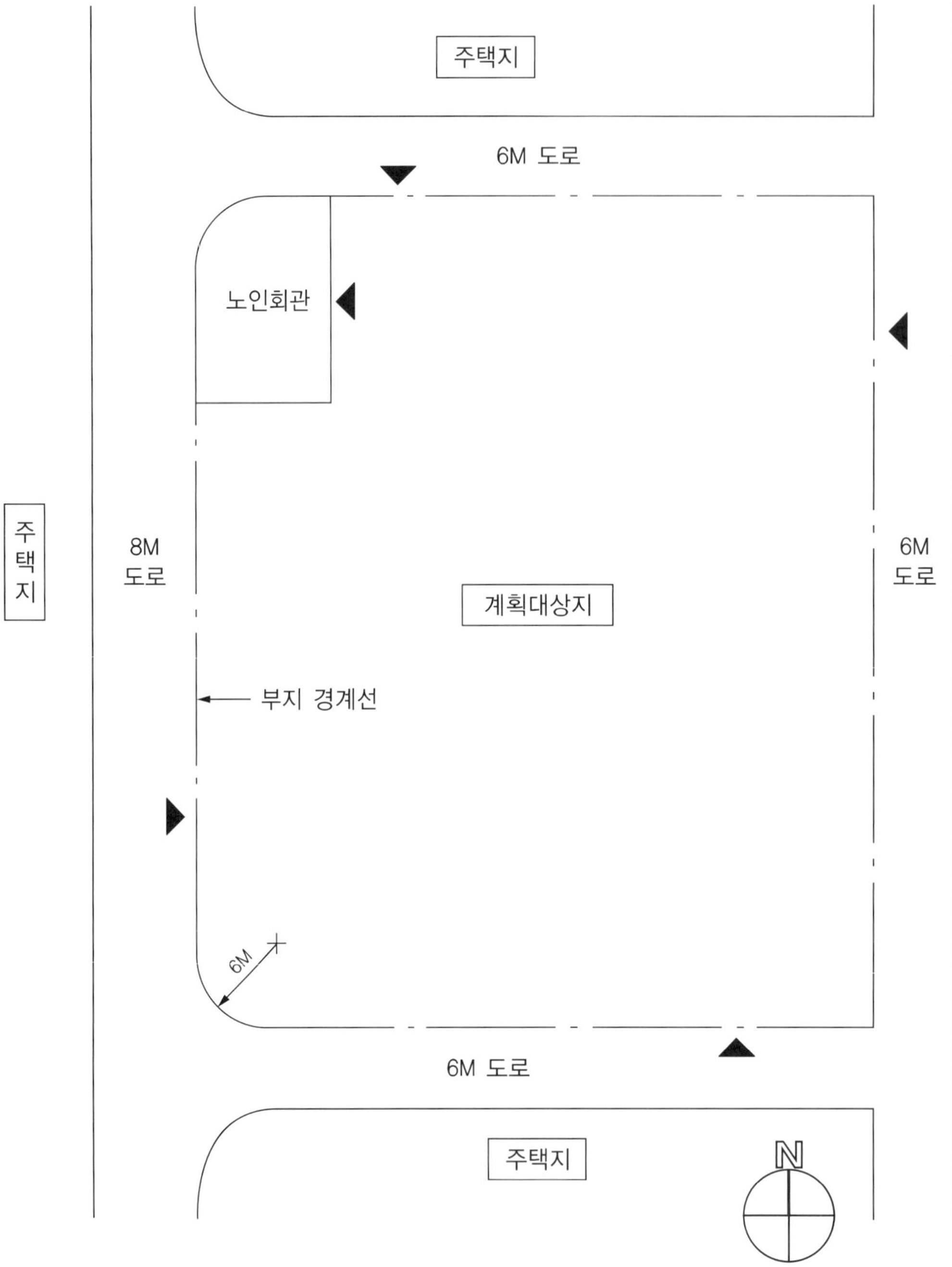

〈부지 현황도〉 S = 1/500

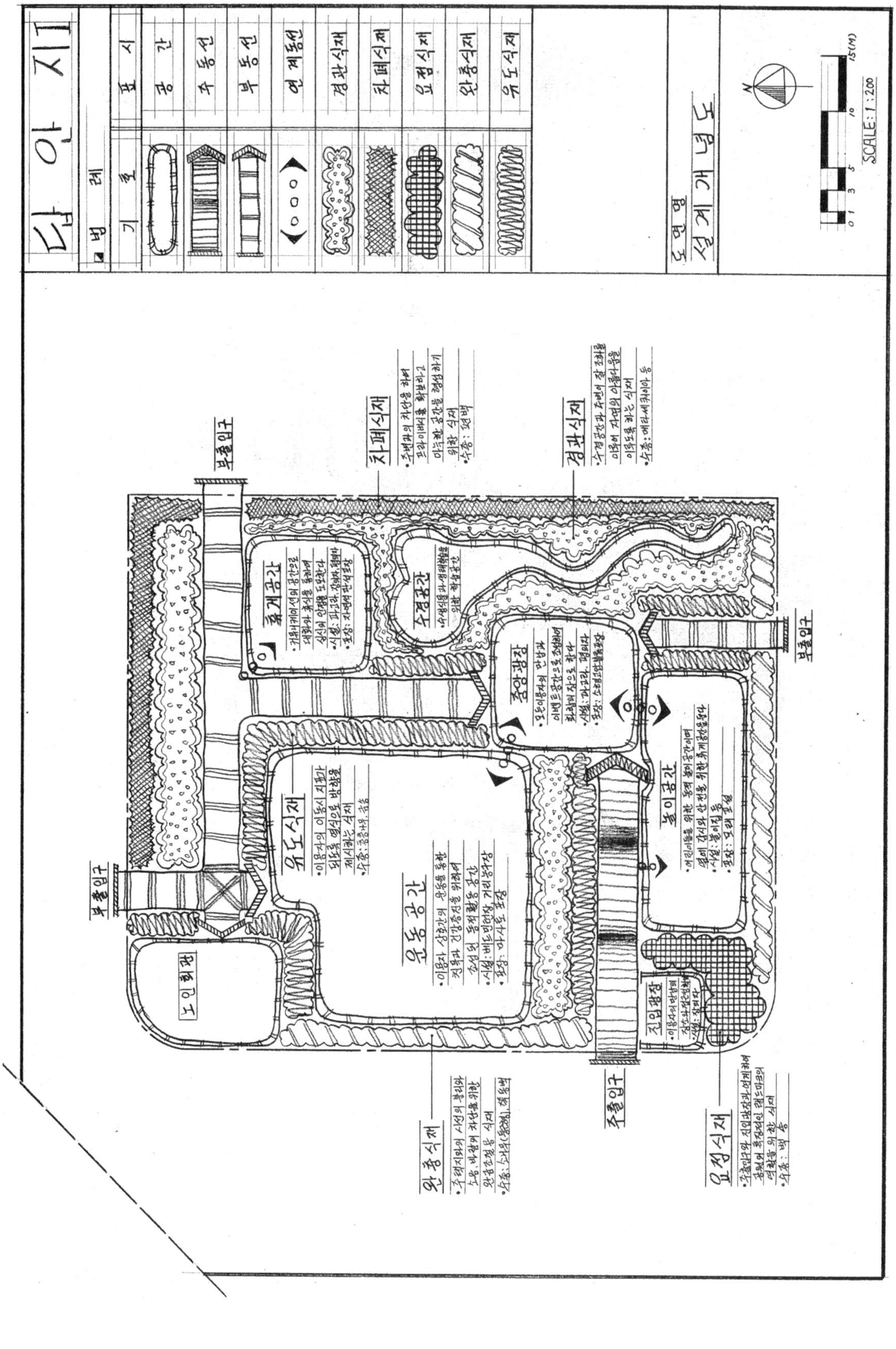
답안지
범례
기호
표시
공간
주동선
부동선
연계동선
경관식재
차폐식재
요점식재
완충식재
유도식재
도면명
설계개념도
SCALE : 1 : 200
주출입구
부출입구
부출입구
부출입구
운동공간
놀이공간
중앙광장
휴게공간
수경공간
노인회관
진입광장
유도식재
차폐식재
경관식재
완충식재
요점식재

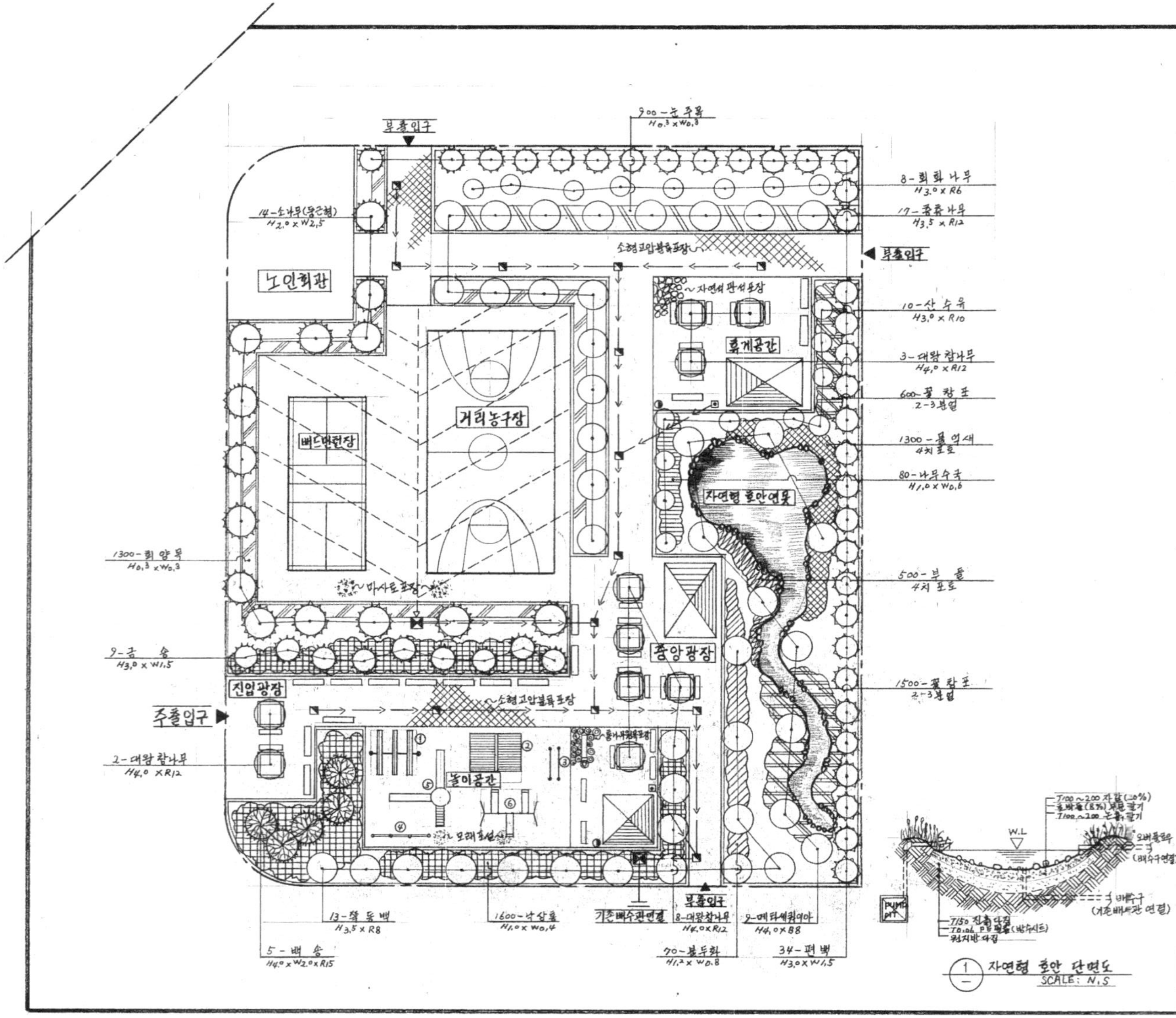

답안지 Ⅱ

■ 시설물 수량표

기호	시설명	규격	단위	수량
	파고라	6,000×4,000	개	2
	〃	4,000×4,000	〃	1
	수목보호대	2,000×2,000	〃	10
	장의자	2,400×400	〃	15
	평의자	1,800×400	〃	20
	음수전	500×500	〃	2
	집수정	900×900	〃	2
	빗물받이	600×600	〃	14
	휴지통	ø600×600	〃	2
	우배수	ø250	M	—
	맹암거	ø150	〃	—
①	시소	3연식	개	1
②	놀이집	—	〃	1
③	평행봉	H=1,600	〃	1
④	철봉	3단	〃	1
⑤	미끄럼대	이방식	〃	1
⑥	그네	3연식	〃	1

■ 수목수량표

성상	수목명	규격	단위	수량
상교	금송	H3.0×W1.5	주	9
〃	백송	H4.0×W2.0×R15	〃	5
〃	소나무(둥근형)	H2.0×W2.5	〃	14
〃	편백(황금)	H3.0×W1.5	〃	34
낙교	대왕참나무	H4.0×R12	〃	13
〃	메타세쿼이아	H4.0×B8	〃	9
〃	층층나무	H3.5×R12	〃	17
〃	쪽동백	H3.5×R8	〃	13
〃	산수유	H3.0×R10	〃	10
〃	회화나무	H3.0×R6	〃	8
상관	눈주목	H0.3×W0.3	〃	900
〃	회양목	H0.3×W0.3	〃	1300
낙관	낙상홍	H1.0×W0.4	〃	1600
〃	나무수국	H1.0×W0.6	〃	80
〃	불두화	H1.2×W0.8	〃	70
수생	꽃창포	2~3분얼	〃	2,100
〃	물억새	4치포트	〃	1,300
〃	부들	4치포트	〃	500

도면명 기본설계도

N

0 1 3 5 10 15(M)

SCALE: 1:200

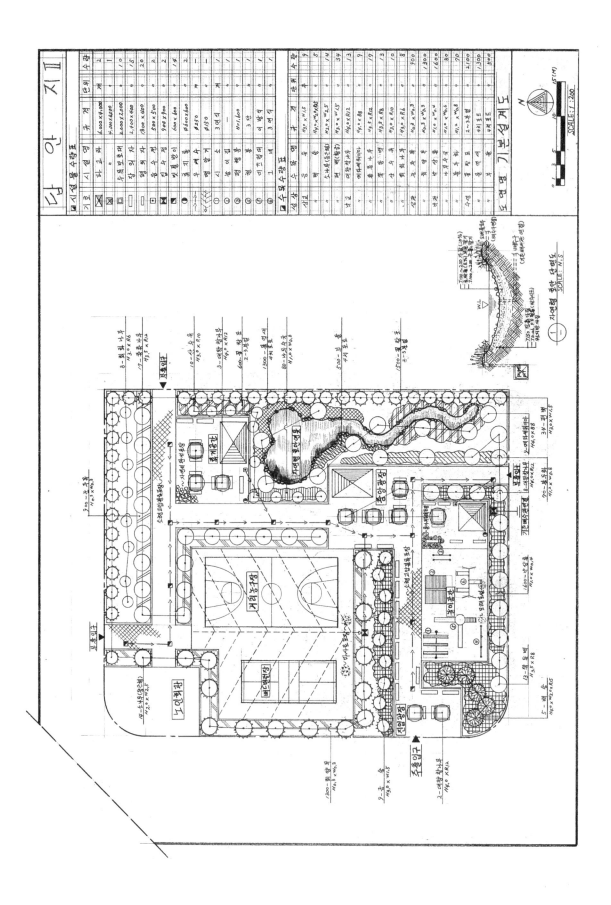

2023년 1회 국가기술자격 검정 실기시험문제					
시험시간	3시간	**자격종목**	조경기사	**작품명**	사무실 건축물 설계

※ 설계요구사항

주어진 도면과 같은 사무실용 건축물 외부공간에 조경설계를 하고자 한다. 다음의 공통사항과 각 설계조건을 이용하여 문제 요구 순서대로 작성하시오.

※ 설계공통사항

① 지하층 슬래브 상단면의 계획고는 +10.50이다.

② 도면의 좌측과 후면 지역은 시각적으로 경관이 불량하고 건축물이 위치하는 지역은 중부지방의 소도시로서 공해가 심하지 않은 곳이다.

문제 01

공통사항과 다음의 조건을 참고하여 평면기본구상도(계획개념도)를 축척 1/300로 작성하시오.[답안지 Ⅰ]

※ 설계요구조건

① 북측 및 서측에 상록수 차폐를 하고, 우측에 운동공간(정구장 1면) 및 휴게공간 남측에 주차공간, 건물 전면에 광장을 계획하시오.

② 도면의 '가' 부분은 지하층 진입, '나' 부분은 건물 진입을 위한 보행로 '다' 부분은 주차장 진입을 위한 동선으로 계획하시오.

③ 건물 전면광장 주요지점에 환경조각물 설치를 위한 계획을 하시오.

④ 공간배치계획, 동선계획, 식재계획 개념을 기술하시오.

문제 02

공통사항과 다음의 조건을 참고하여 시설물 배치평면도를 축척 1/300로 작성하시오.[답안지 Ⅱ]

※ 설계요구조건

① 도면의 a~j까지의 계획고에 맞추어 설계하고, '가' 지역은 폭 5m, 경사도 10%의 램프로 처리, '나' 지역은 계단 1단의 높이는 15cm로 계단처리, 보행로의 폭은 3m로 처리, '다' 지역은 폭 6m의 주차진입로로 경사도 10%의 램프로 처리하고 계단 및 램프↑(up)로 표시하시오.

② 현황도의 빗금친 부분의 계획고는 +11.35로 건물로의 진입을 위하여 계단을 설치하고 계단은 높이 15cm, 디딤판 폭 30cm로 한다.

③ 휴게공간에 파고라 1개, 의자 4개, 음료수대 1개, 휴지통 2개 이상을 설치하시오.

④ 건물 전면공간에 높이 3m, 폭 2m의 환경조각물 1개소를 설치하시오.

⑤ 포장재료는 주차장 및 차도의 경우는 아스팔트, 그 밖의 보도 및 광장은 콘크리트 보도블록 및 화강석을 사용하시오.

⑥ 차도측 보도에서 건축물대지 쪽으로 정지작업 시 경사도 1 : 1.5로 처리하시오.

⑦ 정구장은 1면으로 방위를 고려하여 설치하시오.

⑧ 설치시설물에 대한 범례표는 우측 여백에 작성하시오.

문제 03

공통사항과 다음의 조건을 참고하여 식재기본설계도를 축척 1/300로 작성하시오.[답안지 Ⅲ]

※ 설계요구조건

① 사용수량은 10수종 이상으로 하고 차폐에 사용되는 수목은 수고 3m 이상의 상록수로 하시오.

② 주차장 주변에 대형 녹음수로, 수고 4m 이상, 수관폭 3m 이상을 식재하시오.

③ 진입부분 좌우측에는 상징이 될 수 있는 대형수를 식재하시오.

④ 건물 진면 광장 전면에 녹지를 두고 식재하도록 하시오.

⑤ 지하층의 상부는 토심을 고려하여 식재하도록 하시오.

⑥ 수목은 인출선에 의하여 수량, 수종, 규격 등을 표기하시오.

⑦ 수종의 선택은 지역적인 조건을 최대한 고려하여 선택하시오.

⑧ 수목의 범례와 수량 기재는 도면의 우측에 표를 만들어 기재하시오.

현 황 도

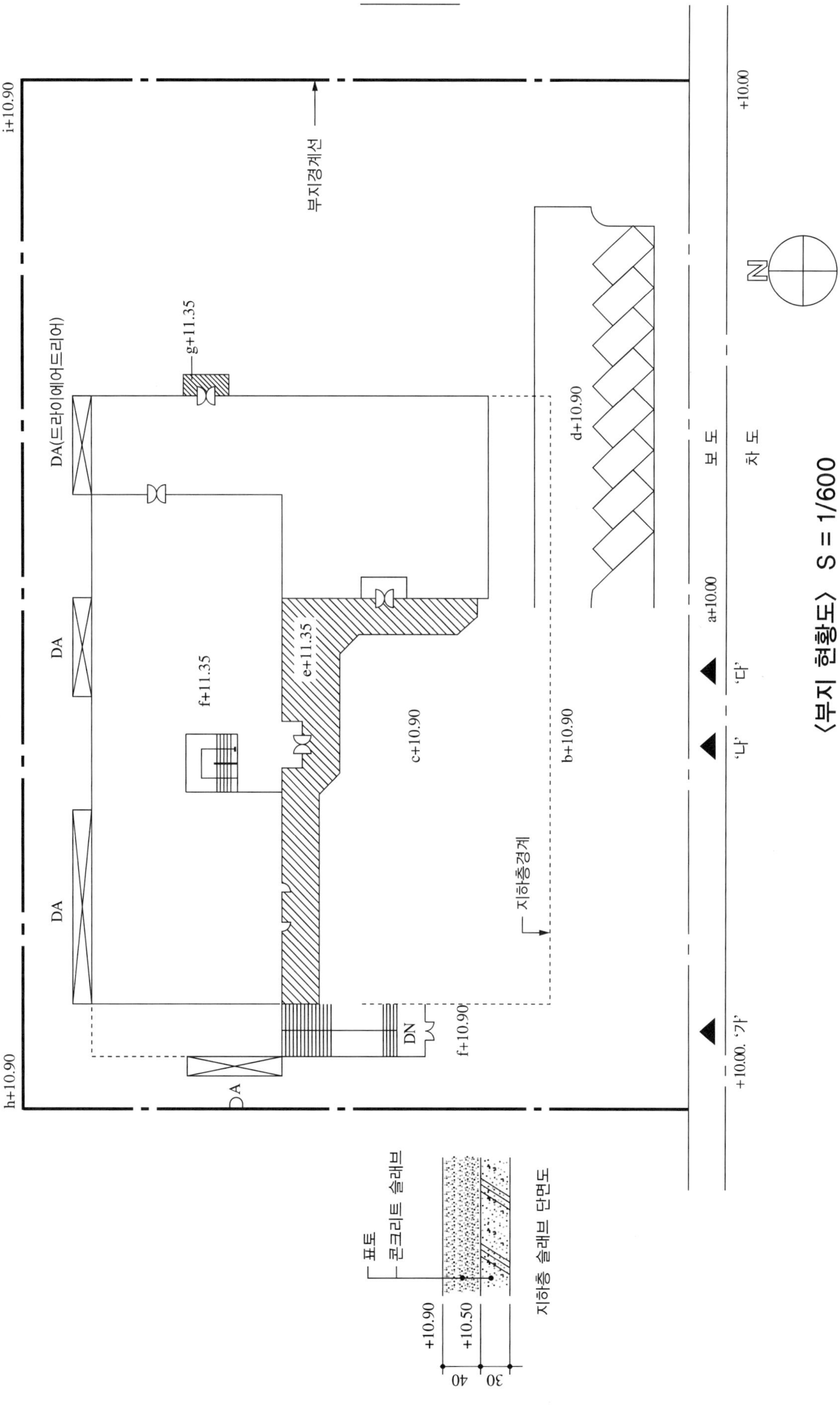

〈부지 현황도〉 S = 1/600

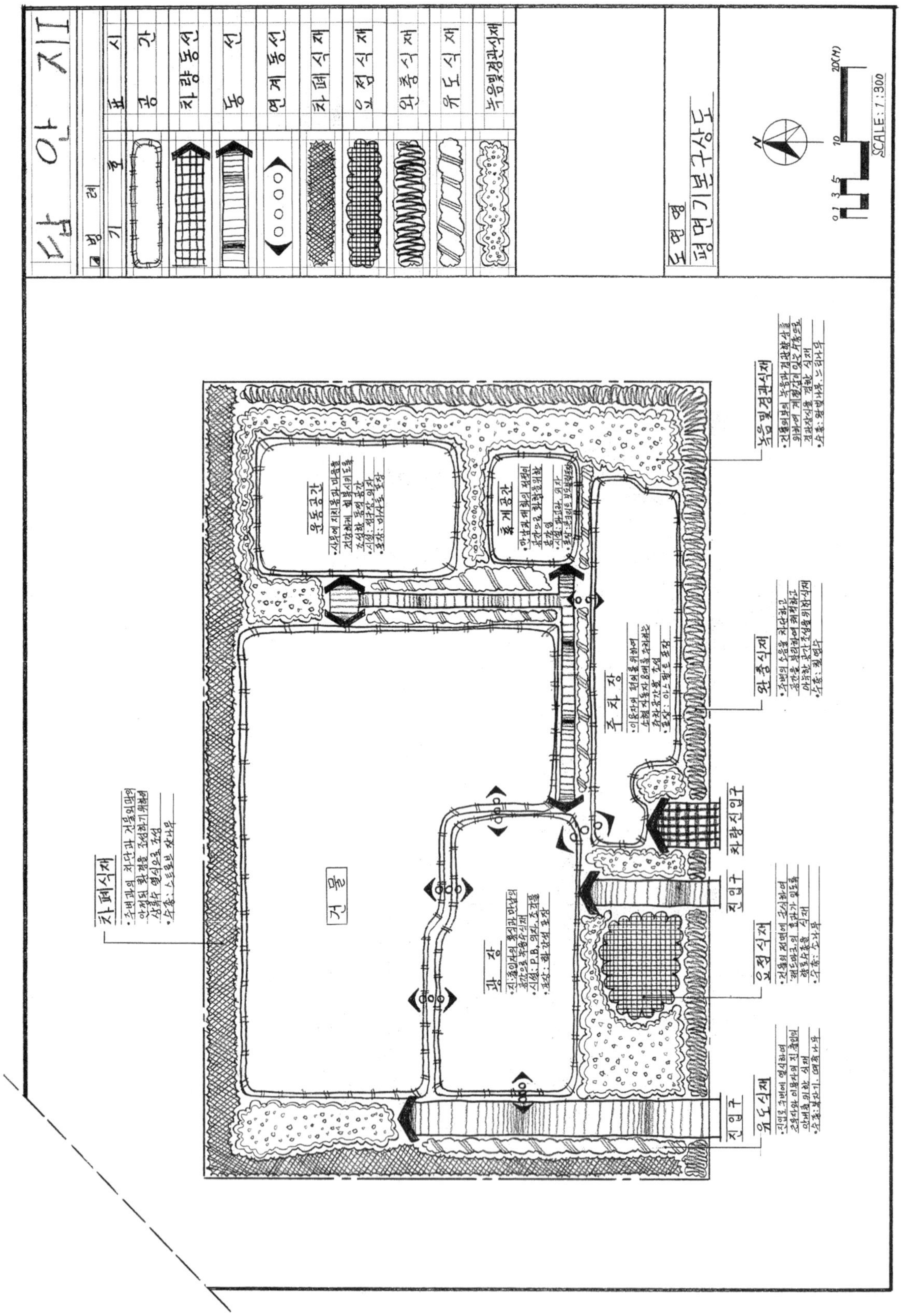
답안지
범례
기호
표시
공간
차량동선
동선
연계동선
차폐식재
요점식재
완충식재
유도식재
녹음및경관식재
도면명
평면기본구상도
SCALE: 1:300
건물
광장
주차장
휴게공간
운동공간
진입구
차량진입구
진입구
차폐식재
유도식재
요점식재
완충식재
녹음및경관식재

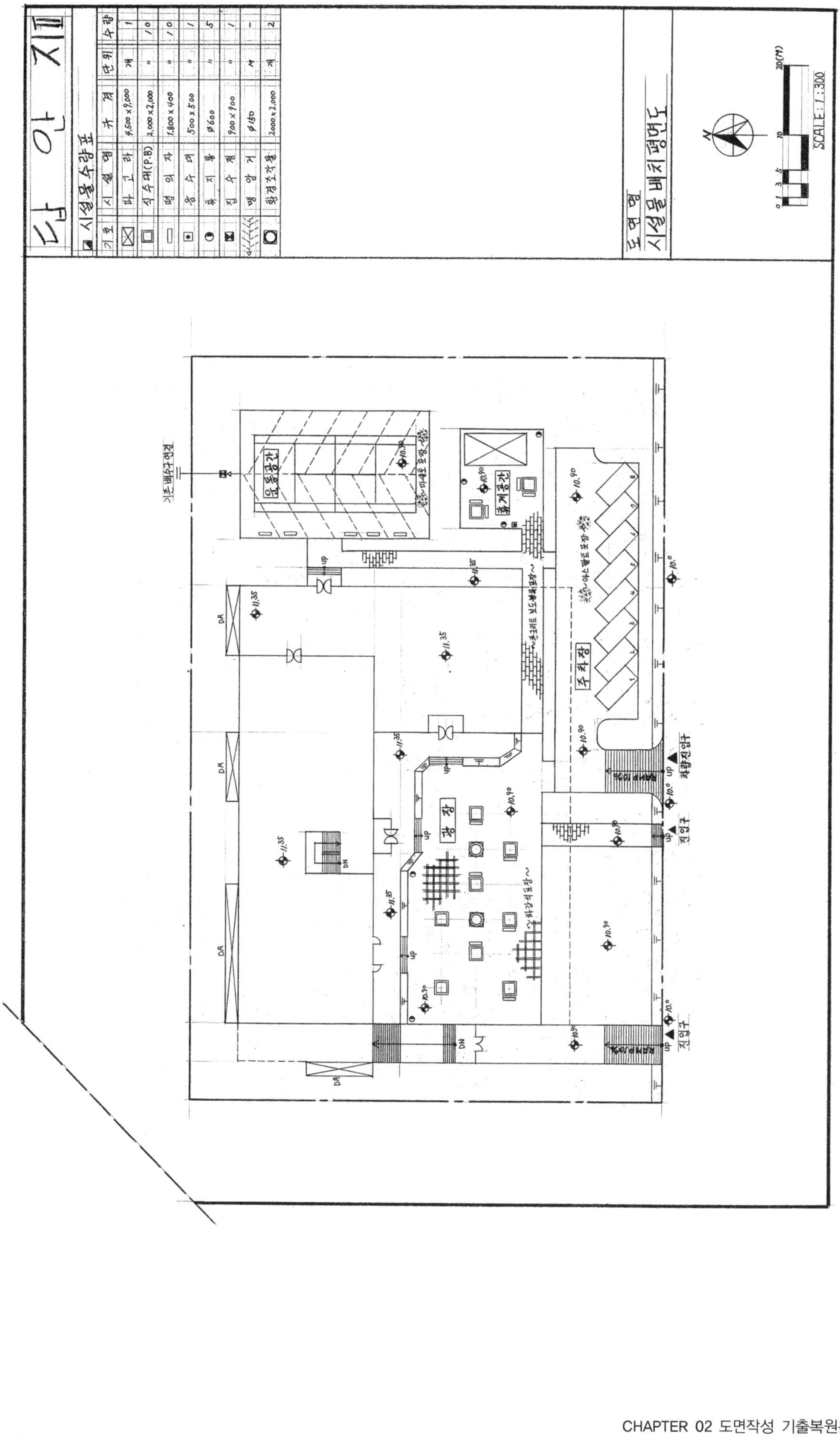

단 안 지Ⅲ
시설물수량표
기호
시설명
규격
단위
수량
파고라
4,500×9,000
개
식수대(P.B)
2,000×2,000
평의자
1,800×400
음수대
500×500
휴지통
Ø600
집수정
900×900
맹암거
Ø150
M
환경조각물
2,000×2,000
도면명
시설물배치평면도
SCALE : 1 : 300
광장
주차장
휴게공간
운동공간
진입구
차량진입구
기존배수구연결

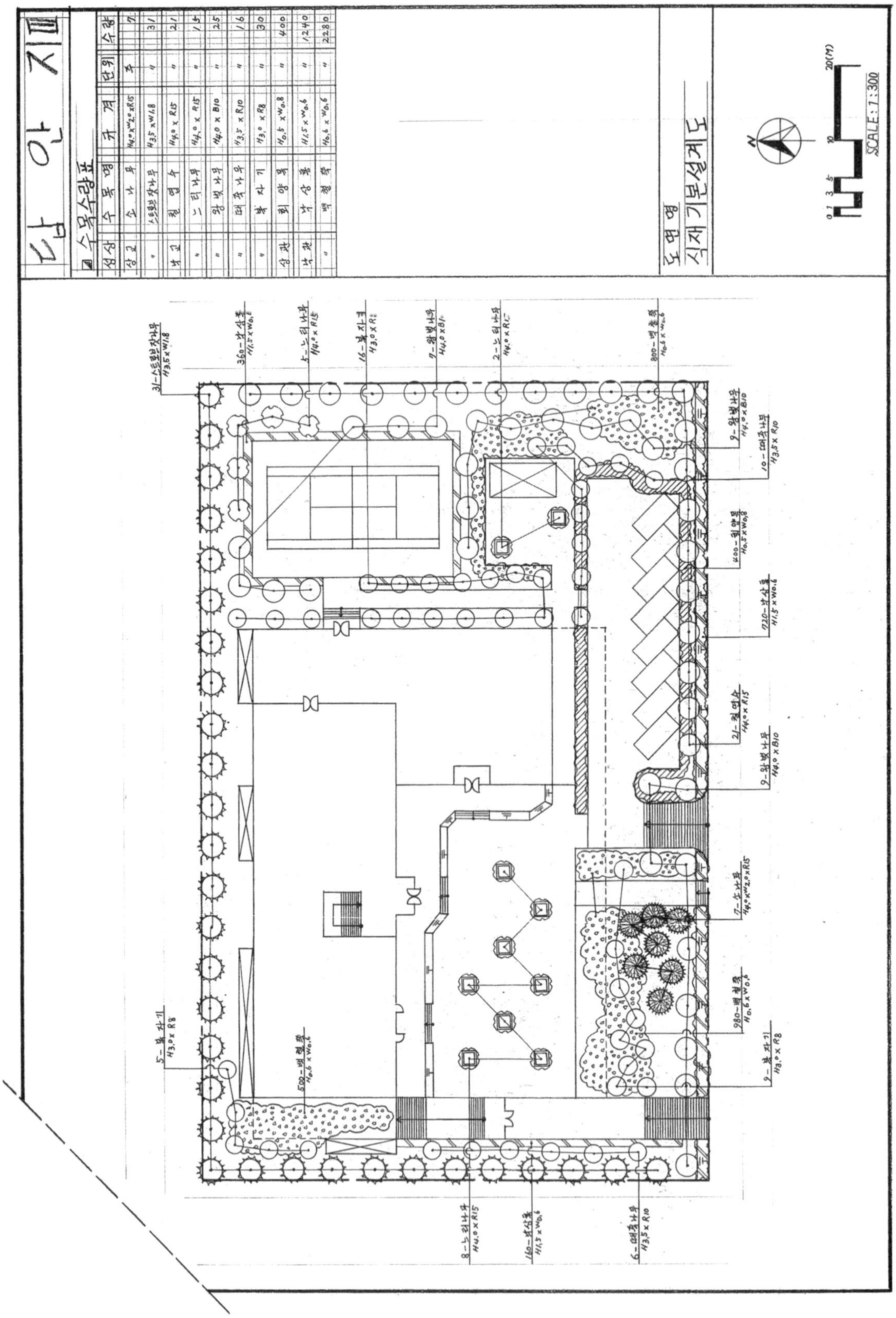
답안지
수목수량표
성상 | 수목명 | 규격 | 단위 | 수량
상교 | 소나무 | H4.0×W2.0×R15 | 주 | 7
" | 스트로브잣나무 | H3.5×W1.8 | " | 31
낙교 | 칠엽수 | H4.0×R15 | " | 21
" | 느티나무 | H4.0×R15 | " | 15
" | 왕벚나무 | H4.0×B10 | " | 25
" | 때죽나무 | H3.5×R10 | " | 16
" | 복자기 | H3.0×R8 | " | 30
상관 | 회양목 | H0.5×W0.8 | " | 400
낙관 | 산철쭉 | H1.5×W0.6 | " | 1240
" | 백철쭉 | H0.6×W0.6 | " | 2280
도면명
식재기본설계도
SCALE: 1:300

2023년 2회 국가기술자격 검정 실기시험문제					
시험시간	3시간	**자격종목**	조경기사	**작품명**	사적지 조경설계

※ 설계요구사항

중부지방의 어느 사적지 주변의 조경설계를 하고자 한다. 주어진 현황도와 각 설계조건을 이용하여 문제 요구 순서대로 작성하시오.

※ 설계공통사항

사적지 탐방은 3계절형(최대일률 1/60)이고, 연간 이용객 수는 120,000명이다. 이용자의 65%는 관광버스를 이용하고 10%는 승용차, 나머지 25%는 영업용 택시, 노선버스 및 기타 이용이라고 할 때 관광버스 및 승용차 주차장을 계획하려고 한다(단, 체재시간은 2시간으로 회전율은 1/2.5이다).

문제 01

공통사항과 다음의 조건을 참고하여 지급된 [용지 1]에 현황도를 축척 1/300로 확대하여 설계개념도를 작성하시오.

① 공간구성 개념은 경외 지역에 주차공간, 진입 및 휴게공간, 경내 지역에는 보존공간, 경관녹지공간으로 구분하여 구성하시오.
② 경계지역에는 시선차단 및 완충식재 개념을 도입하시오.
③ 각 공간은 기능배분을 합리적으로 구분하고 공간의 성격 및 도입시설 등을 간략히 기술하시오.
④ 공간배치계획, 동선계획, 식재계획의 개념을 포함하시오.

문제 02

공통사항과 다음의 조건을 참고하여 지급된 [용지 2]에 현황도를 1/300로 확대하여 시설물배치와 식재기본설계가 나타난 설계기본계획도(배식평면을 포함)를 작성하시오.

※ 설계요구조건

① 관광버스의 평균승차인원은 40명, 승용차의 평균승차인원은 4인을 기준으로 하고, 기타 25%는 면적을 고려하지 말고 최대일이용자 수와 최대시이용자수를 계산하여 주차공간을 설치하시오(단, 주차방법은 직각주차로 하고, 관광버스 1대 주차공간을 12×3.5m, 승용차 주차공간은 5.5×2.5m로 한다).
② 주차대수를 쉽게 식별할 수 있도록 버스와 승용차의 주차 일련번호를 기입하시오.
③ 주차장 주위에 2~3m 폭의 인도를 두며, 주차장 주변에 2~3m 폭의 경계식재를 하시오.
④ 전체공간의 바닥 포장재료는 4가지 이상으로 구분하여 사용하되 마감재료의 재료명을 기입하고 기호로 표현하시오.
⑤ 편익시설(벤치 3인용 10개 이상, 음료수대 2개소, 휴지통 10개 이상)을 경외에 설치하시오.
⑥ 상징조형물은 진입과 시설을 고려하여 광장중앙에 배치하되 형태와 크기는 자유로 하시오.
⑦ 계획고를 고려하여 경외 진입광장에서 경내로 경사면을 사용하여 계단을 설치하시오(단, 계단의 답면 높이는 15cm로 계획한다).

⑧ 수목의 명칭, 규격, 수량은 반드시 인출선을 사용하여 표기하고, 전체적인 수량(시설물 및 수목수량표)을 도면의 우측 공간을 활용하여 표로 작성하여 나타내시오.

⑨ 계절의 변화감을 고려하여 가급적 전통수종을 선택하되 다음 수종 중에서 20가지 이상을 선택하여 배식하시오.

보기

은행나무, 소나무, 잣나무, 굴거리나무, 동백, 후박나무, 개나리, 벽오동, 회화나무, 대추나무, 자귀나무, 모과나무, 수수꽃다리, 회양목, 이태리포플러, 수양버들, 산수유, 불두화, 눈향나무, 영산홍, 옥향, 산철쭉, 진달래, 느티나무, 느릅나무, 백목련, 일본목련, 꽝꽝나무, 가시나무, 리기다소나무, 왕벚나무, 광나무, 적단풍, 송악, 복숭아나무

문제 03

지급된 [용지 3]에 현황도상에 표시된 A-A′ 단면을 축척 1/300로 작성하시오.

현 황 도

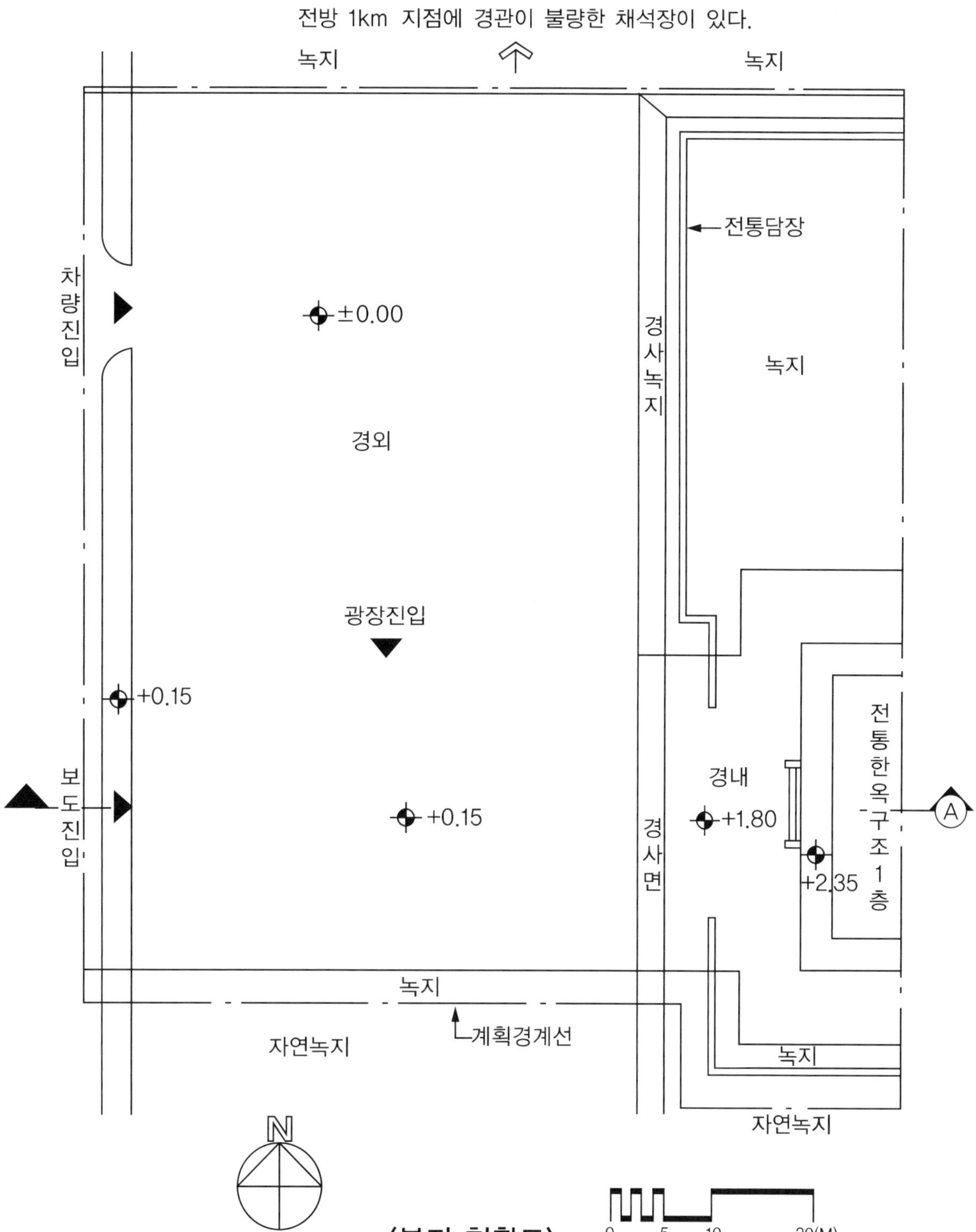

전방 1km 지점에 경관이 불량한 채석장이 있다.
녹지
녹지
전통담장
차량진입
±0.00
경사녹지
녹지
경외
광장진입
+0.15
보도진입
+0.15
경내
+1.80
경사면
+2.35
전통한옥구조 1층
A
녹지
계획경계선
자연녹지
녹지
자연녹지
N
0
5
10
20(M)

〈부지 현황도〉

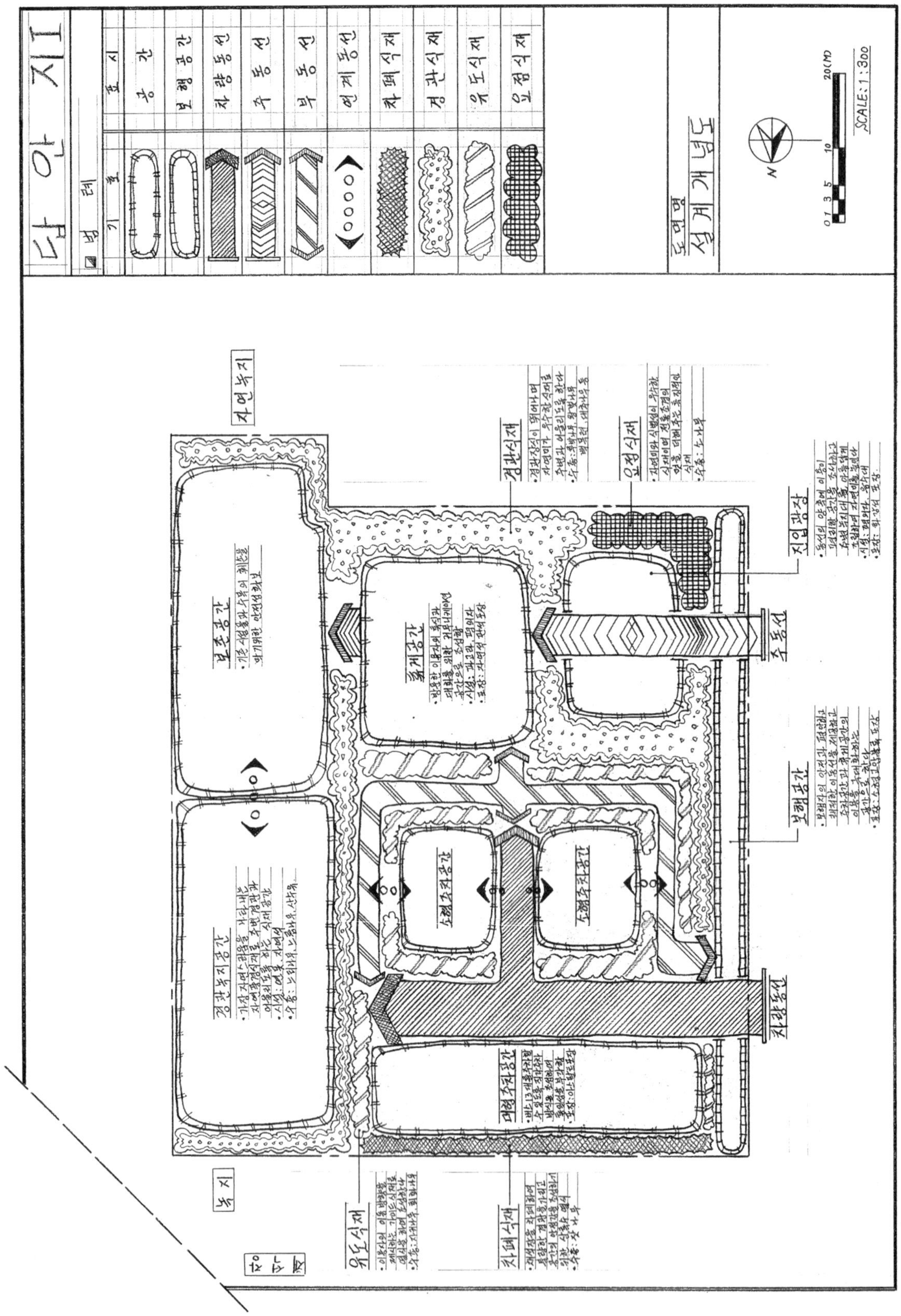

답안지
범례
기호
표시
공간
보행공간
차량동선
주동선
부동선
연계동선
차폐식재
경관식재
유도식재
요점식재
도면명
설계개념도
SCALE: 1:300
자연녹지
보존공간
휴게공간
경관녹지공간
소형주차공간
대형주차공간
진입광장
보행공간
주동선
차량동선
경관식재
요점식재
유도식재
차폐식재
녹지
도로

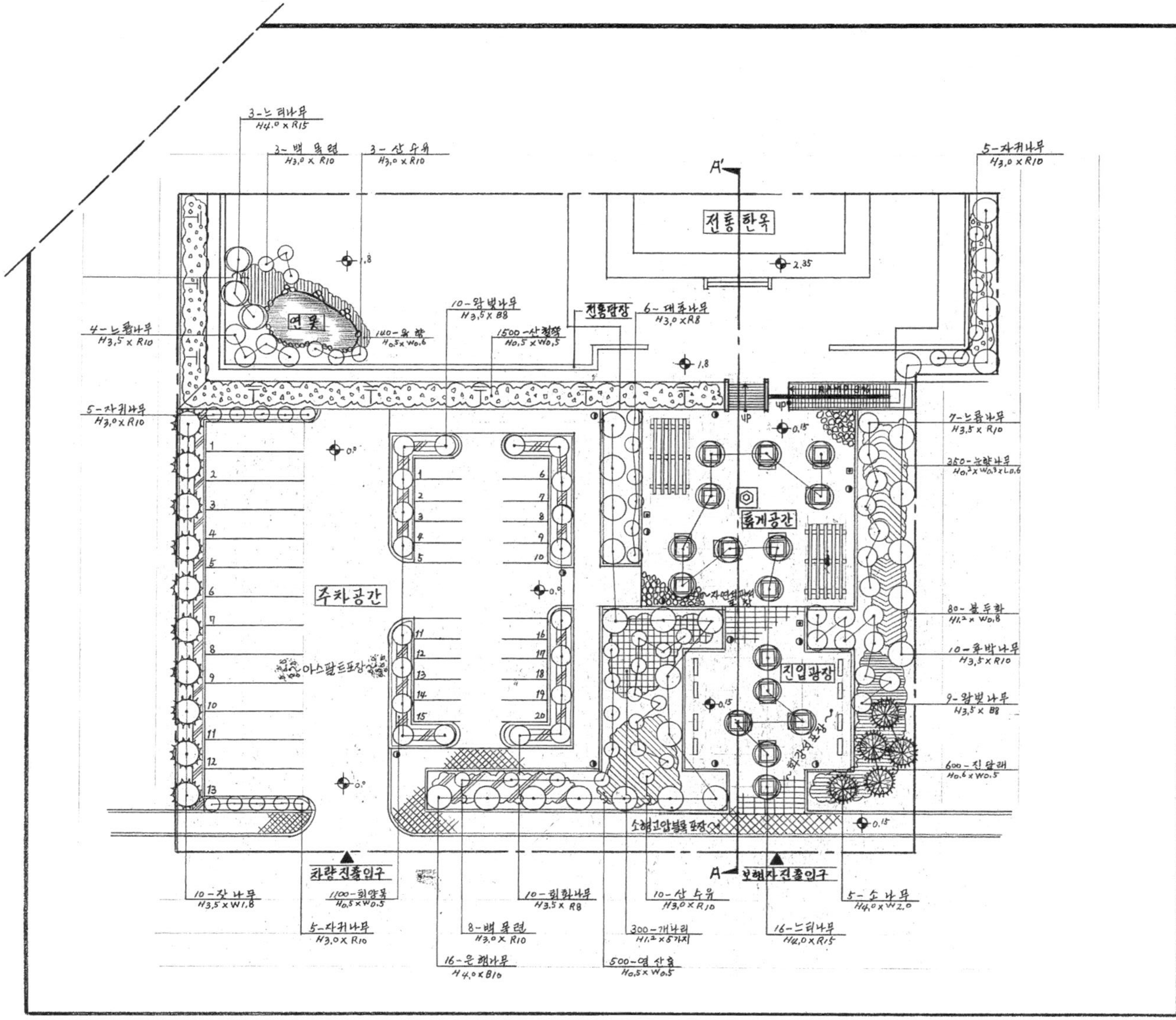

답 안 지 II

시설물수량표

기호	시설명	규격	단위	수량
	파고라	4,500×9,000	개	2
	상징조형물	—	〃	1
	수목보호대	2,000×2,000	〃	16
	평의자	2,000×400	〃	18
	음수대	500×500	〃	2
	휴지통	ø600	〃	12

수목수량표

성상	수목명	규격	단위	수량
상교	소나무	H4.0×W2.0	주	5
〃	잣나무	H3.5×W1.8	〃	10
〃	후박나무	H3.5×R10	〃	10
낙교	느티나무	H4.0×R15	〃	19
〃	은행나무	H4.0×B10	〃	16
〃	왕벚나무	H3.5×B8	〃	19
〃	회화나무	H3.5×R8	〃	10
〃	느릅나무	H3.5×R10	〃	11
〃	대추나무	H3.0×R8	〃	6
〃	자귀나무	H3.0×R10	〃	15
〃	백목련	H3.0×R10	〃	11
〃	산수유	H3.0×R10	〃	13
상관	눈향나무	H0.2×W0.3×L0.6	〃	350
〃	옥향	H0.5×W0.6	〃	140
〃	회양목	H0.5×W0.5	〃	1100
낙관	불두화	H1.2×W0.8	〃	80
〃	개나리	H1.2×5가지	〃	300
〃	진달래	H0.6×W0.5	〃	600
〃	산철쭉	H0.5×W0.5	〃	1500
〃	영산홍	H0.5×W0.5	〃	500

도면명

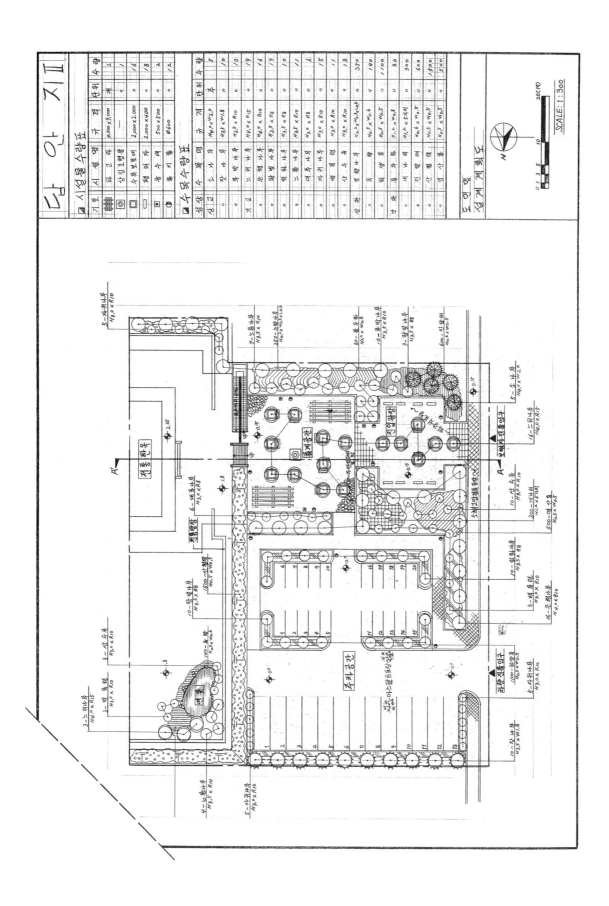

설계계획도

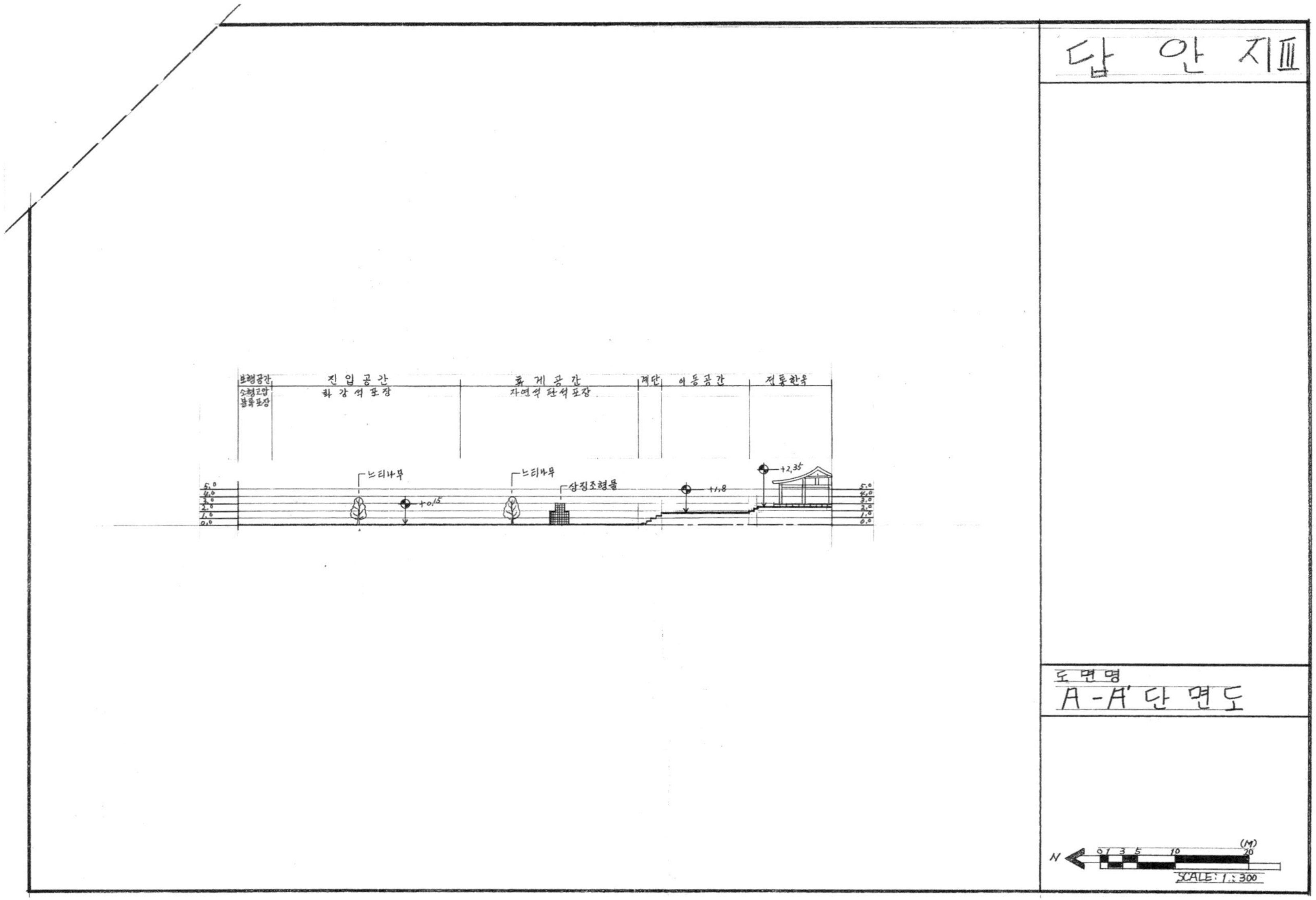
답 안 지Ⅲ
진입공간
화강석포장
휴게공간
자연석판석포장
계단
이동공간
전통한옥
느티나무
느티나무
상징조형물
+0.15
+1.8
+2.35
도면명
A-A' 단면도
N
(M)
SCALE : 1 : 300

03 필답형 기출복원문제

시행년도	2023년 1회	자격종목	조경기사	시험시간	1시간 30분

01 건설공사 표준품셈에 의거하여 다음의 (   ) 안에 알맞은 할증률을 쓰시오. [4점]

- 목재(판재) (①)%
- 벽돌(시멘트 벽돌) (②)%
- 잔디 및 초화류 (③)%
- 테라코타 (④)%

정답 ① 10, ② 5, ③ 10, ④ 3

02 [보기]의 식재형식을 제시된 식재기능에 맞게 구분하여 쓰시오. [2점]

보기

녹음식재, 경계식재, 경관식재, 유도식재, 차폐식재, 방화식재

1) 환경조절기능 : (__________, __________)
2) 경관조절기능 : (__________, __________)
3) 공간조절기능 : (__________, __________)

정답 1) 환경조절기능 : 녹음식재, 방화식재
2) 경관조절기능 : 경관식재, 차폐식재
3) 공간조절기능 : 경계식재, 유도식재

03 다음은 포장설계기준에 의한 포장면 기울기에 관한 내용이다. (   ) 안에 들어갈 알맞은 기울기를 쓰시오. [3점]

- 포장면의 종단기울기는 1/12 이하가 되도록 하고, 휠체어 이용자를 고려하는 경우에는 (①) 이하로 한다.
- 포장면의 횡단경사는 배수처리가 가능한 방향으로 (②)%를 표준으로 한다.
- 광장의 기울기는 (③)% 이내로 하는 것이 일반적이다.

정답 ① 1/18, ② 2, ③ 3

04 다음의 수준측량 야장에서 각 측점의 지반고는 얼마인지 쓰시오(단, 기계고의 높이는 11.95m이다). [4점]

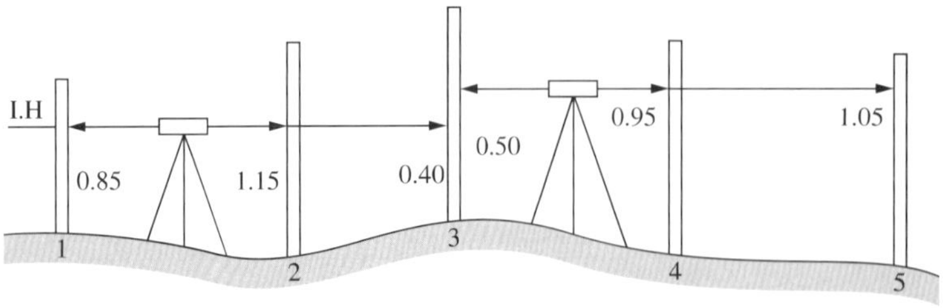

※ 야장) 계산식은 작성하지 않아도 됨. 시험지 여백에서 계산하시오.

측점	후시(m)	전시(m)		지반고(m)
		T.P	I.P	
1	0.85m	–	–	11.1
2	–	–	1.15m	(①)
3	0.50m	0.40m	–	(②)
4	–	–	0.95m	(③)
5	–	1.05m	–	(④)

정답 ① 10.8, ② 11.55, ③ 11.1, ④ 11.95

해설
- 기계고(I.H) = 기지점 지반고(G.H) + 후시(B.S)
- 미지점 지반고 = 기계고(I.H) − 전시(F.S)
- 측점 지반고 = 기준점 지반고(G.H) + 후시합(ΣB.S) − 전시합(ΣF.S)(단, 전시합(ΣF.S)에서 전항의 I.P들은 제외한다)

  측점1 지반고 = I.H − B.S = 11.95 − 0.85 = 11.1(m)
  측점2 지반고 = G.H + ΣB.S − ΣF.S = 11.1 + 0.85 − 1.15 = 10.8m
  측점3 지반고 = 11.1 + 0.85 − 0.4 = 11.55m
  측점4 지반고 = 11.1 + (0.85 + 0.50) − (0.40 + 0.95) = 11.1m
  측점5 지반고 = 11.1 + (0.85 + 0.50) − (0.40 + 1.05) = 11.00m

05 표준품셈의 적용방법에서 품의 할증에 적합한 내용을 (　) 안에 쓰시오. [3점]

- 군작전 지구대 : 작업품 할증률을 표준품셈 인부품의 (①)%까지 가산함
- 산악지역, 공항지역, 도서지구 : 작업여건이 어려움을 감안하여 작업품 할증률을 표준품셈 인부품의 (②)%까지 가산함
- 지세별 : 야산지 25%, 물이 있는 논 20%, 주택가 (③)%의 할증을 적용한다.

정답 ① 20, ② 50, ③ 15

06 다음은 식물의 생육과 토심에 관한 내용이다. (　) 안에 들어갈 깊이를 cm로 쓰시오. [3점]

형태상 분류	생존 최소 깊이(cm)	생육 최소 깊이(cm)
잔디·초화류	15	30
소관목	(①)	45
대관목	45	60
천근성 수목	(②)	90
심근성 수목	90	(③)

정답 ① 30, ② 60, ③ 150

07 다음과 같은 점성토와 사질토인 원지반을 굴착 운반하여 점성토와 사질토를 각각 A, B 지역에 성토할 때 점성토와 사질토의 사토량(자연상태)과 사토할 덤프트럭 대수를 구하시오(단, 점성토 C= 0.90, L =1.25, 1,700kg/m³, 사질토 C= 0.85, L = 1.2, 1,800kg/m³, 운반할 덤프트럭은 8ton이다. 소수는 버리시오). [5점]

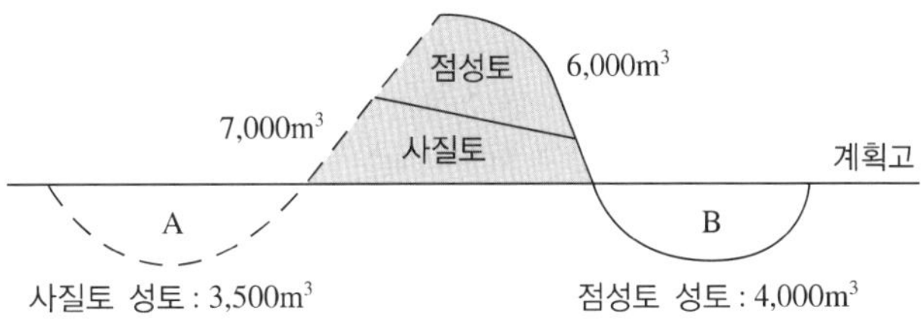

1) 점성토 사토량(자연상태) : 1,556m³
2) 사질토 사토량(자연상태) : 2,883m³
3) 덤프트럭 대수 : 979대

해설 1) 점성토 사토량(자연상태)
- 총성토량 B지역(자연상태) = 4,000 ÷ 0.9 = 4,444m³
- 점성토의 사토량은 6,000 − 4,444 = 1,556m³

2) 사질토 사토량(자연상태)
- 총성토량 A지역(자연상태) = 3,500 ÷ 0.85 = 4,117m³
- 사질토의 사토량은 7,000 − 4,117 = 2,883m³

3) 덤프트럭 대수(무게로 계산 시)

$$\text{덤프트럭 대수} = \frac{\text{점성토 사토량(ton)} + \text{사질토 사토량(ton)}}{\text{덤프트럭 1대 용량(ton)}}$$

$$= \frac{(1,556 \times 1.7) + (2,883 \times 1.8)}{8} = 7,834 \div 8 = 979\text{대}$$

08 25,000m^{3}의 자연상태 토량을 굴착, 운반, 성토하려고 한다. 이 중 25%는 점토이고, 나머지는 사질토이다. 운반 시 4m^{3}의 트럭을 사용할 때 필요한 트럭은 몇 대인지 구하시오(단, 점토의 L = 1.3, C = 0.90이고, 사질토의 L = 1.25, C = 0.88이다). [3점]

정답 필요 덤프트럭 대수 : 7,891대

해설 1) 자연토량 배분

- 점토 = 25,000 × 0.25 = 6,250m^3
- 사질토 = 25,000 − 점토 = 25,000 − 6,250 = 18,750m^3

2) 운반토량(흐트러진 상태)

- 점토 = 6,250 × 1.3 = 8,125.0m^3
- 사질토 = 18,750 × 1.25 = 23,437.5m^3

3) $\text{트럭대수} = \dfrac{\text{운반토량}}{\text{덤프트럭의 적재량}} = \dfrac{8,125.0 + 23,437.5}{4} = 7,890.63$

∴ 7,891대

09 다음의 교목식재 순서에서 ( ) 안에 들어갈 내용을 쓰시오. [2점]

반입 ➡ 배식 ➡ ① ➡ 식재 ➡ ② ➡ 물 다짐 ➡ 보양 및 뒷정리

정답 ① 구덩이 파기, ② 흙 채우기

10 인공지반의 식재기반 조성 시 유의해야 할 사항이다. ( ) 안에 알맞은 내용을 쓰시오. [3점]

- 배수판 아래의 구조물 표면은 (①)%의 표면 기울기를 유지시킨다.
- 인공지반조경의 옥상조경에서는 옥상 1면에 최소 2개소의 배수공을 설치하고, 그 관경은 최저 (②)mm 이상으로 설치한다.
- 인공지반조경의 옥상조경에서 옥상면의 배수구배는 최저 (③)% 이상으로 하고 배수구 부분의 배수구배는 최저 2% 이상으로 설치한다.

정답 ① 1.5~2.0, ② 75, ③ 1.3

11 다음은 잡초 방제 방법의 방제 유형을 각각 쓰시오. [3점]

1) 새로운 잡초종의 침입 방지 및 오염을 방지하는 방제
2) 잡초를 제거하는 기구를 사용
3) 농약을 사용

정답 1) 예방적 방제, 2) 기계적 방제, 3) 화학적 방제

12 $0.9m^3$ 용량의 백호와 4ton 덤프트럭의 조합토공에서 현장의 조건이 다음과 같다. 물음에 답하시오(단, 소수는 셋째자리에서 반올림하고, 시간당 작업량을 구할 때는 느슨한 상태로 구하시오). [5점]

- 흙의 단위중량 : $1.6ton/m^3$
- 백호의 사이클 시간 : 0.6분
- 백호의 버킷계수 : 0.7
- 덤프트럭 공차 시 속도 : 30km/hr
- 덤프트럭 대기시간 : 5분
- 토량변화율(L) : 1.4
- 백호의 작업효율 : 0.6
- 덤프트럭 작업효율 : 0.9
- 덤프트럭 적재 시 속도 : 25km/hr
- 덤프트럭의 운반거리 : 2km

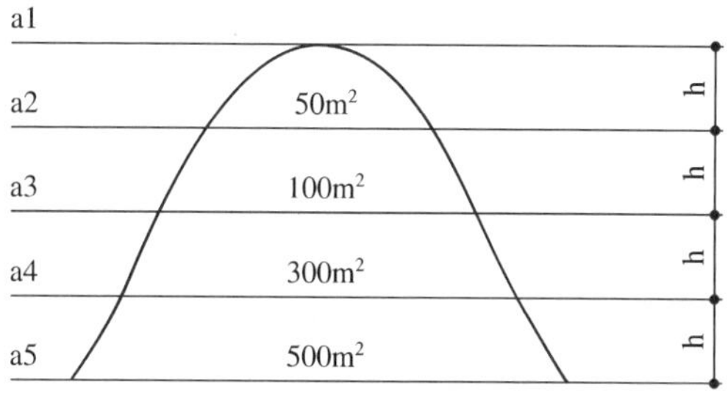

[조합토공(단면도)]

1) 백호로 굴착해서 2km 떨어진 곳에 성토할 때 토량을 구하시오(단, $h=5$, 토량은 각주공식을 이용하여 구하시오).
2) 백호의 시간당 작업량을 구하시오.
3) 덤프트럭의 시간당 작업량을 구하시오.
4) 백호를 효율적으로 쓰기 위한 덤프트럭 소요대수를 구하시오.

정답 1) 성토량 : $3,500m^3$
2) 백호의 시간당 작업량 : $37.8m^3/hr$
3) 덤프트럭 시간당 작업량 : $9.66m^3/hr$
4) 백호 1대당 덤프트럭 소요대수 : 4대

해설

1) 토량(V) $=\frac{5}{3}\times[0+4\times(50+300)+2\times100+500]=3,500m^3$

2) 백호의 시간당 작업량(Q) $=\frac{3,600\times q\times k\times f\times E}{C_m}=\frac{3,600\times0.9\times0.7\times1\times0.6}{0.6\times60}=37.8m^3/hr$

3) 덤프트럭 시간당 작업량

- 덤프트럭 1회 적재량(q) $=\frac{4}{1.6}\times1.4=3.5m^3$
- 적재횟수(n) $=\frac{3.5}{0.9\times0.7}=5.56$회
- 적재시간(t_1) $=\frac{36\times5.56}{60\times0.6}=5.56$분
- 왕복시간(t_2) $=\frac{\text{운반거리}}{\text{적재 시 주행속도}}+\frac{\text{운반거리}}{\text{공차 시 주행속도}}=(\frac{2}{30}+\frac{2}{25})\times60=9.0$분
- 1회 사이클 시간(C_{mt}) $=t_1+t_2+$ 대기시간 $=5.56+9.0+5=19.56$분

  ∴ 시간당 작업량(Q) $=\frac{60\times q_t\times f\times E_t}{C_{mt}}=\frac{60\times3.5\times1\times0.9}{19.56}=9.66m^3/hr$

4) 백호 1대당 덤프트럭 소요대수(N) $=\frac{37.8}{9.66}=3.91$대

∴ 4대

시행년도	2023년 2회	자격종목	조경기사	시험시간	1시간 30분

01 다음의 잔디붙이기 방법에 대하여 조경표준시방서에 의거한 식재방법을 쓰시오. [3점]

1) 잔디장을 5, 10, 15, 20, 30cm 정도로 잘라서 동일 간격으로 붙이는 방법
2) 잔디를 20~30cm 간격으로 어긋나게 놓거나 서로 맞물려 여유있게 배열하여 붙이는 방법
3) 단기간에 잔디밭을 조성할 때 사용되며, 식재면을 정리한 다음 롤러나 인력으로 다진 후 잔디를 서로 어긋나게 틈새 없이 붙이는 방법

정답 1) 줄떼붙이기, 2) 어긋나게 붙이기, 3) 전면 붙이기

02 다음은 토공에서 인력운반에 관한 내용이다. ( ) 안에 들어갈 알맞은 내용을 쓰시오. [2점]

- 지게 운반 시에 1회 운반량은 보통토사 (①)kg으로 하고 삽작업이 가능해야 한다.
- 지게 운반 시에 적재, 운반, 적하는 (②)인을 기준으로 한다.
- 지게 운반 시에 고갯길인 경우에는 수직고 1m를 수평거리 (③)m의 비율로 본다
- 리어카 운반 시에 1회 운반량은 삽작업이 가능한 토석재로 (④)kg으로 한다.

정답 ① 50, ② 1, ③ 6, ④ 250

03 다음은 우리나라 조선시대의 경복궁에 관한 내용이다. 각각의 명칭을 쓰시오. [4점]

1) 연회, 과거시험, 궁술구경, 정치적 행사를 하였다.
2) 평지에 인공적으로 축산(경회루 연못을 판 흙으로 만듦)한 계단식 정원이다.
3) 경복궁 후원의 중심을 이루는 연못이다.
4) 벽면에 매, 죽, 도, 석류, 모란, 국화가 부조, 만/수(卍/壽)의 문자를 새기고 기하학적 장식무늬의 수를 놓았다.

정답 1) 경회루 지원, 2) 교태전 후원, 3) 향원정 지원, 4) 화문장

04 다음의 병해충의 명칭을 쓰시오. [3점]

1) 1963년 전남 고흥에서 처음 발생된 것으로 추정되며 40여 년 간 북쪽과 서쪽 방향으로 확산된 해충
2) 1988년 부산 금정산에서 최초로 발생하여 2005년을 정점으로 피해 면적이 점점 줄어들었으나 인위적인 확산 가능성이 높은 병해충
3) 2000년대 중반 이후부터 피해가 나타나기 시작하였고, 현재 국도변 가로수에서 피해가 심각하며 이른 봄 새잎이 피면서 포자도 함께 발생하는 병해충

정답 1) 솔껍질깍지벌레, 2) 소나무 재선충병, 3) 벚나무 빗자루병

05 다음은 농약의 혼용 시 유의사항이다. ( ) 안에 알맞은 내용을 쓰시오. [4점]

- 두 가지 이상의 약제를 섞어서 한꺼번에 살포하는 (①)은 시간과 인건비를 절약하기 위하여 자주 이용된다.
- 혼용은 기본적으로 (②)를 섞는 것을 원칙으로 한다.
- 농약은 사용 직전에 혼용하며, 살포액은 오래 두지 말고, 당일에 살포한다.
- 유제와 (③)의 혼용은 가급적 피한다.
- 일반적으로 (④)와 살균제를 섞어서 쓰는 경우가 대부분이다.

정답 ① 약제 혼용, ② 두 약제, ③ 수화제, ④ 살충제

06 다음은 새로 건설할 도로의 단면도를 나타낸 것이다. 단면 A와 B의 단면적(m^2)을 각각 구하시오. [5점]

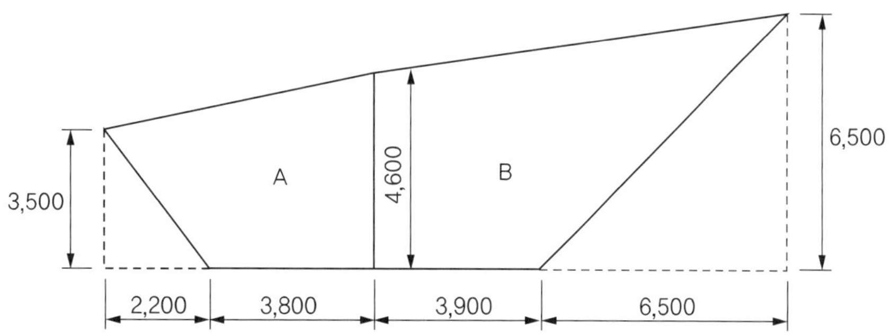

[도로 단면도]

정답 1) A의 단면적 : $20.45m^2$
2) B의 단면적 : $36.595m^2$

해설
1) A의 단면적 $=\left(\frac{3.5+4.6}{2}\times 6.0\right)-\frac{3.5\times 2.2}{2}=20.45m^2$

2) B의 단면적 $=\left(\frac{4.5+6.5}{2}\times 10.4\right)-\frac{6.5\times 6.5}{2}=36.595m^2$

07 다음은 시멘트의 저장에 관한 내용이다. ( ) 안에 들어갈 내용을 쓰시오. [2점]

- 지면에서 (①)cm 이상 떨어진 마루 위에 쌓고 방습처리 한다.
- 꼭 필요한 출입구, 채광창 외에는 (②)를 설치하지 않는다.
- 저장일이 (③)개월이 경과 했거나, 습기가 침투되었다고 의심이 되는 시멘트는 반드시 재시험을 하여 사용한다.
- 장기간 저장할 시멘트는 (④)포대 이상을 쌓지 않아야 한다.

정답 ① 30, ② 개구부, ③ 3, ④ 7

08 구획정리를 위한 측량 결과값이 그림과 같은 경우 계획고 10m로 하기 위한 토량은 얼마인지 계산하시오(단위 : m). [5점]

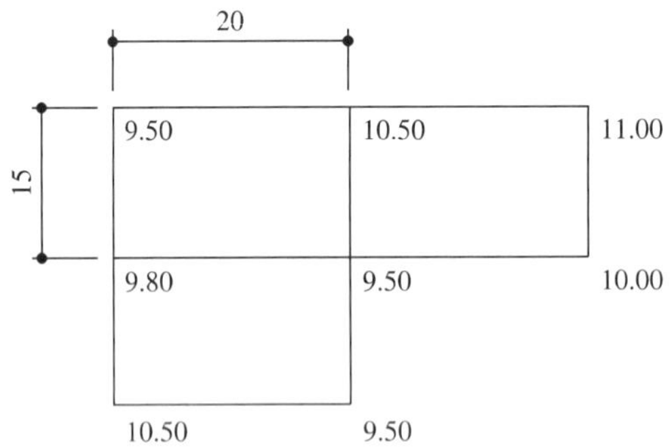

정답 성토량 : $30m^3$

해설 계획고가 10m이므로 각 격자점의 높이에서 10을 뺀 값으로 h를 구한다.

- $\Sigma h_1 = -0.5 + 1 + 0 + 0.5 - 0.5 = 0.5$m
- $\Sigma h_2 = 0.5 - 0.2 = 0.3$m
- $\Sigma h_3 = -0.5$m

$\therefore\ V = \frac{A}{4}(\Sigma h_1 + 2\Sigma h_2 + 3\Sigma h_3) = \frac{15 \times 20}{4} \times [0.5 + 2 \times 0.3 + 3 \times (-0.5)] = -30m^3$

(이때 부등호가 −이면 성토량, +이면 절토량이다)

09 다음의 조건으로 19ton 무한궤도 불도저의 시간당 작업량을 구하시오(단, 소수 둘째자리까지 계산하시오). [6점]

• 배토판의 용량 : 3.2m^3	• 운반거리계수 : 0.8
• 토량환산계수 : 1	• 작업효율 : 0.7
• 전진속도 : 55m/min	• 후진속도 : 70m/min
• 운반거리 : 70m	• 기어변속시간 : 0.25분

정답 시간당 작업량 : 42.67m^3/hr

해설
- 1회 굴착압토량(삽날의 용량)(q) = $q_0 \times p = 3.2 \times 0.8 = 2.56$m^3
- 1회 사이클 시간(C_m) = $\dfrac{L}{V_1} + \dfrac{L}{V_2} + t = \dfrac{70}{55} + \dfrac{70}{70} + 0.25 = 2.52$분
- 시간당 작업량(Q) = $\dfrac{60 \times q \times f \times E}{C_m} = \dfrac{60 \times 2.56 \times 1 \times 0.7}{2.52} = 42.67$m^3/hr

10 토공의 기초와 관련하여 다음에서 설명하는 것의 명칭을 쓰시오. [2점]

1) 공사에 필요한 흙을 얻기 위해서 굴착하거나 높은 지역의 흙을 깎는 작업을 말한다.
2) 수중에서 흙을 굴착하는 작업을 말한다.
3) 현장 내에서 절토된 흙 중 성토, 매립에 이용되는 흙을 말한다.
4) 흙을 쌓아 올렸을 때 시간이 경과함에 따라 자연붕괴가 일어나 안정된 사면을 이루게 되는데, 이 사면과 수평면과의 각도를 말한다.

정답 1) 절토, 2) 준설, 3) 유용토, 4) 흙의 안식각

11 자연토량 6,000m^{3}를 굴착하였다. 토량변화율 $L = 1.15$, $C = 0.91$일 때 물음에 답하시오. [2점]

1) 흐트러진 상태의 토량은 얼마인가?
2) 다져진 상태의 토량은 얼마인가?

정답 1) 6,900m^3, 2) 5,460m^3

해설 1) 흐트러진 상태 = 자연상태 $\times L = 6{,}000 \times 1.15 = 6{,}900$m^3
2) 다져진 상태 = 자연상태 $\times C = 6{,}000 \times 0.91 = 5{,}460$m^3

12 수경공간의 구성 요소를 4가지 이상 쓰시오. [2점]

정답 폭포, 계류, 벽천, 연못, 분수, 낙수

참 / 고 / 문 / 헌

- 교육부, 2019, 한국직업능력개발원, NCS 학습모듈(조경)
- 김세천 외, 2014, 문운당, 조경시설재료학
- 김아연 외, 2021 한숲, 한국도경의 새로운 지평
- 김원태 외, 2019, (사)한국조경협회, 기초식재공사
- 김원태 외, 2019, (사)한국조경협회, 일반식재공사
- 김원태 외, 2019, (사)한국조경협회, 입체조경공사
- 김원태 외, 2019, (사)한국조경협회, 조경공사 준공전 관리
- 김원태 외, 2019, (사)한국조경협회, 조경시설물공사
- 김인호 외, 2019, (사)한국조경협회, 비배관리
- 김인호 외, 2019, (사)한국조경협회, 조경시설물관리
- 안봉원 외, 2017, 문운당, 조경수생산관리론
- 이명우, 2011, 기문당, 조경법규
- 이민우 외, 2019, (사)한국조경협회, 정원설계
- 이민우 외, 2019, (사)한국조경협회, 조경기반설계
- 이민우 외, 2019, (사)한국조경협회, 조경기본계획
- 이민우 외, 2019, (사)한국조경협회, 조경기초설계
- 이민우 외, 2019, (사)한국조경협회, 조경식재설계
- 이민우 외, 2019, (사)한국조경협회, 조경적산
- 임승빈 외, 2019, 보문당, 조경계획.설계
- 최재균, 2011, 예문사, 조경.자연환경관리법규해설
- 한국조경사회, 2016년, ㈜한국조경신문, 조경공사 적산기준
- 한국조경학회, 2008, 문운당, 조경공사 표준시방서
- 한국조경학회, 2012, 문운당, 동양조경사
- 한국조경학회, 2016, 기문당, 국토교통부 승인 조경설계기준
- 한국조경학회, 2017, 문운당, 서양조경사
- 한국조경학회, 2020, 문운당, 조경시공학
- 한국토지주택공사, 2013, 건설도서, 공사감독 핸드북
- 한국환경과학회, 2012, 문운당, 그린조경학

조경기사 · 산업기사 실기 한권으로 끝내기

1판2쇄발행	2024년 01월 05일 (인쇄 2024년 05월 20일)
초 판 발 행	2023년 06월 15일 (인쇄 2023년 04월 20일)
발 행 인	박영일
책 임 편 집	이해욱
편 저	이우설
편 집 진 행	윤진영 · 장윤경
표지디자인	권은경 · 길전홍선
편집디자인	정경일 · 이현진
발 행 처	(주)시대고시기획
출 판 등 록	제10-1521호
주 소	서울시 마포구 큰우물로 75 [도화동 538 성지 B/D] 9F
전 화	1600-3600
팩 스	02-701-8823
홈 페 이 지	www.sdedu.co.kr

I S B N	979-11-383-6212-2(13520)
정 가	40,000원

산림·조경·농림 국가자격 시리즈

산림기사 · 산업기사 필기 한권으로 끝내기	4×6배판 / 45,000원
산림기사 필기 기출문제해설	4×6배판 / 24,000원
산림기사 · 산업기사 실기 한권으로 끝내기	4×6배판 / 25,000원
산림기능사 필기 한권으로 끝내기	4×6배판 / 28,000원
산림기능사 필기 기출문제해설	4×6배판 / 25,000원
조경기사 · 산업기사 필기 한권으로 합격하기	4×6배판 / 41,000원
조경기사 필기 기출문제해설	4×6배판 / 35,000원
조경기사 · 산업기사 실기 한권으로 끝내기	국배판 / 40,000원
조경기능사 필기 한권으로 끝내기	4×6배판 / 26,000원
조경기능사 필기 기출문제해설	4×6배판 / 25,000원
조경기능사 실기 [조경작업]	8절 / 26,000원
식물보호기사 · 산업기사 필기 + 실기 한권으로 끝내기	4×6배판 / 40,000원
유기농업기능사 필기 한권으로 끝내기	4×6배판 / 29,000원
5일 완성 유기농업기능사 필기	8절 / 20,000원
농산물품질관리사 1차 한권으로 끝내기	4×6배판 / 40,000원
농산물품질관리사 2차 필답형 실기	4×6배판 / 31,000원
농산물품질관리사 1차 + 2차 기출문제집	4×6배판 / 27,000원
농 · 축 · 수산물 경매사 한권으로 끝내기	4×6배판 / 39,000원
축산기사 · 산업기사 필기 한권으로 끝내기	4×6배판 / 36,000원
가축인공수정사 필기 + 실기 한권으로 끝내기	4×6배판 / 35,000원
Win-Q(윙크) 조경기능사 필기	별판 / 25,000원
Win-Q(윙크) 화훼장식기능사 필기	별판 / 21,000원
Win-Q(윙크) 화훼장식산업기사 필기	별판 / 28,000원
Win-Q(윙크) 유기농업기사 · 산업기사 필기	별판 / 35,000원
Win-Q(윙크) 유기농업기능사 필기 + 실기	별판 / 29,000원
Win-Q(윙크) 종자기사 · 산업기사 필기	별판 / 32,000원
Win-Q(윙크) 종자기능사 필기	별판 / 24,000원
Win-Q(윙크) 원예기능사 필기	별판 / 25,000원
Win-Q(윙크) 버섯종균기능사 필기	별판 / 21,000원
Win-Q(윙크) 축산기능사 필기 + 실기	별판 / 24,000원

※ 도서의 가격은 변경될 수 있습니다.